Springer Collected Works in Mathematics

More information about this series at http://www.springer.com/series/11104

Ferdinand Georg Frobenius
1849—1917

Ferdinand Georg Frobenius

Gesammelte Abhandlungen II

Editor
Jean-Pierre Serre

Reprint of the 1968 Edition

Springer

Author
Ferdinand Georg Frobenius (1849 – 1917)
Universität Berlin
Berlin
Germany

Editor
Jean-Pierre Serre
Paris Chaire d'Algebre et Geometrie
College de France
Paris
France

ISSN 2194-9875
Springer Collected Works in Mathematics
ISBN 978-3-662-48960-4 (Softcover)
978-3-540-04120-7 (Hardcover)

Library of Congress Control Number: 2012954381

Springer Heidelberg New York Dordrecht London

Printed on acid-free paper

Springer-Verlag GmbH Berlin Heidelberg is part of Springer Science+Business Media
(www.springer.com)

FERDINAND GEORG FROBENIUS

GESAMMELTE ABHANDLUNGEN

BAND II

Herausgegeben von

J-P. Serre

SPRINGER-VERLAG

BERLIN · HEIDELBERG · NEW YORK 1968

Library of Congress Catalog Card Number 68-55372
Printed in Germany

Titel-Nr. 1532

Préface

Cette édition des *Oeuvres* de Frobenius est divisée en trois tomes. Le premier comprend les mémoires n°s 1 à 21, publiés entre 1870 et 1880; le second, ceux publiés entre 1880 et 1896 (n°s 22 à 52); le dernier, ceux publiés entre 1896 et 1917 (n°s 53 à 107). Ainsi, les mémoires sur les fonctions abéliennes figurent dans le tome II, ainsi que celui sur la «substitution de Frobenius»; ceux sur les caractères sont dans le tome III.

Les textes se suivent par ordre chronologique, à l'exception des articles sur KRONECKER et EULER, reportés à la fin du tome III; on trouvera également à cet endroit les adresses de l'Académie de Berlin à DEDEKIND, WEBER et MERTENS qui, bien que non signées, sont vraisemblablement dues à Frobenius.

Le tome I contient aussi des souvenirs personnels de C-L. SIEGEL qui a eu Frobenius comme professeur à l'Université de Berlin. Par contre, on ne trouvera aucune analyse des travaux de Frobenius, ni de leur influence sur les recherches ultérieures. Une telle analyse, en effet, eut été fort difficile à faire, et peu utile; comme me l'a écrit R. BRAUER «... if the reader wants to get an idea about the importance of Frobenius work today, all he has to do is to look at books and papers on groups ...».

La publication de ces *Oeuvres* a été grandement facilitée par l'aide de diverses personnes, notamment W. BARNER, P. BELGODÈRE, R. BRAUER, B. ECKMANN, H. KNESER, H. REICHARDT, Z. SCHUR, C-L. SIEGEL; je leur en suis très reconnaissant. Je dois également de vifs remerciements à la maison Springer-Verlag qui a mené à bien cette publication et m'a procuré le grand plaisir de la présenter au public.

Paris, Septembre 1968 JEAN-PIERRE SERRE

Erinnerungen an Frobenius

von Carl Ludwig Siegel

Über den Lebenslauf von Frobenius weiß ich nichts anderes auszusagen, als man vollständiger der biographischen Angabe im „Poggendorff" entnehmen würde. Jedoch hatte ich das Glück, in meinen ersten Studiensemestern bei Frobenius Kolleg zu hören, und möchte nun hier meine sehr persönlich und subjektiv gefärbten Erinnerungen an ihn wiedergeben, so gut das nach Ablauf von mehr als einem halben Jahrhundert noch möglich sein kann.

Als ich Herbst 1915 an der Berliner Universität immatrikuliert wurde, war gerade ein Krieg in vollem Gange. Obwohl ich die Hintergründe der politischen Ereignisse nicht durchschaute, so faßte ich in instinktiver Abneigung gegen das gewalttätige Treiben der Menschen den Vorsatz, mein Studium einer den irdischen Angelegenheiten möglichst fernliegenden Wissenschaft zu widmen, als welche mir damals die Astronomie erschien. Daß ich trotzdem zur Zahlentheorie kam, beruhte auf folgendem Zufall.

Der Vertreter der Astronomie an der Universität hatte angekündigt, er würde sein Kolleg erst 14 Tage nach Semesterbeginn anfangen – was übrigens in der damaligen Zeit weniger als heutzutage üblich war. Zu den gleichen Wochenstunden, Mittwoch und Sonnabend von 9 bis 11 Uhr, war aber auch eine Vorlesung von Frobenius über Zahlentheorie angezeigt. Da ich nicht die geringste Ahnung davon hatte, was Zahlentheorie sein könnte, so besuchte ich aus purer Neugier zwei Wochen lang dieses Kolleg, und das entschied über meine wissenschaftliche Richtung, sogar für das ganze weitere Leben. Ich verzichtete dann auf Teilnahme an der astronomischen Vorlesung, als sie schließlich anfing, und blieb bei Frobenius in der Zahlentheorie.

Es dürfte schwer zu erklären sein, weshalb diese Vorlesung über Zahlentheorie auf mich einen so großen und nachhaltigen Eindruck gemacht hat. Dem Stoff nach war es ungefähr die klassische Vorlesung von Dirichlet, wie sie uns in Dedekinds Ausarbeitung überliefert worden ist. Frobenius empfahl dann auch seinen Zuhörern den „Dirichlet-Dedekind" zur Benutzung neben dem Kolleg, und dieses war das erste wissenschaftliche Werk, das ich mir von meinem mühsam durch Privatunterricht verdienten Taschengeld anschaffte – wie etwa in jetziger Zeit ein Student sein Stipendium zur erstmaligen Erwerbung eines Motorfahrzeugs verwendet.

Frobenius sprach völlig frei, ohne jemals eine Notiz zu benutzen, und dabei irrte oder verrechnete er sich kein einziges Mal während des ganzen Semesters. Als er zu Anfang die Kettenbrüche einführte, machte es ihm offensichtlich Freude, die dabei auftretenden verschiedenen algebraischen Identitäten und Rekursionsformeln mit größter Sicherheit und erstaunlicher Schnelligkeit der Reihe nach anzugeben, und dabei warf er zuweilen einen leicht ironischen Blick ins Auditorium, wo die eifrigen Hörer kaum noch bei der Menge des Vorgetragenen mit ihrer Niederschrift folgen konnten. Sonst schaute er die Studenten kaum an und war meist der Tafel zugewendet.

Damals war es übrigens in Berlin nicht üblich, daß zwischen Student und Professor in Zusammenhang mit den Vorlesungen irgend ein wechselseitiger Kontakt zustande kam, außer wenn noch besondere Übungsstunden abgehalten wurden, wie etwa bei Planck in der theoretischen Physik. Frobenius hielt aber keine Übungen zur Zahlentheorie ab, sondern stellte nur hin und wieder im Kolleg eine an das Vorgetragene anschließende Aufgabe; es war dem Hörer freigestellt, eine Lösung vor einer der folgenden Vorlesungsstunden auf das Katheder im Hörsaal zu legen. Frobenius pflegte dann das Blatt mit sich zu nehmen und ließ es beim nächsten Kolleg ohne weitere Bemerkung wieder auf dem Katheder liegen, wobei er es vorher mit dem Zeichen „v" signiert hatte. Niemals wurde jedoch von ihm die richtige oder beste Lösung angegeben oder gar von einem Studenten vorgetragen.

Die Aufgaben waren nicht besonders schwierig, soweit ich mich entsinnen kann, und betrafen immer spezielle Fragen, keine Verallgemeinerungen; so sollte z. B. einmal im Anschluß an die Theorie der Kettenbrüche gezeigt werden, daß die Anzahl der Divisionen beim euklidischen Algorithmus für zwei natürliche Zahlen höchstens fünfmal die Anzahl der Ziffern der kleineren Zahl ist. Verhältnismäßig wenige unter den Zuhörern gaben Lösungen von Aufgaben ab, aber mich interessierten sie sehr und ich versuchte, sie alle zu lösen, wodurch ich dann auch einiges aus Zahlentheorie und Algebra lernte, was nicht gerade im Kolleg behandelt worden war.

Ich habe bereits erwähnt, daß ich nicht gut erklären kann, wodurch die starke Wirkung der Vorlesungen von Frobenius hervorgerufen wurde. Nach meiner Schilderung der Art seines Auftretens hätte die Wirkung eher abschreckend sein können. Ohne daß es mir klar wurde, beeinflußte mich wahrscheinlich die gesamte schöpferische Persönlichkeit des großen Gelehrten, die eben auch durch die Art seines Vortrages in gewisser Weise zur Geltung kam. Nach bedrückenden Schuljahren unter mittelmäßigen oder sogar bösartigen Lehrern war dies für mich ein neuartiges und befreiendes Erlebnis.

In meinem zweiten Semester, ehe noch das Militär auch mich für seine Zwecke zu mißbrauchen versuchte, hörte ich eine weitere Vorlesung bei Frobenius, über die Theorie der Determinanten, die sich wohl in vielem an Kronecker anschloß. Vorher hatte ich in den Ferien noch ein Erlebnis, das ebenfalls mit Frobenius zusammenhing, wie sich allerdings erst viel später herausstellte. Ich erhielt nämlich mit der Post eine Vorladung zur Quästur der Universität, wodurch ich zunächst in Schrecken versetzt wurde. In der Zeit Kaiser Wilhelms des Zweiten pflegten vielfach die Mütter ihre Kinder dadurch zum Gehorsam zu ermahnen, daß sie ihnen mit dem Schutzmann drohten, und so kannte auch ich die Angst vor der Obrigkeit, die Gewalt über einen hat. Als ich nun voller Befürchtungen auf dem Sekretariat der Universität erschien, wurde mir dort zu meiner Verblüffung eröffnet, ich solle aus der Eisenstein-Stiftung einmalig den Betrag von 144 Mark und 50 Pfennigen bekommen.

Dies war kein Stipendium, um das man sich bewerben konnte, und andererseits war ich jedoch zu scheu, bei der Universitätsbehörde nachzufragen, aus welchem Grunde mir das Geld geschenkt wurde, sondern nahm es eben gehorsam an. Damals wußte ich auch noch nicht, wer Eisenstein gewesen war; erst viele Jahre später erfuhr ich bei einem Gespräche mit J. Schur, daß Eisensteins Eltern nach dem frühzeitigen Tode ihres Sohnes zur Erinnerung an ihn eine Stiftung gemacht hatten, aus deren Zinsen jährlich einem tüchtigen Studenten der Mathematik die genannte Summe ausgezahlt wurde. Als ich bei dieser Gelegenheit Schur erzählte, ich hätte die von Frobenius im Kolleg gestellten Aufgaben fleißig gelöst, da bezeichnete er es als höchst wahrscheinlich, daß FROBENIUS mich für jenen Eisenstein-Preis empfohlen hatte.

Danach hat es also FROBENIUS wohl doch nicht gänzlich abgelehnt, von der Existenz seiner Hörer Notiz zu nehmen, und er hat sogar gelegentlich ein menschliches Interesse für sie gezeigt. Aber für mich bot sich keine Gelegenheit, jemals mit ihm direkt zu sprechen. Ich wurde dann auch bald von der Militärbehörde als kriegsverwendungsfähig – so lautete wirklich das Wort! – zur Ausbildung nach Straßburg im Elsaß verschickt. Dort war ich, als FROBENIUS starb, in der psychiatrischen Klinik des Festungslazaretts zur Beobachtung auf meinen Geisteszustand interniert. Als ich mit dem Leben davon gekommen war und schließlich wieder anfing, mathematisch zu arbeiten, haben mich die Untersuchungen von FROBENIUS zur Gruppentheorie längere Zeit stark beschäftigt und dann meine Geschmacksrichtung auf algebraischem Gebiete dauernd beeinflußt.

Inhaltsverzeichnis Band II

22.

Zur Theorie der Transformation der Thetafunctionen

Journal für die reine und angewandte Mathematik 89, 40—46 (1880)

Die Theorie der Transformation der Thetafunctionen von ϱ Variabeln führt auf lineare Substitutionen mit ganzen Coefficienten

$$(1.)\qquad x_\alpha = a_{\alpha 1} x'_1 + a_{\alpha 2} x'_2 + \cdots + a_{\alpha,2\varrho} x'_{2\varrho} \quad (\alpha = 1, 2, \ldots 2\varrho),$$

durch welche die alternirende bilineare Form von der Determinante 1

$$(2.)\qquad J = \sum_\nu{}_1^\varrho (x_\nu y_{\varrho+\nu} - x_{\varrho+\nu} y_\nu) = \Sigma i_{\alpha\beta} x_\alpha y_\beta$$

in sich selbst, mit einer ganzen Zahl n multiplicirt, übergeführt wird. (*Kronecker*, dieses Journal Bd. 68, S. 273; *Weber*, Annali di Mat. Ser. II[a], tom. IX p. 126, im folgenden mit *W.* citirt.) Von einer solchen Substitution (1.) oder von dem System ihrer Coefficienten $a_{\alpha\beta}$ oder von der bilinearen Form $A = \Sigma a_{\alpha\beta} x_\alpha y_\beta$ will ich der Kürze halber sagen, sie gehöre dem Typus $[n, \varrho]$ an. Bedient man sich der symbolischen Bezeichnung für die Zusammensetzung der Systeme, die ich in meiner Arbeit *Ueber lineare Substitutionen und bilineare Formen* (dieses Journal Bd. 84, S. 1; vgl. auch *Laguerre*, Journ. de l'école polyt. tome 25, cah. 42, p. 215) angewendet habe, so wird die Form A durch die Gleichung

$$(3.)\qquad A'JA = nJ$$

definirt, wo A' die conjugirte Form von A ist. Dieselbe umfasst das System der $\varrho(2\varrho-1)$ Gleichungen

$$(3.)\qquad \sum_\nu{}_1^\varrho (a_{\nu\alpha} a_{\varrho+\nu,\beta} - a_{\varrho+\nu,\alpha} a_{\nu\beta}) = n i_{\alpha\beta} \quad (\alpha, \beta = 1, 2, \ldots 2\varrho),$$

wo $i_{\alpha\beta}$ gleich $+1$ oder -1 ist, falls $\beta-\alpha$ gleich $+\varrho$ oder $-\varrho$ ist, und $i_{\alpha\beta} = 0$ ist, falls $\beta - \alpha$ nicht durch ϱ theilbar ist. Ist B eine Form vom Typus $[m, \varrho]$, ist also $B'JB = mJ$, so ist $B'(A'JA)B = B'nJB = mnJ$, oder weil $B'A' = (AB)'$ ist, $(AB)'J(AB) = mnJ$, und mithin gehört AB dem Typus $[mn, \varrho]$ an. (*W.* §. 2.) Sind daher P und Q vom Typus $[1, \varrho]$, so ist PAQ ebenso wie A vom Typus $[n, \varrho]$. Ist $E = \Sigma_{\alpha}{}_1^{2\varrho} x_\alpha y_\alpha$, so ist

$$(4.)\quad J^2 = -E,\quad J^4 = E,\quad J^3 = J^{-1} = -J = J'.$$

Nimmt man daher in der Gleichung (3.) auf beiden Seiten die reciproken Formen, so erhält man $A^{-1}JA'^{-1} = \frac{1}{n}J$, also $nA(A^{-1}JA'^{-1})A' = AJA'$ oder

$$(5.)\quad AJA' = nJ.$$

Diese Gleichung umfasst das System der $\varrho(2\varrho-1)$ Gleichungen (*W.* §. 1, (8.))

$$(5^*.)\quad \Sigma_{\nu}{}_1^{\varrho}(a_{\alpha\nu}a_{\beta,\varrho+\nu} - a_{\alpha,\varrho+\nu}a_{\beta\nu}) = ni_{\alpha\beta}.$$

Eine alternirende Form J mit nicht verschwindender Determinante besitzt eine *schiefe Invariante,* die *Pfaff*sche Function, welche bei einer Transformation der Form mit der Substitutionsdeterminante multiplicirt wird, und eine homogene Function ϱ^{ten} Grades der Coefficienten von J ist. (Vgl. dieses Journal Bd. 86, S. 50). Ist daher die schiefe Invariante von J gleich ε $(=\pm 1)$, so ist die von nJ gleich $n'\varepsilon$, und mithin *) ist die Determinante von A gleich n^ϱ. (*W.* p. 128.)

Für die Construction ganzzahliger Systeme A, deren Coefficienten den Gleichungen (4.) genügen, ist mir bisher keine andere Methode bekannt, als die des Herrn *Kronecker*, deren Princip die Reduction beliebiger Systeme auf gewisse elementare bildet. Diese Methode ist auch in der Arbeit des Herrn *Weber* durchgängig benutzt worden. In meiner *Theorie der linearen Formen mit ganzen Coefficienten* (dieses Journal Bd. 86, S. 146) habe ich zur Ermittelung von unimodularen Determinanten die von *Gauss* (D. A. §. 279) angegebene Methode gebraucht, deren Princip die successive simultane Bestimmung zweier reciproken Determinanten bildet. Es ist der Zweck dieser Arbeit zu zeigen, dass sich diese Methode ohne die geringste Abänderung auf die Construction der oben definirten speciellen Determinanten übertragen lässt.

§. 1.

Construction der Substitutionen vom Typus $[1, \varrho]$.

Ist $\sigma < \varrho$, *bewegen sich* α, β *von* 1 *bis* 2ϱ, *und* $\varkappa$, λ *von* 1 *bis* σ *und von* $\varrho+1$ *bis* $\varrho+\sigma$, *und sind* $a_{\varkappa\beta}$ *irgend* 2σ *Zeilen von je* 2ϱ *Zahlen,*

---

*) In der *Theorie der Abelschen Functionen* von *Clebsch* und *Gordan* ist demnach die auf Seite 302 mit ε bezeichnete Grösse stets gleich $+1$. Vgl. *Weber,* Zeitschrift für Math. und Phys. Jahrg. 24, S. 96.

zwischen denen die Relationen

$$(6.)\quad \sum_\nu{}_1^\varrho (a_{\varkappa\nu}\, a_{\lambda,\varrho+\nu} - a_{\varkappa,\varrho+\nu}\, a_{\lambda\nu}) = i_{\varkappa\lambda}$$

bestehen, so kann man $2(\varrho-\sigma)$ *Zeilen von je* 2ϱ *Zahlen*

$$a_{\gamma\beta} \qquad (\gamma = \sigma+1, \dots \varrho;\ \varrho+\sigma+1, \dots 2\varrho)$$

bestimmen, welche mit den gegebenen Elementen ein System $a_{\alpha\beta}$ *vom Typus* $[1, \varrho]$ *bilden.*

Da $2\sigma < 2\varrho$ ist, so giebt es 2ϱ ganze Zahlen a_β *ohne gemeinsamen Theiler,* welche den 2σ homogenen linearen Gleichungen

$$(7.)\quad \sum_\nu{}_1^\varrho (a_{\varkappa\nu}\, a_{\varrho+\nu} - a_{\varkappa,\varrho+\nu}\, a_\nu) = 0$$

genügen. Werden dann 2ϱ Zahlen b_β so bestimmt, dass

$$(8.)\quad \sum_\nu (a_\nu\, b_{\varrho+\nu} - a_{\varrho+\nu}\, b_\nu) = 1$$

ist, so sei

$$\sum_\nu (a_{\varkappa\nu}\, b_{\varrho+\nu} - a_{\varkappa,\varrho+\nu}\, b_\nu) = h_\varkappa.$$

Setzt man nun

$$a_{\sigma+1,\beta} = a_\beta, \quad a_{\varrho+\sigma+1,\beta} = b_\beta - \sum_\mu{}_1^\sigma (h_\mu\, a_{\varrho+\mu,\beta} - h_{\varrho+\mu}\, a_{\mu\beta}),$$

so ist

$$\sum_\nu{}_1^\varrho (a_{\varkappa\nu}\, a_{\sigma+1,\varrho+\nu} - a_{\varkappa,\varrho+\nu}\, a_{\sigma+1,\nu}) = 0 = i_{\varkappa,\sigma+1},$$

$$\sum_\nu (a_{\varkappa\nu}\, a_{\varrho+\sigma+1,\varrho+\nu} - a_{\varkappa,\varrho+\nu}\, a_{\varrho+\sigma+1,\nu}) = \sum_\nu (a_{\varkappa\nu}\, b_{\varrho+\nu} - a_{\varkappa,\varrho+\nu}\, b_\nu)$$

$$- \sum_\mu h_\mu \Big(\sum_\nu a_{\varkappa\nu}\, a_{\varrho+\mu,\varrho+\nu} - a_{\varkappa,\varrho+\nu}\, a_{\varrho+\mu,\nu}\Big) + \sum_\mu h_{\varrho+\mu} \Big(\sum_\nu a_{\varkappa\nu}\, a_{\mu,\varrho+\nu} - a_{\varkappa,\varrho+\nu}\, a_{\mu\nu}\Big)$$

$$= h_\varkappa - \sum_\mu h_\mu\, i_{\varkappa,\varrho+\mu} + \sum_\mu h_{\varrho+\mu}\, i_{\varkappa\mu} = 0 = i_{\varkappa,\varrho+\sigma+1},$$

$$\sum_\nu (a_{\sigma+1,\nu}\, a_{\varrho+\sigma+1,\varrho+\nu} - a_{\sigma+1,\varrho+\nu}\, a_{\varrho+\sigma+1,\nu}) = 1 - \sum_\mu h_\mu\, i_{\sigma+1,\varrho+\mu} + \sum_\mu h_{\varrho+\mu}\, i_{\sigma+1,\mu} = 1 = i_{\sigma+1,\varrho+\sigma+1}.$$

Zu den 2σ gegebenen Zeilen sind also 2 neue Zeilen von je 2ϱ Zahlen so hinzugefügt, dass die Gleichungen (6.) für

$$\varkappa, \lambda = 1, \dots \sigma+1;\quad \varrho+1, \dots \varrho+\sigma+1$$

gelten. Ist $\sigma+1 < \varrho$, so kann man in derselben Weise eine $(\sigma+2)^{\text{te}}$ und $(\varrho+\sigma+2)^{\text{te}}$ Zeile hinzufügen, u. s. w., bis man 2ϱ Zeilen von je 2ϱ Zahlen hat, zwischen denen für $\varkappa, \lambda = 1, 2, \dots 2\varrho$ die Gleichungen (6.) bestehen.

Sind z. B. a_α, b_α 4ϱ Zahlen, zwischen denen die Gleichung

$$\sum (a_\nu\, b_{\varrho+\nu} - a_{\varrho+\nu}\, b_\nu) = 1$$

besteht, so kann man eine Determinante vom Typus $[1, \varrho]$ angeben, deren erste Zeile von den Elementen a_α, und deren $(\varrho+1)^{\text{te}}$ Zeile von den Elementen b_α gebildet wird.

Nennt man die ν^{te} und $(\varrho+\nu)^{\text{te}}$ Zeile des Systems $a_{\alpha\beta}$ ein Paar von Zeilen, so ist es für die Anwendung der obigen Methode gleichgültig, in welcher Reihenfolge die einzelnen Paare oder die beiden Zeilen eines Paares bestimmt werden, aber nothwendig, dass die beiden Zeilen eines Paares unmittelbar nach einander ermittelt werden. Dem obigen Beweise zufolge ergeben sich aus den Gleichungen (6.) für $\varkappa, \lambda = 1, 2, \dots 2\varrho$ durch Elimination der letzten $\varrho-\sigma$ Paare für die ersten σ Paare keine andern Bedingungen als die Relationen (6.) für $\varkappa, \lambda = 1, \dots \sigma; \varrho+1, \dots \varrho+\sigma$. (Vgl. die analogen Erörterungen, dieses Journal Bd. 82, S. 294 und 297.) Durch Elimination der letzten $\varrho-\sigma-1$ Paare und der einen Zeile des $(\sigma+1)^{\text{ten}}$ Paares ergiebt sich aber für die andere Zeile noch die Bedingung, dass ihre Elemente keinen Divisor gemeinsam haben. Wollte man die Zeilen des Systems $a_{\alpha\beta}$ in einer anderen Reihenfolge ermitteln, und z. B. damit anfangen, die beiden ersten Zeilen zu bestimmen, so würde es nicht genügen, dass die Elemente jeder Zeile ohne gemeinsamen Theiler sind und die Gleichung

$$\Sigma(a_{1,\nu}\, a_{2,\varrho+\nu} - a_{1,\varrho+\nu}\, a_{2\nu}) = 0$$

befriedigen, sondern es müssten auch noch die aus den Elementen beider Zeilen gebildeten Determinanten zweiten Grades keinen Divisor gemeinsam haben. Man müsste also ausser Gleichungen von der Form (7.) oder (8.) noch Systeme linearer Congruenzen lösen (Bd. 86, S. 186 und 200).

§. 2.

Construction der Substitutionen vom Typus $[n, \varrho]$.

Den Variabeln $x_1, \dots x_{2\varrho};\ y_1, \dots y_{2\varrho}$ der bilinearen Form

$$A = \Sigma a_{\alpha\beta}\, x_\alpha\, y_\beta,$$

deren Coefficienten den grössten gemeinsamen Divisor f_1 haben, kann man solche Werthe $x_\alpha = p_{1\alpha}$, $y_\beta = q_{\beta 1}$ ertheilen, dass $A = f_1$, also

$$\Sigma \frac{a_{\alpha\beta}}{f_1} p_{1\alpha}\, q_{\beta 1} = 1$$

wird. Setzt man dann

$$\sum_\beta \frac{a_{\alpha\beta}}{f_1} q_{\beta 1} = p_{\varrho+1,\alpha+\varrho} \text{ oder } -p_{\varrho+1,\alpha-\varrho}, \quad \sum_\alpha \frac{a_{\alpha\beta}}{f_1} p_{1\alpha} = q_{\beta+\varrho,\varrho+1} \text{ oder } -q_{\beta-\varrho,\varrho+1},$$

je nachdem α $(\beta) \leqq \varrho$ oder $> \varrho$ ist, so ist

$$\sum_\nu{}_1^\varrho (p_{1\nu}\, p_{\varrho+1,\varrho+\nu} - p_{1,\varrho+\nu}\, p_{\varrho+1,\nu}) = 1, \quad \sum_\nu{}_1^\varrho (q_{\nu 1}\, q_{\varrho+\nu,\varrho+1} - q_{\varrho+\nu,1}\, q_{\nu,\varrho+1}) = 1.$$

Mithin kann man zwei Systeme $p_{\alpha\beta}$ und $q_{\alpha\beta}$ vom Typus $[1, \varrho]$ construiren.

Ist dann

$$P = \Sigma p_{\alpha\beta} x_\alpha y_\beta, \quad Q = \Sigma q_{\alpha\beta} x_\alpha y_\beta$$

und

$$\Sigma a_{\alpha\beta} \frac{\partial P}{\partial y_\alpha} \frac{\partial Q}{\partial x_\beta} = \Sigma b_{\gamma\delta} x_\gamma y_\delta = B,$$

so ist

$$b_{\gamma 1} = \sum_{\alpha,\beta} a_{\alpha\beta} p_{\gamma\alpha} q_{\beta 1} = f_1 \sum_\nu (p_{\gamma\nu} p_{\varrho+1,\varrho+\nu} - p_{\gamma,\varrho+\nu} p_{\varrho+1,\nu}) = i_{\gamma,\varrho+1} f_1,$$

$$b_{1\delta} = \sum_{\alpha,\beta} a_{\alpha\beta} p_{1\alpha} q_{\beta\delta} = f_1 \sum_\nu (q_{\varrho+\nu,\varrho+1} q_{\nu\delta} - q_{\nu,\varrho+1} q_{\varrho+\nu,\delta}) = i_{\delta,\varrho+1} f_1.$$

Es ist also $b_{11} = f_1$, während alle andern Elemente der ersten Zeile und Colonne des Systems $b_{\alpha\beta}$ verschwinden. Ist das System A vom Typus $[n, \varrho]$, so ist B von demselben Typus. Zufolge der Relationen

$$\sum_\nu b_{1\nu} b_{\alpha,\varrho+\nu} - b_{1,\varrho+\nu} b_{\alpha\nu} = n i_{1\alpha}, \quad \sum_\nu b_{\nu 1} b_{\varrho+\nu,\beta} - b_{\varrho+\nu,1} b_{1\beta} = n i_{1\beta}$$

sind dann alle Elemente der $(\varrho+1)^{\text{ten}}$ Zeile und Colonne des Systems $b_{\alpha\beta}$ mit Ausnahme von $b_{\varrho+1,\varrho+1}$ gleich Null, und $b_{\varrho+1,\varrho+1} = \frac{n}{f_1}$. Mithin ist

$$B = f_1 x_1 y_1 + \frac{n}{f_1} x_{\varrho+1} y_{\varrho+1} + f_1 A_1,$$

wo $f_1 A_1$ eine Form vom Typus $[n, \varrho-1]$ ist. Ist der grösste gemeinsame Divisor der Coefficienten von $f_1 A_1$ gleich $f_1 f_2$, so kann man A_1 auf die nämliche Weise in

$$f_1 f_2 x_2 y_2 + \frac{n}{f_1 f_2} x_{\varrho+2} y_{\varrho+2} + f_1 f_2 A_2$$

transformiren. Jede der beiden Substitutionen vom Typus $[1, \varrho-1]$, die dabei benutzt werden, kann man als eine Substitution vom Typus $[1, \varrho]$ auffassen, indem man sie in der Form

$$x_1 = x_1', \quad x_{\varrho+1} = x_{\varrho+1}', \quad x_2 = 0.x_1' + 0.x_{\varrho+1}' + r_{22} x_2' + \cdots + r_{2,2\varrho} x_{2\varrho}', \quad \text{u. s. w.}$$

schreibt. Durch wiederholte Anwendung dieses Verfahrens wird, wenn man

$$(9.) \qquad f_1 f_2 \ldots f_\nu = e_\nu, \quad \frac{n}{f_1 f_2 \ldots f_\nu} = e_{2\varrho-\nu+1}$$

setzt, die Form A in die *Normalform*

$$F = e_1 x_1 y_1 + \cdots + e_\varrho x_\varrho y_\varrho + e_{2\varrho} x_{\varrho+1} y_{\varrho+1} + \cdots + e_{\varrho+1} x_{2\varrho} y_{2\varrho}$$

transformirt *). Der letzte Schritt besteht darin, dass eine Form $e_{\varrho-1} A_{\varrho-1}$ vom Typus $(n, 1)$ in $e_\varrho x_\varrho y_\varrho + e_{\varrho+1} x_{2\varrho} y_{2\varrho}$ umgeformt wird, wo $e_\varrho = e_{\varrho-1} f_\varrho$ der grösste gemeinsame Divisor der Coefficienten von $e_{\varrho-1} A_{\varrho-1}$ ist. Da der-

---

*) Daraus folgt, dass jede Transformation der Thetafunctionen aus solchen zusammengesetzt werden kann, deren Grad eine Primzahl ist (*W.* p. 13 und 29).

selbe bei dieser Transformation ungeändert bleibt, so ist $e_{\varrho+1}$ durch e_ϱ theilbar. Den Gleichungen (9.) zufolge ist daher von den Zahlen $e_1, e_2, \dots e_{2\varrho}$ jede durch die vorhergehende theilbar, und mithin ist e_α der α^{te} Elementartheiler der Determinante von A oder die α^{te} Invariante der Form A (Bd. 86, S. 159). Der grösste gemeinsame Divisor der Determinanten α^{ten} Grades von A ist folglich

$$d_\alpha = e_1 e_2 \dots e_\alpha,$$

und es bestehen die Relationen

$$(10.) \qquad e_\alpha e_{2\varrho-\alpha+1} = n, \quad \frac{d_{2\varrho-\alpha}}{d_\alpha} = n^{\varrho-\alpha}.$$

Nennt man zwei Formen, die gleiche Invarianten haben, *äquivalent*, so kann von zwei äquivalenten Formen vom Typus $[n, \varrho]$ jede in die nämliche Normalform F, und folglich auch jede in die andere durch Substitutionen vom Typus $[1, \varrho]$ transformirt werden. Bilden z. B. $h_1, h_2, \dots h_{2\varrho}$ irgend ein System zusammengesetzter Elementartheiler von A (Bd. 86, S. 162), zwischen denen die Relationen $h_\alpha h_{2\varrho-\alpha+1} = n$ bestehen, so kann A durch Substitutionen vom Typus $[1, \varrho]$ in $H = \Sigma h_\alpha x_\alpha y_\alpha$ umgeformt werden (*W.* p. 138 u. 140).

Ist K irgend eine alternirende Form von 2ϱ Variabelnpaaren mit der Determinante 1, so kann man J und K durch congrediente unimodulare Substitutionen in einander transformiren (Bd. 86, S. 167), oder man kann eine Form G mit der Determinante ± 1 bestimmen, welche der Gleichung

$$G'KG = J, \quad G'^{-1} J G^{-1} = K$$

genügt. Befriedigt nun C die Gleichung

$$C'KC = nK,$$

so genügt

$$(11.) \qquad G^{-1} C G = A$$

der Bedingung

$$A'JA = nJ,$$

ist also vom Typus $[n, \varrho]$. Da der Gleichung (11.) zufolge C durch zwei unimodulare Substitutionen in A übergeht, so haben A und C die nämlichen Invarianten (Bd. 86, S. 149). Ist D eine der Form C äquivalente Form, welche ebenfalls die Gleichung

$$D'KD = nK$$

befriedigt, so genügt

$$G^{-1} D G = B$$

der Bedingung

$$B'JB = nJ.$$

Mithin sind A und B zwei äquivalente Formen vom Typus $[n, \varrho]$, und man kann folglich zwei Substitutionen P, Q bestimmen, die den Relationen

$$PAQ = B, \quad P'JP = J, \quad Q'JQ = J$$

genügen. Daher befriedigen die beiden unimodularen Substitutionen

$$GPG^{-1} = R, \quad GQG^{-1} = S$$

die Gleichungen

$$RCS = D, \quad R'KR = K, \quad S'KS = K.$$

Es ergiebt sich also der Satz:

Aus einer Substitution, welche eine alternirende bilineare Form mit der Determinante 1 *in das n-fache ihrer selbst transformirt, erhält man alle äquivalenten, indem man sie mit je zwei Substitutionen zusammensetzt, welche diese Form in sich selbst verwandeln.*

Die Formel (10.) lässt sich leicht direct beweisen. Sind G und H irgend zwei (ganzzahlige) unimodulare Formen von ν Variabelnpaaren $x_1, y_1, \ldots x_\nu, y_\nu$, und P und Q zwei Substitutionen, welche G in nH transformiren, also der Gleichung

$$QGP = nH$$

genügen, so ist

$$nP^{-1} = H^{-1}QG.$$

Mithin sind die Elemente des Systems nP^{-1} ganze Zahlen, und dies System ist, da H^{-1} und G unimodular sind, dem System Q äquivalent. Ist aber e_α die α^{te} Invariante von P, so ist $\frac{n}{e_{\nu-\alpha+1}}$ die von nP^{-1} (Bd. 86, p. 161), also auch von Q. Ist $Q = P'$, so ist daher $e_\alpha e_{\nu-\alpha+1} = n$. Daraus folgt:

Wenn zwei Substitutionen eine unimodulare bilineare Form von ν Variabelnpaaren in das n-fache einer andern unimodularen Form transformiren, so ist das Product aus der α^{ten} Invariante der einen und der $(\nu-\alpha+1)^{ten}$ Invariante der andern gleich n.

Zürich, Mai 1879.

23.

Über die Leibnitzsche Reihe

Journal für die reine und angewandte Mathematik 89, 262–264 (1880)

Das Paradoxon, welches in der aus der Reihenentwickelung

$$1-x+x^2-x^3+x^4-\cdots = \frac{1}{1+x}$$

geschlossenen Gleichung (vgl. *Raabe,* dieses Journal Bd. 15, S. 356)

$$1-1+1-1+1-\cdots = \tfrac{1}{2}$$

liegt, hat bekanntlich *Leibnitz (Epistola ad Christ. Wolfium circa scientiam infiniti; acta erud. Lips. suppl. tom. V)* so zu erklären versucht: Die Summe der n ersten Glieder dieser Reihe ist gleich 0 oder 1, je nachdem n gerade oder ungerade ist. Da es mithin ebenso wahrscheinlich ist, dass die Summe der unendlichen Reihe 0 oder 1 ist, so ist ihr Werth gleich dem arithmetischen Mittel aus 0 und 1 *(cum ratio nulla sit pro paritate magis aut imparitate adeoque pro prodeunte* 0 *magis quam pro* 1, *fit admirabili naturae ingenio, ut transitu a finito ad infinitum simul fiat transitus a disjunctivo (iam cessante) ad unum (quod superest) positivum, inter disiunctiva medium). Leibnitz* behauptet also, allerdings ohne Beweis *(hoc argumentandi genus, etsi Metaphysicum magis quam Mathematicum videatur, tamen firmum est)* den folgenden Satz, eine Verallgemeinerung eines bekannten *Abel*schen Satzes (dieses Journal Bd. 1, S. 314):

Ist $s_n = a_0+a_1+\cdots+a_n$ *und nähert sich* $\frac{s_0+s_1+\cdots+s_{n-1}}{n}$ *bei wachsendem* n *einer bestimmten endlichen Grenze* M, *so ist die Reihe* $a_0+a_1x+a_2x^2+\cdots$ *für die Werthe von* x *zwischen* -1 *und* $+1$ *convergent, und die durch sie dargestellte Function nähert sich, wenn* x *beständig zunehmend gegen* 1 *convergirt, dem Werthe* M *als Grenze.*

Die hier gebrauchten Zeichen bedeuten alle reelle Grössen. Die in dem Satze gemachte Voraussetzung hat folgenden Sinn: Ist ε eine beliebig kleine (positive) von Null verschiedene Grösse, so kann man n so gross wählen, dass die Ausdrücke

$$\frac{s_0+s_1+\cdots+s_{n+k-1}}{n+k}-M=\varepsilon_k \quad (k=0,\ 1,\ 2,\ \ldots)$$

dem absoluten Werthe nach sämmtlich kleiner als ε sind. Da folglich

$$s_{n+k}=M+(n+k+1)\,\varepsilon_{k+1}-(n+k)\,\varepsilon_k \quad (k=0,\ 1,\ 2,\ \ldots),$$

$$(1.)\quad a_{n+k} = (n+k+1)\,\varepsilon_{k+1}-2\,(n+k)\,\varepsilon_k+(n+k-1)\,\varepsilon_{k-1} \quad (k=1,\ 2,\ \ldots)$$

und mithin $a_{n+k}<4\varepsilon(n+k)$ ist, so ist die Reihe $a_0+a_1x+a_2x^2+\cdots$ für die Werthe von x zwischen -1 und $+1$ convergent. Setzt man für die Werthe von x zwischen 0 und 1, die obere Grenze ausgeschlossen,

$$(2.)\quad F(x)=a_0+a_1x+a_2x^2+\cdots=\lim\,(a_0+a_1x+\cdots+a_{n+k}x^{n+k}),\quad (k=\infty),$$

so ergiebt sich mit Hülfe der Relationen (1.) und

$$s_n=a_0+a_1+\cdots+a_n=M+(n+1)\,\varepsilon_1-n\,\varepsilon_0$$

die Gleichung

$$\begin{aligned} F(x) = \lim\{&M+(n+1)\,\varepsilon_1-n\,\varepsilon_0-a_0-a_1-\cdots-a_n+a_0+a_1x+\cdots+a_nx^n\\ &+((n+2)\varepsilon_2-2\,(n+1)\varepsilon_1+n\varepsilon_0)\,x^{n+1}+((n+3)\,\varepsilon_3-2(n+2)\varepsilon_2+(n+1)\varepsilon_1)\,x^{n+2}+\cdots\\ &\cdots+((n+k+1)\,\varepsilon_{k+1}-2\,(n+k)\varepsilon_k+(n+k-1)\,\varepsilon_{k-1})\,x^{n+k}\},\end{aligned}$$

oder wenn man

$$(3.)\quad G(x) = a_1x+\cdots+a_nx^n-a_1-\cdots-a_n-n\,\varepsilon_0(1-x^{n+1})+(n+1)\,\varepsilon_1(1-x^n)$$

setzt,

$$\begin{aligned} F(x) = M+G(x)+\lim\{&(n+1)\,\varepsilon_1\,(x^n-2x^{n+1}+x^{n+2})\\ &+(n+2)\,\varepsilon_2\,(x^{n+1}-2x^{n+2}+x^{n+3})+\cdots+(n+k)\,\varepsilon_k\,(x^{n+k-1}-2x^{n+k}+x^{n+k+1})\}\\ &+\lim\{(n+k+1)\,\varepsilon_{k+1}\,x^{n+k}-(n+k)\,\varepsilon_k\,x^{n+k+1}\}.\end{aligned}$$

Da $x<1$ ist, so nähert sich der letzte Theil bei wachsendem k der Grenze 0 und mithin ist, falls man

$$(4.)\quad R = (1-x)^2\,((n+1)\,\varepsilon_1x^n+(n+2)\,\varepsilon_2x^{n+1}+(n+3)\,\varepsilon_3x^{n+2}+\cdots)$$

setzt,

$$(5.)\quad F(x) = M+G(x)+R.$$

Da die Grössen ε_k sämmtlich kleiner als ε sind, so ist dem absoluten Werthe nach

$$\begin{aligned} R &< \varepsilon(1-x)^2((n+1)\,x^n+(n+2)\,x^{n+1}+\cdots)\\ &< \varepsilon(1-x)^2(1+2x+3x^2+\cdots+(n+1)\,x^n+(n+2)\,x^{n+2}+\cdots)=\varepsilon,\end{aligned}$$

also

$$(6.)\quad R < \varepsilon.$$

Da die ganze Function $G(x)$ für $x=1$ verschwindet, so nähert sie sich stetig der Grenze 0, falls x gegen 1 convergirt. Mit dieser Bemerkung verbunden zeigen die Relationen (5.) und (6.), dass sich $F(x)$, falls x gegen 1 convergirt, der Grenze M nähert. Diese Behauptung hat nämlich folgenden Sinn: Ist β eine beliebig gegebene (positive) von Null verschiedene Grösse, so kann man eine Grösse α so bestimmen, dass sich für alle Werthe von x, die um weniger als α von 1 verschieden sind (1 selber ausgeschlossen), $F(x)$ um weniger als β von M unterscheidet. Um dies einzusehen, zerlege man β in zwei positive, von Null verschiedene Theile δ und ε. Zu dem Werthe ε ermittle man in der oben angegebenen Weise die (endliche) ganze Zahl n. Nunmehr bestimme man α so, dass für alle Werthe von x, die um weniger als α von 1 verschieden sind, die (stetig gegen Null convergirende) ganze Function $(n+1)^{\text{ten}}$ Grades $G(x)$ dem absoluten Werthe nach $<\delta$ ist. Dann ist $F(x)-M=G(x)+R<\delta+\varepsilon=\beta$. Den damit bewiesenen Satz kann man auch folgendermassen aussprechen:

Ist s_n eine von n abhängige Grösse, und nähert sich $\frac{s_0+s_1+\cdots+s_{n-1}}{n}$ bei wachsendem n einer bestimmten endlichen Grenze, so nähert sich

$$(1-x)(s_0+s_1x+s_2x^2+\cdots),$$

falls x beständig zunehmend gegen 1 convergirt, derselben Grenze.

Zürich, October 1879.

24.

Über das Additionstheorem der Thetafunctionen mehrerer Variabeln

Journal für die reine und angewandte Mathematik 89, 185–220 (1880)

In seiner Arbeit: Ueber die Transformationstheorie der Thetafunctionen (Annali di Mat. Ser. II[a], tomo IX) zeigt Herr *Weber*, dass sich die transformirten Thetafunctionen von ϱ Variabeln als ganze Functionen k^{ten} Grades der $2^{2\varrho}$ ursprünglichen Thetafunctionen darstellen lassen, falls k den Grad der Transformation bezeichnet. Für den speciellen Fall $\varrho = 2$ ist es aber Herrn *Hermite* (Compt. Rend. tom. 40, p. 485) gelungen, diesem Satze eine weit präcisere Fassung zu geben. Sind ϑ_0, ϑ_1, ϑ_2, ϑ_3 vier durch die *Göpel*sche biquadratische Relation verbundene Thetafunctionen, und Θ_0, Θ_1, Θ_2, Θ_3 die transformirten Functionen mit den nämlichen Charakteristiken, so beweist er, dass sich die vier Functionen Θ_α als ganze Functionen k^{ten} Grades der vier Functionen ϑ_α darstellen lassen. Da dieser Satz, sowie das analoge die Multiplication betreffende Theorem, eins der wichtigsten Resultate der *Hermite*schen Theorie bildet, so habe ich mich mit der Frage beschäftigt, ob auch für Thetafunctionen von mehr als zwei Variabeln ein ähnlicher Satz besteht. *Hermite*s Beweis beruht einmal auf der Uebereinstimmung zweier auf ganz verschiedenen Wegen gefundenen ganzen Zahlen $\left(\frac{k^2+1}{2}\right)$ und zweitens auf der Existenz der *Göpel*schen Relation. Da mir die Verallgemeinerung dieses Beweisverfahrens mit grossen Schwierigkeiten verknüpft zu sein schien, so versuchte ich mein Ziel auf einem anderen Wege zu erreichen, und dies gelang mir mit Hülfe eines dem obigen *Hermite*schen Satze analogen *Additionstheorems* (§. 3). In §. 2 definire ich als *Göpel*sches System ein System von $2^\varrho = r$ Charakteristiken und ihnen entsprechenden Functionen $\vartheta_\alpha(u)$ $(\alpha = 0, 1, \dots r-1)$. In §. 3 zeige ich dann, dass sich jedes der r Producte $\vartheta_\varkappa(u+v)\vartheta_\lambda(u+w)$ durch die Grössen $\vartheta_\alpha(u+v+w)$, $\vartheta_\alpha(v+w)$, $\vartheta_\alpha(u)$, $\vartheta_\alpha(v)$, $\vartheta_\alpha(w)$, $\vartheta_\alpha(0)$ rational ausdrücken lässt (Formel (7.)). Wenn man nun in der Deduction des

Herrn *Weber* (pag. 155) statt des von ihm benutzten Additionstheorems das hier entwickelte anwendet, so ergiebt sich, dass sich jede der r transformirten Functionen $\Theta_\varkappa$ als ganze Function k^{ten} Grades der r Functionen ϑ_α darstellen lässt. Aus unserem Additionstheorem (§. 3, (10.)) ergiebt sich zugleich der analoge Satz über die Multiplication, ohne dass man dieselbe aus zwei supplementären Transformationen zusammenzusetzen brauchte.

Im zweiten Theile dieser Arbeit (§§. 5, 6) beschäftige ich mich mit der Formel, welche Herr *Stahl* (dieses Journal, Bd. 88, S. 177) im Anschluss an die Arbeiten der Herren *Weber* (Theorie der *Abel*schen Functionen vom Geschlecht 3) und *Nöther* (Math. Ann. Bd. 14, S. 248) entwickelt und als Additionstheorem der Thetafunctionen bezeichnet hat. Um zu dieser Formel zu gelangen, hat er zunächst ein System von $2^\varrho+1$ Thetafunctionen zweiter Ordnung aufgestellt, zwischen denen nach *Hermite*s Principien eine lineare Gleichung mit constanten Coefficienten bestehen muss, und dann die linearen Gleichungen ermittelt, welche zur Bestimmung dieser Coefficienten dienen. Auf die Auflösung dieser Gleichungen ist er aber nicht näher eingegangen, und seine Untersuchung ist sogar in so fern nicht ganz vollständig, als er nicht den Nachweis beigebracht hat, dass jene Gleichungen in allen Fällen auflösbar sind, d. h. dass ihre Determinante von Null verschieden ist. Eine genauere Untersuchung dieser Determinante vom Grade $r = 2^{\varrho-3}$ zeigte mir, dass sie in r Factoren zerfällt, welche homogene lineare Functionen von r Thetafunctionen sind, deren Coefficienten bei unbeschränkt veränderlichen Moduln nicht verschwinden. Da zwischen den Thetafunctionen keine lineare Relation mit constanten Coefficienten besteht, so ergiebt sich daraus, dass jene Gleichungen stets auflösbar sind, und aus der Beschaffenheit ihrer Determinante schloss ich, dass sich ihre Auflösung ohne Hülfe der Determinantentheorie in einfacher Weise ausführen lassen müsse.*)

Herr *Stahl* hat seinen Untersuchungen ein gewisses System von $2\varrho+1$ Charakteristiken zu Grunde gelegt, dessen Eigenschaften er in einer späteren Arbeit (dieses Journal Bd. 88, S. 273) genauer studirt hat, und auf welches *Riemann* (*Prym*, Zur Theorie der Functionen in einer zwei-

---

*) Während des Druckes dieser Arbeit erschien die Abhandlung des Herrn *Nöther, Zur Theorie der Thetafunctionen von beliebig vielen Argumenten* (Math. Ann. Bd. 16, S. 270), in welcher die nämliche Untersuchung mit Hülfe der Determinantentheorie durchgeführt worden ist.

blättrigen Fläche, Denkschriften der schweiz. naturforschenden Ges. Bd. 22) und Herr *Weierstrass* (*Königsberger,* dieses Journal Bd. 64, S. 20) in ihren Untersuchungen über die hyperelliptischen Functionen gekommen waren. Die diesen Charakteristiken entsprechenden halben Perioden sind nämlich die Werthe der hyperelliptischen Integrale von einem Verzweigungspunkte bis zu den $2\varrho+1$ übrigen. Dieses System von $2\varrho+1$ Charakteristiken ist aber, wie die Untersuchung der speciellen Fälle $\varrho=1, 2, 3, 4$ gezeigt hat, ein specieller Fall eines Systems von $2\varrho+2$ Charakteristiken, deren eine Null ist. Da durch die Zugrundelegung jenes Systems von $2\varrho+1$ Charakteristiken die Symmetrie der Darstellung beeinträchtigt wird, so habe ich auch (§. 5) die Untersuchung über solche Charakteristikensysteme von neuem aufgenommen. Die Eigenschaft, durch welche Herr *Stahl* das System der $2\varrho+1$ Charakteristiken definirt, nämlich dass zwischen je zwei derselben die Beziehung $|A, B| \equiv 1$ besteht (vergl. die Definitionen in §. 1), ist keine wesentliche Eigenschaft. Als wesentlich betrachte ich diejenigen Eigenschaften der Systeme von Charakteristiken, von denen die zwischen den Thetafunctionen bestehenden Relationen abhängen. Diese Relationen bleiben aber bestehen, wenn man auf die Thetafunctionen eine Transformation erster Ordnung anwendet, und wenn man ihre Argumente um halbe Perioden, d. h. ihre Charakteristiken alle um eine bestimmte Charakteristik vermehrt. Damit ein System von Charakteristiken $A, A_1, A_2, \ldots$ durch Transformation erster Ordnung in ein anderes System von Charakteristiken $B, B_1, B_2, \ldots$ übergeführt werden könne, sind die folgenden Bedingungen nothwendig und hinreichend: 1) $(A_\alpha)=(B_\alpha)$ $(\alpha=0,1,2,\ldots)$, 2) $(AA_\alpha A_\beta)=(BB_\alpha B_\beta)$ $(\alpha, \beta=1,2,3,\ldots)$. 3) Wenn die Summe einer geraden Anzahl der Charakteristiken A_α Null ist, so muss auch die Summe der entsprechenden Charakteristiken B_α verschwinden, und umgekehrt. — Damit aber eine Charakteristik C so bestimmt werden könne, dass $A, A_1, A_2, \ldots$ durch Transformation erster Ordnung in $CB, CB_1, CB_2, \ldots$ übergehen, sind ausser den Bedingungen 3) nur noch gewisse Combinationen der Bedingungen 1) und 2) nothwendig und hinreichend, nämlich $(A, A_\alpha, A_\beta)=(B, B_\alpha, B_\beta)$. Mit Hülfe dieser Sätze schliesst man aus den obigen Erörterungen, dass die zwischen mehreren Functionen $\vartheta[A_\alpha](u)$ bestehenden Relationen einzig und allein davon abhängen, welche Werthe (± 1) die Ausdrücke (A, A_α, A_β) haben, und ob die Summe einer geraden Anzahl der Charakteristiken A_α verschwindet oder nicht. Nur diese Eigenschaften eines Systems von Charakteristiken sind daher als wesentliche zu betrachten. Auf die Beweise der hier angeführten Sätze gedenke ich nächstens zurückzukommen. Ich glaubte sie aber zum besseren Verständniss der folgenden Untersuchungen schon hier anführen zu müssen.

§. 1.

Definitionen.

Charakteristik heisst ein System von 2ϱ ganzen Zahlen

$$(1.)\qquad A = \begin{bmatrix} \nu_1 & \nu_2 & \dots & \nu_\varrho \\ \mu_1 & \mu_2 & \dots & \mu_\varrho \end{bmatrix},$$

die in zwei Zeilen und ϱ Colonnen geordnet sind. Eine Charakteristik A heisst *gerade* oder *ungerade*, je nachdem der Ausdruck

$$|A| = \mu_1\nu_1 + \mu_2\nu_2 + \dots + \mu_\varrho\nu_\varrho$$

gerade oder ungerade ist. Zwei Charakteristiken heissen *gleich*, wenn ihre entsprechenden Zahlen gleich, *congruent*, wenn dieselben mod. 2 congruent sind. Ueberhaupt ist bei allen im Folgenden benutzten Congruenzen, bei denen kein Modul angegeben ist, der Modul 2 zu ergänzen. Ist

$$(2.)\qquad B = \begin{bmatrix} \nu'_1 & \nu'_2 & \dots & \nu'_\varrho \\ \mu'_1 & \mu'_2 & \dots & \mu'_\varrho \end{bmatrix}$$

eine zweite Charakteristik, so heisst die Charakteristik

$$\begin{bmatrix} \nu_1+\nu'_1 & \nu_2+\nu'_2 & \dots & \nu_\varrho+\nu'_\varrho \\ \mu_1+\mu'_1 & \mu_2+\mu'_2 & \dots & \mu_\varrho+\mu'_\varrho \end{bmatrix}$$

die *Summe* von A und B und wird mit $AB = BA$ oder auch mit $A+B$ bezeichnet*). Setzt man

$$\left|\begin{matrix} B \\ A \end{matrix}\right| = \mu_1\nu'_1 + \mu_2\nu'_2 + \dots + \mu_\varrho\nu'_\varrho,$$

so ist

$$\left|\begin{matrix} A \\ A \end{matrix}\right| = |A|, \quad \left|\begin{matrix} BB'\dots \\ A \end{matrix}\right| = \left|\begin{matrix} B \\ A \end{matrix}\right| + \left|\begin{matrix} B' \\ A \end{matrix}\right| + \cdots, \quad \left|\begin{matrix} B \\ AA'\dots \end{matrix}\right| = \left|\begin{matrix} B \\ A \end{matrix}\right| + \left|\begin{matrix} B \\ A' \end{matrix}\right| + \cdots.$$

Setzt man ferner

$$\left|\begin{matrix} B \\ A \end{matrix}\right| - \left|\begin{matrix} A \\ B \end{matrix}\right| = |A, B| = -|B, A| \equiv |B, A|,$$

so ist $|A, A| = 0$ und

$$(3.)\qquad |A, B| \equiv |A| + |B| + |AB|,$$

$$(4.)\qquad |AB\dots, A'B'\dots| = |A, A'| + |A, B'| + \dots + |B, A'| + |B, B'| + \cdots,$$

$$(5.)\qquad |ABC\dots| \equiv |A| + |B| + |C| + \dots + |A, B| + |A, C| + |B, C| + \cdots.$$

---

*) Die sämmtlichen mod. 2 verschiedenen Charakteristiken bilden eine primäre *Gruppe* vertauschbarer Elemente von der Ordnung $2^{2\varrho}$ und vom Range 2ϱ, deren Elemente sämmtlich der Gleichung $XX = O$ genügen. (vgl. dieses Journal Bd. 86, S. 217.)

Ist A oder B congruent

$$O = \begin{bmatrix} 0 & 0 & \dots & 0 \\ 0 & 0 & \dots & 0 \end{bmatrix},$$

so ist $[A, B] \equiv 0$.

Setzt man endlich

$$(6.)\quad \begin{cases} |A, B, C| = |B, C| + |C, A| + |A, B| \equiv |AB, AC| \\ \equiv |A| + |B| + |C| + |ABC| \equiv |BC| + |CA| + |AB|, \end{cases}$$

so ist

$$(7.)\quad |A, B, C| \equiv |KA, KB, KC|,$$

$$(8.)\quad |B, C, D| + |C, D, A| + |D, A, B| + |A, B, C| \equiv 0.$$

Ferner ist

$$|AA_1 \dots A_{2\lambda}| \equiv \Sigma|A_\gamma| + \Sigma|A_\alpha, A_\beta| \equiv \Sigma|A_\gamma| + \Sigma(|A, A_\alpha| + |A, A_\beta| + |A_\alpha, A_\beta|),$$

also

$$(9.)\quad |AA_1 \dots A_{2\lambda}| \equiv \Sigma|A_\gamma| + \Sigma|A, A_\alpha, A_\beta|,$$

wo α, β alle Paare der Zahlen von 1 bis 2λ durchlaufen.

Mehrere Charakteristiken heissen *unabhängig,* wenn nicht die Summe irgend einer Anzahl derselben, *wesentlich unabhängig,* wenn nicht die Summe einer *geraden* Anzahl derselben congruent O ist. Sind $A, B, C, \dots$ wesentlich unabhängig, so sind es auch $KA, KB, KC, \dots$. Bildet man aus mehreren Charakteristiken $A, B, C, \dots$ die Summen irgend einer Anzahl derselben, $O, A, B, \dots AB, AC, \dots ABC \dots$, so heissen diese die *Combinationen* der gegebenen Charakteristiken, bildet man aber nur die Summen einer *ungeraden* Anzahl, so heissen diese ihre *wesentlichen Combinationen.* Eine wesentliche Combination von wesentlichen Combinationen ist auch eine wesentliche Combination der gegebenen Charakteristiken. Die Combinationen von λ unabhängigen Charakteristiken sind 2^λ verschiedene Charakteristiken, die wesentlichen Combinationen von λ wesentlich unabhängigen Charakteristiken sind $2^{\lambda-1}$ verschiedene Charakteristiken. Unter allen $2^{2\varrho}$ Charakteristiken befinden sich daher 2ϱ unabhängige und $2\varrho+1$ wesentlich unabhängige. Zwischen $2\varrho+\varkappa$ Charakteristiken bestehen mindestens $\varkappa$ Relationen. Zwischen mehreren wesentlich unabhängigen Charakteristiken kann höchstens eine Relation bestehen. Denn wären zwei Summen einer ungeraden Anzahl congruent O, so wäre auch die Summe einer geraden Anzahl congruent O.

Sind für ein System von Charakteristiken $A, A_1, A_2, \dots$ die Werthe der Ausdrücke $|A_\alpha|$ und $|A A_\alpha A_\beta|$ gegeben, so ist dadurch auch für jede wesentliche Combination P der Werth von $|P|$ und für je drei wesentliche Combinationen P, Q, R der Werth von $|P, Q, R|$ bestimmt. Denn zunächst ist

$$|A, A_\alpha, A_\beta| \equiv |A| + |A_\alpha| + |A_\beta| + |A A_\alpha A_\beta|.$$

Daraus ergiebt sich $|P|$ mittelst der Formel (9.), und ebenso $|Q|$, $|R|$ und $|PQR|$, weil auch PQR eine wesentliche Combination von $A, A_1, A_2, \ldots$ ist. Alsdann ist $|P, Q, R| \equiv |P| + |Q| + |R| + |PQR|$.

Die Fragen, welche sich auf die Anzahl der Charakteristiken beziehen, die gegebenen Bedingungen genügen, werde ich im Folgenden gleichmässig nach einer allgemeinen Methode behandeln, zu deren Erläuterung ich hier einige bekannte Sätze ableiten will.

I. *Sind*

$$u_\alpha = a_{\alpha 1} x_1 + a_{\alpha 2} x_2 + \cdots + a_{\alpha \varrho} x_\varrho \qquad (\alpha = 1, 2, \ldots \sigma)$$

σ (*mod.* 2) *unabhängige lineare Formen der* ϱ *Variabeln* $x_1, x_2, \ldots x_\varrho$, *und sind* $c_1, c_2, \ldots c_\sigma$ *beliebige Zahlen, so haben die* σ *Congruenzen* $u_\alpha \equiv c_\alpha$ $2^{\varrho - \sigma}$ *verschiedene Lösungen.*

Ist φ die Anzahl ihrer Lösungen, so ist

$$2^\sigma \varphi = \Sigma (1 + (-1)^{u_1 + c_1})(1 + (-1)^{u_2 + c_2}) \ldots (1 + (-1)^{u_\sigma + c_\sigma}),$$

falls man jedem der Summationsbuchstaben $x_1, x_2, \ldots x_\varrho$ die Werthe 0 und 1 beilegt. Denn genügt ein Werthsystem nicht den sämmtlichen Congruenzen $u_\alpha \equiv c_\alpha$, so ist das entsprechende Glied der Summe gleich 0, genügt es ihnen aber, gleich 2^σ. Führt man auf der rechten Seite die Multiplication aus, so ist das erste Glied $\Sigma 1 = 2^\varrho$, irgend ein anderes aber

$$\Sigma (-1)^{u_1 + c_1 + \cdots + u_\lambda + c_\lambda} = (-1)^{c_1 + \cdots + c_\lambda} \Sigma (-1)^{a_1 x_1 + \cdots + a_\varrho x_\varrho},$$

falls man $u_1 + \cdots + u_\lambda = a_1 x_1 + \cdots + a_\varrho x_\varrho$ setzt. Da $u_1, u_2, \ldots u_\sigma$ (mod. 2) unabhängig sind, so sind $a_1, \ldots a_\varrho$ nicht sämmtlich gerade. Die letztere Summe ist aber gleich $(\Sigma (-1)^{a_1 x_1}) \ldots (\Sigma (-1)^{a_\varrho x_\varrho})$, und wenn a_1 ungerade ist, so ist $\Sigma (-1)^{a_1 x_1} = 0$. Mithin ist $2^\sigma \varphi = 2^\varrho$.

Ich bediene mich im Folgenden der Bezeichnungen

$$\binom{B}{A} = (-1)^{\left|\frac{B}{A}\right|}, \quad (A) = (-1)^{|A|}, \quad (A, B) = (-1)^{|A, B|}, \quad (A, B, C) = (-1)^{|A, B, C|}.$$

Die Zahl $\varepsilon = (A)$, welche $+1$ oder -1 ist, je nachdem A gerade oder ungerade ist, nenne ich den *Charakter* von A.

II. ***Durchläuft R alle Charakteristiken, so ist***

$$(10.)\qquad \Sigma(R) = 2^\varrho,\quad \Sigma(KR) = 2^\varrho,$$

und falls A von O verschieden ist,

$$(11.)\qquad \Sigma(A, R) = 0,\quad \Sigma(O, R) = 2^{2\varrho}.$$

Falls nämlich jeder der Buchstaben $\mu_1, \dots \mu_\varrho, \nu_1, \dots \nu_\varrho$ die Werthe 0 und 1 durchläuft, ist

$$\Sigma(R) = \Sigma(-1)^{\mu_1\nu_1+\dots+\mu_\varrho\nu_\varrho} = (\Sigma(-1)^{\mu_1\nu_1})\dots(\Sigma(-1)^{\mu_\varrho\nu_\varrho}) = 2^\varrho.$$

Ist K eine gegebene Charakteristik, so durchläuft KR gleichzeitig mit R alle Charakteristiken, nur in einer anderen Reihenfolge, und folglich ist $\Sigma(KR) = \Sigma(R) = 2^\varrho$. Ferner ist $(O, R) = 1$ und mithin $\Sigma(O, R) = 2^{2\varrho}$. Endlich giebt es nach I. $2^{2\varrho-1}$ Charakteristiken, für welche $(A, R) = 1$, und ebenso viele, für welche $(A, R) = -1$ ist, und mithin ist $\Sigma(A, R) = 0$.

Ist $\varphi(\varepsilon)$ die Anzahl der Charakteristiken vom Charakter ε, so ist $\varphi(1)+\varphi(-1) = 2^{2\varrho}$ und $\varphi(1)-\varphi(-1) = \Sigma(R) = 2^\varrho$, folglich

$$(12.)\qquad \varphi(\varepsilon) = 2^{\varrho-1}(2^\varrho+\varepsilon).$$

Sind $\varepsilon_1, \varepsilon_2, \dots \varepsilon_\nu$ gegebene Charaktere (d. h. gleich ± 1), und ist φ die Anzahl der Lösungen der Congruenzen

$$(X_1) = \varepsilon_1,\quad (X_2) = \varepsilon_2,\quad \dots\quad (X_\nu) = \varepsilon_\nu,\quad X_1X_2\dots X_\nu \equiv A,$$

so ist nach (11.)

$$2^{2\varrho+\nu}\varphi = \Sigma(R, AR_1R_2\dots R_\nu)(1+\varepsilon_1(R_1))(1+\varepsilon_2(R_2))\dots(1+\varepsilon_\nu(R_\nu)),$$

wo $R, R_1, \dots R_\nu$ unabhängig von einander alle Charakteristiken durchlaufen. Oder es ist

$$2^{2\varrho+\nu}\varphi = \sum_R(R, A)[\sum_{R_1}(R, R_1)(1+\varepsilon_1(R_1))]\dots[\Sigma(R, R_\nu)(1+\varepsilon_\nu(R_\nu))].$$

Ist $R = O$, so ist

$$\Sigma(O, R_1)(1+\varepsilon_1(R_1)) = 2^{2\varrho}+\varepsilon_1 2^\varrho = 2^\varrho(2^\varrho+\varepsilon_1).$$

Der entsprechende Theil der Summe ist also $2^{\varrho\nu}(2^\varrho+\varepsilon_1)\dots(2^\varrho+\varepsilon_\nu)$. Ist R von O verschieden, so ist

$$\sum_{R_1}(R, R_1)(1+\varepsilon_1(R_1)) = \varepsilon_1(R)\Sigma(RR_1) = \varepsilon_1(R)2^\varrho.$$

Der entsprechende Theil der Summe ist also $2^{\varrho\nu}\varepsilon_1\varepsilon_2\dots\varepsilon_\nu$ multiplicirt mit $\Sigma(R)^\nu(R, A)$, wo R alle Charakteristiken ausser O durchläuft, oder mit

$$\Sigma(R)^\nu(R, A)-1 = \psi-1,$$

wo R alle Charakteristiken durchläuft. Ist ν ungerade, so ist

$$\psi = \Sigma(R)(R, A) = (A)\Sigma(AR) = (A)2^\varrho.$$

Ist ν gerade, so ist $\psi = \Sigma(R, A)$. Demnach ist

$$(13.) \qquad \varphi = 2^{\varrho\nu-2\varrho-\nu}[(2^\varrho+\varepsilon_1)(2^\varrho+\varepsilon_2)\dots(2^\varrho+\varepsilon_\nu)+\varepsilon_1\varepsilon_2\dots\varepsilon_\nu(\psi-1)],$$

wo $\psi = (A)2^\varrho$ ist, falls ν ungerade, $\psi = 0$, falls ν gerade und A von O verschieden, $\psi = 2^{2\varrho}$, falls ν gerade und $A = O$ ist. In dieser Formel sind auch alle die Zerlegungen von A in ν Charakteristiken mitgezählt, in denen mehrere der Charakteristiken $X_1, X_2, \dots X_\nu$ einander congruent sind, und es sind auch die als verschieden gezählt, in denen sich die Summanden nur durch die Reihenfolge unterscheiden; z. B. ist die Anzahl der Zerlegungen einer von O verschiedenen Charakteristik in zwei von den Charakteren ε und ε' gleich $2^{\varrho-2}(2^\varrho+\varepsilon+\varepsilon')$, also die Anzahl der Zerlegungen in eine gerade und eine ungerade gleich $2^{2\varrho-2}$, und die Anzahl der Zerlegungen in zwei vom Charakter ε gleich $2^{\varrho-2}(2^{\varrho-1}+\varepsilon)(=\frac{1}{2}\varphi)$. Auf einem ähnlichen Wege wie oben findet man die Anzahl der Zerlegungen einer gegebenen Charakteristik vom Charakter ε in drei verschiedene von den Charakteren α, β, γ gleich

$$\frac{(2^\varrho-\varepsilon)(2^\varrho+\varepsilon+\alpha+\beta+\gamma)(2^\varrho+\varepsilon+\alpha\beta\gamma)(2^\varrho-\varepsilon-\alpha\beta\gamma)}{\pm 16(\alpha+\beta+\gamma)},$$

oder wenn man $\alpha\beta\gamma+\alpha+\beta+\gamma = 4\delta$ setzt, wo δ eine ganze Zahl ist, gleich

$$\frac{(2^\varrho-\varepsilon)(2^\varrho-\varepsilon-\alpha\beta\gamma)(2^{\varrho-1}+\delta)(2^{\varrho-1}+\delta+\varepsilon)}{\pm 4(\alpha+\beta+\gamma)}.$$

Jeder Charakteristik (1.) entspricht ein System simultaner halber Perioden

$$\tfrac{1}{2}\mu_1+\tfrac{1}{2}\Sigma\tau_{1\beta}\nu_\beta, \quad \dots \quad \tfrac{1}{2}\mu_\varrho+\tfrac{1}{2}\Sigma\tau_{\varrho\beta}\nu_\beta,$$

welches im Folgenden ebenfalls mit A bezeichnet wird, und eine Thetafunction von ϱ Variabeln $v_1, v_2, \dots v_\varrho$

$$\vartheta[A](v) = \Sigma e^{2i\pi\Sigma(v_\alpha+\frac{1}{2}\mu_\alpha)(n_\alpha+\frac{1}{2}\nu_\alpha)+i\pi\Sigma\tau_{\alpha\beta}(n_\alpha+\frac{1}{2}\nu_\alpha)(n_\beta+\frac{1}{2}\nu_\beta)}.$$

Ist (2.) eine zweite Charakteristik, so ist

$$\vartheta[ABB](v) = \left(\tfrac{A}{B}\right)\vartheta[A](v),$$

$$\vartheta[A](v+B) = e^{-\frac{i\pi}{2}\Sigma\nu'_\alpha(\mu_\alpha+\mu'_\alpha)-i\pi\Sigma\nu'_\alpha v_\alpha-\frac{i\pi}{4}\Sigma\tau_{\alpha\beta}\nu'_\alpha\nu'_\beta}\vartheta[AB](v),$$

$$\vartheta[A](v+2B) = (A, B)e^{-2i\pi\Sigma\nu'_\alpha v_\alpha-i\pi\Sigma\tau_{\alpha\beta}\nu'_\alpha\nu'_\beta}\vartheta[A](v),$$

$$\vartheta[A](v+C):\vartheta[B](v+C) = e^{-\frac{i\pi}{2}\left|{C \atop A}\right|}\vartheta[AC](v):e^{-\frac{i\pi}{2}\left|{C \atop B}\right|}\vartheta[BC](v),$$

$$\vartheta[A](v+2C):\vartheta[B](v+2C) = (A, C)\vartheta[A](v):(B, C)\vartheta[B](v).$$

Für ein Product von der Form $\vartheta[A](u)\vartheta[A](v)\vartheta[A](w)$ werde ich kurz $\vartheta[A](u)(v)(w)$ schreiben. Am häufigsten wird dann im Folgenden die Formel

$$\vartheta[A](u+C)(v+C):\vartheta[B](u+C)(v+C)=\left(\frac{C}{A}\right)\vartheta[AC](u)(v):\left(\frac{C}{B}\right)\vartheta[BC](u)(v)$$

gebraucht werden. Ist $\vartheta(v)$ irgend eine der $2^{2\varrho}$ Functionen $\vartheta[A](v)$, und sind $h_1, h_2, \ldots h_\varrho$ beliebige Grössen, so bezeichne ich $\Sigma\frac{\partial\vartheta}{\partial v_\mu}h_\mu$ mit $\vartheta'(v)$ und $\Sigma\frac{\partial^2\vartheta}{\partial v_\mu\partial v_\nu}h_\mu h_\nu$ mit $\vartheta''(v)$.

§. 2.

*Göpel*sche Systeme von Charakteristiken.

Wir stellen uns die Aufgabe, ein System von Charakteristiken A, A_1, A_2, ... in der allgemeinsten Weise so zu bestimmen, dass zwischen je drei derselben die Relation

$$(1.)\qquad |A_\alpha,\ A_\beta,\ A_\gamma|\equiv 0$$

besteht. Diese Bedingungen sind nicht unter einander unabhängig. Nach Formel (8.), §. 1 sind sie sämmtlich erfüllt, falls zwischen je zwei der gegebenen Charakteristiken die Bedingung $|A, A_\alpha, A_\beta|\equiv 0$ besteht, oder wenn man

$$(2.)\qquad AA_\alpha\equiv P_\alpha,$$

also speciell $P\equiv 0$ setzt, zwischen je zwei der Charakteristiken P_1, P_2, P_3, ... die Bedingung

$$(3.)\qquad |P_\alpha,\ P_\beta|\equiv 0.$$

Nun ist aber die Congruenz $|P_1, P_2P_3|\equiv 0$ eine Folge aus den Congruenzen $|P_1, P_2|\equiv 0$ und $|P_1, P_3|\equiv 0$. Sind daher unter den Charakteristiken P_α etwa P_1, P_2, ... P_μ unabhängig, und alle anderen Combinationen derselben, so braucht die Relation (3.) nur für alle Paare α, β der Zahlen von 1 bis μ zu bestehen.

Sind P_1, P_2, ... P_λ irgend λ unabhängige Charakteristiken, die paarweise in der Beziehung (3.) zu einander stehen, so haben die λ unabhängigen linearen Congruenzen $|P_1, X|\equiv 0, \ldots |P_\lambda, X|\equiv 0$ zwischen 2ϱ Unbekannten $2^{2\varrho-\lambda}$ Lösungen. Unter denselben befinden sich die 2^λ Combinationen der gegebenen λ Charakteristiken. Mithin haben jene Congruenzen $2^{2\varrho-\lambda}-2^\lambda=2^\lambda(2^{2(\varrho-\lambda)}-1)$ von P_1, P_2, ... P_λ unabhängige Lösungen. Diese Zahl ist positiv, wenn $\lambda<\varrho$ ist, dagegen 0, wenn $\lambda=\varrho$ ist. Die oben mit μ bezeichnete Zahl kann daher $=\varrho$, aber nicht $>\varrho$ sein. Ist $\mu=\varrho$, so heisst das System der $\varrho+1$ wesentlich unabhängigen Charakteristiken A; $A_1, \dots A_\varrho$ und ihrer wesentlichen Combinationen ein *Göpelsches System*, und $A, A_1, \dots A_\varrho$ heisst eine **Basis** dieses Systems. Um eine solche Basis zu finden, wähle man A beliebig, was auf $2^{2\varrho}$ Arten möglich ist, alsdann A_1 von A (oder P_1 von O) verschieden, was auf $2^{2\varrho}-1$ Arten möglich ist, alsdann für A_2 eine von A und A_1 verschiedene Lösung der Congruenz $|A, A_1, A_2| \equiv 0$, was auf $2^{2\varrho-1}-2$ Arten möglich ist, u. s. w. Allgemein kann man, nachdem $A, A_1, \dots A_\lambda$ bestimmt sind, $A_{\lambda+1}$ auf $2^\lambda(2^{2(\varrho-\lambda)}-1)$ Arten wählen, also A_ϱ auf $2^{\varrho+1}-2^{\varrho-1}$ Arten. Sind dann $A_{\varrho+1}$, $A_{\varrho+2}, \dots A_{r-1}$, wo

$$(4.) \qquad r = 2^\varrho$$

gesetzt ist, die wesentlichen Combinationen jener Charakteristiken, so bilden $A, A_1, \dots A_{r-1}$ ein *Göpel*sches System. Man erhält dasselbe auch, indem man zu allen Combinationen von $P_1, P_2, \dots P_\varrho$ die Charakteristik A hinzufügt.

Ist umgekehrt ein *Göpel*sches System von r Charakteristiken A, $A_1, \dots A_{r-1}$ gegeben, so befinden sich unter ihnen, wie oben gezeigt, nicht mehr als $\varrho+1$ wesentlich unabhängige, aber auch nicht weniger, weil die Anzahl der wesentlichen Combinationen von $\mu+1$ solchen Charakteristiken gleich 2^μ ist. Um in der allgemeinsten Weise eine Basis $A, A_1, \dots A_\varrho$ des gegebenen Systems zu ermitteln, nehme man für A, A_1, A_2 drei beliebige Charakteristiken desselben, so dass A auf r, alsdann A_1 auf $r-1$, alsdann A_2 auf $r-2$ Arten gewählt werden kann. Alsdann kann die Charakteristik A_3, da sie von A, A_1, A_2 und AA_1A_2 verschieden sein muss, auf $r-4$ Arten gewählt werden; u. s. w. Allgemein darf $A_{\lambda+1}$ keine wesentliche Combination der $\lambda+1$ wesentlich unabhängigen Charakteristiken A, $A_1, \dots A_\lambda$ sein, kann also auf $r-2^\lambda = 2^\lambda(2^{\varrho-\lambda}-1)$ Arten gewählt werden. Aus diesen Erörterungen ergiebt sich, dass die Anzahl der *Göpel*schen Systeme gleich

$$\frac{2^{2\varrho}(2^{2\varrho}-1)(2^{2\varrho-2}-1)(2^{2\varrho-4}-1)\dots(2^2-1)2^{\frac{\varrho(\varrho-1)}{2}}}{2^\varrho(2^\varrho-1)\,(2^{\varrho-1}-1)\,(2^{\varrho-2}-1)\dots(2-1)2^{\frac{\varrho(\varrho-1)}{2}}},$$

oder gleich

$$(5.) \qquad 2^\varrho(2^\varrho+1)(2^{\varrho-1}+1)\dots(2^2+1)(2+1)$$

ist.

Wir wenden uns jetzt zur Untersuchung der Frage, was für Charaktere die Charakteristiken eines *Göpel*schen Systems haben können. Seien A, $A_1, \dots A_\lambda$ $\lambda+1$ wesentlich unabhängige Charakteristiken eines solchen Systems. Sei $AA_\alpha = P_\alpha$, sei $\varepsilon = \pm 1$ ein gegebener Charakter und sei $\psi(\varepsilon)$ die Anzahl der Charakteristiken $A_{\lambda+1} = AX$, welche den Gleichungen

$$(6.) \qquad (P_1, X) = 1, \quad \dots \quad (P_\lambda, X) = 1, \quad (AX) = \varepsilon$$

genügen. Dann ist

$$\psi(1) + \psi(-1) = 2^{2\varrho-\lambda}$$

und

$$2^\lambda(\psi(1) - \psi(-1)) = \Sigma(AR)(1+(P_1, R))(1+(P_2, R))\dots(1+(P_\lambda, R)),$$

wo sich die Summe über alle Charakteristiken R erstreckt. Führt man auf der rechten Seite die Multiplication aus, so erhält man lauter Glieder von der Form

$$\Sigma(AR)(P_1, R)\dots(P_\varkappa, R) = (A)(AP_1\dots P_\varkappa)\Sigma(AP_1\dots P_\varkappa R) = (A)(AP_1\dots P_\varkappa)2^\varrho.$$

Ferner ist

$$(A)(AP_1\dots P_\varkappa) = (A)^\varkappa(AP_1)\dots(AP_\varkappa) = (A)^\varkappa(A_1)\dots(A_\varkappa),$$

also wenn $\varkappa$ gerade ist, $(A_1)\dots(A_\varkappa)$, und wenn $\varkappa$ ungerade ist, $(A)(A_1)\dots(A_\varkappa)$, in beiden Fällen das Product einer geraden Anzahl der Charaktere (A), $(A_1), \dots (A_\lambda)$. Die doppelte Summe aller Producte einer geraden Anzahl dieser Charaktere ist aber gleich

$$(1+(A))(1+(A_1))\dots(1+(A_\lambda)) + (1-(A))(1-(A_1))\dots(1-(A_\lambda)).$$

Dieser Ausdruck ist $2^{\lambda+1}$, wenn $A, A_1, \dots A_\lambda$ alle denselben Charakter haben, aber 0, wenn dies nicht der Fall ist. Ist also $\delta = (A)$, falls A, $A_1, \dots A_\lambda$ alle denselben Charakter haben, und $\delta = 0$ im entgegengesetzten Falle, so ergiebt sich aus der obigen Deduction, dass

$$\psi(1) - \psi(-1) = 2^\varrho\delta^2$$

ist. Demnach ist

$$(7.) \qquad \psi(\varepsilon) = 2^{2\varrho-\lambda-1} + \varepsilon\delta^2 2^{\varrho-1}.$$

Durchläuft V alle wesentlichen Combinationen von $A, A_1, \dots A_\lambda$, und ist $\chi(\varepsilon)$ die Anzahl derjenigen unter ihnen, deren Charakter gleich ε ist, so ist $\chi(1) - \chi(-1) = \Sigma(V)$. Nun ergiebt sich aber aus den Gleichungen (1.), dass

$$(V) = (A_\alpha A_\beta A_\gamma \dots) = (A_\alpha)(A_\beta)(A_\gamma)\dots$$

ist, falls die Anzahl der Charakteristiken $A_\alpha, A_\beta, A_\gamma, \dots$ ungerade ist. Mithin ist

$$2\Sigma(V) = (1+(A))(1+(A_1))\dots(1+(A_\lambda))-(1-(A))(1-(A_1))\dots(1-(A_\lambda))$$

und folglich $\chi(1)-\chi(-1)=2^\lambda\delta$. Da ferner $\chi(1)+\chi(-1)=2^\lambda$ ist, so ist

$$(8.)\qquad \chi(\varepsilon) = 2^{\lambda-1}(1+\varepsilon\delta).$$

Bezeichnet man also mit $\varphi(\varepsilon)=\psi(\varepsilon)-\chi(\varepsilon)$ die Anzahl der von $A, A_1, \dots A_\lambda$ wesentlich unabhängigen Lösungen der Gleichungen (6.), so ist

$$\varphi(\varepsilon) = 2^{2\varrho-\lambda-1}+\varepsilon\delta^2 2^{\varrho-1}-2^{\lambda-1}-2^{\lambda-1}\varepsilon\delta.$$

Haben also die gegebenen Charakteristiken nicht alle denselben Charakter, so ist

$$(9.)\qquad \varphi(\varepsilon) = 2^{\lambda-1}(2^{\varrho-\lambda}+1)(2^{\varrho-\lambda}-1),$$

also von ε unabhängig und positiv, so lange $\lambda<\varrho$ ist. Haben sie aber alle denselben Charakter $\delta(=\pm 1)$, so ist

$$(10.)\qquad \varphi(\varepsilon) = 2^{\lambda-1}(2^{\varrho-\lambda}-\delta)(2^{\varrho-\lambda}+\delta+\varepsilon).$$

So lange $\lambda<\varrho$ ist, ist dieser Ausdruck positiv, ausser wenn $\delta=\varepsilon=-1$ und $\lambda=\varrho-1$ ist. Daraus folgt:

I. *Die $\varrho+1$ Charakteristiken der Basis eines Göpelschen Systems können nicht alle ungerade sein, sonst aber beliebige Charaktere haben.*

Ist $\lambda=\varrho$, so kann also δ nicht -1 sein. Ist $\delta=0$, so ist $\chi(\varepsilon)=2^{\varrho-1}$, ist $\delta=1$, so ist $\chi(1)=2^\varrho$, $\chi(-1)=0$. Die Charakteristiken eines *Göpel*schen Systems sind also entweder alle gerade, oder zur Hälfte gerade, zur Hälfte ungerade, je nachdem die Charakteristiken der Basis alle gerade oder zum Theil ungerade sind. Im letzteren Falle kann man als Basis stets ein System von ϱ geraden und einer ungeraden Charakteristik wählen. Denn sind A_1, $A_2, \dots A_\lambda$ λ wesentlich unabhängige gerade Charakteristiken des Systems, so ist die Anzahl ihrer wesentlichen Combinationen, die nach (8.) sämmtlich gerade sind, gleich $2^{\lambda-1}$, also $<2^{\varrho-1}$, falls $\lambda<\varrho$ ist. Es giebt daher in dem System noch gerade Charakteristiken, die von jenen wesentlich unabhängig sind. Sind nun von den Charakteristiken der Basis eines *Göpel*schen Systems $A_1, A_2, \dots A_\varrho$ gerade und A ungerade, so sind die Summen einer ungeraden Anzahl der Charakteristiken $A_1, A_2, \dots A_\varrho$ die $2^{\varrho-1}$ geraden, und die Summen einer geraden Anzahl, vermehrt um A, die $2^{\varrho-1}$ ungeraden Charakteristiken des Systems *).

---

*) Mit Hülfe des in der Einleitung erwähnten Satzes folgt daraus, dass durch Transformation erster Ordnung nicht nur jedes *Göpel*sche System, dessen Charakteristiken alle gerade sind, in jedes andere derselben Art (und zwar auf $(2^\varrho-1)(2^{\varrho-1}-1)\dots(2^2-1)2^{\varrho\varrho}$ Weisen), sondern auch jedes *Göpel*sche System, dessen Charakteristiken theils gerade und theils ungerade sind, in jedes andere derselben Art (und zwar auf $(2^{\varrho-1}-1)(2^{\varrho-2}-1)\dots(2^2-1)2^{\varrho\varrho}$ Weisen) transformirt werden kann.

Bilden $A, A_1, \dots A_{r-1}$ ein *Göpel*sches System und ist C eine beliebige Charakteristik, so bilden nach Formel (7.) §. 1 auch $CA, CA_1, \dots CA_{r-1}$ ein *Göpel*sches System. Die Gesammtheit der Systeme, welche auf diese Weise aus einem erhalten werden, indem man für C alle Charakteristiken setzt, nenne ich einen ***Complex Göpelscher Systeme.*** Ist $AA_\alpha = P_\alpha$, so ist auch $P, P_1, \dots P_{r-1}$ ein System des Complexes. Die Charakteristiken desselben bilden eine ***Gruppe***, d. h. die Summe von je zwei derselben ist wieder unter ihnen enthalten. Die Charakteristiken $P_\alpha, P_\alpha P_1, P_\alpha P_2, \dots P_\alpha P_{r-1}$ unterscheiden sich daher von $P, P_1, P_2, \dots P_{r-1}$ nur durch die Anordnung. Da diese Gruppe von der Ordnung r eine Untergruppe der aus allen Charakteristiken gebildeten Gruppe von der Ordnung r^2 ist, so lassen sich nach dem *Lagrange*schen Fundamentalsatze der Gruppentheorie (vergl. dieses Journal Bd. 86, S. 224) $\frac{r^2}{r} = r$ Charakteristiken $B, B_1, \dots B_{r-1}$ so bestimmen, dass

$$(11.) \quad B_\alpha, \quad B_\alpha P_1, \quad B_\alpha P_2, \quad \dots \quad B_\alpha P_{r-1}, \qquad (\alpha = 0, 1, \dots r-1)$$

die sämmtlichen $2^{2\varrho}$ Charakteristiken sind. Mithin ist die Anzahl der *Göpel*schen Systeme eines Complexes 2^ϱ, folglich nach (5.) die Anzahl der Complexe

$$(12.) \quad (2^\varrho+1)(2^{\varrho-1}+1)\dots(2^2+1)(2+1),$$

und jede Charakteristik kommt in einem und nur in einem Systeme eines Complexes vor. Da jede ***Gruppe*** die Charakteristik O enthalten muss, so ist daher $P, P_1, \dots P_{r-1}$ das einzige System des oben betrachteten Complexes, dessen Charakteristiken eine Gruppe bilden.

Seien $\varepsilon_1, \varepsilon_2, \dots \varepsilon_\varrho$ gegebene Charaktere (d. h. gleich ± 1). Bilden $A, A_1, \dots A_\varrho$ eine Basis des betrachteten *Göpel*schen Systems, so sind $P_1, P_2, \dots P_\varrho$ unabhängig, und mithin haben die linearen Congruenzen

$$(13.) \quad (P_1, X) = \varepsilon_1, \quad (P_2, X) = \varepsilon_2, \quad \dots \quad (P_\varrho, X) = \varepsilon_\varrho$$

2^ϱ Lösungen. Dieselben werden aus einer unter ihnen erhalten, indem man zu derselben die 2^ϱ Lösungen der ϱ Congruenzen $(P_\lambda, X) = 1$ hinzufügt. Diesen Congruenzen genügen aber die r Charakteristiken $P, P_1, \dots P_{r-1}$. Daher werden die Gleichungen (13.) durch die sämmtlichen Charakteristiken eines bestimmten Systems des Complexes (11.) befriedigt, und folglich ist jedes System dieses Complexes durch ϱ bestimmte Charaktere $\varepsilon_1, \varepsilon_2, \dots \varepsilon_\varrho$ charakterisirt. Besonders bemerkenswerth ist das System, für welches $\varepsilon_\lambda = (P_\lambda)$ ist, dessen Charakteristiken also den Congruenzen $|P_\lambda, X| \equiv |P_\lambda|$

genügen. Da diese mit $(P_\lambda X) = (X)$ gleichbedeutend sind, so haben die Charakteristiken dieses Systems alle denselben Charakter, sind also nach Satz I. sämmtlich gerade. Da es nicht mehr als ein den Gleichungen $(P_\lambda, X) = (P_\lambda)$ genügendes System des Complexes giebt, so folgt daraus:

II. *Unter den* 2^ϱ *Göpelschen Systemen eines Complexes giebt es eins, dessen Charakteristiken sämmtlich gerade sind, und* $2^\varrho-1$, *deren Charakteristiken zur Hälfte gerade und zur Hälfte ungerade sind.*

Die Anzahl der *Göpel*schen Systeme, die aus lauter geraden Charakteristiken bestehen, ist demzufolge

$$(14.)\qquad (2^\varrho+1)(2^{\varrho-1}+1)\ldots(2^2+1)(2+1),$$

die Anzahl derjenigen, deren Charakteristiken zur Hälfte gerade und zur Hälfte ungerade sind,

$$(15.)\qquad (2^\varrho-1)(2^\varrho+1)(2^{\varrho-1}+1)\ldots(2^2+1)(2+1).$$

Zwischen je zwei der Charakteristiken $P, P_1, \ldots P_{r-1}$ besteht die Beziehung

$$(16.)\qquad \binom{P_\alpha}{P_\beta} = \binom{P_\beta}{P_\alpha}.$$

Die vierte Einheitswurzel $\sqrt{(P_\alpha)}$ werden wir im Folgenden kurz mit $\sqrt{P_\alpha}$ bezeichnen und über die Vorzeichen dieser r Wurzeln die folgende Verfügung treffen. Sei $\sqrt{P} = 1$, und mögen $\sqrt{P_1}, \sqrt{P_2}, \ldots \sqrt{P_\varrho}$ beliebig gewählt werden, was auf r Weisen möglich ist. Sind $\alpha, \beta, \gamma, \ldots$ Zahlen von 1 bis ϱ, so sei dann

$$\sqrt{P_\alpha P_\beta P_\gamma \cdots} = \sqrt{P_\alpha}\sqrt{P_\beta}\sqrt{P_\gamma}\cdots\binom{P_\alpha}{P_\beta}\binom{P_\alpha}{P_\gamma}\binom{P_\beta}{P_\gamma}\cdots,$$

also z. B.

$$\sqrt{P_\alpha P_\beta} = \sqrt{P_\alpha}\sqrt{P_\beta}\binom{P_\alpha}{P_\beta} = \sqrt{P_\alpha}\sqrt{P_\beta}\binom{P_\beta}{P_\alpha},$$

$$1 = \sqrt{P} = \sqrt{P_\alpha P_\alpha} = \sqrt{P_\alpha}\sqrt{P_\alpha}\binom{P_\alpha}{P_\alpha},$$

$$\sqrt{P_\alpha} = \sqrt{P_\alpha P_\beta P_\beta} = \sqrt{P_\alpha}\sqrt{P_\beta}\sqrt{P_\beta}\binom{P_\alpha}{P_\beta}\binom{P_\alpha}{P_\beta}\binom{P_\beta}{P_\beta}.$$

Daraus folgt, dass allgemein, wenn α, β irgend zwei der Zahlen von 0 bis $r-1$ bedeuten,

$$(17.)\qquad \sqrt{P_\alpha P_\beta} = \sqrt{P_\alpha}\sqrt{P_\beta}\binom{P_\beta}{P_\alpha}$$

ist, also der zwischen den Vorzeichen der Wurzeln $\sqrt{P_\alpha}$ festgesetzte Zusammenhang von der Wahl der Basis unabhängig ist. Denn ist $P_\alpha \equiv P_\varkappa P_\lambda \ldots$, $P_\beta \equiv P_\xi P_\eta \ldots$, wo $\varkappa, \lambda, \ldots, \xi, \eta, \ldots$ Zahlen von 1 bis ϱ sind, so ist

$$\sqrt{P_\alpha P_\beta} = \left[\sqrt{P_\varkappa}\sqrt{P_\lambda}\cdots\left(\frac{P_\lambda}{P_\varkappa}\right)\cdots\right]\left[\sqrt{P_\xi}\sqrt{P_\eta}\cdots\left(\frac{P_\eta}{P_\xi}\right)\cdots\right]\left(\frac{P_\xi}{P_\varkappa}\right)\left(\frac{P_\xi}{P_\lambda}\right)\left(\frac{P_\eta}{P_\varkappa}\right)\left(\frac{P_\eta}{P_\lambda}\right)\cdots$$
$$= \sqrt{P_\alpha}\sqrt{P_\beta}\left(\frac{P_\beta}{P_\alpha}\right).$$

Für $\sqrt{P_\alpha}$ werde ich auch $\sqrt{AA_\alpha}$ schreiben.

§. 3.

Das Additionstheorem.

Zwischen je $2^\varrho+1$ Thetafunctionen zweiter Ordnung der Variabeln $u_1, u_2, \ldots u_\varrho$, welche bei Vermehrung der Argumente um simultane halbe Perioden mit den nämlichen Exponentialfactoren multiplicirt werden, besteht eine homogene lineare Gleichung. Ist also $A, A_1, \ldots A_{r-1}$ ein *Göpel*sches System und ist $AA_\alpha = P_\alpha$, so müssen sich Constanten c, c_α, die nicht sämmtlich Null sind, so bestimmen lassen, dass

$$(\alpha.) \qquad c\vartheta[A](u+v)(u-v) = \Sigma c_\alpha \vartheta[AP_\alpha](u+b)(u-b)$$

ist. Setzt man $u = a+P_\beta$, so erhält man zur Bestimmung der Constanten die Relation

$$(\beta.) \qquad c\vartheta[AP_\beta](a+v)(a-v) = \sum_\alpha c_\alpha\left(\frac{P_\beta}{P_\alpha}\right)\vartheta[AP_\alpha P_\beta](a+b)(a-b).$$

Multiplicirt man mit $\sqrt{P_\beta}$ und summirt nach β von 0 bis $r-1$, so findet man

$$c\sum_\beta \sqrt{P_\beta}\vartheta[AP_\beta](a+v)(a-v) = \sum_{\alpha,\beta} c_\alpha\left(\frac{P_\beta}{P_\alpha}\right)\sqrt{P_\beta}\vartheta[AP_\alpha P_\beta](a+b)(a-b).$$

In der Doppelsumme auf der rechten Seite führe ich für β einen neuen Summationsbuchstaben γ ein, indem ich $P_\beta = P_\alpha P_\gamma$ setze. Durchläuft dann für einen bestimmten Werth von α der Buchstabe β die Zahlen von 0 bis $r-1$, so durchläuft γ dieselben Zahlen, nur in einer anderen Reihenfolge. Durch diese Substitution geht daher jene Doppelsumme nach (17.), §. 2 über in

$$\sum_{\alpha,\gamma} c_\alpha\left(\frac{P_\alpha P_\gamma}{P_\alpha}\right)\sqrt{P_\alpha P_\gamma}\,\vartheta[AP_\gamma](a+b)(a-b)$$
$$= \sum_{\alpha,\gamma} c_\alpha(P_\alpha)\sqrt{P_\alpha}\sqrt{P_\gamma}\,\vartheta[AP_\gamma](a+b)(a-b)$$
$$= \Big(\sum_\alpha \frac{c_\alpha}{\sqrt{P_\alpha}}\Big)\Big(\sum_\gamma \sqrt{P_\gamma}\,\vartheta[AP_\gamma](a+b)(a-b)\Big).$$

Der Ausdruck $\Sigma\sqrt{P_\gamma}\vartheta[AP_\gamma](a+b)(a-b)$ ist für unbestimmte Werthe der Argumente a, b von Null verschieden. Denn setzt man $a+b=x$, $a-b=y$, und giebt den Variabeln y solche Werthe, dass die r Functionen $\vartheta[AP_\gamma](y)$

nicht sämmtlich verschwinden, so ist $\Sigma\sqrt{P_\gamma}\,\vartheta[AP_\gamma](x)(y)$ nicht für beliebige Werthe der Veränderlichen x gleich Null, weil zwischen den Thetafunctionen keine linearen Relationen bestehen*). Man kann daher durch jenen Ausdruck dividiren und erhält so

$$(\gamma.)\qquad \Sigma\frac{c_\beta}{\sqrt{P_\beta}} = c\,\frac{\Sigma\sqrt{P_\beta}\,\vartheta[AP_\beta](a+v)(a-v)}{\Sigma\sqrt{P_\gamma}\,\vartheta[AP_\gamma](a+b)(a-b)}.$$

Daraus ergiebt sich, da die Verhältnisse der Grössen c_β von a unabhängig sind, die Relation**)

$$(1.)\qquad \begin{cases} (\Sigma\sqrt{AA_\alpha}\,\vartheta[A_\alpha](u+v)(u-v))(\Sigma\sqrt{AA_\alpha}\,\vartheta[A_\alpha](a+b)(a-b)) \\ = (\Sigma\sqrt{AA_\alpha}\,\vartheta[A_\alpha](u+b)(u-b))(\Sigma\sqrt{AA_\alpha}\,\vartheta[A_\alpha](a+v)(a-v)). \end{cases}$$

Multiplicirt man die Gleichung (γ.) mit $\sqrt{P_\alpha}$, so hat auf der linken Seite c_α den Coefficienten 1. Die so erhaltene Gleichung stellt, weil man den Wurzeln $\sqrt{P_1}, \dots \sqrt{P_\varrho}$ beliebige Vorzeichen geben kann, r verschiedene Gleichungen dar. Zählt man dieselben zusammen, so erhält auf der linken Seite c_α den Coefficienten r, dagegen c_β den Coefficienten $\mathrm{S}\frac{\sqrt{P_\alpha}}{\sqrt{P_\beta}}$, wo sich der Summationsbuchstabe S auf die verschiedenen Vorzeichen bezieht, die man den Wurzeln beilegen kann. Dieser Ausdruck ist aber gleich $\left(\frac{P_\alpha P_\beta}{P_\beta}\right)\mathrm{S}\sqrt{P_\alpha P_\beta} = 0$, weil jede Wurzel (ausser $\sqrt{P}=1$) ebenso oft das positive wie das negative Vorzeichen erhält. Man erhält demnach

$$r\,c_\alpha = c\,\mathrm{S}\sqrt{P_\alpha}\,\frac{\Sigma\sqrt{P_\beta}\,\vartheta[AP_\beta](a+v)(a-v)}{\Sigma\sqrt{P_\gamma}\,\vartheta[AP_\gamma](a+b)(a-b)}.$$

Daher ist c von Null verschieden, weil sonst die Coefficienten c_α sämmtlich Null wären. Setzt man den für c_α gefundenen Ausdruck in (α.) ein, so findet man***)

$$(2.)\qquad \begin{cases} 2^\varrho\,\vartheta[A](u+v)(u-v) \\ = \mathrm{S}\,\dfrac{\Sigma\sqrt{AA_\alpha}\sqrt{AA_\beta}\,\vartheta[A_\alpha](u+b)(u-b)\,\vartheta[A_\beta](a+v)(a-v)}{\Sigma\sqrt{AA_\gamma}\,\vartheta[A_\gamma](a+b)(a-b)}. \end{cases}$$

---

*) Ist nämlich $\Sigma k_R\vartheta[R](u)=0$, so ergiebt sich durch Vermehrung von u um $2S$
$$\Sigma k_R(R,S)\vartheta[R](u)=0 \quad \text{oder} \quad \Sigma k_R(AR,S)\vartheta[R](u)=0;$$
durch Summation über alle Charakteristiken S folgt daraus $k_A 2^{2\varrho}\vartheta[A](u)=0$, also $k_A=0$.

**) Durch Transformation zweiter Ordnung geht dieselbe in eine Identität von der Form $(\varphi(u)\psi(v))(\varphi(a)\psi(b)) = (\varphi(u)\psi(b))(\varphi(a)\psi(v))$ über.

***) Da jedes Glied der Summe S von a und b unabhängig ist, so kann man diesen Argumenten auch in den verschiedenen Gliedern jener Summe verschiedene Werthe beilegen.

Vermehrt man u um $P_\varkappa$, so erhält man

$$r\vartheta[A_\varkappa](u+v)(u-v) = \mathfrak{S}\frac{\Sigma\sqrt{P_\alpha}\sqrt{P_\beta}\left(\frac{P_\varkappa}{P_\alpha}\right)\vartheta[AP_\alpha P_\varkappa](u+b)(u-b)\vartheta[A_\beta](a+v)(a-v)}{\Sigma\sqrt{P_\gamma}\,\vartheta[A_\gamma](a+b)(a-b)}.$$

Ersetzt man rechts P_α durch $P_\alpha P_\varkappa$, so ergiebt sich

$$(3.)\quad \begin{cases} 2^\varrho\vartheta[A_\varkappa](u+v)(u-v) \\ = \mathfrak{S}\dfrac{1}{\sqrt{AA_\varkappa}}\dfrac{\Sigma\sqrt{AA_\alpha}\sqrt{AA_\beta}\vartheta[A_\alpha](u+b)(u-b)\vartheta[A_\beta](a+v)(a-v)}{\Sigma\sqrt{AA_\gamma}\,\vartheta[A_\gamma](a+b)(a-b)}. \end{cases}$$

In der Relation (1.)

$$\Sigma\sqrt{P_\alpha}\sqrt{P_\beta}\vartheta[A_\alpha](u+v)(u-v)\vartheta[A_\beta](a+b)(a-b)$$
$$= \Sigma\sqrt{P_\alpha}\sqrt{P_\beta}\vartheta[A_\alpha](u+b)(u-b)\vartheta[A_\beta](a+v)(a-v)$$

gebe man den Wurzeln alle möglichen Werthe und zähle die r so erhaltenen Gleichungen zusammen. Da $\mathfrak{S}\sqrt{P_\alpha}\sqrt{P_\beta} = r(P_\alpha)$ oder 0 ist, je nachdem α und β gleich oder verschieden sind, so findet man so

$$(4.)\quad \begin{cases} \Sigma(AA_\alpha)\vartheta[A_\alpha](u+v)(u-v)(a+b)(a-b) \\ = \Sigma(AA_\alpha)\vartheta[A_\alpha](u+b)(u-b)(a+v)(a-v). \end{cases}$$

Die Charakteristiken $B, B_1, \ldots B_{r-1}$ mögen dieselbe Bedeutung haben, wie in §. 2 (11.), so dass $A_\alpha B_\beta$, also auch $AA_\alpha B_\beta \equiv P_\alpha B_\beta$ alle r^2 Charakteristiken darstellt. Vermehrt man u und b um B_β, so erhält man

$$\sum_\alpha(P_\alpha B_\beta)\vartheta[A_\alpha B_\beta](u+v)(u-v)(a+b)(a-b)$$
$$= \sum_\gamma(P_\gamma)(P_\gamma, B_\beta)\vartheta[A_\gamma](u+b)(u-b)(a+v)(a-v).$$

Da $(P_\alpha, P_\beta) = 1$ ist, so ist $\sum_\alpha(P_\gamma, P_\alpha) = r$ und mithin

$$r\sum_\beta(P_\gamma, B_\beta) = \sum_{\alpha,\beta}(P_\gamma, P_\alpha)(P_\gamma, B_\beta) = \sum_{\alpha,\beta}(P_\gamma, P_\alpha B_\beta) = \Sigma(P_\gamma, R),$$

wo R alle Charakteristiken durchläuft. Diese Summe aber ist r^2 oder 0, je nachdem $\gamma = 0$ oder von 0 verschieden ist. Summirt man daher in der obigen Gleichung nach β von 0 bis $r-1$, so findet man

$$r\vartheta[A](u+b)(u-b)(a+v)(a-v)$$
$$= \sum_{\alpha,\beta}(P_\alpha B_\beta)\vartheta[AP_\alpha B_\beta](u+v)(u-v)(a+b)(a-b)$$

oder

$$(5.)\quad 2^\varrho\vartheta[A](u+b)(u-b)(a+v)(a-v) = \Sigma(AR)\vartheta[R](u+v)(u-v)(a+b)(a-b),$$

wo R alle Charakteristiken durchläuft. Durch Vertauschung von a mit b ergiebt sich daraus

$$2^{\varrho}\vartheta[A](u+a)(u-a)(b+v)(b-v) = \Sigma(AR)(R)\vartheta[R](u+v)(u-v)(a+b)(a-b).$$

Je nachdem man diese beiden Gleichungen addirt oder subtrahirt, heben sich auf der rechten Seite alle Glieder, in denen R ungerade oder gerade ist. Man erhält also

$$(6.)\quad \begin{cases} 2^{\varrho-1}[\vartheta[A](u+a)(u-a)(v+b)(v-b)+\varepsilon\vartheta[A](u+b)(u-b)(v+a)(v-a)] \\ \qquad = \Sigma(A,R_\varepsilon)\vartheta[R_\varepsilon](u+v)(u-v)(a+b)(a-b), \end{cases}$$

wo R_ε alle Charakteristiken vom Charakter $\varepsilon(=\pm 1)$ durchläuft *).

Die Relationen (1.) bis (6.) lassen sich durch Einführung neuer Variabeln und durch Specialisirung auf andere Formen bringen. Die wichtigsten Substitutionen sind in der folgenden Tabelle zusammengestellt:

	$u+v$	$u-v$	$a+b$	$a-b$	$u+b$	$u-b$	$a+v$	$a-v$
I	$u+v+w$	$u-v$	$a+b+w$	$a-b$	$u+b+w$	$u-b$	$a+v+w$	$a-v$
II	w	x	y	$-z$	$\frac{w+x+y+z}{2}$	$\frac{w+x-y-z}{2}$	$\frac{w-x+y-z}{2}$	$-\frac{w-x-y+z}{2}$
III	$u+v$	$u+w$	$v+w$	0	$u+v+w$	u	v	w
IV	$u+v+w$	u	v	w	$u+v$	$u+w$	$v+w$	0

Die so erhaltenen Formeln kann man weiter verallgemeinern, indem man jede der darin vorkommenden Variabeln um eine halbe Periode vermehrt. Macht man z. B. in der Formel (2.) die Substitution III. und vermehrt dann v um $P_\varkappa$ und w um P_λ, so ergiebt sich

$$(7.)\quad \begin{cases} 2^{\varrho}\vartheta[A_\varkappa](u+v)\vartheta[A_\lambda](u+w) \\ = \mathrm{S}\dfrac{\Sigma\sqrt{P_\alpha}\sqrt{P_\beta}\, i^{-\left|\begin{smallmatrix}P_\varkappa P_\lambda\\ P_\alpha P_\beta\end{smallmatrix}\right|}\vartheta[A_\alpha](u)\vartheta[A_\alpha P_\varkappa P_\lambda](u+v+w)\vartheta[A_\beta P_\varkappa](v)\vartheta[A_\beta P_\lambda](w)}{\Sigma\sqrt{P_\gamma}\, i^{-\left|\begin{smallmatrix}P_\varkappa P_\lambda\\ P_\gamma\end{smallmatrix}\right|}\vartheta[A_\gamma]\vartheta[A_\gamma P_\varkappa P_\lambda](v+w)}. \end{cases}$$

Setzt man in den Formeln (1.), (3.), (4.) und (5.) $a=b=0$, so erhält man

$$(8.)\quad \begin{cases} (\Sigma\sqrt{AA_\alpha}\,\vartheta^2[A_\alpha])(\Sigma\sqrt{AA_\alpha}\,\vartheta[A_\alpha](u+v)(u-v)) \\ = (\Sigma\sqrt{AA_\alpha}\,\vartheta^2[A_\alpha](u))(\Sigma\sqrt{AA_\alpha}(A_\alpha)\vartheta^2[A_\alpha](v)), \end{cases}$$

---

*) Für $\varrho = 1$ ist die Formel (4.) mit der identisch, welche *Jacobi* (dieses Journal Bd. 32, S. 177) der Herleitung der Additionstheoreme zu Grunde gelegt hat. Herr *Weierstrass* (in seinen Vorlesungen) und die Herren *Briot* und *Bouquet* gehen für $\varrho = 1$ von der Formel (6.) aus.

(9.) $\Sigma(A, A_\alpha)\vartheta^2[A_\alpha]\vartheta[A_\alpha](u+v)(u-v) = \Sigma(A, A_\alpha)\vartheta^2[A_\alpha](u)\vartheta^2[A_\alpha](v)$,

(10.) $$2^\varrho\vartheta[A_\varkappa](u+v)(u-v) = \mathfrak{S}\frac{1}{\sqrt{AA_\varkappa}}\frac{\Sigma\sqrt{AA_\alpha}\sqrt{AA_\beta}(A_\beta)\vartheta^2[A_\alpha](u)\vartheta^2[A_\beta](v)}{\Sigma\sqrt{AA_\gamma}\vartheta^2[A_\gamma]},$$

(11.) $$2^\varrho\vartheta^2[A](u)\vartheta^2[A](v) = \Sigma(A, S)\vartheta^2[S]\vartheta[S](u+v)(u-v),$$

wo S alle geraden Charakteristiken durchläuft.

Setzt man in (3.), (5.) und (6.) $a = v = 0$ (und $b = v$), so findet man

(12.) $$2^\varrho\vartheta^2[A_\varkappa](u) = \mathfrak{S}\frac{1}{\sqrt{AA_\varkappa}}\frac{\Sigma\sqrt{AA_\alpha}\sqrt{AA_\beta}\vartheta[A_\alpha](u+v)(u-v)\vartheta^2[A_\beta]}{\Sigma\sqrt{AA_\gamma}(A_\gamma)\vartheta^2[A_\gamma](v)},$$

(13.) $$2^\varrho\vartheta^2[A]\vartheta[A](u+v)(u-v) = \Sigma(AR)\vartheta^2[R](u)\vartheta^2[R](v),$$

(14.) $$\begin{cases} 2^{\varrho-1}(\vartheta^2[A]\vartheta[A](u+v)(u-v)+\varepsilon(A)\vartheta^2[A](u)\vartheta^2[A](v)) \\ \qquad = \Sigma(A, R_\varepsilon)\vartheta^2[R_\varepsilon](u)\vartheta^2[R_\varepsilon](v). \end{cases}$$

Alle diese Formen kann man weiter specialisiren, indem man $u = v$ setzt *).

§. 4.

Folgerungen aus dem Additionstheorem.

Ist B eine beliebige Charakteristik, und vermehrt man in der Formel (10.), §. 3 (für $\varkappa = 0$) v um AB, so erhält man

(1.) $$2^\varrho\vartheta[B](u+v)(u-v) = \mathfrak{S}\frac{\sqrt{P_\alpha}\sqrt{P_\beta}\begin{pmatrix}B\\BP_\beta\end{pmatrix}\begin{pmatrix}P_\beta\\AP_\beta\end{pmatrix}\vartheta^2[AP_\alpha](u)\vartheta^2[BP_\beta](v)}{\Sigma\sqrt{P_\gamma}\vartheta^2[AP_\gamma]}.$$

Für $v = 0$ folgt daraus, dass sich die Quadrate aller $2^{2\varrho}$ Thetafunctionen durch die Quadrate der 2^ϱ Functionen $\vartheta[A_\alpha](u)$ linear ausdrücken lassen. Ferner zeigt die Auflösung der Gleichungen (β.), §. 3, dass zwischen den r Functionen $\vartheta[A_\alpha](u)(u+w)$ keine lineare Relation existirt, deren Coefficienten von u unabhängig sind, und daraus ergiebt sich leicht, dass zwischen den r Functionen $\vartheta[A_\alpha](u)$, falls ihre Periodicitätsmoduln nicht besonderen Bedingungen genügen, *quadratische* Gleichungen nicht existiren. Dagegen bestehen zwischen denselben, falls $\varrho > 1$ ist, *biquadratische* Relationen. Bei der Herleitung derselben setze ich der Einfachheit halber voraus, dass die Charakteristiken $A, A_1, \dots A_{r-1}$ sämmtlich gerade sind, und will daher den Buchstaben A überall durch G ersetzen.

Seien G, G', G'' drei beliebige der r Charakteristiken $G, G_1, \dots G_{r-1}$

*) Durch die Formel (11.) wird dann z. B. für $\varrho = 2$ die Tabelle ersetzt, welche Herr *Rohn*, Math. Ann. Bd. 15, S. 336 gegeben hat.

und sei $G''' \equiv G G' G''$, also

$$(2.)\qquad G G' G'' G''' = 2H.$$

Setzt man $G G_\alpha \equiv P_\alpha$, $G G^{(\varkappa)} \equiv P^{(\varkappa)}$, so bilden $P(\equiv 0)$, P', P'', P''' eine Untergruppe vierter Ordnung der Gruppe r^{ter} Ordnung $P, P_1, \dots P_{r-1}$. Mithin kann man

$$\frac{r}{4} = s$$

Charakteristiken dieser Gruppe $P, P_1, \dots P_{s-1}$ so bestimmen, dass die Summen

$$P^{(\varkappa)} P_\lambda, \quad (\varkappa = 0, 1, 2, 3;\ \lambda = 0, 1, \dots s-1)$$

alle r Charakteristiken jener Gruppe darstellen, also $G^{(\varkappa)} P_\lambda$ die r Charakteristiken $G, G_1, \dots G_{r-1}$. Macht man in der Formel (4.), §. 3 die Substitution I und setzt dann $a = b = 0$, so erhält man

$$\Sigma (P_\alpha) \vartheta [G P_\alpha](0)(w)(u-v)(u+v+w) = \Sigma (P_\alpha) \vartheta [G P_\alpha](u)(u+w)(v)(v+w).$$

Setzt man hier $w = P'$, $v = u + P''$, so werden auf der rechten Seite je vier Glieder einander gleich, und es ergiebt sich

$$\sum_\lambda \binom{H P_\lambda}{P_\lambda} \Big(\prod_\varkappa \vartheta [G^{(\varkappa)} P_\lambda]\Big) \Big(\sum_\varkappa \frac{\vartheta [G^{(\varkappa)} P_\lambda](2u)}{\vartheta [G^{(\varkappa)} P_\lambda]}\Big) = 4 \sum_\lambda \binom{H P_\lambda}{P_\lambda} \Big(\prod_\varkappa \vartheta [G^{(\varkappa)} P_\lambda](u)\Big).$$

Setzt man ferner in der Formel (10.), §. 3 $u = v$, so findet man

$$2^\varrho \vartheta [G^{(\varkappa)} P_\lambda](0)(2u) = \mathfrak{S} \frac{1}{\sqrt{P^{(\varkappa)} P_\lambda}} \frac{(\Sigma \sqrt{P_\alpha}\, \vartheta^2 [G P_\alpha](u))^2}{\Sigma \sqrt{P_\alpha}\, \vartheta^2 [G P_\alpha]}.$$

Durch Combination dieser beiden Formeln erhält man

$$(3.)\quad \begin{cases} 2^{\varrho+2} \sum_\lambda \binom{H P_\lambda}{P_\lambda} \Big(\prod_\varkappa \vartheta [G^{(\varkappa)} P_\lambda](u)\Big) \\ = \mathfrak{S} \sum_\lambda \Big\{ \binom{H P_\lambda}{P_\lambda} \Big(\prod_\varkappa \vartheta [G^{(\varkappa)} P_\lambda]\Big) \Big(\sum_\varkappa \frac{1}{\sqrt{P^{(\varkappa)} P_\lambda}\, \vartheta^2 [G^{(\varkappa)} P_\lambda]}\Big) \Big\} \frac{(\Sigma \sqrt{P_\alpha}\, \vartheta^2 [G P_\alpha](u))^2}{\Sigma \sqrt{P_\alpha}\, \vartheta^2 [G P_\alpha]}, \end{cases}$$

wo sich α von 0 bis $r-1$, λ von 0 bis $s-1$, $\varkappa$ von 0 bis 3 bewegt.

Ist z. B. $\varrho = 2$ und G, G_1, G_2, G_3 irgend ein *Göpel*sches System von vier geraden Charakteristiken, so ist

$$(4.)\qquad \Sigma \frac{\vartheta [G_\varkappa](2u)}{\vartheta [G_\varkappa]} = 4 \Pi \frac{\vartheta [G_\varkappa](u)}{\vartheta [G_\varkappa]},$$

$$(5.)\qquad 4 \vartheta [G_\varkappa](0)(2u) = \mathfrak{S} \frac{1}{\sqrt{P_\varkappa}} \frac{(\Sigma \sqrt{P_\alpha}\, \vartheta^2 [G_\alpha](u))^2}{\Sigma \sqrt{P_\alpha}\, \vartheta^2 [G_\alpha]},$$

$$(6.)\qquad \mathfrak{S} \Big(\Sigma \frac{1}{\sqrt{P_\varkappa}\, \vartheta^2 [G_\varkappa]}\Big) \frac{(\Sigma \sqrt{P_\varkappa}\, \vartheta^2 [G_\varkappa](u))^2}{\Sigma \sqrt{P_\varkappa}\, \vartheta^2 [G_\varkappa]} = 16 \Pi \frac{\vartheta [G_\varkappa](u)}{\vartheta [G_\varkappa]}.$$

Setzt man*) für

$$\varkappa = 0,\ 1,\ 2,\ 3$$

$$(7.)\quad \begin{cases} \sqrt[4]{P_\varkappa}\,\vartheta[G_\varkappa](u) = w,\ x,\ y,\ z, \\ \sqrt[4]{P_\varkappa}\,\vartheta[G_\varkappa] \quad\ = w_0,\ x_0,\ y_0,\ z_0, \end{cases}$$

wo $\sqrt[4]{P_\varkappa}$ eine beliebige der beiden Quadratwurzeln aus $\sqrt{P_\varkappa}$, und $\sqrt{P_1}$, $\sqrt{P_2}$ beliebige der Wurzeln aus (P_1) und (P_2) sind, so ist folglich

$$(8.)\quad \Sigma\left(\frac{1}{w_0^2}+\frac{1}{\varepsilon x_0^2}+\frac{1}{\varepsilon' y_0^2}+\frac{1}{\varepsilon\varepsilon' z_0^2}\right)\frac{(w^2+\varepsilon x^2+\varepsilon' y^2+\varepsilon\varepsilon' z^2)^2}{(w_0^2+\varepsilon x_0^2+\varepsilon' y_0^2+\varepsilon\varepsilon' z_0^2)} = 16\,\frac{w\ x\ y\ z}{w_0 x_0 y_0 z_0},$$

wo sich die Summe über die Werthe ± 1 der Buchstaben ε und ε' erstreckt.

Diese Gleichung kann man, wie Herr *Borchardt* gezeigt hat, auf die Gestalt**) bringen

$$(9.)\quad \left(\Sigma\frac{w^2+\varepsilon x^2+\varepsilon' y^2+\varepsilon\varepsilon' z^2}{w_0^2+\varepsilon x_0^2+\varepsilon' y_0^2+\varepsilon\varepsilon' z_0^2}\right)^2 = 16\Pi\,\frac{w_0 w+\varepsilon x_0 x+\varepsilon' y_0 y+\varepsilon\varepsilon' z_0 z}{w_0^2+\varepsilon x_0^2+\varepsilon' y_0^2+\varepsilon\varepsilon' z_0^2},$$

oder in Determinantenform

$$(10.)\quad \begin{vmatrix} w^2 & x^2 & y^2 & z^2 \\ x_0^2 & w_0^2 & z_0^2 & y_0^2 \\ y_0^2 & z_0^2 & w_0^2 & x_0^2 \\ z_0^2 & y_0^2 & x_0^2 & w_0^2 \end{vmatrix}^2 = \begin{vmatrix} w_0 w & x_0 x & y_0 y & z_0 z \\ x_0 x & w_0 w & z_0 z & y_0 y \\ y_0 y & z_0 z & w_0 w & x_0 x \\ z_0 z & y_0 y & x_0 x & w_0 w \end{vmatrix} \begin{vmatrix} w_0^2 & x_0^2 & y_0^2 & z_0^2 \\ x_0^2 & w_0^2 & z_0^2 & y_0^2 \\ y_0^2 & z_0^2 & w_0^2 & x_0^2 \\ z_0^2 & y_0^2 & x_0^2 & w_0^2 \end{vmatrix}.$$

Es ist also

$$(11.)\quad \left(\mathrm{S}\,\frac{\Sigma\sqrt{P_\varkappa}\,\vartheta^2[G_\varkappa](u)}{\Sigma\sqrt{P_\varkappa}\,\vartheta^2[G_\varkappa]}\right)^2 = 16\,\mathrm{P}\,\frac{\Sigma\sqrt{P_\varkappa}\,\vartheta[G_\varkappa](0)(u)}{\Sigma\sqrt{P_\varkappa}\,\vartheta^2[G_\varkappa]},$$

wo sich das Product über die verschiedenen Werthe der Quadratwurzeln $\sqrt{P_\varkappa}$ erstreckt. Dass jeder Factor dieses Productes das Quadrat einer eindeutigen Function ist, erkennt man, indem man in der Formel (8.) §. 3 $u = v$ setzt. Durch Combination beider Formeln erhält man die Relation

$$(12.)\quad \mathrm{S}\,\frac{\Sigma\sqrt{P_\varkappa}\,\vartheta^2[G_\varkappa](2u)}{\Sigma\sqrt{P_\varkappa}\,\vartheta^2[G_\varkappa]} = 4\,\mathrm{P}\,\frac{\Sigma\sqrt{P_\varkappa}\,\vartheta^2[G_\varkappa](u)}{\Sigma\sqrt{P_\varkappa}\,\vartheta^2[G_\varkappa]}.$$

Ich gehe nun zu Relationen zwischen den Ableitungen der Thetafunctionen über. Differentiirt man die Formel (2.), §. 3 zwei Mal nach v und setzt dann $v = 0$ (und $b = 0$), so findet man

---

*) Diese allgemeinen Formeln ersetzen die von Herrn *Borchardt*, dieses Journal Bd. 83, S. 240 angegebene Tabelle.

**) Ersetzt man in Formel (4.) τ durch 2τ und erhebt dann beide Seiten ins Quadrat, so wird sie mit (9.) identisch.

$$
(13.)\quad \left\{\begin{aligned} &2^{\varrho}(\vartheta[A](u)\vartheta''[A](u)-\vartheta'[A](u)\vartheta'[A](u)) \\ &= \mathfrak{S}\frac{\Sigma\sqrt{AA_{\alpha}}\sqrt{AA_{\beta}}\,\vartheta^2[A_{\alpha}](u)(\vartheta[A_{\beta}](a)\vartheta''[A_{\beta}](a)-\vartheta'[A_{\beta}](a)\vartheta'[A_{\beta}](a))}{\Sigma\sqrt{AA_{\gamma}}\,\vartheta^2[A_{\gamma}](a)}.\end{aligned}\right.
$$

In der Formel (2.), §. 3 mache man die Substitution I., setze dann $w = P_{\varkappa}$ und vermehre u und b um AB, wo B eine beliebige Charakteristik ist. So erhält man

$$
(14.)\quad \left\{\begin{aligned} &2^{\varrho}\binom{ABP_{\varkappa}}{AB}\vartheta[B](u-v)\vartheta[BP_{\varkappa}](u+v) \\ &= \mathfrak{S}\frac{\Sigma\sqrt{P_{\alpha}}\sqrt{P_{\beta}}\sqrt{\frac{P_{\varkappa}}{P_{\alpha}}}\sqrt{\frac{P_{\varkappa}}{P_{\beta}}}(AB,P_{\alpha})\vartheta[AP_{\alpha}](u-b)\vartheta[AP_{\alpha}P_{\varkappa}](u+b)\vartheta[AP_{\beta}](a-v)\vartheta[AP_{\beta}P_{\varkappa}](a+v)}{\Sigma\sqrt{P_{\gamma}}\sqrt{\frac{P_{\varkappa}}{P_{\gamma}}}\binom{P_{\gamma}}{AB}\vartheta[BP_{\gamma}](a-b)\vartheta[BP_{\gamma}P_{\varkappa}](a+b)}\end{aligned}\right.
$$

wo zur Abkürzung

$$\sqrt{\frac{P_{\beta}}{P_{\alpha}}} = i^{-\left|\begin{smallmatrix}P_{\beta}\\ P_{\alpha}\end{smallmatrix}\right|}$$

gesetzt worden ist. Ueber die in dieser Formel auftretenden Summen bemerke ich Folgendes: Setzt man

$$\varphi(v) = \sum_{\beta}\sqrt{P_{\beta}}\sqrt{\frac{P_{\varkappa}}{P_{\beta}}}\vartheta[AP_{\beta}](a-v)\vartheta[AP_{\beta}P_{\varkappa}](a+v),$$

so ist

$$\varphi(-v) = \sum_{\beta}\sqrt{P_{\beta}}\sqrt{\frac{P_{\varkappa}}{P_{\beta}}}\vartheta[AP_{\beta}P_{\varkappa}](a-v)\vartheta[AP_{\beta}](a+v),$$

oder wenn man $P_{\beta} = P_{\varkappa}P_{\gamma}$ setzt,

$$\varphi(-v) = \binom{A}{P_{\varkappa}}\sqrt{P_{\varkappa}}\,i^{-|P_{\varkappa}|}\sum_{\gamma}\sqrt{P_{\gamma}}\sqrt{\frac{P_{\varkappa}}{P_{\gamma}}}\vartheta[AP_{\gamma}](a-v)\vartheta[AP_{\gamma}P_{\varkappa}](a+v),$$

also

$$\varphi(-v) = \binom{A}{P_{\varkappa}}\sqrt{P_{\varkappa}}\,i^{-|P_{\varkappa}|}\varphi(v).$$

Die Function $\varphi(v)$ ist demnach gerade oder ungerade, je nachdem

$$\sqrt{P_{\varkappa}} = \binom{A}{P_{\varkappa}}i^{|P_{\varkappa}|} \quad \text{oder} \quad \sqrt{P_{\varkappa}} = -\binom{A}{P_{\varkappa}}i^{|P_{\varkappa}|}$$

ist. Setzt man ferner

$$\psi(b) = \sum_{\gamma}\sqrt{P_{\gamma}}\sqrt{\frac{P_{\varkappa}}{P_{\gamma}}}\binom{P_{\gamma}}{AB}\vartheta[BP_{\gamma}](a-b)\vartheta[BP_{\gamma}P_{\varkappa}](a+b),$$

so findet man in der nämlichen Weise, dass

$$\psi(-b) = \binom{P_{\varkappa}}{A}(B,P_{\varkappa})\sqrt{P_{\varkappa}}\,i^{-|P_{\varkappa}|}\psi(b)$$

ist. Differentiirt man nun die Formel (14.) nach v und setzt dann $v=0$, so wird auf der linken Seite

$$\vartheta[B](u-v)\vartheta[BP_\varkappa](u+v) \quad \text{durch} \quad \vartheta[B](u)\vartheta'[BP_\varkappa](u)-\vartheta'[B](u)\vartheta[BP_\varkappa](u)$$

und auf der rechten Seite

$$\vartheta[AP_\beta](a-v)\vartheta[AP_\beta P_\varkappa](a+v)$$

durch

$$\vartheta[AP_\beta](a)\vartheta'[AP_\beta P_\varkappa](a)-\vartheta'[AP_\beta](a)\vartheta[AP_\beta P_\varkappa](a)$$

ersetzt. Den Eigenschaften der Function $\varphi(v)$ zufolge verschwindet in der so erhaltenen Formel die Hälfte der Glieder der Summe $\mathfrak{S}$, und es bleiben nur die Glieder übrig, in denen

$$(15.) \qquad \sqrt{P_\varkappa} = -\binom{A}{P_\varkappa} i^{|P_\varkappa|}$$

ist. Für diese Glieder ist also

$$\psi(-b) = -(AB, P_\varkappa)\psi(b).$$

Ich mache nun die Voraussetzung, dass die Charakteristik B der Bedingung $(AB, P_\varkappa)=-1$ oder

$$(16.) \qquad (A,\ A_\varkappa,\ B) = -1$$

Genüge leistet. Dann erhält man, falls man in der eben angedeuteten Formel $b=0$ setzt, die Relation

$$(17.) \quad \left\{\begin{aligned} & 2^\varrho\binom{ABP_\varkappa}{AB}(\vartheta[B](u)\vartheta'[BP_\varkappa](u)-\vartheta'[B](u)\vartheta[BP_\varkappa](u)) \\ & = \mathfrak{S}' \frac{\Sigma\sqrt{P_\alpha}\sqrt{P_\beta}\sqrt{\frac{P_\varkappa}{P_\alpha}}\sqrt{\frac{P_\varkappa}{P_\beta}}(AB,P_\alpha)\vartheta[A_\alpha](u)\vartheta[A_\alpha P_\varkappa](u)(\vartheta[A_\beta](a)\vartheta'[A_\beta P_\varkappa](a)-\vartheta'[A_\beta](a)\vartheta[A_\beta P_\varkappa](a))}{\Sigma\sqrt{P_\gamma}\sqrt{\frac{P_\varkappa}{P_\gamma}}\binom{P_\gamma}{AB}\vartheta^2[BP_\gamma](a)} \end{aligned}\right.$$

wo sich die Summe $\mathfrak{S}'$ nur über die $\frac{1}{2}r$ Glieder erstreckt, für welche die Bedingung (15.) erfüllt ist. Jedes Glied dieser Summe ist für sich von a unabhängig.

Durch wiederholte Differentiation nach v findet man in ähnlicher Weise die von *Göpel*, dieses Journal Bd. 35, S. 298 erwähnte Darstellung des Ausdrucks $X\partial^n Y-n_1\partial X\partial^{n-1}Y+n_2\partial^2 X\partial^{n-2}Y-n_3\partial^3 X\partial^{n-3}Y+\cdots$ als Function zweiten Grades der r Grössen $\vartheta[A_\alpha](u)$.

§. 5.

Fundamentalsysteme von Charakteristiken.

Damit zwischen je drei der Charakteristiken $A, A_1, A_2, \ldots$ die Relation

$$(1.)\qquad |A_\alpha, A_\beta, A_\gamma| \equiv 1$$

bestehe, ist nach Formel (8.), §. 1 nothwendig und hinreichend, dass zwischen je zwei derselben die Beziehung $|A, A_\alpha, A_\beta| \equiv 1$ oder, falls man

$$(2.)\qquad A A_\alpha = B_\alpha$$

setzt, die Beziehung

$$(3.)\qquad |B_\alpha, B_\beta| \equiv 1$$

besteht. Ist C eine beliebige Charakteristik, so haben nach (7.), §. 1 CA, $CA_1, CA_2, \ldots$ die nämliche Eigenschaft und speciell für $C = A$ die Charakteristiken $O, B_1, B_2, \ldots.$

I. *Wenn zwischen je drei Charakteristiken eines Systems die Beziehung* (1.) *besteht, so ist die Summe einer geraden Anzahl derselben von O verschieden, ausser etwa, wenn das System aus einer geraden Anzahl von Charakteristiken besteht, die Summe aller.*

Denn es ist

$$|AA_1 \ldots A_{2\lambda-1}, AA_{2\lambda}| \equiv |B_1 \ldots B_{2\lambda-1}, B_{2\lambda}| \equiv |B_1, B_{2\lambda}| + \cdots + |B_{2\lambda-1}, B_{2\lambda}| \equiv 1,$$

und folglich kann $AA_1 \ldots A_{2\lambda-1}$ nicht gleich O sein. Als Folgerung ergiebt sich daraus, dass die Charakteristiken eines solchen Systems alle von einander verschieden sind.

II. *Wenn zwischen je zwei von μ Charakteristiken die Relation* (3.) *besteht, so sind sie, falls μ gerade ist, unabhängig; falls aber μ ungerade ist, sind sie entweder unabhängig, oder ihre Summe ist Null, während je $\mu-1$ von ihnen unabhängig sind.*

Denn zwischen je drei der Charakteristiken $O, B_1, \ldots B_\mu$ besteht die Relation (1.), und die Summe einer ungeraden Anzahl der Charakteristiken $B_1, B_2, \ldots B_\mu$ ist die Summe einer geraden Anzahl der Charakteristiken $O, B_1, \ldots B_\mu$, unter denen sich O befindet.

III. *Wenn zwischen je drei Charakteristiken eines Systems die Beziehung* (1.) *besteht, und ihre Anzahl ungerade ist, so besteht zwischen ihrer Summe und je zwei der gegebenen Charakteristiken die nämliche Beziehung.*

Denn ist $A_{2\lambda+1} = AA_1 \ldots A_{2\lambda}$, so ist

$$B_{2\lambda+1} \equiv B_1 \ldots B_{2\lambda} \text{ und } |B_\alpha, B_{2\lambda+1}| = |B_\alpha, B_1| + \cdots + |B_\alpha, B_\alpha| + \cdots + |B_\alpha, B_{2\lambda}| \equiv 1.$$

Besteht zwischen je drei der Charakteristiken $A, A_1, \dots A_\mu$ die Relation (1.), so sind $AA_1, \dots AA_{\mu-1}$ nach II. unabhängig, und folglich muss, da es nur 2ϱ unabhängige Charakteristiken giebt, $\mu-1 \leqq 2\varrho$ sein. Ein System von $2\varrho+2$ Charakteristiken $A, A_1, \dots A_{2\varrho+1}$, zwischen denen die Relationen (1.) bestehen, heisst ein *Fundamentalsystem*. Da zwischen $2\varrho+1$ Charakteristiken mindestens eine Relation besteht, so können $AA_1, \dots AA_{2\varrho+1}$ nicht unabhängig sein. Mithin muss nach Satz II. ihre Summe 0 sein.

IV. *Die Summe der* $2\varrho+2$ *Charakteristiken eines Fundamentalsystems ist congruent* 0.

Da zwischen $2\varrho+2$ Charakteristiken mindestens zwei Relationen bestehen, und da die Summe einer geraden Anzahl der Charakteristiken A_α, ausser der Summe aller, von 0 verschieden ist, so muss es eine Relation von der Form $AA_1 \dots A_{2\lambda} \equiv 0$ geben. Dann ist auch $A_{2\lambda+1}A_{2\lambda+2}\dots A_{2\varrho+1} \equiv 0$. Eine andere Summe einer ungeraden Anzahl kann aber nicht auch noch verschwinden, weil sonst auch die Summe einer geraden Anzahl Null wäre. Unter je $2\varrho+1$ der $2\varrho+2$ Charakteristiken eines Fundamentalsystems befinden sich daher 2ϱ unabhängige, und je $2\varrho+1$ solche Charakteristiken sind wesentlich unabhängig.

Unter Berücksichtigung der Sätze II. und III. kann man die Charakteristiken eines Fundamentalsystems successive ermitteln. Man wähle A beliebig, was auf $2^{2\varrho}$ Arten möglich ist, alsdann A_1 von A verschieden, was auf $2^{2\varrho}-1$ Arten möglich ist. Setzt man $AA_\alpha = B_\alpha$, so kann man für B_2 irgend eine der $2^{2\varrho-1}$ Lösungen der Congruenz $|B_1, X| \equiv 1$ wählen. Dann muss B_3 den beiden Congruenzen $|B_1, X| \equiv 1$ und $|B_2, X| \equiv 1$ genügen, welche, da nach Satz II. zwischen B_1 und B_2 keine Relation besteht, unabhängig sind, also $2^{2\varrho-2}$ Lösungen haben. Eine derselben ist $B_1 B_2$. Diese ist, falls $\varrho > 1$ ist, auszuschliessen, und mithin sind für B_3 $2^{2\varrho-2}-1$ Werthe zulässig. Dann sind nach Satz II. B_1, B_2, B_3 unabhängig, und folglich haben die Congruenzen $|B_1, X| \equiv 1$, $|B_2, X| \equiv 1$, $|B_3, X| \equiv 1$ $2^{2\varrho-3}$ Lösungen, deren jede für B_4 gewählt werden kann. Dann kann man für B_5 jede der $2^{2\varrho-4}$ Lösungen der vier unabhängigen Congruenzen $|B_1, X| \equiv 1, \dots |B_4, X| \equiv 1$ nehmen, mit Ausnahme von $B_1B_2B_3B_4$, falls $\varrho > 2$ ist, u. s. w. Daraus folgt zunächst:

V. *Wenn zwischen je drei von* μ *Charakteristiken die Beziehung* $|A, B, C| \equiv 1$ *besteht, und wenn ihre Summe, falls* μ *gerade ist, nicht verschwindet, so können sie zu einem Fundamentalsysteme ergänzt werden.*

Ferner ergiebt sich, dass die Anzahl der Fundamentalsysteme

$$\frac{2^{2\varrho}(2^{2\varrho}-1)2^{2\varrho-1}(2^{2\varrho-2}-1)2^{2\varrho-3}(2^{2\varrho-4}-1)\ldots 2^3(2^2-1)2}{1.2.3.4\ldots 2\varrho+2}$$

oder gleich

$$(4.)\qquad 2^{2\varrho}\frac{(2^{2\varrho}-1)(2^{2\varrho-2}-1)\ldots(2^2-1)2^{\varrho\varrho}}{1.2.3\ldots 2\varrho+2}$$

ist. Durch $2\varrho-1$ seiner Charakteristiken ist ein Fundamentalsystem vollständig bestimmt. $2\varrho-2$ durch die Relationen (1.) verknüpfte Charakteristiken, deren Summe nicht verschwindet, können auf zwei Arten zu einem Fundamentalsystem ergänzt werden, $2\varrho-3$ auf sechs Arten. Zwei Fundamentalsysteme, die $2\varrho-3$ Charakteristiken gemeinsam haben, haben stets noch eine $(2\varrho-2)^{\text{te}}$ Charakteristik gemeinsam. $2\varrho+2-\lambda$ durch die Relationen (1.) verbundene Charakteristiken, deren Summe, falls λ gerade ist, nicht verschwindet, können auf

$$(5.)\qquad \frac{1.2.(2^2-1)2^3(2^4-1)\ldots(2^{\lambda-1}-\delta)}{1.2.3.4.5\ldots\lambda}$$

Arten zu einem Fundamentalsystem ergänzt werden, wo $\delta=0$ oder 1 ist, je nachdem λ gerade oder ungerade ist. Ist z. B. $A=O$, so können B_1, $B_2, \ldots B_{2\varrho+1}$ auf

$$\frac{(2^{2\varrho}-1)(2^{2\varrho-2}-1)\ldots(2^2-1)2^{\varrho\varrho}}{1.2.3\ldots 2\varrho+1}$$

Arten so gewählt werden, dass zwischen je zweien die Relation (3.) besteht.

Wie man aus einem Fundamentalsysteme alle übrigen ableiten kann, erkennt man durch folgende Betrachtung: Bilden $A, A_1, \ldots A_{2\varrho+1}$ ein Fundamentalsystem, und bezeichnet man mit $\sum\limits_{\mu} A$ eine Summe von μ verschiedenen dieser $2\varrho+2$ Charakteristiken, so kann jede Charakteristik und zwar auf vier Arten in der Form $\sum\limits_{\mu} A$ dargestellt werden, wo $\mu=0, 1, \ldots 2\varrho+2$ ist. Ist $AA_\alpha=B_\alpha$ $(\alpha=1, 2, \ldots 2\varrho+1)$, so kann jede Charakteristik auf zwei Arten auf die Form $\sum\limits_{\mu} B$ gebracht werden, wo $\mu=0, 1, \ldots 2\varrho+1$ ist. In einer der beiden Darstellungen kommt B_1 vor, in der anderen nicht. Mithin kann jede Lösung der Congruenzen $|B_1, X|\equiv 1$, $|B_2, X|\equiv 1, \ldots |B_\lambda, X|\equiv 1$ in der Form $X\equiv\sum\limits_{\mu} B=B_\alpha B_\beta B_\gamma\ldots$ vorausgesetzt werden, wo keiner der Indices $\alpha, \beta, \gamma, \ldots$ gleich 1 ist. Da $|B_1, B_\alpha B_\beta B_\gamma\ldots|=|B_1, B_\alpha|+|B_1, B_\beta|+|B_1, B_\gamma|+\cdots\equiv\mu$ ist, so muss μ ungerade sein. Da $|B_2, B_\alpha B_\beta\ldots|=|B_2, B_\alpha|+|B_2, B_\beta|+\cdots\equiv\mu-1$ oder μ ist, je nachdem einer der Indices $\alpha, \beta, \gamma, \ldots$ gleich 2 ist oder nicht, so ergiebt sich weiter, dass keiner der Indices $\alpha, \beta, \gamma, \ldots$ gleich 2 oder 3, u. s. w. oder λ sein darf. Mithin sind die wesentlichen Combinationen der Charakteristiken $B_{\lambda+1}, B_{\lambda+2}, \ldots B_{2\varrho+1}$ die sämmtlichen Lösungen jener Congruenzen. Für $A_{\lambda+1}$ kann man also jede wesentliche Combination von $A_{\lambda+1}, A_{\lambda+2}, \ldots A_{2\varrho+1}$ wählen, ausser der Summe aller, wenn λ gerade ist. Daraus leitet man leicht den folgenden Satz ab.

VI. ***Sind A, B, C, D vier Charakteristiken eines Fundamentalsystems, ist S ihre Summe, und ersetzt man diese vier durch SA, SB, SC, SD, während man die übrigen unverändert lässt, so erhält man wieder ein Fundamentalsystem. Durch wiederholte Anwendung dieser Operation erhält man aus einem Fundamentalsystem alle anderen.***

Will man auf diesem Wege ein gegebenes Fundamentalsystem in ein bestimmtes anderes überführen, so braucht man nur mit den Charakteristiken zu operiren, welche nicht gleichzeitig in beiden Systemen vorkommen. Sind allgemeiner $A_1, A_2, \ldots A_{2\lambda}$ irgend 2λ Charakteristiken eines Fundamentalsystems, ist S ihre Summe, und ersetzt man diese 2λ durch $SA_1, SA_2, \ldots SA_{2\lambda}$, während man die übrigen unverändert lässt, so erhält man wieder ein Fundamentalsystem. (Ist in dem alten System K und in dem neuen K' die Summe aller ungeraden Charakteristiken, so ist $K' \equiv K+(\lambda-1)S$.)

Befinden sich unter den $2\lambda+1$ Charakteristiken $A, A_1, \ldots A_{2\lambda}$ eines Fundamentalsystems $\varkappa$ ungerade und $\varkappa'$ gerade, so ist nach Formel (9.), §. 1

$$|AA_1 \ldots A_{2\lambda}| \equiv \Sigma|A_\gamma| + \Sigma|A, A_\alpha, A_\beta| \equiv \varkappa + \frac{2\lambda(2\lambda-1)}{2},$$

also weil $\varkappa+\varkappa' = 2\lambda+1$ ist,

$$(\alpha.) \qquad |AA_1 \ldots A_{2\lambda}| \equiv \varkappa-\lambda \equiv \frac{\varkappa-\varkappa'+1}{2}.$$

Befinden sich unter den $2\varrho+2$ Charakteristiken $A, A_1, \ldots A_{2\varrho+1}$ ν ungerade, und ist K ihre Summe (oder die Summe der $2\varrho+2-\nu$ geraden), so ist $KAA_1 \ldots A_\lambda$ eine Summe von $\nu+\lambda+1$ Charakteristiken, also falls $\lambda \equiv \nu$ ist, die Summe einer ungeraden Anzahl verschiedener Charakteristiken. Befinden sich unter $A, A_1, \ldots A_\lambda$ $\varkappa$ ungerade und $\varkappa'$ gerade Charakteristiken, so ist $KAA_1 \ldots A_\lambda$ einer Summe von $\nu-\varkappa$ ungeraden und $\varkappa'$ geraden Charakteristiken A_α congruent, und folglich ist

$$|KAA_1 \ldots A_\lambda| \equiv \frac{(\nu-\varkappa)-\varkappa'+1}{2} = \frac{\nu-\lambda}{2} \qquad (\lambda \equiv \nu).$$

Um diese Formel benutzen zu können, muss man den Rest von ν (mod. 4) kennen. Die Anzahl aller Charakteristiken ist $2^{2\varrho}$, die Anzahl der wesentlichen Combinationen der gegebenen $2\varrho+2$ Charakteristiken $2.2^{2\varrho}$. Da sich unter ihnen keine Charakteristik öfter als zwei Mal findet, so lässt sich jede Charakteristik auf zwei Arten als wesentliche Combination der Charakteristiken A_α darstellen. Durchläuft also V alle diese Combinationen, so ist $\Sigma(V)=2^{\varrho+1}$. Ist $V=AA_1\ldots A_{2\lambda}$, so ist, wie oben gezeigt, $(V)=(A)(A_1)\ldots(A_{2\lambda})(-1)^\lambda$ und mithin ist

$$\begin{aligned}2i\Sigma(V) &= (1+i(A))(1+i(A_1))\ldots(1+i(A_{2\varrho+1}))-(1-i(A))(1-i(A_1))\ldots(1-i(A_{2\varrho+1}))\\ &= (1-i)^\nu(1+i)^{2\varrho+2-\nu}-(1+i)^\nu(1-i)^{2\varrho+2-\nu} = 2^{\varrho+1}i^{\varrho-\nu+1}(1+(-1)^{\varrho-\nu}),\end{aligned}$$

also $2=i^{\varrho-\nu}(1+(-1)^{\varrho-\nu})$ und folglich

$$(6.)\qquad \nu\equiv\varrho \qquad (\text{mod.}\,4).$$

Demnach ist

$$(7.)\qquad |KAA_1\ldots A_\lambda| \equiv \frac{\varrho-\lambda}{2},\qquad (\lambda\equiv\varrho).$$

Durchläuft μ nur diejenigen der Zahlen 0, 1, ... $2\varrho+2$, welche congruent $\varrho+1$ sind, so stellt $\underset{\mu}{\Sigma}A$ und ebenso $K+\underset{\mu}{\Sigma}A$ jede Charakteristik zwei Mal dar. Behält man von diesen Formen nur die Hälfte bei, so stellen die Ausdrücke

$$K+\underset{\varrho-1}{\Sigma}A,\quad K+\underset{\varrho-5}{\Sigma}A,\quad K+\underset{\varrho-9}{\Sigma}A,\quad \ldots$$

die

$$\binom{2\varrho+2}{\varrho-1}+\binom{2\varrho+2}{\varrho-5}+\binom{2\varrho+2}{\varrho-9}+\cdots = 2^{\varrho-1}(2^\varrho-1)$$

ungeraden, und die Ausdrücke

$$K+\underset{\varrho+1}{\Sigma}A,\quad K+\underset{\varrho-3}{\Sigma}A,\quad K+\underset{\varrho-7}{\Sigma}A,\quad \ldots,$$

(falls man von der ersten Art die Hälfte weglässt) die

$$\tfrac{1}{2}\binom{2\varrho+2}{\varrho+1}+\binom{2\varrho+2}{\varrho-3}+\binom{2\varrho+2}{\varrho-7}+\cdots = 2^{\varrho-1}(2^\varrho+1)$$

geraden Charakteristiken dar.

Die Charakteristik K lässt sich durch ein System von 2ϱ unabhängigen Congruenzen definiren. Ist ϱ gerade, so haben die Charakteristiken KA_α alle denselben Charakter, also ist $|KA_\alpha|\equiv|KA|$ oder

$$(8.)\qquad |K,\,AA_\alpha|\equiv|A|+|A_\alpha|,\quad(\varrho\equiv 0),\quad(\alpha=1,\,2,\,\ldots\,2\varrho).$$

Ist aber ϱ ungerade, so haben die Charakteristiken $KA_{2\varrho+1}A_\alpha$ $(\alpha < 2\varrho+1)$ alle denselben Charakter, also ist

$$(9.)\qquad |K, AA_\alpha| \equiv |AA_\alpha|+1, \quad (\varrho\equiv 1), \quad (\alpha = 1, 2, \dots 2\varrho).$$

Da die 2ϱ Charakteristiken AA_α unabhängig sind, so giebt es nicht mehr als eine diesen Bedingungen genügende Charakteristik K, und diese muss daher der Summe aller ungeraden Charakteristiken des gegebenen Fundamentalsystems congruent sein.

Ist C eine beliebige Charakteristik, so bilden nach Formel (7.), §. 1 $CA, CA_1, \dots CA_{2\varrho+1}$ ebenfalls ein Fundamentalsystem, und zwar ein von $A, A_1, \dots A_{2\varrho+1}$ verschiedenes, falls C von O verschieden und $\varrho > 1$ ist. Denn wäre $CA \equiv A_1$ (also $CA_1 \equiv A$), $CA_2 \equiv A_3$, so wäre $AA_1A_2A_3 \equiv O$. Die $2^{2\varrho}$ Fundamentalsysteme, welche man aus einem erhält, indem man zu seinen Elementen der Reihe nach alle $2^{2\varrho}$ Charakteristiken C addirt, nenne ich einen *Complex* von Fundamentalsystemen. Nach (4.) ist die Anzahl dieser Complexe gleich

$$(10.)\qquad \frac{(2^{2\varrho}-1)(2^{2\varrho-2}-1)\dots(2^2-1)2^{\varrho\varrho}}{1.2.3\dots 2\varrho+2}.$$

Aus den Congruenzen (8.) folgt

$$|CK, CACA_\alpha| \equiv |CA|+|CA_\alpha|$$

und aus den Congruenzen (9.)

$$|K, CACA_\alpha| \equiv |CACA_\alpha|+1.$$

Die Summe aller ungeraden Charakteristiken des Fundamentalsystems $CA, CA_1, \dots CA_{2\varrho+1}$ ist daher, falls ϱ gerade ist, gleich CK, und falls ϱ ungerade ist, gleich K.

Durchläuft ν nur diejenigen der Zahlen $0, 1, \dots 2\varrho+2$, welche der Congruenz $\nu \equiv \varrho \pmod{4}$ genügen, so stellt der Ausdruck $K+\sum\limits_\nu A$, wie sich mittelst der Gleichung

$$\binom{2\varrho+2}{\varrho}+\binom{2\varrho+2}{\varrho+4}+\binom{2\varrho+2}{\varrho+8}+\dots+\binom{2\varrho+2}{\varrho-4}+\binom{2\varrho+2}{\varrho-8}+\dots = 2^{2\varrho}$$

leicht ergiebt, jede Charakteristik und jede nur einmal dar. Ist

$$C = KAA_1\dots A_{\nu-1}$$

und $\nu \equiv \varrho \pmod{4}$, so ist nach Formel (7.)

$$|CA_\alpha| \equiv 1, \quad (\alpha = 0, 1, \dots \nu-1), \quad |CA_\beta| \equiv 0, \quad (\beta = \nu, \nu+1, \dots 2\varrho+1).$$

Unter den $2\varrho+2$ Charakteristiken CA_γ sind also genau ν ungerade enthalten. Ist also ν irgend eine Zahl, die $\leqq 2\varrho+2$ und $\equiv \varrho \pmod{4}$ ist, so kann man C auf $\binom{2\varrho+2}{\nu}$ Arten so wählen, dass sich unter den $2\varrho+2$ Charakteristiken CA_γ genau ν ungerade befinden. Die Anzahl der Fundamentalsysteme, welche ν ungerade und $2\varrho+2-\nu$ gerade Charakteristiken enthalten, wird daher gefunden, indem man die Anzahl (10.) der Complexe mit $\binom{2\varrho+2}{\nu}$ multiplicirt.

VII. *In jedem Fundamentalsysteme ist die Anzahl der ungeraden Charakteristiken* $\nu \equiv \varrho \pmod{4}$. *Genügt* ν ($\leqq 2\varrho+2$) *dieser Bedingung, so giebt es*

$$(11.)\qquad \frac{(2^{2\varrho}-1)(2^{2\varrho-2}-1)\ldots(2^2-1)2^{\varrho\varrho}}{1.2.3\ldots\nu.1.2.3\ldots 2\varrho+2-\nu}$$

Fundamentalsysteme, welche genau ν *ungerade Charakteristiken enthalten* *), *und in jedem Complexe von Fundamentalsystemen befinden sich* $\binom{2\varrho+2}{\nu}$ *solche Systeme.*

Speciell kann man, falls ϱ gerade ist, C, und zwar nur auf eine Weise (nämlich $C=K$), so wählen, dass die $2\varrho+2$ Charakteristiken CA_γ alle gerade oder alle ungerade sind, je nachdem $\varrho\equiv 0$ oder $2 \pmod{4}$ ist, und falls ϱ ungerade ist, C auf $2\varrho+2$ Arten so wählen, dass unter den Charakteristiken CA_γ $2\varrho+1$ gerade oder $2\varrho+1$ ungerade sind, je nachdem $\varrho\equiv 1$ oder $3 \pmod{4}$ ist.

Bei der oben auseinandergesetzten Construction eines Fundamentalsystems sind die einzelnen Charakteristiken successive ermittelt worden, ohne dass dabei ihr Charakter berücksichtigt worden ist. Zur Ergänzung jener Deduction dient die folgende Untersuchung:

Seien $A, A_1, \ldots A_{\lambda-1}$ λ durch die Relationen (1.) verbundene Charakteristiken, deren Summe, falls λ gerade ist, nicht verschwindet; sei

---

*) Betrachtet man zwei Fundamentalsysteme, deren jedes genau ν ungerade Charakteristiken enthält, auch dann als verschieden, wenn sie sich nur durch die Anordnung der ν ungeraden und der $2\varrho+2-\nu$ geraden Charakteristiken unterscheiden, so ist die Anzahl der verschiedenen Systeme dieser Art

$$(12.)\qquad (2^{2\varrho}-1)(2^{2\varrho-2}-1)\ldots(2^2-1)2^{\varrho\varrho}.$$

Dass diese Zahl von ν unabhängig sein muss, ist leicht *a priori* einzusehen. Denn da durch Transformation erster Ordnung ein Fundamentalsystem mit ν ungeraden Charakteristiken in jedes andere derselben Art, und zwar nur auf eine Weise, übergeführt werden kann, so muss die Zahl (12.) gleich der Anzahl der (mod. 2) verschiedenen Transformationen erster Ordnung sein.

$AA_\alpha = B_\alpha$, ε ein gegebener Charakter und $\varphi(\varepsilon)$ die Anzahl der Charakteristiken $A_\lambda = AX$, welche den Gleichungen

$$(B_\alpha, X) = -1, \quad (AX) = \varepsilon, \qquad (\alpha = 1, 2, \dots \lambda-1)$$

genügen. Dann ist

$$\varphi(1)+\varphi(-1) = 2^{2\varrho-\lambda+1}$$

und

$$2^{\lambda-1}(\varphi(1)-\varphi(-1)) = \Sigma(AR)(1-(B_1, R))(1-(B_2, R))\dots(1-(B_{\lambda-1}, R)),$$

wo R alle Charakteristiken durchläuft. Führt man die Multiplication aus, so ist irgend ein Glied des Productes

$$(-1)^\xi \Sigma(AR)(B_\alpha, R)(B_\beta, R)\dots = (-1)^\xi (A)(AB_\alpha B_\beta\dots)\Sigma(AB_\alpha B_\beta\dots R)$$
$$= (-1)^\xi(A)(AB_\alpha B_\beta\dots)2^\varrho,$$

wo ξ die Anzahl der Charakteristiken B_α, B_β, ... bezeichnet. Nun ist aber vermöge der Relationen (1.)

$$(-1)^\xi(A)(AB_\alpha B_\beta\dots) = (-1)^{\frac{\xi(\xi+1)}{2}}(A)^\xi(A_\alpha)(A_\beta)\dots,$$

also wenn ξ gerade ist, $(-1)^{\frac{\xi}{2}}(A_\alpha)(A_\beta)\dots$, wenn ξ ungerade ist,

$$(-1)^{\frac{\xi+1}{2}}(A)(A_\alpha)(A_\beta)\dots,$$

in beiden Fällen das Product einer geraden Anzahl (2η) der Charaktere (A), (A_1), ... $(A_{\lambda-1})$, multiplicirt mit $(-1)^\eta$. Die doppelte Summe aller dieser Producte ist aber

$$2\Sigma(-1)^\eta(A_\alpha)(A_\beta)\dots$$
$$= (1+i(A))(1+i(A_1))\dots(1+i(A_{\lambda-1}))+(1-i(A))(1-i(A_1))\dots(1-i(A_{\lambda-1})).$$

Sind unter den Charakteristiken A, A_1, ... $A_{\lambda-1}$ $\varkappa$ ungerade und $\lambda-\varkappa$ gerade, so ist diese Zahl gleich

$$(1-i)^\varkappa(1+i)^{\lambda-\varkappa}+(1+i)^\varkappa(1-i)^{\lambda-\varkappa} = (1-i)^\lambda(i^\varkappa+i^{\lambda-\varkappa}).$$

Folglich ist

$$\varphi(1)-\varphi(-1) = 2^{\varrho-\lambda}(1-i)^\lambda(i^\varkappa+i^{\lambda-\varkappa})$$

und mithin *)

*) Diese Formel umfasst einen grossen Theil der Resultate, welche die Herren *Weber* und *Nöther* für $\varrho=3$ und 4 entwickelt haben. Man kann sie auch finden, indem man A, A_1, ... $A_{\lambda-1}$ in irgend einer bestimmten Art zu einem vollständigen Systeme A_λ, $A_{\lambda+1}$, ... $A_{2\varrho+1}$ ergänzt. Die Lösungen der Gleichungen $(A, A_\alpha, X) = -1$ $(\alpha = 0, 1, \dots \lambda-1)$ sind dann die wesentlichen Combinationen der Charakteristiken A_λ, $A_{\lambda+1}$, ... $A_{2\varrho+1}$, und man kann mittelst der Formel (α.) abzählen, wieviele derselben gerade oder ungerade sind. Beschwerlicher ist eine dritte Methode, welche sich auf die simultane Reduction der linearen Formen $|B_\alpha, X|$ und der bilinearen Form $|AX|$ stützt. Dieselbe ist in analogen Fragen von Herrn *Camille Jordan* angewendet worden.

$$(13.)\qquad \varphi(\varepsilon) = 2^{2\varrho-\lambda}+\varepsilon 2^{\varrho-\lambda-1}(1-i)^{\lambda}(i+i^{\lambda-\varkappa}).$$

Ist $\lambda=2\mu$ und $\varkappa-\mu$ ungerade, so ist

$$\varphi(\varepsilon) = 2^{\varrho-\mu}2^{\varrho-\mu}.$$

Ist $\lambda=2\mu$ und $\varkappa-\mu$ gerade, so ist

$$\varphi(\varepsilon) = 2^{\varrho-\mu}(2^{\varrho-\mu}+\varepsilon(-1)^{\frac{\varkappa-\mu}{2}}).$$

Für $\lambda=0$ ist diese Zahl zu halbiren. Ist $\lambda=2\mu+1$, so ist

$$\varphi(\varepsilon) = 2^{\varrho-\mu-1}(2^{\varrho-\mu}+\varepsilon(-1)^{\frac{(\varkappa-\mu)(\varkappa-\mu-1)}{2}}).$$

In diesem Falle ist $(AA_1\dots A_{\lambda-1})=(-1)^{\varkappa-\mu}$. Ist also $\varepsilon=(-1)^{\varkappa-\mu}$, so genügt $X=A_1\dots A_{\lambda-1}$ den obigen Gleichungen. Diese Lösung ist aber, falls $\lambda<2\varrho+1$ ist, auszuschliessen, und folglich ist die Anzahl der für A_λ zulässigen Werthe nur

$$\varphi(\varepsilon)-1 = (2^{\varrho-\mu}-(-1)^{\frac{(\varkappa-\mu)(\varkappa-\mu+1)}{2}})(2^{\varrho-\mu-1}+(-1)^{\frac{(\varkappa-\mu)(\varkappa-\mu+1)}{2}}).$$

Die Zahl $\varphi(\varepsilon)$ ist im Allgemeinen positiv. Indem man die Fälle durchgeht, wo sie verschwindet, findet man, dass die successive Ermittelung der Charakteristiken eines Fundamentalsystems bei vorgeschriebenen Charakteren stets und nur dann möglich ist, wenn die Anzahl ν der ungeraden Charakteristiken die Bedingung (6.) befriedigt.

§. 6.

Das Additionstheorem.

Gegeben sei ein Fundamentalsystem von $2\varrho+2$ Charakteristiken $A_1, A_2, \dots A_{\varrho-3}, B_1, B_2, \dots B_{\varrho-3}, H, H_1, \dots H_7$. Sei $P=O$, $P_\nu=A_\nu B_\nu$ $(\nu=1,2,\dots\varrho-3)$,

$$(1.)\qquad r = 2^{\varrho-3},$$

und $P_{\varrho-2}, P_{\varrho-1}, \dots P_{r-1}$ die Combinationen dieser $\varrho-3$ Charakteristiken. Dann sind $P, P_1, \dots P_{r-1}$ verschieden und bilden eine Gruppe. Ferner ist

$$|P_1, P_2| = |A_1B_1, A_2B_2| \equiv |A_1B_1, A_1A_2|+|A_1B_1, A_1B_2| \equiv 0,$$

also auch

$$|P_1, P_2P_3| \equiv |P_1, P_2|+|P_1, P_3| \equiv 0,$$

und mithin besteht zwischen je zwei der r Charakteristiken P_α die Beziehung

$$(2.)\qquad |P_\alpha, P_\beta| \equiv 0,\quad \binom{P_\alpha}{P_\beta}=\binom{P_\beta}{P_\alpha}.$$

In der nämlichen Weise ergiebt sich, dass $|H_\lambda H_\mu, P_\alpha| \equiv 0$ oder

$$(3.)\qquad |H_\lambda, P_\alpha| \equiv |H_\mu, P_\alpha|$$

ist. Die Zahl (H_λ, P_α) ist also von λ unabhängig und wird daher im Folgenden mit (H, P_α) bezeichnet werden. Das Zeichen $\sqrt{P_\alpha}$ definire ich in ähnlicher Weise, wie in §. 2, wähle also $\sqrt{P}=1, \sqrt{P_1}, \dots \sqrt{P_{\varrho-3}}$ willkürlich, was auf $2^{\varrho-3}=r$ Arten möglich ist, und die übrigen Vorzeichen so, dass für alle Paare α, β der Zahlen von 0 bis $r-1$

$$(4.)\qquad \sqrt{P_\alpha P_\beta} = \sqrt{P_\alpha}\sqrt{P_\beta}\binom{P_\beta}{P_\alpha}$$

ist. Sei ferner K die Summe aller ungeraden Charakteristiken des gegebenen Fundamentalsystems und

$$(5.)\qquad G = KA_1A_2\dots A_{\varrho-3}.$$

Dann ist $GP_1 \equiv KB_1A_2\dots A_{\varrho-3}$, $GP_1P_2 \equiv KB_1B_2A_3\dots A_{\varrho-3}$, u. s. w., und mithin sind die Charakteristiken GP_α sämmtlich Summen von $\varrho-3$ Charakteristiken des Fundamentalsystems, vermehrt um K, also nach (7.), §. 5 alle gerade. Folglich ist auch $GP_\alpha H_\lambda H_\lambda \equiv GP_\alpha$ gerade, dagegen ist $GP_\alpha H_\lambda H_\mu$, falls λ von μ verschieden ist, eine Summe von $\varrho-1$ Charakteristiken des Fundamentalsystems, vermehrt um K, also ungerade.

Nunmehr ergiebt sich, wie in §. 3, dass sich $2^\varrho+1$ von u unabhängige Grössen a und $b_{\alpha\lambda}$ $(\alpha=0,1,\dots r-1;\ \lambda=0,1,\dots 7)$, die nicht sämmtlich verschwinden, so bestimmen lassen, dass

$$a\vartheta[G](u-v)(u+v+w) = \sum_{\lambda,\alpha} b_{\lambda\alpha}\vartheta[GH_\lambda P_\alpha](u)(u+w)$$

ist. Setzt man $u=H_\mu P_\beta$, so erhält man zur Bestimmung der Constanten die Gleichungen

$$a\binom{H_\mu}{P_\beta}\vartheta[GH_\mu P_\beta](v)(v+w) = \sum_\alpha b_{\mu\alpha}(G,H_\mu)\binom{H_\mu}{P_\alpha}\binom{P_\beta}{P_\alpha}\vartheta[GP_\alpha P_\beta](0)(w).$$

Setzt man

$$b_{\lambda\alpha} = (G,H_\lambda)\binom{H_\lambda}{P_\alpha}a_{\lambda\alpha},$$

so ist folglich

$$(\alpha.)\qquad a\vartheta[G](u-v)(u+v+w) = \sum_{\lambda,\alpha} a_{\lambda\alpha}(G,H_\lambda)\binom{H_\lambda}{P_\alpha}\vartheta[GH_\lambda P_\alpha](u)(u+w),$$

wo für einen bestimmten Werth von λ die Verhältnisse der $r+1$ Coefficienten a, $a_{\lambda\alpha}$ den r homogenen linearen Gleichungen

$$a\binom{H_\lambda}{P_\beta}\vartheta[GH_\lambda P_\beta](v)(v+w) = \sum_\alpha a_{\lambda\alpha}\binom{P_\beta}{P_\alpha}\vartheta[GP_\alpha P_\beta](0)(w)$$

genügen*). Multiplicirt man mit $\sqrt{P_\beta}$ und summirt nach β von 0 bis $r-1$, so erhält man, wie in §. 3,

$$a\sum_\beta \left(\frac{H_\lambda}{P_\beta}\right)\sqrt{P_\beta}\,\vartheta[GH_\lambda P_\beta](v)(v+w) = \sum_{\alpha,\beta} a_{\lambda\alpha}\left(\frac{P_\beta}{P_\alpha}\right)\sqrt{P_\beta}\,\vartheta[GP_\alpha P_\beta](0)(w)$$
$$= \left(\sum_\alpha \frac{a_{\lambda\alpha}}{\sqrt{P_\alpha}}\right)\left(\sum_\gamma \sqrt{P_\gamma}\,\vartheta[GP_\gamma](0)(w)\right),$$

also

$$(\beta.)\qquad \sum_\alpha \frac{a_{\lambda\alpha}}{\sqrt{P_\alpha}} = a\frac{\sum_\beta \left(\frac{H_\lambda}{P_\beta}\right)\sqrt{P_\beta}\,\vartheta[GH_\lambda P_\beta](v)(v+w)}{\sum_\gamma \sqrt{P_\gamma}\,\vartheta[GP_\gamma](0)(w)}.$$

Aus dieser Formel wollen wir zunächst eine Folgerung ziehen. Vermehrt man in der Gleichung (α.) u um $P_\varkappa$, so erhält man

$$a\vartheta[GP_\varkappa](u-v)(u+v+w) = \sum_{\lambda,\alpha} a_{\lambda\alpha}(G, H_\lambda)\left(\frac{H_\lambda}{P_\alpha}\right)\left(\frac{P_\varkappa}{H_\lambda P_\alpha}\right)\vartheta[GH_\lambda P_\alpha P_\varkappa](u)(u+w).$$

Multiplicirt man mit $\sqrt{P_\varkappa}$ und mit

$$(H, P_\varkappa) = (H_\lambda, P_\varkappa) = \left(\frac{H_\lambda}{P_\varkappa}\right)\left(\frac{P_\varkappa}{H_\lambda}\right)$$

und summirt nach $\varkappa$ von 0 bis $r-1$, so findet man

$$a\sum_\varkappa (H, P_\varkappa)\sqrt{P_\varkappa}\,\vartheta[GP_\varkappa](u-v)(u+v+w)$$
$$= \sum_{\lambda,\alpha,\varkappa} a_{\lambda\alpha}(G, H_\lambda)\left(\frac{H_\lambda}{P_\alpha P_\varkappa}\right)\left(\frac{P_\varkappa}{P_\alpha}\right)\sqrt{P_\varkappa}\,\vartheta[GH_\lambda P_\alpha P_\varkappa](u)(u+w).$$

Ersetzt man auf der rechten Seite dieser Gleichung $P_\varkappa$ durch $P_\varkappa P_\alpha$ (vgl. §. 3), so geht dieselbe über in

$$\sum a_{\lambda\alpha}(G, H_\lambda)\left(\frac{H_\lambda}{P_\varkappa}\right)(P_\alpha)\sqrt{P_\varkappa}\sqrt{P_\alpha}\,\vartheta[GH_\lambda P_\varkappa](u)(u+w)$$
$$= \sum_\lambda (G, H_\lambda)\left[\sum_\alpha \frac{a_{\lambda\alpha}}{\sqrt{P_\alpha}}\right]\left[\sum_\varkappa \left(\frac{H_\lambda}{P_\varkappa}\right)\sqrt{P_\varkappa}\,\vartheta[GH_\lambda P_\varkappa](u)(u+w)\right].$$

Setzt man für $\sum \frac{a_{\lambda\alpha}}{\sqrt{P_\alpha}}$ den Werth aus Gleichung (β.) ein, so findet man

$$(6.)\quad \begin{cases} \left[\sum_\alpha (H, P_\alpha)\sqrt{P_\alpha}\,\vartheta[GP_\alpha](u-v)(u+v+w)\right]\left[\sum_\beta \sqrt{P_\beta}\,\vartheta[GP_\beta](0)(w)\right] \\ = \sum_\lambda (G, H_\lambda)\left[\sum_\alpha \left(\frac{H_\lambda}{P_\alpha}\right)\sqrt{P_\alpha}\,\vartheta[GH_\lambda P_\alpha](u)(u+w)\right]\left[\sum_\beta \left(\frac{H_\lambda}{P_\beta}\right)\sqrt{P_\beta}\,\vartheta[GH_\lambda P_\beta](v)(v+w)\right]. \end{cases}$$

---

*) Herr *Stahl* bemerkt (dieses Journal Bd. 88, S. 127), dass in dem System der Gleichungen für die Grössen $b_{\lambda\alpha}$ der Coefficient von $b_{\lambda\alpha}$ in der β^{ten} und der von $b_{\lambda\beta}$ in der α^{ten} Gleichung bis auf das Vorzeichen einander gleich sind. Durch die obige Substitution der Grössen $a_{\lambda\alpha}$ für die Grössen $b_{\lambda\alpha}$ ist das betreffende Gleichungssystem nach Formel (2.) in ein symmetrisches verwandelt worden.

Aus der Gleichung (β.) ergiebt sich ferner in ähnlicher Weise wie in §. 3

$$ra_{\lambda\alpha} = a \mathfrak{S} \sqrt{P_\alpha} \frac{\sum_\beta \left(\begin{smallmatrix} H_\lambda \\ P_\beta \end{smallmatrix}\right) \sqrt{P_\beta}\, \vartheta[GH_\lambda P_\beta](v)(v+w)}{\sum_\gamma \sqrt{P_\gamma}\, \vartheta[GP_\gamma](0)(w)},$$

wo sich der Summationsbuchstabe $\mathfrak{S}$ auf die r verschiedenen Vorzeichen bezieht, die man den Wurzeln $\sqrt{P_1}, \ldots \sqrt{P_{\varrho-3}}$ beilegen kann. Demnach erhält man

$$(7.) \quad \left\{ \begin{array}{l} 2^{\varrho-3} \vartheta[G](u-v)(u+v+w) \\ = \mathfrak{S} \dfrac{\sum_{\lambda,\alpha,\beta} (G, H_\lambda) \left(\begin{smallmatrix} H_\lambda \\ P_\alpha P_\beta \end{smallmatrix}\right) \sqrt{P_\alpha}\sqrt{P_\beta}\, \vartheta[GH_\lambda P_\alpha](u)(u+w)\, \vartheta[GH_\lambda P_\beta](v)(v+w)}{\sum_\gamma \sqrt{P_\gamma}\, \vartheta[GP_\gamma](0)(w)}. \end{array} \right.$$

Vermehrt man u um $P_\varkappa$, so findet man, wie in §. 3

$$(8.) \quad \left\{ \begin{array}{l} 2^{\varrho-3} (H, P_\varkappa) \vartheta[GP_\varkappa](u-v)(u+v+w) \\ = \mathfrak{S} \dfrac{1}{\sqrt{P_\varkappa}} \dfrac{\sum_{\lambda,\alpha,\beta} (G, H_\lambda) \left(\begin{smallmatrix} H_\lambda \\ P_\alpha P_\beta \end{smallmatrix}\right) \sqrt{P_\alpha}\sqrt{P_\beta}\, \vartheta[GH_\lambda P_\alpha](u)(u+w)\, \vartheta[GH_\lambda P_\beta](v)(v+w)}{\sum_\gamma \sqrt{P_\gamma}\, \vartheta[GP_\gamma](0)(w)}. \end{array} \right.$$

Multiplicirt man auf beiden Seiten mit $(P_\varkappa)\vartheta[GP_\varkappa](0)(w)$ und summirt nach $\varkappa$ von 0 bis $r-1$, so hebt sich in jedem Gliede der Summe $\mathfrak{S}$ der Nenner $\Sigma \sqrt{P_\gamma}\, \vartheta[GP_\gamma](0)(w)$ gegen den hinzugekommenen Factor des Zählers. Da ferner $\mathfrak{S} \sqrt{P_\alpha}\sqrt{P_\beta} = 0$ ist, falls α von β verschieden ist, dagegen $\mathfrak{S} \sqrt{P_\alpha}\sqrt{P_\alpha} = r(P_\alpha)$ ist, so erhält man die Gleichung

$$(9.) \quad \left\{ \begin{array}{l} \sum_\alpha (H, P_\alpha)(P_\alpha) \vartheta[GP_\alpha](0)(w)(u-v)(u+v+w) \\ = \sum_{\lambda,\alpha} (G, H_\lambda)(P_\alpha) \vartheta[GH_\lambda P_\alpha](u)(u+w)(v)(v+w). \end{array} \right.$$

Die drei Gleichungen (6.), (8.) und (9.) sind wesentlich identisch, aus jeder derselben kann man leicht die beiden anderen ableiten. Ersetzt man v und w durch $-v$ und $v+w$, so nimmt die Relation (9.) die Gestalt an

$$(10.) \quad \left\{ \begin{array}{l} \sum_\alpha (H, P_\alpha)(P_\alpha) \vartheta[GP_\alpha](0)(v+w)(w+u)(u+v) \\ = \sum_{\lambda,\alpha} (H_\lambda P_\alpha) \vartheta[GH_\lambda P_\alpha](u)(v)(w)(u+v+w). \end{array} \right.$$

Ist z. B. für $\varrho = 4$ $A, B, H, H_1, \ldots H_7$ ein Fundamentalsystem, und ist K die Summe der ungeraden Charakteristiken desselben, so ist

$$(11.) \quad \left\{ \begin{array}{l} \vartheta[KA](0)(v+w)(w+u)(u+v) - (AB)\vartheta[KB](0)(v+w)(w+u)(u+v) \\ = \sum_\lambda (AH_\lambda)\vartheta[KH_\lambda](u)(v)(w)(u+v+w) + (BH_\lambda)\vartheta[KABH_\lambda](u)(v)(w)(u+v+w), \end{array} \right.$$

oder wenn man jedes der drei Argumente u, v, w um A vermehrt,

$$(12.)\quad \begin{cases} (A)\vartheta[KA](0)(v+w)(w+u)(u+v)-(B)\vartheta[KB](0)(v+w)(w+u)(u+v) \\ =\sum\limits_{\lambda}(H_\lambda)[(A)\vartheta[KAH_\lambda](u)(v)(w)(u+v+w)-(B)\vartheta[KBH_\lambda](u)(v)(w)(u+v+w)]. \end{cases}$$

Die Charakteristiken KA, KB, KH_λ sind gerade, die Charakteristiken $KABH_\lambda$ ungerade. Setzt man daher in (11.) $w=0$ und $B=H_8$, so erhält man

$$\vartheta[KA](0)(u)(v)(u+v) = \sum_{\lambda}{}_0^8(AH_\lambda)\vartheta[KH_\lambda](0)(u)(v)(u+v),$$

oder anders ausgedrückt:

Bilden $G, G_1, \dots G_9$ ein Fundamentalsystem von zehn geraden Charakteristiken, so ist

$$(13.)\quad \sum_{\lambda}{}_0^9[G, G_\lambda]\vartheta[G_\lambda](0)(u)(v)(u+v) = 0.$$

Hier ist, falls λ von 0 verschieden ist, $[G, G_\lambda]=(G, G_\lambda)$, dagegen $[G, G]=-1$, d. h. es ist $[G_\beta, G_\gamma][G_\gamma, G_\alpha][G_\alpha, G_\beta]=-1$, auch wenn α, β, γ nicht alle verschieden sind.

Setzt man $v=0$, so findet man

$$(14.)\quad \sum_{\lambda}{}_0^9[G, G_\lambda]\vartheta^2[G_\lambda](0)(u) = 0.$$

Setzt man aber $v=H=GG_1\dots G_5$, so erhält man (*Nöther*, l. c. S. 290)

$$(15.)\quad \sum_{\lambda}{}_0^5\left(\frac{G_\lambda}{H}\right)\vartheta[G_\lambda](0)(u)\vartheta[HG_\lambda](0)(u) = 0.$$

Denn HG_λ ist gerade, falls $\lambda=0, 1, \dots 5$, und ungerade, falls $\lambda=6, 7, 8, 9$.

In dieser Formel sind $G, G_1, \dots G_5$ irgend sechs gerade Charakteristiken, deren je drei eine ungerade Summe haben, und deren Summe H von O verschieden ist.

Ausser dem hier behandelten Systeme von Charakteristiken giebt es noch zwei andere, für welche sich ähnliche Formeln entwickeln lassen. Bei dem einen ist, falls $A_1, \dots A_{\varrho-2}, B_1, \dots B_{\varrho-2}, H, H_1, H_2, L, M, N$ ein Fundamentalsystem bilden, $G=KLMNA_1\dots A_{\varrho-2}$, $H_3=HH_1H_2$, $P_\nu=A_\nu B_\nu$, bei dem andern, falls $A_1, \dots A_{\varrho-1}, B_1, \dots B_{\varrho-1}, H, H_1, L, M$ ein Fundamentalsystem bilden, $G=KLMA_1\dots A_{\varrho-1}$, $P_\nu=A_\nu B_\nu$ zu setzen. Die Formeln (6.) bis (10.) gelten für das erste System, falls sich λ von 0 bis 3, α, β von 0 bis $2^{\varrho-2}-1$ bewegen, für das zweite System, falls sich λ von 0 bis 1, α, β von 0 bis $2^{\varrho-1}-1$ bewegen.

Zürich, Februar 1880.

25.

Über Relationen zwischen den Näherungsbrüchen von Potenzreihen

Journal für die reine und angewandte Mathematik 90, 1–17 (1881)

Die Aufgabe, eine rationale Function zu bestimmen, deren Zähler und Nenner von vorgeschriebenem Grade sind, und die für möglichst viele gegebene Werthe der Variabeln einer gegebenen Function gleich ist, ist zuerst von *Cauchy* (Analyse alg. p. 528) gelöst und später ausführlicher von *Jacobi* (dieses Journ. Bd. 30, S. 127) behandelt worden, welcher Zähler und Nenner auf die verschiedensten Weisen in Determinantenform darzustellen gelehrt hat. Dagegen ist er nicht auf die Relationen eingegangen, welche zwischen mehreren solchen Brüchen bestehen, deren Zähler und Nenner von verschiedenen Graden sind. Die wichtigsten Beziehungen dieser Art will ich hier kurz zusammenstellen, mich dabei aber der Einfachheit halber auf den Fall beschränken, wo die gegebenen Werthe der Variabeln alle in einen zusammenfallen. (*Jacobi*, l. c. S. 149; vgl. auch *Kronecker*, Monatsber. d. Berliner Ak. 1878, S. 97.)

§. 1.
Ueber die Näherungsbrüche von Potenzreihen.

Ist eine nach aufsteigenden Potenzen der Variabeln x geordnete Reihe

$$(1.)\qquad y = a_0 + a_1 x + a_2 x^2 + \cdots$$

gegeben, so kann man zwei ganze Functionen, die nicht identisch verschwinden, und deren Grade nicht höher als α und β sind,

$$T = t_0 + t_1 x + \cdots + t_\alpha x^\alpha, \quad U = u_0 + u_1 x + \cdots + u_\beta x^\beta,$$

so bestimmen, dass die Entwickelung von

$$(2.)\qquad yU - T = V$$

erst mit der $(\alpha+\beta+1)^{\text{ten}}$ Potenz von x anfängt. Denn zur Bestimmung der Coefficienten von U erhält man aus der gestellten Forderung die Gleichungen

$$(3.)\qquad 0 = a_{\nu+\alpha}u_0 + a_{\nu+\alpha-1}u_1 + \cdots + a_{\nu+\alpha-\beta}u_\beta \qquad (\nu = 1, 2, \dots \beta),$$

in denen, wie stets im Folgenden, $a_{-1} = a_{-2} = \cdots = 0$ zu setzen ist, und diesen β homogenen linearen Gleichungen zwischen $\beta+1$ Unbekannten kann man stets durch Werthe derselben genügen, die nicht sämmtlich Null sind. Alsdann sind die Coefficienten von T

$$t_\mu = a_\mu u_0 + a_{\mu-1}u_1 + \cdots + a_0 u_\mu \qquad (\mu = 0, 1, \dots \alpha).$$

Wenn die Determinanten β^{ten} Grades, die sich aus den Coefficienten der Gleichungen (3.) bilden lassen, nicht alle verschwinden, so werden durch die entwickelten Relationen die Verhältnisse der Grössen u_ν und mithin die Functionen T, U, V bis auf einen constanten Factor vollständig bestimmt. Wenn aber jene Determinanten sämmtlich Null sind, so genügen diesen Bedingungen alle linearen Verbindungen aus mehreren unabhängigen Functionen U, deren jeder eine Function T und eine V entspricht. Welche dieser Functionen U man aber auch wählen mag, so sind doch die Verhältnisse $T:U:V$ immer dieselben. Denn aus zwei Gleichungen von der Form (2.), $Uy-T=V$ und $U'y-T'=V'$ folgt $TU'-T'U=UV'-U'V$. Da die Entwickelung der linken Seite dieser Gleichung nach aufsteigenden Potenzen von x mit der $(\alpha+\beta)^{\text{ten}}$ Potenz endigt, die der rechten aber mit der $(\alpha+\beta+1)^{\text{ten}}$ anfängt, so sind beide Seiten derselben Null, und mithin ist $T:U:V = T':U':V'$.

Wir setzen nun

$$(4.)\qquad c_{\alpha\beta} = \begin{vmatrix} a_{\alpha-\beta+1} & a_{\alpha-\beta+2} & \dots & a_\alpha \\ a_{\alpha-\beta+2} & a_{\alpha-\beta+3} & \dots & a_{\alpha+1} \\ \cdot & \cdot & \dots & \cdot \\ a_\alpha & a_{\alpha+1} & \dots & a_{\alpha+\beta-1} \end{vmatrix},$$

$$(5.)\qquad T_{\alpha\beta} = \begin{vmatrix} a_{\alpha-\beta+1} & a_{\alpha-\beta+2} & \dots & a_\alpha & a_{\alpha-\beta}x^\alpha + a_{\alpha-\beta-1}x^{\alpha-1} + \cdots \\ a_{\alpha-\beta+2} & a_{\alpha-\beta+3} & \dots & a_{\alpha+1} & a_{\alpha-\beta+1}x^\alpha + a_{\alpha-\beta}x^{\alpha-1} + \cdots \\ \cdot & \cdot & \dots & \cdot & \cdot \\ a_{\alpha+1} & a_{\alpha+2} & \dots & a_{\alpha+\beta} & a_\alpha x^\alpha + a_{\alpha-1}x^{\alpha-1} + \cdots \end{vmatrix},$$

$$(6.)\qquad U_{\alpha\beta} = \begin{vmatrix} a_{\alpha-\beta+1} & a_{\alpha-\beta+2} & \dots & a_\alpha & x^\beta \\ a_{\alpha-\beta+2} & a_{\alpha-\beta+3} & \dots & a_{\alpha+1} & x^{\beta-1} \\ \cdot & \cdot & \dots & \cdot & \cdot \\ a_{\alpha+1} & a_{\alpha+2} & \dots & a_{\alpha+\beta} & 1 \end{vmatrix},$$

$$(7.)\quad V_{\alpha\beta}=\begin{vmatrix} a_{\alpha-\beta+1} & a_{\alpha-\beta+2} & \dots & a_\alpha & a_{\alpha+1}\,x^{\alpha+\beta+1}+a_{\alpha+2}\,x^{\alpha+\beta+2}+\cdots \\ a_{\alpha-\beta+2} & a_{\alpha-\beta+3} & \dots & a_{\alpha+1} & a_{\alpha+2}\,x^{\alpha+\beta+1}+a_{\alpha+3}\,x^{\alpha+\beta+2}+\cdots \\ \cdot & \cdot & \dots & \cdot & \cdot \\ a_{\alpha+1} & a_{\alpha+2} & \dots & a_{\alpha+\beta} & a_{\alpha+\beta+1}x^{\alpha+\beta+1}+a_{\alpha+\beta+2}x^{\alpha+\beta+2}+\cdots \end{vmatrix},$$

also speciell

$$(8.)\quad \begin{cases} T_{\alpha 0}=a_\alpha x^\alpha+a_{\alpha-1}x^{\alpha-1}+\cdots+a_0, \quad V_{\alpha 0}=a_{\alpha+1}x^{\alpha+1}+a_{\alpha+2}x^{\alpha+2}+\cdots, \\ U_{\alpha 0}=1, \quad U_{\alpha 1}=a_\alpha-a_{\alpha+1}x, \\ c_{\alpha 0}=1, \quad c_{\alpha 1}=a_\alpha, \quad c_{0\beta}=(-1)^{\frac{\beta(\beta-1)}{2}}a_0^\beta, \quad T_{0\beta}=(-1)^{\frac{\beta(\beta-1)}{2}}a_0^{\beta+1}. \end{cases}$$

Dann genügen die Functionen $T=T_{\alpha\beta}$, $U=U_{\alpha\beta}$, $V=V_{\alpha\beta}$, falls sie nicht identisch verschwinden, den oben gestellten Forderungen. Ist ferner $c_{\alpha\beta}$ von Null verschieden, so sind sie durch jene Bedingungen bis auf einen constanten Factor vollständig bestimmt *). Da für $x=0$

$$(9.)\quad U_{\alpha\beta}(0)=c_{\alpha\beta}, \quad T_{\alpha\beta}(0)=a_0\,c_{\alpha\beta}$$

ist, so lässt sich, falls $c_{\alpha\beta}=0$ ist, der Bruch $T_{\alpha\beta}:U_{\alpha\beta}$ durch x heben. Ist aber $c_{\alpha\beta}$ von Null verschieden, so lässt er sich nicht durch x heben und auch nicht durch eine ganze Function u, die für $x=0$ nicht verschwindet. Denn sonst wäre $\frac{U_{\alpha\beta}}{u}y-\frac{T_{\alpha\beta}}{u}=\frac{V_{\alpha\beta}}{u}$, und die Entwickelung von $\frac{V_{\alpha\beta}}{u}$ nach steigenden Potenzen von x würde mit $x^{\alpha+\beta+1}$ anfangen. Die ganzen Functionen $\frac{T_{\alpha\beta}}{u}$ und $\frac{U_{\alpha\beta}}{u}$ würden also den obigen Bedingungen genügen, und ebenso $\frac{T_{\alpha\beta}}{u}v$ und $\frac{U_{\alpha\beta}}{u}v$, falls v eine willkürliche ganze Function von demselben Grade wie u wäre. Es würde also möglich sein, den Gleichungen (3.) auf mehrere verschiedene Weisen zu genügen, und mithin müsste $c_{\alpha\beta}=0$ sein.

Damit der Bruch $T_{\alpha\beta}:U_{\alpha\beta}$ irreductibel sei, ist nothwendig und hinreichend, dass $c_{\alpha\beta}$ von Null verschieden ist.

Da es mir vorzugsweise darauf ankommt, ein System von identischen Relationen zu entwickeln, so setze ich voraus, dass für alle in Betracht kommenden Werthe der Indices α und β die Determinanten $c_{\alpha\beta}$ von Null verschieden sind. Die so erhaltenen Identitäten sind dann allgemein gültig,

---

*) Dasselbe gilt, wenn $c_{\alpha+1,\beta+1}$ von Null verschieden ist. Denn die $\beta+1$ Determinanten β^{ten} Grades, die sich aus den Coefficienten der Gleichungen (3.) bilden lassen, sind die den Elementen der letzten Zeile entsprechenden Unterdeterminanten der Determinante $(\beta+1)^{\text{ten}}$ Grades $c_{\alpha+1,\beta+1}$.

falls nicht ein in ihnen vorkommender Nenner verschwindet. Für das Folgende ist noch die Bemerkung von Wichtigkeit, dass der Coefficient von

$$\begin{aligned} &x^\alpha \quad \text{in} \quad T_{\alpha\beta} \quad \text{gleich} \quad (-1)^\beta c_{\alpha,\beta+1}, \\ &x^\beta \quad \text{in} \quad U_{\alpha\beta} \quad \text{gleich} \quad (-1)^\beta c_{\alpha+1,\beta}, \\ &x^{\alpha+\beta+1} \quad \text{in} \quad V_{\alpha\beta} \quad \text{gleich} \quad c_{\alpha+1,\beta+1} \end{aligned}$$

ist.

§. 2.
Algebraische Relationen zwischen den Zählern, Nennern und Resten der Näherungsbrüche.

Setzt man

$$c_{\alpha+1,\beta}T_{\alpha-1,\beta}-c_{\alpha,\beta+1}T_{\alpha,\beta-1}=T,\quad c_{\alpha+1,\beta}U_{\alpha-1,\beta}-c_{\alpha,\beta+1}U_{\alpha,\beta-1}=U,$$
$$c_{\alpha+1,\beta}V_{\alpha-1,\beta}-c_{\alpha,\beta+1}V_{\alpha,\beta-1}=V,$$

so ist $Uy-T=V$, es sind T und U ganze Functionen von den Graden α und β, und die Entwickelung von V fängt mit

$$(c_{\alpha+1,\beta}c_{\alpha,\beta+1}-c_{\alpha,\beta+1}c_{\alpha+1,\beta})x^{\alpha+\beta}+\cdots,$$

also erst mit der $(\alpha+\beta+1)^{\text{ten}}$ Potenz von x an. Daher ist $T=hT_{\alpha\beta}$, $U=hU_{\alpha\beta}$, $V=hV_{\alpha\beta}$, wo h eine Constante ist. Vergleicht man in der ersten dieser drei Gleichungen die Coefficienten von x^α, so findet man $h=c_{\alpha\beta}$. Es ergiebt sich also die Relation

$$c_{\alpha+1,\beta}T_{\alpha-1,\beta}-c_{\alpha,\beta+1}T_{\alpha,\beta-1}=c_{\alpha\beta}T_{\alpha\beta}$$

nebst den beiden analogen, die man aus der hingesetzten erhält, indem man T durch U oder V ersetzt. Wir werden noch mehrere Relationen entwickeln, die für die Functionen T, U, V in gleicher Weise gelten, und wollen uns daher der Kürze halber des Buchstabens S bedienen, um sowohl T als U als V zu bezeichnen. Statt der drei soeben abgeleiteten Formeln schreiben wir also die eine Gleichung

$$(1.)\qquad c_{\alpha+1,\beta}S_{\alpha-1,\beta}-c_{\alpha,\beta+1}S_{\alpha,\beta-1}=c_{\alpha\beta}S_{\alpha\beta}.$$

Setzt man in derselben $S=U$ und $x=0$, so erhält man die Beziehung

$$(2.)\qquad c_{\alpha+1,\beta}c_{\alpha-1,\beta}-c_{\alpha,\beta+1}c_{\alpha,\beta-1}=c_{\alpha\beta}^2.$$

Setzt man ferner

$$c_{\alpha,\beta+1}S_{\alpha+1,\beta}-c_{\alpha+1,\beta}S_{\alpha,\beta+1}=xS,$$

(wo auf der rechten Seite T, U oder V zu setzen ist, je nachdem auf der linken der entsprechende Buchstabe steht), so sind nach Formel (9.), §. 1

T und U *ganze* Functionen vom α^{ten} und β^{ten} Grade, und die Entwickelung von $V = yU - T$ beginnt mit der $(\alpha+\beta+1)^{\text{ten}}$ Potenz von x. Mithin ist $S = hS_{\alpha\beta}$. Setzt man $S = U$ und vergleicht die Coefficienten von $x^{\beta+1}$, so erhält man $h = c_{\alpha+1,\beta+1}$. Man gelangt so zu der ersten (und in ähnlicher Weise zu den beiden letzten) der drei folgenden Gleichungen:

$$(3.)\quad c_{\alpha,\beta+1} S_{\alpha+1,\beta} - c_{\alpha+1,\beta} S_{\alpha,\beta+1} = c_{\alpha+1,\beta+1} x S_{\alpha\beta},$$
$$(4.)\quad c_{\alpha+1,\beta} S_{\alpha\beta} - c_{\alpha\beta} S_{\alpha+1,\beta} = c_{\alpha+1,\beta+1} x S_{\alpha,\beta-1},$$
$$(5.)\quad c_{\alpha,\beta+1} S_{\alpha\beta} - c_{\alpha\beta} S_{\alpha,\beta+1} = c_{\alpha+1,\beta+1} x S_{\alpha-1,\beta}.$$

Von den Relationen, welche sich durch Combination dieser Gleichungen ergeben, erwähne ich nur die folgenden:

$$(6.)\quad c_{\alpha\beta} c_{\alpha,\beta+1} S_{\alpha+1,\beta} - (c_{\alpha,\beta+1} c_{\alpha+1,\beta} + c_{\alpha\beta} c_{\alpha+1,\beta+1} x) S_{\alpha\beta} + c_{\alpha+1,\beta} c_{\alpha+1,\beta+1} x S_{\alpha-1,\beta} = 0,$$
$$(7.)\quad c_{\alpha\beta} c_{\alpha+1,\beta} S_{\alpha,\beta+1} - (c_{\alpha,\beta+1} c_{\alpha+1,\beta} - c_{\alpha\beta} c_{\alpha+1,\beta+1} x) S_{\alpha\beta} + c_{\alpha,\beta+1} c_{\alpha+1,\beta+1} x S_{\alpha,\beta-1} = 0,$$
$$(8.)\quad \left\{ \begin{aligned} & c^2_{\alpha\beta} S_{\alpha+1,\beta+1} - (c_{\alpha\beta} c_{\alpha+1,\beta+1} + (c_{\alpha+1,\beta+2} c_{\alpha,\beta-1} - c_{\alpha+2,\beta+1} c_{\alpha-1,\beta}) x) S_{\alpha\beta} \\ & \qquad + c^2_{\alpha+1,\beta+1} x^2 S_{\alpha-1,\beta-1} = 0. \end{aligned} \right.$$

Multiplicirt man die Formel (4.) mit $S_{\alpha-1,\beta}$, die Formel (5.) mit $S_{\alpha,\beta-1}$ und subtrahirt sie von einander, so erhält man unter Berücksichtigung der Gleichung (1.)

$$(9.)\quad S_{\alpha+1,\beta} S_{\alpha-1,\beta} - S_{\alpha,\beta+1} S_{\alpha,\beta-1} = S^2_{\alpha\beta}.$$

Setzt man hier $S = U$ und multiplicirt mit y, so ergiebt sich in Verbindung mit der Relation (2.), §. 1 die Gleichung

$$T_{\alpha+1,\beta} U_{\alpha-1,\beta} - U_{\alpha,\beta+1} T_{\alpha,\beta-1} - T_{\alpha\beta} U_{\alpha\beta} =$$
$$- V_{\alpha+1,\beta} U_{\alpha-1,\beta} + U_{\alpha,\beta+1} V_{\alpha,\beta-1} + V_{\alpha\beta} U_{\alpha\beta}.$$

Die Entwickelung der linken Seite schliesst mit der $(\alpha+\beta)^{\text{ten}}$ Potenz von x, während die der rechten mit $c_{\alpha,\beta+1} c_{\alpha+1,\beta} x^{\alpha+\beta}$ anfängt. So ergiebt sich die erste der vier folgenden Gleichungen

$$(10.)\quad T_{\alpha+1,\beta} U_{\alpha-1,\beta} - T_{\alpha,\beta-1} U_{\alpha,\beta-1} = T_{\alpha\beta} U_{\alpha\beta} + c_{\alpha,\beta+1} c_{\alpha+1,\beta} x^{\alpha+\beta},$$
$$(11.)\quad T_{\alpha-1,\beta} U_{\alpha+1,\beta} - T_{\alpha,\beta+1} U_{\alpha,\beta-1} = T_{\alpha\beta} U_{\alpha\beta} - c_{\alpha,\beta+1} c_{\alpha+1,\beta} x^{\alpha+\beta},$$
$$(12.)\quad T_{\alpha+1,\beta} U_{\alpha-1,\beta} - T_{\alpha,\beta+1} U_{\alpha,\beta-1} = T_{\alpha\beta} U_{\alpha\beta} + c_{\alpha\beta} c_{\alpha+1,\beta+1} x^{\alpha+\beta+1},$$
$$(13.)\quad T_{\alpha-1,\beta} U_{\alpha+1,\beta} - T_{\alpha,\beta-1} U_{\alpha,\beta+1} = T_{\alpha\beta} U_{\alpha\beta} - c_{\alpha\beta} c_{\alpha+1,\beta+1} x^{\alpha+\beta+1}.$$

Aus den beiden Relationen

$$y U_{\alpha\beta} - T_{\alpha\beta} = V_{\alpha\beta}, \quad y U_{\alpha+1,\beta} - T_{\alpha+1,\beta} = V_{\alpha+1,\beta}$$

findet man durch Elimination von y

$$T_{\alpha+1,\beta} U_{\alpha\beta} - T_{\alpha\beta} U_{\alpha+1,\beta} = U_{\alpha+1,\beta} V_{\alpha\beta} - U_{\alpha\beta} V_{\alpha+1,\beta}.$$

Die Entwickelung der linken Seite hört mit der $(\alpha+\beta+1)^{\text{ten}}$ Potenz von x auf, während die der rechten mit $c_{\alpha+1,\beta}\,c_{\alpha+1,\beta+1}\,x^{\alpha+\beta+1}$ anfängt. So gelangt man zu der ersten der sechs folgenden Gleichungen:

$$(14.)\quad T_{\alpha+1,\beta}\,U_{\alpha\beta} - T_{\alpha\beta}\,U_{\alpha+1,\beta} = c_{\alpha+1,\beta}\,c_{\alpha+1,\beta+1}\,x^{\alpha+\beta+1},$$

$$(15.)\quad T_{\alpha,\beta+1}\,U_{\alpha\beta} - T_{\alpha\beta}\,U_{\alpha,\beta+1} = c_{\alpha,\beta+1}\,c_{\alpha+1,\beta+1}\,x^{\alpha+\beta+1},$$

$$(16.)\quad T_{\alpha+1,\beta+1}\,U_{\alpha\beta} - T_{\alpha\beta}\,U_{\alpha+1,\beta+1} = c^2_{\alpha+1,\beta+1}\,x^{\alpha+\beta+1},$$

$$(17.)\quad T_{\alpha,\beta+1}\,U_{\alpha+1,\beta} - T_{\alpha+1,\beta}\,U_{\alpha,\beta+1} = c^2_{\alpha+1,\beta+1}\,x^{\alpha+\beta+2},$$

$$(18.)\quad T_{\alpha+1,\beta}\,U_{\alpha-1,\beta} - T_{\alpha-1,\beta}\,U_{\alpha+1,\beta} = c_{\alpha,\beta+1}\,c_{\alpha+1,\beta}\,x^{\alpha+\beta} + c_{\alpha\beta}\,c_{\alpha+1,\beta+1}\,x^{\alpha+\beta+1},$$

$$(19.)\quad T_{\alpha,\beta+1}\,U_{\alpha,\beta-1} - T_{\alpha,\beta-1}\,U_{\alpha,\beta+1} = c_{\alpha,\beta+1}\,c_{\alpha+1,\beta}\,x^{\alpha+\beta} - c_{\alpha\beta}\,c_{\alpha+1,\beta+1}\,x^{\alpha+\beta+1}.$$

Aus der Gleichung (16.) ergiebt sich ein neuer Beweis für den in §. 1 abgeleiteten Satz.

§. 3.

Ueber die Näherungsbrüche der *Taylor*schen Reihe.

Sei $y = f(s)$ eine Function der Variabeln s, sei t eine unbestimmte Constante, von der y nicht abhängt und sei die Reihe (1.), §. 1 die Entwickelung von y nach Potenzen von $x = s-t$, also

$$(1.)\quad a_n = \frac{f^n(t)}{\Pi(n)}.$$

Bezeichnet das Operationssymbol D eine Differentiation nach dem Parameter t, so ergiebt sich aus der Relation

$$(2.)\quad y\,U_{\alpha\beta} - T_{\alpha\beta} = V_{\alpha\beta}$$

die Gleichung

$$y\,D\frac{U_{\alpha\beta}}{c_{\alpha+1,\beta}} - D\frac{T_{\alpha\beta}}{c_{\alpha+1,\beta}} = D\frac{V_{\alpha\beta}}{c_{\alpha+1,\beta}}.$$

Da der Coefficient von x^β in $U_{\alpha\beta}$ gleich $(-1)^\beta c_{\alpha+1,\beta}$ ist, so ist $D\frac{U_{\alpha\beta}}{c_{\alpha+1,\beta}}$ eine ganze Function $(\beta-1)^{\text{ten}}$ Grades von x. Ferner ist $D\frac{T_{\alpha\beta}}{c_{\alpha+1,\beta}}$ eine ganze Function α^{ten} Grades, und die Entwickelung von $D\frac{V_{\alpha\beta}}{c_{\alpha+1,\beta}}$ beginnt mit der $(\alpha+\beta)^{\text{ten}}$ Potenz von x. Mithin ist $D\frac{S_{\alpha\beta}}{c_{\alpha+1,\beta}} = h S_{\alpha,\beta-1}$, wo h eine von s unabhängige Grösse ist. Setzt man $S = V$, so erhält man durch Vergleichung der Coefficienten der Anfangsglieder $h = -(\alpha+\beta+1)\frac{c_{\alpha+1,\beta+1}}{c^2_{\alpha+1,\beta}}$. Auf diesem Wege ergiebt sich die erste *) der vier Formeln

$$(3.)\quad c^2_{\alpha+1,\beta} D \frac{S_{\alpha\beta}}{c_{\alpha+1,\beta}} = -(\alpha+\beta+1)\, c_{\alpha+1,\beta+1} S_{\alpha,\beta-1},$$

$$(4.)\quad c^2_{\alpha,\beta+1} D \frac{S_{\alpha\beta}}{c_{\alpha,\beta+1}} = -(\alpha+\beta+1)\, c_{\alpha+1,\beta+1} S_{\alpha-1,\beta},$$

$$(5.)\quad c^2_{\alpha+1,\beta} D \frac{S_{\alpha\beta}}{c_{\alpha+1,\beta} x^{\alpha+\beta+1}} = (\alpha+\beta+1)\, c_{\alpha\beta} \frac{S_{\alpha+1,\beta}}{x^{\alpha+\beta+2}},$$

$$(6.)\quad c^2_{\alpha,\beta+1} D \frac{S_{\alpha\beta}}{c_{\alpha,\beta+1} x^{\alpha+\beta+1}} = (\alpha+\beta+1)\, c_{\alpha\beta} \frac{S_{\alpha,\beta+1}}{x^{\alpha+\beta+2}}.$$

Setzt man in der Formel (6.) $\alpha = 0$, so erhält man

$$D \frac{S_{0\beta}}{a_0^{\beta+1} x^{\beta+1}} = (-1)^\beta (\beta+1) \frac{S_{0,\beta+1}}{a_0^{\beta+2} x^{\beta+2}}$$

und daher

$$(7.)\quad \frac{S_{0\beta}}{a_0^{\beta+1} x^{\beta+1}} = \frac{(-1)^{\frac{\beta(\beta-1)}{2}}}{\Pi(\beta)} D^\beta \frac{S_{00}}{a_0 x}:$$

Setzt man in der Formel (5.) $\beta = 0$, so erhält man

$$D \frac{S_{\alpha 0}}{x^{\alpha+1}} = (\alpha+1) \frac{S_{\alpha+1,0}}{x^{\alpha+2}}$$

und daher

$$(8.)\quad \frac{S_{\alpha 0}}{x^{\alpha+1}} = \frac{1}{\Pi(\alpha)} D^\alpha \frac{S_{00}}{x}.$$

Endlich ergiebt sich aus der Formel $U_{\alpha 1} = a_\alpha - a_{\alpha+1} x$

$$DU_{\alpha 1} = (\alpha+2)\, U_{\alpha+1,1}, \quad D(a_0 x) = -U_{01}$$

und daher

$$(9.)\quad U_{\alpha 1} = \frac{-1}{\Pi(\alpha+1)} D^{\alpha+1}(a_0 x).$$

Um von diesen Relationen (vgl. *Jacobi*, l. c. S. 149—156) eine Anwendung zu machen, schicke ich die folgenden Bemerkungen voraus. Mit Hülfe der Gleichungen (8.), §. 1 lassen sich die drei Formeln (5.), (6.), (7.), §. 1 in eine vereinigen

$$(10.)\quad (-1)^\beta S_{\alpha\beta} = \begin{vmatrix} x^\beta & S_{\alpha-\beta,0} & a_{\alpha-\beta+1} & \dots & a_{\alpha-1} & a_\alpha \\ x^{\beta-1} & S_{\alpha-\beta+1,0} & a_{\alpha-\beta+2} & \dots & a_\alpha & a_{\alpha+1} \\ \cdot & & \cdot & \dots & \cdot & \cdot \\ & S_{\alpha 0} & a_{\alpha+1} & \dots & a_{\alpha+\beta-1} & a_{\alpha+\beta} \end{vmatrix}.$$

Setzt man in derselben $S = V$ und

$$(11.)\quad a_n = \frac{V_{n-1,0} - V_{n0}}{x^n},$$

*) Für die Gültigkeit dieser Formel ist, wie man mit Hülfe der Anmerkung in §. 1 leicht direct beweisen kann, nur die Bedingung erforderlich, dass $c_{\alpha+1,\beta}$ von Null verschieden ist.

so erhält man nach leichten Reductionen,

$$(12.)\qquad x^{\alpha\beta}V_{\alpha\beta} = \begin{vmatrix} V_{\alpha-\beta,0} & \dots & V_{\alpha 0} \\ \cdot & \dots & \cdot \\ V_{\alpha 0} & \dots & V_{\alpha+\beta,0} \end{vmatrix}.$$

In der nämlichen Weise findet man

$$(13.)\qquad (-1)^{\beta} x^{\alpha\beta} T_{\alpha\beta} = \begin{vmatrix} T_{\alpha-\beta,0} & \dots & T_{\alpha 0} \\ \cdot & \dots & \cdot \\ T_{\alpha 0} & \dots & T_{\alpha+\beta,0} \end{vmatrix}.$$

Wenn man endlich in der Determinante für $U_{\alpha\beta}$ jede Zeile, mit x multiplicirt, von der vorhergehenden subtrahirt, so erhält man*)

$$(14.)\qquad U_{\alpha\beta} = \begin{vmatrix} U_{\alpha-\beta+1,1} & \dots & U_{\alpha 1} \\ \cdot & \dots & \cdot \\ U_{\alpha 1} & \dots & U_{\alpha+\beta-1,1} \end{vmatrix}.$$

Mit Hülfe der Formeln (8.) und (9.) ergiebt sich aus diesen Relationen, wenn man

$$(15.)\qquad V = \frac{f(s)-f(t)}{s-t},\quad T = \frac{f(t)}{s-t},\quad U = f(t)(s-t)$$

setzt**)

$$(16.)\qquad \frac{V_{\alpha\beta}}{x^{\alpha+\beta+1}} = \begin{vmatrix} \frac{D^{\alpha-\beta}V}{\Pi(\alpha-\beta)} & \dots & \frac{D^{\alpha}V}{\Pi(\alpha)} \\ \cdot & \dots & \cdot \\ \frac{D^{\alpha}V}{\Pi(\alpha)} & \dots & \frac{D^{\alpha+\beta}V}{\Pi(\alpha+\beta)} \end{vmatrix},$$

$$(17.)\qquad \frac{(-1)^{\beta}T_{\alpha\beta}}{x^{\alpha+\beta+1}} = \begin{vmatrix} \frac{D^{\alpha-\beta}T}{\Pi(\alpha-\beta)} & \dots & \frac{D^{\alpha}T}{\Pi(\alpha)} \\ \cdot & \dots & \cdot \\ \frac{D^{\alpha}T}{\Pi(\alpha)} & \dots & \frac{D^{\alpha+\beta}T}{\Pi(\alpha+\beta)} \end{vmatrix},$$

$$(18.)\qquad (-1)^{\beta}U_{\alpha\beta} = \begin{vmatrix} \frac{D^{\alpha-\beta+2}U}{\Pi(\alpha-\beta+2)} & \dots & \frac{D^{\alpha+1}U}{\Pi(\alpha+1)} \\ \cdot & \dots & \cdot \\ \frac{D^{\alpha+1}U}{\Pi(\alpha+1)} & \dots & \frac{D^{\alpha+\beta}U}{\Pi(\alpha+\beta)} \end{vmatrix}.$$

---

*) Damit diese Formeln allgemein gültig bleiben, ist für negative Werthe von n $V_{n0} = y$, $T_{n0} = 0$, $U_{-1,0} = -a_0 x$, $U_{n0} = 0$ zu setzen.

**) Für negative Werthe von n ist $\frac{D^n T}{\Pi(n)}$ und $\frac{D^n U}{\Pi(n)}$ durch 0, dagegen $\frac{D^n V}{\Pi(n)}$ durch $\frac{y}{x^{n+1}}$ zu ersetzen.

Setzt man

$$(19.)\qquad c'_{\alpha\beta} = \begin{vmatrix} a_{\alpha-\beta+1} & a_{\alpha-\beta+2} & \dots & a_{\alpha-1} & a_{\alpha+1} \\ a_{\alpha-\beta+2} & a_{\alpha-\beta+3} & \dots & a_{\alpha} & a_{\alpha+2} \\ \cdot & \cdot & \dots & \cdot & \cdot \\ a_{\alpha} & a_{\alpha+1} & \dots & a_{\alpha+\beta-2} & a_{\alpha+\beta} \end{vmatrix},$$

so ist

$$(20.)\qquad U_{\alpha\beta} = c_{\alpha\beta} - c'_{\alpha\beta}x + \cdots,\quad V_{\alpha\beta} = c_{\alpha+1,\beta+1}x^{\alpha+\beta+1} + c'_{\alpha+1,\beta+1}x^{\alpha+\beta+2} + \cdots.$$

Vergleicht man daher in der Formel (6.) für $S = U$ die Coefficienten von $x^{-\alpha-\beta-1}$, so ergiebt sich

$$\frac{Dc_{\alpha\beta} - (\alpha+\beta)c'_{\alpha\beta}}{c_{\alpha\beta}} = \frac{Dc_{\alpha,\beta+1} - (\alpha+\beta+1)c'_{\alpha,\beta+1}}{c_{\alpha,\beta+1}}.$$

Der Ausdruck auf der linken Seite ist mithin von β unabhängig, also gleich

$$\frac{Dc_{\alpha1} - (\alpha+1)c'_{\alpha1}}{c_{\alpha1}} = \frac{Da_{\alpha} - (\alpha+1)a_{\alpha+1}}{a_{\alpha}} = 0.$$

Demnach ist

$$(21.)\qquad Dc_{\alpha\beta} = (\alpha+\beta)c'_{\alpha\beta}.$$

Mit Hülfe dieser Relation ergeben sich aus den Gleichungen (3.) bis (6.) durch Coefficientenvergleichung die Formeln:

$$(22.)\qquad c_{\alpha+1,\beta}Dc_{\alpha,\beta+1} - c_{\alpha,\beta+1}Dc_{\alpha+1,\beta} = (\alpha+\beta+1)c_{\alpha\beta}c_{\alpha+1,\beta+1},$$

$$(23.)\qquad c_{\alpha\beta}D\frac{c_{\alpha+1,\beta}}{\alpha+\beta+1} - c_{\alpha+1,\beta}D\frac{c_{\alpha\beta}}{\alpha+\beta} = c_{\alpha,\beta-1}c_{\alpha+1,\beta+1},$$

$$(24.)\qquad c_{\alpha\beta}D\frac{c_{\alpha,\beta+1}}{\alpha+\beta+1} - c_{\alpha,\beta+1}D\frac{c_{\alpha\beta}}{\alpha+\beta} = c_{\alpha-1,\beta}c_{\alpha+1,\beta+1},$$

$$(25.)\qquad c_{\alpha-1,\beta}Dc_{\alpha+1,\beta} - c_{\alpha,\beta-1}Dc_{\alpha,\beta+1} = \frac{\alpha+\beta+1}{\alpha+\beta}c_{\alpha\beta}Dc_{\alpha\beta},$$

$$(26.)\qquad c_{\alpha+1,\beta}Dc_{\alpha-1,\beta} - c_{\alpha,\beta+1}Dc_{\alpha,\beta-1} = \frac{\alpha+\beta-1}{\alpha+\beta}c_{\alpha\beta}Dc_{\alpha\beta}.$$

Mit Hülfe der Formeln (16.), (17.), (18.) lassen sich alle zwischen den Grössen $c_{\alpha\beta}$ und ihren Ableitungen bestehenden Relationen auf die Functionen $S_{\alpha\beta}$ übertragen. (Vgl. die Formeln (2.) und (9.), §. 2). So ergiebt sich unter Anwendung des in der Formel (21.) liegenden Satzes aus der Gleichung (16.) durch Differentiation

$$\frac{DV_{\alpha\beta}}{(\alpha+\beta+1)x^{\alpha+\beta+1}} + \frac{V_{\alpha\beta}}{x^{\alpha+\beta+2}} = \begin{vmatrix} \frac{D^{\alpha-\beta}V}{\Pi(\alpha-\beta)} & \dots & \frac{D^{\alpha-1}V}{\Pi(\alpha-1)} & \frac{D^{\alpha+1}V}{\Pi(\alpha+1)} \\ \cdot & \dots & \cdot & \cdot \\ \frac{D^{\alpha}V}{\Pi(\alpha)} & \dots & \frac{D^{\alpha+\beta-1}V}{\Pi(\alpha+\beta-1)} & \frac{D^{\alpha+\beta+1}V}{\Pi(\alpha+\beta+1)} \end{vmatrix}.$$

Mit Hülfe der Formeln (8.) und (11.) folgt daraus nach leichten Reductionen

$$\frac{D V_{\alpha\beta}}{(\alpha+\beta+1)x^{\alpha+\beta+1}} + \frac{V_{\alpha\beta}}{x^{\alpha+\beta+2}} = \frac{V_{\alpha\beta}+x V'_{\alpha\beta}}{x^{\alpha+\beta+2}},$$

falls man

$$(27.) \qquad (-1)^\beta S'_{\alpha\beta} = \begin{vmatrix} x^\beta & S_{\alpha-\beta,0} & a_{\alpha-\beta+1} & \dots & a_{\alpha-1} & a_{\alpha+1} \\ x^{\beta-1} & S_{\alpha-\beta+1,0} & a_{\alpha-\beta+2} & \dots & a_\alpha & a_{\alpha+2} \\ \cdot & \cdot & \cdot & \dots & \cdot & \cdot \\ & S_{\alpha 0} & a_{\alpha+1} & \dots & a_{\alpha+\beta-1} & a_{\alpha+\beta+1} \end{vmatrix}$$

setzt. Daraus folgt zunächst für $S = V$ die Relation

$$(28.) \qquad D S_{\alpha\beta} = (\alpha+\beta+1) S'_{\alpha\beta}.$$

Da dieselbe, falls man $V_{\alpha\beta} = y U_{\alpha\beta} - T_{\alpha\beta}$ und $V'_{\alpha\beta} = y U'_{\alpha\beta} - T'_{\alpha\beta}$ setzt, in Bezug auf y eine Identität sein muss, so ist sie auch für $S = T$ oder U richtig.

Ebenso bleiben die Formeln (22.) bis (26.) gültig, falls man in denselben durchgehends c durch S und $\alpha+\beta$ durch $\alpha+\beta+1$ ersetzt.

Es ist leicht, die in den Formeln (21.) und (28.) enthaltenen Determinantensätze direct zu beweisen. Wir beschränken uns auf die letztere Gleichung für $S = T$. Setzt man

$$a_{\varkappa 0} = x^{\beta-\varkappa} T_{\alpha-\beta+\varkappa,0}, \quad a_{\varkappa\lambda} = a_{\alpha-\beta+\varkappa+\lambda}, \qquad (\varkappa = 0, 1, \dots \beta; \ \lambda = 1, \dots \beta),$$

so ist $(-1)^\beta T_{\alpha\beta}$ nach (10.) gleich der aus diesen Elementen gebildeten Determinante $(\beta+1)^{\text{ten}}$ Grades. Bezeichnet man den Coefficienten von $a_{\mu\nu}$ in dieser Determinante mit $A_{\mu\nu}$, so ist

$$(-1)^\beta D T_{\alpha\beta} = \sum_{\mu,\nu} A_{\mu\nu}\, da_{\mu\nu}.$$

Nun ist aber

$$D a_{\varkappa\lambda} = (\alpha-\beta+\varkappa+\lambda+1) a_{\alpha-\beta+\varkappa+\lambda+1} = (\varkappa-\beta) a_{\varkappa+1,\lambda} + (\alpha+\lambda+1) a_{\varkappa,\lambda+1},$$
$$D a_{\varkappa 0} = (\varkappa-\beta) a_{\varkappa+1,0} + (\alpha+1) x^\alpha a_{\varkappa 1}$$

und daher

$$(-1)^\beta D T_{\alpha\beta} = \sum_{\varkappa}{}_0^\beta (\varkappa-\beta) \sum_{\lambda}{}_0^\beta A_{\varkappa\lambda} a_{\varkappa+1,\lambda} + (\alpha+1) x^{\alpha+1} \sum_{\varkappa}{}_0^\beta A_{\varkappa 0} a_{\varkappa 1}$$
$$+ \sum_{\lambda}{}_1^\beta (\alpha+\lambda+1) \sum_{\varkappa}{}_0^\beta A_{\varkappa\lambda} a_{\varkappa,\lambda+1}.$$

Die beiden ersten Theile dieses Ausdrucks sind Null, der dritte ist gleich

$$(\alpha+\beta+1) \sum_{\varkappa} A_{\varkappa\beta} a_{\varkappa,\beta+1} = (-1)^\beta (\alpha+\beta+1) T'_{\alpha\beta}.$$

§. 4.

Integration der Differentialgleichung $c_{\alpha\beta} = 0$.

Die Beweise der im vorigen Paragraphen entwickelten Identitäten beruhen auf der Voraussetzung, dass die Grössen $c_{\alpha\beta}$ von Null verschieden sind. Ich will nun zeigen, dass die mit $c_{\alpha\beta}$ bezeichnete Function der Variable t nicht identisch verschwinden kann, falls nicht y eine rationale Function von s ist, mit anderen Worten dass die allgemeine Lösung $f(t)$ der Differentialgleichung $(\alpha+\beta-1)^{\text{ter}}$ Ordnung $c_{\alpha\beta} = 0$ eine rationale Function ist, deren Zähler vom $(\alpha-1)^{\text{ten}}$ und deren Nenner vom $(\beta-1)^{\text{ten}}$ Grade ist. Aus ihr erhält man jede Lösung, indem man den $\alpha+\beta-1$ willkürlichen Coefficienten dieser Function bestimmte Werthe beilegt, so dass jene Differentialgleichung keine eigentlichen singulären Lösungen besitzt. Sei

$$y_n = \frac{1}{\Pi(n)} \frac{d^n y}{ds^n} \quad \text{oder} \quad y_n = 0,$$

je nachdem n positiv oder negativ ist, sei

$$y_{\alpha\beta} = \begin{vmatrix} y_{\alpha-\beta+1} & \cdots & y_\alpha \\ \cdot & \cdots & \cdot \\ y_\alpha & \cdots & y_{\alpha+\beta-1} \end{vmatrix},$$

und sei $y = f(s)$ irgend eine der Differentialgleichung $y_{\alpha\beta} = 0$ genügende Function. Ich mache zunächst die Annahme, dass y nicht die Differentialgleichung $y_{\alpha,\beta-1} = 0$ befriedigt. Dies ist statthaft, weil letztere Differentialgleichung nur von der $(\alpha+\beta-2)^{\text{ten}}$ Ordnung ist, also nicht eine Folge der Differentialgleichung $(\alpha+\beta-1)^{\text{ter}}$ Ordnung $y_{\alpha\beta} = 0$ sein kann.

Nach dem Fundamentalsatze der Theorie der Differentialgleichungen giebt es bestimmte Werthe c von s, in deren Umgebung y nach ganzen positiven Potenzen von $s-c$ in eine convergente Reihe entwickelt werden kann. Ist t irgend ein Werth im Innern (nicht an der Grenze) des Convergenzbereiches dieser Reihe, so kann y auch nach ganzen positiven Potenzen von $x = s-t$ entwickelt werden. Da nun $y_{\alpha,\beta-1}$ nicht identisch Null ist, so kann man t so wählen, dass dieser Ausdruck für $s = t$ nicht verschwindet, dass also $c_{\alpha,\beta-1}$ von Null verschieden ist. Unter dieser Voraussetzung besteht nach Formel (3.), §. 3 die Relation

$$c_{\alpha,\beta-1}^2 D \frac{V_{\alpha-1,\beta-1}}{c_{\alpha,\beta-1}} = -(\alpha+\beta-1)\, c_{\alpha\beta} V_{\alpha-1,\beta-2},$$

also weil $c_{\alpha\beta} = 0$ ist, $D\frac{V_{\alpha-1,\beta-1}}{c_{\alpha,\beta-1}} = 0$. Mithin ist $\frac{V_{\alpha-1,\beta-1}}{c_{\alpha,\beta-1}}$ eine von t unabhängige Function von s. Da ihre Entwickelung nach Potenzen von $s-t$ erst mit der $(\alpha+\beta-1)^{\text{ten}}$ Potenz anfängt, so verschwindet sie für $s=t$, und folglich, da sie von t unabhängig ist, identisch. Nach Gleichung (2.), §. 1 ist also *)

$$y = \frac{T_{\alpha-1,\beta-1}}{U_{\alpha-1,\beta-1}}.$$

Wenn aber $y_{\alpha,\beta-1}$ ebenfalls für $y=f(s)$ verschwindet, dagegen $y_{\alpha,\beta-2}$ von Null verschieden ist, so ergiebt sich in derselben Weise, dass

$$y = \frac{T_{\alpha-1,\beta-2}}{U_{\alpha-1,\beta-2}}$$

ist, u. s. w. Ist schliesslich

$$y_{\alpha 1} = \frac{1}{\Pi(\alpha)}\frac{d^\alpha y}{ds^\alpha} = 0,$$

so ist y eine ganze Function höchstens $(\alpha-1)^{\text{ten}}$ Grades. In jedem Falle ist daher y eine rationale Function, deren Zähler von niedrigerem als dem α^{ten} und deren Nenner von niedrigerem als dem β^{ten} Grade ist.

Umgekehrt genügt jede solche Function $y=\frac{T}{U}$ der Differentialgleichung $y_{\alpha\beta}=0$ (*Jacobi*, l. c. S. 153). Denn ist t ein unbestimmter Werth von s, für den U nicht verschwindet, und ist nach Potenzen von $x = s-t$ entwickelt

$$U = u_0 + u_1 x + \cdots + u_{\beta-1}x^{\beta-1}, \quad y = a_0 + a_1 x + a_2 x^2 + \cdots,$$

so folgen aus der Beziehung $yU - T = 0$ die β Gleichungen

$$u_{\beta-1}a_{\nu+\alpha-\beta} + u_{\beta-2}a_{\nu+\alpha-\beta+1} + \cdots + u_0 a_{\nu+\alpha-1} \qquad (\nu = 1, 2, \ldots \beta).$$

Mithin ist die Determinante dieser Gleichungen $c_{\alpha\beta}=0$, oder wenn man t durch s ersetzt, $y_{\alpha\beta}=0$. Allgemeiner gilt der folgende Satz:

Ist $a_n = \frac{f^n(t)}{\Pi(n)}$ *oder Null, je nachdem* n *positiv oder negativ ist, ist in dem Elementensysteme*

$$(1.)\quad \begin{cases} a_\varkappa & a_{\varkappa+1} & a_{\varkappa+2} & \ldots \\ a_{\varkappa+1} & a_{\varkappa+2} & a_{\varkappa+3} & \ldots \\ a_{\varkappa+2} & a_{\varkappa+3} & a_{\varkappa+4} & \ldots \\ \cdot & \cdot & \cdot & \ldots \end{cases}$$

---

*) $U_{\alpha-1,\beta-1}$ ist nicht identisch Null, weil der Coefficient von $x^{\beta-1}$ gleich $(-1)^{\beta-1}c_{\alpha,\beta-1}$ ist. Der Nenner ist also genau vom $(\beta-1)^{\text{ten}}$ Grade, während der Zähler von niedrigerem als dem $(\alpha-1)^{\text{ten}}$ Grade sein kann.

die aus den ersten $\lambda\,(>0)$ Zeilen und Colonnen gebildete Determinante identisch Null, und ist, falls $\varkappa$ negativ ist, $\lambda > -\varkappa$, so verschwinden in diesem Systeme alle Determinanten λ^{ten} und höheren Grades.

Ist $\lambda = -\varkappa+1$, so ist jene Determinante $D = (-1)^{\frac{\lambda(\lambda-1)}{2}} a_0^{\lambda}$. Ist also $D = 0$, so ist $a_0 = 0$ und folglich auch $a_n = 0$. Wir setzen daher voraus, dass $\lambda > -\varkappa+1$ ist. Aus der Annahme $D = 0$ folgt, dass $y = f(s)$ eine rationale Function ist, deren Zähler T vom $(\varkappa+\lambda-2)^{\text{ten}}$ und deren Nenner U vom $(\lambda-1)^{\text{ten}}$ Grade ist. Sei β eine hinlänglich grosse Zahl und $\alpha = \beta+\varkappa-1$ $(\geqq 0)$. Sucht man nun zwei ganze Functionen T' und U' vom α^{ten} und β^{ten} Grade so zu bestimmen, dass die Entwickelung von $yU'-T'$ nach Potenzen von $x = s-t$ mit der $(\alpha+\beta+1)^{\text{ten}}$ Potenz anfängt, so erhält man zur Bestimmung der Coefficienten von U' die Gleichungen (3.), §. 1. Nun wird aber die gestellte Bedingung durch die Functionen $T' = TH$, $U' = UH$ befriedigt, wo $H = h_0 + h_1 x + \cdots + h_{\beta-\lambda+1} x^{\beta-\lambda+1}$ $(\beta-\lambda+1 \geqq 0)$ eine willkürliche ganze Function $(\beta-\lambda+1)^{\text{ten}}$ Grades ist. Daher enthalten die Lösungen jener linearen Gleichungen zwischen $\beta+1$ Unbekannten $\beta-\lambda+2$ willkürliche Constanten, die, wie leicht zu sehen, unabhängig sind, und mithin müssen in dem Coefficientensysteme der Gleichungen alle Determinanten verschwinden, deren Grad höher als $(\beta+1)-(\beta-\lambda+2) = \lambda-1$ ist. In diesem Systeme ist der erste Coefficient $a_{\alpha-\beta+1} = a_\varkappa$, der letzte $a_{\alpha+\beta} = a_{2\beta+\varkappa-1}$. Indem man daher β genügend gross wählt, kann man bewirken, dass jede beliebig gegebene Determinante λ^{ten} Grades des Systems (1.) dem betrachteten Gleichungssystem angehört.

§. 5.

Entwickelung von Potenzreihen in Kettenbrüche.

Wir setzen jetzt

$$c_{2n} = c_{n,n}, \quad c_{2n+1} = c_{n+1,n}, \quad b_{2n} = c_{n+1,n-1}, \quad b_{2n+1} = c_{n,n+1},$$

also

$$c_{2n} = \begin{vmatrix} a_1 & \cdots & a_n \\ \cdot & \cdots & \cdot \\ a_n & \cdots & a_{2n-1} \end{vmatrix}, \quad c_{2n+1} = \begin{vmatrix} a_2 & \cdots & a_{n+1} \\ \cdot & \cdots & \cdot \\ a_{n+1} & \cdots & a_{2n} \end{vmatrix},$$

$$b_{2n} = \begin{vmatrix} a_3 & \cdots & a_{n+1} \\ \cdot & \cdots & \cdot \\ a_{n+1} & \cdots & a_{2n-1} \end{vmatrix}, \quad b_{2n+1} = \begin{vmatrix} a_0 & \cdots & a_n \\ \cdot & \cdots & \cdot \\ a_n & \cdots & a_{2n} \end{vmatrix}.$$

Zwischen diesen Determinanten besteht nach Formel (2.), §. 2 die Relation

$$(1.)\qquad b_{n+1}c_{n-1}-b_{n-1}c_{n+1} = (-1)^{n+1}c_n^2.$$

Wir setzen ferner

$$T_{2n}=(-1)^{n+1}\frac{T_{n,n-1}}{c_{2n}}=x^n+\cdots,$$

$$U_{2n}=(-1)^{n+1}\frac{U_{n,n-1}}{c_{2n}}=\frac{b_{2n}}{c_{2n}}x^{n-1}+\cdots+(-1)^n\frac{c'_{2n-1}}{c_{2n}}x+(-1)^{n+1}\frac{c_{2n-1}}{c_{2n}},$$

$$V_{2n}=(-1)^{n+1}\frac{V_{n,n-1}}{c_{2n}}=(-1)^{n+1}\frac{c_{2n+1}}{c_{2n}}x^{2n}+(-1)^{n+1}\frac{c'_{2n+1}}{c_{2n}}x^{2n+1}+\cdots,$$

$$T_{2n+1}=(-1)^n\ \frac{T_{nn}}{c_{2n+1}}=\frac{b_{2n+1}}{c_{2n+1}}x^n+\cdots,$$

$$U_{2n+1}=(-1)^n\ \frac{U_{nn}}{c_{2n+1}}=x^n+\cdots+(-1)^{n-1}\frac{c'_{2n}}{c_{2n+1}}x+(-1)^n\frac{c_{2n}}{c_{2n+1}},$$

$$V_{2n+1}=(-1)^n\ \frac{V_{nn}}{c_{2n+1}}=(-1)^n\frac{c_{2n+2}}{c_{2n+1}}x^{2n+1}+(-1)^n\frac{c'_{2n+2}}{c_{2n+1}}x^{2n+2}+\cdots.$$

Die Functionen T_n, U_n, V_n sind, falls c_n von Null verschieden ist, durch folgende Eigenschaften vollständig definirt: 1) Sie genügen der Gleichung

$$(2.)\qquad y\,U_n-T_n = V_n.$$

2) Die Entwickelung von V_n nach steigenden Potenzen von x beginnt mit der n^{ten} Potenz. 3) T_n ist eine ganze Function vom Grade $\frac{n}{2}$ oder $\frac{n-1}{2}$, U_n eine solche vom Grade $\frac{n-2}{2}$ oder $\frac{n-1}{2}$, je nachdem n gerade oder ungerade ist. 4) Der Coefficient der höchsten Potenz von x ist, wenn n gerade ist, in T_n, und wenn n ungerade ist, in U_n gleich 1.

Der Bruch $\frac{T_n}{U_n}$ kann sich, falls c_n nicht verschwindet, nur durch eine Potenz von x heben lassen, und ist, falls c_n und c_{n-1} von Null verschieden sind, irreductibel. Ferner ist

$$(3.)\qquad T_n U_{n+1}-T_{n+1}U_n = (-x)^n,$$

und wenn man

$$(4.)\qquad k_n=\frac{b_{n+1}}{c_{n+1}}-\frac{b_{n-1}}{c_{n-1}}=(-1)^{n+1}\frac{c_n^2}{c_{n-1}c_{n+1}}$$

setzt,

$$(5.)\qquad S_{n+1} = k_n S_n + x S_{n-1}.$$

Speciell ist

$$c_0 = 1, \quad c_1 = 1, \qquad c_2 = a_1, \quad \dots$$

$$b_0 = 0, \quad b_1 = a_0, \qquad b_2 = a_3, \quad \dots$$

$$k_0 = a_0, \quad k_1 = \frac{1}{a_1}, \qquad k_2 = -\frac{a_1^2}{a_2}, \quad \dots$$

$$T_0 = 1, \quad T_1 = a_0, \qquad T_2 = \frac{a_0 + a_1 x}{a_1}, \quad \dots$$

$$U_0 = 0, \quad U_1 = 1, \qquad U_2 = \frac{1}{a_1}, \quad \dots$$

$$V_0 = -1, \quad V_1 = a_1 x + a_2 x^2 + \cdots, \quad V_2 = \frac{a_2 x^2 + a_3 x^3 + \cdots}{a_2}, \quad \dots$$

Setzt man

$$(6.) \qquad W_n = -\frac{V_{n+1}}{V_n},$$

so ist

$$(7.) \qquad W_{n-1} = \frac{x}{k_n + W_n},$$

und folglich, weil $W_0 = y - a_0 = y - k_0$ ist,

$$(8.) \qquad y = k_0 + \cfrac{x}{k_1 + \cfrac{x}{k_2 + \ddots + \cfrac{x}{k_n + W_n}}},$$

$$\frac{T_n}{U_n} = k_0 + \cfrac{x}{k_1 + \cfrac{x}{k_2 + \ddots + \cfrac{x}{k_{n-1}}}}.$$

Wir kehren jetzt zu den in §. 3 gemachten Annahmen zurück. Dann ergiebt sich aus den Formeln (3.) bis (6.), §. 3

$$(9.) \qquad D S_n = \frac{n}{k_n} S_{n-1}, \quad D \frac{S_n}{x^n} = \frac{n}{k_n} \frac{S_{n+1}}{x^{n+1}}.$$

Durch wiederholte Anwendung der letzten Formel erhält man die Relationen

$$(10.) \qquad \Pi(n-1) \frac{T_n}{x^n} = k_{n-1} D k_{n-2} D \dots D k_1 D \frac{k_0}{x},$$

$$(11.) \qquad \Pi(n-1) \frac{U_n}{x^n} = k_{n-1} D k_{n-2} D \dots D k_1 D \frac{1}{x},$$

$$(12.) \qquad \Pi(n-1) \frac{V_n}{x^n} = k_{n-1} D k_{n-2} D \dots D k_1 D \frac{f(s) - f(t)}{s - t},$$

durch wiederholte Anwendung der ersten

$$V_n = -\Pi(n)\int_s^t \frac{dt}{k_n}\int_s^t \frac{dt}{k_{n-1}}\cdots\int_s^t \frac{dt}{k_1}.$$

Aus den Formeln

$$D\,U_{2n} = \frac{2n}{k_{2n}}\,U_{2n-1}, \quad D\,T_{2n+1} = \frac{2n+1}{k_{2n+1}}\,T_{2n}$$

ergiebt sich durch Vergleichung der Coefficienten der höchsten Potenzen von x

$$(13.)\quad D\frac{b_n}{c_n} = \frac{n}{k_n}, \quad b_n D\,c_n - c_n D\,b_n = (-1)^n n\,c_{n-1}c_{n+1}.$$

Aus dieser Gleichung und der Relation (4.) folgt ferner die Formel

$$(14.)\quad D\,k_n = \frac{n+1}{k_{n+1}} - \frac{n-1}{k_{n-1}}, \quad D\,k_0 = \frac{1}{k_1}, \quad D\,k_1 = \frac{2}{k_2}, \quad \ldots$$

mittelst deren die Grössen k_n successive berechnet werden können. In ähnlicher Weise findet man die Gleichungen

$$(15.)\quad c_n D\frac{c_{n+1}}{n+1} - c_{n+1} D\frac{c_n}{n} = c_{n-1}\,c_{n+2},$$

$$(16.)\quad c_{n-1} D\,b_{n+1} - b_{n-1} D\,c_{n+1} = (-1)^{n+1}\frac{n+1}{n}\,c_n D\,c_n,$$

$$(17.)\quad b_{n+1} D\,c_{n-1} - c_{n+1} D\,b_{n-1} = (-1)^{n+1}\frac{n-1}{n}\,c_n D\,c_n.$$

Zum Schluss erwähne ich noch eine andere Darstellung der Functionen T_n, U_n, welche der Darstellung (10.), (11.) gewissermassen reciprok ist. Die Function k_n der Variable t möge in h_n übergehen, wenn man t durch s ersetzt. Entwickelt man eine Function g der Variabeln s und t nach steigenden Potenzen von $s-t$ in eine Reihe, deren Coefficienten Functionen von t sind, so soll das Aggregat der negativen Potenzen von $s-t$ in dieser Reihe mit $[g]$ bezeichnet werden. Bedeutet endlich D eine Differentiation nach s, so ist

$$(18.)\quad \Pi(n-1)\frac{T_n}{(t-s)^n} = \left[h\,D\,h_1\,D\,h_2\ldots D\,h_{n-2}\,D\frac{h_{n-1}}{t-s}\right],$$

$$(19.)\quad \Pi(n-1)\frac{U_n}{(t-s)^n} = \left[\;D\,h_1\,D\,h_2\ldots D\,h_{n-2}\,D\frac{h_{n-1}}{t-s}\right].$$

Da das constante Glied in der Entwickelung von h_n gleich k_n ist, so ist

$$\left[\frac{k_n}{(t-s)^2} - D\frac{h_n}{t-s}\right] = 0,$$

und weil in den Entwickelungen von $h_1, h_2, \dots$ nur positive Potenzen von $s-t$ vorkommen, falls $c_1, c_2, c_3, \dots$ von Null verschieden sind, und weil durch Differentiation von Reihen, die nur positive Potenzen von $s-t$ enthalten, wieder solche Reihen entstehen, so ist

$$\left[D h_1 D h_2 \dots D h_{n-1}\left(\frac{k_n}{(t-s)^2} - D\frac{h_n}{t-s}\right)\right] = 0$$

oder

$$k_n\left[D h_1 D h_2 \dots D\frac{h_{n-1}}{(t-s)^2}\right] = \left[D h_1 D h_2 \dots D h_{n-1} D\frac{h_n}{t-s}\right].$$

Angenommen nun, die Formel (19.) sei gültig, wenn der Index von U gleich n ist. Dann ist die linke Seite der letzten Gleichung nach (9.) gleich

$$-\Pi(n-1)\, k_n \frac{d}{dt}\frac{U_n}{(t-s)^n} = \Pi(n)\frac{U_{n+1}}{(t-s)^{n+1}}.$$

Mithin ist die Formel (19.) auch gültig, wenn der Index von U gleich $n+1$ ist. Da sie, wie leicht zu sehen, für $n=2$ richtig ist, so ist sie damit allgemein bewiesen. In den Entwickelungen der Ausdrücke

$$h D h_1 \dots D h_{2n}\; D\frac{h_{2n+1}}{t-s},\quad h D h_1 \dots D h_{2n-1} D\frac{h_{2n}}{t-s},$$

$$D h_1 \dots D h_{2n-2} D\frac{h_{2n-1}}{t-s},\quad D h_1 \dots D h_{2n-1} D\frac{h_{2n}}{t-s}$$

sind demnach die Coefficienten von $\frac{1}{x}, \frac{1}{x^2}, \dots \frac{1}{x^n}$ gleich Null.

Zürich, October 1879.

26.

Über die Differentiation der elliptischen Functionen nach den Perioden und Invarianten (mit L. Stickelberger)

Journal für die reine und angewandte Mathematik 92, 311–327 (1882)

Wir betrachten im Folgenden elliptische Functionen, in welchen nebst dem Argumente u auch die Perioden 2ω und $2\omega'$ unabhängig veränderlich sind und nur der Beschränkung unterliegen, dass sie weder unendlich gross noch unendlich klein werden dürfen, und ihr Verhältniss nicht durch reelle Werthe hindurchgehen darf. Dann sind auch die zugehörigen Invarianten g_2 und g_3 unabhängige Variabeln, die alle endlichen Werthe annehmen dürfen, für welche die Discriminante $g_2^3-27g_3^2$ von Null verschieden ist. Aus den Perioden findet man die Invarianten durch die Gleichungen

$$(1.)\qquad g_2=60\Sigma'\frac{1}{(2\nu\omega+2\nu'\omega')^4},\quad g_3=140\Sigma'\frac{1}{(2\nu\omega+2\nu'\omega')^6},$$

wo die Summationsbuchstaben ν, ν' alle Paare ganzer Zahlen von $-\infty$ bis $+\infty$ durchlaufen, mit Ausschluss des Paares 0, 0, oder wenn man

$$(2.)\qquad \tau=\frac{\omega'}{\omega},\quad h=e^{i\pi\tau}$$

setzt, und annimmt, dass die Ordinate der complexen Grösse τ positiv ist, durch die Gleichungen

$$(3.)\qquad \left(\frac{\omega}{\pi}\right)^4 12g_2=1+240\,\Sigma_1^\infty\frac{\lambda^3h^{2\lambda}}{1-h^{2\lambda}},\quad \left(\frac{\omega}{\pi}\right)^6 216g_3=1-504\,\Sigma_1^\infty\frac{\lambda^5h^{2\lambda}}{1-h^{2\lambda}}.$$

Um die partiellen Differentialgleichungen zu finden, denen eine elliptische Function, als Function dreier Variabeln betrachtet, genügt, fassen wir sie zunächst als Function von u, ω, ω' auf, und transformiren dann die erhaltenen Differentialgleichungen durch Einführung der Variabeln g_2, g_3 für ω, ω'. Wir knüpfen daran eine Zusammenstellung der Differentialgleichungen, die zwischen den Perioden, den Invarianten, den Perioden der Integrale zweiter Gattung und den durch lineare Transformation der Perioden umgeformten Invarianten bestehen.

§ 1.

Die Perioden 2ω, $2\omega'$ als unabhängige Variabeln.

Ist $\varphi(u)$ eine elliptische Function mit den Perioden 2ω und $2\omega'$, und sind α und β zwei ganze Zahlen, so ist

$$\varphi(u+2\alpha\omega+2\beta\omega') = \varphi(u).$$

Setzt man

$$\frac{\partial\varphi}{\partial\omega} = \varphi_1(u,\omega,\omega'), \quad \frac{\partial\varphi}{\partial\omega'} = \varphi_2(u,\omega,\omega'), \quad \frac{\partial\varphi}{\partial u} = \varphi'(u,\omega,\omega'),$$

so ergeben sich durch Differentiation jener Gleichung nach ω, ω' und u die Relationen

$$\begin{aligned} \varphi_1(u+2\alpha\omega+2\beta\omega')+2\alpha\varphi'(u+2\alpha\omega+2\beta\omega') &= \varphi_1(u), \\ \varphi_2(u+2\alpha\omega+2\beta\omega')+2\beta\varphi'(u+2\alpha\omega+2\beta\omega') &= \varphi_2(u), \\ \varphi'(u+2\alpha\omega+2\beta\omega') &= \varphi'(u). \end{aligned}$$

Multiplicirt man diese Gleichungen der Reihe nach mit ω, ω' und u, und addirt sie, so erhält man

$$\omega\varphi_1(u+2\alpha\omega+2\beta\omega')+\omega'\varphi_2(u+2\alpha\omega+2\beta\omega')+(u+2\alpha\omega+2\beta\omega')\varphi'(u+2\alpha\omega+2\beta\omega')$$
$$= \omega\varphi_1(u)+\omega'\varphi_2(u)+u\varphi'(u).$$

Setzt man

$$(4.) \qquad \mathrm{r}(u) = \frac{\sigma'(u)}{\sigma(u)},$$

und multiplicirt man jene Gleichungen mit

$$\eta = \mathrm{r}(\omega), \quad \eta' = \mathrm{r}(\omega') \quad \text{und} \quad \mathrm{r}(u),$$

und addirt sie, so erhält man mit Berücksichtigung der Formel

$$\mathrm{r}(u+2\alpha\omega+2\beta\omega') = \mathrm{r}(u)+2\alpha\eta+2\beta\eta'$$

die Gleichung

$$\eta\varphi_1(u+2\alpha\omega+2\beta\omega')+\eta'\varphi_2(u+2\alpha\omega+2\beta\omega')+\mathrm{r}(u+2\alpha\omega+2\beta\omega')\varphi'(u+2\alpha\omega+2\beta\omega')$$
$$= \eta\varphi_1(u)+\eta'\varphi_2(u)+\mathrm{r}(u)\varphi'(u).$$

Es ergiebt sich also der Satz:

I. *Ist $\varphi(u,\omega,\omega')$ eine elliptische Function mit den Perioden 2ω und $2\omega'$, so sind*

$$(5.)\qquad \omega\frac{\partial\varphi}{\partial\omega}+\omega'\frac{\partial\varphi}{\partial\omega'}+\;u\;\frac{\partial\varphi}{\partial u}\;=\;f(u),$$

$$(6.)\qquad \eta\frac{\partial\varphi}{\partial\omega}+\eta'\frac{\partial\varphi}{\partial\omega'}+\mathrm{r}(u)\frac{\partial\varphi}{\partial u}\;=\;g(u)$$

elliptische Functionen mit denselben Perioden.

Betrachtet man in den Gleichungen (5.) und (6.) die Ableitungen $\frac{\partial\varphi}{\partial\omega}$ und $\frac{\partial\varphi}{\partial\omega'}$ als Unbekannte, so ist ihre Determinante

$$(7.)\qquad \eta\omega'-\eta'\omega\;=\;+\frac{i\pi}{2},$$

falls man, wie im Folgenden stets geschieht, voraussetzt, dass die Ordinate von $\tau=\frac{\omega'}{\omega}$ positiv ist. Durch Auflösung jener Gleichungen ergiebt sich also

$$\frac{i\pi}{2}\frac{\partial\varphi}{\partial\omega}\;=\;\omega' g(u)-\eta' f(u)+(\eta' u-\omega'\mathrm{r}(u))\varphi'(u),$$

$$-\frac{i\pi}{2}\frac{\partial\varphi}{\partial\omega'}\;=\;\omega\, g(u)-\eta\, f(u)+(\eta\, u-\omega\,\mathrm{r}(u))\varphi'(u).$$

Was die Ermittlung der Functionen $f(u)$ und $g(u)$ anbelangt, so können sie ausser etwa für $u=0$ nur für die nämlichen Werthe unendlich werden wie $\varphi(u)$ selbst, und es ist leicht, wenn u_0 einer dieser Werthe ist, in den Entwicklungen von $f(u)$ und $g(u)$ nach Potenzen von $u-u_0$ die Coefficienten der negativen Potenzen aus der analogen Entwicklung von $\varphi(u)$ zu berechnen. Durch diese Coefficienten ist aber eine elliptische Function nach einem bekannten Satze (d. J. Bd. 88, S. 154) bis auf eine additive Constante genau bestimmt.

Auf demselben Wege, auf dem oben der Satz I. bewiesen worden ist, gelangt man auch zu dem folgenden allgemeineren Satze:

II. *Genügt die Function $\varphi(u,\omega,\omega')$ den Gleichungen*

$$(8.)\qquad \varphi(u+2\omega)=m\varphi(u),\qquad \varphi(u+2\omega')=m'\varphi(u),$$

wo m und m' zwei von u, ω, ω' unabhängige Grössen sind, so befriedigen die Functionen

$$\omega\frac{\partial\varphi}{\partial\omega}+\omega'\frac{\partial\varphi}{\partial\omega'}+u\frac{\partial\varphi}{\partial u},\qquad \eta\frac{\partial\varphi}{\partial\omega}+\eta'\frac{\partial\varphi}{\partial\omega'}+\mathrm{r}(u)\frac{\partial\varphi}{\partial u}$$

dieselben Gleichungen.

§ 2.

Die Invarianten g_2, g_3.

Den eben entwickelten Satz wollen wir nunmehr auf den Fall anwenden, wo die mit $\varphi(u)$ bezeichnete Function gleich $\wp(u)$ ist. Diese

Function wird nur für $u=0$ (und die congruenten Werthe) unendlich von der zweiten Ordnung, und ihre Entwicklung nach Potenzen von u beginnt mit

$$(9.)\qquad \wp(u) = \frac{1}{u^2}+\frac{g_2}{20}u^2+\frac{g_3}{28}u^4+\frac{g_2^2}{1200}u^6+\cdots.$$

Die Function $f(u)$ wird daher in diesem Falle nur für $u=0$ unendlich von der zweiten Ordnung, und die Anfangsglieder ihrer Entwicklung sind $-\frac{2}{u^2}+au^2+\cdots$. Sie ist also gleich $-2\wp(u)$. Da $\mathrm{r}(u)$ ebenfalls nur für $u=0$ unendlich wird, und seine Entwicklung nach Potenzen von u mit

$$(10.)\qquad \mathrm{r}(u) = \frac{1}{u}-\frac{g_2}{60}u^3-\frac{g_3}{140}u^5-\frac{g_2^2}{8400}u^7-\cdots$$

beginnt, so wird die Function $g(u)$ nur für $u=0$ unendlich von der vierten Ordnung, und die Anfangsglieder ihrer Entwicklung sind

$$-\frac{2}{u^4}+\tfrac{2}{15}g_2+bu^2+\cdots.$$

Sie ist daher gleich

$$-\tfrac{1}{3}\wp''(u)+\tfrac{1}{6}g_2 = -2\wp(u)^2+\tfrac{1}{3}g_2.$$

Demnach ist

$$(11.)\qquad \begin{cases} \omega\dfrac{\partial\wp}{\partial\omega}+\omega'\dfrac{\partial\wp}{\partial\omega'}+\quad u\quad\dfrac{\partial\wp}{\partial u} = -2\wp, \\ \eta\dfrac{\partial\wp}{\partial\omega}+\eta'\dfrac{\partial\wp}{\partial\omega'}+\mathrm{r}(u)\dfrac{\partial\wp}{\partial u} = -2\wp^2+\tfrac{1}{3}g_2. \end{cases}$$

Die erste dieser beiden Formeln ist auch leicht daraus zu erhalten, dass

$$\wp(u) = \frac{1}{u^2}+\Sigma'\left(\frac{1}{(u+2\nu\omega+2\nu'\omega')^2}-\frac{1}{(2\nu\omega+2\nu'\omega')^2}\right)$$

eine homogene Function $(-2)^{\text{ten}}$ Grades von u, ω, ω' ist.

Entwickelt man beide Seiten der Gleichungen (11.) nach Potenzen von u, so ergeben sich durch Vergleichung der Coefficienten der Anfangsglieder die Relationen

$$(12.)\qquad \begin{cases} \omega\dfrac{\partial g_2}{\partial\omega}+\omega'\dfrac{\partial g_2}{\partial\omega'} = -4g_2, & \omega\dfrac{\partial g_3}{\partial\omega}+\omega'\dfrac{\partial g_3}{\partial\omega'} = -6g_3, \\ \eta\dfrac{\partial g_2}{\partial\omega}+\eta'\dfrac{\partial g_2}{\partial\omega'} = -6g_3, & \eta\dfrac{\partial g_3}{\partial\omega}+\eta'\dfrac{\partial g_3}{\partial\omega'} = -\dfrac{g_2^2}{3}. \end{cases}$$

Ist also $\varphi(\omega,\omega')$ eine beliebige Function von ω und ω', so ist

$$(13.)\qquad \begin{cases} \omega\dfrac{\partial\varphi}{\partial\omega}+\omega'\dfrac{\partial\varphi}{\partial\omega'} = -\left(4g_2\dfrac{\partial\varphi}{\partial g_2}+6g_3\dfrac{\partial\varphi}{\partial g_3}\right), \\ \eta\dfrac{\partial\varphi}{\partial\omega}+\eta'\dfrac{\partial\varphi}{\partial\omega'} = -\tfrac{1}{3}\left(18g_3\dfrac{\partial\varphi}{\partial g_2}+g_2^2\dfrac{\partial\varphi}{\partial g_3}\right). \end{cases}$$

Demnach folgt aus Satz I:

III. ***Ist $\varphi(u, g_2, g_3)$ eine elliptische Function mit den Invarianten g_2, g_3, so sind***

$$(14.)\quad \begin{cases} 4g_2 \dfrac{\partial\varphi}{\partial g_2} + 6g_3 \dfrac{\partial\varphi}{\partial g_3} - u\dfrac{\partial\varphi}{\partial u}, \\ 18g_3 \dfrac{\partial\varphi}{\partial g_2} + \ g_2^2 \dfrac{\partial\varphi}{\partial g_3} - 3\mathrm{r}(u)\dfrac{\partial\varphi}{\partial u} \end{cases}$$

elliptische Functionen mit denselben Invarianten.

Nimmt man in den Formeln (13.) für φ die Discriminante und die absolute Invariante

$$(15.)\qquad g_6 = g_2^3 - 27g_3^2, \quad g = \frac{g_2^3}{g_6},$$

so erhält man

$$(16.)\quad \begin{cases} \omega \dfrac{\partial g_6}{\partial\omega} + \omega' \dfrac{\partial g_6}{\partial\omega'} = -12g_6, & \omega\dfrac{\partial g}{\partial\omega} + \omega'\dfrac{\partial g}{\partial\omega'} = 0, \\ \eta \dfrac{\partial g_6}{\partial\omega} + \eta' \dfrac{\partial g_6}{\partial\omega'} = \quad 0, & \eta\dfrac{\partial g}{\partial\omega} + \eta'\dfrac{\partial g}{\partial\omega'} = -18\dfrac{g_2^2 g_3}{g_6}. \end{cases}$$

Setzt man ferner

$$\varpi = \mu\omega + \mu'\omega', \quad \tilde{\eta} = \mu\eta + \mu'\eta',$$

wo μ und μ' zwei willkürliche Constanten bedeuten, und nimmt in den Formeln (13.) für φ die Grösse ϖ, so erhält man

$$(17.)\qquad 4g_2\frac{\partial\varpi}{\partial g_2} + 6g_3\frac{\partial\varpi}{\partial g_3} = -\varpi, \quad 18g_3\frac{\partial\varpi}{\partial g_2} + g_2^2\frac{\partial\varpi}{\partial g_3} = -3\tilde{\eta}.$$

Aus den Formeln (12.) folgt

$$\begin{vmatrix} \eta\dfrac{\partial g_2}{\partial\omega} + \eta'\dfrac{\partial g_2}{\partial\omega'} & \eta\dfrac{\partial g_3}{\partial\omega} + \eta'\dfrac{\partial g_3}{\partial\omega'} \\ \omega\dfrac{\partial g_2}{\partial\omega} + \omega'\dfrac{\partial g_2}{\partial\omega'} & \omega\dfrac{\partial g_3}{\partial\omega} + \omega'\dfrac{\partial g_3}{\partial\omega'} \end{vmatrix} = \begin{vmatrix} 6g_3 & \dfrac{g_2^2}{3} \\ 4g_2 & 6g_3 \end{vmatrix}.$$

Wendet man auf die linke Seite das Multiplicationstheorem der Determinanten an, so ergiebt sich daraus bei Benutzung der üblichen Schreibweise für die Functionaldeterminanten

$$(18.)\qquad \frac{\partial(g_2, g_3)}{\partial(\omega, \omega')} = -\frac{8}{3\pi i}g_6, \quad \frac{\partial(\omega, \omega')}{\partial(g_2, g_3)} = -\frac{3\pi i}{8}\frac{1}{g_6}.$$

Durch Auflösung der Gleichungen (12.), (16.) und (17.) erhält man die Formeln*)

---

*) Die Formel (20.) und die Formel (31.) im folgenden Paragraphen sind auf einem andern Wege gefunden von Herrn *Bruns, Ueber die Perioden der elliptischen Integrale erster und zweiter Gattung.* Dorpat 1875.

$$(19.)\quad \begin{cases} \dfrac{3\pi i}{2}\dfrac{\partial g_2}{\partial \omega} = 12 g_2 \eta' - 18 g_3 \omega', & \dfrac{3\pi i}{2}\dfrac{\partial g_3}{\partial \omega} = 18 g_3 \eta' - g_2^2 \omega', \\ -\dfrac{3\pi i}{2}\dfrac{\partial g_2}{\partial \omega'} = 12 g_2 \eta - 18 g_3 \omega, & -\dfrac{3\pi i}{2}\dfrac{\partial g_3}{\partial \omega'} = 18 g_3 \eta - g_2^2 \omega, \end{cases}$$

$$(20.)\quad 4 g_6 \frac{\partial \varpi}{\partial g_2} = 18 g_3 \tilde{\eta} - g_2^2 \varpi, \quad 4 g_6 \frac{\partial \varpi}{\partial g_3} = -12 g_2 \tilde{\eta} + 18 g_3 \varpi,$$

$$(21.)\quad \begin{cases} \dfrac{i\pi}{24}\dfrac{\partial \log(g_6)}{\partial \omega} = \eta', & \dfrac{i\pi}{24}\dfrac{\partial \log(g_6)}{\partial \omega'} = -\eta, \\ \dfrac{i\pi}{36}\dfrac{\partial g}{\partial \omega} = -\dfrac{g_2^2 g_3}{g_6}\omega', & \dfrac{i\pi}{36}\dfrac{\partial g}{\partial \omega'} = \dfrac{g_2^2 g_3}{g_6}\omega. \end{cases}$$

Daraus folgt in Verbindung mit der Gleichung (7.)

$$(22.)\quad \frac{i\pi}{24} d\log(g_6) = \eta' d\omega - \eta\, d\omega' = \omega' d\eta - \omega\, d\eta'.$$

Beiläufig ergiebt sich aus diesen Formeln

$$(23.)\quad \frac{\partial \eta}{\partial \omega} + \frac{\partial \eta'}{\partial \omega'} = 0, \quad \frac{\partial \omega}{\partial \eta} + \frac{\partial \omega'}{\partial \eta'} = 0.$$

Um auch den Satz II. durch ein Beispiel zu erläutern, wollen wir die partielle Differentialgleichung ableiten, der die Function

$$(24.)\quad \mathfrak{q}(u) = \frac{\sigma(\mu\omega + \mu'\omega' - u)}{\sigma(\mu\omega + \mu'\omega')\sigma(u)} e^{(\mu\eta + \mu'\eta')u}$$

genügt, falls μ und μ' zwei von ω und ω' unabhängige Grössen sind, und $\mu\omega + \mu'\omega'$ nicht eine ganze Periode ist. Diese Function befriedigt die Gleichungen

$$(25.)\quad \mathfrak{q}(u + 2\omega) = e^{-i\pi\mu'}\mathfrak{q}(u), \quad \mathfrak{q}(u + 2\omega') = e^{i\pi\mu}\mathfrak{q}(u),$$

wird nur für $u = 0$ (und die congruenten Werthe) unendlich gross, und ihre Entwicklung nach Potenzen von u beginnt mit

$$\mathfrak{q}(u) = \frac{1}{u} - r - \tfrac{1}{2}(s - r^2)u + \cdots,$$

wo

$$(26.)\quad r = \mathfrak{r}(\mu\omega + \mu'\omega') - (\mu\eta + \mu'\eta'), \quad s = \wp(\mu\omega + \mu'\omega')$$

gesetzt ist. Nach Satz II. genügt daher die Function

$$\eta\frac{\partial \mathfrak{q}}{\partial \omega} + \eta'\frac{\partial \mathfrak{q}}{\partial \omega'} + \mathfrak{r}(u)\frac{\partial \mathfrak{q}}{\partial u}$$

denselben Gleichungen, sie wird ferner ebenfalls nur für $u = 0$ unendlich, und die Anfangsglieder ihrer Entwickelung nach Potenzen von u sind

$$-\frac{1}{u^3} - \tfrac{1}{2}(s - r^2)\frac{1}{u} + \cdots.$$

Einem bekannten Theorem von *Hermite* zufolge (Compt. Rend. Bd. 85, p. 693) ist daher

$$\eta\frac{\partial \mathfrak{q}(u)}{\partial \omega}+\eta'\frac{\partial \mathfrak{q}(u)}{\partial \omega'}+\mathfrak{r}(u)\frac{\partial \mathfrak{q}(u)}{\partial u} = -\tfrac{1}{2}(\mathfrak{q}''(u)+(s-r^2)\mathfrak{q}(u))$$

oder nach Formel (13.)

$$(27.)\qquad 18g_3\frac{\partial \mathfrak{q}(u)}{\partial g_2}+g_2^2\frac{\partial \mathfrak{q}(u)}{\partial g_3} = \tfrac{3}{2}(\mathfrak{q}''(u)+2\mathfrak{r}(u)\mathfrak{q}'(u)+(s-r^2)\mathfrak{q}(u)).$$

§ 3.

Die Perioden 2η, $2\eta'$.

Aus den Formeln (11.) und (13.) folgt*)

$$(28.)\qquad 18g_3\frac{\partial \wp(u)}{\partial g_2}+g_2^2\frac{\partial \wp(u)}{\partial g_3} = 3\mathfrak{r}(u)\wp'(u)+6\wp(u)^2-g_2.$$

Da $\wp(u) = -\mathfrak{r}'(u)$, $\wp''(u) = 6\wp(u)^2-\frac{1}{2}g_2$ ist, so ist die rechte Seite gleich

$$-3(\mathfrak{r}\mathfrak{r}''+\mathfrak{r}'^2)+\tfrac{3}{2}\wp''+\tfrac{1}{4}g_2.$$

Durch Integration ergiebt sich daher aus der obigen Gleichung

$$(29.)\qquad 18g_3\frac{\partial \mathfrak{r}(u)}{\partial g_2}+g_2^2\frac{\partial \mathfrak{r}(u)}{\partial g_3} = -3\mathfrak{r}(u)\wp(u)-\tfrac{3}{2}\wp'(u)+\tfrac{1}{4}g_2u.$$

Durch nochmalige Integration findet man daraus

$$18g_3\frac{\partial \log\sigma(u)}{\partial g_2}+g_2^2\frac{\partial \log\sigma(u)}{\partial g_3} = \tfrac{3}{2}\mathfrak{r}(u)^2-\tfrac{3}{2}\wp(u)+\tfrac{1}{8}g_2u^2$$

oder

$$(30.)\qquad 18g_3\frac{\partial \sigma(u)}{\partial g_2}+g_2^2\frac{\partial \sigma(u)}{\partial g_3} = \tfrac{3}{2}\sigma''(u)+\tfrac{1}{8}g_2u^2\sigma(u).$$

Setzt man

$$\frac{\partial \mathfrak{r}}{\partial \omega} = \mathfrak{r}_1(u,\omega,\omega'),\qquad \frac{\partial \mathfrak{r}}{\partial \omega'} = \mathfrak{r}_2(u,\omega,\omega'),$$

so ist den Formeln (13.), (29.) zufolge

$$\eta\mathfrak{r}_1(u)+\eta'\mathfrak{r}_2(u)+\mathfrak{r}(u)\mathfrak{r}'(u) = \tfrac{1}{2}\wp'(u)-\tfrac{1}{12}g_2u.$$

Für $u=\omega$ erhält man daraus, weil $\wp'(\omega)=0$, $\mathfrak{r}(\omega)=\eta$ ist,

$$\eta(\mathfrak{r}_1(\omega)+\mathfrak{r}'(\omega))+\eta'\mathfrak{r}_2(\omega) = -\tfrac{1}{12}g_2\omega$$

oder

$$\eta\frac{\partial\eta}{\partial\omega}+\eta'\frac{\partial\eta}{\partial\omega'} = -\tfrac{1}{12}g_2\omega.$$

---

*) Die Art, wie Herr *Weierstrass* in seinen Vorlesungen diese Differentialgleichungen ableitet, findet man von Herrn *Simon*, dieses Journal Bd. 81, S. 311 auseinandergesetzt. Vgl. *Weierstrass*, dieses Journal Bd. 52, S. 352.

Aus dieser Gleichung und der analogen für η' ergiebt sich die zweite der Formeln

$$(31.)\quad \begin{cases} \omega\dfrac{\partial\tilde{\eta}}{\partial\omega}+\omega'\dfrac{\partial\tilde{\eta}}{\partial\omega'}=-\tilde{\eta}, & 4g_2\dfrac{\partial\tilde{\eta}}{\partial g_2}+6g_3\dfrac{\partial\tilde{\eta}}{\partial g_3}=\tilde{\eta}, \\ \eta\dfrac{\partial\tilde{\eta}}{\partial\omega}+\eta'\dfrac{\partial\tilde{\eta}}{\partial\omega'}=-\tfrac{1}{12}g_2\varpi, & 18g_3\dfrac{\partial\tilde{\eta}}{\partial g_2}+g_2^2\dfrac{\partial\tilde{\eta}}{\partial g_3}=\tfrac{1}{4}g_2\varpi. \end{cases}$$

Mithin ist

$$\begin{vmatrix} \eta\dfrac{\partial\eta}{\partial\omega}+\eta'\dfrac{\partial\eta}{\partial\omega'} & \eta\dfrac{\partial\eta'}{\partial\omega}+\eta'\dfrac{\partial\eta'}{\partial\omega'} \\ \omega\dfrac{\partial\eta}{\partial\omega}+\omega'\dfrac{\partial\eta}{\partial\omega'} & \omega\dfrac{\partial\eta'}{\partial\omega}+\omega'\dfrac{\partial\eta'}{\partial\omega'} \end{vmatrix} = \begin{vmatrix} \tfrac{1}{12}g_2\omega & \tfrac{1}{12}g_2\omega' \\ \eta & \eta' \end{vmatrix}$$

oder nach (7.)

$$(32.)\quad \frac{\partial(\eta,\eta')}{\partial(\omega,\omega')}=-\tfrac{1}{12}g_2,\quad \frac{\partial(\omega,\omega')}{\partial(\eta,\eta')}=-\frac{12}{g_2},\quad \frac{\partial(\eta,\eta')}{\partial(g_2,g_3)}=\frac{i\pi}{32}\,\frac{g_2}{g_6}.$$

In Verbindung mit den Gleichungen (21.) folgt daraus (vgl. *Klein*, Math. Ann. Bd. XV S. 86.)

$$(33.)\quad \frac{\partial^2\log g_6}{\partial\omega^2}\,\frac{\partial^2\log g_6}{\partial\omega'^2}-\left(\frac{\partial^2\log g_6}{\partial\omega\,\partial\omega'}\right)^2=\frac{48}{\pi^2}g_2.$$

Ist $\varphi(\omega,\omega')$ eine Function von ω und ω', so ergiebt sich aus (21.)

$$\eta\frac{\partial\varphi}{\partial\omega}+\eta'\frac{\partial\varphi}{\partial\omega'}=\frac{i\pi}{24}\,\frac{\partial(\log g_6,\varphi)}{\partial(\omega,\omega')}=\frac{i\pi}{24}\,\frac{\partial(\log g_6,\varphi)}{\partial(\eta,\eta')}\,\frac{\partial(\eta,\eta')}{\partial(\omega,\omega')},$$

also nach (22.) und (32.)

$$(34.)\quad \eta\frac{\partial\varphi}{\partial\omega}+\eta'\frac{\partial\varphi}{\partial\omega'}=-\tfrac{1}{12}g_2\left(\omega\frac{\partial\varphi}{\partial\eta}+\omega'\frac{\partial\varphi}{\partial\eta'}\right)$$

und folglich nach (13.)

$$(35.)\quad \omega\frac{\partial\varphi}{\partial\eta}+\omega'\frac{\partial\varphi}{\partial\eta'}=\frac{4}{g_2}\left(18g_3\frac{\partial\varphi}{\partial g_2}+g_2^2\frac{\partial\varphi}{\partial g_3}\right).$$

Nimmt man für φ die Invarianten g_2 und g_3, so erhält man die zweite Reihe der Formeln

$$(36.)\quad \begin{cases} \eta\dfrac{\partial g_2}{\partial\eta}+\eta'\dfrac{\partial g_2}{\partial\eta'}=4g_2, & \eta\dfrac{\partial g_3}{\partial\eta}+\eta'\dfrac{\partial g_3}{\partial\eta'}=6g_3, \\ \omega\dfrac{\partial g_2}{\partial\eta}+\omega'\dfrac{\partial g_2}{\partial\eta'}=72\dfrac{g_3}{g_2}, & \omega\dfrac{\partial g_3}{\partial\eta}+\omega'\dfrac{\partial g_3}{\partial\eta'}=4g_2. \end{cases}$$

Berechnet man aus den Formeln (31.) die Werthe von $\dfrac{\partial\tilde{\eta}}{\partial g_2}$ und $\dfrac{\partial\tilde{\eta}}{\partial g_3}$, so findet man unter Berücksichtigung der Relationen (20.) die Gleichungen

$$(37.)\quad \frac{\partial\tilde{\eta}}{\partial g_3}+\frac{\partial\varpi}{\partial g_2}=0,\quad 12\frac{\partial\tilde{\eta}}{\partial g_2}+g_2\frac{\partial\varpi}{\partial g_3}=0.$$

Daraus erhält man durch Elimination von $\tilde{\eta}$ oder ϖ die Differentialgleichungen zweiter Ordnung (vgl. *Borchardt*, dieses Journal Bd. 58, S. 134.)

$$(38.)\quad \begin{cases} 12\dfrac{\partial^2\varpi}{\partial g_2^2} - g_2\dfrac{\partial^2\varpi}{\partial g_3^2} = 0, \\ 12\dfrac{\partial^2\tilde{\eta}}{\partial g_2^2} - g_2\dfrac{\partial^2\tilde{\eta}}{\partial g_3^2} - \dfrac{12}{g_2}\dfrac{\partial\tilde{\eta}}{\partial g_2} = 0. \end{cases}$$

Zu diesen Formeln gelangt man am bequemsten, indem man von der Darstellung von ω und η durch geschlossene Integrale

$$(39.)\quad 2\omega = \int\frac{ds}{\sqrt{4s^3-g_2s-g_3}},\quad 2\eta = -\int\frac{s\,ds}{\sqrt{4s^3-g_2s-g_3}}$$

ausgeht.

Sei D das durch die Gleichungen

$$(40.)\quad \begin{cases} D\varphi = 18g_3\dfrac{\partial\varphi}{\partial g_2} + g_2^2\dfrac{\partial\varphi}{\partial g_3} = \frac{1}{8}\dfrac{\partial(g_6,\varphi)}{\partial(g_2,g_3)} \\ \quad = -3\left(\eta\dfrac{\partial\varphi}{\partial\omega} + \eta'\dfrac{\partial\varphi}{\partial\omega'}\right) = -\dfrac{i\pi}{8}\dfrac{\partial(\log g_6,\varphi)}{\partial(\omega,\omega')} \end{cases}$$

definirte Operationssymbol. Setzt man in den Gleichungen (28.), (29.), (30.) $u = \mu\omega + \mu'\omega'$, wo μ, μ' von ω, ω' unabhängig sind, und benutzt man ausser den Bezeichnungen (26.) noch die Abkürzungen

$$(41.)\quad q = \sigma(\mu\omega+\mu'\omega')e^{-\frac{1}{2}(\mu\omega+\mu'\omega')(\mu\eta+\mu'\eta')},\quad t = \wp'(\mu\omega+\mu'\omega'),$$

so erhält man die Formeln

$$(42.)\quad \begin{cases} D\log q = \frac{3}{2}r^2 - \frac{3}{2}s, & Dr = -3rs - \frac{3}{2}t, \\ Ds = 3rt + 6s^2 - g_2, & Dt = 3r(6s^2 - \frac{1}{2}g_2) + 9st. \end{cases}$$

§ 4.

Das Periodenverhältniss und die absolute Invariante.

Ist $\varphi(\omega,\omega')$ eine homogene Function nullten Grades von ω und ω', also eine Function der einen Variabeln $\tau = \dfrac{\omega'}{\omega}$, so ist

$$(\alpha.)\quad \eta\frac{\partial\varphi}{\partial\omega} + \eta'\frac{\partial\varphi}{\partial\omega'} = -\frac{d\varphi}{d\tau}\frac{\eta\omega'-\eta'\omega}{\omega^2} = \frac{\pi^2}{2\omega^2}\frac{d\varphi}{d i\pi\tau}.$$

Z. B. ist nach Formel (16.)

$$(43.)\quad \frac{dg}{d i\pi\tau} = -\frac{36\omega^2}{\pi^2}\frac{g_2^2 g_3}{g_6}.$$

Daher ist

$$(44.)\quad 18g_3\frac{\partial\varphi}{\partial g_2} + g_2^2\frac{\partial\varphi}{\partial g_3} = 54\frac{g_2^2 g_3}{g_6}\frac{d\varphi}{dg}.$$

Die Function

$$(45.)\qquad f=g_6^{\frac{1}{12}}$$

ist eine eindeutige homogene Function $(-1)^{\text{ten}}$ Grades von ω und ω' und genügt nach (16.) der Gleichung

$$(46.)\qquad \eta\frac{\partial f}{\partial\omega}+\eta'\frac{\partial f}{\partial\omega'}=0.$$

Ist daher φ eine homogene Function ν^{ten} Grades von ω und ω', so ist

$$(\beta.)\qquad f^\nu\Big(\eta\frac{\partial\varphi}{\partial\omega}+\eta'\frac{\partial\varphi}{\partial\omega'}\Big)=\eta\frac{\partial(\varphi f^\nu)}{\partial\omega}+\eta'\frac{\partial(\varphi f^\nu)}{\partial\omega'}=\frac{\pi^2}{2\omega^2}\frac{d(\varphi f^\nu)}{di\pi\tau}.\,.$$

Nimmt man in dieser Formel $\varphi=\frac{1}{\omega}$ und setzt man

$$(47.)\qquad \psi(\tau)=\frac{\pi}{\omega f},$$

so erhält man

$$(48.)\qquad \frac{\eta\omega}{\pi^2}=-\tfrac{1}{2}\frac{d\log\psi(\tau)}{d(i\pi\tau)},\quad \frac{\eta}{\pi f}=-\tfrac{1}{2}\frac{d\psi(\tau)}{di\pi\tau}.$$

In den folgenden Formeln dieses Paragraphen wollen wir der Einfachheit halber $f=1$ voraussetzen, so dass ω, η, g_2, g_3 die Ausdrücke bedeuten, die bisher mit ωf, ηf^{-1}, $g_2 f^{-4}$, $g_3 f^{-6}$ bezeichnet worden sind. Dieselben sind also Functionen von τ oder g. Eine Function von ω und ω' oder von g_2 und g_3 kann nun zwar mittelst der Gleichung $f=1$ in verschiedene Formen gebracht werden. Aber zufolge der Relation (46.) ist der Ausdruck

$$\eta\frac{\partial\varphi}{\partial\omega}+\eta'\frac{\partial\varphi}{\partial\omega'}\quad\text{oder}\quad 18g_3\frac{\partial\varphi}{\partial g_2}+g_2^2\frac{\partial\varphi}{\partial g_3}$$

unabhängig von der Art, auf die φ durch ω, ω' oder g_2, g_3 ausgedrückt ist.

Setzt man in der Formel (44.) $\varphi=\varpi$ oder $\tilde\eta$, so erhält man nach (17.) und (31.)

$$(49.)\qquad 18g_2^2g_3\frac{d\varpi}{dg}=-\tilde\eta,\quad 216g_2g_3\frac{d\tilde\eta}{dg}=\varpi.$$

Durch Elimination von $\tilde\eta$ oder ϖ ergiebt sich daraus (vgl. *Bruns*, l. c. S. 5; *Dedekind* dieses Journal Bd. 83, S. 280)

$$(50.)\qquad \begin{cases} 6g(g-1)\dfrac{d^2\varpi}{dg^2}+(7g-4)\dfrac{d\varpi}{dg}+\tfrac{1}{24}\varpi = 0,\\[2ex] 6g(g-1)\dfrac{d^2\tilde\eta}{dg^2}+(5g-2)\dfrac{d\tilde\eta}{dg}+\tfrac{1}{24}\tilde\eta = 0.\end{cases}$$

Nimmt man in der Formel $(\beta.)$ $\varphi=g_2$ oder g_3, so findet man nach (12.)

$$(51.)\qquad \psi(\tau)^2\frac{dg_2}{di\pi\tau}=-12g_3,\quad \psi(\tau)^2\frac{dg_3}{di\pi\tau}=-\tfrac{2}{3}g_2^2.$$

Nimmt man ferner $\varphi = \eta$, so erhält man nach (31.)

$$\frac{\pi^2}{2\omega^2}\frac{d\eta}{di\pi\tau} = \eta\frac{\partial\eta}{\partial\omega} + \eta'\frac{\partial\eta}{\partial\omega'} = -\frac{g_2}{12}\omega.$$

Daher ist

$$\frac{g_2}{12} = -\frac{\pi^2}{2\omega^3}\frac{d\eta}{d(i\pi\tau)},$$

oder, wenn man für ω und $\eta\omega$ ihre Werthe aus (47.) und (48.) einsetzt,

$$(52.)\qquad \tfrac{1}{3}g_2 = \psi(\tau)^3\frac{d^2\psi(\tau)}{(di\pi\tau)^2}.$$

Nimmt man endlich der Reihe nach $\varphi = g_2,\ g_3,\ g_2^2,\ g_2 g_3$, u. s. w., so ergiebt sich nach analogen Umformungen

$$(53.)\qquad \begin{cases} 4g_3 = -\tfrac{1}{2}\psi(\tau)^4\dfrac{d^3(\psi(\tau)^2)}{(di\pi\tau)^3}, \\[2ex] 3g_2^2 = \tfrac{1}{3}\psi(\tau)^5\dfrac{d^4(\psi(\tau)^3)}{(di\pi\tau)^4}, \\[2ex] \tfrac{1}{3}\cdot 2^8 g_2 g_3 = -\tfrac{1}{4}\psi(\tau)^6\dfrac{d^5(\psi(\tau)^4)}{(di\pi\tau)^5}, \\[2ex] \tfrac{647}{9}g_2^3 + 32.37 g_3^2 = \tfrac{1}{5}\psi(\tau)^7\dfrac{d^6(\psi(\tau)^5)}{(di\pi\tau)^6}, \\[2ex] 2^6.3^4 g_2^2 g_3 = -\tfrac{1}{6}\psi(\tau)^8\dfrac{d^7(\psi(\tau)^6)}{(di\pi\tau)^7}. \end{cases}$$

Allgemein ergiebt sich

$$\psi_n = \frac{(-1)^n}{n-1}\psi(\tau)^{n+1}\frac{d^n(\psi(\tau)^{n-1})}{(di\pi\tau)^n} = (-1)^n\psi(\tau)^{n+1}\frac{d^{n-1}(\psi(\tau)^{n-2}\psi'(\tau))}{i\pi(di\pi\tau)^{n-1}}$$

als eine ganze Function von $\frac{g_2}{3}$ und $4g_3$, deren Coefficienten positive ganze Zahlen sind, mit Hülfe der Recursionsformel

$$(54.)\qquad 2\psi_n = -2\psi^2\frac{d\psi_{n-1}}{di\pi\tau} + \binom{n}{2}\psi_2\psi_{n-2} + \binom{n}{3}\psi_3\psi_{n-3} + \cdots + \binom{n}{2}\psi_{n-2}\psi_2,$$

welche aus der *Lagrange*schen Umkehrungsformel leicht abzuleiten ist*).
In dieser Gleichung ist

$$-\psi^2\frac{d\psi_{n-1}}{di\pi\tau} = +\tfrac{2}{3}\left(18g_3\frac{\partial\psi_{n-1}}{\partial g_2} + g_2^2\frac{\partial\psi_{n-1}}{\partial g_3}\right).$$

---

*) Allgemeiner ergeben sich aus dieser Formel, wenn u und v zwei Functionen von x sind, die Identitäten

$$\sum_{\lambda 0}^{n}\binom{n}{\lambda}\frac{1}{\lambda+1}D_x^\lambda(u^{\lambda+1})D_x^{n-\lambda}(u^{-\lambda-1}v) = D_x^n(v),$$

$$\sum_{\lambda 0}^{n}(-1)^\lambda\binom{n}{\lambda}\frac{1}{\lambda+1}u^{-\lambda-1}D_x^{n-\lambda}(vD_x^\lambda u^{\lambda+1}) = D_x^n(v).$$

Aus den Relationen (52.) und (53.) erhält man für $\psi(\tau)$ die Differentialgleichung dritter Ordnung (vgl. *Jacobi,* dieses Journal Bd. 36, S. 103)

$$(55.)\qquad \left[3\psi(\tau)^3\frac{d^2\psi(\tau)}{(di\pi\tau)^2}\right]^3-27\left[\tfrac{1}{8}\psi(\tau)^4\frac{d^3(\psi(\tau)^2)}{(di\pi\tau)^3}\right]^2 = 1.$$

§ 5.

Transformation der Perioden.

An Stelle der unabhängigen Variabeln ω, ω' führen wir zwei neue Variabeln Ω, Ω' ein mittelst der linearen Substitutionen

$$(56.)\qquad \begin{cases}\omega = a\Omega+b\Omega',\\ \omega' = c\Omega+d\Omega',\end{cases}$$

deren Determinante

$$(57.)\qquad ad-bc = 1$$

sein möge, und deren Coefficienten im übrigen willkürliche Grössen sind. Wir bezeichnen mit

$$H,\quad H',\quad T,\quad G_2,\quad G_3,\quad G_6,\quad F,\quad G$$

die Ausdrücke, die aus Ω, Ω' in der nämlichen Weise gebildet sind wie

$$\eta,\quad \eta',\quad \tau,\quad g_2,\quad g_3,\quad g_6,\quad f,\quad g$$

aus ω, ω'. Die Gleichung *)

$$H\Omega'-H'\Omega = \frac{i\pi}{2}$$

geht durch die Substitution (56.) in

$$(aH+bH')\omega'-(cH+dH')\omega = \frac{i\pi}{2}$$

über. Vergleicht man diese mit der Relation (7.), so erkennt man, dass die durch die erste der beiden Gleichungen

$$(58.)\qquad \begin{cases}aH+bH' = \eta+G_1\omega,\\ cH+dH' = \eta'+G_1\omega'\end{cases}$$

definirte Grösse G_1 auch der zweiten Genüge leistet. Ist daher φ eine Function von ω und ω', also auch von Ω und Ω', so ist

$$(59.)\qquad H\frac{\partial\varphi}{\partial\Omega}+H'\frac{\partial\varphi}{\partial\Omega'} = \eta\frac{\partial\varphi}{\partial\omega}+\eta'\frac{\partial\varphi}{\partial\omega'}+G_1\left(\omega\frac{\partial\varphi}{\partial\omega}+\omega'\frac{\partial\varphi}{\partial\omega'}\right),$$

*) Selbstverständlich wird der Fall ausgeschlossen, wo es keine Paare entsprechender Werthe τ und T mit positiven Ordinaten giebt, wie dies z. B. eintritt, wenn a, b, c, d rein imaginär sind.

also speciell, wenn φ eine homogene Function ν^{ten} Grades ist,

$$H\frac{\partial\varphi}{\partial\Omega}+H'\frac{\partial\varphi}{\partial\Omega'} = \eta\frac{\partial\varphi}{\partial\omega}+\eta'\frac{\partial\varphi}{\partial\omega'}+\nu G_1\varphi$$

oder nach (13.)

$$(60.)\qquad 18G_3\frac{\partial\varphi}{\partial G_2}+G_2^2\frac{\partial\varphi}{\partial G_3} = 18g_3\frac{\partial\varphi}{\partial g_2}+g_2^2\frac{\partial\varphi}{\partial g_3}-3\nu G_1\varphi.$$

Setzt man in Gleichung (59.) für φ auf der linken Seite $aH+bH'$, auf der rechten $\eta+G_1\omega$, so erhält man nach (31.) und (40.)

$$(61.)\qquad G_2-g_2 = 12G_1^2+4DG_1.$$

Setzt man in derselben Gleichung $\varphi = G_2,\ G_3,\ G_6$, so findet man

$$(62.)\qquad 18G_3 = 12G_1G_2+DG_2,$$

$$(63.)\qquad DG_3 = G_2^2-18G_1G_3,$$

$$(64.)\qquad DG_6 = -36G_1G_6,\quad G_1 = -\tfrac{1}{36}D\log(G_6).$$

Durch Elimination ergiebt sich daraus

$$(65.)\qquad 9(G_3-g_3) = 6G_1g_2+72G_1^3+36G_1DG_1+2D^2G_1,$$

$$(66.)\qquad D^3G_1+36G_1D^2G_1-54(DG_1)^2-33g_2DG_1+135g_3G_1-54g_2G_1^2 = 0,$$

Aus der Gleichung (64.) folgt die Relation

$$(67.)\qquad G_1 = -\tfrac{1}{3}\frac{DF}{F},$$

die sich in die beiden Gleichungen

$$(68.)\qquad \begin{cases} -\dfrac{i\pi}{2}\dfrac{\partial\log F}{\partial\omega'} = \eta+G_1\omega = aH+bH', \\ \dfrac{i\pi}{2}\dfrac{\partial\log F}{\partial\omega} = \eta'+G_1\omega' = cH+dH' \end{cases}$$

zerlegen lässt. Setzt man den Ausdruck (67.) in (61.) und (62.) ein, so erhält man die eleganten Formeln

$$(69.)\qquad G_2-g_2 = \tfrac{4}{3}F\,D^2(F^{-1}),$$

$$(70.)\qquad G_3-g_3 = \tfrac{1}{27}F^2D^3(F^{-2})-\tfrac{2}{9}g_2\frac{DF}{F}$$

und daraus für F die Differentialgleichung dritter Ordnung

$$(71.)\qquad [3g_2+4FD^2(F^{-1})]^3-[27g_3-6g_2D\log F+F^2D^3(F^{-2})]^2 = 27F^{12}.$$

Mit Hülfe der Formeln (18.) und (56.) ergiebt sich aus der Gleichung

$$\frac{\partial(G_2,G_3)}{\partial(g_2,g_3)} = \frac{\partial(G_2,G_3)}{\partial(\Omega,\Omega')}\frac{\partial(\Omega,\Omega')}{\partial(\omega,\omega')}\frac{\partial(\omega,\omega')}{\partial(g_2,g_3)}$$

die Relation

$$(72.)\qquad \frac{\partial(G_2,G_3)}{\partial(g_2,g_3)} = \frac{G_6}{g_6}.$$

Ist y eine Function der Variabeln x, sind $\alpha, \beta, \gamma, \delta$ Constanten, und ist $\alpha\delta-\beta\gamma$ von Null verschieden, so ist

$$(73.)\qquad (\alpha\delta-\beta\gamma)^n \frac{d^n y}{\left(d\frac{\gamma+\delta x}{\alpha+\beta x}\right)^n} = (\alpha+\beta x)^{n+1}\frac{d^n(\alpha+\beta x)^{n-1}y}{dx^n}.$$

Mit Hülfe dieser Identität kann man in den Formeln, die sich aus (52.), (53.) durch Ersetzung von ω, ω' durch Ω, Ω' ergeben, die Ableitungen nach T auf solche nach τ zurückführen. Setzt man

$$(74.)\qquad \Psi(\tau) = \frac{\pi}{\omega F} = (d-b\tau)\psi\left(\frac{-c+a\tau}{d-b\tau}\right),$$

so erhält man auf diese Weise die Gleichungen

$$(75.)\qquad \left\{\begin{aligned} \tfrac{1}{3}\frac{G_2}{F^4} &= \Psi(\tau)^3\frac{d^2\Psi(\tau)}{(di\pi\tau)^2},\\ 4\frac{G_3}{F^6} &= -\tfrac{1}{2}\Psi(\tau)^4\frac{d^3(\Psi(\tau)^2)}{(di\pi\tau)^3},\\ 3\frac{G_2^2}{F^8} &= \tfrac{1}{3}\Psi(\tau)^5\frac{d^4(\Psi(\tau)^3)}{(di\pi\tau)^4},\\ \frac{2^8}{3}\frac{G_2G_3}{F^{10}} &= -\tfrac{1}{4}\Psi(\tau)^6\frac{d^5(\Psi(\tau)^4)}{(di\pi\tau)^5}, \quad \text{u. s. w.}\end{aligned}\right.$$

Diese Relationen so wie auch die der Gleichung (48.) entsprechende Beziehung

$$(76.)\qquad \frac{aH+bH'}{\pi F} = -\tfrac{1}{2}\frac{d\Psi(\tau)}{di\pi\tau}$$

lassen sich direct herleiten mit Hülfe der Bemerkung, dass, wenn φ eine homogene Function nullten Grades von ω und ω' ist, nach (59.)

$$(77.)\qquad \eta\frac{\partial\varphi}{\partial\omega}+\eta'\frac{\partial\varphi}{\partial\omega'} = H\frac{\partial\varphi}{\partial\Omega}+H'\frac{\partial\varphi}{\partial\Omega'}$$

ist. Aus den beiden ersten Gleichungen (75.) folgt beiläufig, dass die Function $\Psi(\tau)$, welche drei willkürliche Constanten enthält, das allgemeine Integral der Differentialgleichung (55.) ist.

Aus den Formeln (44.) und (77.) ergiebt sich, wenn φ eine Function von τ oder g ist, die Relation

$$(78.)\qquad D\varphi = 54\frac{g_2^2 g_3}{g_6}\frac{d\varphi}{dg} = 54\frac{G_2^2G_3}{G_6}\frac{d\varphi}{dG}.$$

Setzt man in derselben $\varphi = G$, so erhält man

$$(79.)\qquad DG = \frac{54G_2^2G_3}{G_6},\quad \frac{dG}{dg} = \frac{g_6\,G_2^2G_3}{g_2^2g_3G_6},$$

und mithin

$$(80.)\quad G_2 = \frac{(DG)^2}{2^2 3^4 G(G-1)}, \quad \frac{G_2}{g_2} = \frac{g(g-1)}{G(G-1)}\left(\frac{dG}{dg}\right)^2,$$

$$(81.)\quad G_3 = \frac{(DG)^3}{2^3 3^6 G^2(G-1)}, \quad \frac{G_3}{g_3} = \frac{g^2(g-1)}{G^2(G-1)}\left(\frac{dG}{dg}\right)^3,$$

$$(82.)\quad F^2 = \frac{DG}{6\sqrt{3}G^{\frac{2}{3}}(G-1)^{\frac{1}{2}}}, \quad \frac{F^2}{f^2} = \frac{g^{\frac{2}{3}}(g-1)^{\frac{1}{2}}}{G^{\frac{2}{3}}(G-1)^{\frac{1}{2}}}\frac{dG}{dg}.$$

Setzt man zur Abkürzung

$$r = 6\sqrt{3}g^{\frac{2}{3}}(g-1)^{\frac{1}{2}}, \quad R = 6\sqrt{3}G^{\frac{2}{3}}(G-1)^{\frac{1}{2}},$$

so ist nach (78.)

$$D\varphi = f^2 r\frac{d\varphi}{dg} = F^2 R\frac{d\varphi}{dG},$$

also wenn man eine beliebige Function von g zur unabhängigen Variabeln wählt,

$$\frac{F^2}{f^2} = \frac{dG}{R} : \frac{dg}{r}.$$

Da $D\varphi = 0$ ist, falls φ eine Function von f ist, so ist nach (67.)

$$G_1 = -\tfrac{1}{6}D\log\left(\frac{F^2}{f^2}\right) = \tfrac{1}{6}\left(D\left(\log\frac{dg}{r}\right) - D\left(\log\frac{dG}{R}\right)\right)$$

$$= \tfrac{1}{6}\left(f^2 r\frac{d}{dg}\left(\log\frac{dg}{r}\right) - F^2 R\frac{d}{dG}\left(\log\frac{dG}{R}\right)\right),$$

oder wenn man

$$p = r\frac{d^2 g}{dg^2} - \frac{dr}{dg}, \quad P = R\frac{d^2 G}{dG^2} - \frac{dR}{dG}$$

setzt,

$$6G_1 = -D\log\frac{F^2}{f^2} = f^2 p - F^2 P.$$

Folglich ist

$$6DG_1 = f^2 Dp - F^2 DP - PF^2 D\log\left(\frac{F^2}{f^2}\right)$$

$$= f^2 Dp - F^2 DP + PF^2(f^2 p - F^2 P).$$

Setzt man diese Ausdrücke für G_1 und DG_1 in die Formel (61.) ein, so findet man nach leichten Reductionen

$$3g_2 + 2f^2 Dp + f^4 p^2 = 3G_2 + 2F^2 DP + F^4 P^2,$$

oder weil

$$g_2 = \frac{f^4 r^2}{3.36g(g-1)}$$

ist,

$$f^4 r^2\left(\frac{1}{36g(g-1)} + \frac{p^2}{r^2} + \frac{2}{r}\frac{dp}{dg}\right) = F^4 R^2\left(\frac{1}{36G(G-1)} + \frac{P^2}{R^2} + \frac{2}{R}\frac{dP}{dG}\right).$$

Setzt man also

$$[g] = \frac{1}{36g(g-1)} + \frac{p^2}{r^2} + \frac{2}{r}\frac{dp}{dg}$$

$$= \frac{1}{36g(g-1)} + \left(\frac{d\log dg}{dg}\right)^2 + 2\frac{d^2\log dg}{dg^2} - \left(\frac{d\log r}{dg}\right)^2 - 2\frac{d^2\log r}{dg^2}$$

$$= 2\frac{d^3g}{dg^3} - 3\left(\frac{d^2g}{dg^2}\right)^2 + \frac{8}{9g^2} - \frac{23}{36g(g-1)} + \frac{3}{4(g-1)^2},$$

so findet man mittelst der Relation

$$f^4r^2 : F^4R^2 = dg^2 : dG^2$$

die Differentialgleichung dritter Ordnung (*Dedekind*, dieses Journal, Bd. 83, S. 280.)

$$(83.) \qquad [g]\,dg^2 = [G]\,dG^2.$$

Sind die Verhältnisse der Constanten a, b, c, d rational, so ist G_1 (oder F oder G) Wurzel einer algebraischen Gleichung, deren Coefficienten rationale Functionen von g_2, g_3 (oder g_2, g_3, f oder g) sind. Mittelst dieser Gleichung kann man DG_1 und D^2G_1, und folglich mit Hülfe der Formeln (61.), (62.) die Grössen G_2 und G_3 rational durch G_1, g_2, g_3 ausdrücken.

Nach Formel (30.) befriedigt die Function

$$\bar{\sigma}(u) = \sigma(u, \Omega, \Omega')$$

die Differentialgleichung

$$18G_3\frac{\partial\bar{\sigma}(u)}{\partial G_2} + G_2^2\frac{\partial\bar{\sigma}(u)}{\partial G_3} = \tfrac{3}{2}\bar{\sigma}''(u) + \tfrac{1}{8}G_2u^2\bar{\sigma}(u).$$

Nach (59.) folgt daraus die Relation

$$D\bar{\sigma}(u) = \tfrac{3}{2}\bar{\sigma}''(u) - 3G_1u\bar{\sigma}'(u) + \tfrac{1}{8}G_2u^2\bar{\sigma}(u) + 3G_1\bar{\sigma}(u),$$

welche durch die Substitution

$$\bar{\sigma}(u) = e^{\frac{1}{2}G_1u^2}\varphi(u)$$

in

$$D\varphi(u) = \tfrac{3}{2}\varphi''(u) + \tfrac{9}{2}G_1\varphi(u) + \tfrac{1}{8}g_2u^2\varphi(u)$$

übergeht. Wir machen jetzt die specielle Annahme, dass

$$a = \frac{\alpha}{\sqrt{n}}, \quad b = \frac{\beta}{\sqrt{n}}, \quad c = \frac{\gamma}{\sqrt{n}}, \quad d = \frac{\delta}{\sqrt{n}},$$

also

$$(84.) \qquad \alpha\delta - \beta\gamma = n$$

ist, wo $\alpha, \beta, \gamma, \delta$ ganze Zahlen sind und n eine positive ganze Zahl. Für diesen Fall wollen wir die oben eingeführte Bezeichnung dahin abändern, dass wir an Stelle von

$$\Omega, \quad \Omega', \quad u, \quad \varphi(u), \quad G_1, \quad G_2, \quad G_3$$

durchgängig

$$\sqrt{n}\,\Omega,\quad \sqrt{n}\,\Omega',\quad \sqrt{n}\,u,\quad \sqrt{n}\,\varphi(u),\quad \frac{1}{n}G_1,\quad \frac{1}{n^2}G_2,\quad \frac{1}{n^3}G_3$$

schreiben. Dann ist

$$n\,D\varphi(u) = \tfrac{3}{2}\varphi''(u)+\tfrac{9}{2}G_1\varphi(u)+\tfrac{1}{8}n^2g_2u^2\varphi(u),$$

oder wenn man

$$\varphi(u) = \sigma(u)^n\chi(u)$$

setzt,

$$n\,D\chi(u) = \tfrac{3}{2}\chi''(u)+3n\frac{\sigma'(u)}{\sigma(u)}\chi'(u)+\tfrac{3}{2}n(n-1)\frac{\sigma'(u)^2-\sigma(u)\sigma''(u)}{\sigma(u)^2}\chi(u)+\tfrac{9}{2}G_1\chi(u).$$

Führt man jetzt an Stelle von u die Grösse $s=\wp(u,\omega,\omega')$ als unabhängige Variable ein, und geht dadurch $\chi(u,\omega,\omega')$ in $B(s,g_2,g_3)$ über, so erhält man (*Kiepert*, dieses Journal Bd. 88, S. 209):

$$(85.)\quad \left\{\begin{aligned} 4n\,DB &= 6(4s^3-g_2s-g_3)\frac{\partial^2 B}{\partial s^2} \\ -(12(2n-3)s^2&-(4n-3)g_2)\frac{\partial B}{\partial s}+6(n(n-1)s+3G_1)B. \end{aligned}\right.$$

Ist $n=2m+1$ eine ungerade Zahl, so ist bekanntlich B eine ganze Function m^{ten} Grades von s

$$B = s^m+B_1s^{m-1}+B_2s^{m-2}+\cdots+B_m.$$

Zwischen den Coefficienten dieser Function ergiebt sich aus der entwickelten Differentialgleichung die Recursionsformel

$$(86.)\quad \left\{\begin{aligned} 6(2\mu+2)(2\mu+3)B_{\mu+1} &= 4n\,DB_\mu-18G_1B_\mu \\ -\tfrac{1}{2}(n-2\mu+1)(n+6\mu)g_2B_{\mu-1}&+\tfrac{3}{2}(n-2\mu+1)(n-2\mu+3)g_3B_{\mu-2}. \end{aligned}\right.$$

Insbesondere findet man mittelst der Formeln

$$G_2-n^2g_2=12G_1^2+4n\,D\,G_1,\quad 18G_3=12G_1G_2+n\,D\,G_2,$$

welche an die Stelle von (61.), (62.) treten, die Werthe

$$2B_1=-G_1,\quad 240B_2=30G_1^2-G_2-(5n-6)g_2,$$
$$3360B_3=-70G_1^3+7G_1G_2+7(5n-18)G_1g_2-4G_3-4(14n-15)g_3.$$

Zürich, April 1881.

27.

Über die elliptischen Functionen zweiter Art

Journal für die reine und angewandte Mathematik 93, 53–68 (1882)

Eine *elliptische Function zweiter Art* wird nach Herrn *Hermite* jede Function genannt, die im Endlichen überall den Charakter einer rationalen hat, und deren logarithmische Ableitung doppelt periodisch ist. (Comptes Rendus, tome 85). Sind 2ω und $2\omega'$ die Perioden von $\frac{\varphi'(u)}{\varphi(u)}$, so ist

$$(1.)\qquad \varphi(u+2\omega) = m\varphi(u), \quad \varphi(u+2\omega') = m'\varphi(u),$$

wo m und m' zwei Constanten sind, welche die *Multiplicatoren* von $\varphi(u)$ heissen. Es erweist sich vortheilhaft, an ihrer Stelle zwei andere Constanten μ und μ' einzuführen, welche ich durch die Gleichungen

$$(2.)\qquad m = e^{-2\pi i\mu'}, \quad m' = e^{2\pi i\mu}$$

definire und die (den Perioden 2ω und $2\omega'$ entsprechenden) *Parameter* von $\varphi(u)$ nenne. Dieselben können, ohne ihre Bedeutung zu ändern, beliebig um ganze Zahlen vermehrt oder vermindert werden.

Sind ν und ν' zwei ganze Zahlen, so ist

$$(3.)\qquad \varphi(u+2\nu\omega+2\nu'\omega') = e^{2\pi i(\mu\nu'-\mu'\nu)}\varphi(u).$$

Ist also

$$\omega_1 = \alpha\omega+\beta\omega', \quad \varepsilon\mu = \alpha\mu_1+\gamma\mu_1',$$
$$\omega_1' = \gamma\omega+\delta\omega', \quad \varepsilon\mu' = \beta\mu_1+\delta\mu_1',$$

wo α, β, γ, δ vier ganze Zahlen sind, und die Determinante $\varepsilon = \alpha\delta-\beta\gamma$ von Null verschieden ist, so entsprechen den Perioden $2\omega_1$, $2\omega_1'$ die Parameter μ_1, μ_1'.

Sind μ, μ' beide Null, so ist $\varphi(u)$ eine elliptische Function erster Art. In der Theorie der elliptischen Functionen zweiter Art ist aber nicht nur dieser Fall als ein Ausnahmefall anzusehen, sondern allgemeiner der, wo $2\mu\omega+2\mu'\omega'$ eine Periode ist, wo also zwei ganze Zahlen ν, ν' so bestimmt werden können, dass $\mu\omega+\mu'\omega' = \nu\omega+\nu'\omega'$ ist. (Vgl. *Mittag-Leffler*,

Comptes Rendus tome 90, p. 177.) Unter dieser Annahme ist nämlich, falls

$$\frac{a}{i\pi} = -\frac{\mu'-\nu'}{\omega} = \frac{\mu-\nu}{\omega'}$$

gesetzt wird, $\varphi(u) = e^{au}\psi(u)$, wo $\psi(u)$ eine doppeltperiodische Function ist. Diesen nur geringes Interesse darbietenden Fall schliesse ich hier ganz aus. Wenn im Folgenden gleichzeitig mehrere elliptische Functionen zweiter Art betrachtet werden, so wird, falls nicht ausdrücklich das Gegentheil gesagt ist, immer vorausgesetzt, dass sie nicht nur dieselben Perioden, sondern auch dieselben Parameter haben.

§ 1.

Allgemeine Eigenschaften.

Die *Weierstrass*sche Function $\sigma(u)$ genügt der Gleichung

$$(4.)\qquad \sigma(u+2\nu\omega+2\nu'\omega') = (-1)^{\nu\nu'+\nu+\nu'} e^{2(\nu\eta+\nu'\eta')(u+\nu\omega+\nu'\omega')}\sigma(u),$$

wo ν, ν' zwei ganze Zahlen bedeuten. Zwischen den in diese Formel eingehenden Constanten besteht die Relation

$$(5.)\qquad \eta\omega'-\eta'\omega = +\frac{i\pi}{2}$$

oder $-\frac{i\pi}{2}$, je nachdem die Ordinate der complexen Grösse $\tau = \frac{\omega'}{\omega}$ positiv oder negativ ist. Wählt man 2ω, $2\omega'$ so, dass sie positiv ist, so genügt folglich die Function

$$(6.)\qquad \mathrm{q}(u) = \frac{\sigma(2\mu\omega+2\mu'\omega'-u)}{\sigma(2\mu\omega+2\mu'\omega')\sigma(u)}\, e^{(2\mu\eta+2\mu'\eta')u}$$

der Bedingung (3.), ist also eine elliptische Function zweiter Art mit den Parametern μ, μ'. Mit Hülfe derselben lässt sich die Theorie der elliptischen Functionen zweiter Art gänzlich auf die der Functionen erster Art zurückführen.

Die Function $\mathrm{q}(u)$, welche ungeändert bleibt, falls μ, μ' sich um ganze Zahlen ändern, wird nur für den Werth 0 (und die congruenten Werthe) unendlich gross von der ersten Ordnung, und ihre Entwicklung nach Potenzen von u beginnt mit $\frac{1}{u}$; sie verschwindet nur für den Werth $k = 2\mu\omega+2\mu'\omega'$.

Da der Quotient von je zwei elliptischen Functionen zweiter Art doppelt periodisch ist, so ist jede solche Function $\varphi(u) = \mathrm{q}(u)\psi(u)$, wo $\psi(u)$ eine elliptische Function erster Art ist. Wird $\varphi(u)$ für keinen Werth von u unendlich, so kann $\psi(u)$ nur für $u = k$ unendlich gross von der ersten Ordnung werden. Eine elliptische Function $\psi(u)$, die nicht für mehr als einen Werth unendlich wird, ist aber eine Constante. Da ferner für $u = 0$ auch $\psi(u) = 0$ ist, so verschwindet $\psi(u)$ identisch.

I. *Eine elliptische Function zweiter Art, die für keinen Werth unendlich gross wird, verschwindet identisch.*

Da die Function $\varphi(u)$ im Endlichen überall den Charakter einer rationalen hat, so kann sie nur für eine endliche Anzahl incongruenter Werthe $b_1, b_2, \dots b_n$ unendlich gross werden, und nur für eine endliche Anzahl von Werthen $a_1, a_2, \dots a_m$ verschwinden. Die elliptische Function $\psi(u)$ wird dann für die $n+1$ Werthe $b_1, b_2, \dots b_n, k$ unendlich und für die $m+1$ Werthe $a_1, a_2, \dots a_m, 0$ gleich Null. Nun wird aber eine doppeltperiodische Function für ebenso viele Werthe Null wie unendlich, falls man jeden Werth so oft zählt, wie seine Ordnungszahl angiebt, und die Summe der Werthe, für die sie verschwindet, ist der Summe der Werthe, für die sie unendlich wird, congruent. Daraus folgt:

II. *Eine elliptische Function zweiter Art wird für ebenso viele incongruente Werthe Null wie unendlich.*

III. *Sind $a_1, a_2, \dots a_n$ die incongruenten Werthe, für die eine elliptische Function zweiter Art verschwindet, und $b_1, b_2, \dots b_n$ die Werthe, für die sie unendlich wird, so ist*

$$(7.)\qquad \Sigma a - \Sigma b \equiv 2\mu\omega + 2\mu'\omega'.$$

Indem man die Grössen a, b um Perioden oder die Parameter μ, μ' um ganze Zahlen passend ändert, kann man immer bewirken, dass

$$\Sigma a - \Sigma b = 2\mu\omega + 2\mu'\omega'$$

wird. Die beiden letzten Sätze können auch direct gefunden werden durch Berechnung des über den Rand eines Periodenparallelogramms erstreckten Integrals $\int (u-c)\frac{\varphi'(u)}{\varphi(u)}du$, wo c eine unbestimmte Constante ist. Während also eine elliptische Function erster Art jeden beliebigen Werth innerhalb eines Periodenparallelogramms gleich oft annimmt, gilt dies bei den elliptischen Functionen zweiter Art allgemein nur von den Werthen 0 und ∞. Die Zahl n möge die *Ordnung* der Function $\varphi(u)$ genannt werden. Ist

$$(8.)\qquad \Sigma a - \Sigma b = 2(\mu+\nu)\omega + 2(\mu'+\nu')\omega',$$

wo ν, ν' ganze Zahlen sind, so ist

$$(9.)\qquad \varphi(u) = C\frac{\sigma(u-a_1)\sigma(u-a_2)\ldots\sigma(u-a_n)}{\sigma(u-b_1)\sigma(u-b_2)\ldots\sigma(u-b_n)}e^{2((\mu+\nu)\eta+(\mu'+\nu')\eta')u},$$

wo C eine Constante ist. Denn der Formel (4.) zufolge ist die durch Gleichung (9.) definirte Grösse C eine doppeltperiodische Function von u, die für keinen Werth unendlich wird.

Die elliptische Function zweiter Art $\varphi(u)$ möge für $u=a$ von der α^{ten}, für $u=b$ von der β^{ten} u. s. w. Ordnung unendlich werden, und in ihren Entwicklungen in den Umgebungen der betreffenden Stellen mögen die Glieder, welche negative Potenzen der Aenderung des Arguments enthalten, die folgenden sein:

$$A(u-a)^{-1}+A_1D(u-a)^{-1}+A_2D^2(u-a)^{-1}+\cdots+A_{\alpha-1}D^{\alpha-1}(u-a)^{-1},$$
$$B(u-b)^{-1}+B_1D(u-b)^{-1}+B_2D^2(u-b)^{-1}+\cdots+B_{\beta-1}D^{\beta-1}(u-b)^{-1},$$

u. s. w. Dann ist

$$(10.)\qquad \begin{cases}\varphi(u) = A\,\mathrm{q}(u-a)+A_1\mathrm{q}'(u-a)+A_2\mathrm{q}''(u-a)+\cdots+A_{\alpha-1}\mathrm{q}^{(\alpha-1)}(u-a)\\ \qquad +B\,\mathrm{q}(u-b)+B_1\mathrm{q}'(u-b)+B_2\mathrm{q}''(u-b)+\cdots+B_{\beta-1}\mathrm{q}^{(\beta-1)}(u-b)\\ \qquad +\cdots.\end{cases}$$

Denn die Differenz zwischen der rechten und linken Seite dieser Gleichung ist eine elliptische Function zweiter Art, die für keinen Werth unendlich wird, also nach Satz I. identisch Null. Diese Formel hat Herr *Hermite* (l. c. pag. 693) durch Betrachtung des über den Rand eines Periodenparallelogramms erstreckten Integrals $\int \mathrm{q}(u-v)\varphi(v)\,dv$ gefunden.

§ 2.

Addition und Multiplication.

Seien u_1, v_1, ... u_n, v_n $2n$ unabhängige Variabeln, und sei

$$Q = |\mathrm{q}(u_\alpha+v_\beta)|.$$

Betrachtet man zunächst alle in diesem Ausdrucke vorkommenden Grössen ausser u_1 als constant, so ist er eine elliptische Function zweiter Art von u_1, welche nur für die n Werthe $-v_1$, $-v_2$, ... $-v_n$ unendlich wird, also auch für genau n Werthe verschwindet. $n-1$ derselben sind u_2, u_3, ... u_n. Der n^{te} Werth ist daher nach (7.) gleich $k-u_2-\cdots-u_n-v_1-v_2-\cdots-v_n$. Nach (9.) ist folglich die Determinante Q bis auf einen von u_1 unabhängigen Factor gleich

$$\mathrm{q}(u_1+v_1+\cdots+u_n+v_n)\,\sigma(u_1+v_1+\cdots+u_n+v_n)\frac{\sigma(u_1-u_2)\ldots\sigma(u_1-u_n)}{\sigma(u_1+v_1)\ldots\sigma(u_1+v_n)}.$$

Indem man in ähnlicher Art ihre Abhängigkeit von $u_2, \dots u_n, v_1, \dots v_n$ untersucht, findet man, bis auf einen constanten Factor genau,

$$(11.)\quad \begin{cases} |\mathfrak{q}(u_\alpha+v_\beta)| \\ = \mathfrak{q}(u_1+v_1+\cdots+u_n+v_n)\,\sigma(u_1+v_1+\cdots+u_n+v_n)\dfrac{\Pi\sigma(u_\alpha-u_\beta)\Pi\sigma(v_\alpha-v_\beta)}{\Pi\sigma(u_\alpha+v_\beta)}. \end{cases}$$

Im Nenner der rechten Seite durchlaufen α und β unabhängig von einander die Zahlen von 1 bis n, im Zähler nur solche Zahlenpaare, für welche $\alpha > \beta$ ist. Dass der constante Factor in der Gleichung (11.) richtig angegeben ist, erkennt man ohne Weiteres für $n = 1$ und allgemein durch den Schluss von $n-1$ auf n. Multiplicirt man nämlich die Elemente der letzten Zeile von Q mit u_n+v_n und setzt dann $u_n = -v_n$, so verschwinden sie mit Ausnahme des letzten, das gleich 1 wird, und daher geht Q in den analog aus den $n-1$ Argumentenpaaren $u_1, v_1, \dots u_{n-1}, v_{n-1}$ gebildeten Ausdruck über. Da dasselbe von der rechten Seite der Gleichung (11.) gilt, so ist sie damit allgemein bewiesen.

Setzt man in der entwickelten Formel

$$2\mu\eta+2\mu'\eta' = 0 \quad \text{und} \quad 2\mu\omega+2\mu'\omega' = -w,$$

so erhält man

$$(12.)\quad \left|\frac{\sigma(u_\alpha+v_\beta+w)}{\sigma(u_\alpha+v_\beta)}\right| = \sigma(w)^{n-1}\sigma(u_1+v_1+\cdots+u_n+v_n)\frac{\Pi\sigma(u_\alpha-u_\beta)\Pi\sigma(v_\alpha-v_\beta)}{\Pi\sigma(u_\alpha+v_\beta)}.$$

Die auf der linken Seite stehende Determinante R ist gleich

$$-\begin{vmatrix} -1 & 1 & \dots & 1 \\ 0 & \dfrac{\sigma(u_1+v_1+w)}{\sigma(u_1+v_1)} & \dots & \dfrac{\sigma(u_1+v_n+w)}{\sigma(u_1+v_n)} \\ \cdot & \cdot & \dots & \cdot \\ 0 & \dfrac{\sigma(u_n+v_1+w)}{\sigma(u_n+v_1)} & \dots & \dfrac{\sigma(u_n+v_n+w)}{\sigma(u_n+v_n)} \end{vmatrix}.$$

Setzt man zur Abkürzung

$$(13.)\quad \mathfrak{r}(u) = \frac{\sigma'(u)}{\sigma(u)}$$

und entwickelt jedes Element nach Potenzen von w mittelst der Formel

$$\frac{\sigma(u+v+w)}{\sigma(u+v)} = 1+\mathfrak{r}(u+v)w+\cdots,$$

zieht dann die erste Zeile der Determinante von allen folgenden ab, dividirt die Elemente der zweiten bis $(n+1)^{\text{ten}}$ Zeile durch w und multiplicirt die der ersten Colonne mit w, so erhält man

$$R = -w^{n-1} \begin{vmatrix} -w & 1 & \cdots & 1 \\ 1 & \mathrm{r}(u_1+v_1)+\cdots & \cdots & \mathrm{r}(u_1+v_n)+\cdots \\ \cdot & \cdot & \cdots & \cdot \\ 1 & \mathrm{r}(u_n+v_1)+\cdots & \cdots & \mathrm{r}(u_n+v_n)+\cdots \end{vmatrix}.$$

Indem man daher auf beiden Seiten der Formel (12.) die Coefficienten von w^{n-1} vergleicht, findet man die Relation

$$(14.) \quad \left\{ \begin{aligned} &\begin{vmatrix} 0 & 1 & \cdots & 1 \\ 1 & \mathrm{r}(u_1+v_1) & \cdots & \mathrm{r}(u_1+v_n) \\ \cdot & \cdot & \cdots & \cdot \\ 1 & \mathrm{r}(u_n+v_1) & \cdots & \mathrm{r}(u_n+v_n) \end{vmatrix} \\ &= \sigma(u_1+v_1+\cdots+u_n+v_n)\frac{\Pi\sigma(u_\alpha-u_\beta)\,\Pi\sigma(v_\alpha-v_\beta)}{\Pi\sigma(u_\alpha+v_\beta)}, \end{aligned} \right.$$

welche Herr *Stickelberger* mit mir zusammen in einer kleinen Notiz, dieses Journal Bd. 83, S. 175 direct entwickelt hat. Daselbst haben wir aus dieser Formel zwei andere abgeleitet, indem wir durch einen passenden Grenzübergang erst die Grössen $v_1, \dots v_n$ alle gleich Null und dann die Grössen $u_1, \dots u_n$ alle einander gleich werden liessen. Auf demselben Wege gelangt man von der Gleichung (11.) zu den Relationen

$$(15.) \quad \left\{ \begin{aligned} &|\mathrm{q}(u_\alpha), \quad \mathrm{q}'(u_\alpha), \quad \dots \quad \mathrm{q}^{(n-1)}(u_\alpha)| \\ &= \mathrm{q}(u_1+\cdots+u_n)\,\sigma(u_1+\cdots+u_n)\frac{\Pi(\alpha-\beta)\,\Pi\sigma(u_\alpha-u_\beta)}{\Pi\sigma(u_\alpha)^n}, \end{aligned} \right.$$

$$(16.) \quad \begin{vmatrix} \mathrm{q}(u) & \mathrm{q}'(u) & \cdots & \mathrm{q}^{(n-1)}(u) \\ \mathrm{q}'(u) & \mathrm{q}''(u) & \cdots & \mathrm{q}^{(n)}(u) \\ \cdot & \cdot & \cdots & \cdot \\ \mathrm{q}^{(n-1)}(u) & \mathrm{q}^{(n)}(u) & \cdots & \mathrm{q}^{(2n-2)}(u) \end{vmatrix} = \mathrm{q}(nu)\frac{\sigma(nu)}{\sigma(u)^{n^2}}\,\Pi(\alpha-\beta)^2.$$

§ 3.

Multiplication und Division.

In den folgenden Entwicklungen nehme ich an, dass $2\mu\eta+2\mu'\eta' = 0$ ist. Setzt man ferner $2\mu\omega+2\mu'\omega' = -v$, so ist

$$(17.) \quad \mathrm{q}(u, v) = \frac{\sigma(u+v)}{\sigma(u)\sigma(v)}$$

eine elliptische Function zweiter Art mit den Parametern

$$\mu = \frac{\eta' v}{i\pi}, \quad \mu' = -\frac{\eta v}{i\pi},$$

welche ungeändert bleibt, wenn das Argument u mit dem Parameter v vertauscht wird. Ist n eine positive ganze Zahl, so sind folglich $\mathrm{q}(u, nv)$ und $\mathrm{q}(nu, v)$ elliptische Functionen zweiter Art mit den Perioden 2ω, $2\omega'$ und den Parametern $n\mu$, $n\mu'$. Die erste ist eine Function erster Ordnung, die nur für $u=0$ unendlich wird, die andere ist eine Function der Ordnung n^2, und wird, falls man

$$(18.)\qquad \omega_{\alpha\beta} = \frac{2\alpha\omega+2\beta\omega'}{n},\quad \eta_{\alpha\beta} = \frac{2\alpha\eta+2\beta\eta'}{n}$$

setzt, für die Werthe $u=-\omega_{\varkappa\lambda}$, wo jede der beiden Zahlen $\varkappa$, λ ein vollständiges Restsystem (mod. n) zu durchlaufen hat, unendlich von der ersten Ordnung. Nach Formel (10.) ist daher

$$n\,\mathrm{q}(nu, v) = \sum_{\varkappa,\lambda} C_{\varkappa\lambda}\,\mathrm{q}(u+\omega_{\varkappa\lambda}, nv).$$

Entwickelt man nach Potenzen von $u+\omega_{\alpha\beta}$, so findet man durch Vergleichung der Coefficienten von $(u+\omega_{\alpha\beta})^{-1}$, dass $C_{\alpha\beta} = e^{-(2\alpha\eta+2\beta\eta')v}$ ist. Mithin ist

$$(19.)\qquad \frac{n\sigma(nu+v)}{\sigma(nu)\sigma(v)} = \sum_{\varkappa,\lambda} \frac{\sigma(nv+u+\omega_{\varkappa\lambda})}{\sigma(nv)\sigma(u+\omega_{\varkappa\lambda})} e^{-\eta_{\varkappa\lambda}nv}.$$

Ersetzt man v durch $v+\omega_{\alpha\beta}$, so erhält man allgemeiner

$$(20.)\qquad \frac{n\sigma(nu+v+\omega_{\alpha\beta})}{\sigma(nu)\sigma(v+\omega_{\alpha\beta})} e^{-\eta_{\alpha\beta}nu} = \sum_{\varkappa,\lambda} \varrho^{\alpha\lambda-\beta\varkappa} \frac{\sigma(nv+u+\omega_{\varkappa\lambda})}{\sigma(nv)\sigma(u+\omega_{\varkappa\lambda})} e^{-\eta_{\varkappa\lambda}nv},$$

wo

$$(21.)\qquad \varrho = e^{\frac{2\pi i}{n}}$$

ist. Vergleicht man in den Entwicklungen der beiden Seiten dieser Gleichung nach Potenzen von v die constanten Glieder, so ergiebt sich, falls α und β beide Null sind,

$$(22.)\qquad n\,\mathrm{r}(nu) = \sum_{\varkappa,\lambda} (\mathrm{r}(u+\omega_{\varkappa\lambda})-\eta_{\varkappa\lambda}),$$

falls aber α und β nicht beide Null sind,

$$(23.)\qquad \frac{n\sigma(\omega_{\alpha\beta}+nu)}{\sigma(\omega_{\alpha\beta})\sigma(nu)} e^{-\eta_{\alpha\beta}nu} = \sum_{\varkappa,\lambda} \varrho^{\alpha\lambda-\beta\varkappa} (\mathrm{r}(u+\omega_{\varkappa\lambda})-\eta_{\varkappa\lambda}).$$

Vergleicht man ferner in den Entwicklungen nach Potenzen von u die constanten Glieder, so findet man (bei Ersetzung von v durch u)

$$(24.)\qquad n(\mathrm{r}(u+\omega_{\alpha\beta})-\eta_{\alpha\beta}) = \mathrm{r}(nu) + \sum_{\varkappa,\lambda}{}' \varrho^{\varkappa\beta-\lambda\alpha} \frac{\sigma(\omega_{\varkappa\lambda}+nu)}{\sigma(\omega_{\varkappa\lambda})\sigma(nu)} e^{-\eta_{\varkappa\lambda}nu},$$

wo der Strich bei dem Summenzeichen andeuten soll, dass das Werthepaar $\varkappa, \lambda = 0, 0$ auszuschliessen ist. Will man diese Formeln, aus denen sich durch Differentiation nach u die *Jacobi*schen Formeln für die Auflösung der Theilungsgleichungen ergeben, direct aus der Theorie der elliptischen Functionen ableiten, so muss man den *Hermite*schen Satz (vgl. z. B. dieses Journal Bd. 88, S. 154, Formel (5.)) auf die doppeltperiodischen Functionen

$$\mathrm{r}(nu)-n\,\mathrm{r}(u), \qquad \frac{\sigma(\omega_{\alpha\beta}+nu)}{\sigma(\omega_{\alpha\beta})\sigma(nu)}e^{-\eta_{\alpha\beta}nu}$$

anwenden. So erhält man zunächst die n^2 Gleichungen (22.) und (23.) und durch *Auflösung* derselben die n^2 Gleichungen (24.). Auf dem hier eingeschlagenen Wege wird die Auflösung solcher linearen Gleichungen vermieden, weil die n^2 Relationen (20.) die Eigenthümlichkeit haben, dass sich die aufgelösten Gleichungen aus den ursprünglichen durch Vertauschung der beiden Variabeln u und v ergeben.

Setzt man nun

$$(25.)\quad \begin{cases} r_{\alpha\beta}=\mathrm{r}(\omega_{\alpha\beta})-\eta_{\alpha\beta}, & s_{\alpha\beta}=\wp(\omega_{\alpha\beta}), \quad t_{\alpha\beta}=\wp'(\omega_{\alpha\beta}),\\ r_{00}=0, & s_{00}=0, \quad t_{00}=0,\end{cases}$$

so findet man durch Entwicklung der Gleichungen (22.) und (23.) nach Potenzen von u und Vergleichung der Coefficienten der Anfangsglieder die Relationen

$$(26.)\quad n\,r_{\alpha\beta} = \sum_{\varkappa,\lambda}\varrho^{\alpha\lambda-\beta\varkappa}r_{\varkappa\lambda},$$

$$(27.)\quad \tfrac{1}{2}n^2(s_{\alpha\beta}-r_{\alpha\beta}^2) = \sum_{\varkappa,\lambda}\varrho^{\alpha\lambda-\beta\varkappa}s_{\varkappa\lambda},$$

$$(28.)\quad \tfrac{1}{3}n^3(t_{\alpha\beta}+3s_{\alpha\beta}r_{\alpha\beta}-r_{\alpha\beta}^3) = \sum_{\varkappa,\lambda}\varrho^{\alpha\lambda-\beta\varkappa}t_{\varkappa\lambda}.$$

Die Ausdrücke (25.) bleiben ungeändert, wenn α, β durch congruente Zahlen (mod. n) ersetzt werden. Ferner ist

$$(29.)\quad r_{-\alpha,-\beta}=-r_{\alpha\beta}, \quad s_{-\alpha,-\beta}=s_{\alpha\beta}, \quad t_{-\alpha,-\beta}=-t_{\alpha\beta}.$$

Ist daher $n=2k$ eine gerade Zahl, so ist $r_{00}=r_{0k}=r_{k0}=r_{kk}=0$. Von dieser Ausnahme abgesehen sind aber die Grössen $r_{\alpha\beta}$ n^2 *verschiedene* Functionen der beiden Variabeln ω, ω'. Denn ist $h=e^{i\pi\tau}$, so ist

$$(30.)\quad \frac{\omega}{\pi}\mathrm{r}(u) = \frac{\eta u}{\pi}+\tfrac{1}{2}\cot\Big(\frac{\pi u}{2\omega}\Big)+2\sum_{\nu}{}_1^{\infty}\frac{h^{2\nu}}{1-h^{2\nu}}\sin\Big(\frac{\nu\pi u}{\omega}\Big).$$

Diese Reihe *) ist convergent, falls u in dem Streifen der Constructions-

*) Dieselbe ergiebt sich durch Coefficientenvergleichung aus der Reihe

$$\frac{2\omega}{\pi}\frac{\sigma(u+v)}{\sigma(u)\sigma(v)}e^{-\frac{\eta}{\omega}uv} = \cot\Big(\frac{\pi u}{2\omega}\Big)+\cot\Big(\frac{\pi v}{2\omega}\Big)+4\sum_{\varkappa,\lambda}{}_1^{\infty}h^{2\varkappa\lambda}\sin\frac{\pi}{\omega}(\varkappa u+\lambda v).$$

(Vgl. die während des Druckes dieser Abhandlung erschienene Arbeit des Herrn *Kronecker*, Zur Theorie der elliptischen Functionen, Berliner Monatsber. 1881, S. 1165.)

ebene liegt, der von zwei durch die Punkte $2\omega'$ und $-2\omega'$ zu der Verbindungslinie der Punkte 0 und ω gezogenen Parallelen liegt.

Wählt man daher für β eine der Zahlen $0, 1, \dots n-1$, so darf man $u = \omega_{\alpha\beta}$ setzen. Entwickelt man die so erhaltene Reihe nach Potenzen von $h^{\frac{2}{n}} = x$, so ergiebt sich

$$\frac{i\omega}{\pi} r_{\alpha\beta} = \sum_{\nu}{}_0^\infty c_\nu x^\nu.$$

Hier ist

$$c_0 = \tfrac{1}{2}\frac{1+\varrho^\alpha}{1-\varrho^\alpha} \quad \text{oder} \quad \tfrac{1}{2}-\frac{\beta}{n},$$

je nachdem $\beta = 0$ oder von Null verschieden ist, und falls $\nu > 0$ ist,

$$c_\nu = \sum_\delta \varrho^{\frac{\alpha\nu}{\delta}} - \sum_\varepsilon \varrho^{-\frac{\alpha\nu}{\varepsilon}},$$

wo δ die (positiven) Divisoren von ν durchläuft, welche $\equiv \beta \pmod{n}$ sind, und ε die, welche $\equiv -\beta$ sind. Die ersten Glieder der Entwicklung von $\frac{i\omega}{\pi} r_{\alpha\beta}$ sind also, falls $\beta = 0$ und α von Null verschieden ist,

$$\tfrac{1}{2}\frac{1+\varrho^\alpha}{1-\varrho^\alpha}+\cdots,$$

falls $\beta = \frac{n}{2}$ (also n gerade) ist,

$$(\varrho^\alpha - \varrho^{-\alpha})x^{\frac{n}{2}}+\cdots,$$

falls β eine der Zahlen $1, 2, \dots n-1$ mit Ausschluss von $\frac{n}{2}$ ist,

$$\left(\tfrac{1}{2}-\frac{\beta}{n}\right)+\varrho^\alpha x^\beta - \varrho^{-\alpha} x^{n-\beta}+\cdots.$$

Daher können die Differenzen der n^2 Grössen $r_{\alpha\beta}$ nicht identisch verschwinden, ausser wenn n gerade, und α, β gleich Null oder $\frac{n}{2}$ sind.

Ferner ist

$$(31.) \qquad r_{\alpha\beta} = t_{\alpha\beta} f(s_{\alpha\beta}), \quad r_{\alpha\beta}^2 = g(s_{\alpha\beta}),$$

wo $f(s)$ und $g(s)$ (von α, β unabhängige) rationale Functionen von s und g_2 und g_3 mit rationalen Zahlencoefficienten sind. Denn setzt man

$$\frac{\sigma(n-1)u}{\sigma(u)^{(n-1)^2}} = \varphi(u),$$

so ist

$$\frac{\varphi'}{\varphi}(\omega_{\alpha\beta}) = -n(n-1)r_{\alpha\beta}, \quad \frac{\varphi''}{\varphi}(\omega_{\alpha\beta}) = -n(n-1)^2 r_{\alpha\beta}^2.$$

Nun ist aber (vgl. *Kiepert*, dieses Journal Bd. 76, S. 31)

$$\varphi(u) = \wp'(u)^{\varepsilon} G(\wp(u)),$$

wo $\varepsilon = 0$ oder 1 ist, je nachdem n gerade oder ungerade ist, und $G(s)$ eine ganze Function von s, g_2, g_3 ist, und mithin ist

$$\frac{\varphi'(u)}{\varphi(u)} = \wp'(u)\Big(\frac{\varepsilon\wp''(u)}{\wp'(u)^2}+\frac{G'(\wp(u))}{G(\wp(u))}\Big),\quad \frac{\varphi''(u)}{\varphi(u)} = (2\varepsilon+1)\frac{G'(\wp(u))}{G(\wp(u))}+\wp'(u)^2 G''(\wp(u)).$$

Ist $\omega_{\alpha\beta}$ ein primitiver n^{ter} Theil einer Periode, so genügt $s_{\alpha\beta}$ einer irreductibeln Gleichung vom Grade

$$m = \tfrac{1}{2}n^2 \Pi\Big(1-\frac{1}{p^2}\Big),$$

wo p die verschiedenen in n aufgehenden Primzahlen durchläuft. In derselben ist der Coefficient der höchsten Potenz 1, und die der übrigen sind *ganze* Functionen von g_2 und g_3. Weil nun die Grössen $r^2_{\alpha\beta}$ rationale Functionen der Grössen $s_{\alpha\beta}$ und ausserdem unter einander verschieden sind, so genügen sie ebenfalls einer irreductibeln Gleichung m^{ten} Grades, deren Coefficienten rationale Functionen von g_2 und g_3 mit rationalen Zahlencoefficienten sind, und es lassen sich auch die Grössen $s_{\alpha\beta}$ und $\frac{t_{\alpha\beta}}{r_{\alpha\beta}}$ durch die Grössen $r^2_{\alpha\beta}$ rational ausdrücken. Aus Gleichung (27.) folgt noch nach einem bekannten algebraischen Princip, dass auch die Coefficienten der Gleichung für $r^2_{\alpha\beta}$, falls man den der höchsten Potenz gleich 1 voraussetzt, *ganze* Functionen von g_2 und g_3 sind.

§ 4.
Transformation.

Betrachtet man in der durch die Formel (6.) definirten Function $\mathfrak{q}(u)$ die Grössen $u, \omega, \omega', \mu, \mu'$ als unabhängige Variabeln, und setzt man

$$\mathfrak{q}(u) = \mathfrak{q}(u, \omega, \omega', \mu, \mu'),\quad \sigma(u) = \sigma(u, \omega, \omega'),\quad \eta = \eta(\omega, \omega'),\quad \eta' = \eta'(\omega, \omega'),$$
$$\bar{\mathfrak{q}}(u) = \mathfrak{q}\Big(u, \frac{\omega}{n}, \omega', \mu, \frac{\mu'}{n}\Big),\quad \bar{\sigma}(u) = \sigma\Big(u, \frac{\omega}{n}, \omega'\Big),\quad \bar{\eta} = \eta\Big(\frac{\omega}{n}, \omega'\Big),\quad \bar{\eta}' = \eta'\Big(\frac{\omega}{n}, \omega'\Big),$$

so ist

$$\eta\omega'-\eta'\omega = \bar{\eta}\omega'-\bar{\eta}'\frac{\omega}{n} = \frac{i\pi}{2},$$

und daher genügt die durch die erste der beiden Gleichungen

$$(32.)\qquad \bar{\eta} = \eta + G_1\frac{\omega}{n},\quad \bar{\eta}' = n\eta' + G_1\omega'$$

definirte Grösse G_1 auch der andern. Da ferner

$$\bar{\mathrm{q}}\left(u+\frac{2\omega}{n}\right) = e^{-\frac{2\pi i\mu'}{n}}\,\mathrm{q}(u)$$

ist, so ist

$$\bar{\mathrm{q}}(u+2\omega) = e^{-2\pi i\mu'}\bar{\mathrm{q}}(u), \quad \bar{\mathrm{q}}(u+2\omega') = e^{2\pi i\mu}\bar{\mathrm{q}}(u).$$

Betrachtet man also 2ω, $2\omega'$ als die Perioden von $\bar{\mathrm{q}}(u)$, so sind μ, μ' die ihnen entsprechenden Parameter. Unter dieser Voraussetzung ist aber die Function $\bar{\mathrm{q}}(u)$ nicht mehr von der ersten, sondern von der n^{ten} Ordnung, und wird für die n Werthe $u = -\frac{2\lambda\omega}{n}$, wo λ ein vollständiges Restsystem (mod. n) zu durchlaufen hat, unendlich gross von der ersten Ordnung. Nach Formel (10.) ist daher

$$\bar{\mathrm{q}}(u) = \sum_\lambda C_\lambda\,\mathrm{q}\left(u+\frac{2\lambda\omega}{n}\right).$$

Entwickelt man nach Potenzen von $u+\frac{2\alpha\omega}{n}$, so ergiebt sich durch Vergleichung der Coefficienten von $\left(u+\frac{2\alpha\omega}{n}\right)^{-1}$, dass $C_\alpha = e^{\frac{2\pi i\mu'\alpha}{n}}$, also

$$\bar{\mathrm{q}}(u) = \sum_\lambda e^{\frac{2\pi i\mu'\lambda}{n}}\,\mathrm{q}\left(u+\frac{2\lambda\omega}{n}\right)$$

ist. Ist speciell

$$2\mu\eta+2\mu'\eta' = 0, \quad 2\mu\omega+2\mu'\omega' = -nv,$$

so ist nach (32.)

$$2\mu\bar{\eta}+2\frac{\mu'}{n}\bar{\eta}' = -G_1 v$$

und daher

$$(33.)\qquad \frac{\bar{\sigma}(u+v)}{\bar{\sigma}(u)\bar{\sigma}(v)}e^{-G_1uv} = \sum_\lambda \frac{\sigma\left(nv+u+\frac{2\lambda\omega}{n}\right)}{\sigma(nv)\sigma\left(u+\frac{2\lambda\omega}{n}\right)}e^{-2\lambda\eta v}.$$

Vermehrt man u um $\frac{2\alpha\omega'}{n}$ und v um $\frac{2\beta\omega'}{n}$, so erhält man

$$(34.)\qquad \begin{cases} \dfrac{\bar{\sigma}\left(u+v+\frac{2(\alpha+\beta)\omega'}{n}\right)}{\bar{\sigma}\left(u+\frac{2\alpha\omega'}{n}\right)\bar{\sigma}\left(v+\frac{2\beta\omega'}{n}\right)}e^{-G_1uv-\frac{2\bar{\eta}'}{n}\left(\beta u+\alpha v+\frac{2\alpha\beta\omega'}{n}\right)} \\ \qquad = \sum_\lambda \varrho^{-\lambda\beta}\dfrac{\sigma(nv+u+\omega_{\lambda\alpha})}{\sigma(nv)\sigma(u+\omega_{\lambda\alpha})}e^{-\eta_{\lambda\alpha}nv}. \end{cases}$$

Vergleicht man in den Entwicklungen der beiden Seiten dieser Gleichung nach Potenzen von v die constanten Glieder, so ergiebt sich (vgl. ***Kiepert***, dieses Journal Bd. 76, S. 37), falls $\beta = 0$ ist,

$$(35.)\qquad \bar{\mathrm{r}}\left(u+\frac{2\alpha\omega'}{n}\right)-G_1 u-\frac{2\alpha\bar{\eta}'}{n} = \sum_\lambda\left(\mathrm{r}(u+\omega_{\lambda\alpha})-\eta_{\lambda\alpha}\right),$$

falls aber β von Null verschieden ist,

$$(36.)\qquad \frac{\bar{\sigma}\left(u+\frac{2(\alpha+\beta)\omega'}{n}\right)}{\bar{\sigma}\left(u+\frac{2\alpha\omega'}{n}\right)\bar{\sigma}\left(\frac{2\beta\omega'}{n}\right)}e^{-\frac{2\beta\bar{\eta}'}{n}\left(u+\frac{2\alpha\omega'}{n}\right)} = \sum_\lambda \varrho^{-\lambda\beta}\left(\mathrm{r}(u+\omega_{\lambda\alpha})-\eta_{\lambda\alpha}\right).$$

Vergleicht man ferner in den Entwicklungen nach Potenzen von u die constanten Glieder, so findet man (bei Ersetzung von v durch u und Vertauschung von β mit α), falls $\beta = 0$ ist,

$$(37.)\qquad \bar{\mathrm{r}}\left(u+\frac{2\alpha\omega'}{n}\right)-G_1 u-\frac{2\alpha\bar{\eta}'}{n} = \mathrm{r}(nu)+\sum_\lambda{}'\varrho^{-\lambda\alpha}\frac{\sigma(nu+\omega_{\lambda 0})}{\sigma(nu)\sigma(\omega_{\lambda 0})}e^{-\eta_{\lambda 0}nu},$$

falls aber β von Null verschieden ist,

$$(38.)\qquad \frac{\bar{\sigma}\left(u+\frac{2(\alpha+\beta)\omega'}{n}\right)}{\bar{\sigma}\left(u+\frac{2\alpha\omega'}{n}\right)\bar{\sigma}\left(\frac{2\beta\omega'}{n}\right)}e^{-\frac{2\beta\bar{\eta}'}{n}\left(u+\frac{2\alpha\omega'}{n}\right)} = \sum_\lambda \varrho^{-\lambda\alpha}\frac{\sigma(nu+\omega_{\lambda\beta})}{\sigma(nu)\sigma(\omega_{\lambda\beta})}e^{-\eta_{\lambda\beta}nu}.$$

Der Strich bei dem Summenzeichen in Formel (37.) deutet an, dass der Werth $\lambda = 0$ auszuschliessen ist. Entwickelt man diese Gleichungen nach Potenzen von u und vergleicht die constanten Glieder, so erhält man, falls α und β von Null verschieden sind,

$$(39.)\qquad \begin{cases} \dfrac{\bar{\sigma}\left(\frac{2(\alpha+\beta)\omega'}{n}\right)}{\bar{\sigma}\left(\frac{2\alpha\omega'}{n}\right)\bar{\sigma}\left(\frac{2\beta\omega'}{n}\right)}e^{-\frac{2\alpha\omega'}{n}\frac{2\beta\bar{\eta}'}{n}} = \sum_\lambda \varrho^{-\lambda\alpha}r_{\lambda\beta} = \sum_\lambda \varrho^{-\lambda\beta}r_{\lambda\alpha}, \\[2ex] \bar{\mathrm{r}}\left(\frac{2\alpha\omega'}{n}\right)-\frac{2\alpha\bar{\eta}'}{n} = \sum_\lambda \varrho^{-\lambda\alpha}r_{\lambda 0} = \sum_\lambda r_{\lambda\alpha}, \end{cases}$$

oder wenn man β durch $-\beta$ ersetzt,

$$(40.)\qquad \frac{\bar{\sigma}\left(\frac{2(\alpha-\beta)\omega'}{n}\right)}{\bar{\sigma}\left(\frac{2\alpha\omega'}{n}\right)\bar{\sigma}\left(\frac{2\beta\omega'}{n}\right)}e^{\frac{2\alpha\omega'}{n}\frac{2\beta\bar{\eta}'}{n}} = \sum_\lambda \varrho^{\lambda\alpha}r_{\lambda\beta} = -\sum_\lambda \varrho^{\lambda\beta}r_{\lambda\alpha}.$$

Vergleicht man in jenen Entwicklungen die Coefficienten von u, so findet man durch passende Combination der erhaltenen Formeln die Gleichungen

$$(41.)\quad \begin{cases} 2\dfrac{\bar\sigma\left(\dfrac{2(\alpha+\beta)\omega'}{n}\right)}{\bar\sigma\left(\dfrac{2\alpha\omega'}{n}\right)\bar\sigma\left(\dfrac{2\beta\omega'}{n}\right)}e^{-\frac{2\alpha\omega'}{n}\frac{2\beta\bar\eta'}{n}}\left(2\bar{\mathrm{r}}\left(\dfrac{2(\alpha+\beta)\omega'}{n}\right)\right. \\ \qquad\left.-\bar{\mathrm{r}}\left(\dfrac{2\alpha\omega'}{n}\right)-\bar{\mathrm{r}}\left(\dfrac{2\beta\omega'}{n}\right)-\dfrac{2(\alpha+\beta)\bar\eta'}{n}\right) \\ = \Sigma\varrho^{-\lambda\beta}(n r_{\lambda\alpha}^2-(n+2)s_{\lambda\alpha}) = \Sigma\varrho^{-\lambda\alpha}(n r_{\lambda\beta}^2-(n+2)s_{\lambda\beta}), \end{cases}$$

$$(42.)\quad \begin{cases} 2\dfrac{\bar\sigma\left(\dfrac{2(\alpha+\beta)\omega'}{n}\right)}{\bar\sigma\left(\dfrac{2\alpha\omega'}{n}\right)\bar\sigma\left(\dfrac{2\beta\omega'}{n}\right)}e^{-\frac{2\alpha\omega'}{n}\frac{2\beta\bar\eta'}{n}}\left(\bar{\mathrm{r}}\left(\dfrac{2\alpha\omega'}{n}\right)-\bar{\mathrm{r}}\left(\dfrac{2\beta\omega'}{n}\right)-\dfrac{2(\alpha-\beta)\bar\eta'}{n}\right) \\ = \Sigma\varrho^{-\lambda\beta}(n r_{\lambda\alpha}^2-(n-2)s_{\lambda\alpha}) = -\Sigma\varrho^{-\lambda\alpha}(n r_{\lambda\beta}^2-(n-2)s_{\lambda\beta}), \end{cases}$$

$$(43.)\quad \begin{cases} \left(\bar{\mathrm{r}}\left(\dfrac{2\alpha\omega'}{n}\right)-\dfrac{2\alpha\bar\eta'}{n}\right)^2-3\bar\wp\left(\dfrac{2\alpha\omega'}{n}\right)-2G_1 \\ = \Sigma(n r_{\lambda\alpha}^2-(n+2)s_{\lambda\alpha}) = \Sigma\varrho^{-\lambda\alpha}(n r_{\lambda0}^2-(n+2)s_{\lambda0}), \end{cases}$$

$$(44.)\quad \begin{cases} \left(\bar{\mathrm{r}}\left(\dfrac{2\alpha\omega'}{n}\right)-\dfrac{2\alpha\bar\eta'}{n}\right)^2+\bar\wp\left(\dfrac{2\alpha\omega'}{n}\right)+2G_1 \\ = \Sigma(n r_{\lambda\alpha}^2-(n-2)s_{\lambda\alpha}) = -\Sigma\varrho^{-\lambda\alpha}(n r_{\lambda0}^2-(n-2)s_{\lambda0}), \end{cases}$$

$$(45.)\quad \bar\wp\left(\frac{2\alpha\omega'}{n}\right)-\left(\bar{\mathrm{r}}\left(\frac{2\alpha\omega'}{n}\right)-\frac{2\alpha\bar\eta'}{n}\right)^2 = 2\Sigma\varrho^{-\lambda\alpha}s_{\lambda0} = n\Sigma(s_{\lambda\alpha}-r_{\lambda\alpha}^2),$$

$$(46.)\quad \bar\wp\left(\frac{2\alpha\omega'}{n}\right)+G_1 = \Sigma s_{\lambda\alpha} = \frac{n}{2}\Sigma\varrho^{-\lambda\alpha}(s_{\lambda0}-r_{\lambda0}^2),$$

$$(47.)\quad \frac{e^{\frac{2\alpha\omega'}{n}\frac{2\alpha\bar\eta'}{n}}}{\bar\sigma\left(\dfrac{2\alpha\omega'}{n}\right)^2} = \Sigma\varrho^{\lambda\alpha}s_{\lambda\alpha} = \frac{n}{n-2}\Sigma\varrho^{\lambda\alpha}r_{\lambda\alpha}^2,$$

$$(48.)\quad G_1 = \Sigma s_{\lambda0} = \frac{n}{n-2}\Sigma r_{\lambda0}^2.$$

Der Formel (40.) zufolge verschwindet, wenn man $r_{\lambda1} = r_\lambda$ setzt, die ganze Function $f(x) = \sum_{\lambda}{}_0^{n-1} r_\lambda x^\lambda$ für $x = \varrho$, aber nicht für $x = \varrho^\alpha$, falls α von 1 und 0 verschieden ist. Ist also $g(x) = \dfrac{x^n-1}{x-1}$, so haben die Gleichungen $f(x) = 0$ und $g(x) = 0$ nur die Wurzel $x = \varrho$ gemeinsam. Der grösste gemeinsame Theiler von $f(x)$ und $g(x)$ ist daher eine ganze Function ersten Grades $x-R(r_0, r_1, \dots r_{n-1})$, wo R eine rationale Function mit rationalen

Zahlencoefficienten bezeichnet, und mithin ist

$$(49.)\qquad \varrho = R(r_0, r_1, \ldots r_{n-1}).$$

Die n^{ten} Einheitswurzeln lassen sich demnach als rationale Functionen der n Grössen r_λ und folglich nach (31.) auch der $2n$ Grössen $s_{\lambda 1}$, $t_{\lambda 1}$ darstellen (*Sylow*, Forhandlinger etc. Christiania, 1871, S. 419; *Kronecker*, Berliner Monatsber. 1875, S. 501.), und diese Darstellung bleibt möglich, welche speciellen endlichen Werthe die Invarianten g_2, g_3 haben mögen. Setzt man

$$\begin{vmatrix} 1 & x & x^2 & \ldots & x^{n-1} \\ 1 & 1 & 1 & \ldots & 1 \\ r_0 & r_1 & r_2 & \ldots & r_{n-1} \\ r_1 & r_2 & r_3 & \ldots & r_n \\ . & . & . & \ldots & . \\ r_{n-3} & r_{n-2} & r_{n-1} & \ldots & r_{2n-4} \end{vmatrix} = \Sigma R_\lambda x^\lambda,$$

so ist

$$(50.)\qquad 1 : \varrho : \varrho^2 : \ldots : \varrho^{n-1} = R_0 : R_1 : R_2 : \ldots : R_{n-1}.$$

Dagegen verschwindet nach Formel (42.) die Function

$$\Sigma(n r_{\lambda 1}^2 - (n-2) s_{\lambda 1}) x^\lambda$$

sowohl für $x = \varrho$ wie für $x = \varrho^{-1}$, aber (specielle Werthe der Invarianten ausgeschlossen) nicht für $x = \varrho^\alpha$, falls α von 1, -1, 0 verschieden ist. Daher lässt sich $\varrho + \varrho^{-1}$ durch die n Grössen $s_{\lambda 1}$ rational ausdrücken.

Aus den für die Transformation entwickelten Formeln kann man die in § 3 für die Multiplication und Division aufgestellten Formeln von neuem herleiten, entweder durch Zusammensetzung zweier supplementären Transformationen, oder viel einfacher mittelst der Bemerkung, dass die linke Seite der Relation (34.) ungeändert bleibt, wenn man u mit v und α mit β vertauscht. So gelangt man unmittelbar zu der Gleichung

$$(51.)\qquad \Sigma \varrho^{-\lambda\beta} \frac{\sigma(nv+u+\omega_{\lambda\alpha})}{\sigma(nv)\sigma(u+\omega_{\lambda\alpha})} e^{-\eta_{\lambda\alpha} nv} = \Sigma \varrho^{-\lambda\alpha} \frac{\sigma(nu+v+\omega_{\lambda\beta})}{\sigma(nu)\sigma(v+\omega_{\lambda\beta})} e^{-\eta_{\lambda\beta} nu},$$

aus der sich, indem man $\alpha = 0, 1, \ldots n-1$ setzt und die erhaltenen Gleichungen auflöst, die Formel (20.) ergiebt. Speciell ist für $v = u$

$$(52.)\qquad \Sigma \varrho^{-\lambda\beta} \frac{\sigma((n+1)u+\omega_{\lambda\alpha})}{\sigma(u+\omega_{\lambda\alpha})} e^{-\eta_{\lambda\alpha} nu} = \Sigma \varrho^{-\lambda\alpha} \frac{\sigma((n+1)u+\omega_{\lambda\beta})}{\sigma(u+\omega_{\lambda\beta})} e^{-\eta_{\lambda\beta} nu}$$

und für $v = -u$ und Ersetzung von β durch $-\beta$

$$(53.)\quad \Sigma \varrho^{\lambda\beta} \frac{\sigma((n-1)u-\omega_{\lambda\alpha})}{\sigma(u+\omega_{\lambda\alpha})} e^{\eta_{\lambda\alpha} nu} = -\Sigma \varrho^{\lambda\alpha} \frac{\sigma((n-1)u-\omega_{\lambda\beta})}{\sigma(u+\omega_{\lambda\beta})} e^{\eta_{\lambda\beta} nu},$$

also für $\alpha = \beta$

$$(54.)\quad \Sigma \varrho^{\lambda\alpha} \frac{\sigma((n-1)u-\omega_{\lambda\alpha})}{\sigma(u+\omega_{\lambda\alpha})} e^{\eta_{\lambda\alpha} nu} = 0.$$

Entwickelt man diese Gleichungen nach Potenzen von u, so erhält man von neuem einige der bereits oben und in § 3 abgeleiteten Gleichungen, speciell die Relationen (*Abel*, Précis etc. Introd. 6; *Sylow*, Forhandlinger etc. Christiania 1864, S. 68; *Kronecker*, l. c.)

$$(55.)\quad \Sigma \varrho^{-\lambda\beta} r_{\lambda\alpha} = \Sigma \varrho^{-\lambda\alpha} r_{\lambda\beta},$$

$$(56.)\quad \Sigma \varrho^{\lambda\beta} r_{\lambda\alpha} = -\Sigma \varrho^{\lambda\alpha} r_{\lambda\beta},$$

$$(57.)\quad \Sigma \varrho^{\lambda\alpha} r_{\lambda\alpha} = 0.$$

Die Formeln (56.) ergeben sich aus den Gleichungen (55.), indem man β durch $-\beta$ und auf der rechten Seite λ durch $-\lambda$ ersetzt. Ist

$$\Sigma \varrho^{\lambda\beta} r_{\lambda\alpha} = v_{\alpha\beta}, \quad \text{also} \quad \Sigma \varrho^{-\alpha\lambda} v_{\beta\lambda} = r_{\alpha\beta},$$

so ist

$$v_{\alpha\beta} = -v_{\beta\alpha}, \quad v_{-\alpha,-\beta} = -v_{\alpha\beta}.$$

Die Anzahl dieser Gleichungen ist, wie eine leichte Abzählung zeigt, $\frac{3n^2+\varepsilon}{4}$, wo $\varepsilon = 1$ oder 4 ist, je nachdem n ungerade oder gerade ist. Ebenso gross ist daher die Anzahl der Relationen (56.), verbunden mit den Gleichungen

$$(58.)\quad r_{-\alpha,-\beta} = -r_{\alpha\beta}.$$

Die Anzahl der letzteren ist aber $\frac{n^2+\varepsilon}{2}$. Daher ist die Anzahl der von einander unabhängigen Relationen (56.), die nicht mittelst der Gleichungen (58.) aus einander hergeleitet werden können, $\frac{n^2-\varepsilon}{4}$.

Ersetzt man in den Formeln (56.) ω, ω' durch $-\omega'$, ω (und λ durch $-\lambda$), so erhält man

$$(59.)\quad \Sigma \varrho^{-\beta\lambda} r_{\alpha\lambda} = -\Sigma \varrho^{-\alpha\lambda} r_{\beta\lambda},$$

weil $\mathrm{r}(u, \omega, \omega') = \mathrm{r}(u, -\omega', \omega)$ ist. Doch sind diese Formeln lineare Combinationen der Gleichungen (56.), wie man leicht erkennt, indem man aus denselben zunächst durch Auflösung nach einer Grösse $r_{\alpha\beta}$ die Relationen (26.) herstellt, aus denen sich dann die Formeln (59.) unmittelbar ergeben.

Den hier abgeleiteten Relationen zwischen den elliptischen Functionen und der Einheitswurzel ϱ liegt die Voraussetzung zu Grunde, dass die Ordinate der Grösse τ positiv ist. Ist dieselbe negativ, so ist ϱ überall durch ϱ^{-1} zu ersetzen. Für alle nicht reellen Werthe von τ bleiben also jene Formeln gültig, wenn ϱ statt durch die Gleichung (21.) durch

$$(60.)\qquad \varrho = e^{\frac{4(\eta\omega'-\eta'\omega)}{n}}$$

definirt wird.

Zürich, Juli 1881.

28.

Über die principale Transformation der Thetafunctionen mehrerer Variabeln

Journal für die reine und angewandte Mathematik 95, 264–296 (1883)

In einer im Monatsbericht der Berliner Akademie vom October 1866 und nachher auch im 68. Bande dieses Journals abgedruckten Arbeit hat Herr *Kronecker* das Problem behandelt, „die Bedingungen zu ermitteln, unter denen die von Herrn *Weierstrass* mit $\tau_{\alpha\beta}$ bezeichneten Parameter der Thetafunctionen transformirten Parametern $\bar{\tau}_{\alpha\beta}$ gleich werden". Mit Hülfe einer merkwürdigen Beziehung, welche er zwischen den Transformationen der Thetafunctionen und den „congruenten Transformationen bilinearer Formen" gefunden hat, ist es ihm in seiner citirten Arbeit gelungen, die Parameter $\tau_{\alpha\beta}$ durch ϱ Wurzeln einer Gleichung $2\varrho^{\text{ten}}$ Grades auszudrücken, wobei er sich zunächst auf den Fall beschränkt, dass diese Gleichung lauter verschiedene Wurzeln hat. Nachdem er die Lösung der Aufgabe entwickelt hat, hebt er hervor, dass nicht alle daraus resultirenden Werthe der Parameter $\tau_{\alpha\beta}$ die für die Convergenz der Thetareihen nothwendigen Bedingungen erfüllen; er hebt ferner hervor, dass, wenn die Gleichung gleiche Wurzeln enthält, die Grössen τ theilweise unbestimmt bleiben, d. h. dass in diesem Falle gewisse Functionen von einer oder mehreren Variabeln existiren, die für $\tau_{\alpha\beta}$ gesetzt der Aufgabe genügen. An diese Bemerkungen anknüpfend hat Herr *Weber* (Annali di Mat. Ser. II, tom. 9, pag. 140) gezeigt, dass, falls die charakteristische Gleichung der gegebenen Transformation lauter einfache Wurzeln hat, ihr höchstens ein System von singulären Parametern entsprechen kann, das zugleich der Convergenzbedingung der Thetareihe genügt. Aber, fährt Herr *Weber* fort, „es existirt, wie Beispiele zeigen, nicht immer ein solches Grössensystem". Ich habe mir daher die Aufgabe gestellt, die nothwendigen und hinreichenden Bedingungen zu ermitteln, denen eine Transformation genügen muss, damit sie für gewisse Werthe der Parameter $\tau_{\alpha\beta}$ eine „*principale Transformation*" sein könne, d. h. eine solche Transformation, bei welcher die transformirten Parameter $\bar{\tau}_{\alpha\beta}$ den ursprünglichen $\tau_{\alpha\beta}$ gleich werden. Die Lösung ergiebt sich fast unmittelbar aus einer merkwürdigen Umformung der Beziehungen zwischen den ursprünglichen und den transformirten Parametern, die für den Fall von zwei Variabeln schon Herr *Hermite* (Compt. Rend. tom. 40, pag. 785.) angegeben und allgemein Herr *Laguerre* (Sur le calcul des systèmes linéaires, Journ. de l'éc. pol. cah. 42, pag. 215.) ausgeführt hat.

Nachdem ich in § 1 und 2 einige Hülfssätze aus der Algebra der bilinearen Formen und der Theorie der Thetafunctionen vorausgeschickt habe, entwickle ich in § 3 die charakteristischen Eigenschaften einer *principalen* Transformation, und zeige dann in § 4 und 5, wie man für eine den gefundenen Bedingungen genügende Transformation alle Systeme von Parametern finden kann, die den transformirten gleich werden. In den folgenden Paragraphen gebe ich lediglich weitere Ausführungen der vorhergehenden Entwicklung, und erläutere endlich die Theorie an einigen einfachen Beispielen.

§ 1.

Sind $c_{\alpha\beta}$ und $c_{\beta\alpha}$ conjugirt complexe Grössen und ist $c_{\alpha\alpha}$ reell, so lässt sich die bilineare Form

$$C = \sum_{\alpha,\beta}{}_1^n c_{\alpha\beta} x_\alpha y_\beta$$

in ähnlicher Weise behandeln, wie eine quadratische Form mit reellen Coefficienten. (*Hermite*, d. J. Bd. 53, S. 183; *Christoffel*, d. J. Bd. 63, S. 255.) Sind x_α und y_α conjugirt complexe Grössen, so ist der Werth der Form reell. Durch Substitutionen

$$x_\alpha = \sum_\varkappa a_{\alpha\varkappa} x'_\varkappa, \quad y_\beta = \sum_\lambda b_{\beta\lambda} y'_\lambda,$$

in denen $a_{\alpha\beta}$ und $b_{\alpha\beta}$ conjugirte Complexe sind, geht C in eine Form der neuen Variabeln über, in welcher wieder die conjugirten Coefficienten conjugirt complexe Grössen sind. Nennt man diese Form, falls die Substitutionsdeterminanten von Null verschieden sind, der Form C *äquivalent*, so ist C einer Form von der Gestalt

$$G = \sum_\alpha{}_1^q x_\alpha y_\alpha - \sum_\alpha{}_{q+1}^r x_\alpha y_\alpha$$

äquivalent. In diese Normalform kann C auf unendlich viele Arten transformirt werden. Wie dies aber auch ausgeführt wird, so haben doch die beiden Zahlen q und r immer dieselben Werthe. Die Zahl r ist der *Rang**) des Systems der Coefficienten von C, das ich gleichfalls mit C bezeichne, die Zahl q heisst der *Trägheitsindex* von C. Damit zwei Formen äquivalent seien, ist es nothwendig und hinreichend, dass sie denselben Rang und Trägheitsindex haben. q und r sind also die einzigen Invarianten einer solchen Formenklasse.

Ich bediene mich im Folgenden der symbolischen Methoden für die Zusammensetzung linearer Systeme, die ich in meiner Arbeit *Ueber lineare Substitutionen und bilineare Formen* (dieses Journal Bd. 84, Seite 1) entwickelt habe, und werde diese Arbeit mit L. citiren. Ist A irgend eine Form oder ein System, so bezeichne ich mit A_0 die Form oder das System, das aus A entsteht, indem man jeden Coefficienten durch den conjugirt complexen Werth ersetzt. Ebenso bezeichne ich, wenn m irgend eine Grösse ist, mit m_0 oder $m^{(0)}$ die conjugirt complexe Grösse. Dann ist die oben betrachtete Form C durch die Gleichung $C_0 = C'$ oder $C'_0 = C$ definirt, d. h. die conjugirt complexe Form ist zugleich die conjugirte Form; und durch eine Substitution mit dem Coefficientensystem R und die conjugirt complexe geht aus C die Form $R'_0 C R$ hervor. Ist $R'_0 C R = G$ die Normalform, deren Coefficienten reell sind, so ergiebt sich durch Vertauschung von i mit $-i$ $R' C_0 R_0 = G$. Daher sind C und C_0 beide der Form G, also auch unter einander äquivalent. Ist $r = n$, also die Determinante von C nicht Null, so ist $C^{-1} = C_0'^{(-1)} C'_0 C^{-1}$, also sind C^{-1} und $C'_0 = C$ äquivalent. Demnach hat C^{-1} denselben Trägheitsindex, wie C. Eine Form, die für conjugirt complexe Werthe der entsprechenden Variabeln nicht verschwinden kann, ohne dass die Veränderlichen sämmtlich Null sind, heisst eine *definite Form*, eine *positive*, wenn sie beständig positiv, eine *negative*, wenn sie beständig negativ ist. Damit C eine positive Form sei, ist es nothwendig und hinreichend, dass $q = r = n$ ist. Sie kann dann in

$$E = \sum_{\alpha}{}_1^n x_\alpha y_\alpha$$

transformirt werden, und die reciproke Form C^{-1} ist ebenfalls eine positive Form. Ist $c_{\alpha\beta} = c_{\beta\alpha}$ reell, und ist $\Sigma c_{\alpha\beta} z_\alpha z_\beta$ eine positive quadratische Form mit reellen Variabeln, so ist auch $\Sigma c_{\alpha\beta} x_u y_\beta$ eine positive Form im obigen Sinne. Ist $c_{\alpha\beta} = -c_{\beta\alpha}$ rein imaginär, also $c_{\alpha\alpha} = 0$, so ist der Rang r eine gerade Zahl, und es ist $2q = r$. Denn da die beiden Formen C und $C_0 = -C$

*) Wenn in einem System alle Determinanten $(r+1)^{\text{ten}}$ Grades verschwinden, die r^{ten} Grades aber nicht sämmtlich Null sind, so nenne ich r den Rang des Systems.

äquivalent sind, so ist auch die Normalform G von C äquivalent $-G$. Beide haben also denselben Trägheitsindex $q = r - q$.

Von besonderer Wichtigkeit sind die conjugirt complexen Substitutionen, welche die Form E in sich selbst transformiren, also der Gleichung $R'_0 E R = E$ oder

$$(1.) \qquad R'_0 R = E$$

genügen. Ist R reell, so ist sie eine orthogonale Substitution. Von einer solchen habe ich (L. § 12) gezeigt, dass die Wurzeln ihrer charakteristischen Gleichung alle dem absoluten Betrage nach gleich 1 sind, und dass ihre charakteristische Determinante in lauter lineare Elementartheiler zerfällt. (Vgl. *Stickelberger,* Ueber reelle orthogonale Substitutionen, Programm der polyt. Schule Zürich, 1877.) Der dort angegebene Beweis lässt sich aber ohne die mindeste Abänderung auf das hier betrachtete allgemeinere System R übertragen, und man erkennt so, dass die charakteristische Function von R die nämlichen Eigenschaften wie die einer reellen orthogonalen Substitution hat. Ist allgemeiner C eine positive Form, so kann sie in E transformirt werden, es kann also ein System K gefunden werden, das der Gleichung $C = K'_0 E K = K'_0 K$ genügt. Ist S eine Substitution, die C in sich selbst transformirt, ist also $S'_0 C S = C$, so ist $S'_0 K'_0 K S = K'_0 K$, oder wenn man $K S K^{-1} = R$, also $K_0'^{(-1)} S'_0 K'_0 = R'_0$ setzt, $R'_0 R = E$. Da R und S ähnlich sind, so stimmen ihre charakteristischen Determinanten in den Elementartheilern überein. So ergiebt sich der für die folgende Untersuchung fundamentale Satz:

I. *Wenn eine Substitution nebst der conjugirt complexen Substitution eine positive Form, in welcher die conjugirten Coefficienten conjugirt complexe Grössen sind, in sich selbst transformirt, so zerfällt ihre charakteristische Determinante in lauter lineare Elementartheiler und verschwindet nur für Werthe vom absoluten Betrage 1.*

Zum Schluss entwickle ich noch einen Hülfssatz über Schaaren bilinearer Formen, den ich im Folgenden gebrauche (Vgl. *Stickelberger* l. c. § 7):

II. *Verschwindet die Determinante der Formenschaar*

$$A + rB = \sum_{\varkappa,\lambda}{}_1^n (a_{\varkappa\lambda} + r b_{\varkappa\lambda}) x_\varkappa y_\lambda$$

für $r = 0$ *genau von der* m^{ten} *Ordnung, und sind die dieser Wurzel entsprechenden Elementartheiler alle vom ersten Grade, sind ferner*

$$x_{\alpha 1}, \; \ldots \; x_{\alpha n} \quad \text{und} \quad y_{\alpha 1}, \; \ldots \; y_{\alpha n} \qquad (\alpha = 1, 2, \ldots m)$$

m unabhängige Lösungen der beiden Systeme linearer Gleichungen

$$\frac{\partial A}{\partial y_\lambda} = 0 \quad und \quad \frac{\partial A}{\partial x_\lambda} = 0, \qquad (\lambda = 1, 2, \ldots n)$$

und ist

$$B_{\alpha\beta} = \sum_{\varkappa,\lambda} b_{\varkappa\lambda} x_{\alpha\varkappa} y_{\beta\lambda},$$

so ist die Determinante m^{ten} Grades $|B_{\alpha\beta}|$ von Null verschieden.

Beim Beweise will ich mich auf den Fall beschränken, den ich allein im Folgenden brauche, wo die Determinante n^{ten} Grades $|A+rB|$ nicht identisch verschwindet. Zufolge der Voraussetzung über ihre für $r=0$ verschwindenden Elementartheiler ist der Rang von A gleich $n-m$, und daher hat jedes der beiden obigen Gleichungssysteme genau m unabhängige Lösungen. Man wähle nun die Grössen $x_{\alpha\lambda}$ und $y_{\alpha\lambda}$ für $\alpha = m+1, \ldots n$ so, dass die Determinanten n^{ten} Grades $|x_{\varkappa\lambda}|$ und $|y_{\varkappa\lambda}|$ nicht verschwinden, und transformire $A+rB$ durch die Substitutionen

$$x_\varkappa = \sum_\mu {}_1^n x_{\mu\varkappa} X_\mu, \qquad y_\lambda = \sum_\nu {}_1^n y_{\nu\lambda} Y_\nu$$

in $\sum_{\mu,\nu}(A_{\mu\nu} + rB_{\mu\nu}) X_\mu Y_\nu$. Dann ist

$$A_{\mu\nu} = \sum_{\varkappa,\lambda} a_{\varkappa\lambda} x_{\mu\varkappa} y_{\nu\lambda} = \sum_\varkappa x_{\mu\varkappa} (\sum_\lambda a_{\varkappa\lambda} y_{\nu\lambda}) = \sum_\lambda y_{\nu\lambda} (\sum_\varkappa a_{\varkappa\lambda} x_{\mu\varkappa}),$$

und mithin ist $A_{\mu\nu} = 0$, falls eine der beiden Zahlen μ oder $\nu \leqq m$ ist. Daher enthalten alle Elemente der m ersten Colonnen der Determinante $|A_{\mu\nu} + rB_{\mu\nu}|$ den Factor r, und sie selbst den Factor r^m, und der andere Factor reducirt sich für $r=0$ auf das Product der beiden Determinanten $|B_{\alpha\beta}|.|A_{\gamma\delta}|$ $(\alpha, \beta = 1, \ldots m;\ \gamma, \delta = m+1, \ldots n)$. Die Determinante der transformirten Formenschaar ist aber gleich dem Producte der beiden Substitutionsdeterminanten in die Determinante der ursprünglichen Schaar. In dieser aber ist, da sie für $r=0$ genau von der m^{ten} Ordnung verschwindet, der Coefficient von r^m von Null verschieden, und mithin kann die Determinante $|B_{\alpha\beta}|$ nicht verschwinden.

§ 2.

Ist $G(u_1, \ldots u_\varrho, n_1, \ldots n_\varrho)$ eine ganze Function zweiten Grades von 2ϱ Variabeln, und setzt man für $n_1, \ldots n_\varrho$ alle Systeme ganzer Zahlen von $-\infty$ bis $+\infty$, so ist

$$\Theta(u_1, \ldots u_\varrho) = \sum e^{G(u_1,\ldots u_\varrho, n_1, \ldots n_\varrho)}$$

die allgemeinste Thetafunction von ϱ Variabeln. (Vgl. *Schottky*, Abriss einer Theorie der *Abel*schen Functionen von drei Variabeln.) Damit die Reihe convergent sei, ist nothwendig und hinreichend, dass, falls

$$G = i\pi \sum_{\alpha,\beta} \tau_{\alpha\beta} n_\alpha n_\beta + i\pi \sum_{\alpha,\beta} \sigma_{\alpha\beta} n_\alpha u_\beta + \cdots$$

und $\tau_{\alpha\beta} = \varphi_{\alpha\beta} + i\psi_{\alpha\beta}$ ist, die Form $\Psi = \Sigma \psi_{\alpha\beta} n_\alpha n_\beta$ eine positive Form ist *). Ist ferner die Determinante ϱ^{ten} Grades $|\sigma_{\alpha\beta}| = 0$, so wird die Function, abgesehen von einem Exponentialfactor $e^{g(u_1, \dots u_\varrho)}$ aus einer allgemeineren Thetafunction erhalten, indem man für deren Variabeln lineare Functionen von ϱ anderen Variabeln mit verschwindender Determinante setzt. Ich nehme daher an, dass diese Determinante von Null verschieden ist. Die den Variabeln $u_1, \dots u_\varrho$ entsprechenden 2ϱ Systeme simultaner halber Perioden $\omega_{1\beta}, \dots \omega_{\varrho\beta}$ $(\beta = 1, \dots 2\varrho)$ der Function Θ sind aus den linearen Gleichungen

$$(1.)\qquad \sum_\lambda \sigma_{\alpha\lambda}\omega_{\lambda\beta} = \varepsilon_{\alpha\beta}, \qquad (\alpha, \beta = 1, \dots \varrho)$$

$$(2.)\qquad \sum_\lambda \omega_{\alpha\lambda}\tau_{\lambda\beta} = \omega_{\alpha,\varrho+\beta}$$

zu berechnen, wo $\varepsilon_{\alpha\beta} = 1$ oder 0 ist, je nachdem α und β gleich oder verschieden sind. Aus den Gleichungen

$$(3.)\qquad \tau_{\alpha\beta} = \tau_{\beta\alpha}$$

ergeben sich zwischen diesen Perioden die Relationen

$$(4.)\qquad \sum_\lambda (\omega_{\alpha\lambda}\omega_{\beta,\varrho+\lambda} - \omega_{\alpha,\varrho+\lambda}\omega_{\beta\lambda}) = 0.$$

Da $|\sigma_{\alpha\beta}|$ von Null verschieden ist, so ist es nach (1.) auch $|\omega_{\alpha\beta}|$. Um die Convergenzbedingung der Thetareihe durch die Perioden auszudrücken, setze ich

$$(5.)\qquad \sum_\lambda (\omega_{\alpha\lambda}\omega^{(1)}_{\beta,\varrho+\lambda} - \omega_{\alpha,\varrho+\lambda}\omega^{(1)}_{\beta\lambda}) = -2i c_{\alpha\beta},$$

also $c^{(1)}_{\alpha\beta} = c_{\beta\alpha}$. Sind $x_1, \dots x_\varrho$ complexe Variabeln und ist

$$\omega_\lambda = \sum_\alpha x_\alpha \omega_{\alpha\lambda},$$

so ist nach (2.)

$$\omega_{\varrho+\lambda} = \sum_\varkappa \omega_\varkappa \tau_{\varkappa\lambda}, \quad \omega^{(1)}_{\varrho+\lambda} = \sum_\varkappa \omega^{(1)}_\varkappa \tau^{(1)}_{\varkappa\lambda}$$

und mithin

$$-2i \sum_{\alpha,\beta} c_{\alpha\beta} x_\alpha x^{(1)}_\beta = \sum_\lambda (\omega_\lambda \omega^{(1)}_{\varrho+\lambda} - \omega_{\varrho+\lambda}\omega^{(1)}_\lambda) = \sum_{\varkappa,\lambda} (\omega_\lambda \omega^{(1)}_\varkappa \tau^{(1)}_{\varkappa\lambda} - \omega^{(1)}_\lambda \omega_\varkappa \tau_{\varkappa\lambda})$$
$$= \sum_{\varkappa,\lambda} (\tau^{(1)}_{\varkappa\lambda} - \tau_{\varkappa\lambda})\omega_\varkappa \omega^{(1)}_\lambda,$$

also

$$(6.)\qquad \sum_{\alpha,\beta} c_{\alpha\beta} x_\alpha x^{(1)}_\beta = \sum_{\varkappa,\lambda} \psi_{\varkappa\lambda}\omega_\varkappa \omega^{(1)}_\lambda,$$

und mithin ist die Form $C = \Sigma c_{\alpha\beta} x_\alpha y_\beta$, in der $c_{\alpha\beta}$ und $c_{\beta\alpha}$ conjugirt complexe Grössen sind, eine positive Form.

---

*) Nach einem Satze des Herrn *Weierstrass* (Berliner Monatsberichte 1858) verschwindet die Determinante $|\varphi_{\alpha\beta} + r\psi_{\alpha\beta}|$ nur für reelle Werthe von r, ist also für $r = i$ von Null verschieden.

Ist umgekehrt ein System von 2ϱ Grössen $\omega_{\alpha\beta}$ gegeben, das den Gleichungen (4.) genügt, und für das C eine positive Form ist, so lässt sich eine convergente Thetareihe bilden, welche diese Grössen zu halben Perioden hat. Zunächst ist die Determinante ϱ^{ten} Grades $|\omega_{\alpha\beta}|$ von Null verschieden. Denn sonst könnte man den Variabeln x_α Werthe beilegen, die nicht sämmtlich verschwinden, für die aber die ϱ linearen Functionen ω_λ $(\lambda = 1, \dots \varrho)$ alle Null wären. Dann wäre auch $\omega_\lambda^{(1)} = 0$, und folglich würde

$$C = \frac{i}{2} \sum_\lambda (\omega_\lambda \omega_{\varrho+\lambda}^{(1)} - \omega_{\varrho+\lambda} \omega_\lambda^{(1)})$$

verschwinden, wider die Voraussetzung. Daher kann man aus den Gleichungen (1.) und (2.) die Grössen $\sigma_{\alpha\beta}$ und $\tau_{\alpha\beta}$ berechnen. Setzt man dann in (4.) für $\omega_{\alpha,\varrho+\lambda}$ seinen Werth aus (2.) ein, so erhält man

$$\sum_{\varkappa,\lambda} \omega_{\alpha\varkappa} \omega_{\beta\lambda} (\tau_{\lambda\varkappa} - \tau_{\varkappa\lambda}) = 0,$$

und mithin, weil $|\omega_{\alpha\beta}|$ von Null verschieden ist, $\tau_{\lambda\varkappa} = \tau_{\varkappa\lambda}$. Da ferner $\omega_1, \dots \omega_\varrho$ ϱ von einander unabhängige Variabeln sind, so ist nach (6.) die bilineare Form $\Sigma \psi_{\varkappa\lambda} \omega_\varkappa \omega_\lambda^{(1)}$ mit conjugirt complexen Variabeln eine positive Form, also auch die quadratische Form $\Sigma \psi_{\varkappa\lambda} n_\varkappa n_\lambda$ mit reellen Variabeln. Die nothwendige und hinreichende Bedingung für die Convergenz der Thetareihe besteht daher darin, dass C eine positive Form ist. In dieser für die Transformationstheorie besonders bequemen Gestalt ist sie schon von *Riemann* (*Abel*sche Functionen § 21) angegeben worden. (Vgl. auch *Schläfli*, dieses Journal Bd. 76, S. 155, sowie den dieses Journal Bd. 94, S. 9 citirten Satz des Herrn *Weierstrass*) Durch conjugirt complexe Substitutionen kann die Form C in $E = \Sigma x_\alpha y_\alpha$ transformirt werden, in der $c_{\alpha\beta} = \varepsilon_{\alpha\beta}$ ist. Eine lineare Transformation der Variabeln x_α kann aber durch die contragrediente Transformation der Variabeln u_α ersetzt werden. Da durch eine solche die Thetafunction wieder in eine Thetafunction übergeführt wird, so gilt der Satz:

III. *Die Variabeln einer Thetafunction kann man so wählen, dass zwischen ihren Perioden nicht nur die Gleichungen* (4.), *sondern auch die Relationen*

$$(7.) \qquad \sum_\lambda (\omega_{\alpha\lambda} \omega_{\beta,\varrho+\lambda}^{(1)} - \omega_{\alpha,\varrho+\lambda} \omega_{\beta\lambda}^{(1)}) = -2i\,\varepsilon_{\alpha\beta}$$

bestehen.

§ 3.

Die Relationen zwischen den Parametern $\tau_{\alpha\beta}$ und $\bar{\tau}_{\alpha\beta}$ zweier Thetafunctionen, deren zweite durch eine Transformation n^{ter} Ordnung aus der ersten entsteht, ergeben sich durch Elimination der ϱ^2 Grössen $\mu_{\alpha\beta}$ aus den

Gleichungen

$$(1.)\quad a_{\alpha\beta}+\sum_\lambda \tau_{\alpha\lambda}a_{\varrho+\lambda,\beta}=\mu_{\alpha\beta},\quad a_{\alpha,\varrho+\beta}+\sum_\lambda \tau_{\alpha\lambda}a_{\varrho+\lambda,\varrho+\beta}=\sum_\lambda \mu_{\alpha\lambda}\bar{\tau}_{\lambda\beta}.$$

Zwischen den in diese Relationen eingehenden ganzen Zahlen $a_{\alpha\beta}$ bestehen die Beziehungen

$$(2.)\quad \sum_\lambda (a_{\lambda\alpha}a_{\varrho+\lambda,\beta}-a_{\varrho+\lambda,\alpha}a_{\lambda\beta})=ni_{\alpha\beta},\quad \sum_\lambda (a_{\alpha\lambda}a_{\beta,\varrho+\lambda}-a_{\alpha,\varrho+\lambda}a_{\beta\lambda})=ni_{\alpha\beta},$$

wo $i_{\alpha\beta}=+1$ oder -1 ist, je nachdem $\beta-\alpha=+\varrho$ oder $-\varrho$ ist, und in jedem andern Falle $i_{\alpha\beta}=0$ ist. Ist J das System der $4\varrho^2$ Grössen $i_{\alpha\beta}$, so ist (vgl. d. J. Bd. 89, S. 40.)

$$(3.)\quad J^2=-E,\quad J^{-1}=J'=-J.$$

Ist A das System der $4\varrho^2$ Zahlen $a_{\alpha\beta}$, so nenne ich die Transformation, durch welche die Parameter $\tau_{\alpha\beta}$ in $\bar{\tau}_{\alpha\beta}$ übergehen, der Kürze halber die Transformation A. Die Formeln (2.) können dann in

$$(4.)\quad A'JA=nJ,\quad AJA'=nJ$$

zusammengefasst werden.

Sei nun in leicht verständlicher Bezeichnung (vgl. *Laguerre* l. c.)

$$A=\begin{pmatrix}A & B\\ \Gamma & \Delta\end{pmatrix},\quad E=\begin{pmatrix}E & 0\\ 0 & E\end{pmatrix},\quad J=\begin{pmatrix}0 & E\\ E & 0\end{pmatrix},$$

wo die grossen griechischen Buchstaben Systeme von ϱ^2 Grössen bezeichnen, nämlich E die Grössen $\varepsilon_{\alpha\beta}$, die gleich 1 oder 0 sind, je nachdem $\alpha=\beta$ ist oder nicht, A die Grössen $a_{\alpha\beta}$ $(\alpha,\beta=1,2,\dots\varrho)$, B die Grössen $a_{\alpha,\varrho+\beta}$ u. s. w., und wo 0 ein System von ϱ^2 verschwindenden Elementen ist. Die Systeme A, B, Γ, Δ nenne ich der Reihe nach den 1., 2., 3., 4. Quadranten des Systems A. Da

$$A'=\begin{pmatrix}A' & \Gamma'\\ B' & \Delta'\end{pmatrix}$$

ist, so folgen aus (4.) die Relationen

$$(5.)\quad \begin{cases} A'\Gamma-\Gamma'A=0, & AB'-BA'=0,\\ B'\Delta-\Delta'B=0, & \Gamma\Delta'-\Delta\Gamma'=0,\\ A'\Delta-\Gamma'B=nE, & A\Delta'-B\Gamma'=nE,\\ \Delta'A-B'\Gamma=nE, & \Delta A'-\Gamma B'=nE.\end{cases}$$

Sind M, T und $\bar{T}$ die Systeme der Grössen $\mu_{\alpha\beta}$, $\tau_{\alpha\beta}$ und $\bar{\tau}_{\alpha\beta}$, so ist den Gleichungen (1.) zufolge

$$(6.)\quad A+T\Gamma=M,\quad B+T\Delta=M\bar{T}.$$

Durch Vertauschung von i mit $-i$ ergiebt sich daraus

$$A+T_0\Gamma = M_0, \quad B+T_0\Delta = M_0\overline{T}_0,$$

und mithin ist

$$\begin{pmatrix} E & T \\ E & T_0 \end{pmatrix}\begin{pmatrix} A & B \\ \Gamma & \Delta \end{pmatrix} = \begin{pmatrix} M & M\overline{T} \\ M_0 & M_0\overline{T}_0 \end{pmatrix} = \begin{pmatrix} M & 0 \\ 0 & M_0 \end{pmatrix}\begin{pmatrix} E & \overline{T} \\ E & \overline{T}_0 \end{pmatrix},$$

oder wenn man

$$P = \begin{pmatrix} E & T \\ E & T_0 \end{pmatrix}, \quad \overline{P} = \begin{pmatrix} E & \overline{T} \\ E & \overline{T}_0 \end{pmatrix}, \quad M = \begin{pmatrix} M & 0 \\ 0 & M_0 \end{pmatrix}$$

setzt,

$$(7.) \qquad PA = M\overline{P}.$$

Ist M ein (zerlegbares) System, in welchem der zweite und dritte Quadrant verschwinden, so ersetzt diese Gleichung die Beziehungen (1.) zwischen den Parametern $\tau_{\alpha\beta}$ und $\overline{\tau}_{\alpha\beta}$ vollständig. Ist

$$T = \Phi + i\Psi,$$

so ist

$$\begin{pmatrix} E & T \\ E & T_0 \end{pmatrix}\begin{pmatrix} -T_0 & T \\ E & -E \end{pmatrix} = \begin{pmatrix} T-T_0 & 0 \\ 0 & T-T_0 \end{pmatrix} = 2i\begin{pmatrix} \Psi & 0 \\ 0 & \Psi \end{pmatrix},$$

und mithin kann, da Ψ eine positive Form ist, die Determinante von P nicht verschwinden. Nach (7.) ist daher die Determinante von M, also auch die von M von Null verschieden. Aus den Gleichungen (6.) und den Relationen

$$(8.) \qquad \Delta' - \overline{T}\Gamma' = nM^{-1}, \quad -B' + \overline{T}A' = nM^{-1}T,$$

die sich mit Hülfe der Formeln (5.) aus ihnen ableiten lassen, folgt daher, dass sich jedes der beiden Parametersysteme $\tau_{\alpha\beta}$ und $\overline{\tau}_{\alpha\beta}$ durch das andere rational ausdrücken lässt.

Aus (6.) ergiebt sich durch den Uebergang zu den conjugirten und conjugirt complexen Systemen, weil das System T symmetrisch ist,

$$A' + \Gamma' T_0 = M_0', \quad B' + \Delta' T_0 = \overline{T}_0 M_0',$$

und mithin ist

$$M(\overline{T}-\overline{T}_0)M_0' = (M\overline{T})M_0' - M(\overline{T}_0M_0') = (B+T\Delta)(A'+\Gamma'T_0) - (A+T\Gamma)(B'+\Delta'T_0)$$
$$= (BA'-AB') + T(\Delta A' - \Gamma B') + (B\Gamma' - A\Delta')T_0 + T(\Delta\Gamma' - \Gamma\Delta')T_0 = n(T-T_0)$$

oder

$$(9.) \qquad M\overline{\Psi}M_0' = n\Psi.$$

Haben die Parameter $\tau_{\alpha\beta}$ solche speciellen Werthe, dass $\tau_{\alpha\beta} = \overline{\tau}_{\alpha\beta}$ ist, so heisst die Transformation A eine *principale Transformation**) und T ein *singuläres Parametersystem.*

---

*) Vergl. oben S. 264

In diesem Falle wird der Gleichung

$$(10.)\qquad M\Psi M_0' = n\Psi$$

zufolge die positive Form Ψ durch die Substitution $\frac{1}{\sqrt{n}}M$ und die conjugirt complexe in sich selbst transformirt. Daher zerfällt nach Satz I. die Determinante $|M-rE|$ in lauter lineare Elementartheiler und verschwindet nur für Werthe, deren absoluter Betrag gleich $\sqrt{n}$ ist. Dasselbe gilt von der conjugirt complexen Function $|M_0-rE|$, also auch von der Determinante des Systems

$$M-rE = \begin{pmatrix} M-rE & 0 \\ 0 & M_0-rE \end{pmatrix},$$

weil die Elementartheiler einer zerlegbaren Determinante die der einzelnen Theile zusammengenommen sind (L. § 6, 2; vgl. auch dieses Journal Bd. 86, S. 164). Nun ist aber nach (7.), falls $T=\bar{T}$, also $P=\bar{P}$ ist,

$$(11.)\qquad A-rE = P^{-1}(M-rE)P.$$

Daher sind die Systeme A und M ähnlich, und folglich stimmt die Determinante

$$(12.)\qquad \varphi(r) = |A-rE|$$

mit $|M-rE|$ in den Elementartheilern überein. Daraus folgt:

IV. *Wenn eine Transformation für ein bestimmtes Werthsystem der Parameter eine principale Transformation wird, so zerfällt ihre charakteristische Determinante in lauter lineare Elementartheiler und verschwindet nur für Werthe, deren absoluter Betrag gleich der Quadratwurzel aus dem Transformationsgrade ist.*

Hat also die Gleichung $\varphi(r)=0$ reelle Wurzeln, so müssen dieselben gleich $\pm\sqrt{n}$ sein. Ist ferner m eine complexe Wurzel, so ist, da die Coefficienten von $\varphi(r)$ reell sind, $m_0=\frac{n}{m}$ die conjugirt complexe Wurzel. Das Product dieser beiden Wurzeln ist die positive Zahl n. Das Product aller Wurzeln der Gleichung $\varphi(r)=0$ ist $|A|=n^\varrho$ (dieses Journal Bd. 89, S. 41), also positiv, und mithin ist auch das Product ihrer negativen reellen Wurzeln positiv. Folglich ist die Ordnung der Wurzel $-\sqrt{n}$ eine gerade Zahl, und da der Grad von $\varphi(r)$ gleich 2ϱ, also gerade ist, so muss auch die Ordnung der Wurzel $+\sqrt{n}$ eine gerade Zahl sein. Sind also die Wurzeln der Gleichung $\varphi(r)=0$ alle unter einander verschieden, so kann keine von ihnen reell sein.

§ 4.

Ehe ich dazu übergehe zu zeigen, dass die oben als nothwendig erkannten Bedingungen der principalen Transformation auch hinreichend sind, will ich die durch die Gleichungen

$$(1.)\qquad a_{\alpha\beta}+\sum_\lambda \tau_{\alpha\lambda} a_{\varrho+\lambda,\beta} = \mu_{\alpha\beta},\quad a_{\alpha,\varrho+\beta}+\sum_\lambda \tau_{\alpha\lambda} a_{\varrho+\lambda,\varrho+\beta} = \sum_\lambda \mu_{\alpha\lambda}\tau_{\lambda\beta}$$

bestimmte Beziehung zwischen den beiden Systemen A und T genauer untersuchen. Seien m und m' zwei (verschiedene oder gleiche) Wurzeln der Gleichung $\varphi(r)=0$, und ω_λ und ω'_λ $(\lambda = 1, 2, \dots 2\varrho)$ Lösungen der beiden Systeme linearer Gleichungen

$$(2.)\qquad \sum_\lambda{}_1^{2\varrho} \omega_\lambda a_{\lambda\beta} = m\omega_\beta \qquad (\beta = 1, 2, \dots 2\varrho)$$

und

$$\sum_\lambda{}_1^{2\varrho} \omega'_\lambda a_{\lambda\beta} = m'\omega'_\beta.$$

Dann ist

$$mm'\sum_\beta(\omega_\beta\omega'_{\varrho+\beta}-\omega_{\varrho+\beta}\omega'_\beta) = \sum_{\lambda,\mu}{}_1^{2\varrho}\omega_\lambda\omega'_\mu\Big(\sum_\beta a_{\lambda\beta}a_{\mu,\varrho+\beta}-a_{\lambda,\varrho+\beta}a_{\mu\beta}\Big)$$

$$= n\sum_\lambda(\omega_\lambda\omega'_{\varrho+\lambda}-\omega_{\varrho+\lambda}\omega'_\lambda),$$

und daher entweder $mm'=n$ oder

$$(3.)\qquad \sum_\lambda(\omega_\lambda\omega'_{\varrho+\lambda}-\omega_{\varrho+\lambda}\omega'_\lambda) = 0 \qquad (mm' \gtrless n).$$

Da nach (2.) auch $\sum_\lambda \omega_\lambda^{(0)} a_{\lambda\beta} = m_0\omega_\beta^{(0)}$ und da $mm_0 = n$ ist, so ist folglich auch

$$(3^*.)\qquad \sum_\lambda(\omega_\lambda^{(0)}\omega'_{\varrho+\lambda}-\omega_{\varrho+\lambda}^{(0)}\omega'_\lambda) = 0 \qquad (m' \gtrless m).$$

Ferner ist

$$m\sum_\beta(a_{\alpha\beta}\omega_{\varrho+\beta}-a_{\alpha,\varrho+\beta}\omega_\beta) = \sum_\lambda{}_1^{2\varrho}\omega_\lambda\Big(\sum_\beta{}_1^{\varrho} a_{\alpha\beta}a_{\lambda,\varrho+\beta}-a_{\alpha,\varrho+\beta}a_{\lambda\beta}\Big),$$

also $n\omega_{\varrho+\alpha}$, wenn $\alpha \leqq \varrho$, und $-n\omega_{\alpha-\varrho}$, wenn $\alpha > \varrho$ ist. Mithin ist, da $mm_0 = n$ ist,

$$(4.)\qquad \sum_\lambda(a_{\alpha\lambda}\omega_{\varrho+\lambda}-a_{\alpha,\varrho+\lambda}\omega_\lambda) = m_0\omega_{\varrho+\alpha},\quad \sum_\lambda(a_{\varrho+\alpha,\lambda}\omega_{\varrho+\lambda}-a_{\varrho+\alpha,\varrho+\lambda}\omega_\lambda) = -m_0\omega_\alpha.$$

Multiplicirt man also die Gleichungen (1.) mit $\omega_{\varrho+\beta}$ und $-\omega_\beta$ und addirt sie, so erhält man

$$m_0\Big(\omega_{\varrho+\alpha}-\sum_\lambda\omega_\lambda\tau_{\alpha\lambda}\Big) = \sum_\beta\mu_{\alpha\beta}\omega_{\varrho+\beta}-\sum_{\beta,\lambda}\omega_\beta\tau_{\lambda\beta}\mu_{\alpha\lambda},$$

oder wenn man in der letzten Summe β und λ vertauscht und

$$(5.)\qquad \sum_\lambda\omega_\lambda\tau_{\lambda\beta}-\omega_{\varrho+\beta} = w_\beta$$

setzt,

$$(6.)\qquad m_0 w_\alpha = \sum_\beta \mu_{\alpha\beta} w_\beta.$$

Sei nun m eine ξ-fache Wurzel der Gleichung $|M-rE|=0$ und eine η-fache Wurzel der Gleichung $|M_0-rE|=0$, also nach Formel (11.) § 3 eine $\xi+\eta=\zeta$-fache Wurzel der Gleichung $|A-rE|=0$. Da die Elementartheiler dieser Determinanten alle linear sind, so ist der Rang des Systems $A-mE$ gleich $2\varrho-\zeta$ und der von $M-m_0E$ gleich dem von M_0-mE, also gleich $\varrho-\eta$. Mithin haben die Gleichungen (2.) ζ linear unabhängige Lösungen ω_λ $(\lambda=1,\dots 2\varrho)$, und aus diesen ergeben sich mittelst der Formeln (5.) ebenso viele Lösungen w_β $(\beta=1,\dots\varrho)$ der Gleichungen (6.). Da diese aber nur η linear unabhängige Lösungen besitzen, so müssen zwischen den $\xi+\eta$ so erhaltenen Systemen von je ϱ Grössen w_β mindestens ξ lineare Relationen bestehen. Da man die ζ Lösungen ω_λ durch ζ beliebige unabhängige lineare Verbindungen ersetzen kann, so kann man dieselben so wählen, dass ξ der entsprechenden Systeme von ϱ Grössen w_β verschwinden. Nennt man also diejenigen Lösungen ω_λ der linearen Gleichungen (2.), für welche $w_\beta=0$ oder

$$(7.)\qquad \sum_\lambda \omega_\lambda \tau_{\lambda\beta} = \omega_{\varrho+\beta}$$

ist, Lösungen erster Art, so entsprechen der Wurzel m mindestens ξ solche Lösungen.

Die Lösungen erster Art haben einige von den Werthen der Parameter $\tau_{\alpha\beta}$ unabhängige Eigenschaften. Sind ω_λ und ω'_λ zwei solche Lösungen, gleichgültig, ob sie derselben oder verschiedenen Wurzeln der Gleichung $\varphi(r)=0$ entsprechen, so ist auch $\sum_\lambda \omega'_\lambda\tau_{\lambda\beta}=\omega'_{\varrho+\beta}$ und daher

$$\sum_\varkappa(\omega_\varkappa\omega'_{\varrho+\varkappa}-\omega_{\varrho+\varkappa}\omega'_\varkappa) = \sum_{\varkappa,\lambda}(\omega_\varkappa\omega'_\lambda\tau_{\lambda\varkappa}-\omega'_\varkappa\omega_\lambda\tau_{\lambda\varkappa}),$$

also weil $\tau_{\varkappa\lambda}=\tau_{\lambda\varkappa}$ ist,

$$(8.)\qquad \sum_\lambda(\omega_\lambda\omega'_{\varrho+\lambda}-\omega_{\varrho+\lambda}\omega'_\lambda) = 0.$$

Ist ferner ω_λ eine Lösung erster Art, so folgt aus (7.) und der conjugirt complexen Gleichung $\sum\omega_\lambda^{(0)}\tau_{\lambda\beta}^{(0)}=\omega_{\varrho+\beta}^{(0)}$:

$$\sum_\varkappa(\omega_\varkappa\omega^{(0)}_{\varrho+\varkappa}-\omega_{\varrho+\varkappa}\omega^{(0)}_\varkappa) = \sum_{\varkappa,\lambda}(\omega_\varkappa\omega^{(0)}_\lambda\tau^{(0)}_{\lambda\varkappa}-\omega^{(0)}_\varkappa\,\omega_\lambda\tau_{\lambda\varkappa})$$
$$= \sum(\tau^{(0)}_{\varkappa\lambda}-\tau_{\varkappa\lambda})\omega_\varkappa\omega^{(0)}_\lambda = -2i\sum\psi_{\varkappa\lambda}\,\omega_\varkappa\omega^{(0)}_\lambda,$$

und daher ist

$$(9.)\qquad \frac{i}{2}\sum_\lambda(\omega_\lambda\omega^{(0)}_{\varrho+\lambda}-\omega_{\varrho+\lambda}\omega^{(0)}_\lambda)$$

niemals negativ und kann nur verschwinden, wenn die Grössen $\omega_\varkappa$ ($\varkappa = 1, \dots \varrho$), also nach (7.) auch die Grössen $\omega_{\varrho+\varkappa}$ sämmtlich verschwinden. Ich will nun die verschiedenen Lösungen der Gleichungen (2.) durch Hinzufügung eines ersten Index von einander unterscheiden. Seien etwa

$$(10.)\qquad \omega_{\alpha\lambda} \qquad {\scriptstyle (\alpha=1,2,\dots\xi;\ \lambda=1,2,\dots 2\varrho)}$$

ξ der Wurzel m entsprechende unabhängige Lösungen erster Art und sei

$$\sum_\lambda (\omega_{\alpha\lambda}\omega^{(0)}_{\beta,\varrho+\lambda} - \omega_{\alpha,\varrho+\lambda}\omega^{(0)}_{\beta\lambda}) = -2i\,c_{\alpha\beta},$$

also $c^{(0)}_{\alpha\beta} = c_{\beta\alpha}$. Sind ferner $x_1, \dots x_\xi$ complexe Variabeln und ist

$$\sum_\alpha{}_1^\xi x_\alpha \omega_{\alpha\lambda} = \omega_\lambda,$$

so ist

$$\sum_\lambda (\omega_\lambda \omega^{(0)}_{\varrho+\lambda} - \omega_{\varrho+\lambda}\omega^{(0)}_\lambda) = -2i\sum_{\alpha,\beta}{}_1^\xi c_{\alpha\beta}x_\alpha x^{(0)}_\beta = -2iX.$$

Die Form X ist also niemals negativ und verschwindet nur, wenn die 2ϱ Grössen ω_λ sämmtlich verschwinden, also da die ξ Lösungen (10.) unabhängig sind, wenn die Variabeln x_α alle Null sind. Mithin ist X eine positive Form vom Range ξ.

Die Grösse m_0 (die, falls m reell ist, gleich m ist) ist eine η-fache Wurzel der Gleichung $|M - rE| = 0$, und folglich giebt es mindestens η der Wurzel m_0 entsprechende Lösungen erster Art, d. h. Lösungen der Gleichungen

$$\sum_\lambda \omega^{(0)}_\lambda a_{\lambda\beta} = m_0\omega^{(0)}_\beta,$$

die zugleich den Bedingungen

$$\sum_\lambda \omega^{(0)}_\lambda \tau_{\lambda\beta} = \omega^{(0)}_{\varrho+\beta}$$

genügen. Die conjugirt complexen Grössen sind demnach Lösungen der Gleichungen (2.), für welche

$$(11.)\qquad \sum_\lambda \omega_\lambda \tau^{(0)}_{\lambda\beta} = \omega_{\varrho+\beta}$$

Dieselben sollen Lösungen zweiter Art genannt werden. Zwischen je zwei derselben besteht die Beziehung (8.). Der Ausdruck (9.) ist für jede solche Lösung negativ und nur dann Null, wenn die 2ϱ Grössen ω_λ sämmtlich verschwinden; und für eine lineare Verbindung von η solchen Lösungen mit veränderlichen Coefficienten ist er eine negative Form $-Y$ von η Variabelnpaaren.

Die Lösungen erster und die zweiter Art sind linear unabhängig von einander. Denn sonst wäre eine lineare Verbindung der Lösungen erster

Art einer solchen der Lösungen zweiter Art gleich. Nun ist aber jede lineare Verbindung der Lösungen erster (zweiter) Art wieder eine Lösung erster (zweiter) Art. Es gäbe also eine Lösung, die zugleich von der ersten und der zweiten Art wäre. Dies ist aber unmöglich, weil der Ausdruck (9.) für die Lösungen erster Art positiv, für die zweiter Art negativ und beide Mal von Null verschieden ist. Da nun $\xi+\eta=\zeta$ ist, so giebt es folglich nicht mehr als ξ (η) Lösungen erster (zweiter) Art, und diese zusammen sind ζ linear unabhängige Lösungen der Gleichungen (2.).

Zur Bestimmung der Lösungen erster (oder zweiter) Art muss man ausser der Transformation A auch das Parametersystem T kennen. Ist nur A gegeben, so existiren mitunter mehrere den Gleichungen (1.) genügende Systeme T und für zwei verschiedene T können die einer Wurzel m entsprechenden Systeme von Lösungen erster Art verschieden ausfallen. Die Zerlegung der Zahl ζ in die beiden Summanden ξ und η ist aber, wie ich jetzt zeigen will, von T unabhängig und allein durch A bestimmt. Denn ist ω'_λ eine Lösung erster und ω_λ eine zweiter Art, so folgt aus den Gleichungen

$$\sum_\lambda \omega'_\lambda \tau_{\lambda\beta} = \omega'_{\varrho+\beta} \quad \text{und} \quad \sum_\lambda \omega^{(0)}_\lambda \tau_{\lambda\beta} = \omega^{(0)}_{\varrho+\beta}$$

die Beziehung

$$(12.) \qquad \sum_\lambda (\omega'_\lambda \omega^{(0)}_{\varrho+\lambda} - \omega'_{\varrho+\lambda} \omega^{(0)}_\lambda) = 0.$$

Sind demnach $\omega_{\alpha\lambda}$ $(\lambda = 1, \dots 2\varrho)$ für $\alpha = 1, \dots \xi$ die Lösungen erster und für $\alpha = \xi+1, \dots \zeta$ die zweiter Art, die der Wurzel m entsprechen, so ist

$$\sum_\lambda \omega_{\alpha\lambda} \omega^{(0)}_{\beta,\varrho+\lambda} - \omega_{\alpha,\varrho+\lambda} \omega^{(0)}_{\beta\lambda} = 0,$$

falls von den beiden Zahlen α und β die eine $\leqq$, die andere $>\xi$ ist. Sind also $x_1, \dots x_\zeta$ Variabeln und ist

$$\omega_\lambda = \sum_\alpha {}_1^\zeta x_\alpha \omega_{\alpha\lambda},$$

so ist

$$\frac{i}{2} \sum_\lambda (\omega_\lambda \omega^{(0)}_{\varrho+\lambda} - \omega_{\varrho+\lambda} \omega^{(0)}_\lambda) = X - Y,$$

wo X und Y positive Formen der Variabelnpaare x_α, $x^{(0)}_\alpha$ sind, und X nur von den ersten ξ, Y nur von den letzten η abhängt. Dies ist eine Form vom Range ζ und dem Trägheitsindex ξ. Ist aber $\omega'_{\alpha\lambda}$ $(\alpha = 1, \dots \zeta; \lambda = 1, \dots 2\varrho)$ irgend ein System von ζ unabhängigen Lösungen der Gleichungen (2.), so ist der analoge Ausdruck eine bilineare Form

$$Z = \sum_{\alpha,\beta} {}_1^\zeta c_{\alpha\beta} x_\alpha x^{(0)}_\beta,$$

wo $c^{(0)}_{\alpha\beta} = c_{\beta\alpha}$ ist. Diese ist aber, da die ζ Lösungen $\omega'_{\alpha\lambda}$ lineare Verbindungen der ζ Lösungen $\omega_{\alpha\lambda}$ sind, der Form $X-Y$ äquivalent, und hat daher denselben Rang ζ und denselben Trägheitsindex ξ. Damit sind die Zahlen ξ und $\eta=\zeta-\xi$ allein durch A ohne Hülfe von T definirt.

Wählt man für die ξ Lösungen erster Art (10.) irgend ξ unabhängige lineare Verbindungen derselben, so erhält man statt der Form X irgend eine äquivalente Form. Da X eine positive Form vom Range ξ ist, so kann man daher diese Lösungen so wählen, dass $X=\sum_{\alpha}{}_1^{\xi} x_\alpha x_\alpha^0$ wird, oder dass sie den Bedingungen

$$(13.)\qquad \sum_\lambda (\omega_{\alpha\lambda}\omega^{(0)}_{\alpha,\varrho+\lambda} - \omega_{\alpha,\varrho+\lambda}\omega^{(0)}_{\alpha\lambda}) = -2i,$$

$$(14.)\qquad \sum_\lambda (\omega_{\alpha\lambda}\omega^{(0)}_{\beta,\varrho+\lambda} - \omega_{\alpha,\varrho+\lambda}\omega^{(0)}_{\beta\lambda}) = 0$$

genügen. Sind dann $\omega_{\alpha\lambda}$ ($\alpha=1,2,\dots\varrho;\ \lambda=1,2,\dots 2\varrho$) die sämmtlichen $\Sigma(\xi)=\varrho$ Lösungen erster Art, die den verschiedenen Wurzeln der Gleichung $\varphi(r)=0$ entsprechen, so genügen nach (3*.) und der eben getroffenen Festsetzung je zwei derselben der Gleichung (14.) und jede einzelne der Gleichung (13.).

§ 5.

Wenn die charakteristische Determinante $\varphi(r)$ einer Transformation A in lauter lineare Elementartheiler zerfällt, und nur für Werthe vom absoluten Betrage $\sqrt{n}$ verschwindet, so ist es nunmehr leicht zu zeigen, dass es stets Parametersysteme T giebt, für welche sie eine principale Transformation wird, und wie diese Systeme sämmtlich gefunden werden. Ist m eine ζ-fache Wurzel der Gleichung $\varphi(r)=0$, so haben die Gleichungen

$$\sum_\lambda{}_1^{2\varrho} x_\lambda a_{\lambda\beta} = m x_\beta \qquad (\beta=1,2,\dots 2\varrho)$$

ζ linearunabhängige Lösungen

$$(1.)\qquad \omega_{\alpha 1},\ \dots\ \omega_{\alpha\varrho},\ \omega_{\alpha,\varrho+1},\ \dots\ \omega_{\alpha,2\varrho} \qquad (\alpha=1,2,\dots\zeta).$$

Da sich aus den Gleichungen (2.) § 4 die Relationen (4.) ergeben, so sind

$$\omega^{(0)}_{\alpha,\varrho+1},\ \dots\ \omega^{(0)}_{\alpha,2\varrho},\ -\omega^{(0)}_{\alpha 1},\ \dots\ -\omega^{(0)}_{\alpha\varrho} \qquad (\alpha=1,2,\dots\zeta)$$

ζ linear unabhängige Lösungen der Gleichungen

$$\sum_\lambda{}_1^{2\varrho} a_{\alpha\lambda} y_\lambda = m y_\alpha \qquad (\alpha=1,2,\dots 2\varrho).$$

Setzt man also

$$\sum_\lambda (\omega_{\alpha\lambda}\omega^{(0)}_{\beta,\varrho+\lambda} - \omega_{\alpha,\varrho+\lambda}\omega^{(0)}_{\beta\lambda}) = -2ic_{\alpha\beta},$$

so ist nach Satz II. die Determinante der bilinearen Form

$$Z = \sum_{\alpha,\beta}{}_1^\zeta c_{\alpha\beta}x_\alpha y_\beta$$

von Null verschieden. Wählt man für die Lösungen (1.) irgend ζ unabhängige lineare Verbindungen derselben, so erhält man statt der Form Z irgend eine äquivalente Form. Einer ζ-fachen Wurzel m der Gleichung $\varphi(r) = 0$ entspricht also eine bilineare Form Z vom Range ζ, oder vielmehr eine Klasse solcher Formen. Ich theile nun die 2ϱ Wurzeln der Gleichung $\varphi(r) = 0$ in zwei Gruppen von je ϱ Wurzeln, die ich Wurzeln erster und zweiter Art nenne. Ist nämlich ξ der Trägheitsindex der einer Wurzel m entsprechenden Form Z, so zähle ich sie ξ Mal als Wurzel erster und $\zeta-\xi = \eta$ Mal als Wurzel zweiter Art. Ist m reell, so kann man die Lösungen (1.) reell wählen. Dann ist $c_{\alpha\beta} = -c_{\beta\alpha}$ rein imaginär und mithin nach § 1 $\zeta = 2\xi$. Daher ist m ebenso oft unter die Wurzeln erster, wie unter die zweiter Art zu rechnen. Ist m aber nicht reell, so bilden die den Lösungen (1.) conjugirt complexen Werthe $\omega^{(0)}_{\alpha\lambda}$ ζ Lösungen der Gleichungen

$$\sum x_\lambda a_{\alpha\lambda} = m_0 x_\alpha.$$

Folglich entspricht der Wurzel m_0 die Form

$$-\sum c^{(0)}_{\alpha\beta}x_\alpha y_\beta = -\sum c_{\beta\alpha}x_\alpha y_\beta,$$

deren Trägheitsindex η ist. Daher sind $\xi+\eta = \zeta$ Wurzeln erster und ebenso viele zweiter Art gleich m oder m_0. Nach dem obigen Eintheilungsprincip erhält man also ϱ Wurzeln erster und ϱ zweiter Art, und wenn $m_1, \dots m_\varrho$ die erster Art sind, so sind die conjugirt complexen Grössen $m_1^{(0)}, \dots m_\varrho^{(0)}$ die zweiter Art.

Ich wähle nun die Lösungen (1.) so, dass die der Wurzel m entsprechende Form

$$Z = \sum_\alpha{}_1^\xi x_\alpha y_\alpha - \sum_\alpha{}_1^\eta x_{\xi+\alpha}y_{\xi+\alpha}$$

wird, und dass die den Wurzeln m und m_0 zugehörigen Lösungen conjugirt complexe Werthe haben. Sind dann $\omega_{\alpha\lambda}$ $(\alpha = 1, 2, \dots 2\varrho;\ \lambda = 1, 2, \dots 2\varrho)$ die den sämmtlichen Wurzeln entsprechenden Lösungen, so ist nach Formel (3*.), § 4 und der eben getroffenen Festsetzung über Z für je zwei verschiedene derselben

$$(2.)\qquad \sum_\lambda (\omega_{\alpha\lambda}\omega^{(0)}_{\beta,\varrho+\lambda} - \omega_{\alpha,\varrho+\lambda}\omega^{(0)}_{\beta\lambda}) = 0$$

und für jede einzelne Lösung

$$\sum_\lambda (\omega_{\alpha\lambda}\omega^{(1)}_{\alpha,\varrho+\lambda} - \omega_{\alpha,\varrho+\lambda}\,\omega^{(1)}_{\alpha\lambda}) = \mp 2i.$$

Nennt man eine dieser Lösungen von der ersten oder zweiten Art, je nachdem das obere oder untere Vorzeichen gilt, so befinden sich unter den einer Wurzel m entsprechenden Lösungen ξ erster und η zweiter Art, und man kann daher jeder Wurzel erster Art eine Lösung erster Art zuordnen, und der conjugirt complexen Wurzel zweiter Art die conjugirt complexe Lösung zweiter Art.

Entspricht der Wurzel erster Art m_α die Lösung $\omega_{\alpha\lambda}$ $(\alpha = 1, \ldots \varrho)$, so bestehen demnach die Relationen

$$(3.)\qquad \sum_\lambda (\omega_{\alpha\lambda}\omega_{\beta,\varrho+\lambda} - \omega_{\alpha,\varrho+\lambda}\omega_{\beta\lambda}) = 0,$$

$$(4.)\qquad \sum_\lambda (\omega_{\alpha\lambda}\omega^{(1)}_{\beta,\varrho+\lambda} - \omega_{\alpha,\varrho+\lambda}\omega^{(1)}_{\beta\lambda}) = -2i\varepsilon_{\alpha\beta}$$

und

$$(5.)\qquad \sum_\lambda{}_1^{2\varrho}\, \omega_{\alpha\lambda} a_{\lambda\beta} = m_\alpha \omega_{\alpha\beta} \qquad (\beta = 1, \ldots 2\varrho).$$

Nach § 2 ist folglich die Determinante ϱ^{ten} Grades $|\omega_{\alpha\beta}|$ von Null verschieden, und wenn man aus den Gleichungen

$$(6.)\qquad \sum_\lambda \omega_{\alpha\lambda}\tau_{\lambda\beta} = \omega_{\alpha,\varrho+\beta}$$

die Unbekannten $\tau_{\alpha\beta}$ berechnet, so ist $\tau_{\alpha\beta} = \tau_{\beta\alpha}$ und der imaginäre Theil von $\sum_{\alpha,\beta} \tau_{\alpha\beta} n_\alpha n_\beta$ eine positive Form. Setzt man in die Gleichungen (5.) für die Grössen $\omega_{\alpha,\varrho+\beta}$ ihre Werthe aus (6.), so erhält man

$$\sum_\lambda \omega_{\alpha\lambda}(a_{\lambda\beta} + \sum_\varkappa \tau_{\lambda\varkappa} a_{\varrho+\varkappa,\beta}) = m_\alpha \omega_{\alpha\beta}, \quad \sum_\lambda \omega_{\alpha\lambda}(a_{\lambda,\varrho+\beta} + \sum_\varkappa \tau_{\lambda\varkappa} a_{\varrho+\varkappa,\varrho+\beta}) = m_\alpha \sum \omega_{\alpha\lambda}\tau_{\lambda\beta},$$

oder wenn man

$$a_{\alpha\beta} + \sum_\lambda \tau_{\alpha\lambda} a_{\varrho+\lambda,\beta} = \mu_{\alpha\beta}, \quad a_{\alpha,\varrho+\beta} + \sum_\lambda \tau_{\alpha\lambda} a_{\varrho+\lambda,\varrho+\beta} = \mu'_{\alpha\beta}$$

setzt,

$$(7.)\qquad \sum_\lambda \omega_{\alpha\lambda}\mu_{\lambda\beta} = m_\alpha \omega_{\alpha\beta},$$

$$\sum_\lambda \omega_{\alpha\lambda}\mu'_{\lambda\beta} = \sum_\lambda m_\alpha \omega_{\alpha\lambda}\tau_{\lambda\beta} = \sum_{\varkappa,\lambda} \omega_{\alpha\varkappa}\mu_{\varkappa\lambda}\tau_{\lambda\beta}$$

oder

$$\sum_\lambda \omega_{\alpha\lambda}(\mu'_{\lambda\beta} - \sum_\varkappa \mu_{\lambda\varkappa}\tau_{\varkappa\beta}) = 0,$$

also, weil die Determinante $|\omega_{\alpha\beta}|$ von Null verschieden ist,

$$\mu'_{\alpha\beta} = \sum_\lambda \mu_{\alpha\lambda}\tau_{\lambda\beta}.$$

Damit ist die Existenz eines den Gleichungen (1.) § 4 und der Convergenzbedingung der Thetareihe genügenden Systems von Parametern $\tau_{\alpha\beta} = \tau_{\beta\alpha}$ dargethan. Aus den Gleichungen (7.) folgt

$$\sum_\lambda \omega_{\alpha\lambda}(\mu_{\lambda\beta} - r\varepsilon_{\lambda\beta}) = (m_\alpha - r)\,\omega_{\alpha\beta}$$

und mithin

$$|\omega_{\alpha\beta}|\,|\mu_{\alpha\beta} - r\varepsilon_{\alpha\beta}| = |\omega_{\alpha\beta}|\,\Pi(m_\alpha - r).$$

Daher sind $m_1, \dots m_\varrho$ die Wurzeln der Gleichung $|M - rE| = 0$ und $m_1^{(0)}, \dots m_\varrho^{(0)}$ die der Gleichung $|M_0 - rE| = 0$. Indem man die entwickelte Regel zur Bestimmung der Parameter $\tau_{\alpha\beta}$ mit der im vorigen Paragraphen ausgeführten Analyse vergleicht, erkennt man, dass auf dem angegebenen Wege *alle* Systeme T gefunden werden, für die A principale Transformation ist. Ist demnach A eine den Eingangs angegebenen Bedingungen genügende Transformation, so gilt der Satz:

V. *Entspricht jeder Wurzel m der charakteristischen Gleichung von A eine definite (positive oder negative) Form Z, so giebt es ein und nur ein System T, für welches A principale Transformation ist; im entgegengesetzten Falle aber giebt es unzählig viele Systeme T. Im ersten Falle sind die Parameter $\tau_{\alpha\beta}$ algebraische Zahlen, im andern lassen sie sich als rationale Functionen unabhängiger Variabeln mit algebraischen Zahlencoefficienten darstellen.*

Die Veränderlichkeit dieser Variabeln ist dann aber durch gewisse Ungleichheiten so einzuschränken, dass Ψ eine positive Form wird. Im ersten Falle hat die Gleichung $\varphi(r) = 0$ keine reelle Wurzel, weil jeder solchen eine indefinite Form Z entspricht. Dieser Fall tritt stets ein, wenn die Wurzeln der Gleichung $\varphi(r) = 0$ alle unter einander verschieden sind.

Aus den Gleichungen (3.) und (4.) folgt, dass man die Grössen $\omega_{\alpha\beta}$ ($\alpha = 1, \dots \varrho$; $\beta = 1, \dots 2\varrho$) als Perioden einer Thetafunction $\Theta(u_1, \dots u_\varrho)$ mit den Parametern $\tau_{\alpha\beta}$ wählen kann. Setzt man

$$\omega_{\alpha\beta} = m_\alpha \overline{\omega}_{\alpha\beta},$$

so ist nach (5.)

$$(8.) \qquad \sum_\lambda \overline{\omega}_{\alpha\lambda} a_{\lambda\beta} = \omega_{\alpha\beta}.$$

Ist also

$$\Theta(m_1 u_1, \dots m_\varrho u_\varrho) = \overline{\Theta}(u_1, \dots u_\varrho),$$

so hat die letztere Function die Perioden $\overline{\omega}_{\alpha\beta}$, und ist daher den Formeln (8.) zufolge eine transformirte n^{ter} Ordnung der Function Θ. Aus diesem Grunde heisst die Transformation A eine principale Transformation und $m_1, \dots m_\varrho$ die Multiplicatoren.

VI. *Bei einer principalen Transformation sind die Multiplicatoren und die ihnen conjugirt complexen Grössen die 2ϱ Wurzeln einer Gleichung $(2\varrho)^{ten}$ Grades, deren Coefficienten ganze Zahlen sind, der Coefficient der $(2\varrho)^{ten}$ Potenz* 1, *das constante Glied n^ϱ. Alle Multiplicatoren haben denselben absoluten Betrag $\sqrt{n}$.*

Für den Fall $n = 1$ ergiebt sich daraus eine merkwürdige Folgerung. Herr *Kronecker* hat (dieses Journal Bd. 53, S. 173) gezeigt, dass die Wurzeln einer ganzzahligen Gleichung, in welcher der Coefficient der höchsten Potenz 1 ist, falls sie alle den absoluten Betrag 1 haben, sämmtlich Einheitswurzeln sein müssen. Daraus folgt:

VII. *Bei einer principalen Transformation, die eine Transformation erster Ordnung ist, sind die Multiplicatoren sämmtlich Wurzeln der Einheit.*

Ist für ein Parametersystem T jede der beiden Transformationen A und B eine principale, so ist nach Formel (11.), § 3

$$A = P^{-1}MP, \quad B = P^{-1}NP$$

und mithin

$$AB = P^{-1}MPP^{-1}NP = P^{-1}(MN)P.$$

Da MN in derselben Weise zerlegbar ist, wie M und N (vgl. L. § 5, III), so ist folglich AB ebenfalls eine principale Transformation, und folglich bilden alle Transformationen, die für ein gegebenes T principale Transformationen sind, eine *Gruppe.* Speciell ist, wenn h eine ganze Zahl ist, A^h und hA eine solche Transformation. Da ferner

$$nA^{-1} = P^{-1}(nM^{-1})P$$

ist, so ist auch die zu A supplementäre Transformation

$$nA^{-1} = J^{-1}A'J$$

eine principale Transformation (vgl. (8.), § 3).

VIII. *Die Multiplicatoren, die der supplementären Transformation entsprechen, sind die conjugirt complexen Grössen zu denen, die der ursprünglichen Transformation entsprechen.*

Ist C eine Transformation k^{ter} Ordnung, durch welche T in $\overline{T}$ übergeht, so ist nach (7.) § 3

$$PC = N\overline{P}, \quad C^{-1}P^{-1} = \overline{P}^{-1}N^{-1},$$

wo in dem System N der zweite und dritte Quadrant verschwindet. Ist nun

$$A = P^{-1}MP,$$

so ist

$$C^{-1}AC = C^{-1}P^{-1}MPC = \bar{P}^{-1}N^{-1}MN\bar{P},$$

also wenn man

$$kC^{-1}AC = \bar{A}, \quad kN^{-1}MN = \bar{M}$$

setzt,

$$\bar{A} = \bar{P}^{-1}\bar{M}\bar{P}.$$

Daher ist $\bar{A}$ für das Parametersystem $\bar{T}$ eine principale Transformation. (Vgl. *Kronecker*, l. c. S. 281). Da $C'JC = kJ$ ist, so ist gleichzeitig

$$C^{-1}(kA)C = \bar{A} \quad \text{und} \quad C'(JA)C = (J\bar{A}),$$

es sind also nicht nur die Systeme kA und $\bar{A}$ *ähnlich,* sondern auch die Systeme JA und $J\bar{A}$ *congruent.* Betrachtet man zwei Parametersysteme als *äquivalent,* wenn sie durch eine Transformation *erster* Ordnung aus einander hervorgehen, so hat man demnach zwei Transformationen A und $\bar{A}$ als *äquivalent* anzusehen, falls zwischen ihnen die Beziehung

$$C^{-1}AC = \bar{A}, \quad C'(JA)C = J\bar{A}$$

besteht, wo C eine Transformation erster Ordnung ist. Da die Multiplicatoren die Wurzeln der Gleichung $|M - rE| = 0$ sind, so folgt aus der Relation

$$N^{-1}MN = \bar{M}, \quad N^{-1}MN = \bar{M},$$

dass zwei äquivalenten Transformationen die nämlichen Multiplicatoren entsprechen. Die beiden Systeme A und $\bar{A}$ haben also nicht nur dieselbe charakteristische Function $\varphi(r)$, sondern es entspricht auch jeder mehrfachen Wurzel m der Gleichung $\varphi(r) = 0$ in beiden der nämliche Trägheitsindex ξ. (Vgl. § 8.)

§ 6.

Da das Theorem I das Fundament der ganzen folgenden Entwicklung bildet, so will ich hier für dasselbe noch einen zweiten Beweis mittheilen. Ist $R = P + Qi$, so zerfällt die Gleichung

$$R_0'R = E, \quad (P' - iQ')(P + iQ) = E$$

in die beiden Gleichungen

$$P'P + Q'Q = E, \quad P'Q - Q'P = 0.$$

Ist also

$$W = \begin{pmatrix} P & -Q \\ Q & P \end{pmatrix}, \quad W' = \begin{pmatrix} P' & Q' \\ -Q' & P' \end{pmatrix},$$

so ist

$$W'W = \begin{pmatrix} P'P+Q'Q & -P'Q+Q'P \\ -Q'P+P'Q & Q'Q+P'P \end{pmatrix} = \begin{pmatrix} E & 0 \\ 0 & E \end{pmatrix},$$

und mithin ist W ein reelles orthogonales System. Ist ferner

$$U = \begin{pmatrix} E & iE \\ iE & E \end{pmatrix},$$

so ist der Formel

$$\begin{pmatrix} E & iE \\ iE & E \end{pmatrix}\begin{pmatrix} E & -iE \\ -iE & E \end{pmatrix} = \begin{pmatrix} 2E & 0 \\ 0 & 2E \end{pmatrix}$$

zufolge die Determinante von U nicht gleich Null, und es ist

$$\begin{pmatrix} E & iE \\ iE & E \end{pmatrix}\begin{pmatrix} P & -Q \\ Q & P \end{pmatrix} = \begin{pmatrix} P+iQ & (P+iQ)i \\ (P-iQ)i & P-iQ \end{pmatrix} = \begin{pmatrix} P+iQ & 0 \\ 0 & P-iQ \end{pmatrix}\begin{pmatrix} E & iE \\ iE & E \end{pmatrix}$$

oder

$$UWU^{-1} = \begin{pmatrix} R & 0 \\ 0 & R_0 \end{pmatrix} = V.$$

Da die Systeme V und W ähnlich sind, so stimmen ihre charakteristischen Functionen in den Elementartheilern überein, und da V zerlegbar ist, so sind die Elementartheiler seiner charakteristischen Determinante die Elementartheiler derer von R und R_0 zusammengenommen. Daher hat $|R-rE|$ die nämlichen Eigenschaften, wie die charakteristische Function einer reellen orthogonalen Substitution.

Daraus hat sich in § 3 ergeben, dass die Wurzeln der Gleichung $(2\varrho)^{\text{ten}}$ Grades $\varphi(r) = |A-rE| = 0$ alle dem absoluten Betrage nach gleich $\sqrt{n}$ sein müssen. Damit dies der Fall sei, ist nothwendig und hinreichend, dass die Wurzeln der Gleichung ϱ^{ten} Grades $\chi(s) = 0$, in welche $\varphi(r)$ durch die Substitution $r+\frac{n}{r} = s$ übergeht, alle reell sind und zwischen $+2\sqrt{n}$ und $-2\sqrt{n}$ liegen. Nach L. § 3 genügt s der Gleichung $|A+nA^{-1}-sE| = 0$, und weil $(A+nA^{-1}-sE)J = AJ-J'A'-sJ$ und die Determinante dieser alternirenden Form ein Quadrat ist, so ist $\chi(s)$ gleich der *Pfaff*schen Function derselben:

$$\chi(s) = |AJ+JA'-sJ|^{\frac{1}{2}}.$$

§ 7.

Die in § 3 angegebenen Relationen zwischen den Parametern T und $\bar{T}$ lassen mannigfache Umformungen zu, von denen ich hier die wichtigsten zusammenstellen will. Setzt man

$$F = \begin{pmatrix} \Psi & 0 \\ 0 & \Psi \end{pmatrix},$$

so folgt aus der Formel (9.) § 3 und der conjugirt complexen

$$(1.) \qquad M\bar{F}M'_0 = nF,$$

und mithin ist

$$M'_0 F^{-1} M = n\bar{F}^{-1}, \quad \bar{P}'_0 M'_0 F^{-1} M \bar{P} = n\bar{P}'_0 \bar{F}^{-1} \bar{P},$$

also weil nach (7.) § 3

$$PA = M\bar{P}, \quad A'P'_0 = \bar{P}'_0 M'_0$$

ist,

$$A'P'_0 F^{-1} PA = n\bar{P}'_0 \bar{F}^{-1} \bar{P},$$

oder wenn man

$$(2.) \qquad P'_0 F^{-1} P = 2H$$

setzt, (vgl. L. § 8, III.)

$$(3.) \qquad A'HA = n\bar{H}.$$

Da F eine positive Form ist, so ist es nach § 1 auch F^{-1}, mithin auch die nach (2.) ihr äquivalente Form H. Ist $\bar{T} = T$, so wird demnach durch die Substitution $\frac{1}{\sqrt{n}} A$ die positive Form H in sich selbst transformirt, und daraus ergiebt sich von neuem der Satz IV. Durch Zusammensetzung der drei Systeme auf der linken Seite der Gleichung (2.) findet man

$$(4.) \qquad H = \begin{pmatrix} \Psi^{-1} & \Psi^{-1}\Phi \\ \Phi\Psi^{-1} & \Phi\Psi^{-1}\Phi + \Psi \end{pmatrix}.$$

Folglich ist H reell, also das Coefficientensystem einer positiven quadratischen Form. Da sich aus der Formel (3.) auch umgekehrt wieder die Gleichungen (1.) § 3 ableiten lassen (vgl. die Bemerkung zu Formel (15.)), so enthält sie lediglich eine Umformung der Transformationsrelationen. Die Einführung der für die Transformationstheorie ausserordentlich wichtigen Function H ist, wie bereits in der Einleitung erwähnt, Herrn *Hermite* zu verdanken.

Zu denselben Gleichungen gelangt man auch auf folgendem Wege. Nach (6.) § 3 ist

$$\begin{pmatrix} E & T \\ 0 & 0 \end{pmatrix}\begin{pmatrix} A & B \\ \Gamma & \Delta \end{pmatrix} = \begin{pmatrix} M & M\bar{T} \\ 0 & 0 \end{pmatrix} = \begin{pmatrix} M & 0 \\ 0 & M \end{pmatrix}\begin{pmatrix} E & \bar{T} \\ 0 & 0 \end{pmatrix},$$

und daraus folgt durch Uebergang zu den conjugirten und conjugirt complexen Systemen

$$\begin{pmatrix} A' & \Gamma' \\ B' & \Delta' \end{pmatrix}\begin{pmatrix} E & 0 \\ T_0 & 0 \end{pmatrix} = \begin{pmatrix} E & 0 \\ \bar{T}_0 & 0 \end{pmatrix}\begin{pmatrix} M'_0 & 0 \\ 0 & M'_0 \end{pmatrix}.$$

Setzt man also

$$(5.)\qquad G = \begin{pmatrix} E & 0 \\ T_0 & 0 \end{pmatrix}\begin{pmatrix} \Psi^{-1} & 0 \\ 0 & \Psi^{-1} \end{pmatrix}\begin{pmatrix} E & T \\ 0 & 0 \end{pmatrix},$$

so ist

$$A'GA = \begin{pmatrix} E & 0 \\ \overline{T}_0 & 0 \end{pmatrix}\begin{pmatrix} M'_0\Psi^{-1}M & 0 \\ 0 & M'_0\Psi^{-1}M \end{pmatrix}\begin{pmatrix} E & \overline{T} \\ 0 & 0 \end{pmatrix}$$

und mithin, weil nach (9.), § 3

$$M'_0\Psi^{-1}M = n\overline{\Psi}^{-1}$$

ist,

$$(6.)\qquad A'GA = n\overline{G}.$$

Durch Zusammensetzung der drei Systeme auf der rechten Seite der Gleichung (5.) erhält man

$$(7.)\qquad G = \begin{pmatrix} \Psi^{-1} & \Psi^{-1}(\Phi+i\Psi) \\ (\Phi-i\Psi)\Psi^{-1} & (\Phi-i\Psi)\Psi^{-1}(\Phi+i\Psi) \end{pmatrix},$$

also nach (4.)

$$(8.)\qquad G = H+iJ.$$

Der Formel (5.) zufolge entsteht G aus der positiven Form F^{-1} durch conjugirt complexe Substitutionen von verschwindender Determinante. Demnach ist $G = G'$, also $H = H'$, wie auch der Ausdruck (4.) zeigt, und mithin

$$(9.)\qquad G' = G_0 = H-iJ.$$

Nun ist nach (5.)

$$G' = \begin{pmatrix} E & 0 \\ T & 0 \end{pmatrix}\begin{pmatrix} \Psi^{-1} & 0 \\ 0 & \Psi^{-1} \end{pmatrix}\begin{pmatrix} E & T_0 \\ 0 & 0 \end{pmatrix},$$

und daher ist $G'JG$ aus sieben Systemen zusammengesetzt, von denen die drei mittleren

$$\begin{pmatrix} E & T_0 \\ 0 & 0 \end{pmatrix}\begin{pmatrix} 0 & E \\ -E & 0 \end{pmatrix}\begin{pmatrix} E & 0 \\ T_0 & 0 \end{pmatrix} = \begin{pmatrix} 0 & 0 \\ 0 & 0 \end{pmatrix}$$

ergeben. Folglich ist

$$(10.)\qquad G'JG = 0$$

und daher nach (8.) und (9.)

$$(11.)\qquad HJH = J.$$

Nach (5.) kann die bilineare Form G und folglich auch $2H = G+G'$ für conjugirt complexe Werthe der entsprechenden Variabeln nie negativ sein. Da ferner nach (11.) die Determinante der Form H nicht verschwindet, so ist sie eine positive Form.

Zu der Formel (10.) und den daran geknüpften Folgerungen kann man auch so gelangen: In der Determinante $|G|$ verschwinden nach (5.) alle Unterdeterminanten $(\varrho+1)^{\text{ten}}$ Grades. Daher verschwindet die Function

$|H+rJ|$ der Variabeln r, in welcher der Coefficient von $r^{2\varrho}$ gleich 1 ist, für $r=\pm i$ mindestens von der ϱ^{ten} Ordnung, und da sie nur vom $(2\varrho)^{\text{ten}}$ Grade ist, auch nicht von höherer Ordnung. Folglich ist

$$(12.)\qquad |H+rJ| = (r^2+1)^{\varrho},$$

also $|H|=1$ und von Null verschieden, und da alle Unterdeterminanten $(\varrho+1)^{\text{ten}}$ Grades von G verschwinden, so zerfällt die Determinante (12.) in lauter lineare Elementartheiler. Da $(H+rJ)J=HJ-rE$ ist, so hat die charakteristische Determinante $|HJ-rE|$ von HJ die nämlichen Eigenschaften, und mithin ist (L. § 3)

$$(HJ)^2=-E \quad \text{oder} \quad HJH=J \quad \text{und} \quad (H-iJ)J(H+iJ)=0.$$

Endlich kann man auch das entwickelte Formelsystem nach der folgenden Methode ableiten, bei der ich zur Abwechslung statt des aus den Perioden und den conjugirt complexen Grössen gebildeten Systems P das aus den reellen und imaginären Theilen der Perioden gebildete System

$$(13.)\qquad Q = \begin{pmatrix} E & \Phi \\ 0 & \Psi \end{pmatrix}$$

benutzen werde (Vgl. *Laguerre*, l. c. VII.). Ist $M=K+\Lambda i$, so zerfallen die Relationen (6.) § 3 in

$$A+\Phi\Gamma=K,\quad B+\Phi\Delta=K\overline{\Phi}-\Lambda\overline{\Psi},$$
$$\Psi\Gamma=\Lambda,\qquad \Psi\Delta=\Lambda\overline{\Phi}+K\overline{\Psi}.$$

Daher ist

$$\begin{pmatrix} E & \Phi \\ 0 & \Psi \end{pmatrix}\begin{pmatrix} A & B \\ \Gamma & \Delta \end{pmatrix}=\begin{pmatrix} K & K\overline{\Phi}-\Lambda\overline{\Psi} \\ \Lambda & \Lambda\overline{\Phi}+K\overline{\Psi} \end{pmatrix}=\begin{pmatrix} K & -\Lambda \\ \Lambda & K \end{pmatrix}\begin{pmatrix} E & \overline{\Phi} \\ 0 & \overline{\Psi} \end{pmatrix},$$

oder wenn man

$$K=\begin{pmatrix} K & -\Lambda \\ \Lambda & K \end{pmatrix}$$

setzt

$$(14.)\qquad QA = K\overline{Q}.$$

Ist

$$V=\begin{pmatrix} X & Y \\ \Xi & H \end{pmatrix}$$

irgend ein Elementensystem, so ist

$$J^{-1}VJ=\begin{pmatrix} H & -\Xi \\ -Y & X \end{pmatrix},$$

entsteht also aus V, indem man den ersten Quadranten mit dem vierten und den zweiten mit dem dritten vertauscht, und die Vorzeichen der beiden letzteren umkehrt. Daher ist

$$(15.)\qquad J^{-1}KJ = K,\quad JK = KJ,$$

und zugleich ist, wenn K und A beliebig sind, K das allgemeinste mit J vertauschbare reelle System. Die beiden Gleichungen (14.) und (15.) ersetzen also vollständig die Transformationsbedingungen (6.) § 3. Aus ihnen und der Relation $AJA' = nJ$ soll nun einmal Q, das andere Mal K eliminirt werden. Nach (14.) ist

$$A = Q^{-1}K\bar{Q},\quad A' = \bar{Q}'K'Q'^{(-1)},$$

$$nJ = AJA' = Q^{-1}K\bar{Q}J\bar{Q}'K'Q'^{(-1)},$$

$$nQJQ' = K\bar{Q}J\bar{Q}'K',$$

also wenn man mit J^{-1} multiplicirt und $J^{-1}K = KJ^{-1}$ setzt,

$$nJ^{-1}QJQ' = K(J^{-1}\bar{Q}J\bar{Q}')K'.$$

Nun ist

$$(J^{-1}QJ)Q' = \begin{pmatrix} \Psi & 0 \\ -\Phi & E \end{pmatrix}\begin{pmatrix} E & 0 \\ \Phi & \Psi \end{pmatrix} = \begin{pmatrix} \Psi & 0 \\ 0 & \Psi \end{pmatrix},$$

also

$$(16.)\qquad J^{-1}QJQ' = F$$

und daher

$$(17.)\qquad K\bar{F}K' = nF.$$

Aus dieser Relation, die wesentlich mit (1.) identisch ist, leitet man leicht die Formel (9.), § 3 ab. Aus derselben folgt nun, wie oben,

$$K'F^{-1}K = n\bar{F}^{-1},\quad (\bar{Q}'K')F^{-1}(K\bar{Q}) = n\bar{Q}'\bar{F}^{-1}\bar{Q},$$

also nach (14.)

$$(A'Q')F^{-1}(QA) = n\bar{Q}'\bar{F}^{-1}\bar{Q},$$

und falls man

$$(18.)\qquad H = Q'F^{-1}Q$$

setzt,

$$(19.)\qquad A'HA = n\bar{H}.$$

Indem man die Reihe dieser Gleichungen rückwärts durchläuft, erhält man umgekehrt aus (19.) die Formeln (14.). Aus (16.) und (18.) folgt

$$(20.)\qquad H = J^{-1}Q^{-1}JQ$$

und mithin

$$HJH = J^{-1}Q^{-1}JQJJ^{-1}Q^{-1}JQ = J.$$

Ist das System der Parameter T gegeben, so kann man alle Transformationen A, die für dasselbe principale Transformationen sind, finden, indem man aus T' das System G berechnet, und dann alle ganzzahligen cogredienten Substitutionen sucht, die G in sich selbst, mit einer positiven ganzen Zahl multiplicirt, transformiren. Denn aus $A'GA = nG$ ergeben sich durch Trennung des Reellen vom Imaginären die Gleichungen

$$A'HA = nH, \quad A'JA = nJ,$$

deren erste die Transformationen (6.) § 3 ersetzt, und deren andere das System A charakterisirt.

§ 8.

Um die charakteristische Function $\varphi(r) = |rE-A|$ in die beiden Factoren $|rE-M|.|rE-M_0|$ zu zerlegen, habe ich in § 4 jeder ζ-fachen Wurzel m der Gleichung $\varphi(r) = 0$ eine bilineare Form $Z = Z'_0$ vom Range ζ und vom Trägheitsindex ξ zugeordnet. Diese Form Z will ich jetzt genauer untersuchen. Da die Elementartheiler von $rE-A$ alle vom ersten Grade sind, so ist, nach aufsteigenden Potenzen von $r-m$ entwickelt

$$(1.) \qquad (rE-A)^{-1} = \frac{U}{r-m} + \cdots.$$

Von dem Residuum U habe ich (L. § 13) gezeigt, dass es eine Form vom Range ζ ist und der Gleichung

$$(2.) \qquad U^2 = U$$

genügt. Diese Formel ergiebt sich unmittelbar aus der Identität

$$(rE-A)^{-1}-(sE-A)^{-1} = (s-r)(rE-A)^{-1}(sE-A)^{-1}.$$

Multiplicirt man die Gleichung (1.) mit $rE-A = (r-m)E+mE-A$, so erhält man durch Coefficientenvergleichung

$$(3.) \qquad AU = UA = mU.$$

Ich beschränke nun die Veränderlichkeit von r auf das Stück der Peripherie des mit dem Radius $\sqrt{n}$ um den Coordinatenanfang beschriebenen Kreises, welches innerhalb des Convergenzkreises der Reihe (1.) liegt. Durch Aenderung des Vorzeichens von i ergiebt sich dann aus jener Entwicklung

$$\left(\frac{n}{r}E-A\right)^{-1} = \frac{U_0}{\frac{n}{r}-\frac{n}{m}} + \cdots, \quad (rE-nA^{-1})^{-1} = \frac{U_0 Am}{n(r-m)} + \cdots,$$

und, weil nach (3.) $U_0 A = m_0 U_0$ ist,

$$(rE-nA^{-1})^{-1} = \frac{U_0}{r-m} + \cdots,$$

$$J^{-1}(rE-nA^{-1})^{-1}J = (rE-nJ^{-1}A^{-1}J)^{-1} = (rE-A')^{-1} = \frac{J^{-1}U_0 J}{r-m} + \cdots,$$

also

$$(rE-A)^{-1} = \frac{J^{-1}U_0'J}{r-m} + \cdots$$

und daraus durch Vergleichung mit (1.)

$$(4.)\qquad J^{-1}U_0'J = U, \quad JU = U_0'J, \quad UJ = JU_0'.$$

Nach (3.) genügen die Elemente jeder Zeile des Systems U, für $\omega_1, \ldots \omega_{2\varrho}$ gesetzt, den Gleichungen (2.), § 4, und da der Rang von U gleich ζ ist, so erhält man aus ζ passend gewählten Zeilen von U ein vollständiges System unabhängiger Lösungen jener Gleichungen. Daraus folgt, dass die in § 4 mit $-2i\Sigma c_{\alpha\beta}x_\alpha y_\beta$ bezeichnete Form der Form UJU_0' äquivalent ist. Dieselbe ist nach (4.) gleich UUJ und nach (2.) gleich UJ. Da die Determinante von J nicht verschwindet, so ist der Rang von UJ gleich dem von U, also gleich ζ, ein neuer Beweis für den in § 5 gebrauchten Fall des Satzes II. Demnach kann man

$$(5.)\qquad Z = iUJ = iJU_0'$$

setzen, und ξ ist der Trägheitsindex dieser Form vom Range ζ. Aus einem Determinantensatze, den ich dieses Journal Bd. 82, S. 241, II abgeleitet habe, ergiebt sich, dass mindestens eine Hauptunterdeterminante ζ^{ten} Grades von Z nicht verschwindet. Man kann nun für Z auch die Form von ζ Variabelnpaaren setzen, deren Coefficienten die Elemente dieser Hauptunterdeterminante sind, und die aus der obigen Form Z von 2ϱ Variabelnpaaren entsteht, indem man gewisse $2\varrho-\zeta$ derselben gleich Null setzt.

Die Form (5.) ist nach L. S. 12 abgesehen von einem positiven Factor

$$Z = iD_r^{\zeta-1}\begin{vmatrix} 0 & x_1 & \cdots & x_\varrho & x_{\varrho+1} & \cdots & x_{2\varrho} \\ y_{\varrho+1} & a_{11}-r & \cdots & a_{1\varrho} & a_{1,\varrho+1} & \cdots & a_{1,2\varrho} \\ \cdot & \cdot & \cdots & \cdot & \cdot & \cdots & \cdot \\ y_{2\varrho} & a_{\varrho 1} & \cdots & a_{\varrho\varrho}-r & a_{\varrho,\varrho+1} & \cdots & a_{\varrho,2\varrho} \\ -y_1 & a_{\varrho+1,1} & \cdots & a_{\varrho+1,\varrho} & a_{\varrho+1,\varrho+1}-r & \cdots & a_{\varrho+1,2\varrho} \\ \cdot & \cdot & \cdots & \cdot & \cdot & \cdots & \cdot \\ y_\varrho & a_{2\varrho,1} & \cdots & a_{2\varrho,\varrho} & a_{2\varrho,\varrho+1} & \cdots & a_{2\varrho,2\varrho}-r \end{vmatrix} : D^\zeta\varphi(r)$$

für $r=m$. Ist $\psi(r)$ das Product der verschiedenen Linearfactoren von $\varphi(r)$, so ist $\psi(A)=0$ die Gleichung niedrigsten Grades, der A genügt (L. § 3). Ist

$$\frac{\psi(r)-\psi(s)}{r-s} = \psi(r, s) = \psi(s, r),$$

so ist

$$(rE-A)^{-1} = \frac{\psi(A, r)}{\psi(r)}$$

und mithin

$$U = \frac{\psi(A, m)}{\psi'(m)}.$$

Da $\psi'(m)\psi'(m_0)$ positiv ist, so kann man demnach auch

$$(6.) \qquad Z = i\psi'(m_0)\psi(A, m)J = i\psi'(m)J\psi(A', m_0)$$

setzen.

Ueber die Zahl ξ ist noch Folgendes zu bemerken: Seien A und B zwei *beliebige* den Gleichungen $A'JA = J$ und $B'JB = J$ genügende reelle Systeme, deren charakteristische Determinanten in lauter lineare Elementartheiler zerfallen. Damit dieselben *ähnlich* seien (L. § 7), ist dann nothwendig und hinreichend, dass sie gleiche charakteristische Functionen $\varphi(r)$ haben. Ist diese Bedingung erfüllt, so giebt es unter den unzählig vielen Transformationen von A in B, d. h. den der Gleichung $Q^{-1}AQ = B$ genügenden Systemen auch stets solche, die ausserdem noch die Bedingung

$$(7.) \qquad Q'JQ = J$$

befriedigen. Man kann A auch immer durch reelle Transformationen Q in B transformiren, aber nicht immer durch solche, die zugleich reell sind und der Nebenbedingung (7.) genügen, sondern damit dies der Fall sei, muss jeder Wurzel m der Gleichung $\varphi(r) = 0$ in A und B der nämliche Trägheitsindex ξ entsprechen. In diesem Sinne sind die Zahlen ξ Invarianten des Systems A.

§ 9.

Zum Schluss will ich die entwickelte allgemeine Theorie an einigen speciellen Beispielen erläutern und werde zunächst den Fall untersuchen, wo die Multiplicatoren alle einander gleich sind. Sieht man von der gewöhnlichen Multiplication mit einer ganzen rationalen Zahl ab, so tritt dieser Fall nur ein, wenn die Gleichung $\varphi(r) = 0$ zwei ϱ-fache complexe Wurzeln hat, und einer derselben (m) eine positive, mithin der andern (m_0) eine negative Form Z entspricht. Ist $2m = p+qi$, so ist die in § 8 eingeführte Function

$$(1.) \qquad \psi(r) = r^2 - pr + n$$

und mithin nach Formel (6.), § 8

$$Z = q(A-m_0)J = q\begin{pmatrix} -B & A-m_0E \\ -\Delta+m_0E & \Gamma \end{pmatrix}.$$

Aus der Gleichung $Z = Z'_0$ folgt

$$(2.) \qquad B = B', \quad \Gamma = \Gamma', \quad A+\Delta' = pE.$$

Zu den nämlichen Relationen gelangt man mittelst der Gleichung

$$A^2 - pA + nE = 0,$$

der A genügt (L. § 3). Setzt man dieselbe mit JA' zusammen, so erhält man nach (4.) § 3

$$AJ + JA' = pJ,$$

und daraus die Formeln (2.). Die charakteristische Function von M zerfällt in ϱ lineare Elementartheiler $r-m$. Daher ist (L. § 3, S. 12) $M = mE$, also nach (6.) § 3

$$A + T\Gamma = mE, \quad B + T\varDelta = mT,$$

oder

$$T\Gamma = mE - A, \quad B = T(mE - \varDelta).$$

Aus diesen Gleichungen und den conjugirt complexen ergiebt sich

$$(T - T_0)\Gamma = (m - m_0)E, \quad (T^{-1} - T_0^{-1})B = T^{-1}(T_0 - T)T_0^{-1}B = (m - m_0)E.$$

Folglich sind die Determinanten von B und Γ und demnach auch die von $mE - A$ und $mE - \varDelta$ von Null verschieden, und es ist

$$(3.) \quad T = (mE - A)\Gamma^{-1} = B(mE - \varDelta)^{-1} = \Gamma^{-1}(\varDelta - m_0E) = (A - m_0E)^{-1}B.$$

In Uebereinstimmung mit dem Satze V ist also, trotzdem die Gleichung $\varphi(r) = 0$ zwei ϱ-fache Wurzeln hat, das System T völlig bestimmt. Damit der eben behandelte Fall eintrete, ist ausser den Gleichungen (2.) nothwendig und hinreichend, dass B eine definite Form ist. Die Wurzel m ist dann so zu wählen, dass qB eine negative Form wird.

Zweitens betrachte ich den Fall $\varrho = 2$ und

$$A = \begin{pmatrix} p & 0 & a & b \\ 0 & p & b & c \\ -\frac{c}{k} & \frac{b}{k} & 0 & 0 \\ \frac{b}{k} & -\frac{a}{k} & 0 & 0 \end{pmatrix},$$

wo k ein gemeinsamer Divisor von a, b, c, ferner $p^2 < 4n$ und nach (2.) § 3

$$(4.) \quad ac - b^2 = kn$$

ist. Ist k positiv, so ist B eine definite Form, und mithin ist, wie eben gezeigt, für diejenige Wurzel der Gleichung $\varphi(r) = 0$, für welche die Ordinate von *am* negativ ist, $\xi = 2$, für die andere $\xi = 0$. Ist aber k negativ, so ist B eine indefinite Form, und daher ist für beide Wurzeln $\xi = 1$. Da in diesem Beispiel

$$\Gamma = -nB^{-1}, \quad A = pE, \quad \Delta = 0$$

ist, so reduciren sich die Formeln (6.) § 3 auf

$$(5.) \qquad nTB^{-1}T - pT + B = 0$$

oder durch Multiplication mit $T^{-1}BT^{-1}$

$$nE - p(BT^{-1}) + (BT^{-1})^2 = 0,$$

also nach (1.)

$$(6.) \qquad \psi(BT^{-1}) = 0.$$

Ist dies nicht die Gleichung niedrigsten Grades, der BT^{-1} genügt, so ist dieselbe (L. § 3) $\chi(BT^{-1}) = 0$, wo $\chi(r)$ ein Divisor von $\psi(r)$ ist, etwa $\chi(r) = r - m$. Demnach ist den Formeln (3.) entsprechend

$$(7.) \qquad mT = B,$$

also B eine definite Form und k positiv. Ist dagegen (6.) die Gleichung niedrigsten Grades für BT^{-1}, so ist $|BT^{-1} - rE| = \psi(r)$, also nach (4.)

$$(8.) \qquad |rT - B| = k\psi(r)$$

oder

$$(9.) \qquad \tau_{11}c - 2\tau_{12}b + \tau_{22}a = kp, \quad \tau_{11}\tau_{22} - \tau_{12}^2 = k.$$

Indem man die Reihe dieser Gleichungen rückwärts durchläuft, erkennt man, dass aus den Formeln (9.) auch wieder die Gleichung (5.) folgt. Setzt man

$$\frac{m\tau_{12} - b}{m\tau_{11} - a} = -\lambda,$$

so ergiebt sich durch Auflösung der Gleichungen (9.), falls

$$(10.) \qquad f(\lambda) = a\lambda^2 + 2b\lambda + c$$

ist,

$$(11.) \quad \tau_{11} = \frac{a}{m} + \frac{k(m-m_0)}{f(\lambda)}, \quad \tau_{12} = \frac{b}{m} - \frac{k(m-m_0)}{f(\lambda)}\lambda, \quad \tau_{22} = \frac{c}{m} + \frac{k(m-m_0)}{f(\lambda)}\lambda^2,$$

oder wenn $\varkappa$ eine reelle Variable ist,

$$\tau_{11}\varkappa^2 + 2\tau_{12}\varkappa + \tau_{22} = \frac{f(\varkappa)}{m} + \frac{k(m-m_0)}{f(\lambda)}(\varkappa - \lambda)^2.$$

Subtrahirt man davon die conjugirt complexe Gleichung, so erkennt man, dass, falls $2m = p + qi$ ist, für alle Werthe von $\varkappa$

$$(12.) \qquad q\left[-\frac{f(\varkappa)}{n} + \frac{k\{(\varkappa-\lambda)^2 f(\lambda_0) + (\varkappa-\lambda_0)^2 f(\lambda)\}}{f(\lambda)f(\lambda_0)}\right] > 0$$

sein muss. Ist

$$f(\varkappa, \lambda) = a\varkappa\lambda + b(\varkappa+\lambda)+c,$$

so ist der Ausdruck in der Klammer gleich

$$knf(\lambda_0)(\varkappa-\lambda)^2 - f(\lambda)f(\varkappa, \lambda_0)^2.$$

Mithin ist die Determinante (B^2-AC) dieser quadratischen Function von $\varkappa$ gleich

$$f(\lambda, \lambda_0)^2 f(\lambda)f(\lambda_0)kn,$$

also negativ, wenn k negativ ist. Derselbe Ausdruck ist aber auch gleich

$$f(\lambda, \lambda_0)[2nk(\varkappa-\lambda)(\varkappa-\lambda_0) - f(\varkappa)f(\lambda, \lambda_0)].$$

Da k negativ ist, so sind die Wurzeln der Gleichung $f(\varkappa) = 0$ reell. Für eine solche ist aber der Klammerausdruck negativ. Also ist er eine negative Form von $\varkappa$, und die Ungleichheit (12.) ist für alle Werthe von $\varkappa$ erfüllt, wenn

$$(13.) \qquad qf(\lambda, \lambda_0) < 0$$

ist. Es muss also λ innerhalb oder ausserhalb des mit dem Radius $\frac{\sqrt{-kn}}{a}$ um den Punkt $\frac{-b}{a}$ beschriebenen Kreises liegen, je nachdem aq positiv oder negativ ist. Man kann daher für m jede der beiden Wurzeln der Gleichung $\varphi(r) = 0$ nehmen. Die Beschränkung der Veränderlichkeit von λ ist aber von der Wahl von m abhängig.

Drittens betrachte ich den Fall, wo die Multiplicatoren alle reell, also gleich $\pm\sqrt{n}$ sind. Dann genügt A der Gleichung $A^2 = nE$ oder

$$(14.) \qquad AJ = JA' = -J'A' = -(AJ)'.$$

Demnach ist AJ eine alternirende Form, also ihre Determinante n^ϱ ein Quadrat. Also ist entweder ϱ gerade oder n ein Quadrat. Die Gleichung (14.) zerfällt in

$$(15.) \qquad B = -B', \quad \Gamma = -\Gamma', \quad A' = \Delta.$$

Ist z. B.

$$A = \begin{vmatrix} b & a & 0 & 0 \\ -c & -b & 0 & 0 \\ 0 & 0 & b & -c \\ 0 & 0 & a & -b \end{vmatrix},$$

also

$$(16.) \qquad b^2 - ac = n,$$

so reduciren sich die Gleichungen (6.), § 3 auf $AT = TA'$, und mithin sind die Grössen $\tau_{\alpha\beta}$ nur der Bedingung

$$(17.)\qquad a\tau_{22}+2b\,\tau_{12}+c\,\tau_{11} = 0$$

unterworfen. Sind daher α und β die beiden (reellen) Wurzeln der Gleichung $a\lambda^2+2b\lambda+c=0$, so kann man setzen

$$(18.)\qquad \tau_{11}=\varkappa+\lambda,\quad \tau_{12}=\alpha\varkappa+\beta\lambda,\quad \tau_{22}=\alpha^2\varkappa+\beta^2\lambda,$$

und damit Ψ positiv sei, ist es nothwendig und hinreichend, dass die Ordinaten der complexen Variabeln $\varkappa$ und λ positiv sind.

Endlich will ich noch die Transformation

$$A = \begin{pmatrix} -a & 1 & 0 & 0 & 0 & 0 & 0 & 0 \\ -b & 0 & 1 & 0 & 0 & 0 & 0 & 0 \\ -c & 0 & 0 & 1 & 0 & 0 & 0 & 0 \\ -d & 0 & 0 & 0 & 1 & a & b & c \\ 0 & 0 & 0 & 0 & 0 & n & 0 & 0 \\ 0 & 0 & 0 & 0 & 0 & 0 & n & 0 \\ 0 & 0 & 0 & 0 & 0 & 0 & 0 & n \\ -n & 0 & 0 & 0 & 0 & 0 & 0 & 0 \end{pmatrix}$$

untersuchen. Die Gleichungen (2.), § 4 sind für diesen Fall

$$(19.)\qquad \begin{cases} a\omega_1+b\omega_2+c\omega_3+d\omega_4+n\omega_8+m\omega_1 = 0, \\ \omega_1=m\omega_2,\quad \omega_2=m\omega_3,\quad \omega_3=m\omega_4,\quad \omega_4=m\omega_5, \\ a\omega_4+n\omega_5=m\omega_6,\quad b\omega_4+n\omega_6=m\omega_7,\quad c\omega_4+n\omega_7=m\omega_8. \end{cases}$$

Daher ist

$$\omega_1=m^4,\quad \omega_2=m^3,\quad \omega_3=m^2,\quad \omega_4=m,\quad \omega_5=1,$$

$$\omega_6=m_0+a,\quad \omega_7=m_0^2+am_0+b,\quad \omega_8=m_0^3+am_0^2+bm_0+c$$

und, falls

$$\varphi(r) = r^8+ar^7+br^6+cr^5+dr^4+cnr^3+bn^2r^2+an^3r+n^4$$

gesetzt wird, $\varphi(m)=0$. Ist m eine mehrfache Wurzel dieser Gleichung, so sind, weil die Gleichungen (19.) nur eine Lösung zulassen, die entsprechenden Elementartheiler nicht alle vom ersten Grade. Ich nehme daher an, dass die Wurzeln dieser Gleichung alle einfach sind und dem absoluten Betrage nach gleich $\sqrt{n}$. Nun ist

$$\sum_\lambda{}_1^4(\omega_\lambda\omega^{(0)}_{4+\lambda}-\omega_{4+\lambda}\omega^{(0)}_\lambda) = 4m^4+3am^3+2bm^2+cm-c\frac{n}{m}-2b\frac{n^2}{m^2}-3a\frac{n^3}{m^3}-\frac{4n^4}{m^4}.$$

Addirt man dazu $m^{-4}\varphi(m)=0$, so wird dieser Ausdruck gleich $D_r(r^{-3}\varphi(r))$ für $r=m$. Demnach muss m so gewählt werden, dass $im^{-3}\varphi'(m)$ positiv ist, was immer für eine der beiden Wurzeln eines Paares conjugirt complexer Wurzeln eintritt. Diese Wurzeln erster Art seien m_α ($\alpha = 1, 2, 3, 4$). Dann erhält man zur Bestimmung der Parameter $\tau_{\alpha\beta}$ die Gleichungen

$$(20.)\quad \begin{cases} m^4\tau_{11}+m^3\tau_{21}+m^2\tau_{31}+m\tau_{41} = 1, \\ m^4\tau_{12}+m^3\tau_{22}+m^2\tau_{32}+m\tau_{42} = m_0+a, \\ m^4\tau_{13}+m^3\tau_{23}+m^2\tau_{33}+m\tau_{43} = m_0^2+am_0+b, \\ m^4\tau_{14}+m^3\tau_{24}+m^2\tau_{34}+m\tau_{44} = m_0^3+am_0^2+bm_0+c \end{cases}$$

für $m = m_\alpha$. Der ersten zufolge ist identisch

$$(1-\tau_{11}x^4-\tau_{21}x^3-\tau_{31}x^2-\tau_{41}x) = \Pi\left(1-\frac{x}{m_\alpha}\right),$$

also, wenn man

$$(21.)\quad p = -\frac{1}{\Pi(m_\alpha)},\quad q = \frac{\Sigma(m_\alpha)}{\Pi(m_\alpha)},\quad r = -\Sigma\frac{1}{m_\alpha m_\beta},\quad s = \Sigma\frac{1}{m_\alpha}$$

setzt,

$$\tau_{11} = p,\quad \tau_{21} = q,\quad \tau_{31} = r,\quad \tau_{41} = s.$$

Reducirt man die folgenden Gleichungen (20.), in denen $m_0 = \frac{n}{m}$ ist, mittelst der Gleichung $1-pm^4-qm^3-rm^2-sm = 0$ auf den dritten Grad, so müssen alle ihre Coefficienten verschwinden, und man erhält so die Grössen $\tau_{\alpha\beta}$ alle durch die vier Grössen (21.) ausgedrückt. Sind $n_1, \dots n_4$ Variabeln, so lassen sich diese Ausdrücke in die identische Gleichung

$$(22.)\quad \begin{cases} p\Sigma\tau_{\varkappa\lambda}n_\varkappa n_\lambda = (pn_1+qn_2+rn_3+sn_4)^2+n(pn_2+qn_3+rn_4)^2 \\ \qquad +n^2(pn_3+qn_4)^2+n^3(pn_4)^2 \end{cases}$$

zusammenfassen, und zwischen den Coefficienten von $\varphi(r)$ und den Grössen (21.) erhält man die Gleichungen

$$\begin{aligned} ap &= q-nps, \\ bp &= r-nqs-n^2pr, \\ cp &= s-nrs-n^2qr-n^3pq, \\ dp &= -1-ns^2-n^2r^2-n^3q^2-n^4p^2, \end{aligned}$$

welche sich auch leicht aus der Formel

$$(px^4+qx^3+rx^2+sx-1)(x^4-snx^3-rn^2x^2-qn^3x-pn^4) = p\varphi(x)$$

herleiten lassen.

Zürich, im Januar 1883.

29.

Über Gruppen von Thetacharakteristiken

Journal für die reine und angewandte Mathematik 96, 81–99 (1884)

Unter den Thetafunctionen k^{ten} Grades von ϱ Variabeln, welche bei Vermehrung der Argumente um simultane Perioden mit den nämlichen Exponentialfactoren multiplicirt werden, sind genau k^{ϱ} linear unabhängig. Darunter giebt es auch solche, welche bereits den k^{ten} Theil einiger der ursprünglichen Perioden zu Perioden haben. Die Anzahl der linearunabhängigen unter diesen ist kleiner als k^{ϱ} und wird gleich 1 für die Functionen, welche Thetafunctionen ersten Grades mit den kleineren Perioden sind, also aus den Thetafunctionen ersten Grades mit den gegebenen Perioden durch eine Transformation k^{ten} Grades entstehen.

In der folgenden Arbeit beschränke ich mich (§§ 4 und 5) auf die Betrachtung von Thetafunctionen *zweiten* Grades, deren zweites logarithmisches Differential ungeändert bleibt, wenn das Argument um gewisse *halbe* Perioden vermehrt wird, nachdem ich zur Vorbereitung (§§ 1–3) die aus den Thetacharakteristiken gebildeten *Gruppen* untersucht habe. Mit Hülfe dieser Functionen gelangt man zu einer schärferen Einsicht in das Wesen der Formeln, welche die Herren *Stahl* (dieses Journal Bd. 88), *Nöther* (Math. Ann. Bd. 16) und *Prym* (Untersuchungen über die *Riemann*sche Thetaformel, Leipzig 1882) auf anderen Wegen gefunden haben. Ich bediene mich derselben Bezeichnungen wie in meiner Arbeit „Ueber das Additionstheorem der Thetafunctionen mehrerer Variabeln" (dieses Journal Bd. 89), die ich der Kürze halber mit *T.* citiren werde.

§ 1.

In der folgenden Untersuchung sind zwei Charakteristiken immer als gleich bezeichnet, wenn sie mod. 2 congruent sind. Alle Combinationen von γ unabhängigen Charakteristiken $R_1, R_2, \dots R_\gamma$ bilden nebst O eine *Gruppe* $\mathfrak{R}$ von $c = 2^\gamma$ Charakteristiken. Die Zahl γ heisst der *Rang*, die

Zahl c die *Ordnung* der Gruppe (dieses Journal Bd. 86, S. 219). Das System der γ Charakteristiken R_λ oder irgend ein anderes System von γ unabhängigen Charakteristiken der Gruppe heisst eine *Basis* von $\mathfrak{R}$. Allgemeiner nenne ich die 2^γ wesentlichen Combinationen von $\gamma+1$ wesentlich unabhängigen Charakteristiken $C, C_1, \dots C_\gamma$ ein *vollständiges System* $\mathfrak{C}$ vom Range γ und der Ordnung c und irgend $\gamma+1$ wesentlich unabhängige Charakteristiken desselben eine Basis von $\mathfrak{C}$. (Vgl. *Prym*, l. c. S. 86). Damit ein vollständiges System eine Gruppe sei, ist nothwendig und hinreichend, dass es die Charakteristik 0 enthalte. Zählt man zu allen Charakteristiken eines vollständigen Systems eine bestimmte Charakteristik H hinzu, so erhält man wieder ein vollständiges System, das ich mit $H\mathfrak{C}$ bezeichne. Die $2^{2\varrho-\gamma}$ verschiedenen vollständigen Systeme, die auf diese Art aus einem erhalten werden, bilden einen Complex vollständiger Systeme. Unter denselben befindet sich nur eine einzige Gruppe, die sich ergiebt, wenn man für H irgend eine in $\mathfrak{C}$ enthaltene Charakteristik wählt, und die aus allen Summen einer geraden Anzahl der Basischarakteristiken $C, C_1, \dots C_\gamma$ besteht. Sie soll die dem vollständigen Systeme $\mathfrak{C}$ entsprechende Gruppe genannt werden.

Zwei Charakteristiken A und B heissen *syzygetisch* oder *azygetisch*, je nachdem $|A, B| \equiv 0$ oder 1 ist. Um von den gegenseitigen Beziehungen der Charakteristiken einer Gruppe $\mathfrak{R}$ eine genauere Vorstellung zu gewinnnen, untersuche man zunächst, ob es in $\mathfrak{R}$ ausser 0 noch andere Charakteristiken P giebt, die mit allen Charakteristiken $R_0, R_1, \dots R_{c-1}$ von $\mathfrak{R}$ syzygetisch sind, also den c Congruenzen

$$(1.) \qquad |P, R_\lambda| \equiv 0 \qquad (\lambda = 0, 1, \dots c-1)$$

genügen. Dazu reicht es aus, dass P die γ unabhängigen Congruenzen

$$|P, R_\varkappa| \equiv 0 \qquad (\varkappa = 1, 2, \dots \gamma)$$

befriedigt. Sind P und P' zwei ihnen genügende Charakteristiken, so ist auch PP' eine solche. Demnach bilden alle Charakteristiken P eine Gruppe $\mathfrak{P}$, welche ich die *syzygetische Untergruppe* von $\mathfrak{R}$ nenne. Sind $P_0, P_1, \dots P_{a-1}$ die $a = 2^\alpha$ Charakteristiken derselben, so besteht nach (1.) zwischen je zwei derselben die Beziehung

$$(2.) \qquad |P_\varkappa, P_\lambda| \equiv 0.$$

Zwei Charakteristiken A und B heissen mod. $\mathfrak{P}$ *äquivalent*, wenn AB in $\mathfrak{P}$ enthalten ist. Sind A, A', B, B' vier Charakteristiken von $\mathfrak{R}$, und ist $A \equiv A'$ und $B \equiv B'$ (mod. $\mathfrak{P}$), so ist nach (1.) und (2.):

$$|A, B| \equiv |A', B'|.$$

Ist $a < c$, so giebt es in $\mathfrak{R}$ mindestens zwei azygetische Charakteristiken Q_1 und Q_2. Ist dann P irgend eine Charakteristik von $\mathfrak{P}$, so ist PQ_1Q_2 sowohl mit Q_1 als auch mit Q_2 azygetisch. Man untersuche nun, ob es in $\mathfrak{R}$ eine Charakteristik Q_3 giebt, die mit Q_1 und Q_2 azygetisch ist und nicht äquivalent Q_1Q_2 (mod. $\mathfrak{P}$) ist; sodann eine Charakteristik Q_4, die mit Q_1, Q_2 und Q_3 azygetisch ist; ferner eine Charakteristik Q_5, die mit Q_1, Q_2, Q_3 und Q_4 azygetisch ist und nicht ihrer Summe mod. $\mathfrak{P}$ äquivalent ist u. s. w. Setzt man dies Verfahren so weit als möglich fort, so erhält man β Charakteristiken $Q_1, Q_2, \dots Q_\beta$ der Gruppe $\mathfrak{R}$, die folgende Eigenschaften haben: I. Je zwei derselben sind azygetisch,

$$(3.)\qquad |Q_\lambda, Q_\mu| \equiv 1 \qquad\qquad (\lambda \lessgtr \mu).$$

II. $Q_1Q_2 \dots Q_{2\lambda+1}$ ist nicht in $\mathfrak{P}$ enthalten. III. Es giebt in $\mathfrak{R}$ keine mit $Q_1, \dots Q_\beta$ azygetische Charakteristik, ausser

$$Q = Q_1Q_2 \dots Q_\beta,$$

wenn β gerade ist.

Diese Charakteristiken sind (mod. $\mathfrak{P}$) unabhängig, d. h. keine Combination derselben ist in $\mathfrak{P}$ enthalten. Denn sei R eine Combination von $\varkappa$ unter ihnen und zunächst $\varkappa < \beta$. Ist dann Q_λ unter jenen $\varkappa$ Charakteristiken enthalten, Q_μ aber nicht, so ist $|R, Q_\lambda| \equiv \varkappa - 1$ und $|R, Q_\mu| \equiv \varkappa$, also $|R, Q_\lambda Q_\mu| \equiv 1$, und mithin ist R nicht in $\mathfrak{P}$ enthalten. Ferner ist $R = Q_1Q_2 \dots Q_\beta$, wenn β ungerade ist, zufolge der Eigenschaft II., und wenn β gerade ist, zufolge der Congruenz $|R, Q_1| \equiv 1$ nicht in $\mathfrak{P}$ enthalten.

Wenn es in $\mathfrak{R}$ eine Charakteristik R giebt, die sich nicht aus $Q_1, Q_2, \dots Q_\beta$ und den Charakteristiken von $\mathfrak{P}$ zusammensetzen lässt, so sei etwa

$$|R, Q_1| \equiv 0, \dots |R, Q_\varkappa| \equiv 0, \quad |R, Q_{\varkappa+1}| \equiv 1, \dots |R, Q_\beta| \equiv 1.$$

Dann genügen $S = RQ_1 \dots Q_\varkappa$ und $T = RQ_{\varkappa+1} \dots Q_\beta$ den Congruenzen

$$|S, Q_\lambda| \equiv \varkappa - 1, \quad |T, Q_\lambda| \equiv \beta - \varkappa \qquad (\lambda = 1, 2, \dots \beta).$$

Der Eigenschaft III. zufolge sind daher $\varkappa - 1$ und $\beta - \varkappa$ gerade, also β ungerade. Jede der etwa vorhandenen Charakteristiken R lässt sich also durch Hinzufügung einiger der Charakteristiken Q_λ so abändern, dass sie den Congruenzen

$$(4.)\qquad |R, Q_\lambda| \equiv 0 \qquad\qquad (\lambda = 1, 2, \dots \beta)$$

genügt. Bilden $P_1, \dots P_\alpha$ eine Basis von $\mathfrak{P}$, so kann man folglich eine

Anzahl den Gleichungen (4.) genügender Charakteristiken $R_1, \dots R_\delta$ so bestimmen, dass sie zusammen mit $P_1, \dots P_\alpha, Q_1, \dots Q_\beta$ eine Basis von $\mathfrak{R}$ bilden. Die Charakteristik $Q = Q_1 \dots Q_\beta$ genügt dann nach (1.) den Congruenzen

$$|Q, P_\lambda| \equiv 0, \qquad (\lambda = 1, 2, \dots \alpha)$$

nach (4.) den Congruenzen

$$|Q, R_\lambda| \equiv 0, \qquad (\lambda = 1, 2, \dots \delta)$$

und weil β ungerade ist, nach (3.) den Congruenzen

$$|Q, Q_\lambda| \equiv 0 \qquad (\lambda = 1, 2, \dots \beta)$$

und mithin auch den Congruenzen $|Q, R| \equiv 0$, wo R irgend eine Charakteristik von $\mathfrak{R}$ ist. Demnach ist Q in der Gruppe $\mathfrak{P}$ enthalten, im Widerspruch mit der Eigenschaft II. Folglich muss $\delta = 0$ sein, und $P_1, \dots P_\alpha, Q_1, \dots Q_\beta$ bilden eine Basis von $\mathfrak{R}$. Ferner muss β gerade sein, weil sonst Q mit allen Charakteristiken einer Basis von $\mathfrak{R}$ syzygetisch und mithin in $\mathfrak{P}$ enthalten wäre. Es ergiebt sich also der Satz:

I. *Die Differenz zwischen dem Rang einer Gruppe und dem ihrer syzygetischen Untergruppe ist stets eine gerade Zahl.*

Ich will daher β durch 2β ersetzen. Jede Gruppe hat demnach eine Basis, deren Charakteristiken den Congruenzen

$$(5.) \qquad |P_\varkappa, P_\lambda| \equiv 0, \quad |P_\varkappa, Q_\lambda| \equiv 0, \quad |Q_\varkappa, Q_\lambda| \equiv 1$$

genügen, und welche ich eine *normale Basis* nennen will. Ist z. B. $\mathfrak{R}$ die aus allen $2^{2\varrho}$ Charakteristiken gebildete Gruppe, so besteht $\mathfrak{P}$ nach *T.* S. 191 nur aus der Charakteristik O. Daher giebt es 2ϱ unabhängige Charakteristiken, von denen je zwei azygetisch sind.

Da die $\alpha + 2\beta$ Charakteristiken

$$(6.) \qquad P_1, \dots P_\alpha, \quad Q_1, \dots Q_{2\beta}$$

unabhängig sind, so kann man eine Charakteristik $X = Q_{2\beta+1}$ finden, welche den Congruenzen

$$|P_1, X| \equiv 1, \quad |P_\varkappa, X| \equiv 0, \quad |Q_\lambda, X| \equiv 1 \qquad (\varkappa = 2, \dots \alpha;\ \lambda = 1, \dots 2\beta)$$

genügt. Dann befriedigt $Q_{2\beta+1} P_1 = Q_{2\beta+2}$ dieselben Congruenzen, und die $\alpha + 2\beta + 1$ Charakteristiken $P_2, \dots P_\alpha, Q_1, \dots Q_{2\beta+2}$ sind unabhängig. Denn bestände zwischen ihnen eine Relation, so könnten in derselben $Q_{2\beta+1}$ und $Q_{2\beta+2}$ nicht beide fehlen, weil die Charakteristiken (6.) unabhängig sind, und aus demselben Grunde nicht beide zugleich vorkommen, da $Q_{2\beta+1} Q_{2\beta+2} = P_1$ ist. Käme aber nur eine von ihnen vor, so wäre diese eine Combination der Charakteristiken (6.), also, wie alle diese Combinationen, mit P_1 syzygetisch, wider die Voraussetzung.

In derselben Weise kann man P_2 in eine Summe von zwei azygetischen Charakteristiken $Q_{2\beta+3}$ und $Q_{2\beta+4}$ zerlegen, die den Congruenzen

$$|P_2, X| \equiv 1, \quad |P_\varkappa, X| \equiv 0, \quad |Q_\lambda, X| \equiv 1 \qquad {\scriptstyle (\varkappa = 3, \dots \alpha;\ \lambda = 1, \dots 2\beta+2)}$$

genügen. Indem man so fortfährt, erhält man den Satz:

II. *Jede Gruppe hat eine Basis*

$$Q_1, Q_2, \dots Q_{2\beta}, \quad P_1 = Q_{2\beta+1}Q_{2\beta+2}, \quad P_2 = Q_{2\beta+3}Q_{2\beta+4}, \dots P_\alpha = Q_{2\beta+2\alpha-1}Q_{2\beta+2\alpha},$$

wo $Q_1, \dots Q_{2\beta+2\alpha}$ *unabhängige Charakteristiken sind, von denen je zwei azygetisch sind.*

Drei Charakteristiken A, B, C heissen syzygetisch oder azygetisch, je nachdem $|A, B, C| \equiv 0$ oder 1 ist. Wenn die Charakteristiken zweier Systeme $A, A_1, A_2, \dots$ und $B, B_1, B_2, \dots$ einander paarweise entsprechen (A_α und B_α), und wenn für je drei Paare entsprechender Charakteristiken

$$|A_\alpha, A_\beta, A_\gamma| \equiv |B_\alpha, B_\beta, B_\gamma|$$

ist, und wenn die wesentlichen Relationen zwischen den Charakteristiken des einen Systems die nämlichen sind, wie die zwischen denen des andern, so heissen die beiden Systeme *äquivalent* (*T.* Einleitung). Da $|O, A, B| = |A, B|$ ist, so reducirt sich die erste Bedingung, falls in beiden Systemen die Charakteristiken O und O einander entsprechen, auf die Congruenzen $|A_\alpha, A_\beta| \equiv |B_\alpha, B_\beta|$ zwischen den unabhängigen Charakteristiken beider Systeme. Sei nun A_λ die Charakteristik, in welcher $\mu_\lambda = 1$, $\nu_\lambda = 0$, B_λ die, in welcher $\mu_\lambda = 0$, $\nu_\lambda = 1$ und beide Mal alle andern Zahlen $\mu_\varkappa$ und $\nu_\varkappa$ Null sind. Setzt man dann

$$Q_1 = B_1, \quad Q_2 = A_1B_1, \quad Q_3 = A_1B_2, \quad Q_4 = A_1A_2B_2,$$

allgemein

$$Q_{2\lambda-1} = A_1 \dots A_{\lambda-1}B_\lambda, \quad Q_{2\lambda} = A_1 \dots A_\lambda B_\lambda, \qquad {\scriptstyle (\lambda = 1, 2, \dots \beta)}$$

ferner

$$P_1 = A_{\beta+1}, \dots P_\alpha = A_{\beta+\alpha},$$

so bestehen zwischen diesen Charakteristiken die Beziehungen (5.). Bildet man die Gruppe, deren Basis diese Charakteristiken bilden, so erhält man den Satz:

III. *Zu jeder Gruppe von Charakteristiken giebt es eine äquivalente Gruppe, in welcher der Charakteristik* O *wieder* O *entspricht, und welche aus allen Charakteristiken besteht, in denen* $\mu_1, \dots \mu_{\alpha+\beta}, \nu_1, \dots \nu_\beta$ *die Werthe* 0 *und* 1 *haben, dagegen* $\mu_{\alpha+\beta+1}, \dots \mu_\varrho, \nu_{\beta+1}, \dots \nu_\varrho$ *gleich Null sind.*

§ 2.

Da $P_1, \dots P_\alpha, Q_1, \dots Q_{2\beta}$ unabhängig sind, so haben die $\alpha+2\beta$ Congruenzen

$$|X, P_\varkappa| \equiv 0, \quad |X, Q_\lambda| \equiv 0$$

$2^{2\varrho-\alpha-2\beta}$ unabhängige Lösungen. Zu ihnen gehören die 2^α Charakteristiken von $\mathfrak{P}$, und mithin ist $2^{2\varrho-\alpha-2\beta} \geqq 2^\alpha$ oder

$$(1.) \qquad \alpha+\beta \leqq \varrho.$$

Addirt man zu allen Charakteristiken von $\mathfrak{R}$ eine willkürliche Charakteristik A, so erhält man das vollständige System $\mathfrak{A} = A\mathfrak{R}$. Ist g die Anzahl der geraden und h die der ungeraden Charakteristiken desselben, so ist $g+h = 2^{\alpha+2\beta}$ und $g-h = \Sigma(W)$, wo W alle Charakteristiken von $\mathfrak{A}$ durchläuft. Ist $AQ_\lambda = A_\alpha$, so ist jede solche Charakteristik W das Product aus einer wesentlichen Combination V der Charakteristiken $A, A_1, \dots A_{2\beta}$ und irgend einer Combination U der Charakteristiken von $\mathfrak{P}$. Da AV in $\mathfrak{R}$ enthalten ist, so ist nach (1.) § 1

$$|U, AV| \equiv 0,$$

also

$$(W) = (UV) = (U)(V)(U, V) = (U)(U, A)(V)$$

und folglich

$$\Sigma(W) = (\Sigma(U)(U, A))(\Sigma(V)).$$

Nun ist aber

$$\Sigma(U)(U, A) = (1+(P_1)(P_1, A)) \dots (1+(P_\alpha)(P_\alpha, A)) = 2^\alpha \varepsilon,$$

wo $\varepsilon = 1$ ist, wenn für $\lambda = 1, 2, \dots \alpha$ $(P_\lambda) = (P_\lambda, A)$ oder $(AP_\lambda) = (A)$ ist, dagegen $\varepsilon = 0$ ist, wenn dies nicht der Fall ist. Da ferner nach (3.) § 1 je drei der Charakteristiken $A, A_1, \dots A_{2\beta}$ azygetisch sind, so ist nach *T.* S. 212

$$(AA_1 \dots A_{2\lambda}) = (A)(A_1) \dots (A_{2\lambda})(-1)^\lambda$$

und daher

$$2i\Sigma(V) = (1+i(A))(1+i(A_1))\dots(1+i(A_{2\beta})) - (1-i(A))(1-i(A_1))\dots(1-i(A_{2\beta})),$$

oder wenn ν der Charakteristiken A_λ ungerade sind, gleich

$$(1-i)^\nu (1+i)^{2\beta+1-\nu} - (1+i)^\nu (1-i)^{2\beta+1-\nu},$$

und mithin

$$\Sigma(V) = (-1)^{\frac{(\beta-\nu)(\beta-\nu-1)}{2}} 2^\beta.$$

Folglich ist

$$(2.)\qquad g-h = \varepsilon(-1)^{\frac{(\beta-\nu)(\beta-\nu-1)}{2}}\,2^{\alpha+\beta}.$$

In dieser Formel ist $\varepsilon = 1$, wenn alle Charakteristiken des Systems $\mathfrak{A}$, die *irgend* einer von ihnen mod. $\mathfrak{P}$ äquivalent sind, denselben Charakter haben, sonst $\varepsilon = 0$.

Sei $\gamma = \alpha+2\beta$ und $B, B_1, \dots B_\gamma$ irgend eine Basis von $\mathfrak{A}$, und sei f die Anzahl der Lösungen der Congruenzen

$$(3.)\qquad (XB_\lambda) = (B_\lambda). \qquad (\lambda = 0, 1, \dots \gamma)$$

Dann ist

$$2^{\gamma+1} f = \sum_\alpha (1+(B)(RB))(1+(B_1)(RB_1))\dots(1+(B_\gamma)(RB_\gamma)),$$

wo R alle Charakteristiken durchläuft. Entwickelt man das Product, so ist zunächst $\Sigma 1 = 2^{2\varrho}$, ferner

$$\sum_R (B_\varkappa)(RB_\varkappa)(B_\lambda)(RB_\lambda)(B_\mu)(RB_\mu)\dots = \Sigma(R)^\xi(R, B_\varkappa B_\lambda B_\mu\dots),$$

wo ξ die Anzahl der Charakteristiken $B_\varkappa, B_\lambda, B_\mu\dots$ bezeichnet. Ist ξ gerade, so ist $B_\varkappa B_\lambda B_\mu\dots$ nicht gleich 0, und daher die Summe gleich Null. Ist ξ ungerade, so ist sie gleich

$$(B_\varkappa B_\lambda B_\mu\dots)\sum_R (RB_\varkappa B_\lambda B_\mu\dots) = (B_\varkappa B_\lambda B_\mu\dots)\,2^\varrho.$$

Daher ist

$$2^{\gamma+1} f = 2^{2\varrho} + 2^\varrho \Sigma(W),$$

wo W alle wesentlichen Combinationen von $B, B_1, \dots B_\gamma$, d. h. alle Charakteristiken von $\mathfrak{A}$ durchläuft, oder

$$2^{\alpha+2\beta+1} f = 2^{2\varrho} + 2^{\varrho+\alpha+\beta}\varepsilon(-1)^{\frac{(\beta-\nu)(\beta-\nu-1)}{2}}.$$

Ist $\varepsilon = 1$ und $\alpha+\beta = \varrho$, so ist

$$f = 2^{\varrho-\beta-1}\left(1+(-1)^{\frac{(\beta-\nu)(\beta-\nu-1)}{2}}\right).$$

Da den Gleichungen (3.) stets die Charakteristik $X = 0$ genügt, so ist $f \geqq 1$. Mithin muss in diesem Falle $(\beta-\nu)(\beta-\nu-1)$ durch 4 theilbar sein, und folglich ist $g-h = +2^\varrho$. Daher ergiebt sich der (für die Theorie der linearen Transformation wichtige) Satz:

IV. *Ist g die Anzahl der geraden und h die der ungeraden Charakteristiken eines vollständigen Systems, so liegt $g-h$ zwischen den Grenzen $+2^\varrho$ und $-2^{\varrho-1}$ und ist stets eine mit 1, 0 oder -1 multiplicirte Potenz von 2, deren Exponent die halbe Summe des Ranges der dem System entsprechenden Gruppe und des Ranges ihrer syzygetischen Untergruppe ist.*

Ich habe *T.* S. 196 gezeigt, dass die 2^{ϱ} Charakteristiken eines *Göpel*schen Systems entweder alle gerade, oder zur Hälfte gerade und zur Hälfte ungerade sind. Im letzteren Falle bilden die ungeraden Charakteristiken für sich ein vollständiges System, in dem $g = 0$, $h = 2^{\varrho-1}$, also $g-h = -2^{\varrho-1}$ ist. Im ersteren Falle ist für das gesammte System $g = 2^{\varrho}$, $h = 0$, also $g-h = +2^{\varrho}$. Die beiden oben für $g-h$ gefundenen Grenzen sind also genau. Da

$$2^{\gamma+1}f = 2^{2\varrho}+2^{\varrho}(g-h)$$

ist, so liegt die Anzahl der Lösungen der Congruenzen (3.) zwischen $2^{2\varrho-\gamma}$ und $2^{2\varrho-\gamma-2}$.

§ 3.

Gegeben sei eine Gruppe $\mathfrak{P}$ von $n = 2^{\nu}$ Charakteristiken $P_0, P_1, \dots P_{n-1}$, von denen je zwei syzygetisch sind. Wir bestimmen dann alle Charakteristiken, die mit jeder Charakteristik von $\mathfrak{P}$ syzygetisch sind. Bilden $P_1, \dots P_{\nu}$ eine Basis von $\mathfrak{P}$, so ist dazu nothwendig und hinreichend, dass eine solche Charakteristik den ν unabhängigen Congruenzen

$$|Y, P_{\lambda}| \equiv 0 \qquad (\lambda = 1, 2, \dots \nu)$$

genügt. Ihre Anzahl ist daher $2^{2\varrho-\nu}$ und sie bilden eine Gruppe, von der $\mathfrak{P}$ eine Untergruppe ist. Betrachtet man also zwei Lösungen nicht als verschieden, wenn sie mod. $\mathfrak{P}$ äquivalent sind, so ist die Anzahl der verschiedenen Lösungen $2^{2\varrho-2\nu}$, oder wenn man

$$(1.) \qquad \varrho = \nu+\sigma$$

setzt, $2^{2\sigma}$. Sind Q und R zwei dieser Lösungen, und ist

$$Q' \equiv Q, \quad R' \equiv R \ (\text{mod. } \mathfrak{P}),$$

so ist

$$|Q, R| \equiv |Q', R'|.$$

Zählt man zu allen $2^{2\sigma}$ Lösungen eine Charakteristik A hinzu, so erhält man ein vollständiges System $\mathfrak{A}$, dessen Charakteristiken den Congruenzen

$$(2.) \qquad (X, P_{\lambda}) = (A, P_{\lambda}) \qquad (\lambda = 0, 1, \dots n-1)$$

genügen. Sind B, C, D irgend drei derselben und B', C', D' ihnen mod. $\mathfrak{P}$ äquivalent, so ist

$$|B, C, D| \equiv |B', C', D'|.$$

Setzt man $(A, P_{\lambda}) = \varepsilon_{\lambda}$, so ist

$$(3.)\quad \varepsilon_\gamma = \varepsilon_\alpha \varepsilon_\beta, \quad \text{wenn } P_\gamma = P_\alpha P_\beta$$

ist. Dagegen können $\varepsilon_1, \ldots \varepsilon_\nu$ willkürlich gleich $+1$ oder -1 angenommen werden. Denn man kann immer A so bestimmen, dass es den ν unabhängigen Congruenzen

$$(A, P_\lambda) = \varepsilon_\lambda \qquad (\lambda = 1, 2, \ldots \nu)$$

genügt. Das vollständige System $\mathfrak{A}$ wird dann von allen Lösungen der Congruenzen

$$(4.)\quad (X, P_\lambda) = \varepsilon_\lambda \qquad (\lambda = 0, 1, \ldots n-1)$$

gebildet. Unter den so erhaltenen vollständigen Systemen ist besonders das bemerkenswerth, in welchem $\varepsilon_\lambda = (P_\lambda)$ ist. Da $(P_\alpha, P_\beta) = +1$, also $(P_\alpha P_\beta) = (P_\alpha)(P_\beta)$ ist, so ist diese Annahme mit den Relationen (3.) verträglich. Aus den Gleichungen

$$(X, P_\lambda) = (P_\lambda) \quad \text{oder} \quad (X P_\lambda) = (X)$$

folgt, dass alle Charakteristiken dieses Systems $\mathfrak{A}$, die einer unter ihnen mod. $\mathfrak{P}$ äquivalent sind, denselben Charakter haben.

Sind unter den mod. $\mathfrak{P}$ verschiedenen Charakteristiken eines solchen Systems $\mathfrak{A}$ g gerade und h ungerade, so ist $g+h = 2^{2\sigma}$ und

$$2^{2\nu}(g-h) = \sum_R (R)(1+(R, P_1)(P_1)) \ldots (1+(R, P_\nu)(P_\nu)),$$

wo R alle Charakteristiken durchläuft. Irgend ein Glied des entwickelten Productes hat die Form

$$(R)(R, P_\alpha)(P_\alpha)(R, P_\beta)(P_\beta)(R, P_\gamma)(P_\gamma) \ldots = (R P_\alpha P_\beta P_\gamma \ldots).$$

Da

$$\sum_R (R P_\alpha P_\beta P_\gamma \ldots) = 2^\varrho$$

und die Anzahl der Glieder des entwickelten Productes 2^ν ist, so ist folglich

$$2^{2\nu}(g-h) = 2^{\varrho+\nu}$$

oder

$$(5.)\quad g-h = 2^\sigma,$$

also

$$(6.)\quad g = 2^{\sigma-1}(2^\sigma+1), \qquad h = 2^{\sigma-1}(2^\sigma-1).$$

Ebenso gross ist die Anzahl der σ-reihigen Charakteristiken, die gerade oder ungerade sind.

Durchläuft S die mod. $\mathfrak{P}$ verschiedenen Charakteristiken von $\mathfrak{A}$, so ist also

$$(7.)\quad \Sigma(S) = 2^\sigma.$$

Durchlaufe ferner P die Charakteristiken von $\mathfrak{P}$ und sei

$$f = \sum_{P,S}(H, PS),$$

wo H irgend eine Charakteristik ist. Dann ist

$$2^\nu f = \sum_R (H, R)(1+(R, P_1)(P_1)) \dots (1+(R, P_\nu)(P_\nu)).$$

Irgend ein Glied des entwickelten Productes ist

$$(R, HP_\alpha P_\beta P_\gamma \dots)(P_\alpha)(P_\beta)(P_\gamma)\dots.$$

Nun ist aber

$$(P_\alpha)(P_\beta)(P_\gamma)\dots = (P_\alpha P_\beta P_\gamma \dots)$$

und

$$\Sigma(R, HP_\alpha P_\beta P_\gamma \dots) = 2^{2\varrho},$$

wenn

$$H = P_\alpha P_\beta P_\gamma \dots,$$

sonst aber gleich Null. Daher ist $f = 0$, wenn H nicht in $\mathfrak{P}$ enthalten ist, sonst aber $f = 2^{2\varrho-\nu}(H)$. Gehört H der dem System $\mathfrak{A}$ entsprechenden Gruppe an, ist also H (mod. $\mathfrak{P}$) der Summe einer geraden Anzahl der Charakteristiken von $\mathfrak{A}$ äquivalent, so ist $(H, P) = 1$. Mithin ist

$$(8.) \qquad \sum_S (H, S) = 0, \qquad \sum_S (P, S) = 2^{2\sigma}(P),$$

wenn H nicht in $\mathfrak{P}$ enthalten ist.

Besteht die Gruppe $\mathfrak{P}$ nur aus der Charakteristik O, so gehen die Formeln (7.) und (8.) in die Formeln *T.* S. 191, (10.) und (11.) über. Alle daselbst entwickelten Eigenschaften der Charakteristikensysteme sind dort aber aus diesen beiden Sätzen abgeleitet worden, und lassen sich daher auf die mod. $\mathfrak{P}$ betrachteten Charakteristiken von $\mathfrak{A}$ übertragen. Speciell giebt es in $\mathfrak{A}$ *Fundamentalsysteme* von $2\sigma+2$ Charakteristiken, deren Summe O (d. h. in $\mathfrak{P}$ enthalten) ist, und von denen je drei azygetisch sind, und über die Anzahl dieser Systeme bei vorgeschriebenen Charakteren gelten die *T.* § 5 entwickelten Sätze.

Für $\sigma = 1$ bilden die $2^{2\sigma} = 4$ Charakteristiken von $\mathfrak{A}$, von denen 1 ungerade und 3 gerade sind, ein Fundamentalsystem. Für $\sigma = 2$ bilden die 6 ungeraden Charakteristiken, die sich unter den 16 Charakteristiken von $\mathfrak{A}$ befinden, ein Fundamentalsystem, d. h. die Summe von je drei derselben ist gerade. Für $\sigma = 3$ befinden sich in einem Fundamentalsystem $A, A_1, \dots A_7$ entweder 3 oder 7 ungerade. Die Summe G dieser ungeraden Charakteristiken ist gerade, dagegen sind, wenn α und β verschieden sind, die 28 Charakteristiken $GA_\alpha A_\beta$ sämmtlich ungerade.

§ 4.

V. *Ist $\varphi(u)$ eine Thetafunction zweiten Grades, welche sich bei Vermehrung des Arguments um ganze Perioden ebenso ändert wie $\vartheta^2[A](u)$, ausserdem aber die halben Perioden P und Q zu Perioden hat, so sind die denselben entsprechenden Charakteristiken syzygetisch.*

Unter einer Periode einer Thetafunction verstehe ich hier ein Grössensystem, welches für das zweite logarithmische Differential eine Periode (im gewöhnlichen Sinne) ist. Nach der Voraussetzung ist, wenn

$$P = \binom{\nu_1 \dots \nu_\varrho}{\mu_1 \dots \mu_\varrho}, \quad Q = \binom{\nu'_1 \dots \nu'_\varrho}{\mu'_1 \dots \mu'_\varrho}$$

ist,

$$\varphi(u+2P) = e^{-4\pi i \Sigma \nu_\alpha u_\alpha - 2\pi i \Sigma \tau_{\alpha\beta}\nu_\alpha \nu_\beta} \varphi(u),$$

$$\varphi(u+P) = c e^{\Sigma a_\alpha u_\alpha} \varphi(u),$$

wo c, a_α Constanten sind. Ersetzt man in der letzten Gleichung u durch $u+P$, so erhält man

$$\varphi(u+2P) = c^2 e^{2\Sigma a_\alpha u_\alpha + \frac{1}{2}\Sigma a_\alpha \mu_\alpha + \frac{1}{2}\Sigma \tau_{\alpha\beta} a_\alpha \nu_\beta},$$

und daher ist

$$a_\alpha = -2\pi i \nu_\alpha, \quad c = \sqrt{P} e^{-\frac{i\pi}{2}\Sigma \tau_{\alpha\beta}\nu_\alpha \nu_\beta},$$

wo $\sqrt{P}$ eine der beiden Quadratwurzeln aus (P) bedeutet. Demnach ist

$$\varphi(u+P) = \sqrt{P} e^{-2\pi i \Sigma \nu_\alpha u_\alpha - \frac{i\pi}{2}\Sigma \tau_{\alpha\beta}\nu_\alpha \nu_\beta} \varphi(u),$$

$$\varphi(u+Q) = \sqrt{Q} e^{-2\pi i \Sigma \nu'_\alpha u_\alpha - \frac{i\pi}{2}\Sigma \tau_{\alpha\beta}\nu'_\alpha \nu'_\beta} \varphi(u),$$

$$\varphi(u+PQ) = \sqrt{PQ} e^{-2\pi i \Sigma(\nu_\alpha + \nu'_\alpha)u - \frac{i\pi}{2}\Sigma \tau_{\alpha\beta}(\nu_\alpha + \nu'_\alpha)(\nu_\beta + \nu'_\beta)} \varphi(u).$$

Vermehrt man in der ersten Gleichung u um Q, so findet man

$$\varphi(u+PQ) = \binom{P}{Q} \sqrt{P}\sqrt{Q} e^{-2\pi i \Sigma(\nu_\alpha + \nu'_\alpha)u - \frac{i\pi}{2}\Sigma \tau_{\alpha\beta}(\nu_\alpha + \nu'_\alpha)(\nu_\beta + \nu'_\beta)} \varphi(u).$$

Durch Vertauschung von P und Q ergiebt sich daraus

$$\binom{P}{Q} = \binom{Q}{P} \quad \text{oder} \quad (P, Q) = +1.$$

Ferner folgt aus den beiden letzten Gleichungen

$$\sqrt{PQ} = \sqrt{P}\sqrt{Q}\binom{P}{Q}.$$

Quadrirt man dieselbe, so erhält man $(PQ)=(P)(Q)$ oder $(P,Q)=1$*).

Wenn also eine Thetafunction zweiten Grades gewisse halbe Perioden zu Perioden hat, so bilden die entsprechenden Charakteristiken eine Gruppe, von deren Elementen je zwei syzygetisch sind. Ist $\mathfrak{P}$ eine Gruppe von derselben Art, wie im vorigen Paragraphen, so verstehe ich unter $\sqrt{P_\alpha}$ $(\alpha=1,2,\dots\nu)$ eine beliebige der beiden Wurzeln aus (P_α) und unter

$$\sqrt{P_\alpha P_\beta P_\gamma\dots}\quad\text{den Ausdruck}\quad \sqrt{P_\alpha}\sqrt{P_\beta}\sqrt{P_\gamma}\dots\binom{P_\alpha}{P_\beta}\binom{P_\alpha}{P_\gamma}\binom{P_\beta}{P_\gamma}\dots$$

Nach *T.* S. 198 ist dann auch, wenn α und β irgend zwei der Indices von von 0 bis $n-1$ bezeichnen,

$$(1.)\qquad \sqrt{P_\alpha P_\beta} = \sqrt{P_\alpha}\sqrt{P_\beta}\binom{P_\alpha}{P_\beta}.$$

Speciell ist, wenn $P_0=O$ ist, $\sqrt{P_0}=+1$. Ist $\sqrt{P_\lambda}$ $(\lambda=0,1,\dots n-1)$ ein den Bedingungen (1.) genügendes System der Wurzeln und $\varepsilon_\lambda=\pm1$, so genügt ihnen auch $\varepsilon_\lambda\sqrt{P_\lambda}$, falls

$$(2.)\qquad \varepsilon_\alpha\varepsilon_\beta = \varepsilon_\gamma,\quad\text{wenn}\quad P_\alpha P_\beta = P_\gamma.$$

Man kann also, wenn A eine beliebige Charakteristik ist, ε_λ gleich (A,P_λ) oder $\binom{P_\lambda}{A}$ oder (P_λ) setzen. Das Product $\vartheta[A](u+v)\vartheta[A](u-v)$ bezeichne ich (*T.* S. 193) zur Abkürzung mit $\vartheta[A](u+v)(u-v)$ oder noch kürzer mit $\vartheta[A](u,v)$. Ich betrachte nun die Summe

$$(3.)\qquad \sum_\lambda\binom{P_\lambda}{A}\sqrt{P_\lambda}\,\vartheta[AP_\lambda](u,v) = \varphi[A](u,v).$$

Dieselbe ist eine Thetafunction zweiten Grades von u (und von v). Ist

$$P_\varkappa = \binom{\nu_1\dots\nu_\varrho}{\mu_1\dots\mu_\varrho},$$

und vermehrt man u um die entsprechende halbe Periode (*T.* S. 192), so erhält man

$$\varphi[A](u+P_\varkappa,v) = \chi_\varkappa\sum_\lambda\binom{P_\lambda}{A}\binom{P_\varkappa}{P_\lambda A}\sqrt{P_\lambda}\,\vartheta[AP_\lambda P_\varkappa](u,v),$$

wo

---

*) Sind P und Q azygetisch, so muss eine Thetafunction, die P und Q zu Perioden haben soll, mindestens vom vierten Grade sein.

$$\chi_\varkappa = e^{-i\pi\Sigma\mu_\alpha\nu_\alpha - 2\pi i\Sigma\nu_\alpha u_\alpha - \frac{i\pi}{2}\tau_{\alpha\beta}\nu_\alpha\nu_\beta}$$

ist, also nur von u und $P_\varkappa$, aber nicht von v, A, der Gruppe $\mathfrak{P}$, und dem Vorzeichen der $\sqrt{P_\lambda}$ abhängt. Ersetzt man in der letzten Summe P_λ durch $P_\lambda P_\varkappa$, so wird dadurch, weil $\mathfrak{P}$ eine Gruppe ist, nur die Reihenfolge der Summanden eine andere, und man erhält

$$\chi_\varkappa \sum_\lambda \binom{P_\lambda}{A} \binom{P_\varkappa}{P_\varkappa P_\lambda} \sqrt{P_\varkappa P_\lambda}\, \vartheta[AP_\lambda](u, v)$$

oder nach (1.)

$$\chi_\varkappa(P_\varkappa)\sqrt{P_\varkappa} \sum_\lambda \binom{P_\lambda}{A} \sqrt{P_\lambda}\, \vartheta[AP_\lambda](u, v).$$

Demnach ist

$$(4.)\qquad \varphi[A](u+P_\varkappa, v) = \chi_\varkappa(P_\varkappa)\sqrt{P_\varkappa}\,\varphi[A](u, v).$$

Sei jetzt $\varphi(u)$ irgend eine Thetafunction zweiten Grades von u, welche sich bei Vermehrung von u um ganze Perioden so ändert, dass $\varphi(u) : \vartheta^2[A](u)$ ungeändert bleibt, ausserdem aber bei Vermehrung um die halben Perioden der Gruppe $\mathfrak{P}$ so, dass $\varphi(u) : \varphi[A](u, v)$ in sich selbst übergeht. Dieselbe genügt also den Gleichungen

$$\varphi(u+P_\varkappa) = \chi_\varkappa(P_\varkappa)\sqrt{P_\varkappa}\,\varphi(u) \qquad (\varkappa = 0, 1, \ldots n-1).$$

Zu den ν unabhängigen Charakteristiken $P_1, \ldots P_\nu$ kann man $\varrho-\nu = \sigma$ unabhängige Charakteristiken $Q_1, \ldots Q_\sigma$ so bestimmen, dass je zwei dieser ϱ Charakteristiken syzygetisch sind (*T.* § 2.). Sind dann Q_0, $Q_1 \ldots Q_{s-1}$ die $s = 2^\sigma$ Combinationen von $Q_1 \ldots Q_\sigma$, so bilden die 2^ϱ Charakteristiken $P_\alpha Q_\beta (\alpha = 0, 1, \ldots n-1;\ \beta = 0, 1, \ldots s-1)$ eine *Göpel*sche Gruppe. Daher sind die 2^ϱ Functionen $\vartheta[P_\alpha Q_\beta](u, v)$ linear unabhängig, und mithin lässt sich $\varphi(u)$ aus ihnen linear zusammensetzen

$$\varphi(u) = \sum_{\alpha,\beta} c_{\alpha\beta}\,\vartheta[P_\alpha Q_\beta](u, v),$$

wo die Coefficienten $c_{\alpha\beta}$ von u unabhängig sind. Vermehrt man u um $P_\varkappa$, so erhält man

$$\varphi(u) = \sum_{\alpha,\beta} c_{\alpha\beta} \binom{P_\varkappa}{P_\alpha Q_\beta} \sqrt{P_\varkappa}\,\vartheta[P_\alpha P_\varkappa Q_\beta](u, v),$$

und indem man alle diese Gleichungen zusammenzählt,

$$s\varphi(u) = \sum_{\alpha,\beta,\varkappa} c_{\alpha\beta} \binom{P_\varkappa}{P_\alpha Q_\beta} \sqrt{P_\varkappa}\,\vartheta[P_\alpha P_\varkappa Q_\beta](u, v).$$

Ersetzt man $P_\varkappa$ durch $P_\varkappa P_\alpha$, so findet man

$$s\varphi(u) = \sum_{\alpha,\beta,\varkappa} c_{\alpha\beta}\left(\frac{P_\alpha P_\varkappa}{Q_\beta}\right)(P_\alpha)\sqrt{P_\alpha}\sqrt{P_\varkappa}\,\vartheta[P_\varkappa Q_\beta](u, v),$$

oder wenn man

$$\sum_\alpha c_{\alpha\beta}\left(\frac{P_\alpha}{P_\alpha Q_\beta}\right)\sqrt{P_\alpha} = s\,C_\beta$$

setzt,

$$\varphi(u) = \sum_\beta C_\beta\left(\sum_\varkappa\left(\frac{P_\varkappa}{Q_\beta}\right)\sqrt{P_\varkappa}\,\vartheta[Q_\beta P_\varkappa](u, v)\right)$$

oder

$$\varphi(u) = \sum_\beta C_\beta\,\varphi[Q_\beta](u, v).$$

Die s Functionen $\varphi[Q_\beta](u, v)$ der Variabeln u sind von einander unabhängig. Denn eine lineare Gleichung zwischen ihnen wäre eine solche zwischen den 2^ϱ Functionen $\vartheta[P_\alpha Q_\beta](u, v)$. Demnach lassen sich alle Functionen $\varphi(u)$ von den oben angegebenen Eigenschaften aus s unter ihnen, die von einander unabhängig sind, linear zusammensetzen, und folglich besteht zwischen je $s+1$ dieser Functionen eine lineare Gleichung mit constanten Coefficienten.

§ 5.

Ist $\mathfrak{R}$ irgend eine Gruppe von $m = 2^\mu$ Charakteristiken $R_0, R_1, R_2, \dots$, so bilden die $2^{2\varrho-\mu}$ Lösungen $S_0, S_1, S_2, \dots$ der m Congruenzen

$$|R_\varkappa, X| \equiv 0$$

ebenfalls eine Gruppe $\mathfrak{S}$, welche die der Gruppe $\mathfrak{R}$ *adjungirte Gruppe* heisst (*Prym*, l. c. S. 87). Die den Gruppen $\mathfrak{R}$ und $\mathfrak{S}$ gemeinsamen Charakteristiken bilden die syzygetische Untergruppe von $\mathfrak{R}$ sowohl wie von $\mathfrak{S}$. Sind A und B zwei beliebige Charakteristiken, so heissen dann $\mathfrak{A} = A\mathfrak{R}$ und $\mathfrak{B} = B\mathfrak{S}$ *adjungirte vollständige Systeme*. Dieselben sind dadurch charakterisirt, dass jede Summe einer geraden Anzahl der Charakteristiken $A, A_1, A_2, \dots$ von $\mathfrak{A}$ mit jeder Summe einer geraden Anzahl der Charakteristiken $B, B_1, B_2, \dots$ von $\mathfrak{B}$ syzygetisch ist, also speciell

$$|A_\alpha A_\beta, B_\gamma B_\delta| \equiv 0$$

ist, und dass sich ihre Rangzahlen zu 2ϱ ergänzen. Für zwei solche vollständigen Systeme hat Herr *Prym* (l. c. S. 87) die Relation entwickelt

$$(1.)\quad \begin{cases} 2^{\varrho-\mu}\sum(BA_\lambda)\vartheta[A_\lambda](u, v)\vartheta[A_\lambda](u', v') \\ = (AB)\sum(AB_\lambda)\vartheta[B_\lambda](u, v')\vartheta[B_\lambda](u', v). \end{cases}$$

Ist $\mathfrak{P}$ eine Untergruppe von $\mathfrak{R}$, deren $n = 2^\nu$ Charakteristiken $P_0, P_1, \dots P_{n-1}$ mit jeder Charakteristik von $\mathfrak{R}$ syzygetisch sind, so ist $\mathfrak{P}$ auch eine Untergruppe von $\mathfrak{S}$ mit derselben Eigenschaft. Wählt man ferner A und B so, dass

$$|AB, P_\lambda| \equiv 0 \qquad (\lambda = 0, 1, \dots n-1)$$

ist, so ist auch für je zwei Charakteristiken von $\mathfrak{A}$ und $\mathfrak{B}$

$$(2.) \qquad |A_\alpha, P_\lambda| \equiv |B_\beta, P_\lambda|.$$

Durchläuft $A_\alpha (\alpha = 0, 1, \dots 2^{\mu-\nu}-1)$ und $B_\alpha (\alpha = 0, 1, \dots 2^{2\varrho-\mu-\nu}-1)$ nur die mod. $\mathfrak{P}$ verschiedenen Charakteristiken von $\mathfrak{A}$ und $\mathfrak{B}$, so sind $A_\alpha P_\lambda$ und $B_\alpha P_\lambda$ alle Charakteristiken dieser beiden Systeme, und demnach lautet die Formel (1.) nunmehr

$$\begin{aligned} 2^{\varrho-\mu} \sum_{\alpha,\lambda} (BA_\alpha P_\lambda) \vartheta[A_\alpha P_\lambda](u, v) \vartheta[A_\alpha P_\lambda](u', v') \\ = (AB) \sum_{\alpha,\lambda} (AB_\alpha P_\lambda) \vartheta[B_\alpha P_\lambda](u, v') \vartheta[B_\alpha P_\lambda](u', v). \end{aligned}$$

Vermehrt man u' um $P_\varkappa$, so erhält man

$$\begin{aligned} 2^{\varrho-\mu} \sum_{\alpha,\lambda} (BA_\alpha P_\lambda) \left(\begin{smallmatrix} P_\varkappa \\ A_\alpha P_\lambda \end{smallmatrix}\right) \vartheta[A_\alpha P_\lambda](u, v) \vartheta[A_\alpha P_\lambda P_\varkappa](u', v') \\ = (AB) \sum_{\alpha,\lambda} (AB_\alpha P_\lambda) \left(\begin{smallmatrix} P_\varkappa \\ B_\alpha P_\lambda \end{smallmatrix}\right) \vartheta[B_\alpha P_\lambda](u, v') \vartheta[B_\alpha P_\lambda P_\varkappa](u', v). \end{aligned}$$

Multiplicirt man diese Gleichung mit $\sqrt{P_\varkappa}$, summirt nach $\varkappa$ von 0 bis $n-1$ und ersetzt dann $P_\varkappa$ durch $P_\varkappa P_\lambda$, so findet man

$$\begin{aligned} 2^{\varrho-\mu} \sum_\alpha (BA_\alpha) \Big[\sum_\lambda (BA_\alpha, P_\lambda) \left(\begin{smallmatrix} P_\lambda \\ A_\alpha \end{smallmatrix}\right) \sqrt{P_\lambda}\, \vartheta[A_\alpha P_\lambda](u, v) \Big] \Big[\sum_\varkappa \left(\begin{smallmatrix} P_\varkappa \\ A_\alpha \end{smallmatrix}\right) \sqrt{P_\varkappa}\, \vartheta[A_\alpha P_\varkappa](u', v') \Big] \\ = (AB) \sum_\alpha (AB_\alpha) \Big[\sum_\lambda (AB_\alpha, P_\lambda) \left(\begin{smallmatrix} P_\lambda \\ B_\alpha \end{smallmatrix}\right) \sqrt{P_\lambda}\, \vartheta[B_\alpha P_\lambda](u, v') \Big] \Big[\sum_\varkappa \left(\begin{smallmatrix} P_\varkappa \\ B_\alpha \end{smallmatrix}\right) \sqrt{P_\varkappa}\, \vartheta[B_\alpha P_\varkappa](u', v) \Big]. \end{aligned}$$

Nach (2.) ist $(BA_\alpha, P_\lambda) = +1$ und $(AB_\alpha, P_\lambda) = +1$. Ich ersetze ferner μ durch $\mu+\nu$, bezeichne also im Folgenden mit μ nur die Anzahl der mod. $\mathfrak{P}$ unabhängigen Charakteristiken von $\mathfrak{R}$. Dann ist

$$(3.) \quad \left\{ \begin{aligned} & 2^{\sigma-\mu} \sum_\alpha (BA_\alpha) \varphi[A_\alpha](u, v) \varphi[A_\alpha](u', v') \\ & = (AB) \sum_\alpha (AB_\alpha) \varphi[B_\alpha](u, v') \varphi[B_\alpha](u', v). \end{aligned} \right.$$

Speciell ergiebt sich für $\mu = 0$ (und Abänderung der Bezeichnung)

$$(4.) \qquad 2^\sigma \varphi[A](u, v) \varphi[A](u', v') = \sum_\alpha (AA_\alpha) \varphi[A_\alpha](u, v') \varphi[A_\alpha](u', v).$$

Hier bedeutet A irgend eine Charakteristik, und A_α durchläuft das System der $2^{2\sigma}$ mod. $\mathfrak{P}$ verschiedenen Charakteristiken, welche für alle Werthe von α und λ den Congruenzen $|A_\alpha, P_\lambda| \equiv |A, P_\lambda|$ genügen, also ein System, wie es in § 3 untersucht ist. Für $\sigma = \varrho$ geht diese Formel in die über, welche Herr *Prym* die *Riemann*sche *Thetaformel* genannt hat. In ähnlicher Weise, wie aus derselben die Gesammtheit der Thetarelationen abgeleitet werden kann, lässt sich die Formel (4.) benutzen, um die Relationen zwischen den Functionen $\varphi[A_\alpha](u, v)$ zu gewinnen, und es geht daraus hervor, dass diese von ähnlicher Beschaffenheit sind, wie die Relationen zwischen den Thetafunctionen von σ Variabeln.

§ 6.

Für $\sigma = 0$ ist die Gruppe $\mathfrak{P}$ der 2^ϱ Charakteristiken P_λ eine *Göpel*sche Gruppe. Setzt man

$$\Sigma \sqrt{P_\lambda}\,\vartheta[AP_\lambda](u, v) = \varphi(u, v),$$

so besteht nach § 4 zwischen $\varphi(u, v)$ und $\varphi(u, v')$ eine lineare Relation $\varphi(u, v) = c\varphi(u, v')$, wo c von u unabhängig ist, und mithin ist (vgl. *T.* S. 200)

$$(1.)\qquad \varphi(u, v)\varphi(u', v') = \varphi(u, v')\varphi(u', v).$$

Für $\sigma = 1$ kann man nach § 3 zu der Gruppe $\mathfrak{P}$ der $2^{\varrho-1} = n$ Charakteristiken P_λ stets eine und mod. $\mathfrak{P}$ nur eine Charakteristik A so bestimmen, dass die n Charakteristiken AP_λ sämmtlich ungerade werden (vgl. *T.* S. 196). Nach § 4 besteht dann, wenn

$$\varphi(u, v) = \Sigma \sqrt{P_\lambda}\,\vartheta[AP_\lambda](u, v) = -\varphi(v, u)$$

gesetzt wird, zwischen den drei Functionen $\varphi(u, v)$, $\varphi(u, v')$ und $\varphi(u, v'')$ eine lineare Relation, deren Coefficienten von u unabhängig sind. Die Verhältnisse derselben findet man, indem man der Reihe nach $u = v, v', v''$ setzt, und erhält so die Formel

$$(2.)\qquad \varphi(u, v)\varphi(v', v'') + \varphi(u, v')\varphi(v'', v) + \varphi(u, v'')\varphi(v, v') = 0.$$

Giebt man in dieser Gleichung den $\sqrt{P_\lambda}$ alle möglichen Werthe und summirt die so erhaltenen Relationen, so findet man nach *T.* S. 200:

$$(3.)\qquad \left\{\begin{aligned} &\sum_\lambda (P_\lambda)\,[\vartheta[AP_\lambda](u+v)\,(u-v)\,(v'+v'')(v'-v'') \\ &\qquad + \vartheta[AP_\lambda](u+v')(u-v')(v''+v)\,(v''-v) \\ &\qquad + \vartheta[AP_\lambda](u+v'')(u-v'')(v+v')\,(v-v')] = 0. \end{aligned}\right.$$

Für $\sigma = 2$ giebt es sechs mod. $\mathfrak{P}$ verschiedene ungerade Charakteristiken $A_1, \ldots A_6$, für deren jede auch die $n = 2^{\varrho-2}$ äquivalenten Charakteristiken $A_\alpha P_\lambda$ sämmtlich ungerade sind (§ 3). Die Summe von drei verschiedenen unter ihnen ist gerade und die Summe aller sechs äquivalent O. Ist

$$(4.)\qquad A = A_1 A_2 A_3 \equiv A_4 A_5 A_6,$$

so bilden AP_λ, A_1P_λ, A_2P_λ, A_3P_λ ein vollständiges System vom Range ϱ und AP_λ, A_4P_λ, A_5P_λ, A_6P_λ ein adjungirtes System. Nach Formel (3.) § 5 ist daher

$$\sum_\alpha{}_0^3 (AA_\alpha)\varphi[A_\alpha](u,v)\varphi[A_\alpha](u',v')$$
$$= \varphi[A](u,v')\varphi[A](u',v) + \sum_\alpha{}_4^6 (AA_\alpha)\varphi[A_\alpha](u,v')\varphi[A_\alpha](u',v).$$

Setzt man $v = u'$, so verschwinden die Functionen $\varphi[A_\alpha](u',v)$ $(\alpha = 4, 5, 6)$, und man erhält (in abgeänderter Bezeichnung)

$$(5.)\qquad \varphi[A](w,w)\varphi[A](u,v) = \sum_\alpha{}_0^3 (A, A_\alpha)\varphi[A_\alpha](u,w)\varphi[A_\alpha](v,w).$$

Um ein System von Charakteristiken zu construiren, wie es hier vorausgesetzt wird, nehme man ein beliebiges Fundamentalsystem von $2\varrho+2$ Charakteristiken $H_1, \dots H_6$, $R_1, \dots R_{\varrho-2}$, $S_1, \dots S_{\varrho-2}$ und bezeichne mit K die Summe aller ungeraden Charakteristiken desselben. Ist $R_\lambda S_\lambda = P_\lambda$, so bilde man die Gruppe $\mathfrak{P}$, deren Basis $P_1, \dots P_{\varrho-2}$ bilden. Setzt man dann $KR_1 \dots R_{\varrho-2} = G$, so sind $GH_\alpha = A_\alpha$ sechs ungerade Charakteristiken, und die Summen von je drei derselben, die ich A_7, A_8, $\dots A_{16}$ nennen will, die zehn dazu gehörigen geraden Charakteristiken.

Für $\varrho = 2$ geht die Formel (5.) in das bekannte *Weierstrass*sche Additionstheorem für die hyperelliptischen Functionen über. (*Königsberger*, dieses Journal Bd. 64, S. 27). Wählt man in derselben an Stelle der drei ungeraden Charakteristiken A_1, A_2, A_3 die drei anderen A_4, A_5, A_6, so bleibt nach (4.) die Charakteristik A ungeändert. Daher kann man aus den beiden Formeln die Differenz

$$\varphi[A](w,w)\varphi[A](u,v) - \varphi[A](u,w)\varphi[A](v,w)$$

eliminiren und erhält

$$\sum_\alpha{}_1^3 (A, A_\alpha)\varphi[A_\alpha](u,w)\varphi[A_\alpha](v,w) = \sum_\alpha{}_4^6 (A, A_\alpha)\varphi[A_\alpha](u,w)\varphi[A_\alpha](v,w).$$

Aus der Gleichung

$$(A_\alpha, A_\beta, A_\gamma) = (A_\alpha, A_\beta)(A_\alpha, A_\gamma)(A_\beta, A_\gamma) = -1$$

folgt

$$(A, A_2) = -(A, A_1)(A_1, A_2), \quad (A, A_4) = (A, A_1)(A_1, A_4).$$

Demnach kann man die obige Formel auf die Gestalt

$$(6.)\qquad \Sigma_{\alpha}{}_1^6 \varepsilon_\alpha \varphi[A_\alpha](u,w)\varphi[A_\alpha](v,w) = 0$$

bringen, wo die Verhältnisse der Grössen ε_α durch die Gleichungen

$$(7.)\qquad \varepsilon_\alpha^2 = 1,\quad \varepsilon_\alpha\varepsilon_\beta = -(A_\alpha A_\beta) \qquad (\alpha \neq \beta)$$

bestimmt sind. Noch einfacher gelangt man zu dieser Relation mittelst der Formel (4.), § 5

$$4\varphi[A_1](u,v)\varphi[A_1](u',v') = \Sigma_{\alpha}{}_1^{16}(A_1 A_\alpha)\varphi[A_\alpha](u,v')\varphi[A_\alpha](u',v).$$

Vertauscht man u' mit v und subtrahirt die neue Gleichung von der ursprünglichen, so heben sich rechts die zehn Glieder, in denen A_α gerade ist, und man erhält

$$2(\varphi[A_1](u,v)\varphi[A_1](u',v') - \varphi[A_1](u,u')\varphi[A_1](v,v'))$$
$$= \Sigma_{\alpha}{}_1^6(A_1 A_\alpha)\varphi[A_\alpha](u,v')\varphi[A_\alpha](u',v).$$

Setzt man hier $v = v'$, so findet man die Formel (6.). Giebt man den $\sqrt{P_\lambda}$ alle möglichen Werthe und summirt die erhaltenen Gleichungen, so ergiebt sich die von Herrn *Prym* (l. c. S. 106) entwickelte Formel

$$(8.)\qquad \Sigma_{\alpha}{}_1^6 \Sigma_{\lambda}{}_0^{n-1}(\varepsilon_\alpha)(P_\lambda)\vartheta[A_\alpha P_\lambda](u,w)\vartheta[A_\alpha P_\lambda](v,w) = 0.$$

Für $\sigma = 3$ besteht $\mathfrak{P}$ aus $2^{\varrho-3} = n$ Charakteristiken. Sei, wie am Ende des § 3 $A, A_1, \dots A_7$ ein Fundamentalsystem von acht Charakteristiken und G die Summe aller ungeraden unter ihnen. Nach § 4 besteht zwischen den neun Functionen $\varphi[G](u,v)$, $\varphi[A_\alpha](u,w)$ eine lineare Relation

$$c\varphi[G](u,v) = \Sigma_{\alpha}{}_0^7 c_\alpha \varphi[A_\alpha](u,w).$$

Setzt man $u = w + GA_\beta$, so verschwinden rechts alle Glieder mit Ausnahme von einem, und man erhält unter Berücksichtigung der Beziehungen $(A_\beta, P_\lambda) = (P_\lambda)$ und $(G, P_\lambda) = (P_\lambda)$

$$c(G, A_\beta)\varphi[A_\beta](v,w) = c_\beta \varphi[G](w,w),$$

und mithin (*T.* S. 218, (6.))

$$(9.)\qquad \varphi[G](w,w)\varphi[G](u,v) = \Sigma_{\alpha}(G, A_\alpha)\varphi[A_\alpha](u,w)\varphi[A_\alpha](v,w).$$

Daraus ergiebt sich wieder durch Summation über alle Werthe der $\sqrt{P_\lambda}$ (*T.* S. 219, (9.))

$$(10.)\qquad \begin{cases} \Sigma_{\lambda}(P_\lambda)\vartheta[GP_\lambda](0)(2w)(u+v)(u-v) \\ = \Sigma_{\alpha,\lambda}(G, A_\alpha)(P_\lambda)\vartheta[A_\alpha P_\lambda](u+w)(u-w)(v+w)(v-w). \end{cases}$$

Um das eben betrachtete System von Charakteristiken herzustellen, nehme man (vgl. *Stahl*, dieses Journal, Bd. 88) ein Fundamentalsystem $R_1, \ldots R_{\varrho-3}$, $S_1, \ldots S_{\varrho-3}, H_0, H_1, \ldots H_7$, in dem K die Summe aller ungeraden Charakteristiken sei, setze $R_\lambda S_\lambda = P_\lambda$ und wähle $P_1, \ldots P_{\varrho-3}$ als Basis der Gruppe $\mathfrak{P}$. Ist dann

$$KR_1 \ldots R_{\varrho-3} = G, \qquad GH_0 H_\lambda = A_\lambda,$$

so sind die Charakteristiken GP_λ alle gerade, die Charakteristiken $GA_\alpha A_\beta P_\lambda$ $(\alpha \neq \beta)$ alle ungerade, und es ist

$$(A_\alpha, P_\lambda) = (P_\lambda),$$

also sind die oben geforderten Bedingungen sämmtlich erfüllt.

Zürich, April 1883.

30.

Über Thetafunctionen mehrerer Variabeln

Journal für die reine und angewandte Mathematik 96, 100–122 (1884)

Wie in meinen Arbeiten *Ueber das Additionstheorem der Thetafunctionen mehrerer Variabeln* (dieses Journal Bd. 89) und *Ueber Gruppen von Thetacharakteristiken* (dieser Band S. 81), die ich der Kürze halber im Folgenden mit *T.* und *U.* citiren werde, bezeichne ich das System der ϱ Variabeln $v^{(1)}, v^{(2)}, \dots v^{(\varrho)}$ einer Thetafunction mit einem Buchstaben v und das System der halben Perioden

$$\tfrac{1}{2}\mu_1+\tfrac{1}{2}\sum_\beta \tau_{1\beta}\nu_\beta, \quad \tfrac{1}{2}\mu_2+\tfrac{1}{2}\sum_\beta \tau_{2\beta}\nu_\beta, \quad \dots \quad \tfrac{1}{2}\mu_\varrho+\tfrac{1}{2}\sum_\beta \tau_{\varrho\beta}\nu_\beta$$

mit einem Buchstaben R. Die diesem System entsprechende Charakteristik bezeichne ich ebenfalls mit

$$R = \begin{pmatrix} \nu_1 & \nu_2 & \dots & \nu_\varrho \\ \mu_1 & \mu_2 & \dots & \mu_\varrho \end{pmatrix},$$

so dass also

$$\vartheta[R](v) = \Sigma e^{2\pi i \Sigma (v^{(\alpha)}+\frac{1}{2}\mu_\alpha)(n_\alpha+\frac{1}{2}\nu_\alpha)+i\pi\Sigma\tau_{\alpha\beta}(n_\alpha+\frac{1}{2}\nu_\alpha)(n_\beta+\frac{1}{2}\nu_\beta)}$$

ist. Ist $r = 2^\varrho$, sind $A, B, C, \dots$ die r^2 verschiedenen Charakteristiken, $x_A, x_B, x_C, \dots$ ebenso viele Parameter und $u_0, \dots u_{r-1}, v_0, \dots v_{r-1}$ $2r$ unabhängige Variabelnsysteme, so zerfällt die Determinante r^{ten} Grades

$$\left|\sum_R x_R \vartheta[R](u_\alpha+v_\beta)\vartheta[R](u_\alpha-v_\beta)\right| \qquad (\alpha, \beta = 0, 1, \dots r-1),$$

wo R alle r^2 Charakteristiken durchläuft, in zwei Factoren, von denen der eine nur von den Variabeln u_α und v_β, der andere nur von den Variabeln x_R abhängt. Der letztere ist eine ganze, ganzzahlige homogene Function r^{ten} Grades von r^2 Variabeln x_R, deren Eigenschaften mit denen der Charakteristiken in der engsten Beziehung stehen. Die Untersuchung dieser Function bildet den Hauptinhalt der folgenden Arbeit.

§ 1.

Die Anzahl der linear unabhängigen Thetafunctionen zweiten Grades von ϱ Variabeln, welche bei Vermehrung der Argumente um simultane

Perioden mit den nämlichen Exponentialfactoren multiplicirt werden, ist

$$(1.)\qquad r = 2^{\varrho}.$$

Setzt man, wenn $\vartheta(u)$ irgend eine der r^2 Thetafunctionen ersten Grades ist,

$$\vartheta(u+v)\vartheta(u-v) = \vartheta(u, v),$$

so besteht daher, wenn $m > r$ ist, zwischen den m Functionen

$$\vartheta(u, v_{\beta}) \qquad (\beta = 0, 1, \dots m-1)$$

mindestens eine Relation $\Sigma c_{\beta}\vartheta(u, v_{\beta}) = 0$, deren Coefficienten c_{β} von u unabhängig sind. Setzt man in derselben für u der Reihe nach die m Werthsysteme $u_0, u_1, \dots u_{m-1}$ ein, so erhält man m Gleichungen, aus denen folgt, dass die Determinante m^{ten} Grades

$$(2.)\qquad |\vartheta(u_{\alpha}, v_{\beta})| = 0 \qquad (\alpha, \beta = 0, 1, \dots m-1;\ m > r)$$

ist. Ist $\vartheta(u)$ eine ungerade Function, so ist $\vartheta(u, v) = -\vartheta(v, u)$. Folglich ist die Determinante (2.) für $u_{\alpha} = v_{\alpha}$ eine alternirende, also, wenn m gerade ist, das Quadrat einer *Pfaff*schen Function. Ich bezeichne, wenn $t_{\alpha\beta} = -t_{\beta\alpha}$, $t_{\alpha\alpha} = 0$ ist, mit $|t_{\alpha\beta}|^{\frac{1}{2}}$ diejenige Quadratwurzel aus der Determinante paaren Grades $|t_{\alpha\beta}|$, in deren Entwicklung das Glied $t_{12}\ t_{34} \dots t_{m-1,m}$ den Coefficienten $+1$ hat. Dann ist

$$(3.)\qquad |\vartheta(u_{\alpha}, u_{\beta})|^{\frac{1}{2}} = 0.$$

Diese Formel ist für den Fall $m = r+2$ von Herrn *Weierstrass* (Sitzungsber. d. Berl. Akad. 1882, S. 505.) angegeben worden.

Die Determinante r^{ten} Grades

$$(4.)\qquad |\vartheta[A](u_{\alpha}, v_{\beta})| \qquad (\alpha, \beta = 0, 1, \dots r-1)$$

ist für unbestimmte Werthe der $2r$ Variabelnsysteme u_{α}, v_{β} von Null verschieden. Um dies zu zeigen, betrachte ich n Charakteristiken $P_0, P_1, \dots P_{n-1}$, die eine *Göpel*sche Gruppe $\mathfrak{P}$ bilden (*T.* § 2), und setze in jener Determinante

$$u_{\alpha} = u + P_{\alpha},\quad v_{\beta} = v + P_{\beta}.$$

Dann geht sie, abgesehen von einem (nicht verschwindenden) Exponentialfactor in

$$(5.)\qquad \left|\binom{P_{\alpha}P_{\beta}}{P_{\beta}}\vartheta[AP_{\alpha}P_{\beta}](u, v)\right|$$

über. Ich definire die Wurzeln $\sqrt{P_{\lambda}}$ aus den Charakteren (P_{λ}) in derselben Weise, wie *T.* § 2, S. 198, also so, dass

$$(6.)\qquad \sqrt{P_{\alpha}P_{\beta}} = \sqrt{P_{\alpha}}\sqrt{P_{\beta}}\binom{P_{\alpha}}{P_{\beta}}$$

ist. Ist $\varepsilon_{\lambda} = \pm 1$ $(\lambda = 0, 1, \dots r-1)$ und

$$(7.)\quad \varepsilon_\gamma = \varepsilon_\alpha \varepsilon_\beta, \quad \text{wenn} \quad P_\gamma = P_\alpha P_\beta$$

ist, so stellt $\varepsilon_\lambda \sqrt{P_\lambda}$ alle r jenen Bedingungen genügenden Systeme der Wurzeln dar, falls $\sqrt{P_\lambda}$ eins unter ihnen ist. Nun giebt es aber stets r Charakteristiken, die den r Bedingungen $(P_\lambda, X) = \varepsilon_\lambda$, unter denen nur ϱ unabhängig sind, Genüge leisten. Dieselben werden aus einer unter ihnen erhalten, indem man zu ihr alle Charakteristiken von $\mathfrak{P}$ addirt, oder sind einander (mod. $\mathfrak{P}$) äquivalent (*U.* § 1). Sind also $Q_0, Q_1, \dots Q_{r-1}$ die r (mod. $\mathfrak{P}$) verschiedenen Charakteristiken, so stellt

$$(8.)\quad P_\lambda^{(\varkappa)} = (Q_\varkappa, P_\lambda)\sqrt{P_\lambda} \qquad (\lambda = 0, 1, \dots r-1)$$

für die verschiedenen Werthe von $\varkappa$ alle r Systeme der Wurzeln dar. Da nach *T.* S. 201

$$(9.)\quad \sum_\alpha (Q_\alpha, P_\varkappa P_\lambda) = r \quad \text{oder} \quad 0$$

ist, je nachdem $P_\varkappa = P_\lambda$ ist oder nicht, so ist die Determinante r^{ten} Grades $|P_\lambda^{(\varkappa)}|$ von Null verschieden.

Setzt man mit derselben die Determinante (5.) zusammen, so erhält man die aus den Elementen

$$\Sigma \binom{P_\lambda P_\beta}{P_\beta} P_\lambda^{(\alpha)} \vartheta[AP_\lambda P_\beta](u, v)$$

gebildete Determinante r^{ten} Grades. Ersetzt man (vergl. *T.* S. 199) in dieser Summe P_λ durch $P_\lambda P_\beta$, so findet man

$$P_\beta^{(\alpha)} \sum_\lambda P_\lambda^{(\alpha)} \vartheta[AP_\lambda](u, v).$$

Mithin ist jene Determinante gleich

$$|P_\beta^{(\alpha)}| . \prod_\alpha \left(\sum_\lambda P_\lambda^{(\alpha)} \vartheta[AP_\lambda](u, v)\right),$$

und, wenn man mit P, wie *T.* S. 205, ein über die r verschiedenen Werthsysteme der Wurzeln $\sqrt{P_\lambda}$ erstrecktes Product bezeichnet, so ist folglich

$$(10.)\quad \left| \binom{P_\alpha P_\beta}{P_\beta} \vartheta[AP_\alpha P_\beta](u, v) \right| = \mathrm{P}\left(\sum_\lambda \sqrt{P_\lambda}\, \vartheta[AP_\lambda](u, v)\right).$$

Nun ist aber, weil zwischen den r^2 Thetafunctionen ersten Grades keine Relation besteht,

$$\Sigma \sqrt{P_\lambda}\, \vartheta[AP_\lambda](u, v)$$

für unbestimmte Werthe u, v von Null verschieden (*T.* S. 199) und zwar auch dann, wenn die Parameter $\tau_{\alpha\beta}$ irgend welche bestimmte *endliche* Werthe haben. Ferner ist auch für $u = v$ der Ausdruck

$$\Sigma \sqrt{P_\lambda}\, \vartheta[AP_\lambda](u, u)$$

von Null verschieden, weil die Grössen $\vartheta[AP_\lambda](0)$ (für unbestimmte Werthe der Parameter $\tau_{\alpha\beta}$) nicht sämmtlich verschwinden können (*T.* S. 196). Daraus folgt, dass nicht nur die Determinante (4.), sondern auch die specielleren Determinanten

$$|\vartheta[A](u_\alpha, u_\beta)| \quad \text{und} \quad |\vartheta[AP_\alpha](u, v_\beta)|$$

von Null verschieden sind.

Folglich sind die r Functionen $\vartheta[A](u, v_\beta)$ der Variabeln u für willkürliche Werthe der Constanten $v, v_1, \dots v_{r-1}$ von einander unabhängig, und daher lässt sich jede andere Thetafunction zweiten Grades $\varphi(u)$ auf die Form

$$\varphi(u) = \Sigma c_\beta \vartheta[A](u, v_\beta)$$

bringen. Soll sie nun für die Werthe $u = u_1, u_2, \dots u_{r-1}$ verschwinden, so muss

$$\sum_\beta c_\beta \vartheta[A](u_\alpha, v_\beta) = 0$$

sein, und mithin ist

$$\varphi(u) = c\,|\vartheta[A](u_\alpha, v_\beta)|,$$

wo c von u unabhängig ist. Ist C eine ungerade Charakteristik, so ist die *Pfaff*sche Function

$$|\vartheta[C](u_\alpha, u_\beta)|^{\frac{1}{2}}$$

eine solche Function. Daher ist der Quotient

$$|\vartheta[C](u_\alpha, v_\beta)| : |\vartheta[C](u_\alpha, u_\beta)|^{\frac{1}{2}}$$

von u unabhängig. In derselben Weise ergiebt sich aber, dass er auch von $u_1, u_2, \dots u_{r-1}$ unabhängig ist. Um ihn zu bestimmen, kann man also $u = v, \dots u_{r-1} = v_{r-1}$ setzen und erhält so die Formel

$$(11.) \qquad |\vartheta[C](u_\alpha, v_\beta)| = |\vartheta[C](u_\alpha, u_\beta)|^{\frac{1}{2}}.|\vartheta[C](v_\alpha, v_\beta)|^{\frac{1}{2}}.$$

Vermehrt man die Argumente u_α alle um dieselbe halbe Periode AC, so ergiebt sich

$$|\vartheta[A](u_\alpha, v_\beta)| = (A, C)^{\frac{r}{2}}|\vartheta[C](u_\alpha, u_\beta)|^{\frac{1}{2}}.|\vartheta[C](v_\alpha, v_\beta)|^{\frac{1}{2}}.$$

Daher hat, wenn $\varrho > 1$ ist,

$$(12.) \qquad |\vartheta[A](u_\alpha, v_\beta)| = |\vartheta[B](u_\alpha, v_\beta)| \qquad (\varrho > 1)$$

für alle Charakteristiken denselben Werth. Dagegen findet man für $\varrho = 1$ durch zweimalige Anwendung der obigen Formel

$$(13.) \qquad |\vartheta[A](u_\alpha, v_\beta)| = -(AB)|\vartheta[B](u_\alpha, v_\beta)| \qquad (\varrho = 1)$$

vorausgesetzt, dass A und B verschieden sind. Aus den Relationen (10.) und (12.) ergiebt sich noch die Folgerung, dass der Ausdruck

$$(14.)\quad \mathrm{P}(\sum_\lambda \sqrt{P_\lambda}\vartheta[AP_\lambda](u,v)) = \mathrm{P}(\sum_\lambda \sqrt{P_\lambda}\vartheta[BP_\lambda](u,v))$$

von der Charakteristik A unabhängig ist.

§ 2.

Ist $A, B, C, \dots$ ein gegebenes System von Charakteristiken, und R irgend eine derselben, und sind $x_A, x_B, x_C, \dots$ unabhängige Veränderliche, so ergiebt sich, wie oben, dass die Determinante

$$(1.)\quad |\sum_R x_R \vartheta[R](u_\alpha, v_\beta)| = 0$$

ist, falls ihr Grad $> r$ ist. Dagegen ist die Determinante r^{ten} Grades

$$(2.)\quad |\sum_R x_R \vartheta[R](u_\alpha, v_\beta)| \qquad (\alpha, \beta = 0, 1, \dots r-1)$$

eine Thetafunction zweiten Grades von u, die für $u = u_1, u_2, \dots u_{r-1}$ verschwindet. Mithin ist der Quotient

$$|\Sigma x_R \vartheta[R](u_\alpha, v_\beta)| : |\vartheta[A](u_\alpha, v_\beta)|$$

von u und ebenso von $u_1, \dots u_{r-1}, v, v_1, \dots v_{r-1}$ unabhängig. Demnach zerfällt der Ausdruck (2.) in drei Factoren, von denen der eine nur die Variabeln u_α, der andere nur die Variabeln v_β und der dritte nur die Variabeln x_R enthält. Den letzten bezeichne ich mit $F(x_A, x_B, x_C, \dots)$ oder auch kurz mit $F[x_R]$. Durchläuft R alle r^2 Charakteristiken, so ist F eine ganze homogene Function r^{ten} Grades von r^2 Variabeln x_R, und aus dieser allgemeinen Form erhält man alle speciellen Functionen F, indem man einige der Variabeln gleich Null setzt.

Da die Function

$$(3.)\quad F[x_R] = |\sum_R x_R \vartheta[R](u_\alpha, v_\beta)| : |\vartheta[A](u_\alpha, v_\beta)|$$

von den Variabeln u_α und v_β unabhängig ist, so kann man u_α mit v_α ($\alpha = 0, 1, \dots r-1$) vertauschen. Vertauscht man zugleich in den Determinanten die Zeilen mit den Colonnen, so findet man, weil

$$\vartheta[R](v, u) = (R)\vartheta[R](u, v)$$

ist,

$$(4.)\quad F[x_R] = F[(R)x_R].$$

Wenn also $k x_A x_B x_C \dots$ irgend ein Glied von F ist, so muss

$$(A)(B)(C)\dots = 1$$

sein. Vermehrt man in (3.) die Variabeln u_α, v_β alle um die halbe Periode L, so erhält man

$$F[x_R] = |\Sigma x_R(L, R)\vartheta[R](u_\alpha, v_\beta)| : |\vartheta[A](u_\alpha, v_\beta)|,$$

und mithin ist

$$F[x_R] = F[(L, R)x_R].$$

Ist also $kx_Ax_Bx_C\ldots$ irgend ein Glied von F, so ist $(L, ABC\ldots) = 1$. Diese Gleichung kann aber (*T.* S. 191) nur dann für jede Charakteristik L bestehen, wenn $ABC\ldots = 0$ ist.

I. *In jedem Gliede von $F[x_R]$ ist die Summe der Charakteristiken, welche die Indices der Variabeln bilden, gleich O, und das Product ihrer Charaktere gleich $+1$.*

Ist daher $\varepsilon_A\varepsilon_B\varepsilon_C\ldots = 1$, falls $ABC\ldots = 0$ ist, so ist

$$F[x_R] = F[\varepsilon_R x_R].$$

Diesen Bedingungen genügt $\varepsilon_R = \left(\frac{L}{R}\right)$ oder $\left(\frac{R}{L}\right)$. Für $\varrho = 1$ ist F eine quadratische Function von vier Variabeln x_A, x_B, x_C, x_D, welche nach dem letzten Satze die Producte $x_R x_S$ nicht enthalten kann. Die Quadrate x_R^2 ergeben sich aus Formel (13.) § 1, und mithin ist

$$(5.)\qquad F[x_R] = x_A^2-(AB)x_B^2-(AC)x_C^2-(AD)x_D^2 \qquad (\varrho = 1).$$

In diesem Falle hängt das Vorzeichen der durch die Gleichung (3.) definirten Function F von der Wahl der Charakteristik A ab. Ist aber, wie von jetzt an stets vorausgesetzt wird, $\varrho > 1$, so ist F nach Formel (12.) § 1 auch von der Wahl von A unabhängig.

Vermehrt man in der Gleichung (3.) die Variabeln u_α alle um dieselbe halbe Periode A, so erhält man

$$F[x_R] = \left|\Sigma x_R\left(\frac{A}{R}\right)\vartheta[AR](u_\alpha, v_\beta)\right| : \left|\vartheta[O](u_\alpha, v_\beta)\right|,$$

also nach Formel (12.) § 1, und weil F ungeändert bleibt, wenn man x_R durch $\left(\frac{A}{R}\right)x_R$ ersetzt,

$$F[x_R] = |\Sigma x_{AR}\vartheta[R](u_\alpha, v_\beta)| : |\vartheta[A](u_\alpha, v_\beta)|,$$

und folglich

$$(6.)\qquad F[x_R] = F[x_{AR}].$$

§ 3.

Wir betrachten zunächst den Fall, wo R nicht alle r^2 Charakteristiken, sondern nur ein *vollständiges System* $\mathfrak{A}$ (*U.* § 1) von r Charakteristiken $A, A_1, \ldots A_{r-1}$ durchläuft. Ist $AA_\lambda = Q_\lambda$, und setzt man in der Gleichung

$$(1.)\qquad F[x_R] = |\sum_\lambda x_{A_\lambda}\vartheta[A_\lambda](u_\alpha, v_\beta)| : |\vartheta[A](u_\alpha, v_\beta)|$$

$v_\beta = v + Q_\beta$, so erhält man

$$F = \left|\sum_\lambda \binom{Q_\lambda}{Q_\beta} x_{AQ_\lambda} \vartheta[AQ_\lambda Q_\beta](u_\alpha, v)\right| : \left|\vartheta[A_\beta](u_\alpha, v)\right|.$$

Es lässt sich zeigen, worauf ich hier nicht näher eingehen will, dass zwischen den r Functionen $\vartheta[A_\beta](u, v)$ $(\beta = 0, 1, \dots r-1)$ der Variabeln v (für unbestimmte Werthe der Parameter $\tau_{\alpha\beta}$) keine lineare Gleichung mit constanten Coefficienten besteht, dass also die Determinante $|\vartheta[A_\beta](u_\alpha, v)|$ von Null verschieden ist. Für den Fall, dass $\mathfrak{A}$ ein *Göpel*sches System ist, den ich hauptsächlich im Folgenden brauche, habe ich den Beweis dafür oben gegeben.

Die r Charakteristiken Q_λ bilden eine *Gruppe*. Ersetzt man daher in der Determinante, die den Zähler von F bildet, Q_λ durch $Q_\lambda Q_\beta$, so wird dadurch in jeder Summe nur die Reihenfolge der Summanden geändert. Mithin ist jene Determinante gleich

$$\left|\sum_\lambda \binom{Q_\lambda Q_\beta}{Q_\beta} x_{AQ_\lambda Q_\beta} \vartheta[AQ_\lambda](u_\alpha, v)\right| = \left|\binom{Q_\alpha Q_\beta}{Q_\beta} x_{AQ_\alpha Q_\beta}\right| \left|\vartheta[A_\beta](u_\alpha, v)\right|,$$

und folglich ist

$$(2.)\qquad F[x_R] = \left|\binom{Q_\alpha Q_\beta}{Q_\beta} x_{AQ_\alpha Q_\beta}\right|.$$

In dem speciellen Falle, wo die Charakteristiken $Q_\lambda = P_\lambda$ eine *Göpel*sche Gruppe bilden, erhält man durch Zusammensetzung der in § 1 definirten Determinante $|P_\beta^{(\alpha)}|$ mit (2.) eine Determinante, deren Elemente gleich

$$\sum_\lambda P_\lambda^{(\alpha)} \binom{P_\lambda P_\beta}{P_\beta} x_{AP_\lambda P_\beta}$$

sind, oder wenn man P_λ durch $P_\lambda P_\beta$ ersetzt, gleich

$$P_\beta^{(\alpha)} \sum_\lambda P_\lambda^{(\alpha)} x_{AP_\lambda}.$$

Mithin ist

$$(3.)\qquad F[x_R] = \mathrm{P}\left(\sum_\lambda \sqrt{P_\lambda}\, x_{A_\lambda}\right).$$

Setzt man einige der Variabeln Null, so erkennt man, dass $F[x_R]$ stets in lineare Factoren zerfällt, wenn je drei der von R durchlaufenen Charakteristiken syzygetisch sind (*U.* § 1).

Setzt man die Variabeln Null bis auf zwei, A und $AP = B$, so erhält man

$$(4.)\qquad F(x_A, x_B) = (x_A^2 - (AB) x_B^2)^{\frac{r}{2}}.$$

In dieser Formel sind A und B zwei ganz beliebige (verschiedene) Charakteristiken. Für $v_\alpha = u_\alpha$ ist also

$$|x\vartheta[A](u_\alpha, u_\beta)+y\vartheta[B](u_\alpha, u_\beta)| = (x^2-(AB)y^2)^{\frac{r}{2}}|\vartheta[A](u_\alpha, u_\beta)|.$$

Sind A und B beide ungerade, so sind die Determinanten auf beiden Seiten dieser Gleichung alternirende, und mithin ergiebt sich durch Ausziehung der Quadratwurzel

$$|x\vartheta[A](u_\alpha, u_\beta)+y\vartheta[B](u_\alpha, u_\beta)|^{\frac{1}{2}} = (x^2-(AB)y^2)^{\frac{r}{4}}|\vartheta[A](u_\alpha, u_\beta)|^{\frac{1}{2}}.$$

Das Vorzeichen bestimmt man durch Vergleichung der Coefficienten von $x^{\frac{r}{2}}$. Durch Vergleichung der Coefficienten von $y^{\frac{r}{2}}$ findet man, dass, falls $\varrho > 2$ ist, die *Pfaff*sche Function

$$(5.)\quad |\vartheta[A](u_\alpha, u_\beta)|^{\frac{1}{2}} = |\vartheta[B](u_\alpha, u_\beta)|^{\frac{1}{2}} \qquad (\varrho > 2)$$

für alle ungeraden Charakteristiken denselben Werth hat. Dagegen ist

$$(6.)\quad |\vartheta[A](u_\alpha, u_\beta)|^{\frac{1}{2}} = -(AB)|\vartheta[B](u_\alpha, u_\beta)|^{\frac{1}{2}} \qquad (\varrho = 2)$$

oder anders ausgedrückt:

II. *Sind A_α ($\alpha = 0, 1, \dots 5$) für $\varrho = 2$ die sechs ungeraden Charakteristiken, so kann man die Verhältnisse der sechs Zahlen ε_α so bestimmen, dass*

$$\varepsilon_\alpha^2 = 1, \quad \varepsilon_\alpha\varepsilon_\beta = -(A_\alpha A_\beta) \qquad (\alpha \neq \beta)$$

ist. Dann hat der Ausdruck

$$\begin{aligned}\varepsilon_\alpha(&\vartheta[A_\alpha](u+u')\,(u-u')\,(u''+u''')(u''-u''')\\ &+\vartheta[A_\alpha](u+u'')\,(u-u'')(u'''+u')\,(u'''-u')\\ &+\vartheta[A_\alpha](u+u''')(u-u''')\,(u'+u'')\,(u'-u''))\end{aligned}$$

für alle sechs ungeraden Charakteristiken denselben Werth.

Durchläuft R für $\varrho = 2$ alle Charakteristiken, so hat in der Function $F[x_R]$ das Glied x_R^4 nach (12.) § 1 den Coefficienten 1, das Glied $x_R^2 x_S^2$, falls R und S verschieden sind, nach (4.) den Coefficienten $-2(RS)$ und das Glied $x_R x_S x_T x_{RST}$, falls R, S, T drei verschiedene syzygetische Charakteristiken sind, nach (3.) den Coefficienten

$$8\binom{R}{S}\binom{S}{T}\binom{T}{R}(RST).$$

Dem Satze I. zufolge kommen aber in F nur Glieder von einer der drei Formen x_R^4, $x_R^2 x_S^2$ und $x_R x_S x_T x_{RST}$ vor, und bei der letzten Form ist

$$(R)(S)(T)(RST) = 1 \quad \text{oder} \quad (R, S, T) = +1,$$

d. h. R, S, T sind syzygetisch. Mithin ist

$$(7.)\quad F[x_R] = \Sigma x_R^4 - 2\Sigma(RS)x_R^2 x_S^2 + 8\Sigma\binom{R}{S}\binom{S}{T}\binom{T}{R}(RST)x_R x_S x_T x_{RST} \qquad (\varrho = 2).$$

§ 4.

Durchläuft R alle r^2 Charakteristiken, so ist $F[x_R]$ bis auf einen von den Variabeln x_R unabhängigen Factor gleich der Determinante r^{ten} Grades

$$\Big|\sum_R x_R \vartheta[R](u_\xi, v_\eta)\Big| \qquad (\xi, \eta = 0, 1, \dots r-1).$$

Jener Factor muss so gewählt werden, dass der Coefficient von x_0^r in F gleich 1 wird. Bilden $P_0, P_1, \dots P_{r-1}$ eine *Göpel*sche Gruppe $\mathfrak{P}$ und sind $Q_0, Q_1, \dots Q_{r-1}$ r (mod. $\mathfrak{P}$) verschiedene Charakteristiken, so kann jede Charakteristik R, und zwar nur in einer Weise, auf die Form $P_\lambda Q_\gamma$ ($\lambda, \gamma = 0, 1, \dots r-1$) gebracht werden, und mithin ist

$$\sum_R x_R \vartheta[R](u, v) = \sum_{\lambda,\gamma} x_{P_\lambda Q_\gamma} \vartheta[P_\lambda Q_\gamma](u, v).$$

Nun ist

$$(1.) \qquad \sum_\alpha (Q_\alpha, P_\varkappa P_\lambda) = r \quad \text{oder} \quad 0,$$

je nachdem $\varkappa = \lambda$ ist oder nicht (*T.* S. 201), und folglich ist

$$r\sum_{\lambda,\gamma} x_{P_\lambda Q_\gamma} \vartheta[P_\lambda Q_\gamma](u, v) = \sum_{\varkappa,\lambda,\gamma} x_{P_\lambda Q_\gamma} \vartheta[P_\varkappa Q_\gamma](u, v)\Big(\sum_\alpha (Q_\alpha, P_\varkappa P_\lambda)\binom{P_\varkappa P_\lambda}{Q_\gamma}(P_\lambda)\sqrt{P_\varkappa}\sqrt{P_\lambda}\Big).$$

Die Summe $Q_\gamma Q_\alpha$ kann man auf die Form $Q_\beta P'_\beta$ bringen, wo P'_β in der Gruppe $\mathfrak{P}$ enthalten ist, und wenn man dem Index γ (für einen bestimmten Werth von α) die Werthe von 0 bis $r-1$ ertheilt, so durchläuft β dieselben Werthe, nur in einer andern Reihenfolge. $P'_0, P'_1, \dots P'_{r-1}$ sind irgend r verschiedene oder gleiche Charakteristiken aus der Gruppe $\mathfrak{P}$. Ich führe nun in der obigen Summe für γ den neuen Summationsbuchstaben β ein, indem ich $Q_\gamma = Q_\alpha Q_\beta P'_\beta$ setze. Dann geht sie über in

$$\sum_{\varkappa,\lambda,\alpha,\beta} \binom{Q_\alpha}{P_\varkappa P_\lambda}\binom{P_\varkappa P_\lambda}{Q_\beta P'_\beta}(P_\lambda)\sqrt{P_\varkappa}\sqrt{P_\lambda}\, x_{P_\lambda P'_\beta Q_\alpha Q_\beta} \vartheta[P_\varkappa P'_\beta Q_\alpha Q_\beta](u, v),$$

oder wenn man $P_\varkappa$ durch $P_\varkappa P'_\beta$ und P_λ durch $P_\lambda P'_\beta$ ersetzt, in

$$\sum_{\varkappa,\lambda,\alpha,\beta} \binom{Q_\alpha}{P_\varkappa P_\lambda}\binom{P_\varkappa P_\lambda}{Q_\beta}(P_\lambda)\sqrt{P_\varkappa}\sqrt{P_\lambda}\, x_{P_\lambda Q_\alpha Q_\beta} \vartheta[P_\varkappa Q_\alpha Q_\beta](u, v).$$

Setzt man also

$$\binom{Q_\alpha Q_\beta}{Q_\beta}\sum_\lambda \binom{Q_\alpha}{P_\lambda}\binom{P_\lambda}{Q_\beta}(P_\lambda)\sqrt{P_\lambda}\, x_{P_\lambda Q_\alpha Q_\beta} = X_{\alpha\beta},$$

so ist

$$\sum_R x_R \vartheta[R](u, v) = \sum_{\alpha,\beta} X_{\alpha\beta}\Big(\sum_\varkappa \binom{Q_\alpha}{P_\varkappa}\binom{P_\varkappa Q_\alpha Q_\beta}{Q_\beta}\sqrt{P_\varkappa}\,\vartheta[P_\varkappa Q_\alpha Q_\beta](u, v)\Big).$$

Nun ist aber (*T.* S. 200)

$$(2.)\quad \begin{cases} (\Sigma\sqrt{P_\varkappa}\vartheta[P_\varkappa](u,v))(\Sigma\sqrt{P_\varkappa}\vartheta[P_\varkappa](a,b)) \\ = (\Sigma\sqrt{P_\varkappa}\vartheta[P_\varkappa](u,b))(\Sigma\sqrt{P_\varkappa}\vartheta[P_\varkappa](a,v)). \end{cases}$$

Vermehrt man in dieser Gleichung u um Q_α und v um Q_β, so erhält man

$$(3.)\quad \begin{cases} \left(\sum_\varkappa \binom{Q_\alpha}{P_\varkappa}\binom{P_\varkappa Q_\alpha Q_\beta}{Q_\beta}\sqrt{P_\varkappa}\vartheta[P_\varkappa Q_\alpha Q_\beta](u,v)\right)(\sum_\varkappa\sqrt{P_\varkappa}\vartheta[P_\varkappa](a,b)) \\ = \left(\sum_\varkappa \binom{Q_\alpha}{P_\varkappa}\sqrt{P_\varkappa}\vartheta[P_\varkappa Q_\alpha](u,b)\right)\left(\sum_\varkappa\binom{P_\varkappa Q_\beta}{Q_\beta}\sqrt{P_\varkappa}\vartheta[P_\varkappa Q_\beta](a,v)\right), \end{cases}$$

und folglich

$$(\Sigma\sqrt{P_\varkappa}\vartheta[P_\varkappa](a,b))(\sum_R x_R\vartheta[R](u_\xi,v_\eta))$$
$$= \sum_{\alpha,\beta}\left(\sum_\varkappa\binom{Q_\alpha}{P_\varkappa}\sqrt{P_\varkappa}\vartheta[P_\varkappa Q_\alpha](u_\xi,b)\right)X_{\alpha\beta}\left(\sum_\varkappa\binom{P_\varkappa Q_\beta}{Q_\beta}\sqrt{P_\varkappa}\vartheta[P_\varkappa Q_\beta](a,v_\eta)\right),$$

also nach dem Multiplicationstheorem der Determinanten

$$(\Sigma\sqrt{P_\varkappa}\vartheta[P_\varkappa](a,b))^r\,|\sum_R\vartheta x_R[R](u_\xi,v_\eta)|$$
$$= \left|\sum_\varkappa\binom{Q_\alpha}{P_\varkappa}\sqrt{P_\varkappa}\vartheta[P_\varkappa Q_\alpha](u_\beta,b)\right|.\left|X_{\alpha\beta}\right|.\left|\sum_\varkappa\binom{P_\varkappa Q_\beta}{Q_\beta}\sqrt{P_\varkappa}\vartheta[P_\varkappa Q_\beta](a,v_\alpha)\right|.$$

Mithin ist, bis auf einen constanten Factor $F=|X_{\alpha\beta}|$. Ist $P_0=O$, so ist $P_\lambda Q_\alpha Q_\beta$ stets und nur dann gleich O, wenn $\lambda=0$ und $\alpha=\beta$ ist. Die letzte Gleichung ist daher, weil $x_0^r=\prod_\alpha x_{P_0Q_\alpha Q_\alpha}$ in der Determinante den Factor 1 hat, genau richtig. In der erhaltenen Formel kann man den Wurzeln $\sqrt{P_\lambda}$ beliebige den Bedingungen (6.) § 1 genügende Werthe ertheilen, also z. B. $\sqrt{P_\lambda}$ durch $(P_\lambda)\sqrt{P_\lambda}$ ersetzen. Nach Gleichung (6.) § 2 ist folglich, wenn A eine beliebige Charakteristik ist,

$$(4.)\quad F[x_R] = \left|\binom{Q_\alpha Q_\beta}{Q_\beta}\sum_\lambda\binom{Q_\alpha}{P_\lambda}\binom{P_\lambda}{Q_\beta}\sqrt{P_\lambda}x_{AP_\lambda Q_\alpha Q_\beta}\right| \qquad (\alpha,\beta=0,1,\ldots r-1).$$

Die Coefficienten dieser Function sind ganze, ganzzahlige Functionen von $\sqrt{P_1},\ldots\sqrt{P_\varrho}$, die ungeändert bleiben, wenn die Vorzeichen dieser Wurzeln umgekehrt werden, und mithin ganze Zahlen. Zu demselben Resultat gelangt man, indem man $P_0, P_1, \ldots P_{r-1}$ gerade annimmt, z. B. indem man dafür alle Charakteristiken wählt, in denen $\mu_1,\ldots\mu_\varrho$ verschwinden. Demnach sind die Coefficienten von F auch von den Parametern $\tau_{\alpha\beta}$ unabhängig (wie auch mittelst der partiellen Differentialgleichungen zweiter Ordnung, denen die Thetafunction genügt, leicht direct gezeigt werden kann). Speciell bleibt F ungeändert, wenn man die Parameter $\tau_{\alpha\beta}$ durch solche anderen

Parameter $\bar{\tau}_{\alpha\beta}$ ersetzt, welche aus ihnen durch eine lineare Transformation hervorgehen. Verbindet man mit diesem Resultate die Formel (6.) § 2, so ergiebt sich nach *T.* S. 187 und *U.* § 1 der Satz:

III. ***Durchläuft R alle r^2 Charakteristiken in der Reihenfolge $R_0, R_1, R_2, \ldots$ und S dieselben in der Reihenfolge $S_0, S_1, S_2, \ldots$, und sind diese beiden Systeme von Charakteristiken, wenn R_α und S_α als entsprechend betrachtet werden, äquivalent, so ist $F[x_S] = F[\varepsilon_R x_R]$, wo ε_R eine vierte Einheitswurzel ist.***

Nach Formel (4.) ist $F = |X_{\alpha\beta}|$, wenn

$$X_{\alpha\beta} = \left(\begin{smallmatrix} Q_\alpha Q_\beta \\ Q_\beta \end{smallmatrix}\right) \sum_\lambda \left(\begin{smallmatrix} Q_\alpha \\ P_\lambda \end{smallmatrix}\right)\left(\begin{smallmatrix} P_\lambda \\ Q_\beta \end{smallmatrix}\right) \sqrt{P_\lambda}\, x_{P_\lambda Q_\alpha Q_\beta}$$

gesetzt wird. Ich will voraussetzen, dass die Charakteristiken Q_γ nicht nur mod. $\mathfrak{P}$, sondern auch an und für sich eine Gruppe bilden. Ist $P_1, \ldots P_\varrho$ eine Basis von $\mathfrak{P}$, und wählt man $Q_1, \ldots Q_\varrho$ so, dass sie zusammen mit $P_1, \ldots P_\varrho$ 2ϱ unabhängige Charakteristiken sind, so bilden die Combinationen $Q_0, Q_1, \ldots Q_{r-1}$ jener ϱ Charakteristiken eine Gruppe von der verlangten Beschaffenheit. Sind nun μ und ν zwei bestimmte der Indices von 0 bis $r-1$, und multiplicirt man die obige Gleichung mit $\left(\begin{smallmatrix} Q_\alpha Q_\beta \\ Q_\beta \end{smallmatrix}\right)(Q_\alpha, P_\mu)$, giebt dann den Indices α, β alle Werthe, die der Bedingung $Q_\alpha Q_\beta = Q_\nu$ genügen, und addirt die r so erhaltenen Gleichungen, so findet man

$$\sum \left(\begin{smallmatrix} Q_\nu \\ Q_\beta \end{smallmatrix}\right)(Q_\alpha, P_\mu) X_{\alpha\beta} = \sum_\lambda \left(\begin{smallmatrix} P_\lambda \\ Q_\nu \end{smallmatrix}\right) \sqrt{P_\lambda}\, x_{P_\lambda Q_\nu} \left(\sum_\alpha (Q_\alpha, P_\lambda P_\mu)\right)$$

oder nach (1.)

$$r \left(\begin{smallmatrix} P_\mu \\ Q_\nu \end{smallmatrix}\right) \sqrt{P_\mu}\, x_{P_\mu Q_\nu} = \sum \left(\begin{smallmatrix} Q_\nu \\ Q_\beta \end{smallmatrix}\right)(Q_\alpha, P_\mu) X_{\alpha\beta}.$$

Die Variabeln x_R und $X_{\alpha\beta}$ lassen sich also gegenseitig linear durch einander ausdrücken. Da nun die Determinante $|X_{\alpha\beta}|$, falls ihre Elemente unabhängige Variabeln sind, unzerlegbar ist, so lässt sich auch die Function $F[x_R]$ der r^2 Variabeln x_R nicht in Factoren zerlegen.

Durchläuft R nur die ungeraden Charakteristiken, und setzt man in der Formel (3.) § 2 $v_\alpha = u_\alpha$, so erhält man

$$F[x_R] = \left|\sum_R x_R \vartheta[R](u_\alpha, u_\beta)\right| : |\vartheta[C](u_\alpha, u_\beta)|.$$

Ist C ebenfalls ungerade, so sind Zähler und Nenner alternirende Determinanten und mithin ist

$$(5.)\quad \sqrt{F[x_R]} = |\sum_R x_R \vartheta[R](u_\alpha, u_\beta)|^{\frac{1}{2}} : |\vartheta[C](u_\alpha, u_\beta)|^{\frac{1}{2}}$$

eine rationale Function der Variabeln x_R, die ich mit $H[x_R]$ bezeichnen will. Allgemeiner ist $F[x_R]$ das Quadrat einer rationalen Function, wenn eine Charakteristik A existirt, für welche die Charakteristiken AR sämmtlich ungerade sind. Für $\varrho = 2$ ergiebt sich aus (7.) § 3, falls man die in Satz II. angewendeten Bezeichnungen benutzt

$$(6.)\quad H[x_R] = \Sigma \varepsilon_R x_R^2 = \pm(x_A^2 - (AA_1)x_{A_1}^2 - \cdots - (AA_5)x_{A_5}^2) \quad (\varrho=2),$$

und dieselbe Formel gilt, wenn $A, A_1, \ldots A_5$ irgend ein Fundamentalsystem bilden (*T.* S. 209). Ist $\varrho > 2$, so hat $|\vartheta[C](u_\alpha, u_\beta)|^{\frac{1}{2}}$ nach (5.) § 3 für alle ungeraden Charakteristiken denselben Werth, und man kann daher das Vorzeichen von H fixiren, indem man festsetzt, dass in dieser Function $x_R^{\frac{r}{2}}$ den Coefficienten $+1$ habe. Indem man alle u_α um dieselbe halbe Periode L vermehrt, findet man, wie in § 2, dass, wenn $k x_A x_B x_C \ldots$ irgend ein Glied von H ist, $ABC \ldots = 0$ sein muss. Für $\varrho = 3$ kann daher H nur Glieder von einer der drei Formen x_R^4, $x_R^2 x_S^2$ und $x_R x_S x_T x_{RST}$ enthalten, und weil R, S, T und RST ungerade sind, so müssen im letzten Falle R, S, T drei syzygetische Charakteristiken sein. Die Coefficienten dieser Glieder ergeben sich aus der Formel (3.) § 3, und mithin ist

$$(7.)\quad H[x_R] = \Sigma x_R^4 - 2\Sigma(RS)x_R^2 x_S^2 + 8\Sigma\binom{R}{S}\binom{S}{T}\binom{T}{R}(RST)x_R x_S x_T x_{RST} \quad (\varrho=3).$$

Um allgemein H zu bestimmen, setze ich in Formel (4.) $x_R = 0$, falls R gerade ist. Ausserdem wähle ich A so, dass die Charakteristiken AP_λ alle gerade sind (*T.* S. 198). Ist dann

$$X_{\alpha\beta} = \binom{Q_\alpha Q_\beta}{Q_\beta} \sum_\lambda \binom{Q_\alpha}{AP_\lambda}\binom{AP_\lambda}{Q_\beta} \sqrt{P_\lambda}\, x_{AP_\lambda Q_\alpha Q_\beta},$$

so ist

$$X_{\beta\alpha} = \binom{Q_\alpha Q_\beta}{Q_\beta} \sum_\lambda \binom{Q_\alpha}{AP_\lambda}\binom{AP_\lambda}{Q_\beta} (AP_\lambda Q_\alpha Q_\beta)\, x_{AP_\lambda Q_\alpha Q_\beta}.$$

Wenn nun $x_{AP_\lambda Q_\alpha Q_\beta}$ nicht Null ist, so ist $(AP_\lambda Q_\alpha Q_\beta) = -1$, und mithin ist $X_{\beta\alpha} = -X_{\alpha\beta}$. Folglich ist die Determinante $|X_{\alpha\beta}|$ eine alternirende und

$$(8.)\quad \sqrt{\Pi(A, Q_\alpha)}\, H[x_R] = \left|\binom{Q_\alpha Q_\beta}{Q_\beta} \sum_\lambda \binom{Q_\alpha}{AP_\lambda}\binom{AP_\lambda}{Q_\beta} \sqrt{P_\lambda}\, x_{AP_\lambda Q_\alpha Q_\beta}\right|^{\frac{1}{2}}.$$

§ 5.

Ist

$$X_{\alpha\beta} = \left(\frac{Q_\alpha Q_\beta}{Q_\beta}\right) \sum_\varkappa \left(\frac{Q_\alpha}{P_\varkappa}\right)\left(\frac{P_\varkappa}{Q_\beta}\right)(P_\varkappa)\sqrt{P_\varkappa}\, x_{P_\varkappa Q_\alpha Q_\beta},$$

$$Y_{\alpha\beta} = \left(\frac{Q_\alpha Q_\beta}{Q_\beta}\right) \sum_\lambda \left(\frac{Q_\alpha}{P_\lambda}\right)\left(\frac{P_\lambda}{Q_\beta}\right)\sqrt{P_\lambda}\, y_{P_\lambda Q_\alpha Q_\beta},$$

so ist

$$F[x_R] = |X_{\alpha\beta}|, \quad F[y_R] = |Y_{\alpha\beta}|.$$

Daher ist

$$F[x_R].F[y_R] = |Z_{\alpha\beta}|,$$

wenn man setzt

$$Z_{\alpha\beta} = \sum_\gamma X_{\gamma\alpha} Y_{\gamma\beta} = \sum_{\varkappa,\lambda,\gamma} \left(\frac{Q_\gamma}{Q_\alpha Q_\beta P_\varkappa P_\lambda}\right)\left(\frac{Q_\alpha P_\varkappa}{Q_\alpha}\right)\left(\frac{Q_\beta P_\lambda}{Q_\beta}\right)(P_\varkappa)\sqrt{P_\varkappa}\sqrt{P_\lambda}\, x_{P_\varkappa Q_\gamma Q_\alpha}\, y_{P_\lambda Q_\gamma Q_\beta}.$$

Ersetzt man P_λ durch $P_\lambda P_\varkappa$, so erhält man

$$Z_{\alpha\beta} = \sum_{\varkappa,\lambda,\gamma} \left(\frac{Q_\gamma}{Q_\alpha Q_\beta P_\lambda}\right)\left(\frac{Q_\alpha P_\varkappa}{Q_\alpha}\right)\left(\frac{Q_\beta P_\lambda P_\varkappa}{Q_\beta}\right)\left(\frac{P_\varkappa}{P_\lambda}\right)\sqrt{P_\lambda}\, x_{P_\varkappa Q_\gamma Q_\alpha}\, y_{P_\varkappa P_\lambda Q_\gamma Q_\beta}.$$

Ersetzt man ferner, wie im § 4, Q_γ durch $Q_\gamma Q_\alpha P'_\gamma$ und dann $P_\varkappa$ durch $P_\varkappa P'_\gamma$, so findet man

$$Z_{\alpha\beta} = \left(\frac{Q_\alpha Q_\beta}{Q_\beta}\right) \sum_\lambda \left(\frac{Q_\alpha}{P_\lambda}\right)\left(\frac{P_\lambda}{Q_\beta}\right)\sqrt{P_\lambda}\, z_{P_\lambda Q_\alpha Q_\beta},$$

wo

$$z_{P_\lambda Q_\alpha Q_\beta} = \sum_{\varkappa,\gamma} \left(\frac{P_\varkappa Q_\gamma}{P_\lambda Q_\alpha Q_\beta}\right) x_{P_\varkappa Q_\gamma}\, y_{P_\varkappa Q_\gamma P_\lambda Q_\alpha Q_\beta}$$

ist. Daraus folgt:

IV. *Ist*

$$(1.) \qquad z_S = \sum_R \left(\frac{R}{S}\right) x_R y_{RS},$$

so ist

$$(2.) \qquad F[z_R] = F[x_R].F[y_R].$$

Ist speciell $x_R = y_R$, so ist

$$z_S = \sum_R \left(\frac{R}{S}\right) x_R x_{RS}.$$

Ersetzt man R durch RS und addirt die neue Gleichung zur ursprünglichen, so erhält man

$$2z_S = (1+(S))\sum_R \left(\frac{R}{S}\right) x_R x_{RS},$$

und demnach ist $z_S = 0$, wenn S ungerade ist. Durchläuft also S nur die geraden, R aber alle Charakteristiken, so ist

$$(3.)\qquad F[z_S] = F[x_R]^2, \quad \text{wenn} \quad z_S = \sum_R \left(\begin{matrix}R\\S\end{matrix}\right) x_R x_{RS}$$

ist. Kennt man also $F[x_S]$, so kann man mittelst dieser Formel die allgemeine Function $F[x_R]$ finden.

Die Formeln (2.) und (3.) bleiben auch richtig, wenn R und S nur die Charakteristiken einer gegebenen Gruppe $\mathfrak{R}$ durchlaufen. Um dies einzusehen, braucht man nur x_R und y_R gleich Null zu setzen, wenn R nicht der Gruppe $\mathfrak{R}$ angehört, und zu bedenken, dass, falls S eine Charakteristik von $\mathfrak{R}$ ist, $S\mathfrak{R} = \mathfrak{R}$ ist, dass aber, falls S nicht in $\mathfrak{R}$ enthalten ist, das System $S\mathfrak{R}$ mit der Gruppe $\mathfrak{R}$ keine Charakteristik gemeinsam hat.

§ 6.

Gegeben sei ein System $\mathfrak{A}$ von Charakteristiken $A, B, C, \ldots$, von denen je drei azygetisch sind, also der Bedingung

$$(A, B, C) = (AB)(AC)(BC) = -1$$

genügen (*T.* S. 189; *U.* § 1). Ist $\varepsilon_A = \pm 1$, und, falls B von A verschieden ist, $\varepsilon_B = -(AB)\varepsilon_A$, so ist $\varepsilon_B\varepsilon_C = (AB)(AC) = -(BC)$, also allgemein, wenn A und B irgend zwei verschiedene Charakteristiken von $\mathfrak{A}$ sind,

$$(1.)\qquad \varepsilon_A\varepsilon_A = 1, \qquad \varepsilon_A\varepsilon_B = -(AB).$$

Gehört R dem System $\mathfrak{A}$ nicht an, so sei $\varepsilon_R = 0$. Um $F(x_A, x_B, x_C, \ldots)$ zu berechnen, setze ich in der Formel

$$F[x_R] = \left| \left(\begin{matrix}Q_\alpha Q_\beta\\Q_\beta\end{matrix}\right) \sum_\varkappa \left(\begin{matrix}Q_\alpha\\P_\varkappa\end{matrix}\right)\left(\begin{matrix}P_\varkappa\\Q_\beta\end{matrix}\right)(P_\varkappa)\sqrt{P_\varkappa}\, x_{P_\varkappa Q_\alpha Q_\beta} \right|$$

$x_R = 0$, falls R nicht in $\mathfrak{A}$ enthalten ist*). Multiplicirt man F mit

$$G = \left| \left(\begin{matrix}Q_\alpha Q_\beta\\Q_\beta\end{matrix}\right) \sum_\lambda \left(\begin{matrix}Q_\alpha\\P_\lambda\end{matrix}\right)\left(\begin{matrix}P_\lambda\\Q_\beta\end{matrix}\right)\sqrt{P_\lambda}\, \varepsilon_{P_\lambda Q_\alpha Q_\beta} x_{P_\lambda Q_\alpha Q_\beta} \right|,$$

so erhält man $F.G = |Z_{\alpha\beta}|$, wo

$$Z_{\alpha\beta} = \sum_{\varkappa,\lambda,\gamma} \left(\begin{matrix}Q_\gamma\\Q_\alpha Q_\beta P_\varkappa P_\lambda\end{matrix}\right)\left(\begin{matrix}Q_\alpha P_\varkappa\\Q_\alpha\end{matrix}\right)\left(\begin{matrix}Q_\beta P_\lambda\\Q_\beta\end{matrix}\right)(P_\varkappa)\sqrt{P_\varkappa}\sqrt{P_\lambda}\,\varepsilon_{P_\lambda Q_\gamma Q_\beta}\, x_{P_\varkappa Q_\gamma Q_\alpha}\, x_{P_\lambda Q_\gamma Q_\beta}.$$

---

*) Ertheilt man in dem Ausdruck $P_\varkappa Q_\alpha Q_\beta$ dem $\varkappa$ drei verschiedene Werthe, so erhält man drei syzygetische Charakteristiken. Daher besteht kein Element der obigen Determinante aus mehr als zwei Gliedern, und man kann, wenn $A, B, C, \ldots$ gegeben sind, die Charakteristiken P_λ und Q_γ immer so wählen, dass jedes Element, das nicht verschwindet, nur eine der Variabeln $x_A, x_B, x_C, \ldots$ enthält.

Wie in § 4 nehme ich an, dass die Charakteristiken Q_γ für sich eine Gruppe bilden. Ersetzt man dann Q_γ durch $Q_\gamma Q_\alpha Q_\beta$, vertauscht $\varkappa$ mit λ, und addirt den so erhaltenen Ausdruck von $Z_{\alpha\beta}$ zu dem ursprünglichen, so erhält man

$$2Z_{\alpha\beta} = \sum_{\varkappa,\lambda,\gamma}\left(\frac{Q_\gamma}{Q_\alpha Q_\beta P_\varkappa P_\lambda}\right)\left(\frac{Q_\alpha P_\varkappa}{Q_\alpha}\right)\left(\frac{Q_\beta P_\lambda}{Q_\beta}\right)(P_\varkappa)\sqrt{P_\varkappa}\sqrt{P_\lambda}\,\varepsilon_{P_\lambda Q_\gamma Q_\beta}x_{P_\varkappa Q_\gamma Q_\alpha}x_{P_\lambda Q_\gamma Q_\beta}$$
$$\cdot[1+(Q_\alpha Q_\beta P_\varkappa P_\lambda)\varepsilon_{P_\varkappa Q_\gamma Q_\alpha}\varepsilon_{P_\lambda Q_\gamma Q_\beta}].$$

Ist eine der beiden Charakteristiken $P_\varkappa Q_\gamma Q_\alpha$ und $P_\lambda Q_\gamma Q_\beta$ nicht in $\mathfrak{A}$ enthalten, so ist $x_{P_\varkappa Q_\gamma Q_\alpha}x_{P_\lambda Q_\gamma Q_\beta} = 0$. Gehören sie aber beide dem Systeme $\mathfrak{A}$ an, so hat $1+(Q_\alpha Q_\beta P_\varkappa P_\lambda)\varepsilon_{P_\varkappa Q_\gamma Q_\alpha}\varepsilon_{P_\lambda Q_\gamma Q_\beta}$, falls sie von einander verschieden sind, nach (1.) den Werth Null, falls sie aber einander gleich sind, den Werth 2. Der letztere Fall tritt nur ein, wenn $\alpha = \beta$ und $\varkappa = \lambda$ ist. Ist also α von β verschieden, so ist $Z_{\alpha\beta} = 0$. Ist aber $\alpha = \beta$, so bleiben von der Summe $2Z_{\alpha\alpha}$ nur die Glieder übrig, in denen $\varkappa = \lambda$ ist, und mithin ist

$$Z_{\alpha\alpha} = \sum_R \varepsilon_R x_R^2 = Z.$$

Folglich ist $FG = Z^r$ und daher, weil Z nicht in Factoren zerlegbar ist, und x_A^r in F den Coefficienten 1 hat,

$$(2.)\qquad F[x_R] = (\sum_R \varepsilon_R x_R^2)^{\frac{r}{2}}$$

oder

$$(3.)\qquad F(x_A, x_B, x_C, \ldots) = (x_A^2-(AB)x_B^2-(AC)x_C^2-\cdots)^{\frac{r}{2}}.$$

Ist umgekehrt F für irgend ein System $\mathfrak{A}$ von Charakteristiken eine Potenz einer quadratischen Function

$$F = (\Sigma k_{AB}x_A x_B)^{\frac{r}{2}},$$

so ergiebt sich, indem man alle Variabeln bis auf zwei gleich Null setzt,

$$F(x_A, x_B) = (k_{AA}x_A^2+k_{BB}x_B^2+2k_{AB}x_A x_B)^{\frac{r}{2}},$$

also nach (4.) § 3

$$k_{AB} = 0 \quad\text{und}\quad k_{BB} = -(AB)k_{AA}.$$

Ist C eine dritte Charakteristik von $\mathfrak{A}$, so ist ebenso

$$k_{CC} = -(BC)k_{BB} \quad\text{und}\quad k_{AA} = -(CA)k_{CC},$$

und mithin

$$(BC)(CA)(AB) = -1.$$

Daher sind je drei Charakteristiken von $\mathfrak{A}$ azygetisch.

Zerfällt dagegen F für ein System $\mathfrak{A}$ von Charakteristiken $A, B, C, \dots$ in lineare Factoren, so ist auch die Function dreier Variabeln $F(x_A, x_B, x_C)$ ein Product von linearen Factoren. Daher können A, B, C nicht azygetisch sein, weil $x_A^2-(AB)x_B^2-(AC)x_C^2$ unzerlegbar ist. In Verbindung mit Formel (3.) § 3 folgt daraus:

V. ***Damit $F[x_R]$ für ein System von Charakteristiken in lineare Factoren zerfalle, ist nothwendig und hinreichend, dass je drei der gegebenen Charakteristiken syzygetisch sind.***

Damit $F[x_R]$ für ein System von Charakteristiken eine Potenz einer quadratischen Function sei, ist nothwendig und hinreichend, dass je drei der gegebenen Charakteristiken azygetisch sind.

§ 7.

Für die weitere Untersuchung der Function F erweist es sich als nothwendig, die bisher entwickelte Theorie zu verallgemeinern. Bilden $P_0, P_1, \dots P_{n-1}$ eine Gruppe $\mathfrak{P}$ von $n = 2^\nu$ Charakteristiken, von denen je zwei syzygetisch sind, und werden die Wurzeln $\sqrt{P_\varkappa}$ in der nämlichen Art gewählt wie in § 1, so hat (*U.* § 4) die Function

$$(1.)\qquad \varphi[A](u,v) = \sum_\varkappa \binom{P_\varkappa}{A}\sqrt{P_\varkappa}\,\vartheta[AP_\varkappa](u,v)$$

die Eigenschaften

$$(2.)\qquad \varphi[A](u+P_\lambda, v) = \chi_\lambda(u)\,(P_\lambda)\sqrt{P_\lambda}\,\varphi[A](u,v),$$

$$(3.)\qquad \varphi[A](u, v+P_\lambda) = \chi_\lambda(v)(A,P_\lambda)\sqrt{P_\lambda}\,\varphi[A](u,v),$$

wo

$$\chi_\lambda(u) = e^{-i\pi\Sigma\mu_\alpha\nu_\alpha-2\pi i\Sigma\nu_\alpha u_\alpha-\frac{i\pi}{2}\Sigma\tau_{\alpha\beta}\nu_\alpha\nu_\beta}$$

ist, wenn

$$P_\lambda = \binom{\nu_1 \dots \nu_\varrho}{\mu_1 \dots \mu_\varrho}$$

ist. Setzt man

$$(4.)\qquad \nu+\sigma=\varrho,\quad 2^\sigma = s,$$

so besteht zwischen je $s+1$ Thetafunctionen zweiten Grades von u, welche sich bei Vermehrung des Arguments um die halben Perioden der Gruppe $\mathfrak{P}$ in derselben Weise ändern wie $\varphi[A](u,v)$, eine lineare Relation, und daraus ergiebt sich, wie in § 1,

$$(5.)\quad |\varphi[A](u_\xi, v_\eta)| = 0 \qquad (\xi, \eta = 0, 1, \dots m-1;\ m > s).$$

Ist aber $m = s$, so zeigt man, wie in § 1, dass die Determinante $|\varphi[A](u_\xi, v_\eta)|$ von Null verschieden ist. Ist $\sigma > 0$, so kann man (*U.* § 3) die Charakteristik C so bestimmen, dass die n Charakteristiken $CP_\varkappa$ sämmtlich ungerade sind. Dann ergiebt sich, wie in § 1, die Formel

$$(6.)\quad |\varphi[C](u_\xi, v_\eta)| = |\varphi[C](u_\xi, u_\eta)|^{\frac{1}{2}}.|\varphi[C](v_\xi, v_\eta)|^{\frac{1}{2}} \qquad (\xi, \eta = 0, 1, \dots s-1).$$

Vermehrt man die Variabeln u_ξ alle um AC und ersetzt $\sqrt{P_\varkappa}$ durch $(AC, P_\varkappa)\sqrt{P_\varkappa}$, so folgt daraus, dass die Determinante s^{ten} Grades $|\varphi[A](u_\xi, v_\eta)|$ in das Product einer Function der Variabeln u_ξ und einer Function der Variabeln v_η zerfällt. Nach Formel (2.) § 4 gilt dieser Satz auch für $\sigma = 0$.

Seien $A, B, C, \dots$ mehrere Charakteristiken, von denen je zwei den Bedingungen

$$(7.)\quad (A, P_\varkappa) = (B, P_\varkappa) \qquad (\varkappa = 0, 1, \dots n-1)$$

genügen. Ist R irgend eine dieser Charakteristiken, so ist der Quotient

$$(8.)\quad G[z_R] = |\sum_R z_R \varphi[R](u_\xi, v_\eta)| : |\varphi[A](u_\xi, v_\eta)|$$

eine ganze Function s^{ten} Grades der Variabeln $z_A, z_B, z_C, \dots$, die von den Variabeln u_ξ und v_η unabhängig ist. (Die Bedingungen (7.) sind der Formel (3.) zufolge nothwendig. Sind sie nicht erfüllt, so ist jener Quotient nur von den Variabeln u_ξ, aber nicht von den Variabeln v_η unabhängig.)

Bilden $P_1, \dots P_\nu$ eine Basis von $\mathfrak{P}$, so kann man σ Charakteristiken $R_1, \dots R_\sigma$ so bestimmen, dass sie mit jenen zusammen $\nu + \sigma = \varrho$ unabhängige Charakteristiken bilden, von denen je zwei syzygetisch sind (*T.* S. 193). Sind dann $R_0, R_1, \dots R_{s-1}$ die s Combinationen von $R_1, \dots R_\sigma$, so bilden die $r = ns$ Charakteristiken $P_\varkappa R_\lambda$ eine *Göpel*sche Gruppe. Ist A eine beliebige Charakteristik, durchläuft R in (8.) die Charakteristiken AR_λ (die den Bedingungen (7.) genügen), und setzt man in jener Formel $u_\xi = u + R_\xi$, so erhält man, wie in § 3,

$$G = \left|\sum_\lambda \binom{R_\xi}{R_\lambda} z_{AR_\lambda} \varphi[AR_\lambda R_\xi](u, v_\eta)\right| : |\varphi[AR_\xi](u, v_\eta)|$$
$$= \left|\sum_\lambda \binom{R_\xi}{R_\lambda R_\xi} z_{AR_\lambda R_\xi} \varphi[AR_\lambda](u, v_\eta)\right| : |\varphi[AR_\xi](u, v_\eta)|,$$

also

$$(9.)\quad G[z_R] = \left|\binom{R_\alpha}{R_\alpha R_\beta} z_{AR_\alpha R_\beta}\right| = P(\sum_\lambda \sqrt{R_\lambda}\, z_{AR_\lambda}).$$

Setzt man die Variabeln z_R bis auf zwei gleich Null, so ist folglich

$$(10.)\qquad G(z_A, z_B) = (z_A^2-(AB)z_B^2)^{\frac{s}{2}}.$$

In dieser Formel sind A und B irgend zwei den Bedingungen (7.) genügende Charakteristiken, deren Summe nicht in $\mathfrak{P}$ enthalten ist. Vergleicht man in derselben die Coefficienten von z_B^s, so findet man

$$(11.)\qquad |\varphi[A](u_\xi, v_\eta)| = |\varphi[B](u_\xi, v_\eta)| \qquad (\sigma>1),$$

dagegen

$$(12.)\qquad |\varphi[A](u_\xi, v_\eta)| = -(AB)|\varphi[B](u_\xi, v_\eta)| \qquad (\sigma=1).$$

Die n Congruenzen

$$(13.)\qquad |U, P_\varkappa| \equiv 0 \qquad (\varkappa=0,1,\dots n-1),$$

von denen ν unabhängig sind, haben $2^{2\varrho-\nu}$ Lösungen, die eine Gruppe $\mathfrak{U}$ bilden, und von denen $2\varrho-\nu$ unabhängig sind. Zu diesen gehören die ϱ Charakteristiken $P_1, \dots P_\nu, R_1, \dots R_\sigma$, also haben sie ausserdem noch $\varrho-\nu=\sigma$ Lösungen $S_1, \dots S_\sigma$, die unter einander und von jenen unabhängig sind. Sind dann $S_0, S_1, \dots S_{s-1}$ die Combinationen von $S_1, \dots S_\sigma$, jede um eine beliebige der Charakteristiken R_λ vermehrt, so stellt der Ausdruck

$$U = S_\alpha P_\varkappa R_\lambda \qquad (\alpha, \lambda=0,1,\dots s-1;\ \varkappa=0,1,\dots n-1)$$

alle Lösungen der Congruenzen (13.) dar, und die s^2 Charakteristiken $S_\alpha R_\lambda$ bilden eine Gruppe $\mathfrak{V}$. Durchläuft V diese Gruppe, so soll der Quotient der beiden Determinanten s^{ten} Grades

$$(14.)\qquad G[z_V] = |\Sigma z_V\varphi[V](u_\xi, v_\eta)| : |\varphi[O](u_\xi, v_\eta)|$$

bestimmt werden. Zu dem Zwecke berechne ich zunächst die Summe

$$f = \sum_\alpha (S_\alpha, R_\lambda).$$

Da $(P_\beta R_\gamma, R_\lambda)=1$ ist, so ist

$$rf = \sum_{\alpha,\beta,\gamma} (S_\alpha P_\beta R_\gamma, R_\lambda) = \sum_U (U, R_\lambda),$$

wo U alle Lösungen der Congruenzen (13.) durchläuft. Mithin ist

$$rnf = \sum_T (T, R_\lambda)(1+(T, P_1))\dots(1+(T, P_\nu)),$$

wo T alle r^2 Charakteristiken durchläuft. Entwickelt man das Product, so ist irgend eine Theilsumme

$$\sum_T (T, R_\lambda P_\alpha P_\beta P_\gamma\dots) = 0,$$

ausser wenn $R_\lambda P_\alpha P_\beta P_\gamma \ldots = 0$ ist, und dann ist jene Summe gleich r^2. Dieser Fall tritt nur ein, wenn $R_\lambda = 0$ ist, da $R_1, \ldots R_\sigma, P_1, \ldots P_\nu$ von einander unabhängig sind und R_λ eine Combination von $R_1, \ldots R_\sigma$ ist. Demnach ist im Allgemeinen $f = 0$, wenn aber $R_\lambda = 0$ ist, $f = s$. Da die Charakteristiken $R_0, R_1, \ldots R_{s-1}$ eine Gruppe bilden, so ist folglich

$$(15.) \qquad \sum_\alpha (S_\alpha, R_\varkappa R_\lambda) = s \quad \text{oder} \quad 0,$$

je nachdem $\varkappa = \lambda$ ist, oder nicht.

Da ferner die r Charakteristiken $P_\varkappa R_\lambda$ eine *Göpel*sche Gruppe bilden, so ist nach (2.) § 4

$$\Big(\sum_{\varkappa,\lambda}\Big(\frac{P_\varkappa}{R_\lambda}\Big)\sqrt{P_\varkappa}\sqrt{R_\lambda}\,\vartheta[P_\varkappa R_\lambda](u,v)\Big)\Big(\sum_{\varkappa,\lambda}\Big(\frac{P_\varkappa}{R_\lambda}\Big)\sqrt{P_\varkappa}\sqrt{R_\lambda}\,\vartheta[P_\varkappa R_\lambda](a,b)\Big)$$
$$= \Big(\sum_{\varkappa,\lambda}\Big(\frac{P_\varkappa}{R_\lambda}\Big)\sqrt{P_\varkappa}\sqrt{R_\lambda}\,\vartheta[P_\varkappa R_\lambda](u,b)\Big)\Big(\sum_{\varkappa,\lambda}\Big(\frac{P_\varkappa}{R_\lambda}\Big)\sqrt{P_\varkappa}\sqrt{R_\lambda}\,\vartheta[P_\varkappa R_\lambda](a,v)\Big).$$

Vermehrt man u um S_α und v um S_β, so erhält man

$$\Big(\sum_{\varkappa,\lambda}\Big(\frac{P_\varkappa}{R_\lambda}\Big)\Big(\frac{S_\alpha}{P_\varkappa R_\lambda}\Big)\Big(\frac{P_\varkappa R_\lambda S_\alpha S_\beta}{S_\beta}\Big)\sqrt{P_\varkappa}\sqrt{R_\lambda}\,\vartheta[P_\varkappa R_\lambda S_\alpha S_\beta](u,v)\Big)\Big(\sum_{\varkappa,\lambda}\Big(\frac{P_\varkappa}{R_\lambda}\Big)\sqrt{P_\varkappa}\sqrt{R_\lambda}\,\vartheta[P_\varkappa R_\lambda](a,b)\Big)$$
$$= \Big(\sum_{\varkappa,\lambda}\Big(\frac{P_\varkappa}{R_\lambda}\Big)\Big(\frac{S_\alpha}{P_\varkappa R_\lambda}\Big)\sqrt{P_\varkappa}\sqrt{R_\lambda}\,\vartheta[P_\varkappa R_\lambda S_\alpha](u,b)\Big)\Big(\sum_{\varkappa,\lambda}\Big(\frac{P_\varkappa}{R_\lambda}\Big)\Big(\frac{P_\varkappa R_\lambda S_\beta}{S_\beta}\Big)\sqrt{P_\varkappa}\sqrt{R_\lambda}\,\vartheta[P_\varkappa R_\lambda S_\beta](a,v)\Big)$$

und mithin

$$(16.) \quad \begin{cases} \Big(\sum\Big(\frac{S_\alpha}{R_\lambda}\Big)\Big(\frac{R_\lambda S_\alpha S_\beta}{S_\beta}\Big)\sqrt{R_\lambda}\,\varphi[R_\lambda S_\alpha S_\beta](u,v)\Big)\Big(\sum\sqrt{R_\lambda}\,\varphi[R_\lambda](a,b)\Big) \\ = \Big(\sum\Big(\frac{S_\alpha}{R_\lambda}\Big)\sqrt{R_\lambda}\,\varphi[R_\lambda S_\alpha](u,b)\Big)\Big(\sum\Big(\frac{R_\lambda S_\beta}{S_\beta}\Big)\sqrt{R_\lambda}\,\varphi[R_\lambda S_\beta](a,v)\Big). \end{cases}$$

In ähnlicher Weise wie in § 4 aus den Gleichungen (1.) und (3.) die Formel (4.) abgeleitet wurde, ergiebt sich hier aus den Gleichungen (15.) und (16.) die Relation

$$(17.) \qquad G[z_\nu] = \Big|\Big(\frac{S_\alpha S_\beta}{S_\beta}\Big)\sum_\lambda\Big(\frac{S_\alpha}{R_\lambda}\Big)\Big(\frac{R_\lambda}{S_\beta}\Big)\sqrt{R_\lambda}\,Z_{R_\lambda S_\alpha S_\beta}\Big|.$$

Dieser Ausdruck hängt nicht von den Vorzeichen der Wurzeln $\sqrt{R_\lambda}$ ab. Besonders bemerkenswerth ist aber, dass er auch von den Vorzeichen der Wurzeln $\sqrt{P_\varkappa}$ unabhängig ist. Dies würde nicht der Fall sein, wenn $S_0, S_1, \ldots S_{s-1}$ nur in irgend einer Art so gewählt worden wären, dass der Ausdruck $S_\alpha P_\varkappa R_\lambda$ alle Lösungen der Congruenzen (13.) darstellt, sondern findet nur Statt, weil die Charakteristiken $S_\alpha R_\varkappa$ an und für sich (und nicht nur mod. $\mathfrak{P}$) eine Gruppe bilden.

Sei A eine beliebige Charakteristik und durchlaufe S die Charakteristiken $AS_\alpha R_\varkappa$, d. h. ein System (mod. $\mathfrak{P}$) verschiedener Lösungen der Congruenzen

$$(18.)\qquad (S, P_\varkappa) = (A, P_\varkappa) \qquad {\scriptstyle (\varkappa = 0, 1, \dots n-1)},$$

die so gewählt sind, dass sie ein vollständiges System bilden. Vermehrt man dann in der Formel

$$|\sum_V z_V \varphi[V](u_\xi, v_\eta)| = \left|\binom{S_\alpha S_\beta}{S_\beta}\sum_\lambda\binom{S_\alpha}{R_\lambda}\binom{R_\lambda}{S_\beta}\sqrt{R_\lambda}\, z_{R_\lambda S_\alpha S_\beta}\right| . |\varphi[O](u_\xi, v_\eta)|$$

die Variabeln u_ξ alle um A und ersetzt $\sqrt{P_\varkappa}$ durch $(A, P_\varkappa)\sqrt{P_\varkappa}$ und $\sqrt{R_\lambda}$ durch $\binom{A}{R_\lambda}\sqrt{R_\lambda}$ und z_V durch $\binom{A}{V}z_{AV}$, so erhält man

$$|\sum_V z_{AV}\varphi[AV](u_\xi, v_\eta)| = \left|\binom{S_\alpha S_\beta}{S_\beta}\sum_\lambda\binom{S_\alpha}{R_\lambda}\binom{R_\lambda}{S_\beta}\sqrt{R_\lambda}\, z_{AR_\lambda S_\alpha S_\beta}\right| . |\varphi[A](u_\xi, v_\eta)|$$

und mithin, weil $AV = S$ ist,

$$(19.)\qquad G[z_S] = \left|\binom{S_\alpha S_\beta}{S_\beta}\sum_\lambda\binom{S_\alpha}{R_\lambda}\binom{R_\lambda}{S_\beta}\sqrt{R_\lambda}\, z_{AR_\lambda S_\alpha S_\beta}\right|.$$

§ 8.

Nimmt man in der Formel (4.) § 4 für die r Charakteristiken P_μ ($\mu = 0, 1, \dots r-1$) die im vorigen Paragraphen definirten $ns = r$ Charakteristiken $P_\varkappa R_\lambda$ ($\varkappa = 0, 1, \dots n-1$; $\lambda = 0, 1, \dots s-1$), und ersetzt man $\sqrt{P_\varkappa}$ durch $\binom{P_\varkappa}{A}\sqrt{P_\varkappa}$, so erhält man

$$F[x_R] = \left|\binom{Q_\alpha Q_\beta}{Q_\beta}\sum_{\varkappa,\lambda}\binom{Q_\alpha}{P_\varkappa R_\lambda}\binom{P_\varkappa R_\lambda}{Q_\beta}\binom{P_\varkappa}{AR_\lambda}\sqrt{P_\varkappa}\sqrt{R_\lambda}\, x_{AP_\varkappa R_\lambda Q_\alpha Q_\beta}\right| \qquad {\scriptstyle (\alpha, \beta = 0, 1, \dots r-1)}.$$

Wählt man die Charakteristiken S_α, wie im vorigen Paragraphen, so bilden die ns^2 verschiedenen Charakteristiken $U = S_\alpha P_\varkappa R_\lambda$ ($\alpha, \lambda = 0, 1, \dots s-1$; $\varkappa = 0, 1, \dots n-1$) eine Gruppe $\mathfrak{U}$. Sind also T_γ ($\gamma = 0, 1, \dots n-1$) $n = r^2 : ns^2$ (mod. $\mathfrak{U}$) verschiedene Charakteristiken, so stellt der Ausdruck $S_\alpha T_\gamma P_\varkappa R_\lambda$ alle r^2 Charakteristiken dar, und daher kann man für die r Charakteristiken Q_α ($\alpha = 0, 1, \dots r-1$) die sn Charakteristiken $S_\alpha T_\gamma$ ($\alpha = 0, 1, \dots s-1$; $\gamma = 0, 1, \dots n-1$) wählen. Folglich ist

$$F[x_R] = \left|\binom{S_\alpha S_\beta T_\gamma T_\delta}{S_\beta T_\delta}\sum_{\varkappa,\lambda}\binom{S_\alpha T_\gamma}{P_\varkappa R_\lambda}\binom{P_\varkappa R_\lambda}{S_\beta T_\delta}\binom{P_\varkappa}{AR_\lambda}\sqrt{P}\sqrt{R_\lambda}\, x_{AP_\varkappa R_\lambda S_\alpha S_\beta T_\gamma T_\delta}\right|.$$

Die Zeilen dieser Determinante bildet man, indem man α die Werthe von 0 bis $s-1$ und γ die von 0 bis $n-1$ beilegt, die Colonnen, indem man β die Werthe von 0 bis $s-1$ und δ die von 0 bis $n-1$ ertheilt.

Ich will nun F für den Fall berechnen, wo R nicht alle r^2 Charakteristiken durchläuft, sondern nur die ns^2 Lösungen der Congruenzen

$$(1.)\qquad (R, P_\varkappa) = (A, P_\varkappa) \qquad (\varkappa = 0, 1, \ldots n-1).$$

Zu dem Zwecke setze ich $x_{AU} = 0$, wenn U nicht den Congruenzen $(U, P_\varkappa) = 1$ genügt, also nicht in der Form $U = S_\alpha P_\varkappa R_\lambda$ dargestellt werden kann. Da die Charakteristiken T_γ (mod. $\mathfrak{U}$) verschieden sind, so ist $T_\gamma T_\delta$ nur dann in $\mathfrak{U}$ enthalten, wenn $\gamma = \delta$ ist. Mithin ist $x_{AP_\varkappa R_\lambda S_\alpha S_\beta T_\gamma T_\delta} = 0$, ausser wenn $\gamma = \delta$ ist. Folglich ist die obige Determinante r^{ten} Grades ein Product von n Determinanten s^{ten} Grades, deren γ^{te}

$$G_\gamma = \left| \binom{S_\alpha S_\beta}{S_\beta T_\gamma} \sum_{\varkappa,\lambda} \binom{S_\alpha T_\gamma}{P_\varkappa R_\lambda} \binom{P_\varkappa R_\lambda}{S_\beta T_\gamma} \binom{P_\varkappa}{A R_\lambda} \sqrt{P_\varkappa} \sqrt{R_\lambda}\, x_{AP_\varkappa R_\lambda S_\alpha S_\beta} \right| \qquad (\alpha, \beta = 0, 1, \ldots s-1)$$

ist. Aus den Elementen der α^{ten} Zeile kann man den Factor $\binom{S_\alpha}{T_\gamma}$, aus denen der β^{ten} Colonne den Factor $\binom{S_\beta}{T_\gamma}$ herausnehmen. Da ferner $(P_\varkappa, S_\alpha) = 1$, also $\binom{S_\alpha}{P_\varkappa} = \binom{P_\varkappa}{S_\alpha}$ ist, so ist

$$G_\gamma = \left| \binom{S_\alpha S_\beta}{S_\beta} \sum_{\varkappa,\lambda} \binom{P_\varkappa}{A S_\alpha S_\beta R_\lambda} (P_\varkappa, T_\gamma) \sqrt{P_\varkappa} \binom{S_\alpha}{R_\lambda} \binom{R_\lambda}{S_\beta} (R_\lambda, T_\gamma) \sqrt{R_\lambda}\, x_{AP_\varkappa R_\lambda S_\alpha S_\beta} \right|.$$

Setzt man also, falls S irgend eine der Charakteristiken $AS_\alpha R_\lambda$ des vollständigen Systems $A\mathfrak{V}$ ist,

$$z_S^{(\gamma)} = \sum_\varkappa \binom{P_\varkappa}{S} (P_\varkappa, T_\gamma) \sqrt{P_\varkappa}\, x_{SP_\varkappa},$$

so ist

$$G_\gamma = \left| \binom{S_\alpha S_\beta}{S_\beta} \sum_\lambda \binom{S_\alpha}{R_\lambda} \binom{R_\lambda}{S_\beta} (R_\lambda, T_\gamma) \sqrt{R_\lambda}\, z^{(\gamma)}_{AR_\lambda S_\alpha S_\beta} \right|.$$

Ich setze nun, wie im vorigen Paragraphen,

$$G[z_S] = \left| \binom{S_\alpha S_\beta}{S_\beta} \sum_\lambda \binom{S_\alpha}{R_\lambda} \binom{R_\lambda}{S_\beta} \sqrt{R_\lambda}\, z_{AR_\lambda S_\alpha S_\beta} \right|.$$

Da dieser Ausdruck von der Wahl der Wurzeln $\sqrt{R_\lambda}$ unabhängig ist, so kann man $\sqrt{R_\lambda}$ durch $(R_\lambda, T_\gamma)\sqrt{R_\lambda}$ ersetzen, und mithin ist

$$G_\gamma = G[z_S^{(\gamma)}].$$

Ist $\sqrt{P_\varkappa}$ ein den Bedingungen (6.) § 1 genügendes System der Wurzeln, so stellt $(P_\varkappa, W)\sqrt{P_\varkappa}$, falls W alle Charakteristiken durchläuft, jedes solche System dar. Da nun jede Charakteristik W auf die Form $S_\alpha T_\gamma P_\mu R_\lambda$ gebracht werden kann, und $(P_\varkappa, S_\alpha P_\mu R_\lambda) = 1$ ist, so stellt auch

$$(2.)\qquad (T_\gamma, P_\varkappa)\sqrt{P_\varkappa} = P_\varkappa^{(\gamma)}$$

jedes System der Wurzeln dar, und jedes nur einmal, weil die Anzahl n der Charakteristiken T_γ gleich der Anzahl der verschiedenen Systeme der Wurzeln $\sqrt{P_\varkappa}$ ist. Ist also

$$(3.)\qquad z_S^{(\gamma)} = \sum_\varkappa \left(\frac{P_\varkappa}{S}\right) P_\varkappa^{(\gamma)} x_{SP_\varkappa},$$

so ist

$$(4.)\qquad F[x_R] = \prod_\gamma G[z_S^{(\gamma)}]$$

oder

$$(5.)\qquad F[x_R] = \mathrm{P}G\Big[\sum_\varkappa \left(\frac{P_\varkappa}{S}\right)\sqrt{P_\varkappa}\, x_{SP_\varkappa}\Big],$$

wo R alle Lösungen der Congruenzen (1.) durchläuft, S nur die (mod. $\mathfrak{P}$) verschiedenen, diese aber so gewählt, dass sie ein vollständiges System bilden.

Wir haben oben vorausgesetzt, dass die Gruppe $\mathfrak{P}$ gegeben ist, und dazu das vollständige System $A\mathfrak{U}$ bestimmt. Jetzt sei umgekehrt irgend ein System von Charakteristiken gegeben, und die Aufgabe gestellt, zu untersuchen, ob sich die entsprechende Function $F[x_R]$ mittelst der Formel (5.) in Factoren zerlegen lasse. Man ergänze das gegebene System durch Hinzufügung aller wesentlichen Combinationen seiner Charakteristiken zu einem vollständigen System und bilde die demselben entsprechende Gruppe $\mathfrak{H}$. (*U.* § 1). Ist γ der Rang und $H_1, \dots H_\gamma$ eine Basis von $\mathfrak{H}$, so kommt es darauf an, Charakteristiken $P_1, \dots P_\nu$ zu bestimmen, die von einander unabhängig sind, und unter sich und mit allen Charakteristiken von $\mathfrak{H}$ syzygetisch sind. Ist α der Rang der syzygetischen Untergruppe von $\mathfrak{H}$ (*U.* § 1) und $P_1, \dots P_\alpha$ eine Basis derselben, so genügen zunächst diese Charakteristiken der gestellten Bedingung. Ferner haben die γ unabhängigen Congruenzen

$$|X, H_\lambda| \equiv 0 \qquad (\lambda = 1, 2, \dots \gamma)$$

$2^{2\varrho-\gamma}$ Lösungen, unter denen sich die 2^α Combinationen von $P_1, \dots P_\alpha$ befinden. Ist $2\varrho-\gamma-\alpha > 0$, so sei $P_{\alpha+1}$ irgend eine der $2^{2\varrho-\gamma}-2^\alpha$ übrigen Lösungen. Dann sind die $\gamma+1$ Congruenzen

$$|X, H_\lambda| \equiv 0, \quad |X, P_{\alpha+1}| \equiv 0$$

unabhängig und haben daher $2^{2\varrho-\gamma-1}$ Lösungen, unter denen sich die $2^{\alpha+1}$ Combinationen von $P_1, \dots P_\alpha, P_{\alpha+1}$ befinden. Ist also $2\varrho-\gamma-\alpha > 2$, so haben sie noch $2^{2\varrho-\gamma-1}-2^{\alpha+1}$ weitere Lösungen, von denen man irgend eine für $P_{\alpha+2}$ wähle. Indem man so fortfährt, erhält man, da nach *U.* § 1, I die Zahl $\alpha+\gamma$ gerade ist, $\nu = \alpha+\frac{1}{2}(2\varrho-\gamma-\alpha)$ Charakteristiken $P_1, \dots P_\nu$, die allen

Bedingungen genügen. Aus dieser Betrachtung folgt: R durchlaufe ein System von Charakteristiken, unter denen sich $\gamma+1$ wesentlich unabhängige befinden. Sei α der Rang der syzygetischen Untergruppe der aus allen Summen einer geraden Anzahl der gegebenen Charakteristiken gebildeten Gruppe. Dann ist $F[x_R]$ die $2^{\varrho-\frac{1}{2}(\gamma+\alpha)}$te Potenz einer Function, die in 2^α Factoren desselben Grades zerfällt*).

*) Im vorigen Bande dieses Journals habe ich eine Abhandlung „*Ueber die principale Transformation der Thetafunctionen mehrerer Variabeln*" veröffentlicht. Ich benutze hier die Gelegenheit, um nachträglich auf eine Arbeit des Herrn *Wiltheiss* „*Ueber die complexe Multiplication hyperelliptischer Functionen zweier Argumente*" aufmerksam zu machen, die im 21. Bande der Mathematischen Annalen während des Druckes meiner Abhandlung erschienen ist, und in welcher für den Fall zweier Variabeln einige der Resultate durch directe Rechnung erhalten sind, die ich dort für den Fall von beliebig vielen Variabeln abgeleitet habe. Indessen ist es dem Verfasser entgangen, dass in allen Fällen die absoluten Werthe von M_1 und M_2 gleich $\sqrt{\varkappa}$ sein müssen.

Zürich, Mai 1883.

31.

Über die Grundlagen der Theorie der Jacobischen Functionen

Journal für die reine und angewandte Mathematik 97, 16–48 (1884)

Genügt eine eindeutige analytische Function $\varphi(u_1, \dots u_\varrho)$ von ϱ Variabeln einer Gleichung

$$\varphi(u_1 + a_1, \dots u_\varrho + a_\varrho) = e^{2\pi i(b + \Sigma b_\lambda u_\lambda)} \varphi(u_1, \dots u_\varrho),$$

in welcher $a_1, \dots a_\varrho, b, b_1, \dots b_\varrho$ Constanten sind, so nenne ich das System der Grössen $a_1, \dots a_\varrho$ eine *Periode* der Function φ oder auch eine *Periode erster Gattung*, das System der Grössen $b_1, \dots b_\varrho$ die ihr entsprechende *Periode zweiter Gattung* und die durch die Gleichung $b = c + \frac{1}{2}\Sigma a_\lambda b_\lambda$ definirte Constante c (nach dem Vorgange des Herrn *Weierstrass*) den jener Periode entsprechenden *Parameter*. Ist $g(u_1, \dots u_\varrho)$ eine ganze Function zweiten Grades, so genügt die Function $e^{g(u_1, \dots u_\varrho)}$, die ich eine *Jacobi*sche *Function nullter Ordnung* nenne, für beliebige Werthe von $a_1, \dots a_\varrho$ einer Gleichung von der angegebenen Form. Hat die Function φ unendlich kleine, von Null verschiedene Perioden, d. h. solche, bei denen die Moduln $a_1, \dots a_\varrho$ alle unterhalb einer beliebig angenommenen Grenze liegen, so lassen sich die zweiten partiellen Ableitungen von $\log \varphi$ einem bekannten *Riemann*schen Satze zufolge (dieses Journal Bd. 71, S. 197) durch weniger als ϱ lineare Verbindungen der Variabeln $u_1, \dots u_\varrho$ ausdrücken, und zwar nach einer Erweiterung, die Herr *Weierstrass* (Berliner Monatsberichte 1876) jenem Satze gegeben hat, alle durch die nämlichen Verbindungen. Daher ist φ das Product aus einer *Jacobi*schen Function nullter Ordnung von $u_1, \dots u_\varrho$ und einer Function, welche durch eine lineare Substitution in eine Function von weniger als ϱ Variabeln transformirt werden kann. Umgekehrt hat eine Function dieser Art stets unendlich kleine Perioden. Ich schliesse diesen Fall von der folgenden Untersuchung aus.

Mehrere Perioden heissen *unabhängig,* wenn keine von ihnen aus den anderen zusammengesetzt werden kann, indem man sie mit (ganzen oder gebrochenen) rationalen Zahlen multiplicirt und addirt. Befinden sich unter mehreren homogenen linearen Functionen von n Variabeln mit reellen Coefficienten nicht n von einander (algebraisch) unabhängige, so kann man den Variabeln solche ganzzahligen Werthe beilegen, dass die Werthe der Functionen alle unterhalb einer vorgeschriebenen Grenze liegen. Können also diese Functionen ausserdem für ganzzahlige Werthe der Variabeln nicht sämmtlich verschwinden, so können sie für solche Werthe unendlich klein werden. Daraus folgt der Satz:

I. *Sind*

$$a_{1\alpha}, \quad . \; . \; . \quad a_{\varrho\alpha} \qquad\qquad (\alpha = 1, \ldots \sigma)$$

σ unabhängige Perioden einer Function, die keine unendlich kleinen Perioden besitzt, und ist

$$a_{\lambda\alpha} = a'_{\lambda\alpha} + i a''_{\lambda\alpha}, \quad a^{(0)}_{\lambda\alpha} = a'_{\lambda\alpha} - i a''_{\lambda\alpha},$$

so können in dem System von σ Zeilen und 2ϱ Colonnen

$$a'_{1\alpha}, \quad . \; . \; . \quad a'_{\varrho\alpha}, \quad a''_{1\alpha}, \quad . \; . \; . \quad a''_{\varrho\alpha}$$

und folglich auch in dem System

$$a_{1\alpha}, \quad . \; . \; . \quad a_{\varrho\alpha}, \quad a^{(0)}_{1\alpha}, \quad . \; . \; . \quad a^{(0)}_{\varrho\alpha}$$

die Determinanten σ^{ten} Grades nicht sämmtlich verschwinden.

Mithin muss

$$\sigma \leqq 2\varrho$$

sein. Eine Function von ϱ Variabeln, die im Endlichen überall holomorph ist und genau 2ϱ unabhängige Perioden besitzt, nenne ich eine *Jacob*ische *Function vom Range ϱ.* Eine solche kann nicht unendlich kleine Perioden haben. Denn sonst könnte man nach den Untersuchungen des Herrn *Weierstrass* ein Grössensystem $r_1, \ldots r_\varrho$ so bestimmen, dass $a_1 = r_1 z, \ldots a_\varrho = r_\varrho z$ für willkürliche Werthe von z eine Periode der Function wäre, und daher hätte dieselbe beliebig viele unabhängige Perioden.

§ 1.

Gleichungen zwischen den Perioden.

Die Function $e^{2\pi i z}$ bezeichne ich zur Abkürzung mit $E[z]$. Ich betrachte im Folgenden Functionen von ϱ Variabeln, die im Endlichen überall holomorph sind, keine unendlich kleinen Perioden haben und σ ($\leqq 2\varrho$)

unabhängige Perioden besitzen, also σ Gleichungen von der Form

$$(1.)\qquad \varphi(u_1+a_{1\alpha},\ldots u_\varrho+a_{\varrho\alpha}) = E[c_\alpha+\sum_\lambda b_{\lambda\alpha}(u_\lambda+\tfrac{1}{2}a_{\lambda\alpha})]\varphi(u_1,\ldots u_\varrho) \qquad (\alpha=1,2,\ldots\sigma)$$

erfüllen. Es handelt sich darum, die Bedingungen zu ermitteln, welche die Constanten

$$a_{\lambda\alpha},\quad b_{\lambda\alpha},\quad c_\alpha \qquad (\lambda=1,\ldots\varrho;\ \alpha=1,\ldots\sigma)$$

befriedigen müssen, damit Functionen existiren, die den oben gestellten Forderungen genügen. Ist

$$\varphi(u_1+a_1,\ldots u_\varrho+a_\varrho) = E[c+\Sigma b_\lambda(u_\lambda+\tfrac{1}{2}a_\lambda)]\varphi(u_1,\ldots u_\varrho),$$
$$\varphi(u_1+a'_1,\ldots u_\varrho+a'_\varrho) = E[c'+\Sigma b'_\lambda(u_\lambda+\tfrac{1}{2}a'_\lambda)]\varphi(u_1,\ldots u_\varrho),$$

so erhält man, indem man in der zweiten Gleichung $u_1,\ldots u$ um $a_1,\ldots a_\varrho$ vermehrt und dann die erste Gleichung benutzt,

$$(2.)\quad \begin{cases} \varphi(u_1+a_1+a'_1,\ldots u_\varrho+a_\varrho+a'_\varrho) \\ = E[c+c'+\Sigma(b_\lambda+b'_\lambda)(u_\lambda+\tfrac{1}{2}(a_\lambda+a'_\lambda))]E[\tfrac{1}{2}\Sigma(a_\lambda b'_\lambda-a'_\lambda b_\lambda)]\varphi(u_1,\ldots u_\varrho). \end{cases}$$

Durch Vertauschung von $a_1,\ldots a_\varrho$ mit $a'_1,\ldots a'_\varrho$ folgt daraus, dass

$$(3.)\qquad \sum_\lambda(a_\lambda b'_\lambda - a'_\lambda b_\lambda) = k$$

eine ganze Zahl ist. Demnach sind die σ^2 Grössen

$$(A.)\qquad \sum_\lambda(a_{\lambda\alpha}b_{\lambda\beta}-a_{\lambda\beta}b_{\lambda\alpha}) = k_{\alpha\beta} \qquad (\alpha,\beta=1,\ldots\sigma)$$

ganze Zahlen, zwischen denen die Beziehungen

$$(4.)\qquad k_{\alpha\beta}=-k_{\beta\alpha},\quad k_{\alpha\alpha}=0$$

bestehen.

Aus der Gleichung (2.) ergiebt sich leicht die folgende allgemeine Formel: Sind $n_1,\ldots n_\sigma$ ganze Zahlen, und ist

$$(5.)\qquad a_\lambda=\sum_\alpha n_\alpha a_{\lambda\alpha},\quad b_\lambda=\sum_\alpha n_\alpha b_{\lambda\alpha},$$

so ist

$$(6.)\qquad \varphi(u_1+a_1,\ldots u_\varrho+a_\varrho) = E[c+\sum_\lambda b_\lambda(u_\lambda+\tfrac{1}{2}a_\lambda)]\varphi(u_1,\ldots u_\varrho),$$

wo

$$(7.)\qquad c=\sum_\alpha n_\alpha c_\alpha+\tfrac{1}{2}\sum_{\alpha,\beta}{}' k_{\alpha\beta}n_\alpha n_\beta$$

ist. Durch den Strich beim Summenzeichen wird angedeutet, dass nur über solche Werthepaare summirt werden soll, für welche $\alpha<\beta$ ist.

§ 2.

Ungleichheitsbedingungen für die Perioden.

Sind $v_1, \dots v_\varrho$ Constanten, so hat die Function

$$\varphi(v_1+u_1, \dots v_\varrho+u_\varrho) = \psi(u_1, \dots u_\varrho)$$

dieselben Perioden wie $\varphi(u_1, \dots u_\varrho)$, dagegen die Parameter

$$w_\alpha = c_\alpha + \sum_\lambda b_{\lambda\alpha} v_\lambda.$$

Sind $\xi_1, \dots \xi_\sigma$ reelle Veränderliche, ist

$$r_\lambda = \sum_\alpha a_{\lambda\alpha}\xi_\alpha, \quad s_\lambda = \sum_\alpha b_{\lambda\alpha}\xi_\alpha$$

und

$$E[-\tfrac{1}{2}\Sigma r_\lambda s_\lambda - \Sigma w_\alpha \xi_\alpha]\,\psi(r_1, \dots r_\varrho) = L(\xi_1, \dots \xi_\sigma),$$

so ist

$$L(\xi_1, \dots \xi_\gamma+1, \dots \xi_\sigma) = E[\tfrac{1}{2}\sum_\alpha k_{\alpha\gamma}\xi_\alpha]\,L(\xi_1, \dots \xi_\gamma, \dots \xi_\sigma).$$

Der absolute Werth des ersten Factors der rechten Seite ist gleich 1. Weil ferner φ im Endlichen überall *holomorph* ist, so liegen die Werthe, welche $L(\xi_1, \dots \xi_\sigma)$ annimmt, wenn sich jede der σ Variabeln ξ_α zwischen den Grenzen 0 und 1 bewegt, alle unterhalb einer endlichen Grenze G. Da aber der absolute Werth jener Function ungeändert bleibt, wenn eine dieser Variabeln um 1 vermehrt wird, so liegt der absolute Werth von L für alle reellen Werthe der Variabeln ξ_α unterhalb derselben Grenze.

Ich betrachte nun zunächst den Fall, wo man den ϱ linearen Gleichungen

$$(1.) \qquad \sum_\alpha a_{\lambda\alpha} x_\alpha = 0$$

durch Werthe der σ Unbekannten x_α genügen kann, die nicht sämmtlich verschwinden. Ist z irgend eine complexe Grösse, so sei $z^{(0)}$ die conjugirt complexe Grösse. Dann können die ϱ Grössen

$$(2.) \qquad \sum_\alpha a_{\lambda\alpha} x_\alpha^{(0)} = r_\lambda$$

nicht sämmtlich verschwinden. Denn sonst wäre

$$\sum_\alpha a_{\lambda\alpha} x_\alpha = 0, \quad \sum_\alpha a_{\lambda\alpha}^{(0)} x_\alpha = 0,$$

und folglich müssten die Grössen x_α sämmtlich verschwinden, da nach Satz I. die aus den Coefficienten dieser 2ϱ Gleichungen gebildeten Determinanten σ^{ten} Grades nicht alle Null sind. Setzt man nun $x_\alpha + x_\alpha^{(0)} = \xi_\alpha$, so folgt aus den Gleichungen (1.) und (2.)

$$\sum_\alpha a_{\lambda\alpha}\xi_\alpha = r_\lambda,$$

und folglich ist

$$\psi(r_1, \dots r_\varrho) = E[\tfrac{1}{2}\Sigma r_\lambda s_\lambda + \Sigma w_\alpha \xi_\alpha]\,L,$$

wo L dem absoluten Werthe nach kleiner ist als eine Grösse G, die von der Wahl der Lösung x_α unabhängig ist. Den Gleichungen (1.) zufolge ist

$$\sum_\lambda r_\lambda s_\lambda = \sum_{\alpha,\beta,\lambda} a_{\lambda\alpha} b_{\lambda\beta}(x_\alpha + x_\alpha^{(0)})(x_\beta + x_\beta^{(0)}) = \Sigma a_{\lambda\alpha} b_{\lambda\beta} x_\alpha^{(0)}(x_\beta + x_\beta^{(0)})$$

$$= \Sigma(a_{\lambda\alpha} b_{\lambda\beta} - a_{\lambda\beta} b_{\lambda\alpha}) x_\alpha^{(0)} x_\beta + \Sigma a_{\lambda\alpha} b_{\lambda\beta} x_\alpha^{(0)} x_\beta^{(0)} = \Sigma k_{\alpha\beta} x_\alpha^{(0)} x_\beta + \Sigma a_{\lambda\alpha} b_{\lambda\beta} x_\alpha^{(0)} x_\beta^{(0)}.$$

Setzt man also

$$\tfrac{1}{2}\Sigma a_{\lambda\alpha} b_{\lambda\beta} x_\alpha^{(0)} x_\beta^{(0)} = s, \quad \Sigma(w_\alpha - w_\alpha^{(0)}) x_\alpha^{(0)} = w,$$

$$i\pi \Sigma k_{\alpha\beta} x_\alpha^{(0)} x_\beta = p, \quad E[\Sigma(w_\alpha x_\alpha + w_\alpha^{(0)} x_\alpha^{(0)})] L = K,$$

so ist p eine reelle Grösse, und es ist

$$E[-s-w]\,\psi(r_1, \dots r_\varrho) = e^p K.$$

Da der absolute Werth des ersten Factors von K gleich 1 ist, so ist auch $K < G$.

Ist z eine complexe Variable, und genügen die Grössen x_α den Bedingungen (1.), so genügen ihnen auch die Grössen $x_\alpha z^{(0)}$. Ersetzt man aber x_α durch $x_\alpha z^{(0)}$, so gehen r_λ, s, w, p in $r_\lambda z$, sz^2, wz, $pzz^{(0)}$ über. Ist also

$$\chi(z) = E[-sz^2 - wz]\,\psi(r_1 z, \dots r_\varrho z),$$

so ist

$$\text{(3.)} \qquad \chi(z) = e^{pzz_0} M,$$

wo M dem absoluten Werthe nach kleiner ist als eine von z unabhängige Grösse G.

Die Grössen $v_1, \dots v_\varrho$ kann man immer so wählen, dass $\chi(z)$ nicht von z unabhängig ist. Denn sonst wäre für alle Werthe dieser Grössen $\chi(z) = \chi(0)$ oder

$$E[-sz^2]\frac{\varphi(v_1 + r_1 z, \dots v_\varrho + r_\varrho z)}{\varphi(v_1, \dots v_\varrho)} = E[zw].$$

Die linke Seite dieser Gleichung ist eine im Endlichen überall meromorphe Function der ϱ complexen Variabeln v_λ. Auf der rechten Seite ist w eine lineare Function der Veränderlichen v_λ und $v_\lambda^{(0)}$. Aus dieser Gleichung würde daher zunächst folgen, dass w die Grössen $v_\lambda^{(0)}$ nicht enthält, sondern eine lineare Function der Variabeln v_λ allein ist, $w = t + \Sigma s_\lambda v_\lambda$. Dann müsste aber der Gleichung

$$\varphi(v_1 + r_1 z, \dots v_\varrho + r_\varrho z) = E[tz + sz^2 + z\Sigma s_\lambda v_\lambda]\,\varphi(v_1, \dots v_\varrho)$$

zufolge die Function φ die Periode $r_\lambda z$ haben, also, da $r_1, \dots r_\varrho$ nicht sämmtlich verschwinden und z willkürlich ist, unendlich kleine Perioden besitzen, wider die Voraussetzung.

Nach einem bekannten Satze der Functionentheorie kann eine Function, die im Endlichen überall holomorph und keine Constante ist, nicht für alle endlichen Werthe der Variabeln unterhalb einer bestimmten endlichen Grenze liegen*). Mit Hülfe desselben ergiebt sich aus der Gleichung (3.), dass p positiv ist. Denn wäre p negativ oder Null, so würde, da $zz^{(1)}$ positiv ist, der absolute Werth der Function $\chi(z)$ für alle endlichen Werthe von z unter der Grenze G liegen. Daraus folgt:

B. Genügen die σ complexen Variabeln x_α den ϱ linearen Gleichungen

$$(1.)\qquad \sum_\alpha a_{\lambda\alpha} x_\alpha = 0 \qquad (\lambda = 1, \ldots \varrho),$$

so ist der Ausdruck

$$(4.)\qquad i\sum_{\alpha,\beta} k_{\alpha\beta} x_\alpha^{(1)} x_\beta$$

beständig positiv und verschwindet nur, wenn jene Variabeln sämmtlich Null sind.

Für den oben ausgeschlossenen Fall nämlich, wo die Gleichungen (1.) nur durch die Werthe $x_\alpha = 0$ befriedigt werden können, ist dieser Satz selbstverständlich.

Mit einer geringen Abänderung lässt sich die obige Deduction auch auf den Fall anwenden, wo die Perioden $a_{\lambda\alpha}$ nicht unabhängig sind, und führt zu dem allgemeineren Resultate:

B. Genügen die σ complexen Variabeln x_α den ϱ linearen Gleichungen*

$$\sum_\alpha a_{\lambda\alpha} x_\alpha = 0 \qquad (\lambda = 1, \ldots \varrho),$$

so ist der Ausdruck $i\sum k_{\alpha\beta} x_\alpha^{(1)} x_\beta$ beständig positiv und verschwindet nur für solche Werthe jener Variabeln, welche zugleich die ϱ linearen Gleichungen

$$\sum_\alpha a_{\lambda\alpha}^{(1)} x_\alpha = 0$$

befriedigen.

Die gemeinschaftlichen Lösungen dieser 2ϱ linearen Gleichungen sind, wie leicht zu sehen, lineare Combinationen der rationalen Lösungen der Gleichungen (1.).

§ 3.

Folgerungen aus den Bedingungen *A.* und *B.*

Damit die Grössen $a_{\lambda\alpha}$, $b_{\lambda\alpha}$ die Perioden einer Function $\varphi(u_1, \ldots u_\varrho)$ sein können, müssen sie den Gleichungen *A.* und den Ungleichheiten *B.* genügen. In diesen Bedingungen ist die in Satz I. ausgesprochene Eigenschaft bereits enthalten. Da

$$(1.)\qquad i\sum_{\alpha,\beta} k_{\alpha\beta} x_\alpha^{(1)} x_\beta = i\sum_\lambda \left[\left(\sum_\alpha a_{\lambda\alpha} x_\alpha^{(1)}\right)\left(\sum_\beta b_{\lambda\beta} x_\beta\right) - \left(\sum_\beta a_{\lambda\beta} x_\beta\right)\left(\sum_\alpha b_{\lambda\alpha} x_\alpha^{(1)}\right)\right]$$

*) Herr *Weierstrass* hat in seinen Vorlesungen diesen Satz in ähnlicher Art angewendet, um die Bedingungen der Convergenz der Thetareihen abzuleiten.

ist, so ist unter den Bedingungen

$$(2.)\quad \sum_{\alpha} a_{\lambda\alpha} x_\alpha = 0$$

der Ausdruck

$$(3.)\quad i\sum_{\alpha,\beta} k_{\alpha\beta} x_\alpha^{(1)} x_\beta = i\sum_{\lambda}\Big(\sum_{\alpha} a_{\lambda\alpha} x_\alpha^{(1)}\Big)\Big(\sum_{\beta} b_{\lambda\beta} x_\beta\Big).$$

Wären nun in dem Systeme

$$(4.)\quad a_{1\alpha},\ \ldots\ a_{\varrho\alpha},\ a_{1\alpha}^{(1)},\ \ldots\ a_{\varrho\alpha}^{(1)} \qquad (\alpha = 1 \ldots \sigma)$$

die Determinanten σ^{ten} Grades alle Null, so könnte man σ Grössen x_α finden, die nicht sämmtlich Null sind und den 2ϱ Gleichungen

$$\sum_{\alpha} a_{\lambda\alpha} x_\alpha = 0, \quad \sum_{\alpha} a_{\lambda\alpha}^{(1)} x_\alpha = 0$$

genügen. Daher wäre auch $\sum_{\alpha} a_{\lambda\alpha} x_\alpha^{(1)} = 0$, und mithin würde der Ausdruck (3.) verschwinden. Dies widerspricht aber dem Satze *B.* Daraus folgt noch, dass σ den Ungleichheiten *B.* genügende Perioden nothwendig unabhängig sein müssen.

Ich entwickle nun einige weitere Sätze, die sich aus den Bedingungen *A.* und *B.* ergeben:

II. *In dem System von σ Zeilen und 2ϱ Colonnen*

$$(5.)\quad a_{1\alpha},\ \ldots\ a_{\varrho\alpha},\ b_{1\alpha},\ \ldots\ b_{\varrho\alpha} \qquad (\alpha = 1, \ldots \sigma)$$

sind die Determinanten σ^{ten} Grades nicht alle Null.

Denn sonst könnte man den 2ϱ linearen Gleichungen

$$\sum_{\beta} a_{\lambda\beta} x_\beta = 0, \quad \sum_{\beta} b_{\lambda\beta} x_\beta = 0$$

durch σ Grössen x_β genügen, die nicht alle Null sind, und mithin würde der Ausdruck (1.) verschwinden.

Mit Hülfe dieses Satzes kann man leicht einsehen, wesshalb sich für die Parameter c_α keine Bedingungen ergeben. Sind nämlich g_λ, h_λ Constanten, so hat die Function $E[\sum g_\lambda u_\lambda]\ \varphi(h_1+u_1, \ldots h_\varrho+u_\varrho)$ die nämlichen Perioden wie φ, dagegen die Parameter $c'_\alpha = c_\alpha + \sum_{\lambda}(a_{\lambda\alpha} g_\lambda + b_{\lambda\alpha} h_\lambda)$. Nach Satz II. kann man daher den Grössen g_λ, h_λ solche Werthe ertheilen, dass die Parameter c'_α beliebig gegebene Werthe erhalten.

III. *Ist der Rang**) *des Systems*

$$a_{\lambda\alpha} \qquad (\lambda = 1, \ldots \varrho;\ \alpha = 1, \ldots \sigma)$$

gleich ν, und der des alternirenden Systems

$$k_{\alpha\beta} \qquad (\alpha, \beta = 1, \ldots \sigma)$$

gleich $2\varkappa$, so ist

$$(6.)\quad \varkappa + \nu \geqq \sigma.$$

---

*) Vgl. dieses Journal, Bd. 86, S. 148.

Die linearen Formen

$$P_\lambda = \sum_\alpha a_{\lambda\alpha} p_\alpha, \quad Q_\lambda = \sum_\alpha a^{(1)}_{\lambda\alpha} q_\alpha, \quad R_\beta = \sum_\alpha k_{\alpha\beta} r_\alpha, \quad S_\beta = p_\beta + q_\beta + r_\beta$$

können nicht sämmtlich verschwinden, ohne dass die Variabeln p_α, q_α, r_α alle Null sind. Denn da

$$\sum_{\alpha,\beta} k_{\alpha\beta} p_\alpha q^{(1)}_\beta = \sum_\lambda [(\sum_\alpha a_{\lambda\alpha} p_\alpha)(\sum_\beta b_{\lambda\beta} q^{(1)}_\beta) - (\sum_\beta a_{\lambda\beta} q^{(1)}_\beta)(\sum_\alpha b_{\lambda\alpha} p_\alpha)]$$

ist, so ist, wenn $P_\lambda = 0$ und $Q^{(1)}_\lambda = 0$ ist, auch

$$\sum_{\alpha,\beta} k_{\alpha\beta} p_\alpha q^{(1)}_\beta = 0.$$

Multiplicirt man daher die aus $R_\beta = 0$ und $S_\beta = 0$ folgende Gleichung

$$\sum_\alpha k_{\alpha\beta}(p_\alpha + q_\alpha) = 0$$

mit $q^{(1)}_\beta$ und summirt nach β, so erhält man

$$\sum_{\alpha,\beta} k_{\alpha\beta} q_\alpha q^{(1)}_\beta = 0.$$

Aus dieser Relation und den Gleichungen $Q^{(1)}_\lambda = 0$ folgt aber nach *B.*, dass die Grössen q_α sämmtlich verschwinden. Ebenso beweist man, dass auch die Grössen p_α alle Null sind. Den Gleichungen $S_\alpha = 0$ zufolge verschwinden daher auch die Grössen r_α.

Mithin ist die Anzahl der unabhängigen unter jenen linearen Formen der Anzahl der Variabeln 3σ gleich. Nach den gemachten Annahmen sind von den Formen P_λ und Q_λ je ν und von den Formen R_λ $2\varkappa$ unabhängig (dass der Rang eines alternirenden Systems stets eine gerade Zahl ist, habe ich dieses Journal, Bd. 82, S. 242 gezeigt); ferner sind die σ Formen S_β unter einander unabhängig. Daher ist

$$2\nu + 2\varkappa + \sigma \geqq 3\sigma \quad \text{oder} \quad \varkappa + \nu \geqq \sigma.$$

Da $\nu \leqq \varrho$ und $2\varkappa \leqq \sigma$ ist, so folgt daraus

$$(7.) \qquad \varkappa \geqq (\sigma - \varrho), \qquad \nu \geqq \tfrac{1}{2}\sigma.$$

IV. *In dem System $k_{\alpha\beta}$ sind die Determinanten $2(\sigma-\varrho)^{\text{ten}}$ Grades nicht alle Null. In dem System $a_{\lambda\alpha}$ sind die Determinanten vom Grade $\frac{1}{2}\sigma$ oder $\frac{1}{2}(\sigma+1)$ nicht alle Null.*

Es wird sich zeigen, dass die Zahlen $k_{\alpha\beta}$, an und für sich betrachtet, einer weiteren Einschränkung nicht unterliegen.

Ist $\varkappa = 0$, so ist $\nu \geqq \sigma$. Da aber das System $a_{\lambda\alpha}$ nur aus σ Colonnen besteht, so kann nicht $\nu > \sigma$ sein. Mithin ist $\nu = \sigma$ und folglich $\sigma \leqq \varrho$.

V. *Sind für eine Function mit σ unabhängigen Perioden die Zahlen $k_{\alpha\beta}$ sämmtlich Null, so können in dem System*

$$a_{\lambda\alpha} \qquad\qquad (\lambda = 1, \ldots \varrho;\ \alpha = 1, \ldots \sigma)$$

die Determinanten σ^{ten} Grades nicht alle verschwinden, und mithin ist $\sigma \leqq \varrho$.

Dies kann man auch leicht direct einsehen. Wäre nämlich $\nu < \sigma$, so könnte man σ Grössen x_α finden, die nicht alle Null sind und den Gleichungen (2.) genügen. Für diese müsste also der Ausdruck (1.) einen von Null verschiedenen positiven Werth haben, während er nach der Annahme Null ist. Da ferner das System $a_{\lambda\alpha}$ nur aus ϱ Colonnen besteht, so kann nur, wenn $\sigma \leqq \varrho$ ist, eine Determinante σ^{ten} Grades aus seinen Elementen von Null verschieden sein. Speciell ergiebt sich für $\sigma = \varrho$ die Folgerung, dass die Determinante ϱ^{ten} Grades $|a_{\lambda\alpha}|$ von Null verschieden ist. Ein Corollar des obigen Satzes ist das folgende Theorem, in welchem das Wort Periode in dem gewöhnlichen Sinne genommen ist $(\varphi(u_1+a_1, \dots u_\varrho+a_\varrho) = \varphi(u_1, \dots u_\varrho))$:

VI. ***Eine Function von ϱ Variabeln, die im Endlichen überall holomorph ist, und keine unendlich kleinen Perioden hat, kann nicht mehr als ϱ unabhängige Perioden besitzen, und in jedem System von σ unabhängigen Perioden einer solchen Function sind die Determinanten σ^{ten} Grades nicht sämmtlich Null.***

§ 4.

Construction der Periodensysteme.

Ich gehe nun dazu über zu zeigen, wie man alle Systeme von Grössen

$$(1.) \qquad a_{\lambda\alpha}, \quad b_{\lambda\alpha} \qquad (\lambda = 1, \dots \varrho;\ \alpha = 1, \dots, \sigma)$$

finden kann, welche die Bedingungen *A.* und *B.* befriedigen.

Sei (1.) ein gegebenes System dieser Art. Ist $\sigma < 2\varrho$, so seien $k_{\alpha,\sigma+1}$ $(\alpha = 1, \dots \sigma)$ σ ganze Zahlen, die nur der Einschränkung unterliegen, dass in dem alternirenden System $k_{\gamma\delta}$ $(\gamma, \delta = 1, \dots \sigma+1)$ die Determinanten $2(\sigma+1-\varrho)^{\text{ten}}$ Grades nicht sämmtlich verschwinden. (Vgl. Satz IV). Dann kann man, wie ich jetzt zeigen will, stets 2ϱ Grössen $a_{\lambda,\sigma+1}$, $b_{\lambda,\sigma+1}$ finden, welche den Gleichungen

$$(2.) \qquad \sum_\lambda (a_{\lambda\alpha} b_{\lambda,\sigma+1} - a_{\lambda,\sigma+1} b_{\lambda\alpha}) = k_{\alpha,\sigma+1}$$

genügen und die Ungleichheiten *B.* befriedigen, falls man in denselben σ durch $\sigma+1$ ersetzt.

Zunächst kann man die Zahlen $k_{\alpha,\sigma+1}$ stets so wählen, wie oben gefordert wurde. Da nämlich der Rang τ des alternirenden Systems $k_{\alpha\beta}$ $(\alpha, \beta = 1, \dots \sigma)$ stets eine gerade Zahl ist, so ist er, wenn er $> 2(\sigma-\varrho)$ ist, mindestens $2(\sigma+1-\varrho)$, und daher kann man jene σ Zahlen ganz beliebig annehmen. Ist aber $\tau = 2(\sigma-\varrho)$, so können in jenem System die *Hauptdeterminanten*

τ^{ten} Grades nicht sämmtlich verschwinden (dieses Journal Bd. 82, S. 242). Sei etwa $|k_{\alpha\beta}| (\alpha, \beta = 1, \dots \tau)$ von Null verschieden. Setzt man dann $k_{\sigma,\sigma+1} = 1$ und sonst $k_{\alpha,\sigma+1} = 0$, so ist die Determinante $(\tau+2)^{\text{ten}}$ Grades

$$\begin{vmatrix} k_{11} & \dots & k_{1\tau} & k_{1\sigma} & k_{1,\sigma+1} \\ \cdot & \cdot & \cdot & \cdot & \cdot \\ k_{\tau 1} & \dots & k_{\tau\tau} & k_{\tau\sigma} & k_{\tau,\sigma+1} \\ k_{\sigma 1} & \dots & k_{\sigma\tau} & k_{\sigma\sigma} & k_{\sigma,\sigma+1} \\ k_{\sigma+1,1} & \dots & k_{\sigma+1,\tau} & k_{\sigma+1,\sigma} & k_{\sigma+1,\sigma+1} \end{vmatrix} = \begin{vmatrix} k_{11} & \dots & k_{1\tau} & k_{1\sigma} & 0 \\ \cdot & \cdot & \cdot & \cdot & \cdot \\ k_{\tau 1} & \dots & k_{\tau\tau} & k_{\tau\sigma} & 0 \\ k_{\sigma 1} & \dots & k_{\sigma\tau} & k_{\sigma\sigma} & 1 \\ 0 & \dots & 0 & -1 & 0 \end{vmatrix} = \begin{vmatrix} k_{11} & \dots & k_{1\tau} \\ \cdot & \cdot & \cdot \\ k_{\tau 1} & \dots & k_{\tau\tau} \end{vmatrix}$$

von Null verschieden.

Im Folgenden möge sich der Index λ von 1 bis ϱ, die Indices α, β von 1 bis σ und die Indices γ, δ von 1 bis $\sigma+1$ bewegen. Sei ferner ν der Rang des Systems $a_{\lambda\alpha}$ und $2\varkappa$ der des Systems $k_{\gamma\delta}$. Ich werde zwei Methoden entwickeln, die Grössen $a_{\lambda,\sigma+1}$, $b_{\lambda,\sigma+1}$ zu bestimmen, von denen die erste immer anwendbar ist, wenn $\nu < \varrho$ ist, die zweite, wenn $\varkappa > \sigma-\nu$ ist. Ist $\nu = \varrho$, so ist nach der Festsetzung, die ich über die Zahlen $k_{\alpha,\sigma+1}$ getroffen habe, $\varkappa > \sigma-\nu$, und daher ist in diesem Falle immer die zweite Methode anwendbar, und nur diese. Ist $\nu < \varrho$ und $\varkappa > \sigma-\nu$, so können beide Methoden gebraucht werden, ist aber $\nu < \varrho$ und $\varkappa = \sigma-\nu$, nur die erste. (Nach Satz III. kann nicht $\varkappa < \sigma-\nu$ sein.)

I. Ist $\nu < \varrho$, so kann man eine Lösung der Gleichungen (2.) finden, für welche der Rang des Systems $a_{\lambda\gamma}$ gleich $\nu+1$ ist. Damit derselbe nämlich gleich ν sei, ist nothwendig und hinreichend, dass jede Lösung der σ Gleichungen

$$(3.) \qquad \sum_\lambda a_{\lambda\alpha} w_\lambda = 0$$

auch der Gleichung $\sum_\lambda a_{\lambda,\sigma+1} w_\lambda = 0$ genügt. Wäre dies für jede Lösung $a_{\lambda,\sigma+1}$, $b_{\lambda,\sigma+1}$ der (nach Satz II. unabhängigen) Gleichungen (2.) der Fall, so würde, wenn $w_\lambda = b_\lambda$ irgend eine Lösung der Gleichungen (3.) ist, die Gleichung $W \equiv \sum_\lambda b_\lambda u_\lambda = 0$ eine Folge der Gleichungen

$$W_\alpha \equiv \sum_\lambda (b_{\lambda\alpha} u_\lambda - a_{\lambda\alpha} v_\lambda) + k_{\alpha,\sigma+1} = 0$$

sein, und daher wäre W eine lineare Combination der Functionen W_α,

$$W \equiv \Sigma p_\beta W_\beta,$$

es wäre also

$$(4.) \qquad \sum_\beta a_{\lambda\beta} p_\beta = 0,$$

$$(5.) \qquad \sum_\beta b_{\lambda\beta} p_\beta = b_\lambda.$$

Daher wäre

$$\sum_\beta k_{\alpha\beta}p_\beta = \sum_\lambda [a_{\lambda\alpha}(\sum_\beta b_{\lambda\beta}p_\beta) - b_{\lambda\alpha}(\sum_\beta a_{\lambda\beta}p_\beta)] = \sum_\lambda a_{\lambda\alpha}b_\lambda = 0$$

und mithin auch

$$(6.)\qquad \sum_{\alpha,\beta} k_{\alpha\beta}p_\alpha^{(1)}p_\beta = 0.$$

Nach Satz *B.* können die Gleichungen (4.) und (6.) aber nur bestehen, wenn die Grössen p_β sämmtlich verschwinden. Dann würden aber nach (5.) auch die Grössen b_λ alle Null sein. Ist aber $\nu < \varrho$, so kann man den Gleichungen (3.) durch Werthe genügen, die nicht sämmtlich verschwinden.

Ist nun der Rang des Systems $a_{\lambda\gamma}$ um 1 grösser als der des Systems $a_{\lambda\alpha}$, so ist in jeder Lösung der Gleichungen

$$(7.)\qquad \sum_\gamma a_{\lambda\gamma}x_\gamma = 0$$

$x_{\sigma+1} = 0$. Da nach der Voraussetzung für jede Lösung der Gleichungen $\sum_\alpha a_{\lambda\alpha}x_\alpha = 0$ der Ausdruck $i\sum_{\alpha,\beta} k_{\alpha\beta}x_\alpha^{(1)}x_\beta$ positiv ist, so ist auch für jede Lösung der Gleichungen (7.) der Ausdruck

$$(8.)\qquad i\sum_{\gamma,\delta} k_{\gamma\delta}x_\gamma^{(1)}x_\delta$$

positiv.

II. Ist $\varkappa > \sigma - \nu$, so kann man eine Lösung der 2σ Gleichungen

$$(9.)\qquad \sum_\gamma k_{\alpha\gamma}x_\gamma + \sum_\lambda a_{\lambda\alpha}y_\lambda = 0,\quad \sum_\gamma k_{\alpha\gamma}x_\gamma + \sum_\lambda a_{\lambda\alpha}^{(1)}z_\lambda = 0$$

finden, in der $x_{\sigma+1} = -1$ ist, und für welche der Ausdruck (8.) positiv ist.

1. Die 2σ linearen Formen

$$Y_\alpha \equiv \sum_\beta k_{\alpha\beta}x_\beta + \sum_\lambda a_{\lambda\alpha}y_\lambda,\qquad Z_\alpha \equiv \sum_\beta k_{\alpha\beta}x_\beta + \sum_\lambda a_{\lambda\alpha}^{(1)}z_\lambda$$

der $\sigma+2\varrho$ Variabeln x_β, y_λ, z_λ sind von einander unabhängig. Denn ist $\sum_\alpha (p_\alpha Y_\alpha + q_\alpha Z_\alpha) \equiv 0$, so ist

$$\sum_\alpha k_{\alpha\beta}(p_\alpha + q_\alpha) = 0,\quad \sum_\alpha a_{\lambda\alpha}p_\alpha = 0,\quad \sum_\alpha a_{\lambda\alpha}^{(1)}q_\alpha = 0.$$

Nach dem Beweise des Satzes III. § 3 folgt daraus, dass die Grössen p_α, q_α sämmtlich verschwinden. Daher sind die 2σ Gleichungen (9.) unabhängig und haben Lösungen, in denen $x_{\sigma+1}$ von Null verschieden ist.

2. Der Ausdruck (8.) kann nicht für alle Lösungen der Gleichungen (9.) verschwinden. Im entgegengesetzten Falle seien nämlich x_γ, y_λ, z_λ und u_γ, v_λ, w_λ zwei ihrer Lösungen, sei also

$$V_\alpha \equiv \sum_\gamma k_{\alpha\gamma}u_\gamma + \sum_\lambda a_{\lambda\alpha}v_\lambda = 0,\qquad W_\alpha \equiv \sum_\gamma k_{\alpha\gamma}u_\gamma + \sum_\lambda a_{\lambda\alpha}^{(1)}w_\lambda = 0.$$

Dann ist, falls r eine willkürliche Grösse ist, auch $x_\gamma + ru_\gamma$, $y_\lambda + rv_\lambda$, $z_\lambda + rw_\lambda$

eine Lösung derselben. Nach der gemachten Voraussetzung ist daher

$$\sum_{\gamma,\delta} k_{\delta\gamma}(x_\delta^{(1)}+r^{(1)}u_\delta^{(1)})(x_\gamma+ru_\gamma) = 0$$

und mithin auch

$$U \equiv \sum_{\gamma,\delta} k_{\delta\gamma} x_\delta^{(1)} u_\gamma = 0.$$

Ist x_γ, y_λ, z_λ eine bestimmte Lösung der Gleichungen (9.), so verschwindet folglich die lineare Function U der Variabeln u_γ, v_λ, w_λ für alle Werthe, für welche die 2σ linearen Functionen V_α, W_α Null sind, und mithin ist U eine lineare Combination dieser Functionen

$$U \equiv \Sigma(p_\alpha V_\alpha + q_\alpha W_\alpha).$$

Zu jeder Lösung x_γ, y_λ, z_λ der Gleichungen (9.) lassen sich also 2σ Grössen p_α, q_α so bestimmen, dass die Gleichungen bestehen

$$(10.)\qquad \sum_\delta k_{\delta\gamma} x_\delta^{(1)} = \sum_\alpha k_{\alpha\gamma}(p_\alpha+q_\alpha),$$

$$(11.)\qquad \sum_\alpha a_{\lambda\alpha} p_\alpha = 0,$$

$$(12.)\qquad \sum_\alpha a_{\lambda\alpha}^{(1)} q_\alpha = 0 \quad \text{oder} \quad \sum_\alpha a_{\lambda\alpha} q_\alpha^{(1)} = 0.$$

Multiplicirt man die zweite Gleichung (9.) mit q_α und summirt nach α, so erhält man den Relationen (12.) zufolge

$$\sum_{\alpha,\gamma} k_{\alpha\gamma} x_\gamma q_\alpha = 0 \quad \text{oder} \quad \sum_{\beta,\delta} k_{\delta\beta} x_\delta^{(1)} q_\beta^{(1)} = 0.$$

Wie im Beweise des Satzes III. § 3 ergiebt sich ferner aus den Gleichungen (11.) und (12.)

$$\sum_{\alpha,\beta} k_{\alpha\beta} p_\alpha q_\beta^{(1)} = 0.$$

Betrachtet man daher die ersten σ Gleichungen (10.)

$$\sum_\delta k_{\delta\beta} x_\delta^{(1)} = \sum_\alpha k_{\alpha\beta}(p_\alpha+q_\alpha),$$

multiplicirt die β^{te} mit $q_\beta^{(1)}$ und addirt, so erhält man

$$\sum_{\alpha,\beta} k_{\alpha\beta} q_\alpha q_\beta^{(1)} = 0.$$

Daraus folgt, wie oben, dass die Grössen q_α sämmtlich Null sind. Ebenso zeigt man, dass die Grössen p_α alle verschwinden. Folglich reduciren sich die Gleichungen (10.) auf $\sum_\delta k_{\delta\gamma} x_\delta^{(1)} = 0$ oder

$$(13.)\qquad \sum_\gamma k_{\delta\gamma} x_\gamma = 0,$$

und daher ist nach (9.) auch

$$(14.)\qquad \sum_\lambda a_{\lambda\alpha} y_\lambda = 0, \quad \sum_\lambda a_{\lambda\alpha}^{(1)} z_\lambda = 0.$$

Unter den Gleichungen (13.) und (14.) sind $2\varkappa+2\nu$ von einander unabhängig. Da dieselben eine Folge der 2σ unabhängigen Gleichungen (9.) sind, so ist $2\varkappa+2\nu \leqq 2\sigma$ oder $\varkappa \leqq \sigma-\nu$, wider die oben gemachte Voraussetzung.

3. Die Gleichungen (9.) haben nach 1. Lösungen

$$(15.)\qquad x_\gamma = a_\gamma, \quad y_\lambda = b_\lambda, \quad z_\lambda = c_\lambda,$$

in denen $a_{\sigma+1}$ von Null verschieden ist, und nach 2. Lösungen $x_\gamma = A_\gamma$, $y_\lambda = B_\lambda$, $z_\lambda = C_\lambda$, für welche der Ausdruck (8.) nicht verschwindet. Sie haben auch Lösungen, die beide Eigenschaften in sich vereinigen. Denn wenn dies bei keiner der beiden obigen stattfindet und r eine unbestimmte Grösse ist, so tritt dieser Fall, wie leicht zu sehen, bei der Lösung

$$x_\gamma = a_\gamma + rA_\gamma, \quad y_\lambda = b_\lambda + rB_\lambda, \quad z_\lambda = c_\lambda + rC_\lambda$$

ein. Nehmen wir nun an, dass die Lösung (15.) den beiden aufgestellten Forderungen genügt, so genügt ihnen auch, falls s eine von Null verschiedene Grösse ist, die Lösung $x_\gamma = sa_\gamma$, $y_\lambda = sb_\lambda$, $z_\lambda = sc_\lambda$. Wir können daher weiter voraussetzen, dass $a_{\sigma+1} = -1$ ist. Ist aber

$$(16.)\qquad \sum_\gamma k_{\alpha\gamma} a_\gamma + \sum_\lambda a_{\lambda\alpha} b_\lambda = 0, \quad \sum_\gamma k_{\alpha\gamma} a_\gamma + \sum_\lambda a_{\lambda\alpha}^{(0)} c_\lambda = 0,$$

so ist auch

$$\sum_\gamma k_{\alpha\gamma} a_\gamma^{(0)} + \sum_\lambda a_{\lambda\alpha} c_\lambda^{(0)} = 0, \quad \sum_\gamma k_{\alpha\gamma} a_\gamma^{(0)} + \sum_\lambda a_{\lambda\alpha}^{(0)} b_\lambda^{(0)} = 0;$$

es ist also auch $x_\gamma = a_\gamma^{(0)}$, $y_\lambda = c_\lambda^{(0)}$, $z_\lambda = b_\lambda^{(0)}$ eine Lösung der Gleichungen (9.), welche die nämlichen Eigenschaften hat, wie die Lösung (15.). Da nun $k_{\gamma\delta} = -k_{\delta\gamma}$ ist, so ist $i\sum_{\gamma,\delta} k_{\gamma\delta} a_\gamma^{(0)} a_\delta = -i\sum_{\gamma,\delta} k_{\gamma\delta} a_\gamma a_\delta^{(0)}$, und mithin ist der Ausdruck (8.) für die eine jener beiden Lösungen positiv.

4. Damit ist die Existenz eines Systems von Grössen (15.) dargethan, welche den Gleichungen (16.) genügen, von denen $a_{\sigma+1} = -1$ ist, und für welche $i\sum_{\gamma,\delta} k_{\gamma\delta} a_\gamma^{(0)} a_\delta$ positiv ist. Ich setze nun

$$(17.)\qquad a_{\lambda,\sigma+1} = \sum_\beta a_{\lambda\beta} a_\beta, \quad b_{\lambda,\sigma+1} = \sum_\beta b_{\lambda\beta} a_\beta + b_\lambda.$$

Dann ist

$$\sum_\lambda (a_{\lambda\alpha} b_{\lambda,\sigma+1} - b_{\lambda\alpha} a_{\lambda,\sigma+1}) = \sum_{\lambda,\beta} [a_{\lambda\alpha}(b_{\lambda\beta} a_\beta + b_\lambda) - b_{\lambda\alpha} a_{\lambda\beta} a_\beta] = \sum_\beta k_{\alpha\beta} a_\beta + \sum_\lambda a_{\lambda\alpha} b_\lambda,$$

also nach der ersten Gleichung (16.)

$$\sum_\lambda (a_{\lambda\alpha} b_{\lambda,\sigma+1} - b_{\lambda\alpha} a_{\lambda,\sigma+1}) = k_{\alpha,\sigma+1}.$$

Ferner ist der Ausdruck (8.) für alle Lösungen der Gleichungen (7.) positiv. Für diejenigen Lösungen, in denen $x_{\sigma+1} = 0$ ist, findet dies nach Voraussetzung statt. Der Ausdruck (8.) wird ferner für alle Lösungen, in denen $x_{\sigma+1}$ von Null verschieden ist, positiv sein, wenn er es für diejenigen ist, in denen $x_{\sigma+1}=-1$ ist. Eine solche ist den Gleichungen (17.) zufolge $x_\gamma = a_\gamma$, wenn $a_{\sigma+1}=-1$ ist. Die allgemeinste Lösung dieser Art ist daher $x_\gamma = a_\gamma + u_\gamma$, falls $u_{\sigma+1}=0$ ist, und u_α irgend eine Lösung der Gleichungen $\sum\limits_\alpha a_{\lambda\alpha} u_\alpha = 0$ ist. Für solche Werthe u_α ist aber $i\sum\limits_{\alpha,\beta} k_{\alpha\beta} u_\alpha^{(1)} u_\beta$ oder, weil $u_{\sigma+1}=0$ ist, $i\sum\limits_{\gamma,\delta} k_{\gamma\delta} u_\gamma^{(1)} u_\delta$ positiv. Multiplicirt man die zweite Gleichung (16.) mit $u_\alpha^{(1)}$ und summirt nach α, so erhält man $\sum\limits_{\alpha,\gamma} k_{\alpha\gamma} a_\gamma u_\alpha^{(1)} = 0$, also weil $u_{\sigma+1}=0$ ist,

$$\sum_{\gamma,\delta} k_{\gamma\delta} u_\gamma^{(1)} a_\delta = 0 \quad \text{und} \quad \sum_{\gamma,\delta} k_{\gamma\delta} a_\gamma^{(1)} u_\delta = 0$$

und mithin

$$i\sum_{\gamma,\delta} k_{\gamma\delta} x_\gamma^{(1)} x_\delta = i\sum k_{\gamma\delta}(a_\gamma^{(1)}+u_\gamma^{(1)})(a_\delta+u_\delta) = i\sum k_{\gamma\delta} a_\gamma^{(1)} a_\delta + i\sum k_{\gamma\delta} u_\gamma^{(1)} u_\delta.$$

Als Summe von zwei positiven Grössen, deren erste nicht Null ist, ist dieser Ausdruck daher positiv und von Null verschieden.

Während das System von $\sigma+1$ Perioden $a_{\lambda\gamma}$, zu welchem das System von σ Perioden $a_{\lambda\alpha}$ ergänzt ist, bei Anwendung der Methode I. vom Range $\nu+1$ ist, ist es nach (17.) bei Anwendung der Methode II. vom Range ν. Durch wiederholte Benutzung der entwickelten Regeln kann man irgend ein gegebenes System von Grössen (1.), das die Bedingungen *A.* und *B.* erfüllt, zu einem System von 2ϱ Perioden

$$(18.)\quad a_{\lambda\alpha},\quad b_{\lambda\alpha} \qquad (\lambda=1,\dots\varrho;\ \alpha=1,\dots 2\varrho)$$

ergänzen, das diesen Bedingungen genügt, falls in ihnen σ durch 2ϱ ersetzt wird, und, wie die Analyse des Problems zeigt, erhält man auf diese Weise alle Systeme von Grössen, welche die verlangten Eigenschaften haben.

§ 5.

Die bilineare Form $\sum k_{\alpha\beta} x_\alpha x'_\beta$.

Genügt die Function $\varphi(u_1,\dots u_\varrho)$ den Bedingungen (1.) § 1, sind $s_{\varkappa\lambda} = s_{\lambda\varkappa}$, r_λ und q Constanten und ist

$$E[-\tfrac{1}{2}\sum_{\varkappa,\lambda} s_{\varkappa\lambda} u_\varkappa u_\lambda - \sum_\lambda r_\lambda u_\lambda - q]\,\varphi(u_1,\dots u_\varrho) = \psi(u_1,\dots u_\varrho),$$

so ist

$$\psi(u_1+a_{1\alpha},\dots u_\varrho+a_{\varrho\alpha}) = E[c'_\alpha + \sum_\lambda b'_{\lambda\alpha}(u_\lambda+\tfrac{1}{2}a_{\lambda\alpha})]\,\psi(u_1,\dots u_\varrho),$$

wo

$$(1.)\quad b'_{\lambda\alpha} = b_{\lambda\alpha} - \sum_\varkappa s_{\lambda\varkappa} a_{\varkappa\alpha},\quad c'_\alpha = c_\alpha - \sum_\lambda r_\lambda a_{\lambda\alpha}$$

ist. Daher ist

$$k'_{\alpha\beta} = \sum_\lambda (a_{\lambda\alpha} b'_{\lambda\beta} - a_{\lambda\beta} b'_{\lambda\alpha}) = \sum_\lambda (a_{\lambda\alpha} b_{\lambda\beta} - a_{\lambda\beta} b_{\lambda\alpha}) - \sum_{\varkappa,\lambda} s_{\lambda\varkappa} a_{\lambda\alpha} a_{\varkappa\beta} + \sum_{\varkappa,\lambda} s_{\lambda\varkappa} a_{\varkappa\alpha} a_{\lambda\beta} = k_{\alpha\beta},$$

da die beiden letzten Summen einander gleich sind*).

Geht zweitens $\varphi(u_1, \ldots u_\varrho)$ durch eine lineare Substitution

$$u_\varkappa = h_\varkappa + \sum_\lambda h_{\varkappa\lambda} v_\lambda,$$

wo die Determinante ϱ^{ten} Grades $|h_{\varkappa\lambda}|$ von Null verschieden ist, in $\psi(v_1, \ldots v_\varrho)$ über, so ergiebt sich aus den Gleichungen (1.) § 1.

$$\psi(v_1 + a'_{1\alpha}, \ldots v_\varrho + a'_{\varrho\alpha}) = E[c'_\alpha + \sum_\lambda b'_{\lambda\alpha}(v_\lambda + \tfrac{1}{2} a'_{\lambda\alpha})] \psi(v_1, \ldots v_\varrho),$$

falls

$$(2.) \qquad a_{\varkappa\alpha} = \sum_\lambda h_{\varkappa\lambda} a'_{\lambda\alpha}, \quad b'_{\varkappa\alpha} = \sum_\lambda h_{\lambda\varkappa} b_{\lambda\alpha}, \quad c'_\alpha = c_\alpha + \sum_\lambda h_\lambda b_{\lambda\alpha},$$

ist. Mithin ist

$$k'_{\alpha\beta} = \sum_\varkappa (a'_{\varkappa\alpha} b'_{\varkappa\beta} - a'_{\varkappa\beta} b'_{\varkappa\alpha}) = \sum_{\varkappa,\lambda} (a'_{\varkappa\alpha} h_{\lambda\varkappa} b_{\lambda\beta} - a'_{\varkappa\beta} h_{\lambda\varkappa} b_{\lambda\alpha}) = \sum_\lambda (a_{\lambda\alpha} b_{\lambda\beta} - a_{\lambda\beta} b_{\lambda\alpha}) = k_{\alpha\beta}.$$

Bei den beiden eben ausgeführten Umformungen bleiben also die Zahlen $k_{\alpha\beta}$ ungeändert, und folglich auch die Form $\sum_{\alpha,\beta} k_{\alpha\beta} x_\alpha x'_\beta$, welche ich die der Function φ ***zugehörige alternirende bilineare Form*** nenne.

Sind $g_{\alpha\beta}$ σ^2 ganze Zahlen und ist

$$a'_{\lambda\alpha} = \sum_\gamma a_{\lambda\gamma} g_{\gamma\alpha},$$

so sind auch $a'_{\lambda\alpha}$ σ Perioden der Function φ, und nach Formel (8.) § 1. sind

$$b'_{\lambda\alpha} = \sum_\gamma b_{\lambda\gamma} g_{\gamma\alpha}$$

die ihnen entsprechenden Perioden zweiter Gattung. Die diesen Perioden zugehörigen ganzen Zahlen $k'_{\alpha\beta}$ sind

$$k'_{\alpha\beta} = \sum_\lambda (a'_{\lambda\alpha} b'_{\lambda\beta} - a'_{\lambda\beta} b'_{\lambda\alpha}) = \sum_{\lambda,\gamma,\delta} (a_{\lambda\gamma} g_{\gamma\alpha} b_{\lambda\delta} g_{\delta\beta} - a_{\lambda\delta} g_{\delta\beta} b_{\lambda\gamma} g_{\gamma\alpha})$$

$$= \sum_{\gamma,\delta} g_{\gamma\alpha} g_{\delta\beta} (\sum_\lambda a_{\lambda\gamma} b_{\lambda\delta} - a_{\lambda\delta} b_{\lambda\gamma}) = \sum_{\gamma,\delta} k_{\gamma\delta} g_{\gamma\alpha} g_{\delta\beta}.$$

Ist daher

$$x_\gamma = \sum_\alpha g_{\gamma\alpha} y_\alpha, \quad x'_\gamma = \sum_\alpha g_{\gamma\alpha} y'_\alpha,$$

so ist

$$\sum_{\alpha,\beta} k'_{\alpha\beta} y_\alpha y'_\beta = \sum_{\gamma,\delta} k_{\gamma\delta} x_\gamma x'_\delta.$$

Daher ist die bilineare Form $\sum k'_{\alpha\beta} y_\alpha y'_\beta$ unter der Form $\sum k_{\alpha\beta} x_\alpha x'_\beta$ enthalten.

---

*) Haben allgemeiner zwei Functionen dieselben Perioden erster Gattung, so hat auch ihr Product dieselben Perioden. Die dieser Function zugehörige bilineare Form ist die Summe der den beiden gegebenen Functionen zugehörigen. Daraus ergiebt sich das obige Resultat mittelst der Bemerkung, dass die einer *Jacobi*schen Function nullter Ordnung zugehörige bilineare Form identisch verschwindet.

(Vgl. dieses Journal Bd. 86, S. 165; Bd. 88, S. 114.) Ist speciell die Determinante σ^{ten} Grades $|g_{\alpha\beta}| = \pm 1$, lassen sich also nicht nur die Perioden $a'_{\lambda\alpha}$ aus den Perioden $a_{\lambda\alpha}$, sondern auch diese aus jenen zusammensetzen, so sind die beiden bilinearen Formen äquivalent. Sind folglich die Perioden der Function φ noch nicht in bestimmter Weise gewählt, so gehört ihr nicht eine bestimmte alternirende Form, sondern eine ganze *Klasse äquivalenter Formen* zu, und man kann die Perioden so wählen, dass der Function φ eine beliebig gegebene Form dieser Klasse zugehört.

§ 6.

*Jacobi*sche Functionen vom Range ϱ.

Ich wende mich jetzt zu einer genaueren Untersuchung der *Jacobi*schen Functionen, die $\sigma = 2\varrho$ unabhängige Perioden haben. Setzt man $b_{\lambda\alpha} = a_{\varrho+\lambda,\alpha}$, so besagen die Relationen *A.*, dass die alternirende bilineare Form $\sum_{\lambda}^{\varrho}{}_1 (y_\lambda y'_{\varrho+\lambda} - y_{\varrho+\lambda} y'_\lambda)$ durch die cogredienten Substitutionen

$$(1.)\qquad y_\gamma = \sum_\alpha a_{\gamma\alpha} x_\alpha, \quad y'_\gamma = \sum_\alpha a_{\gamma\alpha} x'_\alpha \qquad (\gamma = 1, \dots 2\varrho)$$

in die Form $\sum_{\alpha,\beta} k_{\alpha\beta} x_\alpha x'_\beta$ übergeht. Daher ist (dieses Journal Bd. 86, S. 50) die *Pfaff*sche Function der letzteren, die ich mit $|k_{\alpha\beta}|^{\frac{1}{2}}$ bezeichne, gleich der *Pfaff*schen Function der ersteren, die gleich $+1$ ist, multiplicirt mit der Substitutionsdeterminante, also

$$(2.)\qquad |a_{\alpha\beta}| = |k_{\alpha\beta}|^{\frac{1}{2}} = \pm l,$$

wo l eine von Null verschiedene positive ganze Zahl ist.

VII. *Die aus den Perioden erster und zweiter Gattung einer Jacobischen Function gebildete Determinante $2\varrho^{ten}$ Grades ist stets eine von Null verschiedene ganze Zahl, deren absoluter Werth die Ordnung der Jacobischen Function genannt wird.*

VIII. *Die Determinante der einer Jacobischen Function zugehörigen alternirenden bilinearen Form ist gleich dem Quadrate der Ordnung der Function.*

Die Bedingungen *A.* und *B.* lassen sich für *Jacobi*sche Functionen auf eine andere Form bringen, zu deren Entwickelung ich jetzt übergehe (vgl. das Citat aus den Untersuchungen des Herrn *Weierstrass,* dieses Journal Bd. 94, S. 9). In der Determinante $|k_{\alpha\beta}|$ sei

$$(3.)\qquad l_{\alpha\beta} = -l_{\beta\alpha}$$

die dem Elemente $k_{\alpha\beta}$ entsprechende Unterdeterminante. Ist dann

$$X_\alpha = \sum_\beta k_{\alpha\beta} x_\beta, \quad X'_\alpha = \sum_\beta k_{\alpha\beta} x'_\beta,$$

so ist

$$l^2 x_\beta = \sum_\alpha l_{\alpha\beta} X_\alpha,$$

und daher nach (1.)

$$\sum_\lambda (y_\lambda y'_{\varrho+\lambda} - y_{\varrho+\lambda} y'_\lambda) = \sum_{\alpha,\beta} k_{\beta\alpha} x_\beta x'_\alpha = \sum_\beta x_\beta X'_\beta = \frac{1}{l^2} \sum_{\alpha,\beta} l_{\alpha\beta} X_\alpha X'_\beta.$$

Nun ist aber

$$X_\alpha = \sum_{\lambda,\beta} (a_{\lambda\alpha} a_{\varrho+\lambda,\beta} - a_{\lambda\beta} a_{\varrho+\lambda,\alpha}) x_\beta = \sum_\lambda (a_{\lambda\alpha} y_{\varrho+\lambda} - a_{\varrho+\lambda,\alpha} y_\lambda).$$

Die Function $\sum_{\alpha,\beta} l_{\alpha\beta} X_\alpha X'_\beta$ geht daher durch die Substitutionen

$$X_\alpha = \sum_\lambda (a_{\lambda\alpha} y_{\varrho+\lambda} - b_{\lambda\alpha} y_\lambda), \quad X'_\alpha = \sum_\lambda (a_{\lambda\alpha} y'_{\varrho+\lambda} - b_{\lambda\alpha} y'_\lambda)$$

in $l^2 \sum_\lambda (y_\lambda y'_{\varrho+\lambda} - y_{\varrho+\lambda} y'_\lambda)$ über, und mithin ist

$$(A'.) \quad \begin{cases} \sum_{\alpha,\beta} l_{\alpha\beta} a_{\varkappa\alpha} a_{\lambda\beta} = 0, & \sum_{\alpha,\beta} l_{\alpha\beta} b_{\varkappa\alpha} b_{\lambda\beta} = 0, \\ \sum_{\alpha,\beta} l_{\alpha\beta} a_{\lambda\alpha} b_{\lambda\beta} = l^2, & \sum_{\alpha,\beta} l_{\alpha\beta} a_{\varkappa\alpha} b_{\lambda\beta} = 0, \\ & |l_{\alpha\beta}| = l^{4\varrho-2}. \end{cases} \quad (\varkappa \gtrless \lambda)$$

Nach dem Satze *B.* ist der Ausdruck $i\sum_\lambda (\sum_\alpha a_{\lambda\alpha} z_\alpha^{(1)})(\sum_\beta b_{\lambda\beta} z_\beta)$ positiv, wenn zwischen den 2ϱ Variabeln z_α die ϱ Gleichungen $\sum_\alpha a_{\lambda\alpha} z_\alpha = 0$ bestehen. Sind nun x_λ ($\lambda = 1, \dots \varrho$) ϱ unabhängige Variabeln, so kann man, da die Determinante l von Null verschieden ist, die 2ϱ Grössen z_α immer so bestimmen, dass sie den Gleichungen

$$\sum_\alpha a_{\lambda\alpha} z_\alpha = 0, \quad \sum_\alpha b_{\lambda\alpha} z_\alpha = x_\lambda$$

genügen. Setzt man nun $A_\alpha = \sum_\lambda a_{\lambda\alpha} x_\lambda$, so ist

$$A_\alpha = \sum_{\lambda,\beta} a_{\lambda\alpha} b_{\lambda\beta} z_\beta = \sum_{\lambda,\beta} (a_{\lambda\alpha} b_{\lambda\beta} - a_{\lambda\beta} b_{\lambda\alpha}) z_\beta = \sum_\beta k_{\alpha\beta} z_\beta$$

und mithin

$$l^2 z_\beta = \sum_\alpha l_{\alpha\beta} A_\alpha, \quad l^2 z_\beta^{(1)} = \sum_\alpha l_{\alpha\beta} A_\alpha^{(1)}.$$

Daher ist der Ausdruck

$$i\sum_\lambda (\sum_\beta a_{\lambda\beta} z_\beta^{(1)})(\sum_\alpha b_{\lambda\alpha} z_\alpha) = i\sum_{\lambda,\beta} a_{\lambda\beta} z_\beta^{(1)} x_\lambda = i\sum_\beta A_\beta z_\beta^{(1)} = \frac{i}{l^2} \sum_{\alpha,\beta} l_{\alpha\beta} A_\alpha^{(1)} A_\beta$$

für alle Werthe der Variabeln x_λ positiv und verschwindet nur, wenn diese Variabeln sämmtlich Null sind. (Vgl. dieses Journal Bd. 95, S. 266.)

B'. Ist

$$(4.) \quad A_\alpha = \sum_\lambda a_{\lambda\alpha} x_\lambda$$

so ist der Ausdruck

$$(5.)\qquad i\sum_{\alpha,\beta} l_{\alpha\beta}A_\alpha^{(1)}A_\beta = \sum_{\varkappa,\lambda}(i\sum_{\alpha,\beta} l_{\alpha\beta}a_{\varkappa\alpha}^{(1)}a_{\lambda\beta})x_\varkappa^{(1)}x_\lambda$$

eine positive Form der ϱ *conjugirt complexen Variabelnpaare* x_λ, $x_\lambda^{(1)}$.

Ist $i\sum_{\alpha,\beta} l_{\alpha\beta}a_{\varkappa\alpha}^{(1)}a_{\lambda\beta} = C_{\varkappa\lambda}$, so sind in der Form $\sum_{\varkappa,\lambda} C_{\varkappa\lambda}x_\varkappa^{(1)}x_\lambda$ die conjugirten Coefficienten $C_{\varkappa\lambda}$ und $C_{\lambda\varkappa}$ conjugirt complexe Grössen.

Die Sätze *A'*. und *B'*. sind den Sätzen *A*. und *B*. völlig äquivalent. Denn nach (3.) ist $\sum_{\alpha,\beta} l_{\alpha\beta}A_\alpha A_\beta = 0$ und daher $\sum_{\alpha,\beta} l_{\alpha\beta}A_\alpha^{(1)}A_\beta = \sum_{\alpha,\beta} l_{\alpha\beta}(A_\alpha + A_\alpha^{(1)})A_\beta$. Nach *B'*. können folglich die 2ϱ Ausdrücke $\sum_\alpha l_{\alpha\beta}(A_\alpha + A_\alpha^{(1)})$ nur verschwinden, wenn die Variabeln $x_\lambda = 0$ sind. Ist also $a_{\lambda\alpha} = p_{\lambda\alpha} + ip_{\varrho+\lambda,\alpha}$, $x_\lambda = \xi_\lambda - i\xi_{\varrho+\lambda}$, so folgt aus den 2ϱ Gleichungen $\sum_\alpha l_{\alpha\beta}(\sum_\gamma p_{\gamma\alpha}\xi_\gamma) = 0$, dass die 2ϱ Variabeln ξ_γ verschwinden, und mithin sind die Determinanten $|p_{\alpha\beta}|$ und $|l_{\alpha\beta}|$ von Null verschieden. Ferner ist den Gleichungen *A'*. zufolge das Product aus der Determinante $|l_{\alpha\beta}| = l^{4\varrho-2}$ in das Quadrat der Determinante $2\varrho^{\text{ten}}$ Grades $|a_{\alpha\beta}|$ gleich $l^{4\varrho}$, und folglich kann auch die Determinante $|a_{\alpha\beta}|$ nicht verschwinden. Nun braucht man nur die Entwicklungen dieses Paragraphen in umgekehrter Reihenfolge zu durchlaufen, um aus den Bedingungen *A'*. und *B'*. wieder die Bedingungen *A*. und *B*. zu erhalten.

Die Perioden $a_{\lambda\alpha}$ kann man so wählen, dass an die Stelle der Form $\sum k_{\alpha\beta}x_\alpha x'_\beta$ irgend eine ihr äquivalente Form tritt. Nun giebt es (dieses Journal Bd. 86, S. 167) in jeder Klasse eine Form von der Gestalt

$$(6.)\qquad \sum_\lambda k_\lambda(x_\lambda x'_{\varrho+\lambda} - x_{\varrho+\lambda}x'_\lambda),$$

wo

$$(7.)\qquad l = \pm k_1 k_2 \ldots k_\varrho$$

ist. Die Potenzen der verschiedenen Primfactoren, in welche sich die Zahlen k_λ zerlegen lassen, sind völlig bestimmt und mögen die *einfachen Elementartheiler der Ordnung l* heissen. Die ϱ Grössen k_λ heissen ein *System zusammengesetzter Elementartheiler* oder kurz *Elementartheiler von l**). Man kann sie, und zwar nur auf eine Art, so wählen, dass jede von ihnen in der folgenden aufgeht**).

*) Eine Thetafunction k^{ten} Grades ist eine *Jacobi*sche Function, deren Ordnung k^ϱ in ϱ gleiche Elementartheiler k zerfällt.

**) Ist $l_\varrho = |k_{\alpha\beta}|^{\frac{1}{2}}$, $l_{\varrho-1}$ der grösste gemeinsame Divisor der ersten partiellen Ableitungen dieser *Pfaff*schen Function nach den einzelnen Elementen $k_{\alpha\beta}$, $l_{\varrho-2}$ der grösste gemeinsame Divisor ihrer zweiten Ableitungen u. s. w., so ist $k_\varrho = \dfrac{l_\varrho}{l_{\varrho-1}}$, $k_{\varrho-1} = \dfrac{l_{\varrho-1}}{l_{\varrho-2}}$ u. s. w. Die so definirte Zahl k_λ nenne ich die λ^{te} *Invariante* der Form $\sum k_{\alpha\beta}x_\alpha x'_\beta$.

Zwischen den Perioden, denen die Form (6.) zugehört, bestehen die Relationen

$$A.\quad \sum_\lambda (a_{\lambda\gamma} b_{\lambda,\varrho+\gamma} - a_{\lambda,\varrho+\gamma} b_{\lambda\gamma}) = k_\gamma,\quad \sum_\lambda (a_{\lambda\alpha} b_{\lambda\beta} - a_{\lambda\beta} b_{\lambda\alpha}) = 0 \quad (\alpha-\beta \neq \pm\varrho).$$

Ein solches Periodensystem nenne ich ein *normales*. Da für dasselbe

$$l_{\gamma,\varrho+\gamma} = \frac{k}{k_\gamma},\quad l_{\alpha\beta} = 0 \qquad (\alpha-\beta \neq \pm\varrho)$$

ist, so ist ferner

$$A'.\quad \begin{cases} \sum_\gamma \frac{1}{k_\gamma}(a_{\varkappa\gamma} a_{\lambda,\varrho+\gamma} - a_{\varkappa,\varrho+\gamma} a_{\lambda\gamma}) = 0, & \sum_\gamma \frac{1}{k_\gamma}(b_{\varkappa\gamma} b_{\lambda,\varrho+\gamma} - b_{\varkappa,\varrho+\gamma} b_{\lambda\gamma}) = 0, \\ \sum_\gamma \frac{1}{k_\gamma}(a_{\lambda\gamma} b_{\lambda,\varrho+\gamma} - a_{\lambda,\varrho+\gamma} b_{\lambda\gamma}) = 1, & \sum_\gamma \frac{1}{k_\gamma}(a_{\varkappa\gamma} b_{\lambda,\varrho+\gamma} - a_{\varkappa,\varrho+\gamma} b_{\lambda\gamma}) = 0 \quad (\varkappa \neq \lambda). \end{cases}$$

Endlich ist, falls A_α dieselbe Bedeutung wie oben hat, der Ausdruck

$$B'.\quad i\sum_\gamma \frac{1}{k_\gamma}(A_\gamma^{(0)} A_{\varrho+\gamma} - A_{\varrho+\gamma}^{(0)} A_\gamma)$$

eine positive Form. Nach Satz V. folgt aus A'., dass die Determinante ϱ^{ten} Grades $|a_{\varkappa\lambda}|$ $(\varkappa, \lambda = 1, \dots \varrho)$ von Null verschieden ist, und ebenso jede Determinante ϱ^{ten} Grades $|a_{\lambda\alpha}|$, falls α solche ϱ der Zahlen 1, 2, ... 2ϱ durchläuft, von denen keine zwei um ϱ verschieden sind. Dieselbe Folgerung lässt sich auch leicht aus den Bedingungen B'. ableiten.

§ 7.

Die Ungleichheiten B. und B'.

Man kann in mannigfacher Art ϱ Ungleichheiten angeben, die nothwendig und hinreichend sind, damit die Form (4.), § 2 unter den Bedingungen (1.), § 2 oder die Form (5.), § 6 eine positive sei. Besonders einfach ist das folgende Kriterium:

IX. *Ist*

$$L_\lambda = i^{-\lambda} |a_{1\alpha}, \dots a_{\varrho\alpha}, a_{1\alpha}^{(0)}, \dots a_{\lambda\alpha}^{(0)}, b_{\lambda+1,\alpha}, \dots b_{\varrho\alpha}|,$$

so ist erforderlich und genügend, dass die $\varrho+1$ reellen Grössen $L_0, L_1, \dots L_\varrho$ von Null verschieden sind und dasselbe Vorzeichen haben.

Ist μ eine der Zahlen von 1 bis ϱ, so muss für die Lösungen der $2\varrho-1$ Gleichungen

$$(1.)\quad \sum_\alpha a_{\lambda\alpha} x_\alpha = 0 \; (\lambda=1,\dots\varrho),\quad \sum_\alpha a_{\lambda\alpha}^{(0)} x_\alpha = 0 \; (\lambda=1,\dots\mu-1),\quad \sum_\alpha b_{\lambda\alpha} x_\alpha = 0 \; (\lambda=\mu+1,\dots\varrho)$$

der Ausdruck (4.), § 2 positiv sein. Da sich derselbe für diesen Fall auf

$i(\sum_\alpha a_{\mu\alpha} x_\alpha^{(0)})(\sum_\beta b_{\mu\beta} x_\beta)$ reducirt, so ist folglich, wenn

$$(2.)\qquad -i\sum_\alpha a_{\mu\alpha}^{(0)} x_\alpha = p^{(0)},\quad \sum_\alpha b_{\mu\alpha} x_\alpha = q$$

gesetzt wird, pq positiv, also sind p und q von Null verschieden. Daher kann keine der beiden Determinanten L_μ und $L_{\mu-1}$ verschwinden, weil sonst für jede Lösung der Gleichungen (1.) auch $p^{(0)} = 0$ oder $q = 0$ wäre. Aus (1.) und (2.) ergiebt sich

$$(3.)\qquad L_\mu q = L_{\mu-1} p^{(0)},$$

und mithin ist

$$\frac{L_\mu}{L_{\mu-1}} = \frac{p^{(0)}}{q} = \frac{pp^{(0)}}{pq}$$

reell und positiv. Da $L_0 = \varepsilon l$ nach (2.) reell ist, so sind auch $L_1, \dots L_\varrho$ reell und von Null verschieden und haben das Vorzeichen ε. Die nämlichen Eigenschaften haben alle Determinanten, welche aus

$$|a_{1\alpha}, \dots a_{\varrho\alpha}, \quad b_{1\alpha}, \dots b_{\varrho\alpha}| = \varepsilon l$$

hervorgehen, wenn irgend welche der letzten ϱ Colonnen durch die entsprechenden Colonnen der Determinante

$$|a_{1\alpha}, \dots a_{\varrho\alpha}, \quad -ia_{1\alpha}^{(0)}, \dots -ia_{\varrho\alpha}^{(0)}|$$

ersetzt werden, d. h. alle Coefficienten der Function

$$(4.)\qquad |a_{1\alpha}, \dots a_{\varrho\alpha}, \quad b_{1\alpha} - ia_{1\alpha}^{(0)} u_1, \dots b_{\varrho\alpha} - ia_{\varrho\alpha}^{(0)} u_\varrho|.$$

Demnach sind die in dem oben aufgestellten Satze angegebenen Bedingungen nothwendig.

Ich nehme jetzt an, dieselben seien erfüllt. Da L_μ von Null verschieden ist, so haben die Gleichungen (1.), von einem constanten Factor abgesehen, nur eine Lösung, die ich mit $x_\alpha = x_{\alpha\mu}$ bezeichne. Dann ist

$$(5.)\qquad \sum_\alpha a_{\lambda\alpha} x_{\alpha\mu} = 0 \ (\lambda, \mu = 1, \dots \varrho),\quad \sum_\alpha a_{\lambda\alpha} x_{\alpha\mu}^{(0)} = 0 \ (\lambda < \mu),\quad \sum_\alpha b_{\lambda\alpha} x_{\alpha\mu} = 0 \ (\lambda > \mu).$$

Da L_λ und $L_{\lambda-1}$ nicht verschwinden, so sind auch

$$i\sum_\alpha a_{\lambda\alpha} x_{\alpha\lambda}^{(0)} = p_\lambda,\quad \sum_\alpha b_{\lambda\alpha} x_{\alpha\lambda} = q_\lambda$$

von Null verschieden, und da L_λ und $L_{\lambda-1}$ dasselbe Vorzeichen haben, so ist $p_\lambda q_\lambda$ nach (3.) positiv.

Die ϱ Lösungen $x_{\alpha\mu}$ der Gleichungen (1.), § 2 sind von einander unabhängig. Denn ist $\sum_\mu g_\mu x_{\alpha\mu} = 0$, so erhält man durch Addition der $\varrho-1$ Gleichungen $g_\mu \sum_\alpha a_{1\alpha}^{(0)} x_{\alpha\mu} = 0$ $(\mu = 2, \dots \varrho)$ die Gleichung $g_1 p_1^{(0)} = 0$ und folglich $g_1 = 0$. Ebenso zeigt man, dass der Reihe nach $g_2, \dots g_\varrho$ verschwinden.

Da L_0 von Null verschieden ist, so sind die ϱ Gleichungen (1.), § 2 unabhängig, haben also nicht mehr als ϱ unabhängige Lösungen. Sind daher $z_1, \dots z_\varrho$ Variable, so ist $x_\alpha = \sum_\mu x_{\alpha\mu} z_\mu$ ihre allgemeinste Lösung, und folglich ist

$$i\Sigma k_{\alpha\beta} x_\alpha^{(0)} x_\beta = i\Sigma k_{\alpha\beta} x_{\alpha\mu}^{(0)} z_\mu^{(0)} x_{\beta\nu} z_\nu,$$

oder wenn man

$$i\sum_{\alpha,\beta} k_{\alpha\beta} x_{\alpha\mu}^{(0)} x_{\beta\nu} = h_{\mu\nu}$$

setzt,

$$i\sum_{\alpha,\beta} k_{\alpha\beta} x_\alpha^{(0)} x_\beta = \sum_{\mu,\nu} h_{\mu\nu} z_\mu^{(0)} z_\nu.$$

Ist $\mu > \nu$, so ist

$$h_{\mu\nu} = i\sum_{\lambda,\alpha,\beta} (a_{\lambda\alpha} b_{\lambda\beta} - a_{\lambda\beta} b_{\lambda\alpha}) x_{\alpha\mu}^{(0)} x_{\beta\nu} = i\sum_\lambda (\sum_\alpha a_{\lambda\alpha} x_{\alpha\mu}^{(0)})(\sum_\beta b_{\lambda\beta} x_{\beta\nu}) = 0,$$

weil nach (5.) in jedem Gliede der Summe (nach λ) mindestens einer der beiden Factoren verschwindet. Ist $\mu < \nu$, so ist $h_{\mu\nu} = h_{\nu\mu}^{(0)} = 0$. Ferner ist

$$h_{\mu\mu} = i\sum_\lambda (\sum_\alpha a_{\lambda\alpha} x_{\alpha\mu}^{(0)})(\sum_\beta b_{\lambda\beta} x_{\beta\mu}) = i(\sum_\alpha a_{\mu\alpha} x_{\alpha\mu}^{(0)})(\sum_\beta b_{\mu\beta} x_{\beta\mu}) = p_\mu q_\mu,$$

und folglich ist

$$i\sum_{\alpha,\beta} k_{\alpha\beta} x_\alpha^{(0)} x_\beta = \sum_\lambda p_\lambda q_\lambda z_\lambda^{(0)} z_\lambda$$

eine positive Form der Variabelnpaare z_λ, $z_\lambda^{(0)}$.

Multiplicirt man die Determinante (4.) mit

$$|b_{1\alpha}, \dots b_{\varrho\alpha}, \quad -a_{1\alpha}, \dots -a_{\varrho\alpha}| = \varepsilon l,$$

so erhält man

$$(6.) \qquad |k_{\alpha\beta} + i\sum_\lambda a_{\lambda\alpha}^{(0)} a_{\lambda\beta} u_\lambda|$$

oder, wenn man $u_\lambda = \dfrac{1}{v_\lambda}$ setzt,

$$(7.) \qquad i^{-\varrho} \begin{vmatrix} k_{11} & \dots & k_{1,2\varrho} & a_{11} & \dots & a_{\varrho 1} \\ \cdot & \cdot & \cdot & \cdot & \cdot & \cdot \\ k_{2\varrho,1} & \dots & k_{2\varrho,2\varrho} & a_{1,2\varrho} & \dots & a_{\varrho,2\varrho} \\ a_{11}^{(0)} & \dots & a_{1,2\varrho}^{(0)} & iv_1 & \dots & 0 \\ \cdot & \cdot & \cdot & \cdot & \cdot & \cdot \\ a_{\varrho 1}^{(0)} & \dots & a_{\varrho,2\varrho}^{(0)} & 0 & \dots & iv_\varrho \end{vmatrix}.$$

Alle Coefficienten der Function (6.) oder (7.) sind also positiv, und dazu ist nothwendig und hinreichend, dass für $\lambda = 1, \dots \varrho$ die Determinante

$$(8.) \qquad i^{-\lambda} \begin{vmatrix} k_{11} & \dots & k_{1,2\varrho} & a_{11} & \dots & a_{\lambda 1} \\ \cdot & \cdot & \cdot & \cdot & \cdot & \cdot \\ k_{2\varrho,1} & \dots & k_{2\varrho,2\varrho} & a_{1,2\varrho} & \dots & a_{\lambda,2\varrho} \\ a_{11}^{(0)} & \dots & a_{1,2\varrho}^{(0)} & 0 & \dots & 0 \\ \cdot & \cdot & \cdot & \cdot & \cdot & \cdot \\ a_{\lambda 1}^{(0)} & \dots & a_{\lambda,2\varrho}^{(0)} & 0 & \dots & 0 \end{vmatrix}$$

positiv ist. Ist, wie in § 6

$$C_{\mu\nu} = i\sum_{\alpha,\beta} l_{\alpha\beta} a^{(1)}_{\mu\alpha} a_{\nu\beta},$$

so ist der Ausdruck (8.) gleich

$$\frac{1}{l^{2\lambda-2}} |C_{\mu\nu}| \qquad (\mu, \nu = 1, \dots \lambda)$$

und der Ausdruck (7.) gleich

$$\frac{1}{l^{2\varrho-2}} |C_{\mu\nu} + l^2 v_\nu e_{\mu\nu}| \qquad (\mu, \nu = 1 \dots \varrho),$$

wo $e_{\mu\nu} = 1$ oder 0 ist, je nachdem μ und ν gleich oder verschieden sind. (Vgl. dieses Journal Bd. 86, S. 54.)

§ 8.

Bestimmung von Functionen mit vorgeschriebenen Perioden.

Damit eine alternirende bilineare Form $\sum k_{\alpha\beta} x_\alpha x'_\beta$ unter einer anderen $\sum k'_{\alpha\beta} X_\alpha X'_\beta$ enthalten sei, ist nothwendig und hinreichend, dass jede Invariante der ersten durch die entsprechende der zweiten theilbar ist (dieses Journal Bd. 86, S. 165; Bd. 88, S. 114). Daher ist jede Form $\sum k_{\alpha\beta} x_\alpha x'_\beta$ unter der Form $\sum (X_\lambda X'_{\varrho+\lambda} - X_{\varrho+\lambda} X'_\lambda)$ enthalten, deren Invarianten gleich 1 sind. Sind $X_\alpha = \sum_\beta g_{\alpha\beta} x_\beta$, $X'_\alpha = \sum_\beta g_{\alpha\beta} X'_\beta$ die Substitutionen*), welche diese Form in jene transformiren, so ist

$$(1.) \qquad k_{\alpha\beta} = \sum_\lambda (g_{\lambda\alpha} g_{\varrho+\lambda,\beta} - g_{\lambda\beta} g_{\varrho+\lambda,\alpha}),$$

und die Substitutionsdeterminante ist

$$(2.) \qquad |g_{\alpha\beta}| = |k_{\alpha\beta}|^{\frac{1}{2}} = \pm l.$$

Ist G das System der 2ϱ linearen Formen

$$(3.) \qquad X_\alpha = \sum_\beta g_{\alpha\beta} x_\beta,$$

so heisst das System der 2ϱ ganzen Zahlen X_α *congruent* 0 (mod. G), wenn die ihnen entsprechenden Grössen x_β ganze Zahlen sind. Zwei Systeme von je 2ϱ Zahlen Y_α und Z_α heissen ferner congruent (mod. G), wenn das System $Y_\alpha - Z_\alpha = X_\alpha$ congruent 0 ist. Die Anzahl der (mod. G) incongruenten Zahlensysteme ist l. (Dieses Journal Bd. 86, S. 175.)

Setzt man

$$(4.) \qquad a_{\lambda\alpha} = \sum_\gamma A_{\lambda\gamma} g_{\gamma\alpha}, \quad b_{\lambda\alpha} = \sum_\gamma B_{\lambda\gamma} g_{\gamma\alpha}, \quad c_\alpha = \sum_\gamma C_\gamma g_{\gamma\alpha} + \tfrac{1}{2} \sum_\varkappa g_{\varkappa\alpha} g_{\varrho+\varkappa,\alpha},$$

---

*) Ist das Periodensystem $a_{\lambda\alpha}$ ein normales, so kann man $g_{\lambda\lambda} = k_\lambda$, $g_{\varrho+\lambda,\varrho+\lambda} = 1$ und, wenn α von β verschieden ist, $g_{\alpha\beta} = 0$ setzen.

so ist

$$(5.)\qquad \sum_\alpha a_{\lambda\alpha} x_\alpha = \sum_\alpha A_{\lambda\alpha} X_\alpha, \quad \sum_\alpha b_{\lambda\alpha} x_\alpha = \sum_\alpha B_{\lambda\alpha} X_\alpha$$

und daher

$$\sum_{\alpha,\beta} k_{\alpha\beta} x_\alpha x'_\beta = \sum_\lambda ((\sum_\alpha a_{\lambda\alpha} x_\alpha)(\sum_\beta b_{\lambda\beta} x'_\beta) - (\sum_\beta a_{\lambda\beta} x'_\beta)(\sum_\alpha b_{\lambda\alpha} x_\alpha))$$
$$= \sum_\lambda ((\sum_\alpha A_{\lambda\alpha} X_\alpha)(\sum_\beta B_{\lambda\beta} X'_\beta) - (\sum_\beta A_{\lambda\beta} X'_\beta)(\sum_\alpha B_{\lambda\alpha} X_\alpha))$$
$$= \sum_{\lambda,\alpha,\beta} (A_{\lambda\alpha} B_{\lambda\beta} - A_{\lambda\beta} B_{\lambda\alpha}) X_\alpha X'_\beta.$$

Nach der Voraussetzung ist aber

$$(6.)\qquad \sum_{\alpha,\beta} k_{\alpha\beta} x_\alpha x'_\beta = \sum_\lambda (X_\lambda X'_{\varrho+\lambda} - X_{\varrho+\lambda} X'_\lambda) = \sum_{\alpha,\beta} i_{\alpha\beta} X_\alpha X'_\beta,$$

wo $i_{\lambda,\varrho+\lambda} = 1$, $i_{\varrho+\lambda,\lambda} = -1$ und $i_{\alpha\beta} = 0$ ist, wenn $\alpha - \beta$ nicht gleich $\pm\varrho$ ist. Mithin ist

$$(7.)\qquad \sum_\lambda (A_{\lambda\alpha} B_{\lambda\beta} - A_{\lambda\beta} B_{\lambda\alpha}) = i_{\alpha\beta},$$

oder wenn p_α, p'_α ganze Zahlen sind und

$$A_\lambda = \sum_\alpha A_{\lambda\alpha} p_\alpha, \quad B_\lambda = \sum_\alpha B_{\lambda\alpha} p_\alpha, \quad C = \sum_\alpha C_\alpha p_\alpha + \tfrac{1}{2}\sum_\varkappa p_\varkappa p_{\varrho+\varkappa},$$
$$A'_\lambda = \sum_\alpha A_{\lambda\alpha} p'_\alpha, \quad B'_\lambda = \sum_\alpha B_{\lambda\alpha} p'_\alpha, \quad C' = \sum_\alpha C_\alpha p'_\alpha + \tfrac{1}{2}\sum_\varkappa p'_\varkappa p'_{\varrho+\varkappa}$$

gesetzt wird,

$$(8.)\qquad \sum (A_\lambda B'_\lambda - B_\lambda A'_\lambda) = \sum (p_\varkappa p'_{\varrho+\varkappa} - p_{\varrho+\varkappa} p'_\varkappa).$$

Da unter den Bedingungen $\sum_\alpha a_{\lambda\alpha} x_\alpha = 0$ die Form $i\sum_{\alpha,\beta} k_{\alpha\beta} x_\alpha^{(1)} x_\beta$ eine positive ist, so ist nach (5.) und (6.) auch unter den Bedingungen $\sum_\alpha A_{\lambda\alpha} X_\alpha = 0$ die Form $i\sum_\lambda (X_\lambda^{(1)} X_{\varrho+\lambda} - X_{\varrho+\lambda}^{(1)} X_\lambda)$ eine positive. In derselben Weise wie in § 6 aus den Sätzen *A.* und *B.* die Sätze *A'.* und *B'.* hergeleitet sind, folgt daraus, dass

$$(9.)\qquad i\sum_{\varkappa,\lambda,\nu} (A_{\varkappa\nu}^{(1)} A_{\lambda,\varrho+\nu} - A_{\varkappa,\varrho+\nu}^{(1)} A_{\lambda\nu}) x_\varkappa^{(1)} x_\lambda$$

eine positive Form der ϱ Variabelnpaare x_λ, $x_\lambda^{(1)}$ ist. Mit Hülfe der in § 5 entwickelten Umformungen und der Theorie der Thetareihen kann man aber bekanntlich zeigen, dass es stets eine und, abgesehen von einem constanten Factor, nur eine *Jacobi*sche Function (erster Ordnung) giebt, welche Grössen $A_{\lambda\alpha}$, $B_{\lambda\alpha}$, die den Bedingungen (7.) und (9.) genügen, zu Perioden erster und zweiter Gattung hat und beliebig vorgeschriebene Parameter C_α besitzt. Dieselbe bezeichne ich mit $\Theta(u_1, \dots u_\varrho; C_1, \dots C_{2\varrho})$ oder einfacher mit $\Theta(u_\lambda, C_\alpha)$.

Bezeichnet man die Function $\varphi(u_1, \dots u_\varrho)$ kurz mit $\varphi(u_\lambda)$, und setzt man *)

---

*) Die folgende Entwicklung ist den Untersuchungen des Herrn *Weierstrass* über die Thetafunctionen nachgebildet, die von Herrn *Schottky* in seiner Schrift *Abriss einer Theorie der Abelschen Functionen von drei Variabeln* mitgetheilt sind.

$$\varphi(u_\lambda+A_\lambda)E[-C-\Sigma B_\lambda(u_\lambda+\tfrac{1}{2}A_\lambda)] = \varphi(u_1, \dots u_\varrho;\ p_1, \dots p_{2\varrho}) = \varphi(u_\lambda, p_\alpha),$$

so ergiebt sich mittelst der Gleichung (8.)

$$(10.)\qquad \varphi(u_\lambda+A_\lambda,\ p'_\alpha) = E\,C+\Sigma B_\lambda(u_\lambda+\tfrac{1}{2}A_\lambda)]\,\varphi(u_\lambda,\ p_\alpha+p'_\alpha).$$

Ist das Zahlensystem $p_\alpha \equiv 0$ (mod. G), ist also

$$p_\alpha = \sum_\beta g_{\alpha\beta} n_\beta,$$

so ist, wenn man

$$(11.)\qquad a_\lambda = \sum_\alpha a_{\lambda\alpha} n_\alpha,\quad b_\lambda = \sum_\alpha b_{\lambda\alpha} n_\alpha,\quad c = \sum_\alpha c_\alpha n_\alpha + \tfrac{1}{2}\sum_{\alpha,\beta}{}' k_{\alpha\beta} n_\alpha n_\beta$$

setzt,

$$(12.)\qquad A_\lambda = a_\lambda,\quad B_\lambda = b_\lambda,\quad C = c+g,$$

wo

$$2g = \sum_\lambda p_\lambda p_{\varrho+\lambda} - \sum_{\alpha,\beta}{}' k_{\alpha\beta} n_\alpha n_\beta - \sum_{\lambda,\alpha} g_{\lambda\alpha} g_{\varrho+\lambda,\alpha} n_\alpha$$

ist. Nach (1.) ist

$$\sum_{\alpha,\beta}{}' k_{\alpha\beta} n_\alpha n_\beta = \sum_\lambda \sum_{\alpha,\beta}{}' (g_{\lambda\alpha} g_{\varrho+\lambda,\beta} - g_{\varrho+\lambda,\alpha} g_{\lambda\beta}) n_\alpha n_\beta$$
$$\equiv \sum_\lambda \sum_{\alpha,\beta}{}' (g_{\lambda\alpha} g_{\varrho+\lambda,\beta} + g_{\varrho+\lambda,\alpha} g_{\lambda\beta}) n_\alpha n_\beta \quad (\text{mod. } 2)$$

und mithin

$$\sum_{\alpha,\beta}{}' k_{\alpha\beta} n_\alpha n_\beta + \sum_{\lambda,\alpha} g_{\lambda\alpha} g_{\varrho+\lambda,\alpha} n_\alpha$$
$$\equiv \sum_\lambda \Big(\sum_{\alpha<\beta} g_{\lambda\alpha} g_{\varrho+\lambda,\beta} n_\alpha n_\beta + \sum_{\alpha>\beta} g_{\lambda\alpha} g_{\varrho+\lambda,\beta} n_\alpha n_\beta + \sum_\alpha g_{\lambda\alpha} g_{\varrho+\lambda,\alpha} n_\alpha^2 \Big)$$
$$= \sum_\lambda \sum_{\alpha,\beta} g_{\lambda\alpha} g_{\varrho+\lambda,\beta} n_\alpha n_\beta = \sum_\lambda p_\lambda p_{\varrho+\lambda},$$

und folglich ist g eine ganze Zahl. Nun ist nach Gleichung (6.), § 1

$$\varphi(u_\lambda+a_\lambda,\ p'_\alpha) = \varphi(u_\lambda+A'_\lambda+a_\lambda)E[-C'-\Sigma B'_\lambda(u_\lambda+a_\lambda+\tfrac{1}{2}A'_\lambda)]$$
$$= \varphi(u_\lambda+A'_\lambda)E[c+\Sigma b_\lambda(u_\lambda+A'_\lambda+\tfrac{1}{2}a_\lambda) - C' - \Sigma B'_\lambda(u_\lambda+a_\lambda+\tfrac{1}{2}A'_\lambda)]$$

und demnach, weil

$$\Sigma(a_\lambda B'_\lambda - b_\lambda A'_\lambda) = \Sigma(A_\lambda B'_\lambda - B_\lambda A'_\lambda)$$

eine ganze Zahl ist,

$$(13.)\qquad \varphi(u_\lambda+a_\lambda,\ p'_\alpha) = E[c+\Sigma b_\lambda(u_\lambda+\tfrac{1}{2}a_\lambda)]\,\varphi(u_\lambda,\ p'_\alpha).$$

Nennt man also zwei *Jacobi*sche Functionen, welche dieselben Perioden und Parameter haben, *gleichändrig* (in Bezug auf das betrachtete System von Perioden), so sind die Functionen $\varphi(u_\lambda, p_\alpha)$ und $\varphi(u_\lambda)$ gleichändrig. Aus den Gleichungen (10.), (12.) und (13.) folgt, dass $\varphi(u_\lambda, p_\alpha+p'_\alpha) = \varphi(u_\lambda, p'_\alpha)$ ist, wenn $p_\alpha \equiv 0$ (mod. G) ist. Die Function $\varphi(u_\lambda, p_\alpha)$ bleibt also ungeändert, wenn die Zahlen p_α durch congruente (mod. G) ersetzt werden.

Seien nun n_β ganze Zahlen, N_α die durch die Gleichungen

$$n_\beta = \sum_\alpha g_{\alpha\beta} N_\alpha$$

bestimmten rationalen Zahlen und

$$\sum_{p_1,\dots p_{2\varrho}} E[-\sum_\alpha p_\alpha N_\alpha]\,\varphi(u_\lambda,\,p_\alpha) = \psi(u_\lambda),$$

wo das Zahlensystem p_α irgend ein vollständiges Restsystem (mod. G) durchläuft. Dann ist nach (10.)

$$\psi(u_\lambda + A'_\lambda) = E[C' + \Sigma B'_\lambda(u_\lambda + \tfrac{1}{2}A'_\lambda)]\,\Sigma E[-\sum_\alpha p_\alpha N_\alpha]\,\varphi(u_\lambda,\,p_\alpha + p'_\alpha),$$

also, wenn man p_α durch $p_\alpha - p'_\alpha$ ersetzt,

$$\psi(u_\lambda + A'_\lambda) = E[C' + \Sigma N_\alpha p'_\alpha + \Sigma B'_\lambda(u_\lambda + \tfrac{1}{2}A'_\lambda)]\,\psi(u_\lambda).$$

Ist $p'_\alpha = 1$ und, wenn β von α verschieden ist, $p'_\beta = 0$, so ist folglich

$$(14.)\qquad \psi(u_\lambda + A_{\lambda\alpha}) = E[C_\alpha + N_\alpha + \sum_\lambda B_{\lambda\alpha}(u_\lambda + \tfrac{1}{2}A_{\lambda\alpha})]\,\psi(u_\lambda)$$

und daher nach dem oben erwähnten Satze $\psi(u_\lambda) = l.L_{n_1,\dots n_{2\varrho}}\,\Theta(u_\lambda,\,C_\alpha + N_\alpha)$, wo $L_{n_1,\dots n_{2\varrho}}$ eine Constante ist.

Ist G' das System der 2ϱ linearen Formen $\sum_\alpha g_{\alpha\beta}x_\alpha$, so sind, wenn $n_\beta \equiv 0$ (mod. G') ist, die Grössen N_α ganze Zahlen, mithin ist $E[-\Sigma p_\alpha N_\alpha] = 1$. Ist n_β irgend ein Zahlensystem, so bleibt daher $E[-\Sigma p_\alpha N_\alpha]$ ungeändert, wenn dies System durch ein (mod. G') congruentes ersetzt wird. Ich setze nun in der Gleichung

$$(15.)\qquad \sum_{p_1,\dots p_{2\varrho}} E[-\sum_\alpha p_\alpha N_\alpha]\,\varphi(u_\lambda,\,p_\alpha) = l.L_{n_1,\dots n_{2\varrho}}\,\Theta(u_\lambda,\,C_\alpha + N_\alpha)$$

für n_β die verschiedenen Zahlensysteme irgend eines vollständigen Restsystems (mod. G') und addire die l so erhaltenen Gleichungen. Sind P_β die durch die Gleichungen

$$p_\alpha = \sum_\beta g_{\alpha\beta} P_\beta$$

bestimmten rationalen Zahlen, so ist

$$\Sigma p_\alpha N_\alpha = \Sigma P_\beta n_\beta.$$

Ist $p_\alpha \equiv 0$ (mod. G), so sind die Grössen P_β ganze Zahlen, und daher ist $\Sigma p_\alpha N_\alpha$ eine ganze Zahl, also $\sum\limits_{n_1,\dots n_{2\varrho}} E[-\Sigma p_\alpha N_\alpha] = l$. Ist aber nicht $p_\alpha \equiv 0$ (mod. G), so sind die Zahlen P_β nicht alle ganz. Ist P_γ gebrochen und ersetzt man in der Summe $\sum\limits_{n_1,\dots n_{2\varrho}} E[-\Sigma P_\beta n_\beta] = s$ n_γ durch $n_\gamma - 1$, so erhält man $s = E[P_\gamma]s$ und daher $s = 0$.

Durch Addition der l Gleichungen (15.) ergiebt sich folglich

$$(16.)\qquad \varphi(u_1,\dots u_\varrho) = \sum_{n_1,\dots n_{2\varrho}} L_{n_1,\dots n_{2\varrho}}\,\Theta(u_\lambda,\,C_\alpha + N_\alpha).$$

Die Function $\Theta(u_\lambda,\,C_\alpha + N_\alpha)$ ist eine *Jacobi*sche Function erster Ordnung mit den Perioden $A_{\lambda\alpha}$, $B_{\lambda\alpha}$ und den Parametern $C_\alpha + N_\alpha$, dagegen eine

*Jacobi*sche Function l^{ter} Ordnung mit den Perioden $a_{\lambda\alpha}$, $b_{\lambda\alpha}$ und den Parametern c_α. Die l Functionen $\Theta(u_\lambda, C_\alpha + N_\alpha)$ sind linear-unabhängig, wie man aus der obigen Entwicklung erkennt, indem man für $\varphi(u_1, \dots u_\varrho)$ eine Function wählt, die identisch Null ist. Folglich ergeben sich die Sätze:

X. *Die Anzahl der linear-unabhängigen gleichändrigen Jacobischen Functionen ist ihrer Ordnung gleich.*

XI. *Zwischen je $l+1$ gleichändrigen Jacobischen Functionen l^{ter} Ordnung besteht eine homogene lineare Relation mit constanten Coefficienten.*

Eine ganze homogene Function n^{ten} Grades von irgend r mit φ gleichändrigen Functionen ist nach Formel (2.), § 6 eine *Jacobi*sche Function der Ordnung ln^ϱ. Die Anzahl der Glieder einer solchen ganzen Function ist $\binom{n+r-1}{r-1}$. Ist diese Zahl grösser als ln^ϱ, ist also

$$\left(1+\frac{1}{n}\right)\left(1+\frac{2}{n}\right)\cdots\left(1+\frac{r-1}{n}\right) > (r-1)!\, ln^{\varrho+1-r},$$

so kann man nach dem Satze XI. den Coefficienten der Function solche Werthe ertheilen, dass sie identisch verschwindet. Da sich die linke Seite jener Ungleichheit bei wachsendem n der Grenze 1, die rechte aber, falls $r > \varrho+1$ ist, der Grenze 0 nähert, so kann man unter dieser Bedingung n immer so gross wählen, dass sie erfüllt ist. Daraus folgt der von Herrn *Weierstrass* (Berliner Monatsberichte 1869) angegebene Satz:

XII. *Zwischen je $\varrho+2$ gleichändrigen Jacobischen Functionen vom Range ϱ besteht eine homogene algebraische Gleichung.*

Aus den obigen Entwicklungen, verbunden mit denen des § 4 geht hervor, dass die Bedingungen *A.* und *B.* nicht nur nothwendig, sondern auch hinreichend dafür sind, dass eine den σ Gleichungen (1.), § 1 genügende Function existirt. Denn zunächst ergänze man das System der σ Perioden (1.), § 4 nach den dort entwickelten Regeln zu einem System von 2ϱ Perioden (18.), § 4. Dann giebt es, wie oben gezeigt, eine Function φ, welche den Gleichungen (1.), § 1 nicht nur für $\alpha = 1, \dots \sigma$, sondern sogar für $\alpha = 1, \dots 2\varrho$ genügt. Ergänzt man die σ gegebenen Perioden auf mehrere verschiedene Weisen zu 2ϱ Perioden und die σ gegebenen Parameter zu 2ϱ Parametern, und bildet jedes Mal Functionen φ mit diesen 2ϱ Perioden und Parametern, so befriedigt auch eine lineare Verbindung derselben mit constanten Coefficienten die Gleichungen (1.), § 1. Allgemeiner genügt man denselben, indem man in der Function $\varphi(u_1, \dots u_\varrho)$ die

Grössen $a_{\lambda\alpha}$, $b_{\lambda\alpha}$, c_α für $\alpha=1, \dots \sigma$ als Constante, dagegen für $\alpha=\sigma+1, \dots 2\varrho$ als Variable betrachtet, deren Veränderlichkeit durch die Bedingungen $A.$ und $B.$ beschränkt ist, und das Product aus φ und einer willkürlichen Function dieser Variabeln zwischen solchen Grenzen integrirt, innerhalb deren die Bedingungen $A.$ und $B.$ niemals zu bestehen aufhören.

§ 9.

Primitive Perioden.

Zur Vervollständigung des im vorigen Paragraphen erhaltenen Resultates ist noch nachzuweisen, dass es unter den mit φ gleichändrigen Functionen auch solche giebt, für welche die 2ϱ Perioden $a_{\lambda\alpha}$ primitive sind. Hat φ eine Periode, welche nicht eine ganzzahlige lineare Verbindung der Perioden $a_{\lambda\alpha}$ ist, so muss sie doch eine Verbindung derselben sein, deren Coefficienten rationale Zahlen sind, weil φ nicht mehr als 2ϱ unabhängige Perioden hat. Sei also

$$(1.)\qquad a_\lambda = \frac{1}{n}\sum_\alpha n_\alpha a_{\lambda\alpha}$$

eine solche Periode, wo $n, n_1, \dots n_{2\varrho}$ keinen Divisor gemeinsam haben. Aus der Gleichung

$$(2.)\qquad \varphi(u_1+a_1, \dots u_\varrho+a_\varrho) = E[c+\Sigma b_\lambda(u_\lambda+\tfrac{1}{2}a_\lambda)]\,\varphi(u_1, \dots u_\varrho)$$

folgt

$$\varphi(u_1+na_1, \dots u_\varrho+na_\varrho) = E[nc+\Sigma nb_\lambda(u_\lambda+\tfrac{1}{2}na_\lambda)]\,\varphi(u_1, \dots u_\varrho).$$

Da nun andererseits der Formel (6.), § 1 zufolge

$$\varphi(u_1+na_1, \dots u_\varrho+na_\varrho) = E[C+\sum_\lambda(\sum_\alpha n_\alpha b_{\lambda\alpha})(u_\lambda+\tfrac{1}{2}\sum_\alpha n_\alpha a_{\lambda\alpha})]\,\varphi(u_1, \dots u_\varrho)$$

ist, so ist

$$(3.)\qquad b_\lambda = \frac{1}{n}\sum_\alpha n_\alpha b_{\lambda\alpha},\qquad c = \frac{1}{n}(C+g),$$

wo g eine ganze Zahl ist. Nach Formel (3.), § 1 müssen die Ausdrücke

$$\sum_\lambda(a_{\lambda\alpha}b_\lambda - b_{\lambda\alpha}a_\lambda) = g_\alpha$$

ganze Zahlen sein. Nun ist aber

$$ng_\alpha = \sum_{\lambda,\beta}(a_{\lambda\alpha}n_\beta b_{\lambda\beta} - b_{\lambda\alpha}n_\beta a_{\lambda\beta}) = \sum_\beta k_{\alpha\beta}n_\beta$$

und daher, wenn $\frac{l^2}{k}$ der grösste gemeinsame Divisor der Zahlen $l_{\alpha\beta} = \frac{l^2}{k}l'_{\alpha\beta}$ (also k das kleinste gemeinschaftliche Vielfache der Elementartheiler $k_1, \dots k_\varrho$) ist,

$$kn_\beta = n\sum_\alpha l'_{\alpha\beta}g_\alpha.$$

Die Zahlen $kn, kn_1, \ldots kn_{2\varrho}$ sind demnach alle durch n theilbar und mithin ist es auch k.

XIII. *Hat die Function $\varphi(u_1, \ldots u_\varrho)$ ausser den 2ϱ Perioden $a_{\lambda\alpha}$ noch eine Periode, von der sich erst das n-fache aus den gegebenen Perioden zusammensetzen lässt, so ist n ein Divisor von k.*

Ist $l = 1$, so ist auch $k = 1$, und folglich sind die 2ϱ Perioden einer *Jacobi*schen Function erster Ordnung stets primitive.

Man kann voraussetzen, dass in der Gleichung (3.) die Zahl g und in der Gleichung (1.) die Zahlen n_α alle positiv und kleiner als n sind, und dass die letzteren nicht sämmtlich verschwinden. Die in die Gleichung (2.) eingehenden Constanten a_λ, b_λ, c können dann nur eine endliche Anzahl verschiedener Werthe annehmen. Sind φ_λ $(\lambda = 1, \ldots l)$ l unabhängige mit φ gleichändrige Functionen, so setze man in der Differenz

$$\varphi(u_1+a_1, \ldots u_\varrho+a_\varrho) - E[c+\sum_\lambda b_\lambda(u_\lambda+\tfrac{1}{2}a_\lambda)]\varphi(u_1, \ldots u_\varrho)$$

für φ den Ausdruck $\Sigma x_\lambda \varphi_\lambda$ ein, gebe den Constanten a_λ, b_λ, c die eben definirten Werthe und multiplicire die so erhaltenen Functionen. Wären nun die Perioden $a_{\lambda\alpha}$ für keine der Functionen φ primitive, so müsste für jedes Werthsystem der $l+\varrho$ Variabeln x_λ, $u_\varkappa$ einer der Factoren dieses Productes verschwinden. Da aber ein Product mehrerer analytischer Functionen nicht für alle Werthe der Variabeln verschwinden kann, ohne dass einer der Factoren identisch verschwindet, so müsste es unter den Perioden a_λ eine solche geben, dass die Gleichung (2.) für jede Function φ erfüllt wäre. Ist in dem Ausdruck (1.) dieser Periode a_λ etwa n_1 von Null verschieden, so sind $a_\lambda, a_{\lambda 2}, \ldots a_{\lambda,2\varrho}$ 2ϱ unabhängige Perioden der l unabhängigen Functionen $\varphi_1, \ldots \varphi_l$. Die aus ihnen und den entsprechenden Perioden zweiter Gattung gebildete Determinante ist $l' = l\frac{n_1}{n}$, also $l' < l$. Dies widerspricht aber dem Satze X., nach welchem die Anzahl der unabhängigen Functionen mit jenen Perioden nicht grösser als l' sein kann.

Daran knüpfe ich noch die folgende Bemerkung: Hat eine Function φ zwei Perioden

$$a_\lambda = \frac{1}{n}\sum_\alpha n_\alpha a_{\lambda\alpha}, \quad a'_\lambda = \frac{1}{n'}\sum_\alpha n'_\alpha a_{\lambda\alpha},$$

die sich nicht ganzzahlig aus den Perioden $a_{\lambda\alpha}$ zusammensetzen lassen, so entsprechen ihnen die Perioden zweiter Gattung

$$b_\lambda = \frac{1}{n}\sum_\alpha n_\alpha b_{\lambda\alpha}, \quad b'_\lambda = \frac{1}{n'}\sum_\alpha n'_\alpha b_{\lambda\alpha}.$$

Nach Formel (3.), § 1 muss nun der Ausdruck

$$\sum_{\lambda}(a_\lambda b'_\lambda - a'_\lambda b_\lambda) = \frac{1}{nn'}\sum_{\alpha,\beta}(n_\alpha a_{\lambda\alpha} n'_\beta b_{\lambda\beta} - n'_\beta a_{\lambda\beta} n_\alpha b_{\lambda\alpha}) = \frac{1}{nn'}\sum_{\alpha,\beta} k_{\alpha\beta} n_\alpha n'_\beta$$

eine ganze Zahl sein, und mithin muss $\sum_{\alpha,\beta} k_{\alpha\beta} n_\alpha n'_\beta$ durch nn' theilbar sein. (Vgl. dieses Journal Bd. 96, S. 91.)

§ 10.

Gerade und ungerade Functionen.

Ersetzt man in der Gleichung (1.), § 1 u_λ durch $-u_\lambda - a_{\lambda\alpha}$, so erhält man

$$\varphi(-u_1 - a_{1\alpha}, \ldots -u_\varrho - a_{\varrho\alpha}) = E[-c_\alpha + \sum_\lambda b_{\lambda\alpha}(u_\lambda + \tfrac{1}{2}a_{\lambda\alpha})]\varphi(-u_1, \ldots -u_\varrho).$$

Damit also φ eine gerade oder ungerade Function sei, muss

$$(1.)\qquad 2c_\alpha = h_\alpha$$

sein, wo die Grössen h_α ganze Zahlen sind. Ist diese Bedingung erfüllt, so ist $\varphi(-u_1, \ldots -u_\varrho)$ mit $\varphi(u_1, \ldots u_\varrho)$ gleichändrig.

Unter den betrachteten Functionen giebt es l unabhängige $\varphi_\lambda(u_1, \ldots u_\varrho)$ $(\lambda = 1, \ldots l)$. Jede andere lässt sich linear aus ihnen zusammensetzen, also auch aus den $2l$ geraden und ungeraden mit φ gleichändrigen Functionen

$$\varphi_\lambda(u_1, \ldots u_\varrho) + \varphi_\lambda(-u_1, \ldots -u_\varrho) \quad \text{und} \quad \varphi_\lambda(u_1, \ldots u_\varrho) - \varphi_\lambda(-u_1, \ldots -u_\varrho).$$

Befinden sich daher unter den l geraden g und unter den l ungeraden h unabhängige Functionen, so ist $g+h \geqq l$, und weil zwischen den g geraden und h ungeraden Functionen keine lineare Relation bestehen kann, auch $g+h \leqq l$, und mithin ist $g+h = l$. Setzt man also $g-h = m$, so ist

$$g = \tfrac{1}{2}(l+m) \quad \text{und} \quad h = \tfrac{1}{2}(l-m).$$

Die Function $\Theta(u_\lambda, C_\alpha + N_\alpha)$ ist durch die Gleichungen (14.), § 8 bis auf einen constanten Factor genau bestimmt. Ist

$$n'_\beta = -n_\beta - h_\beta + \sum_\lambda g_{\lambda\beta} g_{\varrho+\lambda,\beta} = \sum_\alpha g_{\alpha\beta} N'_\alpha,$$

so genügt unter der Voraussetzung (1.) die Function $\Theta(u_\lambda, C_\alpha + N'_\alpha)$ denselben Bedingungen, wie die Function $\Theta(-u_\lambda, C_\alpha + N_\alpha)$. Man kann daher in der einen dieser beiden Functionen den constanten Factor willkürlich wählen, in der andern so, dass

$$\Theta(u_\lambda, C_\alpha + N'_\alpha) = \Theta(-u_\lambda, C_\alpha + N_\alpha)$$

wird. Dies ist nur dann nicht möglich, wenn die Differenzen der Parameter dieser beiden Functionen $N_\alpha - N'_\alpha = x_\alpha$ ganze Zahlen sind. Da

$$\sum_\alpha g_{\alpha\beta}(N_\alpha - N'_\alpha) = n_\beta - n'_\beta = 2n_\beta + 2c_\beta - \sum_\lambda g_{\lambda\beta} g_{\varrho+\lambda,\beta}$$

ist, so ist in diesem Falle nach (4.), § 8

$$\sum_\alpha g_{\alpha\beta} x_\alpha = 2\sum_\alpha g_{\alpha\beta}(N_\alpha + C_\alpha),$$

und mithin sind die doppelten Parameter der Function $\Theta(u_\lambda, C_\alpha + N_\alpha)$

$$(2.) \qquad 2(C_\alpha + N_\alpha) = x_\alpha$$

ganze Zahlen. Bekanntlich ist dieselbe unter jener Bedingung gerade oder ungerade, je nachdem $\Sigma x_\lambda x_{\varrho+\lambda}$ gerade oder ungerade ist. Sind unter diesen Functionen g' gerade und h' ungerade, so sind, wie sich aus Formel (16.), § 8 leicht ergiebt, die g' [h'] geraden [ungeraden] Functionen $\Theta(u_\lambda, C_\alpha + N_\alpha)$, deren Parameter den Bedingungen (2.) genügen, zusammen mit den Functionen $\Theta(u_\lambda, C_\alpha + N_\alpha) + \Theta(u_\lambda, C_\alpha + N'_\alpha)$ [$\Theta(u_\lambda, C_\alpha + N_\alpha) - \Theta(u_\lambda, C_\alpha + N'_\alpha)$], deren Parameter ihnen nicht genügen, die g [h] geraden [ungeraden] Functionen, und folglich ist $m = g - h = g' - h'$.

Zwischen den Zahlen n_α und x_α bestehen die Beziehungen

$$\sum_\alpha g_{\alpha\beta} x_\alpha = 2n_\beta + h_\beta - \sum_\lambda g_{\lambda\beta} g_{\varrho+\lambda,\beta}.$$

Entsprechen in derselben Weise den Zahlen m_α die Zahlen y_α, ist also

$$\sum_\alpha g_{\alpha\beta} y_\alpha = 2m_\beta + h_\beta - \sum_\lambda g_{\lambda\beta} g_{\varrho+\lambda,\beta},$$

so ist

$$\sum_\alpha g_{\alpha\beta}(x_\alpha - y_\alpha) = 2(n_\beta - m_\beta).$$

Die Zahlensysteme m_β und n_β sind folglich (mod. G') congruent oder nicht, je nachdem die Differenzen $x_\alpha - y_\alpha$ alle gerade sind oder nicht. Man erhält daher alle (mod. G') incongruenten Zahlensysteme n_α, denen ganzzahlige Werthe der Grössen x_α entsprechen, indem man alle (mod. 2) incongruenten Zahlensysteme x_α aufsucht, welche den Congruenzen

$$(3.) \qquad \sum_\gamma g_{\gamma\alpha} x_\gamma + \sum_\lambda g_{\lambda\alpha} g_{\varrho+\lambda,\alpha} + h_\alpha \equiv 0 \pmod{2}$$

genügen. Dann ist m die Differenz zwischen der Anzahl derjenigen ihrer Lösungen, für welche der Ausdruck $\Sigma x_\lambda x_{\varrho+\lambda}$ gerade ist, und derjenigen, für welche er ungerade ist. Bezeichnet man die linke Seite der Congruenz (3.) mit v_α, so ist folglich $2^{2\varrho} m$ gleich der Differenz zwischen der Anzahl der Werthe der 4ϱ Grössen x_γ, n_α, für welche der Ausdruck

$$(4.) \qquad \sum_\lambda x_\lambda x_{\varrho+\lambda} + \sum_\alpha n_\alpha v_\alpha$$

gerade ist, und der Anzahl der Werthe, für welche er ungerade ist. Denn ist für ein bestimmtes Werthsystem x_γ eine der Functionen v_α, etwa v_β, ungerade, so ist $n_\beta v_\beta$ gerade oder ungerade, je nachdem n_β gerade oder ungerade ist, und daher ist der Theil jener Differenz, der diesem Werthsystem x_γ und beliebigen n_α entspricht, gleich Null. Sind aber für ein Werthsystem x_γ die Functionen v_α alle gerade, so ist der Ausdruck (4.) congruent $\Sigma x_\lambda x_{\varrho+\lambda}$. Die Differenz der den Congruenzen $v_\alpha \equiv 0$ genügenden Werthe x_γ, für welche dieser Ausdruck gerade oder ungerade ist, ist gleich m, und da man jedes dieser Werthsysteme x_γ mit jedem der $2^{2\varrho}$ Werthsysteme n_α verbinden kann, so ist jene Differenz für den Ausdruck (4.) gleich $2^{2\varrho}m$. Derselbe ist (mod. 2) congruent

$$\sum_\lambda x_\lambda x_{\varrho+\lambda} + \sum_{\lambda,\alpha}(g_{\lambda\alpha}x_\lambda n_\alpha + g_{\varrho+\lambda,\alpha}x_{\varrho+\lambda}n_\alpha + g_{\lambda\alpha}g_{\varrho+\lambda,\alpha}n_\alpha^2) + \sum_\alpha h_\alpha n_\alpha$$

und geht daher durch die Substitutionen

$$x_\lambda = z_\lambda + \sum_\alpha g_{\varrho+\lambda,\alpha}n_\alpha, \quad x_{\varrho+\lambda} = z_{\varrho+\lambda} + \sum_\alpha g_{\lambda\alpha}n_\alpha$$

in den Ausdruck

$$\sum_\lambda z_\lambda z_{\varrho+\lambda} + \sum_{\alpha,\beta}{}' \sum_\lambda (g_{\lambda\alpha}g_{\varrho+\lambda,\beta} + g_{\lambda\beta}g_{\varrho+\lambda,\alpha})n_\alpha n_\beta + \sum_\alpha h_\alpha n_\alpha$$

über, der nach Formel (1.), § 8 congruent

$$\sum_\lambda z_\lambda z_{\varrho+\lambda} + \sum_{\alpha,\beta}{}' k_{\alpha\beta}n_\alpha n_\beta + \sum_\alpha h_\alpha n_\alpha$$

ist. Mithin ist

$$2^{2\varrho}m = \sum_{z_1,\dots z_{2\varrho}, n_1,\dots n_{2\varrho}} (-1)^{\sum\limits_\lambda z_\lambda z_{\varrho+\lambda} + \sum\limits_{\alpha,\beta}{}' k_{\alpha\beta}n_\alpha n_\beta + \sum\limits_\alpha h_\alpha n_\alpha}$$

$$= \Big(\sum_{z_1,\dots z_{2\varrho}} (-1)^{\sum\limits_\lambda z_\lambda z_{\varrho+\lambda}}\Big)\Big(\sum_{n_1,\dots n_{2\varrho}} (-1)^{\sum\limits_{\alpha,\beta}{}' k_{\alpha\beta}n_\alpha n_\beta + \sum\limits_\alpha h_\alpha n_\alpha}\Big),$$

wo jeder der Zahlen $z_1, \dots z_{2\varrho}$, $n_1, \dots n_{2\varrho}$ die Werthe 0 und 1 zu ertheilen sind. Da nun

$$\sum_{z_1,\dots z_{2\varrho}} (-1)^{\sum\limits_\lambda z_\lambda z_{\varrho+\lambda}} = \prod_\lambda \Big(\sum_{z_\lambda, z_{\varrho+\lambda}} (-1)^{z_\lambda z_{\varrho+\lambda}}\Big) = 2^\varrho$$

ist, so ist folglich*)

$$(5.) \qquad 2^\varrho m = \sum_{n_1,\dots n_{2\varrho}} (-1)^{\sum\limits_{\alpha,\beta}{}' k_{\alpha\beta}n_\alpha n_\beta + \sum\limits_\alpha h_\alpha n_\alpha}.$$

---

*) Sind die Ausdrücke

$\Sigma z_\lambda z_{\varrho+\lambda}$, $\Sigma' k_{\alpha\beta}n_\alpha n_\beta + \Sigma h_\alpha n_\alpha$ und $\Sigma z_\lambda z_{\varrho+\lambda} + \Sigma' k_{\alpha\beta}n_\alpha n_\beta + \Sigma h_\alpha n_\alpha$

für r, s, t Werthsysteme gerade und für u, v, w ungerade, so ist $t = ru + sv$, $w = rv + su$ und mithin $t - w = (r-u)(s-v)$. Sind die ϱ Zahlen $z_{\varrho+\lambda}$ nicht alle gerade, so hat die Congruenz $\Sigma z_{\varrho+\lambda} z_\lambda \equiv 0$ zwischen den ϱ Unbekannten z_λ ebenso viele Lösungen, wie die Congruenz $\Sigma z_{\varrho+\lambda} z_\lambda \equiv 1$. Sind aber die ϱ Zahlen $z_{\varrho+\lambda}$ alle gerade, so hat jene Congruenz 2^ϱ, diese keine Lösung, und folglich ist $r - u = 2^\varrho$.

Ist das Periodensystem ein normales, so ist daher

$$(6.)\qquad 2^{\varrho} m = \sum_{n_1,\dots n_{2\varrho}} (-1)^{\sum\limits_{\lambda}(k_\lambda n_\lambda n_{\varrho+\lambda} + h_\lambda n_\lambda + h_{\varrho+\lambda} n_{\varrho+\lambda})},$$

also

$$2^{\varrho} m = \prod_{\lambda} \Big(\sum_{n_\lambda, n_{\varrho+\lambda}} (-1)^{(k_\lambda n_\lambda n_{\varrho+\lambda} + h_\lambda n_\lambda + h_{\varrho+\lambda} n_{\varrho+\lambda})} \Big).$$

Ist k_λ gerade, so ist der λ^{te} Factor des Productes gleich

$$\Big(\sum_{n_\lambda} (-1)^{h_\lambda n_\lambda}\Big)\Big(\sum_{n_{\varrho+\lambda}} (-1)^{h_{\varrho+\lambda} n_{\varrho+\lambda}}\Big).$$

Sind also die Zahlen h_λ und $h_{\varrho+\lambda}$ beide gerade, so ist er gleich $4 = (-1)^{h_\lambda h_{\varrho+\lambda}} 4$. Ist aber auch nur eine der beiden Zahlen h_λ, $h_{\varrho+\lambda}$ ungerade, so ist er Null. Ist dagegen k_λ ungerade, so ist jener Factor gleich

$$(-1)^{h_\lambda h_{\varrho+\lambda}} \sum_{n_\lambda, n_{\varrho+\lambda}} (-1)^{(n_\lambda + h_{\varrho+\lambda})(n_{\varrho+\lambda} + h_\lambda)} = (-1)^{h_\lambda h_{\varrho+\lambda}} 2.$$

Sind folglich auch nur für ein einziges gerades k_λ die entsprechenden Zahlen h_λ, $h_{\varrho+\lambda}$ nicht beide gerade, so ist $m = 0$. Sind aber für jeden Index λ, für den k_λ gerade ist, auch h_λ und $h_{\varrho+\lambda}$ gerade, und sind σ der Zahlen k_λ ungerade und $\varrho - \sigma$ gerade, so ist

$$2^{\varrho} m = (-1)^{\sum h_\lambda h_{\varrho+\lambda}} 2^{\sigma + 2(\varrho - \sigma)}$$

oder

$$(7.)\qquad m = (-1)^{\sum\limits_{\lambda} h_\lambda h_{\varrho+\lambda}} 2^{\varrho - \sigma}.$$

Aus der Gleichung (6.) kann man die allgemeinere Formel (5.) folgendermassen herleiten. Nach (6.), § 1 ist

$$\varphi(u_1 + a_1, \dots u_\varrho + a_\varrho) = (-1)^{\sum\limits_{\alpha,\beta}' k_{\alpha\beta} n_\alpha n_\beta + \sum\limits_{\alpha} h_\alpha n_\alpha} E[\Sigma b_\lambda (u_\lambda + \tfrac{1}{2} a_\lambda)] \varphi(u_1, \dots u_\varrho),$$

und daher ist die Formel (5.) gleichbedeutend mit

$$(8.)\qquad 2^{\varrho} m \varphi(u_1, \dots u_\varrho) = \Sigma E[-\Sigma b_\lambda (u_\lambda + \tfrac{1}{2} a_\lambda)] \varphi(u_1 + a_1, \dots u_\varrho + a_\varrho).$$

Hier durchläuft jede der Zahlen n_α ein vollständiges Restsystem (mod. 2), und mithin durchläuft $\frac{1}{2} a_\lambda$, $\frac{1}{2} b_\lambda$ ein vollständiges System incongruenter halber Perioden. Folglich ist die Summe (8.) und daher auch die Summe (5.) von der Wahl des Periodensystems unabhängig. Besteht die Gleichung (5.) also für ein normales Periodensystem, so folgt daraus ihre allgemeine Gültigkeit.

Nach dieser Formel ist $2^{\varrho} m$ gleich der Differenz zwischen der Anzahl der Lösungen der Congruenzen $\Sigma' k_{\alpha\beta} n_\alpha n_\beta + \Sigma h_\alpha n_\alpha \equiv 0$ und der Anzahl der

Lösungen der Congruenzen $\Sigma' k_{\alpha\beta} n_\alpha n_\beta + \Sigma h_\alpha n_\alpha \equiv 1$ (mod. 2). Mit Hülfe der Untersuchungen des Herrn *Camille Jordan* über die Reduction quadratischer Congruenzen (Journal de *Liouville* Sér. 2, tom. 17, p. 368) und der Sätze von *H. J. Steffen Smith* über die arithmetischen Invarianten der Geschlechter quadratischer Formen (Proc. of the royal soc. of London, vol. XVI, p. 197) kann man diese Anzahlen bestimmen und gelangt so zu folgendem Resultat: Ist

$$r_{\alpha\alpha} = 2h_\alpha, \quad r_{\alpha\beta} = r_{\beta\alpha} = k_{\alpha\beta} \qquad (\alpha < \beta),$$

und sind in dem symmetrischen System

$$r_{\alpha\beta} \qquad (\alpha, \beta = 1, \ldots 2\varrho)$$

die Determinanten $(\tau+1)^{\text{ten}}$ Grades alle gerade, die τ^{ten} Grades aber nicht alle, so ist τ eine gerade Zahl 2σ, und unter den ungeraden Determinanten $(2\sigma)^{\text{ten}}$ Grades befinden sich auch Hauptdeterminanten. Dieselben sind sämmtlich congruent $(-1)^\sigma$ (mod. 4). Sei $2t$ der grösste gemeinsame Divisor der Hauptdeterminanten $(2\sigma+1)^{\text{ten}}$ Grades des Systems $r_{\alpha\beta}$. Ist dann t gerade, so sind die ungeraden Hauptdeterminanten $2\sigma^{\text{ten}}$ Grades alle (mod. 8) unter einander congruent. Ist s irgend eine derselben (und ist $s = 1$ für $\sigma = 0$), so ist

$$(9.) \qquad m = (-1)^{\frac{s^2-1}{8}} 2^{\varrho-\sigma} \quad \text{oder} \quad 0,$$

je nachdem t gerade oder ungerade ist.

Zürich, December 1883.

32.

Über die Grundlagen der Theorie der Jacobischen Functionen (Abh. II)

Journal für die reine und angewandte Mathematik 97, 188–223 (1884)

In dem ersten Theile dieser Arbeit, den ich im Folgenden mit *J. F.* citiren werde, habe ich die Gleichungen und Ungleichheiten ermittelt, welche nothwendig und hinreichend sind, damit $4\varrho^2$ Grössen die Perioden erster und zweiter Gattung einer *Jacobi*schen Function vom Range ϱ sein können. Um die Ungleichheitsbedingungen zu erhalten, habe ich aus der gegebenen Function durch Einführung neuer Variabeln x_α und Multiplication mit einer *Jacobi*schen Function nullter Ordnung eine andere abgeleitet, deren Norm ungeändert bleibt, wenn irgend eine der Grössen x_α um 1 vermehrt wird. Dieser Umstand veranlasste mich, jene Norm nach Potenzen der Variabeln $E[x_\alpha]$ in eine unendliche Reihe zu entwickeln. Dabei gelangte ich zu einer merkwürdigen Darstellung der *Jacobi*schen Functionen, welche zuerst Herr *Kronecker* in seinen berühmten Untersuchungen über die complexe Multiplication der elliptischen Functionen entwickelt hat (Zur Theorie der elliptischen Functionen, Sitzungsberichte der Berliner Akademie, April 1883, III. (C_0)). In die gewöhnliche Darstellung einer *Jacobi*schen Function vom Range ϱ durch eine ϱ-fach unendliche Reihe, deren Glieder *Jacobi*sche Functionen nullter Ordnung sind, gehen die 2ϱ Perioden in unsymmetrischer Weise ein, insofern die Vermehrung der Variabeln um ϱ der Perioden jedes Glied der Reihe ungeändert lässt (von einem gemeinsamen Exponentialfactor abgesehen), während die Vermehrung um eine der ϱ andern die verschiedenen Glieder der Reihe in einander überführt. Da für eine *Jacobi*sche Function nullter Ordnung die Zahlen $k_{\alpha\beta}$ sämmtlich verschwinden, muss man, um diese Reihenentwicklung zu erhalten, erst aus dem gegebenen Periodensystem ein solches ableiten, für das $k_{\alpha\beta} = 0$ ist, falls beide Indices $\leqq \varrho$ sind. Die hier benutzte Darstellung einer solchen Function durch eine 2ϱ-fach unendliche Reihe (§ 2—6) ist dagegen in Bezug auf alle Perioden symmetrisch, und setzt, was besonders bemerkenswerth ist, keinerlei arithmetische Umformungen voraus. Mit Hülfe derselben kann man daher den Satz, dass die Anzahl der linear unabhängigen gleichändrigen *Jacobi*schen Functionen gleich der *Quadratwurzel* aus der Determinante $|k_{\alpha\beta}|$ ist (§ 7), und die Formeln für die Anzahl der linear unabhängigen Functionen, die gerade oder ungerade sind, (§§ 8, 9) fast ohne jede Hülfe der Theorie der linearen und alternirenden bilinearen Formen mit ganzen Coefficienten ableiten. Unentbehrlich ist nur ein arithmetischer Satz, der sich auf die Vergleichung zweier periodischen Gebiete bezieht, von denen das eine einen Theil des andern bildet. Der Vollständigkeit halber habe ich für denselben einen auf *Dirichlet*s Principien (dieses Journal Bd. 19, S. 329) beruhenden und nach seinen Andeutungen (dieses Journal Bd. 40, S. 216) ausgeführten *analytischen* Beweis angegeben (§ 1).

Zum Schluss (§§ 10, 11) entwickle ich eine Formel, welche eine Verallgemeinerung der von Herrn *Prym* als *Riemann*sche *Thetaformel* bezeichneten Relation ist.

§ 1.

Die Anzahl der in Bezug auf ein System von Moduln incongruenten Systeme von Zahlen.

Ist die aus den σ^2 ganzen Zahlen $k_{\alpha\beta}(\alpha,\ \beta = 1, \dots \sigma)$ gebildete Determinante σ-ten Grades von Null verschieden, so giebt es nur eine endliche Anzahl von Systemen rationaler Zahlen r_α, die den Ungleichheiten

$$(1.)\qquad 0 \leqq r_\alpha < 1$$

genügen, und für welche die σ Ausdrücke

$$(2.)\qquad \sum_\alpha k_{\alpha\beta} r_\alpha = m_\beta$$

ganze Zahlen sind. Denn den Ungleichheiten (1.) zufolge liegen die Zahlen m_β zwischen bestimmten, von den Zahlen $k_{\alpha\beta}$ abhängigen, endlichen Grenzen, zwischen denen es nur eine endliche Anzahl von Systemen ganzer Zahlen m_β giebt. Jedem derselben entspricht nur ein System von Zahlen r_α, das die Gleichungen (2.) befriedigt, also höchstens ein solches System, das zugleich den Bedingungen (1.) genügt. Ist t die Anzahl jener Grössensysteme r_α, sind $n_1, \dots n_\sigma$ ganze Zahlen und ist $n_\alpha + r_\alpha = r'_\alpha$, so ist $n_\alpha \leqq r'_\alpha < n_\alpha + 1$

und die σ Ausdrücke $\sum\limits_{\alpha} k_{\alpha\beta} r'_{\alpha}$ sind ganze Zahlen. Zugleich sind die t Systeme von Grössen r_α die einzigen, welche diesen Bedingungen genügen. Ist also g eine positive ganze Zahl, so ist die Anzahl der Systeme von Grössen r_α, die den Ungleichheiten $0 \leqq r_\alpha < g$ genügen, und für welche die Ausdrücke (2.) ganze Zahlen sind, $T = tg^\sigma$. Setzt man $r_\alpha = gx_\alpha$, $m_\beta = gy_\beta$, so ist

$$(3.) \qquad \sum_{\alpha} k_{\alpha\beta} x_\alpha = y_\beta,$$

und T ist die Anzahl der den Bedingungen

$$(4.) \qquad 0 \leqq x_\alpha < 1$$

genügenden Systeme von Grössen x_α, für welche die Ausdrücke gy_β ganze Zahlen sind. Daher ist, wenn g über alle Grenzen wächst,

$$t = \lim \frac{T}{g^\sigma} = \int \ldots \int dy_1 \ldots dy_\sigma,$$

wo die Grenzen des σ-fachen Integrals so zu wählen sind, dass die den Grössen y_β vermöge der Gleichungen (3.) entsprechenden Grössen x_α sich von 0 bis 1 bewegen. Führt man also die Grössen x_α als Integrationsvariabeln ein, und bezeichnet man den absoluten Werth der Functionaldeterminante $\left|\frac{\partial y_\alpha}{\partial x_\beta}\right| = |k_{\alpha\beta}|$ mit k, so ist

$$t = \int_0^1 \ldots \int_0^1 k dx_1 \ldots dx_\sigma = k.$$

Die Anzahl der den Ungleichheiten (1.) genügenden, oder allgemeiner die Anzahl der mod. 1 verschiedenen Grössensysteme r_α, für welche die Ausdrücke (2.) ganze Zahlen sind, ist demnach gleich dem absoluten Werthe der Determinante $|k_{\alpha\beta}|$.

§ 2.

Die Ungleichheitsbedingungen für die Perioden.

Ich nehme an, dass die Grössen

$$a_{\alpha\beta}, \; b_{\alpha\beta} \qquad (\alpha, \beta = 1, \ldots 2\varrho)$$

folgenden Bedingungen genügen:

A. Bewegt sich λ von 1 bis ϱ, so ist

$$(1.) \qquad \sum_{\lambda} (a_{\lambda\alpha} b_{\lambda\beta} - b_{\lambda\alpha} a_{\lambda\beta}) = k_{\alpha\beta}$$

und

$$(2.) \qquad \sum_{\lambda} (a_{\varrho+\lambda,\alpha} b_{\varrho+\lambda,\beta} - b_{\varrho+\lambda,\alpha} a_{\varrho+\lambda,\beta}) = -k_{\alpha\beta},$$

wo die Grössen $k_{\alpha\beta}$ ganze Zahlen sind (*J. F.* § 1).

B. Der Ausdruck

$$(3.)\qquad i\sum_{\alpha,\beta} k_{\alpha\beta} x_\alpha x_\beta^{(1)}$$

ist unter den Bedingungen

$$(4.)\qquad \sum_\alpha a_{\lambda\alpha} x_\alpha = 0$$

eine negative Form (d. h. er verschwindet nur, wenn die Variabeln sämmtlich Null sind, und ist sonst beständig negativ), und unter den Bedingungen

$$(5.)\qquad \sum_\alpha a_{\varrho+\lambda,\alpha} x_\alpha = 0$$

eine positive Form (*J. F.* § 2).

Befriedigen die Grössen x_α sowohl die Gleichungen (4.) als auch die Gleichungen (5.), so ist daher die Form (3.) sowohl negativ als auch positiv, also gleich Null, und folglich sind die Grössen x_α sämmtlich Null. Da also den 2ϱ Gleichungen (4.) und (5.) nur durch verschwindende Werthe der 2ϱ Unbekannten x_α genügt wird, so ist die aus ihren Coefficienten gebildete Determinante 2ϱ-ten Grades

$$(6.)\qquad |a_{\alpha\beta}| \qquad\qquad (\alpha, \beta = 1, \dots 2\varrho)$$

von Null verschieden. Folglich giebt es stets ein und nur ein System von Grössen $c_{\alpha\beta}$, die den Gleichungen

$$(7.)\qquad b_{\alpha\beta} = \sum_\gamma c_{\alpha\gamma} a_{\gamma\beta} = \sum_\lambda (c_{\alpha\lambda} a_{\lambda\beta} + c_{\alpha,\varrho+\lambda} a_{\varrho+\lambda,\beta})$$

genügen, wo sich γ von 1 bis 2ϱ bewegt. Aus den Gleichungen (1.) und (2.) folgt*)

$$(8.)\qquad \sum_\gamma (a_{\gamma\alpha} b_{\gamma\beta} - b_{\gamma\alpha} a_{\gamma\beta}) = 0.$$

Mithin ist $\sum_{\gamma,\delta} a_{\gamma\alpha} c_{\gamma\delta} a_{\delta\beta} - \sum_{\gamma,\delta} c_{\gamma\delta} a_{\delta\alpha} a_{\gamma\beta} = 0$, oder wenn man in der zweiten Summe γ mit δ vertauscht, $\sum_{\gamma,\delta} a_{\gamma\alpha} a_{\delta\beta}(c_{\gamma\delta} - c_{\delta\gamma}) = 0$, und daher, weil die Determinante (6.) von Null verschieden ist,

$$(9.)\qquad c_{\alpha\beta} = c_{\beta\alpha}.$$

Unter den 2ϱ Bedingungen

$$\sum_\alpha a_{\lambda\alpha} y_\alpha = 0, \qquad \sum_\alpha a_{\varrho+\lambda,\alpha} z_\alpha = 0$$

ist der Ausdruck

$$i\sum_{\alpha,\beta} k_{\alpha\beta} z_\alpha z_\beta^{(1)} - i\sum_{\alpha,\beta} k_{\alpha\beta} y_\alpha y_\beta^{(1)}$$

eine positive Form, weil jeder der beiden Summanden für sich eine solche

---

*) Dass unter den Voraussetzungen (8.) die Determinante (6.) von Null verschieden ist folgt auch aus *J. F.* Satz V.

ist. Setzt man $y_\alpha = z_\alpha - x_\alpha$, so ergiebt sich daraus, dass die Form

$$i\sum_{\alpha,\beta} k_{\alpha\beta}(z_\alpha x_\beta^{(1)} - z_\alpha^{(1)} x_\beta - x_\alpha x_\beta^{(1)}),$$

welche der imaginäre Theil der Form

$$-\sum_{\alpha,\beta} k_{\alpha\beta}(z_\alpha x_\beta^{(1)} - \tfrac{1}{2} x_\alpha x_\beta^{(1)})$$

ist, unter den Bedingungen

$$\sum_\alpha a_{\lambda\alpha} z_\alpha = \sum a_{\lambda\alpha} x_\alpha, \quad \sum a_{\varrho+\lambda,\alpha} z_\alpha = 0$$

eine positive ist. Durch diese Gleichungen wird, weil die Determinante (6.) von Null verschieden ist, die Veränderlichkeit der Grössen x_α nicht beschränkt. Nun ist aber

$$k_{\alpha\beta} = \sum_\varkappa (a_{\varkappa\alpha} b_{\varkappa\beta} - b_{\varkappa\alpha} a_{\varkappa\beta}) = \sum_{\varkappa,\lambda} a_{\varkappa\alpha} c_{\varkappa\lambda} a_{\lambda\beta} + \sum_{\varkappa,\lambda} a_{\varkappa\alpha} c_{\varkappa,\varrho+\lambda} a_{\varrho+\lambda,\beta}$$
$$- \sum_{\varkappa,\lambda} c_{\varkappa\lambda} a_{\lambda\alpha} a_{\varkappa\beta} - \sum_{\varkappa,\lambda} c_{\varkappa,\varrho+\lambda} a_{\varrho+\lambda,\alpha} a_{\varkappa\beta},$$

oder weil nach (9.) die erste Summe der dritten gleich ist,

$$(10.) \qquad k_{\alpha\beta} = \sum_{\varkappa,\lambda} c_{\varkappa,\varrho+\lambda}(a_{\varkappa\alpha} a_{\varrho+\lambda,\beta} - a_{\varkappa\beta} a_{\varrho+\lambda,\alpha}),$$

und mithin

$$\sum_\alpha k_{\alpha\beta} z_\alpha = \sum_{\varkappa,\lambda} c_{\varkappa,\varrho+\lambda}(a_{\varrho+\lambda,\beta} \sum_\alpha a_{\varkappa\alpha} z_\alpha - a_{\varkappa\beta} \sum_\alpha a_{\varrho+\lambda,\alpha} z_\alpha) = \sum_{\varkappa,\lambda} c_{\varkappa,\varrho+\lambda} a_{\varrho+\lambda,\beta} \sum_\alpha a_{\varkappa\alpha} x_\alpha.$$

Folglich ist der imaginäre Theil des Ausdrucks

$$-\sum_{\alpha,\beta}(\sum_{\varkappa,\lambda} c_{\varkappa,\varrho+\lambda} a_{\varkappa\alpha} a_{\varrho+\lambda,\beta} - \tfrac{1}{2} k_{\alpha\beta}) x_\alpha x_\beta^{(1)} = \sum t_{\alpha\beta} x_\alpha x_\beta^{(1)}$$

eine positive Form. Da nach Gleichung (10.) $t_{\alpha\beta} = t_{\beta\alpha}$ ist, so ist auch, wenn man $t_{\alpha\beta} = r_{\alpha\beta} + i s_{\alpha\beta}$ setzt, $s_{\alpha\beta} = s_{\beta\alpha}$. Ist $x_\alpha = \xi_\alpha + i\eta_\alpha$, so ist

$$\sum_{\alpha,\beta} s_{\alpha\beta} x_\alpha x_\beta^{(1)} = \sum s_{\alpha\beta}(\xi_\alpha + i\eta_\alpha)(\xi_\beta - i\eta_\beta) = \sum s_{\alpha\beta}\xi_\alpha\xi_\beta + \sum s_{\alpha\beta}\eta_\alpha\eta_\beta.$$

Damit also diese Form für conjugirt complexe Werthe der entsprechenden Variabeln eine positive sei, reicht es hin, dass die reelle quadratische Form $\sum s_{\alpha\beta} n_\alpha n_\beta$ der reellen Variabeln n_α eine positive ist. Demnach ist die Forderung *B.* der Bedingung äquivalent, dass der imaginäre Theil des Ausdrucks

$$-\sum_{\alpha,\beta}(\sum_{\varkappa,\lambda} c_{\varkappa,\varrho+\lambda} a_{\varkappa\alpha} a_{\varrho+\lambda,\beta} - \tfrac{1}{2} k_{\alpha\beta}) n_\alpha n_\beta,$$

oder wenn man

$$(11.) \qquad \sum_\alpha a_{\gamma\alpha} n_\alpha = a_\gamma, \quad \sum_\alpha b_{\gamma\alpha} n_\alpha = b_\gamma$$

setzt, der des Ausdrucks

$$-\sum_{\varkappa,\lambda} c_{\varkappa,\varrho+\lambda} a_\varkappa a_{\varrho+\lambda}$$

eine positive Form ist. Aus den Gleichungen (7.) folgt

$$(12.)\qquad b_\gamma = \sum_\alpha c_{\gamma\alpha} a_\alpha = \sum_\lambda (c_{\gamma\lambda} a_\lambda + c_{\gamma,\varrho+\lambda} a_{\varrho+\lambda}).$$

Daher ist der imaginäre Theil des Ausdrucks

$$(13.)\qquad -\sum_{\varkappa,\lambda} c_{\varkappa,\varrho+\lambda} a_\varkappa a_{\varrho+\lambda} = \sum_{\varkappa,\lambda} c_{\varkappa\lambda} a_\varkappa a_\lambda - \sum_\lambda a_\lambda b_\lambda = \sum_{\varkappa,\lambda} c_{\varrho+\varkappa,\varrho+\lambda} a_{\varrho+\varkappa} a_{\varrho+\lambda} - \sum_\lambda a_{\varrho+\lambda} b_{\varrho+\lambda}$$

eine positive Form der reellen Variabeln n_α.

Geht also die quadratische Form $2i\sum_{\varkappa,\lambda} c_{\varkappa,\varrho+\lambda} u_\varkappa u_{\varrho+\lambda}$ der 2ϱ Variabeln u_α, deren Determinante gleich $|c_{\varkappa,\varrho+\lambda}|^2$ ist, durch die Substitution

$$(14.)\qquad u_\gamma = \sum_\alpha a_{\gamma\alpha} x_\alpha$$

in $f(x_1, \ldots x_{2\varrho})$ über, so ist für reelle Werthe der Variabeln x_α der reelle Theil von f eine positive Form. Die Determinante der quadratischen Form f ist $D = |c_{\varkappa,\varrho+\lambda}|^2 |a_{\alpha\beta}|^2$. Nach Formel (7.) ergiebt sich aber durch Zusammensetzung der beiden Determinanten

$$\begin{vmatrix} 1 & \ldots & 0 & 0 & \ldots & 0 \\ \cdot & \ldots & \cdot & \cdot & \ldots & \cdot \\ 0 & \ldots & 1 & 0 & \ldots & 0 \\ c_{11} & \ldots & c_{1\varrho} & c_{1,\varrho+1} & \ldots & c_{1,2\varrho} \\ \cdot & \ldots & \cdot & & \ldots & \cdot \\ c_{\varrho 1} & \ldots & c_{\varrho\varrho} & c_{\varrho,\varrho+1} & \ldots & c_{\varrho,2\varrho} \end{vmatrix} \begin{vmatrix} a_{11} & \ldots & a_{1\varrho} & a_{1,\varrho+1} & \ldots & a_{1,2\varrho} \\ \cdot & \ldots & \cdot & \cdot & \ldots & \\ a_{\varrho 1} & \ldots & a_{\varrho\varrho} & a_{\varrho,\varrho+1} & \ldots & a_{\varrho,2\varrho} \\ a_{\varrho+1,1} & \ldots & a_{\varrho+1,\varrho} & a_{\varrho+1,\varrho+1} & \ldots & a_{\varrho+1,2\varrho} \\ \cdot & \ldots & \cdot & \cdot & \ldots & \cdot \\ a_{2\varrho,1} & \ldots & a_{2\varrho,\varrho} & a_{2\varrho,\varrho+1} & \ldots & a_{2\varrho,2\varrho} \end{vmatrix}$$

die Determinante

$$\begin{vmatrix} a_{11} & \ldots & a_{1,2\varrho} \\ \cdot & \ldots & \cdot \\ a_{\varrho 1} & \ldots & a_{\varrho,2\varrho} \\ b_{11} & \ldots & b_{1,2\varrho} \\ \cdot & \ldots & \cdot \\ b_{\varrho 1} & \ldots & b_{\varrho,2\varrho} \end{vmatrix} = \pm l,$$

und daher ist $D = l^2$. Zu demselben Resultate kann man auch so gelangen: Setzt man

$$u_\gamma = \sum a_{\gamma\alpha} x_\alpha, \quad u'_\gamma = \sum a_{\gamma\alpha} x'_\alpha,$$

so ist nach Gleichung (10.)

$$(15.)\qquad \sum_{\alpha,\beta} k_{\alpha\beta} x_\alpha x'_\beta = \sum_{\varkappa,\lambda} c_{\varkappa,\varrho+\lambda} (u_\varkappa u'_{\varrho+\lambda} - u_{\varrho+\lambda} u'_\varkappa).$$

Folglich ist die Determinante der letzteren bilinearen Form, mit dem Quadrate der Substitutionsdeterminante multiplicirt, gleich der Determinante der ersteren Form

$$|c_{\varkappa,\varrho+\lambda}|^2 |a_{\alpha\beta}|^2 = |k_{\alpha\beta}| = l^2.$$

Für die folgende Untersuchung ist von besonderer Wichtigkeit die *Jacobi*sche Function nullter Ordnung

$$(16.) \qquad E[\tfrac{1}{2}\sum_{\alpha,\beta} c_{\alpha\beta} u_\alpha u_\beta] = F(u_1, \dots u_\varrho, u_{\varrho+1}, \dots u_{2\varrho}),$$

die ich auch kurz mit $F(u_\lambda, u_{\varrho+\lambda})$ bezeichnen werde. Sind $r_1, \dots r_{2\varrho}$ beliebige Grössen, und setzt man

$$(17.) \qquad A_\gamma = \sum_\alpha a_{\gamma\alpha} r_\alpha, \quad B_\gamma = \sum_\alpha b_{\gamma\alpha} r_\alpha,$$

so ist nach Gleichung (12.)

$$(18.) \qquad F(u_\lambda + A_\lambda, u_{\varrho+\lambda} + A_{\varrho+\lambda}) = F(u_\lambda, u_{\varrho+\lambda}) E[\sum_\gamma B_\gamma (u_\gamma + \tfrac{1}{2} A_\gamma)].$$

Ich bezeichne das System der 2ϱ Grössen r_α mit R und setze

$$(19.) \qquad \begin{cases} F[R](u_\lambda, u_{\varrho+\lambda}) = F(u_\lambda + A_\lambda, u_{\varrho+\lambda}) E[-\sum_\lambda B_\lambda (u_\lambda + \tfrac{1}{2} A_\lambda)] \\ \qquad = F(u_\lambda, u_{\varrho+\lambda} - A_{\varrho+\lambda}) E[\sum_\lambda B_{\varrho+\lambda} (u_{\varrho+\lambda} - \tfrac{1}{2} A_{\varrho+\lambda})]. \end{cases}$$

Ist S das System der 2ϱ Grössen s_α, und ist

$$(20.) \qquad A'_\gamma = \sum_\alpha a_{\gamma\alpha} s_\alpha, \quad B'_\gamma = \sum_\alpha b_{\gamma\alpha} s_\alpha,$$

so ist nach Gleichung (8.)

$$(21.) \qquad \sum_\gamma (A_\gamma B'_\gamma - B_\gamma A'_\gamma) = 0.$$

Ich bediene mich im Folgenden der Bezeichnungen (vgl. dieses Journal Bd. 89, S. 190)

$$(22.) \qquad |R, S| = \sum_\lambda (A_\lambda B'_\lambda - B_\lambda A'_\lambda) = -\sum_\lambda (A_{\varrho+\lambda} B'_{\varrho+\lambda} - B_{\varrho+\lambda} A'_{\varrho+\lambda}) = \sum_{\alpha,\beta} k_{\alpha\beta} r_\alpha s_\beta,$$

$$(23.) \qquad [R, S] = E[\tfrac{1}{2}|R, S|], \quad (R, S) = E[|R, S|] = [R, S]^2,$$

so dass

$$(24.) \qquad 1 : [R, S] = [S, R] = [R, -S] = [-R, S]$$

ist. Dann ist (vgl. die Entwicklungen des Herrn *Weierstrass,* die Herr *Schottky,* Abriss einer Theorie der *Abel*schen Functionen von drei Variabeln, § 1 mittheilt.)

$$(25.) \qquad \begin{cases} F[R+S](u_\lambda, u_{\varrho+\lambda}) = [S, R] F[R](u_\lambda + A'_\lambda, u_{\varrho+\lambda}) E[-\sum_\lambda B'_\lambda (u_\lambda + \tfrac{1}{2} A'_\lambda)] \\ \qquad = [R, S] F[R](u_\lambda, u_{\varrho+\lambda} - A'_{\varrho+\lambda}) E[\sum_\lambda B'_{\varrho+\lambda} (u_{\varrho+\lambda} - \tfrac{1}{2} A'_{\varrho+\lambda})] \end{cases}$$

und

$$(26.) \qquad F[R](u_\lambda + A'_\lambda, u_{\varrho+\lambda} + A'_{\varrho+\lambda}) = (R, S) F[R](u_\lambda, u_{\varrho+\lambda}) E[\sum_\gamma B'_\gamma (u_\gamma + \tfrac{1}{2} A'_\gamma)].$$

§ 3.
Conjugirt complexe *Jacobi*sche Functionen.

Sind die Grössen $a_{\lambda\alpha}$, $b_{\lambda\alpha}(\lambda=1,\dots\varrho;\ \alpha=1,\dots 2\varrho)$ die 2ϱ Perioden einer *Jacobi*schen Function $\varphi(u_1,\dots u_\varrho)$, so werden die oben gemachten Voraussetzungen erfüllt, wenn man

$$(1.)\qquad a_{\varrho+\lambda,\alpha}=a_{\lambda\alpha}^{(1)},\quad b_{\varrho+\lambda,\alpha}=-b_{\lambda\alpha}^{(1)}$$

setzt *). Alsdann ist nach (7.) und (9.) § 2

$$(2.)\qquad c_{\varkappa\lambda}^{(1)}=-c_{\varrho+\varkappa,\varrho+\lambda},\quad c_{\varkappa,\varrho+\lambda}^{(1)}=-c_{\lambda,\varrho+\varkappa}.$$

Man kann in diesem Falle die Ungleichheit (13.) § 2 auf eine andere Form bringen, die ich hier direct ableiten will. Unter den Bedingungen

$$\sum_\beta a_{\varrho+\varkappa,\beta}x_\beta=0\quad\text{oder}\quad\sum_\beta a_{\varkappa\beta}x_\beta^{(1)}=0$$

ist die Form

$$i\sum_{\alpha,\beta}k_{\alpha\beta}x_\alpha x_\beta^{(1)}=i\sum_{\varkappa,\alpha,\beta}a_{\varkappa\alpha}b_{\varkappa\beta}x_\alpha x_\beta^{(1)}$$

eine positive. Nach Formel (7.) § 2 ist dieselbe aber gleich

$$i\sum_{\varkappa,\alpha}a_{\varkappa\alpha}\Big(\sum_{\lambda,\beta}c_{\varkappa\lambda}a_{\lambda\beta}+c_{\varkappa,\varrho+\lambda}a_{\varrho+\lambda,\beta}\Big)x_\alpha x_\beta^{(1)}=i\sum_{\varkappa,\lambda,\alpha,\beta}c_{\varkappa,\varrho+\lambda}a_{\varkappa\alpha}a_{\lambda\beta}^{(1)}x_\alpha x_\beta^{(1)}.$$

Sind $u_1,\dots u_\varrho$ complexe Variabeln, so kann man, da die Determinante (6.) § 2 von Null verschieden ist, immer 2ϱ Grössen x_α finden, die den Gleichungen

$$\sum_\alpha a_{\lambda\alpha}x_\alpha=u_\lambda,\quad\sum_\alpha a_{\lambda\alpha}^{(1)}x_\alpha=0$$

genügen. Mithin ist der Ausdruck

$$(3.)\qquad i\sum_{\varkappa,\lambda}c_{\varkappa,\varrho+\lambda}u_\varkappa u_\lambda^{(1)},$$

---

*) Man kann jenen Voraussetzungen auch in folgender Art genügen: Da die beiden alternirenden bilinearen Formen $\Sigma k_{\alpha\beta}x_\alpha x'_\beta$ und $-\Sigma k_{\alpha\beta}y_\alpha y'_\beta$ die nämlichen Invarianten haben, so sind sie äquivalent (dieses Journal Bd. 86 S. 165), es giebt also cogrediente unimodulare Substitutionen

$$x_\gamma=\sum_\alpha g_{\gamma\alpha}y_\alpha,\quad x'_\gamma=\sum_\alpha g_{\gamma\alpha}y'_\alpha,$$

welche die erste in die zweite überführen. Dann erfüllen die Grössen

$$a_{\varrho+\lambda,\alpha}=\sum_\gamma a_{\lambda\gamma}g_{\gamma\alpha},\quad b_{\varrho+\lambda,\alpha}=\sum_\gamma b_{\lambda\gamma}g_{\gamma\alpha}$$

die obigen Bedingungen. Eine Function φ mit den Perioden $a_{\lambda\alpha}$, $b_{\lambda\alpha}$ hat auch die Grössen $a_{\varrho+\lambda,\alpha}$, $b_{\varrho+\lambda,\alpha}$ zu Perioden. Ist

$$\Sigma k_{\alpha\beta}x_\alpha x'_\beta=\Sigma k_\lambda(x_\lambda x'_{\varrho+\lambda}-x_{\varrho+\lambda}x'_\lambda)$$

die Normalform, so geht sie durch die Substitutionen

$$x_\lambda=-y_\lambda,\quad x_{\varrho+\lambda}=y_{\varrho+\lambda}$$

und die cogredienten in $-\Sigma k_{\alpha\beta}y_\alpha y'_\beta$ über.

in dem die conjugirten Coefficienten $ic_{\varkappa,\varrho+\lambda}$ und $ic_{\lambda,\varrho+\varkappa}$ conjugirt complexe Grössen sind, eine positive Form.

Ist daher in der Determinante $|ic_{\varkappa,\varrho+\lambda}|$ der Coefficient von $ic_{\varkappa,\varrho+\lambda}$, dividirt durch die ganze Determinante, gleich $C_{\lambda\varkappa}:l^2$, so ist auch die reciproke Form $\Sigma C_{\varkappa\lambda} z_\varkappa^{(1)} z_\lambda$ eine positive (dieses Journal Bd. 95, S. 266). Die Grössen $C_{\varkappa\lambda}$ kann man so berechnen: Setzt man

$$(4.)\qquad \sum_\alpha k_{\alpha\beta} x_\alpha = y_\beta,\quad \sum_\alpha a_{\gamma\alpha} x_\alpha = u_\gamma,$$

so ist nach Formel (10.) § 2

$$y_\beta = \sum_{\varkappa,\lambda} c_{\varkappa,\varrho+\lambda}(u_\varkappa a_{\varrho+\lambda,\beta} - u_{\varrho+\lambda} a_{\varkappa\beta}),$$

oder wenn man

$$(5.)\qquad \sum_\varkappa c_{\varkappa,\varrho+\lambda} u_\varkappa = v_{\varrho+\lambda},\quad \sum_\lambda c_{\varkappa,\varrho+\lambda} u_{\varrho+\lambda} = -v_\varkappa$$

setzt, $y_\beta = \sum_\delta a_{\delta\beta} v_\delta$. Ergiebt sich nun durch Auflösung der Gleichungen (4.)

$$l^2 x_\alpha = \sum_\beta l_{\alpha\beta} y_\beta,$$

so ist demnach

$$l^2 u_\gamma = \sum_{\alpha,\beta,\delta} a_{\gamma\alpha} l_{\alpha\beta} a_{\delta\beta} v_\delta.$$

Nun folgt aber aus den Gleichungen (5.)

$$l^2 u_\lambda = i\sum_\varkappa C_{\varkappa\lambda} v_{\varrho+\varkappa}$$

undmithin ist

$$(6.)\qquad C_{\varkappa\lambda} = -i\sum_{\alpha,\beta} l_{\alpha\beta} a_{\lambda\alpha} a_{\varkappa\beta}^{(1)} = i\sum_{\alpha,\beta} l_{\alpha\beta} a_{\varkappa\alpha}^{(1)} a_{\lambda\beta}.$$

Die Form (3.) ist also die reciproke Form der Form $\Sigma C_{\varkappa\lambda} z_\varkappa^{(1)} z_\lambda$, von der bereits *J. F.* § 6 nachgewiesen ist, dass sie eine positive ist.

Da eine *Jacobi*sche Function vom Range ϱ nicht mehr als 2ϱ unabhängige Perioden haben kann, so lassen sich alle Perioden von φ und die conjugirt complexen Grössen in der Form (17.), § 2 darstellen, wo die Grössen r_α rationale Zahlen sind. Nun folgt aber aus der Gleichung (7.) § 2

$$(7.)\qquad B_\alpha = \sum_\gamma c_{\alpha\gamma} A_\gamma = \sum_\lambda (c_{\alpha\lambda} A_\lambda + c_{\alpha,\varrho+\lambda} A_{\varrho+\lambda}).$$

Setzt man hier für A_λ, B_λ der Reihe nach irgend 2ϱ unabhängige Perioden und für $A_{\varrho+\lambda}$, $-B_{\varrho+\lambda}$ die conjugirt complexen Grössen, so können auch die so erhaltenen 2ϱ Gleichungen zur Bestimmung der Grössen $c_{\alpha\beta}$ dienen. Diese Grössen sind daher unabhängig von der Art, wie die Perioden von φ durch primitive Perioden ausgedrückt werden, und man braucht zu ihrer Berechnung nicht die primitiven Perioden von φ zu kennen, sondern nur irgend ein System von 2ϱ unabhängigen Perioden.

Sind die Grössen $s_{\varkappa\lambda} = s_{\lambda\varkappa}$ Constanten, so ist $E[-\frac{1}{2}\Sigma s_{\varkappa\lambda} u_\varkappa u_\lambda]\varphi(u_1, \dots u_\varrho)$ eine *Jacobi*sche Function mit denselben Perioden erster Gattung, wie φ, und den Perioden zweiter Gattung

$$b'_{\lambda\alpha} = b_{\lambda\alpha} - \sum_\varkappa s_{\lambda\varkappa} a_{\varkappa\alpha}.$$

Ist daher

$$s_{\varrho+\varkappa,\varrho+\lambda} = -s^{(1)}_{\varkappa\lambda}, \quad s_{\varkappa,\varrho+\lambda} = s_{\varrho+\lambda,\varkappa} = 0, \quad b'_{\varrho+\lambda,\alpha} = -b'^{(1)}_{\lambda\alpha},$$

so ist

$$b'_{\alpha\beta} = b_{\alpha\beta} - \sum_\gamma s_{\alpha\gamma} a_{\gamma\beta}.$$

Setzt man also

$$b'_{\alpha\beta} = \sum_\gamma c'_{\alpha\gamma} a_{\gamma\beta},$$

so ist

$$\Sigma c'_{\alpha\gamma} a_{\gamma\beta} = \sum_\gamma (c_{\alpha\gamma} - s_{\alpha\gamma}) a_{\gamma\beta}$$

und mithin $c'_{\alpha\gamma} = c_{\alpha\gamma} - s_{\alpha\gamma}$, also

$$(8.) \qquad c'_{\varkappa,\varrho+\lambda} = c_{\varkappa,\varrho+\lambda}, \quad c'_{\varkappa\lambda} = c_{\varkappa\lambda} - s_{\varkappa\lambda}.$$

Ist daher $s_{\varkappa\lambda} = c_{\varkappa\lambda}$, so wird $c'_{\varkappa\lambda} = 0$ und nach (2.) auch $c'_{\varrho+\varkappa,\varrho+\lambda} = 0$.

Wird die Function φ durch die Substitution

$$(9.) \qquad u_\varkappa = \Sigma h_{\varkappa\lambda} v_\lambda$$

von nicht verschwindender Determinante in eine Function der Variabeln v_λ transformirt, so sind die Perioden derselben durch die Gleichungen

$$a_{\varkappa\alpha} = \sum_\lambda h_{\varkappa\lambda} a'_{\lambda\alpha}, \quad b'_{\varkappa\alpha} = \sum_\lambda h_{\lambda\varkappa} b_{\lambda\alpha}$$

bestimmt (*J. F.* § 5). Ist daher

$$h_{\varrho+\varkappa,\varrho+\lambda} = h^{(1)}_{\varkappa\lambda}, \quad h_{\varkappa,\varrho+\lambda} = h_{\varrho+\lambda,\varkappa} = 0, \quad a'_{\varrho+\lambda,\alpha} = a'^{(1)}_{\lambda\alpha}, \quad b'_{\varrho+\lambda,\alpha} = -b'^{(1)}_{\lambda\alpha},$$

so ist

$$a_{\alpha\beta} = \sum_\gamma h_{\alpha\gamma} a'_{\gamma\beta}, \quad b'_{\alpha\beta} = \sum_\gamma h_{\gamma\alpha} b_{\gamma\beta}.$$

Wenn nun die quadratische Form $\Sigma c_{\alpha\beta} x_\alpha x_\beta$ durch die Substitution

$$x_\alpha = \sum_\beta h_{\alpha\beta} y_\beta \quad \text{in} \quad \Sigma c'_{\gamma\delta} y_\gamma y_\delta$$

übergeht, so ist

$$c'_{\gamma\delta} = \sum_{\alpha,\beta} c_{\alpha\beta} h_{\alpha\gamma} h_{\beta\delta}$$

und daher

$$\sum_\delta c'_{\gamma\delta} a'_{\delta\varepsilon} = \sum_{\alpha,\beta,\delta} c_{\alpha\beta} h_{\alpha\gamma} h_{\beta\delta} a'_{\delta\varepsilon} = \sum_{\alpha,\beta} c_{\alpha\beta} h_{\alpha\gamma} a_{\beta\varepsilon} = \sum_\alpha h_{\alpha\gamma} b_{\alpha\varepsilon} = b'_{\gamma\varepsilon},$$

also

$$\sum_\gamma c'_{\alpha\gamma} a'_{\gamma\beta} = b'_{\alpha\beta}.$$

Speciell geht daher die Form $\Sigma c_{\varkappa\lambda} u_\varkappa u_\lambda$ durch die Substitution (9.) in $\Sigma c'_{\varkappa\lambda} v_\varkappa v_\lambda$ über und die Form $i\Sigma c_{\varkappa,\varrho+\lambda} u_\varkappa u_\lambda^{(1)}$ durch jene Substitution und die conjugirt complexe in $i\Sigma c'_{\varkappa,\varrho+\lambda} v_\varkappa v_\lambda^{(1)}$. Nun kann man aber eine positive Form (3.), in der die conjugirten Coefficienten conjugirt complexe Grössen sind, durch conjugirt complexe Substitutionen in $\Sigma v_\lambda v_\lambda^{(1)}$ transformiren Man kann also die Grössen $h_{\varkappa\lambda}$ so wählen, dass $ic'_{\lambda,\varrho+\lambda} = 1$ und sonst $c'_{\varkappa,\varrho+\lambda} = 0$ wird. Multiplicirt man φ ausserdem mit einer *Jacobi*schen Function nullter Ordnung, so kann man bewirken, dass $c_{\alpha\beta} = 0$ wird, wenn $\beta-\alpha$ nicht gleich $\pm\varrho$ ist, und dass $c_{\lambda,\varrho+\lambda} = c_{\varrho+\lambda,\lambda} = -i$ wird. Man gelangt daher zu folgendem Satz (vgl. dieses Journal Bd. 95, S. 270; ferner *J. F.* § 7):

I. ***Durch eine lineare Transformation der Variabeln und Multiplication mit einer Jacobischen Function nullter Ordnung kann man jede Jacobische Function in eine solche transformiren, in welcher zwischen den Perioden erster und zweiter Gattung die Beziehungen***

$$(10.)\qquad b_{\lambda\alpha} = -ia_{\lambda\alpha}^{(1)}$$

bestehen.

In diesem Falle ist

$$(11.)\qquad F(u_\lambda,\ u_{\varrho+\lambda}) = e^{2\pi\Sigma u_\lambda u_{\varrho+\lambda}}$$

und

$$(12.)\qquad F[R](u_\lambda,\ u_{\varrho+\lambda}) = e^{2\pi\Sigma(u_\lambda u_{\varrho+\lambda} + A_\lambda u_{\varrho+\lambda} - A_\lambda^{(1)} u_\lambda - \frac{1}{2} A_\lambda A_\lambda^{(1)})}.$$

§ 4.

Entwicklung der *Jacobi*schen Functionen in Reihen.

Die *Jacobi*sche Function $\varphi(u_1, \dots u_\varrho)$ oder kurz $\varphi(u_\lambda)$ genüge den 2ϱ Gleichungen

$$(1.)\qquad \varphi(u_\lambda + a_{\lambda\alpha}) = \varphi(u_\lambda) E[\sum_\lambda b_{\lambda\alpha}(u_\lambda + \tfrac{1}{2} a_{\lambda\alpha}) + c_\alpha],$$

und die *Jacobi*sche Function $\psi(u_{\varrho+1}, \dots u_{2\varrho}) = \psi(u_{\varrho+\lambda})$ den 2ϱ Gleichungen

$$(2.)\qquad \psi(u_{\varrho+\lambda} + a_{\varrho+\lambda,\alpha}) = \psi(u_{\varrho+\lambda}) E[\sum_\lambda b_{\varrho+\lambda,\alpha}(u_{\varrho+\lambda} + \tfrac{1}{2} a_{\varrho+\lambda,\alpha}) - c_\alpha].$$

Seien $n_1, \dots n_{2\varrho}$ ganze Zahlen und sei

$$(3.)\qquad a_\gamma = \sum_\alpha a_{\gamma\alpha} n_\alpha,\quad b_\gamma = \sum_\alpha b_{\gamma\alpha} n_\alpha,\quad c = \sum_\alpha c_\alpha n_\alpha + \tfrac{1}{2} \sum_{\alpha,\beta}' k_{\alpha\beta} n_\alpha n_\beta.$$

Ist dann $\Phi(u_1, \dots u_\varrho,\ u_{\varrho+1}, \dots u_{2\varrho}) = \Phi(u_\lambda,\ u_{\varrho+\lambda})$ eine mit dem Producte

$\varphi(u_\lambda)\psi(u_{\varrho+\lambda})$ gleichändrige *Jacobi*sche Function*) der 2ϱ Variabeln u_γ, so ist demnach

$$(4.)\quad \Phi(u_\lambda+a_\lambda,\ u_{\varrho+\lambda}) = \Phi(u_\lambda,\ u_{\varrho+\lambda})E[\Sigma b_\lambda(u_\lambda+\tfrac{1}{2}a_\lambda)+c],$$

$$(5.)\quad \Phi(u_\lambda,\ u_{\varrho+\lambda}+a_{\varrho+\lambda}) = \Phi(u_\lambda,\ u_{\varrho+\lambda})E[\Sigma b_{\varrho+\lambda}(u_{\varrho+\lambda}+\tfrac{1}{2}a_{\varrho+\lambda})-c]$$

und folglich

$$(6.)\quad \Phi(u_\lambda+a_\lambda,\ u_{\varrho+\lambda}+a_{\varrho+\lambda}) = \Phi(u_\lambda,\ u_{\varrho+\lambda})E[\Sigma b_\gamma(u_\gamma+\tfrac{1}{2}a_\gamma)].$$

Macht man über die Perioden $a_{\alpha\beta}$, $b_{\alpha\beta}$ die Voraussetzungen *A.* und *B.* § 2, so ist nach Formel (18.) § 2

$$\frac{\Phi(u_\lambda+a_\lambda,\, u_{\varrho+\lambda}+a_{\varrho+\lambda})}{F(u_\lambda+a_\lambda,\, u_{\varrho+\lambda}+a_{\varrho+\lambda})} = \frac{\Phi(u_\lambda,\, u_{\varrho+\lambda})}{F(u_\lambda,\, u_{\varrho+\lambda})} = \Phi(u_\lambda,\ u_{\varrho+\lambda})E[-\tfrac{1}{2}\Sigma c_{\alpha\beta}u_\alpha u_\beta].$$

Geht also dieser Quotient durch die Substitution

$$(7.)\quad u_\gamma = \sum_\alpha a_{\gamma\alpha}x_\alpha$$

in $G(x_1,\dots x_{2\varrho}) = G(x_\alpha)$ über, so ist $G(x_\alpha+n_\alpha) = G(x_\alpha)$. Daher ist G eine eindeutige Function der 2ϱ Variabeln $E[x_\alpha]$, die für alle Werthsysteme, für welche keine dieser Grössen Null oder unendlich ist, holomorph ist. Sie lässt sich folglich in eine nach positiven und negativen Potenzen dieser Variabeln fortschreitende beständig convergirende Reihe entwickeln

$$(8.)\quad G(x_\alpha) = \Sigma K_{m_1\dots m_{2\varrho}}E[\Sigma m_\beta x_\beta],$$

wo sich jeder der 2ϱ Summationsbuchstaben m_β von $-\infty$ bis $+\infty$ bewegt. Jedes der Zahlensysteme m_β lässt sich, und zwar nur in einer Weise auf die Form

$$(9.)\quad m_\beta = \sum_\alpha k_{\alpha\beta}(r_\alpha+n_\alpha)$$

bringen, wo $r_1, \dots r_{2\varrho}$ irgend ein bestimmtes System (mod. 1) verschiedener Brüche durchlaufen, für welche die 2ϱ Ausdrücke $\sum_\alpha k_{\alpha\beta}r_\alpha$ ganze Zahlen sind,

---

*) Die dieser Function entsprechende bilineare Form ist

$$\sum_{\alpha,\beta} k_{\alpha\beta}(x_\alpha x'_\beta - x_{2\varrho+\alpha}x'_{2\varrho+\beta}).$$

Seien $g_{\alpha\beta}$ ganze Zahlen, die der Bedingung $g_{\alpha\beta}-g_{\beta\alpha} = k_{\alpha\beta}$ genügen, sei z. B. $g_{\alpha\beta} = k_{\alpha\beta}$, wenn $\alpha<\beta$, und $g_{\alpha\beta} = 0$, wenn $\alpha>\beta$ ist. Dann geht jene Form durch die Substitution

$$X_\alpha = x_\alpha + x_{2\varrho+\alpha},\quad X_{2\varrho+\alpha} = \sum_\beta (g_{\alpha\beta}x_\beta + g_{\beta\alpha}x_{2\varrho+\beta})$$

in die Normalform

$$\sum_\alpha (X_\alpha X'_{2\varrho+\alpha} - X_{2\varrho+\alpha}X'_\alpha)$$

über. Auf diesem Umstande beruht die Vereinfachung, welche durch die Einführung der Function Φ vom Range 2ϱ gewonnen wird.

und wo die 2ϱ Grössen n_α ganze Zahlen sind, die sich von $-\infty$ bis $+\infty$ bewegen. Ist R das System der Brüche r_α und N das System der ganzen Zahlen n_α, so ist daher

$$|R, N| = \sum_{\alpha,\beta} k_{\alpha\beta} r_\alpha n_\beta$$

eine ganze Zahl, welches auch das System N sei, oder es ist für jedes System N

$$(10.)\qquad (R, N) = 1, \quad [R, N] = [N, R].$$

Die Anzahl der (mod. 1) verschiedenen Zahlensysteme R ist nach § 1 gleich $|k_{\alpha\beta}| = l^2$. Nun ist

$$\sum_\beta k_{\alpha\beta} x_\beta = \sum_{\lambda,\beta} (a_{\lambda\alpha} b_{\lambda\beta} - b_{\lambda\alpha} a_{\lambda\beta}) x_\beta = \sum_{\lambda,\beta,\gamma} a_{\lambda\alpha} c_{\lambda\gamma} a_{\gamma\beta} x_\beta - \sum_{\lambda,\beta} b_{\lambda\alpha} a_{\lambda\beta} x_\beta$$

$$= \sum_{\lambda,\gamma} a_{\lambda\alpha} c_{\lambda\gamma} u_\gamma - \sum_\lambda b_{\lambda\alpha} u_\lambda.$$

Setzt man also

$$(11.)\qquad A_\gamma = \sum_\alpha a_{\gamma\alpha} r_\alpha, \quad B_\gamma = \sum_\alpha b_{\gamma\alpha} r_\alpha,$$

so ist

$$\sum_\beta m_\beta x_\beta = \sum_{\alpha,\beta} k_{\alpha\beta}(r_\alpha + n_\alpha) x_\beta = \sum_{\lambda,\alpha} c_{\lambda\alpha}(A_\lambda + a_\lambda) u_\alpha - \sum_\lambda (B_\lambda + b_\lambda) u_\lambda.$$

Ferner ist

$$E[\tfrac{1}{2}\Sigma c_{\alpha\beta} u_\alpha u_\beta + \Sigma c_{\lambda\alpha}(A_\lambda + a_\lambda) u_\alpha + \tfrac{1}{2}\Sigma c_{\varkappa\lambda}(A_\varkappa + a_\varkappa)(A_\lambda + a_\lambda)]$$

$$= F(u_\lambda + A_\lambda + a_\lambda, \; u_{\varrho+\lambda}) = F[R+N](u_\lambda, \; u_{\varrho+\lambda}) E[\Sigma(B_\lambda + b_\lambda)(u_\lambda + \tfrac{1}{2} A_\lambda + \tfrac{1}{2} a_\lambda)].$$

Setzt man also

$$(12.)\qquad K_{m_1 \ldots m_{2\varrho}} = L_{R+N} E[\tfrac{1}{2}\sum_{\varkappa,\lambda} c_{\varkappa\lambda}(A_\varkappa + a_\varkappa)(A_\lambda + a_\lambda) - \tfrac{1}{2}\sum_\lambda (A_\lambda + a_\lambda)(B_\lambda + b_\lambda),$$

so ist

$$\Phi(u_\lambda, \; u_{\varrho+\lambda}) = \sum_R \sum_N L_{R+N} F[R+N](u_\lambda, \; u_{\varrho+\lambda}).$$

Sei N' das System der 2ϱ ganzen Zahlen n'_α und sei

$$(13.)\qquad a'_\gamma = \sum_\alpha a_{\gamma\alpha} n'_\alpha, \quad b'_\gamma = \sum_\alpha b_{\gamma\alpha} n'_\alpha, \quad c' = \sum_\alpha c_\alpha n'_\alpha + \tfrac{1}{2}\sum_{\alpha,\beta}' k_{\alpha\beta} n'_\alpha n'_\beta.$$

Vermehrt man in der letzten Gleichung u_λ um a'_λ, so ergiebt sich nach Formel (25.) § 2

$$\Phi(u_\lambda + a'_\lambda, \; u_{\varrho+\lambda}) = E[\Sigma b'_\lambda(u_\lambda + \tfrac{1}{2} a'_\lambda)] \sum_R \sum_N L_{R+N}[R+N, N'] F[R+N+N'](u_\lambda, \; u_{\varrho+\lambda})$$

oder, wenn man N durch $N-N'$ ersetzt,

$$\Phi(u_\lambda + a'_\lambda, \; u_{\varrho+\lambda}) = E[\Sigma b'_\lambda(u_\lambda + \tfrac{1}{2} a'_\lambda) \sum_R \sum_N L_{R+N-N'}[R+N, N'] F[R+N](u_\lambda, \; u_{\varrho+\lambda}).$$

Nach Gleichung (4.) ist aber

$$\Phi(u_\lambda + a'_\lambda, \; u_{\varrho+\lambda}) = E[\Sigma b'_\lambda(u_\lambda + \tfrac{1}{2} a'_\lambda) + c'] \sum_R \sum_N L_{R+N} F[R+N](u_\lambda, \; u_{\varrho+\lambda}).$$

Setzt man also

$$(14.)\qquad [N] = E[c] = E[\sum_\alpha c_\alpha n_\alpha + \tfrac{1}{2}\sum_{\alpha,\beta}{}' k_{\alpha\beta} n_\alpha n_\beta],$$

so folgt daraus, weil eine Reihenentwicklung von der Form (8.) nur in einer Weise möglich ist, $L_{R+N-N'}[R+N, N'] = L_{R+N}[N']$, also für $N' = N$

$$(15.)\qquad L_{R+N} = [R, N][-N]L_R.$$

Setzt man also

$$(16.)\qquad \Psi(u_\lambda, u_{\varrho+\lambda}) = \sum_N [-N]F[N](u_\lambda, u_{\varrho+\lambda})$$

und allgemeiner

$$(17.)\qquad \Psi[R](u_\lambda, u_{\varrho+\lambda}) = \sum_N [R, N][-N]F[R+N](u_\lambda, u_{\varrho+\lambda}),$$

so ist

$$(18.)\qquad \Phi(u_\lambda, u_{\varrho+\lambda}) = \sum_R L_R \Psi[R](u_\lambda, u_{\varrho+\lambda}).$$

Der Logarithmus des allgemeinen Gliedes der Reihe (17.) ist eine Function zweiten Grades der sich von $-\infty$ bis $+\infty$ bewegenden Summationsbuchstaben n_α. Der quadratische Theil dieser Function ist $i\pi(\Sigma c_{\varkappa\lambda} a_\varkappa a_\lambda - \Sigma a_\lambda b_\lambda)$. Da der reelle Theil dieses Ausdrucks nach (13.) § 2 eine negative Form der reellen Variabeln n_α ist, so ist die Reihe für alle endlichen Werthe der Grössen u_α convergent und stellt eine im Endlichen überall holomorphe Function dieser Variabeln dar.

Ist $f(u_1, \dots u_\varrho) = f(u_\lambda)$ irgend eine Function von $u_1, \dots u_\varrho$, so genügt die Reihe

$$(19.)\qquad \sum_N f(u_1+a_1, \dots u_\varrho+a_\varrho) = g(u_1, \dots u_\varrho),$$

falls sie convergent ist, offenbar den Bedingungen

$$g(u_1+a_1, \dots u_\varrho+a_\varrho) = g(u_1, \dots u_\varrho).$$

Ist daher $\varphi(u_\lambda)$ eine die Gleichungen (1.) befriedigende Function, so genügt das Product $\Phi(u_\lambda) = g(u_\lambda)\varphi(u_\lambda)$ denselben Gleichungen. Setzt man $f(u_\lambda) = F(u_\lambda) : \varphi(u_\lambda)$, wo $F(u_\lambda)$ irgend eine Function von $u_1, \dots u_\varrho$ ist, so wird

$$\Phi(u_\lambda) = \Sigma \frac{F(u_\lambda + a_\lambda)}{\varphi(u_\lambda + a_\lambda)} \varphi(u_\lambda),$$

also nach (4.)

$$(20.)\qquad \Phi(u_1, \dots u_\varrho) = \sum_N F(u_1+a_1, \dots u_\varrho+a_\varrho) E[-\Sigma b_\lambda(u_\lambda + \tfrac{1}{2}a_\lambda) - c].$$

Dabei ist vorausgesetzt, dass eine den Gleichungen (1.) genügende Function existirt. Es ist aber leicht zu zeigen, dass die Reihe (20.) stets, wenn sie convergent ist, die Bedingungen (1.) erfüllt. Zunächst ist nämlich

$$\Sigma' k_{\alpha\beta}(n_\alpha+n'_\alpha)(n_\beta+n'_\beta) = \Sigma' k_{\alpha\beta}(n_\alpha n_\beta+n'_\alpha n'_\beta)+\Sigma' k_{\alpha\beta}(n_\alpha n'_\beta-n_\beta n'_\alpha)+2\Sigma' k_{\alpha\beta} n_\beta n'_\alpha.$$

Die zweite dieser Summen ist aber gleich $\sum\limits_{\alpha,\beta} k_{\alpha\beta} n_\alpha n'_\beta$, und daher ergiebt sich die Relation

$$(21.)\qquad [N+N'] = [N][N'][N, N'].$$

Vermehrt man daher in der Reihe (20.) u_λ um a'_λ und ersetzt N durch $N-N'$, so erhält man

$$\Phi(u_\lambda+a'_\lambda) = E[\Sigma b'_\lambda(u_\lambda+\tfrac{1}{2}a'_\lambda)+c']\sum_N [N, N']E[\tfrac{1}{2}\Sigma(a_\lambda b'_\lambda-b_\lambda a'_\lambda)]f(u_\lambda+a_\lambda)$$

und folglich nach Formel (23.) § 2

$$\Phi(u_\lambda+a'_\lambda) = E[\Sigma b'_\lambda(u_\lambda+\tfrac{1}{2}a'_\lambda)+c']\Phi(u_\lambda).$$

Nun lässt sich aber mittelst der Relationen (25.) § 2 die Reihe (17.) auf die Form

$$(22.)\qquad \Psi[R](u_\lambda, u_{\varrho+\lambda}) = \sum_N F[R](u_\lambda+a_\lambda, u_{\varrho+\lambda})E[-\Sigma b_\lambda(u_\lambda+\tfrac{1}{2}a_\lambda)-c]$$

oder auf die Form

$$(23.)\qquad \Psi[R](u_\lambda, u_{\varrho+\lambda}) = \sum_N F[R](u_\lambda, u_{\varrho+\lambda}-a_{\varrho+\lambda})E[\Sigma b_{\varrho+\lambda}(u_{\varrho+\lambda}-\tfrac{1}{2}a_{\varrho+\lambda})-c]$$

bringen. Die Vergleichung dieser Reihen mit der Reihe (20.) zeigt, dass $\Psi[R](u_\lambda, u_{\varrho+\lambda})$ sowohl den Gleichungen (1.) als auch den Gleichungen (2.) genügt. Demnach stellt der Ausdruck (18.) für willkürliche Werthe der Constanten L_R eine mit dem Producte $\varphi(u_\lambda)\psi(u_{\varrho+\lambda})$ gleichändrige *Jacobi*sche Function dar.

§ 5.

Charakteristiken.

Ein System R von 2ϱ Zahlen r_α, für welche die 2ϱ Ausdrücke $\sum\limits_\alpha k_{\alpha\beta} r_\alpha$ ganze Zahlen sind, nenne ich eine *Charakteristik*. Das einer Charakteristik R entsprechende System von Grössen (17.) § 2, das ich gleichfalls mit R bezeichne, nenne ich eine *Periode*, sind die Grössen r_α ganze Zahlen, eine ganze Periode, sind sie gebrochene Zahlen, eine Theilperiode. Die Gesammtheit aller ganzen Perioden bildet eine *Gruppe* $\mathfrak{O}$, d. h. sind N und N' irgend zwei derselben, so ist auch $N+N'$ unter ihnen enthalten. Zwei Charakteristiken oder Perioden heissen *congruent* mod. $\mathfrak{O}$, wenn ihre Differenz in $\mathfrak{O}$ enthalten ist. *Syzygetisch* nenne ich R und S, wenn

$$(1.)\qquad (R, S) = 1,\quad [R, S] = [S, R]$$

ist. Nach Gleichung (10.) § 4 sind die den Charakteristiken entsprechenden

Perioden mit allen Perioden von $\mathfrak{O}$ syzygetisch. Betrachtet man zwei Charakteristiken nur dann als verschieden, wenn sie mod. $\mathfrak{O}$ incongruent sind, so bilden die Charakteristiken eine Gruppe von l^2 Elementen, die ich mit $\mathfrak{R}$ bezeichne. Diejenige Charakteristik, in der die Zahlen r_α sämmtlich Null sind, bezeichne ich mit O. In der Gruppe $\mathfrak{R}$ giebt es eine Charakteristik, die in $\mathfrak{O}$ enthalten oder die $\equiv O(\text{mod.}\,\mathfrak{O})$ ist, und die folglich mit allen Charakteristiken von $\mathfrak{R}$ syzygetisch ist. Ist R eine von O verschiedene Charakteristik der Gruppe $\mathfrak{R}$, so muss mindestens eine der Zahlen r_α, etwa r_1 gebrochen sein. Genügen dann die Zahlen s_β den Gleichungen

$$\sum_\beta k_{1\beta} s_\beta = 1, \quad \sum_\beta k_{\alpha\beta} s_\beta = 0 \qquad (\alpha > 1),$$

so ist

$$|R,\ S| = \sum_{\alpha,\beta} k_{\alpha\beta} r_\alpha s_\beta = r_1,$$

also keine ganze Zahl. Eine Charakteristik R der Gruppe $\mathfrak{R}$, die nicht $\equiv O(\text{mod.}\,\mathfrak{O})$ ist, kann also nicht mit allen Charakteristiken von $\mathfrak{R}$ syzygetisch sein. Die kleinste Zahl n, für die nR in $\mathfrak{O}$ enthalten ist (der Generalnenner der Brüche r_α), nenne ich den *Index*, zu welchem R (in Bezug auf $\mathfrak{O}$) gehört. Nach Gleichung (10.) § 4 ändert der Ausdruck (R, S) seinen Werth nicht, wenn R und S durch mod. $\mathfrak{O}$ congruente Charakteristiken ersetzt werden. Da nun $\mathfrak{R}$ eine Gruppe ist, so bleibt die Summe $s = \sum_R (R, S)$ ungeändert, wenn R durch $R+T$ ersetzt wird, wo T irgend eine bestimmte Charakteristik von $\mathfrak{R}$ ist, und mithin ist $s = s(T, S)$. Ist nicht $S \equiv O$, so kann man T so wählen, dass nicht $(T, S) = 1$ wird, und daher ist $s = 0$. Ist aber $S = O$, so ist $s = l^2$. So gelangt man zu den Relationen

$$(2.)\quad \begin{cases} \sum_R (R,\ S) = 0, & \sum_R (R,\ O) = l^2, \\ \sum_R (S,\ R) = 0, & \sum_R (O,\ R) = l^2. \end{cases}$$

Da ich die eben angewendete Schlussweise im Folgenden noch wiederholt gebrauchen werde, so will ich die Voraussetzungen, auf denen sie beruht, allgemein darlegen. Sei $\mathfrak{A}$ eine Gruppe, $\mathfrak{B}$ eine Untergruppe derselben. Die Anzahl k der mod. $\mathfrak{B}$ verschiedenen Elemente von $\mathfrak{A}$ sei eine endliche. Ist R irgend ein Element von $\mathfrak{A}$, so sei $\chi(R)$ eine von R abhängige Grösse, die ungeändert bleibt, wenn R durch ein mod. $\mathfrak{B}$ äquivalentes Element ersetzt wird, und $s = \Sigma\chi(R)$, wo R ein vollständiges System von k (mod. $\mathfrak{B}$) verschiedenen Elementen von $\mathfrak{A}$ durchläuft. Ist S irgend ein bestimmtes Element von $\mathfrak{A}$, so ist auch $s = \sum\limits_R \chi(R+S)$. Ist nun speciell $\chi(R+S) = \chi(R)\chi(S)$, so ist $s = s\chi(S)$ und daher $s = 0$, wenn nicht für jedes Element von $\mathfrak{A}$ die Function $\chi(S) = 1$ ist. Ist dies aber der Fall, so ist $s = k$ (vgl. *Weber*, Math. Ann. Bd. 20, S. 308.)

§ 6.

Die Functionen $\Psi[R](u_\lambda, u_{\varrho+\lambda})$.

Nach Formel (25.) § 2 ist

$$F[R+N](u_\lambda,\ u_{\varrho+\lambda}) = [R,\ N]F[N](u_\lambda+A_\lambda,\ u_{\varrho+\lambda})E[-\Sigma B_\lambda(u_\lambda+\tfrac{1}{2}A_\lambda)]$$
$$= [N,\ R]F[N](u_\lambda,\ u_{\varrho+\lambda}-A_{\varrho+\lambda})E[\Sigma B_{\varrho+\lambda}(u_{\varrho+\lambda}-\tfrac{1}{2}A_{\varrho+\lambda})].$$

Der Relation (10.) § 4 zufolge ergiebt sich daher aus der Gleichung (17.) § 4

$$(1.)\quad \begin{cases} \Psi[R](u_\lambda,\ u_{\varrho+\lambda}) = \Psi(u_\lambda+A_\lambda,\ u_{\varrho+\lambda})E[-\Sigma B_\lambda(u_\lambda+\tfrac{1}{2}A_\lambda)] \\ \qquad = \Psi(u_\lambda,\ u_{\varrho+\lambda}-A_{\varrho+\lambda})E[\Sigma B_{\varrho+\lambda}(u_{\varrho+\lambda}-\tfrac{1}{2}A_{\varrho+\lambda})]. \end{cases}$$

Ist S die Periode (20.) § 2, so folgt daraus

$$(2.)\quad \Psi[R](u_\lambda+A'_\lambda,\ u_{\varrho+\lambda}) = [R,S]\,\Psi[R+S](u_\lambda,\ u_{\varrho+\lambda})E[\Sigma B'_\lambda(u_\lambda+\tfrac{1}{2}A'_\lambda)],$$

$$(3.)\quad \Psi[R](u_\lambda,\ u_{\varrho+\lambda}+A'_{+\lambda}) = [R,S]\,\Psi[R-S](u_\lambda,\ u_{\varrho+\lambda})E[\Sigma B'_{\varrho+\lambda}(u_{\varrho+\lambda}+\tfrac{1}{2}A'_{\varrho+\lambda})],$$

und durch Combination dieser beiden Gleichungen, oder auch direct aus der Formel (26.) § 2

$$(4.)\quad \Psi[R](u_\lambda+A'_\lambda,\ u_{\varrho+\lambda}+A'_{\varrho+\lambda}) = (R,\ S)\,\Psi[R](u_\lambda,\ u_{\varrho+\lambda})E[\Sigma B'_\gamma(u_\gamma+\tfrac{1}{2}A'_\gamma)].$$

Ist speciell S eine ganze Periode N, so ist nach (4.) § 4 und (2.)

$$(5.)\quad \Psi[R+N](u_\lambda,\ u_{\varrho+\lambda}) = [R,\ N][N]\,\Psi[R](u_\lambda,\ u_{\varrho+\lambda}).$$

Definirt man also das Verhältniss $L_{R+N} : L_R$ durch die Gleichung (15.) § 4, so ist

$$(6.)\quad L_{R+N}\,\Psi[R+N](u_\lambda,\ u_{\varrho+\lambda}) = L_R\,\Psi[R](u_\lambda,\ u_{\varrho+\lambda}).$$

Durch die Gleichungen (4.) in Verbindung mit den Gleichungen (4.) und (5.) § 4 ist die *Jacobi*sche Function $\Psi[R](u_\lambda, u_{\varrho+\lambda})$ bis auf einen constanten Factor genau bestimmt. Denn ist $\Phi(u_\lambda, u_{\varrho+\lambda})$ eine diesen Gleichungen genügende Function, so lässt sie sich zunächst nach Formel (18.) § 4 auf die Form

$$\Phi(u_\lambda,\ u_{\varrho+\lambda}) = \sum_T L_T\,\Psi[T](u_\lambda,\ u_{\varrho+\lambda})$$

bringen. Daraus folgt nach Formel (4.)

$$\Phi(u_\lambda+A'_\lambda,\ u_{\varrho+\lambda}+A'_{\varrho+\lambda}) = E[\Sigma B'_\gamma(u_\gamma+\tfrac{1}{2}A'_\gamma)]\sum_T L_T(T,\ S)\,\Psi[T](u_\lambda,\ u_{\varrho+\lambda}),$$

und folglich, wenn Φ den Gleichungen (4.) genügt:

$$\Phi(u_\lambda,\ u_{\varrho+\lambda}) = \sum_T L_T(T-R,\ S)\,\Psi[T](u_\lambda,\ u_{\varrho+\lambda}).$$

Setzt man für S alle l^2 Charakteristiken und addirt die erhaltenen Gleichungen, so ist nach Formel (2.) § 5 $\sum_S (T-R, S) = 0$, ausser wenn $T = R$ ist, und mithin ist die Function $\Phi(u_\lambda, u_{\varrho+\lambda}) = L_R\,\Psi[R](u_\lambda, u_{\varrho+\lambda})$, unterscheidet sich also von $\Psi[R]$ nur um einen constanten Factor.

Zur vollständigen Bestimmung einer durch die Formel (18.) § 4 dargestellten Function Φ müssen ausser den Perioden $a_{\gamma\alpha}$, $b_{\gamma\alpha}$ und den Parametern c_α noch die Werthe der l^2 Constanten L_R gegeben sein. Dieselben lassen sich als 2ϱ-fache Integrale darstellen. Aus der Gleichung (8.) § 4 folgt nämlich

$$(7.)\qquad K_{m_1\ldots m_{2\varrho}} = \int_0^1 \ldots \int_0^1 G(x_\alpha)\,E[-\Sigma m_\beta x_\beta]\,dx_1\ldots dx_{2\varrho}.$$

Mittelst der Formel (12.) § 4 ergiebt sich daraus

$$(8.)\qquad L_R = \int_0^1 \ldots \int_0^1 \frac{\Phi(u_\lambda, u_{\varrho+\lambda})}{F[R](u_\lambda, u_{\varrho+\lambda})}\,dx_1\ldots dx_{2\varrho},$$

wo die Grössen u_α mittelst der Gleichungen (7.) § 4 durch die Variabeln x_α auszudrücken sind; z. B. ist

$$(9.)\qquad \int_0^1 \ldots \int_0^1 \frac{\Psi(u_\lambda, u_{\varrho+\lambda})}{F(u_\lambda, u_{\varrho+\lambda})}\,dx_1\ldots dx_{2\varrho} = 1.$$

Sind $k_1, \ldots k_{2\varrho}$ constante Grössen, und ersetzt man in der Gleichung (8.) § 4 x_α durch $x_\alpha + k_\alpha$, so erkennt man, dass das Integral (7.) seinen Werth nicht ändert, wenn jede der Integrationsvariabeln x_α um eine Constante vermehrt wird. Mithin bleibt auch das Integral (9.) ungeändert, wenn man zu jeder der Variabeln u_α eine beliebige Constante addirt.

Will man die Function $\Psi(u_\lambda, u_{\varrho+\lambda})$ durch die Variabeln x_α ausdrücken, so bestimme man zunächst die Constanten $p_{\alpha\beta}$ aus den Gleichungen

$$\sum_\gamma a_{\lambda\gamma} p_{\gamma\alpha} = a_{\lambda\alpha},\quad \sum_\gamma a_{\varrho+\lambda,\gamma} p_{\gamma\alpha} = 0,$$

oder wenn man $\sum_\alpha p_{\gamma\alpha} n_\alpha = p_\gamma$ setzt,

$$(10.)\qquad \sum_\gamma a_{\lambda\gamma} p_\gamma = a_\lambda,\quad \sum_\gamma a_{\varrho+\lambda,\gamma} p_\gamma = 0.$$

Dann folgt aus der Formel (10.) § 2

$$\sum_\beta k_{\alpha\beta} p_\beta = \sum_{\varkappa,\lambda,\beta} c_{\varkappa,\varrho+\lambda}(a_{\varkappa\alpha}\,a_{\varrho+\lambda,\beta} - a_{\varkappa\beta}\,a_{\varrho+\lambda,\alpha})p_\beta = -\sum_{\varkappa,\lambda} c_{\varkappa,\varrho+\lambda}\,a_\varkappa\,a_{\varrho+\lambda,\alpha}$$

und mithin

$$\sum_{\alpha,\beta} k_{\alpha\beta} n_\alpha p_\beta = -\sum_{\varkappa,\lambda} c_{\varkappa,\varrho+\lambda} a_\varkappa a_{\varrho+\lambda} = \sum_{\varkappa,\lambda} c_{\varkappa\lambda} a_\varkappa a_\lambda - \sum_\lambda a_\lambda b_\lambda.$$

Nach Formel (12.) § 4 ist daher für $R = O$

$$K_{m_1 \dots m_{2\varrho}} = L_N E[\tfrac{1}{2} \Sigma k_{\alpha\beta} n_\alpha p_\beta], \quad L_N = [-N] L_O.$$

Setzt man diesen Werth in die Gleichung (8.) § 4 ein, so erhält man

$$(11.) \qquad \frac{\Psi(u_\lambda, u_{\varrho+\lambda})}{F(u_\lambda, u_{\varrho+\lambda})} = \sum_N [-N] E[\sum_{\alpha,\beta} k_{\alpha\beta} n_\alpha (x_\beta + \tfrac{1}{2} p_\beta)],$$

wo

$$(12.) \qquad F(u_\lambda, u_{\varrho+\lambda}) = E[\tfrac{1}{2} \sum_{\alpha,\beta,\gamma} a_{\gamma\alpha} b_{\gamma\beta} x_\alpha x_\beta] = E[\tfrac{1}{2} \sum_{\alpha,\beta} b_{\alpha\beta} u_\alpha x_\beta]$$

ist.

§ 7.

Die Anzahl der linear unabhängigen gleichändrigen *Jacobi*schen Functionen.

Durchläuft R die l^2 Charakteristiken, so stellt der Ausdruck (17.) § 4 l^2 Functionen dar, die von einander unabhängig sind. Denn durch $F(u_\lambda, u_{\varrho+\lambda})$ dividirt, gehen sie in Potenzreihen der Variabeln $E[x_\alpha]$ über, von denen nicht zwei ein System von Exponenten gemeinsam haben. Es giebt daher l^2 und nach der Formel (18.) § 4 nicht mehr als l^2 linear unabhängige *Jacobi*sche Functionen, die den Gleichungen (4.) und (5.) § 4 genügen.

Giebt man in einer dieser Functionen $\Phi(u_\lambda, u_{\varrho+\lambda})$ den Variabeln $u_{\varrho+\lambda}$ [oder u_λ] bestimmte Werthe, für welche sie nicht verschwindet, so stellt sie eine den Bedingungen (1.) [oder (2.)] § 4 genügende Function $\varphi(u_\lambda)$ [oder $\psi(u_{\varrho+\lambda})$] dar. Es giebt also Functionen φ und ψ, die jene Gleichungen befriedigen. Ist φ irgend eine der ersteren und ψ eine bestimmte der letzteren Functionen, so lässt sich das Product $\varphi\psi$ in der Form (18.) § 4 darstellen. Aus dieser Darstellung erkennt man, indem man die Grössen $u_{\varrho+\lambda}$ als constant betrachtet, dass es nur eine endliche Anzahl linear unabhängiger *Jacobi*scher Functionen $\varphi(u_\lambda)$ giebt, $\varphi_1, \dots \varphi_n$, aus denen sich alle andern linear zusammensetzen lassen. Die Grössen $a_{\varrho+\lambda,\alpha}$, $b_{\varrho+\lambda,\alpha}$ seien jetzt durch die Gleichungen (1.) § 3 definirt. Entwickelt man dann $\varphi(u_\lambda)$ nach Potenzen von $u_1, \dots u_\varrho$ und ersetzt jeden Coefficienten durch die conjugirt complexe Grösse, so erhält man eine Function $\varphi_0(u_\lambda)$, welche die Gleichungen

$$\varphi_0(u_\lambda + a_{\varrho+\lambda}) = E[\Sigma b_{\varrho+\lambda}(u_\lambda + \tfrac{1}{2} a_{\varrho+\lambda}) - c^{(0)}] \varphi_0(u_\lambda)$$

befriedigt. Setzt man

$$E[\Sigma h_\lambda u_{\varrho+\lambda}]\varphi_0(g_\lambda + u_{\varrho+\lambda}) = \psi(u_{\varrho+\lambda}),$$

so kann man die Constanten g_λ, h_λ so wählen, dass die Parameter dieser Function, welche dieselben Perioden erster und zweiter Gattung hat, wie φ_0, beliebig vorgeschriebene Werthe erhalten, z. B. solche, dass ψ den Gleichungen (2.) § 4 genügt (*J. F.* § 3). Gehen auf diese Weise aus den n Functionen $\varphi_\mu(u_\lambda)$ $(\mu = 1, \ldots n)$ die n Functionen $\psi_\mu(u_{\varrho+\lambda})$ hervor, so sind dieselben von einander unabhängig, und jede andere mit ihnen gleichändrige Function ψ ist eine lineare Verbindung derselben.

Ist nun $\Phi(u_\lambda, u_{\varrho+\lambda})$ irgend eine die Gleichungen (4.) und (5.) § 4 befriedigende Function, so ist dieselbe, falls man die Grössen $u_{\varrho+\lambda}$ als constant betrachtet, mit $\varphi(u_\lambda)$ gleichändrig und lässt sich daher auf die Form $\Phi(u_\lambda, u_{\varrho+\lambda}) = \Sigma L_\mu \varphi_\mu(u_\lambda)$ bringen, wo die Coefficienten L_μ von den Variabeln u_λ unabhängig sind. Aus dieser Gleichung erhält man, indem man den Variabeln u_λ n *willkürliche* Systeme von Werthen beilegt, n Gleichungen zwischen den Unbekannten L_μ, deren Determinante wegen der linearen Unabhängigkeit der Functionen $\varphi_\mu(u_\lambda)$ nicht verschwindet. Durch Auflösung derselben erkennt man, dass die Grössen L_μ mit ψ gleichändrige *Jacobi*sche Functionen der Variabeln $u_{\varrho+\lambda}$ sind. Mithin lässt sich jeder dieser Coefficienten auf die Form

$$L_\mu = \sum_\nu L_{\mu\nu}\,\psi_\nu(u_{\varrho+\lambda})$$

bringen, und folglich ist

$$\Phi(u_\lambda, u_{\varrho+\lambda}) = \sum_{\mu,\nu} L_{\mu\nu}\,\varphi_\mu(u_\lambda)\psi_\nu(u_{\varrho+\lambda}).$$

Die Anzahl der linear unabhängigen mit dem Producte $\varphi . \psi$ gleichändrigen Functionen ist daher gleich n^2. Da dieselbe aber, wie oben gezeigt, gleich l^2 ist, so ist $n = l$. Damit ist der Satz *J. F.* § 8 aufs neue bewiesen.

§ 8.

Gerade und ungerade Functionen.

Damit die *Jacobi*sche Function $\varphi(u_\lambda)$ gerade oder ungerade sei, müssen die 2ϱ Grössen

$$(1.) \qquad 2c_\alpha = h_\alpha$$

ganze Zahlen sein. Ist diese Bedingung erfüllt, und ist g die Anzahl der geraden, h die der ungeraden linear unabhängigen mit φ gleichändrigen

Functionen, so ist

$$(2.)\quad g+h = l.$$

Sind $\varphi_\mu(u_\lambda)$ $(\mu = 1, \dots l)$ irgend l unabhängige mit φ gleichändrige Functionen, so sind unter den Functionen $\varphi_\mu(u_\lambda)+\varphi_\mu(-u_\lambda)$ genau g und unter den Functionen $\varphi_\mu(u_\lambda)-\varphi_\mu(-u_\lambda)$ genau h unabhängig (*J. F.* § 10). Multiplicirt man jede dieser Functionen mit l unabhängigen, den Bedingungen (2.) § 4 genügenden Functionen $\psi_\nu(u_{\varrho+\lambda})$, so erkennt man, dass unter den l^2 Functionen $\Psi[R](u_\lambda, u_{\varrho+\lambda})+\Psi[R](-u_\lambda, u_{\varrho+\lambda})$ genau gl und unter den l^2 Functionen $\Psi[R](u_\lambda, u_{\varrho+\lambda})-\Psi[R](-u_\lambda, u_{\varrho+\lambda})$ genau hl linear unabhängig sind.

Unter den Bedingungen (1.) ist die Function $\Psi(-u_\lambda, u_{\varrho+\lambda})$ mit $\Psi(u_\lambda, u_{\varrho+\lambda})$ gleichändrig, und daher lassen sich die Coefficienten m_R so bestimmen, dass

$$(3.)\quad l\Psi(-u_\lambda, u_{\varrho+\lambda}) = \sum_R m_R \Psi[R](u_\lambda, u_{\varrho+\lambda})$$

wird, wo R die l^2 Elemente der Gruppe $\mathfrak{R}$ durchläuft. Um m_R für alle Charakteristiken zu definiren, setze ich fest, dass das Product $m_R\Psi[R](u_\lambda, u_{\varrho+\lambda})$ ungeändert bleiben soll, wenn R durch eine mod. $\mathfrak{O}$ congruente Charakteristik ersetzt wird, setze ich also, da $[-N] = [N]$ ist,

$$(4.)\quad m_{R+N} = [R, N][N]m_R.$$

Ist dann S eine bestimmte Charakteristik, so durchläuft $R-S$ zugleich mit R die Gruppe $\mathfrak{R}$, und mithin ist auch

$$l\Psi(-u_\lambda, u_{\varrho+\lambda}) = \sum_R m_{R-S}\Psi[R-S](u_\lambda, u_{\varrho+\lambda}).$$

Vermehrt man $u_{\varrho+\lambda}$ um $A'_{\varrho+\lambda}$, so erhält man nach Gleichung (3.) § 6

$$(5.)\quad l\Psi[S](-u_\lambda, u_{\varrho+\lambda}) = \sum_R m_{R-S}[S, R]\Psi[R](u_\lambda, u_{\varrho+\lambda}).$$

Auch in dieser Summe bleibt jedes Glied ungeändert, wenn R durch eine congruente Charakteristik ersetzt wird. Sei nun $e_{RS} = 0$, wenn R und S (mod. $\mathfrak{O}$) verschieden sind, dagegen

$$(6.)\quad e_{R,R+N} = [R, N][N],$$

also speciell $e_{RR} = 1$. Dann ist

$$l(\Psi[S](u_\lambda, u_{\varrho+\lambda})+\Psi[S](-u_\lambda, u_{\varrho+\lambda})) = \sum_R (m_{R-S}[S, R]+le_{RS})\Psi[R](u_\lambda, u_{\varrho+\lambda}).$$

Durchläuft S die Gruppe $\mathfrak{R}$, so sind unter diesen l^2 Functionen, wie oben gezeigt, genau lg linear unabhängig. Folglich ist der Rang (vgl. dieses Journal Bd. 86, S. 148) des Systems

$$m_{R-S}[S, R]+le_{RS},$$

wo sowohl R als auch S die Gruppe $\mathfrak{R}$ durchläuft, gleich lg. Mithin verschwindet die Determinante $|m_{R-S}[S, R]+x e_{RS}|$ für $x=l$ mindestens von der Ordnung $l^2-lg=lh$. Ebenso zeigt man aber, dass sie für $x=-l$ mindestens von der Ordnung lg verschwindet. Da sie nicht für mehr als $l^2=lg+lh$ Werthe verschwinden kann, so ist daher

$$(7.)\qquad |m_{R-S}[S,\ R]+x e_{RS}| = (x+l)^{lg}(x-l)^{lh}.$$

Vergleicht man in dieser Relation die Coefficienten von x^{l^2-1}, so erhält man, falls man m_0 kurz mit m bezeichnet, $l^2(g-h)=\Sigma m_{R-R}=l^2 m$ oder

$$(8.)\qquad m = g-h.$$

Der Gleichung (8.) § 6 zufolge ist

$$(9.)\qquad \frac{m}{l} = \int_0^1\cdots\int_0^1 \frac{\Psi(-u_\lambda, u_{\varrho+\lambda})}{F(u_\lambda, u_{\varrho+\lambda})}dx_1\dots dx_{2\varrho},$$

wo

$$\Psi(-u_\lambda,\ u_{\varrho+\lambda}) = \Sigma[N]F[N](-u_\lambda,\ u_{\varrho+\lambda})$$

ist. Nun ist aber

$$F[N](-u_\lambda,\ u_{\varrho+\lambda}):F(u_\lambda,\ u_{\varrho+\lambda})$$

$$= E[-2\Sigma c_{\varkappa,\varrho+\lambda}u_\varkappa u_{\varrho+\lambda}+\Sigma c_{\varkappa,\varrho+\lambda}a_\varkappa u_{\varrho+\lambda}+\Sigma c_{\nu\lambda}(-u_\varkappa+\tfrac{1}{2}a_\varkappa)a_\lambda-\Sigma b_\varkappa(-u_\varkappa+\tfrac{1}{2}a_\varkappa)]$$

und daher nach Gleichung (12.) § 2

$$\frac{\Psi(-u_\lambda, u_{\varrho+\lambda})}{F(u_\lambda, u_{\varrho+\lambda})} = \sum_N[N]E[-2\sum_{\varkappa,\lambda}c_{\varkappa,\varrho+\lambda}(u_\varkappa-\tfrac{1}{2}a_\varkappa)(u_{\varrho+\lambda}-\tfrac{1}{2}a_{\varrho+\lambda})].$$

Geht die quadratische Form $2i\Sigma c_{\varkappa,\varrho+\lambda}u_\varkappa u_{\varrho+\lambda}$ durch die Substitution (7.) § 4 in $f(x_1,\dots x_{2\varrho})=f(x_\alpha)$ über, so ist

$$2i\Sigma c_{\varkappa,\varrho+\lambda}(u_\varkappa-\tfrac{1}{2}a_\varkappa)(u_{\varrho+\lambda}-\tfrac{1}{2}a_{\varrho+\lambda}) = f(x_\alpha-\tfrac{1}{2}n_\alpha),$$

und mithin (falls man N durch N' ersetzt)

$$\frac{\Psi(-u_\lambda, u_{\varrho+\lambda})}{F(u_\lambda, u_{\varrho+\lambda})} = \sum_{N'}[N']e^{-\pi 2f(x_\alpha-\frac{1}{2}n'_\alpha)}.$$

In dieser Summe setze ich $n'_\alpha=n_\alpha+2m_\alpha$, wo jede der Zahlen n_α ein vollständiges Restsystem (mod. 2) durchläuft und jede der Zahlen m_α sich von $-\infty$ bis $+\infty$ bewegt. Dann ergiebt sich

$$\frac{\Psi(-u_\lambda, u_{\varrho+\lambda})}{F(u_\lambda, u_{\varrho+\lambda})} = \sum_N[N](\sum_M e^{-2\pi f(x_\alpha-\frac{1}{2}n_\alpha-m_\alpha)}).$$

Nun ist aber (*Hermite*, *Liouv*. Journ. 1858, p. 34; *Weber*, dieses Journal Bd. 74, S. 67)

$$\int_0^1 \ldots \int_0^1 \sum_M e^{-\pi 2 f(x_\alpha - \frac{1}{2} n_\alpha - m_\alpha)} dx_1 \ldots dx_{2\varrho}$$
$$= \int_{-\infty}^{+\infty} \ldots \int_{-\infty}^{+\infty} e^{-\pi 2 f(x_\alpha - \frac{1}{2} n_\alpha)} dx_1 \ldots dx_{2\varrho}$$
$$= \int_{-\infty}^{+\infty} \ldots \int_{-\infty}^{+\infty} e^{-\pi 2 f(x_\alpha)} dx_1 \ldots dx_{2\varrho} = \frac{1}{\sqrt{D}},$$

wo D die Determinante der quadratischen Form $2f(x_\alpha)$ ist, deren reeller Theil für reelle Werthe der Variabeln eine positive Form ist. Da nach Formel (8.) m von der Wahl der Perioden $a_{\varrho+\lambda,\alpha}$ unabhängig ist, so kann man über dieselben die Voraussetzung (1.) § 3 machen. Dann sind aber in der Form $2i\Sigma c_{\varkappa,\varrho+\lambda} u_\varkappa u_{\varrho+\lambda}$ die Coefficienten $ic_{\varkappa,\varrho+\lambda}$ und $ic_{\lambda,\varrho+\varkappa}$ conjugirt complexe Grössen. Setzt man also für die Variabeln u_λ und $u_{\varrho+\lambda}$ die conjugirt complexen Grössen $\sum_\alpha a_{\lambda\alpha} x_\alpha$ und $\sum_\alpha a_{\varrho+\lambda,\alpha} x_\alpha$, so erhält man einen reellen Ausdruck $f(x_\alpha)$. Demnach sind alle Elemente des letzten Integrals positiv und folglich ist $\sqrt{D}$ eine positive Grösse. Da nun in § 2 gezeigt ist, dass $D = 2^{2\varrho} l^2$ ist, so ergiebt sich

$$(10.) \qquad 2^\varrho m = \Sigma[N] = \sum_{n_1, \ldots n_{2\varrho}} (-1)^{\sum_\alpha h_\alpha n_\alpha + \sum'_{\alpha,\beta} k_{\alpha\beta} n_\alpha n_\beta},$$

wo jeder der Zahlen n_α die Werthe 0 und 1 zu ertheilen sind. Die Charakteristiken von $\mathfrak{O}$ bilden, falls man die mod. $2\mathfrak{O}$ congruenten nicht als verschieden betrachtet, eine Gruppe von $2^{2\varrho}$ Elementen, die ich mit $\mathfrak{M}$ bezeichnen werde. Die Charakteristiken dieser Gruppe durchläuft N in der obigen Summe.

Aus der Gleichung (9.) § 6 und aus den Gleichungen (2.) und (9.) ergeben sich die merkwürdigen Formeln

$$(11.) \quad \begin{cases} \dfrac{2g}{l} = \displaystyle\int_0^1 \ldots \int_0^1 \frac{\Psi(u_\lambda, u_{\varrho+\lambda}) + \Psi(-u_\lambda, u_{\varrho+\lambda})}{F(u_\lambda, u_{\varrho+\lambda})} dx_1 \ldots dx_{2\varrho}, \\ \dfrac{2h}{l} = \displaystyle\int_0^1 \ldots \int_0^1 \frac{\Psi(u_\lambda, u_{\varrho+\lambda}) - \Psi(-u_\lambda, u_{\varrho+\lambda})}{F(u_\lambda, u_{\varrho+\lambda})} dx_1 \ldots dx_{2\varrho}. \end{cases}$$

In ähnlicher Art wie oben lassen sich alle in die Formel (4.) eingehenden Zahlen m_R bestimmen. Einfacher aber erkennt man ihre Bedeutung auf folgendem Wege. Jede den Gleichungen (1.) § 4 genügende Function $\varphi(u_\lambda)$ lässt sich (und zwar für $l > 1$ auf verschiedene Arten) in der Form

$$\varphi(u_\lambda) = \sum_S L_S \, \Psi[S](u_\lambda, u_{\varrho+\lambda})$$

darstellen, wo S die l^2 (mod. $\mathfrak{O}$) verschiedenen Charakteristiken durchläuft und L_S von den Variabeln u_λ unabhängig ist. Setzt man nun

$$(12.)\quad \varphi[R](u_\lambda) = \varphi(u_\lambda+A_\lambda)E[-\Sigma B_\lambda(u_\lambda+\tfrac{1}{2}A_\lambda)],$$

so ergeben sich in analoger Weise, wie aus den Gleichungen (1.) § 6 die Gleichungen (2.) und (5.) § 6 abgeleitet worden sind, die Relationen

$$(13.)\quad \varphi[R](u_\lambda+A'_\lambda) = [R,\ S]\varphi[R+S](u_\lambda)E[\Sigma B'_\lambda(u_\lambda+\tfrac{1}{2}A'_\lambda)],$$

$$(14.)\quad \varphi[R+N](u_\lambda) = [R,\ N][N]\varphi[R](u_\lambda).$$

Vermehrt man also in der obigen Gleichung u_λ um A_λ, so erhält man

$$\varphi[R](u_\lambda) = \sum_S L_S[S,\ R]\Psi[R+S](u_\lambda,\ u_{\varrho+\lambda}).$$

Ersetzt man in der Summe (5.) R durch $R+S$, so findet man

$$l\Psi[S](-u_\lambda,\ u_{\varrho+\lambda}) = \sum_R m_R[S,\ R]\Psi[R+S](u_\lambda,\ u_{\varrho+\lambda}).$$

Multiplicirt man diese Gleichung mit L_S und summirt nach S, so ergiebt sich daher

$$(15.)\quad l\varphi(-u_\lambda) = \sum_R m_R\varphi[R](u_\lambda).$$

Die Zahlen m_R können also dadurch definirt werden, dass für jede den Gleichungen (1.) § 4 genügende Function die Relation (15.) besteht. Setzt man nun

$$\varphi(u_\lambda+\tfrac{1}{2}A_\lambda)E[-\tfrac{1}{2}\Sigma B_\lambda u_\lambda] = \chi(u_\lambda),$$

so ist

$$\chi(u_\lambda+a_\lambda) = [N,\ R]E[\Sigma b_\lambda(u_\lambda+\tfrac{1}{2}a_\lambda)+c]\chi(u_\lambda).$$

Diese Relation unterscheidet sich von der Gleichung (4.) § 4 nur dadurch, dass an die Stelle der Parameter c_α die Grössen $c_\alpha+\frac{1}{2}\sum_\beta k_{\alpha\beta}r_\beta$ getreten sind, die ebenfalls die Hälften ganzer Zahlen sind. Ferner ist

$$\chi[S](u_\lambda) = [R,\ S]\varphi[S](u_\lambda+\tfrac{1}{2}A_\lambda)E[-\tfrac{1}{2}\Sigma B_\lambda u_\lambda].$$

Vermindert man nun in der aus (3.) folgenden Gleichung

$$l\varphi(-u_\lambda) = \sum_S m_{R+S}\varphi[R+S](u_\lambda)$$

die Variabeln u_λ um $\frac{1}{2}A_\lambda$, so erhält man

$$l\varphi(-u_\lambda+\tfrac{1}{2}A_\lambda) = \sum_S m_{R+S}\varphi[R+S](u_\lambda+\tfrac{1}{2}A_\lambda-A_\lambda)$$
$$= E[-\Sigma B_\lambda u_\lambda]\sum_S m_{R+S}\varphi[S](u_\lambda+\tfrac{1}{2}A_\lambda)$$

und mithin

$$(16.)\quad l\chi(-u_\lambda) = \sum_S m_{R+S}\chi[S](u_\lambda).$$

Folglich hat m_R für die Functionen $\chi(u_\lambda)$ die nämliche Bedeutung, wie m für die Functionen $\varphi(u_\lambda)$ und daher ist

$$(17.)\qquad 2^\varrho m_R = \sum_N [R,\ N][N] = \sum_{n_1\dots n_{2\varrho}} (-1)^{\sum\limits_\alpha h_\alpha n_\alpha + \sum\limits_{\alpha,\beta} k_{\alpha\beta} r_\alpha n_\beta + \sum\limits_{\alpha,\beta}{}' k_{\alpha\beta} n_\alpha n_\beta}.$$

Aus den Gleichungen (15.) und (17.) folgt

$$2^\varrho l\varphi(-u_\lambda) = \sum_{R,N} [R,\ N][N]\varphi[R](u_\lambda),$$

also nach Gleichung (14.)

$$2^\varrho l\varphi(-u_\lambda) = \sum_{R,N} \varphi[R+N](u_\lambda).$$

Man gelangt daher zu dem merkwürdigen Satze*):

II. *Durchläuft P alle mod. 2 verschiedenen Systeme von Zahlen p_α, für welche die 2ϱ Ausdrücke $\sum\limits_\alpha k_{\alpha\beta} p_\alpha$ ganze Zahlen sind, so ist*

$$(18.)\qquad 2^\varrho l\varphi(-u_\lambda) = \sum_P \varphi[P](u_\lambda).$$

Anmerkung: Bei der Herleitung der Formel (10.) ist die Bestimmung des Vorzeichens von $\sqrt{D}$ die Hauptsache. Ich will daher zeigen, wie man dieselbe direct ausführen kann, ohne über die Grössen $a_{\varrho+\lambda,\alpha}$ eine specielle Voraussetzung zu machen. Ist $f(x_1,\dots x_\sigma)$ eine quadratische Form mit complexen Coefficienten, aber reellen Variabeln, deren reeller Theil eine positive Form ist, so ist

$$(19.)\qquad \int_{-\infty}^{+\infty}\dots\int_{-\infty}^{+\infty} e^{-\pi f(x_1,\dots x_\sigma)}dx_1\dots dx_\sigma = \frac{1}{\sqrt{D}},$$

wo D die Determinante von f ist. Zufolge der über f gemachten Annahme lässt sich diese Function durch eine reelle Substitution in eine Form verwandeln, die nur die Quadrate der Variabeln enthält (*Weierstrass*, Berliner Monatsber. 1858). Mit Hülfe dieser Umformung erhält man (wie Herr *Weierstrass* in seinen Vorlesungen gezeigt hat) für das Vorzeichen von $\sqrt{D}$ folgende Bestimmung: Ist f_0 der zu f conjugirt complexe Ausdruck, so verschwindet die Determinante der Formenschaar $f-sf_0$ nur für Werthe vom

---

*) Die Function $\Phi(u_\lambda, u_{\varrho+\lambda}) = \sum\limits_P \Psi[P](-u_\lambda, u_{\varrho+\lambda})$ genügt, wie leicht zu zeigen, den Gleichungen (4.) und (5.) § 4 und (4.) § 6 (für $R=O$), und kann sich daher nach § 6 von $\Psi(u_\lambda, u_{\varrho+\lambda})$ nur um einen constanten Factor L unterscheiden. Vermehrt man in der erhaltenen Gleichung u_λ um A_λ, setzt für R alle mod. $2\mathfrak{D}$ verschiedenen Charakteristiken und addirt die so erhaltenen Gleichungen, so ergiebt sich $L^2 = 2^{2\varrho} l^2$. Auf diesem Wege kann man also die Zahlen m_R nur bis auf ein gemeinsames Vorzeichen genau bestimmen.

absoluten Betrage 1 und nicht für $s=-1$. Durchläuft s diese σ Werthe, und bezeichnet man die *Phase* φ einer complexen Grösse $s=\varrho e^{i\varphi}$ mit $Ph(s)$, so ist

$$(20.)\qquad Ph(\sqrt{D}) = \tfrac{1}{4}\Sigma Ph(s),$$

falls

$$(21.)\qquad -\pi < Ph(s) < \pi$$

ist.

Sind nun y_α die durch die 2ϱ linearen Gleichungen

$$\sum_\alpha a_{\lambda\alpha} y_\alpha = -\sum_\alpha a_{\lambda\alpha} x_\alpha, \quad \sum_\alpha a_{\varrho+\lambda,\alpha} y_\alpha = \sum_\alpha a_{\varrho+\lambda,\alpha} x_\alpha$$

bestimmten linearen Functionen der unabhängigen Variabeln x_α, so ist nach Gleichung (10.) § 2

$$\sum_\beta k_{\alpha\beta} x_\beta = \sum_{\varkappa,\lambda,\beta} c_{\varkappa,\varrho+\lambda}(a_{\varkappa\alpha} a_{\varrho+\lambda,\beta} - a_{\varkappa\beta} a_{\varrho+\lambda,\alpha}) x_\beta$$
$$= \Sigma c_{\varkappa,\varrho+\lambda}(a_{\varkappa\alpha} a_{\varrho+\lambda,\beta} + a_{\varkappa\beta} a_{\varrho+\lambda,\alpha}) y_\beta,$$

also wenn man, wie in § 2,

$$(22.)\qquad -\tfrac{1}{2}\sum_{\varkappa,\lambda} c_{\varkappa,\varrho+\lambda}(a_{\varkappa\alpha} a_{\varrho+\lambda,\beta} + a_{\varkappa\beta} a_{\varrho+\lambda,\alpha}) = t_{\alpha\beta} = t_{\beta\alpha}$$

setzt,

$$\sum_\beta k_{\alpha\beta} x_\beta = -2\sum_\gamma t_{\alpha\gamma} y_\gamma.$$

Ebenso ergiebt sich

$$\sum_\gamma k_{\gamma\delta} y_\gamma = 2\sum_\beta t_{\beta\delta} x_\beta.$$

Eliminirt man aus diesen Gleichungen die Variabeln y_γ, so erhält man

$$l^2 \sum_\beta k_{\alpha\beta} x_\beta = -4\sum_{\beta,\gamma,\delta} l_{\gamma\delta} t_{\alpha\gamma} t_{\beta\delta} x_\beta$$

und daher*)

$$(23.)\qquad l^2 k_{\alpha\beta} = -4\sum_{\gamma,\delta} l_{\gamma\delta} t_{\alpha\gamma} t_{\beta\delta}.$$

Daraus folgt

$$\sum_{\gamma,\delta} l_{\gamma\delta} t_{\alpha\gamma} t_{\beta\delta} = \sum_{\gamma,\delta} l_{\gamma\delta} t^{(0)}_{\alpha\gamma} t^{(0)}_{\beta\delta}$$

und mithin

$$\sum_{\gamma,\delta} l_{\gamma\delta}(t_{\alpha\gamma} + s t^{(0)}_{\alpha\gamma}) t_{\beta\delta} = \sum_{\gamma,\delta} l_{\gamma\delta} t^{(0)}_{\alpha\gamma}(t^{(0)}_{\beta\delta} + s t_{\beta\delta}).$$

Also ist

$$|t_{\alpha\beta}|\,|t_{\alpha\beta} + s t^{(0)}_{\alpha\beta}| = |t^{(0)}_{\alpha\beta}|\,|t^{(0)}_{\alpha\beta} + s t_{\alpha\beta}|$$

---

*) Diese Gleichung zeigt, dass das System der Parameter $t_{\alpha\beta}$ ein *singuläres* ist, (vgl. dieses Journal Bd. 95, S. 272). In der That ist die Transformation, durch welche $\Phi(u_\lambda, u_{\varrho+\lambda})$ in $\Phi(-u_\lambda, u_{\varrho+\lambda})$ übergeht, eine *principale*.

eine reciproke Function*) von s (mit reellen Coefficienten). Setzt man nun $f(x_1, \dots x_{2\varrho}) = -2i\Sigma t_{\alpha\beta} x_\alpha x_\beta$, so ist jene Function, welche für $s = -1$ nicht verschwindet, bis auf einen constanten Factor gleich der Determinante der Formenschaar $f - s f_0$. Die von 1 verschiedenen Werthe, für welche diese Determinante Null ist, sind folglich paarweise reciproke Grössen. Da aber unter der Voraussetzung (21.) $Ph(s) + Ph\left(\frac{1}{s}\right) = 0$ und $Ph(1) = 0$ ist, so ist nach Gleichung (20.) auch $Ph(\sqrt{D}) = 0$, also ist $\sqrt{D}$ positiv.

§ 9.

Ueber die Zahlen m_R.

Die Entwicklungen des vorigen Paragraphen will ich noch durch einige arithmetische Erörterungen über die Zahlen m_R vervollständigen. Nach Gleichung (3.) § 8 ist

$$l\Psi(-u_\lambda, u_{\varrho+\lambda}) = \sum_R m_{R+S} \Psi[R+S](u_\lambda, u_{\varrho+\lambda}).$$

Vermindert man u_λ um A'_λ, so erhält man

$$(1.) \quad l\Psi[S](-u_\lambda, u_{\varrho+\lambda}) = \sum_R m_{R+S}[S, R]\Psi[R](u_\lambda, u_{\varrho+\lambda})$$

und daraus durch Vergleichung mit der Formel (5.) § 8 $m_{R+S} = m_{R-S}$ oder

$$(1^*.) \quad m_{R+2U} = m_R,$$

wie auch direct aus dem Ausdruck (17.) § 8 zu sehen ist. Mit Hülfe der Gleichung (4.) § 8 ergiebt sich allgemeiner

$$(2.) \quad m_{R+2U+N} = [R, N][N] m_R.$$

In der Formel (1*.) wähle ich für U eine Charakteristik, für welche $2U = M$ in $\mathfrak{O}$ enthalten ist. Nach Gleichung (10.) § 4 ist daher

$$(3.) \quad [M, N] = 1 \quad \textit{für jedes } N \textit{ in } \mathfrak{O},$$

d. h. die Zahlen m_α genügen den 2ϱ Congruenzen

$$(4.) \quad \sum_\alpha k_{\alpha\beta} m_\alpha \equiv 0 \quad (\text{mod. } 2).$$

Dann ist nach Formel (1*.) $m_{R+M} = m_R$ und nach Formel (4.) § 8

$$m_{R+M} = [R, M][M] m_R.$$

Ist also nicht

$$(5.) \quad [R, M] = [M] \quad \textit{für jede Lösung } M \textit{ der Gleichungen } (3.),$$

---

*) Ist $t_{\alpha\beta} = r_{\alpha\beta} + is_{\alpha\beta}$, so ist $|r_{\alpha\beta} + ts_{\alpha\beta}|$ eine gerade Function von t.

so ist $m_R = 0$. Der Relation (3.) § 8 zufolge können die Zahlen m_R nicht alle Null sein. Ist m_S von Null verschieden, so befriedigt S die Gleichungen (5.). Ist R irgend eine denselben genügende Charakteristik, und setzt man $R-S=T$, so ist

$$(6.)\quad [T, M] = 1 \quad \textit{für jede Lösung } M \textit{ der Gleichungen } (3.).$$

Damit die Gleichung (3.) für jedes Element N der Gruppe $\mathfrak{O}$ und die Gleichungen (5.) und (6.) für jede Lösung M der Gleichungen (3.) bestehe, reicht es hin, dass diese Relationen für alle mod. $2\mathfrak{O}$ incongruenten Elemente N oder M stattfinden, d. h. für die Charakteristiken der in § 8 mit $\mathfrak{M}$ bezeichneten Gruppe. Sei t die Anzahl der mod. $2\mathfrak{O}$ incongruenten Lösungen M der Congruenzen (3.). Da sie durch $M=O$ befriedigt werden, so ist $t \geqq 1$.

Sei nun T eine bestimmte Charakteristik, die den t Gleichungen (6.) genügt, z. B. $T=O$. Dann betrachte ich die Summe

$$\sum_{M,N}[T-N, M] = \sum_{M}\left([T, M]\sum_{N}[N, M]\right),$$

wo sowohl M wie N die $2^{2\varrho}$ Elemente der Gruppe $\mathfrak{M}$ durchlaufen. Nach den Entwicklungen am Ende des § 5 ist $\sum\limits_{N}[N, M]=0$, wenn M nicht den Gleichungen (3.) genügt. Erfüllt M aber diese Bedingungen, so ist

$$\sum_{N}[N, M] = 2^{2\varrho}$$

und zugleich der Voraussetzung nach $[T, M]=1$. Mithin ist

$$(7.)\quad \sum_{M,N}[T-N, M] = 2^{2\varrho}t.$$

Für ein bestimmtes N ist aber nach § 5 $\sum\limits_{M}[T-N, M]=0$, falls nicht für jedes Element M der Gruppe $\mathfrak{M}$ $[T-N, M]=1$ ist. Da die Summe (7.) von Null verschieden ist, so giebt es folglich solche Charakteristiken N, dass für jedes M in $\mathfrak{M}$ und daher auch für jedes M in $\mathfrak{O}$ $[T-N, M]=1$ oder $(\frac{1}{2}T-\frac{1}{2}N, M)=1$ ist. Mithin ist $\frac{1}{2}T-\frac{1}{2}N=U$ ein Element der Gruppe $\mathfrak{R}$, oder es ist $T=2U+N$, also $R=S+2U+N$. Nach Formel (2.) ist folglich m_R von Null verschieden und unterscheidet sich von m_S nur durch das Vorzeichen. Dagegen ist

$$(8.)\quad m_R = 0, \quad \textit{wenn nicht } R = S+2U+N$$

ist. Es ergiebt sich also der Satz:

III. *Die Zahl m ist stets und nur dann von Null verschieden, wenn für jede Lösung der 2ϱ Congruenzen*

$$\sum_{\beta} k_{\alpha\beta}x_{\beta} \equiv 0 \pmod{2}$$

auch

$$\sum_{\alpha} h_\alpha x_\alpha + \sum_{\alpha.\beta}{}' k_{\alpha\beta} x_\alpha x_\beta \equiv 0$$

ist. Ist h_α *ein bestimmtes System von Zahlen, das diese Bedingungen befriedigt, so ist das allgemeinste ihnen genügende System*

$$h'_\alpha \equiv h_\alpha + \sum_{\beta} k_{\alpha\beta} n_\beta \quad (mod.\ 2),$$

wo $n_1, \ldots n_{2\varrho}$ *beliebige ganze Zahlen sind, und es ist die demselben entsprechende Zahl*

$$m' = m(-1)^{\Sigma h_\alpha n_\alpha + \Sigma' k_{\alpha\beta} n_\alpha n_\beta}.$$

Zu denselben Resultaten kann man auch auf folgendem Wege gelangen: Ersetzt man in den l^2 Gleichungen (1.) u_λ durch $-u_\lambda$ und eliminirt aus den neuen Gleichungen und den ursprünglichen die Functionen $\Psi[R](-u_\lambda, u_{\varrho+\lambda})$, so erhält man wegen der Unabhängigkeit der Functionen $\Psi[R](u_\lambda, u_{\varrho+\lambda})$ die Relationen

$$(9.) \qquad \sum_{R} [R,\ S-T] m_{R+S} m_{R+T} = l^2 e_{ST},$$

also wenn $T = O$ ist und S durch $2U-T$ ersetzt wird, nach Gleichung (1.)

$$\sum_{R} (R,\ U)[T,\ R] m_R m_{R+T} = l^2 e_{O,2U-T}.$$

Multiplicirt man mit (U, S) und summirt nach U über alle Elemente der Gruppe $\mathfrak{R}$, so findet man nach Formel (2.) § 5

$$(10.) \qquad [T,\ S] m_S m_{S+T} = \sum_{U} (U,\ S) e_{O,2U-T}.$$

Giebt es keine Charakteristik U, die der Bedingung $2U \equiv T$ (mod. $\mathfrak{O}$) oder $T = 2U+N$ genügt, so ist für jede Charakteristik U $e_{O,2U-T} = 0$ und mithin $m_S m_{S+T} = 0$. Ist also m_S von Null verschieden, so ergiebt sich daraus die Formel (8.).

Für $T = O$ folgt aus der Gleichung (10.) $m_R^2 = \sum_U (U, R) e_{O,2U}$. Nun ist $e_{O,2U} = [M]$, wenn $2U = M$ in der Gruppe $\mathfrak{O}$ enthalten ist, dagegen $e_{O,2U} = 0$, wenn dies nicht der Fall ist, und mithin ist

$$(11.) \qquad m_R^2 = \sum_{R} [R,\ M][M],$$

wo M die t (mod. $2\mathfrak{O}$) verschiedenen Lösungen der Gleichungen (3.) durchläuft. Setzt man $[R, M][M] = \chi(M)$, so ist den Gleichungen (21.) § 4 und (3.) zufolge $\chi(M+M') = \chi(M)\chi(M')$. Daher verschwindet die Summe (11.), wenn R nicht die Gleichungen (5.) erfüllt. Ist dies aber der Fall, so ist

$$(12.)\qquad m_R^2 = t,$$

also von Null verschieden, womit der Satz III. aufs neue bewiesen ist*).

Ich betrachte nun die Summe $\sum\limits_{M,N}[R, M][M][M, N]$, wo sowohl M wie N die $2^{2\varrho}$ Elemente der Gruppe $\mathfrak{M}$ durchläuft. Da $\sum\limits_{N}[M, N]$ nur dann von Null verschieden und zwar gleich $2^{2\varrho}$ ist, wenn M die Gleichungen (3.) befriedigt, so folgt aus der Gleichung (11.)

$$2^{2\varrho} m_R^2 = \sum_{M,N}[R, M][M][M, N],$$

oder wenn man M durch $M+N$ ersetzt:

$$2^{2\varrho} m_R^2 = \sum_{M,N}[R, M][M][R, N][N] = (\sum_{N}[R, N][N])^2.$$

Durch die Formeln (8.), (2.) und (11.) sind die Zahlen m_R bis auf ein gemeinsames Vorzeichen genau bestimmt.

Aus der Gleichung (15.) § 8 ergiebt sich

$$l\varphi[S](-u_\lambda) = \sum_{R} m_{R+S}[S, R]\varphi[R](u_\lambda).$$

Daher ist

$$l\varphi[2R+S](-u_\lambda) = \sum_{T} m_{2R+S+T}[2R+S, T]\varphi[T](u_\lambda),$$

also nach Gleichung (1.)

$$l\varphi[2R+S](u_\lambda) = \sum_{T} m_{S+T}(R, T)[S, T]\varphi[T](-u_\lambda).$$

Summirt man nach R, so erhält man folglich

$$(13.)\qquad l m_S \varphi(-u_\lambda) = \sum_{R}\varphi[2R+S](u_\lambda).$$

§ 10.

Adjungirte Gruppen. Syzygetische Gruppen.

In der folgenden Untersuchung werden zwei Charakteristiken nur dann als verschieden betrachtet, wenn sie (mod. $\mathfrak{O}$) incongruent sind. Ist $\mathfrak{P}$ eine Untergruppe von $\mathfrak{R}$, so ist die Ordnung p von $\mathfrak{P}$ (die Anzahl der Charakteristiken von $\mathfrak{P}$) ein Divisor der Ordnung von $\mathfrak{R}$, $l^2 = pq$. Durchläuft P die p Charakteristiken von $\mathfrak{P}$ und Q ein vollständiges System (mod. $\mathfrak{P}$) verschie-

*) t ist die Anzahl der (mod. 2) incongruenten Lösungen der 2ϱ Congruenzen $\sum\limits_{\beta} k_{\alpha\beta} n_\beta \equiv 0$ (mod. 2). Sind also von diesen Congruenzen τ unabhängig, oder sind in dem System $k_{\alpha\beta}$ die Determinanten $(\tau+1)$-ten Grades alle gerade, die τ-ten Grades aber nicht alle, so ist $t = 2^{2\varrho-\tau}$. Da $h = m_R^2$ ein Quadrat ist, so ist τ eine gerade Zahl 2σ, also $m_R = \pm 2^{\varrho-\sigma}$.

dener Charakteristiken von $\mathfrak{R}$, deren Anzahl q ist, so durchläuft $P+Q$ die Charakteristiken von $\mathfrak{R}$. Unter den Charakteristiken Q ist eine und nur eine in $\mathfrak{P}$ enthalten oder $\equiv 0$ (mod. $\mathfrak{P}$). Alle Charakteristiken P', die mit jeder Charakteristik von $\mathfrak{P}$ syzygetisch sind, also den Gleichungen

$$(1.)\qquad (P,\ P') = 1$$

genügen, bilden eine Gruppe $\mathfrak{P}'$, welche ich der Gruppe $\mathfrak{P}$ *adjungirt* nenne. (Vgl. d. J. Bd. 96, S. 94.) Sei p' die Ordnung von $\mathfrak{P}'$, $l^2 = p'q'$ und durchlaufe Q' ein vollständiges System von q' (mod. $\mathfrak{P}'$) verschiedenen Charakteristiken von $\mathfrak{R}$.

Mittelst der am Ende des § 5 entwickelten Betrachtung ergiebt sich

$$(2.)\qquad \sum_{P'}(P',\ Q) = 0,\quad \sum_{P'}(P',\ 0) = p',$$

falls Q nicht $\equiv 0$ (mod. $\mathfrak{P}$) ist. Da sich ferner jede Charakteristik und zwar nur in einer Art auf die Form $R = P+Q$ bringen lässt, so ist nach Gleichung (2.) § 5 $\sum\limits_{P,Q}(P',\ P+Q) = 0$, falls P' von 0 verschieden ist. Diese Summe ist aber gleich dem Producte $(\sum\limits_{P}(P',\ P))(\sum\limits_{Q}(P',\ Q))$, und da nach (1.) der erste Factor von Null verschieden ist, so ist

$$(3.)\qquad \sum_{Q}(P',\ Q) = 0,\quad \sum_{Q}(0,\ Q) = q.$$

Ist daher P'_0 eine bestimmte der Charakteristiken P', und Q_0 eine bestimmte der Charakteristiken Q, so ist

$$\sum_{Q,P'}(P'_0,\ Q)(Q,\ P')(P',\ Q_0) = \sum_{Q}((P'_0,\ Q)\sum_{P'}(P',\ Q_0-Q))$$
$$= p'(P'_0,\ Q_0) = \sum_{P'}((P',\ Q_0)\sum_{Q}(P'_0-P',\ Q)) = q(P'_0,\ Q_0),$$

also $p' = q$ und folglich, weil $l^2 = pq = p'q'$ ist,

$$(4.)\qquad l^2 = pp'.$$

Aus dieser Relation in Verbindung mit der aus (1.) folgenden Gleichung $(P',P) = 1$ ergiebt sich, dass die adjungirte Gruppe von $\mathfrak{P}'$ alle Charakteristiken von $\mathfrak{P}$ und keine weiteren enthält. Jede der beiden Gruppen $\mathfrak{P}$ und $\mathfrak{P}'$ ist also die adjungirte der andern.

Eine Gruppe $\mathfrak{P}$, die sich selbst adjungirt ist, heisst eine *syzygetische* Gruppe. Die Ordnung einer solchen Gruppe ist nach (4.) gleich l. Von den Charakteristiken $P_1, \dots P_l$ der Gruppe $\mathfrak{P}$ sind je zwei syzygetisch

$$(5.)\qquad (P_\alpha,\ P_\beta) = 1,\quad [P_\alpha,\ P_\beta] = [P_\beta,\ P_\alpha],$$

und jede Charakteristik, die mit allen Charakteristiken von $\mathfrak{P}$ syzygetisch ist, ist in $\mathfrak{P}$ enthalten. Um eine solche Gruppe zu construiren, nehme man eine *beliebige* Charakteristik P_1, bestimme dann eine von P_1 verschiedene Charakteristik P_2, die der Gleichung $(P_1, P_2) = 1$ genügt, dann eine von P_1 und P_2 verschiedene P_3, die den beiden Gleichungen $(P_1, P_3) = 1$ und $(P_2, P_3) = 1$ genügt, u. s. w. Nach Gleichung (4.) muss es immer möglich sein, diesen Forderungen zu genügen, bis man l Charakteristiken gefunden hat. Durchläuft Q ein vollständiges System (mod. $\mathfrak{P}$) verschiedener Charakteristiken, so ist

$$(6.)\quad \begin{cases} \sum\limits_Q (P, Q) = 0, & \sum\limits_Q (O, Q) = l, \\ \sum\limits_P (P, Q) = 0, & \sum\limits_P (P, O) = l. \end{cases}$$

Die Elemente $P_1, \dots P_\nu$ mögen eine Basis der Gruppe $\mathfrak{P}$ bilden und von einander unabhängig sein (dieses Journal Bd. 86, S. 220), jede Charakteristik von $\mathfrak{P}$ lasse sich also auf die Form

$$P = m_1 P_1 + \cdots + m_\nu P_\nu$$

bringen, wo sich m_λ von 0 bis $n_\lambda - 1$ bewegt, falls n_λ der Index ist, zu welchem P_λ gehört, und der Ausdruck P sei nur dann in $\mathfrak{O}$ enthalten, wenn m_λ durch n_λ für $\lambda = 1, \dots \nu$ theilbar ist. Da $n_\lambda P_\lambda$ eine Charakteristik von $\mathfrak{O}$ ist, so ist das Symbol $[n_\lambda P_\lambda]$ durch die Gleichung (14.) § 4 definirt. Unter dem Symbol $[P_\lambda]$ verstehe ich irgend eine Wurzel der Gleichung

$$(7.)\qquad [P_\lambda]^{n_\lambda} = [n_\lambda P_\lambda] \qquad\qquad (\lambda = 1, \dots \nu).$$

Sei ferner $P_\alpha + P_\beta + P_\gamma + \cdots$ irgend ein Element von $\mathfrak{P}$, wo $\alpha, \beta, \gamma, \dots$ gleiche oder verschiedene der Indices von 1 bis ν bedeuten und P_λ nicht öfter als $(n_\lambda - 1)$-mal vorkommt. Dann setze ich

$$(8.)\quad [P_\alpha + P_\beta + P_\gamma + \cdots] = [P_\alpha][P_\beta][P_\gamma]\dots[P_\alpha, P_\beta][P_\alpha, P_\gamma][P_\beta, P_\gamma]\dots.$$

Ist endlich $P+N$ eine Charakteristik, die $\equiv P$ (mod. $\mathfrak{O}$) ist, so sei

$$(9.)\qquad [P+N] = [P][N][P, N].$$

Aus den Relationen (7.), (8.) und (9.) folgt, dass die Formel (8.) auch gültig bleibt, wenn in der Summe $P_\alpha + P_\beta + P_\gamma + \cdots$ die Charakteristik P_λ öfter als n_λ-mal vorkommt. Sind also $P = P_\alpha + P_\beta + \cdots$ und $P' = P_\varkappa + P_\lambda + \cdots$ irgend zwei Charakteristiken von $\mathfrak{P}$, so ist

$$\begin{aligned} &[P+P'] \\ = &[P_\alpha][P_\beta]\dots[P_\alpha, P_\beta]\dots[P_\varkappa][P_\lambda]\dots[P_\varkappa, P_\lambda]\dots[P_\alpha, P_\varkappa][P_\alpha, P_\lambda]\dots[P_\beta, P_\varkappa][P_\beta, P_\lambda]\dots \\ = &[P][P'][P, P'], \end{aligned}$$

und aus (21.) § 4 und (9.) folgt, dass diese Formel auch gültig bleibt, wenn P und P' durch (mod. $\mathfrak{O}$) congruente Charakteristiken ersetzt werden. Demnach ist ganz allgemein (vgl. dieses Journal Bd. 89, S. 198)

$$(10.)\quad [P+P'] = [P][P'][P,\ P'],$$

und folglich ist die Definition des Symbols $[P]$ von der Wahl der Basis der Gruppe $\mathfrak{P}$ unabhängig.

Ist Q eine bestimmte Charakteristik, so bleiben die Formeln (14.) § 4 und (10.) bestehen, wenn $[P]$ durch $(P, Q)[P]$ ersetzt wird. Durchläuft Q ein vollständiges System (mod. $\mathfrak{P}$) verschiedener Elemente von $\mathfrak{R}$, so erhält man auf diese Art jedes der l Systeme von Ausdrücken $[P]$, welche den oben aufgestellten Bedingungen genügen.

Endlich ist noch zu bemerken, dass nach Formel (14.) § 8 und nach Formel (9.) das Product $[-P]\varphi[P](u_\lambda)$ ungeändert bleibt, wenn P durch eine (mod. $\mathfrak{O}$) congruente Charakteristik ersetzt wird.

§ 11.

Relationen zwischen den Functionen $\Psi[R](u, v)$.

Die Variabeln, die ich bisher $u_{\varrho+\lambda}$ genannt habe, bezeichne ich im Folgenden mit v_λ. Ist u das System der ϱ Variabeln u_λ und v das der ϱ Variabeln v_λ, so schreibe ich für $\Psi[R](u_\lambda, v_\lambda)$ kurz $\Psi[R](u, v)$. Ist ferner S die Periode (20.) § 2, so setze ich

$$\Psi[R](u+S,\ v) = \Psi[R](u_\lambda+A'_\lambda,\ v_\lambda)$$

und

$$\Psi[R](u,\ v+S) = \Psi[R](u_\lambda,\ v_\lambda+A'_{\varrho+\lambda}).$$

Seien ferner u' und v' die Systeme der Variabeln u'_λ und v'_λ. Durchläuft P die l Charakteristiken einer syzygetischen Gruppe $\mathfrak{P}$, und betrachtet man v und v' als Constanten, so sind $\Psi(u, v')$ und die l Functionen $\Psi[P](u, v)$ zusammen $l+1$ den Gleichungen (1.) § 4 genügende Functionen von u. Zwischen denselben besteht daher eine lineare Relation

$$L\Psi(u,\ v') = \sum_P L_P \Psi[P](u,\ v).$$

Vermehrt man u um P', so erhält man nach Formel (2.) § 6

$$L\Psi[P'](u,\ v') = \sum_P L_P[P,\ P']\Psi[P+P'](u,\ v)$$

oder nach Gleichung (10.) § 10

$$L[-P']\Psi[P'](u,\ v') = \sum_P [P]L_P[-P-P']\Psi[P+P'](u,\ v)$$

und daher

$$L\sum_{P'}[-P']\Psi[P'](u,\,v') = \sum_{P,P'}[P]L_P[-P-P']\Psi[P+P'](u,\,v).$$

Da sich das Product $[-P]\Psi[P](u,v)$ nicht ändert, wenn P durch eine (mod. $\mathfrak{Q}$) congruente Charakteristik ersetzt wird, und da die Charakteristiken P eine Gruppe bilden, so bleibt die letzte Summe ungeändert, wenn man P' durch $P'-P$ ersetzt. Dann erhält man

$$L\sum_{P}[-P]\Psi[P](u,\,v') = (\sum_{P}[P]L_P)(\sum_{P}[-P]\Psi[P](u,\,v)).$$

Da zwischen den l^2 Functionen $\Psi[R](u,v)$ keine lineare Relation besteht, deren Coefficienten von u und v unabhängig sind, so ist $\Sigma[-P]\Psi[P](u,v)$ für unbestimmte Werthe von u und v nicht gleich Null. Wäre nun $L=0$, so müsste auch $\Sigma[P]L_P=0$ sein. Nun kann man aber in der obigen Rechnung für $[P]$ überall $[P](P,Q)$ setzen. Multiplicirt man noch mit (Q,P'), wo P' eine Charakteristik von $\mathfrak{P}$ ist, so wäre demnach

$$\sum_{P}[P](P-P',\;Q)L_P = 0.$$

Setzt man für Q alle (mod. $\mathfrak{P}$) verschiedenen Charakteristiken und addirt die l so erhaltenen Gleichungen, so erhält man nach Gleichung (2.) § 5 $L_{P'}=0$. Die $l+1$ Constanten L und L_P können aber nicht sämmtlich verschwinden. Demnach folgt aus der entwickelten Formel, dass der Quotient

$$\Sigma[-P]\Psi[P](u,\,v'):\Sigma[-P]\Psi[P](u,\,v)$$

von u unabhängig ist. (Vgl. dieses Journal Bd. 89, S. 200.) Mithin ist*)

$$(1.)\quad \begin{cases} (\Sigma[-P]\Psi[P](u,v))(\Sigma[-P]\Psi[P](u',v')) \\ = (\Sigma[-P]\Psi[P](u,v'))(\Sigma[-P]\Psi[P](u',v)). \end{cases}$$

Ersetzt man $[P]$ durch $[P](P,Q)$ und führt man die Multiplication aus, so erhält man

$$\sum_{P,P'}(Q,\;P+P')[-P][-P']\Psi[P](u,\;v)\Psi[P'](u',\;v')$$
$$= \sum_{P,P'}(Q,\;P+P')[-P][-P']\Psi[P](u,\;v')\Psi[P'](u',\;v).$$

Summirt man nach Q, so bleiben nur die Glieder übrig, in denen $P'=-P$ ist, und es ergiebt sich folglich

$$(2.)\quad \Sigma\Psi[P](u,\;v)\Psi[-P](u',\;v') = \Sigma\Psi[P](u,\;v')\Psi[-P](u',\;v).$$

Vermehrt man u und v' um Q, so folgt daraus

*) Nach (17.) § 4 und (9.) § 10 ist $\sum_{P}[-P]\Psi[P](u,v) = \sum_{P,N}[-P-N]F[P+N](u,v)$.

$$\sum_P \Psi[P+Q](u,\ v)\Psi[-P-Q](u',\ v') = \sum_P (P,\ Q)\Psi[P](u,\ v')\Psi[-P](u',\ v).$$

Multiplicirt man mit (Q, P') und summirt nach Q, so findet man

$$\sum_{P,Q}(P+Q,\ P')\Psi[P+Q](u,\ v)\Psi[-P-Q](u',\ v') = l\Psi[P'](u,\ v')\Psi[-P'](u',\ v).$$

Hier durchläuft $P+Q$ alle Elemente R der Gruppe $\mathfrak{R}$, und P' ist irgend eine Charakteristik, die ich mit S bezeichnen will. Demnach ist

$$(3.)\quad l\Psi[S](u,\ v')\Psi[-S](u',\ v) = \sum_R (R,\ S)\Psi[R](u,\ v)\Psi[-R](u',\ v').$$

Diese Relation ist eine Verallgemeinerung der Formel, welche Herr *Prym* die *Riemann*sche *Thetaformel* genannt hat *). Man kann auch direct zu derselben gelangen, da $\Psi[S](u, v')\Psi[-S](u', v)$, wenn man u' und v' als constant betrachtet, eine mit $\varphi(u)\psi(v)$ gleichändrige *Jacobi*sche Function ist und sich daher durch die l^2 Functionen $\Psi[R](u, v)$ linear ausdrücken lässt. Ersetzt man in der letzten Summe R durch $R+S$ und vermehrt dann u' um $S+T$, so erhält man

$$(4.)\quad l\Psi[S](u,v')\Psi[T](u',v) = \sum_R [R,\ S-T]\ \Psi[R+S](u,\ v)\Psi[-R+T](u',v').$$

Mit Hülfe dieser Formel kann man folgende Frage erledigen: Jede mit dem Producte $\varphi(u)\psi(v)$ gleichändrige *Jacobi*sche Function $\Phi(u, v)$ kann in der Form (18.) § 4 dargestellt werden. Wenn aber $l>1$ ist, so ist nicht jeder Ausdruck von dieser Form das Product aus einer Function von u und einer Function von v. Damit dies der Fall sei, ist offenbar nothwendig und hinreichend, dass

$$\Phi(u,\ v)\Phi(u',\ v') = \Phi(u,\ v')\Phi(u',\ v)$$

oder

$$\sum_{S,T} L_S L_T \Psi[S](u,\ v)\Psi[T](u',\ v') = \sum_{S,T} L_S L_T \Psi[S](u,v')\Psi[T](u',v)$$

ist, also nach Formel (4.)

$$l\sum_{S,T} L_S L_T \Psi[S](u,\ v)\Psi[T](u',\ v')$$
$$= \sum_{R\,S,T} L_S L_T [R,\ S-T]\ \Psi[R+S](u,\ v)\Psi[-R+T](u',\ v').$$

Ersetzt man in der letzten Summe S durch $S-R$ und T durch $T+R$, so erhält man, falls man über die Grössen L_R die Voraussetzung (15.) § 4 oder (6.) § 6 macht,

$$\sum_{S,T}\Psi[S](u,\ v)\Psi[T](u',\ v')(\sum_R [R,\ S-T]\ L_{S-R}L_{T+R}).$$

---

*) Nach einer andern Richtung hin hat Herr *Prym* diese Formel in seiner Arbeit *Ableitung einer allgemeinen Thetaformel, Acta Math.* 3 verallgemeinert.

Wegen der Unabhängigkeit der Functionen $\Psi[R](u, v)$ folgt daraus

$$(5.)\qquad lL_S L_T = \sum_R [R, S-T] L_{S-R} L_{T+R}.$$

Von den Folgerungen, die sich aus der Formel (3.) ziehen lassen, erwähne ich hier noch die folgende.

Seien $\mathfrak{P}$ und $\mathfrak{P}'$ zwei adjungirte Gruppen von Charakteristiken, p und p' ihre Ordnungen, so dass

$$(6.)\qquad \sqrt{p}\sqrt{p'} = l$$

ist, und sei P ein Element von $\mathfrak{P}$, P' ein Element von $\mathfrak{P}'$. Durchläuft Q ein vollständiges System (mod. $\mathfrak{P}$) verschiedener Charakteristiken, so stellt $R = P+Q$ alle Elemente von $\mathfrak{R}$ dar, und mithin ist nach Formel (3.)

$$l\Psi[P'](u, v')\Psi[-P'](u', v) = \sum_{P,Q}(Q, P')\Psi[P+Q](u, v)\Psi[-P-Q](u', v').$$

Summirt man nach P', so erhält man nach Gleichung (2.) § 10 (vgl. *Prym*, Untersuchungen über die *Riemann*sche Thetaformel, Leipzig 1882)

$$(7.)\qquad \frac{1}{\sqrt{p}}\sum_P \Psi[P](u, v)\Psi[-P](u', v') = \frac{1}{\sqrt{p'}}\sum_{P'} \Psi[P'](u, v')\Psi[-P'](u', v),$$

eine Verallgemeinerung der Formel (2.).

Zürich, Februar 1884.

33.

Über die constanten Factoren der Thetareihen

Journal für die reine und angewandte Mathematik 98, 244—263 (1885)

In den *Fundamenta nova* definirt *Jacobi* die Thetafunctionen durch unendliche Producte, leitet aus dieser Darstellung ihre Periodicitätseigenschaften ab, und entwickelt sie mit Hülfe deren in unendliche Reihen. Die Coefficienten derselben erhält er auf diesem Wege nur bis auf einen gemeinsamen Factor genau. Die Bestimmung dieses Factors aber erfordert einen besonderen Kunstgriff. (Determinatio ipsius A artificia particularia poscit. § 63.) Derselbe besteht darin, dass er einen Ausdruck herstellt, der sich nicht ändert, wenn q durch q^2 ersetzt wird, und daraus schliesst, dass er von q unabhängig ist. Einer ähnlichen Schwierigkeit begegnet *Jacobi* in der Vorlesung, in welcher er die Theorie der elliptischen Functionen aus der Theorie der Thetareihen abgeleitet hat (Ges. Werke, Bd. I, S. 516), und hebt sie hier durch Bildung eines Ausdrucks, der beim Uebergange von q zu q^4 ungeändert bleibt. Setzt man

$$(1.)\qquad \vartheta\begin{bmatrix}\nu\\ \mu\end{bmatrix}(v) = \sum_n e^{2\pi i(v+\frac{1}{2}\mu)(n+\frac{1}{2}\nu)+i\pi\tau(n+\frac{1}{2}\nu)^2}$$

und dann (nach der von der *Jacobi*schen abweichenden Bezeichnung des Herrn *Weierstrass*)

$$(2.)\qquad \vartheta_0=\vartheta\begin{bmatrix}1\\ -1\end{bmatrix},\quad \vartheta_1=\vartheta\begin{bmatrix}1\\ 0\end{bmatrix},\quad \vartheta_2=\vartheta\begin{bmatrix}0\\ 0\end{bmatrix},\quad \vartheta_3=\vartheta\begin{bmatrix}0\\ 1\end{bmatrix},$$

so ergiebt sich die Bestimmung jener Constanten aus der Formel

$$(3.)\qquad \vartheta_0' = \pi\vartheta_1\vartheta_2\vartheta_3,$$

wo zur Abkürzung $\vartheta_1=\vartheta_1(0)$ gesetzt ist. Diese Formel folgt also nicht daraus allein, dass die Thetafunctionen im Endlichen überall holomorph sind und den Gleichungen

$$(4.)\qquad \vartheta\begin{bmatrix}\nu\\ \mu\end{bmatrix}(v+1)=(-1)^\nu\vartheta\begin{bmatrix}\nu\\ \mu\end{bmatrix}(v),\quad \vartheta\begin{bmatrix}\nu\\ \mu\end{bmatrix}(v+\tau)=(-1)^\mu e^{-i\pi(2v+\tau)}\vartheta\begin{bmatrix}\nu\\ \mu\end{bmatrix}(v)$$

genügen, sondern aus der speciellen Reihenform (1.), und sie dient zur Ermittlung des bei jener Definition unbestimmt bleibenden, von v unabhängigen Factors.

Setzt man für irgend eine Charakteristik

$$\frac{\partial^2 \vartheta(v)}{\partial v^2} - 4\pi i \frac{\partial \vartheta(v)}{\partial \tau} = \Theta(v),$$

so ergiebt sich aus den Gleichungen (4.), dass diese Function dieselben Eigenschaften hat wie $\vartheta(v)$. Sie kann sich folglich von dieser nur durch einen von v unabhängigen Factor unterscheiden und demnach ist

$$\frac{\partial^2 \vartheta(v)}{\partial v^2} - 4\pi i \frac{\partial \vartheta(v)}{\partial \tau} = c\,\vartheta(v).$$

Für die specielle durch die Reihe (1.) definirte Function ist bekanntlich $c = 0$. Fügt man also zu den Bedingungen (4.) noch die partielle Differentialgleichung

$$(5.) \qquad \frac{\partial^2 \vartheta}{\partial v^2} - 4\pi i \frac{\partial \vartheta}{\partial \tau} = 0,$$

so ist dadurch die Thetafunction bis auf einen numerischen Factor genau bestimmt. (Vgl. *Clebsch* und *Gordan*, *Abel*sche Functionen § 90.) Anstatt also, wie *Jacobi*, zum Beweise der Gleichung (3.) die Reihe (1.) zu benutzen, kann man dazu auch die partielle Differentialgleichung (5.) verwenden. Diesen Weg, den zuerst Herr *Weierstrass* in seinen Vorlesungen über die elliptischen Functionen eingeschlagen hat, werde ich im Folgenden benutzen. Nachdem ich in § 1 zwei von der Deduction des Herrn *Weierstrass* nur wenig abweichende Beweise jener Formel entwickelt habe, wende ich in den folgenden Paragraphen die nämliche Methode an, um für Thetafunctionen von zwei und drei Variabeln und allgemein für hyperelliptische Thetafunctionen die analogen Formeln zu beweisen. Dabei bediene ich mich der Bezeichnungen, die ich in meiner Arbeit *Ueber das Additionstheorem der Thetafunctionen mehrerer Variabeln* (dieses Journal Bd. 89) entwickelt habe. Ich werde dieselbe im Folgenden mit *T.* citiren. Sind

$$A = \binom{\nu_1 \ldots \nu_\varrho}{\mu_1 \ldots \mu_\varrho}, \quad B = \binom{\nu'_1 \ldots \nu'_\varrho}{\mu'_1 \ldots \mu'_\varrho}$$

zwei Charakteristiken, so ist die Function

$$(6.) \qquad \vartheta[A](v) = \sum_{n_1, \ldots, n_\varrho} e^{2\pi i \sum\limits_{\alpha} (v^{(\alpha)} + \frac{1}{2}\mu_\alpha)(n_\alpha + \frac{1}{2}\nu_\alpha) + i\pi \sum\limits_{\alpha, \beta} \tau_{\alpha\beta}(n_\alpha + \frac{1}{2}\nu_\alpha)(n_\beta + \frac{1}{2}\nu_\beta)}$$

bis auf einen von v unabhängigen Factor genau dadurch bestimmt, dass sie im Endlichen überall holomorph ist, und für jede Charakteristik B der Gleichung

$$(7.)\quad \vartheta[A](v+2B) = (A, B)e^{-2\pi i \sum\limits_{\alpha} \nu'_\alpha v^{(\alpha)} - i\pi \sum\limits_{\alpha,\beta} \tau_{\alpha\beta}\nu'_\alpha \nu'_\beta}\,\vartheta[A](v)$$

genügt. Setzt man

$$D_\alpha \vartheta(v) = \frac{\partial \vartheta(v)}{\partial v^{(\alpha)}},$$

so genügt die Reihe (6.) den partiellen Differentialgleichungen

$$(8.)\quad D_\alpha^2 \vartheta - 4\pi i \frac{\partial \vartheta}{\partial \tau_{\alpha\alpha}} = 0,\quad D_\alpha D_\beta \vartheta - 2\pi i \frac{\partial \vartheta}{\partial \tau_{\alpha\beta}} = 0,$$

während man aus den Relationen (7.) nur schliessen kann, dass die Ausdrücke auf den linken Seiten dieser Gleichungen den nämlichen Relationen genügen.

Ist $\nu \equiv \varrho$ (mod. 4) und $\nu \leqq 2\varrho + 2$, so giebt es Fundamentalsysteme von $2\varrho+2$ Charakteristiken, welche ν ungerade und $2\varrho+2-\nu$ gerade enthalten (*T.* § 5). Speciell giebt es daher Fundamentalsysteme von ϱ ungeraden und $\varrho+2$ geraden Charakteristiken. Ist $\varrho < 4$, so sind durch die ϱ ungeraden Charakteristiken die dazu gehörigen $\varrho+2$ geraden, und durch die $\varrho+2$ geraden die dazu gehörigen ϱ ungeraden vollständig bestimmt, während dies für $\varrho > 3$ nicht mehr der Fall ist. Z. B. sind für $\varrho = 4$ zwar die vier ungeraden Charakteristiken durch die sechs geraden mitbestimmt; die vier ungeraden Charakteristiken aber können auf zwei Arten durch sechs gerade zu einem Fundamentalsystem ergänzt werden. Sind nun $A_1, \dots A_\varrho$ die ϱ ungeraden und $B_1, \dots B_{\varrho+2}$ die $\varrho+2$ geraden Charakteristiken eines Fundamentalsystems, so findet für $\varrho = 1, 2, 3$ die Relation statt

$$(9.)\quad |D_\beta \vartheta[A_\alpha]| = \pm \pi^\varrho \prod_\gamma \vartheta[B_\gamma] \qquad (\alpha, \beta = 1, \dots \varrho;\ \gamma = 1, \dots \varrho+2).$$

Dieselbe Relation gilt für einen beliebigen Werth von ϱ, falls das Fundamentalsystem ein bestimmtes ist und die Parameter $\tau_{\alpha\beta}$ den für die hyperelliptischen Functionen eigenthümlichen Bedingungen genügen.

Für $\varrho = 2$ ist diese Beziehung von Herrn *Rosenhain* ohne Beweis mitgetheilt worden (Mém. Sav. Etrang. XI.) und seinen Andeutungen nach durch eine Verallgemeinerung des oben erwähnten *Jacobi*schen Verfahrens bewiesen worden. (Vgl. *Weber*, dieses Journal Bd. 84, S. 338.) Dass für $\varrho = 3$ eine ähnliche Gleichung existire, war aus der Formel zu vermuthen, welche Herr *Weber* für das Verhältniss zweier Determinanten von der

Form (9.) gefunden hat. (*Theorie der Abelschen Functionen vom Geschlecht 3;* S. 42.) Für die hyperelliptischen Thetafunctionen ist die obige Relation von Herrn *Thomae* (dieses Journal Bd. 71, S. 218.) aus der Theorie der hyperelliptischen Integrale abgeleitet worden.

§ 1.

$\varrho = 1.$

Ist $\varrho = 1$, so ist bekanntlich

$$(1.)\qquad \vartheta_1(v)\vartheta_0'(v) - \vartheta_0(v)\vartheta_1'(v) = c\vartheta_2(v)\vartheta_3(v),$$

wo c eine Constante ist. Entwickelt man beide Seiten dieser Gleichung nach Potenzen von v, so erhält man durch Vergleichung der Anfangsglieder

$$\vartheta_1\vartheta_0' = c\vartheta_2\vartheta_3$$

und durch Vergleichung der Glieder zweiter Ordnung

$$\vartheta_1\vartheta_0''' + \vartheta_1''\vartheta_0' - 2\vartheta_0'\vartheta_1'' = c(\vartheta_2\vartheta_3'' + \vartheta_2''\vartheta_3)$$

und daraus durch Elimination von c

$$(2.)\qquad \frac{\vartheta_0'''}{\vartheta_0'} = \sum_\gamma \frac{\vartheta_\gamma''}{\vartheta_\gamma} \qquad (\gamma = 1, 2, 3).$$

Zufolge der partiellen Differentialgleichung (5.) der Einleitung ergiebt sich daraus

$$\frac{d\log\vartheta_0'}{d\tau} = \sum_\gamma \frac{d\log\vartheta_\gamma}{d\tau},$$

und folglich ist

$$(3.)\qquad \vartheta_0' = \varepsilon\pi\Pi\vartheta_\gamma,$$

wo ε eine numerische Constante ist. Durch Entwicklung nach Potenzen von $e^{i\pi\tau}$ und Vergleichung der Anfangsglieder findet man $\varepsilon = 1$. Zu der Gleichung (2.) kann man auch gelangen, indem man von der Formel

$$(4.)\qquad \vartheta_0(2v) = c\vartheta_0(v)\vartheta_1(v)\vartheta_2(v)\vartheta_3(v)$$

ausgeht und in den Entwicklungen beider Seiten die Glieder erster und dritter Ordnung vergleicht.

§ 2.

$\varrho = 2.$

Gegeben sei ein System von $\alpha+1$ wesentlich unabhängigen Charakteristiken nebst allen ihren wesentlichen Combinationen $A, A_1, \dots A_{a-1}$, wo $a = 2^\alpha$ ist. Dann giebt es ein zweites System von $\beta+1$ wesentlich unabhängigen Charakteristiken nebst ihren wesentlichen Combinationen $B, B_1, \dots B_{b-1}$, wo $b = 2^\beta$ und $\alpha + \beta = 2\varrho$ ist, in der Art, dass zwischen je zwei Charakteristiken des ersten und je zwei des andern Systems die Beziehung

$$(1.)\qquad (A_\varkappa A_\lambda,\ B_\mu B_\nu) = +1$$

besteht. Zwei solche vollständige Systeme habe ich *adjungirte* genannt (dieses Journal Bd. 96 S. 94). Einer Formel des Herrn *Prym* (Untersuchungen über die *Riemann*sche Thetaformel, Leipzig 1882; Seite 87) zufolge ist dann

$$(2.)\quad \begin{cases} 2^{\varrho-\alpha}\Sigma(BA_\lambda)\vartheta[A_\lambda](u+v)\,(u-v)\,(u'+v')(u'-v') \\ = (AB)\Sigma(AB_\lambda)\vartheta[B_\lambda](u+v')(u-v')(u'+v)\,(u'-v). \end{cases}$$

Ist speciell $\alpha = \beta = \varrho$, so ist folglich

$$(3.)\quad \begin{cases} \Sigma(BA_\lambda)\vartheta[A_\lambda](u+v)\,(u-v)\,(u'+v')(u'-v') \\ = (AB)\Sigma(AB_\lambda)\vartheta[B_\lambda](u+v')(u-v')(u'+v)\,(u'-v). \end{cases}$$

Seien jetzt v_α ($\alpha = 0, 1, \dots 2^\varrho - 1$) 2^ϱ Systeme von Variabeln. Setzt man dann in jener Formel

$$u' = u, \quad v = v_\alpha, \quad v' = v_\beta$$

und bedient sich der Abkürzung

$$\vartheta(u,\ v) = \vartheta(u+v)\vartheta(u-v),$$

so erhält man

$$\sum_\lambda(BA_\lambda)\vartheta[A_\lambda](u,\ v_\alpha)\vartheta[A_\lambda](u,\ v_\beta) = (AB)\sum_\lambda(AB_\lambda)\vartheta[B_\lambda](u,\ v_\alpha)\vartheta[B_\lambda](u,\ v_\beta).$$

Nun ist aber die Determinante vom Grade 2^ϱ

$$\Big|\sum_\lambda(BA_\lambda)\vartheta[A_\lambda](u,\ v_\alpha)\vartheta[A_\lambda](u,\ v_\beta)\Big| \qquad {\scriptstyle(\alpha,\ \beta = 0,\ 1,\ \dots\ 2^\varrho-1)}$$

gleich dem Producte der beiden Determinanten

$$|\vartheta[A_\lambda](u,\ v_\alpha)|\,|(BA_\lambda)\vartheta[A_\lambda](u,\ v_\beta)|,$$

und mithin ist

$$\Pi(BA_\lambda).|\vartheta[A_\alpha](u,\ v_\beta)|^2 = \Pi(AB_\lambda).|\vartheta[B_\alpha](u,\ v_\beta)|^2.$$

Aus dem Satze, den ich dieses Journal Bd. 96, S. 87 (Formel (2.)) über die Anzahl der ungeraden Charakteristiken eines vollständigen Systems entwickelt habe, schliesst man leicht, dass in allen Fällen $\Pi(BA_\lambda) = \Pi(AB_\lambda)$ ist. (Dasselbe Resultat ergiebt sich aus der letzten Formel selbst, indem man in derselben die Parameter $\tau_{\alpha\beta}$ als rein imaginär und die Variabeln sämmtlich als reell voraussetzt, weil dann die Werthe der Thetafunctionen alle reell sind.) Demnach ist

$$(4.)\qquad |\vartheta[A_\alpha](u,\ v_\beta)| = \pm|\vartheta[B_\alpha](u,\ v_\beta)| \qquad {\scriptstyle(\alpha,\ \beta = 0,\ 1,\ \dots\ 2^\varrho-1).}$$

Für $\varrho = 2$ seien $A_1, A_2, A_3, B_1, B_2, B_3$ die sechs ungeraden Charakteristiken und $A = A_1 A_2 A_3 \equiv B_1 B_2 B_3 = B$. Dann sind die Bedingungen (1.) erfüllt, und mithin gilt die Formel (4.). Setzt man in derselben $v_4 = u$, so verschwinden in beiden Determinanten die Elemente der letzten Colonne, bis auf eins, welches gleich $\vartheta[A](0)(2u) = \vartheta[B](0)(2u)$ wird, und mithin ist

$$|\vartheta[A_\alpha](u, v_\beta)| = \pm|\vartheta[B_\alpha](u, v_\beta)| \qquad (\alpha, \beta = 1, 2, 3).$$

Vermehrt man u um eine beliebige halbe Periode, so erhält man also den Satz:

Bilden die sechs Charakteristiken A, A_1, A_2, B, B_1, B_2 ein Fundamentalsystem, so ist

$$(5.) \qquad |\vartheta[A_\alpha](u, v_\beta)| = \pm|\vartheta[B_\alpha](u, v_\beta)| \qquad (\alpha, \beta = 0, 1, 2).$$

Sind die sechs Charakteristiken eines Fundamentalsystems nicht alle ungerade, so sind vier derselben gerade und zwei ungerade. Seien B_1, B_2 ungerade, B, A, A_1, A_2 gerade. Entwickelt man dann beide Seiten der Gleichung (5.) nach Potenzen von $v-u, v_1-u, v_2-u$ und vergleicht die Coefficienten *) von $(v_1'-u')(v_2''-u'')$, so erhält man

$$\Pi\vartheta[A_\alpha].|D_\beta\vartheta[A_\alpha](u)| = \pm\vartheta[B].[B_1, B_2].\Pi\vartheta[B_\alpha](u) \qquad (\alpha, \beta = 0, 1, 2),$$

wo $D_0\vartheta(u) = \vartheta(u)$ und

$$[B_1, B_2] = |D_\beta\vartheta[B_\alpha]| \qquad (\alpha, \beta = 1, 2)$$

gesetzt ist. Die Determinante dritten Grades $|D_\beta\vartheta[A_\alpha](u)|$ will ich die *Determinante der drei Functionen* $\vartheta[A_\alpha](u)$ nennen. Durch $(\vartheta[A](u))^3$ dividirt geht sie bekanntlich in die Functionaldeterminante der beiden Quotienten $\frac{\vartheta[A_1](u)}{\vartheta[A](u)}$ und $\frac{\vartheta[A_2](u)}{\vartheta[A](u)}$ über. Vermehrt man in der obigen Formel u um irgend eine halbe Periode, so erhält man den Satz:

Die Determinante dreier Thetafunctionen eines Fundamentalsystems ist bis auf einen constanten Factor gleich dem Producte der drei andern.

In der Formel

$$(6.) \qquad |\vartheta[A_\alpha](u),\ D_1\vartheta[A_\alpha](u),\ D_2\vartheta[A_\alpha](u)| = c\,\Pi\vartheta[B_\alpha](u) \qquad (\alpha = 0, 1, 2)$$

seien jetzt A_1, A_2 ungerade, A, B, B_1, B_2 gerade. Setzt man in derselben $u = 0$, so erhält man

$$\vartheta[A].[A_1, A_2] = c\,\Pi\vartheta[B_\alpha].$$

---

*) Der Buchstabe u bedeutet das System der beiden Variabeln u', u''.

Ich entwickle nun beide Seiten jener Gleichung nach Potenzen von u (d. h. von u' und u'') und setze zur Abkürzung

$$D\vartheta = u'D_1\vartheta + u''D_2\vartheta, \quad D^2\vartheta = u'^2D_1^2\vartheta + 2u'u''D_1D_2\vartheta + u''^2D_2^2\vartheta.$$

Vernachlässigt man die Glieder von höherer als der zweiten Ordnung, so erhält man

$$\begin{vmatrix} \vartheta[A] + \frac{1}{2}D^2\vartheta[A] + \cdots & DD_1\vartheta[A] + \cdots & DD_2\vartheta[A] + \cdots \\ D\vartheta[A_1] + \cdots & D_1\vartheta[A_1] + \frac{1}{2}D^2D_1\vartheta[A_1] + \cdots & D_2\vartheta[A_1] + \frac{1}{2}D^2D_2\vartheta[A_1] + \\ D\vartheta[A_2] + \cdots & D_1\vartheta[A_2] + \frac{1}{2}D^2D_1\vartheta[A_2] + \cdots & D_2\vartheta[A_2] + \frac{1}{2}D^2D_2\vartheta[A_2] + \end{vmatrix}$$
$$= c\Pi(\vartheta[B_\alpha] + \tfrac{1}{2}D^2\vartheta[B_\alpha] + \cdots).$$

In der Determinante links ziehe ich die Elemente der zweiten und dritten Colonne, mit u' und u'' multiplicirt, von denen der ersten ab. Dann wird z. B. das zweite Element der ersten Colonne, mit Vernachlässigung der Glieder von höherer als der zweiten Ordnung,

$$D\vartheta[A_1] - u'D_1\vartheta[A_1] - u''D_2\vartheta[A_1] = 0.$$

Demnach ist jene Determinante gleich

$$(\vartheta[A] - \tfrac{1}{2}D^2\vartheta[A] + \cdots)$$
$$\times \begin{vmatrix} D_1\vartheta[A_1] + \frac{1}{2}D^2D_1\vartheta[A_1] + \cdots & D_2\vartheta[A_1] + \frac{1}{2}D^2D_2\vartheta[A_1] + \cdots \\ D_1\vartheta[A_2] + \frac{1}{2}D^2D_1\vartheta[A_2] + \cdots & D_2\vartheta[A_2] + \frac{1}{2}D^2D_2\vartheta[A_2] + \cdots \end{vmatrix}.$$

Durch Vergleichung der Glieder zweiter Ordnung in der obigen Formel erhält man demnach

$$\vartheta[A]\left\{\begin{vmatrix} D^2D_1\vartheta[A_1] & D_2\vartheta[A_1] \\ D^2D_1\vartheta[A_2] & D_2\vartheta[A_2] \end{vmatrix} + \begin{vmatrix} D_1\vartheta[A_1] & D^2D_2\vartheta[A_1] \\ D_1\vartheta[A_2] & D^2D_2\vartheta[A_2] \end{vmatrix}\right\}$$
$$- D^2\vartheta[A].[A_1, A_2] = c(\vartheta[B_1]\vartheta[B_2]D^2\vartheta[B] + \vartheta[B_2]\vartheta[B]D^2\vartheta[B_1]$$
$$+ \vartheta[B]\vartheta[B_1]D^2\vartheta[B_2]),$$

oder wenn man den Werth von c einsetzt und die Zeichen A, B durch B_3, B_4 ersetzt,

$$\left\{\begin{vmatrix} D^2D_1\vartheta[A_1] & D_2\vartheta[A_1] \\ D^2D_1\vartheta[A_2] & D_2\vartheta[A_2] \end{vmatrix} + \begin{vmatrix} D_1\vartheta[A_1] & D^2D_2\vartheta[A_1] \\ D_1\vartheta[A_2] & D^2D_2\vartheta[A_2] \end{vmatrix}\right\} : \begin{vmatrix} D_1\vartheta[A_1] & D_2\vartheta[A_1] \\ D_1\vartheta[A_2] & D_2\vartheta[A_2] \end{vmatrix}$$
$$= \sum_\gamma^{1,4} \frac{D^2\vartheta[B_\gamma]}{\vartheta[B_\gamma]}.$$

Beide Seiten dieser Gleichung sind quadratische Functionen von u' und u''. Da deren Coefficienten einzeln übereinstimmen, so bleibt die Gleichung richtig, wenn man u'^2, $u'u''$, u''^2 durch beliebige andere Grössen, z. B. durch

$d\tau_{11}$, $d\tau_{12}$, $d\tau_{22}$ ersetzt. Dann erhält man aber den Differentialgleichungen (8.) der Einleitung zufolge

$$d\log[A_1, A_2] = \sum_\gamma d\log\vartheta[B_\gamma],$$

wo

$$d\vartheta = \frac{\partial\vartheta}{\partial\tau_{11}} d\tau_{11} + \frac{\partial\vartheta}{\partial\tau_{12}} d\tau_{12} + \frac{\partial\vartheta}{\partial\tau_{22}} d\tau_{22}$$

gesetzt ist. Durch Integration dieser Gleichung ergiebt sich

$$(7.)\qquad [A_1, A_2] = \varepsilon\pi^2 \Pi\vartheta[B_\gamma],$$

wo ε von den Parametern $\tau_{\alpha\beta}$ unabhängig ist.

§ 3.

Hyperelliptische Functionen.

Ist A, A_1, ... $A_{2\varrho-1}$ ein Fundamentalsystem von $2\varrho+2$ Charakteristiken, K die Summe aller ungeraden Charakteristiken desselben und C_ν die Summe von irgend ν jener Charakteristiken, so ist KC_ν gerade, falls $\nu \equiv \varrho+1$ (mod. 4) ist, aber ungerade, falls $\nu \equiv \varrho-1$ ist. Setzt man für ν nur Zahlen, die $\equiv \varrho+1$ (mod. 2) sind, so kann man den Parametern $\tau_{\alpha\beta}$ solche Werthe ertheilen, dass stets $\vartheta[KC_\nu] = 0$ ist, falls ν von $\varrho+1$ verschieden ist, dass aber die Grössen $\vartheta[KC_{\varrho+1}]$ sämmtlich von Null verschieden sind.

Die $2\varrho+2$ Charakteristiken des gegebenen Fundamentalsystems will ich jetzt mit A, A_1, ... A_ϱ, B, B_1, ... B_ϱ bezeichnen. Ist dann

$$(1.)\qquad G = KAA_1 \ldots A_\varrho \equiv KBB_1 \ldots B_\varrho,$$

so ist $\vartheta[G]$ nicht gleich Null. Ist $r = 2^\varrho$ und sind $A_{\varrho+1}$, ... A_{r-1} die wesentlichen Combinationen der Charakteristiken A, A_1, ... A_ϱ und $B_{\varrho+1}$, ... B_{r-1} die der Charakteristiken B, B_1, ... B_ϱ, so sind die beiden vollständigen Systeme GBA_λ und GBB_λ ($\lambda = 0, 1, \ldots r-1$) adjungirt, und mithin ist nach Formel (3.) § 2

$$\Sigma(BA_\lambda)\vartheta[GBA_\lambda](u+v)(u-v)(u'+v')(u'-v')$$
$$= (AB)\Sigma(AB_\lambda)\vartheta[GBB_\lambda](u+v')(u-v')(u'+v)(u'-v).$$

Da $\vartheta[GBB_\lambda] = 0$ ist, wenn λ von 0 verschieden ist, so erhält man, wenn man $v' = u$ setzt,

$$\Sigma(BA_\lambda)\vartheta[GBA_\lambda](u+v)(u-v)(u'+u)(u'-u) = \vartheta[G](0)(2u)(u'+v)(u'-v).$$

Da ferner $\vartheta[GBA_\lambda] = 0$ ist, wenn $\lambda > \varrho$ ist, so erhält man, wenn man

$u' = u$ setzt,

$$\vartheta[G](0)(2u)(u+v)(u-v) = \sum_{\alpha}(BA_\alpha)\vartheta[GBA_\alpha](0)(2u)(u+v)(u-v),$$

wo sich α von 0 bis ϱ bewegt. In dieser Formel setze ich für v der Reihe nach $\varrho+1$ verschiedene Werthsysteme $v, v_1, \dots v_\varrho$ ein. Aus den $\varrho+1$ so erhaltenen Gleichungen folgt

$$|\vartheta[GBA](u, v_\beta), \dots \vartheta[GBA_{\varrho-1}](u, v_\beta), \quad \vartheta[GBA_\varrho](u, v_\beta)| : \vartheta[G](0)(2u)$$
$$= \pm|\vartheta[GBA](u, v_\beta), \dots \vartheta[GBA_{\varrho-1}](u, v_\beta), \quad \vartheta[G](u, v_\beta)| : \vartheta[GBA_\varrho](0)(2u),$$

oder wenn man u um GB vermehrt,

$$|\vartheta[A](u, v_\beta), \dots \vartheta[A_{\varrho-1}](u, v_\beta), \vartheta[A_\varrho](u, v_\beta)| : \vartheta[KA \dots A_{\varrho-1}A_\varrho](0)(2u)$$
$$= \pm|\vartheta[A](u, v_\beta), \dots \vartheta[A_{\varrho-1}](u, v_\beta), \vartheta[B](u, v_\beta)| : \vartheta[KA \dots A_{\varrho-1}B](0)(2u).$$

Durch wiederholte Anwendung dieser Formel findet man, dass der Quotient

$$|\vartheta[A](u, v_\beta), \dots \vartheta[A_\varrho](u, v_\beta)| : \vartheta[KA \dots A_\varrho](0)(2u)$$

abgesehen vom Vorzeichen ungeändert bleibt, wenn man für $A, A_1, \dots A_\varrho$ irgend $\varrho+1$ andere Charakteristiken des gegebenen Fundamentalsystems setzt. Mithin ist

$$|\vartheta[A](u, v_\beta), \dots \vartheta[A_\varrho](u, v_\beta)| : \vartheta[KAA_1 \dots A_\varrho](0)(2u)$$
$$= \pm|\vartheta[B](u, v_\beta), \dots \vartheta[B_\varrho](u, v_\beta)| : \vartheta[KBB_1 \dots B_\varrho](0)(2u)$$

oder, weil $AA_1 \dots A_\varrho \equiv BB_1 \dots B_\varrho$ ist,

$$(2.) \qquad |\vartheta[A_\alpha](u, v_\beta)| = \pm|\vartheta[B_\alpha](u, v_\beta)| \qquad (\alpha, \beta = 0, 1, \dots \varrho).$$

Zu dieser Gleichung kann man auch auf folgendem Wege gelangen: Nach Formel (4.) § 2 ist

$$|\vartheta[GA_\varkappa](u, v_\lambda)| = \pm|\vartheta[GB_\varkappa](u, v_\lambda)| \qquad (\varkappa, \lambda = 0, 1, \dots r-1).$$

Setzt man in dieser Gleichung $v_{\varrho+1} = A_{\varrho+1}, \dots v_{r-1} = A_{r-1}$, so erhält man

$$(\vartheta[G](0)(2u))^{r-\varrho-1}|\vartheta[GA_\alpha](u, v_\beta)| = \pm\left|\binom{BB_\lambda}{AA_\varkappa}\vartheta[GA_\varkappa B_\lambda](0)(2u)\right|.|\vartheta[GB_\alpha](u, v_\beta)|$$
$$(\alpha, \beta = 0, 1, \dots \varrho;\ \varkappa, \lambda = \varrho+1, \dots r-1).$$

Setzt man aber $v_{\varrho+1} = B_{\varrho+1}, \dots v_{r-1} = B_{r-1}$, so erhält man

$$\left|\binom{AA_\varkappa}{BB_\lambda}\vartheta[GA_\varkappa B_\lambda](0)(2u)\right|.|\vartheta[GA_\alpha](u, v_\beta)| = \pm(\vartheta[G](0)(2u))^{r-\varrho-1}|\vartheta[GB_\alpha](u, v_\beta)|.$$

Nun ist aber

$$\binom{AA_\varkappa}{BB_\lambda}\binom{BB_\lambda}{AA_\varkappa} = (AA_\varkappa, BB^\lambda) = 1, \quad \text{also} \quad \binom{AA_\varkappa}{BB_\lambda} = \binom{BB_\lambda}{AA_\varkappa}$$

und folglich

$$|\vartheta[GA_\alpha](u, v_\beta)| = \pm|\vartheta[GB_\alpha](u, v_\beta)|.$$

Durch Vermehrung von u um G ergiebt sich daraus die Formel (2.).

Vermehrt man in derselben u um $H = KB_1 \dots B_\varrho$, so werden die Charakteristiken HB, HA, ... HA_ϱ gerade, dagegen HB_1, ... HB_ϱ ungerade. Aus der Formel

$$|\vartheta[HA_\alpha](u, v_\beta)| = \pm|\vartheta[HB_\alpha](u, v_\beta)|$$

erhält man dann in derselben Weise wie in § 2 die Relation

$$\Pi\vartheta[HA_\alpha].|D_\beta\vartheta[HA_\alpha](u)| = \vartheta[HB].[HB_1, \dots HB_\varrho]\,\Pi\vartheta[HB_\alpha](u),$$

oder wenn man u um H vermehrt,

$$(3.)\qquad |D_\beta\vartheta[A_\alpha](u)| = c\,\Pi\vartheta[B_\alpha](u).$$

Ich setze jetzt voraus, dass A_1, ... A_ϱ ungerade sind, A, B, B_1, ... B_ϱ aber gerade. Sollte dies bei dem ursprünglichen Fundamentalsystem nicht der Fall sein, so erreicht man es, indem man alle Charakteristiken um $KA_1 \dots A_\varrho$ vermehrt. (Die Bedingungen des hyperelliptischen Falles bleiben ungeändert, wenn alle Charakteristiken des gegebenen Fundamentalsystems um dieselbe Charakteristik vermehrt werden, wenn dieses Fundamentalsystem also durch irgend ein anderes des nämlichen *Complexes* ersetzt wird). Setzt man dann in der Formel (3.) $u = 0$, so erhält man

$$\vartheta[A].[A_1, \dots A_\varrho] = c\,\Pi\vartheta[B_\alpha].$$

Entwickelt man ferner beide Seiten nach Potenzen von u und vergleicht die Glieder zweiter Ordnung, so findet man, wie in § 2

$$\begin{aligned}
&|D^2D_\alpha\vartheta[A_1],\quad D_\alpha\vartheta[A_2],\quad \dots\quad D_\alpha\vartheta[A_\varrho]|\\
+&|D_\alpha\vartheta[A_1],\quad D^2D_\alpha\vartheta[A_2],\quad \dots\quad D_\alpha\vartheta[A_\varrho]|\\
+&\;\cdot\;\cdot\;\cdot\;\cdot\;\cdot\;\cdot\;\cdot\;\cdot\;\cdot\;\cdot\;\cdot\;\cdot\;\cdot\;\cdot\;\cdot\\
+&|D_\alpha\vartheta[A_1],\quad D_\alpha\vartheta[A_2],\quad \dots\quad D^2D_\alpha\vartheta[A_\varrho]|\\
&= [A_1, A_2, \dots A_\varrho]\sum_{\gamma}{}_1^{\varrho+2}\frac{D^2\vartheta[B_\gamma]}{\vartheta[B_\gamma]},
\end{aligned}$$

wo A, B durch $B_{\varrho+1}$, $B_{\varrho+2}$ ersetzt ist. In dieser Gleichung setze man für $u^{(\alpha)}u^{(\beta)}$ das Differential $d\tau_{\alpha\beta}$. Sind die Grössen $\tau_{\alpha\beta}$ unabhängige Variabeln (deren Veränderlichkeit nur durch die Bedingungen der Convergenz der Thetareihe eingeschränkt ist), so ist dann

$$\sum\frac{D^2\vartheta[B_\gamma]}{\vartheta[B_\gamma]} = 4\pi i\,d\log\Pi\vartheta[B_\gamma].$$

Diese Gleichung bleibt bestehen, wenn die Veränderlichkeit der Grössen $\tau_{\alpha\beta}$ durch irgend welche Relationen beschränkt wird, und demnach geht aus der obigen Formel die Relation

$$d\log[A_1, \dots A_\varrho] = d\log \Pi\vartheta[B_\gamma]$$

hervor und daraus durch Integration

$$(4.) \qquad [A_1, \dots A_\varrho] = \varepsilon\pi^\varrho \Pi\vartheta[B_\gamma],$$

wo ε eine numerische Constante ist.

§ 4.

$\varrho = 3.$

Bilden die drei ungeraden Charakteristiken A_1, A_2, A_3 und die fünf geraden Charakteristiken $B_1, \dots B_5$ ein Fundamentalsystem, und ist

$$A = \Sigma A_\alpha \equiv \Sigma B_\gamma,$$

so ist

$$(1.) \qquad |D_\beta\vartheta[A_\alpha](u)| : c = \Sigma \frac{\vartheta[B_\gamma](2u)}{\vartheta[B_\gamma]} - \frac{\vartheta[A](2u)}{\vartheta[A]} \qquad (\alpha, \beta = 0, \dots 3;\ \gamma = 1, \dots 5),$$

wo

$$c = \tfrac{1}{4}\vartheta[A].[A_1, A_2, A_3]$$

eine Constante ist.

Die Determinante auf der linken Seite der Gleichung (1.), die ich mit $\varphi(u)$ bezeichnen will, ist eine Thetafunction vierten Grades, die sich bei Vermehrung des Arguments um ganze Perioden ebenso ändert, wie $\vartheta[G](2u)$, falls G irgend eine Charakteristik ist. Die 4^ϱ gleichändrigen Functionen $\vartheta[G](2u)$, die man erhält, indem man G alle Charakteristiken durchlaufen lässt, sind von einander unabhängig (*T.* S. 200). Da es nicht mehr als 4^ϱ solche Functionen giebt, so muss $\varphi(u)$ eine lineare Verbindung derselben sein

$$\varphi(u) = \sum_G c_G \vartheta[G](2u).$$

Da $\varphi(u)$ gerade ist, so braucht G nur die 36 geraden Charakteristiken

$$A, \quad B_\gamma, \quad A_\alpha B_\gamma B_\delta$$

zu durchlaufen, wo sich α von 1 bis 3 bewegt und γ, δ zwei verschiedene der Indices von 1 bis 5 bedeuten. Vermehrt man in jener Gleichung u um $A_\alpha A_\beta$, wo α, β zwei verschiedene der Indices 1, 2, 3 sind, so erhält man

$$-\varphi(u) = \sum_G c_G(G, A_\alpha, A_\beta)\vartheta[G](2u),$$

und daher muss $(G, A_\alpha, A_\beta) = -1$ sein. Da aber $(A_\alpha B_\gamma B_\delta, A_\alpha, A_\beta) = +1$ ist, so kann G nur eine der sechs Charakteristiken A, B_γ sein, und folglich ist

$$\varphi(u) = -c\frac{\vartheta[A](2u)}{\vartheta[A]} + \sum_\gamma c_\gamma \frac{\vartheta[B_\gamma](2u)}{\vartheta[B_\gamma]}.$$

Setzt man $u = B_1 B_2$, so verschwindet die Determinante, weil die drei Charakteristiken $A_\alpha B_1 B_2$ $(\alpha = 1, 2, 3)$ gerade sind. Da ferner $(A, B_1 B_2) = -(B_1, B_2)$ und $(B_\gamma, B_1 B_2) = -(B_1, B_2)$ ist, falls γ von 1 und 2 verschieden ist, aber gleich $+(B_1, B_2)$, falls $\gamma = 1$ oder 2 ist, so erhält man

$$c + c_1 + c_2 = c_3 + c_4 + c_5.$$

Ebenso ist

$$c + c_1 + c_3 = c_2 + c_4 + c_5$$

und folglich $c_2 = c_3$ und allgemein $c_\gamma = c_\delta$ und mithin auch $c = c_\gamma$. So ergiebt sich die Formel (1.) und, wenn man in derselben $u = 0$ setzt, die Constante c.

Ich entwickle nun beide Seiten der Gleichung (1.) nach Potenzen von u und vergleiche die Glieder zweiter Ordnung. Ebenso wie in § 2 findet man

$$\Big\{|D^2 D_\alpha \vartheta[A_1] \quad D_\alpha \vartheta[A_2] \quad D_\alpha \vartheta[A_3]|$$
$$+|D_\alpha \vartheta[A_1] \quad D^2 D_\alpha \vartheta[A_2] \quad D_\alpha \vartheta[A_3]|$$
$$+|D_\alpha \vartheta[A_1] \quad D_\alpha \vartheta[A_2] \quad D^2 D_\alpha \vartheta[A_3]|$$
$$-\frac{D^2\vartheta[A]}{\vartheta[A]}\cdot[A_1, A_2, A_3]\Big\} : [A_1, A_2, A_3] = -\frac{D^2\vartheta[A]}{\vartheta[A]} + \sum \frac{D^2\vartheta[B_\gamma]}{\vartheta[B_\gamma]}$$

und daher

$$d\log[A_1, A_2, A_3] = \sum d\log\vartheta[B_\gamma],$$

also

$$(2.)\qquad [A_1, A_2, A_3] = \varepsilon\pi^3 \Pi\vartheta[B_\gamma].$$

In der Formel (1.) sind A_1, A_2, A_3 irgend drei ungerade Charakteristiken, deren Summe A_0 gerade ist. Für drei ungerade Charakteristiken, deren Summe ungerade ist, besteht der folgende dem obigen Theorem analoge Satz:

Sind A_0, A_1, A_2, A_3 vier ungerade Charakteristiken, deren Summe Null ist, so ist

$$
(3.)\quad \left\{\begin{aligned}
&\begin{vmatrix}
\vartheta[A_0](u) & \vartheta[A_1](u) & \vartheta[A_2](u) & \vartheta[A_3](u) \\
D_1\vartheta[A_0](u) & D_1\vartheta[A_1](u) & D_1\vartheta[A_2](u) & D_1\vartheta[A_3](u) \\
D_2\vartheta[A_0](u) & D_2\vartheta[A_1](u) & D_2\vartheta[A_2](u) & D_2\vartheta[A_3](u) \\
D_3\vartheta[A_0](u) & D_3\vartheta[A_1](u) & D_3\vartheta[A_2](u) & D_3\vartheta[A_3](u)
\end{vmatrix} \\
&= \begin{vmatrix}
\vartheta[A_0](2u) & \vartheta[A_1](2u) & \vartheta[A_2](2u) & \vartheta[A_3](2u) \\
D_1\vartheta[A_0] & D_1\vartheta[A_1] & D_1\vartheta[A_2] & D_1\vartheta[A_3] \\
D_2\vartheta[A_0] & D_2\vartheta[A_1] & D_2\vartheta[A_2] & D_2\vartheta[A_3] \\
D_3\vartheta[A_0] & D_3\vartheta[A_1] & D_3\vartheta[A_2] & D_3\vartheta[A_3]
\end{vmatrix}.
\end{aligned}\right.
$$

§ 5.

$\varrho = 3.$

Für die eben hergeleitete Formel (2.), § 4 will ich noch einen andern Beweis angeben, der zwar weit complicirter ist, aber eine grössere Analogie mit den vorhergehenden Entwicklungen darbietet. Bilden die acht Charakteristiken A_α, B_α ($\alpha = 0, \dots 3$) ein Fundamentalsystem und ist

$$P = \Sigma B_\alpha \equiv \Sigma A_\alpha,$$

so sind die Charakteristiken $A_\alpha P$ die wesentlichen Combinationen der A_α und die Charakteristiken $B_\alpha P$ die der B_α. Daher kann man in der Formel (4.) § 2 $A_{4+\alpha} = A_\alpha P$ und $B_{4+\alpha} = B_\alpha P$ setzen. Ist K die Summe der ungeraden Charakteristiken des betrachteten Fundamentalsystems, und setzt man in jener Formel $v_{4+\beta} = u + KA_\beta$, so verschwindet $\vartheta[B_\alpha](u, v_{4+\beta})$ ($\alpha, \beta = 0, \dots 3$) und folglich zerfällt die Determinante rechts in das Product zweier Determinanten vierten Grades. Ferner verschwindet

$$\vartheta[A_\alpha](u, v_{4+\beta}) \quad \text{und} \quad \vartheta[A_\alpha P](u, v_{4+\beta}),$$

falls α von β verschieden ist. Mithin ergiebt sich

$$
\begin{vmatrix}
\vartheta[A](u,v) & \dots & \vartheta[A_3](u,v) & \vartheta[AP](u,v) & \dots & \vartheta[A_3P](u,v) \\
. & \dots & . & . & \dots & . \\
\vartheta[A](u,v_3) & \dots & \vartheta[A_3](u,v_3) & \vartheta[AP](u,v_3) & \dots & \vartheta[A_3P](u,v_3) \\
\vartheta[K](u,u) & \dots & 0 & \binom{P}{KA}\vartheta[KP](u,u) & \dots & 0 \\
. & \dots & . & . & \dots & . \\
0 & \dots & \vartheta[K](u,u) & 0 & \dots & \binom{P}{KA_3}\vartheta[KP](u,u)
\end{vmatrix}
$$

$$= \pm \left|\vartheta[B_\alpha](u, v_\beta)\right| \cdot \left|\binom{A_\alpha}{B_\beta}\vartheta[KPA_\alpha B_\beta](u,u)\right|.$$

Die linke Seite kann man leicht in eine Determinante vierten Grades umwandeln und erhält so

$$\left|\vartheta[KP](u,u)\vartheta[A_\alpha](u,v_\beta)-\left(\begin{smallmatrix}P\\KA_\alpha\end{smallmatrix}\right)\vartheta[K](u,u)\vartheta[A_\alpha P](u,v_\beta)\right|$$
$$= \pm|\vartheta[B_\alpha](u,v_\beta)|.\left|\left(\begin{smallmatrix}A_\alpha\\B_\beta\end{smallmatrix}\right)\vartheta[KPA_\alpha B_\beta](u,u)\right|.$$

Setzt man $v_\beta = u+KPA_\beta$, so verschwinden in der Determinante links die Elemente ausserhalb der Diagonale, und man findet daher

$$(\vartheta^2[K](u,u)-(P)\vartheta^2[KP](u,u))^4 = +\left|\left(\begin{smallmatrix}A_\alpha\\B_\beta\end{smallmatrix}\right)\vartheta[KPA_\alpha B_\beta](u,u)\right|^2.$$

Das Vorzeichen bestimmt man, indem man die Variabeln reell und die Parameter rein imaginär annimmt. Aus den beiden letzten Formeln folgt

$$(1.)\quad\begin{cases}\left|\vartheta[KP](u,u)\vartheta[A_\alpha](u,v_\beta)-\left(\begin{smallmatrix}P\\KA_\alpha\end{smallmatrix}\right)\vartheta[K](u,u)\vartheta[A_\alpha P](u,v_\beta)\right|\\ \quad = \varepsilon(\vartheta^2[K](u,u)-(P)\vartheta^2[KP](u,u))^2|\vartheta[B_\alpha](u,v_\beta)|,\end{cases}$$

wo $\varepsilon=\pm 1$ ist. Vermehrt man u um P, so ergiebt sich daraus

$$(2.)\quad\begin{cases}\left|\vartheta[K](u,u)\vartheta[A_\alpha](u,v_\beta)-\left(\begin{smallmatrix}P\\KA_\alpha P\end{smallmatrix}\right)\vartheta[KP](u,u)\vartheta[A_\alpha P](u,v_\beta)\right|\\ \quad = \varepsilon(P)(\vartheta^2[K](u,u)-(P)\vartheta^2[KP](u,u))^2|\vartheta[B_\alpha P](u,v_\beta)|.\end{cases}$$

Sind R und RP zwei verschiedene ungerade Charakteristiken, ist $\sqrt{P}$ eine beliebige der beiden Quadratwurzeln aus (P), und setzt man

$$\varphi(u,v)=\varphi[R](u,v)=\vartheta[R](u,v)+\left(\begin{smallmatrix}P\\R\end{smallmatrix}\right)\sqrt{P}\,\vartheta[RP](u,v),$$

so ist, wie ich dieses Journal Bd. 96, S. 116 (Formel (6.)) gezeigt habe,

$$|\varphi(u_\alpha,v_\beta)| = |\varphi(u_\alpha,u_\beta)|^{\frac{1}{2}}|\varphi(v_\alpha,v_\beta)|^{\frac{1}{2}} \qquad (\alpha,\beta=0,\dots 3).$$

Setzt man in dieser Gleichung $u_\alpha = u+RA_\alpha$, wo A_α $(\alpha=0,\dots 3)$ irgend vier verschiedene Charakteristiken sind, so erhält man

$$\left|\vartheta[A_\alpha](u,v_\beta)+\left(\begin{smallmatrix}A_\alpha P\\P\end{smallmatrix}\right)\sqrt{P}\,\vartheta[A_\alpha P](u,v_\beta)\right| = \left(\begin{smallmatrix}R\\P\end{smallmatrix}\right)\Pi(A_\alpha)$$
$$\left|\vartheta[RA_\alpha A_\beta](u,u)+\left(\begin{smallmatrix}P\\RA_\alpha A_\beta\end{smallmatrix}\right)(A_\alpha,P)(P)\sqrt{P}\,\vartheta[RA_\alpha A_\beta P](u,u)\right|^{\frac{1}{2}}|\varphi(v_\alpha,v_\beta)|^{\frac{1}{2}}.$$

Sind jetzt $A,\dots A_3$ vier Charakteristiken eines Fundamentalsystems und ist P ihre Summe, so hat

$$(A_\alpha,P) = -(P)\Pi(A_\alpha)$$

für alle vier Charakteristiken denselben Werth. Ersetzt man in der entwickelten Formel $\sqrt{P}$ durch $(A, P)(P)\sqrt{P}$, so erhält man

$$|\varphi[A_\alpha](u, v_\beta)| = \pm \left|(R, A_\alpha)\binom{A_\alpha}{A_\alpha A_\beta}\varphi[RA_\alpha A_\beta](u, u)\right|^{\frac{1}{2}} |\psi(v_\alpha, v_\beta)|^{\frac{1}{2}},$$

wo

$$\psi(u, v) = \vartheta[R](u, v) + \binom{P}{RP}(A, P)\sqrt{P}\,\vartheta[RP](u, v)$$

ist. Setzt man

$$\varphi_{\alpha\beta} = -\varphi_{\beta\alpha} = (R, A_\alpha)\binom{A_\alpha}{A_\alpha A_\beta}\varphi[RA_\alpha A_\beta](u, u)$$

und wählt man $R = KAA_1$, so verschwinden die Grössen $\varphi_{\alpha\beta}$ bis auf φ_{01} und φ_{23}, und daher wird

$$|\varphi_{\alpha\beta}|^{\frac{1}{2}} = \varphi_{01}\varphi_{23} = \pm\varphi[K](u, u)\,\varphi[KP](u, u).$$

Sei ferner

$$\begin{aligned}|\psi(v_\alpha, v_\beta)|^{\frac{1}{2}} &= \psi(v, v_1)\psi(v_2, v_3) + \psi(v, v_2)\psi(v_3, v_1) + \psi(v, v_3)\psi(v_1, v_2)\\ &= \Phi + \Psi\sqrt{P},\end{aligned}$$

wo Φ und Ψ von $\sqrt{P}$ unabhängig sind, also

$$(3.)\quad \begin{cases}\Phi = \vartheta[R](v+v_1)(v-v_1)(v_2+v_3)(v_2-v_3) + \vartheta[R](v+v_2)(v-v_2)(v_3+v_1)(v_3-v_1)\\ \quad + \vartheta[R](v+v_3)(v-v_3)(v_1+v_2)(v_1-v_2) + (P)(\vartheta[RP](v+v_1)(v-v_1)(v_2+v_3)(v_2-v_3)\\ \quad + \vartheta[RP](v+v_2)(v-v_2)(v_3+v_1)(v_3-v_1) + \vartheta[RP](v+v_3)(v-v_3)(v_1+v_2)(v_1-v_2)).\end{cases}$$

Dann ist

$$(4.)\quad \begin{cases}|\varphi[A_\alpha](u, v_\beta)| = \varepsilon'(\Phi + \Psi\sqrt{P})\left(\vartheta[K](u, u) + \binom{P}{K}\sqrt{P}\,\vartheta[KP](u, u)\right)\\ \qquad\qquad \cdot\left(\vartheta[KP](u, u) + \binom{P}{KP}\sqrt{P}\,\vartheta[K](u, u)\right),\end{cases}$$

wo $\varepsilon' = \pm 1$ ist.

Die ganze Function vierten Grades der Variabeln r

$$\varepsilon'\left|\vartheta[A_\alpha](u, v_\beta) + \binom{P}{A_\alpha} r\,\vartheta[A_\alpha P](u, v_\beta)\right|$$
$$-(\Phi + \Psi r)\left(\vartheta[K](u, u) + \binom{P}{K} r\,\vartheta[KP](u, u)\right)\left(\vartheta[KP](u, u) + \binom{P}{KP} r\,\vartheta[K](u, u)\right)$$

verschwindet daher für $r = \pm\sqrt{P}$ und ist folglich durch $1-(P)r^2$ theilbar, also gleich

$$(1-(P)r^2)(\varLambda + Mr + Nr^2).$$

Durch Vergleichung der constanten Glieder und der Coefficienten von r^4 ergiebt sich

$$\begin{aligned}\varLambda &= \varepsilon'|\vartheta[A_\alpha](u, v_\beta)| - \Phi\,\vartheta[K](u, u)\,\vartheta[KP](u, u),\\ N &= -\varepsilon'|\vartheta[A_\alpha P](u, v_\beta)|.\end{aligned}$$

Setzt man ferner

$$r = -\binom{P}{K}\frac{\vartheta[K](u,u)}{\vartheta[KP](u,u)},$$

so erhält man nach Formel (1.)

$$\varepsilon\varepsilon'(\vartheta^2[K](u,u)-(P)\vartheta^2[KP](u,u))|\vartheta[B_\alpha](u,v_\beta)|$$

$$= -(P)\Big(\varLambda\vartheta^2[KP](u,u)-M\binom{P}{K}\vartheta[KP](u,u)\vartheta[K](u,u)+N\vartheta^2[K](u,u)\Big).$$

Setzt man aber

$$r = -\binom{P}{KP}\frac{\vartheta[KP](u,u)}{\vartheta[K](u,u)},$$

so erhält man nach Formel (2.)

$$\varepsilon\varepsilon'(P)(\vartheta^2[K](u,u)-(P)\vartheta^2[KP](u,u))|\vartheta[B_\alpha P](u,v_\beta)|$$

$$= \varLambda\vartheta^2[K](u,u)-M\binom{P}{KP}\vartheta[K](u,u)\vartheta[KP](u,u)+N\vartheta^2[KP](u,u)).$$

Durch Addition dieser beiden Gleichungen ergiebt sich

$$\varepsilon\varepsilon'|\vartheta[B_\alpha](u,v_\beta)|+\varepsilon\varepsilon'(P)|\vartheta[B_\alpha P](u,v_\beta)| = \varLambda-(P)N.$$

Substituirt man darin die oben erhaltenen Ausdrücke für $\varLambda$ und N und ersetzt man ε und ε' durch $-\varepsilon\varepsilon'$ und ε, so erhält man

$$(5.)\quad \begin{cases} \varepsilon|\vartheta[A_\alpha](u,v_\beta)|+\varepsilon(P)|\vartheta[A_\alpha P](u,v_\beta)| \\ +\varepsilon'|\vartheta[B_\alpha](u,v_\beta)|+\varepsilon'(P)|\vartheta[B_\alpha P](u,v_\beta)| \\ = \vartheta[K](u,u)\vartheta[KP](u,u).\varPhi. \end{cases}$$

Ist ϑ eine ungerade Function, und entwickelt man den Ausdruck

$$\vartheta(v+v_1)(v-v_1)(v_2+v_3)(v_2-v_3)+\vartheta(v+v_2)(v-v_2)(v_3+v_1)(v_3-v_1)$$
$$+\vartheta(v+v_3)(v-v_3)(v_1+v_2)(v_1-v_2)$$

nach Potenzen von $v-u$, v_1-u, v_2-u, v_3-u, so ist der Coefficient von $(v_1'-u')(v_2''-u'')(v_3'''-u''')$ gleich $\vartheta(2u)$ mal

$$D_1\vartheta.(D_2\vartheta(2u).D_3\vartheta-D_3\vartheta(2u).D_2\vartheta)+D_2\vartheta.(D_3\vartheta(2u).D_1\vartheta-D_1\vartheta(2u).D_3\vartheta)$$
$$+D_3\vartheta.(D_1\vartheta(2u).D_2\vartheta-D_2\vartheta(2u).D_1\vartheta) = 0.$$

Ich setze nun voraus, von den acht Charakteristiken A_α, B_α seien B_1, B_2, B_3 ungerade, dagegen B, A, ... A_3 gerade. Dann ist BP gerade, während B_1P, B_2P, B_3P, AP, ... A_3P ungerade sind. Vergleicht man dann in den Entwicklungen beider Seiten der Gleichung (5.) die Coefficienten von $(v_1'-u')(v_2''-u'')(v_3'''-u''')$, und ersetzt man $2u$ durch u, so erhält man

$$\varepsilon\Pi\vartheta[A_\alpha]|D_\beta\vartheta[A_\alpha](u)|$$

$$= \varepsilon'\vartheta[B].[B_1,B_2,B_3]\Pi\vartheta[B_\alpha](u)+\varepsilon'(P)\vartheta[BP][B_1P,B_2P,B_3P]\Pi\vartheta[B_\alpha P](u).$$

Vermehrt man u um eine beliebige halbe Periode, so erkennt man, dass, wenn die acht Charakteristiken A_α, B_α irgend ein Fundamentalsystem bilden, eine Gleichung von der Form

$$(6.)\qquad |D_\beta \vartheta[A_\alpha](u)| = a\Pi\vartheta[B_\alpha](u)+b\Pi\vartheta[B_\alpha P](u)$$

besteht, in der a und b Constanten sind. Die vier Charakteristiken A_α können auf zwei Arten zu einem Fundamentalsystem ergänzt werden, nämlich ausser durch die B_α auch durch die $B_\alpha P$. (*T.* S. 211, Satz VI.) Die Formel (6.) ist demnach für $\varrho = 3$ das Analogon der für $\varrho = 2$ geltenden Formel (6.) § 2.

Ich nehme jetzt an, A_1, A_2, A_3 seien ungerade, dagegen $A, B, \dots B_3$ gerade. Dann sind die vier Charakteristiken $B_\alpha P$ ungerade, und daher fängt die Entwicklung des Productes $\Pi\vartheta[B_\alpha P](u)$ mit den Gliedern der vierten Ordnung an. Vergleicht man daher in den Entwicklungen der beiden Seiten der Gleichung (6.) die constanten Glieder und die Glieder zweiter Ordnung, so erhält man, wie in § 2

$$(7.)\qquad [A_1, A_2, A_3] = \varepsilon\pi^3\Pi\vartheta[B_\gamma] \qquad (\gamma = 1, \dots 5),$$

wo A, B durch B_4, B_5 ersetzt sind.

Zum Schluss will ich noch die Constanten a und b in der Formel (6.) bestimmen. Ist wieder A_α, B_α irgend ein Fundamentalsystem und K die Summe der ungeraden Charakteristiken desselben, so erhält man, indem man in (6.) u einmal gleich KA und das andere Mal gleich KAP setzt,

$$\frac{b}{a} = \left(\begin{matrix}P\\A\end{matrix}\right)\frac{\vartheta[K][KAA_1,\ KAA_2,\ KAA_3]}{\vartheta[KP][KAA_1P, KAA_2P, KAA_3P]}.$$

Die drei ungeraden Charakteristiken $KPAA_\varkappa$ $(\varkappa = 1, 2, 3)$, deren Summe congruent K ist, bilden zusammen mit den fünf geraden Charakteristiken KP, $KPAB_\alpha$ ein Fundamentalsystem. Nach Formel (1.) § 4 ist daher

$$|D_\alpha\vartheta[K](u),\quad D_\alpha\vartheta[KPAA_1](u),\quad D_\alpha\vartheta[KPAA_2](u),\quad D_\alpha\vartheta[KPAA_3](u)| : k$$
$$= \frac{\vartheta[KP](2u)}{\vartheta[KP]} - \frac{\vartheta[K](2u)}{\vartheta[K]} + \sum_\alpha \frac{\vartheta[KPAB_\alpha](2u)}{\vartheta[KPAB_\alpha]}.$$

Vermehrt man in dieser Gleichung u um P, so erhält man

$$\left(\begin{matrix}P\\A\end{matrix}\right)\left(\begin{matrix}K\\P\end{matrix}\right)|D_\alpha\vartheta[KP](u),\quad D_\alpha\vartheta[KAA_1](u),\quad D_\alpha\vartheta[KAA_2](u),\quad D_\alpha\vartheta[KAA_3](u)| : k$$
$$= \frac{\vartheta[KP](2u)}{\vartheta[KP]} - \frac{\vartheta[K](2u)}{\vartheta[K]} - \sum_\alpha \frac{\vartheta[KPAB_\alpha](2u)}{\vartheta[KPAB_\alpha]}.$$

Addirt man diese Gleichungen und setzt dann $u=0$, so findet man

$$\vartheta[K][KPAA_1,\ KPAA_2,\ KPAA_3]+\left(\begin{smallmatrix}P\\A\end{smallmatrix}\right)\left(\begin{smallmatrix}K\\P\end{smallmatrix}\right)\vartheta[KP][KAA_1,\ KAA_2,\ KAA_3]=0.$$

Man kann diese Formel in abgeänderter Bezeichnung so aussprechen:

Zerlegt man eine von O verschiedene Charakteristik P auf drei verschiedene Arten in eine Summe von zwei ungeraden Charakteristiken) $A+PA$, $B+PB$, $C+PC$, so ist*

$$\frac{[AP,BP,CP]}{[A,\ B,\ C]}=-\left(\begin{smallmatrix}P\\ABCP\end{smallmatrix}\right)\frac{\vartheta[ABC]}{\vartheta[ABCP]}.$$

Demnach ist

$$\frac{b}{a}=-\left(\begin{smallmatrix}K\\P\end{smallmatrix}\right)\frac{\vartheta^2[K]}{\vartheta^2[KP]}$$

und folglich

$$(8.)\qquad |D_\beta\vartheta[A_\alpha](u)|=\varepsilon\pi^3\Big(\vartheta^2[KP]\,\Pi\vartheta[B_\alpha](u)-\left(\begin{smallmatrix}K\\P\end{smallmatrix}\right)\vartheta^2[K]\,\Pi\vartheta[B_\alpha P](u)\Big).$$

Aus der Formel (7.) ergiebt sich dann, dass $\varepsilon=\pm 1$ ist.

§ 6.

$\varrho = 4$.

Ich schliesse mit einigen Bemerkungen über den Fall $\varrho=4$. Sei $A_1, \dots A_5, B_1, \dots B_5$ ein Fundamentalsystem von zehn geraden Charakteristiken, und seien $A, A_6, \dots A_{15}$ die wesentlichen Combinationen der A_α, und $B, B_6, \dots B_{15}$ die der B_α, speciell $A=A_1\dots A_5$ und $B=B_1\dots B_5$, also $A\equiv B$. Dann sind A und B gerade, dagegen $A_6, \dots A_{15}, B_6, \dots B_{15}$ ungerade. Nach Formel (3.) § 2 ist

$$\Sigma(AA_\lambda)\vartheta[A_\lambda](u+v)(u-v)(u'+v')(u'-v')$$
$$=\Sigma(AB_\lambda)\vartheta[B_\lambda](u+v')(u-v')(u'+v)(u'-v),$$

wo sich λ von 0 bis 15 bewegt. Setzt man $u'=v'=u$, so ergiebt sich daraus

$$\Sigma(AA_\lambda)\vartheta[A_\lambda](0)(2u)(u+v)(u-v)=\Sigma(AB_\lambda)\vartheta[B_\lambda](0)(2u)(u+v)(u-v),$$

wo sich λ nur von 0 bis 5 bewegt. Da aber die dem Werthe $\lambda=0$ entsprechenden Glieder auf beiden Seiten übereinstimmen, so braucht sich λ nur von 1 bis 5 zu bewegen. Setzt man in dieser Formel $v=u+AB_1$,

---

*) Dass dann (für $\varrho=3$) stets ABC gerade ist, hat schon *Riemann* (Ges. Werke S. 468) angegeben.

so erhält man

$$\Sigma\binom{A_\lambda}{A}\binom{B_1}{A_\lambda}\vartheta[A_\lambda](0)(u)\vartheta[A_\lambda AB_1](0)(u) = \binom{B_1}{A}\vartheta[B_1](0)(u)\vartheta[A](0)(u).$$

Sei jetzt in abgeänderter Bezeichnung $A_1, \ldots A_4, B_1, \ldots B_6$ ein Fundamentalsystem von vier ungeraden und sechs geraden Charakteristiken und sei

$$P = \Sigma B_\gamma \equiv \Sigma A_\alpha.$$

Dann bilden

$$A_\alpha B_1 B_2, \quad B_1, \quad B_2, \quad B_3 P, \ldots B_6 P$$

ein Fundamentalsystem von zehn geraden Charakteristiken. Man kann daher in der obigen Formel

$$A_\alpha, \quad A_5, \quad B_1, \quad A$$

durch

$$A_\alpha B_1 B_2, \quad B_3 P, \quad B_2, \quad B_3$$

ersetzen. Dann findet man

$$\Sigma\binom{A_\alpha B_1}{B_3}\binom{B_2}{B_1 A_\alpha}\vartheta[A_\alpha B_1 B_2](0)(u)\vartheta[A_\alpha B_1 B_3](0)(u)$$
$$-\vartheta[B_2](0)(u)\vartheta[B_3](0)(u)+\binom{B_2}{P}\binom{P}{B_3}\vartheta[B_2 P](0)(u)\vartheta[B_3 P](0)(u) = 0.$$

Vermehrt man u um $B_1 B_3$, so ergiebt sich daraus

$$\Sigma\binom{B_1 B_2 B_3}{A_\alpha}\vartheta[A_\alpha B_1 B_2]\vartheta[A_\alpha B_1 B_3]\vartheta[A_\alpha B_2 B_3](u)\vartheta[A_\alpha](u)$$
$$-\vartheta[B_2]\vartheta[B_3]\vartheta[B_1](u)\vartheta[B_1 B_2 B_3](u)$$
$$-(P)\vartheta[B_2 P]\vartheta[B_3 P]\vartheta[B_1 P](u)\vartheta[B_4 B_5 B_6](u) = 0.$$

Durch Vergleichung der Glieder erster Ordnung erhält man demnach

$$\Sigma_\alpha\binom{B_1 B_2 B_3}{A_\alpha}\vartheta[A_\alpha B_2 B_3]\vartheta[A_\alpha B_3 B_1]\vartheta[A_\alpha B_1 B_2]D_\beta\vartheta[A_\alpha]$$
$$-\vartheta[B_1]\vartheta[B_2]\vartheta[B_3]D_\beta\vartheta[B_1 B_2 B_3]-(P)\vartheta[B_1 P]\vartheta[B_2 P]\vartheta[B_3 P]D_\beta\vartheta[B_4 B_5 B_6] = 0.$$

Ebenso ist

$$\Sigma_\alpha\binom{B_4 B_5 B_6}{A_\alpha}\vartheta[A_\alpha B_5 B_6]\vartheta[A_\alpha B_6 B_4]\vartheta[A_\alpha B_4 B_5]D_\beta\vartheta[A_\alpha]$$
$$-(P)\vartheta[B_4 P]\vartheta[B_5 P]\vartheta[B_6 P]D_\beta\vartheta[B_1 B_2 B_3]-\vartheta[B_4]\vartheta[B_5]\vartheta[B_6]D_\beta\vartheta[B_4 B_5 B_6] = 0.$$

Diese Gleichungen liefern zwei verschiedene Lösungen der vier linearen Gleichungen

$$\Sigma_\alpha D_\beta\vartheta[A_\alpha].x_\alpha + D_\beta\vartheta[B_1 B_2 B_3].x_5 + D_\beta\vartheta[B_4 B_5 B_6].x_6 = 0 \qquad (\beta = 1, \ldots 4)$$

zwischen den sechs Unbekannten $x_1, \ldots x_6$. Bekanntlich verhalten sich die aus den Coefficienten der Gleichungen gebildeten Determinanten vierten

Grades, wie die aus den Elementen der Lösungen gebildeten Determinanten zweiten Grades (dieses Journal Bd. 82, S. 237). Aus den beiden obigen Gleichungen folgt daher, dass

$$(1.)\qquad [A_1, A_2, A_3, A_4] = \varepsilon\pi^4(\Pi\vartheta[B_\gamma]-\Pi\vartheta[B_\gamma P])$$

ist, wo ε ein Proportionalitätsfactor ist, der abgesehen vom Vorzeichen ungeändert bleibt, wenn $A_1, \dots A_4$ durch irgend vier andere der sechs Charakteristiken $A_1, \dots A_4$, $B_1B_2B_3$, $B_4B_5B_6$ ersetzt werden und jedesmal für die B_γ sechs gerade Charakteristiken gesetzt werden, welche die gewählten vier ungeraden Charakteristiken zu einem Fundamentalsystem ergänzen. Durch wiederholte Anwendung dieser Formel findet man, dass ε^2 für jedes Fundamentalsystem von vier ungeraden Charakteristiken A_α und sechs geraden B_γ den nämlichen Werth hat. Es liegt daher die Vermuthung nahe, dass ε von den Parametern $\tau_{\alpha\beta}$ unabhängig ist. Indessen ist es mir noch nicht gelungen, einen Beweis dafür zu finden.

Zürich, Juni 1884.

34.

Über die Beziehungen zwischen den 28 Doppeltangenten einer ebenen Curve vierter Ordnung

Journal für die reine und angewandte Mathematik 99, 275–314 (1886)

Die Beziehungen zwischen den 28 Doppeltangenten einer ebenen Curve vierter Ordnung hat *Hesse* (dieses Journal Bd. 49.) auf folgendem Wege gefunden: Die Gesammtheit der Flächen zweiten Grades, welche durch sieben gegebene Punkte $P_0, \dots P_6$ und einen dadurch bestimmten achten Punkt P_7 gehen, wird analytisch durch eine Gleichung $G(x', x'', x'''; y^{(0)}, y', y'', y''') = 0$ dargestellt, deren linke Seite in Bezug auf die Coordinaten $y^{(\nu)}$ eine quadratische, in Bezug auf die Parameter $x^{(\mu)}$ eine lineare homogene Function ist. Die Parameter derjenigen Flächen des Netzes, die in Kegel degeneriren, genügen einer Gleichung vierten Grades $F(x', x'', x''') = 0$. Betrachtet man die Parameter als die Coordinaten eines Punktes in einer Ebene, so stellt diese Gleichung eine Curve vierter Ordnung F_4 dar. Die Spitzen der in dem Flächennetz enthaltenen Kegel bilden eine Raumcurve sechster Ordnung, deren Punkte auf die angegebene Weise den Punkten von F_4 eindeutig zugeordnet sind. Jede der 28 Geraden, welche zwei der Grundpunkte P_α und P_β verbindet, schneidet die Raumcurve in zwei Punkten. Die ihnen entsprechenden Punkte von F_4 sind die Berührungspunkte einer Doppeltangente.

Die Beziehung zwischen den Punkten der ebenen Curve vierter Ordnung und der Raumcurve sechster Ordnung ist von *Hesse* auf rein analytischem Wege hergestellt. Die geometrische Deutung dieser Beziehung hat er sich dadurch erschwert, dass er sowohl die Grössen $x^{(\mu)}$ als auch die Grössen $y^{(\nu)}$ als Punktcoordinaten aufgefasst hat. Betrachtet man die $y^{(\nu)}$ als Punktcoordinaten und die $x^{(\mu)}$ als Liniencoordinaten (oder die $y^{(\nu)}$ als Ebenencoordinaten und die $x^{(\mu)}$ als Punktcoordinaten), so gelangt man zu derjenigen rein geometrischen Darstellung, welche Herr *Sturm* (dieses Journal Bd. 70, S. 229) gegeben hat (oder der reciproken): Die Gesammtheit der

Flächen zweiter Klasse, welche sieben gegebene Ebenen $E_0, \dots E_6$ und eine dadurch bestimmte achte Ebene E_7 berühren, wird ein ***Flächengewebe*** genannt. Diejenigen Flächen des Gewebes, welche in Kegelschnitte degeneriren, berühren jede der acht Grundebenen in den Punkten einer Curve vierter Ordnung, z. B. E_0 in den Punkten von F_4. Die Ebenen dieser Kegelschnitte umhüllen eine developpable Fläche sechster Klasse F_6. Jeder Berührungsebene von F_6 ordne ich den Punkt von F_4 zu, in welchem der in ihr liegende Kegelschnitt die Ebene E_0 berührt. Dann sind die Punkte von F_4 und die Ebenen von F_6 einander gegenseitig eindeutig zugeordnet. Durch die Gerade $G_{\alpha\beta}$, in welcher sich die Ebenen E_α und E_β schneiden, gehen zwei Berührungsebenen von F_6. Die ihnen entsprechenden Punkte von F_4 sind die Berührungspunkte einer Doppeltangente $G^{(0)}_{\alpha\beta}$. Die gemeinsamen Berührungsebenen der beiden Kegelschnitte in jenen beiden Berührungsebenen umhüllen eine Developpable vierter Klasse, welche in den Ebenenbüschel mit der Axe $G_{\alpha\beta}$ und eine Developpable dritter Klasse $D_{\alpha\beta}$ zerfällt. Die Doppeltangente $G^{(0)}_{\alpha\beta}$ ist mithin die Gerade, längs welcher E_0 von der Developpablen ($G_{\alpha\beta}$, $D_{\alpha\beta}$) berührt wird. Daher ist $G^{(0)}_{0\alpha} = G_{0\alpha}$ die Schnittlinie von E_0 und E_α und $G^{(0)}_{\alpha\beta}$ $(\alpha, \beta = 1, \dots 7)$ die Gerade, längs welcher die Developpable dritter Klasse $D_{\alpha\beta}$ die Ebene E_0 berührt. Die gemeinsamen Berührungsebenen von irgend zwei Flächen des Gewebes umhüllen eine Developpable vierter Klasse, welche von einfach unendlich vielen Flächen des Gewebes berührt wird, der durch jene beiden bestimmten ***Flächenschaar***. In jeder solchen Flächenschaar befinden sich vier Kegelschnitte. Die einzigen in dem Gewebe enthaltenen Developpabeln vierter Klasse, welche zerfallen, sind die 28 Developpabeln ($G_{\alpha\beta}$, $D_{\alpha\beta}$). (***Sturm***, l. c. S. 224.)

Nachdem die ***Hesse***sche Darstellung so modificirt und der geometrischen Anschauung zugänglich gemacht ist, kann man leicht die Beziehung erkennen, in welcher sie zu den Untersuchungen von ***Aronhold*** (Berliner Monatsber. 1864, S. 499) steht: Eine Developpable vierter Klasse des betrachteten Gewebes wird von jeder Ebene E in einer Curve vierter Klasse K geschnitten, welche die acht Schnittlinien von E mit den acht Grundebenen E_α berührt. Ist E eine Berührungsebene der Developpabeln, so reducirt sich K auf eine Curve dritter Klasse. Ist endlich E eine der acht Grundebenen, z. B. E_0, so hat die Curve dritter Klasse K nur noch sieben feste Tangenten, nämlich die Geraden $G_{0\alpha}$. Unter den Tangenten von K ist besonders bemerkenswerth die Gerade T, längs welcher E_0 die betrachtete

Developpable berührt. Ordnet man die Gerade T und die Curve K einander zu, so entspricht jeder Geraden T der Ebene E_0 eine Curve dritter Klasse K, welche die sieben festen Geraden $G_{0\alpha}$ und die Gerade T berührt, und jeder Curve dritter Klasse des Curvengewebes mit den sieben Grundtangenten $G_{0\alpha}$ eine bestimmte ihrer Tangenten T. Unter den Curven dieses Gewebes giebt es 21, welche zerfallen in den Punkt, in dem sich zwei der sieben Grundtangenten $G_{0\alpha}$ und $G_{0\beta}$ schneiden, und den Kegelschnitt, der von den fünf anderen berührt wird. Dieselben sind die Schnitte der zerfallenden Developpabeln ($G_{\alpha\beta}$, $D_{\alpha\beta}$) und der Ebene E_0. Die 21 Geraden T, welche diesen zerfallenden Curven K entsprechen, sind die 21 Doppeltangenten der durch die sieben gegebenen Doppeltangenten $G_{0\alpha}$ bestimmten Curve F_4. *Die Aronholdsche Figur ist also der Durchschnitt der Hesse-Sturmschen Figur mit einer ihrer acht Grundebenen.*

Nun lässt sich aber, wie zuerst Herr *Godt* (*Inauguraldissertation: Ueber den Connex erster Ordnung und zweiter Klasse, Göttingen 1873, vgl. Clebsch-Lindemann, Vorlesungen über Geometrie, Abth. 7, Abschnitt VII*) bemerkt hat, die *Aronhold*sche Theorie dadurch vereinfachen, dass man sie auf folgenden Satz basirt:

I. *Sind in einer Ebene sieben gerade Linien gegeben, so geht durch jeden Punkt ein und nur ein Paar von geraden Linien, welche zusammen mit den sieben gegebenen die gemeinsamen Tangenten zweier Curven dritter Klasse bilden.*

Aronhold geht davon aus, dass, wenn sieben Gerade gegeben sind, jede achte Gerade eine Schaar von Curven dritter Klasse bestimmt, die noch eine neunte Tangente gemeinsam haben. Diese beiden Tangenten und ihren Durchschnittspunkt nennt er das *letzte Tangentenpaar* der Schaar und seinen *Scheitel*. Die Gerade T, welche einer Curve K des Gewebes entspricht, definirt er als den Ort der Scheitel der die Curve K berührenden letzten Tangentenpaare. Aber er erwähnt nicht, dass jeder Punkt der Ebene der Scheitel von nur *einem* solchen Tangentenpaare ist, und er benutzt in seinen geometrischen und analytischen Entwicklungen immer nur die Zuordnung der Geraden T und der Curven K, aber nicht die einfachere Zuordnung zwischen den letzten Tangentenpaaren und ihren Scheiteln. Wenn nun auch die geometrischen Sätze, die auf diesem Wege erhalten werden, nur wenig über die *Aronhold*schen Resultate hinausgehen, so gewinnen doch, wie ich im Folgenden zeigen werde, die analytischen Entwicklungen durch diese Modification ausserordentlich an Einfachheit und Symmetrie. Ehe ich aber dazu übergehe, will ich auseinandersetzen, wie man die *Hesse-Sturm*sche Darstellung in ähnlicher Weise vereinfachen kann, wie dies Herr *Godt* mit der *Aronhold*schen Theorie gethan hat.

§ 1.

Geometrische Entwicklung der Beziehungen zwischen den 28 Doppeltangenten.

Nennt man die acht Punkte *) $P_0, \dots P_7$, in denen eine bestimmte Fläche zweiter Klasse eines Gewebes die acht Grundebenen $E_0, \dots E_7$ berührt, *entsprechende* Punkte, so sind je zwei der acht Ebenen collinear, so dass den Punkten einer Geraden in einer Grundebene auch in jeder andern die Punkte einer Geraden entsprechen. Speciell entspricht der Geraden $G_{\alpha\beta}$ der Ebene E_α, in welcher E_α von E_β geschnitten wird, dieselbe Gerade in der Ebene E_β. Die 28 Geraden $G_{\alpha\beta}^{(0)}$, welche den 28 Schnittlinien $G_{\alpha\beta}$ in der Ebene E_0 entsprechen, sind die 28 Doppeltangenten derjenigen Curve vierter Ordnung C_0, welche bereits dadurch vollständig bestimmt ist, dass sie die sieben Geraden $G_{01}, \dots G_{07}$ zu sieben solchen Doppeltangenten hat, von denen je drei *azygetisch* sind. (*Azygetisch* nenne ich drei Doppeltangenten, wenn ihre sechs Berührungspunkte nicht auf einem Kegelschnitt liegen. Vgl. dieses Journal Bd. 96, S. 85.) Da den Punkten der Geraden $G_{\alpha\beta}$ in der Ebene E_α die Punkte derselben Geraden in der Ebene E_β projectivisch entsprechen, so giebt es auf derselben zwei sich selbst entsprechende Punkte $P_{\alpha\beta}$ und $Q_{\alpha\beta}$. Die ihnen in der Ebene E_0 correspondirenden Punkte sind die Berührungspunkte der Doppeltangente $G_{\alpha\beta}^{(0)}$ mit der Curve vierter Ordnung C_0.

Es ist leicht, diese Sätze geometrisch zu beweisen: Durch neun Berührungsebenen ist eine Fläche zweiter Klasse bestimmt. Fallen drei derselben zusammen, so ergiebt sich der Satz:

II. *Eine Fläche zweiter Klasse ist im Allgemeinen vollständig bestimmt, wenn sieben ihrer Berührungsebenen gegeben sind und der Punkt, in dem sie eine derselben berührt.*

Eine Fläche eines Gewebes mit den acht Grundebenen $E_0, \dots E_7$ ist folglich durch die Bedingung, die Ebene E_0 in einem beliebig auf derselben gewählten Punkte P_0 zu berühren, vollständig bestimmt. Durch einen

*) Solche acht Punkte sind immer die Schnittpunkte dreier Flächen zweiter Ordnung, wie die Betrachtung der Polarfigur des Gewebes in Bezug auf jene Fläche zeigt.

der acht Punkte P_α, in denen eine Fläche des Gewebes die acht Ebenen E_α berührt, sind also die übrigen eindeutig bestimmt.

In einem Flächengewebe giebt es unzählig viele Flächenschaaren. Die gemeinsamen Berührungsebenen der Flächen einer Schaar umhüllen eine Developpable vierter Klasse: Jede dieser Ebenen E wird von den Flächen der Schaar in den Punkten einer Geraden berührt, nämlich der Geraden, längs welcher E die Developpable berührt. Speciell berühren daher die Flächen einer in dem Gewebe enthaltenen Schaar jede der acht Grundebenen E_α in den Punkten einer Geraden. Umgekehrt bilden alle Flächen des Gewebes, welche E_α in den Punkten einer Geraden berühren, eine Schaar, weil die Gerade durch zwei ihrer Punkte und die Schaar durch zwei ihrer Flächen bestimmt ist. Die Flächen des Gewebes, welche eine der acht Grundebenen in den Punkten einer Geraden berühren, berühren daher auch jede andere Grundebene in den Punkten einer Geraden. Durchläuft also der Punkt P_α in der Ebene E_α eine Gerade, so durchläuft auch der entsprechende Punkt P_β in der Ebene E_β eine Gerade. Die acht Grundebenen sind folglich durch die obige Festsetzung über das Entsprechen ihrer Punkte collinear auf einander bezogen. (Vgl. *Reye, Geom. d. Lage,* 2. *Aufl. Abth. II,* S. 230.)

Berührt eine Fläche des Gewebes die Ebene E_α in einem Punkte P_α auf der Geraden $G_{\alpha\beta}$, so gehen durch diese Gerade drei Berührungsebenen an die Fläche, nämlich die Ebene E_β und die doppelt zu zählende Ebene E_α, und folglich liegt die Gerade $G_{\alpha\beta}$ auf der Fläche, und jede durch $G_{\alpha\beta}$ gehende Ebene berührt die Fläche in einem Punkte von $G_{\alpha\beta}$. Speciell liegt daher der Punkt P_β, in welchem die Fläche die Ebene E_β berührt, auf der Geraden $G_{\alpha\beta}$. In den beiden projectivischen Punktreihen, die demnach auf dem Träger $G_{\alpha\beta}$ vereinigt liegen, seien $P_{\alpha\beta}$ und $Q_{\alpha\beta}$ die sich selbst entsprechenden Punkte. Diejenige Fläche des Gewebes, welche die Ebene E_α in $P_{\alpha\beta}$ berührt, berührt dann auch die Ebene E_β in demselben Punkte. Eine Fläche zweiter Klasse aber, welche in einem Punkte $P_{\alpha\beta}$ zwei verschiedene Berührungsebenen hat, ist ein Kegelschnitt, welcher die Schnittlinie $G_{\alpha\beta}$ der beiden Ebenen berührt. Berührt umgekehrt ein Kegelschnitt, der eine Fläche zweiter Klasse des gegebenen Gewebes ist, die Ebene E_α in einem Punkte P_α auf der Geraden $G_{\alpha\beta}$, so berührt er in diesem Punkte auch die Ebene E_β. Denn würde er sie in einem andern Punkte P_β berühren, so hätte er drei Punkte mit der Ebene E_β gemeinsam, nämlich den

Punkt P_α und den doppelt zu zählenden Punkt P_β, und er müsste daher ganz und gar in E_β liegen. In dieser Ebene liegt aber im Allgemeinen kein Kegelschnitt des Gewebes. Derselbe müsste nämlich die sieben von E_β verschiedenen Grundebenen E_λ berühren, also die sieben Geraden $G_{\lambda\beta}$ zu Tangenten haben. Da aber sieben von den acht Ebenen willkürlich gewählt werden können, so berühren im Allgemeinen sechs der Geraden $G_{\lambda\beta}$ nicht einen Kegelschnitt.

Ist G_α eine beliebige Gerade der Ebene E_α, so bilden die Flächen des Gewebes, welche E_α in den Punkten von G_α berühren, eine Schaar. In derselben befinden sich vier Kegelschnitte, und daher liegen auf G_α vier Punkte, in denen G_α von Kegelschnitten des Gewebes berührt wird. Die Berührungspunkte aller Kegelschnitte des Gewebes mit der Ebene E_α bilden folglich eine Curve vierter Ordnung C_α. Dieselbe hat nach den obigen Entwicklungen die sieben Geraden $G_{\alpha\lambda}$ zu Doppeltangenten und wird von $G_{\alpha\lambda}$ in den Punkten $P_{\alpha\lambda}$ und $Q_{\alpha\lambda}$ berührt.

Da die acht Curven C_α projectivisch auf einander bezogen sind, so entspricht jeder Doppeltangente der Curve C_α eine Doppeltangente der Curve C_β. Insbesondere haben die beiden Curven C_α und C_β die Doppeltangente $G_{\alpha\beta}$ gemeinsam und werden von derselben in den nämlichen Punkten $P_{\alpha\beta}$ und $Q_{\alpha\beta}$ berührt. Entspricht der Geraden $G_{\alpha\beta}$ in der Ebene E_α (oder E_β) die Gerade $G_{\alpha\beta}^{(\gamma)}$ in der Ebene E_γ, so sind die sieben Geraden $G_{0\alpha}$ ($\alpha = 1, \dots 7$) und die 21 Geraden $G_{\alpha\beta}^{(0)}$ ($\alpha, \beta = 1, \dots 7$) die 28 Doppeltangenten der Curve C_0. Dies Ergebniss lässt sich auch so aussprechen:

III. *Alle Flächen des Gewebes, welche die Gerade $G_{\alpha\beta}$ enthalten, berühren die Ebene E_γ in den Punkten der Doppeltangente $G_{\alpha\beta}^{(\gamma)}$.*

Eine Fläche des Gewebes, welche durch den Schnittpunkt $P_{\alpha\beta\gamma}$ der drei Ebenen E_α, E_β, E_γ geht, muss eine der drei Geraden $G_{\beta\gamma}$, $G_{\gamma\alpha}$, $G_{\alpha\beta}$ enthalten. Denn der von $P_{\alpha\beta\gamma}$ an die Fläche gelegte Berührungskegel zerfällt in zwei Ebenenbüschel, deren Axen die beiden durch jenen Punkt gehenden Geraden der Fläche sind. Da E_α, E_β, E_γ Berührungsebenen dieses Kegels sind, so gehören zwei dieser Ebenen, etwa E_α und E_β, einem der beiden Ebenenbüschel an (und die dritte dem andern). Daher ist ihre Schnittlinie $G_{\alpha\beta}$ eine Gerade auf der Fläche. Daraus folgt:

IV. *Alle Flächen des Gewebes, welche durch den Schnittpunkt der Grundebenen E_α, E_β, E_γ gehen, berühren die Ebene E_λ in den Punkten der drei Doppeltangenten $G_{\beta\gamma}^{(\lambda)}$, $G_{\gamma\alpha}^{(\lambda)}$, $G_{\alpha\beta}^{(\lambda)}$.*

Allgemeiner bilden, wenn P ein beliebiger Punkt des Raumes ist, die Berührungspunkte der Ebene E_0 mit den durch P gehenden Flächen des Gewebes eine Curve dritter Ordnung, welche die Curve C_0 in sechs Punkten berührt, die nicht auf einem Kegelschnitt liegen, und die zwölf Berührungspunkte von zwei solchen Berührungscurven dritter Ordnung, die den Punkten P und Q entsprechen, liegen auf einer Curve dritter Ordnung, dem Orte der Berührungspunkte derjenigen Flächen des Gewebes, für welche P und Q harmonische Pole sind *). Damit die einem Punkte P entsprechende Curve dritter Ordnung einen Doppelpunkt habe, ist nothwendig und hinreichend, dass P entweder in einer der acht Grundebenen liegt, oder auf einer gewissen Fläche achter Ordnung, der Singularitätenfläche des Liniencomplexes dritten Grades, welcher von den Geraden aller Flächen des Gewebes gebildet wird **). Einem Punkte P in der Ebene E_0 entspricht eine Berührungscurve dritter Ordnung, welche P zum Doppelpunkt hat. Sind P und Q zwei Punkte in der Ebene E_0, so liegen die zwölf Berührungspunkte der beiden ihnen entsprechenden Curven dritter Ordnung auf einer Curve dritter Ordnung, welche auch durch die beiden Punkte P und Q geht. Legt man durch die sechs Berührungspunkte einer solchen speciellen Berührungscurve dritter Ordnung (welche einem Punkte in der Ebene E_0 entspricht) und durch ihren Doppelpunkt eine beliebige Curve dritter Ordnung, so schneidet diese die Curve C_0 in sechs weiteren Punkten, in denen sie auch wieder von einer bestimmten Berührungscurve dieses speciellen Systems berührt wird.

Während in der *Hesse*schen Theorie alle möglichen Berührungscurven dritter Ordnung (eines der 36 Systeme) auftreten, (welche den Punkten des Raumes eindeutig zugeordnet sind), werden in der Darstellung des Herrn *Godt* nur die zuletzt erwähnten speciellen Berührungscurven benutzt, (welche den Punkten der Ebene E_0 entsprechen). Nach Satz I entspricht

---

*) Ist die Fläche ein Kegelschnitt, so reducirt sich die Bedingung, dass P und Q harmonische Pole sind, darauf, dass einer der beiden Punkte in der Ebene des Kegelschnitts liegt. Durch P gehen die Ebenen von sechs Kegelschnitten und ebenso durch Q. In Bezug auf diese zwölf in Kegelschnitte degenerirende Flächen sind P und Q harmonische Pole.

**) Nach einer Angabe von *Cayley* (*Salmon*, Geom. of three dim. ed. 3, pag. 188, Anm.) ist die Discriminante der in § 7 mit $H(x, y)$ bezeichneten Function dritten Grades von x', x'', x''' gleich AB^2, wo A und B ganze Functionen achten Grades von $y^{(0)}$, y', y'', y''' sind, und $A = 0$ das Product der Gleichungen der acht Grundebenen ist, $B = 0$ die Gleichung der oben erwähnten Singularitätenfläche.

jedem Punkte P der Ebene E_0 ein Paar von geraden Linien, die sich in P schneiden. Dieselben sind die Schnittlinien von E_0 mit der Fläche des Gewebes, welche E_0 in P berührt. In der obigen Darstellung spielt daher der Satz II dieselbe Rolle, wie in der *Godt*schen Theorie der Satz I, und diese Darstellung steht zu der von *Godt* in derselben Beziehung, wie die *Hesse-Sturm*sche Theorie zu der von *Aronhold*.

§ 2.

Ueber das letzte Tangentenpaar, dessen Scheitel ein gegebener Punkt ist.

In Bezug auf ein gegebenes Coordinatendreieck bezeichne ich die Coordinaten eines Punktes x mit x', x'', x''' und die einer Geraden u mit u', u'', u'''. Sind sieben (projectivisch unabhängige) Geraden gegeben, deren λ^{te} a_λ die Coordinaten $a'_\lambda, a''_\lambda, a'''_\lambda$ hat, so definire ich sieben Constanten $g_1, \dots g_7$ durch die identische Gleichung

$$|r_\lambda, a'^2_\lambda, a''^2_\lambda, a'''^2_\lambda, a''_\lambda a'''_\lambda, a'''_\lambda a'_\lambda, a'_\lambda a''_\lambda| = \Sigma g_\lambda r_\lambda,$$

in welcher $r_1, \dots r_7$ willkürliche Grössen sind, und die linke Seite die Determinante siebenten Grades bedeutet, deren Zeilen man aus der einen hingeschriebenen erhält, indem man $\lambda = 1, 2, \dots 7$ setzt. Bezeichnet man eine homogene Function $f(a', a'', a''')$ der Variabeln a', a'', a''' kurz mit $f(a)$, so sind die Verhältnisse der Grössen g_λ vollständig durch die Bedingung definirt, dass für *jede* homogene Function zweiten Grades $f_2(a)$ die Gleichung

$$(1.) \qquad \Sigma g_\lambda f_2(a_\lambda) = 0$$

besteht. Die aus den Coordinaten dreier Geraden a, b, c gebildete Determinante bezeichne ich im Folgenden mit

$$(a, b, c) = \begin{vmatrix} a' & a'' & a''' \\ b' & b'' & b''' \\ c' & c'' & c''' \end{vmatrix}.$$

Setzt man dann

$$f_{\alpha\beta\gamma} = (a_\alpha, a_\beta, a_\gamma),$$

so ist

$$(2.) \qquad \varepsilon g_\lambda = f_{\alpha\beta\gamma} f_{\alpha\beta'\gamma'} f_{\alpha'\beta\gamma'} f_{\alpha'\beta'\gamma} - f_{\alpha'\beta'\gamma'} f_{\alpha'\beta\gamma} f_{\alpha\beta'\gamma} f_{\alpha\beta\gamma'},$$

wo $\varepsilon = +1$ oder -1 ist, je nachdem $\alpha, \alpha', \beta, \beta', \gamma, \gamma', \lambda$ eine eigentliche oder uneigentliche Permutation der Zahlen $1, 2, \dots 7$ ist.

Sind a_8 und a_9 zwei weitere gerade Linien, so besteht die nothwendige und hinreichende Bedingung dafür, dass es unendlich viele Curven dritter

Klasse giebt, welche die neun Geraden a_ν zu Tangenten haben, in der Möglichkeit, neun Grössen k_ν so zu bestimmen, dass für *jede* homogene Function dritten Grades $f_3(a)$ die Gleichung

$$(3.)\qquad \Sigma k_\nu f_3(a_\nu) = 0 \qquad\qquad (\nu = 1, \dots 9)$$

besteht. Setzt man in derselben $f_3(a) = (x'a'+x''a''+x'''a''')f_2(a)$, wo $f_2(a)$ eine Function zweiten Grades ist, und

$$(4.)\qquad x' = a_8''a_9'''-a_8'''a_9'', \quad x'' = a_8'''a_9'-a_8'a_9''', \quad x''' = a_8'a_9''-a_8''a_9'$$

die Coordinaten des Schnittpunktes der Geraden a_8 und a_9 sind, so erhält man

$$\Sigma_1^7 k_\lambda x_\lambda f_2(a_\lambda) = 0,$$

wo

$$(5.)\qquad a_\lambda'x'+a_\lambda''x''+a_\lambda'''x''' = x_\lambda$$

ist. Aus der Gleichung (1.) folgt mithin, dass sich die sieben Grössen $k_\lambda x_\lambda$ wie die Grössen g_λ verhalten. Ich setze daher

$$k_\lambda = -\frac{g_\lambda}{x_\lambda} \qquad\qquad (\lambda = 1, \dots 7).$$

Sind y', y'', y''' die Coordinaten eines willkürlichen Punktes y, ist

$$(6.)\qquad a_\lambda'y'+a_\lambda''y''+a_\lambda'''y''' = y_\lambda,$$

und setzt man in der Gleichung (3.) $f_3(a) = (y'a'+y''a''+y'''a''')f_2(a)$, so erhält man

$$(7.)\qquad \Sigma \frac{g_\lambda y_\lambda}{x_\lambda} f_2(a_\lambda) = k_8 y_8 f_2(a_8)+k_9 y_9 f_2(a_9).$$

Sei $h(y', y'', y''')$ eine willkürliche homogene Function zweiten Grades und

$$(8.)\qquad h_{\varkappa\lambda} = h_{\lambda\varkappa} = h(a_\varkappa''a_\lambda'''-a_\varkappa'''a_\lambda'', \; a_\varkappa'''a_\lambda'-a_\varkappa'a_\lambda''', \; a_\varkappa'a_\lambda''-a_\varkappa''a_\lambda').$$

Nach Gleichung (7.) ist dann

$$\sum_\lambda h_{\varkappa\lambda} \frac{g_\lambda y_\lambda}{x_\lambda} = k_8 y_8 h_{\varkappa 8}+k_9 y_9 h_{\varkappa 9}$$

und daher

$$\sum_{\varkappa,\lambda} h_{\varkappa\lambda} \frac{g_\varkappa y_\varkappa}{x_\varkappa}\frac{g_\lambda y_\lambda}{x_\lambda} = k_8 y_8 \sum_\varkappa \frac{g_\varkappa y_\varkappa}{x_\varkappa} h_{\varkappa 8}+k_9 y_9 \sum_\varkappa \frac{g_\varkappa y_\varkappa}{x_\varkappa} h_{\varkappa 9}.$$

Nach derselben Gleichung ist aber, weil $h_{88} = h_{99} = 0$ ist und nach (4.) $h_{89} = h(x)$ ist,

$$\sum_\varkappa \frac{g_\varkappa y_\varkappa}{x_\varkappa} h_{\varkappa 8} = k_9 y_9 h(x), \quad \sum_\varkappa \frac{g_\varkappa y_\varkappa}{x_\varkappa} h_{\varkappa 9} = k_8 y_8 h(x)$$

und folglich

$$\sum_{\varkappa,\lambda} h_{\varkappa\lambda} \frac{g_\varkappa g_\lambda y_\varkappa y_\lambda}{x_\varkappa x_\lambda} = 2 k_8 k_9 y_8 y_9 h(x).$$

Setzt man also

$$(9.)\qquad \Sigma_{\varkappa,\lambda}{}_1^7\, h_{\varkappa\lambda}\frac{g_\varkappa g_\lambda y_\varkappa y_\lambda}{x_\varkappa x_\lambda} = -\frac{2L(x,y)h(x)}{\Pi(x_\lambda)},$$

so ist die ganze homogene Function zweiten Grades $L(x, y)$ der Variabeln y', y'', y''' bis auf einen constanten Factor gleich $y_8 y_9$, und $L(x, y) = 0$ ist die Gleichung der beiden durch den Punkt x gehenden Geraden, welche zusammen mit den Geraden $a_1, \dots a_7$ die gemeinsamen Tangenten zweier Curven dritter Klasse sind.

§. 3.

Jeder Punkt ist der Scheitel eines letzten Tangentenpaares.

Wird jetzt $L(x, y)$ als Function der Coordinaten der beiden *willkürlichen* Punkte x und y durch die Formel (9.) § 2 definirt, so ist umgekehrt zu zeigen, dass die Gleichung $L(x, y) = 0$, falls x ein beliebig gegebener Punkt ist, zwei gerade Linien darstellt, die sich in x schneiden, und zusammen mit den gegebenen Geraden $a_1, \dots a_7$ die gemeinsamen Tangenten zweier Curven dritter Klasse sind. Zunächst behaupte ich, dass $L(x, y)$ von der Wahl von $h(x)$ unabhängig und in Bezug auf die Coordinaten von x eine *ganze* Function dritten Grades ist. Um dies zu beweisen, nehme ich für $h(x)$ das Product zweier linearen Functionen

$$(1.)\qquad \Sigma_\nu{}_1^3 a^{(\nu)}x^{(\nu)} = f(x), \quad \Sigma_\nu{}_1^3 b^{(\nu)}x^{(\nu)} = g(x).$$

Setzt man

$$(2.)\qquad f_{\varkappa\lambda} = (a, a_\varkappa, a_\lambda), \quad g_{\varkappa\lambda} = (b, a_\varkappa, a_\lambda),$$

so werde ich zunächst zeigen, dass der Ausdruck

$$(\Pi_\lambda x_\lambda)\Sigma_{\varkappa,\lambda} f_{\varkappa\lambda} g_{\varkappa\lambda}\frac{g_\varkappa g_\lambda y_\varkappa y_\lambda}{x_\varkappa x_\lambda} = M$$

als Function der Grössen a und x durch $f(x)$ theilbar ist. Sind z und t willkürliche Punkte, und setzt man

$$\Sigma_\nu a_\lambda^{(\nu)} z^{(\nu)} = z_\lambda, \quad \Sigma_\nu a_\lambda^{(\nu)} t^{(\nu)} = t_\lambda,$$

so ist

$$\begin{vmatrix} a' & a'' & a''' \\ a'_\varkappa & a''_\varkappa & a'''_\varkappa \\ a'_\lambda & a''_\lambda & a'''_\lambda \end{vmatrix} \begin{vmatrix} x' & x'' & x''' \\ z' & z'' & z''' \\ t' & t'' & t''' \end{vmatrix} = \begin{vmatrix} f(x) & x_\varkappa & x_\lambda \\ f(z) & z_\varkappa & z_\lambda \\ f(t) & t_\varkappa & t_\lambda \end{vmatrix}$$

$$= f(x)(z_\varkappa t_\lambda - z_\lambda t_\varkappa) + x_\varkappa(z_\lambda f(t) - t_\lambda f(z)) + x_\lambda(t_\varkappa f(z) - z_\varkappa f(t)),$$

und daher

$$(x, z, t)M = f(x)\sum_{\varkappa,\lambda}(z_\varkappa t_\lambda - z_\lambda t_\varkappa)g_{\varkappa\lambda}\frac{g_\varkappa g_\lambda y_\varkappa y_\lambda}{x_\varkappa x_\lambda}$$
$$+\sum_\lambda \frac{g_\lambda y_\lambda}{x_\lambda}(z_\lambda f(t) - t_\lambda f(z))(\sum_\varkappa g_\varkappa g_{\varkappa\lambda} y_\varkappa)$$
$$+\sum_\varkappa \frac{g_\varkappa y_\varkappa}{x_\varkappa}(t_\varkappa f(z) - z_\varkappa f(t))(\sum_\lambda g_\lambda g_{\varkappa\lambda} y_\lambda).$$

Auf der rechten Seite dieser Gleichung verschwindet aber das zweite und dritte Glied, weil nach Formel (1.), § 2

$$\sum_\varkappa g_\varkappa g_{\varkappa\lambda} y_\varkappa = 0, \quad \sum_\lambda g_\lambda g_{\varkappa\lambda} y_\lambda = 0$$

ist, und daher zeigt dieselbe, dass M durch $f(x)$ theilbar ist. Ebenso ist M durch $g(x)$ theilbar. Setzt man also

$$(3.) \qquad (\prod_\lambda x_\lambda)\sum_{\varkappa,\lambda} f_{\varkappa\lambda} g_{\varkappa\lambda}\frac{g_\varkappa g_\lambda y_\varkappa y_\lambda}{x_\varkappa x_\lambda} = -2L(x, y)f(x)g(x),$$

so ist L eine *ganze* Function dritten Grades von x', x'', x''', die von den Unbestimmten $a', a'', a''', b', b'', b'''$ unabhängig ist. Entwickelt man daher nach den letzteren Grössen, so zerfällt die Gleichung (3.) in sechs Gleichungen. Multiplicirt man diese mit willkürlichen Constanten und addirt sie, so erhält man die Gleichung (9.) § 2. In Bezug auf die Coordinaten jeder der sieben gegebenen Geraden ist $L(x, y)$ eine ganze Function fünften Grades.

Die symmetrische bilineare Function

$$(4.) \qquad \sum_{\varkappa,\lambda} h_{\varkappa\lambda}\frac{g_\varkappa g_\lambda y_\varkappa z_\lambda}{x_\varkappa x_\lambda} = -\frac{2L(x; y, z)h(x)}{\prod(x_\lambda)}$$

der beiden variabeln Punkte y und z geht für $y = x$ in

$$\sum_\lambda \frac{g_\lambda z_\lambda}{x_\lambda}(\sum_\varkappa g_\varkappa h_{\varkappa\lambda})$$

über, und dieser Ausdruck verschwindet, weil nach (1.) § 2 $\sum_\varkappa g_\varkappa h_{\varkappa\lambda} = 0$ ist. Die durch die Gleichung (9.) § 2 definirte quadratische Function $L(x, y)$ des Punktes y verschwindet folglich für $y = x$ von der zweiten Ordnung. Daher ist L eine ganze Function zweiten Grades der Determinanten

$$(5.) \qquad x''y''' - x'''y'' = tu', \quad x'''y' - x'y''' = tu'', \quad x'y'' - x''y' = tu''',$$

deren Coefficienten lineare Functionen von x sind,

$$L(x, y) = t^2(V'x' + V''x'' + V'''x'''),$$

wo V', V'', V''' quadratische Functionen von u sind. Dieselben sind nicht vollständig bestimmt, sondern können durch $V'+wu'$, $V''+wu''$, $V'''+wu'''$ ersetzt werden, wo w eine beliebige lineare Function von u ist. Dagegen sind

$$X' = u''V'''-u'''V'', \quad X'' = u'''V'-u'V''', \quad X''' = u'V''-u''V'$$

völlig bestimmte kubische Functionen von u, zwischen denen die identische Gleichung

$$(6.) \quad u'X'+u''X''+u'''X''' = 0$$

besteht. Den Gleichungen (5.) genügt man, indem man

$$(7.) \quad x' = a''u'''-a'''u'', \quad x'' = a'''u'-a'u''', \quad x''' = a'u''-a''u',$$

$$(8.) \quad y' = b''u'''-b'''u'', \quad y'' = b'''u'-b'u''', \quad y''' = b'u''-b''u'$$

setzt, wo a und b willkürliche Grössen sind, und die Determinante (a, b, u) mit t bezeichnet. Mithin ist

$$(9.) \quad L(a''u'''-a'''u'', \ldots; b''u'''-b'''u'', \ldots) = (a, b, u)^2(a'X'+a''X''+a'''X''').$$

Nach Formel (9.) § 2 verschwindet $L(x, y)$, wenn $x_\lambda = y_\lambda = 0$ ist. Daher wird die Gleichung

$$(10.) \quad a'X'+a''X''+a'''X''' = 0$$

durch jeden der sieben Werthe $u = a_\lambda$ befriedigt. Der Identität (6.) zufolge genügt ihr auch $u = a$.

Die drei Functionen X', X'', X''' sind linear unabhängig. Denn sonst könnte man a so wählen, dass die Gleichung (10.) für alle Werthe von u erfüllt wäre. Der Gleichung (9.) zufolge wäre daher $L(x, y) = 0$, wenn y beliebig ist, x aber der Gleichung $f(x) = \Sigma a^{(\nu)}x^{(\nu)} = 0$ genügt. Daher wäre $L(x, y)$ durch $f(x)$ theilbar. Da nun $L(x, y)$ für $y = x$ von der zweiten Ordnung verschwindet, so müsste sich der Quotient als ganze Function zweiten Grades der Determinanten (5.) darstellen lassen, wäre also gleich $t^2 V$, wo V eine quadratische Function von u ist. Demnach wäre $V^{(\nu)} = a^{(\nu)} V$ und mithin $X' = (a''u'''-a'''u'')V, \ldots$. Da nun die drei Functionen $X^{(\nu)}$ für die sieben Werthe $u = a_\lambda$ verschwinden, so müsste (da a mit einer der Geraden a_λ zusammenfallen könnte) der Kegelschnitt $V = 0$ mindestens sechs der Geraden a_λ berühren. Ich habe aber vorausgesetzt, dass die sieben gegebenen Geraden projectivisch unabhängig sind.

Ist nun x ein beliebiger Punkt, so stellt die Gleichung $L(x, y) = 0$ zwei gerade Linien dar, die ich das dem Punkte x entsprechende Linienpaar nennen werde. Ist u eine derselben (also die Verbindungslinie des festen Punktes x mit dem veränderlichen Punkte y), und ist a irgend eine durch x, b irgend eine durch y gehende Gerade, so lassen sich x und y auf die Form (7.) und (8.) bringen, und mithin folgt aus der Gleichung $L(x,y)=0$ die Gleichung (10.). Jede der beiden durch die Gleichung $L(x,y)=0$ dargestellten Geraden berührt also alle Curven dritter Klasse, welche (10.) darstellt, wenn man für a alle durch x gehenden Geraden nimmt. Da alle diese Curven auch die sieben gegebenen Geraden berühren, so ist damit gezeigt, dass für einen beliebigen Werth von x die Gleichung $L(x,y)=0$ zwei gerade Linien darstellt, die zusammen mit den sieben gegebenen Geraden unzählig viele Curven dritter Klasse berühren.

Setzt man in der identischen Gleichung (9.) oder

$$L(a''u'''-a'''u'', \ldots;\ b''u'''-b'''u'', \ldots) = (a,\ b,\ u)^2(a,\ u,\ V)$$

für die willkürlichen Grössen a', a'', a''' die Functionen V', V'', V''', so erhält man

$$L(X;\ b''u'''-b'''u'', \ldots) = 0.$$

Die Function $L(X,y)$ verschwindet also, wenn $\Sigma u^{(\nu)}y^{(\nu)}=0$ ist, und ist folglich durch $\Sigma u^{(\nu)}y^{(\nu)}$ theilbar,

$$(11.)\qquad L(X,y) = g_0(u'y'+u''y''+u'''y''')(U'y'+U''y''+U'''y'''),$$

wo g_0 eine Constante ist und U', U'', U''' ganze Functionen achten Grades von u sind. Durch die Coordinaten einer der beiden Geraden u, welche die Gleichung $L(x,y)=0$ repräsentirt, lassen sich also die der anderen U als ganze Functionen achten Grades darstellen. (*Geiser*, dieses Journal Bd. 67, S. 80.). Der Punkt x, in welchem die eine der beiden Geraden u von der anderen geschnitten wird, ist nach Gleichung (11.) durch die Formel

$$\frac{x'}{X'} = \frac{x''}{X''} = \frac{x'''}{X'''}$$

bestimmt. Die beiden dem Punkte x entsprechenden Geraden u und U sind die beiden von $a_1, \ldots a_7$ verschiedenen Lösungen der Gleichungen

$$\frac{X'}{x'} = \frac{X''}{x''} = \frac{X'''}{x'''}.$$

Unter den Coordinaten des Schnittpunktes der beiden Geraden a_α und a_β sollen in dem Falle, wo nicht nur ihre Verhältnisse in Betracht kommen, die Determinanten

$$(12.)\quad a''_\alpha a'''_\beta - a'''_\alpha a''_\beta,\quad a'''_\alpha a'_\beta - a'_\alpha a'''_\beta,\quad a'_\alpha a''_\beta - a''_\alpha a'_\beta$$

verstanden werden, welche das Zeichen wechseln, wenn man α mit β vertauscht. Setzt man diese Werthe für x', x'', x''' in $L(x, y)$ ein, so erhält man nach (9.) § 2

$$(13.)\quad L(x, y) = [\alpha, \beta, \alpha\beta] y_\alpha y_\beta,$$

falls man zur Abkürzung

$$(14.)\quad [\alpha, \beta, \alpha\beta] = -g_\alpha g_\beta \mathop{\Pi'}_\lambda (f_{\alpha\beta\lambda})$$

setzt, wo λ die fünf von α und β verschiedenen Indices durchläuft.

Da $L(x, y)$ für $y = x$ von der zweiten Ordnung verschwindet, so ist

$$(15.)\quad L(x; y, z)^2 - L(x, y) L(x, z) = \tfrac{1}{4}(x, y, z)^2 F(x),$$

wo $F(x)$ eine ganze Function vierten Grades von x ist. Im Schnittpunkte (12.) der beiden Geraden a_α und a_β hat dieselbe nach (13.) den Werth

$$(16.)\quad [\alpha, \beta, \alpha\beta]^2.$$

Wendet man also die Bezeichnungen (1.) und (2.) an, so hat der Ausdruck

$$V = F(x) f(x) + \tfrac{1}{2} \mathop{\Pi}_\lambda (x_\lambda) \Big(\sum_{\varkappa,\lambda} f_{\varkappa\lambda} [\varkappa, \lambda, \varkappa\lambda] \frac{g_\varkappa g_\lambda}{x_\varkappa x_\lambda} \Big)$$

im Schnittpunkte von a_α und a_β den Werth Null. Die Curve fünften Grades $V = 0$ hat daher mit der Geraden a_1 die sechs Punkte gemeinsam, in denen diese von den Geraden $a_2, \ldots a_7$ geschnitten wird, und mithin ist V durch x_1 theilbar, und ebenso durch $x_2, \ldots x_7$. Da aber die Function V nur vom fünften Grade ist, so verschwindet sie folglich identisch, und mithin ist

$$(17.)\quad -\frac{2 f(x) F(x)}{\mathop{\Pi}_\lambda (x_\lambda)} = \sum_{\varkappa,\lambda} f_{\varkappa\lambda} [\varkappa, \lambda, \varkappa\lambda] \frac{g_\varkappa g_\lambda}{x_\varkappa x_\lambda}.$$

Die Coefficienten von $F(x)$ sind also ganze, ganzzahlige Functionen der Coordinaten der sieben gegebenen Geraden, in Bezug auf die Coordinaten jeder einzelnen vom zehnten Grade.

§ 4.

Analytische Darstellung der 28 Doppeltangenten durch sieben unter ihnen.

Die Gleichung (9.) § 2 zeigt, dass $L(x, y)$, wenn y der Bedingung $y_\alpha = 0$ genügt, durch x_α theilbar ist. Ist daher y der Schnittpunkt der beiden Geraden $y_\alpha = 0$ und $y_\beta = 0$, so ist L durch $x_\alpha . x_\beta$ theilbar. Der Quotient ist eine lineare Function von x, die ich mit

$$(1.)\qquad x_{\alpha\beta} = x_{\beta\alpha} = a'_{\alpha\beta}x' + a''_{\alpha\beta}x'' + a'''_{\alpha\beta}x'''$$

bezeichne. Dieselbe ist durch die Gleichung

$$(2.)\qquad L(x;\ a''_\alpha a'''_\beta - a'''_\alpha a''_\beta,\ \ldots) = x_\alpha x_\beta x_{\alpha\beta}$$

definirt *). Damit diese Gleichung auch für $\alpha = \beta$ richtig bleibt, setze ich $x_{\alpha\alpha} = 0$. Nach Formel (9.) § 2 ist

$$(3.)\qquad \frac{-2x_{67}h(x)}{\Pi_\lambda{}_1^5(x_\lambda)} = \sum_{\varkappa,\lambda}{}_1^5 h_{\varkappa\lambda}\frac{g_\varkappa g_\lambda f_{\varkappa 67} f_{\lambda 67}}{x_\varkappa x_\lambda}.$$

Setzt man z. B., indem man auf die Symmetrie verzichtet, $h(x) = x_4 x_5$, so erhält man **)

$$(4.)\qquad -x_{67} = g_2 g_3 f_{234} f_{235} f_{267} f_{367} x_1 + g_3 g_1 f_{314} f_{315} f_{367} f_{167} x_2 + g_1 g_2 f_{124} f_{125} f_{167} f_{267} x_3.$$

Die Coefficienten von $a_{\alpha\beta}$ sind also ganze ganzzahlige Functionen der Coordinaten der sieben gegebenen Geraden, in Bezug auf die von a_α (und a_β) vom sechsten Grade, in Bezug auf die jeder der fünf andern Geraden vom fünften Grade.

Mit Hülfe der linearen Functionen $x_{\alpha\beta}$ lässt sich die Function $L(x, y)$ in einer sehr einfachen, aber unsymmetrischen Weise ausdrücken. (Vgl. *Godt, Lindemann* l. c. S. 1011.) Da sie für $y = x$ von der zweiten Ordnung verschwindet, so lässt sie sich als ganze Function zweiten Grades der Determinanten

$$x_\beta y_\gamma - x_\gamma y_\beta = U_\alpha,\quad x_\gamma y_\alpha - x_\alpha y_\gamma = U_\beta,\quad x_\alpha y_\beta - x_\beta y_\alpha = U_\gamma$$

darstellen,

$$f^2_{\alpha\beta\gamma} L(x, y) = \sum_{\mu,\nu} X_{\mu\nu} U_\mu U_\nu \qquad (\mu, \nu = \alpha, \beta, \gamma),$$

deren Coefficienten $X_{\mu\nu}$ lineare Functionen von x sind. Setzt man $y_\alpha = y_\beta = 0$, so erhält man

---

*) Das Vorzeichen von $x_{\alpha\beta}$ ist mit Rücksicht auf die Gleichungen (15.) und (16.) § 10, das von $L(x, y)$ mit Rücksicht auf die Gleichung (16.) § 8 gewählt.

) In seiner Schrift: ***Abriss einer Theorie der Abelschen Functionen von drei Variabeln* beweist Herr *Schottky* (S. 45) die Existenz einer Thetafunction dritten Grades

$$\xi^2 L_{11} + 2\xi\eta L_{12} + 2\xi\zeta L_{13} + \eta^2 L_{22} + 2\eta\zeta L_{23} + \zeta^2 L_{33},$$

welche für

$$\xi = b_\varkappa c_\lambda - c_\varkappa b_\lambda,\ \eta = c_\varkappa a_\lambda - a_\varkappa c_\lambda,\ \zeta = a_\varkappa b_\lambda - b_\varkappa a_\lambda$$

gleich $\sigma_\varkappa \sigma_\lambda \sigma_{\varkappa\lambda}$ wird. Ersetzt man seine Zeichen $\xi, \eta, \zeta;\ u, u', u'';\ a_\lambda, b_\lambda, c_\lambda$ durch $y', y'', y''';\ x', x'', x''',\ a'_\lambda, a''_\lambda, a'''_\lambda$, so zeigt die Formel (2.), dass $L(x, y)$ das Aggregat der Glieder dritter Ordnung in der Entwicklung jener Thetafunction nach Potenzen von u, u', u'' ist. Die Formel (4.) ist mit der von Herrn *Schottky*, S. 35 entwickelten Gleichung (81.) identisch.

$$x_\alpha x_\beta x_{\alpha\beta} = X_{\alpha\alpha} x_\beta^2 + X_{\beta\beta} x_\alpha^2 - 2X_{\alpha\beta} x_\beta x_\alpha.$$

Daher ist $X_{\alpha\alpha}$ durch x_α theilbar, $X_{\alpha\alpha} = k_\alpha x_\alpha$, wo k_α eine Constante ist. Ebenso ist $X_{\beta\beta} = k_\beta x_\beta$, $X_{\gamma\gamma} = k_\gamma x_\gamma$ und folglich $2X_{\alpha\beta} = k_\alpha x_\beta + k_\beta x_\alpha - x_{\alpha\beta}$. Mithin ist

$$f_{\alpha\beta\gamma}^2 L(x, y) = -(x_{\beta\gamma} U_\beta U_\gamma + x_{\gamma\alpha} U_\gamma U_\alpha + x_{\alpha\beta} U_\alpha U_\beta) + (\Sigma k_\mu U_\mu)(\Sigma x_\nu U_\nu),$$

also, weil $\Sigma x_\nu U_\nu = 0$ ist,

$$(5.) \quad \begin{cases} f_{\alpha\beta\gamma}^2 L(x, y) = x_{\beta\gamma}(x_\alpha y_\beta - x_\beta y_\alpha)(x_\alpha y_\gamma - x_\gamma y_\alpha) \\ + x_{\gamma\alpha}(x_\beta y_\gamma - x_\gamma y_\beta)(x_\beta y_\alpha - x_\alpha y_\beta) + x_{\alpha\beta}(x_\gamma y_\alpha - x_\alpha y_\gamma)(x_\gamma y_\beta - x_\beta y_\gamma). \end{cases}$$

Setzt man diesen Ausdruck in die Gleichung (15.) § 3 ein, so erhält man

$$(6.) \quad \begin{cases} f_{\alpha\beta\gamma}^2 F(x) = x_\alpha^2 x_{\beta\gamma}^2 + x_\beta^2 x_{\gamma\alpha}^2 + x_\gamma^2 x_{\alpha\beta}^2 - 2x_{\alpha\beta} x_{\alpha\gamma} x_\beta x_\gamma - 2x_{\beta\gamma} x_{\beta\alpha} x_\gamma x_\alpha \\ \qquad - 2x_{\gamma\alpha} x_{\gamma\beta} x_\alpha x_\beta = N(\sqrt{x_\alpha x_{\beta\gamma}} + \sqrt{x_\beta x_{\gamma\alpha}} + \sqrt{x_\gamma x_{\alpha\beta}}), \end{cases}$$

wo N die Norm bedeutet. Daher sind die 21 Geraden $a_{\alpha\beta}$ zusammen mit den sieben Geraden a_α die 28 Doppeltangenten der Curve vierter Ordnung $F(x) = 0$. Dieselbe ist nach Formel (17.) § 3 durch die sieben Doppeltangenten a_α, welche willkürlich angenommen werden können, eindeutig bestimmt.

In symmetrischer Weise kann man die Function $L(x, y)$ durch die Functionen $x_{\alpha\beta}$ so ausdrücken: Ist $k(y)$ eine beliebige ganze Function dritten Grades von y und $k_{\alpha\beta}$ ihr Werth im Punkte (12.) § 3, so ist

$$(7.) \quad \frac{-2L(x, y)k(y)}{\prod\limits_\lambda (y_\lambda)} = \sum_{\varkappa,\lambda} k_{\varkappa\lambda} \frac{g_\varkappa g_\lambda x_\varkappa x_\lambda x_{\varkappa\lambda}}{[\varkappa, \lambda, \varkappa\lambda] y_\varkappa y_\lambda}.$$

Denn multiplicirt man die Differenz zwischen der linken und rechten Seite mit $\Pi(y_\lambda)$, so erhält man eine ganze Function fünften Grades von y, die nach (2.) für $y_\alpha = y_\beta = 0$ verschwindet und daher identisch Null ist. (Vgl. den Beweis der Formel (17.) § 3.)

§ 5.

Die Determinante dreier azygetischen Doppeltangenten.

Schreibt man der Symmetrie halber für x_α auch $x_{\alpha 0} = x_{0\alpha}$ ($x_{00} = 0$), so nenne ich drei verschiedene Doppeltangenten $a_{\varkappa\lambda}$, $a_{\mu\nu}$, $a_{\varrho\sigma}$ *syzygetisch*, wenn die Anzahl der Indices 0, 1, 2, ... 7, welche unter den Indices $\varkappa$, λ, μ, ν, ϱ, σ unpaar mal vorkommen, gleich 0 oder 4 ist, *azygetisch*, wenn sie gleich 2 oder 6 ist. Die Determinante

$$(1.) \quad (a_{\varkappa\lambda}, a_{\mu\nu}, a_{\varrho\sigma}) = [\varkappa\lambda, \mu\nu, \varrho\sigma]$$

lässt sich dann, wenn die drei betrachteten Doppeltangenten azygetisch sind, als Product aus den Determinanten dritten Grades $f_{\alpha\beta\gamma}$ und den Determinanten sechsten Grades g_α darstellen, wenn sie aber syzygetisch sind, nicht auf diese Weise, sondern nur als eine Summe von zwei solchen Producten.

Aus Formel (4.) § 4 folgt

$$(2.)\qquad [1,\,2,\,67] = -g_1 g_2 f_{167} f_{267} f_{123} f_{124} f_{125}.$$

Mittelst der Formel (4.) § 4 kann man alle Doppeltangenten durch drei unter ihnen ausdrücken und so die Determinanten (1.) sämmtlich berechnen. Drückt man z. B. x_{12}, x_{13}, x_4 durch x_4, x_5, x_6 aus, oder was auf dasselbe hinauskommt, benutzt man die identische Gleichung

$$[4,\,12,\,13][4,\,5,\,6] = [4,\,12,\,5][4,\,13,\,6]-[4,\,12,\,6][4,\,13,\,5]$$

und setzt für die Determinanten auf der rechten Seite ihre Werthe aus der Formel (2.) ein, so erhält man

$$[12,\,13,\,4] = g_4^2 g_5 g_6 f_{412} f_{413} f_{467} f_{475} f_{456}(-f_{135} f_{126} f_{436} f_{425} + f_{426} f_{435} f_{125} f_{136}),$$

oder weil der Ausdruck in der Klammer nach Formel (2.) § 2 gleich g_7 ist,

$$(3.)\qquad [12,\,13,\,4] = \varepsilon g_4^2 g_5 g_6 g_7 f_{412} f_{413} f_{467} f_{475} f_{456}.$$

Der Factor ε ist gleich $+1$ und ist (hier und im Folgenden) nur darum hinzugefügt, weil er in -1 übergeht, falls man die Indices 1, 2, ... 7 durch eine uneigentliche Permutation derselben ersetzt.

Weiter findet man mittelst der Identität

$$[12,\,13,\,23][12,\,5,\,6] = [12,\,13,\,5][12,\,23,\,6]-[12,\,13,\,6][12,\,23,\,5],$$

falls man für die Determinanten auf der rechten Seite ihre Werthe aus der Formel (3.) einsetzt,

$$[23,\,31,\,12] f_{356} = -g_4^2 g_5^2 g_6^2 g_7^2 f_{567} f_{467} f_{457} f_{456}(f_{315} f_{326} - f_{316} f_{325}),$$

also weil der Ausdruck in der Klammer gleich $f_{312} f_{356}$ ist,

$$(4.)\qquad [23,\,31,\,12] = -g_4^2 g_5^2 g_6^2 g_7^2 f_{123} f_{567} f_{467} f_{457} f_{456}.$$

Endlich ergiebt sich aus der Identität

$$[12,\,13,\,14][12,\,5,\,6] = [12,\,13,\,5][12,\,14,\,6]-[12,\,13,\,6][12,\,14,\,5]$$

die Formel

$$[12,\,13,\,14] = g_3 g_4 g_5^2 g_6^2 g_7^2 f_{567}(-f_{135} f_{146} f_{736} f_{745} + f_{746} f_{735} f_{145} f_{136}),$$

also weil der Ausdruck in der Klammer gleich g_2 ist,

$$(5.)\qquad [12,\,13,\,14] = \varepsilon g_2 g_3 g_4 g_5^2 g_6^2 g_7^2 f_{567}.$$

Die übrigen Determinanten können auf diesem Wege nur durch ziemlich complicirte Umformungen erhalten werden. Deshalb schlage ich bei ihrer Berechnung einen anderen Weg ein. Benutzt man in der Formel (2.) § 4 die Darstellung (5.) § 4 der Function $L(x, y)$, so erhält man

$$x_{23}(x_1 f_{2\alpha\beta}-x_2 f_{1\alpha\beta})(x_1 f_{3\alpha\beta}-x_3 f_{1\alpha\beta})+x_{31}(x_2 f_{3\alpha\beta}-x_3 f_{2\alpha\beta})(x_2 f_{1\alpha\beta}-x_1 f_{2\alpha\beta})$$
$$+x_{12}(x_3 f_{1\alpha\beta}-x_1 f_{3\alpha\beta})(x_3 f_{2\alpha\beta}-x_2 f_{3\alpha\beta}) = f_{123}^2 x_\alpha x_\beta x_{\alpha\beta},$$

also weil

$$x_1 f_{2\alpha\beta}-x_2 f_{1\alpha\beta} = -x_\alpha f_{12\beta}+x_\beta f_{12\alpha}$$

ist,

$$x_{23}(x_\alpha f_{12\beta}-x_\beta f_{12\alpha})(x_\alpha f_{13\beta}-x_\beta f_{13\alpha})+x_{31}(x_\alpha f_{23\beta}-x_\beta f_{23\alpha})(x_\alpha f_{21\beta}-x_\beta f_{21\alpha})$$
$$+x_{12}(x_\alpha f_{31\beta}-x_\beta f_{31\alpha})(x_\alpha f_{32\beta}-x_\beta f_{32\alpha}) = f_{123}^2 x_\alpha x_\beta x_{\alpha\beta}.$$

Daraus folgt, dass der Ausdruck

$$(6.)\qquad x_{23} f_{31\alpha} f_{12\alpha}+x_{31} f_{12\alpha} f_{23\alpha}+x_{12} f_{23\alpha} f_{31\alpha} = x_\alpha f_{123} f_{123\alpha}$$

durch x_α theilbar ist, dass also $f_{123\alpha}$ eine Constante ist, die für $\alpha = 1, 2, 3$ verschwindet. Setzt man $x_{12} = x_{13} = 0$, so erhält man

$$[23, 31, 12] f_{31\alpha} f_{12\alpha} = [\alpha, 31, 12] f_{123} f_{123\alpha}$$

und daher nach (3.) und (4.)

$$f_{1234} = g_5 g_6 g_7 f_{567},\quad f_{1235} = -g_4 g_6 g_7 f_{467},$$
$$f_{1236} = g_4 g_5 g_7 f_{457},\quad f_{1237} = -g_4 g_5 g_6 f_{456}.$$

Daher ist z. B für $\alpha = 4$ [vgl. *Riemann, Ges. Werke*, S. 465, Formel (17.) und (18.)]

$$(7.)\qquad \frac{x_{23}}{f_{234}}+\frac{x_{31}}{f_{314}}+\frac{x_{12}}{f_{124}} = \frac{g_5 g_6 g_7 f_{567} f_{123}}{f_{234} f_{314} f_{124}} x_4.$$

Setzt man den für x_α gefundenen Ausdruck (6.) und den analogen für x_β in die obige Formel ein, so erhält man

$$(8.)\quad \begin{cases} x_{23}(f_{31\alpha} f_{12\beta}+f_{31\beta} f_{12\alpha})+x_{31}(f_{12\alpha} f_{23\beta}+f_{12\beta} f_{23\alpha})+x_{12}(f_{23\alpha} f_{31\beta}+f_{23\beta} f_{31\alpha}) \\ \qquad = f_{123}(f_{123\alpha} x_\beta+f_{123\beta} x_\alpha)+f_{123}^2 x_{\alpha\beta}. \end{cases}$$

Z. B. ist für $\alpha = 1$, $\beta = 4$

$$(9.)\qquad f_{1234} x_1+f_{134} x_{12}+f_{142} x_{13}+f_{123} x_{14} = 0$$

und für $\alpha = 3$, $\beta = 4$

$$f_{314} x_{23}+f_{234} x_{31} = f_{123} x_{34}+f_{1234} x_3.$$

Nun ist aber nach (6.)

$$(f_{314} x_{23}+f_{234} x_{31}) f_{124} = f_{341} f_{342} x_{12}+f_{123} f_{1234} x_4.$$

Daher ist

$$(10.)\quad f_{341}f_{342}x_{12}-f_{123}f_{124}x_{34} = f_{1234}(f_{124}x_3-f_{123}x_4) = f_{1234}(f_{134}x_2-f_{234}x_1).$$

(vgl. *Aronhold* l. c. S. 505.)
Setzt man in der Formel (8.) für x_α und x_β ihre Ausdrücke aus (6.) ein, so erhält man

$$\begin{aligned}-f^2_{123}f_{123\alpha}f_{123\beta}x_{\alpha\beta} &= x_{23}(f_{31\alpha}f_{123\beta}-f_{31\beta}f_{123\alpha})(f_{12\alpha}f_{123\beta}-f_{12\beta}f_{123\alpha})\\ &+x_{31}(f_{12\alpha}f_{123\beta}-f_{12\beta}f_{123\alpha})(f_{23\alpha}f_{123\beta}-f_{23\beta}f_{123\alpha})\\ &+x_{12}(f_{23\alpha}f_{123\beta}-f_{23\beta}f_{123\alpha})(f_{31\alpha}f_{123\beta}-f_{31\beta}f_{123\alpha}).\end{aligned}$$

Nun ist aber für $\alpha = 4$, $\beta = 5$

$$f_{124}f_{1235}-f_{125}f_{1234} = -(f_{124}f_{467}g_4+f_{125}f_{567}g_5)g_6g_7.$$

Ferner ist nach Formel (1.) § 2 $\sum_{\lambda}{}_1^7 g_\lambda f_{12\lambda}f_{\lambda 67} = 0$ oder

$$g_3f_{123}f_{367}+g_4f_{124}f_{467}+g_5f_{125}f_{567} = 0,$$

also

$$f_{124}f_{1235}-f_{125}f_{1234} = g_3g_6g_7f_{123}f_{367}.$$

Mithin ist

$$(11.)\quad \frac{g_4g_5f_{467}f_{567}}{g_1g_2g_3f_{167}f_{267}f_{367}}x_{45} = \frac{x_{23}}{g_1f_{167}}+\frac{x_{31}}{g_2f_{267}}+\frac{x_{12}}{g_3f_{367}}.$$

Setzt man nunmehr in der Formel (10.) $x_1 = x_2 = 0$, so erhält man

$$[12,\ 1,\ 2]f_{341}f_{342} = [34,\ 1,\ 2]f_{123}f_{124},$$

also nach (2.)

$$(12.)\quad [12,\ 1,\ 2] = -g_1g_2f_{123}f_{124}f_{125}f_{126}f_{127}.$$

Zu dieser Relation kann man auch gelangen, indem man die für $L(x, y)$ abgeleitete Darstellung (5.) § 4 in die Formel (13.) § 3 einsetzt.

Setzt man ferner in der Formel (10.) $x_1 = x_{12} = 0$, so erhält man

$$[34,\ 1,\ 12]f_{123}f_{124} = -f_{134}f_{1234}[2,\ 1,\ 12],$$

also nach (12.)

$$(13.)\quad [1,\ 12,\ 34] = -\varepsilon g_1g_2g_5g_6g_7f_{134}f_{567}f_{125}f_{126}f_{127}.$$

Setzt man in der Formel (9.) $x_{12} = x_{13} = 0$, so ergiebt sich

$$f_{1234}[1,\ 12,\ 13] = -f_{123}[14,\ 12,\ 13],$$

also nach (5.)

$$(14.)\quad [1,\ 12,\ 13] = -g_2g_3g_4g_5g_6g_7f_{123}.$$

Setzt man endlich in der Formel (11.) $x_{12} = x_{13} = 0$, so ergiebt sich

$$[45,\ 12,\ 13]g_4g_5f_{467}f_{567} = [23,\ 12,\ 13]g_2g_3f_{267}f_{367},$$

und daher nach (4.)

$$(15.)\qquad [12,\ 13,\ 45] = g_2 g_3 g_4 g_5 g_6^2 g_7^2 f_{123} f_{456} f_{457} f_{267} f_{367}.$$

Die entwickelten Formeln lassen sich auf eine geringere Anzahl zurückführen, indem man folgende Abkürzung einführt. Sei $f_{0\alpha\beta\gamma} = f_{\alpha\beta\gamma}$. Dieser Ausdruck wechselt das Zeichen, wenn man zwei der drei letzten Indices vertauscht. Ich setze fest, dass er auch das Zeichen wechseln soll, wenn man den Index 0 mit einem der drei letzten Indices vertauscht, so dass z. B. $f_{\alpha\beta\gamma 0} = -f_{\alpha\beta\gamma}$ ist. Ferner sei

$$(16.)\qquad f_{\alpha\beta\gamma\delta} = \varepsilon g_\lambda g_\mu g_\nu f_{\lambda\mu\nu},$$

wo $\varepsilon = +1$ oder -1 ist, je nachdem $\alpha\beta\gamma\delta\lambda\mu\nu$ (oder $\lambda\mu\nu\alpha\beta\gamma\delta$) eine gerade oder ungerade Permutation der sieben Indices 1, 2, ... 7 ist. Dann wechselt auch $f_{\alpha\beta\gamma\delta}$ das Zeichen, falls irgend zwei der Indices vertauscht werden. Setzt man

$$(17.)\qquad g_0 = \Pi_\lambda{}_1^7 (g_\lambda), \quad \sqrt{g_0} = \Pi_\lambda{}_1^7 (\sqrt{g_\lambda}),$$

so kann man die Gleichung (16.) auf die symmetrische Form

$$\sqrt{g_\alpha}\sqrt{g_\beta}\sqrt{g_\gamma}\sqrt{g_\delta} f_{\alpha\beta\gamma\delta} = \varepsilon \sqrt{g_\varkappa}\sqrt{g_\lambda}\sqrt{g_\mu}\sqrt{g_\nu} f_{\varkappa\lambda\mu\nu}$$

bringen, wo $\varepsilon = +1$ oder -1 ist, je nachdem $\alpha\beta\gamma\delta\varkappa\lambda\mu\nu$ (oder $\varkappa\lambda\mu\nu\alpha\beta\gamma\delta$) eine gerade oder ungerade Permutation der acht Indices 0, 1, ... 7 ist.

Bei Anwendung dieser Bezeichnungen kann man die oben entwickelten Formeln durch die drei folgenden ersetzen:

$$(18.)\qquad g_\alpha[\alpha\beta,\ \alpha\gamma,\ \alpha\delta] = g_0 f_{\alpha\beta\gamma\delta},$$

$$(19.)\qquad g_0[\beta\gamma,\ \gamma\alpha,\ \alpha\beta] = g_\alpha g_\beta g_\gamma \Pi_\lambda' (f_{\alpha\beta\gamma\lambda}),$$

$$(20.)\qquad g_0[\alpha\beta,\ \varkappa\lambda,\ \varkappa\mu] = -g_\varkappa g_\lambda g_\mu f_{\varkappa\lambda\alpha\beta} f_{\varkappa\mu\alpha\beta} f_{\varkappa\lambda\mu\varrho} f_{\varkappa\lambda\mu\sigma} f_{\varkappa\lambda\mu\tau}.$$

Dabei ist zu bemerken, dass

$$g_0 = \Pi_\lambda{}_0^7 \sqrt{g_\lambda}$$

ist.

§ 6.

Die Determinante dreier syzygetischen Doppeltangenten.

Ich wende mich nun zu dem Falle, wo die betrachteten drei Doppeltangenten syzygetisch sind. Aus der Identität

$$[12,\ 23,\ 3][12,\ 4,\ 5] = [12,\ 23,\ 4][12,\ 3,\ 5] - [12,\ 23,\ 5][12,\ 3,\ 4]$$

erhält man

$$[12,\ 23,\ 3] = g_3 g_4 g_5 g_6 g_7 f_{123}(-f_{423}f_{467}f_{537}f_{563}+f_{567}f_{523}f_{463}f_{437}).$$

Da

$$g_1 = -f_{423}f_{467}f_{527}f_{563}+f_{567}f_{523}f_{463}f_{427}$$

ist, so ist der Ausdruck in der Klammer gleich

$$\frac{\partial g_1}{\partial a_2'}a_3'+\frac{\partial g_1}{\partial a_2''}a_3''+\frac{\partial g_1}{\partial a_2'''}a_3''',$$

wofür ich zur Abkürzung $\left(\frac{\partial g_1}{\partial a_2}a_3\right)$ schreiben will. Demnach ist

$$(1.)\qquad [12,\ 23,\ 3] = g_3 g_4 g_5 g_6 g_7 f_{123}\left(\frac{\partial g_1}{\partial a_2}a_3\right).$$

Zwischen den hier auftretenden Verbindungen der Ableitungen der Ausdrücke g_λ besteht eine bemerkenswerthe Relation. Aus der Gleichung (1.) § 2 folgt

$$\sum_\lambda\left(a_\alpha\frac{\partial g_\lambda}{\partial a_\beta}\right)f_2(a_\lambda)+g_\beta\left(a_\alpha\frac{\partial f_2(a_\beta)}{\partial a_\beta}\right) = 0.$$

Multiplicirt man diese Gleichung mit g_α, vertauscht dann α und β und zieht die neue Gleichung von der ursprünglichen ab, so erhält man

$$\sum_\lambda\left(g_\alpha\left(a_\alpha\frac{\partial g_\lambda}{\partial a_\beta}\right)-g_\beta\left(a_\beta\frac{\partial g_\lambda}{\partial a_\alpha}\right)\right)f_2(a_\lambda) = 0.$$

Da aber durch die Gleichung (1.) § 2 die Verhältnisse der Grössen g_λ vollständig bestimmt sind, so hat folglich der Quotient

$$\frac{1}{g_\lambda}\left(g_\alpha\left(a_\alpha\frac{\partial g_\lambda}{\partial a_\beta}\right)-g_\beta\left(a_\beta\frac{\partial g_\lambda}{\partial a_\alpha}\right)\right)$$

für alle Werthe von λ denselben Werth. Setzt man $\lambda=\alpha,\ \beta,\ \gamma$, so erhält man

$$(2.)\qquad \frac{1}{g_\gamma}\left(g_\alpha\left(a_\alpha\frac{\partial g_\gamma}{\partial a_\beta}\right)-g_\beta\left(a_\beta\frac{\partial g_\gamma}{\partial a_\alpha}\right)\right)=\left(a_\alpha\frac{\partial g_\alpha}{\partial a_\beta}\right)=-\left(a_\beta\frac{\partial g_\beta}{\partial a_\alpha}\right).$$

Ferner ist

$$[12,\ 23,\ 34][12,\ 4,\ 45] = [12,\ 23,\ 4][12,\ 34,\ 45]-[12,\ 23,\ 45][12,\ 34,\ 4],$$

und daher

$$(3.)\qquad [12,\ 23,\ 34] = -g_1 g_4 g_5^2 g_6^2 g_7^2 f_{567}(f_{125}f_{346}f_{167}f_{457}-f_{126}f_{345}f_{467}f_{157}).$$

Ebenso folgt aus der Identität

$$[3,\ 2,\ 12][3,\ 4,\ 5] = [3,\ 2,\ 4][3,\ 12,\ 5]-[3,\ 2,\ 5][3,\ 12,\ 4]$$

die Gleichung

$$(4.)\qquad [12,\ 2,\ 3] = -g_3 f_{123}(g_4 f_{436}f_{437}f_{412}f_{523}+g_5 f_{536}f_{537}f_{512}f_{423}),$$

und aus der Identität

$$[12, 34, 56][12, 1, 2] = [12, 34, 1][12, 56, 2]-[12, 34, 2][12, 56, 1]$$

die Gleichung

$$(5.)\quad [12, 34, 56] = -g_1 g_2 g_3 g_4 g_5 g_6 g_7^2 f_{127} f_{347} f_{567}(f_{134} f_{256} - f_{234} f_{156}),$$

wobei zu bemerken ist, dass

$$f_{134} f_{256} - f_{234} f_{156} = f_{356} f_{412} - f_{456} f_{312} = f_{512} f_{634} - f_{612} f_{534}$$

$$= \begin{vmatrix} a_1'' a_2''' - a_1''' a_2'' & a_3'' a_4''' - a_3''' a_4'' & a_5'' a_6''' - a_5''' a_6'' \\ a_1''' a_2' - a_1' a_2''' & a_3''' a_4' - a_3' a_4''' & a_5''' a_6' - a_5' a_6''' \\ a_1' a_2'' - a_1'' a_2' & a_3' a_4'' - a_3'' a_4' & a_5' a_6'' - a_5'' a_6' \end{vmatrix}.$$

Endlich ist

$$[12, 34, 5][12, 16, 26] = [12, 34, 16][12, 5, 26]-[12, 34, 26][12, 5, 16],$$

und daher

$$(6.)\quad [12, 34, 5] = \varepsilon . g_5^2 g_6 g_7 f_{125} f_{345} f_{567}(g_1 f_{156} f_{157} + g_2 f_{256} f_{257}).$$

§ 7.

Das Gewebe von Flächen zweiter Klasse.

Die drei unabhängigen linearen Gleichungen

$$\sum_\lambda {}_1^7\, g_\lambda a_\lambda^{(\mu)} u_\lambda = 0 \qquad (\mu = 1, 2, 3)$$

zwischen den sieben Unbekannten $u_1, \dots u_7$ haben vier unabhängige Lösungen. Zufolge der Formel (1.) § 2 sind

$$u_1 = a_1^{(\nu)}, \quad . \; . \; . \quad u_7 = a_7^{(\nu)} \qquad (\nu = 1, 2, 3)$$

drei derselben. Jene Gleichungen haben daher noch eine vierte von diesen unabhängige Lösung. Eine solche sei

$$u_1 = a_1^{(0)}, \quad . \; . \; . \quad u_7 = a_7^{(0)}.$$

Dann ist $\Sigma g_\lambda a_\lambda^{(0)2}$ von Null verschieden. Denn sonst hätten die vier unabhängigen Gleichungen

$$\sum_\lambda {}_1^7\, g_\lambda a_\lambda^{(\mu)} u_\lambda = 0 \qquad (\mu = 0, 1, 2, 3)$$

vier unabhängige Lösungen $u_\lambda = a_\lambda^{(\nu)}$ $(\nu = 0, 1, 2, 3)$, was nicht möglich ist. Die Grössen $a_\lambda^{(0)}$ kann man durch $\sum_\nu {}_0^3\, k^{(\nu)} a_\lambda^{(\nu)}$ ersetzen, wo k, k', k'', k''' willkürliche Constanten sind, unter denen k von Null verschieden ist. Ueber k^2 verfüge ich so, dass

$$\sum_\lambda {}_1^7\, g_\lambda a_\lambda^{(0)2} = -g_0$$

wird. Setzt man noch

$$(1.)\qquad a_0' = a_0'' = a_0''' = 0, \quad a_0^{(0)} = 1,$$

so ist dann

$$(2.)\qquad \sum_\lambda {}_0^7 g_\lambda a_\lambda^{(\mu)} a_\lambda^{(\nu)} = 0 \qquad (\mu, \nu = 0, 1, 2, 3).$$

Da bisher nur k^2 bestimmt ist, so kann man noch (abgesehen von der unbeschränkten Wahl der Constanten k', k'', k''') über das gemeinsame Vorzeichen der sieben Grössen $a_1^{(0)}, \dots a_7^{(0)}$ beliebig verfügen.

Die vier unabhängigen Gleichungen

$$(3.)\qquad \sum_\lambda {}_0^7 g_\lambda a_\lambda^{(\mu)} u_\lambda = 0 \qquad (\mu = 0, 1, 2, 3)$$

zwischen den acht Unbekannten $u_0, u_1, \dots u_7$ haben die vier unabhängigen Lösungen

$$(4.)\qquad u_0 = a_0^{(\nu)}, \dots u_7 = a_7^{(\nu)} \qquad (\nu = 0, 1, 2, 3).$$

Daher verhalten sich die aus den Coefficienten der Gleichungen gebildeten Determinanten vierten Grades, wie die complementären Determinanten vierten Grades aus den Elementen der Lösungen. Setzt man also

$$f_{\alpha\beta\gamma\delta} = (a_\alpha, a_\beta, a_\gamma, a_\delta),$$

so ist, wenn $\alpha, \beta, \gamma, \delta, \varkappa, \lambda, \mu, \nu$ eine eigentliche Permutation der Indices 0, 1, ... 7 ist,

$$(5.)\qquad g_0 f_{\varkappa\lambda\mu\nu} = \varepsilon g_\alpha g_\beta g_\gamma g_\delta f_{\alpha\beta\gamma\delta},$$

wo ε für alle (eigentlichen) Permutationen denselben Werth hat. Daher ist auch

$$g_0 f_{\alpha\beta\gamma\delta} = \varepsilon g_\varkappa g_\lambda g_\mu g_\nu f_{\varkappa\lambda\mu\nu},$$

und mithin, da $g_0^2 = \prod_\lambda {}_0^7 (g_\lambda)$ ist, $\varepsilon^2 = 1$. Da ε zugleich mit k das Zeichen wechselt, so kann man k so wählen, dass $\varepsilon = +1$ wird. Nach Gleichung (1.) ist $f_{0\alpha\beta\gamma} = f_{\alpha\beta\gamma}$ und folglich ist

$$f_{\alpha\beta\gamma\delta} = \varepsilon g_\varkappa g_\lambda g_\mu f_{\varkappa\lambda\mu},$$

wo $\varepsilon = +1$ oder -1 ist, je nachdem $\alpha\beta\gamma\delta\varkappa\lambda\mu$ eine eigentliche oder uneigentliche Permutation der Indices 1, 2, ... 7 ist.

Wählt man in der Formel (3.) § 2 für $f_3(u)$ das Product

$$(\Sigma y^{(\nu)} u^{(\nu)}) L(x;\ a'' u''' - a''' u'', \dots),$$

wo x und y zwei beliebige Punkte sind und a eine beliebige Gerade ist, so verschwindet $f_3(a_8)$ und $f_3(a_9)$, weil $L(x, y)$ als Function von y gleich $y_8 y_9$ ist, also Null ist, wenn man für y einen Punkt der Geraden a_8 oder a_9 nimmt. Der Formel (7.) § 2 zufolge erhält man daher

$$\sum_\lambda {}_1^7 \frac{g_\lambda}{x_\lambda} y_\lambda L(x;\ a'' a_\lambda''' - a''' a_\lambda'', \dots) = 0.$$

Setzt man $a = a_\varkappa$, so folgt daraus nach (2.) § 4

$$\sum_\lambda {}_1^7 g_\lambda x_{\varkappa\lambda} y_\lambda = 0.$$

Wegen der Relation (1.) § 2 gilt diese Gleichung, in der x und y zwei willkürliche Punkte sind, auch für $\varkappa = 0$. Sie zerfällt in die drei Gleichungen

$$\sum_\lambda {}_1^7 g_\lambda x_{\varkappa\lambda} a_\lambda^{(\nu)} = 0 \qquad (\nu = 1, 2, 3).$$

Da $f_{\lambda 567}$ eine lineare Function von $a_\lambda^{(0)}$, a'_λ, a''_λ, a'''_λ ist, in der $a_\lambda^{(0)}$ den Coefficienten f_{567} hat, so ist daher

$$\sum_\lambda {}_1^7 g_\lambda x_{\varkappa\lambda} f_{\lambda 567} = f_{567} \sum_\lambda {}_1^7 g_\lambda x_{\varkappa\lambda} a_\lambda^{(0)}.$$

Die linke Seite ist aber für $\varkappa = 1$ gleich

$$g_1 g_2 g_3 g_4 (x_{12} f_{134} + x_{13} f_{142} + x_{14} f_{123})$$

oder nach (9.) § 5 gleich $-g_0 f_{567} x_1$. Daher ist $\sum_\lambda {}_1^7 g_\lambda x_{1\lambda} a_\lambda^{(0)} = -g_0 x_{10}$ und allgemein

$$\sum_\lambda {}_0^7 g_\lambda x_{\varkappa\lambda} a_\lambda^{(0)} = 0.$$

Der Gleichung (1.) zufolge ist also

$$(6.) \qquad \sum_\lambda {}_0^7 g_\lambda x_{\varkappa\lambda} a_\lambda^{(\mu)} = 0 \qquad (\mu = 0, 1, 2, 3).$$

Die Grössen $x_{\varkappa\lambda}$ genügen also den vier Gleichungen (3.) und lassen sich daher aus den vier Lösungen (4.) derselben linear zusammensetzen. Für jeden Index $\varkappa$ giebt es demnach vier völlig bestimmte von λ unabhängige Grössen $x_\varkappa^{(\nu)}$, welche den Gleichungen

$$(7.) \qquad x_{\varkappa\lambda} = \sum_\nu {}_0^3 x_\varkappa^{(\nu)} a_\lambda^{(\nu)} \qquad (\varkappa, \lambda = 0, 1, \dots 7)$$

genügen. Setzt man diese Ausdrücke in die Gleichungen (6.), nämlich $\sum_\varkappa g_\varkappa a_\varkappa^{(\mu)} x_{\varkappa\lambda} = 0$, ein, so erhält man

$$\sum_\nu {}_0^3 a_\lambda^{(\nu)} \Big(\sum_\varkappa {}_0^7 g_\varkappa a_\varkappa^{(\mu)} x_\varkappa^{(\nu)}\Big) = 0.$$

Da diese Gleichung für $\lambda = 0, 1, \dots 7$ gilt, so ist

$$\sum_\varkappa {}_0^7 g_\varkappa a_\varkappa^{(\mu)} x_\varkappa^{(\nu)} = 0 \qquad (\mu, \nu = 0, 1, 2, 3).$$

Daher lässt sich $x_\varkappa^{(\nu)}$ aus den vier Lösungen (4.) der Gleichungen (3.) linear zusammensetzen

$$(8.) \qquad x_\varkappa^{(\nu)} = \sum_\mu {}_0^3 x^{\mu,\nu} a_\varkappa^{(\mu)}.$$

Setzt man dies in die Gleichung (7.) ein, so findet man

$$(9.)\qquad x_{\varkappa\lambda} = \sum_{\mu,\nu}{}_0^3 x^{\mu,\nu} a_\varkappa^{(\mu)} a_\lambda^{(\nu)}.$$

Da die Grössen $x^{\mu,\nu}$ völlig bestimmt sind, und da $x_{\varkappa\lambda} = x_{\lambda\varkappa}$ ist, so ist auch

$$x^{\mu,\nu} = x^{\nu,\mu}.$$

Für $\varkappa = 0$ folgt aus den Gleichungen (7.), dass $x_0^{(\nu)} = x^{(\nu)}$ ist, und daher aus den Gleichungen (8.), dass $x^{0,\nu} = x^{\nu,0} = x^{(\nu)}$, $x^{0,0} = 0$ ist. Ersetzt man, was gestattet ist, die Grössen $a_\lambda^{(0)}$ durch $a_\lambda^{(0)} + \sum_\nu{}_1^3 k^{(\nu)} a_\lambda^{(\nu)}$, wo k', k'', k''' willkürliche Constanten sind, so geht $x^{\mu,\nu}$ in $x^{\mu,\nu} - k^{(\mu)}x^{(\nu)} - k^{(\nu)}x^{(\mu)}$ $(\mu, \nu = 1, 2, 3)$ über, während $x^{0,\nu} (= x^{(\nu)})$ ungeändert bleibt. Aus den Formeln (2.) und (9.) ergiebt sich die Gleichung

$$(10.)\qquad \sum_\lambda{}_0^7 g_\lambda x_{\alpha\lambda} y_{\beta\lambda} = 0 \qquad (\alpha, \beta = 0, 1, \dots 7)$$

und speciell

$$(11.)\qquad \sum_\lambda{}_0^7 g_\lambda x_{\alpha\lambda} x_{\beta\lambda} = 0.$$

Auf diese Identitäten bin ich ursprünglich durch Untersuchungen über die Thetafunctionen von drei Variabeln geführt worden. Die Thetarelationen (zweiten Grades), aus denen sie hervorgehen, sind in den bisherigen Darstellungen jener Theorie noch nicht enthalten.

Sind $u^{(0)}$, u', u'', u''' und $v^{(0)}$, v', v'', v''' unbestimmte Grössen, und setzt man

$$\sum_{\mu,\nu}{}_0^3 x^{\mu,\nu} u^{(\mu)} u^{(\nu)} = G(x, u), \qquad \sum_{\mu,\nu} x^{\mu,\nu} u^{(\mu)} v^{(\nu)} = G(x; u, v),$$

so ist

$$(12.)\qquad x_{\varkappa\lambda} = G(x;\, a_\varkappa, a_\lambda).$$

Da $x_{\lambda\lambda} = 0$ ist, so ist $G(x, a_\lambda) = 0$. Durch diese Bedingungen, verbunden mit den Gleichungen $x^{0,\nu} = x^{(\nu)}$, ist aber die Function $G(x, u)$ vollständig bestimmt. Sind $r_1, \dots r_7$ unbestimmte Grössen, so ist

$$\begin{vmatrix} u'^2 & u''^2 & u'''^2 & u''u''' & u'''u' & u'u'' & u^{0}(u'x'+u''x''+u'''x''') & 0 \\ a_1'^2 & a_1''^2 & a_1'''^2 & a_1''a_1''' & a_1'''a_1' & a_1'a_1'' & a_1^{(0)}x_1 & r_1 \\ \cdot & \cdot & \cdot & \cdot & \cdot & \cdot & \cdot & \cdot \\ a_7'^2 & a_7''^2 & a_7'''^2 & a_7''a_7''' & a_7'''a_7' & a_7'a_7'' & a_7^{(0)}x_7 & r_7 \end{vmatrix}$$
$$= \tfrac{1}{2}(g_1 r_1 + \cdots + g_7 r_7)\, G(x, u).$$

Betrachtet man $a_\lambda^{(0)}$, a_λ', a_λ'', a_λ''' als die Coordinaten einer Ebene E_λ, so sind den Formeln (2.) zufolge die acht Ebenen E_λ die gemeinsamen Berührungsebenen aller Flächen zweiter Klasse eines Gewebes, und $G(x, u) = 0$ ist die Gleichung derjenigen Fläche des Gewebes, welche die Ebene E_0 im Punkte x', x'', x''' berührt. Die Formel *) (12.) enthält den Satz III § 1.

*) Diese bemerkenswerthe Darstellung der Doppeltangenten findet sich schon bei *Hesse* l. c. S. 298, Formel (46.).

Bewegen sich μ und ν von 0 bis 3, so ist nach Formel (9.) die Determinante vierten Grades $|x_{\mu\nu}| = |x^{\mu,\nu}|\,|a_\mu^{(\nu)}|^2$, oder weil $|a_\mu^{(\nu)}| = f_{123}$ und nach (6.) § 4 $|x_{\mu\nu}| = f_{123}^2 F(x)$ ist,

$$(13.)\qquad |x^{\mu,\nu}| = F(x).$$

Aus der Formel (12.) folgt daher, dass, wenn $\alpha, \beta, \gamma, \delta$ vier verschiedene Indices von 0 bis 7 sind, und ebenso $\varkappa, \lambda, \mu, \nu$, die Determinante

$$(14.)\qquad \begin{vmatrix} x_{\alpha\varkappa} & x_{\alpha\lambda} & x_{\alpha\mu} & x_{\alpha\nu} \\ x_{\beta\varkappa} & x_{\beta\lambda} & x_{\beta\mu} & x_{\beta\nu} \\ x_{\gamma\varkappa} & x_{\gamma\lambda} & x_{\gamma\mu} & x_{\gamma\nu} \\ x_{\delta\varkappa} & x_{\delta\lambda} & x_{\delta\mu} & x_{\delta\nu} \end{vmatrix} = f_{\alpha\beta\gamma\delta} f_{\varkappa\lambda\mu\nu} F(x)$$

ist. Daraus ergiebt sich, dass der Rang des Systems

$$(15.)\qquad x_{\alpha\beta}. \qquad\qquad (\alpha, \beta = 0, 1, \dots 7),$$

wenn x nicht auf der Curve $F(x) = 0$ liegt, gleich vier ist, wenn x aber ein Punkt der Curve ist, gleich drei. Setzt man $(u, a_\alpha, a_\beta, a_\gamma) = u_{\alpha\beta\gamma}$, so ist

$$f_{\alpha\beta\gamma\delta} u^{(\nu)} = a_\alpha^{(\nu)} u_{\beta\gamma\delta} - a_\beta^{(\nu)} u_{\alpha\gamma\delta} + a_\gamma^{(\nu)} u_{\alpha\beta\delta} - a_\delta^{(\nu)} u_{\alpha\beta\gamma} \qquad (\nu = 0, 1, 2, 3),$$

und daher folgt aus (12.)

$$(16.)\qquad f_{\alpha\beta\gamma\delta} f_{\varkappa\lambda\mu\nu} G(x;\, u,\, v) = x_{\alpha\varkappa} u_{\beta\gamma\delta} v_{\lambda\mu\nu} - x_{\alpha\lambda} u_{\beta\gamma\delta} v_{\varkappa\mu\nu} + \cdots + x_{\delta\nu} u_{\alpha\beta\gamma} v_{\varkappa\lambda\mu}.$$

z. B. ist, wenn $(u, a_\alpha, a_\beta) = u_{\alpha\beta} = -u_{0\alpha\beta}$ ist,

$$(17.)\qquad \begin{cases} f_{\alpha\beta\gamma}^2 G(x, u) = u_{\alpha\beta\gamma}(x_\alpha u_{\beta\gamma} + x_\beta u_{\gamma\alpha} + x_\gamma u_{\alpha\beta}) \\ \qquad\qquad + x_{\beta\gamma} u_{\gamma\alpha} u_{\alpha\beta} + x_{\gamma\alpha} u_{\alpha\beta} u_{\beta\gamma} + x_{\alpha\beta} u_{\beta\gamma} u_{\gamma\alpha}. \end{cases}$$

Setzt man

$$\eta_\lambda = a_\lambda^{(0)} y^{(0)} + a'_\lambda y' + a''_\lambda y'' + a'''_\lambda y''', \qquad \eta_0 = y^{(0)},$$

und ferner

$$(18.)\qquad \begin{vmatrix} 0 & y^{(0)} & y' & y'' & y''' \\ y^{(0)} & x^{0,0} & x^{0,1} & x^{0,2} & x^{0,3} \\ y' & x^{1,0} & x^{1,1} & x^{1,2} & x^{1,3} \\ y'' & x^{2,0} & x^{2,1} & x^{2,2} & x^{2,3} \\ y''' & x^{3,0} & x^{3,1} & x^{3,2} & x^{3,3} \end{vmatrix} = -2H(x, y),$$

so ergiebt sich durch Multiplication dieser Determinante mit der Determinante

$$\begin{vmatrix} 1 & 0 & 0 & 0 & 0 \\ 0 & a_\alpha^{(0)} & a'_\alpha & a''_\alpha & a'''_\alpha \\ 0 & a_\beta^{(0)} & a'_\beta & a''_\beta & a'''_\beta \\ 0 & a_\gamma^{(0)} & a'_\gamma & a''_\gamma & a'''_\gamma \\ 0 & a_\delta^{(0)} & a'_\delta & a''_\delta & a'''_\delta \end{vmatrix} = f_{\alpha\beta\gamma\delta}$$

und der Determinante $f_{\varkappa\lambda\mu\nu}$ die Gleichung

$$(19.)\quad \begin{vmatrix} 0 & \eta_\varkappa & \eta_\lambda & \eta_\mu & \eta_\nu \\ \eta_\alpha & x_{\alpha\varkappa} & x_{\alpha\lambda} & x_{\alpha\mu} & x_{\alpha\nu} \\ \eta_\beta & x_{\beta\varkappa} & x_{\beta\lambda} & x_{\beta\mu} & x_{\beta\nu} \\ \eta_\gamma & x_{\gamma\varkappa} & x_{\gamma\lambda} & x_{\gamma\mu} & x_{\gamma\nu} \\ \eta_\delta & x_{\delta\varkappa} & x_{\delta\lambda} & x_{\delta\mu} & x_{\delta\nu} \end{vmatrix} = -2f_{\alpha\beta\gamma\delta} f_{\varkappa\lambda\mu\nu} H(x, y).$$

Setzt man $\alpha = \varkappa$, $\beta = \lambda$, $\gamma = \mu$, $\delta = \nu$ und dann $\eta_\alpha = \eta_\beta = \eta_\gamma = 0$, so erkennt man, dass für

$$(20^*.)\quad y^{(0)} = \begin{vmatrix} a'_\alpha & a'_\beta & a'_\gamma \\ a''_\alpha & a''_\beta & a''_\gamma \\ a'''_\alpha & a'''_\beta & a'''_\gamma \end{vmatrix}, \quad y' = -\begin{vmatrix} a^{(0)}_\alpha & a^{(0)}_\beta & a^{(0)}_\gamma \\ a''_\alpha & a''_\beta & a''_\gamma \\ a'''_\alpha & a'''_\beta & a'''_\gamma \end{vmatrix} \quad \text{u. s. w.}$$

die Function $H(x, y)$ den Werth

$$(20.)\quad H(x, y) = x_{\beta\gamma} x_{\gamma\alpha} x_{\alpha\beta}$$

hat. Setzt man also $y^{(0)} = 0$, so wird $H(x, y)$ eine quadratische Function von y', y'', y''', die für $y_\alpha = y_\beta = 0$ gleich $x_\alpha x_\beta x_{\alpha\beta}$ wird und daher mit $L(x, y)$ identisch sein muss. In der That erhält man durch Entwicklung der Determinante

$$(21.)\quad \begin{vmatrix} 0 & 0 & y_\alpha & y_\beta & y_\gamma \\ 0 & 0 & x_\alpha & x_\beta & x_\gamma \\ y_\alpha & x_\alpha & 0 & x_{\alpha\beta} & x_{\alpha\gamma} \\ y_\beta & x_\beta & x_{\beta\alpha} & 0 & x_{\beta\gamma} \\ y_\gamma & x_\gamma & x_{\gamma\alpha} & x_{\gamma\beta} & 0 \end{vmatrix} = -2 f^2_{\alpha\beta\gamma} L(x, y)$$

die Darstellung (5.) § 4.

Setzt man in der Gleichung (18.) $y^{(0)} = 0$, so findet man

$$(22.)\quad \begin{vmatrix} 0 & 0 & y' & y'' & y''' \\ 0 & 0 & x' & x'' & x''' \\ y' & x' & x^{1,1} & x^{1,2} & x^{1,3} \\ y'' & x'' & x^{2,1} & x^{2,2} & x^{2,3} \\ y''' & x''' & x^{3,1} & x^{3,2} & x^{3,3} \end{vmatrix} = -2L(x, y)$$

oder

$$(23.)\quad -2L(x, y) = x^{1,1}(x''y''' - x'''y'')^2 + 2x^{(1,2)}(x''y''' - x'''y'')(x'''y' - x'y''') + \cdots.$$

Ich habe schon oben bemerkt, dass man $L(x, y)$ als ganze Function zweiten

Grades der Determinanten $x''y'''-x'''y''$, $x'''y'-x'y'''$, $x'y''-x''y'$ darstellen kann, deren Coefficienten lineare Functionen von x sind. Dieselben sind nicht vollständig bestimmt, sondern es kann, ohne dass der Ausdruck sich ändert, $x^{\mu,\nu}$ durch $x^{\mu,\nu}-k^{(\mu)}x^{(\nu)}-k^{(\nu)}x^{(\mu)}$ ersetzt werden. In derselben Weise ändern sich aber die Ausdrücke $x^{\mu,\nu}$, wenn statt der sieben Grössen $a_\lambda^{(0)}$ eine andere Lösung der Gleichungen, durch die sie in § 7 definirt sind, gewählt wird. Wenn man daher $L(x, y)$ in irgend einer Art auf die Form (23.) bringt, so erhält man immer passende Ausdrücke für die Functionen $x^{\mu,\nu}$.

Zum Schluss dieses Abschnitts will ich noch zeigen, wie man aus den Formeln (16.) § 3 und (2.) eine symmetrische Darstellung der Function $F(x)$ erhalten kann. Bedient man sich der Bezeichnung (2.) § 3, so ist

$$(\Pi_\lambda{}_1^7(x_\lambda))\Sigma_{\varkappa,\lambda}{}_1^7 f_{\varkappa\lambda}g_{\varkappa\lambda}\frac{g_\varkappa g_\lambda y_{\varkappa\lambda}}{x_\varkappa x_\lambda} = M$$

eine ganze Function fünften Grades von x, die durch $f(x)g(x)$ theilbar ist. Denn multiplicirt man sie mit (x, z, t), so erhält man, wie in § 3,

$$\begin{aligned}\frac{(x, z, t)M}{\Pi(x_\lambda)} &= f(x)\sum_{\varkappa,\lambda}(z_\varkappa t_\lambda - z_\lambda t_\varkappa)\frac{g_{\varkappa\lambda}g_\varkappa g_\lambda y_{\varkappa\lambda}}{x_\varkappa x_\lambda}\\ &+\sum_\lambda \frac{g_\lambda}{x_\lambda}(z_\lambda f(t)-t_\lambda f(z))(\sum_\varkappa g_\varkappa g_{\varkappa\lambda}y_{\varkappa\lambda})\\ &+\sum_\varkappa \frac{g_\varkappa}{x_\varkappa}(t_\varkappa f(z)-z_\varkappa f(t))(\sum_\lambda g_\lambda g_{\varkappa\lambda}y_{\varkappa\lambda}).\end{aligned}$$

Nun ist aber

$$\sum_\lambda g_\lambda g_{\varkappa\lambda}y_{\varkappa\lambda} = \sum_\lambda{}_1^7 g_\lambda g_{\varkappa\lambda}G(y, a_\varkappa, a_\lambda).$$

In jedem Gliede dieser Summe ist g_λ mit einer Function zweiten Grades von $a_\lambda^{(0)}$, a_λ', a_λ'', a_λ''' multiplicirt, in welcher $a_\lambda^{(0)2}$ nicht vorkommt, und daher verschwindet sie den Gleichungen (2.) zufolge. Mithin ist M durch $f(x)$ theilbar, und daraus schliesst man, wie in § 3, dass

$$\sum_{\varkappa,\lambda} h_{\varkappa\lambda}\frac{g_\varkappa g_\lambda y_{\varkappa\lambda}}{x_\varkappa x_\lambda} = -\frac{2M(x, y)h(x)}{\Pi(x_\lambda)}$$

ist, wo $M(x, y)$ eine ganze Function dritten Grades von x und ersten Grades von y ist. Für $y = x$ geht dieselbe in eine Function vierten Grades von x über, die, wie ihre Darstellung zeigt, für $x_\alpha = x_\beta = 0$ den Werth $[\alpha, \beta, \alpha\beta]^2$ hat und daher nach § 3 mit $F(x)$ identisch sein muss. Folglich ist

$$(24.)\qquad \sum_{\varkappa,\lambda}{}_1^7 h_{\varkappa\lambda}\frac{g_\varkappa g_\lambda x_{\varkappa\lambda}}{x_\varkappa x_\lambda} = -\frac{2F(x)h(x)}{\Pi(x_\lambda)}.$$

§ 8.

Die Wurzelfunctionen zweiter und dritter Ordnung.

Sind $a_{\alpha\beta} = a_{\beta\alpha}$ $(\alpha, \beta = 1, 2, \ldots n)$ irgend welche Grössen, die ein symmetrisches System vom Range drei bilden, und sind $u_1, \ldots u_n$ Variabeln, so kann man die quadratische Form $\Sigma a_{\alpha\beta} u_\alpha u_\beta$ durch lineare Substitutionen in $2pq - 2r^2$ transformiren, wo p, q, r lineare Functionen von $u_1, \ldots u_n$ sind, etwa

$$p = \Sigma p_\lambda^2 u_\lambda, \quad q = \Sigma q_\lambda^2 u_\lambda, \quad r = \Sigma r_\lambda u_\lambda.$$

Demnach ist $a_{\alpha\beta} = p_\alpha^2 q_\beta^2 + p_\beta^2 q_\alpha^2 - 2 r_\alpha r_\beta$. Nimmt man nun weiter an, dass $a_{\alpha\alpha} = 0$ ist, so ist $p_\alpha^2 q_\alpha^2 = r_\alpha^2$. Wählt man die Vorzeichen der n Grössen p_α beliebig, so kann man daher die der Grössen q_α so wählen, dass $r_\alpha = p_\alpha q_\alpha$ wird. Man kann also $2n$ Grössen p_α, q_α so bestimmen, dass

$$a_{\alpha\beta} = (p_\alpha q_\beta - p_\beta q_\alpha)^2$$

wird. Setzt man nun $\sqrt{a_{\alpha\beta}} = p_\alpha q_\beta - p_\beta q_\alpha$, so ist $\sqrt{a_{\beta\alpha}} = -\sqrt{a_{\alpha\beta}}$ und in dem alternirenden System $\sqrt{a_{\alpha\beta}}$ verschwinden alle Determinanten dritten Grades.

Ist x, wie im Folgenden vorausgesetzt wird, ein Punkt auf der Curve $F(x) = 0$, so verschwinden nach § 7 in dem System

$$x_{\alpha\beta} \qquad (\alpha, \beta = 0, 1, \ldots 7)$$

alle Determinanten vierten Grades und der Rang dieses Systems ist gleich drei. Daher kann man die Vorzeichen der Wurzeln

$$(1.) \quad \sqrt{x_{\alpha\beta}} \qquad (\alpha, \beta = 0, 1, \ldots 7)$$

so wählen, dass ihr System alternirend und vom Range zwei wird, dass also zwischen diesen Wurzeln die Relationen

$$(2.) \quad \sqrt{x_{\beta\alpha}} = -\sqrt{x_{\alpha\beta}}, \quad \sqrt{x_{\alpha\beta}}\sqrt{x_{\gamma\delta}} + \sqrt{x_{\alpha\gamma}}\sqrt{x_{\delta\beta}} + \sqrt{x_{\alpha\delta}}\sqrt{x_{\beta\gamma}} = 0$$

bestehen. Diese Gleichungen, durch welche der Zusammenhang zwischen den Wurzeln gegeben ist, bleiben ungeändert, wenn man in einer Zeile und der entsprechenden Colonne des Systems (1.) die Vorzeichen umkehrt, oder wenn man allen Elementen desselben das entgegengesetzte Vorzeichen ertheilt. Daher können die Vorzeichen der Wurzeln $\sqrt{x_{01}}, \ldots \sqrt{x_{07}}$ und $\sqrt{x_{12}}$ beliebig angenommen werden. Dadurch sind aber alle anderen Vorzeichen bestimmt zufolge den Formeln

$$(3.) \quad x_{12} x_\beta + x_{1\beta} x_2 - x_{2\beta} x_1 = 2\sqrt{x_{02}}\sqrt{x_{12}}\sqrt{x_{0\beta}}\sqrt{x_{1\beta}}, \quad \sqrt{x_{01}}\sqrt{x_{\alpha\beta}} = \sqrt{x_{0\alpha}}\sqrt{x_{1\beta}} - \sqrt{x_{0\beta}}\sqrt{x_{1\alpha}}.$$

Nach den obigen Entwicklungen kann man 16 Grössen p_α, p'_α so bestimmen, dass

$$(4.)\qquad \sqrt{x_{\alpha\beta}} = p_\alpha p'_\beta - p_\beta p'_\alpha$$

wird. Man kann z. B.

$$p_\alpha = \frac{\sqrt{x_{0\alpha}}}{\sqrt{x_{01}}},\quad p'_\alpha = \sqrt{x_{1\alpha}}$$

setzen, wo $\sqrt{x_{1\alpha}}$ durch die Gleichung (3.) definirt ist.

Ist y ebenfalls ein Punkt auf der Curve vierter Ordnung, und bestimmt man die Grössen q_α, q'_α so, dass $\sqrt{y_{\alpha\beta}} = q_\alpha q'_\beta - q_\beta q'_\alpha$ wird, so ist nach Gleichung (10.) § 7

$$\sum_\lambda{}_0^7 g_\lambda (p_\alpha p'_\lambda - p_\lambda p'_\alpha)^2 (q_\beta q'_\lambda - q_\lambda q'_\beta)^2 = 0.$$

Da diese Gleichung für alle Werthepaare α, $\beta = 0, 1, \dots 7$ besteht, so muss auch, wenn $f(p, p'; q, q')$ eine beliebige homogene quadratische Function von p, p' einerseits und von q, q' andererseits ist,

$$(5.)\qquad \Sigma g_\lambda f(p_\lambda, p'_\lambda; q_\lambda, q'_\lambda) = 0$$

sein, und folglich für jede homogene Function vierten Grades

$$(6.)\qquad \Sigma g_\lambda f_4(p_\lambda, q_\lambda) = 0.$$

Nimmt man

$$f(p, p'; q, q') = (p_\alpha p' - p p'_\alpha)(p_\beta p' - p p'_\beta)(q_\gamma q' - q q'_\gamma)(q_\delta q' - q q'_\delta),$$

wo α, β, γ, δ irgend vier gleiche oder verschiedene der Indices 0, 1, ... 7 sind, so erhält man

$$(7.)\qquad \sum_\lambda g_\lambda \sqrt{x_{\alpha\lambda}} \sqrt{x_{\beta\lambda}} \sqrt{y_{\gamma\lambda}} \sqrt{y_{\delta\lambda}} = 0.$$

Diese Formel kann man als eine Verallgemeinerung der Gleichung (10.) § 7 ansehen. Ist nämlich $\alpha = \beta$ und $\gamma = \delta$, so geht sie in $\Sigma g_\lambda x_{\alpha\lambda} y_{\gamma\lambda} = 0$ über, und diese Gleichung muss in Bezug auf x (und ebenso auf y) eine identische sein, weil sie für alle Punkte der Curve $F(x) = 0$ gilt und nur vom ersten Grade ist.

Sind die Indices α, β, γ, δ verschieden, so besteht die Summe (7.) nur aus vier Gliedern. Setzt man für y einen Berührungspunkt der Doppeltangente $y_{\gamma\varepsilon} = 0$, so erkennt man, dass zwischen je drei der Producte

$$\sqrt{x_{\alpha\lambda}} \sqrt{x_{\beta\lambda}},$$

wo λ die sechs von α und β verschiedenen der Indices 0, 1, ... 7 durchläuft, eine lineare Gleichung besteht. Diese Gleichungen kann man auf folgendem Wege erhalten: Nach Formel (6.) § 7 ist

$$\sum_\lambda g_\lambda a_\lambda^{(\nu)} x_{\alpha\lambda} = 0 \qquad (\nu = 0, 1, 2, 3),$$

also

$$\sum_{\lambda} g_\lambda a_\lambda^{(\nu)} (p_\alpha p'_\lambda - p_\lambda p'_\alpha)^2 = 0$$

und daher, wenn $f_2(p, p')$ eine beliebige quadratische Function ist,

$$\sum_{\lambda} g_\lambda a_\lambda^{(\nu)} f_2(p_\lambda, p'_\lambda) = 0.$$

Mithin ist

$$\sum_{\lambda} g_\lambda a_\lambda^{(\nu)} \sqrt{x_{\alpha\lambda}} \sqrt{x_{\beta\lambda}} = 0. \tag{8.}$$

Durch Combination dieser Gleichungen ergiebt sich

$$\sum_{\lambda} g_\lambda f_{\lambda\varrho\sigma\tau} \sqrt{x_{\alpha\lambda}} \sqrt{x_{\beta\lambda}} = 0,$$

wo λ nur die drei von α, β, ϱ, σ, τ verschiedenen Indices durchläuft. Dieselben seien γ, δ, ε. Nach Formel (5.) § 7 kann man die erhaltene Gleichung auch so schreiben:

$$f_{\alpha\beta\delta\varepsilon} \sqrt{x_{\alpha\gamma}} \sqrt{x_{\beta\gamma}} + f_{\alpha\beta\varepsilon\gamma} \sqrt{x_{\alpha\delta}} \sqrt{x_{\beta\delta}} + f_{\alpha\beta\gamma\delta} \sqrt{x_{\alpha\varepsilon}} \sqrt{x_{\beta\varepsilon}} = 0$$

oder in anderen Zeichen

$$f_{\varkappa\lambda\beta\gamma} \sqrt{x_{\varkappa\alpha}} \sqrt{x_{\lambda\alpha}} + f_{\varkappa\lambda\gamma\alpha} \sqrt{x_{\varkappa\beta}} \sqrt{x_{\lambda\beta}} + f_{\varkappa\lambda\alpha\beta} \sqrt{x_{\varkappa\gamma}} \sqrt{x_{\lambda\gamma}} = 0. \tag{9.}$$

Ist x ein beliebiger Punkt, so ist nach (14.) § 7

$$f^2_{\alpha\beta\gamma\delta} F(x) = N(\sqrt{x_{\alpha\beta} x_{\gamma\delta}} + \sqrt{x_{\alpha\gamma} x_{\delta\beta}} + \sqrt{x_{\alpha\delta} x_{\beta\gamma}}). \tag{10.}$$

Im Schnittpunkte (vgl. (12.) § 3) der Doppeltangenten $x_{\alpha\gamma} = 0$ und $x_{\beta\gamma} = 0$ ist daher nach (18.) und (19.), § 5

$$F(x) = (g_\alpha g_\beta \prod_{\lambda}' f_{\alpha\beta\gamma\lambda})^2.$$

Die Norm der linken Seite der Gleichung (9.) ist eine ganze Function vierten Grades, die für alle Punkte der Curve $F(x) = 0$ verschwindet und sich daher von $F(x)$ nur durch einen constanten Factor unterscheiden kann. Man findet denselben, indem man $x_{\varkappa\alpha} = x_{\varkappa\beta} = 0$ setzt, und erhält so die Formel

$$(f_{\varkappa\lambda\beta\gamma} f_{\varkappa\lambda\gamma\alpha} f_{\varkappa\lambda\alpha\beta})^2 F(x) = N(f_{\varkappa\lambda\beta\gamma} \sqrt{x_{\varkappa\alpha} x_{\lambda\alpha}} + f_{\varkappa\lambda\gamma\alpha} \sqrt{x_{\varkappa\beta} x_{\lambda\beta}} + f_{\varkappa\lambda\alpha\beta} \sqrt{x_{\varkappa\gamma} x_{\lambda\gamma}}). \tag{11.}$$

Daraus ergiebt sich auch der Werth von $F(x)$ in dem Schnittpunkte der beiden Doppeltangenten $x_{\varkappa\alpha} = 0$ und $x_{\lambda\beta} = 0$. Demnach hat die Function $F(x)$ in den Schnittpunkten der Doppeltangenten folgende Werthe:

$$\left\{\begin{array}{ll} a_1,\ a_2 & : (g_1 g_2 f_{123} f_{124} f_{125} f_{126} f_{127})^2, \\ a_1,\ a_{12} & : (g_0 g_2 f_{123} f_{124} f_{125} f_{126} f_{127})^2, \\ a_{12},\ a_{13} & : (g_2 g_3 g_4^3 g_5^3 g_6^3 g_7^3 f_{123} f_{567} f_{467} f_{457} f_{456})^2, \\ a_1,\ a_{23} & : (g_1^3 g_4 g_5 g_6 g_7 f_{123}^3 f_{145} f_{146} f_{147} f_{156} f_{157} f_{167})^2, \\ a_{12},\ a_{34} & : (g_0 g_5^2 g_6^2 g_7^2 f_{567}^3 f_{125} f_{126} f_{127} f_{345} f_{346} f_{347})^2. \end{array}\right. \tag{12.}$$

Schreibt man die Gleichung (8.) in der Form

$$\sum_{\lambda} g_\lambda a_\lambda^{(\nu)} \sqrt{x_{\lambda\alpha}}\sqrt{x_{\alpha\beta}}\sqrt{x_{\beta\lambda}} = 0,$$

so kann man daraus ähnliche Schlüsse ziehen, wie aus der Gleichung (6.) § 7. Man kann also vier Grössen $u^{(0)}$, u', u'', u''' so bestimmen, dass

$$(13.)\qquad \sqrt{x_{\beta\gamma}}\sqrt{x_{\gamma\alpha}}\sqrt{x_{\alpha\beta}} = (u,\ a_\alpha,\ a_\beta,\ a_\gamma) = u_{\alpha\beta\gamma} \qquad (\alpha,\beta,\gamma = 0, 1, \dots 7)$$

wird. Um die geometrische Bedeutung der Ebene u zu erkennen, die dadurch einem Punkte x auf der Curve $F(x)=0$ zugeordnet ist, erhebe ich die erhaltene Gleichung ins Quadrat. Dann zeigt sie, dass die quadratische Function $(\sum_\nu u^{(\nu)} y^{(\nu)})^2$ der Variabeln y^0, y', y'', y''' in dem Schnittpunkte (20*.) § 7 der drei Ebenen $\eta_\alpha = 0$, $\eta_\beta = 0$, $\eta_\gamma = 0$ den Werth $x_{\beta\gamma} x_{\gamma\alpha} x_{\alpha\beta}$ hat. Dadurch ist sie aber mehr als bestimmt. Da die Function $H(x,y)$ nach (20.) § 7 die nämliche Eigenschaft hat, so ist

$$H(x,\ y) = (\sum_\nu u^{(\nu)} y^{(\nu)})^2.$$

In § 7 habe ich jedem Punkte x der Ebene E_0 eine bestimmte Fläche zweiten Grades $G(x,u)=0$ oder $H(x,y)=0$ zugeordnet. Liegt x auf der Curve $F(x)=0$, so wird die Fläche $G(x,u)=0$ ein Kegelschnitt, und $\sqrt{H(x,y)}=0$ ist die Gleichung der Ebene desselben. Die Coordinaten der Ebene u, in welcher der Kegelschnitt $G(x,u)=0$ liegt, genügen aber den Gleichungen $\frac{\partial G}{\partial u^{(\mu)}} = 0$ oder

$$(14.)\qquad \sum_\nu{}_0^3\, x^{\mu,\nu} u^{(\nu)} = 0 \qquad (\mu = 0, 1, 2, 3),$$

deren erste besagt, dass die Ebene u durch den ihr entsprechenden Punkt x geht, und die man auch durch die Gleichungen

$$(15.)\qquad x_{\lambda\alpha} u_{\beta\gamma\delta} - x_{\lambda\beta} u_{\alpha\gamma\delta} + x_{\lambda\gamma} u_{\alpha\beta\delta} - x_{\lambda\delta} u_{\alpha\beta\gamma} = 0$$

ersetzen kann. Da sie in Bezug auf x und u linear sind, so lassen sich mit ihrer Hülfe die Variabelnsysteme x und u gegenseitig rational durch einander ausdrücken. Betrachtet man x als gegeben, so ist wegen der Bedingung $F(x)=0$ die vierte der Gleichungen (14.) eine Folge der drei ersten. Betrachtet man u als gegeben und ordnet die Gleichungen nach x', x'', x''', so ist, da diese Coordinaten nicht sämmtlich Null sind, die dritte und vierte Gleichung eine Folge der beiden ersten, oder es verschwinden die aus dem System ihrer Coefficienten gebildeten vier Determinanten dritten Grades. So ergeben sich die Bedingungen, welche die

Veränderlichkeit von u beschränken. Geometrisch besagen dieselben, dass die Ebene u eine developpable Fläche sechster Klasse umhüllt.

Da die Function $\sqrt{H(x, y)} = \Sigma u^{(\nu)} y^{(\nu)}$ im Punkte $\eta_\alpha = \eta_\beta = \eta_\gamma = 0$ gleich $\sqrt{x_{\beta\gamma}}\sqrt{x_{\gamma\alpha}}\sqrt{x_{\alpha\beta}}$ ist, so ist (vgl. *Weber, Theorie der Abelschen Functionen vom Geschlecht* 3, S. 120, Formel (5.)), wenn x auf der Curve $F(x) = 0$ liegt, y aber ein beliebiger Punkt des Raumes ist,

$$(16.)\quad \begin{cases} f_{\alpha\beta\gamma\delta}\sqrt{H(x, y)} = \eta_\alpha \sqrt{x_{\gamma\delta}}\sqrt{x_{\delta\beta}}\sqrt{x_{\beta\gamma}} - \eta_\beta \sqrt{x_{\delta\alpha}}\sqrt{x_{\alpha\gamma}}\sqrt{x_{\gamma\delta}} \\ \qquad + \eta_\gamma \sqrt{x_{\alpha\beta}}\sqrt{x_{\beta\delta}}\sqrt{x_{\delta\alpha}} - \eta_\delta \sqrt{x_{\beta\gamma}}\sqrt{x_{\gamma\alpha}}\sqrt{x_{\alpha\beta}} \end{cases}$$

und speciell, wenn man $\delta = 0$ und $y^{(0)} = 0$ setzt,

$$(17.)\quad f_{\alpha\beta\gamma}\sqrt{L(x, y)} = y_\alpha \sqrt{x_{\beta\gamma}}\sqrt{x_{0\beta}}\sqrt{x_{0\gamma}} + y_\beta \sqrt{x_{\gamma\alpha}}\sqrt{x_{0\gamma}}\sqrt{x_{0\alpha}} + y_\gamma \sqrt{x_{\alpha\beta}}\sqrt{x_{0\alpha}}\sqrt{x_{0\beta}}.$$

Ausser den Formeln (3.) und den daraus abgeleiteten giebt es noch eine weitere rationale Gleichung zwischen den Wurzeln (1.), durch welche, nachdem die sieben Wurzeln $\sqrt{x_{0\alpha}}$ willkürlich angenommen sind, auch noch das Vorzeichen von $\sqrt{x_{12}}$ bestimmt wird. Ehe ich aber zur Herleitung dieser Relation übergehen kann, muss ich einige Hülfsformeln aus der Theorie der Kegelschnitte entwickeln.

§ 9.

Bestimmung eines Kegelschnittes durch fünf seiner Tangenten.

Setzt man wie in § 7

$$(u, a_\alpha, a_\beta) = u_{\alpha\beta} \qquad (\alpha, \beta = 1, 2, \dots 5),$$

so hat nach (2.) § 2 der Ausdruck

$$(1.)\quad T(u) = 2 f_{\alpha\beta\varepsilon} f_{\gamma\delta\varepsilon} u_{\alpha\gamma} u_{\delta\beta} - 2 f_{\alpha\gamma\varepsilon} f_{\delta\beta\varepsilon} u_{\alpha\beta} u_{\gamma\delta}$$

für alle eigentlichen Permutationen $\alpha, \beta, \gamma, \delta, \varepsilon$ der Zahlen 1, 2, ... 5 denselben Werth (und ist für $u = a_6$ gleich $-2g_7$, für $u = a_7$ gleich $2g_6$). Die Gleichung $T(u) = 0$ stellt die durch die fünf Tangenten $a_1, a_2, \dots a_5$ bestimmte Curve zweiter Klasse dar. Ist

$$(2.)\quad T(u, v) = f_{\alpha\beta\varepsilon} f_{\gamma\delta\varepsilon}(u_{\alpha\gamma} v_{\delta\beta} + u_{\delta\beta} v_{\alpha\gamma}) - f_{\alpha\gamma\varepsilon} f_{\delta\beta\varepsilon}(u_{\alpha\beta} v_{\gamma\delta} + u_{\gamma\delta} v_{\alpha\beta})$$

die Polare von $T(u)$, so ist

$$(3.)\quad T(a_\alpha, a_\beta) = f_{\alpha\beta\gamma} f_{\alpha\beta\delta} f_{\alpha\beta\varepsilon} f_{\gamma\delta\varepsilon} = t_{\alpha\beta} = t_{\beta\alpha},$$

wo $\alpha, \beta, \gamma, \delta, \varepsilon$ eine eigentliche Permutation der Zahlen 1, 2, ... 5 ist. Die Gleichung des Berührungspunktes der Tangente a_α mit der Curve

$T(u)=0$ ist $T(a_\alpha, u)=0$. Ist x der Berührungspunkt, und setzt man

$$T(a_\alpha,\ u) = \Sigma x^{(\nu)} u^{(\nu)},$$

so erhält man für $u=a_\beta$ die Gleichung $t_{\alpha\beta}=x_\beta$. Die Coordinaten des Berührungspunktes der Tangente a_α genügen also den Gleichungen

$$x_1 : x_2 : \ldots : x_5 = t_{\alpha 1} : t_{\alpha 2} : \ldots : t_{\alpha 5}.$$

Setzt man

$$x' = u''v''' - u'''v'', \quad x'' = u'''v' - u'v''', \quad x''' = u'v'' - u''v',$$

so wird

$$(4.) \qquad T(u,\ v)^2 - T(u)T(v) = S(x)$$

eine quadratische Function von x, und $S(x)=0$ ist die Gleichung des Kegelschnitts $T(u)=0$ in Punktcoordinaten. Nach (3.) und (4.) ist im Schnittpunkte (12.) § 3 der beiden Geraden a_α und a_β

$$(5.) \qquad S(x) = t_{\alpha\beta}^2.$$

Hat daher $f(x)$ und $f_{\varkappa\lambda}$ dieselbe Bedeutung wie in § 3, so findet man auf dem Wege, auf dem dort die Formel (17.) erhalten wurde, die Gleichung

$$(6.) \qquad S(x)f(x) = \Sigma' f_{\alpha\beta} t_{\alpha\beta} f_{\gamma\delta\varepsilon} x_\gamma x_\delta x_\varepsilon.$$

$\gamma, \delta, \varepsilon$ durchläuft die zehn verschiedenen Tripel der Zahlen von 1 bis 5, und $\alpha, \beta, \gamma, \delta, \varepsilon$ ist jedes Mal eine eigentliche Permutation dieser Zahlen. Setzt man $f(x)=x_5$, so erhält man

$$(7.) \qquad \begin{cases} S(x) = f_{125}f_{345}(t_{12}x_3x_4 + t_{34}x_1x_2) \\ \qquad\quad + f_{135}f_{425}(t_{13}x_4x_2 + t_{42}x_1x_3) \\ \qquad\quad + f_{145}f_{235}(t_{14}x_2x_3 + t_{23}x_1x_4). \end{cases}$$

Die vorstehenden Formeln für die Functionen S und T sind für das Folgende ausreichend. Wegen der vielfachen Analogien, welche die Theorie dieser Ausdrücke mit der hier entwickelten Theorie darbietet, erwähne ich noch folgende Sätze: Die Function T lässt sich auf die Form

$$(8.) \qquad f_{\alpha\beta\gamma}^2 T(u) = t_{\beta\gamma} u_{\gamma\alpha} u_{\alpha\beta} + t_{\gamma\alpha} u_{\alpha\beta} u_{\beta\gamma} + t_{\alpha\beta} u_{\beta\gamma} u_{\gamma\alpha}$$

bringen, und die Function S auf die Form

$$(9.) \qquad f_{\alpha\beta\gamma}^2 S(x) = N(\sqrt{t_{\beta\gamma} x_\alpha} + \sqrt{t_{\gamma\alpha} x_\beta} + \sqrt{t_{\alpha\beta} x_\gamma}).$$

Setzt man $t_{\alpha\alpha}=0$ und $t_{0\alpha}=t_{\alpha 0}=x_\alpha$, so lassen sich Grössen p_α, q_α ($\alpha=0, 1, \ldots 5$) so bestimmen, dass

$$(10.) \qquad \sqrt{t_{\alpha\beta}} = p_\alpha q_\beta - p_\beta q_\alpha = -\sqrt{t_{\alpha\beta}}$$

wird, vorausgesetzt, dass x ein Punkt auf dem Kegelschnitt $S(x)=0$ ist. Demnach ist

$$(11.)\qquad \sqrt{t_{\alpha\beta}}\sqrt{t_{\gamma\delta}}+\sqrt{t_{\alpha\gamma}}\sqrt{t_{\delta\beta}}+\sqrt{t_{\alpha\delta}}\sqrt{t_{\beta\gamma}} = 0.$$

Der Rang des Systems $\sqrt{t_{\alpha\beta}}$ ist gleich 2, der des Systems $t_{\alpha\beta}$ gleich 3, der des Systems $\sqrt{t_{\alpha\beta}}^3$ gleich 4. Endlich ist die Determinante fünften Grades

$$|t^2_{\alpha\beta}| = 96\,\Pi(t_{\alpha\beta}) \qquad (\alpha,\beta=1,\dots 5).$$

Sind g_λ und h_λ willkürliche Constanten, so ist

$$\begin{vmatrix} 0 & 0 & 0 & g_1 & \dots & g_5 \\ 0 & 0 & 0 & h_1 & \dots & h_5 \\ 0 & 0 & 0 & x_1 & \dots & x_5 \\ g_1 & h_1 & x_1 & t_{11} & \dots & t_{15} \\ \cdot & \cdot & \cdot & \cdot & \cdot & \cdot \\ g_5 & h_5 & x_5 & t_{51} & \dots & t_{55} \end{vmatrix} = (g, h, a', a'', a''')^2 S(x).$$

Setzt man

$$\Sigma' f_{\alpha\beta\gamma} f_{\delta\varepsilon} x_\alpha x_\beta x_\gamma y_\delta y_\varepsilon = f(x) L(x, y),$$

so ist $L(x,y)=L(y,x)$ eine *ganze* Function von x, und $L(x,y)=0$ ist die Bedingung, dass die Verbindungslinie der beiden Punkte x, y den Kegelschnitt $S(x)=0$ berührt. Die Beziehungen zwischen den Wurzeln lassen sich auch so definiren: Setzt man

$$f_{123} f_{124} f_{125} f_{134} f_{135} f_{145} f_{234} f_{235} f_{245} f_{345} = t,$$

so ist

$$t_{\beta\gamma} t_{\gamma\alpha} t_{\alpha\beta} = f^2_{\alpha\beta\gamma} t, \quad t_{\alpha\beta} t_{\alpha\gamma} t_{\alpha\delta} t_{\gamma\delta} t_{\delta\beta} t_{\beta\gamma} = t^2 f_{\beta\gamma\delta} f_{\alpha\gamma\delta} f_{\alpha\beta\delta} f_{\alpha\beta\gamma}.$$

Aus diesen Gleichungen folgt, dass man die Wurzeln aus den Grössen

$$t_{\alpha\beta} \qquad (\alpha,\beta=1,\dots 5)$$

so wählen kann, dass

$$\sqrt{t_{\beta\gamma}}\sqrt{t_{\gamma\alpha}}\sqrt{t_{\alpha\beta}} = f_{\alpha\beta\gamma}\sqrt{t}$$

wird, wo $\sqrt{t}$ eine beliebige der beiden Wurzeln aus t bedeutet.

§ 10.

Zweite Definition der Wurzelfunctionen.

Der Ausdruck T wechselt das Zeichen, wenn die Indices 1, 2, ... 5 durch eine uneigentliche Permutation derselben ersetzt werden, während der Ausdruck S bei allen Vertauschungen der Indices ungeändert bleibt. Ich bezeichne diese Ausdrücke jetzt mit $T_{67} = -T_{76}$ und $S_{67} = S_{76}$. Ist $T_{67} = \sum\limits_{\mu,\nu} k_{\mu\nu} u^{(\mu)} u^{(\nu)}$, und ist die in § 2 definirte Function

$$L(x, y) = \sum_{\mu,\nu} L_{\mu\nu} y^{(\mu)} y^{(\nu)} = (\Sigma U^{(\nu)} y^{(\nu)})(\Sigma V^{(\nu)} y^{(\nu)}),$$

so setze ich

$$(1.) \qquad \sum_{\mu,\nu} k_{\mu\nu} U^{(\mu)} V^{(\nu)} = \Sigma k_{\mu\nu} L_{\mu\nu} = R_{67} = -R_{76}.$$

Vermöge der Gleichung $L(x, y) = 0$ entspricht jedem Punkte x ein Linienpaar U, V, dessen Scheitel x ist. Die Curve dritten Grades $R_{67}(x) = 0$ ist der Ort der Punkte, deren entsprechende Linienpaare in Bezug auf den Kegelschnitt $T_{67}(u) = 0$ harmonische Polaren sind. In ähnlicher Weise definire ich, wenn α, β irgend zwei der Indices 1, 2, ... 7 sind, die Ausdrücke

$$(2.) \qquad R_{\alpha\beta} = -R_{\beta\alpha}, \quad S_{\alpha\beta} = S_{\beta\alpha}, \quad T_{\alpha\beta} = -T_{\beta\alpha}.$$

Die Grössen $k_{\mu\nu}$ sind quadratische Functionen von a_5, $k_{\mu\nu} = \sum\limits_{\varrho,\sigma} k_{\mu\nu,\varrho\sigma} a_5^{(\varrho)} a_5^{(\sigma)}$, welche verschwinden, wenn $a_5 = a_1, a_2, a_3, a_4$ wird. Setzt man diesen Ausdruck in die Formel (1.) ein, so erhält man $R_{67} = \sum\limits_{\varrho,\sigma} K_{\varrho\sigma} a_5^{(\varrho)} a_5^{(\sigma)}$, wo

$$K_{\varrho\sigma} = \sum_{\mu,\nu} L_{\mu\nu} k_{\mu\nu,\varrho\sigma}$$

ist. Ebenso ist

$$-R_{57} = \sum_{\varrho,\sigma} K_{\varrho\sigma} a_6^{(\varrho)} a_6^{(\sigma)}, \quad -R_{65} = \sum_{\varrho,\sigma} K_{\varrho\sigma} a_7^{(\varrho)} a_7^{(\sigma)},$$

dagegen für $\lambda = 1, 2, 3, 4$ ist $\sum\limits_{\varrho,\sigma} K_{\varrho\sigma} a_\lambda^{(\varrho)} a_\lambda^{(\sigma)} = 0$. Nun ist aber nach (1.) § 2 $\sum\limits_{\lambda}{}_1^7 g_\lambda \sum\limits_{\varrho,\sigma} K_{\varrho\sigma} a_\lambda^{(\varrho)} a_\lambda^{(\sigma)} = 0$ und daher $g_5 R_{67} + g_6 R_{75} + g_7 R_{56} = 0$ und allgemein

$$(3.) \qquad g_\alpha R_{\beta\gamma} + g_\beta R_{\gamma\alpha} + g_\gamma R_{\alpha\beta} = 0,$$

und folglich auch

$$(4.) \qquad R_{\alpha\beta} R_{\gamma\delta} + R_{\alpha\gamma} R_{\delta\beta} + R_{\alpha\delta} R_{\beta\gamma} = 0.$$

In den Schnittpunkten der Geraden a_α und a_β ist $L(x, y) = [\alpha, \beta, \alpha\beta] y_\alpha y_\beta$. Ersetzt man darin $y^{(\mu)} y^{(\nu)}$ durch $k_{\mu\nu}$, so erkennt man nach Formel (3.) § 9, dass in diesem Punkte

$$(5.) \qquad R_{67} = [\alpha, \beta, \alpha\beta] t_{\alpha\beta} \qquad (\alpha, \beta = 1, 2, \dots 5)$$

ist. Nach einem schon mehrfach benutzten Schlusse ist daher

$$(6.) \qquad R_{67}(x) = \Sigma' f_{\alpha\beta\gamma} [\delta, \varepsilon, \delta\varepsilon] x_\alpha x_\beta x_\gamma,$$

wo α, β, γ alle Tripel der Zahlen 1, 2, 3, 4, 5 durchläuft und $\alpha, \beta, \gamma, \delta, \varepsilon$ eine eigentliche Permutation dieser Zahlen ist. Ersetzt man in der Gleichung (5.) § 4 $y^{(\mu)} y^{(\nu)}$ durch $k_{\mu\nu}$, so findet man

$$(7.)\quad \begin{cases} f_{123}^2 R_{67} = t_{23} x_1 (x_1 x_{23} - x_2 x_{31} - x_3 x_{12}) \\ \qquad + t_{31} x_2 (x_2 x_{31} - x_3 x_{12} - x_1 x_{23}) \\ \qquad + t_{12} x_3 (x_3 x_{12} - x_1 x_{23} - x_2 x_{31}). \end{cases}$$

Um zu einer anderen Darstellung von R_{67} zu gelangen, betrachte ich die Function

$$\Sigma' f_{\alpha\beta\gamma} f_{\delta\varepsilon} x_\alpha x_\beta x_\gamma x_{\delta\varepsilon} - R_{67}(x) f(x) = V,$$

welche nach (5.) im Punkte $x_\delta = x_\varepsilon = 0$ (δ, $\varepsilon = 1, 2, \dots 5$) verschwindet. Ausserdem verschwindet aber V auch im Punkte $x_\alpha = f = 0$. Denn ist z. B. $\alpha = 5$, so ist für $x_5 = f = 0$ der Ausdruck $V = \Sigma' f_{\alpha\beta\gamma} f_{\delta\varepsilon} x_\alpha x_\beta x_\gamma x_{\delta\varepsilon}$, wo α, β, γ nicht gleich 5 sein darf. Daher ist einer der beiden Indices δ, ε gleich 5, und folglich $V = \Sigma f_{\alpha\beta\gamma} f_{\delta 5} x_\alpha x_\beta x_\gamma x_{\delta 5}$, wo $\alpha, \beta, \gamma, \delta$ eine gerade Vertauschung der Indices 1, 2, 3, 4 ist. Nun ist aber identisch $x_5 f_{\gamma\delta} + x_\gamma f_{\delta 5} + x_\delta f_{5\gamma} = f_{5\gamma\delta} f$ und mithin, wenn $x_5 = f = 0$ ist, $\dfrac{f_{\delta 5}}{x_\delta} = \dfrac{f_{\gamma 5}}{x_\gamma}$ oder $f_{\delta 5} = k x_\delta$, wo k für $\delta = 1$, 2, 3, 4 denselben Werth hat. Daher ist $V = k x_1 x_2 x_3 x_4 \Sigma f_{\alpha\beta\gamma} x_{\delta 5}$. Nach (9.) § 7 ist aber $\Sigma f_{\alpha\beta\gamma} x_{\delta 5} = f_{1234} x_5$ und folglich, da $x_5 = 0$ ist, $V = 0$. Die Function vierten Grades V verschwindet also in den Schnittpunkten von je zwei der sechs Geraden $x_1 = 0, \dots x_5 = 0$, $f = 0$ und ist daher identisch Null. Demnach ist

$$(8.)\quad R_{67}(x) f(x) = \Sigma' f_{\alpha\beta\gamma} f_{\delta\varepsilon} x_\alpha x_\beta x_\gamma x_{\delta\varepsilon}$$

und z. B. für $f(x) = x_5$

$$(9.)\quad \begin{cases} R_{67}(x) = f_{512} f_{534} (x_1 x_2 x_{34} + x_3 x_4 x_{12}) \\ \qquad + f_{513} f_{542} (x_1 x_3 x_{42} + x_4 x_2 x_{13}) \\ \qquad + f_{514} f_{523} (x_1 x_4 x_{23} + x_2 x_3 x_{14}). \end{cases}$$

Setzt man nun

$$(10.)\quad P = (\sum_{\mu,\nu} k_{\mu\nu} U^{(\mu)} U^{(\nu)})(\sum_{\mu,\nu} k_{\mu\nu} V^{(\mu)} V^{(\nu)}),$$

so ist

$$P = \sum_{\varkappa,\lambda,\mu,\nu} k_{\varkappa\lambda} k_{\mu\nu} U^{(\varkappa)} U^{(\lambda)} V^{(\mu)} V^{(\nu)}$$
$$= \tfrac{1}{2} \Sigma k_{\varkappa\lambda} k_{\mu\nu} (U^{(\varkappa)} V^{(\mu)} + U^{(\mu)} V^{(\varkappa)})(U^{(\lambda)} V^{(\nu)} + U^{(\nu)} V^{(\lambda)})$$
$$- (\Sigma k_{\varkappa\lambda} U^{(\varkappa)} V^{(\lambda)})(\Sigma k_{\mu\nu} U^{(\mu)} V^{(\nu)})$$

oder

$$(11.)\quad P = 2 \Sigma k_{\varkappa\lambda} k_{\mu\nu} L_{\varkappa\mu} L_{\lambda\nu} - (\Sigma k_{\varkappa\lambda} L_{\varkappa\lambda})^2.$$

Ist $x_\alpha = 0$ $(\alpha = 1, 2, \dots 5)$, so ist $L(x, y)$ durch y_α theilbar. Die Coordinaten $U^{(\nu)}$, verhalten sich daher wie die Grössen $a_\alpha^{(\nu)}$, und mithin ist $P = 0$. Ist ferner x ein Punkt auf der Geraden $x_{67} = 0$, so geht die Gerade U nach Formel (2.) § 4 durch den Punkt $y_6 = y_7 = 0$, berührt also diejenige Curve dritter Klasse mit den Tangenten $a_1, \dots a_7$, welche aus jenem Punkte und dem Kegelschnitt $T_{67} = 0$ besteht. Nach der Bedeutung von $L(x, y)$ muss daher auch die Gerade V diese Curve berühren, und da sie im Allgemeinen nicht mit U zusammenfällt, so muss sie eine Tangente des Kegelschnitts $T_{67} = 0$ sein. Also ist $\Sigma k_{\mu\nu} V^{(\mu)} V^{(\nu)} = 0$ und mithin auch $P = 0$. Da P eine ganze Function sechsten Grades von x ist und für die Punkte der Geraden

$$x_1 = 0, \quad \dots \quad x_5 = 0, \quad x_{67} = 0$$

verschwindet, so ist $P = k x_1 x_2 x_3 x_4 x_5 x_{67}$, wo k eine Constante ist. In dem Punkte $x_6 = x_7 = 0$ ist daher $P = -\frac{k}{g_6 g_7}[6, 7, 67]^2$. In diesem Punkte ist aber $L(x, y) = [6, 7, 67] y_6 y_7$. Ferner ist

$$\Sigma k_{\mu\nu} a_6^{(\mu)} a_6^{(\nu)} = -2g_7, \quad \Sigma k_{\mu\nu} a_7^{(\mu)} a_7^{(\nu)} = 2g_6$$

und daher nach (10.) $P = -4 g_6 g_7 [6, 7, 67]^2$. Folglich ist $k = 4 g_6^2 g_7^2$ und mithin

$$P = 4 g_6^2 g_7^2 x_1 x_2 x_3 x_4 x_5 x_{67}.$$

Nun ist aber

$$L(x; y, z)^2 - L(x, y) L(x, z) = \tfrac{1}{4}(x, y, z)^2 F(x)$$

oder

$$2 \Sigma L_{\varkappa\mu} y^{(\varkappa)} z^{(\mu)} L_{\lambda\nu} y^{(\lambda)} z^{(\nu)} - 2(\Sigma L_{\mu\nu} y^{(\mu)} y^{(\nu)})(\Sigma L_{\mu\nu} z^{(\mu)} z^{(\nu)}) = \tfrac{1}{2}(x, y, z)^2 F(x).$$

Ersetzt man in dieser Gleichung $y^{(\mu)} y^{(\nu)}$ durch $k_{\mu\nu}$ und $z^{(\mu)} z^{(\nu)}$ ebenfalls durch $k_{\mu\nu}$, so erhält man

$$2 \Sigma L_{\varkappa\mu} L_{\lambda\nu} k_{\varkappa\lambda} k_{\mu\nu} - 2(\Sigma k_{\mu\nu} L_{\mu\nu})^2 = -S_{67}(x) F(x)$$

oder *)

$$(12.) \qquad (R_{67}(x))^2 - 4 g_6^2 g_7^2 x_1 x_2 x_3 x_4 x_5 x_{67} = S_{67}(x) F(x).$$

---

*) Die Formeln (2.) § 4 und (12.) geben zwei verschiedene Wege an, mittelst der Function $L(x, y)$ die Doppeltangente $a_{\alpha\beta}$ zu erhalten. Nach der ersten Formel liegen die Scheitel der letzten Tangentenpaare, welche durch den Schnittpunkt der Geraden a_α und a_β gehen, auf der Geraden $a_{\alpha\beta}$, falls sie nicht auf a_α oder a_β liegen. Nach der andern liegen die Scheitel der letzten Tangentenpaare, welche den Kegelschnitt $S_{\alpha\beta} = 0$ berühren, auf der Geraden $a_{\alpha\beta}$, falls sie nicht auf einer der fünf von a_α und a_β verschiedenen der sieben Geraden $a_1, \dots a_7$ liegen. Diese beiden Resultate sind leicht aus einander abzuleiten. Denn wenn die eine der beiden letzten Tangenten durch den Schnittpunkt von a_α und a_β geht, so berührt die andere den Kegelschnitt $S_{\alpha\beta} = 0$, und umgekehrt.

Dass der constante Factor von S_{67} ebenso gewählt ist wie in § 9, erkennt man, indem man $x_1 = x_2 = 0$ setzt. Aus dieser Formel ergiebt sich der Satz:

Die Berührungspunkte von fünf Doppeltangenten einer Curve vierter Ordnung, von denen je drei azygetisch sind, liegen auf einer Curve dritter Ordnung, auf der ausserdem die Berührungspunkte einer bestimmten sechsten Doppeltangente liegen. Solche sechs Doppeltangenten berühren einen Kegelschnitt in sechs Punkten, die ebenfalls auf jener Curve dritter Ordnung liegen.

Die sechs Doppeltangenten $a_1, \dots a_5, a_{67}$ berühren einen Kegelschnitt. Der Ort der Scheitel derjenigen (zu den sieben Grundtangenten $a_1, \dots a_7$) letzten Tangentenpaare, welche in Bezug auf diesen Kegelschnitt Paare harmonischer Polaren sind, ist eine Curve dritter Ordnung, auf welcher die 18 Berührungspunkte jener sechs Doppeltangenten mit dem Kegelschnitt und mit der Curve vierter Ordnung liegen.

Ist nun x ein Punkt auf der Curve $F(x) = 0$, so verstehe ich unter $\sqrt{x_{0\alpha}} = -\sqrt{x_{\alpha 0}}$ eine beliebige der beiden Quadratwurzeln aus x_α und dann unter $\sqrt{x_{\alpha\beta}}$ die, welche durch die Gleichung

$$(13.) \qquad 2 g_\alpha g_\beta \frac{\sqrt{x_{\alpha\beta}}}{\sqrt{x_{0\alpha}}\sqrt{x_{0\beta}}} = \frac{R_{\alpha\beta}(x)}{\prod_\lambda{}_1^7 \sqrt{x_{0\lambda}}}$$

bestimmt ist. Nach Formel (3.) und (4.) ist dann

$$(14.) \qquad \sqrt{x_{\alpha\beta}}\sqrt{x_{\gamma\delta}} + \sqrt{x_{\alpha\gamma}}\sqrt{x_{\delta\beta}} + \sqrt{x_{\alpha\delta}}\sqrt{x_{\beta\gamma}} = 0,$$

und folglich sind die Wurzeln in der nämlichen Weise gewählt wie in § 8. Zu den dortigen Bestimmungen ist aber noch eine weitere hinzugekommen, mit Hülfe deren jetzt eine neue Relation zweiten Grades zwischen den Wurzelfunctionen abgeleitet werden soll.

Aus der Formel (9.) und der Gleichung

$$f_{512} f_{534} + f_{513} f_{542} + f_{514} f_{523} = 0$$

folgt

$$R_{67} = f_{512} f_{534} (x_1(x_2 x_{34} - x_4 x_{23}) + x_3(x_4 x_{12} - x_2 x_{41})) \\ + f_{513} f_{542} (x_1(x_3 x_{24} - x_4 x_{23}) + x_2(x_4 x_{13} - x_3 x_{41})).$$

Nun ist aber, weil x auf der Curve $F(x) = 0$ liegt,

$$x_2 x_{34} - x_4 x_{23} = (\sqrt{x_{02}}\sqrt{x_{34}} + \sqrt{x_{04}}\sqrt{x_{23}})(\sqrt{x_{02}}\sqrt{x_{34}} - \sqrt{x_{04}}\sqrt{x_{23}}) \\ = \sqrt{x_{03}}\sqrt{x_{24}}(\sqrt{x_{02}}\sqrt{x_{34}} - \sqrt{x_{04}}\sqrt{x_{23}})$$

und

$$x_4 x_{12} - x_2 x_{41} = -\sqrt{x_{01}}\sqrt{x_{24}}(\sqrt{x_{04}}\sqrt{x_{12}} - \sqrt{x_{02}}\sqrt{x_{41}})$$

und daher

$$x_1(x_2x_{34}-x_4x_{23})+x_3(x_4x_{12}-x_2x_{41})$$
$$=\sqrt{x_{01}}\sqrt{x_{03}}\sqrt{x_{24}}(\sqrt{x_{02}}(\sqrt{x_{01}}\sqrt{x_{34}}+\sqrt{x_{03}}\sqrt{x_{41}})-\sqrt{x_{04}}(\sqrt{x_{01}}\sqrt{x_{23}}+\sqrt{x_{03}}\sqrt{x_{12}}))$$
$$=-2\sqrt{x_{01}}\sqrt{x_{02}}\sqrt{x_{03}}\sqrt{x_{04}}\sqrt{x_{13}}\sqrt{x_{24}}.$$

Ebenso ist

$$x_1(x_3x_{24}-x_4x_{23})+x_2(x_4x_{13}-x_3x_{41}) = -2\sqrt{x_{01}}\sqrt{x_{02}}\sqrt{x_{03}}\sqrt{x_{04}}\sqrt{x_{12}}\sqrt{x_{34}}$$

und folglich

$$R_{67} = 2\sqrt{x_{01}}\sqrt{x_{02}}\sqrt{x_{03}}\sqrt{x_{04}}(f_{512}f_{534}\sqrt{x_{13}}\sqrt{x_{42}}-f_{513}f_{542}\sqrt{x_{12}}\sqrt{x_{34}}),$$

also nach (13.)

$$(15.)\quad \varepsilon g_6 g_7\sqrt{x_{05}}\sqrt{x_{67}} = f_{512}f_{534}\sqrt{x_{13}}\sqrt{x_{42}}-f_{513}f_{542}\sqrt{x_{12}}\sqrt{x_{34}},$$

wo ε dieselbe Bedeutung hat wie in Formel (3.) § 5.

Vertauscht man 5 mit 6, so erhält man

$$\varepsilon g_5 g_7\sqrt{x_{06}}\sqrt{x_{75}} = f_{612}f_{634}\sqrt{x_{13}}\sqrt{x_{42}}-f_{613}f_{642}\sqrt{x_{12}}\sqrt{x_{34}}.$$

Eliminirt man $\sqrt{x_{13}}\sqrt{x_{42}}$, so findet man, da

$$f_{513}f_{542}f_{612}f_{634}-f_{613}f_{642}f_{512}f_{534} = \varepsilon g_7$$

ist,

$$g_5f_{512}f_{534}\sqrt{x_{06}}\sqrt{x_{75}}-g_6f_{612}f_{634}\sqrt{x_{05}}\sqrt{x_{67}} = \sqrt{x_{12}}\sqrt{x_{34}}$$

oder in anderen Zeichen

$$(16.)\quad g_1f_{145}f_{167}\sqrt{x_{02}}\sqrt{x_{31}}-g_2f_{245}f_{267}\sqrt{x_{01}}\sqrt{x_{23}} = \sqrt{x_{45}}\sqrt{x_{67}}.$$

Aus den Gleichungen (12.) § 8 und (15.), (16.) folgt

$$(17.)\quad \begin{cases} (g_5g_6g_7f_{567}f_{512}f_{534}f_{513}f_{542})^2F(x) \\ = N(f_{512}f_{534}\sqrt{x_{13}x_{42}}-f_{513}f_{542}\sqrt{x_{12}x_{34}}-g_6g_7\sqrt{x_{05}x_{67}}) \end{cases}$$

und

$$(18.)\quad \begin{cases} (g_1g_2f_{123}f_{145}f_{167}f_{245}f_{267})^2F(x) \\ = N(g_1f_{145}f_{167}\sqrt{x_{02}x_{31}}-g_2f_{245}f_{267}\sqrt{x_{01}x_{23}}-\sqrt{x_{45}x_{67}}). \end{cases}$$

Die durch Vertauschung der Indices aus (10.) und (11.) § 8 und (17.) und (18.) hervorgehenden Formeln (vgl. *Schottky*, l. c. S. 64) enthalten alle möglichen Darstellungen von $F(x)$ als Norm einer Wurzelfunction zweiter Ordnung.

Zürich, Mai 1885.

35.

Neuer Beweis des Sylowschen Satzes

Journal für die reine und angewandte Mathematik 100, 179–181 (1887)

Den Satz von *Cauchy,* dass jede Gruppe, deren Ordnung durch eine Primzahl p theilbar ist, Elemente der Ordnung p enthält (Exerc. d'analyse et de phys. math. tom. III, pag. 250), hat Herr *Sylow* dahin verallgemeinert, dass eine Gruppe, deren Ordnung durch die ν^{te} Potenz einer Primzahl p theilbar ist, stets eine Untergruppe der Ordnung p^ν enthält (Math. Ann. Bd. 5). Für die symmetrische Gruppe, deren Elemente die sämmtlichen $n!$ Substitutionen von n Symbolen sind, hatte diesen Satz schon *Cauchy* durch directe Bildung der Untergruppe bewiesen und aus diesem Lemma die Gültigkeit seines Satzes für eine beliebige endliche Gruppe abgeleitet. Der Umstand, dass Herr *Sylow* in seiner Deduction den *Cauchy*schen Satz als bekannt voraussetzt, hat Herrn *Netto* veranlasst, einen anderen Beweis für den *Sylow*schen Satz zu entwickeln, in welchem er direct an das *Cauchy*sche Lemma anknüpft (Math. Ann. Bd. 13; *Grunerts* Archiv, Bd. 62). Da indessen die symmetrische Gruppe, die in alle diese Beweise hineingezogen wird, dem Inhalte des *Sylow*schen Satzes völlig fremd ist, so habe ich versucht, eine neue Herleitung für denselben zu finden, in der das *Cauchy*sche Lemma nicht benutzt wird, und dies ist mir mit Hülfe der Methode gelungen, die Herr *Sylow* (l. c. S. 588) zur Erforschung der Constitution der Gruppen, deren Ordnung eine Potenz einer Primzahl ist, angewendet hat.

Die Elemente jeder endlichen Gruppe kann man als Substitutionen auffassen (dieses Journal Bd. 86, S. 230). Indessen will ich gerade in Anbetracht des zu beweisenden Satzes diese Auffassung im Folgenden nicht zu Grunde legen. Gegeben seien mehrere *Elemente,* die folgende Eigenschaften haben (vgl. *Kronecker,* Berl. Monatsber. 1870, S. 882; *Weber,* Math. Ann. Bd. 20, S. 302):

I. Je zwei Elemente A und B bestimmen in der angegebenen Reihenfolge *eindeutig* ein drittes, welches mit AB bezeichnet wird.

II. Aus jeder der beiden Gleichungen $AC = BC$ oder $CA = CB$ folgt $A = B$.

III. Für die Operation, durch welche AB aus A und B entspringt, gilt das *associative* Gesetz $(AB)C = A(BC)$, aber nicht nothwendig das *commutative* Gesetz $AB = BA$.

IV. Die Anzahl der Elemente ist endlich.

Aus den drei ersten Bedingungen folgt, dass es nicht mehr als ein Element E (das *Hauptelement*) geben kann, welches der Gleichung $E^2 = E$ genügt, also für sich allein schon eine Gruppe bildet. Denn ist auch $F = F^2$, so ist nach I. $(E^2)F = E(F^2)$ oder nach III. $EEF = EFF$ und folglich nach II. $E = F$. Ist A irgend ein Element, so ist dann auch $AE^2 = AE$ und $E^2A = EA$ und mithin $AE = EA = A$. Dass ein solches Hauptelement wirklich existirt, ergiebt sich leicht aus IV.

Sei nun $\mathfrak{H}$ eine aus den gegebenen Elementen gebildete *Gruppe*, deren *Ordnung* h durch die ν^{te} (oder eine höhere) Potenz einer Primzahl p theilbar sei. Dann soll gezeigt werden, dass $\mathfrak{H}$ eine Untergruppe enthält, deren Ordnung gleich p^ν ist. Zur Vereinfachung der Darstellung will ich voraussetzen, dass der Satz für Gruppen, deren Ordnung kleiner als h ist, richtig ist. Diejenigen Elemente von $\mathfrak{H}$, welche, wie z. B. das Hauptelement, mit jedem Elemente von $\mathfrak{H}$ vertauschbar sind, bilden eine Untergruppe $\mathfrak{G}$, deren Ordnung g ein Divisor von h ist. Ich unterscheide nun zwei Fälle:

1) g ist durch p theilbar. Seien $A, B, C, \ldots$ die Elemente von $\mathfrak{G}$, von denen nach der Definition dieser Gruppe je zwei mit einander vertauschbar sind, seien $a, b, c, \ldots$ ihre Ordnungen und $\alpha, \beta, \gamma, \ldots$ veränderliche ganze Zahlen, die sich von 0 bis resp. $a-1$, $b-1$, $c-1, \ldots$ bewegen. Dann stellt der Ausdruck $A^\alpha B^\beta C^\gamma \ldots$ jedes Element von $\mathfrak{G}$ und jedes gleich oft dar, nämlich ebenso oft, wie er das Hauptelement E darstellt. Daher ist das Product $abc\ldots$ durch g, also auch durch p theilbar, und folglich muss einer seiner Factoren durch p theilbar sein. Ist dies a, so ist $A^{\frac{a}{p}} = P$ ein von E verschiedenes Element von $\mathfrak{H}$, dessen Ordnung gleich p ist. (Vgl. dieses Journal Bd. 86, S. 223). Betrachtet man jetzt (vgl. *Kronecker*, l. c. S. 884; *Camille Jordan*, Bull. de la soc. math. de France, tom. I pag. 46) zwei Elemente von $\mathfrak{H}$ als (relativ) gleich, wenn sie sich nur durch eine Potenz von P unterscheiden, so sind auch für diese weitere Fassung des Gleichheitsbegriffes die Bedingungen I—IV erfüllt, weil

jede Potenz von P mit jedem Elemente von $\mathfrak{H}$ vertauschbar*) ist, und die relativ verschiedenen Elemente von $\mathfrak{H}$ bilden eine Gruppe, deren Ordnung $\frac{h}{p} < h$ ist und folglich nach der gemachten Voraussetzung eine Untergruppe der Ordnung $p^{\nu-1}$ enthält. Durchläuft Q die Elemente dieser Untergruppe und λ die Werthe von 0 bis $p-1$, so sind die p^ν Elemente $P^\lambda Q$ absolut von einander verschieden und bilden eine in $\mathfrak{H}$ enthaltene Gruppe der Ordnung p^ν.

2) g ist nicht durch p theilbar. Zwei Elemente A und B nenne ich *ähnlich* (in Bezug auf $\mathfrak{H}$), wenn es in $\mathfrak{H}$ ein Element H giebt, das der Gleichung $H^{-1}AH = B$ genügt. Alle Elemente, welche einem bestimmten und daher auch paarweise unter einander ähnlich sind, bilden eine *Klasse* ähnlicher Elemente. Jedes der g Elemente $A_1, A_2, \dots A_g$ der Gruppe $\mathfrak{G}$ bildet für sich eine Klasse. Ist

$$(1.) \qquad A_1, \dots A_g, \quad B_1, \dots B_m$$

ein vollständiges System nicht ähnlicher Elemente von $\mathfrak{H}$, so bilden die mit B_μ vertauschbaren Elemente von $\mathfrak{H}$ eine Gruppe $\mathfrak{G}_\mu$, deren Ordnung $g_\mu < h$ ist. Denn sonst würde B_μ der Gruppe $\mathfrak{G}$ angehören. Durchläuft H die h Elemente der Gruppe $\mathfrak{H}$, so durchläuft $H^{-1}B_\mu H$ alle Elemente der durch B_μ repräsentirten Klasse. Da g_μ dieser h Elemente gleich B_μ sind, so sind auch je g_μ derselben einander gleich. Ist daher h_μ die Anzahl der verschiedenen Elemente in $\mathfrak{H}$, die B_μ ähnlich sind, so ist

$$(2.) \qquad g_\mu h_\mu = h.$$

Da ferner jedes Element von $\mathfrak{H}$ einem und nur einem der Elemente (1.) ähnlich ist, so ist

$$(3.) \qquad h = g + h_1 + \cdots + h_m.$$

Weil h durch p theilbar ist, g aber nicht, so können dieser Gleichung nach die Zahlen $h_1, \dots h_m$ nicht alle durch p theilbar sein. Ist aber h_μ nicht durch p theilbar, so ist nach Gleichung (2.) die Ordnung g_μ der Gruppe $\mathfrak{G}_\mu$ durch p^ν theilbar. Da $g_\mu < h$ ist, so enthält folglich $\mathfrak{G}_\mu$, also auch $\mathfrak{H}$ eine Untergruppe der Ordnung p^ν.

---

*) Wären die Elemente von $\mathfrak{H}$ nicht mit der aus den Potenzen von P gebildeten Gruppe vertauschbar, so würde nicht einmal die Bedingung I erfüllt sein.

Zürich, März 1884.

36.

Über die Congruenz nach einem aus zwei endlichen Gruppen gebildeten Doppelmodul

Journal für die reine und angewandte Mathematik 101, 273–299 (1887)

Auf die Untersuchungen aus der Theorie der *Gruppen*, die den Inhalt dieser Arbeit bilden, bin ich durch das Studium der merkwürdigen Abhandlung des Herrn *Kronecker* „Ueber die Irreductibilität von Gleichungen" (Monatsber. der Berl. Akad. 1880, Seite 155) geführt worden, insbesondere durch den Versuch, die am Ende von Seite 157 angedeuteten Relationen aufzufinden. Ueber die betrachteten *Elemente* mache ich diejenigen Voraussetzungen, die ich in meiner Arbeit „Neuer Beweis des *Sylow*schen Satzes" (dieses Journal Bd. 100) zusammengestellt habe. Für den Fall, dass je zwei Elemente *vertauschbar* sind, nennt Herr *Kronecker* (Auseinandersetzung einiger Eigenschaften der Klassenanzahl idealer complexer Zahlen. Monatsber. 1870) zwei Elemente A und B *äquivalent* oder *congruent* in Bezug auf eine Gruppe $\mathfrak{G}$,

$$A \sim B \quad (\text{mod. } \mathfrak{G}),$$

wenn AB^{-1} in $\mathfrak{G}$ enthalten ist, wenn also $A = GB$ ist, wo G ein Element der Gruppe $\mathfrak{G}$ bedeutet. Herr *Cam. Jordan* (Sur la limite de transitivité des groupes non alternés. Bull. de la Soc. Math. de France, T. I) wendet diese Definition auch in dem Falle an, wo die Elemente A und B mit der Gruppe $\mathfrak{G}$ vertauschbar sind. Ich will sie hier benutzen, ohne über die Vertauschbarkeit der betrachteten Elemente und Gruppen eine Voraussetzung zu machen.

Die Anzahl der (mod. $\mathfrak{G}$) verschiedenen Elemente einer gegebenen Gruppe $\mathfrak{S}$ bezeichne ich mit $(\mathfrak{S}:\mathfrak{G})$. Ist $\mathfrak{G}$ ein *Divisor* von $\mathfrak{S}$ (sind alle Elemente von $\mathfrak{G}$ in $\mathfrak{S}$ enthalten), so ist nach dem *Lagrange*schen Satze $(\mathfrak{S}:\mathfrak{G}) = \frac{s}{g}$, wo s und g die Ordnungen der Gruppen $\mathfrak{S}$ und $\mathfrak{G}$ bezeichnen. Im allgemeinen Falle sei $\mathfrak{D}$ der grösste gemeinsame Divisor von $\mathfrak{S}$ und $\mathfrak{G}$, und sei d seine Ordnung, also die Anzahl der Elemente, welche die Gruppen $\mathfrak{S}$ und $\mathfrak{G}$ gemeinsam haben. Sind dann A und B zwei Elemente von $\mathfrak{S}$, so ist auch AB^{-1} in $\mathfrak{S}$ enthalten. Ist ferner $A \sim B$ (mod. $\mathfrak{G}$), so ist AB^{-1} auch in $\mathfrak{G}$ und folglich auch in $\mathfrak{D}$ enthalten, und daher ist auch $A \sim B$ (mod. $\mathfrak{D}$). Mithin ist

$$(\mathfrak{S}:\mathfrak{G}) = (\mathfrak{S}:\mathfrak{D}) = \frac{s}{d}.$$

Für manche Untersuchungen kann es zweckmässig erscheinen, $A \sim B$ (mod. $\mathfrak{G}$) zu nennen, wenn $A = BG$ und $G(= B^{-1}A)$ ein Element von $\mathfrak{G}$ ist. Diese Bemerkung weist darauf hin, dass der oben erklärte Congruenzbegriff nur ein specieller Fall eines allgemeineren, für die Untersuchung von Gruppen nicht vertauschbarer Elemente sehr wichtigen Begriffes ist. Sind $\mathfrak{G}$ und $\mathfrak{H}$ zwei Gruppen, so nenne ich ein Element B einem anderen Elemente A congruent (modd. $\mathfrak{G}$, $\mathfrak{H}$), wenn

$$GAH = B$$

ist, wo G der Gruppe $\mathfrak{G}$ und H der Gruppe $\mathfrak{H}$ angehört. Aus dieser Gleichung ergiebt sich $A = G^{-1}BH^{-1}$. Da G^{-1} ein Element von $\mathfrak{G}$ ist, so ist folglich $A \sim B$ (modd. $\mathfrak{G}$, $\mathfrak{H}$), wenn $B \sim A$ (modd. $\mathfrak{G}$, $\mathfrak{H}$) ist. Ist ferner $A = G_1CH_1$ und $B = G_2CH_2$, und setzt man $G_2G_1^{-1} = G$ und $H_1^{-1}H_2 = H$, so ist auch $B = GAH$. Sind also zwei Elemente einem dritten congruent, so sind sie es auch unter einander. Ist nun $\mathfrak{S}$ eine gegebene Gruppe, so nenne ich die Gesammtheit derjenigen Elemente von $\mathfrak{S}$, welche einem bestimmten unter ihnen (modd. $\mathfrak{G}$, $\mathfrak{H}$) congruent sind, eine *Klasse congruenter Elemente.* Von den Elementen einer solchen Klasse sind dann auch je zwei unter einander congruent, und die Klasse ist durch jedes ihrer Elemente vollständig bestimmt, oder es kann jedes ihrer Elemente als *Repräsentant* der Klasse gewählt werden. Die Anzahl der Klassen, in welche die Elemente von $\mathfrak{S}$ zerfallen, oder die Anzahl der (modd. $\mathfrak{G}$, $\mathfrak{H}$) incongruenten Elemente von $\mathfrak{S}$ bezeichne ich mit $(\mathfrak{S}:\mathfrak{G}, \mathfrak{H})$.

§ 1.

Aus der Gleichung $GAH = B$ folgt $H^{-1}A^{-1}G^{-1} = B^{-1}$. Ist also $A \sim B$ (modd. $\mathfrak{G}$, $\mathfrak{H}$), so ist $A^{-1} \sim B^{-1}$ (modd. $\mathfrak{H}$, $\mathfrak{G}$), und bilden $S_1, S_2, \dots S_m$ ein vollständiges System incongruenter Elemente von $\mathfrak{S}$ (modd. $\mathfrak{G}$, $\mathfrak{H}$), so bilden S_1^{-1}, S_2^{-1}, ... S_m^{-1} ein solches System (modd. $\mathfrak{H}$, $\mathfrak{G}$). Mithin ist

$$(1.)\qquad (\mathfrak{S}:\mathfrak{G},\ \mathfrak{H}) = (\mathfrak{S}:\mathfrak{H},\ \mathfrak{G}).$$

Wie ich in meiner oben citirten Arbeit gezeigt habe, giebt es in jedem Elementensystem eine und nur eine Gruppe der Ordnung 1, *die Hauptgruppe.* Dieselbe besteht aus einem einzigen Elemente E, dem *Hauptelement*, welches eben dadurch, dass es schon für sich allein eine Gruppe bildet, vollständig charakterisirt ist. Ist $\mathfrak{E}$ die Hauptgruppe, so ist die oben mit $(\mathfrak{S}:\mathfrak{G})$ bezeichnete Zahl gleich

$$(2.)\qquad (\mathfrak{S}:\mathfrak{G}) = (\mathfrak{S}:\mathfrak{G},\ \mathfrak{E}) = (\mathfrak{S}:\mathfrak{E},\ \mathfrak{G}) = \frac{s}{d}.$$

Durch diese Gleichung wird die Einführung des Zeichens $(\mathfrak{S}:\mathfrak{G})$ auch für den Fall nicht vertauschbarer Elemente gerechtfertigt.

Aus der Gleichung $GAH = B$ ergiebt sich ferner

$$(P^{-1}GP)(P^{-1}AQ)(Q^{-1}HQ) = P^{-1}BQ.$$

Sind daher P und Q zwei Elemente von $\mathfrak{S}$, so bilden $P^{-1}S_1Q$, ... $P^{-1}S_mQ$ ein vollständiges System incongruenter Elemente von $\mathfrak{S}$ (modd. $P^{-1}\mathfrak{G}P$, $Q^{-1}\mathfrak{H}Q$), und folglich ist

$$(3.)\qquad (\mathfrak{S}:\mathfrak{G},\ \mathfrak{H}) = (\mathfrak{S}:P^{-1}\mathfrak{G}P,\quad Q^{-1}\mathfrak{H}Q).$$

Mit $Q^{-1}\mathfrak{H}Q$ ist hier die (der Gruppe $\mathfrak{H}$ *ähnliche*) Gruppe bezeichnet, die von den Elementen $Q^{-1}HQ$ gebildet wird, wo H die Elemente von $\mathfrak{H}$ durchläuft. In ähnlicher Weise zeigt man, dass allgemein, auch wenn P nicht der Gruppe $\mathfrak{S}$ angehört, die Gleichung gilt

$$(4.)\qquad (\mathfrak{S}:\mathfrak{G},\ \mathfrak{H}) = (P^{-1}\mathfrak{S}P:P^{-1}\mathfrak{G}P,\ P^{-1}\mathfrak{H}P).$$

Sei $\mathfrak{G}'$ ein Divisor von $\mathfrak{G}$ und $\mathfrak{H}'$ ein Divisor von $\mathfrak{H}$. Ist dann $A \sim B$ (modd. $\mathfrak{G}'$, $\mathfrak{H}'$), so ist offenbar auch $A \sim B$ (modd. $\mathfrak{G}$, $\mathfrak{H}$). Aus den verschiedenen Klassen, in welche die Elemente von $\mathfrak{S}$ (modd. $\mathfrak{G}'$, $\mathfrak{H}'$) zerfallen, entstehen daher die Klassen (modd. $\mathfrak{G}$, $\mathfrak{H}$), indem sich mehrere Klassen in eine vereinigen. Daher ist

$$(5.)\qquad (\mathfrak{S}:\mathfrak{G},\ \mathfrak{H}) \leqq (\mathfrak{S}:\mathfrak{G}',\ \mathfrak{H}'),$$

und nur dann

$$(\mathfrak{S}:\mathfrak{G},\ \mathfrak{H}) = (\mathfrak{S}:\mathfrak{G}',\ \mathfrak{H}'),$$

wenn je zwei Elemente von $\mathfrak{S}$, die (modd. $\mathfrak{G}$, $\mathfrak{H}$) congruent sind, auch (modd. $\mathfrak{G}'$, $\mathfrak{H}'$) congruent sind.

Sei $\mathfrak{N}$ ein gemeinsamer Divisor von $\mathfrak{G}$, $\mathfrak{H}$ und $\mathfrak{S}$, n seine Ordnung, und sei die Gruppe $\mathfrak{N}$ mit allen Elementen von $\mathfrak{G}$, $\mathfrak{H}$ und $\mathfrak{S}$ vertauschbar. Betrachtet man jeden Complex von n Elementen der Gruppe $\mathfrak{S}$, die einander (mod. $\mathfrak{N}$) congruent sind, als *ein* Element, so bilden diese $\frac{s}{n}$ complexen Elemente eine Gruppe, die ich nach dem Vorgange des Herrn *Jordan* (l. c. pag. 46) mit $\frac{\mathfrak{S}}{\mathfrak{N}}$ bezeichne. Dann ist, wie leicht zu sehen,

$$(\mathfrak{S}:\mathfrak{G},\mathfrak{H}) = \left(\frac{\mathfrak{S}}{\mathfrak{N}}:\frac{\mathfrak{G}}{\mathfrak{N}},\frac{\mathfrak{H}}{\mathfrak{N}}\right).$$

Von besonderem Interesse ist der Fall, wo die Gruppen $\mathfrak{G}$ und $\mathfrak{H}$ Divisoren von $\mathfrak{S}$ sind. Für diesen kann man die Zahl $m = (\mathfrak{S}:\mathfrak{G},\mathfrak{H})$ ermitteln, indem man untersucht, wie viele Male die Gleichung

$$(6.)\qquad GSH = S$$

befriedigt wird, wenn G alle Elemente der Gruppe $\mathfrak{G}$, H die von $\mathfrak{H}$ und S die von $\mathfrak{S}$ durchläuft. Ist S_λ ein bestimmtes der s Elemente von $\mathfrak{S}$, und d_λ die Anzahl der Lösungen der Gleichung $GS_\lambda H = S_\lambda$, so ist diese Zahl gleich $d_1+d_2+\cdots+d_s$. Nun seien

$$(7.)\qquad S_1,\quad S_2,\quad \ldots\quad S_c$$

die c Elemente von $\mathfrak{S}$, die $\sim S_1$(modd. $\mathfrak{G}$, $\mathfrak{H}$) sind. Sind dann α und β zwei verschiedene oder gleiche Indices von 1 bis c, so giebt es in den Gruppen $\mathfrak{G}$ und $\mathfrak{H}$ zwei Elemente G_α und H_α, die der Gleichung $G_\alpha S_\alpha H_\alpha = S_1$ genügen, und zwei Elemente G_β und H_β, die der Gleichung $G_\beta S_\beta H_\beta = S_1$ genügen. Aus jeder Gleichung von der Form $GS_1H = S_1$ folgt, wenn man $G_\beta^{-1}GG_\alpha = G'$ und $H_\alpha HH_\beta^{-1} = H'$ setzt, die Gleichung $G'S_\alpha H' = S_\beta$, und umgekehrt aus jeder Gleichung dieser Form eine von der Form $GS_1H = S_1$. Daher ist die Anzahl der Lösungen der Gleichung $GS_\alpha H = S_\beta$, in welcher S_α und S_β zwei gegebene Elemente der betrachteten Klasse sind, gleich d_1, und speciell ist für $\alpha = \beta$ die Zahl $d_\alpha = d_1$. Durchläuft also G alle Elemente von $\mathfrak{G}$ und H die von $\mathfrak{H}$, so stellt GS_1H jedes der c Elemente (7.) d_1 Mal dar, und mithin ist $cd_1 = gh$, wo g und h die Ordnungen der Gruppen $\mathfrak{G}$ und $\mathfrak{H}$ sind. Durchläuft jetzt G die Elemente von $\mathfrak{G}$ und H die von $\mathfrak{H}$, S aber nicht alle Elemente von $\mathfrak{S}$, sondern nur die c Elemente (7.), so ist die Anzahl der Lösungen der Gleichung (6.) gleich

$$(8.)\qquad d_1+d_2+\cdots+d_c = cd_1 = gh.$$

Da diese Anzahl für jede Klasse dieselbe ist, so ist folglich

$$(9.)\qquad d_1+d_2+\cdots+d_s = ghm,$$

wo m die Anzahl der Klassen ist. Es ergiebt sich also der Satz:

I. *Sind $\mathfrak{G}$ und $\mathfrak{H}$ zwei Untergruppen der Gruppe $\mathfrak{S}$, durchläuft S alle Elemente von $\mathfrak{S}$, G die von $\mathfrak{G}$ und H die von $\mathfrak{H}$, so ist die Anzahl der Lösungen der Gleichung $GSH = S$ gleich ghm, wo g die Ordnung von $\mathfrak{G}$, h die von $\mathfrak{H}$ bezeichnet, und wo $m = (\mathfrak{S}:\mathfrak{G}, \mathfrak{H})$ die Anzahl der (modd. $\mathfrak{G}$, $\mathfrak{H}$) incongruenten Elemente von $\mathfrak{S}$ ist.*

Da gleichzeitig mit H auch H^{-1} die Elemente der Gruppe $\mathfrak{H}$ durchläuft, so kann man in der Gleichung (6.) auch H durch H^{-1} ersetzen, und erkennt so, dass auch die Anzahl der Lösungen der Gleichung

$$(10.)\qquad GS = SH \quad \text{oder} \quad S^{-1}GS = H$$

gleich ghm ist. Folglich ist d_λ die Anzahl der Lösungen der Gleichung

$$(11.)\qquad S_\lambda^{-1}GS_\lambda = H$$

oder die Ordnung des grössten gemeinsamen Divisors der beiden Gruppen $\mathfrak{H}$ und

$$(12.)\qquad \mathfrak{G}_\lambda = S_\lambda^{-1}\mathfrak{G}S_\lambda \qquad (\lambda = 1, 2, \ldots s).$$

Ist $\mathfrak{G}'$ eine Untergruppe von $\mathfrak{G}$ und $\mathfrak{H}'$ eine Untergruppe von $\mathfrak{H}$, durchläuft G' die Elemente von $\mathfrak{G}'$ und H' die von $\mathfrak{H}'$, so ist jede Lösung der Gleichung $G'SH' = S$ auch eine Lösung der Gleichung $GSH = S$, und folglich ist für jene Gleichung die Anzahl der Lösungen nicht grösser als für diese. Ist also $m' = (\mathfrak{S}:\mathfrak{G}', \mathfrak{H}')$, so ist

$$(13.)\qquad g'h'm' \geqq ghm, \qquad m' \geqq m.$$

§ 2.

Jede der mannigfachen Arten, die Anzahl der Lösungen der Gleichung (6.) oder (10.) § 1 abzuzählen, führt zu einer Darstellung der Zahl $m = (\mathfrak{S}:\mathfrak{G}, \mathfrak{H})$. Sind unter den s Zahlen $d_1, d_2, \ldots d_s$ genau k_d gleich d, so ist $d_1+d_2+\cdots+d_s = k_1+2k_2+3k_3+\cdots$. Aus der Gleichung (8.) § 1, in welcher $d_1 = d_2 = \cdots = d_c$ ist, ergiebt sich aber, dass dk_d durch gh theilbar ist *). Mithin ist

$$(1.)\qquad m = \sum_\lambda \frac{\lambda k_\lambda}{gh},$$

und in dieser Summe ist jedes Glied eine ganze Zahl.

---

*) Für den Fall $d = 1$ hat diese Bemerkung schon *Cauchy* gemacht, Compt. rend. tom. 21, pag. 1039. Ich citire diese Abhandlung im Folgenden mit *C.*

Ist ein bestimmtes Element H der Gruppe $\mathfrak{H}$ in genau λ der Gruppen

$$(2.)\quad \mathfrak{G}_1,\ \mathfrak{G}_2,\ \dots\ \mathfrak{G}_s$$

enthalten, so giebt es in $\mathfrak{S}$ genau λ Elemente S, die der Gleichung

$$(3.)\quad S^{-1}GS = H$$

genügen. Ist also g_λ die Anzahl der Elemente von $\mathfrak{H}$, die in genau λ der s Gruppen (2.) vorkommen, so ist die Anzahl der Lösungen der Gleichung (3.) gleich

$$(4.)\quad ghm = \sum_\nu{}_1^s d_\nu = \sum_\lambda{}_1^s \lambda g_\lambda.$$

Sind $S_\alpha, S_\beta, \dots S_\varkappa$ die g Elemente von $\mathfrak{G}$, so sind die Gruppen $\mathfrak{G}_\alpha$, $\mathfrak{G}_\beta, \dots \mathfrak{G}_\varkappa$ alle gleich $\mathfrak{G}$, und ebenso sind auch je g der s Gruppen (2.) einander gleich. Sind $S_1, S_2, \dots S_{\frac{s}{g}}$ die $\frac{s}{g}$ (modd. $\mathfrak{G}, \mathfrak{E}$) verschiedenen Elemente von $\mathfrak{S}$, so ist daher

$$(5.)\quad hm = \sum_\nu{}_1^{\frac{s}{g}} d_\nu = \sum_\lambda{}_1^{\frac{s}{g}} \lambda h_\lambda,$$

wo h_λ die Anzahl der Elemente von $\mathfrak{H}$ ist, welche in genau λ der Gruppen

$$(6.)\quad \mathfrak{G}_1,\ \mathfrak{G}_2,\ \dots\ \mathfrak{G}_{\frac{s}{g}}$$

vorkommen.

Die Anzahl der Lösungen der Gleichung (3.) kann man auch in folgender bemerkenswerthen Weise abzählen. Zwei Elemente A und B mögen *ähnlich* heissen (in Bezug auf $\mathfrak{S}$), wenn es *in der Gruppe* $\mathfrak{S}$ ein Element S giebt, das der Gleichung $S^{-1}AS = B$ genügt*). Ich theile nun die Elemente von $\mathfrak{S}$ in *Klassen ähnlicher Elemente* ein, indem ich zu einer Klasse alle diejenigen Elemente vereinige, welche einem bestimmten, und folglich auch unter einander ähnlich sind. Ist l die Anzahl der Klassen, so nenne ich sie in einer beliebigen Reihenfolge die erste, zweite, ... $l$te Klasse. Sei s_λ die Anzahl der Elemente der λten Klasse und g_λ die Anzahl derjenigen unter ihnen, die in $\mathfrak{G}$ enthalten sind. Ist $g_\lambda > 0$ und sind

$$(7.)\quad G_1,\ G_2,\ \dots\ G_{g_\lambda}$$

die in $\mathfrak{G}$ enthaltenen Elemente der λten Klasse, so untersuche ich zunächst, wie viele Lösungen die Gleichung (3.) zulässt, wenn S alle Elemente von

---

*) Wenn ausser dem Hauptelemente E kein Element von $\mathfrak{H}$ einem Elemente von $\mathfrak{G}$ ähnlich ist, so haben $\mathfrak{H}$ und $\mathfrak{G}_\lambda$ nur $d_\lambda = 1$ Element gemeinsam, und mithin ist $d_1 + d_2 + \dots + d_s = s = ghm$, also ist s durch gh theilbar. (*C.* pag. 849.)

$\mathfrak{S}$ durchläuft, G aber nicht alle Elemente von $\mathfrak{G}$, sondern nur die g_λ Elemente (7.). Ist G_γ ein bestimmtes dieser Elemente, und durchläuft S die s Elemente von $\mathfrak{S}$, so stellt $S^{-1}G_\gamma S$ sämmtliche s_λ Elemente der λten Klasse und jedes gleich oft dar, also jedes $\frac{s}{s_\lambda}$ Mal. Da diese Zahl von γ unabhängig ist, so stellt $S^{-1}GS$, wenn G die Elemente (7.) durchläuft, jedes Element der λten Klasse $\frac{s}{s_\lambda}g_\lambda$ Mal dar. Sind also unter den Elementen der λten Klasse h_λ in $\mathfrak{H}$ enthalten, so kommt es $\frac{s}{s_\lambda}g_\lambda h_\lambda$ Mal vor, dass $S^{-1}GS$ ein Element von $\mathfrak{H}$ wird, oder dass die Gleichung (3.) erfüllt wird. Durchläuft also G nicht nur die Elemente (7.), sondern alle Elemente von $\mathfrak{G}$, so ist die Anzahl der Lösungen der Gleichung (3.) gleich $\sum_\lambda{}'_1 \frac{s}{s_\lambda} g_\lambda h_\lambda$, und da diese Anzahl gleich ghm ist, so ist

$$(8.)\qquad \frac{gh}{s}m = \sum_\lambda \frac{g_\lambda h_\lambda}{s_\lambda}.$$

In dieser Formel sind g_λ, h_λ, s_λ die Anzahl der Elemente der λten Klasse, die in $\mathfrak{G}$, $\mathfrak{H}$, $\mathfrak{S}$ enthalten sind.

Ist $\mathfrak{S}$ die Gruppe aller $s = n!$ Substitutionen von n Symbolen (die *symmetrische* Gruppe vom *Grade* n), so kann man die Zahlen s_λ nach der in § 6 angegebenen Formel (6.) berechnen. In diesem Falle sind, falls G eine bestimmte Substitution und g ihre Ordnung ist, die Elemente G und G^γ ähnlich, wenn γ zu g theilerfremd ist. Ist daher $\mathfrak{G}$ die Gruppe der Potenzen von G, so befinden sich unter ihren g Elementen $\varphi(g)$, die dem Elemente G ähnlich sind, und wenn d ein Divisor von g ist, $\varphi(d)$, die dem Elemente $G^{\frac{g}{d}}$ ähnlich sind. Sei G_λ irgend ein Element der λten Klasse von $\mathfrak{S}$, sei $\mathfrak{G}_\lambda$ die Gruppe der Potenzen von G_λ und $m_\lambda = (\mathfrak{S} : \mathfrak{G}_\lambda, \mathfrak{H})$. Wählt man für G_λ irgend ein anderes Element der λten Klasse, $P^{-1}G_\lambda P$, so geht $\mathfrak{G}_\lambda$ in $P^{-1}\mathfrak{G}_\lambda P$ über, und daher bleibt nach Formel (3.) § 1 die Zahl m_λ ungeändert. Setzt man nun in der Formel (8.) für $\mathfrak{H}$ eine bestimmte Gruppe $n$ten Grades, für $\mathfrak{G}$ aber der Reihe nach die l Gruppen $\mathfrak{G}_1, \mathfrak{G}_2, \dots \mathfrak{G}_l$, so erhält man l Gleichungen, denen zufolge die l Zahlen m_λ lineare Functionen der l Zahlen h_λ sind. Ich stelle mir jetzt die Aufgabe, diese Gleichungen aufzulösen, also umgekehrt die Zahlen h_λ durch die Zahlen m_λ linear auszudrücken.

Zu dem Zwecke führe ich folgende Bezeichnung ein: Ist G irgend ein Element der λten Klasse von $\mathfrak{S}$, so bezeichne ich die Zahl s_λ mit $\sigma(G)$, die Zahl h_λ mit $\chi(G)$ (wobei G nicht der Gruppe $\mathfrak{H}$ anzugehören braucht), und wenn $\mathfrak{G}$ die Gruppe der Potenzen von G ist, die Zahl $(\mathfrak{S}:\mathfrak{G},\ \mathfrak{H})$ mit $\mu(G)$. Jede dieser drei von G abhängigen Zahlen bleibt ungeändert, wenn G durch irgend eine ähnliche Substitution ersetzt wird. Nach Formel (8.) ist dann

$$(9.)\qquad \frac{gh}{s}\mu(G) = \sum_d \frac{\chi(G^{\frac{g}{d}})\varphi(d)}{\sigma(G^{\frac{g}{d}})},$$

wo d alle Divisoren von g durchläuft. Ersetzt man in dieser Formel G durch G^δ, wo δ ein Divisor von g ist, so hat man g durch $\frac{g}{\delta}$ zu ersetzen, und erhält demnach

$$\frac{gh}{s}\frac{\mu(G^\delta)}{\delta} = \sum_d \frac{\chi(G^{\frac{g}{d}})\varphi(d)}{\sigma(G^{\frac{g}{d}})},$$

wo d alle Divisoren von $\frac{g}{\delta}$ durchläuft. Sei ε_k eine Function der positiven ganzen Zahl k, die folgende Werthe hat: Ist k durch das Quadrat einer Primzahl theilbar, so ist $\varepsilon_k = 0$. Sonst ist $\varepsilon_k = +1$ oder -1, je nachdem k das Product einer geraden oder ungeraden Anzahl verschiedener Primzahlen ist, und endlich ist $\varepsilon_1 = 1$. (*Möbius*, dieses Journal Bd. 9, S. 111; *Kronecker*, Berl. Sitzungsber. 1886, S. 707.) Dann ist $\Sigma\varepsilon_\delta = 0$, falls δ alle Divisoren einer gegebenen Zahl k durchläuft, die > 1 ist. Multiplicirt man nun die obige Gleichung mit ε_δ und summirt nach δ über alle Divisoren von g, so erhält man

$$\frac{gh}{s}\sum_\delta \frac{\varepsilon_\delta\mu(G^\delta)}{\delta} = \sum_{d,\delta} \frac{\varepsilon_\delta\,\chi(G^{\frac{g}{d}})\varphi(d)}{\sigma(G^{\frac{g}{d}})}.$$

Auf der rechten Seite durchlaufen d und δ alle Paare (gleicher oder verschiedener) Zahlen, für welche das Product $d\delta$ in g aufgeht. Für einen bestimmten Werth von d durchläuft daher δ alle Divisoren von $\frac{g}{d}$, und mithin ist $\sum\limits_\delta \varepsilon_\delta = 0$, ausser wenn $d = g$ ist. Demnach ist jene Summe gleich $\frac{\chi(G)\varphi(g)}{\sigma(G)}$, und folglich ist

$$(10.)\qquad \frac{s}{h}\frac{\varphi(g)}{g}\frac{\chi(G)}{\sigma(G)} = \sum_\delta \frac{\varepsilon_\delta\mu(G^\delta)}{\delta},$$

oder wenn $p, q, r, \ldots$ die verschiedenen in g enthaltenen Primzahlen sind,

$$(11.)\qquad \frac{\chi(G)}{\sigma(G)}\frac{s}{h}\prod_p\left(1-\frac{1}{p}\right) = \mu(G)-\sum_p\frac{\mu(G^p)}{p}+\sum_{p,q}\frac{\mu(G^{pq})}{pq}-\sum_{p,q,r}\frac{\mu(G^{pqr})}{pqr}+\cdots.$$

Setzt man in dieser Gleichung für $\sigma(G)$ seinen Werth aus Formel (6.), § 6 ein, so liefert sie den Werth von $\chi(G)$, also, falls G die λte Klasse repräsentirt, die Zahl h_λ ausgedrückt durch die l Zahlen

$$m_1 = \mu(G_1), \quad \ldots \quad m_l = \mu(G_l).$$

§ 3.

In der Gruppe $\mathfrak{S}$ von der Ordnung s seien enthalten die beiden Gruppen $\mathfrak{G}$ und $\mathfrak{H}$ von den Ordnungen g und h. Ist S irgend ein bestimmtes Element von $\mathfrak{S}$, durchläuft G die Elemente von $\mathfrak{G}$ und H die von $\mathfrak{H}$, so stellt GSH jedes Element von $\mathfrak{S}$ dar, das $\backsim S$ (modd. $\mathfrak{G}$, $\mathfrak{H}$) ist, und, wie in § 1 gezeigt ist, jedes d Mal, wo d die Anzahl der Lösungen der Gleichung $GSH = S$ oder $S^{-1}GS = H^{-1}$ ist, wo also d die Ordnung des grössten gemeinsamen Divisors der beiden Gruppen $\mathfrak{H}$ und $S^{-1}\mathfrak{G}S$ ist. Die Anzahl der verschiedenen Elemente von $\mathfrak{S}$, die $\backsim S$ (modd. $\mathfrak{G}$, $\mathfrak{H}$) sind, ist folglich $c = \frac{gh}{d}\cdot$ Die Zahl d ist ein gemeinsamer Divisor, und mithin die Zahl c ein gemeinsames Vielfaches der beiden Zahlen g und h. Setzt man also $h = df$, so ist $c = fg$, die Zahl h ist durch f theilbar und g durch $\frac{h}{f}$, und die Ordnung des grössten gemeinsamen Divisors der beiden Gruppen $\mathfrak{H}$ und $S^{-1}\mathfrak{G}S$ ist gleich $\frac{h}{f}\cdot$

Zerfallen die s Elemente von $\mathfrak{S}$ nach dem Doppelmodul $\mathfrak{G}$, $\mathfrak{H}$ in m Klassen, von denen die erste $f_1 g$, die zweite $f_2 g, \ldots$ die $m$te $f_m g$ Elemente enthält, so ist $f_1 g+f_2 g+\cdots+f_m g = s$ oder

$$(1.)\qquad f_1+f_2+\cdots+f_m = \frac{s}{g}\cdot$$

Ist S_μ ein Element der μten Klasse und d_μ die Ordnung des grössten gemeinsamen Divisors von $\mathfrak{H}$ und $S_\mu^{-1}\mathfrak{G}S_\mu$, so ist

$$(2.)\qquad d_\mu f_\mu = h$$

und mithin

$$(3.)\qquad \frac{1}{d_1}+\frac{1}{d_2}+\cdots+\frac{1}{d_m} = \frac{s}{gh}\cdot$$

Aus diesen Bemerkungen ergeben sich einige sehr wichtige von Herrn *Sylow* (Math. Ann. Bd. 5) gefundene Sätze:

I. *Ist p^σ die höchste Potenz der Primzahl p, welche in der Ordnung der Gruppe $\mathfrak{S}$ aufgeht, und ist $\mathfrak{G}$ eine Untergruppe von $\mathfrak{S}$, deren Ordnung p^σ ist, so ist jede Untergruppe $\mathfrak{H}$ von $\mathfrak{S}$, deren Ordnung p^ν ist, einer Untergruppe von $\mathfrak{G}$ ähnlich, und es giebt in $\mathfrak{S}$ ein solches Element S, dass $S\mathfrak{H}S^{-1}$ eine Untergruppe von $\mathfrak{G}$ ist.*

Ist p^σ die höchste Potenz der Primzahl p, welche in der Ordnung der Gruppe $\mathfrak{S}$ aufgeht, so sind je zwei Untergruppen $\mathfrak{G}$ und $\mathfrak{H}$ von $\mathfrak{S}$, deren Ordnungen gleich p^σ sind, einander ähnlich, und es giebt in $\mathfrak{S}$ ein solches Element S, dass $S^{-1}\mathfrak{G}S = \mathfrak{H}$ ist.

Da $\frac{s}{g} = \frac{s}{p^\sigma}$ nicht durch p theilbar ist, so können der Formel (1.) zufolge die Zahlen f_μ nicht sämmtlich durch p theilbar sein. Da aber f_μ ein Divisor von $h = p^\nu$ ist, so muss, falls f_μ nicht durch p theilbar ist, $f_\mu = 1$ sein. Ist dann S ein Element der μten Klasse, so hat der grösste gemeinsame Divisor der beiden Gruppen $\mathfrak{H}$ und $S^{-1}\mathfrak{G}S$ die Ordnung $\frac{h}{f_\mu} = h$, und folglich ist $\mathfrak{H}$ eine Untergruppe von $S^{-1}\mathfrak{G}S$, und $S\mathfrak{H}S^{-1}$ ist ein Divisor von $\mathfrak{G}$. Ist $\nu = \sigma$, so ist daher $S^{-1}\mathfrak{G}S = \mathfrak{H}$.

II. *Eine Gruppe, deren Ordnung durch die λte Potenz einer Primzahl p theilbar ist, enthält eine Untergruppe der Ordnung p^λ.*

Der Beweis dieses Satzes stützt sich auf folgendes Lemma:

Enthält eine Gruppe $\mathfrak{S}$ der Ordnung s einen Divisor der Ordnung p^σ, wo p^σ die höchste in s aufgehende Potenz der Primzahl p ist, so enthält auch jede in $\mathfrak{S}$ enthaltene Gruppe $\mathfrak{H}$ der Ordnung h einen Divisor der Ordnung p^ν, wo p^ν die höchste in h aufgehende Potenz von p ist.

Ist $\mathfrak{G}$ eine in $\mathfrak{S}$ enthaltene Gruppe der Ordnung $g = p^\sigma$, so ist $\frac{s}{g}$ nicht durch p theilbar, und mithin können der Formel (1.) zufolge die Zahlen f_μ nicht sämmtlich durch p theilbar sein. Ist aber f_μ nicht durch p theilbar, so muss die ganze Zahl $d_\mu = \frac{h}{f_\mu}$, weil sie in $g = p^\sigma$ aufgeht, gleich p^ν sein. Ist dann S ein Element der μten Klasse, so ist der grösste gemeinsame Divisor der beiden Gruppen $\mathfrak{H}$ und $S^{-1}\mathfrak{G}S$ eine Untergruppe von $\mathfrak{H}$, deren Ordnung gleich $d_\mu = p^\nu$ ist.

Die Elemente jeder Gruppe $\mathfrak{H}$ können als Substitutionen einer gewissen Anzahl von Symbolen aufgefasst werden. Ist diese Anzahl n, so ist

$\mathfrak{H}$ in der Gruppe $\mathfrak{S}$ enthalten, die aus sämmtlichen $n! = s$ Substitutionen der n Symbole gebildet wird. Da diese Gruppe $\mathfrak{S}$, wie *Cauchy* gezeigt hat, eine Untergruppe $\mathfrak{G}$ der Ordnung p^σ enthält, so ist damit bewiesen, dass auch jede Gruppe $\mathfrak{H}$ eine Untergruppe der Ordnung p^ν enthält, falls p^ν die höchste in h aufgehende Potenz von p ist. Zugleich ergiebt sich aus dem obigen Beweise (oder auch aus Satz I.), dass diese Untergruppe einer Untergruppe von $\mathfrak{G}$ ähnlich ist*).

Zum vollständigen Beweise des Satzes II. ist daher nur noch erforderlich zu zeigen, dass jede Gruppe der Ordnung p^ν eine Untergruppe der Ordnung p^λ enthält, wo $\lambda < \nu$ ist. Dazu genügt der Nachweis, dass jede Gruppe $\mathfrak{H}$ der Ordnung $h = p^\nu$ eine Untergruppe der Ordnung $p^{\nu-1}$ enthält. *Cauchy* hat gezeigt, dass die symmetrische Gruppe $\mathfrak{S}$ eine Reihe von Untergruppen $\mathfrak{G}_\sigma$, $\mathfrak{G}_{\sigma-1}, \dots \mathfrak{G}_1$ enthält, deren Ordnungen p^σ, $p^{\sigma-1}, \dots p$ sind, und von denen jede ein Divisor der vorhergehenden ist. Wie oben bewiesen, ist jede Gruppe $\mathfrak{H}$ der Ordnung $h = p^\nu$ einer Untergruppe der Ordnung p^ν von $\mathfrak{G}_\sigma$ ähnlich. Ist $\mathfrak{H}$ der Gruppe $\mathfrak{G}_\nu$ ähnlich, giebt es also eine solche Substitution S, dass $S^{-1}\mathfrak{G}_\nu S = \mathfrak{H}$ ist, so enthält $\mathfrak{H}$ die Untergruppe $S^{-1}\mathfrak{G}_{\nu-1}S$ der Ordnung $p^{\nu-1}$. Ist $\mathfrak{H}$ aber nicht der Gruppe $\mathfrak{G}_\nu$ ähnlich, so sei ϱ die kleinste Zahl, für welche $\mathfrak{H}$ einer Untergruppe von $\mathfrak{G}_\varrho$ ähnlich ist. Dann ist $\nu < \varrho \leqq \sigma$, und es giebt eine solche Substitution S, dass $\mathfrak{H}$ in $S^{-1}\mathfrak{G}_\varrho S$ enthalten ist. Ich will nun die Bezeichnung ändern und mit $\mathfrak{S}$ und $\mathfrak{G}$ die Gruppen bezeichnen, die ich eben $S^{-1}\mathfrak{G}_\varrho S$ und $S^{-1}\mathfrak{G}_{\varrho-1}S$ nannte.

Dann enthält die Gruppe $\mathfrak{S}$ der Ordnung $s = p^\varrho$ die beiden Gruppen $\mathfrak{G}$ und $\mathfrak{H}$ der Ordnungen $g = p^{\varrho-1}$ und $h = p^\nu$, wo $\nu \leqq \varrho - 1$ ist, und $\mathfrak{H}$ ist keiner Untergruppe von $\mathfrak{G}$ ähnlich. In der Formel (1.), die ich jetzt auf diese drei Gruppen anwende, kann dann keine der Zahlen $f_\mu = 1$ sein. Denn wäre $f_\mu = 1$ und S ein Element der μten Klasse, so hätte der grösste gemeinsame Divisor der beiden Gruppen $\mathfrak{H}$ und $S^{-1}\mathfrak{G}S$ die Ordnung $\frac{h}{f_\mu} = h$, und folglich wäre $\mathfrak{H}$ ein Divisor von $S^{-1}\mathfrak{G}S$, wider die Voraussetzung. Ferner sind die Zahlen f_μ sämmtlich Divisoren von $h = p^\nu$, und

*) Der obige Beweis ist, abgesehen von der Vereinfachung, die durch die abstracte Form der Einkleidung gewonnen ist, mit dem identisch, welchen Herr *Netto*, Math. Ann. Bd. 13 entwickelt hat, ebenso wie die Beweise der Sätze I. und III. mit denen, welche Herr *Sylow* l. c. für dieselben gegeben hat.

endlich ist $f_1+f_2+\cdots+f_m=\frac{h}{g}=p$. Daher muss $m=1$ und $f_1=p$ sein. Der grösste gemeinsame Divisor von $\mathfrak{H}$ und $\mathfrak{G}$ $(=E^{-1}\mathfrak{G}E$, wo E die identische Substitution ist), ist folglich eine Untergruppe von $\mathfrak{H}$, deren Ordnung gleich $\frac{h}{f_1}=p^{\nu-1}$ ist. Aus den Sätzen I. und II. ergiebt sich die Folgerung:

Ist p^ν die höchste Potenz der Primzahl p, welche in der Ordnung einer Gruppe $\mathfrak{H}$ aufgeht, und ist $\lambda<\nu$, so ist jede Untergruppe der Ordnung p^λ von $\mathfrak{H}$ in einer Untergruppe der Ordnung p^ν von $\mathfrak{H}$ enthalten.

III. *Ist p^σ die höchste Potenz der Primzahl p, welche in der Ordnung einer Gruppe aufgeht, so ist die Anzahl der verschiedenen in ihr enthaltenen Untergruppen der Ordnung p^σ congruent 1 (mod. p).*

Ist $\mathfrak{S}$ eine beliebige Gruppe, s ihre Ordnung, und p^σ die höchste in s aufgehende Potenz von p, so enthält $\mathfrak{S}$ eine Untergruppe $\mathfrak{H}$ der Ordnung $h=p^\sigma$. Alle Elemente G von $\mathfrak{S}$, welche der Bedingung $G^{-1}\mathfrak{H}G=\mathfrak{H}$ genügen, bilden eine Gruppe $\mathfrak{G}$, die $\mathfrak{H}$ enthält. Ist g ihre Ordnung, so ist $\frac{s}{g}$ die Anzahl der verschiedenen Gruppen, welche $S^{-1}\mathfrak{H}S$ darstellt, falls S alle Elemente von $\mathfrak{S}$ durchläuft, und folglich nach Satz I. auch die Anzahl aller verschiedenen in $\mathfrak{S}$ enthaltenen Gruppen der Ordnung p^σ.

Gehört das Element E der ersten Klasse an, so wird dieselbe, weil $\mathfrak{H}$ ein Divisor von $\mathfrak{G}$ ist, von den g Elementen der Gruppe $\mathfrak{G}$ gebildet. Da diese Klasse $f_1 g$ Elemente enthält, so ist folglich $f_1=1$. Ist aber $\mu>1$, so ist f_μ ein Divisor von $h=p^\sigma$ und nicht gleich 1. Denn ist $f_\mu=1$, und S ein Element der μten Klasse, so hat der grösste gemeinsame Divisor der beiden Gruppen $\mathfrak{H}$ und $S^{-1}\mathfrak{G}S$ die Ordnung $\frac{h}{f_\mu}=h$. Folglich ist $\mathfrak{H}$ ein Divisor von $S^{-1}\mathfrak{G}S$ und $\mathfrak{H}'=S\mathfrak{H}S^{-1}$ ein Divisor von $\mathfrak{G}$, dessen Ordnung gleich p^σ ist. Da p^σ die höchste in g aufgehende Potenz von p ist, so giebt es nach Satz I. in $\mathfrak{G}$ ein Element G, welches der Bedingung $G^{-1}\mathfrak{H}G=\mathfrak{H}'$ genügt. Da andererseits jedes Element G von $\mathfrak{G}$ die Gleichung $G^{-1}\mathfrak{H}G=\mathfrak{H}$ befriedigt, so ist $\mathfrak{H}'=\mathfrak{H}$, also $S\mathfrak{H}S^{-1}=\mathfrak{H}$, und folglich ist S ein Element von $\mathfrak{G}$, gehört also der ersten, und nicht der μten Klasse an. Von den Zahlen $f_1, f_2, \ldots f_m$ ist also eine und nur eine gleich 1, die übrigen sind durch p theilbar und mithin ist

$$\frac{s}{g}=f_1+f_2+\cdots+f_m\equiv 1 \text{ (mod. } p).$$

IV. *Ist die Ordnung s einer Gruppe eine Potenz einer Primzahl p, so ist jeder ihrer Divisoren, dessen Ordnung gleich $\frac{s}{p}$ ist, eine monotypische Untergruppe.*

Eine Untergruppe $\mathfrak{G}$ von $\mathfrak{S}$ nenne ich eine *monotypische,* wenn $\mathfrak{G}$ mit jedem Elemente von $\mathfrak{S}$ vertauschbar ist. Sei $\mathfrak{G}$ eine in $\mathfrak{S}$ enthaltene Gruppe der Ordnung $g = \frac{s}{p}$, sei S irgend ein Element von $\mathfrak{S}$ und $S^{-1}\mathfrak{G}S = \mathfrak{H}$. Der grösste gemeinsame Divisor der beiden Gruppen $\mathfrak{H}$ und $S^{-1}\mathfrak{G}S$ hat also die Ordnung $h = g$. Gehört S der ersten Klasse an, so ist folglich $\frac{h}{f_1} = h$ und mithin $f_1 = 1$. Jede der m Zahlen f_μ ist ein Divisor von h, also eine Potenz von p. Da aber $1 + f_2 + \cdots + f_m = \frac{s}{g} = p$ ist, so sind die Zahlen f_μ alle gleich 1. Gehört also das Hauptelement E der μten Klasse an, so hat der grösste gemeinsame Divisor von $\mathfrak{H}$ und $\mathfrak{G}$ $(= E^{-1}\mathfrak{G}E)$ die Ordnung $\frac{h}{f_\mu} = h$, und daher ist $\mathfrak{G} = \mathfrak{H}$, also $S^{-1}\mathfrak{G}S = \mathfrak{G}$. Folglich ist $\mathfrak{G}$ eine monotypische Untergruppe von $\mathfrak{S}$.

§ 4.

Sei $\mathfrak{S}$ die Gruppe aller $s = n!$ Substitutionen von n Symbolen (Unbestimmten) $x_1, x_2, \ldots x_n$, seien $\mathfrak{G}$ und $\mathfrak{H}$ zwei Untergruppen von $\mathfrak{S}$, g und h ihre Ordnungen und sei $\varphi(x_1, x_2, \ldots x_n)$ eine rationale Function der n Unbestimmten, die bei den Substitutionen von $\mathfrak{G}$ ungeändert bleibt, sich aber bei jeder andern Substitution ändert. Seien

$$\varphi_1, \quad \varphi_2, \quad \varphi_3, \quad \ldots \quad \varphi_{\frac{s}{g}}$$

die $\frac{s}{g}$ verschiedenen Functionen, in welche φ durch die Substitutionen von $\mathfrak{S}$ übergeht. Geht φ_α durch die Substitutionen der Gruppe $\mathfrak{H}$ in φ_α, $\varphi_\beta, \ldots \varphi_\varkappa$, also auch jede dieser Functionen in jede andere über, so nenne ich dieselben ein *System conjugirter Functionen* (in Bezug auf $\mathfrak{H}$). Damit zwei Substitutionen A und B von $\mathfrak{S}$ congruent seien (modd. $\mathfrak{G}$, $\mathfrak{H}$), muss es in $\mathfrak{G}$ und $\mathfrak{H}$ zwei Substitutionen G und H geben, die der Gleichung $G^{-1}AH = B$ genügen. Wird φ durch die Substitutionen A und B in φ_α und φ_β transformirt, so führt $H = A^{-1}GB$ die Function φ_α in φ_β über, und mithin sind φ_α und φ_β conjugirte Functionen. Sind umgekehrt φ_α und φ_β

zwei solche Functionen, und ist H eine Substitution von $\mathfrak{H}$, die φ_α in φ_β überführt, so lässt AHB^{-1} die Function φ ungeändert und ist daher einer Substitution G der Gruppe $\mathfrak{G}$ gleich. Die Zahl $m = (\mathfrak{S} : \mathfrak{G}, \mathfrak{H})$ ist folglich die Anzahl der Systeme von Functionen, die in Bezug auf $\mathfrak{H}$ conjugirt sind. Um das erhaltene Resultat algebraisch auszudrücken, erinnere ich an folgenden Satz (*Jordan,* Traité des substitutions, § 366):

Ist $\mathfrak{H}$ die Gruppe der Gleichung $n$ten Grades $f(x) = 0$, deren Wurzeln $x_1, x_2, \dots x_n$ unter einander verschieden sind, so genügt eine rationale Function dieser Wurzeln $\varphi(x_1, x_2, \dots x_n)$, deren Gruppe $\mathfrak{G}$ ist, einer irreductibeln Gleichung vom Grade $(\mathfrak{H} : \mathfrak{G})$ mit rationalen Coefficienten. Sind $A, B, \dots$ die $(\mathfrak{H} : \mathfrak{G})$ (modd. $\mathfrak{G}, \mathfrak{E}$) verschiedenen Substitutionen von $\mathfrak{H}$, so sind $\varphi_A, \varphi_B, \dots$ die Wurzeln dieser Gleichung.

Sind also $x_1, x_2, \dots x_n$ verschiedene irrationale Grössen, sind aber die Coefficienten der Function $f(x) = (x - x_1) \dots (x - x_n)$ rational, und ist $\mathfrak{H}$ die Gruppe der Gleichung $f(x) = 0$, so zerfällt die Function $(y - \varphi_1) \dots (y - \varphi_{\frac{s}{g}})$, deren Coefficienten rational sind, in m irreductible Factoren, deren Grade die in § 3 definirten Zahlen $f_1, f_2, \dots f_m$ sind.

Nach Formel (5.) § 2 ist nun die Zahl m, deren Bedeutung soeben klargelegt ist, durch die Gleichung

$$(1.) \qquad hm = \sum_\nu {}_1^{\frac{s}{g}} d_\nu = \sum_\lambda {}_1^{\frac{s}{g}} \lambda h_\lambda$$

bestimmt. Hier ist d_ν die Anzahl der Lösungen der Gleichung $H = S_\nu^{-1} G S_\nu$. Wenn aber G die Function φ ungeändert lässt, und φ durch die Substitution S_ν in φ_ν übergeht, so lässt $S_\nu^{-1} G S_\nu$ die Function φ_ν ungeändert. Es ergiebt sich also der Satz:

I. *Ist $\mathfrak{H}$ die Gruppe einer Gleichung ohne quadratischen Factor, $\mathfrak{G}$ die Gruppe einer rationalen Function ihrer Wurzeln φ, $\mathfrak{S}$ die symmetrische Gruppe, und sind h, g, s die Ordnungen dieser Gruppen, so ist die Anzahl der irreductibeln Factoren der Gleichung, welcher die $\frac{s}{g}$ verschiedenen Werthe $\varphi_1, \varphi_2, \dots \varphi_{\frac{s}{g}}$ von φ genügen, $m = (\mathfrak{S} : \mathfrak{G}, \mathfrak{H})$. Ist h_λ die Anzahl der Substitutionen von $\mathfrak{H}$, welche genau λ dieser $\frac{s}{g}$ Functionen ungeändert lassen, und d_ν die Anzahl der Substitutionen von $\mathfrak{H}$, welche die Function φ_ν nicht ändern, so ist*

$$hm = \sum_\nu {}_1^{\frac{s}{g}} d_\nu = \sum_\lambda {}_1^{\frac{s}{g}} \lambda h_\lambda.$$

Diesen Satz wende ich *erstens* auf den Fall an, wo $\varphi = x_1$ ist. Dann ist $\mathfrak{G}$ die Gruppe der $g = (n-1)!$ Substitutionen, die x_1 ungeändert lassen, m die Anzahl der irreductibeln Factoren der Gleichung $f(x) = 0$, deren Gruppe $\mathfrak{H}$ ist, und d_ν die Anzahl der Substitutionen von $\mathfrak{H}$, welche x_ν nicht ändern. Die Formel (1.) besagt also für diesen Fall:

II. *Ist eine Substitutionsgruppe der Ordnung h in m transitive Gruppen zerlegbar, so ist die Summe der Anzahl der Symbole, die in den einzelnen Substitutionen der Gruppe ungeändert bleiben, gleich hm.*

Damit eine Gruppe transitiv sei, ist nothwendig und hinreichend, dass die Summe der Anzahl der Symbole, die in den einzelnen Substitutionen der Gruppe ungeändert bleiben, der Ordnung der Gruppe gleich ist.

Ist h_λ die Anzahl der Substitutionen von $\mathfrak{H}$, die genau λ Symbole ungeändert lassen, und ist $m_0 = 1$, so ist

$$(2.)\qquad hm_0 = \sum_\lambda {}_0^n h_\lambda.$$

Bezeichnet man ferner die Zahl m für den betrachteten Fall mit m_1, so ist

$$(3.)\qquad hm_1 = \sum_\lambda {}_1^n \lambda h_\lambda = \sum_\varrho {}_1^n d_\varrho.$$

Zweitens nehme ich an, dass $\mathfrak{G}$ die Gruppe der $g = (n-2)!$ Substitutionen ist, welche die Function $\varphi = ax_1 + bx_2$ nicht ändern, wo a und b willkürliche Constanten sind. Betrachtet man alle $n(n-1)$ Paare von je zwei verschiedenen Symbolen (wobei x_α, x_β und x_β, x_α als verschiedene Paare gerechnet sind), und nennt man (x_α, x_β), (x_γ, x_δ), ... $(x_\iota, x_\varkappa)$ ein *System conjugirter Paare*, wenn durch die Substitutionen von $\mathfrak{H}$ jedes dieser Paare in jedes andere übergeführt wird, so ist $m_2 = (\mathfrak{S} : \mathfrak{G}, \mathfrak{H})$ die Anzahl der Systeme conjugirter Paare von Symbolen. Ist nun $d_{\varrho\sigma}$ $(\varrho \gtrless \sigma)$ die Anzahl der Substitutionen von $\mathfrak{H}$, welche $ax_\varrho + bx_\sigma$ ungeändert lassen, so ist $hm_2 = \Sigma d_{\varrho\sigma}$. (In dieser Summe ist $d_{\varrho\sigma} = d_{\sigma\varrho}$, weil $d_{\varrho\sigma}$ die Anzahl der Substitutionen von $\mathfrak{H}$ ist, die x_ϱ und x_σ ungeändert lassen.) Ist $d_{\varrho\sigma}^{(\lambda)}$ die Anzahl der Substitutionen von $\mathfrak{H}$, welche ausser den beiden (verschiedenen) Symbolen x_ϱ und x_σ noch genau $\lambda - 2$ andere Symbole ungeändert lassen, so ist offenbar

$$\sum_{\varrho,\sigma} d_{\varrho\sigma}^{(\lambda)} = \lambda(\lambda-1)h_\lambda$$

und daher

$$\sum_\lambda {}_2^n \lambda(\lambda-1)h_\lambda = \sum_\lambda \Big(\sum_{\varrho,\sigma} d_{\varrho\sigma}^{(\lambda)}\Big) = \sum_{\varrho,\sigma} \Big(\sum_\lambda d_{\varrho\sigma}^{(\lambda)}\Big) = \sum_{\varrho,\sigma} d_{\varrho\sigma} = hm_2,$$

also

$$(4.)\qquad hm_2 = \sum_\lambda {}_2^n \lambda(\lambda-1)h_\lambda = \Sigma\, d_{\varrho\sigma}.$$

In derselben Weise findet man die Gleichung

$$(5.)\qquad hm_3 = \sum_\lambda {}_3^n \lambda(\lambda-1)(\lambda-2)h_\lambda = \Sigma d_{\varrho\sigma\tau},$$

wo m_3 die Anzahl der Systeme conjugirter Tripel von Symbolen ist, und allgemein

$$(6.)\qquad hm_\mu = \sum_\lambda {}_0^n \lambda(\lambda-1)(\lambda-2)\dots(\lambda-\mu+1)h_\lambda = \Sigma d_{\varrho_1\varrho_2\dots\varrho_\mu} \qquad (\mu = 0, 1, \dots n)$$

oder

$$(7.)\qquad \frac{hm_\mu}{\mu!} = \sum_\lambda \binom{\lambda}{\mu} h_\lambda = h_\mu + \binom{\mu+1}{\mu} h_{\mu+1} + \binom{\mu+2}{\mu} h_{\mu+2} + \dots + \binom{n}{\mu} h_n.$$

Daher ist

$$\sum_\mu {}_0^n \frac{hm_\mu}{\mu!} x^\mu = \sum_\lambda h_\lambda \left(\sum_\mu \binom{\lambda}{\mu} x^\mu\right),$$

also

$$(8.)\qquad \sum_\mu {}_0^n \frac{hm_\mu}{\mu!} x^\mu = \sum_\lambda {}_0^n h_\lambda (x+1)^\lambda,$$

mithin auch

$$\Sigma \frac{hm_\mu}{\mu!} (x-1)^\mu = \sum_\lambda h_\lambda x^\lambda.$$

Durch Coefficientenvergleichung ergiebt sich daraus die Formel

$$(9.)\qquad \frac{\lambda! h_\lambda}{h} = m_\lambda - m_{\lambda+1} + \frac{m_{\lambda+2}}{1.2} - \frac{m_{\lambda+3}}{1.2.3} + \dots + \frac{(-1)^{n-\lambda} m_n}{(n-\lambda)!}.$$

Wegen der Wichtigkeit der Formeln (6.) will ich kurz zeigen, wie sie direct zu beweisen sind, d. h. wie sich die Ueberlegungen aus der Gruppentheorie, die ich in § 1 angestellt habe, in der Substitutionentheorie darstellen. Der Einfachheit halber beschränke ich mich auf die Formel (3.). Dabei benutze ich folgenden Hülfssatz (Traité des substitutions, § 44):

Ist d die Anzahl derjenigen Substitutionen einer Gruppe $\mathfrak{H}$ der Ordnung h, welche die μ Symbole $x_1, x_2, \dots x_\mu$ ungeändert lassen, und c die Anzahl der verschiedenen Systeme von Plätzen, auf welche diese Symbole durch die Substitutionen von $\mathfrak{H}$ geführt werden, so ist $cd = h$.

Ist also c_ν die Anzahl der Plätze, auf welche die Substitutionen von $\mathfrak{H}$ das Symbol x_ν führen, und d_ν die Anzahl der Substitutionen von $\mathfrak{H}$, welche x_ν ungeändert lassen, so ist $c_\nu d_\nu = h$. Ist $x_\alpha, x_\beta, \dots x_\varkappa$ ein System conjugirter Symbole, so kann jedes derselben durch die Substitutionen von $\mathfrak{H}$ in jedes andere, aber in kein weiteres übergeführt werden, und mithin ist die Anzahl dieser Symbole gleich $c_\alpha = c_\beta = \dots = c_\varkappa$. Folglich ist auch $d_\alpha = d_\beta = \dots = d_\varkappa$ und daher $d_\alpha + d_\beta + \dots + d_\varkappa = c_\alpha d_\alpha = h$. Für jedes System conjugirter Symbole hat also die analoge Summe denselben Werth h. Mithin ist

$$\Sigma_{\nu 1}^{n} d_\nu = hm,$$

wo m die Anzahl jener Systeme ist *).

§ 5.

Für jede Gruppe $\mathfrak{H}$ ist

$$(1.)\qquad h_n = 1,\quad h_{n-1} = 0.$$

Nach Formel (9.), § 4 ist aber für $\lambda = n$ und $n-1$

$$\frac{n!}{h} h_n = m_n \text{ und } \frac{(n-1)!}{h} h_{n-1} = m_{n-1} - m_n.$$

Daher ist für jede Gruppe

$$(2.)\qquad m_{n-1} = m_n = \frac{n!}{h}.$$

Demnach ist m_n gleich der Anzahl der verschiedenen Werthe einer Function von n Unbestimmten, deren Gruppe $\mathfrak{H}$ ist. Enthält $\mathfrak{H}$ nur *eigentliche* Substitutionen, so ist auch $h_{n-2} = 0$, also, weil $\frac{(n-2)!}{h} h_{n-2} = m_{n-2} - m_{n-1} + \frac{m_n}{2}$ ist,

$$(3.)\qquad h_{n-2} = 0,\quad m_{n-2} = \frac{n!}{2h}.$$

Nach Formel (7.) § 4 ist hm_μ durch $\mu!$ theilbar und ferner

$$\frac{hm_\mu}{\mu!} \geqq \binom{n}{\mu} h_n$$

oder

$$(4.)\qquad hm_\mu \geqq n(n-1)\dots(n-\mu+1).$$

Ist $\mathfrak{G}_\mu$ die Gruppe der $(n-\mu)!$ Substitutionen, welche die Symbole x_1, $x_2, \dots x_\mu$ ungeändert lassen, so ist $\mathfrak{G}_{\mu+1}$ ein Divisor von $\mathfrak{G}_\mu$. Da nun $m_\mu = (\mathfrak{S} : \mathfrak{G}_\mu, \mathfrak{H})$ und $m_{\mu+1} = (\mathfrak{S} : \mathfrak{G}_{\mu+1}, \mathfrak{H})$ ist, so ist nach Formel (5.) und (13.), § 1

$$(5.)\qquad m_\mu \leqq m_{\mu+1},\quad (n-\mu) m_\mu \geqq m_{\mu+1}.$$

Ist $\mathfrak{H}'$ eine Untergruppe von $\mathfrak{H}$, deren Ordnung h' ist, und für welche die Zeichen h'_λ und m'_μ dieselbe Bedeutung haben, wie die Zeichen h_λ und m_μ für $\mathfrak{H}$, so ist offenbar $h'_\lambda \leqq h_\lambda$, und weil $m'_\mu = (\mathfrak{S} : \mathfrak{G}_\mu, \mathfrak{H}')$ ist, nach Formel (13.) § 1

$$(6.)\qquad m'_\mu \geqq m_\mu,\quad h' m'_\mu \leqq hm_\mu,\quad h'_\lambda \leqq h_\lambda.$$

---

*) Ist $m = 1$, so lässt sich die obige Deduction noch weiter vereinfachen. Für diesen speciellen Fall $m_\mu = 1$ hat schon *Cauchy* die Formel (6.) gefunden. (*C.* pag. 986.)

Ist $m_1 = 1$, so heisst die Gruppe $\mathfrak{H}$ *transitiv;* ist $m_\varkappa = 1$, also auch $m_{\varkappa-1} = \cdots = m_1 = 1$, so heisst sie *$\varkappa$-fach transitiv.* In diesem Falle bilden die Substitutionen von $\mathfrak{H}$, die $x_1, x_2, \ldots x_\varkappa$ ungeändert lassen, eine Gruppe $\mathfrak{H}'$, deren Ordnung h' durch die Gleichung

$$(7.)\qquad h = n(n-1)\ldots(n-\varkappa+1)h'$$

bestimmt ist. Betrachtet man $\mathfrak{H}'$ als eine Gruppe von Vertauschungen der $n-\varkappa$ Symbole $x_{\varkappa+1}, \ldots x_n$ allein, so sei h'_λ die Anzahl der Substitutionen von $\mathfrak{H}'$, welche (ausser $x_1 \ldots x_\varkappa$) genau λ Symbole ungeändert lassen, und sei m'_1 die Anzahl der Systeme conjugirter Symbole, in welche $x_{\varkappa+1}, \ldots x_n$ in Bezug auf $\mathfrak{H}'$ zerfallen, m'_2 die Anzahl der Systeme conjugirter Paare u. s. w. Die Gruppe derjenigen Substitutionen von $\mathfrak{H}$, welche irgend $\varkappa$ bestimmte Symbole ungeändert lassen, ist der Gruppe $\mathfrak{H}'$ ähnlich (d. h. von der Form $H^{-1}\mathfrak{H}'H$), und enthält daher ebenfalls h'_λ Substitutionen, die genau λ Symbole ungeändert lassen. Solcher Untergruppen von $\mathfrak{H}$ giebt es $\binom{n}{\varkappa}$, und daher enthalten sie insgesammt $\binom{n}{\varkappa}h'_\lambda$ Substitutionen, die genau λ Symbole ungeändert lassen. Dies sind alle Substitutionen von $\mathfrak{H}$, die genau $\varkappa+\lambda$ Symbole ungeändert lassen, jede $\binom{\varkappa+\lambda}{\varkappa}$ Mal gezählt. Folglich ist (Vgl. *Mathieu, Liouville* Journal 1861, pag. 304)

$$(8.)\qquad \binom{n}{\varkappa}h'_\lambda = \binom{\varkappa+\lambda}{\varkappa}h_{\varkappa+\lambda}, \qquad \frac{\lambda!\,h'_\lambda}{h'} = \frac{(\varkappa+\lambda)!\,h_{\varkappa+\lambda}}{h}.$$

Nach Formel (7.) § 4 ist aber

$$m'_\mu = \sum_\lambda{}_\mu^{n-\varkappa} \frac{\lambda!}{(\lambda-\mu)!}\frac{h'_\lambda}{h'} = \sum_\lambda{}_\mu^{n-\varkappa} \frac{(\varkappa+\lambda)!}{(\lambda-\mu)!}\frac{h_{\varkappa+\lambda}}{h} = m_{\varkappa+\mu},$$

also

$$(9.)\qquad m'_\mu = m_{\varkappa+\mu}.$$

Ist also $m'_\lambda = 1$, so ist auch $m_{\varkappa+\lambda} = 1$:

I. *Wenn die Gruppe $(n-\varkappa)$ten Grades, die von allen denjenigen Substitutionen einer $\varkappa$-fach transitiven Gruppe $n$ten Grades gebildet wird, welche $\varkappa$ bestimmte Symbole ungeändert lassen, noch λ-fach transitiv ist, so ist die Gruppe $n$ten Grades $(\varkappa+\lambda)$-fach transitiv.*

Wir haben oben erwähnt, dass für eine beliebige Gruppe $\mathfrak{H}$ $m_{\mu-1} \leqq m_\mu$ ist, weil zwei Substitutionen, welche (modd. $\mathfrak{G}_\mu$, $\mathfrak{H}$) congruent sind, es auch (modd. $\mathfrak{G}_{\mu-1}$, $\mathfrak{H}$) sind. Daher kann nur dann $m_{\mu-1} = m_\mu$ sein, wenn je zwei Substitutionen, welche (modd. $\mathfrak{G}_{\mu-1}$, $\mathfrak{H}$) congruent sind, es auch (modd. $\mathfrak{G}_\mu$, $\mathfrak{H}$) sind. Ist dann $G_{\mu-1}$ eine Substitution, welche $x_1, \ldots x_{\mu-1}$

ungeändert lässt und x_μ in x_λ ($\lambda \geqq \mu$) überführt, so ist $G_{\mu-1} \backsim E$ (modd. $\mathfrak{G}_{\mu-1}$, $\mathfrak{H}$) und folglich auch $G_{\mu-1} \backsim E$ (modd. $\mathfrak{G}_\mu$, $\mathfrak{H}$). Es giebt also in $\mathfrak{G}_\mu$ und $\mathfrak{H}$ zwei Substitutionen G_μ und H, welche der Bedingung $G_{\mu-1} = G_\mu H$ oder $H = G_\mu^{-1} G_{\mu-1}$ genügen. Daher enthält $\mathfrak{H}$ eine Substitution H, welche $x_1, \dots x_{\mu-1}$ ungeändert lässt und x_μ in x_λ überführt.

Sind $x'_1, \dots x'_n$ die Symbole $x_1, \dots x_n$ in einer willkürlichen Anordnung, ist $\mathfrak{G}'_\mu$ die Gruppe aller Substitutionen, welche $x'_1, \dots x'_\mu$ ungeändert lassen, und P eine Substitution, welche $x_1, \dots x_\mu$ in $x'_1, \dots x'_\mu$ überführt, so ist $\mathfrak{G}'_\mu = P^{-1}\mathfrak{G}_\mu P$ und folglich nach Formel (3.) § 1 $m_\mu = (\mathfrak{S}:\mathfrak{G}'_\mu, \mathfrak{H})$. Der obigen Deduction zufolge enthält daher $\mathfrak{H}$ eine Substitution $\mathfrak{H}$, welche $\mu-1$ willkürliche Symbole ungeändert lässt und irgend eins der übrigen in ein vorgeschriebenes anderes überführt. Ist $\mu < n$, so folgt daraus, dass $\mathfrak{H}$ μ-fach transitiv ist. Denn $\mathfrak{H}$ enthält dann eine Substitution, welche irgend ein Symbol in ein vorgeschriebenes anderes überführt, und ist daher einfach transitiv. Alle Substitutionen von $\mathfrak{H}$, welche x_1 ungeändert lassen, bilden eine Untergruppe $(n-1)$ten Grades $\mathfrak{H}_1$. Diese enthält eine Substitution, welche (ausser x_1 noch) $\mu-2$ willkürliche Symbole ungeändert lässt und irgend eins der übrigen in ein vorgeschriebenes anderes überführt. Setzen wir also voraus, dass die obige Behauptung richtig ist, falls darin μ durch $\mu-1$ und n durch $n-1$ ersetzt wird, so ist $\mathfrak{H}_1$ $(\mu-1)$-fach transitiv. Nach Satz I. ist folglich $\mathfrak{H}$ μ-fach transitiv.

II. *Ist $m_\mu = 1$, so ist auch $m_{\mu-1} = 1$. Ist $m_\mu > 1$ und $\mu < n$, so ist $m_\mu > m_{\mu-1}$.*

Allgemeiner kann man zeigen, dass die zweiten Differenzen der Zahlen $m_0, m_1, \dots m_{n-1}$ positiv sind, $m_{\mu+2} - 2m_{\mu+1} + m_\mu \geqq 0$, und auch dieser Satz lässt sich noch nach verschiedenen Richtungen hin verallgemeinern.

§ 6.

Ist $\mathfrak{H}$ die symmetrische Gruppe, so sind, da dieselbe n-fach transitiv ist, die Zahlen m_μ sämmtlich gleich 1. Aus der Formel (9.). § 4 ergiebt sich daher für die Anzahl $\psi(n)$ derjenigen Substitutionen von n Symbolen, die kein Symbol ungeändert lassen, der Ausdruck

$$(1.) \qquad \psi(n) = n!\Big(1 - 1 + \frac{1}{1.2} - \frac{1}{1.2.3} + \dots + \frac{(-1)^n}{n!}\Big).$$

Da

$$\frac{1}{e} = 1 - 1 + \frac{1}{1.2} - \frac{1}{1.2.3} + \dots + \frac{(-1)^n}{n!} + \frac{(-1)^{n+1}\varepsilon}{n!}$$

ist, wo ε zwischen $\frac{1}{n+1}$ und $\frac{1}{n+2}$ liegt, so ist

$$(2.)\qquad \psi(n) = \frac{n!}{e} + (-1)^n \varepsilon.$$

I. *Die Anzahl der Substitutionen nten Grades, die kein Symbol ungeändert lassen, ist gleich derjenigen ganzen Zahl, die am wenigsten von* $\frac{n!}{e}$ *abweicht.*

II. *Das Verhältniss zwischen der Anzahl aller Substitutionen nten Grades und der Anzahl derjenigen, welche kein Symbol ungeändert lassen, nähert sich bei wachsendem n der Grenze e.*

Ist $\mathfrak{H}$ die *alternirende Gruppe*, die aus den $h = \frac{1}{2}n!$ eigentlichen Substitutionen besteht, so ist den Formeln (2.) und (3.), § 5 zufolge $m_n = m_{n-1} = 2$ und $m_{n-2} = 1$, also auch, falls $\lambda < n-1$ ist, $m_\lambda = 1$. Diese Gruppe ist folglich $(n-2)$-fach transitiv. Die Anzahl $\chi(n)$ der eigentlichen Substitutionen, die kein Symbol ungeändert lassen, ist demnach (*C.* pag. 1033.)

$$(3.)\qquad \chi(n) = \tfrac{1}{2}n!\Big(1-1+\frac{1}{1.2}-\frac{1}{1.2.3}+\cdots+\frac{(-1)^{n-2}}{(n-2)!}+\frac{(-1)^{n-1}2}{(n-1)!}+\frac{(-1)^n 2}{n!}\Big).$$

Die Differenz $\vartheta(n) = \chi(n)-(\psi(n)-\chi(n)) = 2\chi(n)-\psi(n)$ zwischen der Anzahl der eigentlichen und der der uneigentlichen Substitutionen, die kein Symbol ungeändert lassen, ist daher

$$(4.)\qquad \vartheta(n) = (-1)^{n-1}(n-1).$$

Die oben entwickelten Formeln lassen sich auf mannigfache Art beweisen. Ueber die Formel (1.) findet man ausführliche Literaturnachweise in einer Arbeit des Herrn *Schröder*, *Grunerts* Archiv, Theil 68, S. 353. Um zu den bisher gegebenen Beweisen noch einen weiteren hinzuzufügen, gehe ich von folgendem Satze aus (*C.* pag. 604): Sind $a, b, c, d, \ldots$ nicht negative ganze Zahlen, zwischen denen die Beziehung

$$(5.)\qquad a+2b+3c+4d+\cdots = n$$

besteht, so ist die Anzahl der Substitutionen $n$ten Grades, welche aus a Cyklen von einem, b Cyklen von 2, c Cyklen von 3, u. s. w. Symbolen bestehen, gleich

$$(6.)\qquad s_{a,b,c,d,\ldots} = \frac{n!}{1^a.a!2^b.b!3^c.c!4^d.d!\ldots}.$$

Wie *Cauchy* bemerkt hat, folgt daraus die merkwürdige Relation

$$(7.)\qquad \Sigma\frac{1}{1^a.a!2^b.b!3^c.c!\ldots} = 1,$$

wo $a, b, c, \ldots$ alle nicht negativen ganzen Zahlen durchlaufen, welche der Bedingung (5.) genügen. Beiläufig will ich hier einen anderen Beweis für diese Gleichung angeben: Ist x eine reelle positive Zahl, die < 1 ist, so ist

$$\Sigma x^n = \frac{1}{1-x} = e^{-l(1-x)} = e^{x+\frac{x^2}{2}+\frac{x^3}{3}+\cdots} = e^x e^{\frac{x^2}{2}} e^{\frac{x^3}{3}} \cdots$$
$$= \left(\Sigma \frac{x^a}{a!}\right)\left(\Sigma \frac{x^{2b}}{2^b.b!}\right)\left(\Sigma \frac{x^{3c}}{3^c.c!}\right)\cdots = \Sigma \frac{x^{a+2b+3c+\cdots}}{1^a.a!2^b.b!3^c.c!\ldots},$$

und daraus ergiebt sich die *Cauchy*sche Relation durch Coefficientenvergleichung.

Die Anzahl der Substitutionen $n$ten Grades, welche keinen Cyklus von einem Symbole enthalten, ist gleich

$$\psi(n) = \Sigma \frac{n!}{2^b.b!3^c.c!4^d.d!\ldots},$$

wo die Summe über alle Lösungen der Gleichung

$$2b+3c+4d+\cdots = n$$

zu erstrecken ist. Da $\psi(n) < n!$ ist, so ist folglich, falls $x < 1$ ist und $\psi(0) = 1$ gesetzt wird,

$$\Sigma_n{}_0^\infty \frac{\psi(n)}{n!} x^n = \Sigma \frac{x^{2b+3c+4d+\cdots}}{2^b.b!3^c.c!4^d.d!\ldots} = \left(\Sigma \frac{x^{2b}}{2^b.b!}\right)\left(\Sigma \frac{x^{3c}}{3^c.c!}\right)\left(\Sigma \frac{x^{4d}}{4^d.d!}\right)\cdots$$
$$= e^{\frac{x^2}{2}} e^{\frac{x^3}{3}} e^{\frac{x^4}{4}} \cdots = e^{-x-l(1-x)}$$
$$= \frac{e^{-x}}{1-x} = \Sigma\left(1-1+\frac{1}{1.2}-\frac{1}{1.2.3}+\cdots+\frac{(-1)^n}{n!}\right)x^n,$$

und daraus ergiebt sich die Formel (1.) durch Coefficientenvergleichung.

Eine Substitution, die aus a Cyklen von 1, b von 2, c von 3, u. s. w. Symbolen besteht, ist eine eigentliche oder uneigentliche, je nachdem $b+2c+3d+\cdots$ gerade oder ungerade ist. Daher ist

$$\Sigma \frac{\vartheta(n)}{n!} x^n = \Sigma \frac{(-1)^{b+d+\cdots} x^{2b+3c+4d+\cdots}}{2^b.b!3^c.c!4^d.d!\ldots} = e^{-\frac{x^2}{2}+\frac{x^3}{3}-\frac{x^4}{4}+\cdots}$$
$$= e^{-x+l(1+x)} = (1+x)e^{-x} = \Sigma \frac{(-1)^{n-1}(n-1)}{n!} x^n$$

und folglich $\vartheta(n) = (-1)^{n-1}(n-1)$.

Mit Hülfe der Formel (6.) kann man auch leicht erkennen, dass die Gleichung (7.) § 4 nur ein specieller Fall der Gleichung (8.) § 2 ist. Damit zwei Substitutionen ähnlich seien, ist nothwendig und hinreichend, dass die Zahlen $a, b, c, \ldots$ für beide die nämlichen Werthe haben; man kann daher diese Zahlen die Invarianten einer Klasse ähnlicher Substitutionen nennen. Sind von den $s_{a,b,c,\dots}$ Substitutionen der durch die Invarianten $a, b, c, \dots$ charakterisirten Klasse $h_{a,b,c,\dots}$ in $\mathfrak{H}$ und $g_{a,b,c,\dots}$ in $\mathfrak{G}_\mu$ enthalten, so ist nach Formel (8.) § 2

$$\frac{gh}{s} m_\mu = \Sigma \frac{g_{a,b,c,\dots} h_{a,b,c,\dots}}{s_{a,b,c,\dots}}.$$

Ist $\mu > a$, so ist $g_{a,b,c,\dots} = 0$; ist aber $\mu \leqq a$, so ist nach Formel (6.)

$$g_{a,b,c,\dots} = \frac{(n-\mu)!}{(a-\mu)!\,2^b.b!\,3^c.c!\dots}$$

und folglich

$$\frac{s g_{a,b,c,\dots}}{\mu!\, g s_{a,b,c,\dots}} = \frac{a!}{\mu!(a-\mu)!} = \binom{a}{\mu}$$

oder Null, je nachdem $a \geqq \mu$ oder $a < \mu$ ist. Mithin ist

$$\frac{hm_\mu}{\mu!} = \sum_{a,b,c,\dots} \binom{a}{\mu} h_{a,b,c,\dots} = \sum_a \binom{a}{\mu} \Big(\sum_{b,c,\dots} h_{a,b,c,\dots} \Big).$$

Da aber $\sum\limits_{b,c,\dots} h_{a,b,c,\dots} = h_a$ die Anzahl der Substitutionen ist, die genau a Elemente ungeändert lassen, so ist

$$\frac{hm_\mu}{\mu!} = \sum_\lambda \binom{\lambda}{\mu} h_\lambda.$$

§ 7.

Mit Hülfe der in § 4 entwickelten Formeln lassen sich einige interessante Ergebnisse des Herrn *Netto* (dieses Journal, Bd. 83; vgl. auch *Mathieu, Liouville* Journal 1861, pag. 314) einfach beweisen:

Durch Subtraction der Formeln (2.) und (3.) § 4 erhält man

$$(1.) \qquad h(m_1-1) + h_0 = \sum_\lambda {}_2^n (\lambda-1) h_\lambda.$$

Ist die Gruppe $\mathfrak{H}$ transitiv, also $m_1 = 1$, so ist daher

$$(2.) \qquad h_0 = \sum_\lambda {}_2^n (\lambda-1) h_\lambda.$$

Da $h_n = 1$ ist, so ist folglich $h_0 \geqq n-1$.

I. ***Jede transitive Gruppe enthält mindestens** $n-1$ **Substitutionen, die kein Symbol ungeändert lassen. Enthält eine solche Gruppe mehr als** $n-1$ **derartige Substitutionen, so enthält sie auch Substitutionen, die einige der Symbole, aber nicht alle, ungeändert lassen.***

In ähnlicher Weise zeigt man, dass $h_{\mu-1}$ von Null verschieden ist, wenn $m_\mu = 1$ ist *).

Bildet man aus den h_0 Substitutionen von $\mathfrak{H}$, die kein Symbol ungeändert lassen, sämmtliche Combinationen, so erhält man eine Gruppe $\mathfrak{H}'$, die ein Divisor von $\mathfrak{H}$ ist, und deren Ordnung h' sei. Enthält dieselbe h'_λ Substitutionen, die genau λ Symbole ungeändert lassen, so ist $h'_0 = h_0$ und $h'_\lambda \leqq h_\lambda$. Subtrahirt man nun von der Formel (1.) die analoge Formel

$$h'(m'_1-1)+h'_0 = \Sigma(\lambda-1)h'_\lambda,$$

so erhält man

$$h'(m'_1-1)-h(m_1-1)+\sum_\lambda{}_2^n(\lambda-1)(h_\lambda-h'_\lambda) = 0.$$

Ist $m_1 = 1$, so sind alle Glieder dieser verschwindenden Summe positiv, und folglich ist $m'_1 = 1$ und $h_\lambda = h'_\lambda (\lambda > 1)$. Daraus folgt:

II. *Stimmen zwei Gruppen in den Substitutionen überein, die alle Symbole versetzen, und ist die eine transitiv, so ist es auch die andere, und beide können sich nur in den Substitutionen unterscheiden, welche genau ein Symbol ungeändert lassen.*

Da $h_\lambda = h'_\lambda$ ist, so ist nach Gleichung (6.) § 4 auch $hm_\mu = h'm'_\mu (\mu > 1)$. Ist nun $m_3 = 1$, also $m_3 = m_2$, so ist auch $m'_3 = m'_2$. Nach Satz II § 5 ist folglich, falls $n > 3$ ist, $m'_3 = 1$ und mithin $h = h'$. Ist aber $\mathfrak{H}$ die symmetrische und $\mathfrak{H}'$ die alternirende Gruppe vom Grade 3, so ist $h = 2h'$. Es ergiebt sich also der Satz:

II. *Stimmt eine mehr als zweifach transitive Gruppe, deren Grad grösser als* 3 *ist, mit einer andern Gruppe in den Substitutionen überein, welche alle Symbole versetzen, so sind beide identisch.*

Sei allgemeiner $m_2 = 1$ und die Gruppe $\mathfrak{H}_1$, welche von allen das Symbol x_1 nicht versetzenden Substitutionen von $\mathfrak{H}$ gebildet wird, primitiv. Die Gruppe $\mathfrak{H}'$ ist, wie leicht zu sehen, mit jeder Substitution von $\mathfrak{H}$ vertauschbar. Folglich ist auch die Gruppe $\mathfrak{H}'_1$, welche von allen das Symbol x_1 nicht versetzenden Substitutionen von $\mathfrak{H}'$ gebildet wird, mit jeder Substitution von $\mathfrak{H}_1$ vertauschbar. Da $\mathfrak{H}_1$ primitiv ist, so ist nach einem Satze des Herrn *Jordan* (Traité des subst. 53) die Gruppe $\mathfrak{H}'_1$, falls sie nicht die Hauptgruppe ist, transitiv. Nach Satz I § 5 ist demnach $m'_2 = 1$ und mithin,

*) Diese Folgerungen sind auf demselben Wege schon von *Cauchy* (*C.* pag. 1030) entwickelt. Dies scheint Herrn *Jordan* entgangen zu sein, der den obigen Satz (*Liouville* Journal tom. XVII pag. 353) etwas anders hergeleitet hat. (Vgl. Formel (8.), § 5.)

da $hm_2 = h'm'_2$ ist, $h = h'$. Wenn aber $\mathfrak{H}'_1$ die Hauptgruppe ist, so ist nach Formel (8.) § 5 $h'_1 = h'_2 = \cdots = h'_{n-1} = 0$ und folglich auch $h_2 = h_3 = \cdots = h_{n-1} = 0$. Der Gleichung $\Sigma\lambda(\lambda-1)h_\lambda = hm_2$ zufolge ist daher $h = n(n-1)$. Die Ordnung der transitiven Gruppe $\mathfrak{H}_1$ ist also ihrem Grade $n-1$ gleich. Eine solche Gruppe kann aber nur dann primitiv sein, wenn sie keine von sich selbst und der Hauptgruppe verschiedene Untergruppe hat, und dies kann nach dem *Sylow*schen Satze nur dann eintreten, wenn $n-1$ eine Primzahl ist (vgl. *Dyck*, Math. Ann. Bd. 22, S. 89). Umgekehrt ist eine transitive Gruppe $\mathfrak{H}_1$, deren Ordnung $n-1$ eine Primzahl ist, stets primitiv. Die zweifach transitiven Gruppen vom Grade n und der Ordnung $h = n(n-1)$ hat Herr *Jordan* (*Liouville* Journal 1872) untersucht. Ist $n-1$ eine ungerade Primzahl, so ist, wie er gezeigt hat, $n = 2^\nu$ und $\mathfrak{H}$ der linearen Gruppe $|z, az+\alpha|$ (mod. 2) isomorph, wo a und α ganze Functionen einer Wurzel einer (mod. 2) irreductibeln Congruenz νten Grades sind. Es ergiebt sich also der Satz:

III. *Wenn diejenigen Substitutionen einer zweifach transitiven Gruppe $\mathfrak{H}$, welche ein bestimmtes Symbol ungeändert lassen, eine primitive Gruppe bilden, und wenn diese Untergruppe nicht von den Potenzen einer cyklischen Substitution gebildet wird, deren Ordnung gleich* 2 *oder eine Primzahl von der Form* $2^\nu-1$ *ist, so kann keine von $\mathfrak{H}$ verschiedene Gruppe mit $\mathfrak{H}$ in allen Substitutionen übereinstimmen, die jedes Symbol versetzen.*

§ 8.

Zum Schluss will ich kurz einige der Resultate reproduciren, welche *Cauchy, Bertrand, Serret, Mathieu, Jordan, Netto* über die oben mit h_λ und m_μ bezeichneten Zahlen gefunden haben.

Ist $m_n > 2$ *und* $m_2 = 1$, *so ist* $h_{n-2} = h_{n-3} = 0$.

Mit dem Zeichen $(1, 2, 3, \ldots \varkappa)$ bezeichne ich diejenige cyklische Substitution, welche x_1 in x_2, x_2 in x_3, $\ldots$ $x_\varkappa$ in x_1 überführt, und die übrigen Symbole ungeändert lässt. Wäre nun $h_{n-3} > 0$, so würde $\mathfrak{H}$ eine Substitution von der Form $A = (1, 2, 3)$ enthalten. Da ferner $m_2 = 1$ ist, so giebt es in $\mathfrak{H}$ eine Substitution H, welche x_3 ungeändert lässt und x_1 durch x_4 ersetzt. Führt diese x_2 in x_α über, so ist $B = H^{-1}AH = (4, \alpha, 3)$. Ist α von 1 und 2 verschieden, so ist $B^{-1}AB = (1, 2, 4)$. Ist $\alpha = 1$, so ist $AB = (1, 2, 3)(4, 1, 3) = (1, 2, 4)$. Ist $\alpha = 2$, so ist $B^2A = (4, 3, 2)(1, 2, 3) = (1, 2, 4)$. Die Gruppe $\mathfrak{H}$ enthält also eine Substitution, welche sich von

A dadurch unterscheidet, dass an Stelle eines beliebigen der drei Indices 1, 2, 3 ein beliebiger neuer Index getreten ist. Durch wiederholte Anwendung der obigen Schlüsse erkennt man, dass $\mathfrak{H}$ alle Substitutionen von der Form (α, β, γ) und folglich auch alle eigentlichen Substitutionen enthält. Mithin ist $m_n = 2$ oder 1. (Vgl. *Netto*, Substitutionentheorie, § 35 und 68.) In derselben Weise zeigt man, dass, wenn $h_{n-2} > 0$ ist, $m_n = 1$ sein muss.

II. *Ist* $m_n > 2$ *und* $m_\varkappa = 1$ *und* $\varkappa > 2$, *so ist* $h_{n-2} = h_{n-3} = \cdots \cdots = h_{n-2\varkappa+3} = 0$.

Sei A eine von E verschiedene Substitution, welche möglichst wenige Symbole umsetzt, nämlich $x_1, x_2, \ldots x_\lambda$. Da $m_\varkappa = 1$ ist, so ist $h_{\varkappa-1}$ von Null verschieden, es giebt also Substitutionen, welche $n-\varkappa+1$ Symbole umsetzen. Mithin ist $\lambda \leqq n-\varkappa+1 < n$, und folglich giebt es ein Symbol $x_{\lambda+1}$, das durch A nicht umgesetzt wird.

Wäre $\lambda \leqq \varkappa$, so gäbe es in $\mathfrak{H}$ eine Substitution H, welche $x_1, \ldots x_{\lambda-1}$ ungeändert lässt und x_λ durch $x_{\lambda+1}$ ersetzt. Ist

$$A = (1, 2, \ldots \alpha)(\alpha+1, \ldots \beta)\ldots(\vartheta, \ldots \lambda-1, \lambda),$$

so wäre

$$B = H^{-1}AH = (1, 2, \ldots \alpha)(\alpha+1, \ldots \beta)\ldots(\vartheta, \ldots \lambda-1, \lambda+1)$$

und mithin $BA^{-1} = (\lambda-1, \lambda+1, \lambda)$. Nach Satz I kann es aber eine solche Substitution in $\mathfrak{H}$ nicht geben. (*Mathieu, Liouville* Journal Sér. II, tom. 5, pag. 17).

Folglich ist $\lambda > \varkappa$. Nun unterscheide ich zwei Fälle. Ist *erstens* $\varkappa$ das erste Symbol*) eines Cyklus von A, so ist

$$A = (1, \ldots \alpha)(\alpha+1, \ldots \beta)\ldots(\gamma, \ldots \varkappa-1)(\varkappa, \varkappa+1, \ldots \delta)\ldots(\vartheta, \ldots \lambda).$$

Da $m_\varkappa = 1$ ist, so giebt es in $\mathfrak{H}$ eine Substitution H, welche $x_1, \ldots x_{\varkappa-1}$ ungeändert lässt und $x_\varkappa$ durch $x_{\lambda+1}$ ersetzt. Dann ist

$$B = H^{-1}AH = (1, \ldots \alpha)(\alpha+1, \ldots \beta)\ldots(\gamma, \ldots \varkappa-1)(\lambda+1, \varrho, \ldots \sigma)\ldots(\xi, \ldots \eta).$$

Da B das Symbol $x_{\lambda+1}$ versetzt, welches A ungeändert lässt, so ist B von A verschieden, also ist $C = BA^{-1}$ nicht gleich E. In dieser Substitution heben sich die Cyklen $(1, \ldots \alpha)(\alpha+1, \ldots \beta)\ldots(\gamma, \ldots \varkappa-1)$, und daher

*) Alle Cyklen von A bestehen aus gleich vielen Symbolen, weil sonst eine Potenz von A weniger als λ Symbole versetzen würde. (*C.* pag. 1237.) Ist p die Anzahl der Symbole in einem Cyklus von A, so ist die obige Annahme identisch mit der Voraussetzung $\varkappa \equiv 1$ (mod. p).

versetzt sie höchstens $2(\lambda-\varkappa+1)$ Symbole. Nach der Bedeutung von λ ist folglich $2(\lambda-\varkappa+1) \geqq \lambda$ oder $\lambda \geqq 2\varkappa-2$. (*Jordan*, Traité des subst. § 83.)

Ist *zweitens* $\varkappa$ nicht das erste Element eines Cyklus, so wähle man in $\mathfrak{H}$ eine Substitution H, welche $x_1, \dots x_{\varkappa-1}$ ungeändert lässt und $x_\varkappa$ durch $x_{\varkappa+1}$ ersetzt. Ist dann

$$A = (1, \dots \alpha)(\alpha+1, \dots \beta)\dots(\gamma, \dots \varkappa-1, \varkappa, \dots \delta)\dots(\vartheta, \dots \lambda),$$

so ist

$$B = H^{-1}AH = (1, \dots \alpha)(\alpha+1, \dots \beta)\dots(\gamma, \dots \varkappa-1, \varkappa+1, \dots \varrho)\dots(\xi, \dots \eta).$$

Da $x_{\varkappa-1}$ in A durch $x_\varkappa$ und in B durch $x_{\varkappa+1}$ ersetzt wird, so ist A von B verschieden, also ist $C = BA^{-1}$ nicht gleich E. In C kommen ferner die Symbole $x_1, \dots x_{\varkappa-2}$ nicht mehr vor. Ausser diesen Symbolen enthalten die Substitutionen A und B noch die Symbole $x_{\varkappa-1}$, $x_{\varkappa+1}$ und ferner noch jede $\lambda-\varkappa$ weitere Symbole. Daher versetzt C höchstens $2(\lambda-\varkappa)+2$ Symbole und folglich ist $2\lambda-2\varkappa+2 \geqq \lambda$ oder $\lambda \geqq 2\varkappa-2$. (*Netto*, Substitutionentheorie, § 67.) Mithin giebt es in $\mathfrak{H}$ ausser E keine Substitution, welche weniger als $2\varkappa-2$ Symbole versetzt, oder es ist $h_{n-2} = h_{n-3} = \dots = h_{n-2\varkappa+3} = 0$. Den Formeln (6.) § 4 zufolge kann man die obigen Sätze *) auch so aussprechen:

III. *Ist* $m_n > 2$ *und* $m_2 = 1$, *so ist* $m_n = 1.m_{n-1} = 1.2.m_{n-2} = 1.2.3.m_{n-3}$.

IV. *Ist* $m_n > 2$ *und* $m_\varkappa = 1$ *und* $\varkappa > 2$, *so ist*

$$m_n = 1!m_{n-1} = 2!m_{n-2} = 3!m_{n-3} = \dots = (2\varkappa-3)!m_{n-2\varkappa+3}.$$

Durch ähnliche Betrachtungen lässt sich zeigen, dass, wenn unter den in Satz II gemachten Voraussetzungen $h_{n-2\varkappa+2}$ von Null verschieden ist, immer $h_\varkappa = 0$ sein muss.

Ausser den in § 5 entwickelten und den in den obigen Sätzen enthaltenen Beschränkungen unterliegen die Zahlen m_μ (oder was auf dasselbe hinauskommt, die Zahlen h_λ) noch mancherlei anderen. m_n kann nicht zwischen 2 und n liegen, ausser für $n = 4$, wo $m_n = 3$ sein kann. Ist $m_n = n$, so ist $m_\mu = \mu+1$ $(\mu < n)$, und in allen Substitutionen der Gruppe bleibt ein bestimmtes Symbol ungeändert. In Bezug auf die übrigen ist die Gruppe die symmetrische vom Grade $n-1$; ausgenommen ist der Fall $n = 6$. Zwischen n und $2n$ kann m_n nicht liegen, wenn $n > 6$ ist; zwischen $2n$ und $\frac{n(n-1)}{2}$ kann m_n nie liegen, zwischen $\frac{n(n-1)}{2}$ und $n(n-1)$ nicht, wenn

---

*) Während des Drucks dieser Arbeit erschien im 29. Bande der Math. Ann. eine Abhandlung des Herrn *Bochert*, in der jene Sätze in der nämlichen Art bewiesen sind.

$n > 8$ ist. Ist $m_n = 2n$, so ist $m_\mu = \mu+1$ $(\mu < n-2)$, $m_{n-2} = n$, $m_{n-1} = 2n$, und in allen Substitutionen bleibt ein bestimmtes Symbol ungeändert. In Bezug auf die übrigen ist die Gruppe die alternirende vom Grade $n-1$. Ausgenommen ist der Fall $n = 6$. Wenn ferner $m_2 = 1$, und allgemeiner wenn $\mathfrak{H}$ primitiv ist, so ist m_n durch jede Primzahl theilbar, die kleiner als $n-2$ ist.

Ist $m_2 = 1$, so ist h_0 durch $n-1$ theilbar, und der Quotient gleich der Anzahl derjenigen Substitutionen von $\mathfrak{H}$, welche kein Element ungeändert lassen und x_1 durch x_2 ersetzen. (*Netto*, dieses Journal Bd. 83, S. 52.)

Ist $m_n > 2$, und λ der kleinste von Null verschiedene Werth, für den $h_{n-\lambda}$ von Null verschieden ist, so kann λ keine Primzahl sein, ausser wenn $\lambda \geqq n-2$ ist.

Alle diese Sätze, namentlich also die Untersuchungen über die Beziehungen zwischen dem Transitivitätsgrade und der kleinsten Anzahl von Symbolen, welche durch eine Substitution der Gruppe versetzt werden, die über die obere Grenze des Transitivitätsgrades, die über die Anzahl der Werthe einer Function mehrerer Unbestimmten, beschäftigen sich sämmtlich mit der Lösung specieller Fälle der Aufgabe, die allgemeiner gefasst lautet: Die Beschränkungen zu finden, denen die Zahlen m_μ unterworfen sind.

Zürich, December 1886.

37.

Über die Jacobischen Covarianten der Systeme von Berührungskegelschnitten einer Curve vierter Ordnung

Journal für die reine und angewandte Mathematik 103, 139–183 (1888)

In seiner Arbeit *Eigenschaften der Curven vierten Grades rücksichtlich ihrer Doppeltangenten* (dieses Journal, Bd. 49, S. 265) definirt *Steiner* einige der wichtigsten irrationalen Covarianten der Curve vierter Ordnung, namentlich auch die 63 *Jacobi*schen Covarianten G^3, welche zu den 63 Systemen von Berührungskegelschnitten gehören. Am Schluss seiner Arbeit wirft er die Frage auf, welche Beziehungen diese 63 Systeme und ihre Covarianten zu einander haben. Da mir auf dem durch diese Frage bezeichneten Gebiete noch kein Ergebniss bekannt ist, so habe ich einige darauf bezügliche Resultate, die ich in einer Untersuchung über die Thetafunctionen von drei Variabeln erhalten hatte, zusammengestellt und auf rein algebraischem Wege entwickelt. Von diesen Ergebnissen, die den ersten Anfang einer Theorie der (irrationalen) Invarianten und Covarianten der ternären Form vierten Grades bilden, dürfte in geometrischer Beziehung der in § 10 entwickelte Satz das grösste Interesse haben.

In meiner Arbeit *Ueber die Beziehungen zwischen den 28 Doppeltangenten einer ebenen Curve vierter Ordnung* (dieses Journal, Bd. 99, S. 275), die ich im Folgenden mit D. citiren werde, habe ich die rationale Darstellung der 28 Doppeltangenten durch gewisse sieben unter ihnen, deren Möglichkeit *Aronhold* (Berliner Monatsberichte 1864) gezeigt hatte, vollständig durchgeführt und habe daher auf die rationale Form der aufgestellten Relationen besonderes Gewicht gelegt. Für die folgenden Untersuchungen ist dieser Gesichtspunkt weniger massgebend, und ich habe daher, indem ich auf die rationale Form der Formeln verzichte, den dort entwickelten Relationen eine einfachere und mehr symmetrische Gestalt gegeben (§§ 1–5).

In den §§ 6 und 7 vervollständige ich die *Hesse*sche Theorie von den 36 Arten, die 28 Doppeltangenten zu den Verbindungslinien von acht Raumpunkten in Beziehung zu setzen, und von dem Uebergang von einer dieser Darstellungen zu den 35 andern. Nach diesen Vorbereitungen wende ich mich dann in § 8 zu der Untersuchung der Relationen, die zwischen den in § 4 definirten Covarianten G^3 bestehen. Als Anwendung der erhaltenen Resultate behandle ich in den §§ 9 und 10 ausführlich die Theorie der Curven dritter Ordnung, die durch die Berührungspunkte von sechs Doppeltangenten gehen. Aus derselben ergeben sich bemerkenswerthe Beziehungen, in welchen die Functionen G^3 zu den Wurzelfunctionen (§ 11) und ihren Differentialen (§ 12) stehen. Daran knüpfe ich noch in den §§ 13 und 14 die Betrachtung einiger Covarianten dritten und vierten Grades, die mit den Functionen G^3 in engem Zusammenhange stehen.

§ 1.

Definition der 28 Doppeltangenten einer Curve vierter Ordnung mit Hülfe der Raumfigur von *Hesse*.

Seien z^0, z', z'', z''' die Coordinaten eines Punktes z in Bezug auf ein Coordinatentetraeder, und seien

$$(1.)\qquad z_\lambda = a_\lambda^0 z^0 + a_\lambda' z' + a_\lambda'' z'' + a_\lambda''' z''' \qquad (\lambda = 0, 1, \ldots 7)$$

acht lineare Functionen von z. Damit die acht Ebenen $z_\lambda = 0$ die gemeinsamen Berührungsebenen von drei Flächen zweiter Klasse seien, ist nothwendig und hinreichend, dass man acht Constanten g_λ bestimmen kann, die der Gleichung $\Sigma g_\lambda z_\lambda^2 = 0$ identisch genügen. Ich setze voraus, dass nicht vier der acht Ebenen durch einen Punkt gehen, und dass nicht die Schnittlinien einer derselben mit sechs der andern einen Kegelschnitt berühren. Die aus den Coordinaten von irgend vier der acht Ebenen gebildete Determinante (D. S. 297)

$$(2.)\qquad f_{\alpha\beta\gamma\delta} = (a_\alpha, a_\beta, a_\gamma, a_\delta)$$

ist dann von Null verschieden, und keine der acht Constanten g_λ verschwindet. Ich will nun $\sqrt{g_\lambda} z_\lambda$ durch z_λ ersetzen, also annehmen, die acht linearen Functionen z_λ seien mit solchen constanten Factoren gewählt, dass die zwischen ihnen bestehende Beziehung die Form

$$(3.)\qquad \Sigma z_\lambda^2 = 0$$

hat. Dann ist auch, falls u^0, u', u'', u''' die Coordinaten irgend einer Ebene

u bezeichnen, und $g(u)$ eine beliebige quadratische Function von u ist,

$$(4.)\qquad \Sigma g(a_\lambda) = 0.$$

Z. B. ist

$$(5.)\qquad \sum_\lambda f_{\alpha\beta\gamma\lambda} f_{\alpha'\beta'\gamma'\lambda} = 0.$$

Ist also $\alpha\beta\gamma\delta\alpha'\beta'\gamma'\delta'$ eine eigentliche Vertauschung der acht Indices 0, 1, ... 7, so ist $f_{\alpha\beta\gamma\delta} f_{\alpha'\beta'\gamma'\delta} + f_{\alpha\beta\gamma\delta'} f_{\alpha'\beta'\gamma'\delta'} = 0$ oder $f_{\alpha\beta\gamma\delta} : f_{\alpha'\beta'\gamma'\delta'} = -f_{\alpha\beta\gamma\delta'} : f_{\alpha'\beta'\gamma'\delta}$. Durch wiederholte Anwendung dieser Proportion ergiebt sich, dass das Verhältniss $f_{\alpha\beta\gamma\delta} : f_{\alpha'\beta'\gamma'\delta'}$ für alle eigentlichen Permutationen denselben (und für alle uneigentlichen den entgegengesetzten) Werth hat. Durchläuft ϱ die vier Indices α, β, γ, δ und ϱ' die vier übrigen Indices α', β', γ', δ', so folgt aus den Gleichungen

$$\sum_\varrho a_\varrho^{(\mu)} a_\varrho^{(\nu)} = -\sum_{\varrho'} a_{\varrho'}^{(\mu)} a_{\varrho'}^{(\nu)}$$

nach dem Multiplicationstheorem der Determinanten $f^2_{\alpha\beta\gamma\delta} = f^2_{\alpha'\beta'\gamma'\delta'}$. Da jede der acht linearen Formen z_λ mit einem willkürlichen Vorzeichen behaftet ist, so kann man voraussetzen, dass

$$(6.)\qquad f_{0123} = +f_{4567}$$

ist. Dann ist allgemein

$$(7.)\qquad f_{\varkappa\lambda\mu\nu} = \varepsilon f_{\alpha\beta\gamma\delta},$$

wo $\varepsilon = +1$ oder -1 ist, je nachdem $\alpha\beta\gamma\delta\varkappa\lambda\mu\nu$ eine eigentliche oder uneigentliche Permutation der acht Indices 0, 1, ... 7 ist.

Seien nun $G'(u) = 0$, $G''(u) = 0$ und $G'''(u) = 0$ drei von einander unabhängige Flächen zweiter Klasse, welche die acht Ebenen a_λ berühren, und seien x', x'', x''' drei Parameter, die ich als die Coordinaten eines Punktes in einer willkürlich gelegenen Ebene deuten werde. Setzt man dann

$$(8.)\qquad G(x, u) = x' G'(u) + x'' G''(u) + x''' G'''(u),$$

so ist identisch

$$(9.)\qquad G(x, a_\lambda) = 0.$$

Sei $G(x; u, v)$ die Polare von $G(x, u)$, und sei

$$(10.)\qquad x_{\alpha\beta} = x_{\beta\alpha} = G(x;\ a_\alpha,\ a_\beta) \qquad (\alpha, \beta = 0, 1, \dots 7),$$

also nach Gleichung (9.)

$$(11.)\qquad x_{\alpha\alpha} = 0.$$

Sind y', y'', y''' die Coordinaten eines beliebigen Punktes y, so ist nach

Gleichung (4.)

$$\sum_\lambda G(x;\ a_\alpha, a_\lambda) G(y;\ a_\beta, a_\lambda) = 0.$$

Setzt man also

$$y_{\alpha\beta} = G(y;\ a_\alpha, a_\beta),$$

so bestehen zwischen den Coefficienten der linearen Functionen (10.) quadratische Relationen, die sich in die identischen Gleichungen

$$(12.) \qquad \sum_\lambda x_{\alpha\lambda} y_{\beta\lambda} = 0$$

zusammenfassen lassen. In denselben sind α und β irgend zwei gleiche oder verschiedene der Indices von 0 bis 7.

Bekanntlich hat *Hesse* nicht nur die Gleichung (10.) gefunden (dieses Journal Bd. 49, S. 298, Formel (46.)), sondern sich auch mit der Bedingung (4.) mehrfach beschäftigt (vgl. dieses Journal Bd. 99, S. 111). Es ist mir aber nicht bekannt, ob er aus diesen beiden Relationen die Gleichungen (12.) abgeleitet hat, mit deren Hülfe es möglich wird, die Raumfigur von *Hesse* vollständig zu eliminiren und die Theorie der Doppeltangenten auf ein System identischer Gleichungen zwischen ihren Coordinaten zu gründen, die nicht complicirter sind wie die zwischen den Coefficienten einer quaternären orthogonalen Substitution.

§ 2.

Die Invarianten der Curve vierter Ordnung.

Nachdem ich die Möglichkeit der Bildung von 28 linearen Functionen

$$(1.) \qquad x_{\alpha\beta} = x_{\beta\alpha} = a'_{\alpha\beta} x' + a''_{\alpha\beta} x'' + a'''_{\alpha\beta} x'''$$

dargethan habe, welche den Bedingungen

$$(2.) \qquad \sum_\lambda x_{\alpha\lambda} y_{\beta\lambda} = 0$$

genügen, will ich jetzt die bisher gemachten Voraussetzungen fallen lassen und diese Gleichungen zum Ausgangspunkte nehmen. Denselben füge ich ausser einer auf der Reductibilität dieses Gleichungssystems beruhenden Bedingung, deren Aufstellung erst unten in (8.) möglich ist, nur noch die Annahmen hinzu, dass nicht von jenen 28 linearen Functionen eine identisch Null ist oder zwei sich nur um einen constanten Factor unterscheiden, und dass unter ihnen wenigstens drei linear unabhängig sind *) (dass die 28

*) Lässt man die Constanten $a'_{\alpha\beta}$ und $a''_{\alpha\beta}$ ungeändert, ersetzt aber die Constanten $a'''_{\alpha\beta}$ durch Null, so erhält man 28 neue Functionen $x_{\alpha\beta}$, welche auch den Bedingungen (2.) genügen, sich aber sämmtlich durch zwei unter ihnen linear ausdrücken lassen.

Geraden $a_{\alpha\beta}$ nicht sämmtlich durch einen Punkt gehen). Der Bequemlichkeit halber behalte ich die Bezeichnung (11.) § 1 bei. Ist r der *Rang* (dieses Journal Bd. 86, S. 148) des symmetrischen Systems

$$(3.)\qquad x_{\alpha\beta} \qquad\qquad (\alpha, \beta = 0, 1, \ldots 7),$$

falls x ein unbestimmter Punkt ist, so ist r auch der Rang des Systems $y_{\alpha\beta}$. Unter den acht homogenen linearen Gleichungen

$$\sum_{\lambda} x_{\alpha\lambda} v_{\lambda} = 0 \qquad\qquad (\alpha = 0, 1, \ldots 7)$$

sind daher r unabhängig, und folglich haben sie nicht mehr als $8-r$ unabhängige Lösungen. Den Identitäten (2.) zufolge sind aber $v_{\lambda} = y_{\beta\lambda}$ acht Lösungen derselben, von denen r unabhängig sind. Folglich ist $r \leqq 8-r$, also $r \leqq 4$. Bedient man sich für die Determinanten vierten Grades des Systems (3.) der Bezeichnung

$$x\binom{\alpha'\beta'\gamma'\delta'}{\alpha\;\beta\;\gamma\;\delta} = |x_{\lambda\lambda'}| \qquad\qquad \binom{\lambda' = \alpha', \beta', \gamma', \delta'}{\lambda = \alpha, \beta, \gamma, \delta},$$

so ist

$$(4.)\qquad x\binom{\alpha\beta\gamma\delta}{\alpha\beta\gamma\delta} = (x_{\alpha\gamma}x_{\delta\beta}+x_{\alpha\delta}x_{\beta\gamma}-x_{\alpha\beta}x_{\gamma\delta})^2-4x_{\alpha\gamma}x_{\alpha\delta}x_{\beta\gamma}x_{\beta\delta},$$

kann also nur dann identisch Null sein, wenn zwei der linearen Functionen $x_{\varkappa\lambda}$, von einem constanten Factor abgesehen, übereinstimmen, oder wenn eine von ihnen identisch verschwindet. Da dies unseren Voraussetzungen widerspricht, so ist der Rang des Systems (3.) gleich vier. In demselben verschwinden also alle Determinanten fünften Grades, und folglich (vgl. dieses Journal Bd. 82, S. 240, Satz I.) ist, da das System symmetrisch ist,

$$(5.)\qquad x\binom{\alpha\beta\gamma\delta}{\alpha\beta\gamma\delta}x\binom{\alpha'\beta'\gamma'\delta'}{\alpha'\beta'\gamma'\delta'} = \left[x\binom{\alpha'\beta'\gamma'\delta'}{\alpha\;\beta\;\gamma\;\delta}\right]^2.$$

Mithin sind nicht nur, wie oben gezeigt, die Hauptdeterminanten, sondern auch die Nebendeterminanten vierten Grades in dem System (3.) sämmtlich von Null verschieden.

Sind ξ, η, ζ, τ vier beliebige Indices und ebenso $\xi', \eta', \zeta', \tau'$, sind ferner $\alpha\beta\gamma\delta\varkappa\lambda\mu\nu$ und $\alpha'\beta'\gamma'\delta'\varkappa'\lambda'\mu'\nu'$ zwei eigentliche Permutationen der acht Indices 0, 1, … 7, so folgt (vgl. dieses Journal Bd. 82, S. 237) aus den Gleichungen

$$\sum_{\sigma} x_{\varrho\sigma} y_{\varrho'\sigma} = 0 \qquad\qquad \binom{\varrho = \xi, \eta, \zeta, \tau}{\varrho' = \xi', \eta', \zeta', \tau'}$$

die Relation

$$(6.)\qquad x\binom{\alpha\beta\gamma\delta}{\xi\eta\zeta\tau}y\binom{\alpha'\beta'\gamma'\delta'}{\xi'\eta'\zeta'\tau'} = x\binom{\varkappa'\lambda'\mu'\nu'}{\xi\;\eta\;\zeta\;\tau}y\binom{\varkappa\;\lambda\;\mu\;\nu}{\xi'\eta'\zeta'\tau'}.$$

Speciell ist

$$\left[x\binom{\alpha\beta\gamma\delta}{\xi\eta\zeta\tau}\right]^2 = \left[x\binom{\varkappa\lambda\mu\nu}{\xi\eta\zeta\tau}\right]^2$$

und folglich

$$(7.)\qquad x\binom{\alpha\beta\gamma\delta}{\xi\eta\zeta\tau} = \varepsilon x\binom{\varkappa\lambda\mu\nu}{\xi\eta\zeta\tau},$$

wo $\varepsilon^2 = 1$ ist. Das so definirte Vorzeichen ε ist der Gleichung (6.) zufolge unabhängig von ξ, η, ζ, τ und unabhängig davon, welche gerade Permutation von 0, 1, ... 7 für $\alpha\beta\gamma\delta\varkappa\lambda\mu\nu$ gewählt wird. Zu den Relationen (2.) füge ich nun noch die weitere Einschränkung hinzu, dass

$$(8.)\qquad \varepsilon = +1$$

sein soll.

Nach Formel (6.) sind die Verhältnisse der Determinanten vierten Grades des Systems (3.) von x unabhängig. Nach Gleichung (5.) ist daher

$$(9.)\qquad x\binom{\alpha'\beta'\gamma'\delta'}{\alpha\,\beta\,\gamma\,\delta} = f_{\alpha\beta\gamma\delta}f_{\alpha'\beta'\gamma'\delta'}F(x),$$

wo $F(x)$ eine Function vierten Grades von x ist. Die durch diese Gleichung definirte Constante $f_{\alpha\beta\gamma\delta}$ ist von Null verschieden, wenn die Indices α, β, γ, δ verschieden sind, wechselt das Zeichen, wenn man zwei der Indices unter einander vertauscht, und verschwindet, wenn zwei der Indices einander gleich sind. Diese Constanten sind nur bis auf einen gemeinsamen Factor genau definirt, den ich unbestimmt lasse. Ist derselbe fixirt, so ist $F(x)$ durch die Gleichungen (9.) vollständig definirt. Speciell ist

$$(10.)\qquad f^2_{\alpha\beta\gamma\delta}F(x) = N(\sqrt{x_{\alpha\beta}x_{\gamma\delta}}+\sqrt{x_{\alpha\gamma}x_{\delta\beta}}+\sqrt{x_{\alpha\delta}x_{\beta\gamma}}),$$

und folglich sind die Geraden $a_{\alpha\beta}$ die 28 Doppeltangenten der Curve vierter Ordnung $F = 0$. Nach Gleichung (7.) ist ferner

$$(11.)\qquad f_{\varkappa\lambda\mu\nu} = \varepsilon f_{\alpha\beta\gamma\delta},$$

wo $\varepsilon = +1$ oder -1 ist, je nachdem $\alpha\beta\gamma\delta\varkappa\lambda\mu\nu$ eine eigentliche oder uneigentliche Vertauschung der Indices 0, 1, ... 7 ist.

Ist λ ein veränderlicher Index und sind α, β, γ, α', β', γ' feste Indices, so ist die Determinante

$$x\binom{\alpha'\beta'\gamma'\lambda}{\alpha\,\beta\,\gamma\,\lambda} = f_{\alpha\beta\gamma\lambda}f_{\alpha'\beta'\gamma'\lambda}F(x)$$

eine lineare Verbindung der Producte $x_{\alpha\lambda}x_{\alpha'\lambda}$, $x_{\alpha\lambda}x_{\beta'\lambda}$ u. s. w. Aus der Gleichung

$$(12.)\qquad \sum_\lambda x_{\alpha\lambda}x_{\beta\lambda} = 0$$

folgt daher

$$(13.)\qquad \sum_\lambda f_{\alpha\beta\gamma\lambda} f_{\alpha'\beta'\gamma'\lambda} = 0.$$

Sind $\varkappa, \lambda, \mu, \nu, \varrho$ die fünf von α', β', γ' verschiedenen Indices, so kann man diese Gleichung mit Hülfe der Formel (11.) auf die Gestalt bringen

$$(14.)\qquad f_{\alpha\beta\gamma\varkappa} f_{\lambda\mu\nu\varrho} + f_{\alpha\beta\gamma\lambda} f_{\mu\nu\varrho\varkappa} + f_{\alpha\beta\gamma\mu} f_{\nu\varrho\varkappa\lambda} + f_{\alpha\beta\gamma\nu} f_{\varrho\varkappa\lambda\mu} + f_{\alpha\beta\gamma\varrho} f_{\varkappa\lambda\mu\nu} = 0.$$

Diese Gleichungen zeigen aber, dass man acht lineare Functionen (1.) § 1 so bestimmen kann, dass $f_{\alpha\beta\gamma\delta}$ gleich der Determinante (2.) § 1 wird. Nach einem bekannten Determinantensatze kann man z. B.

$$f_{0123}^{\frac{3}{4}} a_\lambda^{(\alpha)} = f_{\lambda\beta\gamma\delta} \qquad (\lambda = 0, 1, \ldots 7)$$

setzen, wo $\alpha, \beta, \gamma, \delta$ irgend eine eigentliche Vertauschung von 0, 1, 2, 3 ist, also speciell

$$a_\alpha^{(\alpha)} = f_{0123}^{\frac{1}{4}}, \quad a_\beta^{(\alpha)} = 0.$$

Diese Darstellung zeigt, dass man die 35 Verhältnisse $f_{\varkappa\lambda\mu\nu} : f_{0123}$ durch die 16 Verhältnisse $f_{\lambda\beta\gamma\delta} : f_{0123}$ $(\lambda = 4, 5, 6, 7)$ rational ausdrücken kann. Nach Gleichung (13.) bilden aber diese (mit i multiplicirt) die Coefficienten einer orthogonalen Substitution und lassen sich daher mit Hülfe der *Cayley*schen Formeln durch sechs Parameter rational ausdrücken. Anstatt aber (vgl. *Riemann*, Zur Theorie der *Abel*schen Functionen für den Fall $p = 3$; Ges. Werke S. 472) solche sechs unabhängigen Constanten einzuführen, ist es vortheilhafter, die Verhältnisse der sämmtlichen 36 (oder vielmehr 72) Grössen $f_{\alpha\beta\gamma\delta}$ als (irrationale) Invarianten der Form $F(x)$ beizubehalten *).

Nach Formel (13.) ist

$$(15.)\qquad \sum_\lambda f_{\alpha\beta\gamma\lambda} z_\lambda = 0,$$

wenn $z_{\alpha'} = z_{\beta'} = z_{\gamma'} = 0$ ist, und α', β', γ' irgend drei der acht Indices sind, und folglich gilt diese Gleichung identisch (vgl. D. § 3, (17.)). Sind daher t^0, t', t'', t''' die Coordinaten eines beliebigen Punktes t, und geht z_λ in t_λ über, falls man z durch t ersetzt, so ergiebt sich aus dieser Relation in derselben Weise die Gleichung $\Sigma z_\lambda t_\lambda = 0$, und folglich ist auch, wenn $g(u)$ eine beliebige quadratische Function ist,

$$(16.)\qquad \Sigma g(a_\lambda) = 0.$$

---

*) Ist $\alpha\beta\gamma\varkappa\lambda\mu\nu$ eine eigentliche Vertauschung der sieben Indices 1, 2, ... 7, und bezeichnet man $f_{\varkappa\lambda\mu\nu} = f_{0\alpha\beta\gamma}$ mit $f_{\alpha\beta\gamma}$, so erhält man die Grössen, deren Verhältnisse Herr *Schottky* (Abriss einer Theorie der *Abel*schen Functionen von drei Variabeln § 8, S. 30) als Invarianten von $F(x)$ benutzt hat.

Mit Hülfe dieser Beziehung kann man nun folgenden Satz beweisen: Setzt man

$$(17.)\qquad f = f_{0246}f_{0257}f_{0347}f_{0356}-f_{0357}f_{0346}f_{0256}f_{0247},$$

so ist auch allgemein

$$(18.)\qquad \varepsilon f = f_{\varkappa\alpha\beta\gamma}f_{\varkappa\alpha\beta'\gamma'}f_{\varkappa\alpha'\beta\gamma'}f_{\varkappa\alpha'\beta'\gamma}-f_{\varkappa\alpha'\beta'\gamma'}f_{\varkappa\alpha'\beta\gamma}f_{\varkappa\alpha\beta'\gamma}f_{\varkappa\alpha\beta\gamma'},$$

wo $\varepsilon = +1$ oder -1 ist, je nachdem $\varkappa\varkappa'\alpha\alpha'\beta\beta'\gamma\gamma'$ eine eigentliche oder uneigentliche Permutation von 0, 1, ... 7 ist. Um dies einzusehen, genügt es nachzuweisen, dass der Ausdruck (18.) das Zeichen wechselt, falls man den Index $\varkappa'$ mit irgend einem der sieben übrigen Indices vertauscht. Wendet man auf jede in dem Ausdrucke (17.) vorkommende Grösse $f_{\varkappa\lambda\mu\nu}$ die Formel (11.) an, so ergiebt sich

$$f = f_{1357}f_{1346}f_{1256}f_{1247}-f_{1246}f_{1257}f_{1347}f_{1356}.$$

Demnach wechselt der Ausdruck (17.) das Zeichen, wenn man 0 mit 1 vertauscht, und ebenso der Ausdruck (18.), wenn man $\varkappa$ mit $\varkappa'$ vertauscht. Ersetzt man ferner in diesem Ausdrucke a_α durch u, so erhält man die quadratische Function

$$g(u) = (a_\varkappa, u, a_\beta, a_\gamma)(a_\varkappa, u, a_{\beta'}, a_{\gamma'})f_{\varkappa\alpha'\beta\gamma'}f_{\varkappa\alpha'\beta'\gamma}$$
$$-f_{\varkappa\alpha'\beta'\gamma'}f_{\varkappa\alpha'\beta\gamma}(a_\varkappa, u, a_{\beta'}, a_\gamma)(a_\varkappa, u, a_\beta, a_{\gamma'}),$$

welche für $u = a_\varkappa,\ a_\beta,\ a_\gamma,\ a_{\beta'},\ a_{\gamma'}$ und $a_{\alpha'}$ verschwindet. Wendet man auf diese die Formel (16.) an, so ergiebt sich die Gleichung $g(a_\alpha)+g(a_{\varkappa'}) = 0$, welche zeigt, dass der Ausdruck (18.) das Zeichen wechselt, wenn man $\varkappa'$ mit α vertauscht, u. s. w.

§ 3.

Die linearen Gleichungen zwischen den Functionen $x_{\alpha\beta}$.

Ist λ ein veränderlicher Index, so ist die Determinante

$$x\binom{\alpha'\,\beta'\,\gamma'\,\delta'}{\beta\ \gamma\ \delta\ \lambda} = f_{\beta\gamma\delta\lambda}f_{\alpha'\beta'\gamma'\delta'}F$$

eine lineare Verbindung von $x_{\alpha'\lambda},\ x_{\beta'\lambda},\ x_{\gamma'\lambda},\ x_{\delta'\lambda}$, und mithin ist den Formeln (12.) § 2 zufolge

$$(1.)\qquad \sum_\lambda f_{\beta\gamma\delta\lambda}x_{\alpha\lambda} = 0.$$

Wie oben folgt daraus, dass auch identisch

$$(2.)\qquad \sum_\lambda x_{\alpha\lambda}z_\lambda = 0$$

ist. Aus diesen Gleichungen habe ich D. § 7 bewiesen, dass man eine quadratische Function von u

$$(3.)\qquad G(x,u) = \sum_{\mu,\nu} x^{\mu,\nu} u^{(\mu)} u^{(\nu)},$$

deren Coefficienten $x^{\mu,\nu}$ lineare Functionen von x sind, so bestimmen kann, dass die Gleichungen (9.) und (10.) § 1 bestehen.

Multiplicirt man die Gleichung

$$-x_{\varkappa 6} z_6 - x_{\varkappa 7} z_7 = \sum_{\lambda}{}_0^5 x_{\varkappa\lambda} z_\lambda$$

mit $z_\varkappa$ und summirt nach $\varkappa$ von 0 bis 5, so erhält man

$$(4.)\qquad 2x_{67} z_6 z_7 = \sum_{\varkappa,\lambda}{}_0^5 x_{\varkappa\lambda} z_\varkappa z_\lambda,$$

und daraus, indem man $z_3 = z_4 = z_5 = 0$ setzt,

$$(5.)\qquad f_{3456} f_{3457} x_{67} = f_{3451} f_{3452} x_{12} + f_{3452} f_{3450} x_{20} + f_{3450} f_{3451} x_{01}$$

oder

$$(6.)\qquad f_{0126} f_{0127} x_{67} = f_{6701} f_{6702} x_{12} + f_{6712} f_{6710} x_{20} + f_{6720} f_{6721} x_{01}.$$

Hierin vertausche man 6 mit 5 und eliminire dann x_{12}. Mit Hülfe der in Gleichung (14.) § 2 enthaltenen Formel

$$(7.)\qquad f_{\varkappa\lambda\alpha\beta} f_{\varkappa\lambda\gamma\delta} + f_{\varkappa\lambda\alpha\gamma} f_{\varkappa\lambda\delta\beta} + f_{\varkappa\lambda\alpha\delta} f_{\varkappa\lambda\beta\gamma} = 0$$

findet man so

$$f_{0671} f_{0672} f_{0125} x_{57} - f_{0571} f_{0572} f_{0126} x_{67} = -f_{0257} f_{0267} f_{1567} x_{01} + f_{0157} f_{0167} f_{2567} x_{02}.$$

Vertauscht man 2 mit 3 und eliminirt dann x_{57}, so erhält man mit Berücksichtigung der Formeln (18.) § 2 und (7.)

$$(8.)\qquad -f x_{67} = f_{0234} f_{0235} f_{0267} f_{0367} x_{01} + f_{0314} f_{0315} f_{0367} f_{0167} x_{02} + f_{0124} f_{0125} f_{0167} f_{0267} x_{03}.$$

Aus dieser Gleichung (und den analogen) folgt, dass f von Null verschieden ist. Denn sonst würden die sieben Geraden $a_{0\lambda}$ alle durch einen Punkt P_0 gehen, die sieben Geraden $a_{1\lambda}$ alle durch einen Punkt P_1 u. s. w., die Gerade $a_{\alpha\beta}$ würde also durch die Punkte P_α und P_β gehen. Nach der Voraussetzung können die acht Punkte $P_0, P_1, \dots P_7$ nicht alle in einen zusammenfallen. Fielen sie nur zum Theil zusammen, so wären die 28 Geraden $a_{\alpha\beta}$ nicht alle von einander verschieden. Wären sie acht verschiedene Punkte, so würde nach Gleichung (10.) § 2 die Curve $F = 0$ durch jeden von ihnen gehen und in jedem sieben verschiedene Doppeltangenten haben.

Bedient man sich der D. § 5 eingeführten Bezeichnung, so folgt aus dieser Gleichung

$$-f[67, 01, 02] = f_{0124} f_{0125} f_{0167} f_{0267} [01, 02, 03],$$

und aus der Gleichung (6.)

$$-f_{0126}f_{0127}[67, 01, 02] = f_{0167}f_{0267}[12, 20, 01].$$

Mithin ist

$$[12, 20, 01]ff_{0123} = [01, 02, 03](\underset{\lambda}{\Pi_3^7} f_{012\lambda}).$$

Durch Vertauschung von 0 und 1 oder von 3 und 4 ergiebt sich daraus

$$[10, 12, 13] = -[01, 02, 03), \quad \frac{[01, 02, 03]}{f_{0123}} = \frac{[01, 02, 04]}{f_{0124}}.$$

Setzt man also

$$[01, 02, 03] = mf_{0123},$$

so bleibt m bei jeder Vertauschung der Indices ungeändert. Aus den obigen Formeln erhält man folglich die Relationen

$$(9.) \qquad [\alpha\beta, \alpha\gamma, \alpha\delta] = mf_{\alpha\beta\gamma\delta},$$

$$(10.) \qquad f[\beta\gamma, \gamma\alpha, \alpha\beta] = m\underset{\lambda}{\Pi}(f_{\alpha\beta\gamma\lambda}),$$

$$(11.) \qquad f[\alpha\beta, \varkappa\lambda, \varkappa\mu] = -mf_{\varkappa\lambda\alpha\beta}f_{\varkappa\mu\alpha\beta}f_{\varkappa\lambda\mu\varrho}f_{\varkappa\lambda\mu\sigma}f_{\varkappa\lambda\mu\tau}.$$

In der Gleichung (10.) durchläuft λ die fünf von α, β, γ verschiedenen Indices, in der Gleichung (11.) sind ϱ, σ, τ die drei von α, β, $\varkappa$, λ, μ verschiedenen Indices. Da die 28 Geraden $a_{\alpha\beta}$ nicht sämmtlich durch einen Punkt gehen, so ist m von Null verschieden. Mit Hülfe dieser Formeln kann man in allen zwischen den Functionen $x_{\alpha\beta}$ bestehenden Identitäten die Coefficienten bestimmen.

§ 4.

Die quadratischen Gleichungen zwischen den Functionen $x_{\alpha\beta}$. Die 63 Covarianten G_a.

Nach Gleichung (8.) § 3 ist

$$\frac{fx_{12}}{f_{0123}f_{0124}f_{0125}} = \sum_{\lambda} \frac{f_{126\lambda}f_{127\lambda}x_{0\lambda}}{f_{012\lambda}},$$

wo λ alle Indices durchläuft, für welche der Nenner $f_{012\lambda}$ nicht verschwindet. Folglich ist

$$f\left(\frac{x_{02}x_{12}}{f_{0123}f_{0124}f_{0125}} + \frac{x_{03}x_{13}}{f_{0132}f_{0134}f_{0135}} + \frac{x_{04}x_{14}}{f_{0142}f_{0143}f_{0145}} + \frac{x_{05}x_{15}}{f_{0152}f_{0153}f_{0154}}\right)$$

$$= \sum_{\lambda} \frac{f_{126\lambda}f_{127\lambda}x_{02}x_{0\lambda}}{f_{012\lambda}} + \sum_{\lambda} \frac{f_{136\lambda}f_{137\lambda}x_{03}x_{0\lambda}}{f_{013\lambda}} + \cdots.$$

Auf der rechten Seite hat z. B. $x_{02}x_{03}$ den Coefficienten

$$\frac{f_{1263}f_{1273}}{f_{0123}} + \frac{f_{1362}f_{1372}}{f_{0132}} = 0.$$

Mithin verschwindet die betrachtete Summe, und ebenso ist allgemein

$$(1.)\quad \begin{cases} f_{\mu\nu\alpha\beta}f_{\mu\nu\alpha\gamma}f_{\mu\nu\alpha\delta}x_{\varkappa\alpha}x_{\lambda\alpha}+f_{\mu\nu\beta\alpha}f_{\mu\nu\beta\gamma}f_{\mu\nu\beta\delta}x_{\varkappa\beta}x_{\lambda\beta} \\ +f_{\mu\nu\gamma\alpha}f_{\mu\nu\gamma\beta}f_{\mu\nu\gamma\delta}x_{\varkappa\gamma}x_{\lambda\gamma}+f_{\mu\nu\delta\alpha}f_{\mu\nu\delta\beta}f_{\mu\nu\delta\gamma}x_{\varkappa\delta}x_{\lambda\delta} = 0. \end{cases}$$

Setzt man zur Abkürzung

$$(2.)\quad f_{\alpha\beta\gamma} = \prod_{\lambda} f_{\alpha\beta\gamma\lambda},$$

so ist, wie ich beiläufig bemerke, allgemeiner

$$(3.)\quad \sum_{\mu} \frac{x_{\varkappa\mu}x_{\lambda\mu}y_{\varkappa\mu}y_{\lambda\mu}}{f_{\varkappa\lambda\mu}} = 0,$$

wo x und y zwei willkürliche Punkte sind.

Demnach lassen sich die sechs quadratischen Functionen

$$(4.)\quad x_{02}x_{12},\quad x_{03}x_{13},\quad \ldots\quad x_{07}x_{17}$$

alle durch 3 unter ihnen linear ausdrücken, oder die sechs Linienpaare $x_{0\lambda}x_{1\lambda} = 0$ gehören alle demselben Kegelschnittnetze an. Die *Jacobi*sche Covariante eines solchen Netzes definire ich durch die Gleichung

$$(5.)\quad 2m f_{\varkappa\lambda\beta\gamma}f_{\varkappa\lambda\gamma\alpha}f_{\varkappa\lambda\alpha\beta}G_{\varkappa\lambda}(x) = \frac{\partial(x_{\varkappa\alpha}x_{\lambda\alpha},\, x_{\varkappa\beta}x_{\lambda\beta},\, x_{\varkappa\gamma}x_{\lambda\gamma})}{\partial(x', x'', x''')}.$$

Der Relation (1.) zufolge bleibt diese Function $G_{\varkappa\lambda}$ ungeändert, wenn man α, β, γ durch irgend drei andere von $\varkappa, \lambda$ verschiedene Indices ersetzt. Ferner ergiebt sich aus dieser Definition, dass

$$(6.)\quad G_{\lambda\varkappa} = -G_{\varkappa\lambda}$$

ist. Daher setze ich $G_{\lambda\lambda} = 0$. Durch Ausrechnung der Functionaldeterminante erhält man

$$2m f_{\varkappa\lambda\beta\gamma}f_{\varkappa\lambda\gamma\alpha}f_{\varkappa\lambda\alpha\beta}G_{\varkappa\lambda} = |a^{(\nu)}_{\varkappa\mu}x_{\lambda\mu}+a^{(\nu)}_{\lambda\mu}x_{\varkappa\mu}| \quad \binom{\mu=\alpha,\ \beta,\ \gamma}{\nu=1,\ 2,\ 3}.$$

Nun ist aber

$$\sum_{\nu}{}_1^3(a^{(\nu)}_{\varkappa\mu}x_{\lambda\mu}-a^{(\nu)}_{\lambda\mu}x_{\varkappa\mu})x^{(\nu)} = x_{\varkappa\mu}x_{\lambda\mu}-x_{\lambda\mu}x_{\varkappa\mu} = 0 \quad (\mu=\alpha,\ \beta,\ \gamma).$$

Eliminirt man x', x'', x''' aus diesen drei Gleichungen, so erhält man

$$|a^{(\nu)}_{\varkappa\mu}x_{\lambda\mu}-a^{(\nu)}_{\lambda\mu}x_{\varkappa\mu}| = 0.$$

Addirt man diese Gleichung zu der vorhergehenden, so findet man

$$\begin{aligned} m f_{\varkappa\lambda\beta\gamma}f_{\varkappa\lambda\gamma\alpha}f_{\varkappa\lambda\alpha\beta}G_{\varkappa\lambda} = {} & [\lambda\alpha, \lambda\beta, \lambda\gamma]x_{\varkappa\alpha}x_{\varkappa\beta}x_{\varkappa\gamma}+[\lambda\alpha, \varkappa\beta, \varkappa\gamma]x_{\varkappa\alpha}x_{\lambda\beta}x_{\lambda\gamma} \\ & +[\varkappa\alpha, \lambda\beta, \varkappa\gamma]x_{\lambda\alpha}x_{\varkappa\beta}x_{\lambda\gamma}+[\varkappa\alpha, \varkappa\beta, \lambda\gamma]x_{\lambda\alpha}x_{\lambda\beta}x_{\varkappa\gamma} \end{aligned}$$

und folglich

$$(7.)\quad \begin{cases} f f_{\varkappa\lambda\beta\gamma} f_{\varkappa\lambda\gamma\alpha} f_{\varkappa\lambda\alpha\beta} G_{\varkappa\lambda}(x) = f f_{\lambda\alpha\beta\gamma} x_{\varkappa\alpha} x_{\varkappa\beta} x_{\varkappa\gamma} \\ + f_{\varkappa\lambda\gamma\alpha} f_{\varkappa\lambda\alpha\beta} f_{\varkappa\beta\gamma\mu} f_{\varkappa\beta\gamma\nu} f_{\varkappa\beta\gamma\varrho} x_{\varkappa\alpha} x_{\lambda\beta} x_{\lambda\gamma} \\ + f_{\varkappa\lambda\alpha\beta} f_{\varkappa\lambda\beta\gamma} f_{\varkappa\gamma\alpha\mu} f_{\varkappa\gamma\alpha\nu} f_{\varkappa\gamma\alpha\varrho} x_{\lambda\alpha} x_{\varkappa\beta} x_{\lambda\gamma} \\ + f_{\varkappa\lambda\beta\gamma} f_{\varkappa\lambda\gamma\alpha} f_{\varkappa\alpha\beta\mu} f_{\varkappa\alpha\beta\nu} f_{\varkappa\alpha\beta\varrho} x_{\lambda\alpha} x_{\lambda\beta} x_{\varkappa\gamma}. \end{cases}$$

Sind α, β, γ die Zahlen 1, 2, 3, so ist nach Formel (6.) § 3

$$\frac{f_{0\alpha\beta4} f_{0\alpha\beta5} x_{45}}{f_{450\alpha} f_{450\beta} f_{45\alpha\beta}} = \frac{x_{0\alpha}}{f_{0\alpha45}} - \frac{x_{0\beta}}{f_{0\beta45}} + \frac{x_{\alpha\beta}}{f_{\alpha\beta45}}.$$

Multiplicirt man mit $\dfrac{x_{0\gamma}}{f_{0\gamma45}}$ und addirt die drei so erhaltenen Gleichungen, so findet man

$$\frac{x_{01}x_{23}}{f_{0145}f_{2345}} + \frac{x_{02}x_{31}}{f_{0245}f_{3145}} + \frac{x_{03}x_{12}}{f_{0345}f_{1245}}$$

$$= \frac{x_{45}}{f_{4501}f_{4502}f_{4503}} \left[\frac{f_{0234}f_{0235}x_{01}}{f_{2345}} + \frac{f_{0314}f_{0315}x_{02}}{f_{3145}} + \frac{f_{0124}f_{0125}x_{03}}{f_{1245}} \right].$$

Nach Formel (8.) § 3 ist die letztere Summe gleich $\dfrac{-f x_{67}}{f_{4523}f_{4531}f_{4512}}$, und folglich ist

$$(8.)\quad -f x_{45} x_{67} = f_{0245} f_{0267} f_{0345} f_{0367} x_{01} x_{23} + f_{0345} f_{0367} f_{0145} f_{0167} x_{02} x_{31} + f_{0145} f_{0167} f_{0245} f_{0267} x_{03} x_{12}.$$

Allgemeiner gilt die Gleichung

$$(9.)\quad \begin{cases} \dfrac{x_{01}x_{23}y_{01}y_{23}}{\Pi f_{014\lambda} f_{234\lambda}} + \dfrac{x_{02}x_{31}y_{02}y_{31}}{\Pi f_{024\lambda} f_{314\lambda}} + \dfrac{x_{03}x_{12}y_{03}y_{12}}{\Pi f_{034\lambda} f_{124\lambda}} \\ = \dfrac{x_{45}x_{67}y_{45}y_{67}}{\Pi f_{450\varkappa} f_{670\varkappa}} + \dfrac{x_{46}x_{75}y_{46}y_{75}}{\Pi f_{460\varkappa} f_{750\varkappa}} + \dfrac{x_{47}x_{56}y_{47}y_{56}}{\Pi f_{470\varkappa} f_{560\varkappa}}, \end{cases}$$

wo sich $\varkappa$ von 1 bis 3 und λ von 5 bis 7 bewegt. (In den Nennern sind die Indices 0 und 4 nur scheinbar bevorzugt.)

Demnach gehören die sechs Linienpaare, welche man erhält, indem man je eine der sechs quadratischen Functionen

$$(10.)\quad x_{01}x_{23},\quad x_{02}x_{31},\quad x_{03}x_{12},\quad x_{45}x_{67},\quad x_{46}x_{75}\quad x_{47}x_{56}$$

gleich Null setzt, alle demselben Kegelschnittnetze an. Wie leicht zu zeigen, berührt ein Kegelschnitt dieses Netzes

$$p x_{01} x_{23} + q x_{02} x_{31} + r x_{03} x_{12} = 0$$

die Curve $F = 0$ in vier Punkten, falls

$$\frac{1}{p} + \frac{1}{q} + \frac{1}{r} = 0$$

ist, und jeder andere Kegelschnitt desselben geht durch die acht Berührungspunkte von zwei Berührungskegelschnitten hindurch.

Die *Jacobi*sche Covariante eines solchen Netzes definire ich durch die Gleichung

$$(11.)\quad 2mf^2_{\alpha\beta\gamma\delta}G_{\alpha\beta\gamma\delta}(x) = \frac{\partial(x_{\alpha\beta}x_{\gamma\delta}, x_{\alpha\gamma}x_{\delta\beta}, x_{\alpha\delta}x_{\beta\gamma})}{\partial(x', x'', x''')},$$

so dass $G_{\alpha\beta\gamma\delta}$ das Zeichen wechselt, wenn man zwei Indices mit einander vertauscht, und dass sich G_{0123} von G_{4567} nur durch einen constanten Factor unterscheiden kann (§ 8, (2.)). Sind die Indices nicht alle unter einander verschieden, so bedeutet das Zeichen $G_{\alpha\beta\gamma\delta}$ die Null. Durch Ausrechnung der Functionaldeterminante findet man in derselben Weise wie oben

$$\begin{aligned} mf^2_{\alpha\beta\gamma\delta}G_{\alpha\beta\gamma\delta} &= [\alpha\beta, \alpha\gamma, \alpha\delta]x_{\gamma\delta}x_{\delta\beta}x_{\beta\gamma}+[\alpha\beta, \delta\beta, \beta\gamma]x_{\gamma\delta}x_{\alpha\gamma}x_{\alpha\delta} \\ &\quad +[\gamma\delta, \alpha\gamma, \beta\gamma]x_{\alpha\beta}x_{\delta\beta}x_{\alpha\delta}+[\gamma\delta, \delta\beta, \alpha\delta]x_{\alpha\beta}x_{\alpha\gamma}x_{\beta\gamma} \\ &= [\gamma\delta, \delta\beta, \beta\gamma]x_{\alpha\beta}x_{\alpha\gamma}x_{\alpha\delta}+[\gamma\delta, \alpha\gamma, \alpha\delta]x_{\alpha\beta}x_{\delta\beta}x_{\beta\gamma} \\ &\quad +[\alpha\beta, \delta\beta, \alpha\delta]x_{\gamma\delta}x_{\alpha\gamma}x_{\beta\gamma}+[\alpha\beta, \alpha\gamma, \beta\gamma]x_{\gamma\delta}x_{\delta\beta}x_{\alpha\delta}, \end{aligned}$$

und folglich (vgl. *Aronhold*, l. c. S. 517)

$$(12.)\quad f_{\alpha\beta\gamma\delta}G_{\alpha\beta\gamma\delta} = x_{\beta\gamma}x_{\gamma\delta}x_{\delta\beta}+x_{\gamma\delta}x_{\delta\alpha}x_{\alpha\gamma}+x_{\delta\alpha}x_{\alpha\beta}x_{\beta\delta}+x_{\alpha\beta}x_{\beta\gamma}x_{\gamma\alpha}$$

und, wenn λ die vier von $\alpha, \beta, \gamma, \delta$ verschiedenen Indices durchläuft,

$$(13.)\quad \begin{cases} -ff_{\alpha\beta\gamma\delta}G_{\alpha\beta\gamma\delta} = (\Pi f_{\beta\gamma\delta\lambda})x_{\alpha\beta}x_{\alpha\gamma}x_{\alpha\delta}+(\Pi f_{\alpha\gamma\delta\lambda})x_{\beta\alpha}x_{\beta\gamma}x_{\beta\delta} \\ \qquad +(\Pi f_{\alpha\beta\delta\lambda})x_{\gamma\alpha}x_{\gamma\beta}x_{\gamma\delta}+(\Pi f_{\alpha\beta\gamma\lambda})x_{\delta\alpha}x_{\delta\beta}x_{\delta\gamma}. \end{cases}$$

Die sechs Paare von Doppeltangenten (4.) bilden eine *Steiner*sche Gruppe, von der ich sagen will, sie gehöre zur *Charakteristik* [01]. Ebenso bilden die sechs Paare von Doppeltangenten (10.) eine *Steiner*sche Gruppe, die zur Charakteristik [0123] gehört, so dass die beiden Charakteristiken [0123] und [4567] als gleichbedeutend zu betrachten sind. Ich habe D. § 6 die drei Doppeltangenten $a_{\alpha\beta}$, $a_{\beta\gamma}$, $a_{\gamma\delta}$, deren Berührungspunkte auf einem Kegelschnitt liegen, ***syzygetisch*** genannt, und ebenso die drei Doppeltangenten $a_{\varkappa\lambda}$, $a_{\mu\nu}$, $a_{\varrho\sigma}$. Dagegen habe ich die drei Doppeltangenten $a_{\alpha\beta}$, $a_{\alpha\gamma}$, $a_{\alpha\delta}$, deren Berührungspunkte nicht auf einem Kegelschnitt liegen, ***azygetisch*** genannt, ebenso $a_{\beta\gamma}$, $a_{\gamma\alpha}$, $a_{\alpha\beta}$ und $a_{\alpha\beta}$, $a_{\varkappa\lambda}$, $a_{\varkappa\mu}$. Jetzt will ich zwei verschiedene *Steiner*sche Gruppen ***syzygetisch*** oder ***azygetisch*** nennen, je nachdem ihre Charakteristiken eine gerade oder ungerade Anzahl von Indices gemeinsam haben. Azygetisch sind also [$\alpha\beta$] und [$\alpha\gamma$], [$\alpha\beta$] und [$\alpha\varkappa\lambda\mu$] = [$\beta\gamma\delta\nu$], [$\alpha\beta\gamma\varkappa$] und [$\alpha\beta\gamma\lambda$]. Syzygetisch sind aber [$\alpha\beta$] und

$[\gamma\delta]$, $[\alpha\beta]$ und $[\alpha\beta\gamma\delta]$, $[\alpha\beta\gamma\delta]$ und $[\alpha\beta\varkappa\lambda]$. Unter den 63.31 Paaren, die sich aus den 63 *Steiner*schen Gruppen bilden lassen, giebt es 63.15 Paare syzygetischer Gruppen und 63.16 Paare azygetischer Gruppen (*Steiner* l. c. V.) Eine *Steiner*sche Gruppe enthält zwölf Doppeltangenten, welche in sechs Paare conjugirter Geraden zerfallen. Zwei syzygetische Gruppen haben vier Gerade gemeinsam, z. B. die durch [0123] und [0145] charakterisirten Gruppen die vier Doppeltangenten

$$(14.)\qquad a_{01},\quad a_{23},\quad a_{45},\quad a_{67},$$

von denen je drei syzygetisch sind, und von denen je zwei in einer der beiden Gruppen oder in der Gruppe [2345] conjugirt sind. Zwei azygetische Gruppen aber haben sechs Gerade gemeinsam, z. B. die durch [0126] und [0127] charakterisirten Gruppen die Doppeltangenten

$$(15.)\qquad a_{12},\quad a_{20},\quad a_{01},\quad a_{45},\quad a_{53},\quad a_{34},$$

von denen je drei azygetisch sind, und von denen nicht zwei in einer der beiden Gruppen conjugirt sind, und deren keine der Gruppe [67] angehört.

§ 5.

Die Wurzelfunctionen.

Liegt der Punkt x auf der Curve $F(x)=0$, so kann man, wie ich D. § 8 gezeigt habe, die Vorzeichen der Wurzeln

$$(1.)\qquad \sqrt{x_{\alpha\beta}} \qquad\qquad (\alpha,\beta=0,1,\dots 7)$$

so wählen, dass ihr System alternirend und vom Range 2 wird. Im Folgenden ist unter $\sqrt{abc\dots}$ immer das Product $\sqrt{a}\sqrt{b}\sqrt{c}\dots$ zu verstehen. Dann bestehen die Gleichungen

$$(2.)\qquad \sqrt{x_{\beta\alpha}}=-\sqrt{x_{\alpha\beta}},\qquad \sqrt{x_{\alpha\beta}x_{\gamma\delta}}+\sqrt{x_{\alpha\gamma}x_{\delta\beta}}+\sqrt{x_{\alpha\delta}x_{\beta\gamma}}=0,$$

aus denen ich l. c. die weiteren Relationen

$$(3.)\qquad f_{\varkappa\lambda\beta\gamma}\sqrt{x_{\varkappa\alpha}x_{\lambda\alpha}}+f_{\varkappa\lambda\gamma\alpha}\sqrt{x_{\varkappa\beta}x_{\lambda\beta}}+f_{\varkappa\lambda\alpha\beta}\sqrt{x_{\varkappa\gamma}x_{\lambda\gamma}}=0$$

abgeleitet habe.

Aus den Formeln (8.) § 4 und (13.) § 2 folgt die Gleichung

$$\begin{aligned} f x_{45}x_{67} = {} & f_{0245}f_{0267}(f_{0245}f_{0267}+f_{0145}f_{0167})x_{01}x_{23}\\ & +f_{0145}f_{0167}(f_{0145}f_{0167}+f_{0245}f_{0267})x_{02}x_{31}\\ & -f_{0145}f_{0167}f_{0245}f_{0267}x_{03}x_{12}.\end{aligned}$$

Nach Formel (2.) ist aber

$$x_{01}x_{23}+x_{02}x_{31}-x_{03}x_{12} = +2\sqrt{x_{01}x_{23}x_{02}x_{13}}$$

und mithin

$$(4.)\qquad fx_{45}x_{67} = (f_{0145}f_{0167}\sqrt{x_{02}x_{13}}+f_{0245}f_{0267}\sqrt{x_{01}x_{23}})^2.$$

Demnach lässt sich $\sqrt{f}$ durch die oben definirten Wurzeln rational ausdrücken. Setzt man

$$(5.)\qquad \sqrt{f}\sqrt{x_{45}x_{67}} = f_{0145}f_{0167}\sqrt{x_{02}x_{13}}+f_{0245}f_{0267}\sqrt{x_{01}x_{23}},$$

so behaupte ich, ist auch allgemein

$$(6.)\qquad \sqrt{f}\sqrt{x_{\varkappa\lambda}x_{\mu\nu}} = f_{\alpha\beta\varkappa\lambda}f_{\alpha\beta\mu\nu}\sqrt{x_{\alpha\gamma}x_{\beta\delta}}+f_{\alpha\gamma\varkappa\lambda}f_{\alpha\gamma\mu\nu}\sqrt{x_{\alpha\beta}x_{\gamma\delta}}.$$

Dass z. B. die rechte Seite der Gleichung (5.) ungeändert bleibt, wenn man 2 mit 3 vertauscht, folgt aus den Gleichungen (13.) § 2 und (2.). Vertauscht man ferner in der Gleichung (5.) 5 mit 6 oder 5 mit 7, und geht dabei die linke Seite in $\varepsilon'\sqrt{f}\sqrt{x_{46}x_{57}}$ oder $\varepsilon''\sqrt{f}\sqrt{x_{47}x_{65}}$ über, so können ε' und ε'' nach Formel (4.) nur gleich ± 1 sein. Addirt man aber die drei so erhaltenen Gleichungen, so findet man nach Formel (7.) § 3

$$\sqrt{x_{45}x_{67}}+\varepsilon'\sqrt{x_{46}x_{75}}+\varepsilon''\sqrt{x_{47}x_{56}} = 0.$$

Nach Gleichung (3.) muss daher

$$\varepsilon' = \varepsilon'' = 1$$

sein. Endlich ist nach Gleichung (3.)

$$f_{2540}\sqrt{x_{23}x_{53}}+f_{2503}\sqrt{x_{24}x_{54}}+f_{2534}\sqrt{x_{20}x_{50}} = 0,$$
$$f_{1540}\sqrt{x_{13}x_{53}}+f_{1503}\sqrt{x_{14}x_{54}}+f_{1534}\sqrt{x_{10}x_{50}} = 0.$$

Eliminirt man daraus $\sqrt{x_{50}}$, so erhält man

$$\sqrt{x_{53}}(f_{2540}f_{1534}\sqrt{x_{23}x_{10}}-f_{1540}f_{2534}\sqrt{x_{13}x_{20}})$$
$$+\sqrt{x_{54}}(f_{2503}f_{1534}\sqrt{x_{24}x_{10}}-f_{1503}f_{2534}\sqrt{x_{14}x_{20}}) = 0.$$

Mit Hülfe dieser Beziehung zeigt man leicht, dass das Vorzeichen von $\sqrt{f}$ in der Gleichung (5.) auch ungeändert bleibt, wenn man 3 mit 4 vertauscht.

In Folge der Relationen (3.) kann man, wie ich D. § 8 (13.) gezeigt habe, eine Ebene u so bestimmen, dass

$$(7.)\qquad \sqrt{x_{\beta\gamma}x_{\gamma\alpha}x_{\alpha\beta}} = (u, a_\alpha, a_\beta, a_\gamma) = u_{\alpha\beta\gamma}$$

wird. Wegen der Gleichungen (2.) kann man 16 Grössen $p_\lambda, q_\lambda (\lambda = 0, 1, \dots 7)$

finden, welche den Bedingungen

$$(8.)\quad \sqrt{x_{\alpha\beta}} = p_\alpha q_\beta - p_\beta q_\alpha$$

genügen. Dann ist

$$x_{\alpha\beta} = p_\alpha^2 q_\beta^2 - 2p_\alpha q_\alpha q_\beta p_\beta + q_\alpha^2 p_\beta^2$$

und mithin

$$\begin{vmatrix} x_{\alpha\alpha'} & x_{\alpha\beta'} & x_{\alpha\gamma'} \\ x_{\beta\alpha'} & x_{\beta\beta'} & x_{\beta\gamma'} \\ x_{\gamma\alpha'} & x_{\gamma\beta'} & x_{\gamma\gamma'} \end{vmatrix} = \begin{vmatrix} p_\alpha^2 & p_\alpha q_\alpha & q_\alpha^2 \\ p_\beta^2 & p_\beta q_\beta & q_\beta^2 \\ p_\gamma^2 & p_\gamma q_\gamma & q_\gamma^2 \end{vmatrix} \begin{vmatrix} q_{\alpha'}^2 & -2q_{\alpha'} p_{\alpha'} & p_{\alpha'}^2 \\ q_{\beta'}^2 & -2q_{\beta'} p_{\beta'} & p_{\beta'}^2 \\ q_{\gamma'}^2 & -2q_{\gamma'} p_{\gamma'} & p_{\gamma'}^2 \end{vmatrix}.$$

Der erste Factor ist gleich

$$-(p_\beta q_\gamma - p_\gamma q_\beta)(p_\gamma q_\alpha - p_\alpha q_\gamma)(p_\alpha q_\beta - p_\beta q_\alpha).$$

Also ist

$$(9.)\quad \begin{vmatrix} p_\alpha^2 & p_\alpha q_\alpha & q_\alpha^2 \\ p_\beta^2 & p_\beta q_\beta & q_\beta^2 \\ p_\gamma^2 & p_\gamma q_\gamma & q_\gamma^2 \end{vmatrix} = -\sqrt{x_{\beta\gamma} x_{\gamma\alpha} x_{\alpha\beta}} = -u_{\alpha\beta\gamma},$$

und folglich ist

$$(10.)\quad x\binom{\alpha'\beta'\gamma'}{\alpha\,\beta\,\gamma} = 2\sqrt{x_{\beta\gamma} x_{\gamma\alpha} x_{\alpha\beta} x_{\beta'\gamma'} x_{\gamma'\alpha'} x_{\alpha'\beta'}} = 2u_{\alpha\beta\gamma} u_{\alpha'\beta'\gamma'}.$$

§ 6.

Die 36 *Hesse*schen Anordnungen der 28 Doppeltangenten.

Schreibt man die Gleichung (8.) § 3 in der Form

$$(1.)\quad \frac{f x_{67}}{f_{0671} f_{0672} f_{0673}} = \sum_\lambda{}_1^3 \frac{f_{\lambda 674} f_{\lambda 675}}{f_{067\lambda}} x_{0\lambda}$$

und bedient man sich der Abkürzung (2.) § 4, so zeigt sie, dass

$$(2.)\quad \frac{f x_{67}}{f_{067}} (a_0, a_6, a_7, u)(a_0, a_6, a_7, v) = \sum_\lambda{}_1^5 \frac{x_{0\lambda}(a_\lambda, a_6, a_7, u)(a_\lambda, a_6, a_7, v)}{f_{067\lambda}}$$

ist für $u = a_4$, $v = a_5$ und ebenso für $u = a_\varkappa$, $v = a_\lambda$, wo $\varkappa$ und λ irgend zwei verschiedene der Indices von 1 bis 7 bedeuten. Folglich ist diese Gleichung identisch erfüllt. Setzt man $u = v = a_5$, so erhält man

$$\frac{f x_{67} f_{0567}}{\prod_\lambda{}_1^4 f_{067\lambda}} = \sum_\lambda{}_1^4 \frac{f_{567\lambda}^2 x_{0\lambda}}{f_{067\lambda}}$$

und allgemein

$$(3.)\quad \frac{f f_{\alpha\beta\gamma\delta} x_{\gamma\delta}}{\prod_\lambda f_{\alpha\gamma\delta\lambda}} = \sum_\lambda \frac{f_{\beta\gamma\delta\lambda}^2 x_{\alpha\lambda}}{f_{\alpha\gamma\delta\lambda}},$$

wo λ die vier von α, β, γ, δ verschiedenen Indices durchläuft.

Ich theile nun die acht Indices in zwei Gruppen von je vier, nämlich 0123 und 4567, und setze zur Abkürzung

$$(4.)\quad \begin{cases} f_0 = \Pi_{\lambda\,4}^{7} f_{123\lambda}, & f_1 = \Pi_{\lambda\,4}^{7} f_{023\lambda}, \quad f_2 = \Pi_{\lambda\,4}^{7} f_{013\lambda}, \quad f_3 = \Pi_{\lambda\,4}^{7} f_{012\lambda}, \\ f_4 = \Pi_{\lambda\,0}^{3} f_{567\lambda}, & f_5 = \Pi_{\lambda\,0}^{3} f_{467\lambda}, \quad f_6 = \Pi_{\lambda\,0}^{3} f_{457\lambda}, \quad f_7 = \Pi_{\lambda\,0}^{3} f_{456\lambda}, \end{cases}$$

so dass

$$(5.)\qquad f_0 f_1 f_2 f_3 = f_4 f_5 f_6 f_7$$

ist. Die Gleichung (6.) § 3 oder

$$(6.)\qquad -\frac{f_{0123} f_{123\lambda}^2 x_{0\lambda}}{f_\lambda} = \frac{x_{23}}{f_{023\lambda}} + \frac{x_{31}}{f_{031\lambda}} + \frac{x_{12}}{f_{012\lambda}} \qquad (\lambda = 4, 5, 6, 7)$$

multiplicire man mit $f_{123\lambda}^2 y_{0\lambda}$ und summire nach λ von 4 bis 7. Dann erhält man

$$-f_{0123} \Sigma \frac{f_{123\lambda}^4 x_{0\lambda} y_{0\lambda}}{f_\lambda} = x_{23}\Big(\Sigma \frac{f_{123\lambda}^2 y_{0\lambda}}{f_{023\lambda}}\Big) + x_{31}\Big(\Sigma \frac{f_{123\lambda}^2 y_{0\lambda}}{f_{031\lambda}}\Big) + x_{12}\Big(\Sigma \frac{f_{123\lambda}^2 y_{0\lambda}}{f_{023\lambda}}\Big).$$

Nach Formel (3.) ist aber

$$\Sigma \frac{f_{123\lambda}^2 y_{0\lambda}}{f_{023\lambda}} = f_{0123} \frac{f y_{23}}{f_1},$$

und folglich ist

$$(7.)\qquad \frac{f x_{23} y_{23}}{f_1} + \frac{f x_{31} y_{31}}{f_2} + \frac{f x_{12} y_{12}}{f_3} + \Sigma_{\lambda\,4}^{7} \frac{f_{123\lambda}^4 x_{0\lambda} y_{0\lambda}}{f_\lambda} = 0.$$

In derselben Weise findet man die Gleichung

$$(8.)\qquad \Sigma_{\lambda\,0}^{3} \frac{f_{567\lambda}^4 x_{4\lambda} y_{4\lambda}}{f_\lambda} + \frac{f x_{67} y_{67}}{f_5} + \frac{f x_{75} y_{75}}{f_6} + \frac{f x_{56} y_{56}}{f_7} = 0.$$

Multiplicirt man aber die Gleichung (6.) mit $f_{023\lambda}^2 y_{1\lambda}$ und summirt nach λ von 4 bis 7, so erhält man

$$-f_{0123} \Sigma \frac{f_{123\lambda}^2 f_{023\lambda}^2 x_{0\lambda} y_{1\lambda}}{f_\lambda} = x_{23}(\Sigma f_{023\lambda} y_{1\lambda}) + x_{31}\Big(\Sigma \frac{f_{023\lambda}^2 y_{1\lambda}}{f_{031\lambda}}\Big) + x_{12}\Big(\Sigma \frac{f_{023\lambda}^2 y_{1\lambda}}{f_{012\lambda}}\Big)$$

und folglich nach (1.) § 3 und (3.)

$$(9.)\qquad \frac{f x_{31} y_{03}}{f_2} + \frac{f x_{12} y_{20}}{f_3} + \Sigma_{\lambda\,4}^{7} \frac{f_{123\lambda}^2 f_{023\lambda}^2 x_{0\lambda} y_{1\lambda}}{f_\lambda} = 0.$$

Ebenso findet man

$$(10.)\qquad \Sigma_{\lambda\,0}^{3} \frac{f_{567\lambda}^2 f_{467\lambda}^2 x_{4\lambda} y_{5\lambda}}{f_\lambda} + \frac{f x_{75} y_{47}}{f_6} + \frac{f x_{56} y_{64}}{f_7} = 0.$$

Aus zwei Gleichungssystemen von der Form

$$x_\alpha = \Sigma_\beta c_{\alpha\beta} X_\beta, \quad U_\beta = \Sigma_\alpha c_{\alpha\beta} u_\alpha$$

folgt bekanntlich

$$\Sigma x_\alpha u_\alpha = \Sigma X_\beta U_\beta.$$

Solche zwei transponirte Systeme sind die folgenden:

$$-f_{0123}\frac{f^2_{123\lambda}x_{0\lambda}}{f_\lambda} = \frac{x_{23}}{f_{023\lambda}}+\frac{x_{31}}{f_{031\lambda}}+\frac{x_{12}}{f_{012\lambda}} \qquad (\lambda=5,6,7),$$

$$-f_{4567}\frac{f^2_{567\varkappa}y_{4\varkappa}}{f_\varkappa} = \frac{y_{67}}{f_{467\varkappa}}+\frac{y_{75}}{f_{475\varkappa}}+\frac{y_{56}}{f_{456\varkappa}} \qquad (\varkappa=1,2,3).$$

Denn es ist

$$f_{0235} = -f_{4671}, \quad f_{0315} = -f_{4672} \quad \text{u. s. w.}$$

Mithin folgt aus ihnen

$$(11.)\quad \begin{cases} \dfrac{f^2_{5671}x_{23}y_{41}}{f_1}+\dfrac{f^2_{5672}x_{31}y_{42}}{f_2}+\dfrac{f^2_{5673}x_{12}y_{43}}{f_3} \\ +\dfrac{f^2_{1235}x_{05}y_{67}}{f_5}+\dfrac{f^2_{1236}x_{06}y_{75}}{f_6}+\dfrac{f^2_{1237}x_{07}y_{56}}{f_7} = 0. \end{cases}$$

Setzt man also, falls $\alpha, \beta, \gamma, \delta$ die Zahlen 0, 1, 2, 3 und $\varkappa, \lambda, \mu, \nu$ die Zahlen 4, 5, 6, 7 in irgend einer Reihenfolge sind,

$$(12.)\quad \begin{cases} x'_{\alpha\beta} = \dfrac{f x_{\gamma\delta}}{\sqrt{f_\alpha f_\beta}}, \quad x'_{\varkappa\lambda} = \dfrac{f x_{\mu\nu}}{\sqrt{f_\varkappa f_\lambda}}, \\ x'_{\alpha\varkappa} = \dfrac{\sqrt{f}f^2_{\beta\gamma\delta\varkappa}x_{\alpha\varkappa}}{\sqrt{f_\alpha f_\varkappa}} = \dfrac{\sqrt{f}f^2_{\alpha\lambda\mu\nu}x_{\alpha\varkappa}}{\sqrt{f_\alpha f_\varkappa}}, \end{cases}$$

so bestehen die identischen Gleichungen

$$(13.)\quad \Sigma_\lambda{}_0^7 x'_{\alpha\lambda}y'_{\beta\lambda} = 0.$$

Da ich nun oben alle Beziehungen zwischen den Doppeltangenten einzig und allein aus den Gleichungen (2.) § 2 abgeleitet habe, so folgt aus diesen Identitäten, dass zwischen den Functionen $x'_{\alpha\beta}$ dieselben Relationen bestehen wie zwischen den Functionen $x_{\alpha\beta}$. Zu dem Gleichungssystem (2.) § 2 habe ich oben noch die Bedingung (8.) § 2 hinzugefügt. Damit für das Gleichungssystem (13.) die analoge Bedingung erfüllt sei, müssen die neun in den Formeln (12.) auftretenden Quadratwurzeln so gewählt werden, dass z. B.

$$x'\binom{0\,1\,2\,3}{0\,1\,4\,5} = x'\binom{4\,5\,6\,7}{0\,1\,4\,5}$$

wird. Setzt man $x_{01} = x_{45} = 0$, so reducirt sich diese Gleichung auf

$$\sqrt{f_4f_5f_6f_7}(x_{02}x_{13}-x_{03}x_{12}) = \sqrt{f_0f_1f_2f_3}(x_{46}x_{57}-x_{47}x_{56}).$$

Aus der Gleichung

$$x\binom{0123}{0145} = x\binom{4567}{0145}$$

erhält man aber, falls $x_{01} = x_{45} = 0$ ist,

$$x_{02}x_{13} - x_{03}x_{12} = x_{46}x_{57} - x_{47}x_{56}.$$

Mithin ist

$$(14.)\quad \sqrt{f_0 f_1 f_2 f_3} = \sqrt{f_4 f_5 f_6 f_7}.$$

Die Anordnung (3.) § 2 der 28 Doppeltangenten in acht Zeilen und acht Colonnen will ich durch das (willkürlich gewählte) Symbol [k] charakterisiren. Um daraus die neue Anordnung

$$(15.)\quad x'_{\alpha\beta} \qquad (\alpha, \beta = 0, 1, \dots 7)$$

herzuleiten, habe ich die acht Indices in zwei Gruppen von je vier getheilt, 0123 und 4567. Daher will ich diese Anordnung durch das Symbol [k0123] charakterisiren, welches ich mit [k4567] als gleichbedeutend betrachte. In ähnlicher Weise entspricht jedem Symbol $[k\alpha\beta\gamma\delta] = [k\varkappa\lambda\mu\nu]$ eine bestimmte Anordnung der 28 Doppeltangenten in acht Zeilen und acht Colonnen. Zusammen mit der ursprünglichen sind dies 36 Anordnungen, die auch schon von *Hesse* (dieses Journal, Bd. 49, S. 306) angegeben sind. Was ich hier zu seinen Entwicklungen hinzugefügt habe, sind die constanten Factoren, mit welchen die Functionen $x_{\alpha\beta}$ multiplicirt werden müssen, damit sie in der neuen Anordnung genau denselben Gleichungen genügen, wie in der ursprünglichen. Sieht man von diesen Factoren ab, so lässt sich die Regel, nach der aus einer *Hesse*schen Anordnung die übrigen abgeleitet werden, auf folgende einfache Form bringen: Man nehme irgend eine *Steiner*sche Gruppe und vertausche je zwei Doppeltangenten mit einander, welche conjugirte Gerade in dieser Gruppe sind, lasse aber die übrigen 16 Doppeltangenten unverändert stehen. Nimmt man die Gruppe [0123], so erhält man aus der Anordnung [k] die Anordnung [k0123]. Nimmt man aber die Gruppe [01], so werden in der Anordnung [k] nur die beiden ersten Zeilen mit einander vertauscht und die beiden ersten Colonnen. Diese Anordnung bleibt also im Wesentlichen ungeändert.

Von den sieben Doppeltangenten, welche in irgend einer Reihe einer *Hesse*schen Anordnung stehen, sind je drei azygetisch. Solche sieben Doppeltangenten will ich ein *Aronhold*sches System nennen. Um ein solches zu construiren, nehme man zwei beliebige Doppeltangenten t_1 und t_2 und wähle dann für t_3 irgend eine der 16, welche mit t_1 und t_2 azygetisch sind, für t_4 irgend eine der zehn, welche mit je zwei der Geraden t_1, t_2, t_3 azygetisch sind, für t_5 irgend eine der sechs, welche mit je zwei der Geraden t_1, t_2, t_3, t_4 azygetisch sind. Dann giebt es (vgl. § 10) eine ganz bestimmte Doppeltangente t, welche mit $t_1, \dots t_5$ zusammen einen Kegelschnitt berührt. Diese ist mit je zwei dieser fünf Geraden azygetisch, darf aber nicht für t_6 genommen werden, weil es sonst nicht möglich wäre, t_7 den geforderten Bedingungen gemäss zu wählen. Ausser dieser Geraden t giebt es noch zwei andere t_6 und t_7, welche mit je zwei der Geraden $t_1, \dots t_5$ azygetisch sind. Diese bilden mit ihnen zusammen ein *Aronhold*sches System *).

Die Anzahl dieser Systeme ist mithin

$$\frac{28.27.16.10.6.2.1}{1.2.3.4.5.6.7} = 288.$$

Jedes derselben bestimmt sieben andere, welche mit ihm zusammen eine *Hesse*sche Anordnung bilden, vollständig, und mithin ist die Anzahl der möglichen *Hesse*schen Anordnungen $288:8 = 36$. Ausser den oben entwickelten Anordnungen giebt es also keine weiteren.

§ 7.

Das Verhalten der Invarianten, Covarianten und Wurzelfunctionen beim Uebergang von einer *Hesse*schen Anordnung zu einer anderen.

Seien $f'_{\alpha\beta\gamma\delta}$, f', m', $G'_{\alpha\beta}$, $G'_{\alpha\beta\gamma\delta}$ die Grössen, welche aus den linearen Functionen $x'_{\alpha\beta}$ in derselben Weise abgeleitet sind, wie die Grössen $f_{\alpha\beta\gamma\delta}$, f, m, $G_{\alpha\beta}$, $G_{\alpha\beta\gamma\delta}$ aus den Functionen $x_{\alpha\beta}$. Dann ist

$$x'\binom{0123}{0123} = f'^2_{0123} F(x),$$

*) Alle Eigenschaften eines beliebigen Systems von Doppeltangenten sind bestimmt, sobald man von je drei derselben angeben kann, ob sie syzygetisch oder azygetisch sind, und ausserdem von je sechs (resp. acht) derselben, ob ihre Berührungspunkte auf einer Curve dritter (resp. vierter) Ordnung liegen oder nicht (vgl. dieses Journal, Bd. 89, S. 187). Es ist wohl bemerkenswerth, dass *Steiner* gerade diese *wesentlichen* Eigenschaften der Doppeltangenten in seiner grundlegenden Arbeit behandelt hat. Zu dieser Arbeit möchte ich bei dieser Gelegenheit noch die Bemerkung hinzufügen, dass immer, wenn durch die Berührungspunkte von zehn verschiedenen Doppeltangenten eine Curve fünfter Ordnung geht, die Berührungspunkte von sechs unter ihnen auf einer Curve dritter und die der beiden anderen auf einem Kegelschnitt liegen müssen, und dass allgemeiner, wenn durch die Berührungspunkte von $2n$ Doppeltangenten eine Curve $n$ter Ordnung geht, auch eine solche Curve $n$ter Ordnung durch sie gelegt werden kann, die in lauter Curven zweiter, dritter und vierter Ordnung zerfällt.

und mithin

$$f_{0123}'^2 = f_{0123}^2 \frac{f^4}{f_0 f_1 f_2 f_3}.$$

Die Grössen $f_{\alpha\beta\gamma\delta}$ waren nur bis auf einen allen gemeinsamen Factor genau definirt. Bedeutet aber F dieselbe Function wie bisher, so sind die Grössen $f'_{\alpha\beta\gamma\delta}$ bis auf ein allen gemeinsames Vorzeichen genau definirt, das willkürlich gewählt werden kann. Ich setze nun

$$(1.) \qquad f'_{0123} = \frac{f^2}{\sqrt{f_0 f_1 f_2 f_3}} f_{0123}.$$

Die Functionaldeterminante $[x'_{\varkappa\lambda}, x'_{\mu\nu}, x'_{\varrho\sigma}]$ bezeichne ich mit $[\varkappa\lambda, \mu\nu, \varrho\sigma]'$. Dann ist nach Formel (9.) § 3

$$m' f'_{0123} = [01, 02, 03]' = \frac{f^3}{f_0 \sqrt{f_0 f_1 f_2 f_3}} [23, 31, 12] = -\frac{m f^3 f_{0123}}{\sqrt{f_0 f_1 f_2 f_3}}$$

und folglich

$$(2.) \qquad m' = -m.$$

Ferner ist

$$m' f'_{0124} = [01, 02, 04]' = \frac{f^2 \sqrt{f} f_{1234}^2}{f_0 \sqrt{f_0 f_1 f_2 f_4}} [32, 31, 04] = \frac{m f \sqrt{f} \sqrt{f_4}}{\sqrt{f_0 f_1 f_2 f_{0124}}}$$

und daher

$$(3.) \qquad f'_{0124} = -\frac{f \sqrt{f} \sqrt{f_4}}{\sqrt{f_0 f_1 f_2 f_{0124}}}.$$

Sodann ist

$$m' f'_{0145} = [01, 04, 05]' = \frac{f^2 f_{1234}^2 f_{1235}^2}{f_0 \sqrt{f_0 f_1 f_4 f_5}} [23, 04, 05]$$

und mithin

$$(4.) \qquad f'_{0145} = -\frac{f}{\sqrt{f_0 f_1 f_4 f_5}} f_{0145} f_{0234} f_{0235} f_{1234} f_{1235}.$$

Endlich ist

$$\frac{m'}{f'} \Pi f'_{012\lambda} = [12, 20, 01]' = \frac{f^3}{f_0 f_1 f_2} [30, 31, 32],$$

und folglich

$$(5.) \qquad f' = \frac{f^4}{f_0 f_1 f_2 f_3} f.$$

Die Function G'_{0123} ist die Functionaldeterminante der drei Functionen $x'_{01} x'_{23}$, $x'_{02} x'_{31}$, $x'_{03} x'_{12}$ und kann sich daher von G_{0123} nur um einen constanten Factor unterscheiden. Ebenso ist, von einem constanten Factor abgesehen,

$$G'_{0124} = G_{34}, \quad G'_{0145} = G_{0145}, \quad G'_{01} = G_{01}, \quad G'_{45} = G_{45}, \quad G'_{34} = G_{0124}.$$

Ich will nun die constanten Factoren berechnen, um welche sich die Functionen G'_a von den Functionen G_a unterscheiden. Nach Formel (12.) § 4 ist

$$f'_{0123}G'_{0123} = x'_{23}x'_{31}x'_{12}+x'_{02}x'_{03}x'_{23}+x'_{03}x'_{01}x'_{31}+x'_{01}x'_{02}x'_{12}$$
$$= \frac{f^3}{f_0f_1f_2f_3}(f_0x_{01}x_{02}x_{03}+f_1x_{10}x_{12}x_{13}+f_2x_{20}x_{21}x_{23}+f_3x_{30}x_{31}x_{32}),$$

also nach Formel (13.) § 4

$$(6.)\qquad \frac{G'_{0123}}{f'_{0123}} = -\frac{G_{0123}}{f_{0123}}.$$

Ebenso ist

$$f'_{0124}G'_{0124} = x'_{01}x'_{02}x'_{12}+x'_{12}x'_{24}x'_{41}+x'_{02}x'_{04}x'_{24}+x'_{04}x'_{01}x'_{41}$$

und

$$ff_{3412}f_{3420}f_{3401}G_{34} = ff_{4012}x_{30}x_{31}x_{32}+f_{3420}f_{3401}f_{3125}f_{3126}f_{3127}x_{30}x_{41}x_{42}$$
$$+f_{3401}f_{3412}f_{3205}f_{3206}f_{3207}x_{40}x_{31}x_{42}+f_{3412}f_{3420}f_{3015}f_{3016}f_{3017}x_{40}x_{41}x_{32},$$

und folglich (vgl. § 8, (6.)),

$$(7.)\qquad \frac{G'_{0124}}{f'_{0124}} = G_{34},\qquad \frac{G'_{5673}}{f'_{5673}} = G_{43}.$$

Vertauscht man in dieser Herleitung die beiden Systeme $x_{\alpha\beta}$ und $x'_{\alpha\beta}$, so ergiebt sich

$$(8.)\qquad G'_{34} = \frac{G_{0124}}{f_{0124}},\qquad G'_{43} = \frac{G_{5673}}{f_{5673}}.$$

Stellt man nach Formel (12.) § 4 die Ausdrücke für G_{0145} und G'_{0145} auf und setzt in denselben $x_{04} = x_{05} = 0$, so erhält man

$$(9.)\qquad \frac{G'_{0145}}{f'_{0145}} = \frac{G_{0145}}{f_{0145}}.$$

Aus der Gleichung (5.) § 4 findet man die beiden Formeln

$$(10.)\qquad G'_{01} = G_{01},\qquad G'_{45} = G_{45},$$

die erste, indem man $\varkappa, \lambda = 0, 1$ und $\alpha, \beta, \gamma = 5, 6, 7$ setzt, die zweite, indem man $\varkappa, \lambda = 4, 5$ und $\alpha, \beta, \gamma = 0, 1, 2$ setzt.

Endlich will ich auch noch die Wurzelfunctionen $\sqrt{x'_{\alpha\beta}}$ durch die Functionen $\sqrt{x_{\alpha\beta}}$ ausdrücken. Dabei will ich, falls $\sqrt{a}$ definirt ist, unter $\sqrt[4]{a}$ immer eine der beiden Quadratwurzeln aus $\sqrt{a}$ verstehen und unter $\sqrt[4]{ab}$ das Product $\sqrt[4]{a}\sqrt[4]{b}$. Die Grösse $\sqrt{f}$ nehme ich in den Formeln (12.) § 6 mit demselben Vorzeichen, wie in der Gleichung (6.) § 5. Setzt man dann

$$(11.)\quad \begin{cases} \sqrt{x'_{\alpha\beta}} = \dfrac{\sqrt{f}\sqrt{x_{\gamma\delta}}}{\sqrt[4]{f_\alpha f_\beta}}, \quad \sqrt{x'_{\varkappa\lambda}} = \dfrac{\sqrt{f}\sqrt{x_{\mu\nu}}}{\sqrt[4]{f_\varkappa f_\lambda}}, \\ \sqrt{x'_{\alpha\varkappa}} = \dfrac{\sqrt[4]{f f_{\beta\gamma\delta\varkappa}}\sqrt{x_{\alpha\varkappa}}}{\sqrt[4]{f_\alpha f_\varkappa}} = \dfrac{\sqrt[4]{f f_{\alpha\lambda\mu\nu}}\sqrt{x_{\alpha\varkappa}}}{\sqrt[4]{f_\alpha f_\varkappa}}, \\ \sqrt{x'_{\varkappa\alpha}} = -\sqrt{x'_{\alpha\varkappa}} = -\dfrac{\sqrt[4]{f f_{\lambda\mu\nu\alpha}}\sqrt{x_{\varkappa\alpha}}}{\sqrt[4]{f_\varkappa f_\alpha}} = -\dfrac{\sqrt[4]{f f_{\varkappa\beta\gamma\delta}}\sqrt{x_{\varkappa\alpha}}}{\sqrt[4]{f_\varkappa f_\alpha}}, \end{cases}$$

wo $\alpha, \beta, \gamma, \delta$ eine eigentliche Permutation der Zahlen 0, 1, 2, 3 und $\varkappa, \lambda, \mu, \nu$ eine solche der Zahlen 4, 5, 6, 7 ist, so überzeugt man sich leicht, dass die Relationen

$$\sqrt{x'_{\alpha\beta}x'_{\gamma\delta}} + \sqrt{x'_{\alpha\gamma}x'_{\delta\beta}} + \sqrt{x'_{\alpha\delta}x'_{\beta\gamma}} = 0$$

sämmtlich erfüllt sind. Unterwirft man ferner die in die obigen Formeln eingehenden vierten Wurzeln der Bedingung

$$(12.)\quad \sqrt[4]{f_0 f_1 f_2 f_3} = \sqrt[4]{f_4 f_5 f_6 f_7},$$

so ergiebt sich durch Uebertragung der Gleichung (5.) § 5 auf die neue Anordnung die Relation

$$(13.)\quad \sqrt{f'} = \frac{f^2}{\sqrt{f_0 f_1 f_2 f_3}}\sqrt{f}.$$

§ 8.

Relationen zwischen den 63 Covarianten G_α.

Ist $e_{\alpha\alpha} = 1$ und $e_{\alpha\beta} = 0$, falls β von α verschieden ist, und ist r eine unbestimmte Grösse, so ist der Gleichung (12.) § 4 zufolge $2 f_{\alpha\beta\gamma\delta}\, G_{\alpha\beta\gamma\delta}$ der Coefficient von r in der Determinante vierten Grades

$$|x_{\varkappa\lambda} + r e_{\varkappa\lambda}| \qquad (\varkappa, \lambda = \alpha, \beta, \gamma, \delta).$$

Setzt man

$$x_{\varkappa\lambda} + r e_{\varkappa\lambda} = r_{\varkappa\lambda}, \quad x_{\varkappa\lambda} - r e_{\varkappa\lambda} = r'_{\varkappa\lambda},$$

so folgt aus der Formel (12.) § 2 die Relation

$$\sum_\lambda r_{\alpha\lambda} r'_{\lambda\beta} = -r^2 e_{\alpha\beta}.$$

Daher ist das System der Elemente $-r'_{\alpha\beta} r^{-2}$ das reciproke des Systems $r_{\alpha\beta}$, und mithin ist jede Determinante fünften Grades aus dem System $r_{\alpha\beta}$ gleich der complementären Determinante dritten Grades aus dem System $r'_{\alpha\beta}$, multiplicirt mit $-r^2$.

Seien $\varkappa$, λ veränderliche Indices, welche die vier festen Werthe α, β, γ, δ durchlaufen, und $\varkappa'$, λ' veränderliche Indices, welche die vier festen Werthe α', β', γ', δ' durchlaufen. In der Determinante vierten Grades

$$R = r\binom{\alpha\beta\gamma\delta}{\alpha\beta\gamma\delta}$$

bezeichne ich die dem Elemente $r_{\varkappa\lambda}$ entsprechende Unterdeterminante mit $R_{\varkappa\lambda}$. Setzt man dann

$$r\binom{\alpha\beta\gamma\delta\lambda'}{\alpha\beta\gamma\delta\varkappa'} = -r^2 S_{\varkappa'\lambda'},$$

so ist

$$-r^2 S_{\varkappa'\lambda'} = R r_{\varkappa'\lambda'} - \sum_{\varkappa,\lambda} R_{\varkappa\lambda} r_{\varkappa\lambda'} r_{\varkappa'\lambda} \qquad (\varkappa', \lambda' = \alpha', \beta', \gamma', \delta')$$

und folglich nach dem Multiplicationstheorem der Determinanten *)

$$|R r_{\varkappa'\lambda'} + r^2 S_{\varkappa'\lambda'}| = |R_{\varkappa\lambda}| \cdot |r_{\varkappa\lambda'}|^2.$$

Nach Gleichung (9.) § 2 ist $|R_{\varkappa\lambda}| = R^3$ (für unbestimmte Werthe von x) nicht durch r theilbar. Lässt man also in der erhaltenen Gleichung die durch r^2 theilbaren Glieder weg, und dividirt sie dann durch R^3, so erkennt man, dass

$$|r_{\varkappa\lambda}|\,|r_{\varkappa'\lambda'}| - |r_{\varkappa\lambda'}|^2$$

durch r^2 theilbar ist. Nun fängt aber die Entwicklung von $|r_{\varkappa\lambda}|$ nach Potenzen von r mit $f^2_{\alpha\beta\gamma\delta}F + 2f_{\alpha\beta\gamma\delta}G_{\alpha\beta\gamma\delta}r$ an und die von $|r_{\varkappa\lambda'}|$ mit $f_{\alpha\beta\gamma\delta}f_{\alpha'\beta'\gamma'\delta'}F$. Mithin ist der Coefficient von r^1 in dieser Determinante

$$(1.) \qquad \left[r\binom{\alpha'\beta'\gamma'\delta'}{\alpha\;\beta\;\gamma\;\delta}\right]_{r^1} = f_{\alpha\beta\gamma\delta}G_{\alpha'\beta'\gamma'\delta'}(x) + f_{\alpha'\beta'\gamma'\delta'}G_{\alpha\beta\gamma\delta}(x).$$

Sind z. B. α', β', γ', δ' die vier von α, β, γ, δ verschiedenen Indices, die ich mit $\varkappa$, λ, μ, ν bezeichnen will, so sind die Grössen $e_{\varkappa\lambda'}$ sämmtlich Null, und mithin ist die Determinante (1.) von r unabhängig. Folglich ist

$$f_{\alpha\beta\gamma\delta}G_{\varkappa\lambda\mu\nu} + f_{\varkappa\lambda\mu\nu}G_{\alpha\beta\gamma\delta} = 0$$

*) Die obige im Folgenden noch mehrfach benutzte Methode für die Untersuchung der Relationen zwischen den Unterdeterminanten eines Systems von Elementen verdankt man Herrn *Kronecker* (dieses Journal Bd. 72, S. 152 und Bd. 99, S. 340). Der Determinantensatz, auf den sich die Untersuchungen von *Hesse* gründen (dieses Journal Bd. 49, S. 251) ist ein ganz specieller Fall der Entwicklungen des Herrn *Kronecker*.

oder

$$(2.)\quad \frac{G_{\varkappa\lambda\mu\nu}}{f_{\varkappa\lambda\mu\nu}} = -\frac{G_{\alpha\beta\gamma\delta}}{f_{\alpha\beta\gamma\delta}}, \quad G_{\varkappa\lambda\mu\nu} = -\varepsilon G_{\alpha\beta\gamma\delta},$$

wo ε dieselbe Bedeutung hat, wie in Gleichung (11.) § 2.

Zwischen den Subdeterminanten eines symmetrischen Systems $r_{\alpha\beta}$ besteht nach Herrn *Kronecker* (Sitzungsberichte der Berl. Akad. 1882, S. 821) die identische Gleichung

$$r\binom{\alpha\beta\gamma\varkappa}{\lambda\mu\nu\varrho}+r\binom{\alpha\beta\gamma\lambda}{\mu\nu\varrho\varkappa}+r\binom{\alpha\beta\gamma\mu}{\nu\varrho\varkappa\lambda}+r\binom{\alpha\beta\gamma\nu}{\varrho\varkappa\lambda\mu}+r\binom{\alpha\beta\gamma\varrho}{\varkappa\lambda\mu\nu} = 0.$$

Ist $\alpha'\beta'\gamma'\varkappa\lambda\mu\nu\varrho$ eine eigentliche Permutation der Indices 0, 1, ... 7, so ist der Coefficient von r^1 in der Determinante $r\binom{\alpha\beta\gamma\varkappa}{\lambda\mu\nu\varrho}$ gleich

$$f_{\lambda\mu\nu\varrho}G_{\alpha\beta\gamma\varkappa}+f_{\alpha\beta\gamma\varkappa}G_{\lambda\mu\nu\varrho} = f_{\alpha'\beta'\gamma'\varkappa}G_{\alpha\beta\gamma\varkappa}-f_{\alpha\beta\gamma\varkappa}G_{\alpha'\beta'\gamma'\varkappa}.$$

Aus jener Identität ergiebt sich folglich die Relation

$$(3.)\quad \sum_\lambda f_{\alpha\beta\gamma\lambda}G_{\alpha'\beta'\gamma'\lambda}(x) = \sum_\lambda f_{\alpha'\beta'\gamma'\lambda}G_{\alpha\beta\gamma\lambda}(x).$$

Sind α, β, γ, α', β', γ' sechs verschiedene Indices, so ist diese Gleichung eine Folge der Gleichung (2.); sind nur fünf dieser Indices verschieden, so ist sie eine lineare Relation zwischen gewissen sechs der Functionen $G_{\alpha\beta\gamma\delta}$.

Durchläuft ν die Indices α, β, γ und ν' die Indices α', β', γ', und ist in der Determinante dritten Grades

$$R = r\binom{\alpha'\beta'\gamma'}{\alpha\ \beta\ \gamma}$$

die dem Elemente $r_{\nu\nu'}$ entsprechende Unterdeterminante gleich $R_{\nu\nu'}$, so ist

$$r\binom{\alpha'\beta'\gamma'\lambda}{\alpha\ \beta\ \gamma\ \lambda} = Rr_{\lambda\lambda}-\sum_{\nu,\nu'}R_{\nu\nu'}r_{\nu\lambda}r_{\lambda\nu'}$$

und mithin nach Formel (1.)

$$f_{\alpha\beta\gamma\lambda}G_{\alpha'\beta'\gamma'\lambda}+f_{\alpha'\beta'\gamma'\lambda}G_{\alpha\beta\gamma\lambda} = [Rr-\sum_{\nu,\nu'}R_{\nu\nu'}r_{\nu\lambda}r_{\lambda\nu'}]_{r^1}.$$

Nun folgt aber aus der Gleichung (12.) § 2

$$\sum_\lambda{}_0^7 r_{\nu\lambda}r_{\lambda\nu'} = 2rr_{\nu\nu'}-r^2e_{\nu\nu'}.$$

Mit Berücksichtigung der Relation (3.) ergiebt sich daher

$$2\sum_\lambda f_{\alpha\beta\gamma\lambda}G_{\alpha'\beta'\gamma'\lambda} = [8Rr-2r\sum_{\nu,\nu'}R_{\nu\nu'}r_{\nu\nu'}]_{r^1},$$

also weil

$$\sum_\nu R_{\nu\nu'}r_{\nu\nu'} = R$$

ist,

$$\sum_\lambda f_{\alpha\beta\gamma\lambda} G_{\alpha'\beta'\gamma'\lambda} = [R]_{r^0}$$

oder

$$(4.) \quad x\binom{\alpha'\,\beta'\,\gamma'}{\alpha\;\beta\;\gamma} = \sum_\lambda f_{\alpha\beta\gamma\lambda} G_{\alpha'\beta'\gamma'\lambda}(x).$$

Entwickelt man mittelst dieser Formel die Determinante $x\binom{\alpha'\,\beta'\,\gamma'\,\delta'}{\alpha\;\beta\;\gamma\;\delta}$ nach den Elementen der ersten Zeile, so erhält man

$$f_{\alpha\beta\gamma\delta} f_{\alpha'\beta'\gamma'\delta'} F = x_{\alpha\alpha'} (\sum_\lambda G_{\lambda\beta\gamma\delta} f_{\lambda\beta'\gamma'\delta'}) - x_{\alpha\beta'} (\sum_\lambda G_{\lambda\beta\gamma\delta} f_{\lambda\alpha'\gamma'\delta'})$$
$$+ x_{\alpha\gamma'} (\sum_\lambda G_{\lambda\beta\gamma\delta} f_{\lambda\alpha'\beta'\delta'}) - x_{\alpha\delta'} (\sum_\lambda G_{\lambda\beta\gamma\delta} f_{\lambda\alpha'\beta'\gamma'}),$$

also, weil nach Formel (1.) § 3

$$f_{\lambda\beta'\gamma'\delta'} x_{\alpha\alpha'} - f_{\lambda\alpha'\gamma'\delta'} x_{\alpha\beta'} + f_{\lambda\alpha'\beta'\delta'} x_{\alpha\gamma'} - f_{\lambda\alpha'\beta'\gamma'} x_{\alpha\delta'} = f_{\alpha'\beta'\gamma'\delta'} x_{\alpha\lambda}$$

ist,

$$(5.) \quad \sum_\lambda x_{\alpha\lambda} G_{\lambda\beta\gamma\delta}(x) = f_{\alpha\beta\gamma\delta} F(x),$$

wo α nicht von β, γ, δ verschieden zu sein braucht.

Endlich will ich noch zeigen, dass

$$(6.) \quad \sum_\lambda G_{\alpha\beta\gamma\lambda}(x) G_{\alpha'\beta'\gamma'\lambda}(x) = F(x) \left[r\binom{\alpha'\,\beta'\,\gamma'}{\alpha\;\beta\;\gamma} \right]_{r^1}$$

ist. Zu dem Zwecke setze ich, indem ich $\alpha, \beta, \gamma, \alpha', \beta', \gamma'$ als feste, $\varkappa, \lambda$ als veränderliche Indices betrachte,

$$\sum_\lambda G_{\varkappa\beta\gamma\lambda} G_{\alpha'\beta'\gamma'\lambda} - F\left[r\binom{\alpha'\,\beta'\,\gamma'}{\varkappa\;\beta\;\gamma} \right]_{r^1} = V_\varkappa.$$

Nun ist

$$\sum_\varkappa x_{\alpha\varkappa} r_{\varkappa\alpha'} = r x_{\alpha\alpha'}$$

und

$$\sum_\varkappa x_{\alpha\varkappa} G_{\varkappa\beta\gamma\lambda} = f_{\alpha\beta\gamma\lambda} F,$$

und folglich ist

$$\sum_\varkappa x_{\alpha\varkappa} V_\varkappa = F \sum_\lambda f_{\alpha\beta\gamma\lambda} G_{\alpha'\beta'\gamma'\lambda} - F x\binom{\alpha'\,\beta'\,\gamma'}{\alpha\;\beta\;\gamma} = 0.$$

Für $\varkappa = \beta$ oder γ verschwindet $V_\varkappa$ identisch. Angenommen nun, es sei bereits bewiesen, dass $V_\varkappa = 0$ ist, falls $\varkappa$ keinem der Indices α', β', γ' gleich ist, so reducirt sich die obige Gleichung auf

$$x_{\alpha\alpha'} V_{\alpha'} + x_{\alpha\beta'} V_{\beta'} + x_{\alpha\gamma'} V_{\gamma'} = 0,$$

und da diese Gleichung für jeden Werth von α besteht, so ist auch

$$V_{\alpha'} = V_{\beta'} = V_{\gamma'} = 0.$$

Gilt also die Gleichung (6.) immer, falls unter den sechs Indices $\alpha, \beta, \gamma, \alpha', \beta', \gamma'$ genau ϱ verschieden sind, so gilt sie auch, falls unter ihnen nur $\varrho-1$ verschieden sind. Nun ist aber, wenn jene sechs Indices alle verschieden und μ, ν die beiden noch übrigen Indices sind,

$$G_{\alpha\beta\gamma\mu} = \pm G_{\alpha'\beta'\gamma'\nu} \quad \text{und} \quad G_{\alpha\beta\gamma\nu} = \mp G_{\alpha'\beta'\gamma'\mu}$$

und folglich

$$\sum_\lambda G_{\alpha\beta\gamma\lambda} G_{\alpha'\beta'\gamma'\lambda} = 0.$$

Damit ist die Gleichung (6.) allgemein dargethan, z. B. ist

$$(7.)\quad \begin{cases} \sum_{\lambda\,5}^{7} G_{012\lambda}(x)\,G_{034\lambda}(x) = F(x)(x_{13}x_{24}-x_{14}x_{23}), \\ \sum_{\lambda\,4}^{7} G_{012\lambda}(x)\,G_{013\lambda}(x) = -F(x)(x_{02}x_{03}+x_{12}x_{13}), \\ \sum_{\lambda\,3}^{7} G^2_{012\lambda}(x) = -F(x)(x^2_{01}+x^2_{02}+x^2_{12}). \end{cases}$$

Jede der aufgestellten Formeln lässt sich mit Hülfe der in § 6 und § 7 entwickelten Uebertragungsmethode auf viele verschiedene Gestalten bringen. Aus der grossen Zahl von Formeln, die sich so ergeben, hebe ich nur die folgenden hervor:

Nach Formel (3.) ist

$$\sum_\lambda (f'_{123\lambda} G'_{034\lambda} - f'_{034\lambda} G'_{123\lambda}) = 0,$$

also

$$\sum_\lambda f_{012\lambda}(G_{034\lambda} - f_{034\lambda} G_{0\lambda}) = 0$$

und ebenso allgemein

$$(8.)\quad \sum_\lambda (f_{\alpha\beta\gamma\lambda} G_{\alpha\lambda} - G_{\alpha\beta\gamma\lambda}) f_{\alpha\beta'\gamma'\lambda} = 0.$$

Daher verschwindet der Ausdruck

$$\sum_\lambda (f_{\alpha\beta\gamma\lambda} G_{\alpha\lambda} - G_{\alpha\beta\gamma\lambda})(u,\ v,\ a_\alpha,\ a_\lambda)$$

für $u = a'_\beta$, $v = a'_\gamma$, falls β', γ' irgend zwei der sechs von β, γ verschiedenen Indices sind, und folglich verschwindet er identisch. Somit gilt die Gleichung (8.) ohne jede Einschränkung, und mithin ist nach Formel (4.)

$$(9.)\quad x\binom{\alpha\beta'\gamma'}{\alpha\beta\ \gamma} = \sum_\lambda f_{\alpha\beta\gamma\lambda} f_{\alpha\beta'\gamma'\lambda} G_{\alpha\lambda} = \sum_\lambda f_{\alpha\beta\gamma\lambda} G_{\alpha\beta'\gamma'\lambda} = \sum_\lambda f_{\alpha\beta'\gamma'\lambda} G_{\alpha\beta\gamma\lambda}.$$

Setzt man also

$$(10.)\quad \sum_\lambda G_{0\lambda}(x) y^2_{0\lambda} = 2L_0(x,\ y),$$

so hat die quadratische Function L_0 der Variabeln y nach Formel (9.) § 3 für $y_{0\alpha} = y_{0\beta} = 0$ den Werth

$$\tfrac{1}{2} m^2 \sum_\lambda f^2_{0\alpha,\beta\lambda} G_{0\lambda} = m^2 x_{0\alpha} x_{0\beta} x_{\alpha\beta},$$

und daher ist L_0 bis auf einen constanten Factor mit der Function identisch, welche ich D. § 2 (9.) mit L bezeichnet habe. Ist also x ein gegebener Punkt, so ist $L_\alpha(x, y) = 0$ die Gleichung der beiden Geraden, welche sich in x schneiden und zusammen mit den sieben Geraden $a_{\alpha 0}, \dots a_{\alpha 7}$ die neun gemeinsamen Tangenten zweier Curven dritter Klasse bilden. Ist aber y ein gegebener Punkt, so sind $L_\alpha(x, y) = 0$ ($\alpha = 0, 1, \dots 7$) die Gleichungen der acht Berührungscurven dritter Ordnung der Curve $F = 0$ von der Charakteristik $[k]$, welche in y einen gewöhnlichen Doppelpunkt haben. (Vgl. D. S. 281, Anm. II.)

Nach Formel (5.) ist

$$f'_{0123} F = \sum_\lambda x'_{0\lambda} G'_{\lambda 123},$$

also

$$-f_{0123} F = \sum_\lambda x_{0\lambda} G_{0\lambda} f_{\lambda 123}$$

und allgemein

$$\text{(11.)} \qquad -f_{\alpha\beta\gamma\delta} F(x) = \sum_\lambda x_{\alpha\lambda} G_{\alpha\lambda}(x) f_{\lambda\beta\gamma\delta}.$$

Folglich ist auch

$$\text{(12.)} \qquad -z_\alpha F(x) = \sum_\lambda x_{\alpha\lambda} G_{\alpha\lambda}(x) z_\lambda,$$

und daher, wenn man $z_\alpha = z_\beta = z_\gamma = 0$ setzt:

$$\text{(13.)} \qquad \sum_\lambda f_{\alpha\beta\ \lambda} x_{\alpha\lambda} G_{\alpha\lambda}(x) = 0.$$

Die Gleichung (11.) gilt also auch, wenn α einem der Indices β, γ, δ gleich ist.

§ 9.

Die 5040 Systeme von sechs Doppeltangenten, deren Berührungspunkte auf einer Curve dritter Ordnung liegen, und die ein *Pascal*sches Sechseck bilden.

Ist in der Determinante $X = x\binom{\alpha\,\beta\,\gamma}{\alpha\,\beta\,\gamma}$ die dem Elemente $x_{\varkappa\lambda}$ entsprechende Unterdeterminante gleich $X_{\varkappa\lambda}$, und setzt man $F_{\varkappa'\lambda'} = x\binom{\alpha\,\beta\,\gamma\,\lambda'}{\alpha\,\beta\,\gamma\,\varkappa'}$, so ist

$$F_{\varkappa'\lambda'} = X x_{\varkappa'\lambda'} - \sum_{\varkappa,\lambda} X_{\varkappa\lambda} x_{\varkappa\lambda'} x_{\varkappa'\lambda}.$$

Giebt man jedem der beiden Indices $\varkappa'$, λ' die Werthe α', β', γ', so folgt daraus

$$|Xx_{\varkappa'\lambda'} - F_{\varkappa'\lambda'}| = |X_{\varkappa\lambda}|.|x_{\varkappa\lambda'}|^2.$$

Nun ist aber $F_{\varkappa'\lambda'} = f_{\alpha\beta\gamma\varkappa'} f_{\alpha\beta\gamma\lambda'} F$, und mithin ist

$$|Xx_{\varkappa'\lambda'} - F_{\varkappa'\lambda'}| = \begin{vmatrix} 1 & f_{\alpha\beta\gamma\alpha'}F & f_{\alpha\beta\gamma\beta'}F & f_{\alpha\beta\gamma\gamma'}F \\ f_{\alpha\beta\gamma\alpha'} & Xx_{\alpha'\alpha'} & Xx_{\alpha'\beta'} & Xx_{\alpha'\gamma'} \\ f_{\alpha\beta\gamma\beta'} & Xx_{\beta'\alpha'} & Xx_{\beta'\beta'} & Xx_{\beta'\gamma'} \\ f_{\alpha\beta\gamma\gamma'} & Xx_{\gamma'\alpha'} & Xx_{\gamma'\beta'} & Xx_{\gamma'\gamma'} \end{vmatrix} = X^3|x_{\varkappa'\lambda'}| + X^2 FS,$$

wo

$$S = \begin{vmatrix} 0 & f_{\alpha\beta\gamma\alpha'} & f_{\alpha\beta\gamma\beta'} & f_{\alpha\beta\gamma\gamma'} \\ f_{\alpha\beta\gamma\alpha'} & 0 & x_{\alpha'\beta'} & x_{\alpha'\gamma'} \\ f_{\alpha\beta\gamma\beta'} & x_{\beta'\alpha'} & 0 & x_{\beta'\gamma'} \\ f_{\alpha\beta\gamma\gamma'} & x_{\gamma'\alpha'} & x_{\gamma'\beta'} & 0 \end{vmatrix}$$

oder

$$(1.)\qquad S(x) = N(\sqrt{f_{\alpha\beta\gamma\alpha'}x_{\beta'\gamma'}} + \sqrt{f_{\alpha\beta\gamma\beta'}x_{\gamma'\alpha'}} + \sqrt{f_{\alpha\beta\gamma\gamma'}x_{\alpha'\beta'}})$$

ist. Da nun $|x_{\varkappa\lambda}| = 2x_{\beta\gamma}x_{\gamma\alpha}x_{\alpha\beta}$ und $|X_{\varkappa\lambda}| = X^2$ ist, so ergiebt sich die Relation

$$(2.)\qquad \left[x\begin{pmatrix}\alpha'\beta'\gamma'\\ \alpha\;\beta\;\gamma\end{pmatrix}\right]^2 - 4x_{\beta\gamma}x_{\gamma\alpha}x_{\alpha\beta}x_{\beta'\gamma'}x_{\gamma'\alpha'}x_{\alpha'\beta'} = F(x)S(x).$$

Wegen der Symmetrie dieser Gleichung ist auch

$$(3.)\qquad S(x) = N(\sqrt{f_{\alpha'\beta'\gamma'\alpha}x_{\beta\gamma}} + \sqrt{f_{\alpha'\beta'\gamma'\beta}x_{\gamma\alpha}} + \sqrt{f_{\alpha'\beta'\gamma'\gamma}x_{\alpha\beta}}).$$

Ist $\alpha' = \alpha$, $\beta' = \beta$, $\gamma' = \delta$, so ist $S = f^2_{\alpha\beta\gamma\delta}x^2_{\alpha\beta}$, und es ist die Gleichung (2.) mit der Formel (4.) § 2 identisch.

Ist nur $\gamma' = \gamma$, so erhält man

$$(4.)\qquad \left[x\begin{pmatrix}\varkappa\,\gamma\,\delta\\ \varkappa\,\alpha\,\beta\end{pmatrix}\right]^2 - 4x_{\varkappa\alpha}x_{\varkappa\beta}x_{\varkappa\gamma}x_{\varkappa\delta}x_{\alpha\beta}x_{\gamma\delta} = F(x)(f_{\varkappa\alpha\gamma\delta}x_{\varkappa\beta} - f_{\varkappa\beta\gamma\delta}x_{\varkappa\alpha})^2.$$

Aus den Formeln (9.) und (10.) § 3 ergiebt sich

$$(5.)\qquad f_{\varkappa\alpha\gamma\delta}x_{\varkappa\beta} - f_{\varkappa\beta\gamma\delta}x_{\varkappa\alpha} = f_{\varkappa\delta\alpha\beta}x_{\varkappa\gamma} - f_{\varkappa\gamma\alpha\beta}x_{\varkappa\delta} = \frac{f_{\varkappa\gamma\delta\alpha}f_{\varkappa\gamma\delta\beta}x_{\alpha\beta} - f_{\varkappa\alpha\beta\gamma}f_{\varkappa\alpha\beta\delta}x_{\gamma\delta}}{f_{\alpha\beta\gamma\delta}}.$$

Ueberträgt man diese Formeln auf andere *Hesse*sche Anordnungen, so erkennt man, dass nicht nur die drei Punkte

$$(6.)\qquad (a_{\varkappa\alpha}, a_{\varkappa\beta}),\quad (a_{\varkappa\gamma}, a_{\varkappa\delta}),\quad (a_{\alpha\beta}, a_{\gamma\delta})$$

auf einer Geraden $\sqrt{S} = 0$ liegen, sondern auch die drei Punkte

$$(7.)\qquad (a_{\beta\gamma'}, a_{\gamma\beta'}),\quad (a_{\gamma\alpha'}, a_{\alpha\gamma'}),\quad (a_{\alpha\beta'}, a_{\beta\alpha'})$$

und die drei Punkte

$$(8.)\quad (a_{\varkappa\alpha},\, a_{\varkappa\beta}),\quad (a_{\lambda\gamma},\, a_{\lambda\delta}),\quad (a_{\varkappa\lambda},\, a_{\varrho\sigma}).$$

Die 12 Berührungspunkte von sechs solchen Doppeltangenten liegen nach (4.) auf einer Curve dritten Grades. Solche drei Paare von Doppeltangenten sind dadurch charakterisirt, dass je drei Geraden aus drei verschiedenen Paaren syzygetisch, je drei Geraden aus zwei Paaren aber azygetisch sind *). Um solche sechs Geraden zu bestimmen, wähle man beliebige vier Doppeltangenten, von denen je vier azygetisch sind, was auf

$$\frac{28.27.16.10}{1.2.3.4} = 5040$$

Arten möglich ist, und theile sie in zwei Paare, was auf drei Arten geht. Schneidet sich das erste Paar in A und das andere in B, so geht die Gerade AB durch den Schnittpunkt C eines ganz bestimmten dritten Paares. So erhält man jede Gerade ABC drei Mal $(BC = CA = AB)$, und mithin ist die Anzahl dieser Geraden 5040. Die Anzahl der Geraden von den Formen (6.), (7.) und (8.) ist

$$840+1680+2520 = 5040.$$

§ 10.

Die 1008 Systeme von sechs Doppeltangenten, deren Berührungspunkte auf einer Curve dritter Ordnung liegen, und die ein *Brianchon*sches Sechsseit bilden.

Sind in der Formel (2.) § 9 die sechs Indices verschieden, so ist $S = 0$ den Gleichungen (1.) und (3.) § 9 zufolge die Gleichung eines Kegelschnitts, welcher die sechs Doppeltangenten

$$(1.)\quad a_{\beta\gamma},\quad a_{\gamma\alpha},\quad a_{\alpha\beta},\quad a_{\beta'\gamma'},\quad a_{\gamma'\alpha'},\quad a_{\alpha'\beta'}$$

berührt. Durch fünf derselben ist die sechste vollständig bestimmt. Für jene fünf aber können fünf beliebige Doppeltangenten genommen werden, von denen je drei azygetisch sind. Folglich ist die Anzahl dieser Systeme **) gleich

$$\frac{28.27.16.10.6.1}{1.2.3.4.5.6} = 1008.$$

---

*) Umgekehrt sind in einer *Steiner*schen Gruppe je drei Geraden aus drei verschiedenen Paaren azygetisch, je drei Geraden aus zwei Paaren aber syzygetisch.

**) Dass die Anzahl aller eigentlichen Curven dritter Ordnung, welche durch die Berührungspunkte von sechs Doppeltangenten gehen, gleich 6048 ist, hat *Steiner* gefunden. *Hesse* aber hat (dieses Journal, Bd. 55, S. 83) die wichtige Bemerkung gemacht, dass diese Curven in zwei wesentlich verschiedene Systeme von 5040 und 1008 Curven zerfallen.

Sei $\alpha, \beta, \gamma, \alpha', \beta', \gamma', \varkappa, \lambda$ eine eigentliche Permutation der acht Indices 0, 1, ... 7. Da die sechs Geraden (1.) diejenigen sechs Doppeltangenten sind, welche die beiden *Steiner*schen Gruppen $[\alpha\beta\gamma\varkappa]$ und $[\alpha\beta\gamma\lambda]$ gemeinsam haben, so setze ich in diesem Falle $S = S_{\alpha\beta\gamma\varkappa,\,\alpha\beta\gamma\lambda} = S_{\alpha\beta\gamma\lambda,\,\alpha\beta\gamma\varkappa}$ und

$$(2.)\qquad x\binom{\alpha'\beta'\gamma'}{\alpha\,\beta\,\gamma} = G_{\alpha\beta\gamma\varkappa,\,\alpha\beta\gamma\lambda} = -G_{\alpha\beta\gamma\lambda,\,\alpha\beta\gamma\varkappa}.$$

Dann ist

$$(3.)\qquad G^2_{\alpha\beta\gamma\varkappa,\,\alpha\beta\gamma\lambda}(x) - 4x_{\beta\gamma}x_{\gamma\alpha}x_{\alpha\beta}x_{\beta'\gamma'}x_{\gamma'\alpha'}x_{\alpha'\beta'} = F(x)S_{\alpha\beta\gamma\varkappa,\,\alpha\beta\gamma\lambda}(x).$$

Ebenso ist, wie ich unten noch näher ausführen werde, allgemein, wenn $[a]$ und $[b]$ zwei azygetische Gruppencharakteristiken sind,

$$(4.)\qquad G^2_{a,b} - 4\Pi(x_{\varkappa\lambda}) = FS_{a,b},$$

wo $x_{\varkappa\lambda}$ die sechs Doppeltangenten durchläuft, welche den beiden durch $[a]$ und $[b]$ charakterisirten Gruppen gemeinsam sind.

Nun ist aber nach Formel (4.) § 8

$$x\binom{\alpha'\beta'\gamma'}{\alpha\,\beta\,\gamma} = f_{\alpha'\beta'\gamma'\varkappa}G_{\alpha\beta\gamma\varkappa} + f_{\alpha'\beta'\gamma'\lambda}G_{\alpha\beta\gamma\lambda},$$

also

$$(5.)\qquad G_{\alpha\beta\gamma\varkappa,\,\alpha\beta\gamma\lambda} = f_{\alpha\beta\gamma\lambda}G_{\alpha\beta\gamma\varkappa} - f_{\alpha\beta\gamma\varkappa}G_{\alpha\beta\gamma\lambda}.$$

Diese Formel enthält folgenden merkwürdigen Satz:

Die sechs Doppeltangenten einer Curve vierten Grades, welche zwei azygetische Steinersche Gruppen gemeinsam haben, berühren einen Kegelschnitt. Ihre 18 Berührungspunkte mit der Curve vierten Grades und dem Kegelschnitt liegen auf einer Curve dritten Grades. Dieselbe geht auch durch die neun Schnittpunkte der beiden Jacobischen Curven dritten Grades, welche zu den beiden Steinerschen Gruppen gehören.

Den 63.16 = 1008 Paaren von zwei azygetischen *Steiner*schen Gruppen entsprechen ebenso viele Curven dritten Grades $G_{a,b} = 0$. Jede der 1008 Covarianten $G_{a,b}$ lässt sich aus zwei bestimmten der 63 Covarianten G_c, nämlich aus G_a und G_b linear zusammensetzen.

Ich habe D. § 10 eine andere Eigenschaft der Curven $G_{a,b}$ entwickelt: Die sechs Doppeltangenten (1.) lassen sich nicht durch eine siebente zu einem *Aronhold*schen System ergänzen. Lässt man aber irgend eine derselben weg, z. B. $a_{\beta'\gamma'}$, so bilden die fünf übrigen zusammen mit $a_{\alpha'\varkappa}$ und $a_{\alpha'\lambda}$ (und nur mit diesen beiden) ein *Aronhold*sches System. Bestimmt man nun alle Paare von Linien, welche gleichzeitig in Bezug auf den Kegelschnitt $S_{\alpha\beta\gamma\varkappa,\alpha\beta\gamma\lambda} = 0$ harmonische Polaren sind, und zusammen mit den sieben Geraden

$$(6.) \qquad a_{\beta\gamma},\quad a_{\gamma\alpha},\quad a_{\alpha\beta},\quad a_{\alpha'\beta'},\quad a_{\alpha'\gamma'},\quad a_{\alpha'\varkappa},\quad a_{\alpha'\lambda}$$

die neun gemeinsamen Tangenten zweier Curven dritter Klasse bilden, so ist der Ort der Scheitel dieser Linienpaare die Curve $G_{\alpha\beta\gamma\varkappa,\alpha\beta\gamma\lambda} = 0$. Dabei ist es gleichgültig, welche der sechs Doppeltangenten (1.) weggelassen wird. Ist dies $a_{\beta\gamma}$, so bilden

$$(7.) \qquad a_{\alpha\beta},\quad a_{\alpha\gamma},\quad a_{\alpha\varkappa},\quad a_{\alpha\lambda},\quad a_{\beta'\gamma'},\quad a_{\gamma'\alpha'},\quad a_{\alpha'\beta'}$$

ein *Aronhold*sches System. Demnach ist $G_{\alpha\beta\gamma\varkappa,\alpha\beta\gamma\lambda} = 0$ auch der Ort der Scheitel der Linienpaare, welche zusammen mit den sieben Geraden (7.) die neun gemeinsamen Tangenten zweier Curven dritter Klasse bilden, und gleichzeitig zusammen mit den sieben Geraden (6.) (wenigstens ein Theil dieses Ortes). Um zwei Systeme wie (6.) und (7.) zu construiren, kann man beliebig vier Doppeltangenten auswählen, von denen je drei azygetisch sind. Dieselben lassen sich dann stets auf zwei und nicht mehr Arten zu einem *Aronhold*schen Systeme ergänzen.

Wendet man die Formeln (1.), (2.), (3.), § 9 und (5.) auf die Determinante $x'\binom{0\,4\,5}{1\,2\,3}$ an, so erhält man die Gleichung

$$(8.) \qquad (G_{06}-G_{07})^2 - \frac{4}{f} x_{01}x_{02}x_{03}x_{04}x_{05}x_{67} = F.S_{06,07}.$$

Hier ist

$$(9.) \qquad \begin{vmatrix} x_{23} & x_{31} & x_{12} \\ f_{0234}^2 x_{41} & f_{0314}^2 x_{42} & f_{0124}^2 x_{43} \\ f_{0235}^2 x_{51} & f_{0315}^2 x_{52} & f_{0125}^2 x_{53} \end{vmatrix} = f f_{1234} f_{0467} (G_{06}-G_{07})$$

und

$$(10.) \qquad S_{06,07} = N(\sqrt{f_{0145}f_{0234}f_{0235}x_{01}} + \sqrt{f_{0245}f_{0314}f_{0315}x_{02}} + \sqrt{f_{0345}f_{0124}f_{0125}x_{03}})$$

oder

$$(11.) \qquad f_{1234}^2 f_{1235}^2 S_{06,07} = N(\sqrt{-ff_{0123}x_{67}} + f_{1234}\sqrt{f_{0523}f_{0531}f_{0512}x_{04}} + f_{1235}\sqrt{f_{0423}f_{0431}f_{0412}x_{05}}).$$

Ich habe D. § 10, wo ich den Index 0 bevorzugt habe, $S_{06,07}$ kurz mit S_{67} und $G_{06,07}$ mit R_{67} bezeichnet. Dass diese Function mit $G_{06}-G_{07}$ identisch ist, lässt sich auf dem dort eingeschlagenen Wege am einfachsten aus der Gleichung (10.) § 8 erkennen. Wendet man jene Formeln aber auf die Determinante $x'\binom{5\,6\,7}{1\,2\,3}$ an, so erhält man die Gleichung

$$(12.) \qquad \frac{f(f_{0123}G_{04}+G_{0123})^2}{f_{1234}^2} - 4x_{01}x_{02}x_{03}x_{45}x_{46}x_{47} = F.S_{04,0123}.$$

Hier ist

$$(13.)\quad \begin{vmatrix} f^2_{0235}x_{15} & f^2_{0236}x_{16} & f^2_{0237}x_{17} \\ f^2_{0315}x_{25} & f^2_{0316}x_{26} & f^2_{0317}x_{27} \\ f^2_{0125}x_{35} & f^2_{0126}x_{36} & f^2_{0127}x_{37} \end{vmatrix} = \frac{f^2}{f_{0567}}(f_{0123}G_{04}+G_{0123})$$

und

$$(14.)\quad fS_{04,0123} = N(\sqrt{f_{0235}f_{0236}f_{0237}x_{01}}+\sqrt{f_{0315}f_{0316}f_{0317}x_{02}}+\sqrt{f_{0125}f_{0126}f_{0127}x_{03}}).$$

Die Anzahl der Systeme von sechs Doppeltangenten, wie sie in den Gleichungen (8.), (3.) und (12.) auftreten, ist $168+280+560=1008$.

§ 11.

Relationen zwischen den Covarianten G_a und den Wurzelfunctionen.

Ist $F=0$, so folgt aus der Gleichung (4.) § 10 die Relation

$$\pm 2\Pi\sqrt{x_{\varkappa\lambda}} = G_{a,b} = G_a - G_b.$$

Die hier auftretenden Vorzeichen findet man auf folgendem Wege.

Nach Formel (10.) § 5 und (4.) § 8 ist

$$(1.)\quad \sum_\lambda f_{\alpha'\beta'\gamma'\lambda}\, G_{\alpha\beta\gamma\lambda} = 2\sqrt{x_{\beta\gamma}x_{\gamma\alpha}x_{\alpha\beta}x_{\beta'\gamma'}x_{\gamma'\alpha'}x_{\alpha'\beta'}},$$

und folglich

$$(2.)\quad f_{\alpha\beta\gamma\sigma}G_{\alpha\beta\gamma\varrho} - f_{\alpha\beta\gamma\varrho}G_{\alpha\beta\gamma\sigma} = 2\varepsilon\sqrt{x_{\beta\gamma}x_{\gamma\alpha}x_{\alpha\beta}x_{\lambda\mu}x_{\mu\varkappa}x_{\varkappa\lambda}},$$

wo $\varepsilon=+1$ oder -1 ist, je nachdem $\alpha\beta\gamma\varkappa\lambda\mu\varrho\sigma$ eine eigentliche oder uneigentliche Permutation der Indices 0, 1, ... 7 ist.

Nach Formel (10.) § 5 und (9.) § 8 ist

$$(3.)\quad \sum_\lambda f_{\alpha\beta\gamma\lambda}f_{\alpha\beta'\gamma'\lambda}\, G_{\alpha\lambda} = 2\sqrt{x_{\beta\gamma}x_{\gamma\alpha}x_{\alpha\beta}x_{\beta'\gamma'}x_{\gamma'\alpha}x_{\alpha\beta'}}.$$

Folglich ist nach Formel (13.) § 2

$$f_{0125}f_{0345}(G_{05}-G_{07})+f_{0126}f_{0346}(G_{06}-G_{07}) = 2\sqrt{x_{01}x_{02}x_{03}x_{04}x_{12}x_{34}}.$$

Vertauscht man die Indices 2 und 3 und eliminirt dann $G_{05}-G_{07}$, so erhält man mit Hülfe der Relationen (18.) § 2, (7.) § 3 und (6.) § 5

$$(4.)\quad \sqrt{f}(G_{06}-G_{07}) = 2\sqrt{x_{01}x_{02}x_{03}x_{04}x_{05}x_{67}}.$$

Aus der Gleichung (12.) § 10 folgt

$$\sqrt{f}(f_{0123}G_{04}+G_{0123}) = 2\varepsilon' f_{1234}\sqrt{x_{01}x_{02}x_{03}x_{45}x_{46}x_{47}},$$

wo $\varepsilon'=\pm 1$ ist. Vertauscht man 4 mit 5 und subtrahirt die neue Gleichung von der ursprünglichen, so erhält man nach Formel (4.)

$$f_{1230}\sqrt{x_{06}x_{07}}+\varepsilon' f_{1234}\sqrt{x_{46}x_{47}}+\varepsilon'' f_{1235}\sqrt{x_{56}x_{57}} = 0.$$

Nach Gleichung (3.) § 5 ist mithin $\varepsilon' = \varepsilon'' = +1$, und folglich ist

$$(5.)\qquad \sqrt{f}(f_{\varrho\alpha\beta\gamma}G_{\varrho\sigma}+G_{\varrho\alpha\beta\gamma}) = -2f_{\sigma\alpha\beta\gamma}\sqrt{x_{\varrho\alpha}\,x_{\varrho\beta}\,x_{\varrho\gamma}\,x_{\sigma\varkappa}\,x_{\sigma\lambda}\,x_{\sigma\mu}}.$$

Durchläuft aber $x_{\varkappa\lambda}$ eins der 5040 Systeme von sechs Doppeltangenten, die ich in § 9 untersucht habe, so lässt sich $2\Pi\sqrt{x_{\varkappa\lambda}}$ nicht aus zwei, sondern nur aus drei der Functionen G_α zusammensetzen, und zwar auf drei verschiedene Arten, z. B. ist nach Formel (10.) § 5 und (9.) § 8

$$(6.)\qquad 2\sqrt{x_{\varkappa\alpha}\,x_{\varkappa\beta}\,x_{\varkappa\gamma}\,x_{\varkappa\delta}\,x_{\alpha\beta}\,x_{\gamma\delta}} = \sum_\lambda f_{\varkappa\alpha\beta\lambda}G_{\varkappa\gamma\delta\lambda} = \sum_\lambda f_{\varkappa\gamma\delta\lambda}G_{\varkappa\alpha\beta\lambda} = \sum_\lambda f_{\varkappa\alpha\beta\lambda}f_{\varkappa\gamma\delta\lambda}G_{\varkappa\lambda}.$$

Bedient man sich der Bezeichnung (7.) § 5, so ist nach Formel (16.) § 2

$$\sum_\lambda u_{45\lambda}\,u_{67\lambda} = 0$$

und mithin (D. § 8, (7.))

$$\sum_\lambda \sqrt{x_{\lambda4}\,x_{\lambda5}\,x_{\lambda6}\,x_{\lambda7}} = 0.$$

Setzt man

$$(7.)\qquad \sqrt{f}\,X_\alpha = 2\Pi_\lambda\sqrt{x_{\alpha\lambda}},$$

wo λ die sieben von α verschiedenen Indices durchläuft, so kann man diese Gleichung auf die Form bringen

$$(8.)\qquad X_0\sqrt{x_{23}\,x_{31}\,x_{12}}+X_1\sqrt{x_{02}\,x_{03}\,x_{23}}+X_2\sqrt{x_{03}\,x_{01}\,x_{31}}+X_3\sqrt{x_{01}\,x_{02}\,x_{12}} = 0$$

oder

$$-X_0u_{123}+X_1u_{023}+X_2u_{031}+X_3u_{012} = 0.$$

In dem System

$$\begin{matrix} 0 & u^0 & u' & u'' & u''' \\ X_0 & a_0^0 & a_0' & a_0'' & a_0''' \\ . & . & . & . & . \\ X_7 & a_7^0 & a_7' & a_7'' & a_7''' \end{matrix}$$

verschwinden folglich alle Determinanten fünften Grades, welche die erste Zeile enthalten, und mithin überhaupt alle Determinanten fünften Grades. Folglich lassen sich vier Grössen $X^{(\nu)}$ so bestimmen, dass

$$(9.)\qquad X_\lambda = \sum_\nu{}_0^3 a_\lambda^{(\nu)}X^{(\nu)},\qquad \sum_\nu{}_0^3 u^{(\nu)}X^{(\nu)} = 0$$

wird.

Nun folgt aus Gleichung (4.)

$$\sqrt{x_{\beta\gamma}}\,X_\alpha+\sqrt{x_{\gamma\alpha}}(\sqrt{x_{\alpha\beta}}\,G_{\alpha\beta})+\sqrt{x_{\alpha\beta}}(\sqrt{x_{\alpha\gamma}}\,G_{\alpha\gamma}) = 0,$$

oder nach Formel (8.) § 5

$$\begin{vmatrix} X_\alpha & \sqrt{x_{\alpha\beta}}\,G_{\alpha\beta} & \sqrt{x_{\alpha\gamma}}\,G_{\alpha\gamma} \\ p_\alpha & p_\beta & p_\gamma \\ q_\alpha & q_\beta & q_\gamma \end{vmatrix} = 0.$$

Daher lassen sich zwei Grössen P_α und Q_α so bestimmen, dass die Gleichungen

$$X_\alpha = P_\alpha p_\alpha + Q_\alpha q_\alpha, \quad \sqrt{x_{\alpha\beta}}\,G_{\alpha\beta} = P_\alpha p_\beta + Q_\alpha q_\beta$$

bestehen, die zweite für jeden von α verschiedenen Index β. Da aber $\sqrt{x_{\alpha\beta}}\,G_{\alpha\beta}$ ungeändert bleibt, wenn man α mit β vertauscht, so ergiebt sich leicht, dass sich drei von den Indices 0, 1, ... 7 unabhängige Grössen A, B, C so bestimmen lassen, dass $P_\alpha = Ap_\alpha + Bq_\alpha$, $Q_\alpha = Bp_\alpha + Cq_\alpha$ wird. Mithin ist

$$X_\alpha = Ap_\alpha^2 + 2Bp_\alpha q_\alpha + Cq_\alpha^2 \quad \text{und} \quad \sqrt{x_{\alpha\beta}}\,G_{\alpha\beta} = Ap_\alpha p_\beta + B(p_\alpha q_\beta + q_\alpha p_\beta) + Cq_\alpha q_\beta.$$

Nun bleiben aber die Formeln (8.) § 5, durch welche die Grössen p_α, q_α definirt sind, ungeändert, wenn man diese Grössen durch $ap_\alpha + bq_\alpha$, $cp_\alpha + dq_\alpha$ ersetzt, wo $ad - bc = 1$ ist. Daher kann man diese Grössen so wählen, dass die eben entwickelten Gleichungen die Form

$$(10.) \quad X_\alpha = 2\sqrt{G}\,p_\alpha q_\alpha, \quad \sqrt{x_{\alpha\beta}}\,G_{\alpha\beta} = \sqrt{G}(p_\alpha q_\beta + q_\alpha p_\beta).$$

annehmen. Mithin ist

$$(11.) \quad \frac{G_{\alpha\beta}}{\sqrt{G}} = \frac{p_\alpha q_\beta + q_\alpha p_\beta}{p_\alpha q_\beta - p_\alpha q_\beta}.$$

Aus der Identität

$$(p_\alpha q_\beta + q_\alpha p_\beta)^2 = (p_\alpha q_\beta - q_\alpha p_\beta)^2 + 4p_\alpha q_\alpha p_\beta q_\beta$$

folgt

$$(12.) \quad G = G_{\alpha\beta}^2 - \frac{X_\alpha X_\beta}{x_{\alpha\beta}}.$$

Ferner besteht die identische Gleichung

$$\underset{0}{\Pi}\left(\frac{p_0 q_\lambda + q_0 p_\lambda}{p_0 q_\lambda - q_0 p_\lambda}\right) + \underset{1}{\Pi}\left(\frac{p_1 q_\lambda + q_1 p_\lambda}{p_1 q_\lambda - q_1 p_\lambda}\right) + \cdots + \underset{n-1}{\Pi}\left(\frac{p_{n-1} q_\lambda + q_{n-1} p_\lambda}{p_{n-1} q_\lambda - q_{n-1} p_\lambda}\right) = 0 \text{ oder } 1,$$

je nachdem n gerade oder ungerade ist. In dem mit $\underset{\alpha}{\Pi}$ bezeichneten Producte sind für λ alle Werthe von 0 bis $n-1$ zu setzen mit Ausschluss von α. Demnach ist

$$(13.) \quad G_{\alpha\beta} + G_{\beta\alpha} = 0, \quad G_{\alpha\beta}G_{\alpha\gamma}G_{\alpha\delta} + G_{\beta\alpha}G_{\beta\gamma}G_{\beta\delta} + G_{\gamma\alpha}G_{\gamma\beta}G_{\gamma\delta} + G_{\delta\alpha}G_{\delta\beta}G_{\delta\gamma} = 0, \text{ u. s. w.,}$$

dagegen

$$(14.)\quad \begin{cases} G_{\alpha\beta}G_{\alpha\gamma}+G_{\beta\alpha}G_{\beta\gamma}+G_{\gamma\alpha}G_{\gamma\beta} = G, \\ G_{\alpha\beta}G_{\alpha\gamma}G_{\alpha\delta}G_{\alpha\varepsilon}+\cdots+G_{\varepsilon\alpha}G_{\varepsilon\beta}G_{\varepsilon\gamma}G_{\varepsilon\delta} = G^2, \quad \text{u. s. w.} \end{cases}$$

Ersetzt man in der Gleichung $G_{01}G_{02}+G_{10}G_{12}+G_{20}G_{21}=G$ nach § 6 $x_{\alpha\beta}$ durch $x'_{\alpha\beta}$, so erkennt man, dass $G'=G$ ist. Macht man dieselbe Uebertragung in dem Ausdrucke $G_{01}G_{04}+G_{10}G_{14}+G_{40}G_{41}=G$, so erhält man

$$(15.)\quad G_{\varkappa\alpha\beta\gamma}G_{\lambda\alpha\beta\gamma}+G_{\varkappa\lambda}(f_{\varkappa\alpha\beta\gamma}G_{\lambda\alpha\beta\gamma}-f_{\lambda\alpha\beta\gamma}G_{\varkappa\alpha\beta\gamma}) = f_{\varkappa\alpha\beta\gamma}f_{\lambda\alpha\beta\gamma}G.$$

Dass die durch die Formeln (14.) und (15.) bestimmte ganze Function sechsten Grades G von den Indices unabhängig ist, gilt natürlich nur unter der Bedingung $F=0$.

§ 12.

Relationen zwischen den Covarianten G_α und den Differentialen der Wurzelfunctionen.

Setzt man, falls x ein beliebiger Punkt ist und die Quadratwurzeln willkürlich gewählt werden,

$$\sqrt{x_{\varkappa\lambda}x_{\mu\nu}}+\sqrt{x_{\varkappa\mu}x_{\nu\lambda}}+\sqrt{x_{\varkappa\nu}x_{\lambda\mu}} = P,$$

$$\sqrt{x_{\varkappa\lambda}x_{\mu\nu}}-\sqrt{x_{\varkappa\mu}x_{\nu\lambda}}-\sqrt{x_{\varkappa\nu}x_{\lambda\mu}} = P', \quad \text{u. s. w.,}$$

so ist

$$f^2_{\varkappa\lambda\mu\nu}F = PP'P''P'''$$

und folglich

$$f^2_{\varkappa\lambda\mu\nu}\delta F = P'P''P'''\delta P+PP''P'''\delta P'+\cdots.$$

Liegt nun der Punkt x auf der Curve $F=0$, der Punkt $x+\delta x$ aber nicht, so ist $P=0$, $P'=2\sqrt{x_{\varkappa\lambda}x_{\mu\nu}}$, u. s. w. und folglich

$$(1.)\quad f^2_{\varkappa\lambda\mu\nu}\delta F = 8\sqrt{x_{\varkappa\lambda}x_{\mu\nu}x_{\varkappa\mu}x_{\nu\lambda}x_{\varkappa\nu}x_{\lambda\mu}}\,\delta(\sqrt{x_{\varkappa\lambda}x_{\mu\nu}}+\sqrt{x_{\varkappa\mu}x_{\nu\lambda}}+\sqrt{x_{\varkappa\nu}x_{\lambda\mu}}).$$

Nun ist, wenn x ein beliebiger Punkt ist,

$$\tfrac{1}{4}mf^2_{\varkappa\lambda\mu\nu}G_{\varkappa\lambda\mu\nu} = \sqrt{x_{\varkappa\lambda}x_{\mu\nu}x_{\varkappa\mu}x_{\nu\lambda}x_{\varkappa\nu}x_{\lambda\mu}}\,\frac{\partial(\sqrt{x_{\varkappa\lambda}x_{\mu\nu}},\sqrt{x_{\varkappa\mu}x_{\nu\lambda}},\sqrt{x_{\varkappa\nu}x_{\lambda\mu}})}{\partial(x',x'',x''')}.$$

Multiplicirt man die Functionaldeterminante mit der Determinante $(x, dx, \delta x)$, wo d und δ Differentiale nach verschiedenen Richtungen sind, so erhält man

$$\frac{mf^2_{\varkappa\lambda\mu\nu}G_{\varkappa\lambda\mu\nu}(x,dx,\delta x)}{4\sqrt{x_{\varkappa\lambda}x_{\mu\nu}x_{\varkappa\mu}x_{\nu\lambda}x_{\varkappa\nu}x_{\lambda\mu}}} = \begin{vmatrix} \sqrt{x_{\varkappa\lambda}x_{\mu\nu}} & \sqrt{x_{\varkappa\mu}x_{\nu\lambda}} & \sqrt{x_{\varkappa\nu}x_{\lambda\mu}} \\ d\sqrt{x_{\varkappa\lambda}x_{\mu\nu}} & d\sqrt{x_{\varkappa\mu}x_{\nu\lambda}} & d\sqrt{x_{\varkappa\nu}x_{\lambda\mu}} \\ \delta\sqrt{x_{\varkappa\lambda}x_{\mu\nu}} & \delta\sqrt{x_{\varkappa\mu}x_{\nu\lambda}} & \delta\sqrt{x_{\varkappa\nu}x_{\lambda\mu}} \end{vmatrix}.$$

Ist jetzt x ein Punkt auf der Curve $F=0$ und $x+dx$ der unendlich nahe Punkt auf derselben, so ist das Differential

$$(2.)\qquad \frac{2m(x, dx, \delta x)}{\delta F} = \varDelta$$

von den (willkürlichen) Grössen $\delta x'$, $\delta x''$, $\delta x'''$ unabhängig. Addirt man dann in der obigen Determinante zu den Elementen der letzten Colonne die der beiden ersten, so erhält man nach Formel (1.)

$$(3.)\qquad G_{\varkappa\lambda\mu\nu}(x)\varDelta = \sqrt{x_{\varkappa\lambda}x_{\mu\nu}}\,d\sqrt{x_{\varkappa\mu}x_{\nu\lambda}} - \sqrt{x_{\varkappa\mu}x_{\nu\lambda}}\,d\sqrt{x_{\varkappa\lambda}x_{\mu\nu}},$$

z. B. ist

$$G'_{1234}(x)\varDelta = \sqrt{x'_{12}x'_{34}}\,d\sqrt{x'_{13}x'_{42}} - \sqrt{x'_{13}x'_{42}}\,d\sqrt{x'_{12}x'_{34}},$$

und folglich

$$f_{0423}G_{04}\varDelta = \sqrt{x_{02}x_{42}}\,d\sqrt{x_{03}x_{43}} - \sqrt{x_{03}x_{43}}\,d\sqrt{x_{02}x_{42}}.$$

Ebenso ist allgemein

$$(4.)\qquad f_{\alpha\beta\varkappa\lambda}G_{\alpha\beta}\varDelta = \sqrt{x_{\alpha\varkappa}x_{\beta\varkappa}}\,d\sqrt{x_{\alpha\lambda}x_{\beta\lambda}} - \sqrt{x_{\alpha\lambda}x_{\beta\lambda}}\,d\sqrt{x_{\alpha\varkappa}x_{\beta\varkappa}}.$$

Diesen Formeln zufolge wird die Curve vierter Ordnung in jedem ihrer Schnittpunkte mit der Curve $G_{\alpha}=0$ von einem Kegelschnitt vierpunktig berührt, der sie ausserdem noch in zwei Punkten einfach berührt (*Steiner*, l. c. IV; *Hesse*, dieses Journal Bd. 49, S. 263).

Aus der Gleichung (4.) folgt

$$f_{\alpha\beta\varkappa\lambda}x_{\alpha\beta}G_{\alpha\beta}\varDelta = u_{\alpha\beta\varkappa}du_{\alpha\beta\lambda} - u_{\alpha\beta\lambda}du_{\alpha\beta\varkappa}.$$

Dieser Ausdruck ist aber identisch gleich $f_{\alpha\beta\varkappa\lambda}(u, du, a_{\varkappa}, a_{\lambda})$, und mithin ist

$$(5.)\qquad x_{\alpha\beta}G_{\alpha\beta}\varDelta = (u, du, a_{\alpha}, a_{\beta}).$$

Nach Formel (10.) § 11 ist

$$(6.)\qquad x_{\alpha\beta}G_{\alpha\beta} = \sqrt{G}(p_{\alpha}^2 q_{\beta}^2 - q_{\alpha}^2 p_{\beta}^2).$$

Entwickelt man daher die Determinante (9.) § 5 nach den Elementen der zweiten Colonne, so erhält man

$$X_{\alpha}x_{\beta\gamma}G_{\beta\gamma} + X_{\beta}x_{\gamma\alpha}G_{\gamma\alpha} + X_{\gamma}x_{\alpha\beta}G_{\alpha\beta} = 2G\sqrt{x_{\beta\gamma}x_{\gamma\alpha}x_{\alpha\beta}}$$

und folglich

$$(\sum_{\nu} a_{\alpha}^{(\nu)}X^{(\nu)})(u, du, a_{\beta}, a_{\gamma}) + (\sum_{\nu} a_{\beta}^{(\nu)}X^{(\nu)})(u, du, a_{\gamma}, a_{\alpha})$$
$$+ (\sum_{\nu} a_{\gamma}^{(\nu)}X^{(\nu)})(u, du, a_{\alpha}, a_{\beta}) = 2\varDelta . G(u, a_{\alpha}, a_{\beta}, a_{\gamma}).$$

Der Ausdruck auf der linken Seite ist aber identisch gleich

$$-(\sum_\nu X^{(\nu)} u^{(\nu)})(du, a_\alpha, a_\beta, a_\gamma) + (\sum_\nu X^{(\nu)} du^{(\nu)})(u, a_\alpha, a_\beta, a_\gamma),$$

und mithin ist nach Formel (9.) § 11

$$(7.)\qquad 2G\varDelta = \sum_\nu X^{(\nu)} du^{(\nu)} = -\sum_\nu u^{(\nu)} dX^{(\nu)}.$$

Nach Gleichung (3.) ist

$$G_{540\lambda}\varDelta = -\sqrt{x_{45}x_{0\lambda}}\, d\sqrt{x_{05}x_{4\lambda}} + \sqrt{x_{05}x_{4\lambda}}\, d\sqrt{x_{45}x_{0\lambda}}.$$

Multiplicirt man diese Gleichung mit $f_{123\lambda}$ und summirt nach λ von 0 bis 7, so erhält man nach Formel (1.) § 11 und (3.) § 5

$$2\sqrt{x_{54}x_{40}x_{05}x_{23}x_{31}x_{12}}\,\varDelta = -\sqrt{x_{45}x_{05}}\sum_\lambda f_{123\lambda}(\sqrt{x_{0\lambda}}\,d\sqrt{x_{4\lambda}} - \sqrt{x_{4\lambda}}\,d\sqrt{x_{0\lambda}})$$

oder

$$\sqrt{x_{23}x_{31}x_{12}x_{04}}\,\varDelta = \sum_\lambda f_{123\lambda}\sqrt{x_{4\lambda}}\,d\sqrt{x_{0\lambda}}$$

und allgemein

$$(8.)\qquad \sqrt{x_{\sigma\tau}x_{\tau\varrho}x_{\varrho\sigma}x_{\alpha\beta}}\,\varDelta = \sum_\lambda f_{\lambda\varrho\sigma\tau}\sqrt{x_{\alpha\lambda}}\,d\sqrt{x_{\beta\lambda}}.$$

Ersetzt man $x_{\alpha\beta}$ durch $x'_{\alpha\beta}$, so erhält man

$$f_{0567}\sqrt{x_{01}x_{02}x_{03}x_{04}}\,\varDelta = \sqrt{f}(\sqrt{x_{67}}\,d\sqrt{x_{05}} + \sqrt{x_{75}}\,d\sqrt{x_{06}} + \sqrt{x_{56}}\,d\sqrt{x_{07}})$$

und allgemein

$$(9.)\qquad f_{\varkappa\lambda\mu\nu}\sqrt{x_{\varkappa\alpha}x_{\varkappa\beta}x_{\varkappa\gamma}x_{\varkappa\delta}}\,\varDelta = \sqrt{f}(\sqrt{x_{\mu\nu}}\,d\sqrt{x_{\varkappa\lambda}} + \sqrt{x_{\nu\lambda}}\,d\sqrt{x_{\varkappa\mu}} + \sqrt{x_{\lambda\mu}}\,d\sqrt{x_{\varkappa\nu}}).$$

Multiplicirt man mit $2\sqrt{x_{\varkappa\lambda}x_{\varkappa\mu}x_{\varkappa\nu}}$, so erhält man

$$-f_{\varkappa\lambda\mu\nu}X_\varkappa\varDelta = u_{\varkappa\mu\nu}dx_{\varkappa\lambda} + u_{\varkappa\nu\lambda}dx_{\varkappa\mu} + u_{\varkappa\lambda\mu}dx_{\varkappa\nu},$$

also nach (9.) § 11, (10.) § 1 und (3.) § 3

$$(\sum_\nu a_\varkappa^{(\nu)} X^{(\nu)})\varDelta = \sum_{\mu,\nu} u^{(\mu)} a_\varkappa^{(\nu)} dx^{\mu,\nu},$$

und da diese Gleichung für alle Werthe von $\varkappa$ gilt,

$$(10.)\qquad \varDelta = \frac{\sum_\mu u^{(\mu)} dx^{\mu,\nu}}{X^{(\nu)}} = \frac{-\sum_\mu x^{\mu,\nu} du^{(\mu)}}{X^{(\nu)}} = \frac{G(dx;u,v)}{\sum X^{(\nu)} v^{(\nu)}} = \frac{-G(x;du,v)}{\sum X^{(\nu)} v^{(\nu)}}.$$

Daraus *) folgt

$$(\sum_\nu X^{(\nu)} du^{(\nu)})\varDelta = \sum_{\mu,\nu} u^{(\mu)} du^{(\nu)} dx^{(\mu,\nu)} = -\sum_\mu x^{\mu,\nu} du^{(\mu)} du^{(\nu)},$$

---

*) Nach Formel (10.) ist $\varDelta$ mit dem Differential identisch, welches Herr *Schottky* (l. c. § 17, S. 102) mit $R^{-\frac{2}{3}}\varDelta$ bezeichnet. Die Grössen x', x'', x''' sind gleich den Producten aus $R^{-\frac{1}{3}}$ in die Ausdrücke, die er H, $\overline{H}$, $\overline{\overline{H}}$ nennt, und es ist $X_0 = R^{\frac{1}{3}}$.

und mithin ist nach (7.)

$$2G\Delta^2 = \sum_{\mu,\nu} u^{(\mu)} du^{(\nu)} dx^{\mu,\nu}.$$

Nun ist aber nach (10.) § 5 in der Determinante vierten Grades $|x^{\mu,\nu}| = F = 0$ die dem Elemente $x^{\mu,\nu}$ entsprechende Unterdeterminante gleich $2u^{(\mu)}u^{(\nu)}$. Mithin ist

$$dF = 2\sum_{\mu,\nu} u^{(\mu)} u^{(\nu)} dx^{\mu,\nu},$$

falls $F = 0$ ist, und

$$d^2F = 4\sum_{\mu,\nu} u^{(\mu)} du^{(\nu)} dx^{(\mu,\nu)},$$

falls auch $dF = 0$ ist. Daher ist $8G\Delta^2 = d^2F$ oder, weil $F = dF = 0$ ist,

$$-288G.m^2(x, dx, \delta x)^2 = \begin{vmatrix} 12F & 3dF & 3\delta F \\ 3dF & d^2F & d\delta F \\ 3\delta F & \delta dF & \delta^2 F \end{vmatrix}$$

und folglich

$$(11.) \qquad -288m^2G(x) = \left| \frac{\partial^2 F}{\partial x^{(\mu)} \partial x^{(\nu)}} \right| \qquad (\mu, \nu = 1, 2, 3).$$

Nach Formel (8.) ist

$$(u, a_\varrho, a_\sigma, a_\tau)\sqrt{x_{\alpha\beta}}\,\Delta = \sum_\lambda (a_\lambda, a_\varrho, a_\sigma, a_\tau)\sqrt{x_{\alpha\lambda}}\, d\sqrt{x_{\beta\lambda}}$$

und mithin auch, wenn z ein willkürlicher Punkt ist,

$$(\sum_\lambda u^{(\nu)} z^{(\nu)})\sqrt{x_{\alpha\beta}}\,\Delta = \sum_\lambda z_\lambda \sqrt{x_{\alpha\lambda}}\, d\sqrt{x_{\beta\lambda}}$$

oder

$$(\sum_\nu u^{(\nu)} z^{(\nu)})(p_\alpha q_\beta - q_\alpha p_\beta)\Delta = \sum_\lambda z_\lambda (p_\alpha q_\lambda - q_\alpha p_\lambda)(p_\beta dq_\lambda - q_\beta dp_\lambda),$$

weil

$$\sum_\lambda z_\lambda g(p_\lambda, q_\lambda) = 0$$

ist, falls g eine beliebige quadratische Function ist (D. § 8). Vertauscht man α und β und zieht die neue Gleichung von der ursprünglichen ab, so erhält man

$$(12.) \qquad (\sum_\nu u^{(\nu)} z^{(\nu)})\Delta = \sum_\lambda z_\lambda q_\lambda dp_\lambda = -\sum_\lambda z_\lambda p_\lambda dq_\lambda.$$

Aus der Gleichung (7.) folgt

$$-2f_{\alpha\beta\gamma\delta}G\Delta = u_{\beta\gamma\delta}dX_\alpha + u_{\alpha\delta\gamma}dX_\beta + u_{\alpha\beta\delta}dX_\gamma + u_{\alpha\gamma\beta}dX_\delta,$$

und mithin ist nach (9.) § 5 und (10.) § 11

$$(13.) \qquad f_{\alpha\beta\gamma\delta}\sqrt{G}\,\Delta = |d(p_\lambda q_\lambda),\ p_\lambda^2,\ p_\lambda q_\lambda,\ q_\lambda^2| \qquad (\lambda = \alpha, \beta, \gamma, \delta).$$

Ferner ist identisch

$$(u,\, du,\, a_\alpha,\, a_\beta)(du,\, a_\alpha,\, a_\gamma,\, a_\delta)+(u,\, du,\, a_\alpha,\, a_\gamma)(du,\, a_\alpha,\, a_\delta,\, a_\beta)$$
$$+(u,\, du,\, a_\alpha,\, a_\delta)(du,\, a_\alpha,\, a_\beta,\, a_\gamma) = 0$$

und daher

$$x_{\alpha\beta} G_{\alpha\beta} d\sqrt{x_{\alpha\gamma} x_{\alpha\delta} x_{\gamma\delta}}+x_{\alpha\gamma} G_{\alpha\gamma} d\sqrt{x_{\alpha\delta} x_{\alpha\beta} x_{\delta\beta}}+x_{\alpha\delta} G_{\alpha\delta} d\sqrt{x_{\alpha\beta} x_{\alpha\gamma} x_{\beta\gamma}} = 0.$$

Ebenso zeigt man, dass auch

$$x_{\alpha\beta} G_{\alpha\beta} \sqrt{x_{\alpha\gamma} x_{\alpha\delta} x_{\gamma\delta}}+x_{\alpha\gamma} G_{\alpha\gamma} \sqrt{x_{\alpha\delta} x_{\alpha\beta} x_{\delta\beta}}+x_{\alpha\delta} G_{\alpha\delta} \sqrt{x_{\alpha\beta} x_{\alpha\gamma} x_{\beta\gamma}} = 0$$

oder einfacher

$$(14.)\qquad G_{\alpha\beta}\sqrt{x_{\alpha\beta} x_{\gamma\delta}}+G_{\alpha\gamma}\sqrt{x_{\alpha\gamma} x_{\delta\beta}}+G_{\alpha\delta}\sqrt{x_{\alpha\delta} x_{\beta\gamma}} = 0$$

ist. Mithin ist auch

$$\sqrt{x_{\alpha\gamma} x_{\alpha\delta} x_{\gamma\delta}}\, d\Big(\frac{x_{\alpha\beta} G_{\alpha\beta}}{\sqrt{G}}\Big)+\sqrt{x_{\alpha\delta} x_{\alpha\beta} x_{\delta\beta}}\, d\Big(\frac{x_{\alpha\gamma} G_{\alpha\gamma}}{\sqrt{G}}\Big)+\sqrt{x_{\alpha\beta} x_{\alpha\gamma} x_{\beta\gamma}}\, d\Big(\frac{x_{\alpha\delta} G_{\alpha\delta}}{\sqrt{G}}\Big) = 0,$$

also nach (9.) § 5 und (6.)

$$|p_\alpha^2 d(q_\lambda^2)-q_\alpha^2 d(p_\lambda^2),\ p_\lambda^2,\ p_\lambda q_\lambda,\ q_\lambda^2| = 0 \qquad (\lambda = \alpha, \beta, \gamma, \delta).$$

Da hier für α auch β, γ, δ gesetzt werden darf, so zerfällt diese Gleichung in die zwei Gleichungen

$$(15.)\qquad \begin{cases} |d(p_\lambda^2),\ p_\lambda^2,\ p_\lambda q_\lambda,\ q_\lambda^2| = 0, \\ |d(q_\lambda^2),\ p_\lambda^2,\ p_\lambda q_\lambda,\ q_\lambda^2| = 0. \end{cases} \qquad (\lambda = \alpha, \beta, \gamma, \delta).$$

§ 13.

Ueber eine Klasse von Covarianten vierten Grades.

Nach Formel (5.) oder (6.) § 12 ist der Ausdruck

$$x_{01} x_{23} G_{01} G_{23}+x_{02} x_{31} G_{02} G_{31}+x_{03} x_{12} G_{03} G_{12}$$

durch F theilbar. Der Quotient $\Phi(x)$ ist eine ganze Function vierten Grades von x. Da $G_{\alpha\beta}$ verschwindet, wenn $x_{\alpha\gamma} = x_{\beta\gamma} = 0$ ist, so ist $\Phi = 0$, wenn irgend zwei der sechs Functionen $x_{\alpha\beta}$ $(\alpha, \beta = 0, 1, 2, 3)$ verschwinden, mit Ausnahme von x_{01} und x_{23}, x_{02} und x_{31}, x_{03} und x_{12}. Daher lässt sich diese Function auf die Form

$$\Phi = p\, x_{02} x_{31} x_{03} x_{12}+q\, x_{03} x_{12} x_{01} x_{23}+r\, x_{01} x_{23} x_{02} x_{31}$$

bringen. Sei zur Abkürzung

$$(1.)\qquad f^2 p_{01,23} = \Pi_{\lambda}{}_5^7 f_{014\lambda} f_{234\lambda},\qquad f^2 p_{02,31} = \Pi_{\lambda}{}_5^7 f_{024\lambda} f_{314\lambda},\qquad f^2 p_{03,12} = \Pi_{\lambda}{}_5^7 f_{034\lambda} f_{124\lambda},$$

wo der Index 4 nur scheinbar bevorzugt ist. Setzt man dann $x_{01} = x_{23} = 0$, so ist nach Formel (7.) § 4

$$G_{02} = G_{13} = m f_{0123} p_{01,23} x_{03} x_{12},$$
$$G_{03} = G_{12} = m f_{0123} p_{01,23} x_{02} x_{13}$$

und folglich

$$pF = m^2 f_{0123}^2 p_{01,23}^2 (x_{02} x_{13} - x_{03} x_{12}),$$

also da

$$f_{0123}^2 F = (x_{01} x_{23} + x_{02} x_{31} - x_{03} x_{12})^2 - 4 x_{01} x_{23} x_{02} x_{31}$$

und $x_{01} = 0$ ist,

$$p(x_{02} x_{13} - x_{03} x_{12}) = m^2 f_{0123}^4 p_{01,23}^2.$$

Aus der Gleichung

$$f_{0145}\, x\begin{pmatrix} 0\,1\,2\,3 \\ 0\,1\,2\,3 \end{pmatrix} = f_{0123}\, x\begin{pmatrix} 0\,1\,4\,5 \\ 0\,1\,2\,3 \end{pmatrix}$$

folgt, wenn $x_{01} = x_{23} = 0$ ist,

$$f_{0145}(x_{02} x_{13} - x_{03} x_{12}) = f_{0123}(x_{04} x_{15} - x_{05} x_{14}).$$

Nun ist aber

$$\begin{aligned} x_{04} x_{15} - x_{05} x_{14} &= [04, 01, 23][15, 10, 23] - [05, 01, 23][14, 10, 23] \\ &= m^2 f_{0123}^3 f_{0145} p_{01,23} \end{aligned}$$

und folglich

$$x_{02} x_{13} - x_{03} x_{12} = m^2 f_{0123}^4 p_{01,23}.$$

Mithin ist $p = p_{01,23}$ und daher

$$(2.)\quad \begin{cases} (x_{01} x_{23} G_{01} G_{23} + x_{02} x_{31} G_{02} G_{31} + x_{03} x_{12} G_{03} G_{12}) \\ = F(x)(p_{01,23} x_{02} x_{31} x_{03} x_{12} + p_{02,31} x_{03} x_{12} x_{01} x_{23} + p_{03,12} x_{01} x_{23} x_{02} x_{31}). \end{cases}$$

Setzt man

$$T_{\alpha\alpha} = F, \quad T_{\alpha\beta} = -T_{\beta\alpha} = x_{\alpha\beta} G_{\alpha\beta},$$

so ist nach Gleichung (12.) § 8 $\sum_\lambda T_{\alpha\lambda} z_\lambda = 0$, und folglich lassen sich (vgl. D. § 7) die Grössen $T_\alpha^{(\nu)}$ so bestimmen, dass $T_{\alpha\beta} = \sum_\nu {}_0^3 T_\alpha^{(\nu)} a_\beta^{(\nu)}$ wird. Aus der Gleichung (16.) § 2 ergiebt sich daher $\sum_\lambda T_{\alpha\lambda} T_{\beta\lambda} = 0$ oder

$$(3.)\quad \sum_\lambda x_{\alpha\lambda} G_{\alpha\lambda} x_{\lambda\beta} G_{\lambda\beta} = e_{\alpha\beta} F^2.$$

Die Grössen $x_{\alpha\beta} G_{\alpha\beta}$ bilden also ein alternirendes orthogonales System, für welches die Summe der Quadrate der Elemente jeder Reihe gleich $-F^2$

ist. Folglich ist

$$|x_{\alpha\beta}G_{\alpha\beta}| = |x_{\varkappa\lambda}G_{\varkappa\lambda}| \qquad (\alpha, \beta = 0, 1, 2, 3;\ \varkappa, \lambda = 4, 5, 6, 7),$$

also wenn man die Quadratwurzel auszieht:

$$(4.)\quad \begin{cases} x_{01}x_{23}G_{01}G_{23}+x_{02}x_{31}G_{02}G_{31}+x_{03}x_{12}G_{03}G_{12} \\ = x_{45}x_{67}G_{45}G_{67}+x_{46}x_{75}G_{46}G_{75}+x_{47}x_{56}G_{47}G_{56}. \end{cases}$$

Den Beweis dafür, dass das Vorzeichen richtig bestimmt ist, will ich hier übergehen. Mithin ist auch

$$\Phi = p_{45,67}x_{46}x_{75}x_{47}x_{56}+p_{46,75}x_{47}x_{56}x_{45}x_{67}+p_{47,56}x_{45}x_{67}x_{46}x_{75},$$

wo

$$f^2 p_{45,67} = \Pi_{\lambda\,1}^{3} f_{450\lambda} f_{670\lambda}$$

u. s. w. ist.

Die Curve vierter Ordnung $\Phi = 0$ geht also nicht nur durch zwölf Schnittpunkte der sechs Geraden $a_{\alpha\beta}$ $(\alpha, \beta = 0, 1, 2, 3)$, sondern auch durch zwölf Schnittpunkte der sechs Geraden $a_{\varkappa\lambda}$ $(\varkappa, \lambda = 4, 5, 6, 7)$. Auszuschliessen sind von den bezeichneten Schnittpunkten die sechs Punkte

$$(5.)\quad (a_{01}, a_{23}),\quad (a_{02}, a_{31}),\quad (a_{03}, a_{12}),\quad (a_{45}, a_{67}),\quad (a_{46}, a_{75}),\quad (a_{47}, a_{56}).$$

Dieselben liegen bekanntlich (*Steiner* l. c. II.) auf einem Kegelschnitt.

Wie ich beiläufig bemerke, ergiebt sich dieser Satz unmittelbar aus der Gleichung (9.) § 4, sowie der analoge Satz, dass die sechs Punkte

$$(6.)\quad (a_{0\lambda}, a_{1\lambda}) \qquad (\lambda = 2, 3, \ldots 7)$$

auf einem Kegelschnitt liegen, aus der Gleichung (3.) § 4. Denn aus dieser Formel

$$\Sigma_{\lambda\,2}^{7} \frac{x_{0\lambda}x_{1\lambda}y_{0\lambda}y_{1\lambda}}{f_{01\lambda}} = 0$$

folgt durch Polarenbildung

$$\Sigma \frac{(x_{0\lambda}\xi_{1\lambda}+x_{1\lambda}\xi_{0\lambda})(y_{0\lambda}\eta_{1\lambda}+y_{1\lambda}\eta_{0\lambda})}{f_{01\lambda}} = 0,$$

also, wenn man $\xi = y$ und $\eta = x$ setzt,

$$\Sigma \frac{(x_{0\lambda}y_{1\lambda}+x_{1\lambda}y_{0\lambda})^2}{f_{01\lambda}} = 0.$$

Aus dieser Gleichung und der ursprünglichen erhält man die Relation

$$\Sigma_{\lambda} \frac{(x_{0\lambda}y_{1\lambda}-x_{1\lambda}y_{0\lambda})^2}{f_{01\lambda}} = 0,$$

welche den Beweis für die aufgestellte Behauptung enthält.

Aus der Identität

$$N(\sqrt{y+z}+\sqrt{z+x}+\sqrt{x+y}) = -4(yz+zx+xy)$$

ergiebt sich, dass die Curve $\Phi = 0$ in den vier Schnittpunkten der beiden Linienpaare $x_{01}x_{23} = 0$ und $x_{02}x_{31} = 0$ von dem Kegelschnitt

$$\frac{x_{01}x_{23}}{p_{01,23}}+\frac{x_{02}x_{31}}{p_{02,31}} = 0$$

berührt wird. Ein gewisses System von Berührungskegelschnitten dieser Curve gehört also dem Kegelschnittnetze

$$p x_{01}x_{23}+q x_{02}x_{31}+r x_{03}x_{12} = 0$$

an, und zwar berührt ein Kegelschnitt dieses Netzes die Curve, wenn

$$N(\sqrt{pp_{01,23}}+\sqrt{qp_{02,31}}+\sqrt{rp_{03,12}} = 0$$

ist. Die beiden Curven $F = 0$ und $\Phi = 0$ haben also die Covariante G_{0123} gemeinsam. Um eine solche Curve $\Phi = 0$ zu erhalten, muss man die sechs Linienpaare (5.) einer *Steiner*schen Gruppe beliebig in zwei Systeme von drei Linienpaaren zerlegen. Demnach entsprechen jeder der 63 *Steiner*schen Gruppen zehn Curven $\Phi = 0$.

§ 14.

Die kubischen Polaren der Schnittpunkte der Doppeltangenten.

Unter den Covarianten dritten Grades, die sich in einfacher Weise durch die Functionen G_a ausdrücken lassen, befinden sich auch die kubischen Polaren der Schnittpunkte der Doppeltangenten. Aus der Gleichung (9.) § 2 folgt

$$\tfrac{1}{2}f_{0123}^2 \sum_\nu \frac{\partial F}{\partial x^{(\nu)}} y^{(\nu)} = -y_{01}x\binom{1\,2\,3}{0\,2\,3}+y_{02}x\binom{1\,2\,3}{0\,1\,3}-y_{03}x\binom{1\,2\,3}{0\,1\,2}$$
$$-y_{23}x\binom{0\,1\,3}{0\,1\,2}+y_{13}x\binom{0\,2\,3}{0\,1\,2}-y_{12}x\binom{0\,2\,3}{0\,1\,3}.$$

Bezeichnet man die Functionaldeterminante $\frac{\partial(P, Q, R)}{\partial(x', x'', x''')}$ kurz mit $[P, Q, R]$, so ergiebt sich daraus, indem man $y_{02} = y_{13} = 0$ setzt, nach Gleichung (9.) § 8

$$-\tfrac{1}{2}f_{0123}^2[F, x_{02}, x_{13}] = \sum_\lambda (f_{013\lambda}(f_{023\lambda}y_{21}+f_{012\lambda}y_{23})G_{0\lambda}+f_{123\lambda}(f_{023\lambda}y_{01}+f_{012\lambda}y_{03})G_{2\lambda}),$$

wo

$$y_{\alpha\beta} = [\alpha\beta,\ 02,\ 13]$$

ist. Nun ist aber nach (1.) § 3

$$f_{023\lambda}y_{21}+f_{012\lambda}y_{23} = f_{0123}y_{2\lambda}+f_{123\lambda}y_{20},$$
$$f_{023\lambda}y_{01}+f_{012\lambda}y_{03} = f_{0123}y_{0\lambda}+f_{013\lambda}y_{02},$$

also weil $y_{02}=0$ ist,

$$-\tfrac{1}{2}f_{0123}[F, x_{02}, x_{13}] = \sum_{\lambda}{}_4^7(f_{013\lambda}y_{2\lambda}G_{0\lambda}-f_{213\lambda}y_{0\lambda}G_{2\lambda}).$$

Hier ist z. B.

$$y_{04}=[04, 02, 13]=-\frac{m}{f}f_{1302}f_{1304}f_{0425}f_{0426}f_{0427},$$

$$y_{24}=[24, 20, 13]=-\frac{m}{f}f_{1320}f_{1324}f_{2405}f_{2406}f_{2407}.$$

In der Summe für $\frac{f}{2m}[F, x_{02}, x_{13}]$ ist daher das dem Index $\lambda=4$ entsprechende Glied gleich

$$f_{0134}f_{2134}f_{0245}f_{0246}f_{0247}(G_{04}-G_{24}).$$

Nun ist aber nach Formel (9.) § 8

$$\sum_{\lambda}f_{02\lambda\alpha}f_{02\lambda\beta}(G_{0\lambda}-G_{2\lambda}) = 0$$

und folglich auch

$$\sum_{\lambda}(f_{0135}f_{2135}f_{0254}f_{02\lambda6}f_{02\lambda7}+f_{0136}f_{2136}f_{0264}f_{02\lambda7}f_{02\lambda5}$$
$$+f_{0137}f_{2137}f_{0274}f_{02\lambda5}f_{02\lambda6})(G_{0\lambda}-G_{2\lambda}) = 0.$$

In dieser Summe haben die den Indices $\lambda=5, 6, 7$ entsprechenden Glieder dieselben Coefficienten, wie in der obigen Summe. Dasselbe gilt von dem Coefficienten von $G_{04}-G_{24}$, der gleich

$$-f_{0245}f_{0246}f_{0247}(f_{0135}f_{2135}+f_{0136}f_{2136}+f_{0137}f_{2137}) = f_{0134}f_{2134}f_{0245}f_{0246}f_{0247}$$

ist. Dagegen hat $G_{01}-G_{21}$ den Coefficienten

$$f_{0135}f_{2135}f_{0254}f_{0216}f_{0217}+f_{0136}f_{2136}f_{0264}f_{0217}f_{0215}+f_{0137}f_{2137}f_{0274}f_{0215}f_{0216} = -ff_{0123},$$

wie man erkennt, indem man in der Formel

$$f_{3012}f_{4012}x_{43}=f_{6012}f_{7012}x_{67}+f_{7012}f_{5012}x_{75}+f_{5012}f_{6012}x_{56}$$

$x_{40}=x_{42}=0$ setzt. Durch Vertauschung von 0 und 3 ergiebt sich ebenso, dass der Coefficient von $G_{03}-G_{23}$ gleich $+ff_{0123}$ ist. Mithin ist

$$(1.) \qquad [F, x_{\alpha\gamma}, x_{\beta\delta}] = 2mf_{\alpha\beta\gamma\delta}(G_{\alpha\beta}+G_{\beta\gamma}+G_{\gamma\delta}+G_{\delta\alpha}).$$

Ersetzt man $\alpha, \beta, \gamma, \delta$ durch 0415 oder 0145 oder 0124, so ergeben sich daraus durch die oben entwickelte Uebertragungsmethode Formeln von der Gestalt

$$(2.)\qquad [F,\ x_{02},\ x_{13}] = -\frac{2m}{f} f_{4567} f_{0245} f_{0256} f_{0267} f_{0274} \Big(\frac{G_{0245}}{f_{0245}} + \frac{G_{0256}}{f_{0256}} + \frac{G_{0267}}{f_{0267}} + \frac{G_{0274}}{f_{0274}}\Big),$$

$$(3.)\qquad [F,\ x_{02},\ x_{13}] = \frac{2m f_{0123} f_{02\alpha\beta} f_{13\alpha\beta}}{f_{03\alpha\beta} f_{12\alpha\beta}} \Big(G_{01} + G_{23} + \frac{G_{02\alpha\beta}}{f_{02\alpha\beta}} - \frac{G_{13\alpha\beta}}{f_{13\alpha\beta}}\Big),$$

$$(4.)\qquad [F,\ x_{01},\ x_{02}] = -\frac{2m f_{012\alpha} f_{012\beta}}{f_{12\alpha\beta}} \Big(\frac{G_{012\alpha}}{f_{012\alpha}} - \frac{G_{012\beta}}{f_{012\beta}} - G_{0\alpha} + G_{0\beta}\Big).$$

Sind zwei beliebige Doppeltangenten gegeben, so giebt es eine ganz bestimmte *Steiner*sche Gruppe, in welcher sie als conjugirte Geraden auftreten. Ausserdem aber giebt es zehn *Steiner*sche Gruppen, in welchen sie als nicht conjugirte Geraden vorkommen. Irgend eine dieser zehn Gruppen ist mit nur einer andern syzygetisch, mit den acht übrigen aber azygetisch. Sind $[a]$ und $[a']$ syzygetisch und ebenso $[b]$ und $[b']$, so geht die kubische Polare des Schnittpunktes der beiden Doppeltangenten durch die Schnittpunkte von $G_{a,b} = 0$ und $G_{a',b'} = 0$ (und von $G_{a,b'} = 0$ und $G_{a',b} = 0$), im Ganzen also durch die Schnittpunkte von 20 Mal zwei Curven. Unter diesen Schnittpunkten befinden sich jedes Mal die vier Berührungspunkte der beiden gegebenen Doppeltangenten.

Zürich, Juni 1887.

38.

Über das Verschwinden der geraden Thetafunctionen

Nachrichten von der Königlichen Gesellschaft der Wissenschaften und der Georg-Augusts-Universität zu Göttingen 5, 67–74 (1888)

Sind x und y zwei willkürliche Punkte einer Riemann'schen Fläche, so verschwindet der Ausdruck

$$\vartheta_k\left(\int_x^y dw\right)$$

als Function des Punktes y, falls er nicht identisch Null ist, an p Stellen. Zur Abkürzung ist hier $\vartheta(u)$ für $\vartheta(u_1, u_2, \ldots u_p)$ geschrieben, also mit u das System der p Variabeln $u_1, u_2, \ldots u_p$ bezeichnet, und analog mit dw das System der p Differentiale erster Gattung $dw_1, dw_2 \ldots dw_p$. Ist k eine ungerade Charakteristik, so ist $y = x$ einer der Nullpunkte, und die $p-1$ übrigen sind von x unabhängig. An diesen $p-1$ Stellen verschwindet eine bestimmte Wurzelfunction erster Ordnung $\sqrt{\varphi_k}$, welche der Function $\vartheta_k(u)$ entspricht. Ist k aber eine gerade Charakteristik, so hängen jene p Punkte $y_1, y_2, \ldots y_p$ sämmtlich von x ab. Zu ihrer Ermittlung haben Clebsch und Gordan (Theorie der Abel'schen Functionen S. 197; vgl. auch Weber, Crelle's Journ. Bd. 70, S. 328; Fuchs, ebenda Bd. 73, S. 311) die folgende Regel angegeben: Man bilde eine rationale (d. h. auf der betrachteten Riemann'schen Fläche eindeutige algebraische) Function K vom Grade $2p$, welche an der Stelle x von der zweiten Ordnung unendlich wird und außerdem von der ersten Ordnung an $2p-2$ Stellen, die ein Punktsystem (Polygon) erster Gattung bilden (durch eine Gleichung $\varphi = 0$ verknüpft sind), und deren $2p$ Nullpunkte paarweise zusammenfallen. Jeder geraden Charakteristik k, für welche $\vartheta_k(0)$ von Null verschieden ist, entspricht eine solche Function K. Ihre p Nullpunkte sind die gesuchten Punkte $y_1, y_2 \ldots y_p$.

Um die Function K in invarianter Form zu erhalten und die Beziehung zwischen k und K näher zu bestimmen, hat Herr Nöther (Math. Ann. Bd. 17, S. 280) diese Regel auf folgende Form gebracht: Sei φ_0 irgend eine Function φ, die im Punkte x von der zweiten Ordnung verschwindet, und seien $x_1, x_2, \ldots x_{2p-4}$ ihre übrigen Nullpunkte. Ist dann $\sqrt{\Phi}$ eine Wurzelfunction dritter Ordnung mit der Charakteristik k, die in $x, x_1, \ldots x_{2p-4}$ verschwindet, so ist $\Phi = \varphi\Psi$, wo Ψ eine Function zweiten Grades von $\varphi_1, \varphi_2, \ldots \varphi_p$ ist, welche in $x_1, \ldots x_{2p-4}$ von der ersten Ordnung verschwindet und in den gesuchten Punkten $y_1, y_2 \ldots y_p$ von der zweiten.

Diese Regeln zeigen, wie $y_1, y_2 \ldots y_p$ durch x bestimmt sind, charakterisiren aber nicht die gegenseitige Abhängigkeit dieser p Punkte von einander. Diese Abhängigkeit, auf die ich durch Untersuchungen über die Thetafunctionen dreier Variabeln aufmerksam wurde, will ich hier darlegen.

Die Wurzelfunctionen dritter Ordnung mit einer bestimmten Charakteristik k bilden eine (lineare) Schaar von der Dimension $2p-2$ (Nöther, l. c. S. 276). Mithin kann man eine derartige Function $\sqrt{\Phi}$ bilden, die an $2p-3$ vorgeschriebenen Stellen verschwindet. Bilden diese $2p-3$ Punkte ein (unvollständiges) Polygon erster Gattung, so bestimmen sie $\sqrt{\Phi}$ eindeutig, vorausgesetzt daß $\vartheta_k(0)$ von Null verschieden ist. Denn wären $\sqrt{\Phi'}$ und $\sqrt{\Phi''}$ zwei derartige Functionen, so wäre auch $\sqrt{\Phi} = a'\sqrt{\Phi'} + a''\sqrt{\Phi''}$ eine solche, und man könnte die Constanten a' und a'' so wählen, daß $\sqrt{\Phi}$ auch in dem Punkte verschwände, welcher die gegebenen $2p-3$ Punkte zu einem vollständigen Polygon erster Gattung ergänzt. Unter der gemachten Annahme kann aber eine Function $\sqrt{\Phi}$ nicht in allen $2p-2$ Nullpunkten einer Function φ verschwinden. Denn sonst wäre $\sqrt{\Phi} : \varphi = \sqrt{\varphi_k}$ eine Wurzelfunction erster Ordnung mit der Charakteristik k. Eine solche giebt es aber nur, wenn $\vartheta_k(0) = 0$ ist (Weber, Math. Ann. Bd. 13, S. 35).

Alle Wurzelfunctionen dritter Ordnung mit der Charakteristik k, die in q gegebenen Punkten $y_1, y_2, \ldots y_q$ verschwinden, bilden eine Schaar, deren Dimension $r \geqq 2p-2-q$ ist. Sei $\sqrt{\Phi'}$ eine bestimmte dieser Functionen und $\sqrt{\Phi}$ die allgemeinste. Da eine Wurzelfunction dritter Ordnung an $3p-3$ Stellen verschwindet, so ist $\sqrt{\dfrac{\Phi}{\Phi'}}$ eine rationale Function, deren Grad $n \leqq 3p-3-q$ ist. Ist dieselbe eine Function zweiter Gattung, so kann sie nach dem Riemann-Roch'schen Satze höchstens $n-p+1 \leqq 2p-2-q$ willkürliche Constanten enthalten. Ist also die Dimension der betrachteten Schaar $r > 2p-2-q$, so muß $\sqrt{\dfrac{\Phi}{\Phi'}}$ eine Function erster Gattung $\dfrac{\varphi}{\varphi'}$ sein. Da eine Function φ überhaupt nicht mehr als p willkürliche Constanten enthalten kann, so muß daher, wenn $q < p-1$ ist, immer $r = 2p-2-q$ sein. Aber auch wenn $q = p-1$ ist, kann $\sqrt{\Phi}$ nicht p willkürliche Constanten enthalten. Denn sonst könnte man den p Constanten in φ solche Werthe ertheilen, daß φ und φ' keinen Nullpunkt gemeinsam hätten. Dann würde aber $\sqrt{\Phi} = \frac{\varphi}{\varphi'}\sqrt{\Phi'}$ in allen $2p-2$ Nullpunkten von φ verschwinden, was nicht möglich ist. Wenn aber $q = p$ ist, so kann, wie ich jetzt zeigen will, $r > p-2$, nämlich $r = p-1$ sein. Solche p Punkte kann man auf folgendem Wege erhalten:

Ein gegebener Punkt x kann auf unzählig viele Arten durch $2p-3$ Punkte zu einem vollständigen Polygon erster Gattung ergänzt werden. Ist $x_1, x_2, \dots x_{2p-3}$ ein System solcher Punkte, so giebt es eine völlig bestimmte Wurzelfunction dritter Ordnung mit der Charakteristik k, die an diesen Stellen verschwindet. Ist $x_1', x_2', \dots x_{2p-3}'$ ein zweites derartiges Punktsystem, so giebt es eine Function erster Gattung $\frac{\varphi'}{\varphi}$, die in den Punkten $x_1', \dots x_{2p-3}'$ verschwindet und in $x_1, \dots x_{2p-3}$ unendlich wird. Dann ist $\frac{\varphi'}{\varphi}\sqrt{\Phi} = \sqrt{\Phi'}$ eine Wurzelfunction dritter Ordnung mit der Charakteristik k, welche in den Punkten $x_1', \dots x_{2p-3}'$ verschwindet und durch diese Bedingungen vollständig bestimmt ist. Da eine Wurzelfunction dritter Ordnung an $3p-3$ Stellen verschwindet, so hat jede der beiden Functionen $\sqrt{\Phi}$ und $\sqrt{\Phi'}$ außer den $2p-3$ bekannten Nullpunkten noch p andere. Der Gleichung $\sqrt{\frac{\Phi}{\Phi'}} = \frac{\varphi}{\varphi'}$ zufolge sind aber diese beiden Systeme von p Punkten identisch. Diese p Punkte $y_1, y_2, \dots y_p$ sind also nur von x (und k) abhängig, aber nicht von der Wahl der in x verschwindenden Function φ. Da es p linear unabhängige Functionen φ giebt, und diese keinen Nullpunkt gemeinsam haben, so enthält die allgemeinste Function φ, die an irgend einer gegebenen Stelle x verschwindet, $p-1$ willkürliche Constanten. Folglich bilden die Functionen $\sqrt{\Phi} = \frac{\varphi}{\varphi'}\sqrt{\Phi'}$, die alle in den p Punkten $y_1, \dots y_p$ verschwinden, eine Schaar von der Dimension $p-1$.

Sind umgekehrt $y_1, y_2, \dots y_p$ irgend p Punkte, für welche $r = p-1$ ist, ist $\sqrt{\Phi'}$ eine bestimmte Wurzelfunction dritter Ordnung, welche in diesen Punkten verschwindet, und $\sqrt{\Phi}$ die allgemeinste derartige Function mit $p-1$ willkürlichen Constanten, so ist, wie oben gezeigt, $\sqrt{\frac{\Phi}{\Phi'}} = \frac{\varphi}{\varphi'}$ eine Function erster Gattung. Der

Grad derselben ist nicht größer als $2p-3$, und falls man den hyperelliptischen Fall ausnimmt, auch nicht kleiner, so lange die $p-1$ in $\sqrt{\Phi}$ eingehenden Constanten willkürlich sind. Denn sonst würde φ weniger als $p-1$ willkürliche Constanten enthalten. Daher haben φ und φ' einen und nur einen Nullpunkt x gemeinsam, und mithin werden durch die obige Construction alle Systeme von p Punkten $y_1, \ldots y_p$ gefunden, für welche $r = p-1$ ist. Außerdem zeigt sich, daß alle jene Functionen $\sqrt{\Phi}$ außer $y_1, \ldots y_p$ einen weiteren Nullpunkt nicht gemeinsam haben.

Für den hyperelliptischen Fall wird die zur Bestimmung des Punktes x gegebene Regel illusorisch, kann aber leicht durch eine andere ersetzt werden. Durch jeden Nullpunkt einer Function φ ist in diesem Falle ein zweiter Nullpunkt mitbestimmt. Zwei solche Stellen, deren jede durch die andere eindeutig bestimmt ist, will ich conjugirte Stellen nennen. Daher haben φ und φ' außer dem Nullpunkte x auch noch den conjugirten Nullpunkt y_0, und nur diesen gemeinsam. Da $\sqrt{\Phi}$ für alle Nullpunkte von φ mit Ausnahme von x verschwindet, so haben folglich alle Functionen $\sqrt{\Phi}$ außer $y_1, \ldots y_p$ noch einen weitern Nullpunkt y_0, und nur diesen, gemeinsam. Zu diesem Punkte ist der gesuchte Punkt x der conjugirte.

Da es nicht möglich ist, $q < p$ Punkte $y_1, \ldots y_q$ so zu bestimmen, daß $r > 2p-2-q$ wird, so kann man die p Punkte $y_1, \ldots y_p$ auch dadurch charakterisiren, daß jede Wurzelfunction dritter Ordnung, die in $p-1$ derselben verschwindet, auch in dem $p$ten verschwinden muß. Nachdem ich gezeigt habe, wie man zu p in solcher Art von einander abhängigen Punkten einen bestimmten Punkt x, und umgekehrt zu einem beliebig gegebenen Punkte x solche p Punkte $y_1, \ldots y_p$ bestimmen kann, will ich jetzt darthun, daß diese p Punkte die Nullpunkte der Function $\vartheta_k(\int_x^y dw)$ des veränderlichen Punktes y sind.

Will man den Eingangs erwähnten Satz von Clebsch und Gordan benutzen, so genügt zum Beweise die Bemerkung, daß, wenn φ und $\sqrt{\Phi}$ die oben definirten Functionen sind, $K = \frac{\Phi}{\varphi^3}$ und allgemeiner $K = \frac{\Phi}{\varphi^2\,\varphi'}$ eine rationale Function $(2p)$ten Grades ist, die in den Punkten $y_1, \ldots y_p$ von der zweiten Ordnung verschwindet, in x von der zweiten Ordnung unendlich wird, und außerdem an $2p-2$ Stellen, die durch die Gleichung $\varphi = 0$ (oder $\varphi' = 0$) verknüpft sind. Um also K zu finden, muß man zunächst die allgemeinste Wurzelfunction dritter Ordnung $\sqrt{\Phi}$ mit der Charakteristik k bestimmen, die man als ganze Function dritten Grades von Wurzelfunctionen erster Ordnung darstellen kann. Dann muß man eine beliebige Function φ nehmen, die an der Stelle x verschwindet, und die $2p-2$ willkürlichen Constanten in $\sqrt{\Phi}$ so bestimmen, daß diese Function in den $2p-3$ übrigen Nullpunkten von φ verschwindet. Da die Verhältnisse der Coefficienten der so erhaltenen Function $\sqrt{\Phi}$ symmetrische Functionen jener $2p-3$ Wurzeln von $\varphi = 0$ sind, so erfordert die Bestimmung von K, falls die Wurzelfunctionen erster Ordnung bekannt sind, nur noch rationale Operationen (vgl. Clebsch und Gordan, l. c. S. 266).

Man kann aber die Nullpunkte der gegebenen Thetafunction auch leicht direct bestimmen, indem man sich der merkwürdigen Formel bedient, welche für den Fall $p = 3$ Herr Weber (Theorie der Abelschen Functionen vom Geschlecht 3; § 24) und allgemein Herr Nöther (Math. Ann. Bd. 28) entwickelt hat. Sei $x_0, x_1, \ldots x_{2p-3}$ irgend ein vollständiges Punktsystem erster Gattung und seien $y_0, y_1, \ldots y_{2p-3}$ $2p-2$ ganz beliebige Punkte. Seien $\sqrt{\Phi_0}, \sqrt{\Phi_1}, \ldots \sqrt{\Phi_{2p-3}}$ $2p-2$ linear unabhängige Wurzelfunctionen dritter Ordnung mit der Charakteristik k, und sei $\sqrt{\Phi_{\alpha\beta}}$ der Werth von $\sqrt{\Phi_\alpha}$ im Punkte y_β. Ist dann die Determinante $(2p-2)$ten Grades $\left|\sqrt{\Phi_{\alpha\beta}}\right| = \chi_k$, und

$$u = \sum_{\alpha}{}_0^{2p-3} \int_{x_\alpha}^{y_\alpha} dw,$$

so ist

$$\frac{\vartheta_k(u)}{\vartheta_{k'}(u)} = A\,\frac{\chi_k}{\chi_{k'}},$$

wo A eine Constante ist. Wird das Polygon $x, x_1, \ldots x_{2p-3}$ durch irgend ein aequivalentes ersetzt, so ändert sich das Argument u nur um eine Periode. Bilden also die Punkte $y_1, y_2, \ldots y_{2p-3}$ ein (unvollständiges) Polygon erster Gattung, so kann man $x_1, x_2, \ldots x_{2p-3}$ mit ihnen zusammenfallen lassen. Dann wird $u = \int_x^y dw$, und die obige Formel zeigt, daß die p Nullpunkte von $\vartheta_k(u)$ die p von $x_1, \ldots x_{2p-3}$ verschiedenen Nullpunkte von χ_k sind. Hier ist $x_1, \ldots x_{2p-3}$ irgend ein Polygon erster Gattung, das durch den gegebenen Punkt x zu einem vollständigen ergänzt wird, und χ_k diejenige Wurzelfunction dritter Ordnung mit der Charakteristik k, welche in diesen $2p-3$ Punkten verschwindet.

In besonders eleganter Weise läßt sich das erhaltene Resultat für den Fall $p = 3$ geometrisch deuten. Betrachtet man drei linear unabhängige Functionen φ als die homogenen Coordinaten eines

Punktes in einer Ebene, so liegt derselbe auf einer bestimmten Curve vierter Ordnung F. Die vier Schnittpunkte von F mit einer Geraden bilden ein Punktsystem erster Gattung. Die sechs Nullpunkte einer Wurzelfunction dritter Ordnung sind die Berührungspunkte von F mit einer Berührungscurve dritter Ordnung. Eine solche ist durch ihre Charakteristik k und durch drei Punkte von F im allgemeinen völlig bestimmt. Es giebt aber gewisse Lagen dieser drei Punkte, durch welche unendlich viele Berührungscurven dritter Ordnung mit der Charakteristik k gehen. Wenn dies der Fall ist, so liegen die drei andern Berührungspunkte auf einer geraden Linie, die durch einen festen Punkt x der Curve F geht. Zieht man umgekehrt durch einen beliebig gegebenen Punkt x von F eine Gerade, so bestimmen die drei Punkte, in denen sie F weiter trifft, eine Berührungscurve dritter Ordnung, welche F außerdem in drei Punkten berührt. Diese sind von der Wahl der Geraden unabhängig und nur durch x (und k) bestimmt. Diese Sätze hat schon Herr Weber entwickelt (l. c. S. 123), aber ihre Bedeutung für die Untersuchung der Nullpunkte der Function ϑ_k nicht erwähnt.

Betrachtet man nun die Werthe von vier linear unabhängigen Wurzelfunctionen dritter Ordnung mit der geraden Charakteristik k als die homogenen Coordinaten eines Punktes im Raume, so liegt derselbe auf einer Raumcurve sechster Ordnung G, deren Punkte den Punkten von F eindeutig entsprechen (Hesse, Crelle's Journ. Bd. 49). Jeder der 36 geraden Charakteristiken k entspricht eine solche Curve G, die von den Spitzen aller Kegel zweiter Ordnung gebildet wird, welche durch gewisse acht Punkte gehen. Alle quadratischen Flächen durch diese acht Punkte bilden ein Netz, je zwei derselben bestimmen einen in dem Netz enthaltenen Büschel. In einem solchen giebt es vier Kegel, deren Spitzen das gemeinsame Quadrupel aller Flächen des Büschels bilden. Solchen vier Kegelspitzen entsprechen auf F vier Punkte, die in einer Geraden liegen. Den sechs Punkten, in denen die Quadrupelcurve G von einer beliebigen Ebene geschnitten wird, entsprechen auf F die Berührungspunkte einer bestimmten Berührungscurve dritter Ordnung mit der Charakteristik k. Diese Ebene ist, ebenso wie die Berührungscurve durch drei ihrer Schnittpunkte bestimmt. Eine Ausnahme davon kann nur eintreten, wenn die drei Punkte von G in einer Geraden liegen. Den Schnittpunkten von G mit einer dreifachen Secante Y entsprechen also auf F drei Punkte y_1, y_2, y_3, durch die unendlich viele Berührungscurven dritter Ordnung gehen. Da die drei andern Berührungspunkte einer solchen auf einer Geraden liegen, die durch einen festen Punkt x geht, so schneidet jede durch Y gehende Ebene die Curve G noch in drei Punkten eines Quadrupels P_1, P_2, P_3, dessen vierter Punkt P fest ist. In Bezug auf jede quadratische Fläche, für welche diese vier Punkte ein Quadrupel bilden, ist aber die Ebene $P_1 P_2 P_3$ die Polarebene von P. In der Geraden Y schneiden sich also die Polarebenen von P in Bezug auf alle Flächen des Netzes. Ist P ein beliebiger Punkt des Raumes, so schneiden sich seine Polarebenen in Bezug auf alle Flächen des Netzes in einem Punkte. Es giebt aber auch Punkte, deren Polarebenen sich in einer Geraden schneiden, und der Ort derselben ist die Quadrupelcurve. Jede solche Gerade ist, wie oben gezeigt, eine dreifache Secante von G (Geiser, Crelle's Journ. Bd. 69, S. 205; Sturm ebenda Bd. 70, S. 232). Wir erhalten also das einfache Ergebniß: Den drei Stellen, an denen eine gerade Thetafunction dreier Variabeln $\vartheta_k(\int_x^y dw)$ verschwindet, correspondiren auf der Quadrupelcurve G, die ihrer Charakteristik k entspricht, drei Punkte, die in einer Geraden liegen. In derselben schneiden sich die Polarebenen eines bestimmten Punktes P von G in Bezug auf alle quadratischen Flächen des zugehörigen Netzes, und diesem Punkte P entspricht die untere Grenze x der in die Thetafunction eingesetzten Integrale.

39.

Über die Jacobischen Functionen dreier Variabeln

Journal für die reine und angewandte Mathematik 105, 35–100 (1889)

In der Abhandlung *Ueber das Verschwinden der Theta-Functionen* entwickelt *Riemann* (§ 4, (5.)) die Relation

$$\frac{\vartheta(u_\nu-\alpha_\nu+r_\nu)\,\vartheta(\alpha_\nu-u_\nu+r_\nu)}{\vartheta(u_\nu-\alpha_\nu+t_\nu)\,\vartheta(\alpha_\nu-u_\nu+t_\nu)}=\frac{\Sigma D_\mu\vartheta(r_\nu)\varphi_\mu(s,z)}{\Sigma D_\mu\vartheta(t_\nu)\varphi_\mu(s,z)}\cdot\frac{\Sigma D_\mu\vartheta(r_\nu)\varphi_\mu(\sigma,\zeta)}{\Sigma D_\mu\vartheta(t_\nu)\varphi_\mu(\sigma,\zeta)},$$

wo sich μ von 1 bis p bewegt, und $D_\mu\vartheta(v_\nu)$ die (von *Riemann* mit $\vartheta'_\mu(v_\nu)$ bezeichnete) Ableitung von $\vartheta(v_\nu)$ nach v_μ ist. Die Grössen $v_\nu=r_\nu$ und $v_\nu=t_\nu$ sind irgend zwei Werthsysteme, für welche $\vartheta(v_\nu)=0$ ist. Man kann dafür folglich zwei halbe Perioden mit ungerader Charakteristik wählen. Statt $\vartheta(v_\nu)$ schreibe ich noch einfacher $\vartheta(v)$, indem ich symbolisch mit v das System der p Variabeln $v_1, v_2, \ldots v_p$ bezeichne. Die ungeraden Thetafunctionen, welche durch Vermehrung von v um die halben Perioden r und t und Hinzufügung eines passenden Exponentialfactors aus $\vartheta(v)$ hervorgehen, seien $\vartheta_\alpha(v)$ und $\vartheta_\beta(v)$, die beiden willkürlichen Punkte der *Riemann*schen Fläche, welche oben mit σ, ζ und s, z bezeichnet sind, will ich kurz x und y nennen, die Differentiale erster Gattung seien $dw^{(1)}, \ldots dw^{(p)}$, so dass $u_\nu-\alpha_\nu=\int_x^y dw^{(\nu)}$ ist. In der Entwicklung von $\vartheta_\alpha(v)$ nach Potenzen von $v_1, \ldots v_p$ seien die Glieder der ersten Dimension $\sum_\nu a_\alpha^{(\nu)} v_\nu$. Für den Punkt x sei

$$dw^{(1)}:\ldots:dw^{(p)}=x^{(1)}:\ldots:x^{(p)},$$

für den Punkt y sei

$$dw^{(1)}:\ldots:dw^{(p)}=y^{(1)}:\ldots:y^{(p)}.$$

Unter Anwendung dieser abgeänderten Bezeichnung lautet dann die angegebene Formel für den betrachteten Fall (vgl. *Riemanns* Vorlesung *Zur Theorie der Abelschen Functionen für den Fall* $p=3$, Werke S. 457; *Weber,*

Theorie der *Abel*schen Functionen vom Geschlecht 3., § 13)

$$(1.)\qquad \left(\frac{\vartheta_\alpha\left(\int_x^y dw\right)}{\vartheta_\beta\left(\int_x^y dw\right)}\right)^2 = \frac{(\sum_\mu a_\alpha^{(\mu)}x^{(\mu)})(\sum_\mu a_\alpha^{(\mu)}y^{(\mu)})}{(\sum_\mu a_\beta^{(\mu)}x^{(\mu)})(\sum_\mu a_\beta^{(\mu)}y^{(\mu)})}.$$

Folglich ist der durch die Gleichung

$$(2.)\qquad Z\left(\vartheta_\alpha\left(\int_x^y dw\right)\right)^2 = \sum_{\lambda,\mu} a_\alpha^{(\lambda)}a_\alpha^{(\mu)}x^{(\lambda)}y^{(\mu)}$$

definirte Factor Z von α unabhängig, hat also für jede ungerade Thetafunction $\vartheta_\alpha(v)$ denselben Werth. In dem Falle $p = 3$ seien $\vartheta_1, \vartheta_2, \dots \vartheta_7$ irgend 7 der 28 ungeraden Functionen. Setzt man für α der Reihe nach die Indices 1, 2, ... 7, so erhält man sieben Gleichungen, aus denen man die sechs Ausdrücke $x^{(\lambda)}y^{(\mu)}+x^{(\mu)}y^{(\lambda)}$ und die Grösse Z eliminiren kann. Man findet so

$$(3.)\qquad \left|\left(\vartheta_\alpha\left(\int_x^y dw\right)\right)^2,\ a_\alpha'^2,\ a_\alpha''^2,\ a_\alpha'''^2,\ a_\alpha''a_\alpha''',\ a_\alpha'''a_\alpha',\ a_\alpha'a_\alpha''\right| = 0.$$

Die linke Seite ist die Determinante siebenten Grades, deren sieben Zeilen man aus der aufgeschriebenen erhält, indem man $\alpha = 1, 2, \dots 7$ setzt. Die sieben ungeraden Charakteristiken kann man auf mannigfache Art so wählen, dass die sieben Thetafunctionen zweiten Grades $(\vartheta_\alpha(v))^2$ linear unabhängig sind. (*Weber,* l. c. § 5). Nimmt man dazu das Quadrat irgend einer geraden Thetafunction $\vartheta_0(v)$, so hat man acht gleichändrige Functionen, die linear unabhängig sind. Da es nicht mehr als acht solche Functionen giebt, so lässt sich jede andere mit ihnen gleichändrige Function auf die Form

$$\varphi(v) = \sum_\alpha{}_0^7 g_\alpha(\vartheta_\alpha(v))^2$$

bringen, wo $g_0, g_1, \dots g_7$ Constanten sind. Ueber diese kann man so verfügen, dass die Entwicklung von $\varphi(v)$ nach Potenzen von v', v'', v''' mit den Gliedern der vierten Dimension anfängt. Damit dies nämlich der Fall sei, muss $g_0 = 0$ sein und $\sum_\alpha{}_1^7 g_\alpha(a_\alpha'v'+a_\alpha''v''+a_\alpha'''v''')^2$ identisch verschwinden. Ich werde nachweisen, dass die in dieser Forderung enthaltenen sechs homogenen linearen Gleichungen zwischen den Grössen $g_1, \dots g_7$ unter einander unabhängig sind. Die Function $\varphi(v)$ ist folglich durch die angegebene Bedingung bis auf einen constanten Factor vollständig bestimmt, und zwar ist

$$\varphi(v) = \left|(\vartheta_\alpha(v))^2,\ a_\alpha'^2,\ a_\alpha''^2,\ a_\alpha'''^2,\ a_\alpha''a_\alpha''',\ a_\alpha'''a_\alpha',\ a_\alpha'a_\alpha''\right|.$$

Nach Gleichung (3.) ist daher

$$(4.)\qquad \varphi\Big(\int_x^y dw\Big) = 0,$$

oder die Function $\varphi(v)$ verschwindet identisch, wenn man

$$(5.)\qquad v^{(\nu)} = \int_x^y dw^{(\nu)} \qquad (\nu = 1, 2, 3)$$

setzt, wo x und y zwei willkürliche Punkte der *Riemann*schen Fläche sind.

Die Glieder der vierten Dimension, mit denen die Entwicklung von $\varphi(v)$ anfängt, und deren Coefficienten, wie ich zeigen werde, nicht sämmtlich verschwinden, bilden eine ganze Function vierten Grades $F(v', v'', v''')$ oder kurz $F(v)$. Lässt man nun in der identischen Gleichung (4.) den Punkt y unendlich nahe an x heranrücken, so erhält man $F(dw) = 0$, oder weil $dw' : dw'' : dw''' = x' : x'' : x'''$ ist,

$$(6.)\qquad F(x', x'', x''') = 0.$$

Riemann hat (l. c. S. 459) bewiesen, dass zwischen x', x'', x''' eine homogene Gleichung des vierten Grades besteht. Die oben ausgeführte directe Herstellung derselben zeigt, wie man die Coefficienten dieser Gleichung aus den Coefficienten der Thetareihen zusammensetzen kann. Da durch die Coefficienten von $F(v)$ die Perioden der Thetafunctionen bestimmt sind, so kann man eine Function $\varphi(v', v'', v''')$ bilden, in deren Entwicklung die Glieder der vierten Dimension einer willkürlich gegebenen Function vierten Grades $F(v)$ gleich sind, und wenn k eine Constante und $q(v)$ eine homogene quadratische Function ist, so ist

$$k^{-4} e^{q(v)} \varphi(kv', kv'', kv''')$$

die allgemeinste Function, die den nämlichen Bedingungen wie $\varphi(v)$ genügt. Ist

$$nG(v) = \left| \frac{\partial^2 F}{\partial v^{(\mu)} \partial v^{(\nu)}} \right|$$

die mit einem beliebig gewählten Factor n versehene *Hesse*sche Covariante von $F(v)$, so kann man zeigen, dass die Glieder der sechsten Dimension in der Entwicklung von $\varphi(v)$ die Form $KG(v) + Q(v)F(v)$ haben müssen, wo die Constante K und die quadratische Function $Q(v)$ unbestimmt sind (§ 11). Wählt man k und $q(v)$ so, dass diese Glieder gleich $G(v)$ werden, so ist nunmehr die Function $\varphi(v)$ vollständig bestimmt, und folglich muss das Aggregat der Glieder irgend einer Dimension in der Entwicklung von $\varphi(v)$ eine rationale Covariante der Function vierten Grades $F(v)$ sein.

Ist $p > 3$, so ist eine *Riemann*sche Thetafunction zweiten Grades nicht dadurch bestimmt, dass sie mit $(\vartheta(v))^2$ gleichändrig ist, und dass in ihrer Entwicklung die Glieder nullter und zweiter Dimension fehlen, sondern es giebt dann $2^p - 1 - \frac{p(p+1)}{2}$ linear unabhängige Functionen dieser Art. Dieselben müssen aber sämmtlich identisch verschwinden, wenn man für die Variabeln die Integrale (5.) substituirt. Es giebt aber, falls $p > 3$ ist, auch Thetafunctionen zweiten Grades mit nicht verschwindender Gruppencharakteristik, die unter jener Annahme verschwinden. Z. B. entspricht, falls $p = 4$ ist, jeder der 255 nicht verschwindenden Gruppencharakteristiken eine bis auf einen constanten Factor völlig bestimmte gerade Thetafunction zweiten Grades, die für die Werthe (5.) Null ist. In der Entwicklung einer solchen Function ist das constante Glied Null, und sind die Glieder der zweiten Dimension von der Charakteristik unabhängig.

Herr *Weierstrass* hat (Berl. Monatsber. 1869; S. 855) darauf aufmerksam gemacht, dass man das Additionstheorem benutzen kann, um aus particulären Lösungen der zwischen den Thetafunctionen bestehenden Relationen die allgemeine Lösung abzuleiten. Unter einer particulären Lösung wird eine solche verstanden, welche man erhält, indem man die Veränderlichkeit der Variabeln $v', \dots v^{(p)}$ dadurch beschränkt, dass man zu den identischen Relationen zwischen den Thetafunctionen noch einige willkürlich angenommene Gleichungen hinzunimmt, unter denen natürlich höchstens $p-1$ unabhängige sein dürfen. Um aber zu einer brauchbaren particulären Lösung zu gelangen, ist es von der grössten Wichtigkeit, jene willkürlich anzunehmenden Gleichungen in geschickter Weise zu wählen. Nun weist die *Riemann*sche Formel (1.) darauf hin, dass es sich empfiehlt, die p Variabeln $v', \dots v^{(p)}$ mittelst der Gleichungen (5.) durch zwei unabhängige Variabeln auszudrücken, also für $p = 3$ die Veränderlichkeit von v, v', v'' durch die Gleichung $\varphi(v) = 0$ einzuschränken.

Herr *Schottky* hat in seiner Arbeit *Abriss einer Theorie der Abelschen Functionen von drei Variabeln,* um zu der Darstellung (5.) zu gelangen, eine Relation $G = 0$ aufgestellt (S. 46, Formel (9.)), deren linke Seite eine ungerade Thetafunction neunten Grades ist. Denn sie ist eine Determinante dritten Grades, deren Elemente $L_{\varkappa\lambda}$ ungerade Thetafunctionen dritten Grades sind. Daher ist zu vermuthen, dass G durch die oben definirte Function φ theilbar ist und in der That werde ich (§ 11, (8.)) nachweisen, dass unter

Anwendung der Bezeichnungen des Herrn *Schottky*

$$G = \varphi\sigma_1\sigma_2\ldots\sigma_7$$

ist. Die Function φ, deren Untersuchung den obigen Andeutungen nach den Mittelpunkt der Theorie der Thetafunctionen von drei Variabeln bildet, tritt zwar in der Darstellung des Herrn *Schottky* nirgends explicite auf. Aber sie kommt nicht nur selbst als Factor verborgen in der Determinante G vor, sondern ihre Eigenschaften werden auch an mehreren andern Stellen seiner Arbeit in versteckter Form entwickelt und benutzt. Für das tiefere Verständniss dieser so überaus schwierigen und wichtigen Arbeit ist daher die genauere Untersuchung dieser Function, die den Hauptinhalt der folgenden Entwicklungen bildet, von besonderer Bedeutung. Um nur ein Beispiel anzuführen, so scheint das Gesetz. nach welchem Herr *Schottky* die constanten Factoren der ungeraden Sigmafunctionen wählt (S. 34, Formel (79.)), ziemlich verwickelt. Im Wesentlichen kommt es aber darauf hinaus, dass der constante Factor h_α in der Gleichung $\sigma_\alpha(v) = \sqrt{h_\alpha}\vartheta_\alpha(v)$ der reducirte Werth von $\varphi(v)$ für die der Charakteristik α entsprechende halbe Periode ist. Aus diesem Gesetze ergiebt sich, dass jener Uebergang von den Thetafunctionen zu den Sigmafunctionen auf 36 verschiedene Arten ausgeführt werden kann. Den Zusammenhang zwischen irgend zwei derselben habe ich in § 10 entwickelt.

Der Untersuchung der Thetafunctionen von drei Variabeln schicke ich als Einleitung (§ 1) einen kurzen Abriss der allgemeinen Theorie der *Jacobi*schen Functionen erster Ordnung voraus.

In den §§ 3, 4, 5 und 14 entwickle ich die wichtigsten Darstellungen und Eigenschaften der Function $\varphi(v)$. Die §§ 6, 7 und 8 enthalten die analytischen Grundlagen für die Theorie der Wurzelfunctionen zweiter Ordnung, die §§ 11, 12 und 13 die für die Theorie der Wurzelfunctionen dritter Ordnung.

§ 1.

Die geraden und ungeraden *Jacobi*schen Functionen erster Ordnung.

Die allgemeinen *Jacobi*schen Functionen von ϱ Variabeln habe ich in meiner Abhandlung *Ueber die Grundlagen der Theorie der Jacobischen Functionen* (dieses Journal Bd. 97) dadurch definirt, dass sie im Endlichen überall holomorph sind und 2ϱ Gleichungen von der Form:

$$(1.)\quad \vartheta(u_1+a_{1\alpha}, \ldots u_\varrho+a_{\varrho\alpha}) = \vartheta(u_1, \ldots u_\varrho)E[c_\alpha+\sum_\lambda a'_{\lambda\alpha}(u_\lambda+\tfrac{1}{2}a_{\lambda\alpha})]$$

befriedigen, wo $E[z]$ die Function $e^{2\pi i z}$ bezeichnet. Die Grössen

$$a_{1\alpha}, \quad \ldots \quad a_{\varrho\alpha} \qquad (\alpha = 1, 2, \ldots 2\varrho)$$

sind 2ϱ arithmetisch unabhängige Perioden, aus denen sich nicht unendlich kleine Perioden zusammensetzen lassen. Diese Bedingungen sind nur und stets dann mit einander verträglich, wenn die Ausdrücke

$$\sum_\lambda{}_1^\varrho(a_{\lambda\alpha}a'_{\lambda\beta}-a_{\lambda\beta}a'_{\lambda\alpha}) = k_{\alpha\beta}$$

ganze Zahlen sind, und wenn für alle Werthe der 2ϱ Variabeln x_α, die den ϱ linearen Gleichungen

$$\sum_\alpha{}_1^{2\varrho} a_{\lambda\alpha}x_\alpha = 0$$

genügen, die Form

$$i\sum_{\alpha,\beta}{}_1^{2\varrho} k_{\alpha\beta}x_\alpha^{(0)}x_\beta$$

positiv ist, und nur verschwindet, falls jene Variabeln sämmtlich Null sind. Das Zeichen $x^{(0)}$ bedeutet hier die zu x conjugirt complexe Grösse. Sind $r_1, \ldots r_{2\varrho}$ ganze Zahlen, und setzt man

$$a_\lambda = \sum_\alpha a_{\lambda\alpha}r_\alpha, \quad a'_\lambda = \sum_\alpha a'_{\lambda\alpha}r_\alpha,$$

so ist (vgl. die Anmerkung zu Formel (13.))

$$(2.)\quad \vartheta(u_1+a_1, \ldots u_\varrho+a_\varrho) = \vartheta(u_1, \ldots u_\varrho)E[c+\sum_\lambda a'_\lambda(u_\lambda+\tfrac{1}{2}a_\lambda)],$$

wo

$$(3.)\quad c = \sum_\alpha c_\alpha r_\alpha+\tfrac{1}{2}\mathfrak{S}_{\alpha,\beta} k_{\alpha\beta}r_\alpha r_\beta$$

ist. Das Zeichen $\mathfrak{S}$ benutze ich hier und im Folgenden immer für Summen, bei denen nicht jeder der Summationsbuchstaben unabhängig von dem andern alle in Betracht kommenden Werthe durchläuft, sondern bei denen für α, β nur alle verschiedenen Paare ungleicher Zahlen gesetzt werden sollen, also von zwei conjugirten Paaren, wie α, β und β, α nur das eine (gleichgültig welches) genommen werden soll.

Die Anzahl der linear unabhängigen Functionen, welche unter diesen Voraussetzungen den obigen Bedingungen genügen, ist gleich der Quadratwurzel aus der Determinante (2ϱ)ten Grades $|k_{\alpha\beta}|$, die stets von Null verschieden ist. Nehmen wir nun an, dass $|k_{\alpha\beta}| = 1$ ist, so ist die Function $\vartheta(u_1, \ldots u_\varrho)$ bis auf einen constanten Factor durch die obigen Bedingungen vollständig bestimmt. Setzen wir weiter voraus, dass die Parameter $c_\alpha = \frac{1}{2}k_\alpha$ Hälften ganzer Zahlen sind, so ist diese Function gerade oder ungerade.

Das System der ϱ Variabeln $u_1, \dots u_\varrho$ bezeichne ich symbolisch mit einem Buchstaben u, das System der ϱ Grössen $\frac{1}{2}a_1, \dots \frac{1}{2}a_\varrho$ mit a. Ferner setze ich

$$(4.)\qquad E[c+\sum_\lambda a'_\lambda(u_\lambda+\tfrac{1}{2}a_\lambda)] = \eta[2a](u)$$

und schreibe die Gleichung (2.) in der symbolischen Form

$$(5.)\qquad \vartheta(u+2a) = \vartheta(u)\eta[2a](u).$$

Sind $s_1, \dots s_{2\varrho}$ ganze Zahlen, und bezeichnet $2b$ das System der ϱ Grössen $b_\lambda = \sum_\alpha a_{\lambda\alpha}s_\alpha$, so setze ich

$$(6.)\qquad E[\tfrac{1}{2}\mathop{\mathfrak{S}}_{\alpha,\beta} k_{\alpha\beta}r_\alpha s_\beta+\tfrac{1}{2}\sum_\alpha k_\alpha r_\alpha s_\alpha] = (a,\, b)$$

und

$$(7.)\qquad E[\tfrac{1}{2}\mathop{\mathfrak{S}}_{\alpha,\beta} k_{\alpha\beta}r_\alpha r_\beta+\tfrac{1}{2}\sum k_\alpha r_\alpha^2] = (a,\, a) = (a).$$

Bewegt sich jede der 2ϱ Zahlen $r_1, \dots r_{2\varrho}$ von 0 bis 1, so ist dann (l. c. S. 46, (5.))

$$(8.)\qquad \sum(a) = 2^\varrho\mu,$$

wo $\mu=+1$ oder -1 ist, je nachdem $\vartheta(u)$ gerade oder ungerade ist. Demnach ist

$$(9.)\qquad \vartheta(-u) = \mu\vartheta(u).$$

Man kann die Zahl μ auf folgendem Wege berechnen: Sei $k'_{\alpha\beta} = k_{\alpha\beta}$, wenn das Paar α, β in der Summe $\mathfrak{S}k_{\alpha\beta}r_\alpha r_\beta$ vorkommt, und $k'_{\beta\alpha} = k'_{\alpha\beta}\ (= -k_{\beta\alpha})$ und $k'_{\alpha\alpha} = 2k_\alpha$. Dann ist die symmetrische Determinante $|k'_{\alpha\beta}| = k \equiv (-1)^\varrho$ (mod. 4) und

$$\mu = (-1)^{\frac{k^2-1}{8}} = (-1)^{\frac{k-(-1)^\varrho}{4}}.$$

Indessen mache ich von diesen Formeln im Folgenden keinen Gebrauch.

Aus der Function $\vartheta(u)$ kann man durch Vermehrung des Arguments um halbe Perioden und Multiplication mit einem Exponentialfactor andere *Jacobi*sche Functionen erster Ordnung mit denselben Perioden, aber andern Parametern ableiten. Zu dem Ende setze ich

$$(10.)\qquad E[\sum_\lambda \tfrac{1}{2}a'_\lambda(u_\lambda+\tfrac{1}{4}a_\lambda)+\tfrac{1}{8}\mathop{\mathfrak{S}}_{\alpha,\beta} k_{\alpha\beta}r_\alpha r_\beta+\tfrac{1}{8}\sum k_\alpha r_\alpha^2] = \eta[a](u)$$

oder auch $=\eta_a(u)$, und

$$(11.)\qquad E[\tfrac{1}{4}\mathop{\mathfrak{S}}_{\alpha,\beta} k_{\alpha\beta}r_\alpha s_\beta+\tfrac{1}{4}\sum_\alpha k_\alpha r_\alpha s_\alpha] = \sqrt{(a,\, b)}.$$

Für den Fall, dass die Zahlen r_α oder s_α alle gerade sind, gehen diese Definitionen in die Gleichungen (4.) und (6.) über. Da

$$b_\lambda = \sum_\alpha a_{\lambda\alpha}s_\alpha, \quad b'_\lambda = \sum_\alpha a'_{\lambda\alpha}s_\alpha$$

ist, so ist

$$(12.)\qquad \sum_{\lambda}(a_\lambda b'_\lambda - b_\lambda a'_\lambda) = \sum_{\alpha,\beta} k_{\alpha\beta} r_\alpha s_\beta = \mathop{\mathfrak{S}}_{\alpha,\beta} k_{\alpha\beta}(r_\alpha s_\beta - s_\alpha r_\beta).$$

Mit Hülfe dieser Relation ergiebt sich leicht die Formel *)

$$(13.)\qquad \eta_{ab}(u) = \sqrt{(a,\, b)}\,\eta_a(u+b)\,\eta_b(u).$$

Mit ab oder $a+b$ bezeichne ich das System der ϱ Grössen $\frac{1}{2}(a_\lambda + b_\lambda)$ oder auch das System der 2ϱ ganzen Zahlen $r_\alpha + s$. Nunmehr setze ich

$$(14.)\qquad \vartheta[a](u) = \vartheta_a(u) = \frac{\vartheta(u+a)}{\eta_a(u)}.$$

Das Zeichen a, unter welchem ich das System der ϱ Grössen $\frac{1}{2}a_\lambda$ oder das System der 2ϱ Indices r_α verstehe, nenne ich die Charakteristik der Function $\vartheta_a(u)$. Aus dieser Definition ergiebt sich

$$\vartheta_a(u+b) = \frac{\vartheta(u+a+b)}{\eta_a(u+b)},\quad \vartheta_{ab}(u) = \frac{\vartheta(u+a+b)}{\eta_{ab}(u)}$$

und folglich nach Formel (13.) die Gleichung

$$(15.)\qquad \vartheta_a(u+b) = \sqrt{(a,\, b)}\,\vartheta_{ab}(u)\,\eta_b(u),$$

welche eine Verallgemeinerung der Gleichung (14.) ist. Besonders häufig gebraucht man die folgende aus dieser Gleichung fliessende Formel: Ist $u+v = w+s$, und bedeuten a, b, c, d, p halbe Perioden oder Charakteristiken, so ist

$$(16.)\qquad \frac{\vartheta_a(u+p)\,\vartheta_b(v+p)}{\vartheta_c(w+p)\,\vartheta_d(s+p)} = \frac{\sqrt{(ab,\, p)}}{\sqrt{(cd,\, p)}}\,\frac{\vartheta_{ap}(u)\,\vartheta_{bp}(v)}{\vartheta_{cp}(w)\,\vartheta_{dp}(s)}.$$

Nach Gleichung (5.) ist

$$\vartheta_{abb}(u) = \vartheta[a+2b](u) = \frac{\vartheta(u+a+2b)}{\eta[a+2b](u)} = \frac{\vartheta(u+a)\,\eta[2b](u+a)}{\eta[a+2b](u)},$$

und folglich

$$\frac{\vartheta_a(u)}{\vartheta_{abb}(u)} = \frac{\eta[2b+a](u)}{\eta[2b](u+a)\,\eta_a(u)} = \sqrt{(2b,\, a)} = (b,\, a),$$

also

$$(17.)\qquad \vartheta_{abb}(u) = (b,\, a)\,\vartheta_a(u).$$

Dieser Formel zufolge stellt der Ausdruck $\vartheta_a(u)$, falls man den Zahlen

---

*) Daher ist $\eta\,[2ab](u) = \eta[2a](u+2b)\,\eta[2b](u)$. Gilt also die Formel (2.) oder (5.) für die beiden Perioden $2a$ und $2b$, so ist
$\vartheta(u+2a+2b) = \eta[2a](u+2b)\,\vartheta(u+2b) = \eta[2a](u+2b)\,\eta[2b](u)\,\vartheta(u) = \eta[2ab](u)\,\vartheta(u)$, und mithin ist jene Formel auch für die Periode $2ab$ richtig. Da sie nach (1.) gilt, wenn eine der Zahlen r_α gleich ± 1 und die übrigen Null sind, so ist sie damit allgemein bewiesen.

$r_1, \ldots r_{2\varrho}$ alle möglichen Werthe ertheilt, nur $2^{2\varrho}$ wesentlich verschiedene Functionen dar, die man erhält, indem man jeder der Zahlen $r_1, \ldots r_{2\varrho}$ die Werthe 0 und 1 beilegt. Ersetzt man in der Formel (15.) b durch $2b$, so erhält man

$$\vartheta_a(u+2b) = \sqrt{(a, 2b)}\,\vartheta_{abb}(u)\eta[2b](u).$$

Setzt man also

$$(18.)\qquad ((a, b)) = ((b, a)) = (a, b)(b, a) = E[\tfrac{1}{2}\sum_{\alpha,\beta} k_{\alpha\beta} r_\alpha s_\beta],$$

so erhält man die Formel

$$(19.)\qquad \vartheta_a(u+2b) = ((a, b))\vartheta_a(u)\eta[2b](u),$$

welche eine Verallgemeinerung der Formel (5.) ist *).

Setzt man in der Gleichung (17.) $b = -a$, so findet man

$$(20.)\qquad \vartheta[-a](u) = (a)\vartheta[a](u).$$

Ferner ist

$$\vartheta[-a](-u) = \frac{\vartheta(-u-a)}{\eta[-a](-u)} = \frac{\mu\vartheta(u+a)}{\eta[a](u)},$$

also

$$(21.)\qquad \vartheta[-a](-u) = \mu\vartheta[a](u),$$

und folglich

$$(22.)\qquad \vartheta_a(-u) = (a)\mu\vartheta_a(u).$$

Die Function $\vartheta_a(u)$ ist also gerade oder ungerade, je nachdem $(a) = +\mu$ oder $-\mu$ ist, und je nachdem heisst auch die Charakteristik a gerade oder ungerade. Befinden sich also g gerade und h ungerade unter den $2^{2\varrho}$ Functionen $\vartheta_a(u)$, so ist $g+h = 2^{2\varrho}$ und nach Formel (8.) $g-h = 2^\varrho$, und folglich

$$g = 2^{\varrho-1}(2^\varrho+1), \quad h = 2^{\varrho-1}(2^\varrho-1).$$

Es ist nun leicht, alle die Sätze, die ich in meiner Arbeit *Ueber das Additionstheorem der Thetafunctionen mehrerer Variabeln* (dieses Journ. Bd. 89) über die Charakteristiken der Thetafunctionen entwickelt habe, auf die hier gegebenen Definitionen zu übertragen. Zwischen den Symbolen (7.) und (18.) besteht die Beziehung

$$(23.)\qquad ((a, b)) = (a)(b)(ab).$$

Je nachdem dieser Ausdruck gleich $+1$ oder -1 ist, heissen die beiden Charakteristiken a und b *syzygetisch* oder *azygetisch*. (Diese Definition

---

*) Die Ausdrücke (a, b) und $((a, b))$ habe ich in meinen bisherigen Arbeiten (vgl. dieses Journ. Bd. 89, S. 190) mit $\binom{b}{a}$ und (a, b) bezeichnet.

kommt nur zur Anwendung, wenn a und b Gruppencharakteristiken sind, d. h. als Summen einer geraden Anzahl der ursprünglichen Charakteristiken zu betrachten sind.) Je nachdem ferner der Ausdruck

$$((a, b, c)) = (a)(b)(c)(abc) = (bc)(ca)(ab) = ((b, c))((c, a))((a, b)) = ((ab, ac))$$

gleich $+1$ oder -1 ist, heissen die drei Charakteristiken a, b, c syzygetisch oder azygetisch. (Diese Definition kommt nur in Betracht, wenn a, b, c einfache Charakteristiken oder Summen einer ungeraden Anzahl derselben sind.) Dieser Ausdruck bleibt ungeändert, wenn jede der drei Charakteristiken um dieselbe Charakteristik r vermehrt wird,

$$((ar, br, cr)) = ((a, b, c)).$$

Ein System von $2\varrho+2$ Charakteristiken, von denen je drei azygetisch sind, heisst ein Fundamentalsystem. Ist r eine beliebige Charakteristik, und bilden $a_0, a_1, \dots a_{2\varrho+1}$ ein Fundamentalsystem, so bilden auch $a_0 r, a_1 r, \dots a_{2\varrho+1} r$ ein solches. Die $2^{2\varrho}$ verschiedenen Fundamentalsysteme, die auf diese Weise aus einem erhalten werden, nenne ich eine *Schaar* von Fundamentalsystemen. (Ich habe sie l. c. einen Complex genannt.) Sind a, b, c, d vier Charakteristiken eines Fundamentalsystems, ist s ihre Summe, und ersetzt man diese vier durch as, bs, cs, ds, während man die übrigen unverändert lässt, so erhält man wieder ein Fundamentalsystem. Ist die Summe der ungeraden Charakteristiken in dem ursprünglichen Fundamentalsystem gleich k, so ist sie in dem abgeleiteten gleich ks.

§ 2.

Die *Jacobi*schen Functionen dreier Variabeln.

In dem Falle $\varrho = 3$ bezeichne ich die 8 Charakteristiken eines beliebigen Fundamentalsystems mit $a_0, a_1, \dots a_7$ oder noch einfacher mit $[0], [1], \dots [7]$. Unter denselben befinden sich entweder 3 oder 7 ungerade. Ihre Summe, die eine gerade Charakteristik ist, bezeichne ich mit k, die Summe aller 8, die $\equiv 0 (\text{mod. } 2)$ ist, mit

$$(1.) \qquad [012\dots7] = 2j.$$

Sind $\alpha, \beta, \gamma, \delta$ verschiedene Zahlen von 0 bis 7, so stellt $[k\alpha\beta]$ die 28 ungeraden und $[k\alpha\beta\gamma\delta]$ die 35 von $[k]$ verschiedenen geraden Charakteristiken dar. Bedient man sich also des Zeichens (7.) § 1, so ist

$$(2.) \qquad (k\alpha\beta) = -(k), \quad (k\alpha\beta\gamma\delta) = +(k).$$

Durchläuft r alle 64 Charakteristiken, so durchläuft $[0r], [1r], \dots [7r]$ eine

Schaar von Fundamentalsystemen. Unter denselben befinden sich acht, die aus einer geraden und sieben ungeraden Charakteristiken bestehen, und 56, die aus fünf geraden und drei ungeraden bestehen. In jedem dieser 64 Systeme ist die Summe der ungeraden Charakteristiken congruent k. Um alle 36.64 Fundamentalsysteme aufzustellen, genügt es, aus jeder der 36 Schaaren von je 64 Systemen einen Repräsentanten anzugeben. Sind $\alpha, \beta, \gamma, \delta, \varkappa, \lambda, \mu, \nu$ die acht Zahlen von 0 bis 7 und ist $a = [\alpha\beta\gamma\delta] \equiv [\varkappa\lambda\mu\nu]$, so bilden

$$[\alpha a],\quad [\beta a],\quad [\gamma a],\quad [\delta a],\quad [\varkappa],\quad [\lambda],\quad [\mu],\quad [\nu]$$

ein Fundamentalsystem, in welchem die Summe der ungeraden Charakteristiken congruent ka ist. Da man die acht Charakteristiken des ursprünglichen Fundamentalsystems auf 35 Arten in zwei Halbsysteme von je vier Charakteristiken zerlegen kann, so erhält man auf diese Weise (zusammen mit dem ursprünglichen Fundamentalsystem) 36 Repräsentanten für die 36 Schaaren von Fundamentalsystemen. Jeder geraden Charakteristik k entspricht eine bestimmte Schaar, die aus allen denjenigen Fundamentalsystemen besteht, für welche die Summe der ungeraden Charakteristiken congruent k ist.

Ist $ab = 2j$, so ist nach Formel (17.) § 1

$$(ja,\, ka)\vartheta[ka](u) = \vartheta[ka+2j+2a](u) = \vartheta[kb+4a](u) = \vartheta[kb](u),$$

also

$$(3.)\quad \vartheta[kb](u) = (ja,\, ka)\vartheta[ka](u) = (j,\, k)(jk,\, a)(k)(ka)\vartheta[ka](u)$$

und speciell

$$(4.)\quad \vartheta_{k0123}(u) = (j,\, k)(jk,\, 0123)\vartheta_{k4567}(u),\quad \vartheta_{k012345}(u) = -(j,\, k)(jk,\, 67)\vartheta_{k67}(u).$$

Ist u eine Variable (d. h. ein System von 3 Variabeln u', u'', u''') und s eine Constante, und bewegt sich λ von 0 bis 7, so sind die acht Producte $\vartheta_{k\lambda}(u)\vartheta_{k\lambda}(u+s)$ linear unabhängig. Denn aus der Gleichung

$$\Sigma C_\lambda \vartheta_{k\lambda}(u)\vartheta_{k\lambda}(u+s) = 0$$

folgt, wenn man $u = [\alpha]$ setzt, $C_\alpha = 0$. Da es nicht mehr als acht gleichändrige *Jacobi*sche Functionen zweiten Grades giebt, so besteht mithin, falls v und w Constanten sind, eine Relation von der Form

$$C\vartheta_k(u+v)\vartheta_k(u+w) = \sum_\lambda C_\lambda \vartheta_{k\lambda}(u)\vartheta_{k\lambda}(u+v+w).$$

Setzt man $u = [\alpha]$, so erhält man $C_\alpha \vartheta_k(0)\vartheta_k(v+w) = (\alpha)C\vartheta_{k\alpha}(v)\vartheta_{k\alpha}(w)$. Das hier auftretende Argument 0 (d. h. $u' = u'' = u''' = 0$) ist nicht mit der Charakteristik [0] zu verwechseln. Man findet demnach das folgende zuerst von Herrn *Weber* aufgestellte Additionstheorem

$$(5.)\quad \vartheta_k(0)\vartheta_k(v+w)\vartheta_k(w+u)\vartheta_k(u+v) = \sum_\lambda(\lambda)\vartheta_{k\lambda}(u)\vartheta_{k\lambda}(v)\vartheta_{k\lambda}(w)\vartheta_{k\lambda}(u+v+w).$$

Ist a eine beliebige Charakteristik, und ersetzt man das Fundamentalsystem der Charakteristiken $[\lambda]$ durch das der Charakteristiken $[a\lambda]$, so bleibt k ungeändert, und folglich erhält man

$$(6.)\quad \vartheta_k(0)\vartheta_k(v+w)\vartheta_k(w+u)\vartheta_k(u+v) = \sum_\lambda(a\lambda)\vartheta_{ka\lambda}(u)\vartheta_{ka\lambda}(v)\vartheta_{ka\lambda}(w)\vartheta_{ka\lambda}(u+v+w).$$

§ 3.

Die Werthe der Function $\varphi(u)$ für die 63 halben Perioden.

Jede *Jacobi*sche Function zweiten Grades, die mit $(\vartheta(u))^2$ gleichändrig ist, lässt sich auf die Form

$$(1.)\quad \varphi(u) = \sum_\lambda{}_0^7 g_\lambda(\vartheta_{k0\lambda}(u))^2$$

bringen. Verschwindet sie für $u = 0$, so ist $g_0 = 0$. Sollen ausserdem die Glieder zweiter Dimension in ihrer Entwicklung verschwinden, so muss identisch

$$\sum_\lambda{}_1^7 g_\lambda(a'_\lambda u'+a''_\lambda u''+a'''_\lambda u''')^2 = 0$$

sein. Dabei ist mit

$$u_\lambda = a'_\lambda u'+a''_\lambda u''+a'''_\lambda u''' \qquad (\lambda = 1, 2, \dots 7)$$

das Aggregat der Glieder der ersten Dimension in der Entwicklung von $\vartheta_{k0\lambda}(u)$ nach Potenzen von u bezeichnet. Durch jene Gleichung sind die Verhältnisse der Grössen g_λ bestimmt. Bedient man sich der Abkürzung

$$f_{\alpha\beta\gamma} = (a_\alpha,\ a_\beta,\ a_\gamma) = |a_\lambda^{(\mu)}| \qquad \binom{\lambda = \alpha,\ \beta,\ \gamma}{\mu = 1,\ 2,\ 3}$$

und setzt man

$$g_1 = f_{246}f_{257}f_{347}f_{356}-f_{357}f_{346}f_{256}f_{247},$$

so ist

$$\pm g_\lambda = f_{\alpha\beta\gamma}f_{\alpha\beta'\gamma'}f_{\alpha'\beta\gamma'}f_{\alpha'\beta'\gamma}-f_{\alpha'\beta'\gamma'}f_{\alpha'\beta\gamma}f_{\alpha\beta'\gamma}f_{\alpha\beta\gamma'},$$

wo das obere oder untere Zeichen zu nehmen ist, je nachdem $\lambda\alpha\alpha'\beta\beta'\gamma\gamma'$ eine eigentliche oder uneigentliche Permutation der Zahlen 1, 2, ... 7 ist.

Um die Determinanten $f_{\alpha\beta\gamma}$ zu berechnen, führe ich die Abkürzungen ein

$$(2.)\quad \vartheta_k(0) = c,\quad \vartheta_{k\alpha\beta\gamma\delta}(0) = c_{\alpha\beta\gamma\delta},$$

so dass nach Formel (4.), § 2

$$(3.)\quad c_{k\lambda\mu\nu} = (j,\ k)(jk,\ \alpha\beta\gamma\delta)c_{\alpha\beta\gamma\delta}$$

ist. Setzt man nun in der Formel (6.) § 2 $a = [0]$, $v = [57]$, $w = [67]$, so erhält man

$$0 = \sum_{\lambda}{}_1^4 (\lambda, 567\lambda) c_{067\lambda} c_{075\lambda} \vartheta_{k0:6\lambda}(u) \vartheta_{k0\lambda}(u).$$

Bei der Berechnung des Vorzeichens ist zu berücksichtigen, dass

$$(4.) \qquad ((\beta, \gamma))((\gamma, \alpha))((\alpha, \beta)) = -1$$

und folglich

$$(5.) \qquad ((\alpha\beta, \gamma\delta)) = +1, \quad (\alpha\beta, \gamma\delta) = (\gamma\delta, \alpha\beta)$$

ist. Aus jener Formel folgt

$$0 = \sum_{\lambda}{}_1^4 (\lambda, 567\lambda) c_{067\lambda} c_{075\lambda} c_{056\lambda} u_\lambda,$$

und wenn man $u_1 = u_2 = 0$ setzt:

$$(3, 3567) c_{0367} c_{0375} c_{0356} f_{123} + (4, 4567) c_{0467} c_{0475} c_{0456} f_{124} = 0.$$

Setzt man also

$$f_{123} = l_{123}(1, 2)(2, 3)(3, 1)(123, 0) c_{0456} c_{0457} c_{0467} c_{0567},$$

so ist $l_{123} = l_{124}$. Da ausserdem l_{123} ungeändert bleibt, falls man die Indices unter einander vertauscht, so ist $l_{\alpha\beta\gamma} = l$ von den Indices 1, 2, ... 7 unabhängig. Demnach ist

$$g_1 = -l^4 (23, 4567)(45, 67) \Pi_{\nu}{}_4^7 (c_{012\nu} c_{013\nu}) . \Pi_{\nu}{}_6^7 (c_{014\nu} c_{015\nu})$$
$$(c_{0246} c_{0257} c_{0347} c_{0356} - c_{0357} c_{0346} c_{0256} c_{0247}).$$

Setzt man aber in der Formel (5.) § 2 $u = [056]$, $v = [047]$, $w = [146]$, so findet man

$$(6.) \quad \left\{ \begin{aligned} &(j, k)(0, 1)(2, 3)(4, 5)(6, 7)((0, 246)) c c_{0123} c_{0145} c_{0167} \\ &\qquad = c_{0246} c_{0257} c_{0347} c_{0356} - c_{0357} c_{0346} c_{0256} c_{0247}. \end{aligned} \right.$$

Bedient man sich also der Abkürzungen

$$(7.) \qquad \varepsilon_{\alpha\beta} = (k\alpha)(\alpha, \beta) = -\varepsilon_{\beta\alpha}$$

und

$$(8.) \qquad \varepsilon = \Pi_{\alpha<\beta}{}_0^7 \varepsilon_{\alpha\beta},$$

so erhält man (vgl. *Schottky,* l. c. S. 29)

$$g_1 = l^4 \varepsilon (j, k)(01) c \Pi_{\mu,\nu}{}_2^7 c_{01\mu\nu},$$

wo μ, ν alle verschiedenen Paare von je zwei der Indices 2, 3, ... 7 durchlaufen.

Ist a irgend eine halbe Periode, so nenne ich den Ausdruck

$$(9.) \qquad h_a = \frac{\varphi(a)}{(\eta_a(0))^2}$$

den reducirten Werth der Function $\varphi(u)$ für $u=a$. Derselbe bleibt ungeändert, wenn a durch eine congruente halbe Periode ersetzt wird. Setzt man in der Gleichung (1.) $u=[0\alpha]$, so erhält man $c^2 g_\alpha = (k0\alpha, 0\alpha)\, h_{0\alpha}$ und folglich

$$c^2\varphi(u) = \sum_\lambda{}_0^7 (k, 0\lambda)(0\lambda) h_{0\lambda} (\vartheta_{k0\lambda}(u))^2.$$

Indem man nun über den constanten Factor der Function $\varphi(u)$ eine bestimmte Verfügung trifft, kann man den obigen Entwicklungen zufolge setzen

$$h_{0\lambda} = -(j, k)(k, 0\lambda) c (\prod_{\mu,\nu} c_{0\lambda\mu\nu}) \qquad (\lambda = 1, 2, \ldots 7),$$

wo μ, ν alle Paare der 6 von 0 und λ verschiedenen Indices durchlaufen. In dieser ganzen Rechnung ist der Index 0 bevorzugt. Bevorzugt man einen andern Index α, so findet man, dass für jeden von α verschiedenen Index β

$$(10.) \qquad h_{\alpha\beta} = -(j, k)(k, \alpha\beta) c (\prod_{\mu,\nu} c_{\alpha\beta\mu\nu}).$$

Da $h_{\alpha 0} = h_{0\alpha}$ ist, so ist hier der constante Factor von $\varphi(u)$ in derselben Weise gewählt, wie vorher, und demnach ist

$$(11.) \qquad c^2\varphi(u) = \sum_\lambda (k, \alpha\lambda)(\alpha\lambda) h_{\alpha\lambda} (\vartheta_{k\alpha\lambda}(u))^2.$$

Der Ausdruck $h_{\alpha\beta}$ bleibt ungeändert, nicht nur wenn α oder β, sondern auch wenn k durch eine mod. 2 congruente Charakteristik ersetzt wird.

Um nun auch die reducirten Werthe von $\varphi(u)$ für die übrigen halben Perioden zu berechnen, betrachte ich ein anderes Fundamentalsystem. Sei $b=[0127]$ und

$$7' = 7b, \quad 0' = 0b, \quad 1' = 1b, \quad 2' = 2b, \quad 3' = 3, \quad 4' = 4, \quad 5' = 5, \quad 6' = 6,$$

also $k' = kb$ und $j' \equiv j$ (mod. 2). Dann ist nach Formel (10.)

$$h_{3'4'} = -(j', k')(k', 3'4')\vartheta[k'](0) \prod_{\mu',\nu'} \vartheta[k'3'4'\mu'\nu'](0).$$

Nun ist aber

$$\vartheta[k'] = \vartheta[kb] = (j, k)(jk, b)\vartheta[k3456], \quad \vartheta[k'3'4'5'6'] = \vartheta[kjj] = [j, k]\vartheta[k].$$

Durchläuft μ die Zahlen 0, 1, 2, 7 und ν die Zahlen 5, 6, so ist

$$\vartheta[k'3'4'\mu'\nu'] = \vartheta[k34\mu\nu bb] = (b, k34\mu\nu)\vartheta[k34\mu\nu]$$

und $\Pi\,(b, k34\mu\nu) = 1$. Sind μ und ν zwei der Zahlen 0, 1, 2, 7, und sind ϱ und σ die beiden andern, so ist

$$\vartheta[k'3'4'\mu'\nu'] = \vartheta[k34\mu\nu bbb] = (b\mu\nu, k34\varrho\sigma)\vartheta[k34\varrho\sigma]$$

und $\Pi(b\mu\nu, k56\mu\nu) = (b, kb34)$. Daher ist

$$h_{3'4'} = -(j, k)(k, 34) c (\Pi c_{34\mu\nu}) = h_{34}.$$

Setzt man ferner $a = [0123]$, so ist

$$h_a = h_{3'7'} = -(j', k')(k', 3'7')\vartheta[k'](0) \prod_{\mu',\nu'} \vartheta[k'3'7'\mu'\nu'](0).$$

Nun ist aber

$$\vartheta[k'] = \vartheta[kb] = (3, kb)\vartheta[ka37].$$

Durchläuft μ die Zahlen 0, 1, 2 und ν die Zahlen 4, 5, 6, so ist

$$\vartheta[k'3'7'\mu'\nu'] = \vartheta[k37\mu\nu bbb] = (7b, ka\mu\nu)\vartheta[ka\mu\nu]$$

und $\Pi(7b, ka\mu\nu) = (7b, kb)$. Sind μ und ν zwei der Zahlen 0, 1, 2, und ist ϱ die dritte, so ist

$$\vartheta[k'3'7'\mu'\nu'] = \vartheta[k37\mu\nu] = (\varrho, k37\mu\nu)\vartheta[ka7\varrho]$$

und $\Pi(\varrho, k37\mu\nu) = -(3a, 37k)$. Sind μ und ν zwei der Zahlen 4, 5, 6, und ist ϱ die dritte, so ist

$$\vartheta[k'3'7'\mu'\nu'] = \vartheta[k37\mu\nu bb] = (b, k37\mu\nu)\vartheta[k37\mu\nu]$$
$$= (k)(jkb, ka3\varrho)\vartheta[k012\varrho] = (k)(jkb3, ka3\varrho)\vartheta[ka3\varrho]$$

und $\Pi(k)(jkb3, ka3\varrho) = (k)(jkb3, k37)$. Daher ist

$$(12.) \qquad h_a = (ja, a)(\prod_{\mu,\nu} \vartheta[ka\mu\nu](0)),$$

wo μ die Zahlen 0, 1, 2, 3 und ν die Zahlen 4, 5, 6, 7 durchläuft. Oder es ist

$$(13.) \qquad h_{\alpha\beta\gamma\delta} = (j, \alpha\beta\gamma\delta)\prod_{\nu}(c_{\beta\gamma\delta\nu}c_{\alpha\gamma\delta\nu}c_{\alpha\beta\delta\nu}c_{\alpha\beta\gamma\nu}),$$

wo ν die vier von α, β, γ, δ verschiedenen Indices durchläuft. Die Charakteristiken der 16 geraden Thetafunctionen, deren Nullwerthe in dem Producte h_a vorkommen, sind die sämmtlichen geraden Charakteristiken, welche zu a addirt eine ungerade Charakteristik ergeben. Da

$$\vartheta[k4567\mu\nu] = (ja, ka\mu\nu)\vartheta[k0123\mu\nu]$$

ist, so ist

$$(14.) \qquad h_{0123} = h_{4567}.$$

Die so definirten 63 Constanten h_a, wo a irgend eine der 63 verschiedenen nicht verschwindenden Gruppencharakteristiken bedeutet, bleiben ungeändert, wenn die Charakteristiken j, k, $[0]$, ... $[7]$ (mod. 2) abgeändert werden, oder wenn bei ihrer Berechnung irgend ein anderes Fundamentalsystem statt des ursprünglichen zu Grunde gelegt wird. Ist a die verschwindende Gruppencharakteristik, die ich mit 0 bezeichne, so setze ich $h_0 = 0$.

In derselben Weise, wie oben die Formel (5.) § 2 erhalten wurde, findet man die Gleichung

$$(15.) \qquad (\vartheta_k(0))^2\varphi(u) = \sum_{\lambda}{}_0^7 (kb\lambda, b\lambda)h_{b\lambda}(\vartheta_{kb\lambda}(u))^2,$$

wo b irgend eine Charakteristik ist. Ist z. B. $b=[012]$, so ist damit $\varphi(u)$ durch drei ungerade und fünf gerade Thetafunctionen ausgedrückt. Wählt man ferner statt des ursprünglichen Fundamentalsystems ein anderes, indem man $a=[0123]$ und $0'=0a, \dots 3'=3a, 4'=4, \dots 7'=7$ setzt, so erhält man

$$(16.)\quad (\vartheta_{ka}(0))^2\varphi(u) = \sum_{\lambda}{}_0^3(kb\lambda, ab\lambda)h_{ab\lambda}(\vartheta_{kb\lambda}(u))^2+\sum_{\lambda}{}_4^7(kab\lambda, b\lambda)h_{b\lambda}(\vartheta_{kab\lambda}(u))^2.$$

Die Vergleichung der Formeln (15.) und (16.) zeigt, dass $\varphi(u)$ nicht etwa die Grösse $c=\vartheta_k(0)$ als Nenner enthält. Letztere Formel erlaubt sogar, den Ausdruck zu bestimmen, in welchen $\varphi(u)$ übergeht, falls $c=0$ ist. (Vgl. Formel (17.) § 14). Wählt man in derselben $b=[0]$, so erhält man, weil die Grössen $h_{\alpha\beta}$ sämmtlich für $c=0$ verschwinden,

$$c_a^2\varphi(u) = (k, a)h_a(\vartheta_k(u))^2.$$

Ebenso ist, wenn ka irgend eine von k verschiedene gerade Charakteristik ist, und $c_a=0$ ist,

$$c^2\varphi(u) = (ka, a)h_a(\vartheta_{ka}(u))^2.$$

In dem hyperelliptischen Falle geht also $\varphi(u)$, von einem constanten Factor abgesehen, in das Quadrat derjenigen geraden Thetafunction über, welche für $u=0$ verschwindet. Da nun die Einfachheit, mit welcher sich dieser Fall erledigen lässt, wesentlich auf der Existenz dieser von der zweiten Ordnung verschwindenden Thetafunction ersten Grades beruht, so erklärt sich daraus die Bedeutung, welche für die allgemeine Theorie die Adjunction der irrationalen Function $\sqrt{\varphi(u)}$ besitzt. Verschwindet kein Nullwerth einer geraden Thetafunction, so kann diese Function nicht eindeutig sein. Denn sonst wäre sie eine *Jacobi*sche Function ersten Grades, deren Entwicklung mit den Gliedern der zweiten (oder höheren) Dimension anfängt. Die Entwicklung jeder solchen Function ersten Grades beginnt aber unter der gemachten Annahme mit den Gliedern der nullten oder ersten Dimension, je nachdem sie gerade oder ungerade ist.

Ich ertheile jetzt dem Producte der Nullwerthe aller 36 geraden Thetafunctionen ein bestimmtes Vorzeichen, indem ich

$$(17.)\quad h = (j, k)c(\prod_{\lambda,\mu,\nu} c_{0\lambda\mu\nu})$$

setze, wo λ, μ, ν alle verschiedenen Tripel der Zahlen 1, 2, ... 7 durchlaufen. Dieser Ausdruck bleibt nämlich ungeändert, wenn irgend eine der bei seiner Bildung benutzten Charakteristiken mod. 2 abgeändert wird, ferner auch, wenn statt der Charakteristik [0] eine andere bevorzugt wird, endlich wenn statt des ursprünglichen Fundamentalsystems irgend ein anderes gewählt wird.

Durch eine leichte Rechnung findet man nun die Relationen

$$(18.)\qquad \prod_\nu h_{\alpha\nu} = -c^4 h^3,$$

wo ν die sieben von α verschiedenen Indices durchläuft, und

$$(19.)\qquad h_{\alpha\beta}h_{\alpha\gamma}h_{\alpha\delta}h_{\beta\gamma}h_{\beta\delta}h_{\gamma\delta} = h^2c^4c^4_{\alpha\beta\gamma\delta}h_{\alpha\beta\gamma\delta}.$$

Ferner ergiebt sich die Gleichung

$$(20.)\qquad h_{\beta\gamma}h_{\gamma\alpha}h_{\alpha\beta} = -hg^2_{\alpha,\beta,\gamma},$$

wo

$$(21.)\qquad \pm g_{\alpha,\beta,\gamma} = c(\prod_\nu c_{\alpha\beta\gamma\nu})$$

ist. Hier durchläuft ν die fünf von α, β, γ verschiedenen der Indices 0, 1, ... 7. Endlich ist

$$(22.)\qquad h_{\alpha\beta\gamma\varkappa}h_{\alpha\beta\gamma\lambda}h_{\varkappa\lambda} = -hg^2_{\varkappa,\lambda,\alpha\beta\gamma},$$

wo

$$(23.)\qquad \pm g_{\varkappa,\lambda,\alpha\beta\gamma} = c_{\varkappa\lambda\beta\gamma}c_{\varkappa\lambda\gamma\alpha}c_{\varkappa\lambda\alpha\beta}c_{\varkappa\lambda\beta'\gamma'}c_{\varkappa\lambda\gamma'\alpha'}c_{\varkappa\lambda\alpha'\beta'}$$

ist, und $\varkappa$, λ, α, β, γ, α', β', γ' die acht Indices 0, 1, ... 7 sind. Diese beiden Formeln lassen sich folgendermassen zusammenfassen: Sind a und b zwei azygetische Charakteristiken, so ist

$$(24.)\qquad h_a h_b h_{ab} = -h(\prod_r \vartheta_r(0))^2,$$

wo r die sechs geraden Charakteristiken durchläuft, für welche ar und br (und folglich auch abr) ungerade sind. In ähnlicher Weise lässt sich zeigen: Sind a und b zwei verschiedene nicht verschwindende syzygetische Charakteristiken, so ist

$$(25.)\qquad \frac{h_a h_b}{h_{ab}} = (\prod_r \vartheta_r(0))^2,$$

wo r die acht geraden Charakteristiken durchläuft, für welche ar und br ungerade sind, und folglich abr gerade ist.

§ 4.

Die Quadratwurzeln aus den Werthen von $\varphi(u)$ für die halben Perioden.

Die soeben entwickelten Formeln werde ich dazu benutzen, die Quadratwurzeln aus den 63 Grössen h_a durch 7 unter ihnen auszudrücken. Während in der bisherigen Untersuchung jede Bevorzugung, welche irgend eine Charakteristik erfahren hat, nur scheinbar gewesen ist, werde ich von jetzt an die gerade Charakteristik k und die ihr entsprechende Schaar von

Fundamentalsystemen bevorzugen. Indem ich über das oben unbestimmt gelassene Vorzeichen des Ausdrucks (21.) § 3 eine bestimmte Verfügung treffe, setze ich

$$(1.)\qquad g_{\alpha,\beta,\gamma} = (j,k)(j,\alpha\beta\gamma)(\alpha\beta\gamma,k)c(\prod_\nu c_{\alpha\beta\gamma\nu}).$$

Dann ist nach Formel (13.) § 3

$$(2.)\qquad g_{\beta,\gamma,\delta}g_{\alpha,\gamma,\delta}g_{\alpha,\beta,\delta}g_{\alpha,\beta,\gamma} = (\alpha\beta\gamma\delta,k)c^4c^4_{\alpha\beta\gamma\delta}h_{\alpha\beta\gamma\delta}.$$

Ferner findet man leicht

$$(3.)\qquad \prod_\lambda g_{\alpha,\beta,\lambda} = (j,\alpha\beta)(\alpha\beta,k)c^4h^2_{\alpha\beta},$$

wo λ die sechs von α, β verschiedenen Indices durchläuft, und endlich

$$(4.)\qquad g_{0,1,2}g_{0,1,3}g_{0,1,4}g_{2,3,4} = -(j,567)(234,k)c^2h_{01}g_{5,6,7}.$$

Indem ich nun h_a mit dem Vorzeichen verbinde, mit dem es in der Formel (15.) § 3 auftritt, setze ich

$$(5.)\qquad (ka,a)h_a = g^2_a,$$

also

$$(6.)\qquad g^2_{\alpha\beta} = -(\alpha\beta,k)h_{\alpha\beta} = -(j,k)(\alpha\beta)c(\prod_{\mu,\nu} c_{\alpha\beta\mu\nu})$$

und

$$(7.)\qquad g^2_{\alpha\beta\gamma\delta} = (\alpha\beta\gamma\delta,k)h_{\alpha\beta\gamma\delta} = (j,\alpha\beta\gamma\delta)(\alpha\beta\gamma\delta,k)\prod_\nu(c_{\beta\gamma\delta\nu}c_{\alpha\gamma\delta\nu}c_{\alpha\beta\delta\nu}c_{\alpha\beta\gamma\nu}).$$

Ist ferner

$$(8.)\qquad h = g^2,$$

so ist nach Formel (20.) § 3

$$(g_{\beta\gamma}g_{\gamma\alpha}g_{\alpha\beta})^2 = (g\,g_{\alpha,\beta,\gamma})^2$$

und nach Formel (18.) § 3

$$(\prod_\nu g_{a\nu})^2 = (c^2g^3)^2.$$

Ich wähle nun die Vorzeichen der sieben Wurzeln $g_{01}, \dots g_{07}$ willkürlich, dann das Vorzeichen von g so, dass

$$\prod_\nu g_{0\nu} = (j,k)(j,0)(0,k)\varepsilon c^2g^3$$

ist, wo ε das durch die Gleichung (8.) § 3 eingeführte Vorzeichen ist. Nunmehr definire ich das Vorzeichen von $g_{\alpha\beta}$ $(\alpha, \beta = 1, 2, \dots 7)$ durch die Gleichung

$$g_{0\alpha}g_{0\beta}g_{\alpha\beta} = g\,g_{0,\alpha,\beta},$$

so dass

$$(9.)\qquad g_{\alpha\beta} = g_{\beta\alpha}$$

ist. Aus den Gleichungen (19.) § 3 und (2.) folgt

$$(g_{0\alpha}g_{0\beta}g_{0\gamma}g_{\beta\gamma}g_{\gamma\alpha}g_{\alpha\beta})^2 = g^4 g_{0,\beta,\gamma}g_{0,\gamma,\alpha}g_{0,\alpha,\beta}g_{\alpha,\beta,\gamma}.$$

Dividirt man diese Gleichung durch die Gleichungen

$$g_{0\beta}g_{0\gamma}g_{\beta\gamma} = gg_{0,\beta,\gamma},\quad g_{0\gamma}g_{0\alpha}g_{\gamma\alpha} = gg_{0,\gamma,\alpha},\quad g_{0\alpha}g_{0\beta}g_{\alpha\beta} = gg_{0,\alpha,\beta},$$

so erhält man

$$(10.)\qquad g_{\beta\gamma}g_{\gamma\alpha}g_{\alpha\beta} = gg_{\alpha,\beta,\gamma}.$$

Ferner ist nach Formel (3.)

$$(\prod_\nu g_{0\nu})(\prod_\nu g_{1\nu}) = (\prod_\lambda{}_2^7 g_{01}g_{0\lambda}g_{1\lambda}) : g_{01}^4 = g^6(\prod_\lambda g_{0,1,\lambda}) : g_{01}^4 = (j, 01)(01, k)c^4g^6$$

und folglich

$$(\prod_\nu g_{1\nu}) = (j, k)(j, 1)(1, k)\varepsilon c^2 g^3$$

und allgemein

$$(11.)\qquad \prod_\nu g_{\alpha\nu} = (j, k)(j, \alpha)(\alpha, k)\varepsilon c^2 g^3.$$

Diese Formeln zeigen, dass bei der obigen Definition der 28 Wurzeln $g_{\alpha\beta}$ keiner der acht Indices 0, 1, ... 7 vor dem andern bevorzugt ist.

Der Ausdruck

$$(12.)\qquad \varepsilon_{\alpha\beta\gamma\delta} = \varepsilon_{\alpha\beta}\varepsilon_{\alpha\gamma}\varepsilon_{\alpha\delta}\varepsilon_{\beta\gamma}\varepsilon_{\beta\delta}\varepsilon_{\gamma\delta}$$

wechselt das Vorzeichen, wenn man irgend zwei der vier Indices $\alpha, \beta, \gamma, \delta$ unter einander vertauscht. Er lässt sich auf die Form

$$(13.)\qquad \varepsilon_{\alpha\beta\gamma\delta} = (\beta\gamma\delta, \alpha)(\gamma, \delta)(\delta, \beta)(\beta, \gamma)$$

bringen und steht zu dem Vorzeichen ε in der Beziehung

$$(14.)\qquad \varepsilon_{\alpha\beta\gamma\delta}\varepsilon_{\varkappa\lambda\mu\nu} = \pm(\alpha\beta\gamma\delta)\varepsilon.$$

Hier ist, wie auch in allen folgenden Formeln, das obere oder untere Zeichen zu nehmen, je nachdem $\alpha\beta\gamma\delta\varkappa\lambda\mu\nu$ eine eigentliche oder uneigentliche Permutation der Zahlen 0, 1, ... 7 ist. Aus den Formeln (19.) § 3 und (5.) folgt

$$(c^2c_{\alpha\beta\gamma\delta}^2g^2g_{\alpha\beta\gamma\delta})^2 = (g_{\alpha\beta}g_{\alpha\gamma}g_{\alpha\delta}g_{\beta\gamma}g_{\beta\delta}g_{\gamma\delta})^2.$$

Ich definire daher die Wurzel $g_{\alpha\beta\gamma\delta}$ durch die Gleichung *)

$$(15.)\qquad c^2c_{\alpha\beta\gamma\delta}^2g^2g_{\alpha\beta\gamma\delta} = \pm\varepsilon_{\varkappa\lambda\mu\nu}g_{\alpha\beta}g_{\alpha\gamma}g_{\alpha\delta}g_{\beta\gamma}g_{\beta\delta}g_{\gamma\delta}.$$

---

*) Die Grössen $g_{\alpha\beta}$ und $g_{\alpha\beta\gamma\delta}$ sind so gewählt, dass in den Relationen zwischen den Sigmafunctionen kein Vorzeichen mehr vorkommt, welches, wie (a, b), nur berechnet werden kann, wenn die Charakteristiken in bestimmter Weise gewählt sind. Dieser Forderung lässt sich nur durch die Einführung alternirender Ausdrücke genügen.

Mithin wechselt $g_{\alpha\beta\gamma\delta}$ das Vorzeichen, wenn man irgend zwei der Indices α, β, γ, δ unter einander vertauscht. Ich setze fest, dass sowohl $g_{\alpha\beta}$ als auch $g_{\alpha\beta\gamma\delta}$ gleich Null sind, falls zwei der Indices einander gleich sind. Nach der obigen Definition ist

$$\frac{g_{1234}}{g_{0567}} = \frac{\varepsilon_{0567}\, g_{12}\, g_{13}\, g_{14}\, g_{23}\, g_{24}\, g_{34}}{\varepsilon_{1234}\, g_{05}\, g_{06}\, g_{07}\, g_{56}\, g_{57}\, g_{67}} = \frac{\varepsilon_{0567}(g_{01}\, g_{02}\, g_{12})(g_{01}\, g_{03}\, g_{13})(g_{01}\, g_{04}\, g_{14})(g_{23}\, g_{24}\, g_{34})}{\varepsilon_{1234}\, g_{01}^2 (g_{01}\, g_{02} \cdots g_{07})(g_{56}\, g_{57}\, g_{67})}$$

$$= \frac{(j,k)(j,0)(0,k)\,\varepsilon\,\varepsilon_{1234}\,\varepsilon_{0567}\, g_{0,1,2}\, g_{0,1,3}\, g_{0,1,4}\, g_{2,3,4}}{c^2 g_{01}^2\, g_{5,6,7}},$$

also weil nach Formel (4.)

$$g_{0,1,2}\, g_{0,1,3}\, g_{0,1,4}\, g_{2,3,4} = (j, 567)(567, k)\, c^2 g_{01}^2\, g_{5,6,7}$$

und nach Formel (14.)

$$\varepsilon\,\varepsilon_{1234}\,\varepsilon_{0567} = (0567) = ((k, 0567))$$

ist,

$$g_{1234} = (j, k)(jk, 0567)\, g_{0567}$$

und allgemein

$$(16.)\qquad g_{\alpha\beta\gamma\delta} = \pm (j, k)(jk, \alpha\beta\gamma\delta)\, g_{\varkappa\lambda\mu\nu}.$$

Aus den Gleichungen (10.) und (15.) folgt

$$(17.)\qquad \begin{cases} c^2 c_{0123}^2\, g_{01}\, g_{0123} = \varepsilon_{4567}\, g_{0,1,2}\, g_{0,1,3}\, g_{23}, \\ c^2 c_{0124}^2\, g_{01}\, g_{0124} = -\varepsilon_{3567}\, g_{0,1,2}\, g_{0,1,4}\, g_{24} \end{cases}$$

und mithin

$$c^4 c_{0123}^2\, c_{0124}^2\, g_{01}^2 (g_{0123}\, g_{0124}\, g_{34}) = -\varepsilon_{4567}\,\varepsilon_{3567}\, g\, g_{0,1,2} (g_{0,1,2}\, g_{0,1,3}\, g_{0,1,4}\, g_{2,3,4}),$$

also nach (4.)

$$c^2 c_{0123}^2\, c_{0124}^2 (g_{0123}\, g_{0124}\, g_{34}) = -(567, 34)(j, 567)(567, k)\, g\, g_{0,1,2}\, g_{5,6,7}.$$

Setzt man also

$$(18.)\qquad g_{\alpha\beta\gamma\varkappa}\, g_{\alpha\beta\gamma\lambda}\, g_{\varkappa\lambda} = g\, g_{\varkappa,\lambda,\alpha\beta\gamma},$$

so ist

$$(19.)\qquad c^2 c_{0123}^2\, c_{0124}^2\, g_{3,4,012} = -(567, 34)(j, 567)(567, k)\, g_{0,1,2}\, g_{5,6,7}$$

oder nach Formel (1.)

$$(20.)\qquad \begin{cases} (j, 567)(567, k)(012, 34)\, g_{3,4,012} \\ \qquad = c_{3401}\, c_{3402}\, c_{3412}\, c_{3456}\, c_{3457}\, c_{3467} = c_{0125}\, c_{0126}\, c_{0127}\, c_{5670}\, c_{5671}\, c_{5672}. \end{cases}$$

Dadurch ist auch für den Ausdruck (23.) § 3 ein bestimmtes Vorzeichen festgestellt.

Um die Rechnung mit den oben definirten 63 Wurzeln zu erleichtern, erwähne ich noch die folgenden Formeln: Aus (1.) und (17.) folgt

$$(21.)\qquad \frac{g_{01}g_{0123}}{g_{23}} = (j,23)(23,k)\varepsilon_{4567}\mathop{\Pi_4^7}_{\lambda}(c_{012\lambda}c_{013\lambda}).$$

Dividirt man durch diese Gleichung die Gleichung (6.) für g_{01}^2, so erhält man

$$(22.)\qquad \frac{g_{01}g_{23}}{g_{0123}} = (j,k)(jk,23)\varepsilon\varepsilon_{0123}cc_{0123}(\mathop{\Pi_4^7}_{\mu,\nu}c_{01\mu\nu}).$$

Endlich ist

$$g_{0123}g_{0145}:g_{2345} = \frac{g_{23}g_{0123}}{g_{01}}\frac{g_{01}g_{0145}}{g_{45}} : \frac{g_{23}g_{2345}}{g_{45}}$$

und folglich nach (21.)

$$(23.)\qquad \frac{g_{0123}g_{0145}}{g_{2345}} = -(jk,01)(01,67)(23,45)\varepsilon c_{0124}c_{0125}c_{0134}c_{0135}c_{0236}c_{0237}c_{1236}c_{1237}.$$

Damit sind auch die in den Wurzeln aus den Gleichungen (25.) § 3 auftretenden Vorzeichen sämmtlich bestimmt.

§ 5.

Darstellung von $\varphi(u)$ und $\varphi_a(u)$ durch die Sigmafunctionen.

Ich setze jetzt

$$(1.)\qquad c\sigma_{\alpha\beta}(u) = g_{\alpha\beta}\vartheta_{k\alpha\beta}(u),\quad c\sigma_{\alpha\beta\gamma\delta}(u) = g_{\alpha\beta\gamma\delta}\vartheta_{k\alpha\beta\gamma\delta}(u),\quad c\sigma(u) = \vartheta_k(u).$$

In diesen Formeln sind $\alpha\beta$ und $\alpha\beta\gamma\delta$ nicht mehr als Summen von Charakteristiken, sondern nur als Indices anzusehen. Dann ist $\sigma_{\alpha\beta}(u) = \sigma_{\beta\alpha}(u)$, während $\sigma_{\alpha\beta\gamma\delta}(u)$ das Vorzeichen wechselt, falls zwei der Indices vertauscht werden. Die Ausdrücke $\sigma_{\alpha\beta}(u)$ und $\sigma_{\alpha\beta\gamma\delta}(u)$ verschwinden identisch, falls zwei der Indices einander gleich sind. Nach Formel (4.) § 2 und (16.) § 4 ist

$$(2.)\qquad \sigma_{\alpha\beta\gamma\delta}(u) = \pm\sigma_{\varkappa\lambda\mu\nu}(u).$$

Setzt man

$$(3.)\qquad \sigma_{\alpha\beta\gamma\delta}(0) = f_{\alpha\beta\gamma\delta} = \frac{c_{\alpha\beta\gamma\delta}g_{\alpha\beta\gamma\delta}}{c},$$

so ist daher auch

$$(4.)\qquad f_{\alpha\beta\gamma\delta} = \pm f_{\varkappa\lambda\mu\nu}.$$

Nunmehr nehmen die Formeln (11.) und (15.) § 3 die Gestalt

$$(5.)\qquad \varphi(u) = \sum_{\lambda}(\sigma_{\alpha\lambda}(u))^2$$

und

$$(6.)\qquad \varphi(u) = (\sigma_{\beta\gamma}(u))^2+(\sigma_{\gamma\alpha}(u))^2+(\sigma_{\alpha\beta}(u))^2+\sum_{\lambda}(\sigma_{\alpha\beta\gamma\lambda}(u))^2.$$

an, wo λ alle acht Indices durchläuft. Daher ist

$$(7.)\qquad \sum_{\lambda}f_{\alpha\beta\gamma\lambda}^2 = 0.$$

Aus der Function $\varphi(u)$ leitet man durch Vermehrung von u um eine halbe Periode a und Unterdrückung des Factors $(\eta_a(u))^2$ eine Function $\varphi_a(u)$ her, die mit $(\vartheta(u))^2$ gleichändrig ist. Bis auf einen constanten Factor ist dieselbe vollständig durch die Bedingung bestimmt, dass ihre Entwicklung nach Potenzen von $u-a$ mit den Gliedern der vierten Dimension anfängt. Die constanten Factoren von $\varphi_{\alpha\beta}(u)$ und $\varphi_{\alpha\beta\gamma\delta}(u)$ wähle ich so, dass

$$(8.)\qquad \varphi_{\alpha\beta}(0)=1,\quad \varphi_{\alpha\beta\gamma\delta}(0)=f^2_{\alpha\beta\gamma\delta}$$

wird. Dann ist

$$(9.)\qquad \varphi_{\alpha\beta\gamma\delta}(u) = \varphi_{\varkappa\lambda\mu\nu}(u).$$

Nach Formel (16.) § 3 ist für $a=[0123]$

$$(10.)\qquad ((0b,a))\varphi_a(u) = \sum_\lambda{}_0^3(kab\lambda,ab\lambda)h_{ab\lambda}(\vartheta_{kab\lambda}(u))^2-\sum_\lambda{}_4^7(kb\lambda,b\lambda)h_{b\lambda}(\vartheta_{kb\lambda}(u))^2.$$

Daher ist für $b=[0]$

$$(11.)\qquad \varphi_{0123} = \sigma^2_{0123}+\sigma^2_{23}+\sigma^2_{31}+\sigma^2_{12}-\sigma^2_{04}-\sigma^2_{05}-\sigma^2_{06}-\sigma^2_{07}$$

und für $b=[123]$

$$(12.)\qquad \varphi_{0123} = \sigma^2_{01}+\sigma^2_{02}+\sigma^2_{03}-\sigma^2_{1234}-\sigma^2_{1235}-\sigma^2_{1236}-\sigma^2_{1237}$$

und endlich für $b=[045]$

$$(13.)\qquad \varphi_{0123} = \sigma^2_{67}+\sigma^2_{0167}+\sigma^2_{0267}+\sigma^2_{0367}-\sigma^2_{05}-\sigma^2_{04}-\sigma^2_{0456}-\sigma^2_{0457}.$$

Aus den Gleichungen (5.) und (11.) folgt

$$(14.)\qquad \varphi+\varphi_{\alpha\beta\gamma\delta} = \sigma^2_{\alpha\beta}+\sigma^2_{\alpha\gamma}+\sigma^2_{\alpha\delta}+\sigma^2_{\beta\gamma}+\sigma^2_{\beta\delta}+\sigma^2_{\gamma\delta}+\sigma^2_{\alpha\beta\gamma\delta}.$$

Zu einer andern Darstellung der Function $\varphi(u)$ gelangt man, indem man von der Relation ausgeht, welche Herr *Prym* die *Riemann*sche Thetaformel genannt hat:

$$(15.)\qquad \begin{cases} 2^\varrho\vartheta_a(u+v')\vartheta_a(u-v')\vartheta_a(u'+v)\vartheta_a(u'-v) \\ \qquad = \sum_r (ar)\vartheta_r(u+v)\vartheta_r(u-v)\vartheta_r(u'+v')\vartheta_r(u'-v'), \end{cases}$$

wo r alle Charakteristiken durchläuft. (Vgl. dieses Journ. Bd. 89, S. 201. (5.)). Setzt man $\varrho=3$, $a=k$, $u'=0$, $v'=v_\lambda$ und ersetzt man r durch kr, so erhält man

$$8\vartheta_k(u+v_\lambda)\vartheta_k(u-v_\lambda)(\vartheta_k(v))^2 = \sum_r (r)\vartheta_{kr}(u+v)\vartheta_{kr}(u-v)\vartheta_{kr}(v_\lambda)\vartheta_{kr}(-v_\lambda).$$

Sind $v_0, v_1, \dots v_7$ acht willkürliche Constanten, so kann man jede mit $(\vartheta(u))^2$ gleichändrige Function $\varphi(u)$ auf die Form

$$\varphi(u)=\sum_\lambda C_\lambda\vartheta_k(u+v_\lambda)\vartheta_k(u-v_\lambda)$$

bringen, wo die acht Grössen C_λ von u unabhängig sind. Für $u=r$ ergiebt sich daraus $(k, r)\ h_r = \sum_\lambda C_\lambda \vartheta_{kr}(v_\lambda)\vartheta_{kr}(-v_\lambda)$. Multiplicirt man daher die oben entwickelte Gleichung mit C_λ und summirt nach λ, so findet man

$$8(\vartheta_k(v))^2\varphi(u) = \sum_r (kr, r) h_r \vartheta_{kr}(u+v)\vartheta_{kr}(u-v).$$

Vertauscht man u mit v, und verbindet man die neue Gleichung mit der ursprünglichen durch Subtraction und Addition, so erhält man

$$(16.)\qquad 4((\sigma(v))^2\varphi(u)-(\sigma(u))^2\varphi(v)) = \mathop{\$}_{\alpha,\beta}\sigma_{\alpha\beta}(u+v)\sigma_{\alpha\beta}(u-v)$$

und

$$(17.)\qquad 4((\sigma(v))^2\varphi(u)+(\sigma(u))^2\varphi(v)) = \mathop{\$}_{\alpha,\beta,\gamma}\sigma_{0\alpha\beta\gamma}(u+v)\sigma_{0\alpha\beta\gamma}(u-v)$$

und speciell für $v = u$

$$(18.)\qquad 8(\sigma(u))^2\varphi(u) = \mathop{\$}_{\alpha,\beta,\gamma} f_{0\alpha\beta\gamma}\sigma_{0\alpha\beta\gamma}(2u).$$

In diesen Summen ist der Index 0 nur scheinbar bevorzugt. Setzt man in der Gleichung (16.) $v = u+du$, so erhält man

$$(19.)\qquad 8\sigma(u)(\varphi(u)d\sigma(u)-\tfrac{1}{2}\sigma(u)d\varphi(u)) = \mathop{\$}_{\alpha,\beta}\sigma_{\alpha\beta}(2u)du_{\alpha\beta},$$

wo

$$(20.)\qquad u_{\alpha\beta} = a'_{\alpha\beta}u'+a''_{\alpha\beta}u''+a'''_{\alpha\beta}u'''$$

das Aggregat der Glieder der ersten Dimension in der Entwicklung von $\sigma_{\alpha\beta}(u)$ ist.

Endlich kann man $\varphi(u)$ auch durch eine einzige ungerade Thetafunction und ihre logarithmischen Ableitungen zweiter Ordnung darstellen. (Vgl. dieses Journ. Bd. 96, S. 103.) Sei nämlich

$$\vartheta(u_1, u_2, u_3) = \sum_\alpha{}_1^3 a_\alpha u_\alpha + \tfrac{1}{6}\sum a_{\alpha\beta\gamma}u_\alpha u_\beta u_\gamma + \cdots$$

irgend eine der 28 ungeraden Functionen. Dann behaupte ich, dass sich $\varphi(u)$ aus den sieben Functionen

$$2t_{01} = (\vartheta(u))^2,\quad t_{02} = \vartheta\frac{\partial^2\vartheta}{\partial u_1^2}-\frac{\partial\vartheta}{\partial u_1}\frac{\partial\vartheta}{\partial u_1},$$

$$t_{03} = \vartheta\frac{\partial^2\vartheta}{\partial u_1\partial u_2}-\frac{\partial\vartheta}{\partial u_1}\frac{\partial\vartheta}{\partial u_2},\quad \ldots\quad t_{07} = \vartheta\frac{\partial^2\vartheta}{\partial u_3^2}-\frac{\partial\vartheta}{\partial u_3}\frac{\partial\vartheta}{\partial u_3}$$

linear zusammensetzen, also auf die Form

$$\varphi(u) = \sum_\lambda{}_1^7 C_\lambda t_{0\lambda}$$

bringen lässt. Setzt man nämlich

$$t_{11} = 0,\quad t_{12} = a_1^2,\quad t_{13} = a_1a_2,\quad \ldots\quad t_{17} = a_3^2,$$

so muss zunächst $\sum_\lambda C_\lambda t_{1\lambda} = 0$ sein. Setzt man ferner $t_{\lambda 1} = -t_{1\lambda}$, und wenn

$$t_{0\alpha} = \vartheta\frac{\partial^2\vartheta}{\partial u_\varkappa\partial u_\lambda}-\frac{\partial\vartheta}{\partial u_\varkappa}\frac{\partial\vartheta}{\partial u_\lambda},\quad t_{0\beta} = \vartheta\frac{\partial^2\vartheta}{\partial u_\mu\partial u_\nu}-\frac{\partial\vartheta}{\partial u_\mu}\frac{\partial\vartheta}{\partial u_\nu}$$

ist,

$$t_{\alpha\beta} = a_{\varkappa} a_{\lambda\mu\nu} + a_{\lambda} a_{\varkappa\mu\nu} - a_{\mu} a_{\nu\varkappa\lambda} - a_{\nu} a_{\mu\varkappa\lambda},$$

so muss auch $\sum_{\lambda} C_{\lambda} t_{\alpha\lambda} = 0$ sein. Man erhält also für die sieben Constanten C_{λ} sieben homogene lineare Gleichungen. Da aber $t_{\alpha\beta} = -t_{\beta\alpha}$ und $t_{\alpha\alpha} = 0$ ist, so verschwindet die Determinante dieser Gleichungen, und damit ist die oben aufgestellte Behauptung bewiesen. Setzt man noch $t_{00} = 0$ und $t_{\lambda 0} = -t_{0\lambda}$, so ist

$$(21.) \qquad C\varphi(u) = |t_{\alpha\beta}|^{\frac{1}{2}} \qquad (\alpha, \beta = 0, 1, \dots 7)$$

die aus den Elementen $t_{\alpha\beta}$ gebildete *Pfaff*sche Function.

§ 6.

Die Function $\psi_{\alpha\beta}(u)$.

Von ähnlicher Bedeutung, wie die gerade Function $\varphi(u)$, deren Entwicklung mit den Gliedern der vierten Dimension anfängt, sind diejenigen ungeraden Thetafunctionen zweiten Grades, deren Entwicklung mit den Gliedern der dritten Dimension beginnt. Für jede nicht verschwindende Charakteristik a giebt es (von einem constanten Factor abgesehen) nur eine solche Function, die ich mit $\psi_a(u)$ bezeichnen werde. Zerlegt man a auf irgend eine der sechs möglichen Arten in zwei ungerade Charakteristiken $k\alpha\beta$ und $k\gamma\delta$, so ist offenbar

$$(1.) \qquad C\psi_a(u) = \begin{vmatrix} \sigma_{\alpha\beta}\dfrac{\partial\sigma_{\gamma\delta}}{\partial u'} - \sigma_{\gamma\delta}\dfrac{\partial\sigma_{\alpha\beta}}{\partial u'} & a'_{\alpha\beta} & a'_{\gamma\delta} \\ \sigma_{\alpha\beta}\dfrac{\partial\sigma_{\gamma\delta}}{\partial u''} - \sigma_{\gamma\delta}\dfrac{\partial\sigma_{\alpha\beta}}{\partial u''} & a''_{\alpha\beta} & a''_{\gamma\delta} \\ \sigma_{\alpha\beta}\dfrac{\partial\sigma_{\gamma\delta}}{\partial u'''} - \sigma_{\gamma\delta}\dfrac{\partial\sigma_{\alpha\beta}}{\partial u'''} & a'''_{\alpha\beta} & a'''_{\gamma\delta} \end{vmatrix}.$$

Die Function $\psi_a(u)$ ebenso wie jede mit ihr gleichändrige ungerade Function zweiten Grades verschwindet für die halbe Periode $u = b$, wenn a und b syzygetisch sind. Wenn aber a und b azygetisch sind, so ist $\psi_a(b)$, wie sich zeigen wird, stets von Null verschieden. Indem man für u eine halbe Periode setzt, die mit a azygetisch ist, kann man die Constante C mit Hülfe der in § 9 und § 12 entwickelten Formeln bestimmen und findet so

$$(2.) \qquad \left| \sigma_{\alpha\gamma}\frac{\partial\sigma_{\beta\gamma}}{\partial u^{(\nu)}} - \sigma_{\beta\gamma}\frac{\partial\sigma_{\alpha\gamma}}{\partial u^{(\nu)}},\ a^{(\nu)}_{\alpha\gamma},\ a^{(\nu)}_{\beta\gamma} \right| = \frac{m}{f}\Big(\prod_{\lambda} f_{\alpha\beta\gamma\lambda}\Big)\psi_{\alpha\beta}(u),$$

und falls $\alpha\beta\gamma\delta$ vier verschiedene Indices sind,

$$(3.) \qquad \left| \sigma_{\alpha\beta}\frac{\partial\sigma_{\gamma\delta}}{\partial u^{(\nu)}} - \sigma_{\gamma\delta}\frac{\partial\sigma_{\alpha\beta}}{\partial u^{(\nu)}},\ a^{(\nu)}_{\alpha\beta},\ a^{(\nu)}_{\gamma\delta} \right| = -mf^2_{\alpha\beta\gamma\delta}\, p_{\alpha\beta,\gamma\delta}\, \psi_{\alpha\beta\gamma\delta}(u).$$

Setzt man in der Gleichung (6.) § 2 $a = [01]$, $v = [6]$, $w = [7]$ und vermehrt u um [5], so erhält man

$$\sum_{\lambda}{}_2^5 (\lambda, 567\lambda) c_{016\lambda} c_{017\lambda} \vartheta_{k015\lambda}(u) \vartheta_{k01567\lambda}(u) = 0$$

oder

$$\sum_{\lambda}{}_2^4 (\lambda, 567\lambda) c_{015\lambda} c_{016\lambda} c_{017\lambda} \vartheta_{k01567\lambda}(u) \frac{\vartheta_{k015\lambda}(u)}{c_{015\lambda}} + c_{0156} c_{0157} c_{0167} \vartheta_{k01}(u) \frac{\vartheta_{k0167}(u)}{c_{0167}} = 0.$$

Mithin müssen in dem Ausdruck

$$\sum_{\lambda}{}_2^4 (\lambda, 567\lambda) c_{015\lambda} c_{016\lambda} c_{017\lambda} \vartheta_{k01567\lambda}(u) \frac{\vartheta_{k567\lambda}(u)}{c_{567\lambda}} + c_{0156} c_{0157} c_{0167} \vartheta_{k01}(u) \frac{\vartheta_{k}(u)}{c}$$

die Glieder der ersten Dimension verschwinden, oder wenn man die Nenner wegschafft, in dem Ausdruck

$$(4.) \quad \begin{cases} (567, 2) g_{0,1,2} \vartheta_{k0134}(u) \vartheta_{k34}(u) + (567, 3) g_{0,1,3} \vartheta_{k0142}(u) \vartheta_{k42}(u) \\ + (567, 4) g_{0,1,4} \vartheta_{k0123}(u) \vartheta_{k23}(u) + (567, 234) g_{0,1,234} \vartheta_{k}(u) \vartheta_{k01}(u) \\ \qquad = \varepsilon_{01}(k567) c_{0234} c_{1234} \dfrac{g_{01}^2}{g} \psi_{01}(u). \end{cases}$$

Unter den ungeraden Thetafunctionen zweiten Grades von der Charakteristik [01] giebt es genau vier linear unabhängige. Solche vier Functionen sind diejenigen, aus denen der Ausdruck $\psi_{01}(u)$ zusammengesetzt ist (so dass er nicht identisch verschwinden kann). Denn setzt man in einer zwischen ihnen angenommenen linearen Relation

$$C \vartheta_{k}(u) \vartheta_{k01}(u) + C_2 \vartheta_{k0134}(u) \vartheta_{k34}(u) + C_3 \vartheta_{k0142}(u) \vartheta_{k42}(u) + C_4 \vartheta_{k0123}(u) \vartheta_{k23}(u) = 0$$

der Reihe nach $u = [0234]$, [02], [03], [04], so erkennt man, dass die Coefficienten sämmtlich Null sein müssen. Es ist zu bemerken, dass die halbe Periode [01] für diese vier Functionen und für jede aus ihnen linear zusammengesetzte Function eine Periode ist, d. h. dass sie sich bei Vermehrung von u um [01] nur um einen Exponentialfactor ändern, und zwar jede um denselben. Daher besitzt $\psi_{01}(u)$ die Periode [01], und ihre Entwicklung fängt folglich nicht nur an der Nullstelle, sondern auch an der Stelle [01] mit den Gliedern der dritten Dimension an *). Nach Formel (4.) ist $\psi_{10} = -\psi_{01}$ und ebenso $\psi_{\beta\alpha}(u) = -\psi_{\alpha\beta}(u)$. Vermehrt man in der Function (4.) u um [0234], so erhält man nach Unterdrückung eines Exponentialfactors eine Function mit der Charakteristik [01], die bis auf einen constanten Factor durch die Bedingung bestimmt ist, dass ihre Entwicklung an der Stelle [0234] (und folglich auch an der Stelle [1234]) mit den Glie-

*) Ist $c = 0$, so ist $\psi_{\alpha\beta}(u) = C_{\alpha\beta} \vartheta_k(u) \vartheta_{k\alpha\beta}(u)$.

dern der dritten Dimension anfängt. Dieselbe ist

$$\sum_{\lambda}{}_{2}^{4} g_{0,1,\lambda} \vartheta_{k0\lambda}(u) \vartheta_{k1\lambda}(u) + g_{0,1,234} \vartheta_{k0234}(u) \vartheta_{k1234}(u)$$

oder nach (10.) und (18.) § 4 bis auf einen constanten Factor

$$(5.) \qquad \psi_{0234,1234} = \sum_{\lambda}{}_{2}^{4} \sigma_{0\lambda} \sigma_{1\lambda} + \sigma_{0234} \sigma_{1234}.$$

Dieselbe Eigenschaft hat aber auch die Function $\sum_{\lambda}{}_{5}^{7} \sigma_{0\lambda} \sigma_{1\lambda} + \sigma_{0567} \sigma_{1567}$, und sie kann sich daher von dem Ausdruck (5.) nur um einen constanten Factor unterscheiden. Setzt man $u = 0$, so findet man diesen gleich -1. Folglich ist $\sum_{\lambda}{}_{2}^{7} \sigma_{0\lambda} \sigma_{1\lambda} = 0$ und allgemein

$$(6.) \qquad \sum_{\lambda} \sigma_{\alpha\lambda}(u) \sigma_{\beta\lambda}(u) = 0.$$

Setzt man in der Gleichung (6.) § 2 $a = [01]$, $v = [2]$, $w = [3]$ und vermehrt man u um $[567]$, so erhält man

$$\sum_{\lambda}{}_{4}^{7} (\lambda, 567\lambda) c_{012\lambda} c_{013\lambda} \vartheta_{k4\lambda}(u) \vartheta_{k234\lambda}(u) = 0$$

oder

$$(4, 01) c c_{0124} c_{0134} \vartheta_{k23}(u) \frac{\vartheta_k(u)}{c} + \sum_{\lambda}{}_{5}^{7} (\lambda, 567\lambda) c_{012\lambda} c_{013\lambda} c_{234\lambda} \vartheta_{k4\lambda}(u) \frac{\vartheta_{k234\lambda}(u)}{c_{234\lambda}} = 0.$$

Folglich fängt die Entwicklung der Function

$$(4, 01) c c_{0124} c_{0134} \vartheta_{k23}(u) \frac{\vartheta_{k0123}(u)}{c_{0123}} + \sum_{\lambda}{}_{5}^{7} (\lambda, 567\lambda) c_{012\lambda} c_{013\lambda} c_{234\lambda} \vartheta_{k4\lambda}(u) \frac{\vartheta_{k014\lambda}(u)}{c_{014\lambda}}$$

mit den Gliedern der dritten Dimension an. Schafft man die Nenner weg, so erhält man

$$(7.) \quad \begin{cases} \varepsilon_{01}(k4)(23, 567) c_{0234} c_{1234} \dfrac{g_{01}^2}{g} \psi_{01}(u) = (234, 567) g_{0,1,4} \vartheta_{k23}(u) \vartheta_{k0123}(u) \\ \qquad + \sum_{\lambda}{}_{5}^{7} (234, \lambda) g_{0,1,23\lambda} \vartheta_{k4\lambda}(u) \vartheta_{k014\lambda}(u). \end{cases}$$

Dass der constante Factor hier in derselben Weise gewählt ist, wie in Gleichung (4.), erkennt man, indem man $u = [04]$ setzt. Vermehrt man u um $[0234]$, so findet man

$$(8.) \qquad \psi_{0234,1234} = \sigma_{04} \sigma_{14} - \sum_{\lambda}{}_{5}^{7} \sigma_{023\lambda} \sigma_{123\lambda}.$$

Dass der constante Factor hier ebenso gewählt ist, wie in Gleichung (5.), erkennt man, indem man $u = [23]$ setzt. Durch Vergleichung beider Formeln findet man

$$(9.) \qquad \sigma_{02}(u) \sigma_{12}(u) + \sigma_{03}(u) \sigma_{13}(u) + \sum_{\lambda} \sigma_{023\lambda}(u) \sigma_{123\lambda}(u) = 0.$$

Um zu einer andern Darstellung für die Function $\psi_{\alpha\beta}(u)$ zu gelangen, gehe ich von der Formel (15.) § 5 aus, in welcher ich jede der vier Variabeln um $\frac{w}{2}$ vermehre. Dann lautet sie

$$(10.)\quad \begin{cases} 8\vartheta_k(u+v'+w)\vartheta_k(u-v')\vartheta_k(u'+v+w)\vartheta_k(u'-v) \\ = \sum_r (r)\vartheta_{kr}(u+v+w)\vartheta_{kr}(u-v)\vartheta_{kr}(u'+v'+w)\vartheta_{kr}(u'-v'). \end{cases}$$

Setzt man $v'=0$, $w=[01]$, $u'=[23]$, so findet man

$$(11.)\quad \begin{cases} -8\vartheta_k(u)\vartheta_{k01}(u)\vartheta_{k23}(v)\vartheta_{k0123}(v) \\ = \Sigma(r,\, 0123r)\vartheta_{kr23}(0)\vartheta_{kr0123}(0)\vartheta_{kr01}(u+v)\vartheta_{kr}(u-v). \end{cases}$$

Vertauscht man u mit v und subtrahirt man die neue Gleichung von der ursprünglichen, so erhält man

$$8(\vartheta_k(v)\vartheta_{k01}(v)\vartheta_{k23}(u)\vartheta_{k0123}(u)-\vartheta_k(u)\vartheta_{k01}(u)\vartheta_{k23}(v)\vartheta_{k0123}(v))$$
$$= \Sigma(r,\, 0123r)(1-(k)(kr))\vartheta_{kr23}(0)\vartheta_{kr0123}(0)\vartheta_{kr01}(u+v)\vartheta_{kr}(u-v).$$

In dieser Summe braucht r nur solche Charakteristiken zu durchlaufen, für welche $[kr23]$ und $[kr0123]$ gerade und $[kr]$ ungerade ist. Eine einfache Discussion zeigt, dass dies nur eintritt, wenn $r=[0\lambda]$ oder $r=[1\lambda]$ ist, und $\lambda = 4, 5, 6, 7$ ist. Folglich ist

$$4(\vartheta_k(v)\vartheta_{k01}(v)\vartheta_{k23}(u)\vartheta_{k0123}(u)-\vartheta_k(u)\vartheta_{k01}(u)\vartheta_{k23}(v)\vartheta_{k0123}(v))$$
$$= \sum_\lambda{}_4^7 (1,\, 0\lambda)(\lambda,\, 023\lambda)c_{023\lambda}c_{123\lambda}(\vartheta_{k0\lambda}(u+v)\vartheta_{k1\lambda}(u-v)-\vartheta_{k1\lambda}(u+v)\vartheta_{k0\lambda}(u-v)).$$

Man multiplicire diese Gleichung mit $(567,4)g_{04}g_{14}$, und bilde dann aus derselben zwei andere durch cyklische Vertauschung der Indices 2, 3, 4. Addirt man die drei so erhaltenen Gleichungen und dividirt dann durch $\varepsilon_{01}(k567)c_{0234}c_{1234}$, so erhält man nach (4.)

$$4g_{01}(\vartheta_k(v)\vartheta_{k01}(v)\psi_{01}(u)-\vartheta_k(u)\vartheta_{k01}(u)\psi_{01}(v))$$
$$= \sum_\lambda{}_2^7 C_\lambda(\vartheta_{k0\lambda}(u+v)\vartheta_{k1\lambda}(u-v)-\vartheta_{k1\lambda}(u+v)\vartheta_{k0\lambda}(u-v)).$$

Für $\lambda = 2, 3, 4$ ist $C_\lambda = g_{0\lambda}g_{1\lambda}$. Ferner ist

$$-(5,\, 67)c_{0567}c_{1567}C_5 = \sum_\lambda{}_2^4 (\lambda,\, 67)g_{0\lambda}g_{1\lambda}c_{0\lambda67}c_{1\lambda67}.$$

Nach Formel (6.) ist aber

$$\Sigma g_{0\lambda}g_{1\lambda}\vartheta_{k0\lambda}(u)\vartheta_{k1\lambda}(u) = 0,$$

und mithin für $u=[67]$

$$\sum_\lambda{}_2^5 (\lambda,\, 67)g_{0\lambda}g_{1\lambda}c_{0\lambda67}c_{1\lambda67} = 0,$$

also $C_5 = g_{05}g_{15}$. Folglich ist

$$(12.)\quad \begin{cases} 4(\sigma(v)\sigma_{\alpha\beta}(v)\psi_{\alpha\beta}(u)-\sigma(u)\sigma_{\alpha\beta}(u)\psi_{\alpha\beta}(v)) \\ = \sum_\lambda (\sigma_{\alpha\lambda}(u+v)\sigma_{\beta\lambda}(u-v)-\sigma_{\beta\lambda}(u+v)\sigma_{\alpha\lambda}(u-v)). \end{cases}$$

Daraus ergiebt sich für $v = du$

$$2\psi_{\alpha\beta}(u)du_{\alpha\beta} = \sum_\lambda(\sigma_{\beta\lambda}(u)d\sigma_{\alpha\lambda}(u)-\sigma_{\alpha\lambda}(u)d\sigma_{\beta\lambda}(u)),$$

also nach Formel (6.)

$$(13.)\qquad \psi_{\alpha\beta}(u)du_{\alpha\beta} = \sum_\lambda\sigma_{\beta\lambda}(u)d\sigma_{\alpha\lambda}(u) = -\sum_\lambda\sigma_{\alpha\lambda}(u)d\sigma_{\beta\lambda}(u).$$

Wenn man zu der Gleichung (11.) diejenige addirt, welche durch Vertauschung von u mit v aus ihr hervorgeht, so erhält man, falls man r durch $[1r]$ ersetzt,

$$(14.)\quad \begin{cases} -8(\vartheta_k(v)\vartheta_{k01}(v)\vartheta_{k23}(u)\vartheta_{k0123}(u)+\vartheta_k(u)\vartheta_{k01}(u)\vartheta_{k23}(v)\vartheta_{k0123}(v)) \\ = \Sigma(1,0r)(r,023r)(1+(k)(kr1))\vartheta_{kr023}(0)\vartheta_{kr123}(0)\vartheta_{kr0}(u+v)\vartheta_{kr1}(u-v). \end{cases}$$

Hier durchläuft r nur solche Charakteristiken, für welche $[kr023]$, $[kr123]$ und $[kr1]$, und folglich auch $[kr0]$ gerade ist. Mithin ist $r=[\alpha\beta\gamma]$, wo keiner der drei Indices gleich 0 oder 1 ist.

Ersetzt man ferner in der Formel (10.) $[r]$ durch $[1r]$, und setzt man $u'=0$, $v'=0$, $w=[01]$, so erhält man

$$8\vartheta_k(v)\vartheta_{k01}(v)\vartheta_k(u)\vartheta_{k01}(u) = \sum_r(1r,0r)\vartheta_{kr0}(0)\vartheta_{kr1}(0)\vartheta_{kr0}(u+v)\vartheta_{kr1}(u-v),$$

und wenn man u mit v vertauscht und die neue Gleichung zur ursprünglichen addirt,

$$(15.)\quad \begin{cases} 16\vartheta_k(v)\vartheta_{k01}(v)\vartheta_k(u)\vartheta_{k01}(u) \\ = \sum_r(1r,0r)(1+(k)(kr1))\vartheta_{kr0}(0)\vartheta_{kr1}(0)\vartheta_{kr0}(u+v)\vartheta_{kr1}(u-v). \end{cases}$$

Auch hier kann nur $[r]=[\alpha\beta\gamma]$ sein, wo keiner der drei Indices gleich 0 oder 1 ist.

Man multiplicire nun die Gleichung (14.) mit $-(567,4)g_{04}g_{14}$ und bilde daraus zwei andere Gleichungen durch cyklische Permutation der Indices 2, 3, 4. Man multiplicire die Gleichung (15.) mit $(567,234)g_{0234}g_{1234}$, addire die vier so erhaltenen Gleichungen und dividire die Summe durch $2\varepsilon_{01}(k567)c_{0234}c_{1234}$. Nach Formel (4.) erhält man dann

$$4g_{01}(\vartheta_k(v)\vartheta_{k01}(v)\psi_{01}(u)+\vartheta_k(u)\vartheta_{k01}(u)\psi_{01}(v)) = \mathop{\$}_{\alpha,\beta,\gamma} C_{\alpha\beta\gamma}\vartheta_{k0\alpha\beta\gamma}(u+v)\vartheta_{k1\alpha\beta\gamma}(u-v),$$

wo

$$\begin{aligned} -\varepsilon_{01}(k567)(1\alpha\beta\gamma,0\alpha\beta\gamma)c_{0234}c_{1234}C_{\alpha\beta\gamma} &= (567,2)(\alpha\beta\gamma,34)g_{02}g_{12}\vartheta_{k034\alpha\beta\gamma}(0)\vartheta_{k134\alpha\beta\gamma}(0) \\ &\quad+(567,3)(\alpha\beta\gamma,24)g_{03}g_{13}\vartheta_{k024\alpha\beta\gamma}(0)\vartheta_{k124\alpha\beta\gamma}(0) \\ &\quad+(567,4)(\alpha\beta\gamma,23)g_{04}g_{14}\vartheta_{k023\alpha\beta\gamma}(0)\vartheta_{k123\alpha\beta\gamma}(0) \\ &\quad-(567,234)g_{0234}g_{1234}\vartheta_{k0\alpha\beta\gamma}(0)\vartheta_{k1\alpha\beta\gamma}(0). \end{aligned}$$

Daher ist $C_{234}=g_{0234}g_{1234}$ und

$$\begin{aligned} -(5,01)(235,45)c_{0234}c_{1234}C_{235} &= (2,45)g_{02}g_{12}c_{0245}c_{1245} \\ &\quad+(3,45)g_{03}g_{13}c_{0345}c_{1345}+(4,01)(234,45)g_{0234}g_{1234}c_{0235}c_{1235}. \end{aligned}$$

Setzt man aber in der Formel (9.) $u = [45]$, so erhält man

$$(2,45) g_{02} g_{12} c_{0245} c_{1245} + (3,45) g_{03} g_{13} c_{0345} c_{1345} \\ + (4,01)(234,45) g_{0234} g_{1234} c_{0235} c_{1235} + (5,01)(235,45) g_{0235} g_{1235} c_{0234} c_{1234} = 0,$$

und folglich ist $C_{235} = g_{0235} g_{1235}$. In derselben Weise findet man $C_{\alpha\beta\gamma} = g_{0\alpha\beta\gamma} g_{1\alpha\beta\gamma}$, falls zwei der Indices α, β, γ gleich 2, 3, 4 sind. Dass diese Gleichung aber auch richtig ist, falls keiner oder nur einer jener Indices gleich 2, 3, 4 ist, erkennt man am einfachsten, indem man in der entwickelten Gleichung u um [01] vermehrt, und dann die Relation (4.) § 2 benutzt. So findet man, dass z. B. $C_{467} = -(jk, 01) C_{235}$ und $C_{567} = -(jk, 01) C_{234}$ ist. Folglich ergiebt sich die Gleichung

$$(16.) \quad 4(\sigma(v)\sigma_{\varkappa\lambda}(v)\psi_{\varkappa\lambda}(u) + \sigma(u)\sigma_{\varkappa\lambda}(u)\psi_{\varkappa\lambda}(v)) = \mathop{\$}_{\alpha,\beta,\gamma} \sigma_{\varkappa\alpha\beta\gamma}(u+v)\sigma_{\lambda\alpha\beta\gamma}(u-v).$$

Man kann dieselbe nach (4.) § 2 auch so schreiben:

$$4(\sigma(v)\sigma_{\varkappa\lambda}(v)\psi_{\varkappa\lambda}(u) + \sigma(u)\sigma_{\varkappa\lambda}(u)\psi_{\varkappa\lambda}(v)) \\ = \mathop{\$'}_{\alpha,\beta,\gamma} (\sigma_{\varkappa\alpha\beta\gamma}(u+v)\sigma_{\lambda\alpha\beta\gamma}(u-v) - \sigma_{\lambda\alpha\beta\gamma}(u+v)\sigma_{\varkappa\alpha\beta\gamma}(u-v)).$$

Durch den Strich beim Summenzeichen wird hier angedeutet, dass für α, β, γ von je zwei Systemen von drei Indices, die mit $\varkappa, \lambda$ zusammen alle acht Indices bilden, nur das eine zu setzen ist. Speciell ist für $u = v$

$$(17.) \quad 8\sigma(u)\sigma_{\varkappa\lambda}(u)\psi_{\varkappa\lambda}(u) = \mathop{\$}_{\alpha,\beta,\gamma} f_{\lambda\alpha\beta\gamma}\sigma_{\varkappa\alpha\beta\gamma}(2u) = -\mathop{\$}_{\alpha,\beta,\gamma} f_{\varkappa\alpha\beta\gamma}\sigma_{\lambda\alpha\beta\gamma}(2u).$$

Die Formeln (12.), (13.), (16.) und (17.) zeigen, dass $\psi_{\varkappa\lambda}$ zu jedem der sechs von $\varkappa, \lambda$ verschiedenen Indices in derselben Beziehung steht, was aus den unsymmetrischen Gleichungen (4.) und (7.) nicht hervorgeht. Aus den Formeln (6.) und (13.) ergiebt sich noch die Relation

$$(18.) \quad \varphi(u)d\sigma_{\alpha\beta}(u) - \tfrac{1}{2}\sigma_{\alpha\beta}(u)d\varphi(u) = \sum_{\lambda}\sigma_{\alpha\lambda}(u)\psi_{\beta\lambda}(u)du_{\beta\lambda} = \sum_{\lambda}\sigma_{\beta\lambda}(u)\psi_{\alpha\lambda}(u)du_{\alpha\lambda}.$$

§ 7.

Die Function $\psi_{\alpha\beta\gamma\delta}(u)$.

Setzt man in der Formel (6.) § 2 $a = [0]$, $v = [13]$, $w = [23]$, so erhält man

$$\sum_{\lambda}{}_4^7 (\lambda, \lambda 123) c_{013\lambda} c_{023\lambda} \vartheta_{k0\lambda}(u) \vartheta_{k012\lambda}(u) = 0.$$

In der Function

$$\sum_{\lambda}{}_4^7 (\lambda, \lambda 123) c_{012\lambda} c_{013\lambda} c_{023\lambda} \vartheta_{k0\lambda}(u) \frac{\vartheta_{k123\lambda}}{c_{123\lambda}}$$

verschwinden daher die Glieder der ersten Dimension. Schafft man die Nenner weg, so erhält man $\sum g_{0,\lambda,123} \vartheta_{k0\lambda}(u) \vartheta_{k123\lambda}(u)$ oder bis auf einen constanten Factor $\psi_{0123}(u) = \sum_{\lambda} \sigma_{0\lambda}(u) \sigma_{\lambda 123}(u)$. Die Thetafunction zweiten Grades mit der Charakteristik $[\alpha\beta\gamma\delta]$

$$(1.)\qquad \psi_{\alpha\beta\gamma\delta}(u) = \sum_\lambda \sigma_{\alpha\lambda}(u)\sigma_{\lambda\beta\gamma\delta}(u)$$

ist also bis auf einen constanten Factor durch die Bedingung bestimmt, dass ihre Entwicklung nach Potenzen von u mit den Gliedern der dritten Dimension anfängt. Daher kann sich $\psi_{4567} = \Sigma\sigma_{4\lambda}\sigma_{\lambda 567}$ von ψ_{0123} nur durch einen constanten Factor unterscheiden. Setzt man $u = [04]$, so findet man denselben gleich -1. Ebenso ist allgemein (vgl. Formel (14.) § 4)

$$(2.)\qquad \psi_{\alpha\beta\gamma\delta}(u) = \mp\psi_{\varkappa\lambda\mu\nu}(u).$$

Aus dieser Gleichung geht hervor, dass $\psi_{\alpha\beta\gamma\delta}$ das Zeichen wechselt, falls man zwei der Indices unter einander vertauscht. Ich setze fest, dass $\psi_{\alpha\beta\gamma\delta}$ ebenso wie $\psi_{\alpha\beta}$ verschwindet, falls die Indices nicht alle von einander verschieden sind. Aus den Gleichungen $\psi_{0123} = -\psi_{1023}$ und $\psi_{0123} = -\psi_{4567}$ folgt

$$(3.)\qquad \sum_\lambda{}_4^7(\sigma_{0\lambda}\sigma_{\lambda 123} + \sigma_{1\lambda}\sigma_{\lambda 023}) = 0$$

und

$$(4.)\qquad \sum_\lambda{}_5^7\sigma_{0\lambda}\sigma_{\lambda 123} + \sum_\lambda{}_1^3\sigma_{4\lambda}\sigma_{\lambda 567} = 0.$$

Ich knüpfe hieran noch die Herleitung zweier fünfgliedrigen Relationen zweiten Grades. Nach Formel (9.) § 6 ist

$$\sum_\varkappa \sigma_{\varkappa\lambda 12}\sigma_{012\varkappa} = \sigma_{01}\sigma_{1\lambda} + \sigma_{02}\sigma_{2\lambda}$$

und mithin

$$\sum_{\varkappa,\lambda}\sigma_{\varkappa\lambda 12}\sigma_{012\varkappa}\sigma_{012\lambda} = \sigma_{01}(\sum_\lambda\sigma_{1\lambda}\sigma_{012\lambda}) + \sigma_{02}(\sum_\lambda\sigma_{2\lambda}\sigma_{012\lambda}).$$

Da aber $\sigma_{\varkappa\lambda 12} = -\sigma_{\lambda\varkappa 12}$ ist, so heben sich in der Summe linker Hand die Glieder paarweise auf, und folglich ist

$$\sigma_{10}\sigma_{12}(\Sigma\sigma_{1\lambda}\sigma_{012\lambda}) + \sigma_{20}\sigma_{21}(\Sigma\sigma_{2\lambda}\sigma_{012\lambda}) = 0.$$

Vertauscht man 0 mit 1 und 0 mit 2 und addirt die beiden so erhaltenen Gleichungen zu der ursprünglichen, so erhält man $\Sigma\sigma_{0\lambda}\sigma_{012\lambda} = 0$ und allgemein

$$(5.)\qquad \sum_\lambda\sigma_{\alpha\lambda}(u)\sigma_{\lambda\alpha\beta\gamma}(u) = 0.$$

Dieser Formel zufolge gilt die Gleichung (1.) auch dann, wenn die Indices $\alpha, \beta, \gamma, \delta$ nicht alle unter einander verschieden sind. Nach Formel (2.) § 5 ist $\sigma_{0126} = -\sigma_{3457}$ und $\sigma_{0127} = \sigma_{3456}$ und folglich

$$(6.)\qquad \sum_\lambda\sigma_{012\lambda}(u)\sigma_{345\lambda}(u) = 0.$$

Aus der Gleichung $\psi_{2345} = \psi_{1067}$ ergiebt sich

$$\sigma_{20}\sigma_{0345} + \sum_\varkappa{}_5^7\sigma_{2\varkappa}\sigma_{34\varkappa 5} = -\sigma_{13}\sigma_{1245} + \sigma_{14}\sigma_{1235} - \sigma_{15}\sigma_{1234}$$

und allgemein für $\lambda = 5, 6, 7$

$$\sigma_{02}\sigma_{034\lambda} + \sum_\varkappa{}_5^7\sigma_{2\varkappa}\sigma_{34\varkappa\lambda} = -\sigma_{13}\sigma_{124\lambda} + \sigma_{14}\sigma_{123\lambda} - \sigma_{1234}\sigma_{1\lambda}.$$

Diese Formel gilt auch für $\lambda = 3, 4$, und wenn man sie mit $\sigma_{012\lambda}$ multiplicirt, für jeden Werth von λ. Summirt man nach λ, so erhält man nach (5.)

$$\sigma_{02}(\Sigma\sigma_{012\lambda}\sigma_{034\lambda})+\sum_{\varkappa}{}_5^7\sigma_{2\varkappa}(\sum_{\lambda}\sigma_{012\lambda}\sigma_{34\varkappa\lambda}) = -\sigma_{13}(\Sigma\sigma_{012\lambda}\sigma_{124\lambda})+\sigma_{14}(\Sigma\sigma_{012\lambda}\sigma_{123\lambda}).$$

Nach Formel (6.) ist $\sum_{\lambda}\sigma_{012\lambda}\sigma_{34\varkappa\lambda} = 0$ für $\varkappa = 5, 6, 7$. Nach Gleichung (9.) § 6 ergiebt sich daher

$$\sigma_{02}(\Sigma\sigma_{012\lambda}\sigma_{034\lambda}) = \sigma_{13}(\sigma_{01}\sigma_{41}+\sigma_{02}\sigma_{42})-\sigma_{14}(\sigma_{01}\sigma_{31}+\sigma_{02}\sigma_{32}),$$

und folglich ist

$$(7.)\qquad \sum_{\lambda}\sigma_{012\lambda}(u)\sigma_{034\lambda}(u) = \sigma_{13}(u)\sigma_{24}(u)-\sigma_{14}(u)\sigma_{23}(u),$$

wo links der Index 0 nur scheinbar bevorzugt ist und ohne Aenderung der Summe durch 5, 6 oder 7 ersetzt werden kann. Endlich will ich noch erwähnen, dass die Function

$$(8.)\quad \psi_{\alpha\beta\varkappa\lambda,\gamma\delta\varkappa\lambda}(u) = \sigma_{\alpha\varkappa}(u)\sigma_{\varkappa\beta\gamma\delta}(u)+\sigma_{\beta\varkappa}(u)\sigma_{\varkappa\alpha\delta\gamma}(u)-\sigma_{\gamma\lambda}(u)\sigma_{\lambda\delta\alpha\beta}(u)-\sigma_{\delta\lambda}(u)\sigma_{\lambda\gamma\beta\alpha}(u)$$

mit der Charakteristik $[\alpha\beta\gamma\delta]$ bis auf einen constanten Factor durch die Bedingung bestimmt ist, dass ihre Entwicklung an der Stelle $[\alpha\beta\varkappa\lambda]$ (und folglich auch an der Stelle $[\gamma\delta\varkappa\lambda]$) mit den Gliedern der dritten Dimension anfängt. Dieselbe wechselt das Zeichen, wenn man α mit β (oder γ mit δ) vertauscht, und hat die Eigenschaften

$$(9.)\qquad \psi_{\alpha\beta\varkappa\lambda,\gamma\delta\varkappa\lambda} = \psi_{\alpha\beta\lambda\varkappa,\gamma\delta\lambda\varkappa} = -\psi_{\gamma\delta\varkappa\lambda,\alpha\beta\varkappa\lambda} = \mp\psi_{\varkappa\lambda\alpha\beta,\mu\nu\alpha\beta},$$

aus denen sich acht verschiedene Darstellungen für jene Function ergeben.

§ 8.

Determinanten, deren Elemente ungerade Sigmafunctionen sind.

Ich gehe nun dazu über, die Bedeutung des entwickelten Formelsystems darzulegen. Dabei gehe ich aus von den vier Formeln

$$(1.)\qquad \begin{cases} \Sigma\sigma_{012\lambda}^2 = \varphi-\sigma_{12}^2-\sigma_{20}^2-\sigma_{01}^2, \\ \Sigma\sigma_{012\lambda}\sigma_{013\lambda} = -\sigma_{02}\sigma_{03}-\sigma_{12}\sigma_{13}, \\ \Sigma\sigma_{012\lambda}\sigma_{034\lambda} = \sigma_{13}\sigma_{24}-\sigma_{14}\sigma_{23}, \\ \Sigma\sigma_{012\lambda}\sigma_{345\lambda} = 0. \end{cases}$$

Jede der vier Determinanten

$$\begin{vmatrix} \sqrt{\varphi} & \sigma_{01} & \sigma_{02} \\ \sigma_{10} & \sqrt{\varphi} & \sigma_{12} \\ \sigma_{20} & \sigma_{21} & \sqrt{\varphi} \end{vmatrix}, \quad \begin{vmatrix} \sqrt{\varphi} & \sigma_{01} & \sigma_{03} \\ \sigma_{10} & \sqrt{\varphi} & \sigma_{13} \\ \sigma_{20} & \sigma_{21} & \sigma_{23} \end{vmatrix}, \quad \begin{vmatrix} \sqrt{\varphi} & \sigma_{03} & \sigma_{04} \\ \sigma_{10} & \sigma_{13} & \sigma_{14} \\ \sigma_{20} & \sigma_{23} & \sigma_{24} \end{vmatrix}, \quad \begin{vmatrix} \sigma_{03} & \sigma_{04} & \sigma_{05} \\ \sigma_{13} & \sigma_{14} & \sigma_{15} \\ \sigma_{23} & \sigma_{24} & \sigma_{25} \end{vmatrix}$$

lässt sich auf die Form $A+B\sqrt{\varphi}$ bringen, wo A und B eindeutige Functionen sind. Die Coefficienten B von $\sqrt{\varphi}$ sind der Reihe nach gleich

$$\varphi-\sigma_{12}^2-\sigma_{20}^2-\sigma_{01}^2, \quad -\sigma_{02}\sigma_{03}-\sigma_{12}\sigma_{13}, \quad \sigma_{13}\sigma_{24}-\sigma_{14}\sigma_{23}, \quad 0,$$

also gleich den rechten Seiten jener vier Formeln. Ich setze

$$(2.)\qquad s_{\alpha\alpha} = s = \sqrt{\varphi(u)}, \quad s_{\alpha\beta} = \sigma_{\alpha\beta}(u),$$

und bezeichne z. B. die Determinante dritten Grades

$$|s_{\nu\nu'}| \qquad \begin{pmatrix}\nu = \alpha, \beta, \gamma \\ \nu' = \alpha', \beta', \gamma'\end{pmatrix}$$

kurz mit $s\begin{pmatrix}\alpha' & \beta' & \gamma' \\ \alpha & \beta & \gamma\end{pmatrix}$. Ist $C = A+Bs$, wo A und B eindeutige Functionen sind, so werde ich den Theil A mit dem Symbol $\mathfrak{A}(C)$, den Theil B mit $\mathfrak{B}(C)$ bezeichnen. Dann lassen sich jene Formeln dahin zusammenfassen, dass

$$(3.)\qquad \sum_\lambda \sigma_{\alpha\beta\gamma\lambda}(u)\sigma_{\alpha'\beta'\gamma'\lambda}(u) = \mathfrak{B}s\begin{pmatrix}\alpha' & \beta' & \gamma' \\ \alpha & \beta & \gamma\end{pmatrix}$$

ist. Der Relation (1.) § 7 zufolge ist

$$\sum_\lambda \sigma_{\alpha'\beta'\gamma'\lambda}\psi_{\alpha\beta\gamma\lambda} = \sum_\varkappa \sigma_{\alpha\varkappa}\Big(\sum_\lambda \sigma_{\varkappa\beta\gamma\lambda}\sigma_{\alpha'\beta'\gamma'\lambda}\Big)$$

$$= \sum_\varkappa \sigma_{\varkappa\alpha}\mathfrak{B}\begin{vmatrix} s_{\varkappa\alpha'} & s_{\beta\alpha'} & s_{\gamma\alpha'} \\ s_{\varkappa\beta'} & s_{\beta\beta'} & s_{\gamma\beta'} \\ s_{\varkappa\gamma'} & s_{\beta\gamma'} & s_{\gamma\gamma'} \end{vmatrix} = \mathfrak{B}\begin{vmatrix} (\sum_\varkappa \sigma_{\varkappa\alpha}s_{\varkappa\alpha'}) & s_{\beta\alpha'} & s_{\gamma\alpha'} \\ (\sum_\varkappa \sigma_{\varkappa\alpha}s_{\varkappa\beta'}) & s_{\beta\beta'} & s_{\gamma\beta'} \\ (\sum_\varkappa \sigma_{\varkappa\alpha}s_{\varkappa\gamma'}) & s_{\beta\gamma'} & s_{\gamma\gamma'} \end{vmatrix}.$$

Nach Formel (6.) § 6 ist aber $\sum_\varkappa \sigma_{\varkappa\alpha}s_{\varkappa\beta} = ss_{\alpha\beta}$ (auch wenn $\alpha=\beta$ ist), und folglich ist

$$(4.)\qquad \sum_\lambda \sigma_{\alpha'\beta'\gamma'\lambda}(u)\psi_{\alpha\beta\gamma\lambda}(u) = \mathfrak{A}s\begin{pmatrix}\alpha' & \beta' & \gamma' \\ \alpha & \beta & \gamma\end{pmatrix}.$$

Beiläufig ergiebt sich daraus die Gleichung

$$(5.)\qquad \sum_\lambda \sigma_{\alpha'\beta'\gamma'\lambda}(u)\psi_{\alpha\beta\gamma\lambda}(u) = \sum_\lambda \sigma_{\alpha\beta\gamma\lambda}(u)\psi_{\alpha'\beta'\gamma'\lambda}(u).$$

Z. B. ist

$$(6.)\qquad \begin{vmatrix} \sigma_{03} & \sigma_{04} & \sigma_{05} \\ \sigma_{13} & \sigma_{14} & \sigma_{15} \\ \sigma_{23} & \sigma_{24} & \sigma_{25} \end{vmatrix} = \psi_{0126}\sigma_{0127}-\psi_{0127}\sigma_{0126}.$$

Ich setze jetzt

$$(7.)\qquad F_{\alpha\beta\gamma\delta}(u) = \psi_{\alpha\beta\gamma\delta}(u)+\sqrt{\varphi(u)}\sigma_{\alpha\beta\gamma\delta}(u),$$

also nach Formel (2.) § 5 und (2.) § 7

$$(8.)\qquad \pm F_{\varkappa\lambda\mu\nu}(u) = -\psi_{\alpha\beta\gamma\delta}(u)+\sqrt{\varphi(u)}\sigma_{\alpha\beta\gamma\delta}(u).$$

Addirt man dann die Formel (3.), mit s multiplicirt, zu der Formel (4.), so erhält man

$$(9.)\qquad \sum_\lambda \sigma_{\alpha'\beta'\gamma'\lambda}(u)F_{\alpha\beta\gamma\lambda}(u) = s\begin{pmatrix}\alpha' & \beta' & \gamma' \\ \alpha & \beta & \gamma\end{pmatrix},$$

und weil $\sqrt{\varphi}$ irrational ist, so folgen aus dieser Gleichung wieder umgekehrt jene beiden Formeln. Ferner ist

$$\sum_\lambda \psi_{\lambda\alpha\beta\gamma}\psi_{\lambda\alpha'\beta'\gamma'} = \sum_{\lambda,\mu,\nu} \sigma_{\lambda\mu}\sigma_{\mu\alpha\beta\gamma}\sigma_{\lambda\nu}\sigma_{\nu\alpha'\beta'\gamma'}.$$

Nun ist aber $\sum_\lambda \sigma_{\lambda\mu}\sigma_{\lambda\nu} = 0$ oder φ, je nachdem μ von ν verschieden ist oder nicht, und mithin ist

$$(10.)\qquad \sum_\lambda \psi_{\alpha\beta\gamma\lambda}(u)\psi_{\alpha'\beta'\gamma'\lambda}(u) = \varphi(u)\sum_\lambda \sigma_{\alpha\beta\gamma\lambda}(u)\sigma_{\alpha'\beta'\gamma'\lambda}(u).$$

Aus den Gleichungen (9.) und (10.) folgt

$$(11.)\qquad \sum_\lambda \psi_{\alpha'\beta'\gamma'\lambda}(u)F_{\alpha\beta\gamma\lambda}(u) = s.s\begin{pmatrix}\alpha' & \beta' & \gamma' \\ \alpha & \beta & \gamma\end{pmatrix}.$$

Die beiden Relationen (9.) und (11.) werden vollständig ersetzt durch die beiden Gleichungen

$$(12.)\qquad \sum_\lambda F_{\alpha\beta\gamma\lambda}(u)F_{\alpha'\beta'\gamma'\lambda}(u) = 2s.s\begin{pmatrix}\alpha' & \beta' & \gamma' \\ \alpha & \beta & \gamma\end{pmatrix}$$

und

$$\sum_\lambda F_{\alpha'\beta'\gamma'\lambda}(\psi_{\alpha\beta\gamma\lambda} - s\sigma_{\alpha\beta\gamma\lambda}) = 0.$$

Letztere kann man mit Hülfe der Beziehung (8.) auf die Gestalt bringen

$$(13.)\qquad F_{\alpha\beta\gamma\varkappa}F_{\lambda\mu\nu\varrho} + F_{\alpha\beta\gamma\lambda}F_{\mu\nu\varrho\varkappa} + F_{\alpha\beta\gamma\mu}F_{\nu\varrho\varkappa\lambda} + F_{\alpha\beta\gamma\nu}F_{\varrho\varkappa\lambda\mu} + F_{\alpha\beta\gamma\varrho}F_{\varkappa\lambda\mu\nu} = 0.$$

und sie gilt, gleichgültig ob die Indices verschieden sind oder nicht. Aus den beiden Gleichungen (12.) und (13.) ergeben sich wieder die vier ursprünglichen Gleichungen (3.), (4.), (5.) und (10.).

Nach Formel (1.) § 7 ist

$$\sum_\varkappa \sigma_{\alpha\varkappa}\psi_{\varkappa\beta\gamma\delta} = \sum_{\varkappa,\lambda}\sigma_{\alpha\varkappa}\sigma_{\varkappa\lambda}\sigma_{\lambda\beta\gamma\delta},$$

also nach Formel (5.) § 5 und (6.) § 6

$$(14.)\qquad \sum_\lambda \sigma_{\alpha\lambda}(u)\psi_{\lambda\beta\gamma\delta}(u) = \varphi(u)\sigma_{\alpha\beta\gamma\delta}(u),$$

und folglich nach Gleichung (1.) § 7

$$(15.)\qquad \sum_\lambda s_{\alpha\lambda}F_{\lambda\beta\gamma\delta} = 2sF_{\alpha\beta\gamma\delta}.$$

Diese Gleichungen gelten ganz allgemein, ob die Indices verschieden sind oder nicht. Subtrahirt man von der Formel (14.) die mit s multiplicirte

Formel (1.) § 7, so findet man die Gleichung

$$\sum_{\lambda} s_{\alpha\lambda}(\psi_{\lambda\beta\gamma\delta}-s\sigma_{\lambda\beta\gamma\delta}) = 0,$$

die man mit Hülfe der Beziehung (8.) auf die Form bringen kann

$$(16.)\qquad s_{\alpha\varkappa}F_{\lambda\mu\nu\varrho}+s_{\alpha\lambda}F_{\mu\nu\varrho\varkappa}+s_{\alpha\mu}F_{\nu\varrho\varkappa\lambda}+s_{\alpha\nu}F_{\varrho\varkappa\lambda\mu}+s_{\alpha\varrho}F_{\varkappa\lambda\mu\nu} = 0.$$

Entwickelt man die Determinante vierten Grades $s\binom{\alpha'\,\beta'\,\gamma'\,\delta'}{\alpha\;\beta\;\gamma\;\delta}$ nach den in der ersten Colonne stehenden Elementen, so erhält man nach Formel (12.)

$$\frac{1}{2s}\sum_{\lambda} F_{\beta'\gamma'\delta'\lambda}(s_{\alpha'\alpha}F_{\beta\gamma\delta\lambda}-s_{\alpha'\beta}F_{\iota\gamma\delta\lambda}+s_{\alpha'\gamma}F_{\alpha\beta\delta\lambda}-s_{\alpha'\delta}F_{\alpha\beta\gamma\lambda}).$$

Nach (16.) und (15.) ist dieser Ausdruck gleich

$$-\frac{1}{2s}\sum_{\lambda} F_{\beta'\gamma'\delta'\lambda}s_{\alpha'\lambda}F_{\alpha\beta\gamma\delta} = F_{\alpha\beta\gamma\delta}F_{\alpha'\beta'\gamma'\delta'}.$$

Demnach ergiebt sich die Gleichung

$$(17.)\qquad s\binom{\alpha'\,\beta'\,\gamma'\,\delta'}{\alpha\;\beta\;\gamma\;\delta} = F_{\alpha\beta\gamma\delta}F_{\alpha'\beta'\gamma'\delta'}.$$

Z. B. ist

$$(18.)\qquad \sigma\binom{0\,1\,2\,3}{4\,5\,6\,7} = \sigma_{0123}^2\varphi-\psi_{0123}^2$$

und

$$(19.)\qquad \begin{vmatrix} \sqrt{\varphi} & \sigma_{\alpha\beta} & \sigma_{\alpha\gamma} & \sigma_{\alpha\delta} \\ \sigma_{\beta\alpha} & \sqrt{\varphi} & \sigma_{\beta\gamma} & \sigma_{\beta\delta} \\ \sigma_{\gamma\alpha} & \sigma_{\gamma\beta} & \sqrt{\varphi} & \sigma_{\gamma\delta} \\ \sigma_{\delta\alpha} & \sigma_{\delta\beta} & \sigma_{\delta\gamma} & \sqrt{\varphi} \end{vmatrix} = (\psi_{\alpha\beta\gamma\delta}+\sqrt{\varphi}\,\sigma_{\alpha\beta\gamma\delta})^2.$$

Vergleicht man hier auf beiden Seiten die Coefficienten von $\sqrt{\varphi}$, so erhält man

$$(20.)\qquad \sigma_{\alpha\beta\gamma\delta}\psi_{\alpha\beta\gamma\delta} = \sigma_{\gamma\delta}\sigma_{\delta\beta}\sigma_{\beta\gamma}+\sigma_{\gamma\delta}\sigma_{\delta\alpha}\sigma_{\alpha\gamma}+\sigma_{\beta\delta}\sigma_{\delta\alpha}\sigma_{\alpha\beta}+\sigma_{\beta\gamma}\sigma_{\gamma\alpha}\sigma_{\alpha\beta}.$$

Endlich ist die Determinante fünften Grades

$$(21.)\qquad s\binom{\alpha'\,\beta'\,\gamma'\,\delta'\,\varepsilon'}{\alpha\;\beta\;\gamma\;\delta\;\varepsilon} = 0.$$

Denn entwickelt man sie nach den Elementen der ersten Colonne, so erhält man nach (17.) und (16.)

$$F_{\beta'\gamma'\delta'\varepsilon'}(s_{\alpha'\alpha}F_{\beta\gamma\delta\varepsilon}+s_{\alpha'\beta}F_{\gamma\delta\varepsilon\beta}+\cdots+s_{\alpha'\varepsilon}F_{\alpha\beta\gamma\delta}) = 0.$$

In dem symmetrischen System

$$(22.)\qquad s_{\alpha\beta} \qquad\qquad (\alpha, \beta = 0, 1, \ldots 7)$$

verschwinden also alle Determinanten fünften und höheren Grades, aber keine Determinante vierten Grades, oder der *Rang* dieses Systems ist gleich 4.

In Folge der Formeln

$$\sum_\lambda \sigma^2_{\alpha\lambda} = \varphi, \quad \sum_\lambda \sigma_{\alpha\lambda}\sigma_{\beta\lambda} = 0$$

bilden die Elemente

$$(23.) \quad \sigma_{\alpha\beta}(u) \qquad (\alpha, \beta = 0, 1, \dots 7)$$

ein symmetrisches orthogonales System. Gewöhnlich nennt man ein System von Elementen $a_{\alpha\beta}(\alpha, \beta = 1, 2, \dots m)$ nur dann ein orthogonales, wenn es den Bedingungen $\sum_\lambda a^2_{\alpha\lambda} = 1$, $\sum_\lambda a_{\alpha\lambda}a_{\beta\lambda} = 0$ genügt. Ich will aber im Folgenden diese Benennung auch dann anwenden, wenn die Gleichungen der ersten Art die Gestalt $\sum_\lambda a^2_{\alpha\lambda} = a$ haben. Ist $m = 2n$ eine gerade Zahl, so ist die Determinante des Systems $|a_{\alpha\beta}| = \pm a^n$. Je nachdem das obere oder untere Zeichen gilt, nenne ich das orthogonale System ein eigentliches oder ein uneigentliches. Das Vorzeichen der Determinante findet man am einfachsten aus der bekannten Gleichung

$$\begin{vmatrix} a_{1,n+1} & \dots & a_{1,2n} \\ \cdot & \dots & \cdot \\ a_{n,n+1} & \dots & a_{n,2n} \end{vmatrix} = \pm(-1)^n \begin{vmatrix} a_{n+1,1} & \dots & a_{n+1,n} \\ \cdot & \dots & \cdot \\ a_{2n,1} & \dots & a_{2n,n} \end{vmatrix},$$

vorausgesetzt, dass diese Determinanten $n$ten Grades nicht verschwinden. Da das System (23.) symmetrisch ist, und die Determinante (18.) nicht Null ist, so ist es ein eigentliches orthogonales System. Ist $e_{\alpha\beta} = 0$ oder 1, je nachdem α und β verschieden oder gleich sind, und ist r eine unbestimmte Grösse, so habe ich gezeigt (dieses Journ. Bd. 84, S. 26), dass die charakteristische Determinante

$$(24.) \quad |\sigma_{\alpha\beta} + re_{\alpha\beta}| \qquad (\alpha, \beta = 0, 1, \dots 7)$$

eines symmetrischen orthogonalen Systems nur für $r = \pm\sqrt{\varphi}$ verschwindet, und dass ihre Elementartheiler sämmtlich linear sind. Da $\sqrt{\varphi}$ irrational ist, so muss diese Determinante ebenso oft für $+\sqrt{\varphi}$, wie für $-\sqrt{\varphi}$ verschwinden, und ist daher gleich $(r^2-\varphi)^4$. Da ferner die für $r = \pm s$ verschwindenden Elementartheiler sämmtlich linear sind, so hat das System (24.) für $r = \pm s$ den Rang 4, wie ich auf einem andern Wege oben gezeigt habe.

Es ist jetzt leicht, die Determinanten vierten Grades des Systems (23.) und (24.) zu berechnen. Z. B. ist

$$(25.) \quad \begin{vmatrix} r & \sigma_{\alpha\beta} & \sigma_{\alpha\gamma} & \sigma_{\alpha\delta} \\ \sigma_{\beta\alpha} & r & \sigma_{\beta\gamma} & \sigma_{\beta\delta} \\ \sigma_{\gamma\alpha} & \sigma_{\gamma\beta} & r & \sigma_{\gamma\delta} \\ \sigma_{\delta\alpha} & \sigma_{\delta\beta} & \sigma_{\delta\gamma} & r \end{vmatrix} = (\psi_{\alpha\beta\gamma\delta} + r\sigma_{\alpha\beta\gamma\delta})^2 + (r^2-\varphi)(r^2-\varphi_{\alpha\beta\gamma\delta}).$$

Denn die Differenz zwischen der rechten und linken Seite ist eine ganze Function vierten Grades von r, in welcher die Coefficienten von r^4 und r^3 verschwinden, und auch der von r^2 zufolge der Gleichung (14.) § 5. Jene Differenz ist also eine lineare Function von r. Da dieselbe aber nach (19.) für $r=\pm\sqrt{\varphi}$ verschwindet, so ist sie identisch Null. Setzt man in dieser Formel $r=0$, so erhält man

$$(26.)\qquad \psi^2_{\alpha\beta\gamma\delta}+\varphi\varphi_{\alpha\beta\gamma\delta} = \operatorname{Norm}\left(\sqrt{\sigma_{\alpha\beta}\sigma_{\gamma\delta}}+\sqrt{\sigma_{\alpha\gamma}\sigma_{\delta\beta}}+\sqrt{\sigma_{\alpha\delta}\sigma_{\beta\gamma}}\right).$$

In ähnlicher Weise findet man (vgl. Formel (5.) § 6)

$$(27.)\qquad \begin{vmatrix} \sigma_{01} & \sigma_{02} & \sigma_{03} & \sigma_{04} \\ \sigma_{21} & r & \sigma_{23} & \sigma_{24} \\ \sigma_{31} & \sigma_{32} & r & \sigma_{34} \\ \sigma_{41} & \sigma_{42} & \sigma_{43} & r \end{vmatrix} = (\psi_{0234}+r\sigma_{0234})(\psi_{1234}+r\sigma_{1234})+(r^2-\varphi)(\sigma_{01}r-\psi_{0234,1234})$$

und folglich für $r=0$

$$(28.)\qquad \sigma\binom{0\,2\,3\,4}{1\,2\,3\,4} = \psi_{0234}\psi_{1234}+\varphi\psi_{0234,1234}.$$

Nun ist nach einem bekannten Determinantensatze

$$\sigma\binom{0\,1\,2\,3\,4}{0\,1\,2\,3\,4}\sigma\binom{2\,3\,4}{2\,3\,4} = \sigma\binom{0\,2\,3\,4}{0\,2\,3\,4}\sigma\binom{1\,2\,3\,4}{1\,2\,3\,4}-\left(\sigma\binom{0\,2\,3\,4}{1\,2\,3\,4}\right)^2.$$

Nach einer bekannten Eigenschaft der orthogonalen Systeme ist aber

$$\sigma\binom{0\,1\,2\,3\,4}{0\,1\,2\,3\,4} = +\varphi\sigma\binom{5\,6\,7}{5\,6\,7},$$

und folglich ist

$$4\varphi\sigma_{67}\sigma_{75}\sigma_{56}\sigma_{34}\sigma_{42}\sigma_{23} = (\psi^2_{0234}+\varphi\varphi_{0234})(\psi^2_{1234}+\varphi\varphi_{1234})-(\psi_{0234}\psi_{1234}+\varphi\psi_{0234,1234})^2$$

oder

$$(29.)\qquad \begin{cases} 4\sigma_{34}\sigma_{42}\sigma_{23}\sigma_{67}\sigma_{75}\sigma_{56} = \psi^2_{0234}\varphi_{1234}+\psi^2_{1234}\varphi_{0234} \\ \qquad -2\psi_{0234}\psi_{1234}\psi_{0234,1234}+\varphi(\varphi_{0234}\varphi_{1234}-\psi^2_{0234,1234}). \end{cases}$$

Endlich ist

$$(30.)\qquad \sigma\binom{0\,1\,2\,3}{0\,4\,5\,6} = \psi_{0123}\psi_{0456}+\varphi\sigma_{0123}\sigma_{0456}$$

und nach (7.) § 7

$$(31.)\qquad \sigma\binom{0\,1\,2\,3}{0\,1\,4\,5} = \psi_{0123}\psi_{0145}-\varphi(\sigma_{0236}\sigma_{0456}+\sigma_{0237}\sigma_{0457}).$$

Sind $z_0, z_1, \dots z_7$ unbestimmte Grössen, so lässt sich die quadratische Form $\Sigma s_{\varkappa\lambda}z_\varkappa z_\lambda$, weil ihr Rang gleich 4 ist, in eine Summe von vier Quadraten transformiren

$$(32.)\qquad \Sigma s_{\varkappa\lambda}z_\varkappa z_\lambda = \sum_u{}_0^3\Big(\sum_\lambda{}_0^7 A_\lambda^{(u)}z_\lambda\Big)^2.$$

Die Grössen $A_\lambda^{(\mu)}$ sind durch diese Bedingung nicht bestimmt, sondern können durch

$$B_\lambda^{(\mu)} = \sum_\nu {}_0^3 R_{\mu\nu} A_\lambda^{(\nu)}$$

ersetzt werden, wo die 16 Grössen $R_{\mu\nu}$ die Coefficienten einer orthogonalen Substitution von der Determinante $+1$ oder -1 sind. Demnach ist

$$(33.)\qquad \sum_\mu {}_0^3 A_\lambda^{(\mu)2} = s = \sqrt{\varphi(u)}$$

und

$$(34.)\qquad \sum_\mu {}_0^3 A_\varkappa^{(\mu)} A_\lambda^{(\mu)} = \sigma_{\varkappa\lambda}(u).$$

Ersetzt man s durch $-s$, so geht jene quadratische Form in $\Sigma s_{\varkappa\lambda} z_\varkappa z_\lambda - 2s\Sigma z_\lambda^2$ über, und da deren Rang ebenfalls gleich 4 ist, so lässt sie sich auch in eine Summe von vier Quadraten verwandeln

$$2s\Sigma z_\lambda^2 - \Sigma s_{\varkappa\lambda} z_\varkappa z_\lambda = \sum_\mu {}_4^7 (\sum_\lambda {}_0^7 A_\lambda^{(\mu)} z_\lambda)^2.$$

Mithin ist

$$\sum_\mu {}_0^7 (\sum_\lambda {}_0^7 A_\lambda^{(\mu)} z_\lambda)^2 = 2s\Sigma z_\lambda^2,$$

also bilden die Grössen $A_\lambda^{(\mu)}$ ein orthogonales System. Folglich ist

$$(35.)\qquad \sum_\lambda A_\lambda^{(\mu)2} = 2s = 2\sqrt{\varphi(u)},\quad \sum_\lambda A_\lambda^{(\mu)} A_\lambda^{(\nu)} = 0.$$

Von den Grössen $A_\lambda^{(\mu)} (\mu = 4, 5, 6, 7)$ mache ich im Folgenden weiter keinen Gebrauch. Setzt man nun

$$(A_\alpha, A_\beta, A\ , A_\delta) = |A_\lambda^{(\mu)}| \qquad \binom{\lambda = \alpha, \beta, \gamma, \delta}{\mu = 0, 1, 2, 3},$$

so ist nach (33.) und (34.)

$$(A_\alpha, A_\beta, A_\gamma, A_\delta)(A_{\alpha'}, A_{\beta'}, A_{\gamma'}, A_{\delta'}) = s\begin{pmatrix} \alpha' & \beta' & \gamma' & \delta' \\ \alpha & \beta & \gamma & \delta \end{pmatrix} = F_{\alpha\beta\gamma\delta} F_{\alpha'\beta'\gamma'\delta'}.$$

Man kann daher die Grössen $A_\lambda^{(\mu)}$ so wählen, dass

$$(36.)\qquad (A_\alpha, A_\beta, A_\gamma, A_\delta) = F_{\alpha\beta\gamma\delta}$$

wird. Auch dann können sie immer noch durch die allgemeineren Ausdrücke $B_\lambda^{(\mu)}$ ersetzt werden, es müssen aber die Grössen $R_{\mu\nu}$ die Coefficienten einer eigentlichen orthogonalen Substitution sein. Ist $\alpha, \beta, \gamma, \delta, \varkappa, \lambda, \mu, \nu$ eine eigentliche Permutation der Indices $0, 1, \ldots 7$, so ist

$$(A_\alpha, A_\beta, A_\gamma, A_\delta) = \psi_{\alpha\beta\gamma\delta} + \sqrt{\varphi}\sigma_{\alpha\beta\gamma\delta},\quad (A_\varkappa, A_\lambda, A_\mu, A_\nu) = -\psi_{\alpha\beta\gamma\delta} + \sqrt{\varphi}\sigma_{\alpha\beta\gamma\delta}$$

und mithin

$$(37.)\qquad 2\sqrt{\varphi(u)}\sigma_{\alpha\beta\gamma\delta}(u) = (A_\alpha, A_\beta, A_\gamma, A_\delta) + (A_\varkappa, A_\lambda, A_\mu, A_\nu)$$

und

$$(38.)\qquad 2\psi_{\alpha\beta\gamma\delta}(u) = (A_\alpha, A_\beta, A_\gamma, A_\delta) - (A_\varkappa, A_\lambda, A_\mu, A_\nu).$$

Damit sind die Functionen $\sigma_{\alpha\beta}$, $\sigma_{\alpha\beta\gamma\delta}$, $\psi_{\alpha\beta\gamma\delta}$ und $\sqrt{\varphi}$ durch 32 Grössen $A_\lambda^{(\mu)}$ dargestellt, welche den Gleichungen (33.) und (35.) genügen, und man überzeugt sich leicht, dass durch diese Formeln den in § 6 und § 7 entwickelten Gleichungen sämmtlich genügt wird.

§ 9.

Irrationale Invarianten und Covarianten von $F(x)$.

Setzt man in den vier Formeln (1.) § 8 $n = 0$, so erhält man

$$(1.)\qquad \sum_\lambda f_{\alpha\beta\gamma\lambda} f_{\alpha'\beta'\gamma'\lambda} = 0,$$

gleichgültig, ob die Indices verschieden oder gleich sind. Diese Gleichung kann man mit Hülfe der Beziehung (4.) § 5 auf die Gestalt bringen

$$(2.)\qquad f_{\alpha\beta\gamma\varkappa} f_{\lambda\mu\nu\varrho} + f_{\alpha\beta\gamma\lambda} f_{\mu\nu\varrho\varkappa} + f_{\alpha\beta\gamma\mu} f_{\nu\varrho\varkappa\lambda} + f_{\alpha\beta\gamma\nu} f_{\varrho\varkappa\lambda\mu} + f_{\alpha\beta\gamma\varrho} f_{\varkappa\lambda\mu\nu} = 0.$$

Demzufolge kann man acht lineare Functionen von vier Variabeln z^0, z', z'', z''',

$$(3.)\qquad z_\lambda = a_\lambda^{(0)} z^{(0)} + a'_\lambda z' + a''_\lambda z'' + a'''_\lambda z''' \qquad (\lambda = 0, 1, \dots 7)$$

so bestimmen, dass

$$(4.)\qquad f_{\alpha\beta\gamma\delta} = (a_\alpha, a_\beta, a_\gamma, a_\delta) = |a_\lambda^{(\mu)}| \qquad \binom{\lambda = \alpha, \beta, \gamma, \delta}{\mu = 0, 1, 2, 3}$$

wird. Z. B. kann man, wenn $\varkappa, \lambda, \mu, \nu$ eine eigentliche Permutation der Indices 0, 1, 2, 3 ist,

$$f_{0123}^{\frac{3}{4}} a_\varrho^{(\nu)} = f_{\varkappa\lambda\mu\varrho} \qquad (\varrho = 0, 1, \dots 7)$$

setzen. Aus den Formeln (1.) folgt in Verbindung damit, dass die Grössen $f_{\alpha\beta\gamma\delta}$ sämmtlich von Null verschieden sind, die identische Gleichung

$$(5.)\qquad \sum_\lambda z_\lambda^2 = 0$$

und allgemein, wenn $f_2(w^{(0)}, w', w'', w''') = f_2(w)$ eine beliebige quadratische Function der Variabeln $w^{(0)}, w', w'', w'''$ ist,

$$(6.)\qquad \sum_\lambda f_2(a_\lambda) = 0.$$

Betrachtet man die Grössen $a_\lambda^{(0)}, a'_\lambda, a''_\lambda, a'''_\lambda$ als die Coordinaten einer Ebene a_λ in Bezug auf irgend ein Coordinatentetraeder, so besagt diese Gleichung, dass die acht Ebenen $a_0, a_1, \dots a_7$ die gemeinsamen Berührungsebenen dreier Flächen zweiter Klasse sind.

Aus den Formeln (15.) § 4 und (3.) § 5 folgt

$$c^3 g c_{\alpha\beta\gamma\delta} f_{\alpha\beta\gamma\delta} = \pm \varepsilon_{\varkappa\lambda\mu\nu} g_{\alpha\beta} g_{\alpha\gamma} g_{\alpha\delta} g_{\beta,\gamma,\delta},$$

und mithin ist

$$c^{12} g^4 c_{0246} c_{0257} c_{0347} c_{0356} f_{0246} f_{0257} f_{0347} f_{0356} = (01,23)(45,67)(23) g_{2,4,6} g_{2,5,7} g_{3,4,7} g_{3,5,6} (\Pi g_{0\lambda}^2) : g_{01}^2.$$

Nach (1.) und (11.) § 4 erhält man demnach

$$c^4 f_{0246} f_{0257} f_{0347} f_{0356} = -(j, k)(01, 23)(45, 67)(0123) h \frac{c_{0357} c_{0340} c_{0256} c_{0247}}{c c_{0123} c_{0145} c_{0167}}.$$

Ebenso ist

$$c^4 f_{0357} f_{0346} f_{0256} f_{0247} = -(j, k)(01, 23)(45, 67)(0123) h \frac{c_{0246} c_{0257} c_{0347} c_{0356}}{c c_{0123} c_{0145} c_{0167}}.$$

Setzt man also

$$(7.) \qquad c^4 f = -\varepsilon h = -\varepsilon g^2,$$

so ist nach (6.) § 3

$$f = f_{0246} f_{0257} f_{0347} f_{0356} - f_{0357} f_{0346} f_{0256} f_{0247}.$$

Dieser Ausdruck wechselt daher nur das Vorzeichen, wenn man irgend zwei der Indices unter einander vertauscht, und folglich ist allgemein

$$(8.) \qquad \pm f = f_{\varkappa\alpha\beta\gamma} f_{\varkappa\alpha\beta'\gamma'} f_{\varkappa\alpha'\beta\gamma'} f_{\varkappa\alpha'\beta'\gamma} - f_{\varkappa\alpha'\beta'\gamma'} f_{\varkappa\alpha'\beta\gamma} f_{\varkappa\alpha\beta'\gamma} f_{\varkappa\alpha\beta\gamma'},$$

wo das obere oder untere Zeichen gilt, je nachdem $\varkappa\varkappa'\alpha\alpha'\beta\beta'\gamma\gamma'$ eine eigentliche oder uneigentliche Vertauschung der Indices 0, 1, ... 7 ist.

Nach (15.) § 4 ist

$$(9.) \qquad c^3 g^2 c_{\alpha\beta\gamma\delta} f_{\alpha\beta\gamma\delta} = \pm \varepsilon_{\varkappa\lambda\mu\nu} g_{\alpha\beta} g_{\alpha\gamma} g_{\alpha\delta} g_{\beta\gamma} g_{\beta\delta} g_{\gamma\delta}$$

und mithin

$$c^{15} g^{10} \underset{\lambda}{\Pi}{}_3^7 (c_{012\lambda} f_{012\lambda}) = -(012)(1, 2)(2, 0)(0, 1) \varepsilon (g_{12} g_{20} g_{01})^3 (\Pi g_{0\lambda})(\Pi g_{1\lambda})(\Pi g_{2\lambda}),$$

wo λ z. B. in dem Producte $\Pi g_{0\lambda}$ alle von 0 verschiedenen Indices durchläuft. Nach (11.) § 4 ist also

$$(10.) \qquad c^4 \underset{\lambda}{\Pi}{}_3^7 f_{012\lambda} = (012)(1, 2)(2, 0)(0, 1) \varepsilon f g_{0,1,2}^2.$$

Ferner ist

$$c^{18} g^{12} c_{0134} c_{0142} c_{0123} c_{0167} c_{0175} c_{0156} f_{0134} f_{0142} f_{0123} f_{0167} f_{0175} f_{0156}$$
$$= -\varepsilon (01)(0234, 1234) g_{01}^2 (g_{34} g_{42} g_{23})(g_{67} g_{75} g_{56})(\Pi g_{0\lambda})^2 (\Pi g_{1\lambda})^2$$

und mithin nach (1.) und (11.) § 4

$$(11.) \qquad c^4 f_{0134} f_{0142} f_{0123} f_{0167} f_{0175} f_{0156} = -(0234, 1234) f g_{01}^2 c_{0234}^2 c_{1234}^2.$$

Nach Formel (4.) § 6 ist

$$\varepsilon_{01} (k567) c_{0234} c_{1234} \frac{g_{01}^2}{cg} \psi_{01} = (567, 2) \frac{g_{0,1,2}}{g_{34}} \frac{c_{0134} \sigma_{0134}}{f_{0134}} \sigma_{34} + \cdots$$
$$\cdots + (567, 234) \frac{g_{0,1,234}}{g_{01}} c \sigma \sigma_{01}.$$

Nun ist aber nach (18.) § 4 und (11.)

$$(567, 234) c^2 g g_{0,1,234} f_{0134} f_{0142} f_{0123} f_{0167} f_{0175} f_{0156} = \varepsilon_{01} (k567) c_{0234} c_{1234} g_{01}^3 f f_{0234} f_{1234}.$$

Ferner ist

$$(567, 2) c c_{0134} g g_{0,1,2} f_{0134} f_{2345} f_{2346} f_{2347} = \varepsilon_{01} (k567) c_{0234} c_{1234} f g_{34} g_{01}^2.$$

Denn multiplicirt man diese Gleichung mit $f_{2340}f_{2341}$, so geht sie nach (10.) § 4 und (10.) über in

$$g_{02}g_{12}g_{34}g_{23}^2g_{24}^2(\varepsilon_{2567}c_{0134}f_{0134}) = -c^3g^2g_{01}(\varepsilon_{1567}c_{0234}f_{0234})(\varepsilon_{0567}c_{1234}f_{1234}),$$

welche mit Hülfe der Gleichung (9.) leicht zu verificiren ist. Demnach ist

$$(12.)\qquad \frac{f_{2345}f_{2346}f_{2347}}{f}\psi_{01} = \frac{\sigma_{0134}\sigma_{34}}{f_{0134}^2}+\frac{\sigma_{0142}\sigma_{42}}{f_{0142}^2}+\frac{\sigma_{0123}\sigma_{23}}{f_{0123}^2}+\frac{f_{0234}f_{1234}\sigma\sigma_{01}}{f_{0134}f_{0142}f_{0123}}.$$

Nach Formel (7.) § 6 ist

$$\varepsilon_{01}(k4)(23, 567)c_{0234}c_{1234}\frac{g_{01}^2}{cg}\psi_{01} = (234, 567)c_{0123}\frac{g_{0,1,4}}{g_{23}}\frac{\sigma_{0123}}{f_{0123}}\sigma_{23}$$
$$+\sum_{\lambda\,5}^{7}(234, \lambda)c_{014\lambda}\frac{g_{0,1,23\lambda}}{g_{4\lambda}}\frac{\sigma_{014\lambda}}{f_{014\lambda}}\sigma_{4\lambda}.$$

Nun ist aber, wie aus der zweiten oben benutzten Formel durch Vertauschung der Indices 2 und 4 hervorgeht,

$$(4, 567)cc_{0123}gg_{0,1,4}f_{0123}f_{2345}f_{2346}f_{2347} = \varepsilon_{01}(k4)c_{0234}c_{1234}fg_{23}g_{01}^2$$

und nach (22.) und (23.) § 4

$$(234, 5)cc_{0145}gg_{0,1,235}f_{0123}f_{2345} = -\varepsilon_{01}(k4)(23, 567)c_{0234}c_{1234}g_{01}^2g_{45}f_{0235}f_{1235}$$

und folglich

$$(13.)\qquad f_{0123}\psi_{01} = \frac{f}{f_{2345}f_{2346}f_{2347}}\frac{\sigma_{0123}\sigma_{23}}{f_{0123}}-\sum_{\lambda\,5}^{7}f_{023\lambda}f_{123\lambda}\frac{\sigma_{014\lambda}\sigma_{4\lambda}}{f_{014\lambda}f_{234\lambda}}.$$

Die Glieder der ersten Dimension in der Entwicklung von $\sigma_{\alpha\beta}(u)$ seien, wenn man u durch x ersetzt,

$$(14.)\qquad x_{\alpha\beta} = a'_{\alpha\beta}x'+a''_{\alpha\beta}x''+a'''_{\alpha\beta}x'''.$$

Da die Entwicklungen der Functionen $\psi_{\alpha\beta}(u)$ und $\psi_{\alpha\beta\gamma\delta}(u)$ mit den Gliedern der dritten Dimension anfangen, so folgt aus den Gleichungen (1.) § 7, (12.) und (13.)

$$(15.)\qquad \sum_{\lambda} f_{\lambda\beta\gamma\delta}x_{\alpha\lambda} = 0,$$

$$(16.)\qquad \frac{x_{34}}{f_{0134}}+\frac{x_{42}}{f_{0142}}+\frac{x_{23}}{f_{0123}}+\frac{f_{0234}f_{1234}x_{01}}{f_{0134}f_{0142}f_{0123}} = 0,$$

$$(17.)\qquad \sum_{\lambda\,5}^{7}\frac{f_{023\lambda}f_{123\lambda}}{f_{234\lambda}}x_{4\lambda} = \frac{fx_{23}}{f_{2345}f_{2346}f_{2347}}.$$

Die Determinante der drei linearen Functionen $x_{\varkappa\lambda}$, $x_{\mu\nu}$, $x_{\varrho\sigma}$ bezeichne ich mit $[\varkappa\lambda, \mu\nu, \varrho\sigma]$. Aus der Gleichung (15.), die man auch schreiben kann

$$f_{\alpha\lambda\mu\nu}x_{\alpha\varkappa}-f_{\alpha\varkappa\mu\nu}x_{\alpha\lambda}+f_{\alpha\varkappa\lambda\nu}x_{\alpha\mu}-f_{\alpha\varkappa\lambda\mu}x_{\alpha\nu} = 0,$$

folgt, dass

$$[\alpha\beta, \alpha\gamma, \alpha\delta] = m_\alpha f_{\alpha\beta\gamma\delta},$$

wo m_α von β, γ, δ unabhängig ist. Setzt man in (17.) $x_{46} = x_{47} = 0$, so erhält man

$$f[23, 46, 47] = -m_4 f_{2346} f_{2347} f_{4670} f_{4671} f_{4675}.$$

Setzt man in (16.) $x_{34} = x_{42} = 0$, so erhält man

$$f_{0142} f_{0143} [23, 34, 42] = -f_{2340} f_{2341} [01, 42, 43],$$

also mit Hülfe der vorhergehenden Relation

$$f[23, 34, 42] = m_4 f_{2340} f_{2341} f_{2345} f_{2346} f_{2347}.$$

Daraus ergiebt sich durch Vertauschung der Indices, dass $m_4 = m_3$ ist. Bezeichnet man den gemeinsamen Werth der acht Grössen m_α mit m, so erhält man folglich die Gleichungen:

$$(18.) \quad [\alpha\beta, \alpha\gamma, \alpha\delta] = m f_{\alpha\beta\gamma\delta},$$

$$(19.) \quad f[\beta\gamma, \gamma\alpha, \alpha\beta] = m \prod_\lambda f_{\alpha\beta\gamma\lambda},$$

$$(20.) \quad f[\alpha\beta, \varkappa\lambda, \varkappa\mu] = -m f_{\varkappa\lambda\alpha\beta} f_{\varkappa\mu\alpha\beta} f_{\varkappa\lambda\mu\varrho} f_{\varkappa\lambda\mu\sigma} f_{\varkappa\lambda\mu\tau}.$$

In dem Producte (19.) durchläuft λ die fünf von α, β, γ verschiedenen Indices. In der Formel (20.) sind $\alpha\beta\varkappa\lambda\mu\varrho\sigma\tau$ die sämmtlichen acht Indices. Bei unserer Definition der *Jacobi*schen Functionen ist ein allen gemeinsamer Factor willkürlich geblieben, und daher bleibt m völlig unbestimmt. Wie man bei bestimmter Verfügung über jenen Factor die Grösse m berechnen kann, habe ich in meiner Arbeit *Ueber die constanten Factoren der Thetareihen* (dieses Journal Bd. 98) gezeigt.

Dass die Coefficienten der Anfangsglieder der 28 ungeraden Thetafunctionen die Coordinaten der 28 Doppeltangenten einer Curve vierter Ordnung sind, ist gewiss eine der merkwürdigsten Eigenschaften dieser Functionen. In den bisherigen Darstellungen ihrer Theorie findet sich aber keine Identität, aus der sich jener Satz so direct ablesen liesse, wie aus der in § 8 entwickelten Formel (19.) oder (26.). Bezeichnet man nämlich die Glieder der vierten Dimension in der Entwicklung von $\varphi(u)$, falls man darin u durch x ersetzt, mit $F(x', x'', x''')$ oder kurz mit $F(x)$, so folgt aus derselben die Relation

$$(21.) \quad f^2_{\alpha\beta\gamma\delta} F(x) = \text{Norm}\,[\sqrt{x_{\alpha\beta} x_{\gamma\delta}} + \sqrt{x_{\alpha\gamma} x_{\delta\beta}} + \sqrt{x_{\alpha\delta} x_{\beta\gamma}}],$$

aus der jener Satz unmittelbar hervorgeht. (Noch einfacher ergiebt er sich aus der Formel (14.) § 14). Sind ferner $G_{\alpha\beta}(x)$ und $G_{\alpha\beta\gamma\delta}(x)$ die Glieder der dritten Dimension in den Entwicklungen von $\psi_{\alpha\beta}(u)$ und $\psi_{\alpha\beta\gamma\delta}(u)$, so folgt aus der Gleichung (20.) § 8

$$(22.) \quad f_{\alpha\beta\gamma\delta} G_{\alpha\beta\gamma\delta}(x) = x_{\gamma\delta} x_{\delta\beta} x_{\beta\gamma} + x_{\delta\alpha} x_{\alpha\gamma} x_{\gamma\delta} + x_{\alpha\beta} x_{\beta\delta} x_{\delta\alpha} + x_{\beta\gamma} x_{\gamma\alpha} x_{\alpha\beta}.$$

In meiner Abhandlung *Ueber die Jacobischen Covarianten der Systeme von Berührungskegelschnitten einer Curve vierter Ordnung* (dieses Journal Bd. 103), die ich im Folgenden mit J. C. citiren werde, habe ich die in diesem Paragraphen entwickelten Relationen auf einem anderen Wege hergeleitet, so wie auch viele andere, die sich aus den Formeln des § 8 durch Coefficientenvergleichung ergeben. Mit Hülfe der Gleichungen (18.), (19.) und (20.) habe ich dort gezeigt, dass G_{0123} die Functionaldeterminante von irgend drei der quadratischen Functionen

$$x_{01}x_{23},\quad x_{02}x_{31},\quad x_{03}x_{12},\quad x_{45}x_{67},\quad x_{46}x_{75},\quad x_{47}x_{56}$$

ist. Aus den Formeln, die ich in § 10 entwickeln werde, folgt dann, dass G_{01} die Functionaldeterminante von irgend drei der Functionen

$$x_{02}x_{12},\quad x_{03}x_{13},\quad x_{04}x_{14},\quad x_{05}x_{15},\quad x_{06}x_{16},\quad x_{07}x_{17}$$

ist.

§ 10.

Uebergang von einem Fundamentalsystem zu den andern.

Aus den entwickelten Relationen kann man neue ableiten, indem man die Formen untersucht, welche sie annehmen, wenn man statt des ursprünglichen Fundamentalsystems ein anderes zu Grunde legt. Setzt man

$$(1.)\qquad a = [0123],$$

so bilden die acht Charakteristiken

$$(2.)\qquad [0'] = [0a],\quad \dots\quad [3'] = [3a],\quad [4'] = [4],\quad \dots\quad [7'] = [7]$$

ein Fundamentalsystem, für welches die Summe der ungeraden und die halbe Summe der sämmtlichen Charakteristiken

$$(3.)\qquad k' \equiv ka,\quad j' \equiv j\quad (\text{mod. } 2)$$

ist. Der Kürze halber schreibe ich z. B. $\vartheta'_{k\alpha\beta}$ für $\vartheta_{k'\alpha'\beta'}$ und bezeichne allgemein durch den einem Ausdruck beigefügten Strich den Ausdruck, welcher auf die analoge Weise mit Zugrundelegung des neuen Fundamentalsystems gebildet ist. Die Function $\varphi'(u)$ kann sich ihrer Definition nach von $\varphi(u)$ nur um einen constanten Factor unterscheiden. Da aber nach § 3 $h'_{\alpha\beta} = h_{\alpha\beta}$ ist, so ist auch $\varphi'(u) = \varphi(u)$ und folglich $F'(x) = F(x)$.

Setzt man

$$f_0 = \Pi_\lambda {}_4^7 f_{123\lambda},\quad f_1 = \Pi_\lambda {}_4^7 f_{023\lambda},\quad f_2 = \Pi_\lambda {}_4^7 f_{013\lambda},\quad f_3 = \Pi_\lambda {}_4^7 f_{012\lambda},$$
$$f_4 = \Pi_\lambda {}_0^3 f_{567\lambda},\quad f_5 = \Pi_\lambda {}_0^3 f_{467\lambda},\quad f_6 = \Pi_\lambda {}_0^3 f_{457\lambda},\quad f_7 = \Pi_\lambda {}_0^3 f_{456\lambda},$$

so ist nach (10.) § 9

$$(4.)\quad \begin{cases} c^4\varepsilon_{4567}f_{4567}f_0 = -(0,a)fg^2_{1,2,3}, & c^4\varepsilon_{4567}f_{4567}f_1 = -(1,a)fg^2_{0,2,3}, \quad \ldots, \\ c^4\varepsilon_{0123}f_{0123}f_4 = -(4,a)fg^2_{5,6,7}, & c^4\varepsilon_{0123}f_{0123}f_5 = -(5,a)fg^2_{4,6,7}, \quad \ldots \end{cases}$$

Die Formel (16.) § 3 lautet für $b=[0a]$

$$c^2_{0123}\varphi(u) = \sum_\lambda{}_0^3 (k0a\lambda,\, 0\lambda)h_{0\lambda}(\vartheta_{k0a\lambda}(u))^2 + \sum_\lambda{}_4^7 (k0\lambda,\, 0a\lambda)h_{0a\lambda}(\vartheta_{k0\lambda}(u))^2$$

oder

$$\frac{c^2_{0123}}{c^2}\varphi = (a,01)\frac{g^2_{01}}{g^2_{23}}\sigma^2_{23} + (a,02)\frac{g^2_{02}}{g^2_{31}}\sigma^2_{31} + (a,03)\frac{g^2_{03}}{g^2_{12}}\sigma^2_{12} + \sum_\lambda{}_4^7 (a,0a\lambda)\frac{g^2_{123\lambda}}{g^2_{0\lambda}}\sigma^2_{0\lambda}.$$

Den Formeln (4.) zufolge ist aber

$$\frac{c^6 f_0 f_1}{f^2} = (01,a)\frac{g^2_{1,2,3}\,g^2_{0,2,3}}{c^2_{0123}\,g^2_{0123}}$$

und mithin nach (10.) und (15.) § 4

$$(a,01)\frac{g^2_{01}c^2}{g^2_{23}c^2_{0123}} = \frac{f^2}{f_0 f_1}.$$

Ferner ist

$$\varepsilon(a)c^6 c^2_{0123}g^2_{0123}f_0 f_4 = (04,a)f^2 g^2_{1,2,3}g^2_{5,6,7}$$

und folglich

$$(a,0a4)c^6 f_0 f_4 (g_{01}g_{02}g_{03})^2 = fh\,c^2_{0123}(g_{67}g_{75}g_{56})^2.$$

Multiplicirt man mit $(g_{04}g_{05}g_{06}g_{07})^2$, so erhält man nach (11.) § 4

$$(a,0a4)c^4 f_0 f_4 = f c^2_{0123}c^2_{0567}g^2_{04}f^2_{0567}$$

und mithin

$$(a,0a4)\frac{g^2_{1234}c^2}{g^2_{04}c^2_{0123}} = \frac{ff^4_{0567}}{f_0 f_4}.$$

Setzt man diese Ausdrücke in die oben für φ aufgestellte Formel ein, so findet man

$$(5.)\quad \varphi(u) = \frac{f^2}{f_0 f_1}\sigma^2_{23} + \frac{f^2}{f_0 f_2}\sigma^2_{31} + \frac{f^2}{f_0 f_3}\sigma^2_{12} + \sum_\lambda{}_4^7 \frac{ff^4_{123\lambda}}{f_0 f_\lambda}\sigma^2_{0\lambda}.$$

Setzt man dagegen in der Gleichung (16.) § 3 $b=[4]$, so erhält man durch analoge Umformungen

$$(6.)\quad \varphi(u) = \sum_\lambda{}_0^3 \frac{ff^4_{567\lambda}}{f_4 f_\lambda}\sigma^2_{4\lambda} + \frac{f^2}{f_4 f_5}\sigma^2_{67} + \frac{f^2}{f_4 f_6}\sigma^2_{75} + \frac{f^2}{f_4 f_7}\sigma^2_{56}.$$

Durchläuft λ die sechs von α und β verschiedenen Indices, so bestehen zwischen den sechs Functionen $\sigma_{\alpha\lambda}\sigma_{\beta\lambda}$ drei Relationen von der Form $\sum_\lambda C_\lambda\sigma_{\alpha\lambda}\sigma_{\beta\lambda}=0$. Für die Coefficienten C_λ kann man jedes System von Werthen nehmen, welche die Gleichung $\sum_\lambda C_\lambda x_{\alpha\lambda}x_{\beta\lambda}=0$ identisch befriedigen. Um nun zu erkennen, wodurch sich die zwischen jenen Functionen aufgestellte Relation (6.) § 6 auszeichnet, betrachte ich das Anfangsglied in der Entwicklung der Gleichung (13.) § 6. Ersetzt man in demselben *u* und *du* durch *x* und *y*, so erhält man

$$(7.)\qquad \sum_\lambda x_{\alpha\lambda} y_{\beta\lambda} = 0,$$

wo

$$(8.)\qquad y_{\alpha\beta} = a'_{\alpha\beta} y' + a''_{\alpha\beta} y'' + a'''_{\alpha\beta} y'''$$

ist. Durch die Betrachtung der Glieder der zweiten Dimension in der Formel (5.) § 5 zeigt man, dass die Gleichung (7.) auch gilt, wenn $\alpha = \beta$ ist. Aus der Formel $\Sigma \sigma'_{0\lambda}\sigma'_{1\lambda} = 0$ folgt daher, dass eine Relation von der Form

$$C_2 \sigma_{13}\sigma_{03} + C_3 \sigma_{12}\sigma_{02} + \sum_\lambda{}_4^7 C_\lambda \sigma_{0\lambda}\sigma_{1\lambda} = 0$$

besteht, deren Coefficienten die Gleichung

$$C_2 x_{13} y_{03} + C_3 x_{12} y_{02} + \sum_\lambda{}_4^7 C_\lambda x_{0\lambda} y_{1\lambda} = 0$$

identisch befriedigen. Setzt man

$$x_{04} = x_{05} = y_{16} = y_{17} = 0,$$

so erhält man

$$C_2[13, 04, 05][03, 16, 17] + C_3[12, 04, 05][02, 16, 17] = 0$$

und folglich der Formel (20.) § 9 zufolge $C_2 f_2 = C_3 f_3$. Setzt man

$$x_{12} = x_{05} = y_{16} = y_{17} = 0,$$

so erhält man

$$C_2[13, 12, 05][03, 16, 17] + C_4[04, 12, 05][14, 16, 17] = 0$$

oder $C_2 f_2 f_{0234}^2 f_{1234}^2 = C_4 f f_4$. Mithin ist

$$(9.)\qquad \frac{f\sigma_{13}\sigma_{03}}{f_2} + \frac{f\sigma_{12}\sigma_{02}}{f_3} + \sum_\lambda{}_4^7 \frac{f_{123\lambda}^2 f_{023\lambda}^2 \sigma_{0\lambda}\sigma_{1\lambda}}{f_\lambda} = 0.$$

In ähnlicher Weise führt die Formel $\Sigma\sigma'_{0\lambda}\sigma'_{4\lambda} = 0$ zu der Gleichung

$$(10.)\qquad \left\{\begin{aligned} &\frac{f_{5671}^2\sigma_{23}\sigma_{41}}{f_1} + \frac{f_{5672}^2\sigma_{31}\sigma_{42}}{f_2} + \frac{f_{5673}^2\sigma_{12}\sigma_{43}}{f_3} \\ &+ \frac{f_{1235}^2\sigma_{05}\sigma_{67}}{f_5} + \frac{f_{1236}^2\sigma_{06}\sigma_{75}}{f_6} + \frac{f_{1237}^2\sigma_{07}\sigma_{56}}{f_7} = 0, \end{aligned}\right.$$

und die Formel $\Sigma\sigma'_{4\lambda}\sigma'_{5\lambda}$ zu der Gleichung

$$(11.)\qquad \sum_\lambda{}_0^3 \frac{f_{567\lambda}^2 f_{467\lambda}^2 \sigma_{4\lambda}\sigma_{5\lambda}}{f_\lambda} + \frac{f\sigma_{57}\sigma_{47}}{f_6} + \frac{f\sigma_{56}\sigma_{46}}{f_7} = 0.$$

Nun mögen $\alpha\beta\gamma\delta$ die Indices 0123 und $\varkappa\lambda\mu\nu$ die Indices 4567 in irgend einer Reihenfolge bezeichnen. Dann ist $\sigma'_{\alpha\beta} = C_{\alpha\beta}\sigma_{\gamma\delta}$, $\sigma'_{\varkappa\lambda} = C_{\varkappa\lambda}\sigma_{\mu\nu}$ und

$\sigma'_{\alpha\varkappa} = C_{\alpha\varkappa}\sigma_{\alpha\varkappa}$. Aus der Vergleichung der Formel (5.) mit der Relation $\varphi(u) = \Sigma(\sigma'_{0\lambda})^2$ ergiebt sich

$$C_{01}^2 = \frac{f^2}{f_0 f_1}, \quad C_{02}^2 = \frac{f^2}{f_0 f_2}, \quad \dots \quad C_{07}^2 = \frac{f f_{1237}^4}{f_0 f_7}.$$

Ebenso findet man

$$C_{12}^2 = \frac{f^2}{f_1 f_2}, \quad C_{13}^2 = \frac{f^2}{f_1 f_3}, \quad \dots \quad C_{17}^2 = \frac{f f_{0237}^4}{f_1 f_7}.$$

Ferner erhält man aus der Relation (9.)

$$C_{02}C_{12} : C_{03}C_{13} : \dots : C_{07}C_{17} = \frac{f}{f_2} : \frac{f}{f_3} : \dots : \frac{f_{1237}^2 f_{0237}^2}{f_7}.$$

Aus diesen Gleichungen kann man die Constanten $C_{\alpha\beta}$ berechnen. Setzt man $\sqrt{abc\dots} = \sqrt{a}\sqrt{b}\sqrt{c}\dots$, so findet man, dass entweder

$$(12.)\quad \begin{cases} \sigma'_{\alpha\beta}(u) = \dfrac{f\sigma_{\gamma\delta}(u)}{\sqrt{f_\alpha f_\beta}}, \quad \sigma'_{\varkappa\lambda}(u) = \dfrac{f\sigma_{\mu\nu}(u)}{\sqrt{f_\varkappa f_\lambda}}, \\ \sigma'_{\alpha\varkappa}(u) = \dfrac{\sqrt{f} f_{\beta\gamma\delta\varkappa}^2 \sigma_{\alpha\varkappa}(u)}{\sqrt{f_\alpha f_\varkappa}} = \dfrac{\sqrt{f} f_{\alpha\lambda\mu\nu}^2 \sigma_{\alpha\varkappa}(u)}{\sqrt{f_\alpha f_\varkappa}} \end{cases}$$

ist, oder dass diesen Ausdrücken sämmtlich das entgegengesetzte Zeichen ertheilt werden darf. Man könnte also noch in jeder dieser Formeln den Factor $\sqrt{1}$ hinzufügen. Dann enthalten sie zehn Quadratwurzeln $\sqrt{f_0}, \dots \sqrt{f_7}, \sqrt{f}$ und $\sqrt{1}$, für welche sich auf dem obigen Wege keine Bestimmung ergiebt. Durch Uebertragung der Gleichung (4.) § 5 findet man, wie ich zeigen werde, zwischen denselben die Beziehung

$$(13.)\quad \sqrt{f_0 f_1 f_2 f_3} = \sqrt{f_4 f_5 f_6 f_7}.$$

Ausserdem kommen jene Wurzeln in den obigen Formeln nur in gewissen Verbindungen vor, welche sich sämmtlich durch

$$\sqrt{1}, \quad \sqrt{f_0 f_1}, \quad \dots \quad \sqrt{f_0 f_3}, \quad \sqrt{f_0 f_4 f}, \quad \dots \quad \sqrt{f_0 f_7 f}$$

ausdrücken lassen. Mithin bleiben darin nur sieben Vorzeichen unbestimmt. Da aber auch bei der Definition der Functionen $\sigma_{\alpha\beta}$ sieben Vorzeichen, nämlich die von $g_{01}, \dots g_{07}$, willkürlich gelassen waren, so folgt daraus, dass die Vorzeichen der in den Formeln (12.) auftretenden Wurzeln keiner andern Beschränkung unterliegen als der Gleichung (13.). Der Einfachheit halber will ich ausserdem $\sqrt{1} = +1$ setzen.

Die Betrachtung der Glieder der ersten Dimension in jenen Gleichungen führt zu den Formeln

$$(14.)\quad x'_{\alpha\beta} = \frac{f x_{\gamma\delta}}{\sqrt{f_\alpha f_\beta}}, \quad x'_{\varkappa\lambda} = \frac{f x_{\mu\nu}}{\sqrt{f_\varkappa f_\lambda}}, \quad x'_{\alpha\varkappa} = \frac{\sqrt{f} f_{\beta\gamma\delta\varkappa}^2 x_{\alpha\varkappa}}{\sqrt{f_\alpha f_\varkappa}} = \frac{\sqrt{f} f_{\alpha\lambda\mu\nu}^2 x_{\alpha\varkappa}}{\sqrt{f_\alpha f_\varkappa}}.$$

Die nämlichen Formeln habe ich auf einem anderen Wege J. C. § 6 entwickelt, und aus ihnen die Beziehung (13.) abgeleitet. Man kann diese aber auch auf folgendem Wege finden:

Nach Formel (1.) § 5 und (12.) ist

$$\frac{g'_{\alpha\beta}\vartheta'_{k\alpha\beta}}{c'} = \frac{f}{\sqrt{f_\alpha f_\beta}}\frac{g_{\gamma\delta}\vartheta_{k\gamma\delta}}{c},$$

und folglich, weil $\vartheta'_{k\alpha\beta} = \vartheta_{k\alpha\beta aaa} = -(k,\gamma\delta)\vartheta_{k\gamma\delta}$ ist,

$$g'_{\alpha\beta} = -(k,\gamma\delta)\frac{c_{0123}}{c}\frac{f}{\sqrt{f_0 f_1}}g_{\gamma\delta}.$$

Nach Formel (9.) § 9 ist

$$c'^3 h' c'_{0123} f'_{0123} = \varepsilon'_{4567} g'_{01} g'_{02} g'_{03} g'_{12} g'_{13} g'_{23}.$$

Nun ist aber $h' = h$, $\varepsilon'_{4567} = \varepsilon_{4567}$, $c'_{0123} = (a,k)c$ und

$$(15.)\qquad c^4 f_0 f_1 f_2 f_3 = (a) f^4 c^4_{0123},$$

und mithin

$$(16.)\qquad f'_{0123} = \frac{f^2}{\sqrt{f_0 f_1 f_2 f_3}} f_{0123}.$$

Ebenso findet man $f'_{4567} = \frac{f^2}{\sqrt{f_4 f_5 f_6 f_7}} f_{4567}$, und daraus ergiebt sich die Relation (13.). Mit Hülfe der Formeln (18.), (19.), (20.) § 9 habe ich J. C. § 7 weiter nachgewiesen, dass

$$(17.)\qquad f'_{0124} = -\frac{f\sqrt{f f_4}}{\sqrt{f_0 f_1 f_2 f_{0124}}},$$

$$(18.)\qquad f'_{0145} = -\frac{f}{\sqrt{f_0 f_1 f_4 f_5}} f_{0145} f_{0234} f_{0235} f_{1234} f_{1235}$$

und

$$(19.)\qquad m' = -m,\quad f' = \frac{f^4}{f_0 f_1 f_2 f_3} f$$

ist. Ferner kann sich z. B. σ'_{0145} von σ_{2345} nur um einen constanten Factor unterscheiden. Setzt man $u = 0$, so erhält man $\frac{\sigma'_{0145}}{f'_{0145}} = \frac{\sigma_{2345}}{f_{2345}}$. Es ergeben sich also die Relationen

$$(20.)\qquad \sigma'(u) = \frac{\sigma_{0123}(u)}{f_{0123}},\quad \sigma'_{0123}(u) = \frac{f^2 f_{0123}}{\sqrt{f_0 f_1 f_2 f_3}}\sigma(u),$$

$$(21.)\qquad \sigma'_{0124}(u) = -\frac{f\sqrt{f f_4}}{\sqrt{f_0 f_1 f^2}}\frac{\sigma_{0124}(u)}{f^2_{0124}},$$

$$(22.)\qquad \sigma'_{0145}(u) = -\frac{f}{\sqrt{f_0 f_1 f_4 f_5}} f_{0145} f_{0234} f_{0235} f_{1234} f_{1235}\frac{\sigma_{2345}(u)}{f_{2345}}.$$

Berechnet man mittelst der Formel (12.) § 9 die Function ψ'_{01}, so vertauschen sich in der Summe nur die beiden letzten Glieder, und man erhält

$$(23.)\qquad \psi'_{01} = \psi_{01}, \quad \psi'_{45} = \psi_{45}.$$

Vertauscht man in jener Formel die Indices 1 und 4, so findet man

$$f_{5670}\psi'_{04} = \Sigma\sigma_{0\lambda}\sigma_{\lambda 567} = \psi_{0567}$$

und daher

$$(24.)\qquad \psi'_{04} = \frac{\psi_{1234}}{f_{1234}}, \quad \psi'_{40} = \frac{\psi_{5670}}{f_{5670}}.$$

Umgekehrt ergiebt sich aus der Formel $\psi'_{0567} = \Sigma\sigma'_{0\lambda}\sigma'_{\lambda 567}$ die Relation

$$(25.)\qquad \frac{\psi'_{1234}}{f'_{1234}} = \psi_{04}, \quad \frac{\psi'_{5670}}{f'_{5670}} = \psi_{40}.$$

Ferner ist $\psi'_{0123} = \Sigma\sigma'_{0\lambda}\sigma'_{\lambda 123} = -\frac{f^2}{\sqrt{f_0 f_1 f_2 f_3}}\Sigma\sigma_{0\lambda}\sigma_{\lambda 123}$ und folglich

$$(26.)\qquad \frac{\psi'_{0123}}{f'_{0123}} = -\frac{\psi_{0123}}{f_{0123}}.$$

Den constanten Factor C, durch welchen sich ψ'_{0145} von ψ_{0145} unterscheidet, könnte man bestimmen, indem man in der Gleichung $\Sigma\sigma'_{0\lambda}\sigma'_{\lambda 145} = C\Sigma\sigma_{0\lambda}\sigma_{\lambda 145}$ $u = [02]$ setzt. Indessen ist es bequemer, die Methode anzuwenden, die ich J. C. § 7 benutzt habe. Man findet so

$$(27.)\qquad \frac{\psi'_{0145}}{f'_{0145}} = \frac{\psi_{0145}}{f_{0145}}.$$

Mit Hülfe dieser Formeln kann man jede Relation auf alle Formen bringen, die sie anzunehmen vermag. So ist z. B. nach (26.) § 8

$$\sigma'\binom{0\,1\,2\,4}{0\,1\,2\,4} = \psi'^2_{0124} + \varphi'\varphi'_{0124}$$

und nach (8.) § 5 $\varphi'_{0124} = f'^2_{0124}\varphi_{34}$ und folglich

$$(28.)\qquad \begin{vmatrix} 0 & \sigma_{23} & \sigma_{13} & f^2_{0567}\sigma_{04} \\ \sigma_{23} & 0 & \sigma_{03} & f^2_{1567}\sigma_{14} \\ \sigma_{13} & \sigma_{03} & 0 & f^2_{2567}\sigma_{24} \\ f^2_{0567}\sigma_{04} & f^2_{1567}\sigma_{14} & f^2_{2567}\sigma_{24} & 0 \end{vmatrix} = (\Pi_\lambda^{}{}^2_0 f_{\lambda 567})^2(\psi^2_{34} + \varphi\varphi_{34}).$$

Die Function $\psi_{0234,1234}$ ist in § 6 durch folgende Bedingungen definirt: Ihre Charakteristik ist [01], ihre Entwicklung fängt an der Stelle [0234] mit den Gliedern der dritten Dimension an, und sie hat für $u = 0$ den Werth $f_{0234}f_{1234}$. In ähnlicher Weise definire ich allgemein, wenn a und b zwei azygetische Charakteristiken sind, eine Function $\psi_{a,b} = \psi_{b,a}$. Ihre Charakteristik ist *ab*, ihre Entwicklung beginnt an der Stelle a (und mithin auch an der Stelle b) mit den Gliedern der dritten Dimension, und für $u=0$ ist

$$\psi_{\varkappa\lambda,\varkappa\mu}=1,\quad \psi_{\varkappa\lambda,\varkappa\alpha\beta\gamma}=f_{\varkappa\alpha\beta\gamma}\quad\text{und}\quad \psi_{\varkappa\lambda\mu\nu,\varkappa\lambda\mu\varrho}=f_{\varkappa\lambda\mu\nu}f_{\varkappa\lambda\mu\varrho}.$$

Dann ist $\psi'_{0134,0124}=f'_{0134}f'_{0124}\varphi_{24,34}$, und aus der Gleichung (28.) § 8

$$\sigma'\binom{0\,1\,3\,4}{0\,1\,2\,4}=\psi'_{0134}\psi'_{0124}+\varphi'\psi'_{0134,0124}$$

ergiebt sich folglich die Relation

$$(29.)\quad \begin{vmatrix} 0 & \sigma_{23} & \sigma_{13} & f^2_{0567}\sigma_{04} \\ \sigma_{23} & 0 & \sigma_{03} & f^2_{1567}\sigma_{14} \\ \sigma_{12} & \sigma_{02} & \sigma_{01} & f^2_{3557}\sigma_{34} \\ f^2_{0567}\sigma_{04} & f^2_{1567}\sigma_{14} & f^2_{2567}\sigma_{24} & 0 \end{vmatrix} = -f^2_{0567}f^2_{1567}f_{2567}f_{3567}(\psi_{24}\psi_{34}+\varphi\psi_{24,34}).$$

Aus der Formel (29.) § 8

$$4\varphi'\sigma'_{23}\sigma'_{31}\sigma'_{12}\sigma'_{04}\sigma'_{05}\sigma'_{45}=\psi'^2_{1236}\varphi'_{1237}+\psi'^2_{1237}\varphi'_{1236}-2\psi'_{1236}\psi'_{1237}\psi'_{1236,1237}+\varphi'(\varphi'_{1236}\varphi'_{1237}-\psi'^2_{1236,1237})$$

folgt die Relation

$$(30.)\quad \frac{4}{f}\sigma_{01}\sigma_{02}\sigma_{03}\sigma_{04}\sigma_{05}\sigma_{67}=\psi^2_{06}\varphi_{07}+\psi^2_{07}\varphi_{06}-2\psi_{06}\psi_{07}\psi_{06,07}+\varphi(\varphi_{06}\varphi_{07}-\psi^2_{06,07}).$$

Aus der Gleichung (20.) § 8

$$\sigma'_{0123}\psi'_{0123}=\sigma'_{23}\sigma'_{31}\sigma'_{12}+\sigma'_{02}\sigma'_{03}\sigma'_{23}+\sigma'_{03}\sigma'_{01}\sigma'_{31}+\sigma'_{01}\sigma'_{02}\sigma'_{12}$$

ergiebt sich

$$(31.)\quad -f\sigma\psi_{0123}=f_0\sigma_{01}\sigma_{02}\sigma_{03}+f_1\sigma_{10}\sigma_{12}\sigma_{13}+f_2\sigma_{20}\sigma_{21}\sigma_{23}+f_3\sigma_{30}\sigma_{31}\sigma_{32},$$

und mithin lässt sich der Quotient zweier geraden Sigmafunctionen in der Form

$$(32.)\quad \frac{\sigma_{0123}}{f\sigma}=-\frac{\sigma_{23}\sigma_{31}\sigma_{12}+\sigma_{02}\sigma_{03}\sigma_{23}+\sigma_{03}\sigma_{01}\sigma_{31}+\sigma_{01}\sigma_{02}\sigma_{12}}{f_0\sigma_{01}\sigma_{02}\sigma_{03}+f_1\sigma_{10}\sigma_{12}\sigma_{13}+f_2\sigma_{20}\sigma_{21}\sigma_{23}+f_3\sigma_{30}\sigma_{31}\sigma_{32}}$$

durch die ungeraden Sigmafunctionen darstellen, oder es ist nach (18.) und (19.) § 9

$$(33.)\quad \begin{cases} \sigma([01,02,03]\sigma_{23}\sigma_{31}\sigma_{12}-[10,12,13]\sigma_{02}\sigma_{03}\sigma_{23}+\cdots) \\ =\dfrac{\sigma_{0123}}{f_{0123}}([23,31,12]\sigma_{01}\sigma_{02}\sigma_{03}+[23,02,03]\sigma_{10}\sigma_{12}\sigma_{13}+\cdots). \end{cases}$$

Auf diese Formel, die man auch leicht direct herstellen kann, und die auch gilt, wenn man die constanten Factoren der Functionen $\sigma_{\alpha\beta}$ ganz willkürlich wählt, kann man, wie ich beiläufig zeigen will, einen neuen Beweis des Satzes gründen, den ich in meiner Arbeit ***Ueber die constanten Factoren der Thetareihen*** (siehe dieses Journal Bd. 98; § 5) entwickelt habe. Nach Formel (6.) § 2 ist

$$c\vartheta_k(v+w)\vartheta_k(w+u)\vartheta_k(u+v)=\sum_\lambda(\alpha\lambda)\vartheta_{k\alpha\lambda}(u)\vartheta_{k\alpha\lambda}(v)\vartheta_{k\alpha\lambda}(w)\vartheta_{k\alpha\lambda}(u+v+w).$$

Ist α einer der Indices 0, 1, 2, 3, und setzt man $w = [a] = [0123]$, und ersetzt man v durch $-v-u$, so findet man

$$c\vartheta_{k}(u)\vartheta_{k'}(u+v)\vartheta_{k}(v)-c'\vartheta_{k}(u)\vartheta_{k}(u+v)\vartheta_{k'}(v)$$
$$= \sum_{\lambda}((k,\alpha\lambda))(\alpha\lambda, a)\vartheta_{k'\alpha\lambda}(0)\vartheta_{k\alpha\lambda}(u)\vartheta_{k'\alpha\lambda}(v)\vartheta_{k\alpha\lambda}(u+v),$$

wo sich λ von 4 bis 7 bewegt. Vermehrt man v um $\alpha\beta$, wo $\beta = 0, 1, 2, 3$ von α verschieden ist, so erhält man

$$c\vartheta_{k'}(u)\vartheta_{k'\alpha\beta}(u+v)\vartheta_{k\alpha\beta}(v)-c'\vartheta_{k}(u)\vartheta_{k\alpha\beta}(u+v)\vartheta_{k'\alpha\beta}(v)$$
$$= \sum_{\lambda}((k,\alpha\lambda))(\lambda, a)(\alpha\lambda, \alpha\beta)\vartheta_{k'\alpha\lambda}(0)\vartheta_{k\alpha\lambda}(u)\vartheta_{k'\beta\lambda}(v)\vartheta_{k\beta\lambda}(u+v).$$

Differentiirt man diese Gleichung nach v und setzt dann $v = 0$, so ergiebt sich

$$c\vartheta_{k'}(u)\vartheta_{k'\alpha\beta}(u)d\vartheta_{k\alpha\beta}(0)-c'\vartheta_{k}(u)\vartheta_{k\alpha\beta}(u)d\vartheta_{k'\alpha\beta}(0)$$
$$= \sum_{\lambda}((k,\alpha\lambda))(\lambda, a)(\alpha\lambda, \alpha\beta)\vartheta_{k'\alpha\lambda}(0)\vartheta_{k\alpha\lambda}(u)\vartheta_{k'\beta\lambda}(0)d\vartheta_{k\beta\lambda}(u).$$

Setzt man also

$$(\lambda, \alpha)\sqrt{((k,\lambda))}\sqrt{(\lambda, a)}\,\vartheta_{k'\alpha\lambda}(0)\vartheta_{k\alpha\lambda}(u) = R_{\alpha\lambda} \qquad \binom{\alpha = 0,\,1,\,2,\,3}{\lambda = 4,\,5,\,6,\,7},$$

so ist

$$\sum_{\lambda} R_{\alpha\lambda}dR_{\beta\lambda} = ((k,\alpha))(\alpha,\alpha\beta)(c\vartheta_{k'}(u)\vartheta_{k'\alpha\beta}(u)d\vartheta_{k\alpha\beta}(0)-c'\vartheta_{k}(u)\vartheta_{k\alpha\beta}(u)d\vartheta_{k'\alpha\beta}(0)).$$

Setzt man aber in den obigen Gleichungen $v = 0$, so erhält man

$$\sum_{\lambda} R^2_{\alpha\lambda} = (c\vartheta_{k'}(u))^2-(c'\vartheta_{k}(u))^2, \quad \sum_{\lambda} R_{\alpha\lambda}R_{\beta\lambda} = 0.$$

Daher bilden die Grössen $R_{\alpha\lambda}$ ein orthogonales System, und mithin ist die Determinante vierten Grades

$$|R_{\alpha\lambda}| = \pm[(c\vartheta_{k'}(u))^2-(c'\vartheta_{k}(u))^2]^2.$$

Sind $\varphi_0, \varphi_1, \varphi_2, \varphi_3$ irgend vier Functionen von u', u'', u''', so bezeichne ich die Determinante

$$\left|\varphi_\alpha, \quad \frac{\partial\varphi_\alpha}{\partial u'}, \quad \frac{\partial\varphi_\alpha}{\partial u''}, \quad \frac{\partial\varphi_\alpha}{\partial u'''}\right| \qquad (\alpha = 0,\,1,\,2,\,3)$$

mit $[\varphi_0, \varphi_1, \varphi_2, \varphi_3]$. Multiplicirt man dann die Determinante $[R_{04}, R_{05}, R_{06}, R_{07}]$ mit der Determinante $|R_{\alpha\lambda}|$, so erhält man mit Hülfe der entwickelten Formeln

$$C(\sigma'^2-\sigma^2)[\sigma_{04},\ \sigma_{05},\ \sigma_{06},\ \sigma_{07}]$$
$$= |\sigma'\sigma_{23}a^{(\nu)}_{01}-\sigma\sigma_{01}a^{(\nu)}_{23}, \quad \sigma'\sigma_{31}a^{(\nu)}_{02}-\sigma\sigma_{02}a^{(\nu)}_{31}, \quad \sigma'\sigma_{12}a^{(\nu)}_{03}-\sigma\sigma_{03}a^{(\nu)}_{12}|$$
$$= \sigma'^3\sigma_{23}\sigma_{31}\sigma_{12}[01, 02, 03]$$
$$-\sigma'^2\sigma(\sigma_{10}\sigma_{12}\sigma_{13}[23, 02, 03]+\sigma_{20}\sigma_{21}\sigma_{23}[31, 03, 01]+\sigma_{30}\sigma_{31}\sigma_{32}[12, 01, 02])$$
$$+\sigma'\sigma^2(-\sigma_{02}\sigma_{03}\sigma_{23}[10, 12, 13]+\sigma_{03}\sigma_{01}\sigma_{31}[20, 21, 23]-\sigma_{01}\sigma_{02}\sigma_{12}[30, 31, 32])$$
$$-\sigma^3\sigma_{01}\sigma_{02}\sigma_{03}[23, 31, 12],$$

wo C eine Constante und $\sigma'(u) = \frac{\sigma_{0123}(u)}{f_{0123}}$ ist. Aus dieser Gleichung folgt in Verbindung mit (33.)

$$C[\sigma_{04},\ \sigma_{05},\ \sigma_{06},\ \sigma_{07}] = [23, 31, 12]\sigma\sigma_{01}\sigma_{02}\sigma_{03} + [01, 02, 03]\sigma'\sigma_{23}\sigma_{31}\sigma_{12}.$$

Vermehrt man hier u um eine beliebige halbe Periode, so erhält man eine Gleichung von der Form

$$(34.)\qquad [\vartheta_a,\ \vartheta_b,\ \vartheta_c,\ \vartheta_d] = A\vartheta_p\vartheta_q\vartheta_r\vartheta_s + B\vartheta_{pt}\vartheta_{qt}\vartheta_{rt}\vartheta_{st},$$

wo A und B zwei Constanten sind, die acht Charakteristiken a, b, c, d, p, q, r, s irgend ein Fundamentalsystem bilden und $t = pqrs \equiv abcd$ ist.

§ 11.

Die quadratische Form $h(z)$ und ihre adjungirte Form $g(w)$.

Setzt man in der Gleichung (10.) § 6 $v = -u$, $v' = 0$, $u' = [01]$, $w = [02]$, so erhält man

$$-8\vartheta_k(u)\vartheta_{k12}(u)\vartheta_{k20}(u)\vartheta_{k01}(u) = \sum_r (0r, r)(r, 12)\vartheta_{kr12}(0)\vartheta_{kr20}(0)\vartheta_{kr01}(0)\vartheta_{kr}(2u).$$

Da die linke Seite eine ungerade Function ist, so durchläuft kr nur die ungeraden Charakteristiken $[k\varkappa\lambda]$, und folglich ist

$$-8\vartheta_k(u)\vartheta_{k12}(u)\vartheta_{k20}(u)\vartheta_{k01}(u) = \mathop{S_3^7}_{\varkappa,\lambda}(012\varkappa\lambda, \varkappa\lambda)c_{12\varkappa\lambda}c_{20\varkappa\lambda}c_{01\varkappa\lambda}\vartheta_{k\varkappa\lambda}(2u).$$

Nach Formel (1.) und (20.) § 4 ist

$$c\,c_{012\varkappa}c_{012\lambda}g_{\varkappa,\lambda,012} = -(012\varkappa\lambda, \varkappa\lambda)c_{12\varkappa\lambda}c_{20\varkappa\lambda}c_{01\varkappa\lambda}g_{0,1,2}$$

und mithin nach (10.) und (18.) § 4

$$c^3 f_{012\varkappa}f_{012\lambda}g_{\varkappa\lambda} = -(012\varkappa\lambda, \varkappa\lambda)c_{12\varkappa\lambda}c_{20\varkappa\lambda}c_{01\varkappa\lambda}g_{12}g_{20}g_{01}.$$

Demnach ergiebt sich

$$8\sigma(u)\sigma_{12}(u)\sigma_{20}(u)\sigma_{01}(u) = \mathop{S}_{\varkappa,\lambda} f_{012\varkappa}f_{012\lambda}\sigma_{\varkappa\lambda}(2u)$$

und ebenso allgemein

$$(1.)\qquad 8\sigma(u)\sigma_{\beta\gamma}(u)\sigma_{\gamma\alpha}(u)\sigma_{\alpha\beta}(u) = \mathop{S}_{\varkappa,\lambda} f_{\alpha\beta\gamma\varkappa}f_{\alpha\beta\gamma\lambda}\sigma_{\varkappa\lambda}(2u),$$

wo $\varkappa$, λ alle verschiedenen Paare der Indices von 0 bis 7 durchlaufen. Setzt man also unter Anwendung der Bezeichnung (3.) § 9

$$(2.)\qquad 8\sigma(u)h(z) = \mathop{S}_{\varkappa,\lambda}\sigma_{\varkappa\lambda}(2u)z_\varkappa z_\lambda,$$

so ist $h(z)$ eine quadratische Function der vier Variabeln $z^{(0)}$, z', z'', z''', welche an der Stelle

$$z^{(0)} = \begin{vmatrix} a'_\alpha & a''_\alpha & a'''_\alpha \\ a'_\beta & a''_\beta & a'''_\beta \\ a'_\gamma & a''_\gamma & a'''_\gamma \end{vmatrix}, \quad z' = -\begin{vmatrix} a^{(0)}_\alpha & a''_\alpha & a'''_\alpha \\ a^{(0)}_\beta & a''_\beta & a'''_\beta \\ a^{(0)}_\gamma & a''_\gamma & a'''_\gamma \end{vmatrix}, \quad z'' = \begin{vmatrix} a^{(0)}_\alpha & a'_\alpha & a'''_\alpha \\ a^{(0)}_\beta & a'_\beta & a'''_\beta \\ a^{(0)}_\gamma & a'_\gamma & a'''_\gamma \end{vmatrix}, \quad z''' = -\begin{vmatrix} a^{(0)}_\alpha & a'_\alpha & a''_\alpha \\ a^{(0)}_\beta & a'_\beta & a''_\beta \\ a^{(0)}_\gamma & a'_\gamma & a''_\gamma \end{vmatrix},$$

oder, wie ich mich kurz ausdrücken will, im Schnittpunkte der drei Ebenen a_α, a_β, a_γ den Werth $\sigma_{\beta\gamma}(u)\sigma_{\gamma\alpha}(u)\sigma_{\alpha\beta}(u)$ hat. Setzt man $s_{\lambda\lambda} = \sqrt{\varphi(2u)}$, $s_{\varkappa\lambda} = \sigma_{\varkappa\lambda}(2u)$, so ist nach Gleichung (5.) § 9 auch

$$16\sigma(u)h(z) = \sum_{\varkappa,\lambda} s_{\varkappa\lambda} z_\varkappa z_\lambda.$$

Sind nun $A^{(\mu)}_\lambda$ die in § 8 eingeführten Functionen, in denen aber u durch $2u$ ersetzt ist, und ist

$$\sum_\lambda A^{(\mu)}_\lambda a^{(\nu)}_\lambda = h^{(\nu)}_\mu \qquad (\mu, \nu = 0, 1, 2, 3),$$

so ist nach (33.) und (34.) § 8

$$16\sigma(u)h(z) = \sum_\mu (\sum_\nu h^{(\nu)}_\mu z^{(\nu)})^2.$$

Bezeichnet man also die Determinante von $h(z)$ mit D, so ist nach dem allgemeinen Multiplicationstheorem der Determinanten

$$(16\sigma(u))^2\sqrt{D} = |h^{(\nu)}_\mu| = \mathfrak{S} f_{\alpha\beta\gamma\delta} F_{\alpha\beta\gamma\delta}.$$

Ist aber $\alpha\beta\gamma\delta\varkappa\lambda\mu\nu$ eine eigentliche Vertauschung der Indices 0, 1, ... 7, so ist

$$f_{\alpha\beta\gamma\delta}F_{\alpha\beta\gamma\delta} + f_{\varkappa\lambda\mu\nu}F_{\varkappa\lambda\mu\nu} = f_{\alpha\beta\gamma\delta}(F_{\alpha\beta\gamma\delta} + F_{\varkappa\lambda\mu\nu}) = 2f_{\alpha\beta\gamma\delta}\sqrt{\varphi(2u)}\sigma_{\alpha\beta\gamma\delta}(2u),$$

mithin

$$2^7(\sigma(u))^2\sqrt{D} = \sqrt{\varphi(2u)}\,\mathfrak{S} f_{0\alpha\beta\gamma}\sigma_{0\alpha\beta\gamma}(2u)$$

und folglich nach Formel (18.) § 5

$$(3.) \qquad 2^8 D = \varphi(u)^2\varphi(2u).$$

Die adjungirte Form von $h(z) = \Sigma a_{\mu\nu} z^{(\mu)} z^{(\nu)}$ bezeichne ich mit $\frac{1}{16}\varphi(u)g(w)$ und ihre Polare mit

$$\frac{1}{16}\varphi(u)g(v, w) = -\begin{vmatrix} 0 & w^{(0)} & w' & w'' & w''' \\ v^{(0)} & a_{00} & a_{01} & a_{02} & a_{03} \\ \cdot & \cdot & \cdot & \cdot & \cdot \\ v''' & a_{30} & a_{31} & a_{32} & a_{33} \end{vmatrix}.$$

Ich werde zeigen, dass die Coefficienten von $g(w)$ ungerade Thetafunctionen siebenten Grades (mit der Charakteristik k) sind, dass also die ersten Unterdeterminanten von D sämmtlich durch $\varphi(u)$ theilbar sind. Ist $\Phi(z)$ eine beliebige kubische Function der vier Variabeln $z^{(\nu)}$, und ist $\Phi_{\alpha\beta\gamma}$ ihr Werth im Schnittpunkte der drei Ebenen a_α, a_β, a_γ, so ist

$$(4.)\qquad \frac{\Phi(z)h(z)}{\Pi z_\lambda} = \mathfrak{S}\frac{\Phi_{\alpha\beta\gamma}\sigma_{\beta\gamma}(u)\sigma_{\gamma\alpha}(u)\sigma_{\alpha\beta}(u)}{z_\alpha z_\beta z_\gamma \Pi' f_{\lambda\alpha\beta\gamma}},$$

wo λ in dem Producte $\Pi' f_{\lambda\alpha\beta\gamma}$ nur die 5 von α, β, γ verschiedenen Indices durchläuft. Denn die Differenz jener beiden Ausdrücke ist, mit Πz_λ multiplicirt, eine ganze Function fünften Grades, welche im Schnittpunkte von je drei der acht Ebenen $a_0, a_1, \dots a_7$ Null ist und mithin identisch verschwindet (siehe dieses Journal Bd. 99, S. 288). Setzt man $\Phi(z) = z_5 z_6 z_7$, so ist demnach

$$(5.)\qquad -h(z) = \mathfrak{S}\frac{\sigma_{\beta\gamma}\sigma_{\gamma\alpha}\sigma_{\alpha\beta}z_\varkappa z_\lambda}{f_{567\varkappa}f_{567\lambda}},$$

wo α, β, γ, $\varkappa$, λ die Indices 0, 1, 2, 3, 4 sind. Eliminirt man z_0 mittelst der Gleichung $\Sigma f_{567\lambda} z_\lambda = 0$, so möge sich ergeben $h(z) = \sum_{\varkappa,\lambda}{}_1^4 p_{\varkappa\lambda} z_\varkappa z_\lambda$. Setzt man zur Abkürzung $\sigma_{01}\sigma_{02}\sigma_{12} = v_{34} = v_{43}$, $\sigma_{01}\sigma_{03}\sigma_{13} = v_{24} = v_{42}$ u. s. w., ferner $v_{\lambda\lambda} = 0$ und $f_{567\lambda} = c_\lambda$, so ist

$$-2c_0^2 c_\varkappa c_\lambda p_{\varkappa\lambda} = c_0^2 v_{\varkappa\lambda} - c_\varkappa^2 v_{0\lambda} - c_\lambda^2 v_{\varkappa 0}.$$

Ist

$$w_1 = (w,\ a_2,\ a_3,\ a_4),\quad w_2 = -(w,\ a_1,\ a_3,\ a_4),$$
$$w_3 = (w,\ a_1,\ a_2,\ a_4),\quad w_4 = -(w,\ a_1,\ a_2,\ a_3),$$

also

$$\sum_\lambda{}_1^4 w_\lambda z_\lambda = f_{1234}\sum_\nu{}_0^3 w^{(\nu)} z^{(\nu)}$$

und $16c_0^2 q_{\varkappa\lambda} = \varphi(u)g(a_\varkappa, a_\lambda)$, so ist die Form $\frac{1}{16}\varphi(u)g(w) = \sum_{\varkappa,\lambda}{}_1^4 q_{\varkappa\lambda} w_\varkappa w_\lambda$ die adjungirte der Form $\Sigma p_{\varkappa\lambda} z_\varkappa z_\lambda$ auch dann, wenn man $z_1, \dots z_4$ und $w_1, \dots w_4$ als die unabhängigen Variabeln betrachtet. Daher ist

$$q_{33}q_{44} - q_{34}^2 = (p_{11}p_{22} - p_{12}^2)|p_{\varkappa\lambda}| \qquad (\varkappa, \lambda = 1, 2, 3, 4)$$

und folglich, weil $c_0^2|p_{\varkappa\lambda}| = D$ ist,

$$g(a_3)g(a_4) - (g(a_3, a_4))^2 = c_0^2\varphi(2u)(p_{11}p_{22} - p_{12}^2).$$

Nun ist aber

$$4c_0^4 c_1 c_2 (p_{11}p_{22} - p_{12}^2) = |c_0^2 v_{\alpha\beta} - c_\alpha^2 v_{0\beta} - v_{\alpha 0} c_\beta^2| \qquad (\alpha, \beta = 1, 2),$$

eine Determinante zweiten Grades, die sich in die Determinante vierten Grades

$$-\begin{vmatrix} v_{00} & v_{01} & v_{02} & c_0^2 \\ v_{10} & v_{11} & v_{12} & c_1^2 \\ v_{20} & v_{21} & v_{22} & c_2^2 \\ c_0^2 & c_1^2 & c_2^2 & 0 \end{vmatrix}$$

umwandeln lässt. Setzt man für $v_{\varkappa\lambda}$ seinen Werth ein, multiplicirt dann die Elemente der ersten Zeile und Colonne mit σ_{04}, die der zweiten mit σ_{14} und die der dritten mit σ_{24}, so enthält jedes der Elemente $v_{\varkappa\lambda}\sigma_{\varkappa 4}\sigma_{\lambda 4}$ den Factor $\sigma_{04}\sigma_{14}\sigma_{24}\sigma_{34}$, und man findet daher, dass jene Determinante gleich ist σ_{34}^2, multiplicirt mit der Determinante (28.) § 10. Folglich ist

$$g(a_3)g(a_4)-(g(a_3,\ a_4))^2 = -\tfrac{1}{4}\varphi(2u)\sigma_{34}^2(\psi_{34}^2+\varphi\varphi_{34})$$

und allgemein

$$(6.)\qquad g(a_\alpha)g(a_\beta)-(g(a_\alpha,\ a_\beta))^2 = -\tfrac{1}{4}\varphi(2u)(\sigma_{\alpha\beta}(u))^2((\psi_{\alpha\beta}(u))^2+\varphi(u)\varphi_{\alpha\beta}(u)).$$

Ebenso ist

$$g(a_2,\ a_3)g(a_4)-g(a_2,\ a_4)g(a_3,\ a_4) = -c_0^2\varphi(2u)(p_{11}p_{23}-p_{12}p_{13})$$

und

$$4c_0^4c_1^2c_2c_3(p_{11}p_{23}-p_{12}p_{13}) = -\begin{vmatrix} v_{00} & v_{01} & v_{02} & c_0^2 \\ v_{10} & v_{11} & v_{12} & c_1^2 \\ v_{30} & v_{31} & v_{32} & c_3^2 \\ c_0^2 & c_1^2 & c_2^2 & 0 \end{vmatrix}.$$

Diese Determinante ist gleich $\sigma_{24}\sigma_{34}$, multiplicirt mit der Determinante (29.) § 10. Daher ist

$$g(a_2,\ a_3)g(a_4)-g(a_2,\ a_4)g(a_3,\ a_4) = -\tfrac{1}{4}\varphi(2u)\sigma_{24}\sigma_{34}(\psi_{24}\psi_{34}+\varphi\psi_{24,34})$$

und allgemein

$$(7.)\qquad \begin{cases} g(a_\alpha,\ a_\beta)g(a_\gamma)-g(a_\alpha,\ a_\gamma)g(a_\beta,\ a_\gamma) \\ = -\tfrac{1}{4}\varphi(2u)\sigma_{\alpha\gamma}(u)\sigma_{\beta\gamma}(u)(\psi_{\alpha\gamma}(u)\psi_{\beta\gamma}(u)+\varphi(u)\psi_{\alpha\gamma,\beta\gamma}(u)). \end{cases}$$

In ähnlicher Weise kann man auch die Determinante dritten Grades $q_{44} = \Sigma \pm p_{11}p_{22}p_{33}$ berechnen. Der Abwechslung halber schlage ich aber einen anderen Weg ein. Aus der Relation $\Sigma \pm q_{11}q_{22}q_{33} = p_{44}|p_{\varkappa\lambda}|^2$ folgt die Gleichung

$$\Sigma \pm g(a_1,\ a_1)g(a_2,\ a_2)g(a_3,\ a_3) = \tfrac{1}{16}\varphi(u)(\varphi(2u))^2\sigma_{23}\sigma_{31}\sigma_{12}.$$

Daher ist

$$\begin{aligned} &(g(a_0,\ a_0)g(a_6,\ a_6)-(g(a_0,\ a_6))^2)(g(a_0,\ a_0)g(a_7,\ a_7)-(g(a_0,\ a_7))^2) \\ &-(g(a_0,\ a_0)g(a_6,\ a_7)-g(a_0,\ a_6)g(a_0,\ a_7))^2 = g(a_0,\ a_0)\Sigma \pm g(a_0,\ a_0)g(a_6,\ a_6)g(a_7,\ a_7) \\ &= \tfrac{1}{16}g(a_0)\varphi(u)(\varphi(2u))^2\sigma_{06}\sigma_{07}\sigma_{67}. \end{aligned}$$

Nach (6.) und (7.) ist aber die linke Seite gleich

$$\tfrac{1}{16}(\varphi(2u))^2\sigma_{06}^2\sigma_{07}^2((\psi_{06}^2+\varphi\varphi_{06})(\psi_{07}^2+\varphi\varphi_{07})-(\psi_{06}\psi_{07}+\varphi\psi_{06,07})^2).$$

Nach Formel (30.) § 10 ist folglich $g(a_0) = \frac{4}{f}\Pi\sigma_{0\lambda}$ und allgemein

$$(8.)\qquad g(a_\alpha) = \frac{4}{f}\prod_\lambda \sigma_{\alpha\lambda}(u),$$

wo λ die sieben von α verschiedenen Indices durchläuft. Beiläufig ergiebt sich aus dieser Formel in Verbindung mit der Gleichung (6.) § 9 die merkwürdige Relation

$$(9.)\qquad (\Pi\sigma_{0\lambda})+(\Pi\sigma_{1\lambda})+\cdots+(\Pi\sigma_{7\lambda}) = 0$$

und mithin nach (11.) § 4

$$(10.)\qquad (j,0)(0,k)(\Pi\vartheta_{k0\lambda})+(j,1)(1,k)(\Pi\vartheta_{k1\lambda})+\cdots+(j,7)(7,k)(\Pi\vartheta_{k7\lambda}) = 0.$$

Ferner ist

$$\begin{aligned}&(g(a_0,a_0)g(a_1,a_1)-(g(a_0,a_1))^2)(g(a_0,a_1)g(a_2,a_2)-g(a_0,a_2)g(a_1,a_2))\\ &+(g(a_0,a_0)g(a_1,a_2)-g(a_0,a_1)g(a_0,a_2))(g(a_1,a_1)g(a_0,a_2)-g(a_1,a_0)g(a_1,a_2))\\ &\qquad = g(a_0,a_1)\Sigma\pm g(a_0,a_0)g(a_1,a_1)g(a_2,a_2)\end{aligned}$$

und daher

$$\frac{\varphi g(a_0,a_1)}{\sigma_{01}} = (\psi_{01}^2+\varphi\varphi_{01})(\psi_{02}\psi_{12}+\varphi\psi_{02,12})+(\psi_{01}\psi_{02}+\varphi\psi_{01,02})(\psi_{10}\psi_{12}+\varphi\psi_{10,12}),$$

wo sich die durch φ nicht theilbaren Glieder aufheben. Allgemein ist folglich

$$(11.)\quad\left\{\begin{aligned}&\frac{g(a_\alpha,a_\beta)}{\sigma_{\alpha\beta}(u)} = (\psi_{\alpha\beta}(u))^2\psi_{\gamma\alpha,\gamma\beta}(u)+\psi_{\alpha\beta}(u)\psi_{\alpha\gamma}(u)\psi_{\beta\alpha,\beta\gamma}(u)\\ &+\psi_{\beta\alpha}(u)\psi_{\beta\gamma}(u)\psi_{\alpha\beta,\alpha\gamma}(u)+\varphi_{\alpha\beta}(u)\psi_{\gamma\alpha}(u)\psi_{\gamma\beta}(u)+\varphi(u)\psi_{\alpha\beta,\alpha\gamma}(u)\psi_{\beta\alpha,\beta\gamma}(u)\\ &\qquad+\varphi(u)\varphi_{\alpha\beta}(u)\psi_{\gamma\alpha,\gamma\beta}(u).\end{aligned}\right.$$

Dieser Ausdruck hat demnach für jeden von α und β verschiedenen Index γ denselben Werth.

Bezeichnet man die Glieder der fünften Dimension in der Entwicklung von $g(w)$ nach Potenzen von u (falls man u durch x ersetzt) mit $2F(x)G(x;w)$ und die Polare von $G(x;w)$ mit $G(x;v,w)$, so ist nach Formel (8.) und (11.)

$$(12.)\qquad G(x;a_\alpha) = 0,\quad G(x;a_\alpha,a_\beta) = x_{\alpha\beta}.$$

Demnach ist $G(x;w) = x'G'(w)+x''G''(w)+x'''G'''(w)$ eine ganze lineare Function von x, und $G'(w) = 0$, $G''(w) = 0$, $G'''(w) = 0$ sind die Gleichungen dreier Flächen zweiter Klasse, welche die acht Ebenen $a_0, a_1, \dots a_7$ berühren. Dieselben werden nicht von einer und derselben Developpabeln vierter Klasse umhüllt. Denn sonst würde, wie sich aus den oben aufgestellten Formeln leicht ergiebt, die Determinante von je drei der linearen Functionen $x_{\alpha\beta}$ verschwinden.

Bezeichnet man die *Hesse*sche Covariante von $F(x)$ mit

$$\left|\frac{\partial^2 F}{\partial x^{(\mu)}\partial x^{(\nu)}}\right| = -288m^2G(x),$$

so ist, wie ich J. C. § 11. gezeigt habe,

$$G \equiv G_{\alpha\beta} G_{\alpha\gamma} + G_{\beta\gamma} G_{\beta\alpha} + G_{\gamma\alpha} G_{\gamma\beta} \quad (\text{mod. } F).$$

Sind also die Glieder der sechsten Dimension in $\varphi(u)$ gleich $G'(x)$, so sind sie in $\frac{g(a_\alpha, a_\beta)}{\sigma_{\alpha\beta}}$ nach (11.) congruent $G_{\alpha\beta}^2 + G + 2G'$. Vergleicht man daher in der Formel (6.), nachdem man sie durch $\sigma_{\alpha\beta}^2$ dividirt hat, die Glieder der zehnten Dimension, so erhält man

$$3G' \equiv G \quad (\text{mod. } F).$$

Die Glieder der sechsten Dimension in $\varphi(u)$ sind also $\frac{1}{3}G(x) + F(x)Q(x)$, wo $Q(x)$ eine quadratische Function ist.

§ 12.

Die Function $\chi_{\alpha,\beta,\gamma\delta}(u)$.

Die Berechnung derjenigen Determinanten zweiten Grades des Systems $g(a_\alpha, a_\beta)$, die im vorigen Paragraphen noch nicht bestimmt sind, führt auf eine bisher noch nicht betrachtete Thetafunction vierten Grades. Durch die Gleichung

$$(1.) \qquad f^2 p_{01,23} = \Pi_{\lambda}{}_5^7 f_{014\lambda} f_{234\lambda},$$

wo der Index 4 nur scheinbar bevorzugt ist, wird eine Constante $p_{\alpha\beta,\gamma\delta} = p_{\gamma\delta,\alpha\beta}$ definirt, die das Zeichen wechselt, wenn man α mit β oder γ mit δ vertauscht. Nach Formel (9.) und (10.) § 9 ist

$$f_{0123} p_{01,23} = -\frac{f_{0123}^2}{f^2} \frac{(\Pi f_{014\lambda})(\Pi f_{234\lambda})}{(\Pi f_{567\lambda})} = (0123)(01,23)\varepsilon\Big(\frac{g_{0,1,2}\, g_{0,1,3}\, g_{0,1,4}\, g_{2,3,4}\, g_{23}}{g_{5,6,7}\, g\, g_{01}\, c^3\, c_{0123}}\Big)^2,$$

also nach (4.) § 4

$$(2.) \qquad f_{0123} p_{01,23} = (0123)(01,23)\varepsilon\Big(\frac{g_{01} g_{23}}{g c c_{0123}}\Big)^2.$$

Aehnlich wie die Formeln (10.) und (11.) § 9 und (15.) § 10 den Formeln (1.), (20.) und (7.) § 4 entsprechen, entspricht diese Formel der Formel (22.) § 4, und man kann auch Formeln aufstellen, die den Formeln (21.), (23.) und (6.) § 4 in derselben Weise analog sind.

Setzt man in der Gleichung (11.) § 6 $v = -u$, so erhält man

$$8\vartheta_k(u)\vartheta_{k01}(u)\vartheta_{k23}(u)\vartheta_{k0123}(u) = \Sigma(r, 0123r)\vartheta_{kr01}(0)\vartheta_{kr23}(0)\vartheta_{kr0123}(0)\vartheta_{kr}(2u).$$

Hier kann r nur gleich $[02\varkappa\lambda]$ oder $[03\varkappa\lambda]$ sein, wo $\varkappa$, $\lambda = 4, 5, 6, 7$ ist, und folglich ist

$$8\vartheta_k(u)\vartheta_{k01}(u)\vartheta_{k23}(u)\vartheta_{k0123}(u)$$
$$= \mathfrak{S}_{\varkappa,\lambda}{}_4^7 (0,12)(2,03)(0123\varkappa\lambda, \varkappa\lambda) c_{02\varkappa\lambda} c_{31\varkappa\lambda} c_{03\varkappa\lambda} c_{12\varkappa\lambda}\Big(\frac{\vartheta_{k02\varkappa\lambda}(2u)}{c_{02\varkappa\lambda}} - \frac{\vartheta_{k03\varkappa\lambda}(2u)}{c_{03\varkappa\lambda}}\Big).$$

Aus den Gleichungen (22.) und (23.) § 4 ergiebt sich aber

$$\frac{g_{4501}g_{4523}}{g_{0123}}c\,c_{0123}c_{0145}c_{2345} = \frac{g_{01}g_{23}}{g_{0123}}(0,12)(2,03)(45,67)c_{0245}c_{3145}c_{0345}c_{1245}$$

und mithin

$$(0,12)(2,03)(45,67)g_{01}g_{23}c_{0245}c_{3145}c_{0345}c_{1245} = c^3c_{0123}f_{0145}f_{2345}.$$

Daher ist

$$(3.)\qquad 8\sigma(u)\sigma_{01}(u)\sigma_{23}(u)\frac{\sigma_{0123}(u)}{f_{0123}} = \underset{\varkappa,\lambda}{\mathfrak{S}}{}_4^7 f_{01\varkappa\lambda}f_{23\varkappa\lambda}\Big(\frac{\sigma_{02\varkappa\lambda}}{f_{02\varkappa\lambda}}-\frac{\sigma_{03\varkappa\lambda}}{f_{03\varkappa\lambda}}\Big).$$

Nun ist nach Gleichung (9.) § 9 und (2.)

$$p_{01,23} = \frac{(0,13)(3,02)c\,g_{01}g_{23}}{c_{0123}g_{02}g_{31}g_{03}g_{12}}.$$

Durch Vermehrung von u um [02] findet man folglich

$$(4.)\qquad 8p_{01,23}\sigma_{02}(u)\sigma_{31}(u)\sigma_{03}(u)\sigma_{12}(u) = \underset{\varkappa,\lambda}{\mathfrak{S}}{}_4^7 f_{01\varkappa\lambda}f_{23\varkappa\lambda}\Big(\frac{\sigma_{02\varkappa\lambda}(2u)}{f_{02\varkappa\lambda}}+\frac{\sigma_{03\varkappa\lambda}(2u)}{f_{03\varkappa\lambda}}\Big).$$

Setzt man also

$$(5.)\qquad \chi_{0123}(u) = p_{01,23}\sigma_{02}\sigma_{31}\sigma_{03}\sigma_{12}+p_{02,31}\sigma_{03}\sigma_{12}\sigma_{01}\sigma_{23}+p_{03,12}\sigma_{01}\sigma_{23}\sigma_{02}\sigma_{31},$$

so ist nach (2.) § 9

$$(6.)\qquad -8\chi_{0123}(u) = \underset{\varkappa,\lambda}{\mathfrak{S}}\big(f_{01\varkappa\lambda}\sigma_{23\varkappa\lambda}(2u)+f_{02\varkappa\lambda}\sigma_{31\varkappa\lambda}(2u)+f_{03\varkappa\lambda}\sigma_{12\varkappa\lambda}(2u)\big).$$

Dieser Gleichung zufolge ist

$$(7.)\qquad \chi_{\alpha\beta\gamma\delta}(u) = \pm\chi_{\varkappa\lambda\mu\nu}(u).$$

Die Function $\chi_{\alpha\beta\gamma\delta}$ wechselt das Zeichen, wenn man irgend zwei ihrer Indices vertauscht. Eigentlich müsste diese Function mit $\chi_{k,k\alpha\beta\gamma\delta}$ bezeichnet werden. In ähnlicher Weise entspricht jedem Paar gerader Charakteristiken eine Function $\chi_{a,b}$, und folglich ist die Anzahl solcher Functionen gleich $\frac{36.35}{2}=630$, wie ich J. C. § 13 auf einem anderen Wege berechnet habe.

Setzt man ferner

$$(8.)\qquad \chi_{01,23}(u) = p_{01,23}\sigma_{02}\sigma_{31}\sigma_{03}\sigma_{12}+\frac{\sigma\sigma_{0123}}{f_{0123}}(\sigma_{02}\sigma_{31}-\sigma_{03}\sigma_{12}),$$

so ist

$$(9.)\qquad \chi_{\alpha\beta\gamma\delta} = \chi_{\alpha\beta,\gamma\delta}+\chi_{\alpha\gamma,\delta\beta}+\chi_{\alpha\delta,\beta\gamma}$$

und nach (3.) und (4.)

$$(10.)\qquad 8\chi_{01,23}(u) = \underset{\varkappa,\lambda}{\mathfrak{S}}\big(f_{01\varkappa\lambda}\sigma_{23\varkappa\lambda}(2u)-f_{02\varkappa\lambda}\sigma_{31\varkappa\lambda}(2u)-f_{03\varkappa\lambda}\sigma_{12\varkappa\lambda}(2u)\big).$$

Die Function $\chi_{0123}(u)$ hat die Periode [0123], und aus den Gleichungen (6.)

und (10.) ergiebt sich, dass

$$(11.)\qquad \chi_{01,23}(u) = \frac{(01)\chi_{0123}(u+[01])}{(\eta_{01}(u))^4} = \frac{(23)\chi_{0123}(u+[23])}{(\eta_{23}(u))^4}$$

ist. Zu den Functionen $\psi_{\alpha\beta}$ steht die Function $\chi_{\alpha\beta\gamma\delta}$ in einer einfachen Beziehung, die man auf folgendem Wege finden kann: Die Summe

$$\begin{aligned}\Sigma(F_{0\alpha\beta\gamma}f_{1\alpha\beta\gamma}-F_{1\alpha\beta\gamma}f_{0\alpha\beta\gamma})(F_{2\varkappa\lambda\mu}f_{3\varkappa\lambda\mu}-F_{3\varkappa\lambda\mu}f_{2\varkappa\lambda\mu})\\ +(F_{0\alpha\beta\gamma}f_{2\alpha\beta\gamma}-F_{2\alpha\beta\gamma}f_{0\alpha\beta\gamma})(F_{3\varkappa\lambda\mu}f_{1\varkappa\lambda\mu}-F_{1\varkappa\lambda\mu}f_{3\varkappa\lambda\mu})\\ +(F_{0\alpha\beta\gamma}f_{3\alpha\beta\gamma}-F_{3\alpha\beta\gamma}f_{0\alpha\beta\gamma})(F_{1\varkappa\lambda\mu}f_{2\varkappa\lambda\mu}-F_{2\varkappa\lambda\mu}f_{1\varkappa\lambda\mu}),\end{aligned}$$

in der sich jeder der sechs Indices von 0 bis 7 bewegt, zerfällt, wenn man die Multiplicationen ausführt, in zwölf Summen, von denen ich je zwei vereinige. Dann ist z. B. nach (13.) § 8

$$\begin{aligned}-\mathfrak{S}_{01} &= \Sigma f_{0\alpha\beta\gamma}f_{1\varkappa\lambda\mu}(F_{2\alpha\beta\gamma}F_{3\varkappa\lambda\mu}-F_{3\alpha\beta\gamma}F_{2\varkappa\lambda\mu})\\ &= \Sigma f_{0\alpha\beta\gamma}f_{1\varkappa\lambda\mu}(F_{\alpha\beta\gamma\varkappa}F_{23\lambda\mu}+F_{\alpha\beta\gamma\lambda}F_{23\mu\varkappa}+F_{\alpha\beta\gamma\mu}F_{23\varkappa\lambda}).\end{aligned}$$

Da sich die drei Summen, die hier auftreten, nur durch die Bezeichnung der Summationsbuchstaben unterscheiden, so ist mithin

$$-\mathfrak{S}_{01} = 3\Sigma f_{0\alpha\beta\gamma}f_{1\varkappa\lambda\delta}F_{\alpha\beta\gamma\delta}F_{23\varkappa\lambda}.$$

Vertauscht man δ mit α, β und γ und addirt die drei so erhaltenen Summen zu der ursprünglichen, so erhält man

$$-4\mathfrak{S}_{01} = 3\Sigma(f_{1\varkappa\lambda\delta}f_{0\alpha\beta\gamma}-f_{1\varkappa\lambda\alpha}f_{0\delta\beta\gamma}-f_{1\varkappa\lambda\beta}f_{0\alpha\delta\gamma}-f_{1\varkappa\lambda\gamma}f_{0\alpha\beta\delta})F_{\alpha\beta\gamma\delta}F_{23\varkappa\lambda},$$

und folglich nach (2.) § 9

$$-4\mathfrak{S}_{01} = 3\Sigma f_{\alpha\beta\gamma\delta}f_{01\varkappa\lambda}F_{\alpha\beta\gamma\delta}F_{23\varkappa\lambda}.$$

Ebenso findet man

$$-4\mathfrak{S}_{23} = 4\Sigma F_{0\alpha\beta\gamma}F_{1\varkappa\lambda\mu}(f_{2\alpha\beta\gamma}f_{3\varkappa\lambda\mu}-f_{3\alpha\beta\gamma}f_{2\varkappa\lambda\mu}) = 3\Sigma f_{\alpha\beta\gamma\delta}f_{23\varkappa\lambda}F_{\alpha\beta\gamma\delta}F_{01\varkappa\lambda}.$$

Da nun z. B. $\Sigma f_{\alpha\beta\gamma\delta}F_{\alpha\beta\gamma\delta} = 24\mathfrak{S}f_{\alpha\beta\gamma\delta}F_{\alpha\beta\gamma\delta}$ ist, so erhält man die identische Determinantenrelation

$$\begin{aligned}&\mathfrak{S}(F_{0\alpha\beta\gamma}f_{1\alpha\beta\gamma}-F_{1\alpha\beta\gamma}f_{0\alpha\beta\gamma}).\mathfrak{S}(F_{2\alpha\beta\gamma}f_{3\alpha\beta\gamma}-F_{3\alpha\beta\gamma}f_{2\alpha\beta\gamma})\\ &+\mathfrak{S}(F_{0\alpha\beta\gamma}f_{2\alpha\beta\gamma}-F_{2\alpha\beta\gamma}f_{0\alpha\beta\gamma}).\mathfrak{S}(F_{3\alpha\beta\gamma}f_{1\alpha\beta\gamma}-F_{1\alpha\beta\gamma}f_{3\alpha\beta\gamma})\\ &+\mathfrak{S}(F_{0\alpha\beta\gamma}f_{3\alpha\beta\gamma}-F_{3\alpha\beta\gamma}f_{0\alpha\beta\gamma}).\mathfrak{S}(F_{1\alpha\beta\gamma}f_{2\alpha\beta\gamma}-F_{2\alpha\beta\gamma}f_{1\alpha\beta\gamma})\\ &= -\mathfrak{S}(f_{\alpha\beta\gamma\delta}F_{\alpha\beta\gamma\delta}).\mathfrak{S}(f_{01\varkappa\lambda}F_{23\varkappa\lambda}+f_{23\varkappa\lambda}F_{01\varkappa\lambda}+f_{02\varkappa\lambda}F_{31\varkappa\lambda}+f_{31\varkappa\lambda}F_{02\varkappa\lambda}+f_{03\varkappa\lambda}F_{12\varkappa\lambda}+f_{12\varkappa\lambda}F_{03\varkappa\lambda}).\end{aligned}$$

Mit Hülfe der Formeln (37.) § 8, (18.) § 5, (17.) § 6 und (6.) ergiebt sich daraus die Gleichung

$$(12.)\qquad \sigma_{\alpha\beta}\psi_{\alpha\beta}\sigma_{\gamma\delta}\psi_{\gamma\delta}+\sigma_{\alpha\gamma}\psi_{\alpha\gamma}\sigma_{\delta\beta}\psi_{\delta\beta}+\sigma_{\alpha\delta}\psi_{\alpha\delta}\sigma_{\beta\gamma}\psi_{\beta\gamma} = \varphi.\chi_{\alpha\beta\gamma\delta}.$$

Vermehrt man in der Gleichung (18.) § 5 u um [01], so erhält man bis auf einen constanten Factor

$$(13.)\qquad 8(\sigma_{01}(u))^2\varphi_{01}(u) = -\mathfrak{S} f_{01\varkappa\lambda}\sigma_{01\varkappa\lambda}(2u)+\mathop{\mathfrak{S}}_{\alpha,\beta,\gamma}\tfrac{1}{2} f_{0\alpha\beta\gamma}\sigma_{0\alpha\beta\gamma}(2u).$$

Aus den Gleichungen (5.), (6.) und (17.) § 5 (für $v=0$) ergiebt sich die Relation

$$4(\sigma_{01}(u))^2 = -\mathop{\mathfrak{S}}_{\varkappa,\lambda}(\sigma_{01\varkappa\lambda}(u))^2+\mathop{\mathfrak{S}}_{\alpha,\beta,\gamma}\tfrac{1}{2}(\sigma_{0\alpha\beta\gamma}(u))^2.$$

Betrachtet man in diesen beiden Formeln die Glieder der zweiten Dimension, so erkennt man, dass der constante Factor in der Gleichung (13.) richtig bestimmt ist. Vermehrt man in dem Ausdruck (17.) § 6 für $\sigma\sigma_{12}\psi_{12}$ die Variable um [01], so erhält man bis auf einen constanten Factor

$$(14.)\qquad -8\sigma_{01}(u)\sigma_{02}(u)\psi_{01,02}(u) = \mathop{\mathfrak{S}}_{\varkappa,\lambda}(f_{01\varkappa\lambda}\sigma_{02\varkappa\lambda}(2u)+f_{02\varkappa\lambda}\sigma_{01\varkappa\lambda}(2u)).$$

Dass der constante Factor richtig bestimmt ist, erkennt man mit Hülfe der Gleichung

$$-2\sigma_{01}(u)\sigma_{02}(u) = \mathop{\mathfrak{S}}_{\varkappa,\lambda}\sigma_{01\varkappa\lambda}(u)\sigma_{02\varkappa\lambda}(u),$$

die sich aus (1.) § 8 ergiebt.

Nach diesen Vorbereitungen wende ich mich zur Bestimmung der Determinante $g(a_\alpha, a_\gamma)g(a_\beta, a_\delta)-g(a_\alpha, a_\delta)g(a_\beta, a_\gamma)$, welche ich gleich

$$-\tfrac{1}{4}\varphi(2u)(\sigma_{\alpha\beta}(u)\sigma_{\gamma\delta}(u)\psi_{\alpha\beta}(u)\psi_{\gamma\delta}(u)-\varphi(u)\chi_{\alpha\beta,\gamma\delta}(u)-f_{\alpha\beta\gamma\delta}t_{\alpha\beta\gamma\delta})$$

setze. Um die so definirte Grösse $t_{\alpha\beta\gamma\delta}$ zu berechnen, betrachte ich die lineare Function

$$\begin{aligned} f(w) = {} & \frac{4}{\varphi(2u)}(g(a_0, a_2)g(a_1, w)-g(a_1, a_2)g(a_0, w)) \\ & +\frac{\sigma_{01}(u)\psi_{01}(u)}{8\sigma(u)}\mathop{\mathfrak{S}}_{\alpha,\beta,\gamma}\sigma_{2\alpha\beta\gamma}(2u)(w, a_\alpha, a_\beta, a_\gamma) \\ -\frac{\varphi(u)}{8}\mathop{\mathfrak{S}}_{\varkappa,\lambda}(\sigma_{01\varkappa\lambda}(2u)(a_2, w, a_\varkappa, a_\lambda) & -\sigma_{02\varkappa\lambda}(2u)(w, a_1, a_\varkappa, a_\lambda)-\sigma_{12\varkappa\lambda}(2u)(a_0, w, a_\varkappa, a_\lambda)). \end{aligned}$$

Ist $\lambda > 2$, so ist $f(a_\lambda) = f_{012\lambda}t_{012\lambda}$. Nach (7.) § 11 ist $f(a_0) = f(a_1) = f(a_2) = 0$. Endlich ist nach (6.) § 9 $\sum_\lambda f_{567\lambda}f(a_\lambda) = 0$ und folglich $t_{0123} = t_{0124}$. Daher ist $t_{\alpha\beta\gamma\delta}$ von δ unabhängig. Da ferner $t_{\alpha\beta\gamma\delta} = t_{\beta\alpha\delta\gamma} = t_{\gamma\delta\alpha\beta} = t_{\delta\gamma\beta\alpha}$ ist, so ist $t_{\alpha\beta\gamma\delta} = t$ von den Indices unabhängig. Aus der Identität

$$\begin{aligned} (g(a_\alpha, a_\gamma)g(a_\beta, a_\delta)-g(a_\alpha, a_\delta)g(a_\beta, a_\gamma))+(g(a_\alpha, a_\delta)g(a_\beta, a_\gamma)-g(a_\alpha, a_\beta)g(a_\gamma, a_\delta)) \\ +(g(a_\alpha, a_\beta)g(a_\gamma, a_\delta)-g(a_\alpha, a_\gamma)g(a_\beta, a_\delta)) = 0 \end{aligned}$$

erkennt man mit Hülfe der Gleichungen (9.) und (12.), dass $t=0$ ist. Demnach erhält man die Relation

$$(15.)\qquad \begin{cases} g(a_\alpha, a_\gamma)g(a_\beta, a_\delta)-g(a_\alpha, a_\delta)g(a_\beta, a_\gamma) \\ = -\tfrac{1}{4}\varphi(2u)(\sigma_{\alpha\beta}(u)\sigma_{\gamma\delta}(u)\psi_{\alpha\beta}(u)\psi_{\gamma\delta}(u)-\varphi(u)\chi_{\alpha\beta,\gamma\delta}(u)). \end{cases}$$

§ 13.

Die Function $h(y, z)$.

Ist $h(y, z)$ die Polare von $h(z)$ und $h_{\alpha\beta\gamma,\alpha'\beta'\gamma'}$ ihr Werth, falls man für y die Coordinaten des Schnittpunktes der drei Ebenen a_α, a_β, a_γ und für z die des Schnittpunktes der drei Ebenen $a_{\alpha'}$, $a_{\beta'}$, $a_{\gamma'}$ setzt, so ist

$$(1.)\qquad \Sigma \pm g(a_\alpha, a_{\alpha'}) g(a_\beta, a_{\beta'}) g(a_\gamma, a_{\gamma'}) = \tfrac{1}{16}\varphi(u)(\varphi(2u))^2 h_{\alpha\beta\gamma,\alpha'\beta'\gamma'},$$

und wie leicht zu zeigen

$$(2.)\qquad \begin{cases} -\begin{vmatrix} 0 & f_{\alpha'\beta'\gamma'\varkappa'} & f_{\alpha'\beta'\gamma'\lambda'} & f_{\alpha'\beta'\gamma'\mu'} \\ f_{\alpha\beta\gamma\varkappa} & g(a_\varkappa, a_{\varkappa'}) & g(a_\varkappa, a_{\lambda'}) & g(a_\varkappa, a_{\mu'}) \\ f_{\alpha\beta\gamma\lambda} & g(a_\lambda, a_{\varkappa'}) & g(a_\lambda, a_{\lambda'}) & g(a_\lambda, a_{\mu'}) \\ f_{\alpha\beta\gamma\mu} & g(a_\mu, a_{\varkappa'}) & g(a_\mu, a_{\lambda'}) & g(a_\mu, a_{\mu'}) \end{vmatrix} \\ = \varphi(2u)(h_{\alpha\beta\gamma,\alpha'\beta'\gamma'} h_{\varkappa\lambda\mu,\varkappa'\lambda'\mu'} - h_{\alpha\beta\gamma,\varkappa'\lambda'\mu'} h_{\varkappa\lambda\mu,\alpha'\beta'\gamma'}). \end{cases}$$

Einen speciellen Fall dieser Formel, nämlich die Gleichung

$$(3.)\qquad \begin{cases} f_{\alpha\beta\gamma\delta} f_{\alpha'\beta'\gamma'\delta'} (g(a_\alpha, a_{\alpha'}) g(a_\beta, a_{\beta'}) - g(a_\alpha, a_{\beta'}) g(a_\beta, a_{\alpha'})) \\ \quad = \varphi(2u)(h_{\alpha\beta\gamma,\alpha'\beta'\gamma'} h_{\alpha\beta\delta,\alpha'\beta'\delta'} - h_{\alpha\beta\gamma,\alpha'\beta'\delta'} h_{\alpha\beta\delta,\alpha'\beta'\gamma'}) \end{cases}$$

habe ich in § 11 mehrfach benutzt.

Um jene Werthe von $h(y, z)$ zu berechnen, führe ich die Bezeichnungen

$$(4.)\qquad \sigma_{\varkappa\lambda}(u)\psi_{\varkappa\lambda}(u) = \Psi_{\varkappa\lambda}(u), \qquad \sigma_{\alpha\beta\gamma\delta}(u)\psi_{\alpha\beta\gamma\delta}(u) = f_{\alpha\beta\gamma\delta}\Psi_{\alpha\beta\gamma\delta}(u)$$

ein. Diese Functionen wechseln das Zeichen, wenn man zwei ihrer Indices vertauscht, und es ist

$$(5.)\qquad \Psi_{\varkappa\lambda\mu\nu}(u) = \mp \Psi_{\alpha\beta\gamma\delta}(u).$$

Sind zwei der Indices gleich, so sollen diese Ausdrücke identisch verschwinden. Sowohl zwischen den geraden Functionen $\Psi_{\varkappa\lambda}$, wie zwischen den ungeraden Functionen $\Psi_{\alpha\beta\gamma\delta}$ giebt es eine grosse Anzahl linearer Gleichungen. Nach Formel (17.) § 6 und (18.) § 5 ist

$$(6.)\qquad 8\sigma(u)\Psi_{\varkappa\lambda}(u) = \underset{\alpha,\beta,\gamma}{S} f_{\lambda\alpha\beta\gamma}\sigma_{\varkappa\alpha\beta\gamma}(2u) = -\underset{\alpha,\beta,\gamma}{S} f_{\varkappa\alpha\beta\gamma}\sigma_{\lambda\alpha\beta\gamma}(2u)$$

und

$$8(\sigma(u))^2\varphi(u) = \underset{\alpha,\beta,\gamma}{S} f_{\varkappa\alpha\beta\gamma}\sigma_{\varkappa\alpha\beta\gamma}(2u).$$

Nach Gleichung (1.) § 9 ist daher

$$(7.)\qquad \sum_\lambda f_{\alpha\beta\gamma\lambda}\Psi_{\lambda\delta}(u) = f_{\alpha\beta\gamma\delta}\sigma(u)\varphi(u),$$

gleichgültig ob die Indices α, β, γ, δ verschieden sind oder nicht, und allgemeiner

$$(8.)\qquad \sum_{\lambda} \Psi_{\varkappa\lambda} z_{\lambda} = -\sigma(u)\varphi(u) z_{\varkappa}.$$

Von den mannigfachen Gleichungen, die sich hieraus ableiten lassen, erwähne ich nur die folgende: Durchlaufen $\varkappa$, λ die Indices 0, 1, 2 und μ, ν die Indices 3, 4, 5, so ist

$$\sum_{\lambda} \Psi_{\varkappa\lambda} f_{\beta\lambda 67} + \sum_{\nu} \Psi_{\varkappa\nu} f_{\beta\nu 67} = -\sigma\varphi f_{\beta\varkappa 67}$$

und folglich

$$\sum_{\varkappa,\lambda} \Psi_{\varkappa\lambda} f_{\alpha\varkappa 67} f_{\beta\lambda 67} + \sum_{\varkappa,\nu} \Psi_{\varkappa\nu} f_{\alpha\varkappa 67} f_{\beta\nu 67} = -\sigma\varphi \sum_{\varkappa} f_{\alpha\varkappa 67} f_{\beta\varkappa 67}.$$

Ebenso ist

$$\sum_{\varkappa,\nu} \Psi_{\varkappa\nu} f_{\alpha\varkappa 67} f_{\beta\nu 67} + \sum_{\mu,\nu} \Psi_{\mu\nu} f_{\alpha\mu 67} f_{\beta\nu 67} = +\sigma\varphi \sum_{\nu} f_{\alpha\nu 67} f_{\beta\nu 67}$$

und mithin

$$\sum_{\varkappa,\lambda} \Psi_{\varkappa\lambda} f_{\alpha\varkappa 67} f_{\beta\lambda 67} = \sum_{\mu,\nu} \Psi_{\mu\nu} f_{\alpha\mu 67} f_{\beta\nu 67},$$

oder weil

$$f_{\alpha\varkappa 67} f_{\beta\lambda 67} - f_{\alpha\lambda 67} f_{\beta\varkappa 67} = f_{\alpha\beta 67} f_{\varkappa\lambda 67}$$

ist,

$$\sum_{\varkappa,\lambda} \Psi_{\varkappa\lambda} f_{\varkappa\lambda 67} = \sum_{\mu,\nu} \Psi_{\mu\nu} f_{\mu\nu 67}.$$

Allgemein ist, wenn α, β, γ, $\varkappa$, λ, μ sechs verschiedene Indices sind,

$$(9.)\qquad (f_{\alpha\beta\gamma\varkappa} \Psi_{\lambda\mu} + f_{\alpha\beta\gamma\lambda} \Psi_{\mu\varkappa} + f_{\alpha\beta\gamma\mu} \Psi_{\varkappa\lambda}) + (f_{\varkappa\lambda\mu\alpha} \Psi_{\beta\gamma} + f_{\varkappa\lambda\mu\beta} \Psi_{\gamma\alpha} + f_{\varkappa\lambda\mu\gamma} \Psi_{\alpha\beta}) = 0.$$

Setzt man die Ausdrücke (1.) § 11 in die Gleichung (20.) § 8 ein, so erhält man

$$(10.)\qquad 8\sigma(u)\Psi_{\alpha\beta\gamma\delta}(u) = \sum_{\lambda} (f_{\lambda\beta\gamma\delta}\sigma_{\alpha\lambda}(2u) + f_{\alpha\lambda\gamma\delta}\sigma_{\beta\lambda}(2u) + f_{\alpha\beta\lambda\delta}\sigma_{\gamma\lambda}(2u) + f_{\alpha\beta\gamma\lambda}\sigma_{\delta\lambda}(2u)),$$

und diese Gleichung gilt auch, wenn die Indices nicht verschieden sind. Allgemeiner ist, wie ich beiläufig erwähnen will,

$$(11.)\qquad \left\{ \begin{aligned} & 4(\sigma(u)\sigma_{\alpha\beta\gamma\delta}(u)\psi_{\alpha\beta\gamma\delta}(v) + \sigma(v)\sigma_{\alpha\beta\gamma\delta}(v)\psi_{\alpha\beta\gamma\delta}(u)) \\ & = f_{\alpha\beta\gamma\delta} \sum_{\lambda} (\sigma_{\lambda\beta\gamma\delta}(u-v)\sigma_{\alpha\lambda}(u+v) + \sigma_{\alpha\lambda\gamma\delta}(u-v)\sigma_{\beta\lambda}(u+v) \\ & \quad + \sigma_{\alpha\beta\lambda\delta}(u-v)\sigma_{\gamma\lambda}(u+v) + \sigma_{\alpha\beta\gamma\lambda}(u-v)\sigma_{\delta\lambda}(u+v)). \end{aligned} \right.$$

Aus jener Gleichung folgt

$$8\sigma \sum_{\lambda} f_{\alpha'\beta'\gamma'\lambda} \Psi_{\alpha\beta\gamma\lambda} = \sum_{\varkappa,\lambda} f_{\alpha'\beta'\gamma'\lambda} (f_{\varkappa\beta\gamma\lambda}\sigma_{\alpha\varkappa} + f_{\alpha\varkappa\gamma\lambda}\sigma_{\beta\varkappa} + f_{\alpha\beta\varkappa\lambda}\sigma_{\gamma\varkappa} + f_{\alpha\beta\gamma\varkappa}\sigma_{\varkappa\lambda})$$

und mithin nach (1.) § 9

$$(12.)\qquad 8\sigma(u) \sum_{\lambda} f_{\alpha'\beta'\gamma'\lambda} \Psi_{\alpha\beta\gamma\lambda}(u) = \sum_{\varkappa,\lambda} f_{\alpha\beta\gamma\varkappa} f_{\alpha'\beta'\gamma'\lambda} \sigma_{\varkappa\lambda}(2u).$$

Nach Gleichung (2.) § 11 ist daher

$$(13.)\qquad 2h_{\alpha\beta\gamma,\alpha'\beta'\gamma'} = \sum_{\lambda} f_{\alpha'\beta'\gamma'\lambda} \Psi_{\alpha\beta\gamma\lambda}(u) = \sum_{\lambda} f_{\alpha\beta\gamma\lambda} \Psi_{\alpha'\beta'\gamma'\lambda}(u).$$

Z. B. erhält man für $\alpha'\beta'\gamma' = \alpha\beta\gamma$ die Gleichung

$$(14.)\qquad 2\sigma_{\beta\gamma}(u)\sigma_{\gamma\alpha}(u)\sigma_{\alpha\beta}(u) = \sum_\lambda f_{\alpha\beta\gamma\lambda}\Psi_{\alpha\beta\gamma\lambda}(u) = \sum_\lambda \sigma_{\alpha\beta\gamma\lambda}(u)\psi_{\alpha\beta\gamma\lambda}(u),$$

welche ein specieller Fall der Formel (4.) § 8 ist.

Zu der Formel (13.) kann man auch auf folgendem Wege gelangen: Nach (20.) § 8, (1.) § 11 und (1.) ist der Coefficient von r in der Determinante vierten Grades

$$|g(a_\varkappa, a_\lambda)+re_{\varkappa\lambda}| \qquad (\varkappa, \lambda = \alpha, \beta, \gamma, \delta)$$

gleich $\frac{1}{16}\varphi(u)(\varphi(2u))^2 f_{\alpha\beta\gamma\delta}\Psi_{\alpha\beta\gamma\delta}$. Mit Hülfe der Methode, die ich J. C. § 8 benutzt habe, schliesst man daraus, dass allgemeiner

$$(15.)\qquad \left\{ \frac{1}{32}\varphi(u)(\varphi(2u))^2(f_{\alpha\beta\gamma\delta}\Psi_{\alpha'\beta'\gamma'\delta'}(u)+f_{\alpha'\beta'\gamma'\delta'}\Psi_{\alpha\beta\gamma\delta}(u) = |g(a_\lambda, a_{\lambda'})+re_{\lambda\lambda'}|_{r^1} \right. \quad \begin{pmatrix}\lambda = \alpha\ \beta\ \gamma\ \delta \\ \lambda' = \alpha'\ \beta'\ \gamma'\ \delta'\end{pmatrix}$$

ist. Wie nun dort die Formel (3.) erhalten wurde, findet man hier mit Hülfe der Gleichung (1.) die Formel (13.). Man kann aber auch die weiteren Entwicklungen jenes Paragraphen auf die vorliegende Untersuchung übertragen, und findet, wie dort die Formeln (5.), hier die Gleichung

$$(16.)\qquad \sum_\lambda g(a_\alpha, a_\lambda)\Psi_{\lambda\beta\gamma\delta} = \tfrac{1}{8}f_{\alpha\beta\gamma\delta}\varphi(u)\varphi(2u),$$

in welcher $\alpha, \beta, \gamma, \delta$ nicht verschieden zu sein brauchen, und, wie dort die Formel (6.), hier die Gleichung

$$(17.)\qquad \tfrac{1}{4}\varphi(2u)\sum_\lambda \Psi_{\alpha\beta\gamma\lambda}\Psi_{\alpha'\beta'\gamma'\lambda} = |g(a_\lambda, a_{\lambda'})+re_{\lambda\lambda'}|_{r^1} \qquad \begin{pmatrix}\lambda = \alpha\ \beta\ \gamma \\ \lambda' = \alpha'\beta'\gamma'\end{pmatrix}.$$

Mit Hülfe der Formeln (6.) und (7.) § 11 und (15.) § 12 ergeben sich daraus die Relationen

$$(18.)\qquad \begin{cases} \sum_\lambda \Psi^2_{\alpha\beta\gamma\lambda}+\Psi^2_{\beta\gamma}+\Psi^2_{\gamma\alpha}+\Psi^2_{\alpha\beta} = -\varphi(\sigma^2_{\beta\gamma}\varphi_{\beta\gamma}+\sigma^2_{\gamma\alpha}\varphi_{\gamma\alpha}+\sigma^2_{\alpha\beta}\varphi_{\alpha\beta}), \\ \sum_\lambda \Psi_{\alpha\beta\gamma\lambda}\Psi_{\alpha\beta\delta\lambda}+\Psi_{\beta\gamma}\Psi_{\beta\delta}+\Psi_{\alpha\gamma}\Psi_{\alpha\delta} = -\varphi(\sigma_{\beta\gamma}\sigma_{\beta\delta}\psi_{\beta\gamma,\beta\delta}+\sigma_{\alpha\gamma}\sigma_{\alpha\delta}\psi_{\alpha\gamma,\alpha\delta}), \\ \sum_\lambda \Psi_{\alpha\beta\varkappa\lambda}\Psi_{\gamma\delta\varkappa\lambda}+\Psi_{\alpha\beta}\Psi_{\gamma\delta} = \varphi\chi_{\alpha\beta,\gamma\delta}, \\ \sum_\lambda \Psi_{\alpha\beta\gamma\lambda}\Psi_{\alpha'\beta'\gamma'\lambda} = 0. \end{cases}$$

§ 14.

Neue Darstellungen für die Function $\varphi(u)$.

Zum Schluss will ich noch eine Darstellung der Function $\varphi(u)$ entwickeln, welche von den bisher betrachteten gänzlich verschieden ist, und auf welche ich durch die Bemerkungen des Herrn *Schottky* am Ende seiner Arbeit *Zur Theorie der Abelschen Functionen von vier Variabeln* (dieses Journal Bd. 102) geführt worden bin. Seien p_1 und p_2 zwei von der verschwindenden Charakteristik p_0 verschiedene syzygetische Charakteristiken, und sei $p_3 = -p_1 p_2$. Dann kann man eine ungerade Charakteristik a_0 so bestimmen, dass die vier Charakteristiken $a_0 p_\lambda = a_{0\lambda}$ sämmtlich ungerade sind, und drei gerade Charakteristiken a_1, a_2, a_3 so, dass die zwölf Charakteristiken $a_\alpha p_\lambda = a_{\alpha\lambda}$ ($\alpha = 1, 2, 3$) sämmtlich gerade sind. (Vgl. meine im Folgenden mit Gr. citirte Arbeit *Ueber Gruppen von Thetacharakteristiken*, dieses Journal Bd. 96, § 3). Von den vier Charakteristiken a_0, a_1, a_2, a_3 sind je drei azygetisch, und ihre Summe ist einer der Charakteristiken p_λ congruent.

Schreibt man für $\vartheta_{a_\varkappa p_\lambda}$ kurz $\vartheta_{\varkappa\lambda}$, so haben die beiden Producte $\vartheta_{\varkappa 0}\vartheta_{\varkappa 1}$ und $\vartheta_{\varkappa 2}\vartheta_{\varkappa 3}$ die halbe Periode p_1 zur Periode und die Ausdrücke

$$\vartheta_{\varkappa 0}\vartheta_{\varkappa 1} + \varepsilon(a_\varkappa,\ p_1)\sqrt{(p_2,\ p_3)}\,\vartheta_{\varkappa 2}\vartheta_{\varkappa 3},$$

wo $\varepsilon = \pm 1$ ist, ausserdem noch die halbe Periode p_2, und zwar ändern sie sich bei Vermehrung von u um p_1 oder p_2 für alle Werthe von $\varkappa$ in der gleichen Weise. Daher sind unter diesen vier Functionen höchstens zwei linear unabhängig (Gr. § 4). Es besteht also eine Gleichung von der Form

$$\Sigma_{\alpha}{}_1^3\, C_\alpha\big(\vartheta_{\alpha 0}(u)\vartheta_{\alpha 1}(u) + \varepsilon(a_\alpha,\ p_1)\sqrt{(p_2,\ p_3)}\,\vartheta_{\alpha 2}(u)\vartheta_{\alpha 3}(u)\big) = 0.$$

Die Verhältnisse der Constanten C_α bestimmt man, indem man $u = a_1 a_2$ oder $a_1 a_3$ setzt. So findet man die (auch aus Gr. § 6 (2.) leicht abzuleitende) Gleichung

$$\begin{aligned}\Sigma_{\alpha}{}_1^3 (a_\alpha,\ p_1)((a_0,\ a_\alpha))\big(\vartheta_{\alpha 0}(0)\vartheta_{\alpha 1}(0) + \varepsilon(a_\alpha,\ p_1)\sqrt{(p_2,\ p_3)}\,\vartheta_{\alpha 2}(0)\vartheta_{\alpha 3}(0)\big)&\\ \times\big(\vartheta_{\alpha 0}(u)\vartheta_{\alpha 1}(u) + \varepsilon(a_\alpha,\ p_1)\sqrt{(p_2,\ p_3)}\,\vartheta_{\alpha 2}(u)\vartheta_{\alpha 3}(u)\big) &= 0.\end{aligned}$$

Da dieselbe für $\varepsilon = \pm 1$ gilt, so folgt daraus

$$\Sigma_{\alpha}{}_1^3 ((a_0,\ a_\alpha))\big(\vartheta_{\alpha 2}(0)\vartheta_{\alpha 3}(0)\vartheta_{\alpha 0}(u)\vartheta_{\alpha 1}(u) + \vartheta_{\alpha 0}(0)\vartheta_{\alpha 1}(0)\vartheta_{\alpha 2}(u)\vartheta_{\alpha 3}(u)\big) = 0.$$

Setzt man also

$$(1.)\qquad r_\alpha = ((a_0,\ a_\alpha))\Pi_{\lambda}{}_0^3\,\vartheta_{\alpha\lambda}(0) \qquad (\alpha = 1, 2, 3),$$

so ist

$$(2.)\qquad \Sigma_{\alpha}{}_1^3\, r_\alpha\left(\frac{\vartheta_{\alpha 0}(u)\vartheta_{\alpha 1}(u)}{\vartheta_{\alpha 0}(0)\vartheta_{\alpha 1}(0)} + \frac{\vartheta_{\alpha 2}(u)\vartheta_{\alpha 3}(u)}{\vartheta_{\alpha 2}(0)\vartheta_{\alpha 3}(0)}\right) = 0$$

und für $u = 0$

$$(3.)\qquad r_1 + r_2 + r_3 = 0.$$

Mithin verschwindet der Ausdruck

$$\Sigma_{\alpha}{}_1^3\, r_\alpha\left(\Sigma_{\lambda}{}_0^3\left(\frac{\vartheta_{\alpha\lambda}(u)}{\vartheta_{\alpha\lambda}(0)}\right)^2\right)$$

für $u=0$, und da die Glieder der zweiten Dimension in seiner Entwicklung dieselben sind, wie in dem verschwindenden Ausdrucke (2.), so fängt dieselbe mit den Gliedern der vierten Dimension an. Dieser Ausdruck kann sich folglich von der Function $\varphi(u)$ nur durch einen constanten Factor unterscheiden, der, wie ich unten zeigen werde, gleich $-r_1 r_2 r_3$ ist. Demnach ist

$$(4.)\qquad -\frac{\varphi(u)}{r_1 r_2 r_3} = \sum_{\alpha,\lambda} r_\alpha \left(\frac{\vartheta_{\alpha\lambda}(u)}{\vartheta_{\alpha\lambda}(0)}\right)^2.$$

Addirt man dazu die mit 2 multiplicirte Formel (2.) und die beiden analogen Formeln, so erhält man

$$-\frac{\varphi(u)}{r_1 r_2 r_3} = \sum_{\alpha,\varkappa,\lambda} r_\alpha \frac{\vartheta_{\alpha\varkappa}(u)\vartheta_{\alpha\lambda}(u)}{\vartheta_{\alpha\varkappa}(0)\vartheta_{\alpha\lambda}(0)},$$

oder wenn man

$$(5.)\qquad S_\alpha = \sum_{\lambda}{}_0^3 \frac{\vartheta_{\alpha\lambda}(u)}{\vartheta_{\alpha\lambda}(0)} \qquad (\alpha = 1, 2, 3)$$

setzt,

$$(6.)\qquad -\frac{\varphi(u)}{r_1 r_2 r_3} = \sum_{\alpha}{}_1^3 r_\alpha S_\alpha^2.$$

Diese Gleichung lässt sich auf mannigfache andere Formen bringen mit Hülfe eines Systems von Formeln, das ich jetzt ableiten will. Sind a, $a_1, \dots a_{2^\mu-1}$ und $b, b_1, \dots b_{2^{2\varrho-\mu}-1}$ zwei adjungirte vollständige Systeme (Gr. § 5), so ist

$$2^{\varrho-\mu}\Sigma(ba_\lambda)\vartheta_{a_\lambda}(u+v)\vartheta_{a_\lambda}(u-v)\vartheta_{a_\lambda}(u'+v')\vartheta_{a_\lambda}(u'-v')$$
$$= (ab)\Sigma(ab_\lambda)\vartheta_{b_\lambda}(u+v')\vartheta_{b_\lambda}(u-v')\vartheta_{b_\lambda}(u'+v)\vartheta_{b_\lambda}(u'-v).$$

Solche zwei Systeme bilden z. B. für $\varrho=3$, $\mu=2$ die vier Charakteristiken $a_{\alpha0}$, $a_{\alpha1}$, $a_{\alpha2}$, $a_{\alpha3}$, wo α ein bestimmter der vier Indices 0, 1, 2, 3 ist, und die 16 Charakteristiken $a_{\varkappa\lambda}$ ($\varkappa$, $\lambda = 0, 1, 2, 3$), und mithin ist

$$2\sum_\lambda(p_\lambda)\vartheta_{\alpha\lambda}(u+v)\vartheta_{\alpha\lambda}(u-v)\vartheta_{\alpha\lambda}(u'+v')\vartheta_{\alpha\lambda}(u'-v')$$
$$= \sum_{\varkappa,\lambda}(a_\alpha a_{\varkappa\lambda})\vartheta_{\varkappa\lambda}(u+v')\vartheta_{\varkappa\lambda}(u-v')\vartheta_{\varkappa\lambda}(u'+v)\vartheta_{\varkappa\lambda}(u'-v).$$

Ersetzt man u, v, u', v' durch $u+\frac{w}{2}$, $v+\frac{w}{2}$, $\frac{w}{2}$, $\frac{w}{2}$, so erhält man

$$2\sum_\lambda(p_\lambda)\vartheta_{\alpha\lambda}(0)\vartheta_{\alpha\lambda}(w)\vartheta_{\alpha\lambda}(v-u)\vartheta_{\alpha\lambda}(u+v+w)$$
$$= \sum_{\varkappa,\lambda}(p_\lambda)((a_\alpha, a_\varkappa))\vartheta_{\varkappa\lambda}(u)\vartheta_{\varkappa\lambda}(u+w)\vartheta_{\varkappa\lambda}(v)\vartheta_{\varkappa\lambda}(v+w).$$

Setzt man $v=u+p_1$ und $w=p_2$, so findet man

$$2\Sigma(p_\lambda)\vartheta_{a_{\alpha\lambda}}(0)\vartheta_{a_{\alpha\lambda}p_1}(0)\vartheta_{a_{\alpha\lambda}p_2}(0)\vartheta_{a_{\alpha\lambda}p_3}(2u)$$
$$= \sum_{\varkappa,\lambda}(p_\lambda)((a_\alpha, a_\varkappa))\vartheta_{a_{\varkappa\lambda}}(u)\vartheta_{a_{\varkappa\lambda}p_1}(u)\vartheta_{a_{\varkappa\lambda}p_2}(u)\vartheta_{a_{\varkappa\lambda}p_3}(u).$$

Auf der rechten Seite sind hier je vier Summanden einander gleich. Setzt man also

$$(7.)\qquad R_\varkappa = ((a_0,\ a_\varkappa))\prod_\lambda \vartheta_{\varkappa\lambda}\left(\frac{u}{2}\right) \qquad (\varkappa = 0,\ 1,\ 2,\ 3),$$

so erhält man, falls $\alpha = 0$ ist, $\Sigma R_\varkappa = 0$, und falls $\alpha = 1,\ 2,\ 3$ ist,

$$\tfrac{1}{2} r_\alpha S_\alpha = \sum_\varkappa{}_0^3((a_0,\ a_\alpha,\ a_\varkappa))R_\varkappa.$$

Sind α, β, γ verschieden, so ist $((a_\alpha, a_\beta, a_\gamma)) = -1$, weil die drei Charakteristiken a_α, a_β, a_γ azygetisch sind. Sind aber α, β, γ nicht alle verschieden, so ist $((a_\alpha, a_\beta, a_\gamma)) = +1$. Demnach ergeben sich die Gleichungen

$$(8.)\qquad \begin{cases} 0 = R_0 + R_1 \quad + R_2 + R_3, \\ \tfrac{1}{4} r_1 S_1 = R_0 + R_1 = -R_2 - R_3, \\ \tfrac{1}{4} r_2 S_2 = R_0 + R_2 = -R_3 - R_1, \\ \tfrac{1}{4} r_3 S_3 = R_0 + R_3 = -R_1 - R_2. \end{cases}$$

In Verbindung mit den Formeln (3.) und (6.) folgt aus diesen Relationen

$$\begin{aligned} \tfrac{1}{16}\varphi(u) &= -r_2 r_3 (R_2+R_3)^2 - r_3 r_1 (R_3+R_1)^2 - r_1 r_2 (R_1+R_2)^2 \\ &= r_1^2 R_1^2 + r_2^2 R_2^2 + r_3^2 R_3^2 - 2 r_2 r_3 R_2 R_3 - 2 r_3 r_1 R_3 R_1 - 2 r_1 r_2 R_1 R_2 \end{aligned}$$

oder

$$(9.)\qquad \tfrac{1}{16}\varphi(u) = N(\sqrt{r_1 R_1} + \sqrt{r_2 R_2} + \sqrt{r_3 R_3}).$$

Dabei habe ich diejenigen Darstellungen von S_1, S_2, S_3 benutzt, in denen R_0 nicht vorkommt. Ist $\alpha, \beta, \gamma = 1,\ 2,\ 3$ und benutzt man die, in denen R_γ nicht vorkommt, so erhält man

$$(10.)\qquad \tfrac{1}{16}\varphi(u) = N(\sqrt{r_\gamma R_0} - \sqrt{r_\alpha R_\beta} + \sqrt{r_\beta R_\alpha}).$$

Ferner folgt aus den Gleichungen (8.)

$$\begin{aligned} \tfrac{1}{4} r_\alpha r_\beta (S_\alpha + S_\beta) &= -r_\beta (R_\beta + R_\gamma) - r_\alpha (R_\gamma + R_\alpha) = r_\beta (R_0 + R_\alpha) + r_\alpha (R_0 + R_\beta), \\ \tfrac{1}{4} r_\alpha r_\beta (S_\alpha - S_\beta) &= -r_\beta (R_\beta + R_\gamma) - r_\alpha (R_0 + R_\beta) = r_\beta (R_0 + R_\alpha) + r_\alpha (R_\gamma + R_\alpha), \end{aligned}$$

also

$$(11.)\qquad \tfrac{1}{4} r_\alpha r_\beta (S_\alpha + S_\beta) = r_\gamma R_\gamma - r_\alpha R_\alpha - r_\beta R_\beta = -r_\gamma R_0 + r_\alpha R_\beta + r_\beta R_\alpha$$

und

$$(12.)\qquad \tfrac{1}{4} r_\alpha r_\beta (S_\alpha - S_\beta) = -r_\alpha R_0 - r_\beta R_\gamma + r_\gamma R_\beta = r_\beta R_0 + r_\alpha R_\gamma - r_\gamma R_\alpha.$$

Nach (9.) ist aber

$$\tfrac{1}{16}\varphi(u) = (r_\gamma R_\gamma - r_\alpha R_\alpha - r_\beta R_\beta)^2 - 4 r_\alpha r_\beta R_\alpha R_\beta$$

und mithin

$$(13.)\qquad \varphi(u) = r_\alpha^2 r_\beta^2 \left((S_\alpha + S_\beta)^2 - 64\frac{R_\alpha R_\beta}{r_\alpha r_\beta}\right)$$

und ebenso

$$(14.)\qquad \varphi(u) = r_\alpha^2 r_\beta^2 (S_\alpha - S_\beta)^2 - 64 r_\alpha r_\beta R_0 R_\gamma.$$

Ersetzt man endlich in der identischen Gleichung

$$(x-y-z)(y-z-x)(z-x-y)-8xyz = (x+y+z)N(\sqrt{x}+\sqrt{y}+\sqrt{z})$$

x, y, z durch $r_1 R_1$, $r_2 R_2$, $r_3 R_3$ oder durch $r_\gamma R_0$, $r_\alpha R_\beta$, $r_\beta R_\alpha$, so erhält man

$$(15.)\qquad \begin{cases} r_1^2 r_2^2 r_3^2 (S_2+S_3)(S_3+S_1)(S_1+S_2) - 8^3 r_1 r_2 r_3 R_1 R_2 R_3 \\ = 4\varphi(u)(r_1 R_1 + r_2 R_2 + r_3 R_3) = -\varphi(u)(r_1^2 S_1 + r_2^2 S_2 + r_3^2 S_3) \end{cases}$$

und

$$(16.)\qquad \begin{cases} r_1^2 r_2^2 r_3^2 (S_\alpha+S_\beta)(S_\beta-S_\gamma)(S_\gamma-S_\alpha) - 8^3 r_1 r_2 r_3 R_0 R_\alpha R_\beta \\ = 4\varphi(u)(r_\gamma R_0 + r_\alpha R_\beta + r_\beta R_\alpha) = \varphi(u)(r_\gamma^2 S_\gamma - r_\alpha^2 S_\alpha - r_\beta^2 S_\beta). \end{cases}$$

Vergleicht man in der Formel

$$(14.)\qquad \varphi(u) = r_\alpha^2 r_\beta^2 \sum_\lambda \left(\frac{\vartheta_{\alpha\lambda}(u)}{\vartheta_{\alpha\lambda}(0)} - \frac{\vartheta_{\beta\lambda}(u)}{\vartheta_{\beta\lambda}(0)} \right)^2 - 64 r_\alpha r_\beta \prod_\lambda \left(\vartheta_{0\lambda}\left(\frac{u}{2}\right) \vartheta_{\gamma\lambda}\left(\frac{u}{2}\right) \right)$$

die Glieder der vierten Dimension, so erhält man, falls man u durch x ersetzt,

$$CF(x) = Q^2 - 4 r_\alpha r_\beta r_\gamma \Pi(X_{0\lambda}),$$

wo $X_{0\lambda}$ das Aggregat der Glieder der ersten Dimension in der Entwicklung von $\vartheta_{0\lambda}(u)$ ist, Q eine Function zweiten Grades von x bedeutet, und C eine Constante ist, von der ich jetzt beweisen werde, dass sie gleich 1 ist. Diese Gleichung zeigt wieder, dass die Coefficienten der Anfangsglieder der 28 ungeraden Thetafunctionen die Coordinaten der Doppeltangenten einer Curve vierter Ordnung sind, und dass die Berührungspunkte von vier Doppeltangenten, von denen je drei syzygetisch sind, auf einem Kegelschnitt liegen. Wählt man das in § 2 zu Grunde gelegte Fundamentalsystem so, dass $p_1 = [45]$, $p_2 = [67]$, $-p_3 = [4567]$ wird, so kann man $a_0 = [k47]$, $a_1 = [k4701]$, $a_2 = [k4702]$ und $a_3 = [k4703]$ setzen. Nun ist nach Formel (21.) § 9

$$f_{4567}^2 F(x) = (x_{46} x_{75} + x_{47} x_{56} - x_{45} x_{67})^2 - 4 x_{46} x_{75} x_{47} x_{56}$$

oder

$$F(x) = R^2 - 4 \frac{g_{46} g_{75} g_{47} g_{56}}{c^4 f_{4567}^2} X_{k46} X_{k75} X_{k47} X_{k56},$$

wo X_{k46} das Anfangsglied von $\vartheta_{k46}(u)$ ist. Ferner ist

$$\frac{g_{46} g_{75} g_{47} g_{56}}{c^4 f_{4567}^2} = \prod_\alpha{}_1^3 (c_{046\alpha} c_{075\alpha} c_{047\alpha} c_{056\alpha})$$

und

$$r_\alpha r_\beta r_\gamma (\Pi X_{0\lambda}) = (\prod_\alpha c_{046\alpha} c_{075\alpha} c_{047\alpha} c_{056\alpha}) X_{k46} X_{k75} X_{k47} X_{k56}.$$

Bezeichnet man dies Product mit $\frac{1}{4}P$, so ist demnach $CF = Q^2 - P$ und $F = R^2 - P$ und mithin $(C-1)F = (Q+R)(Q-R)$. Da aber die Curve $F = 0$ 28 verschiedene Doppeltangenten hat, so kann sie nicht in zwei Kegelschnitte zerfallen, und folglich muss $C = 1$ sein.

In der Formel (13.) sind $a_{\alpha 0}, \dots a_{\alpha 3}, a_{\beta 0}, \dots a_{\beta 3}$ irgend acht gerade Charakteristiken, die ein syzygetisches (*Göpel*sches) System bilden. Demnach ist

$$(17.) \qquad \varphi(u) = (\Pi_{\lambda}{}_0^7 \vartheta_\lambda(0))^2 \left[\left(\Sigma_{\lambda}{}_0^7 \frac{\vartheta_\lambda(u)}{\vartheta_\lambda(0)} \right)^2 - 64 \left(\Pi_{\lambda}{}_0^7 \frac{\vartheta_\lambda\left(\frac{u}{2}\right)}{\vartheta_\lambda(0)} \right) \right],$$

wo die Charakteristiken der acht geraden Thetafunctionen $\vartheta_\lambda(u)$ irgend eins der 135 syzygetischen Systeme bilden. Aus dieser Formel ergiebt sich der von Herrn *Schottky* l. c. bewiesene Satz, dass dieser Ausdruck von der Wahl des syzygetischen Systems unabhängig ist.

In der Gleichung (9.) oder

$$(18.) \qquad \tfrac{1}{16}\varphi(2u) = N\left(\sqrt{\Pi_0^3 \vartheta_{1\lambda}(0)\vartheta_{1\lambda}(u)} + \sqrt{\Pi_0^3 \vartheta_{2\lambda}(0)\vartheta_{2\lambda}(u)} + \sqrt{\Pi_0^3 \vartheta_{3\lambda}(0)\vartheta_{3\lambda}(u)}\right)$$

ist die Function $\varphi(2u)$ durch dieselben zwölf geraden Thetafunctionen ausgedrückt, aus deren Quadraten die Function $\varphi(u)$ in der Formel (4.) zusammengesetzt worden ist*).

---

*) Im 104. Bande dieses Journals Seite 4 bemerkt Herr *Thomé* über einen Satz, den ich in einer Untersuchung über lineare Differentialgleichungen aufgestellt habe, er bedürfe einer Modification, eventuell sein Beweis einer Ergänzung. Diesen Ausstellungen gegenüber halte ich Satz und Beweis vollständig aufrecht. Die Voraussetzungen des Satzes bedürfen keiner Erweiterung, sondern brauchen nur richtig benutzt und combinirt zu werden, und auch meine Darstellung des Beweises scheint mir, nachdem ich mich schon vorher auf die grundlegenden, zuerst im Programm der städtischen Gewerbeschule zu Berlin Ostern 1865 und später in diesem Journal erschienenen Arbeiten des Herrn *Fuchs* bezogen habe, hinreichend vollständig zu sein. Näher auf die Sache einzugehen habe ich um so weniger Veranlassung, als jener Satz bekanntlich in einer aus *Riemanns* Nachlass in den gesammelten Werken 1876 veröffentlichten Arbeit über lineare Differentialgleichungen ausführlich behandelt worden ist.

40.

Theorie der biquadratischen Formen

Journal für die reine und angewandte Mathematik 106, 125–188 (1890)

Zwischen zwei elliptischen Functionen zweiten Grades $\varphi(u)$ und $\psi(u)$ mit denselben Perioden besteht eine Relation, welche in Bezug auf jede vom zweiten Grade, und in dem Falle, wo $\psi(u) = \varphi(u+w)$ ist, symmetrisch ist. Solche Gleichungen und nur solche werde ich im Folgenden *biquadratische* nennen. Auf die Form einer symmetrischen biquadratischen Relation ist das Additionstheorem der elliptischen Functionen schon von *Euler* gebracht worden, und die allgemeine biquadratische Relation hat bereits *Lagrange* zur Umformung der elliptischen Integrale benutzt (Vgl. *Jacobi*, Werke Bd. II, S. 367). Eine eingehendere algebraische Untersuchung haben über die symmetrische biquadratische Form *Richelot* (dieses Journ. Bd. 44, S. 277) und die Herren *Rosanes* und *Pasch* (dieses Journ. Bd. 70, S. 169) angestellt und über die allgemeine Form Herr *Cayley* (On the porism of the in-and-circumscribed polygon; Quart. Journ. vol. XI, p. 83). Derselbe hat die charakteristische Gleichung der Form angegeben, deren Coefficienten die fundamentalen Invarianten der Form sind, und gezeigt, wie man mit Hülfe jeder ihrer Wurzeln die Form in eine symmetrische transformiren kann. Hat die biquadratische Function $F(x, y)$ in Bezug auf x und y die Determinanten $R_1(y)$ und $R(x)$, so folgt daraus, dass R und R_1 gleiche Invarianten haben.

Auf die charakteristische Function von $F(x, y)$ ist auch *Clebsch* geführt worden in einer Untersuchung über den conjugirten Connex zu einem Connex zweiter Ordnung und zweiter Klasse (*Lindemann*, Vorlesungen über Geometrie, S. 952). Dass R und R_1 gleiche Invarianten besitzen, haben die Herren *Zeuthen* (Déduction de différents Théorèmes géométriques d'un seul Principe Algébrique; Proceed. of the London Math. Soc. vol. X, p. 196) und *Capelli* (Sopra la corrispondenza (2, 2); Giorn. d. Battaglini, vol. XVII) durch symbolische Rechnung bewiesen, und sie haben von diesem Satze zahlreiche Anwendungen auf die Geometrie gemacht. Auch Herr *Halphen* hat sich nach einer Notiz des Herrn *Zeuthen* (Proc. vol. XI, p. 156) mit demselben beschäftigt. Die obigen Literaturnachweise machen, wie es bei einem so elementaren Gegenstande selbstverständlich ist, auf Vollständigkeit keinerlei Anspruch.

Ausser dem Beweise des Herrn *Cayley*, den ich in § 1 reproducire, und dem Beweise, der sich aus der Theorie der elliptischen Functionen ergiebt (§ 15), gebe ich von diesem Satze noch zwei andere Beweise (§ 2 und 3). Die Bedingungen, die erforderlich und ausreichend sind, damit $R(x)$ und $R_1(y)$ äquivalent sind, und $F(x, y)$ in eine symmetrische Form transformirt werden kann, erörtere ich in § 3 und 4. Jener Satz enthält die nothwendige Bedingung für die Lösbarkeit der Aufgabe, die den Mittelpunkt der folgenden Untersuchungen bildet (§ 8 und 9), alle biquadratischen Functionen $F(x, y)$ zu bestimmen, für welche $R(x)$ und $R_1(y)$ gegebene Functionen sind. Die speciellen Fälle, welche sich bei ihrer Lösung darbieten können, behandle ich in den §§ 11, 12 und 13, den Fall, wo $F(x, y)$ symmetrisch ist, in § 14.

§ 1.

Die Invarianten und Covarianten einer biquadratischen Form.

Die biquadratische Form

$$(1.)\quad \begin{cases} F = \\ (Ax^2+2Bxx_1+Cx_1^2)y^2+2(A'x^2+2B'xx_1+C'x_1^2)yy_1+(A''x^2+2B''xx_1+C''x_1^2)y_1^2 \\ = \\ (Ay^2+2A'yy_1+A''y_1^2)x^2+2(By^2+2B'yy_1+B''y_1^2)xx_1+(Cy^2+2C'yy_1+C''y_1^2)x_1^2 \end{cases}$$

gehe durch die linearen Substitutionen

$$(2.)\quad \begin{cases} x = \alpha x'+\beta x_1', & y = \alpha' y'+\beta' y_1', \\ x_1 = \gamma x'+\delta x_1', & y_1 = \gamma' y'+\delta' y_1' \end{cases}$$

in

$$F_0 = (A_0x'^2+2B_0x'x_1'+C_0x_1'^2)y'^2+\cdots$$

über. Dann geht auch, falls man

$$xy = p,\quad x_1y = q,\quad xy_1 = r,\quad x_1y_1 = s$$

setzt, die quadratische Form

$$G = (Ap+Bq+A'r+B's)p+(Bp+Cq+B'r+C's)q \\ +(A'p+B'q+A''r+B''s)r+(B'p+C'q+B''r+C''s)s$$

der Variabeln p, q, r, s durch die lineare Substitution

$$(3.)\quad \begin{cases} p = \alpha\alpha' p' + \beta\alpha' q' + \alpha\beta' r' + \beta\beta' s', & q = \gamma\alpha' p' + \delta\alpha' q' + \gamma\beta' r' + \delta\beta' s', \\ r = \alpha\gamma' p' + \beta\gamma' q' + \alpha\delta' r' + \beta\delta' s', & s = \gamma\gamma' p' + \delta\gamma' q' + \gamma\delta' r' + \delta\delta' s' \end{cases}$$

in

$$G_0 = (A_0 p' + B_0 q' + A'_0 r' + B'_0 s') p' + \cdots$$

über. Diese Gleichungen drücken aber aus, dass die bilineare Form

$$p'\xi'\eta' + q'\xi'_1\eta' + r'\xi'\eta'_1 + s'\eta'\eta'_1$$

durch die Substitutionen

$$\xi' = \alpha\xi + \gamma\xi_1, \quad \eta' = \alpha'\eta + \gamma'\eta_1,$$
$$\xi'_1 = \beta\xi + \delta\xi_1, \quad \eta'_1 = \beta'\eta + \delta'\eta_1$$

in

$$p\xi\eta + q\xi_1\eta + r\xi\eta_1 + s\eta\eta_1$$

transformirt wird. Sind also $\alpha\delta - \beta\gamma = \varepsilon$ und $\alpha'\delta' - \beta'\gamma' = \varepsilon'$ die Determinanten dieser Substitutionen, so ist

$$ps - qr = \varepsilon\varepsilon'(p's' - q'r').$$

Da demnach die Substitution (3.) die quadratische Form $ps - qr$ der Variabeln p, q, r, s in $\varepsilon\varepsilon'(p's' - q'r')$ überführt, so ist das Quadrat ihrer Determinante $\vartheta^2 = (\varepsilon\varepsilon')^4$, und folglich ist $\vartheta = (\varepsilon\varepsilon')^2$, wie man erkennt, indem man

$$\alpha = \delta = \alpha' = \delta' = 1, \quad \beta = \gamma = \beta' = \gamma' = 0$$

setzt. Die Determinante der Schaar quadratischer Formen $G + 2z(ps - qr)$

$$(4.)\quad R_2(z) = \begin{vmatrix} A & B & A' & B'+z \\ B & C & B'-z & C' \\ A' & B'-z & A'' & B'' \\ B'+z & C' & B'' & C'' \end{vmatrix} = \begin{vmatrix} A & A' & B & B'+z \\ A' & A'' & B'-z & B'' \\ B & B'-z & C & C' \\ B'+z & B'' & C' & C'' \end{vmatrix}$$

nenne ich die *charakteristische Determinante* oder *Function* von F. Da jene Formenschaar durch die Substitution (3.) in die Schaar $G_0 + 2z\varepsilon\varepsilon'(p's' - q'r')$ übergeht, so ist deren Determinante gleich $\vartheta^2 R_2(z)$. Daher sind die Coefficienten von

$$(5.)\quad R_2(z) = z^4 - 6sz^2 + 4tz + u$$

Invarianten von F und stehen zu den analogen Invarianten von F_0 in der Beziehung

$$s_0 = s(\varepsilon\varepsilon')^2, \quad t_0 = t(\varepsilon\varepsilon')^3, \quad u_0 = u(\varepsilon\varepsilon')^4.$$

In der Regel werde ich $x_1 = y_1 = 1$ setzen und diese Variabeln nur bei partiellen Differentiationen und ganzen linearen Substitutionen benutzen. Zur Abkürzung setze ich

$$2F_1 = \frac{\partial F}{\partial x}, \quad 2F_2 = \frac{\partial F}{\partial y}, \quad 2F_{11} = \frac{\partial^2 F}{\partial x^2}, \quad 2F_{22} = \frac{\partial^2 F}{\partial y^2}, \quad 4F_{12} = \frac{\partial^2 F}{\partial x \partial y}.$$

Unter der Determinante einer quadratischen Function $Ax^2+2Bx+C$ verstehe ich den Ausdruck B^2-AC, unter der simultanen Invariante von zwei quadratischen Functionen den Ausdruck $\frac{1}{2}(2BB'-AC'-CA')$. Die Determinante von $F(x, y)$ in Bezug auf y ist also

$$(6.) \quad R(x) = F_2^2 - FF_{22} = (A'x^2+2B'x+C')^2-(Ax^2+2Bx+C)(A''x^2+2B''x+C'')$$

die in Bezug auf x

$$(7.) \quad R_1(y) = F_1^2 - FF_{11} = (By^2+2B'y+B'')^2-(Ay^2+2A'y+A'')(Cy^2+2C'y+C'').$$

Geht F durch die lineare Substitution

$$(8.) \qquad x = \gamma x' - \alpha x_1', \quad x_1 = \delta x' - \beta x_1'$$

mit der Determinante $\alpha\delta - \beta\gamma = \varepsilon$ in F_0 über, so ist

$$A_0 = A\gamma^2+2B\gamma\delta+C\delta^2, \quad -B_0 = A\alpha\gamma+B(\alpha\delta+\beta\gamma)+C\beta\delta, \quad C_0 = A\alpha^2+2B\alpha\beta+C\beta^2$$

und ebenso $A_0' = A'\gamma^2+2B'\gamma\delta+C'\delta^2$ u. s. w. Ist nun $z = c$ eine Wurzel der Gleichung $R_2(z) = 0$, so kann man vier Grössen $\alpha, \beta, \gamma, \delta$ so bestimmen, dass sie den linearen Gleichungen genügen:

$$(9.) \quad \begin{cases} (A) & A\alpha + B\beta + A'\gamma + B'\delta = -c\delta, \\ (B) & B\alpha + C\beta + B'\gamma + C'\delta = c\gamma, \\ (\Gamma) & A'\alpha + B'\beta + A''\gamma + B''\delta = c\beta, \\ (\Delta) & B'\alpha + C'\beta + B''\gamma + C''\delta = -c\alpha. \end{cases}$$

Von diesen bilde ich die Combinationen

$$(9^*.) \quad \begin{cases} (A\alpha + B\beta) & C_0 - B_0' = -c\varepsilon, \\ (A\gamma + B\delta) & -B_0 + A_0' = 0, \\ (\Gamma\alpha + \Delta\beta) & C_0' - B_0'' = 0, \\ (\Gamma\gamma + \Delta\delta) & -B_0 + A_0'' = -c\varepsilon. \end{cases}$$

Die zweite und dritte und die aus der ersten und vierten folgende Gleichung $C_0 = A_0''$ drücken aus, dass die transformirte Form $F_0(x', y) = F_0(y, x')$ eine *symmetrische* ist.

In der Determinante (4.) bezeichne ich die dem Elemente A entsprechende Unterdeterminante mit $[A]$, die dem Elemente $B+z$ entsprechende mit $[B+z]$, u. s. w. Sind diese Unterdeterminanten für $z = c$ nicht sämmtlich Null, so kann man

$$(10.)\qquad 2\alpha^2 = -[A],\quad 2\alpha\beta = -[B],\quad 2\alpha\gamma = -[A'],\quad 2\alpha\delta = -[B'+c],$$

u. s. w. setzen. Da dann

$$2(\alpha\delta-\beta\gamma) = [B'-c]-[B'+c]$$

ist, und da

$$\tfrac{1}{2}R_2'(z) = [B'+z]-[B'-z]$$

ist, so ist

$$(11.)\qquad \alpha\delta-\beta\gamma = -\tfrac{1}{4}R_2'(c).$$

Ist also c eine einfache Wurzel der Gleichung $R_2(z) = 0$, so ist ε von Null verschieden. Geht $R(x)$ durch die Substitution (8.) in $R_0(x')$ über, so stimmen, da die Function $F_0(x', y)$ symmetrisch ist, ihre beiden Determinanten $R_0(x')$ und $\varepsilon^2 R_1(y)$ in den Coefficienten überein. Daher geht $R(x)$ durch die unimodulare Substitution

$$(12.)\qquad \sqrt{\varepsilon}\,x = \gamma y-\alpha y_1,\quad \sqrt{\varepsilon}\,x_1 = \delta y-\beta y_1$$

in $R_1(y)$ über, und mithin haben beide Functionen dieselben Invarianten. Die Invarianten von $R(x)$ sind ganze Functionen der Coefficienten von $F(x, y)$. Da diese den Invarianten von $R_1(y)$ gleich sind, falls die Gleichung $R_2(z) = 0$ eine einfache Wurzel hat, so müssen sie ihnen identisch gleich sein. Im allgemeinen hat nämlich jene Gleichung keine mehrfachen Wurzeln. Denn man kann die Coefficienten von $F(x, y)$ so wählen, dass die Invarianten s, t und u vorgeschriebene Werthe haben. Z. B. hat die biquadratische Form

$$(13.)\qquad 2(s-x)y^2-2ty+2x^2+2sx+\tfrac{1}{2}(s^2-u)$$

die charakteristische Function (5.).

Ich werde mich nun folgender kurzen Redewendung bedienen: Aus den Gleichungen (12.) folgt $\frac{x}{x_1} = \frac{\gamma y-\alpha y_1}{\delta y-\beta y_1}$, oder wenn man $x_1 = y_1 = 1$ setzt,

$$(14.)\qquad \alpha-\beta x-\gamma y+\delta xy = 0.$$

Ich werde daher sagen, dass $R(x)$ durch die *unimodulare* Substitution (14.) in $R_1(y)$ übergeht. Dabei muss die Determinante $\alpha\delta-\beta\gamma = \varepsilon$ von Null verschieden sein, braucht aber nicht 1 zu sein. Ich verstehe also unter dieser Wendung, dass die (homogen gemachte) Function R durch die (wirklich unimodulare) Substitution (12.) in R_1 transformirt wird. Dass in dieser Substitution ein Vorzeichen unbestimmt bleibt, kommt hier, wo es sich um Functionen paaren Grades handelt, nicht in Betracht. Setzt man nun

$$(15.)\quad \begin{vmatrix} 0 & 1 & -x & -y & xy \\ 1 & A & B & A' & B'+z \\ -x & B & C & B'-z & C' \\ -y & A' & B'-z & A'' & B'' \\ xy & B'+z & C' & B'' & C'' \end{vmatrix} = f(x, y, z),$$

so ist die Gleichung (14.) den Formeln (10.) zufolge identisch mit $\sqrt{f(x,y,c)} = 0$. Fügt man in dieser Determinante zu den Elementen der letzten Colonne die der zweiten, mit xy multiplicirt, die der dritten, mit y, und die der vierten, mit x multiplicirt, ferner zu den Elementen der vierten Colonne die der zweiten, mit y multiplicirt, und zu denen der dritten die der zweiten, mit x multiplicirt, und formt man die Zeilen in der nämlichen Weise um, so erhält man

$$(16.)\quad -\begin{vmatrix} F & F_1 & F_2 \\ F_1 & F_{11} & F_{12}-z \\ F_2 & F_{21}-z & F_{22} \end{vmatrix} = f(x, y, z) = F(x, y)z^2 + 2G(x, y)z + H(x, y).$$

Dieser Ausdruck wird also das Quadrat einer bilinearen Function von x und y, wenn man für z eine der vier Wurzeln c, c_1, c_2, c_3 der Gleichung $R_2(z) = 0$ setzt, welche ich jetzt als verschieden voraussetze. Betrachtet man ihn als Function von y, so ist seine Determinante eine Function vierten Grades von z, in welcher der Coefficient von z^4 gleich $R(x)$ ist, weil der Coefficient von z^2 in $f(x, y, z)$ gleich $F(x, y)$ ist. Da dieselbe für die vier Wurzeln der Gleichung $R_2(z) = 0$ verschwindet, so muss sie durch $R_2(z)$ theilbar, und folglich gleich $R(x)R_2(z)$ sein. Ebenso ist die Determinante von f in Bezug auf x gleich $R_1(y)R_2(z)$. Endlich erhält man, wenn man die oben eingeführte Bezeichnung für Unterdeterminanten benutzt, durch Anwendung eines bekannten Satzes auf die Determinante (16.)

$$-fF = [F_{11}][F_{22}] - [F_{12} - z]^2.$$

Nun ist aber

$$[F_{22}] = FF_{11} - F_1^2 = -R(x), \quad [F_{12} - z] = \tfrac{1}{2}\frac{\partial f}{\partial z}$$

und mithin

$$RR_1 = \left(\tfrac{1}{2}\frac{\partial f}{\partial z}\right)^2 - f\tfrac{1}{2}\frac{\partial^2 f}{\partial z^2}$$

oder

$$(17.)\qquad G^2 - FH = R(x)R_1(y).$$

Da nun f, falls man y als constant betrachtet, eine biquadratische Function von x und z ist, so müssen ihre Determinanten in Bezug auf x und z, also $R_1(y)R_2(z)$ und $R_1(y)R(x)$ dieselben Invarianten haben. Demnach ergiebt sich der folgende Satz, eine Verallgemeinerung des in der Einleitung erörterten Theorems:

I. ***Die beiden Determinanten einer biquadratischen Form und ihre charakteristische Function sind drei Functionen vierten Grades, welche alle dieselben Invarianten haben.***

Berechnet man die Invarianten von R_2, so findet man (§ 5, (2.))

$$(18.)\qquad g_2 = 3s^2+u,\quad g_3 = s^3-t^2-su$$

und folglich

$$(19.)\qquad t^2 = 4s^3-g_2s-g_3,\quad u = g_2-3s^2.$$

Da nun die Discriminante

$$(20.)\qquad g_6 = g_2^3-27g_3^2$$

von R_2 nicht verschwindet, so hat auch jede der beiden Gleichungen $R(x)=0$ und $R_1(y)=0$ vier verschiedene Wurzeln, die ich mit a, a_1, a_2, a_3 und b, b_1, b_2, b_3 bezeichne. Da $R(x)$ durch die Substitution $\sqrt{f(x, y, c)}=0$ in $R_1(y)$ übergeht, so entspricht vermöge dieser Gleichung jeder Wurzel $a_\varkappa$ der Gleichung $R(x)=0$ eine Wurzel der Gleichung $R_1(y)=0$, die ich mit $b_\varkappa$ bezeichnen will. Ebenso wird aber auch durch jede der vier Substitutionen $\sqrt{f(x, y, c_\varkappa)}=0$ die Function R in R_1 transformirt, und da eine Function vierten Grades ohne mehrfachen Theiler nicht auf mehr als vier Arten in eine äquivalente transformirt werden kann, so sind dies alle Transformationen von R in R_1. Ist $\alpha, \beta, \gamma = 1, 2, 3$, so haben die vier Grössen b_α, b, b_γ, b_β dasselbe Doppelverhältniss wie b, b_α, b_β, b_γ. Mithin giebt es eine Transformation von R in R_1, welche die Wurzeln a, a_α, a_β, a_γ in b_α, b, b_γ, b_β überführt. Ist diese $\sqrt{f(x, y, c_\alpha)}=0$, so bestehen die 16 Relationen

$$(21.)\qquad f(a, b, c) = f(a, b_\alpha, c_\alpha) = f(a_\alpha, b, c_\alpha) = f(a_\alpha, b_\alpha, c) = f(a_\alpha, b_\beta, c_\gamma) = 0.$$

Betrachtet man $f(x, y, z)$ als Function von x oder z, so verschwindet ihre Determinante für $y = b_\varkappa$. Mithin ist $f(x, b_\varkappa, z)$ das Quadrat einer bilinearen Function von x und z, und, wie die Gleichungen (21.) zeigen, wird $R(x)$ durch jede der vier Substitutionen $\sqrt{f(x, b_\varkappa, z)}=0$ in $R_2(z)$ transformirt. Endlich sind $\sqrt{f(a_\varkappa, y, z)} = 0$ die vier Substitutionen, welche $R_1(y)$ in $R_2(z)$ überführen.

Sei $\alpha_1, \beta_1, \gamma_1, \delta_1$ die Lösung der linearen Gleichungen (9.), falls man in denselben c durch c_1 ersetzt. Multiplicirt man dann jene Gleichungen der Reihe nach mit $\alpha_1, \beta_1, \gamma_1, \delta_1$ und addirt sie, so erhält man

$$(A\alpha+B\beta+A'\gamma+B'\delta)\alpha_1+\cdots = c(\beta\gamma_1+\beta_1\gamma-\alpha\delta_1-\alpha_1\delta).$$

Da die linke Seite ungeändert bleibt, wenn man $\alpha, \beta, \gamma, \delta$ mit $\alpha_1, \beta_1, \gamma_1, \delta_1$ vertauscht, und da c von c_1 verschieden ist, so folgt daraus

$$(22.)\qquad \beta\gamma_1+\gamma\beta_1-\alpha\delta_1-\delta\alpha_1 = 0.$$

Ist also

$$(23.)\qquad f(x, y, c_\varkappa) = 2(f_\varkappa(x, y))^2, \quad f_\varkappa(x, y) = \alpha_\varkappa-\beta_\varkappa x-\gamma_\varkappa y+\delta_\varkappa xy,$$

so verschwindet die simultane Invariante von je zwei der bilinearen Formen $f_\varkappa(x, y)$, und nach (11.) ist die Determinante von $f_\varkappa(x, y)$

$$(24.)\qquad \alpha_\varkappa\delta_\varkappa-\beta_\varkappa\gamma_\varkappa = -\tfrac{1}{4}R_2'(c_\varkappa)$$

von Null verschieden. Daraus folgt, dass die vier Formen $f_\varkappa$ linear unabhängig sind, während zwischen ihren Quadraten die Relation

$$(25.)\qquad \sum_{\varkappa}{}_0^3 \frac{f_\varkappa(x, y)^2}{R_2'(c_\varkappa)} = 0$$

besteht.

§ 2.

Die Gleichheit der Invarianten von R und R_1.

Der zweite Beweis, den ich jetzt für die Uebereinstimmung der Invarianten von R und R_1 entwickeln will, erfordert nur rationale Operationen. Unterwirft man in der biquadratischen Function $F(x, y)$ nur die Variable x einer unimodularen Substitution, so bleiben die simultanen Invarianten der drei quadratischen Formen

$$(1.)\qquad X_0 = Ax^2+2Bx+C, \quad X_1 = A'x^2+2B'x+C', \quad X_2 = A''x^2+2B''x+C''$$

ungeändert. Ich bezeichne sie mit

$$(2.)\qquad q_{00} = B^2-AC, \quad 2q_{01} = 2q_{10} = 2BB'-AC'-CA', \quad \text{u. s. w.}$$

und

$$(3.)\qquad 2t = \begin{vmatrix} A & B & C \\ A' & B' & C' \\ A'' & B'' & C'' \end{vmatrix}.$$

Transformirt man dagegen nur y, so bleiben die simultanen Invarianten der drei Formen

(4.) $Y_0 = Ay^2+2A'y+A'', \quad Y_1 = By^2+2B'y+B'', \quad Y_2 = Cy^2+2C'y+C''$

ungeändert, nämlich

(5.) $p_{00} = A'^2-AA'', \quad 2p_{01} = 2p_{10} = 2A'B'-AB''-BA'',$ u. s. w.

und t. Alle simultanen Invarianten der Formen (1.), welche, wie z. B. t, zugleich simultane Invarianten der Formen (4.) sind, sind daher Invarianten von $F(x, y)$ und bleiben bei jeder Transformation (2.) § 1 ungeändert. Um solche Ausdrücke zu erhalten, betrachte ich das Product der beiden Determinanten

$$\begin{vmatrix} -\frac{1}{2}tC''-\lambda[A] & tB''-\lambda[B] & -\frac{1}{2}tA''-\lambda[C] \\ tC'-\lambda[A'] & -2tB'-\lambda[B'] & tA'-\lambda[C'] \\ -\frac{1}{2}tC-\lambda[A''] & tB-\lambda[B''] & -\frac{1}{2}tA-\lambda[C''] \end{vmatrix} \begin{vmatrix} A & B & C \\ A' & B' & C' \\ A'' & B'' & C'' \end{vmatrix},$$

wo die Unterdeterminanten der Determinante (3.) in derselben Weise wie in § 1 bezeichnet sind. Indem man einmal Zeilen mit Zeilen, das andere Mal Colonnen mit Colonnen zusammensetzt, erhält man nach Aufhebung des Factors $2t^3$

$$(6.)\quad \begin{vmatrix} p_{00} & p_{01} & p_{02}-2\lambda \\ p_{10} & p_{11}+\lambda & p_{12} \\ p_{20}-2\lambda & p_{21} & p_{22} \end{vmatrix} = \begin{vmatrix} q_{00} & q_{01} & q_{02}-2\lambda \\ q_{10} & q_{11}+\lambda & q_{12} \\ q_{20}-2\lambda & q_{21} & q_{22} \end{vmatrix}.$$

Die Coefficienten der verschiedenen Potenzen von λ in dieser Function sind folglich Invarianten von $F(x, y)$. Für die constanten Glieder ist dies evident. Denn setzt man in der obigen Entwicklung $\lambda = 0$, so zeigt sie, dass

$$(7.)\quad -t^2 = |p_{\alpha\beta}| = |q_{\alpha\beta}| \qquad (\alpha, \beta = 0, 1, 2)$$

ist. Bezeichnet man ferner den Coefficienten von λ^2 mit $-12s$, so ist

$$(8.)\quad 3s = p_{11}-p_{02} = q_{11}-q_{02}$$

oder

$$(9.)\quad 6s = AC''+CA''-2BB''-2A'C'+2B'^2.$$

Sind u_0, u_1, u_2 Variabeln, so ist

$$(A'u_0+B'u_1+C'u_2)^2-(Au_0+Bu_1+Cu_2)(A''u_0+B''u_1+C''u_2) = \Sigma p_{\alpha\beta}u_\alpha u_\beta$$

und mithin

$$R(x) = (A'x^2+2B'x+C')^2-(Ax^2+2Bx+C)(A''x^2+2B''x+C'')$$
$$= p_{00}x^4+4p_{01}x^3+2(2p_{11}+p_{02})x^2+4p_{12}x+p_{22}.$$

Nun ist aber

$$2p_{11}+p_{02} = 3(p_{02}+2s) = 3(p_{11}-s).$$

Sind also g_2 und g_3 die Invarianten von $R(x)$, so ist nach (2.), § 5

$$(10.)\qquad -4\lambda^3+g_2\lambda+g_3 = \begin{vmatrix} p_{00} & p_{01} & p_{02}-2(\lambda-s) \\ p_{10} & p_{11}+(\lambda-s) & p_{12} \\ p_{20}-2(\lambda-s) & p_{21} & p_{22} \end{vmatrix}.$$

Aus den Gleichungen (6.) und (8.) folgt daher, dass g_2 und g_3 auch die Invarianten von $R_1(y)$ sind. Zugleich erhält man für diese Grössen die Darstellungen

$$(11.)\qquad g_3 = \begin{vmatrix} p_{00} & p_{01} & p_{02}+2s \\ p_{10} & p_{11}-s & p_{12} \\ p_{20}+2s & p_{21} & p_{22} \end{vmatrix}.$$

und

$$(12.)\qquad g_2 = 12s^2+(p_{00}p_{22}-p_{02}^2)+4(p_{11}p_{02}-p_{01}p_{12}),$$

und mithin ist

$$(13.)\qquad u = g_2-3s^2 = p_{00}p_{22}+p_{11}^2+2p_{11}p_{02}-4p_{01}p_{12}.$$

Indem man endlich in der Gleichung (10.) $\lambda = s$ setzt, findet man nach (7.) die Relation

$$(14.)\qquad t^2 = 4s^3-g_2s-g_3.$$

Dass die hier mit s und t bezeichneten Invarianten dieselben Werthe haben wie in § 1, kann man auf folgende Weise einsehen. Nach Gleichung (16.) § 1 ist

$$(15.)\qquad G(x,\, y) = F_1F_2-FF_{12} = \tfrac{1}{16}\Big(\frac{\partial^2 F}{\partial x\partial y_1}\,\frac{\partial^2 F}{\partial x_1\partial y}-\frac{\partial^2 F}{\partial x\partial y}\,\frac{\partial^2 F}{\partial x_1\partial y_1}\Big),$$

und mithin

$$(16.)\qquad \begin{cases} -4G = y^2\dfrac{\partial(X_0,\,X_1)}{\partial(x,\,x_1)}+y\dfrac{\partial(X_0,\,X_2)}{\partial(x,\,x_1)}+\dfrac{\partial(X_1,\,X_2)}{\partial(x,\,x_1)} \\ \qquad\; = x^2\dfrac{\partial(Y_0,\,Y_1)}{\partial(y,\,y_1)}+x\dfrac{\partial(Y_0,\,Y_2)}{\partial(y,\,y_1)}+\dfrac{\partial(Y_1,\,Y_2)}{\partial(y,\,y_1)} \end{cases}$$

oder

$$(17.)\qquad G(x,\, y) = \begin{vmatrix} 0 & 1 & -x & x^2 \\ 1 & A & B & C \\ -y & A' & B' & C' \\ y^2 & A'' & B'' & C'' \end{vmatrix}.$$

Setzt man $R_2(z) = \varrho(z)$, so folgt aus den Gleichungen (4.) und (15.) § 1

$$(18.)\qquad -f(x,\,y,\,z) = \Big(\frac{\partial\varrho}{\partial A}-\frac{\partial\varrho}{\partial B}x+\frac{\partial\varrho}{\partial C}x^2\Big)-\Big(\frac{\partial\varrho}{\partial A'}-\frac{\partial\varrho}{\partial B'}x+\frac{\partial\varrho}{\partial C'}x^2\Big)y$$
$$+\Big(\frac{\partial\varrho}{\partial A''}-\frac{\partial\varrho}{\partial B''}x+\frac{\partial\varrho}{\partial C''}x^2\Big)y^2.$$

Bezeichnet man den Ausdruck rechter Hand mit $\delta\varrho$, so erhält man nach (5.) und (16.) § 1 durch Entwicklung nach Potenzen von z

$$(19.)\qquad F(x,\,y) = 6\delta s,\quad G(x,\,y) = -2\delta t,\quad H(x,\,y) = -\delta u.$$

Da nun auch aus der Formel (3.) durch den Process δ die Gleichung (17.) hervorgeht, so ist damit die Uebereinstimmung der beiden Definitionen von t bewiesen. Weil ferner $2s = A\frac{\partial s}{\partial A}+B\frac{\partial s}{\partial B}+\cdots$ ist, so entstehen $12s$, $-6t$ und $-4u$ aus F, G und H, indem man

$$1,\quad x,\quad x^2,\quad y,\quad xy,\quad x^2y,\quad y^2,\quad xy^2,\quad x^2y^2$$

durch

$$A,\quad -B,\quad C,\quad -A',\quad B',\quad -C',\quad A'',\quad -B'',\quad C''$$

ersetzt, und so erhält man die Formel (9.).

Auch die Covariante H lässt sich durch die quadratischen Functionen (1.) und (4.) ausdrücken. Es ist nämlich

$$(20.)\quad \begin{cases} H(x,\,y)-3sF(x,\,y) = -\tfrac{1}{2}[(AY_2-2BY_1+CY_0)X_2 \\ \qquad -2(A'Y_2-2B'Y_1+C'Y_0)X_1+(A''Y_2-2B''Y_1+C''Y_0)X_0] \\ = (p_{00}x^2+2p_{01}x+p_{02})Y_2-2(p_{10}x^2+2p_{11}x+p_{12})Y_1+(p_{20}x^2+2p_{21}x+p_{22})Y_0 \\ = (q_{00}y^2+2q_{01}y+q_{02})X_2-2(q_{10}y^2+2q_{11}y+q_{12})X_1+(q_{20}y^2+2q_{21}y+q_{22})X_0. \end{cases}$$

§ 3.

Beziehungen zwischen R, R_1 und R_2.

Die Uebereinstimmung der Invarianten g_2 und g_3 ist nicht die einzige Beziehung, die zwischen den beiden Determinanten $R(x)$ und $R_1(y)$ einer biquadratischen Function $F(x,y)$ besteht. Verschwindet nämlich R_1 identisch, so ist $g_2 = g_3 = 0$, und daraus allein folgt nur, dass R einen dreifachen Linearfactor hat. Es besteht aber der Satz:

I. *Ist $R_1(y) = 0$, so ist $R(x)$ die vierte Potenz einer linearen Function.*

Denn ist $R_1 = 0$, so ist $F(x,y)$ als Function von x ein Quadrat. Nach einem bekannten Satze ist daher $F(x,y)$ entweder das Quadrat einer bilinearen Function und folglich $R = 0$, oder es ist $F = f(x)^2 g(y)$, wo $f(x)$ eine lineare und $g(y)$ eine quadratische Function ist, und folglich $R = kf(x)^4$.

Es wird sich zeigen, dass weitere Beziehungen zwischen R und R_1 nicht existiren. Die Aufgabe, eine biquadratische Function zu bestimmen, deren Determinanten zwei beliebig gegebene Functionen vierten Grades mit gleichen Invarianten sind, ist nur in dem einen Falle nicht lösbar, wo die eine der beiden Functionen Null ist, die andere nur einen dreifachen Linearfactor hat. Dagegen besteht zwischen den drei Functionen $R(x)$, $R_1(y)$, $R_2(z)$ noch eine weitere Abhängigkeit, nämlich:

II. *Sind die Determinanten einer triquadratischen Function* $f(x, y, z)$ *in Bezug auf* x, y, z *gleich* $R_1(y)R_2(z)$, $R_2(z)R(x)$ *und* $R(x)R_1(y)$, *und ist eine der drei Functionen vierten Grades* R, R_1, R_2 *ein Quadrat, so ist immer noch eine andere unter ihnen ein Quadrat.*

Ist $R_1 = 0$, so ergiebt sich leicht wie oben, dass RR_2 entweder Null oder eine vierte Potenz ist. Sei also R_1 nicht Null, aber ein Quadrat, und sei R kein Quadrat. Dann muss R_2 ein Quadrat sein: Betrachtet man x als constant (oder adjungirt man die irrationale Function $\sqrt{R}$), so ist die Determinante von f in Bezug auf z ein Quadrat, und folglich lässt sich f in zwei Factoren zerlegen, die ganze lineare Functionen von z und rationale Functionen von y sind. Nach einem bekannten Satze lässt sich diese Zerlegung immer so ausführen, dass die Factoren ganze Functionen von y sind. Sind beide Factoren lineare Functionen von y, so ist auch die Determinante von f in Bezug auf y, also auch R_2 ein Quadrat. Im anderen Falle enthält der eine Factor die Variable y nicht, hat also die Form $P+Q\sqrt{R}$, wo P und Q lineare Functionen von z und rationale Functionen von x sind. Als Functionen von z können P und Q keinen linearen Factor gemeinsam haben, d. h. es kann nicht P gleich Q oder $P = 0$ oder $Q = 0$ sein. Denn sonst liesse sich f als Product zweier linearen Functionen von z darstellen, die von $\sqrt{R}$ frei wären. Man könnte es also wieder so einrichten, dass beide auch in Bezug auf x ganze Functionen wären, und dann wäre die Determinante von f in Bezug auf z, die Function RR_1, das Quadrat einer ganzen Function von x und y, demnach wäre R ein Quadrat. Daher ist f als Function von z durch die quadratische Function P^2-Q^2R von z theilbar, lässt sich also in zwei Factoren $f = \psi(x, z)\chi(x, y)$ zerlegen, die ganze Functionen von x, y, z sind. Sind beide in Bezug auf x vom ersten Grade, so ist die Determinante von f in Bezug auf x, die Function R_1R_2 ein Quadrat, und mithin ist R_2 ein Quadrat. Enthält der eine Factor, z. B. $\chi(x, y)$, die

Variable x nicht, so ist die Determinante von f in Bezug auf y, $RR_2 = k\psi(x, z)^2$. In allen Fällen ist also R_2 ein Quadrat.

Unter der Voraussetzung, dass R_1, und folglich noch eine andere der drei Functionen, etwa R_2, ein Quadrat ist, gilt nun der Satz:

III. *Sind $R_1(y)$ und $R_2(z)$ Quadrate, so ist $f(x, y, z)$ durch eine lineare Function von x allein theilbar.*

Beim Beweise beschränke ich mich auf die in § 1 definirte Function f. Sind zunächst die Coefficienten von $F(x, y)$ unbeschränkt veränderlich, so ist die Resultante der beiden Functionen $f(x, y, z)$ und $R(x)$ der Variabeln x gleich $p^2 \underset{\varkappa}{\Pi_0^3} f(a_\varkappa, y, z)$, wo p der Coefficient von x^4 in R ist. Sind $S_1(y)$ und $S_2(z)$ die *Hesse*schen Covarianten von $R_1(y)$ und $R_2(z)$ (§ 5), so geht durch die gebrochene lineare Substitution $\sqrt{f(a_\varkappa, y, z)} = 0$ die Covariante $S_1 : R_1$ in $S_2 : R_2$ über, und mithin ist

$$R_1(y)S_2(z) - S_1(y)R_2(z) = kp\Pi\sqrt{f(a_\varkappa, y, z)},$$

wo k eine Constante, und als Quotient zweier Covarianten eine Invariante von f ist. Um dieselbe zu bestimmen, transformire man f durch die unimodulare Substitution (12.) § 1 in eine andere Function $f(x, y, z)$, für welche $R_1(x) = R(x)$ ist. Dann wird die Substitution $\sqrt{f(x, y, c)} = 0$ die identische, also nach (11.) § 1 $\sqrt{f(x, y, c)} = \sqrt{-\frac{1}{2}R_2'(c)}(x-y)$ und folglich, weil $a_\varkappa = b_\varkappa$ ist, $f(a_\varkappa, y, c) = -\frac{1}{2}R_2'(c)(y-b_\varkappa)^2$. Nach Gleichung (9.) § 5 ist aber $S_2(c) = (\frac{1}{4}R_2'(c))^2$. Setzt man also in der transformirten Gleichung $z = c$, so erhält man $k = \pm\frac{1}{4}$. Demnach ist

$$(1.) \qquad R_1(y)S_2(z) - S_1(y)R_2(z) = \tfrac{1}{4}p\Pi\sqrt{f(a_\varkappa, y, z)}.$$

Durch Vergleichung der Coefficienten von z^4 ergiebt sich daraus

$$(2.) \qquad sR_1(y) - S_1(y) = \tfrac{1}{4}p\Pi\sqrt{F(a_\varkappa, y)}.$$

Sind nun R_1 und R_2 Quadrate, so ist $S_1(y) = eR_1(y)$, wo e die Doppelwurzel der Gleichung $4\lambda^3 - g_2\lambda - g_3 = 0$ ist, und ebenso $S_2(z) = eR_2(z)$, wo e dieselbe Grösse ist. Nach Gleichung (1.) verschwindet daher die Resultante der beiden Functionen $f(x, y, z)$ und $R(x)$. Folglich muss einer der Factoren, etwa $f(a, y, z) = 0$, und mithin $f(x, y, z)$ durch $x - a$ theilbar sein. Dieser Satz lässt sich so umkehren:

IV. *Ist $F(x, y)$ durch eine lineare Function von x allein theilbar, so ist auch $f(x, y, z)$ durch dieselbe theilbar, und es sind $R_1(y)$ und $R_2(z)$ Quadrate.*

Ist F durch $x - n$ theilbar, so sind auch F_2 und F_{22} durch $x - n$ theilbar, und daher nach (16.) § 1 auch $f(x, y, z)$. Mithin zerfällt f in das Product zweier linearen Functionen von x, und folglich ist die Determinante von f in Bezug auf x, die Function $R_1(y)R_2(z)$, ein Quadrat.

Damit die Functionen R, R_1 und R_2 alle drei Quadrate seien, ist demnach erforderlich und ausreichend, dass F das Product aus einer linearen Function von x, einer von y und einer bilinearen Function von x und y ist.

Ich knüpfe an diese Entwicklungen noch einige Bemerkungen über die Formel (1.). Nach derselben ist

$$(3.)\qquad S(x)R_1(y)-R(x)S_1(y) = \tfrac{1}{4}\prod_{\varkappa}\sqrt{f(x, y, c_\varkappa)}.$$

Diese Covariante, die Quadratwurzel aus der Resultante von $f(x, y, z)$ und $R_2(z)$, lässt sich durch F, G, H nicht rational ausdrücken. Aber ihr Quadrat kann man entweder mittelst der Formel (3.) selbst, oder bequemer mittelst der Formeln (13.) § 9 als ganze Function vierten Grades von F, G, H darstellen. Mit Hülfe der Gleichungen (23.) § 1 kann man weiter leicht zeigen, dass

$$(4.)\qquad \begin{vmatrix} F & F_1 & F_2 \\ G & G_1 & G_2 \\ H & H_1 & H_2 \end{vmatrix} = 2(SR_1-RS_1)$$

ist, oder in mehr symmetrischer Form

$$(5.)\qquad \begin{vmatrix} x_1y_1 & -x_1y & -xy_1 & xy \\ \dfrac{\partial^2 F}{\partial x\partial y} & \dfrac{\partial^2 F}{\partial x\partial y_1} & \dfrac{\partial^2 F}{\partial x_1\partial y} & \dfrac{\partial^2 F}{\partial x_1\partial y_1} \\ \dfrac{\partial^2 G}{\partial x\partial y} & \dfrac{\partial^2 G}{\partial x\partial y_1} & \dfrac{\partial^2 G}{\partial x_1\partial y} & \dfrac{\partial^2 G}{\partial x_1\partial y_1} \\ \dfrac{\partial^2 H}{\partial x\partial y} & \dfrac{\partial^2 H}{\partial x\partial y_1} & \dfrac{\partial^2 H}{\partial x_1\partial y} & \dfrac{\partial^2 H}{\partial x_1\partial y_1} \end{vmatrix} = 128(SR_1-RS_1).$$

Aus diesen Gleichungen ergiebt sich der Satz:

V. *Sind die biquadratischen Formen F, G, H nicht von einander unabhängig, so besteht zwischen ihnen eine Gleichung von der Form*

$$Fn^2+2Gn+H = 0,$$

in der n eine Constante ist, und die Functionen R und R_1 sind Quadrate.

§ 4.

Ueber die Aequivalenz von R und R_1.

Haben zwei Functionen vierten Grades gleiche Invarianten, so sind sie äquivalent, d. h. sie können durch unimodulare Substitutionen in einander transformirt werden, ausser wenn die eine ein Quadrat ist, die andere aber nicht, oder wenn die eine Null ist, die andere aber nicht. Aus dem Beweise des Satzes II § 3 ergiebt sich daher die Folgerung:

I. *Von den drei Functionen vierten Grades R, R_1, R_2 sind immer mindestens zwei äquivalent.*

Ist R_1 von Null verschieden und ein Quadrat, R aber kein Quadrat, so ist

$$F(x, y) = f(x)g(x, y),$$

wo $f(x)$ eine lineare Function ist und $g(x, y)$ eine unzerlegbare ganze Function. Ist $R_1 = 0$, R aber nicht, so ist

$$F(x, y) = f(x)^2 g(y),$$

wo $g(y)$ eine quadratische Function mit nicht verschwindender Determinante ist.

Aus den Entwicklungen des § 1 ergiebt sich nicht nur, dass die Coefficienten von $R_2(z)$ Invarianten von $F(x, y)$ sind, sondern auch, dass die Elementartheiler dieser charakteristischen Determinante invariant sind. Die beiden Fälle, in denen R und R_1 nicht äquivalent sind, lassen sich nun in sehr einfacher Weise durch diese Elementartheiler charakterisiren. Ich werde nämlich den Satz herleiten:

II. *Damit die beiden Determinanten einer biquadratischen Function F äquivalente Functionen vierten Grades seien, ist nothwendig und hinreichend, dass die charakteristische Determinante von F einen linearen Elementartheiler hat.*

Dem Beweise schicke ich drei Hülfssätze voraus.

1) Haben die Unterdeterminanten dritten Grades der Determinante (4.) § 1 einen Linearfactor $z-n$ gemeinsam, so ist nach Gleichung (15.) § 1 $f(x, y, n) = 0$. Ist umgekehrt $f(x, y, z)$ durch $z-n$ theilbar, ist also

$$f(x, y, n) = Fn^2+2Gn+H = 0, \tag{1.}$$

so sind nach Satz IV § 3 R und R_1 Quadrate, und mithin ist F das Product zweier bilinearen Functionen, und es muss auch immer, wenn dies der Fall ist, nach Satz III § 3 eine Gleichung von der Form (1.) bestehen. Da $f(x, y, z)$ durch $z-n$ theilbar ist, so ist die Determinante von f in Bezug auf x und mithin auch $R_2(z)$ durch $(z-n)^2$ theilbar, und folglich ist

$$\tfrac{1}{2}R'(z) = [B'+z]-[B'-z]$$

durch $z-n$ theilbar. Betrachtet man f als biquadratische Function von x und y, so sind alle ihre Coefficienten durch $z-n$ theilbar. Der Coefficient von $2xy$ ist $[B'+z]+[B'-z]$, die übrigen Coefficienten sind Unterdeterminanten dritten Grades von $R_2(z)$. Demnach sind die Unterdeterminanten von $R_2(z)$ sämmtlich durch $z-n$ theilbar.

2) Haben die Unterdeterminanten dritten Grades von $R_2(z)$ zwei verschiedene Linearfactoren gemeinsam, so ist $R_2(z) = (z^2-n^2)^2$, wo n von Null verschieden ist, und nach (1.) ist $Fn^2 \pm 2Gn + H = 0$, also $G = 0$. Haben die Unterdeterminanten dritten Grades den Factor $(z-n)^2$ gemeinsam, die zweiten Grades aber den Factor $z-n$ nicht gemeinsam, so muss nach einer bekannten Eigenschaft der Elementartheiler, wenn $R_2(z)$ durch $(z-n)^\nu$ theilbar ist, $\nu - 2 \geqq 2$, also $\nu = 4$ und folglich $n = 0$ sein. Dann verschwindet $f(x, y, z)$ für $z = 0$ von der zweiten Ordnung, und mithin ist auch $G = 0$. Da aber

$$G = F_1 F_2 - F F_{12} = -\tfrac{1}{4} F^2 \frac{\partial^2 \log F}{\partial x \partial y}$$

ist, so ist $G = 0$ die nothwendige und hinreichende Bedingung dafür, dass $F(x, y) = f(x) g(y)$ das Product zweier quadratischen Functionen von je einer Variabeln ist. Hat also umgekehrt F diese Form, so ist zunächst $G = 0$, und da R und R_1 Quadrate sind, so giebt es eine Constante n, für welche

$$(2.) \qquad f(x, y, n) = Fn^2 + H = 0, \quad G = 0$$

ist. Daher ist $f(x, y, z) = F(x, y)(z^2 - n^2)$, gleichgültig ob $n = 0$ ist oder nicht. Da die Determinante von f in Bezug auf y gleich $R(x) R_2(z)$ ist, so ist folglich $R_2(z) = (z^2-n^2)^2$. Mithin ist $f(x, y, z)$ und $R_2'(z)$ durch $z^2 - n^2$ theilbar, und daraus ergiebt sich wie oben, dass die Unterdeterminanten dritten Grades von $R_2(z)$ alle durch $z^2 - n^2$ theilbar sind.

3) Haben die Unterdeterminanten zweiten Grades von $R_2(z)$ einen Divisor $z-n$ gemeinsam, so haben die dritten Grades den Divisor $(z-n)^2$ gemeinsam, und es ist $R_2(z) = (z-n)^3(z+3n)$ und folglich

$$(3.) \qquad s = n^2, \quad t = 2n^3.$$

Für $z = n$ verschwindet $f(x, y, z)$ von der zweiten Ordnung, und mithin ist $f(x, y, z) = F(x, y)(z-n)^2$ und

$$(4.) \qquad Fn + G = 0, \quad Gn + H = 0.$$

Da in der symmetrischen Determinante $R_2(n)$ alle Unterdeterminanten zweiten Grades verschwinden, so lassen sich vier Grössen p, p', p'', p''' so bestimmen, dass

$$(5.) \qquad R_2(n) = |p^{(\mu)} p^{(\nu)}| \qquad (\mu, \nu = 0, 1, 2, 3)$$

wird. Vergleicht man diese Determinante mit (4.) § 1 für $z = n$, so erhält man $B' + n = pp'''$, $B' - n = p'p''$ und mithin

$$(6.) \qquad 2n = pp''' - p'p''$$

und $2B' = pp''' + p'p''$, ferner $A = pp$, $B = pp'$, u. s. w. und demnach

$$(7.) \qquad F(x,\, y) = (pxy + p'x + p''y + p''')^2.$$

Ist umgekehrt F ein Quadrat und $2n$ die Determinante der bilinearen Form $\sqrt{F}$, so wird $R_2(n)$ die Determinante (5.), in welcher alle Unterdeterminanten zweiten Grades verschwinden. Ist n von Null verschieden, so ist $\sqrt{F}$ unzerlegbar; ist $n = 0$ (also $G = 0$), so zerfällt diese Form in das Product zweier linearen Formen von je einer Variabeln.

Nach diesen Vorbereitungen wende ich mich nun zum Beweise des Satzes II. Seien R und R_1 nicht äquivalent, und sei *zuerst* R_1 von Null verschieden und ein Quadrat, R aber kein Quadrat. Nach Satz II § 3 muss dann R_2 ein Quadrat sein, $R_2 = (z^2 - 3s)^2$, und nach 1) haben die Unterdeterminanten dritten Grades von R_2 keinen Divisor gemeinsam. Daher besteht R_2 aus zwei Elementartheilern zweiten Grades oder einem vierten Grades, je nachdem s von Null verschieden ist oder nicht. Ist *zweitens* $R_1 = 0$, R aber nicht, so haben nach 3) die Unterdeterminanten zweiten Grades von R_2 keinen Divisor gemeinsam, und da $F = f(x)^2 g(y)$ ist, so tritt der Fall 2) ein. Weil ferner $0 = RR_1 = G^2 - FH$ ist, so ist nach (2.) $n = 0$. Mithin ist $R_2 = z^4$, und die Unterdeterminanten dritten Grades von R_2 haben den Factor z^2 gemeinsam, und folglich besteht R_2 aus zwei Elementartheilern zweiten Grades. Sind also R und R_1 nicht äquivalent, so hat R_2 keinen linearen Elementartheiler.

Hat umgekehrt R_2 keinen linearen Elementartheiler, so ist R_2 ein Quadrat, und entweder haben die Unterdeterminanten dritten Grades von R_2 keinen Divisor gemeinsam, oder sie haben den gemeinsamen Divisor z^2, und die Unterdeterminanten zweiten Grades sind theilerfremd. Im ersten Falle können nach 1) die Functionen R und R_1 nicht beide Quadrate sein, muss aber nach Satz II § 3 eine von ihnen ein solches sein, weil R_2 ein Quadrat ist. Im zweiten Falle können nach 3) die Functionen R und R_1 nicht beide Null sein, muss aber eine von ihnen verschwinden, weil nach 2) $G = 0$ $H = 0$ und mithin auch $RR_1 = G^2 - FH = 0$ ist.

Dass die in Satz II. angegebene Bedingung hinreichend ist, kann man auch leicht direct erkennen mit Hülfe eines Satzes, den Herr *Stickel-*

berger in seiner Arbeit *Ueber reelle orthogonale Substitutionen* (Programm der polyt. Schule, Zürich 1877) § 7 abgeleitet hat:

Sind f und g zwei quadratische Formen der n Variabeln $x_1, \dots x_n$, und ist $s=c$ ein Werth, für welchen die Determinante der Formenschaar $f-sg$ verschwindet, so hat, falls für keine Lösung der n linearen Gleichungen

$$\frac{\partial(f-cg)}{\partial x_\lambda} = 0 \qquad (\lambda = 1, 2, \dots n)$$

die Formen f und g beide verschwinden, die Determinante von $f-sg$ keinen für $s=c$ verschwindenden linearen Elementartheiler. Wenn aber auch nur für eine Lösung jener Gleichungen f und g nicht beide verschwinden, so hat jene Determinante mindestens einen linearen Elementartheiler $s-c$.

Da aus jenen linearen Gleichungen folgt, dass $f-cg=0$ ist, so genügt es, dass nur noch eine von $f-cg$ verschiedene Form der Schaar $f-sg$ für die angegebenen Werthe verschwindet, damit f und g beide Null sind. Diesem Satze zufolge kann $\alpha\delta-\beta\gamma$ nur dann für alle Lösungen der Gleichungen (9.) § 1 verschwinden, wenn $R_2(z)$ keinen linearen Elementartheiler $z-c$ hat. Hat sie aber einen solchen, so kann man immer eine Lösung dieser Gleichungen finden, für welche $\alpha\delta-\beta\gamma$ von Null verschieden ist, und dann wird durch die unimodulare Substitution (12.) § 1 die Function R in R_1 und die Form $F(x, y)$ in eine symmetrische transformirt.

§ 5.

Ueber die Formen vierten Grades.

Da sich die folgende Untersuchung wesentlich auf die Theorie der ganzen Functionen vierten Grades stützt, so will ich hier die wichtigsten Eigenschaften derselben kurz zusammenstellen. Die Bezeichnungen, die ich gebrauche, sind die, welche Herr *Weierstrass* in seiner Darstellung der Theorie der elliptischen Functionen eingeführt hat, die Methoden, deren ich mich bediene, einerseits die, welche Herr *Darboux* in seiner Arbeit *Sur la résolution de l'équation du quatrième degré* (Journ. de *Liouville* sér. II, tom. 18, an. 1873) angewendet hat, und welche auch ich in § 1 benutzt habe, andererseits die, welche Herr *Klein* in seiner Arbeit *Ueber binäre Formen mit linearen Transformationen in sich selbst* (Math. Ann. Bd. 9) entwickelt hat.

1) *Invarianten und Covarianten.* Damit eine Function vierten Grades

$$(1.)\quad R(x) = Ax^4+4Bx^3+6Cx^2+4Dx+E = A(x-a)(x-a_1)(x-a_2)(x-a_3)$$

einer andern äquivalent sei, ist nothwendig und hinreichend, dass ihre *charakteristische Determinante*

$$(2.)\quad \varphi(\lambda) = -\begin{vmatrix} A & B & C-2\lambda \\ B & C+\lambda & D \\ C-2\lambda & D & E \end{vmatrix} = 4\lambda^3 - g_2\lambda - g_3 = 4(\lambda-e_1)(\lambda-e_2)(\lambda-e_3)$$

mit der entsprechenden Determinante der andern in den Elementartheilern übereinstimmt. Zwischen den Wurzeln der charakteristischen Gleichung $\varphi(\lambda) = 0$ besteht die Relation

$$(3.)\qquad e_1+e_2+e_3 = 0.$$

Ist

$$(4.)\qquad k = (e_2-e_3)(e_3-e_1)(e_1-e_2),$$

so ist die Discriminante von $R(x)$ und von $\varphi(\lambda)$

$$(5.)\qquad g_6 = g_2^3 - 27g_3^2 = 16k^2 = A^2 \Pi Q(a_\varkappa),$$

wo $4Q(x) = R'(x)$ ist. Zwischen den Covarianten

$$(6.)\qquad S(x) = \tfrac{1}{16}R'(x)^2 - \tfrac{1}{12}R(x)R''(x) = \tfrac{1}{144}\left(\left(\frac{\partial^2 R}{\partial x \partial x_1}\right)^2 - \frac{\partial^2 R}{\partial x^2}\frac{\partial^2 R}{\partial x_1^2}\right)$$

und

$$(7.)\qquad T(x) = \tfrac{1}{2}(R(x)S'(x) - S(x)R'(x)) = -\tfrac{1}{8}\frac{\partial(R, S)}{\partial(x, x_1)}$$

besteht die Relation

$$(8.)\qquad T^2 = 4S^3 - g_2SR^2 - g_3R^3.$$

Für jede Wurzel der Gleichung $R = 0$ ist

$$(9.)\qquad S(a_\varkappa) = Q(a_\varkappa)^2,\quad T(a_\varkappa) = -2Q(a_\varkappa)^3 \qquad (\varkappa = 0, 1, 2, 3).$$

Die drei (irrationalen) quadratischen Covarianten von R definire ich durch die Gleichung

$$(10.)\qquad S(x) - e_\alpha R(x) = Q_\alpha(x)^2 \qquad (\alpha = 1, 2, 3)$$

und, indem ich eine Wurzel a der Gleichung $R = 0$ bevorzuge, durch die Bedingung $Q_\alpha(a) = Q(a)$. Dann ist

$$(11.)\qquad \frac{4Q_\alpha(x)}{R(x)} = \frac{1}{x-a} + \frac{1}{x-a_\alpha} - \frac{1}{x-a_\beta} - \frac{1}{x-a_\gamma}$$

und folglich

$$(12.)\qquad Q_\alpha(a) = Q(a),\quad Q_\alpha(a_\alpha) = Q(a_\alpha),\quad Q_\alpha(a_\beta) = -Q(a_\beta)$$

und

$$(13.)\qquad \tfrac{1}{12}R''(x) + e_\alpha = A\left(x - \frac{a+a_\alpha}{2}\right)\left(x - \frac{a_\beta + a_\gamma}{2}\right),$$

also

$$(14.)\quad e_\alpha - e_\beta = \tfrac{1}{4}A(a_\alpha - a_\beta)(a_\gamma - a), \quad e_\alpha = \tfrac{1}{12}A((a+a_\alpha)(a_\beta+a_\gamma)-2aa_\alpha-2a_\beta a_\gamma).$$

Die Determinante von $Q_\alpha(x)$ ist

$$(15.)\quad \frac{1}{m_\alpha} = (e_\alpha - e_\beta)(e_\alpha - e_\gamma) = 3e_\alpha^2 - \tfrac{1}{4}g_2 = \tfrac{1}{4}\varphi'(e_\alpha) = -\frac{Q(a)Q(a_\alpha)}{(a-a_\alpha)^2} = -\frac{Q(a_\beta)Q(a_\gamma)}{(a_\beta - a_\gamma)^2},$$

die simultane Invariante von $Q_\alpha(x)$ und $Q_\beta(x)$ ist Null. Sind also q_α und q'_α Constanten, so ist die Determinante von $\Sigma m_\alpha q_\alpha Q_\alpha(x)$ und die simultane Invariante von $\Sigma m_\alpha q_\alpha Q_\alpha(x)$ und $\Sigma m_\alpha q'_\alpha Q_\alpha(x)$ gleich

$$(16.)\quad \Sigma m_\alpha q_\alpha^2 \quad \text{und} \quad \Sigma m_\alpha q_\alpha q'_\alpha.$$

Ist $Q_\alpha(x,y)$ die Polare von $Q_\alpha(x)$, so ist

$$(17.)\quad m_\alpha(Q_\alpha(x,\ y)^2 - Q_\alpha(x)Q_\alpha(y)) = (x-y)^2,$$

und die quadratische Polare der Function vierten Grades $Q_\alpha(x)Q_\beta(x)$ ist

$$(18.)\quad Q_\alpha(x,\ y)Q_\beta(x,\ y) = \tfrac{1}{2}(Q_\alpha(x)Q_\beta(y) + Q_\alpha(y)Q_\beta(x)).$$

Daher folgt aus (10.) durch Polarenbildung

$$(19.)\quad \begin{cases} S(x,\ y) - e_\alpha R(x,\ y) + (e_\alpha^2 - \tfrac{1}{12}g_2)(x-y)^2 = Q_\alpha(x,\ y)^2, \\ S(x,\ y) - e_\alpha R(x,\ y) - 2(e_\alpha^2 - \tfrac{1}{12}g_2)(x-y)^2 = Q_\alpha(x)Q_\alpha(y), \end{cases}$$

wo $R(x,y)$ und $S(x,y)$ die quadratischen Polaren von $R(x)$ und $S(x)$ sind, und mithin

$$(20.)\quad \Sigma m_\alpha Q_\alpha(x)Q_\alpha(y) = -2(x-y)^2,$$

$$(21.)\quad \Sigma m_\alpha e_\alpha Q_\alpha(x)Q_\alpha(y) = -R(x,\ y),$$

$$(22.)\quad \Sigma Q_\alpha(x)Q_\alpha(y) = 3S(x,\ y) - \tfrac{1}{2}g_2(x-y)^2$$

und

$$(23.)\quad m_\alpha Q_\alpha(x)Q_\alpha(y) - m_\beta Q_\beta(x)Q_\beta(y) - m_\gamma Q_\gamma(x)Q_\gamma(y) = 2m_\alpha Q_\alpha(x,\ y)^2.$$

Ist $Q_\alpha(x) = A_\alpha x^2 + 2B_\alpha x + C_\alpha$, so ist die simultane Invariante von Q_1, Q_2 und Q_3 gleich

$$(24.)\quad |A_\alpha,\quad B_\alpha,\quad C_\alpha| = -2k \qquad (\alpha = 1,\ 2,\ 3).$$

Die Functionaldeterminante von Q_α und Q_β ist

$$(25.)\quad \frac{\partial(Q_\alpha,\ Q_\beta)}{\partial(x,\ x_1)} = -4(e_\alpha - e_\beta)Q_\gamma.$$

Da nun

$$(26.)\quad Q_\alpha + Q_\beta = \tfrac{1}{2}A(a-a_\gamma)(x-a_\alpha)(x-a_\beta), \quad Q_\alpha - Q_\beta = \tfrac{1}{2}A(a_\alpha - a_\beta)(x-a)(x-a_\gamma)$$

ist, so ist auch

$$(27.)\quad Q_\gamma(x) = \tfrac{1}{8}A\frac{\partial((x-ax_1)(x-a_\gamma x_1),\ (x-a_\alpha x_1)(x-a_\beta x_1))}{\partial(x,\ x_1)}.$$

Weitere Darstellungen dieser Functionen enthalten die Formeln

$$(28.)\quad \begin{cases} Q+Q_\alpha = A(x-a_\beta)(x-a_\gamma)\left(x-\frac{a+a_\alpha}{2}\right), \\ Q-Q_\alpha = A(x-a)(x-a_\alpha)\left(x-\frac{a_\beta+a_\gamma}{2}\right) \end{cases}$$

und

$$(29.)\quad m_\alpha Q_\alpha(x) = \frac{(x-a_\beta)^2}{Q(a_\beta)}+\frac{(x-a_\gamma)^2}{Q(a_\gamma)} = -\frac{(x-a)^2}{Q(a)}-\frac{(x-a_\alpha)^2}{Q(a_\alpha)}.$$

2) *Transformation von R in sich selbst.* Da

$$(30.)\quad Q_\alpha(x,\ y) = \tfrac{1}{4}A\begin{vmatrix} xy & x+y & 1 \\ aa_\alpha & a+a_\alpha & 1 \\ a_\beta a_\gamma & a_\beta+a_\gamma & 1 \end{vmatrix},$$

also

$$(31.)\quad Q_\alpha(a,\ a_\alpha)=0,\quad Q_\alpha(a_\beta,\ a_\gamma)=0$$

ist, so wird R durch die unimodulare Substitution $Q_\alpha(x, y)=0$ in sich selbst transformirt, und zwar gehen die Wurzeln $a, a_\alpha, a_\beta, a_\gamma$ in $a_\alpha, a, a_\gamma, a_\beta$ und die Covarianten $Q_\alpha(x)$, $Q_\beta(x)$, $Q_\gamma(x)$ in $Q_\alpha(y)$, $-Q_\beta(y)$, $-Q_\gamma(y)$ über. Da $Q_\alpha(x, y)$ symmetrisch ist, so hat die Substitution $Q_\alpha(x, y)=0$ die Form

$$y = \lambda x+\mu x_1,\quad x=-\lambda y-\mu y_1,$$
$$y_1 = \nu x-\lambda x_1,\quad x_1=-\nu y+\lambda y_1,$$

wo $\lambda^2+\mu\nu=-1$ ist. Ist also $T(x, y) = T(x, x_1; y, y_1)$ die kubische Polare von $T(x)$, so ist, weil diese eine Covariante ist, identisch

$$T(\lambda x+\mu x_1,\ \nu x-\lambda x_1;\ \lambda y+\mu y_1,\ \nu y-\lambda y_1) = T(x,\ x_1;\ y,\ y_1),$$

und mithin ist vermöge der obigen Substitution

$$T(y,\ y_1;\ -x,\ -x_1) = T(x,\ x_1;\ y,\ y_1).$$

Andererseits ist aber, weil $T(x, y)$ symmetrisch und vom dritten Grade ist,

$$T(y,\ y_1;\ -x,\ -x_1) = -T(x,\ x_1;\ y,\ y_1),$$

und mithin ist $T(x, y)=0$, wenn $Q_\alpha(x, y)=0$ ist. Ebenso ist, weil die Covariante $\frac{S(x)}{R(x)}$ durch die gebrochene Substitution $Q_\alpha(x, y)=0$ in $\frac{S(y)}{R(y)}$ übergeht, $R(x)S(y)-R(y)S(x)=0$, wenn $Q_\alpha(x, y)=0$ ist. Daraus folgt

$$(32.)\quad \tfrac{1}{2}\frac{R(x)S(y)-R(y)S(x)}{y-x} = T(x,\ y) = -2Q_1(x,\ y)Q_2(x,\ y)Q_3(x,\ y)$$

und

$$(33.)\qquad T(x) = -2Q_1(x)Q_2(x)Q_3(x).$$

3) *Transformation von R in die Normalform.* Sei $R_{\alpha\beta}(x, y)$ die Polare von $R(x)$, welche in Bezug auf x vom αten und in Bezug auf y vom βten Grade ist $(\alpha+\beta = 4)$, und $R_{22}(x, y) = R(x, y)$. Dann ist

$$(34.)\qquad \begin{cases} R_{31}(x, y)^2 - R(x)R(x, y) = (x-y)^2 S(x), \\ R_{31}(x, y)R(x, y) - R(x)R_{13}(x, y) = 2(x-y)^2 S_{31}(x, y), \end{cases}$$

$$(35.)\qquad \begin{cases} R(x, y)^2 - R(x)R(y) = (x-y)^2(4S(x, y) - \tfrac{1}{3}g_2(x-y)^2), \\ R(x, y)^2 - R_{13}(x, y)R_{31}(x, y) = (x-y)^2(S(x, y) + \tfrac{1}{6}g_2(x-y)^2). \end{cases}$$

Aus der Gleichung (10.) folgt

$$(36.)\qquad S_{13}(x, y) - e_\alpha R_{13}(x, y) = Q_\alpha(y)Q_\alpha(x, y)$$

und durch Multiplication dieser drei Gleichungen

$$(37.)\qquad 4S_{13}(x, y)^3 - g_2 S_{13}(x, y)R_{13}(x, y)^2 - g_3 R_{13}(x, y)^3 = T(y)T(x, y).$$

Setzt man $y = a$, so ergiebt sich daraus nach (9.) und (32.)

$$(38.)\qquad 4S_{13}(x, a)^3 R_{13}(x, a) - g_2 S_{13}(x, a) R_{13}(x, a)^3 - g_3 R_{13}(x, a)^4 = Q(a)^6 R(x).$$

Durch die unimodulare Substitution

$$(39.)\qquad s = \frac{S_{13}(x, a)}{Q(a)^{\frac{3}{2}}}, \quad s_1 = \frac{R_{13}(x, a)}{Q(a)^{\frac{3}{2}}}$$

geht also $R(x)$ in die Normalform, nämlich in die Function vierten Grades

$$(40.)\qquad f(s) = 4s^3 - g_2 s - g_3 = 4s^3 s_1 - g_2 s s_1^3 - g_3 s_1^4$$

über (die nicht mit der kubischen Function $\varphi(s)$ zu verwechseln ist). Nach (34.) kann man die Substitution (39.) auf die Form

$$(41.)\qquad s = \frac{S_{13}(x, a)}{R_{13}(x, a)} = \frac{R(x, a)}{2(x-a)^2} = \frac{1}{4}\frac{R'(a)}{x-a} + \frac{1}{24}R''(a)$$

bringen. Bezeichnet man mit

$$(42.)\qquad P_\alpha(s) = (e_\alpha - e_\beta)(e_\alpha - e_\gamma) - (s - e_\alpha)^2 = -s^2 + 2e_\alpha s + 2e_\alpha^2 - \tfrac{1}{4}g_2$$

die quadratischen Covarianten von $f(s)$, so ist

$$(43.)\qquad \begin{cases} \tfrac{1}{2}\Sigma m_\alpha Q_\alpha(x)Q_\alpha(y)P_\alpha(s) = S(x, y) - sR(x, y) + (s^2 - \tfrac{1}{12}g_2)(x-y)^2 \\ = \begin{vmatrix} 0 & 1 & -\tfrac{1}{2}(x+y) & xy \\ 1 & A & B & C-2s \\ -\tfrac{1}{2}(x+y) & B & C+s & D \\ xy & C-2s & D & E \end{vmatrix}, \end{cases}$$

weil diese Gleichung nach (12.) und (23.) für $s = e_1, e_2, e_3$ gilt. Die simultane Invariante der beiden quadratischen Formen der Variabeln s

$$2(S(x,y)-sR(x,y)+(s^2-\tfrac{1}{12}g_2)(x-y)^2),\quad 2(S(z,t)-sR(z,t)+(s^2-\tfrac{1}{12}g_2)(z-t)^2)$$

ist eine symmetrische Function von x, y, z, t, nämlich

$$(44.)\quad \begin{cases} \Sigma m_\alpha Q_\alpha(x)Q_\alpha(y)Q_\alpha(z)Q_\alpha(t) \\ = R(x,y)R(z,t)+R(x,z)R(t,y)+R(x,t)R(y,z)-2R(x,y,z,t)^2, \end{cases}$$

wo $R(x,y,z,t)$ die Polare von $R(x)$ ist, die in Bezug auf jede der Variabeln linear ist. Ist $R(x) = 4x^3-g_2x-g_3$ die Normalform, so ist

$$(45.)\quad \begin{cases} S(x,y)-zR(x,y)+(z^2-\tfrac{1}{12}g_2)(x-y)^2 = \tfrac{1}{2}\Sigma m_\alpha P_\alpha(x)P_\alpha(y)P_\alpha(z) \\ \qquad = (yz+zx+xy+\tfrac{1}{4}g_2)^2-4(x+y+z)(xyz-\tfrac{1}{4}g_3) \end{cases}$$

in Bezug auf x, y, z symmetrisch.

4) *Typische Form.* Die Wurzeln der Gleichung $R = 0$ findet man durch Coefficientenvergleichung aus der in x identischen Gleichung

$$(46.)\quad \frac{R(x)}{x-a} = Q+Q_1+Q_2+Q_3,\quad \frac{R(x)}{x-a_\alpha} = Q+Q_\alpha-Q_\beta-Q_\gamma,$$

wo $4Q = R'(x)$ und $Q_\alpha = \sqrt{S(x)-e_\alpha R(x)}$ ist, und die Wurzeln der Bedingung

$$(47.)\quad T = -2\Pi\sqrt{S-e_\alpha R}$$

gemäss gewählt sind. Bringt man jene Gleichungen auf die Form

$$(48.)\quad \frac{R_{31}(x,a)}{x-a} = Q_1(x)+Q_2(x)+Q_3(x),\quad \frac{R_{31}(x,a_\alpha)}{x-a_\alpha} = Q_\alpha(x)-Q_\beta(x)-Q_\gamma(x),$$

so zeigen sie, dass

$$(49.)\quad z = \frac{R_{31}(x,a)}{x-a}$$

der Gleichung vierten Grades $\varrho(z) = 0$ genügt, falls

$$\varrho(z) = (z-Q_1-Q_2-Q_3)(z-Q_1+Q_2+Q_3)\dots$$

ist. Mit Hülfe der Formeln (10.) und (33.) findet man

$$(50.)\quad \varrho(z) = z^4-6Sz^2+4Tz+g_2R^2-3S^2.$$

Die Function vierten Grades $(x-y)^4\varrho\left(\frac{R_{31}(x,y)}{x-y}\right)$ der Variabeln y verschwindet also für die vier Wurzeln der Gleichung $R(y) = 0$, und ist daher gleich $XR(y)$. Setzt man, nachdem man für $\varrho(z)$ den Ausdruck (50.) eingesetzt hat, $y = x$, so findet man $X = R(x)^3$. Daher ist

$$(51.)\quad (x-y)^4\varrho\left(\frac{R_{31}(x,y)}{x-y}\right) = R(x)^3R(y)$$

und umgekehrt

$$(52.)\qquad \left(z+\tfrac{1}{4}\frac{\partial R(x)}{\partial x}\right)^4 R\left(\frac{xz-\tfrac{1}{4}\dfrac{\partial R(x)}{\partial x_1}}{z+\tfrac{1}{4}\dfrac{\partial R(x)}{\partial x}}\right) = R(x)\varrho(z).$$

Setzt man

$$N = \frac{R_{31}(x,a)}{x-a},$$

so sind die drei Covarianten $Q_\alpha(x)$ die Wurzeln der Gleichung

$$(53.)\qquad \tfrac{1}{8}\frac{\varrho(2Q-N)}{Q-N} = 2Q^3-2NQ^2+(N^2-3S)Q+T = 0.$$

§ 6.

Die Form $\lambda R - S$.

Ist λ ein Parameter, so seien $\bar{g}_2$, $\bar{g}_3$, $\bar{S}$, $\bar{T}$ u. s. w. die Invarianten und Covarianten der Function

$$(1.)\qquad \bar{R}(x) = \lambda R(x)-S(x).$$

Die verschiedenen Formeln, welche man für jene Ausdrücke abgeleitet hat, lassen sich in folgenden einfachen Satz zusammenfassen:

I. *Die Function vierten Grades $\lambda R(x)-S(x)$ der Variabeln x ist, wenn sie kein Quadrat ist, der Function vierten Grades*

$$(2.)\qquad (\lambda-s)(4s^3-g_2s-g_3)$$

der Variabeln s äquivalent.

Betrachtet man y als constant, so ist zufolge der Gleichung

$$(3.)\qquad R_{13}(x,y) = R(y)+\tfrac{1}{4}(x-y)R'(y)$$

und der Formel (7.) § 5 die Substitution

$$(4.)\qquad \sqrt{\tfrac{1}{2}T(y)}\,s = S_{13}(x,y),\quad \sqrt{\tfrac{1}{2}T(y)}\,s_1 = R_{13}(x,y)$$

eine unimodulare, und vermöge derselben wird nach Gleichung (37.) § 5

$$(5.)\qquad \sqrt{\tfrac{1}{2}T(y)}(4s^3-g_2ss_1^2-g_3s_1^3) = 2T(x,y) = \frac{S(y)R(x)-R(y)S(x)}{y-x}.$$

Da ferner nach (3.)

$$(6.)\qquad S(y)R_{13}(x,y)-R(y)S_{13}(x,y) = \tfrac{1}{2}T(y)(y-x)$$

ist, so ist

$$(S(y)s_1-R(y)s)(4s^3-g_2ss_1^2-g_3s_1^3) = S(y)R(x)-R(y)S(x),$$

oder wenn man $\lambda:\lambda_1 = S(y):R(y)$ setzt,

$$(\lambda s_1-\lambda_1 s)(4s^3-g_2ss_1^2-g_3s_1^3) = \lambda R(x)-\lambda_1 S(x).$$

Die Coefficienten der Substitution, welche die Form (1.) in (2.) überführt, hängen demnach von dem Parameter λ ab.

Ist $\varphi(x, x_1)$ eine homogene Function von x und x_1, so sind die Invarianten der Function $(yx_1-y_1x)\varphi(x, x_1)$ Covarianten von $\varphi(y, y_1)$. Dieser Bemerkung nach sind $\bar{g}_2$, $\bar{g}_3$ und $\bar{g}_6$ Covarianten der kubischen Functionen

$$(7.)\qquad \varphi(\lambda, \lambda_1) = 4\lambda^3-g_2\lambda\lambda_1^2-g_3\lambda_1^3,$$

also, wenn man jene Buchstaben zugleich als Functionszeichen benutzt,

$$(8.)\quad 48\bar{g}_2(\lambda, \lambda_1) = \left(\frac{\partial^2\varphi}{\partial\lambda\partial\lambda_1}\right)^2-\frac{\partial^2\varphi}{\partial\lambda^2}\frac{\partial^2\varphi}{\partial\lambda_1^2},\quad 36\bar{g}_3(\lambda, \lambda_1) = \frac{\partial(\varphi, \bar{g}_2)}{\partial(\lambda, \lambda_1)},\quad 16\bar{g}_6 = \varphi^2 g_6.$$

Ist $\varphi_{21}(\lambda, \mu)$ die in Bezug auf μ lineare Polare von $\varphi(\lambda)$, so sind die Wurzeln der Gleichung $\bar{\varphi}(\mu) = 0$

$$(9.)\qquad \bar{e}_\alpha = e_\alpha\lambda+e_\alpha^2-\tfrac{1}{6}g_2 = \frac{1}{4}\frac{\varphi_{21}(\lambda, e_\alpha)}{\lambda-e_\alpha},$$

also rationale Functionen von λ. Daher ist

$$(10.)\qquad \bar{e}_\alpha-\bar{e}_\beta = (e_\alpha-e_\beta)(\lambda-e_\gamma).$$

Die charakteristische Function $\bar{\varphi}(\mu)$ hat die Eigenschaften

$$(11.)\qquad 4\bar{\varphi}(\mu^2+\lambda\mu-\tfrac{1}{6}g_2) = -\varphi(\mu)\varphi(-\lambda-\mu)$$

und

$$(12.)\qquad 16(\lambda-\mu)^3\bar{\varphi}\left(\frac{1}{4}\frac{\varphi_{21}(\lambda, \mu)}{\lambda-\mu}\right) = \varphi(\mu)\varphi(\lambda)^2.$$

Auch mit Hülfe der letzteren Gleichung lässt sich der Satz I. leicht beweisen. Die Covarianten von $\bar{R}$ sind

$$(13.)\qquad 12\bar{S} = \frac{\partial\varphi}{\partial\lambda}S+\frac{\partial\varphi}{\partial\lambda_1}R,\quad 4\bar{T} = \varphi T,\quad \bar{Q}_\alpha = \sqrt{(\lambda-e_\beta)(\lambda-e_\gamma)}\,Q_\alpha.$$

Betrachtet man y als constant, so geht die kubische Function $T(x, y)$ von x durch die Substitution (4.) in $\sqrt{\tfrac{1}{8}T(y)}\,\varphi(s, s_1)$ über. Daraus ergeben sich, wenn man

$$(14.)\quad 300G_2(x) = \left(\frac{\partial^2T(x)}{\partial x\partial x_1}\right)^2-\frac{\partial^2T(x)}{\partial x^2}\frac{\partial^2T(x)}{\partial x_1^2},\qquad 144G_3(x) = \frac{\partial(T(x), G_2(x))}{\partial(x, x_1)}$$

setzt, die Gleichungen

$$(15.)\quad T^2 = \varphi(S, R),\quad G_2 = \bar{g}_2(S, R),\quad G_3 = \bar{g}_3(S, R),\quad G_2^3-27G_3^2 = \tfrac{1}{16}g_6T^4.$$

Ferner ist

$$(16.)\qquad \begin{cases} \dfrac{24}{g_6}G_2 = m_1^2Q_1^4+m_2^2Q_2^4+m_3^2Q_3^4, \\[2ex] \dfrac{27G_3}{4k^3} = (m_2Q_2^2-m_3Q_3^2)(m_3Q_3^2-m_1Q_1^2)(m_1Q_1^2-m_2Q_2^2). \end{cases}$$

In der Schaar $\lambda R - \lambda_1 S$ giebt es sechs Formen, deren Invarianten gegebene Werthe g_2' und g_3' haben. Bezeichnet man ihr Product mit $\frac{4.3^6}{g_6^3} P$, so ist

$$(17.)\qquad P = g_3'^2 G_2^3 - g_2'^3 G_3^2 = \tfrac{1}{16} g_6 g_3'^2 T^4 - g_6' G_3^2 = \frac{1}{16.27} g_6 g_2'^3 T^4 - \tfrac{1}{27} g_6' G_2^3.$$

Die Function $T(x)$ geht nicht nur durch die Substitutionen $Q_\alpha(x, y) = 0$ in sich selbst über, sondern auch durch die Substitutionen, welche die drei Functionen $Q_\alpha(x)$ unter einander vertauschen. Wählt man die drei Wurzeln $\sqrt{-m_\alpha}$ so, dass

$$(18.)\qquad \Pi \sqrt{-m} = \frac{1}{k}$$

ist, und setzt man

$$(19.)\qquad \sqrt{-m_\alpha}\, Q_\alpha(x) = J_\alpha(x), \quad \sqrt{-m_\alpha}\, Q_\alpha(x, y) = J_\alpha(x, y), \quad x - y = J_0(x, y),$$

so sind

$$(20.)\qquad J_0(x, y) = 0, \quad J_\alpha(x, y) = 0$$

und

$$(21.)\qquad J_0(x, y) \pm J_1(x, y) \pm J_2(x, y) \pm J_3(x, y) = 0, \quad (n = 8,\ h = 3)$$

die 12 unimodularen Substitutionen, welche $T(x)$ in $T(y)$ verwandeln, und

$$(22.)\qquad J_\alpha(x, y) \pm J_\beta(x, y) = 0, \quad (n = 6,\ h = 2)$$

und

$$(23.)\qquad J_0(x, y) \pm J_\alpha(x, y) = 0, \quad (n = 6,\ h = 4)$$

die 12, welche $T(x)$ in $-T(y)$, also $G_2(x)$ in $G_2(y)$ transformiren. Hier bedeutet n die Anzahl, h die Ordnung der betreffenden Substitutionen. In derselben Weise, wie die Formel (32.) § 5 erhalten wurde, zeigt man, dass das Product der sechs symmetrischen Substitutionen (22.) gleich

$$(24.)\qquad \begin{cases} -\dfrac{27}{4k^3} G_3(x, y) \\ = (J_2(x, y)^2 - J_3(x, y)^2)(J_3(x, y)^2 - J_1(x, y)^2)(J_1(x, y)^2 - J_2(x, y)^2) \end{cases}$$

ist, wo $G_3(x, y)$ die Polare von $G_3(x)$ ist, die in Bezug auf x und y vom sechsten Grade ist. Das Product von vier der Substitutionen (21.) ist

$$(25.)\qquad \begin{cases} k^2 \Pi(J_0(x, y) + \varepsilon_1 J_1(x, y) + \varepsilon_2 J_2(x, y) + \varepsilon_3 J_3(x, y)) \\ = 3G_2(x, y) + \tfrac{16}{5} k^2 (x-y)^4 - 4\varepsilon k (x-y) T(x, y) \\ = \dfrac{(T(x, y) - 2\varepsilon k (x-y)^3)^2 - T(x) T(y)}{(x-y)^2}, \end{cases}$$

wo $\varepsilon, \varepsilon_1, \varepsilon_2, \varepsilon_3 = \pm 1$ und $\varepsilon_1 \varepsilon_2 \varepsilon_3 = \varepsilon$ ist.

Unter den Covarianten von T befindet sich eine, welche 60 Substitutionen in sich selbst zulässt, nämlich, falls man

$$\lambda = \frac{-1+\sqrt{5}}{2}, \quad \lambda' = \frac{-1-\sqrt{5}}{2}, \quad \lambda\lambda' = -1$$

setzt, ausser den 12 Substitutionen (20.) und (21.) noch die folgenden:

(26.) $$J_\alpha(x,\ y) \pm \lambda J_\beta(x,\ y) \pm \lambda' J_\gamma(x,\ y) = 0, \quad (n = 12,\ h = 2),$$

wo α, β, γ eine eigentliche Permutation von 1, 2, 3 ist, und

(27.) $$J_0(x,\ y) \pm \lambda J_\alpha(x,\ y) \pm \lambda' J_\beta(x,\ y) = 0, \quad (n = 12,\ h = 3)$$

und

(28.) $$J_\alpha(x, y) \pm \lambda J_0(x, y) \pm \lambda' J_\beta(x, y) = 0, \quad J_\alpha(x, y) \pm \lambda' J_0(x, y) \pm \lambda J_\beta(x, y) = 0$$
$$(n = 24,\ h = 5).$$

Dies ist die Form zwölften Grades

(29.) $$F = 11kT^2 + 27\sqrt{5}\,G_3 = -8k^3(\lambda J_2^2 + \lambda' J_3^2)(\lambda J_3^2 + \lambda' J_1^2)(\lambda J_1^2 + \lambda' J_2^2).$$

Setzt man

(30.) $$\begin{cases} V = 19\sqrt{5}kT^2 - 81G_3 = 8k^3(\lambda'^2 J_2^2 - \lambda^2 J_3^2)(\lambda'^2 J_3^2 - \lambda^2 J_1^2)(\lambda'^2 J_1^2 - \lambda^2 J_2^2), \\ W = 45F^2 - 5.2^8 kT^2 F + 2^{14} k^2 T^4 = -16k^6 \Pi(J_\alpha \pm \lambda J_\beta \pm \lambda' J_\gamma), \\ G = \sqrt{5} G_2 V, \quad H = TW, \end{cases}$$

so ergiebt sich aus (15.) die identische Gleichung

(31.) $$\tfrac{2}{27} kH^2 = 5G^3 + F^5.$$

Ist $W(x, y)$ die Polare von W, welche in Bezug auf jede der Variabeln vom zwölften Grade ist, so ist das Product der Substitutionen (26.) gleich

(32.) $$W(x,\ y) = -16k^6 \Pi(J_\alpha(x,\ y) \pm \lambda J_\beta(x,\ y) \pm \lambda' J_\gamma(x,\ y)),$$

und $H(x, y) = T(x, y) W(x, y)$ ist eine Polare von $H(x)$.

Die linken Seiten der Gleichungen (20.) bis (23.) bilden auch dann die Oktaedergruppe, und die linken Seiten der Gleichungen (20.), (21.), (26.), (27.), (28.) auch dann die Ikosaedergruppe, wenn man J_0, J_1, J_2, J_3 als die Einheiten der Quaternionen betrachtet und zwei Quaternionen nicht als verschieden ansieht, falls sie sich nur um (positive oder negative) Zahlenfactoren unterscheiden.

§ 7.

Die Function $F(x, y)\lambda^2 + 2G(x, y)\lambda + H(x, y)$.

Die Invarianten und Covarianten der biquadratischen Function

(1.) $$\bar{F}(x,\ y) = f(x,\ y,\ \lambda) = F(x,\ y)\lambda^2 + 2G(x,\ y)\lambda + H(x,\ y)$$

bezeichne ich mit $\bar{s}$, $\bar{t}$, $\bar{G}$, $\bar{H}$, u. s. w. Aus den Ergebnissen des § 1 folgt dann, falls man $\varrho = \varrho(\lambda) = R_2(\lambda)$ setzt,

$$(2.)\qquad \bar{R}(x) = \varrho R(x), \quad \bar{R}_1(y) = \varrho R_1(y), \quad \bar{Q}_\alpha(x) = \varrho Q_\alpha(x),$$

wo Q_1, Q_2, Q_3 die quadratischen Covarianten von R sind, und

$$(3.)\qquad \bar{g}_2 = \varrho^2 g_2, \quad \bar{g}_3 = \varrho^3 g_3, \quad \bar{e}_\alpha = \varrho e_\alpha.$$

Da der Coefficient von λ^2 in $\bar{F}$ gleich F ist, so ist die Invariante $\bar{s}$ eine Function vierten Grades von λ, in welcher der Coefficient von λ^4 gleich s ist. Ist $\lambda = c_\alpha$, so ist $\bar{F}(x, y)$ das Quadrat einer bilinearen Function $pxy+p'x+p''y+p'''$. Ist deren Determinante gleich $2n = pp'''-p'p''$, so ist nach (11.) § 1 $n = -\frac{1}{4}\varrho'(c_\alpha)$ und mithin nach (3.) § 4 $\bar{s} = (\frac{1}{4}\varrho'(c_\alpha))^2$. Durch die fünf Werthe für $\lambda = c_\alpha$ und ∞ ist aber die Function vierten Grades $\bar{s}$ vollständig bestimmt. Nun hat die *Hesse*sche Covariante von $\varrho(\lambda)$

$$(4.)\qquad \sigma(\lambda) = s\lambda^4-2t\lambda^3+(3s^2-u)\lambda^2-2st\lambda+su+t^2$$

nach (9.) § 5 die nämlichen Eigenschaften, und daher ist

$$(5.)\qquad \bar{s} = \sigma(\lambda).$$

Ist ferner $\tau(\lambda) = T_2(\lambda)$, so ist

$$\tau^2 = 4\sigma^3-g_2\sigma\varrho^2-g_3\varrho^3, \quad \bar{t}^2 = 4\bar{s}^3-\bar{g}_2\bar{s}-\bar{g}_3$$

und mithin

$$(6.)\qquad \bar{t} = \tau(\lambda).$$

Das Vorzeichen ergiebt sich daraus, dass der Coefficient von λ^6 in $\tau(\lambda)$ gleich t sein muss. Da $u = g_2-3s^2$ ist, so ist $\bar{u} = g_2\varrho^2-3\sigma^2$, und mithin ist $\bar{\varrho}(z)$ die typische Form von $\varrho(z)$. Zu demselben Resultate gelangt man durch die Betrachtung der Wurzeln der Gleichung $\varrho(z) = 0$

$$(7.)\qquad c = \Sigma\sqrt{s-e_\alpha},$$

wo die Quadratwurzeln so zu nehmen sind, dass

$$(8.)\qquad \Pi\sqrt{s-e_\alpha} = -2t$$

ist. Nach (3.) und (5.) sind daher die Wurzeln der Gleichung $\bar{\varrho}(z) = 0$

$$\bar{c} = \sum_\alpha\sqrt{\sigma(\lambda)-e_\alpha\varrho(\lambda)}.$$

Nach (48.) § 5 ist folglich

$$(9.)\qquad \bar{c}_\alpha = \frac{\varrho(\lambda)}{\lambda-c_\alpha}-\frac{1}{4}\varrho'(\lambda) = \frac{\varrho_{31}(\lambda, c_\alpha)}{\lambda-c_\alpha} = c_\alpha\lambda^2+(c_\alpha^2-3s)\lambda+c_\alpha^3-6c_\alpha s+3t$$

und

(10.) $$\bar{c}_\alpha - \bar{c}_\beta = (c_\alpha - c_\beta)(\lambda - c_\gamma)(\lambda - c_\delta)$$

eine rationale Function von λ, und nach (51.) und (52.) § 5 ist

(11.) $$(\lambda - z)^4 \bar{\varrho}\left(\frac{\varrho_{31}(\lambda; z)}{\lambda - z}\right) = \varrho(\lambda)^3 \varrho(z)$$

und umgekehrt

(12.) $$\left(z + \tfrac{1}{4}\frac{\partial\varrho(\lambda)}{\partial\lambda}\right)^4 \varrho\left(\frac{\lambda z - \tfrac{1}{4}\dfrac{\partial\varrho(\lambda)}{\partial\lambda_1}}{z + \tfrac{1}{4}\dfrac{\partial\varrho(\lambda)}{\partial\lambda}}\right) = \varrho(\lambda)\bar{\varrho}(\bar{z}).$$

Setzt man $\bar{z} = \frac{\varrho(\lambda)}{\lambda - z} - \frac{1}{4}\varrho'(\lambda)$, so entspricht dem Werthe $z = c_\alpha$ der Werth $\bar{z} = \bar{c}_\alpha$. Indem man daher die Gleichung $(\lambda - z)^4 \bar{\varrho}(\bar{z}) = \varrho(\lambda)^3 \varrho(z)$ nach z differentiirt und dann $z = c_\alpha$ setzt, erhält man

$$(\lambda - c_\alpha)^2 \bar{\varrho}'(\bar{c}_\alpha) = \varrho(\lambda)^2 \varrho'(c_\alpha).$$

Ebenso wie durch die unimodulare Substitution $f_\alpha(x, y) = 0$ die Function R in R_1 transformirt wird, geht durch die Substitution $\bar{f}_\alpha(x, y) = 0$ die Function $\bar{R} = \varrho R$ in $\bar{R}_1 = \varrho R_1$ über. Da eine (allgemeine) Function vierten Grades nur auf vier Arten in eine äquivalente transformirt werden kann, so ist folglich $\bar{f}_\alpha(x, y) = k f_\beta(x, y)$. Indem man $\lambda = \infty$ (oder $\lambda_1 = 0$) setzt, erhält man $\beta = \alpha$. Vergleicht man die Determinanten beider Functionen, so erhält man nach (24.) § 1 $\bar{\varrho}'(\bar{c}_\alpha) = k^2 \varrho'(c_\alpha)$ und mithin

(13.) $$\bar{f}_\alpha(x, y) = \frac{\varrho(\lambda)}{\lambda - c_\alpha} f_\alpha(x, y).$$

Die ganze Function zweiten Grades der Variabeln z

$$(\lambda - z)^2 \bar{f}\left(x,\ y,\ \frac{\varrho_{31}(\lambda, z)}{\lambda - z}\right)$$

wird für $z = c_\alpha$ gleich

$$(\lambda - c_\alpha)^2 \bar{f}(x, y, \bar{c}_\alpha) = 2(\lambda - c_\alpha)^2 \bar{f}_\alpha(x, y)^2 = 2\varrho^2 f_\alpha(x, y)^2.$$

Da aber die Function $\varrho^2 f(x, y, z)$ dieselbe Eigenschaft hat und dadurch (mehr als) bestimmt ist, so ist

(14.) $$(\lambda - z)^2 \bar{f}\left(x,\ y,\ \frac{\varrho_{31}(\lambda, z)}{\lambda - z}\right) = \varrho(\lambda)^2 f(x, y, z),$$

oder wenn man die Gleichung $\bar{z} = \frac{\varrho_{31}(\lambda, z)}{\lambda - z}$ nach z auflöst,

(15.) $$\bar{f}(x, y, z) = F\left(\lambda z - \tfrac{1}{4}\frac{\partial\varrho}{\partial\lambda_1}\right)^2 - 2G\left(\lambda z - \tfrac{1}{4}\frac{\partial\varrho}{\partial\lambda_1}\right)\left(z + \tfrac{1}{4}\frac{\partial\varrho}{\partial\lambda}\right) + H\left(z + \tfrac{1}{4}\frac{\partial\varrho}{\partial\lambda}\right)^2$$

und mithin

$$(16.)\quad \bar{G} = \tfrac{1}{8}\Big(\frac{\partial\varrho}{\partial\lambda}\frac{\partial\bar{F}}{\partial\lambda_1} - \frac{\partial\varrho}{\partial\lambda_1}\frac{\partial\bar{F}}{\partial\lambda}\Big) = (3s\lambda^3-3t\lambda^2-u\lambda)F+(\lambda^4-2t\lambda-u)G+(\lambda^3-3s\lambda+t)H$$

und

$$(17.)\qquad \bar{H} = \tfrac{1}{16}\Big(F\Big(\frac{\partial\varrho}{\partial\lambda_1}\Big)^2 - 2G\frac{\partial\varrho}{\partial\lambda_1}\frac{\partial\varrho}{\partial\lambda} + H\Big(\frac{\partial\varrho}{\partial\lambda}\Big)^2\Big),$$

also

$$(18.)\qquad \bar{H}-\sigma\bar{F} = \tfrac{1}{12}\varrho\Big(F\frac{\partial^2\varrho}{\partial\lambda_1^2} - 2G\frac{\partial^2\varrho}{\partial\lambda_1\partial\lambda} + H\frac{\partial^2\varrho}{\partial\lambda^2}\Big)$$

und

$$(19.)\qquad \bar{F}(\sigma^2-\tfrac{1}{6}g_2\varrho^2)+\bar{G}\tau+\bar{H}\sigma = \tfrac{1}{12}\varrho^2\Big(F\frac{\partial^2\sigma}{\partial\lambda_1^2} - 2G\frac{\partial^2\sigma}{\partial\lambda_1\partial\lambda} + H\frac{\partial^2\sigma}{\partial\lambda^2}\Big).$$

Setzt man die obigen Ausdrücke in die aus der Formel (17.) § 1 fliessende Gleichung

$$\bar{G}^2-\bar{F}\bar{H} = \varrho^2(G^2-FH)$$

ein, so erhält man eine bekannte Identität.

Von den mannigfachen Folgerungen, die man aus den entwickelten Formeln ziehen kann, erwähne ich hier nur eine: Sind $F(x, y)$ und $G(x, y)$ irgend zwei biquadratische Functionen, so ist

$$(20.)\quad \left\{\begin{aligned} &(F,\ G) = (G,\ F)\\ &= \tfrac{1}{16}\Big(\frac{\partial^2F}{\partial x\partial y_1}\frac{\partial^2G}{\partial x_1\partial y} + \frac{\partial^2F}{\partial x_1\partial y}\frac{\partial^2G}{\partial x\partial y_1} - \frac{\partial^2F}{\partial x\partial y}\frac{\partial^2G}{\partial x_1\partial y_1} - \frac{\partial^2F}{\partial x_1\partial y_1}\frac{\partial^2G}{\partial x\partial y}\Big)\end{aligned}\right.$$

eine simultane Covariante derselben. Da nun nach (15.) § 2

$$(21.)\qquad (F,\ F) = 2G$$

ist, so ist auch $(\bar{F}, \bar{F}) = 2\bar{G}$, und daraus ergiebt sich durch Vergleichung der Coefficienten von λ^3

$$(22.)\qquad 2(F,\ G) = H+3sF.$$

§ 8.

Bestimmung von $F(x, y)$ aus R und R_1.

Wir stellen uns jetzt die Aufgabe, eine biquadratische Function $F(x, y)$ zu bestimmen, deren Determinanten in Bezug auf x und y zwei gegebene Functionen $R_1(y)$ und $R(x)$ sind, die ich zunächst ohne quadratische Theiler voraussetze.

Wir haben in § 1 gesehen, dass die durch die Gleichung

$$f(x,\ y,\ c) = 2f(x,\ y)^2$$

definirte bilineare Function den Gleichungen $f(a_\alpha, b_\alpha) = 0$ genügt. Setzt man

$$\varkappa f(x,y) = \lambda(x-a)(y-b)+\mu(y-b)+\nu(x-a),$$

und eliminirt man aus den Gleichungen $f(a_1, b_1) = 0$ und $f(a_2, b_2) = 0$ die Grösse λ, so erhält man

$$\mu R_1'(b)p(a_1-a_2)(a_3-a)+\nu R'(a)q(b_1-b_2)(b_3-b) = 0,$$

wo p und q die Coefficienten von x^4 und y^4 in R und R_1 sind. Aus der Gleichheit der Invarianten und Doppelverhältnisse folgt aber nach (14.) § 5, dass $p(a_1-a_2)(a_3-a) = q(b_1-b_2)(b_3-b)$ ist. Mithin ist

$$\varkappa f(x, y) = \lambda(x-a)(y-b)+R'(a)(y-b)-R_1'(b)(x-a).$$

Nach Gleichung (11.) § 1 ist

$$\varkappa^2 = -\frac{4R'(a)R_1'(b)}{R_2'(c)}$$

und folglich

$$f(x, b, c) = -\frac{R_1'(b)R_2'(c)}{2R'(a)}(x-a)^2.$$

So findet man die Werthe $f(a_\alpha, b, c)$ und ähnlich alle Werthe $f(a_\alpha, b_\beta, c_\gamma)$. Ist a, b, c irgend eins der 16 Tripel (21.) § 1, für welche $f(a, b, c) = 0$ ist, so schliesst man daraus, dass

$$(1.)\quad \begin{cases} f(x, b, c) = -\dfrac{R_1'(b)R_2'(c)}{2R'(a)}(x-a)^2, \quad f(a, y, c) = -\dfrac{R_2'(c)R'(a)}{2R_1'(b)}(y-b)^2, \\ f(a, b, z) = -\dfrac{R'(a)R_1'(b)}{2R_2'(c)}(z-c)^2 \end{cases}$$

ist. Obwohl diese Gleichungen für die folgende Untersuchung vollständig ausreichen, will ich doch noch den Coefficienten λ in $f(x, y)$ bestimmen. Aus der Gleichung $f(a_\alpha, b_\alpha) = 0$ folgt $\lambda = \dfrac{R'(a)}{a-a_\alpha} - \dfrac{R_1'(b)}{b-b_\alpha}$ $(\alpha = 1, 2, 3)$. Addirt man diese drei Gleichungen, und bedenkt man, dass $\Sigma \dfrac{1}{a-a_\alpha} = \dfrac{R''(a)}{2R'(a)}$ ist, so erhält man $6\lambda = R''(a)-R_1''(b)$ und mithin

$$(2.)\quad \begin{cases} f(x, y, c) = \\ -\dfrac{R_2'(c)}{2R'(a)R_1'(b)}[\tfrac{1}{6}(R''(a)-R_1''(b))(x-a)(y-b)+R'(a)(y-b)-R_1'(b)(x-a)]^2, \end{cases}$$

in Uebereinstimmung mit der Formel (41.) § 5. Hier ist a, b, c irgend eins der 16 Tripel, für welche $f(a, b, c) = 0$ ist, und analoge Formeln erhält man für $f(a, y, z)$ und $f(x, b, z)$.

Aus diesen Gleichungen kann man auf viele Arten Ausdrücke für

$F(x, y)$ und $f(x, y, z)$ herstellen. Nach den *Euler*schen Formeln ist

$$F(x,\ y) = \Sigma \frac{(c_\varkappa - r) f(x, y, c_\varkappa)}{\varrho'(c_\varkappa)},$$

wo r eine willkürliche Constante ist, und daher, weil $f(a_\varkappa, b, c_\varkappa) = 0$ ist,

$$(3.)\quad \begin{cases} -2R_1'(b)F(x,\ y) = \\ \Sigma_\varkappa{}_0^3 \dfrac{c_\varkappa - r}{R'(a_\varkappa)} \left[\tfrac{1}{6}(R''(a_\varkappa) - R_1''(b))(x-a_\varkappa)(y-b) + R'(a_\varkappa)(y-b) - R_1'(b)(x-a_\varkappa)\right]^2. \end{cases}$$

Setzt man $r = c$, so ist damit F als Summe von drei Quadraten bilinearer Formen dargestellt. Nach der dritten Formel (1.) ist für je zwei Wurzeln a und b der Gleichungen $R = 0$ und $R_1 = 0$

$$(4.)\quad F(a,\ b) = -\frac{R'(a) R_1'(b)}{2\varrho'(c)},$$

und mithin ergiebt sich durch Partialbruchzerlegung

$$(5.)\quad \frac{-2F(x, y)}{R(x) R_1(y)} = \Sigma_\varkappa{}_0^3 \frac{W_\varkappa}{\varrho'(c_\varkappa)},$$

wo

$$W = \Sigma \frac{1}{(x-a_\varkappa)(y-b_\varkappa)},$$

$$W_\gamma = \frac{1}{(x-a)(y-b_\gamma)} + \frac{1}{(x-a_\gamma)(y-b)} + \frac{1}{(x-a_\alpha)(y-b_\beta)} + \frac{1}{(x-a_\beta)(y-b_\alpha)}$$

ist. Ebenso ist allgemeiner

$$(6.)\quad \frac{-2f(x, y, z)}{R(x) R_1(y)} = \Sigma \frac{W_\varkappa (z-c_\varkappa)^2}{\varrho'(c_\varkappa)}.$$

Soll nun eine biquadratische Function $F(x, y)$ bestimmt werden, welche in Bezug auf x und y die Determinanten $R_1(y)$ und $R(x)$ hat, so sind durch jede der beiden Functionen R und R_1 zunächst die Invarianten g_2 und g_3 bestimmt. Wählt man nun s beliebig, so ergeben sich t^2 und u aus den Gleichungen (19.) § 1. Nimmt man auch noch das Vorzeichen von t willkürlich an, so ist die Function $\varrho(z)$ bestimmt. Die Wurzeln der Gleichung $\varrho = 0$ bezeichne man nun in einer solchen Reihenfolge mit c, c_1, c_2, c_3, dass ihr Doppelverhältniss dem der Wurzeln a, a_1, a_2, a_3 gleich wird, was auf vier Arten möglich ist. Dann stellt die Formel (3.) oder (5.) die gesuchte Function $F(x, y)$ dar. Die behandelte Aufgabe lässt also unzählig viele Lösungen zu, wenn aber s und t gegeben sind, nur noch vier.

Man kann aber auch die allgemeine Lösung $\bar{F}(x, y)$ aus einer particulären Lösung $F(x, y)$ ableiten, etwa aus einer solchen, für welche $t = 0$

ist. Bildet man nämlich die zu $F(x, y)$ gehörige Function $f(x, y, z)$, so genügt offenbar

$$(7.)\qquad \bar{F}(x, y) = \frac{f(x, y, \lambda)}{\sqrt{\varrho(\lambda)}}$$

ebenfalls den Bedingungen der Aufgabe und hat nach (5.) § 7 die quadratische Invariante $\bar{s} = \frac{\sigma(\lambda)}{\varrho(\lambda)}$. Man kann daher λ, und zwar auf vier Arten, so bestimmen, dass $\bar{s}$ einen vorgeschriebenen Werth hat, und dann das Vorzeichen von $\sqrt{\varrho(\lambda)}$ so wählen, dass $\bar{t}$ ein vorgeschriebenes Vorzeichen erhält. Die Formel (7.) stellt daher ebenfalls *alle* Lösungen der Aufgabe dar.

Ist ν einer der Indices 0, 1, 2, 3 und sind α_ν, β_ν, γ_ν drei dieser Zahlen, die entweder alle von ν und unter einander verschieden sind, oder von denen einer gleich ν, die beiden andern einander gleich sind, so entsprechen jedem der vier Indices ν 16 Tripel α_ν, β_ν, γ_ν. Dann ist nach (21.) § 1 $f(a_{\alpha_0}, b_{\beta_0}, c_{\gamma_0}) = 0$, und wenn ν von Null verschieden ist, nach (15.) § 5 und (1.)

$$(8.)\qquad f(a_{\alpha_\nu}, b_{\beta_\nu}, c_{\gamma_\nu}) = \frac{m_\nu}{32} R'(a_{\alpha_\nu}) R_1'(b_{\beta_\nu}) R_2'(c_{\gamma_\nu}).$$

Durch Partialbruchzerlegung ergiebt sich daher

$$(9.)\qquad \frac{32 f(x, y, z)}{R(x) R_1(y) R_2(z)} = \sum_\nu{}_1^3 m_\nu \left(\Sigma \frac{1}{(x-a_{\alpha_\nu})(y-b_{\beta_\nu})(z-c_{\gamma_\nu})} \right).$$

§ 9.

Zweite Methode.

Die eben behandelte Aufgabe will ich jetzt auf einem andern Wege lösen, auf dem sich zugleich ein neuer Beweis für die Uebereinstimmung der Invarianten von R und R_1 ergiebt. Wenn die Discriminante der Function $R(x)$ nicht verschwindet, so sind nach (24.) § 5 ihre drei quadratischen Covarianten X_1, X_2, X_3 linear unabhängig, und mithin kann man jede quadratische Function von x auf die Form $\Sigma C_\alpha X_\alpha$ bringen. Sind also Y_1, Y_2, Y_3 die quadratischen Covarianten von $R_1(y)$, so kann man

$$F(x, y) = \Sigma c_{\alpha\beta} \sqrt{m_\alpha} \sqrt{m'_\beta} X_\alpha Y_\beta$$

setzen, wo m'_α für R_1 dieselbe Bedeutung hat, wie m_α für R. Nach Gleichung (16.) § 5 ist dann

$$R = \sum_\beta (\sum_\alpha c_{\alpha\beta} \sqrt{m_\alpha} X_\alpha)^2.$$

Nach (10.) § 5 ist aber

$$R = -\Sigma m_\alpha e_\alpha X_\alpha^2,$$

und es besteht zwischen den drei Functionen X_α die quadratische Gleichung $\Sigma m_\alpha X_\alpha^2 = 0$ und nicht noch eine zweite, weil diese Functionen sonst nur um constante Factoren von einander verschieden wären. Daher ergiebt sich eine identische Gleichung von der Form

$$\sum_\lambda (\sum_\alpha c_{\alpha\lambda} x_\alpha)^2 = -\Sigma e_\alpha x_\alpha^2 + s \Sigma x_\alpha^2,$$

wo s eine Constante ist und x_1, x_2, x_3 unabhängige Variabeln sind, oder es ist

$$\sum_\lambda c_{\alpha\lambda}^2 = s - e_\alpha, \quad \sum_\lambda c_{\alpha\lambda} c_{\beta\lambda} = 0.$$

Analog ergiebt sich aus der Bedingung, dass die Determinante von F in Bezug auf x gleich R_1 sein soll,

$$\sum_\varkappa c_{\varkappa\alpha}^2 = s' - e'_\alpha, \quad \sum_\varkappa c_{\varkappa\alpha} c_{\varkappa\beta} = 0.$$

Daraus folgt zunächst $\sum_{\varkappa,\lambda} c_{\varkappa\lambda}^2 = 3s = 3s'$, und ferner

$$\sum_{\varkappa,\lambda} c_{\varkappa\beta} c_{\alpha\lambda} c_{\varkappa\lambda} = \sum_\varkappa c_{\varkappa\beta} (\sum_\lambda c_{\alpha\lambda} c_{\varkappa\lambda}) = c_{\alpha\beta}(s - e_\alpha) = \sum_\lambda c_{\alpha\lambda} (\sum_\varkappa c_{\varkappa\beta} c_{\varkappa\lambda}) = c_{\alpha\beta}(s - e'_\beta)$$

und mithin $(e_\alpha - e'_\beta) c_{\alpha\beta} = 0$, also entweder $e_\alpha = e'_\beta$ oder $c_{\alpha\beta} = 0$. Ist $e_1 = e'_1$, so sind $e_2 - e'_1$, $e_3 - e'_1$, $e_1 - e'_2$, $e_1 - e'_3$ von Null verschieden. Daher kann in jeder Zeile und Colonne der Determinante $|c_{\alpha\beta}|$ höchstens ein Element von Null verschieden sein. Indem man die Wurzeln der charakteristischen Gleichung von $R(x)$ in passender Reihenfolge mit e_1, e_2, e_3 bezeichnet, kann man erreichen, dass $c_{\alpha\beta} = 0$ ist, wenn α von β verschieden ist. Dann reduciren sich die entwickelten Gleichungen auf $c_{\alpha\alpha}^2 = s - e_\alpha = s - e'_\alpha$. Daher ist $e_\alpha = e'_\alpha$ und R und R_1 haben gleiche Invarianten. Ferner ist

$$(1.) \qquad F(x, y) = \sum_\alpha{}_1^3 m_\alpha \sqrt{s - e_\alpha}\, X_\alpha Y_\alpha,$$

und diese Function hat in der That in Bezug auf x und y die Determinanten R_1 und R, welches auch der Werth von s und die Vorzeichen der Wurzeln $\sqrt{s - e_\alpha}$ seien.

Sind

$$(2.) \qquad F(x, y) = \Sigma m_\alpha q_\alpha X_\alpha Y_\alpha$$

und

$$(3.) \qquad F'(x, y) = \Sigma m_\alpha q'_\alpha X_\alpha Y_\alpha$$

zwei biquadratische Formen, so ist die in § 7 (20.) definirte biquadratische

Covariante

$$16(F, F') = -m_2 m_3 (q_2 q_3' + q_3 q_2') \frac{\partial(X_2, X_3)}{\partial(x, x_1)} \frac{\partial(Y_2, Y_3)}{\partial(y, y_1)} + \cdots,$$

also nach (25.) § 5

$$(4.)\quad (F, F') = m_1(q_2 q_3' + q_3 q_2') X_1 Y_1 + m_2(q_3 q_1' + q_1 q_3') X_2 Y_2 + m_3(q_1 q_2' + q_2 q_1') X_3 Y_3.$$

Wendet man daher auf die Function (2.) die Formeln (21.) und (22.) § 7 an, so erhält man

$$(5.)\qquad G(x, y) = m_1 q_2 q_3 X_1 Y_1 + m_2 q_3 q_1 X_2 Y_2 + m_3 q_1 q_2 X_3 Y_3$$

und

$$H(x, y) = m_1 q_1 (2q_2^2 + 2q_3^2 - 3s) X_1 Y_1 + \cdots.$$

Wenn für gewisse Werthe von q_1, q_2, q_3 die Function F das Quadrat einer bilinearen Function ist, so giebt es eine Constante n, für welche die Gleichungen (4.) § 4 bestehen, also

$$q_2 q_3 = -nq_1, \quad q_3 q_1 = -nq_2, \quad q_1 q_2 = -nq_3$$

ist. Nun kann n nicht Null sein. Denn sonst verschwänden zwei der Grössen q_α, es wäre $F = m_\gamma q_\gamma X_\gamma Y_\gamma$, und mithin wären X_γ und Y_γ Quadrate. Daher muss $q_1 = \pm q_2 = \pm q_3$ sein. Sind wieder q_1, q_2, q_3 willkürliche Grössen, und ist $f(x, y, z) = Fz^2 + 2Gz + H$ ein Quadrat, so muss z zwei Gleichungen befriedigen, deren eine

$$z^2 q_1 + 2z q_2 q_3 + q_1(2q_2^2 + 2q_3^2 - 3s) = \pm(z^2 q_2 + 2z q_3 q_1 + q_2(2q_3^2 + 2q_1^2 - 3s))$$

ist oder

$$(z^2 - 3s + 2q_3^2)^2 - 4(q_3 z + q_1 q_2)^2 = 0$$

oder

$$z^4 - 6sz^2 - 8q_1 q_2 q_3 z + 9s^2 + 4q_3^4 - 4q_1^2 q_2^2 - 12 q_3^2 s = 0.$$

Da es aber wirklich vier Werthe von z giebt, für die f ein Quadrat wird, so ist die andere Gleichung mit dieser identisch, und mithin ist

$$4q_3^4 - 4q_1^2 q_2^2 - 12 q_3^2 s = 4q_2^4 - 4q_1^2 q_3^2 - 12 q_2^2 s.$$

Aus dieser Relation und aus der Vergleichung der abgeleiteten Gleichung mit $\varrho(z)$ ergiebt sich

$$(6.)\quad 3s = q_1^2 + q_2^2 + q_3^2, \quad t = -2q_1 q_2 q_3, \quad u = q_1^4 + q_2^4 + q_3^4 - 2q_2^2 q_3^2 - 2q_3^2 q_1^2 - 2q_1^2 q_2^2$$

und folglich

$$(7.)\qquad H(x, y) = m_1 q_1 (q_2^2 + q_3^2 - q_1^2) X_1 Y_1 + \cdots$$

und

$$(8.)\quad \begin{cases} \varrho(z) = \begin{vmatrix} -z & q_1 & q_2 & q_3 \\ q_1 & -z & q_3 & q_2 \\ q_2 & q_3 & -z & q_1 \\ q_3 & q_2 & q_1 & -z \end{vmatrix} \\ = (z-q_1-q_2-q_3)(z-q_1+q_2+q_3)(z+q_1-q_2+q_3)(z+q_1+q_2-q_3). \end{cases}$$

Betrachtet man q_1, q_2, q_3 als Variable, so kann man die Gleichungen (2.), (5.) und (7.) dahin zusammenfassen, dass

$$(9.)\qquad -4f(x,\, y,\, z) = \Sigma m_\alpha \frac{\partial \varrho(z)}{\partial q_\alpha} X_\alpha Y_\alpha$$

ist.

Kehren wir nun zu der biquadratischen Function (1.) zurück, so ist die in sie eingehende willkürliche Constante s nach (6.) ihre quadratische Invariante und

$$(10.)\qquad t = -2\Pi\sqrt{s-e_\alpha}$$

ihre kubische Invariante, und wenn man den Quadratwurzeln $\sqrt{s-e_\alpha}$ alle mit dieser Relation verträglichen Vorzeichen ertheilt, so stellt die Formel (1.) die vier Functionen F dar, welche die vorgeschriebenen Covarianten R und R_1 und Invarianten s und t haben. Da durch eine der linearen Substitutionen, welche R in sich selbst transformiren, die Covarianten X_α, X_β, X_γ in X_α, $-X_\beta$, $-X_\gamma$ übergehen, so sind jene vier Functionen F einander äquivalent. Ist der Ausdruck (1.) eine derselben, so ist eine der drei andern

$$m_\alpha\sqrt{s-e_\alpha}X_\alpha Y_\alpha - m_\beta\sqrt{s-e_\beta}X_\beta Y_\beta - m_\gamma\sqrt{s-e_\gamma}X_\gamma Y_\gamma = 2m_\alpha\sqrt{s-e_\alpha}X_\alpha Y_\alpha - F.$$

Durch Auflösung der Gleichungen (2.), (5.) und (7.) erhält man aber, falls $q_\alpha = \sqrt{s-e_\alpha}$ ist,

$$(11.)\qquad -2X_\alpha Y_\alpha = \sqrt{s-e_\alpha}(s+2e_\alpha)F + \frac{t}{\sqrt{s-e_\alpha}}G + \sqrt{s-e_\alpha}H.$$

Daher ist der erhaltene Ausdruck gleich

$$(12.)\qquad -\frac{m_\alpha}{4(s-e_\alpha)}(Ft^2+4Gt(s-e\ )+4H(s-e_\alpha)^2).$$

Auch diese drei Formen gehören also der Schaar $F\lambda^2+2G\lambda\lambda_1+H\lambda_1^2$ an und, wie im vorigen Paragraphen bemerkt ist, überhaupt alle biquadratischen Formen mit den Covarianten R und R_1.

Setzt man in der Formel (11.) $X_\alpha = \sqrt{S-e_\alpha R}$, $Y_\alpha = \sqrt{S_1-e_\alpha R_1}$, erhebt sie dann ins Quadrat, und reducirt sie mit Hülfe der Gleichung

$$4e^3-g_2e-g_3 = 0,$$

so ergiebt sich daraus durch Coefficientenvergleichung

$$(13.)\quad \begin{cases} 4sSS_1 = (s^2F+tG+sH)^2+g_3(G^2-sF^2), \\ 4s(RS_1+SR_1) = s(H-sF)^2-(tF+2sG)^2-g_3F^2. \end{cases}$$

Mittelst derselben Gleichung kann man auch TT_1 als kubische Function von F, G und H darstellen. Endlich ergiebt sich aus der Gleichung (1.), dass $F(x, y)$ durch die unimodularen Substitutionen $X_\alpha(x, x') = 0$, $Y_\alpha(y, y') = 0$ in sich selbst transformirt wird.

§ 10.

Anwendungen.

Die eben behandelte Aufgabe ist in der allgemeineren enthalten, eine triquadratische Function $f(x, y, z)$ zu bestimmen, deren Determinanten in Bezug auf x, y, z gleich R_1R_2, R_2R, RR_1 sind, wo $R(x)$, $R_1(y)$, $R_2(z)$ gegebene Functionen vierten Grades mit gleichen Invarianten sind. Ist ihre gemeinsame Discriminante von Null verschieden, so muss, wie eben gezeigt, $\frac{f}{\sqrt{R_2(z)}} = \Sigma m_\alpha \sqrt{Z-e_\alpha}\, X_\alpha Y_\alpha$ sein, wo Z eine Function von z ist, und ebenso $\frac{f}{\sqrt{R_1(y)}} = \Sigma m_\alpha \sqrt{Y-e_\alpha}\, X_\alpha Z_\alpha$, wo Z_1, Z_2, Z_3 die quadratischen Covarianten von R_2 sind. Da zwischen den Functionen X_α keine lineare Relation besteht, so folgt daraus $\sqrt{R_2(z)(Z-e_\alpha)}\, Y_\alpha = \sqrt{R_1(y)(Y-e_\alpha)}\, Z_\alpha$. Daher ist $\sqrt{R_2(z)(Z-e_\alpha)} = \varepsilon_\alpha Z_\alpha$, wo ε_α eine Constante ist, und mithin

$$(1.)\qquad f(x, y, z) = \Sigma \varepsilon_\alpha m_\alpha X_\alpha Y_\alpha Z_\alpha.$$

Die Determinante dieser Function in Bezug auf z ist

$$R(x)R_1(y) = \Sigma \varepsilon_\alpha^2 m_\alpha X_\alpha^2 Y_\alpha^2 = \Sigma \varepsilon_\alpha^2 m_\alpha (S(x)-e_\alpha R(x))(S_1(y)-e_\alpha R_1(y)).$$

Da sich aber weder S von R noch S_1 von R_1 nur um einen constanten Factor unterscheidet, so ist

$$\Sigma m_\alpha \varepsilon_\alpha^2 = 0, \quad \Sigma m_\alpha e_\alpha \varepsilon_\alpha^2 = 0, \quad \Sigma m_\alpha e_\alpha^2 \varepsilon_\alpha^2 = 1$$

und daher $\varepsilon_\alpha^2 = 1$. Folglich stellt der Ausdruck (1.) acht Functionen dar, die auch wirklich sämmtlich der Aufgabe genügen. Betrachtet man z als constant, so ist nach (6.) § 7 die Invariante $\bar{t}$ der biquadratischen Function $f(x, y, z)$ gleich $-2\Pi(\varepsilon_\alpha Z_\alpha) = T_2(z)\Pi\varepsilon_\alpha$. Soll also $\bar{t} = T_2(z)$ sein, so muss

$$(2.)\qquad \varepsilon_1\varepsilon_2\varepsilon_3 = 1, \quad \varepsilon_\alpha^2 = 1$$

sein, und es giebt nur vier der Aufgabe genügende Functionen. Bei der Definition der Vorzeichen der quadratischen Covarianten (10.) § 5 habe ich eine bestimmte Wurzel der Gleichung $R=0$ bevorzugt. Sind a, b, c diese bevorzugten Wurzeln für die Functionen R, R_1, R_2, so ist

$$64 f(a,\ b,\ c) = R'(a) R_1'(b) R_2'(c) \Sigma \varepsilon_\alpha m_\alpha .$$

Ist $f(x, y, z)$ die Function (15.) § 1, so ist $f(a, b, c) = 0$ und daher

$$\varepsilon_1 = \varepsilon_2 = \varepsilon_3 = 1$$

und

$$(3.) \qquad f(x,\ y,\ z) = \Sigma m_\alpha X_\alpha Y_\alpha Z_\alpha .$$

Von dieser Formel will ich jetzt eine Reihe von Anwendungen machen.

Nach Gleichung (4.) § 9 ist, wenn λ und μ zwei Parameter sind:

$$(f(x, y, \lambda),\ f(x, y, \mu)) = m_1 X_1 Y_1 (Z_2(\lambda) Z_3(\mu) + Z_3(\lambda) Z_2(\mu)) + \cdots .$$

Nach (18.) § 5 ist aber $Z_2(\lambda)Z_3(\mu)+Z_3(\lambda)Z_2(\mu)$ die zweite Polare von $2Z_2(\lambda)Z_3(\lambda)$. Folglich ist $(f(x, y, \lambda), f(x, y, \mu))$ die zweite Polare von

$$(f(x,\ y,\ \lambda),\ f(x,\ y,\ \lambda)) = (\bar{F},\ \bar{F}) = 2\bar{G}(x,\ y).$$

Nach (16.) § 7 ist mithin

$$(4.) \left\{ \begin{array}{l} 2\bar{\bar{G}}(x,y) = (f(x,y,\lambda),\ f(x,y,\mu)) = F(3s\lambda\mu(\lambda+\mu) - t(\lambda^2+\mu^2+4\lambda\mu) - u(\lambda+\mu)) \\ \qquad + G(2\lambda^2\mu^2 - 2t(\lambda+\mu) - 2u) + H(\lambda\mu(\lambda+\mu) - 3s(\lambda+\mu) + 2t). \end{array} \right.$$

Durch Coefficientenvergleichung folgt daraus

$$(5.) \left\{ \begin{array}{lll} (F,\ F) = 2G, & (G,\ G) = -tF, & (H,\ H) = 2tH - 2uG, \\ -2(G,\ H) = uF + 2tG + 3sH, & (H,\ F) = -tF, & 2(F,\ G) = 3sF + H. \end{array} \right.$$

Bezeichnet man die simultane Invariante zweier quadratischen Functionen f und g von y mit $\Delta_y(f, g)$, so ist nach (16.) § 5

$$\Delta_y(f(x,\ y,\ \lambda),\ f(x,\ y,\ \mu)) = \Sigma m_\alpha X_\alpha^2 Z_\alpha(\lambda) Z_\alpha(\mu) = \Sigma m_\alpha (S - e_\alpha R) Z_\alpha(\lambda) Z_\alpha(\mu)$$

und folglich nach (20.) und (21.) § 5

$$(6.) \qquad \Delta_y(f(x,\ y,\ \lambda),\ f(x,\ y,\ \mu)) = R(x)\varrho(\lambda,\ \mu) - 2S(x)(\lambda-\mu)^2,$$

wo $\varrho(\lambda, \mu)$ die zweite Polare von $\varrho(\lambda)$ ist. Daraus ergiebt sich durch Coefficientenvergleichung

$$(7.) \left\{ \begin{array}{lll} \Delta_y(F,\ F) = R, & \Delta_y(G,\ G) = S - sR, & \Delta_y(H,\ H) = uR, \\ \Delta_y(G,\ H) = tR, & \Delta_y(H,\ F) = -2S - sR, & \Delta_y(F,\ G) = 0. \end{array} \right.$$

Die simultane Invariante der drei quadratischen Formen (1.), (5.)

und (7.) § 9 von y ist nach (24.) § 5

$$(8.)\quad \begin{vmatrix} \frac{\partial^2 F}{\partial y^2} & \frac{\partial^2 F}{\partial y \partial y_1} & \frac{\partial^2 F}{\partial y_1^2} \\ \frac{\partial^2 G}{\partial y^2} & \frac{\partial^2 G}{\partial y \partial y_1} & \frac{\partial^2 G}{\partial y_1^2} \\ \frac{\partial^2 H}{\partial y^2} & \frac{\partial^2 H}{\partial y \partial y_1} & \frac{\partial^2 H}{\partial y_1^2} \end{vmatrix} = -8 \begin{vmatrix} F & F_2 & F_{22} \\ G & G_2 & G_{22} \\ H & H_2 & H_{22} \end{vmatrix} = 16T(x).$$

Daraus ergiebt sich eine für die Anwendungen wichtige Formel. Die Function $F(x, b)$ ist ein Quadrat, und verschwindet daher nur für einen Werth $x = a'$, aber von der zweiten Ordnung, so dass $F(a', b) = F_1(a', b) = 0$ ist. Da nun $G = F_1 F_2 - F F_{12}$, $2G_2 = F_1 F_{22} - F \frac{\partial F_{12}}{\partial y}$ ist, so ist auch

$$G(a', b) = G_2(a', b) = 0$$

und folglich nach (8.) $2T(a') = -H(a', b) F_2(a', b) G_{22}(a', b)$. Da aber nach (7.) $2tR = 2G_2 H_2 - G H_{22} - H G_{22}$, also $2tR(a') = -H(a', b) G_{22}(a', b)$ und nach (6.) § 1 $R(a') = F_2(a', b)^2$ ist, so ergiebt sich

$$(9.)\quad T(a') = tF_2(a', b)^3.$$

Bis auf das Vorzeichen erhält man diese Relation ohne weiteres aus den beiden Gleichungen (19.) § 1 und (8.) § 5 und der Gleichung (2.) § 3, nach welcher

$$(10.)\quad S(a') = sR(a') = sF_2(a', b)^2$$

ist. Zu diesen Formeln kann man auch auf folgendem Wege gelangen: Da $f(a, b, z)$ für $z = c$ von der zweiten Ordnung verschwindet, so ist

$$F(a, b)c + G(a, b) = 0.$$

Nun ist aber

$$F(a, b) = F(a', b) + 2F_1(a', b)(a-a') + F_{11}(a', b)(a-a')^2,$$
$$G(a, b) = G(a', b) + 2G_1(a', b)(a-a') + G_{11}(a', b)(a-a')^2$$

und daher, weil

$$2G_1 = F_2 F_{11} - F \frac{\partial F_{12}}{\partial x}, \quad G_{11} = F_{11} F_{12} - F_1 \frac{\partial F_{12}}{\partial x}$$

ist,

$$F(a, b) = F_{11}(a', b)(a-a')^2, \quad G(a, b) = F_{11}(a', b)(a-a')(F_2(a', b) + F_{12}(a', b)(a-a')).$$

Folglich ist

$$c = \frac{F_2(a', b)}{a'-a} - F_{12}(a', b).$$

Da aber nach (6.) § 1

$$R(a') = F_2(a', b)^2, \quad R'(a') = 4F_2(a', b)F_{12}(a', b)$$

ist, so ist

$$F_2(a', b)c = \frac{R(a')}{a'-a} - \tfrac{1}{4}R'(a') = \frac{R_{31}(a', a)}{a'-a}.$$

Nach (50.) § 5 genügt dieser Ausdruck der Gleichung

$$Z^4 - 6S(a')Z^2 + 4T(a')Z + g_2R(a')^2 - 3S(a')^2 = 0.$$

Vergleicht man diese mit der Gleichung $\varrho(z) = 0$, der c genügt, so erhält man die Formeln (9.) und (10.).

Bezeichnet man die quadratische Invariante s einer biquadratischen Form $F(x, y)$ mit $[F, F]$, so ist, wenn F und G zwei biquadratische Formen sind, $[F+\lambda G, F+\lambda G]$ eine quadratische Function von λ, in der ich den Coefficienten von 2λ mit $[F, G] = [G, F]$ bezeichne. Nach (6.) § 9 ist diese simultane Invariante für die beiden Formen (2.) und (3.) § 9 gleich $\frac{1}{3}\Sigma q_\alpha q'_\alpha$. Daher ist

$$3[f(x, y, \lambda), f(x, y, \mu)] = \Sigma Z_\alpha(\lambda)Z_\alpha(\mu)$$

und folglich nach (22.) § 5

$$(11.) \qquad [f(x, y, \lambda), f(x, y, \mu)] = \sigma(\lambda, \mu) - \tfrac{1}{6}g_2(\lambda-\mu)^2.$$

Durch Coefficientenvergleichung ergeben sich daraus die Formeln

$$(12.) \qquad \begin{cases} [F, F] = s, & [G, G] = s^2 - \frac{1}{12}g_2, \quad [H, H] = s^3 - g_3, \\ [G, H] = -\frac{1}{2}st, & [H, F] = -\frac{1}{3}u, \quad [F, G] = -\frac{1}{2}t, \end{cases}$$

durch welche auch die Invarianten t, u, g_2, g_3 erklärt werden können.

Betrachtet man $f(x, y, z)$ und $f(\xi, \eta, z)$ als quadratische Functionen von z, so ist nach (16.) § 5 ihre simultane Invariante

$$Q = \Sigma m_\alpha X_\alpha(x)X_\alpha(\xi)Y_\alpha(y)Y_\alpha(\eta).$$

Derselbe Ausdruck ist auch die simultane Invariante der beiden quadratischen Formen (§ 5 (43.))

$$(13.) \qquad \begin{cases} \Sigma m_\alpha X_\alpha(x)X_\alpha(\xi)P_\alpha(z) = 2S(x, \xi) - 2zR(x, \xi) + 2(z^2 - \frac{1}{12}g_2)(x-\xi)^2, \\ \Sigma m_\alpha Y_\alpha(y)Y_\alpha(\eta)P_\alpha(z) = 2S_1(y, \eta) - 2zR_1(y, \eta) + 2(z^2 - \frac{1}{12}g_2)(y-\eta)^2. \end{cases}$$

Demnach ist

$$(14.) \qquad \begin{cases} G(x, y)G(\xi, \eta) - \frac{1}{2}F(x, y)H(\xi, \eta) - \frac{1}{2}H(x, y)F(\xi, \eta) \\ = R(x, \xi)R_1(y, \eta) - 2S(x, \xi)(y-\eta)^2 - 2S_1(y, \eta)(x-\xi)^2 + \frac{1}{3}g_2(x-\xi)^2(y-\eta)^2. \end{cases}$$

Da ferner die Determinanten von $f(x, y, z)$ und $f(\xi, \eta, z)$ in Bezug auf z

gleich $R(x)R_1(y)$ und $R(\xi)R_1(\eta)$ sind, so ist die Resultante dieser beiden quadratischen Functionen von z gleich $Q^2-R(x)R_1(y)R(\xi)R_1(\eta)$, und da die Determinanten der beiden Functionen (13.) gleich $R(x)R(\xi)$ und $R_1(y)R_1(\eta)$ sind, so ist ihre Resultante ebenfalls gleich $Q^2-R(x)R(\xi)R_1(y)R_1(\eta)$. Es ergiebt sich also der merkwürdige Satz:

Die simultane Invariante und die Resultante der beiden quadratischen Functionen $\frac{1}{2}f(x,y,z)$ und $\frac{1}{2}f(\xi,\eta,z)$ der Variabeln z sind dieselben, wie die der Functionen

$$S(x,\xi)-zR(x,\xi)+(z^2-\tfrac{1}{12}g_2)(x-\xi)^2 \quad \textit{und} \quad S_1(y,\eta)-zR_1(y,\eta)+(z^2-\tfrac{1}{12}g_2)(y-\eta)^2$$

und bleiben daher ungeändert, wenn man x mit ξ, oder y mit η vertauscht.

Indem man die im vorigen Paragraphen abgeleiteten Relationen auf die Function (3.) anwendet, kann man die Invarianten und Covarianten jeder linearen Verbindung von F, G und H berechnen. Setzt man

$$(15.)\qquad \overline{\overline{F}} = F(x,y)\lambda\mu+G(x,y)(\lambda+\mu)+H(x,y) = \Sigma m_\alpha X_\alpha Y_\alpha Z_\alpha(\lambda,\mu),$$

wo $Z_\alpha(\lambda,\mu)$ die Polare von $Z_\alpha(\lambda)$ ist, so ist

$$(16.)\qquad \overline{\overline{R}}(x) = \varrho(\lambda,\mu)R(x)+(\lambda-\mu)^2S(x).$$

Ebenso wie $\overline{\overline{F}}$ die Polare der in § 7 untersuchten Function $\overline{F}$ von λ ist, sind auch die Ausdrücke $\overline{\overline{c}}_\alpha$, $\overline{\overline{s}}-\overline{\overline{e}}_\alpha$, $\overline{\overline{t}}$ und $\overline{\overline{G}}$ die Polaren von $\overline{c}_\alpha$, $\overline{s}-\overline{e}_\alpha$, $\overline{t}$ und $\overline{G}$, welche in Bezug auf λ und μ von gleichem Grade sind. Daher ist $\overline{\overline{G}}$ durch die Formel (4.) gegeben. Ferner ist

$$(17.)\qquad \begin{cases} \overline{\overline{s}} = \sigma(\lambda,\mu)+\frac{1}{12}g_2(\lambda-\mu)^2, \quad \overline{\overline{t}} = \tau(\lambda,\mu), \\ \overline{\overline{g}}_2 = g_2\varrho(\lambda,\mu)^2-3g_3\varrho(\lambda,\mu)(\lambda-\mu)^2+\frac{1}{12}g_2^2(\lambda-\mu)^4, \end{cases}$$

$$(18.)\qquad \begin{cases} \overline{\overline{c}}_\alpha = c_\alpha\lambda\mu+\frac{1}{2}(c_\alpha^2-3s)(\lambda+\mu)+c_\alpha^3-6c_\alpha s+3t, \\ \overline{\overline{c}}_\alpha-\overline{\overline{c}}_\beta = \frac{1}{2}(c_\alpha-c_\beta)((\lambda-c_\gamma)(\mu-c_\delta)+(\lambda-c_\delta)(\mu-c_\gamma)), \end{cases}$$

und wenn man

$$(19.)\qquad \begin{cases} \mathrm{P}(\lambda) = \frac{1}{12}\Big(F\dfrac{\partial^2\varrho}{\partial\lambda_1^2}-2G\dfrac{\partial^2\varrho}{\partial\lambda_1\partial\lambda}+H\dfrac{\partial^2\varrho}{\partial\lambda^2}\Big) = 2\Sigma m_\alpha e_\alpha X_\alpha Y_\alpha Z_\alpha(\lambda), \\ \Sigma(\lambda) = \frac{1}{12}\Big(F\dfrac{\partial^2\sigma}{\partial\lambda_1^2}-2G\dfrac{\partial^2\sigma}{\partial\lambda_1\partial\lambda}+H\dfrac{\partial^2\sigma}{\partial\lambda^2}\Big) = -2\Sigma m_\alpha(e_\alpha^2-\frac{1}{6}g_2)X_\alpha Y_\alpha Z_\alpha(\lambda) \end{cases}$$

setzt,

$$(20.)\qquad \overline{\overline{H}}-\overline{\overline{s}}\,\overline{\overline{F}} = \varrho(\lambda,\mu)\mathrm{P}(\lambda,\mu)+(\lambda-\mu)^2\Sigma(\lambda,\mu),$$

wo $\mathrm{P}(\lambda,\mu)$ und $\Sigma(\lambda,\mu)$ die Polaren der quadratischen Functionen $\mathrm{P}(\lambda)$ und $\Sigma(\lambda)$ sind. Die merkwürdigste Eigenschaft der betrachteten linearen Verbindungen besteht darin, dass, wenn

$$c_a,\quad c'_a = \tfrac{1}{2}(c_a^2-3s),\quad c''_a = c_a^3-6c_a s+3t$$

die correspondirenden Wurzeln der charakteristischen Gleichungen von F, G und H sind, die lineare Function $c_a r+c'_a r'+c''_a r''$ die der charakteristischen Gleichung von $rF+r'G+r''H$ ist.

§ 11.

R und R_1 sind keine Quadrate.

Die vier Functionen, welche der Ausdruck (1.) § 10 unter der Bedingung (2.) § 10 darstellt, sind die Wurzeln einer Gleichung vierten Grades

$$\tfrac{1}{16}g_6 f^4-\tfrac{1}{4}lf^2-mf+n = 0.$$

Um dieselbe zu bilden, setze ich zur Abkürzung

$$(1.)\quad (S-\lambda R)(S_1-\lambda R_1)(S_2-\lambda R_2)+\tfrac{1}{4}RR_1R_2(4\lambda^3-g_2\lambda-g_3) = L\lambda^2-M\lambda+N,$$

also

$$L = R_1R_2S+R_2RS_1+RR_1S_2,$$
$$M = S_1S_2R+S_2SR_1+SS_1R_2+\tfrac{1}{4}g_2RR_1R_2,$$
$$N = SS_1S_2-\tfrac{1}{4}g_3RR_1R_2.$$

Dann ist $m=-8\Pi(X_aY_aZ_a)$, also

$$(2.)\quad m = TT_1T_2.$$

Ferner ist

$$\tfrac{1}{8}l = (e_2-e_3)^2(X_1Y_1Z_1)^2+\cdots,$$

also nach (1.)

$$\tfrac{1}{8}l = (e_2-e_3)^2(Le_1^2-Me_1+N)+\cdots.$$

Dieser Ausdruck entsteht aus $(e_2-e_3)^2(\lambda-e_1\lambda_1)^2+\cdots$, indem man λ_1^2, $2\lambda_1\lambda$, λ^2 durch L, M, N ersetzt. Diese Summe ist aber die *Hesse*sche Covariante der kubischen Function $\varphi(\lambda)$

$$\tfrac{1}{32}\left(\left(\frac{\partial^2\varphi}{\partial\lambda\partial\lambda_1}\right)^2-\frac{\partial^2\varphi}{\partial\lambda^2}\frac{\partial^2\varphi}{\partial\lambda_1^2}\right) = \tfrac{1}{8}(12g_2\lambda^2+36g_3\lambda\lambda_1+g_2^2\lambda_1^2),$$

und mithin ist

$$(3.)\quad l = g_2^2L+18g_3M+12g_2N.$$

Endlich ist

$$\tfrac{1}{16}g_6 n = \Pi((e_2-e_3)\sqrt{Le_1^2-Me_1+N}\pm(e_3-e_1)\sqrt{Le_2^2-Me_2+N}\pm(e_1-e_2)\sqrt{Le_3^2-Me_3+N}).$$

Betrachtet man L, M, N als unabhängige Variabeln, so ist dies Product eine ganze homogene Function zweiten Grades derselben, welche verschwindet, wenn $M^2-4LN=0$ ist. Denn dann ist $L\lambda^2-M\lambda+N=(P\lambda+Q)^2$ und $(e_2-e_3)(Pe_1+Q)+(e_3-e_1)(Pe_2+Q)+(e_1-e_2)(Pe_3+Q)=0$. Daher ist jener Ausdruck gleich $k(M^2-4LN)$. Um k zu bestimmen, setze ich für L, M, N die Werthe $12g_2$, $-36g_3$, g_2^2, so dass $L\lambda^2-M\lambda+N=8((e_2-e_3)^2(\lambda-e_1)^2+\cdots)$ wird und mithin $Le_1^2-Me_1+N = 16(e_1-e_2)^2(e_1-e_3)^2$. Dann ergiebt sich $k=\frac{1}{16}g_6$ und folglich

$$n = M^2-4LN. \tag{4.}$$

Demnach findet man zwischen der Function f und gewissen ihrer Covarianten die identische Gleichung

$$\tfrac{1}{16}g_6f^4-\tfrac{1}{4}(g_2^2L+18g_3M+12g_2N)f^2-TT_1T_2f+M^2-4LN = 0, \tag{5.}$$

mit deren Hülfe sich leicht ein neuer Beweis für den Satz II, § 3 ergiebt. Dieselbe muss auch bestehen bleiben, wenn $g_6=0$ wird. Dann reducirt sie sich auf die quadratische Gleichung

$$\tfrac{1}{4}lf^2+mf-n = 0. \tag{6.}$$

Ist $e_2=e_3(=e)$, so wird

$$\tfrac{1}{16}l=(e-e_1)^2(Le^2-Me+N)=(e-e_1)^2(S-eR)(S_1-eR_1)(S_2-eR_2),$$

kann also nur verschwinden, wenn entweder die Wurzeln der Gleichung $\varphi(\lambda)=0$ alle drei einander gleich sind, oder wenn eine der drei Functionen $R_\varkappa$ ein Quadrat ist. Tritt keiner dieser beiden Fälle ein, so hat die Aufgabe zwei und nur zwei Lösungen f. Ist dagegen $e_1=e_2=e_3=0$, also $g_2=g_3=0$, so reducirt sich die Gleichung (5.) auf eine vom ersten Grade $mf-n=0$, und wenn a, b, c die einfachen und a', b', c' die dreifachen Wurzeln der Gleichungen $R=0$, $R_1=0$, $R_2=0$ sind, so ist

$$(7.)\left\{\begin{aligned} &-32.81R'(a)R_1'(b)R_2'(c)f(x,\,y,\,z)\\ &=\Pi\big(\sqrt{R_1''(b)R_2''(c)}(x-a)(y-b')(z-c')\pm\sqrt{R_2''(c)R''(a)}(y-b)(z-c')(x-a')\\ &\qquad\pm\sqrt{R''(a)R_1''(b)}(z-c)(x-a')(y-b')\big).\end{aligned}\right.$$

Ist keine der drei Functionen $R_\varkappa$ ein Quadrat, ist also f unzerlegbar, so ist m von Null verschieden, und die Aufgabe hat eine und nur eine Lösung. Ist f aber zerlegbar, so verschwinden alle Coefficienten der Gleichung (5.).

Bei der Herleitung dieser Gleichung ist von der Bedeutung der Ausdrücke $R_\varkappa$ und $S_\varkappa$ kein Gebrauch gemacht worden. Daher erhält man die beiden Wurzeln der Gleichung (6.), indem man in der Formel (1.) § 10

$$f = \Sigma\frac{\sqrt{S-e_\alpha R}\sqrt{S_1-e_\alpha R_1}\sqrt{S_2-e_\alpha R_2}}{(e_\alpha-e_\beta)(e_\alpha-e_\gamma)}$$

$e_2 = e_3 = e$ werden lässt. Von den vier durch diese Formel dargestellten Ausdrücken werden dann zwei unendlich gross, die beiden andern aber gleich

$$(8.)\qquad f = m_1 X_1 Y_1 Z_1 \pm \left[D_\lambda \frac{\sqrt{S-\lambda R}\sqrt{S_1-\lambda R_1}\sqrt{S_2-\lambda R_2}}{\lambda - e_1}\right]_{\lambda = e}.$$

Lässt man endlich e_1, e_2, e_3 alle drei gleich Null werden, so bleibt von den vier Ausdrücken nur einer endlich

$$(9.)\qquad f = \tfrac{1}{2}[D_\lambda^2 \sqrt{(S-\lambda R)}\sqrt{S_1-\lambda R_1}\sqrt{S_2-\lambda R_2}]_{\lambda=0}.$$

Man kann die drei Fälle zusammenfassen, indem man

$$(10.)\qquad f = \sum_e \left[\frac{4\sqrt{S-\lambda R}\sqrt{S_1-\lambda R_1}\sqrt{S_2-\lambda R_2}}{\varphi(\lambda)}\right]_{(\lambda-e)^{-1}}$$

setzt, wo e die Wurzeln der Gleichung $\varphi(\lambda) = 0$ durchläuft.

Will man den eben ausgeführten Grenzübergang vermeiden, so muss man die Formel (1.) § 10 so umgestalten, dass in ihr keine verschwindenden Nenner mehr auftreten, falls die Grössen e_α alle oder zum Theil einander gleich werden. In dem betrachteten Falle hat jede der drei Gleichungen $R_\varkappa = 0$ wenigstens eine einfache Wurzel. Ist c eine einfache Wurzel der Gleichung $R_2(z) = 0$, so geht R durch die Substitution $\sqrt{f(x, y, c)} = 0$ in R_1 über. Wie leicht zu sehen, entspricht dabei einer einfachen Wurzel a der Gleichung $R = 0$ eine einfache Wurzel b der Gleichung $R_1 = 0$. Nach (12.) § 5 ist dann

$$\tfrac{1}{64} R'(a) R_1'(b) R_2'(c) f(x, y, z) = \Sigma m_\alpha X_\alpha(x) X_\alpha(a) Y_\alpha(y) Y_\alpha(b) Z_\alpha(z) Z_\alpha(c).$$

Nach (19.) § 5 ist aber

$$X_\alpha(x) X_\alpha(a) = S(x, a) - e_\alpha R(x, a) - 2(e_\alpha^2 - \tfrac{1}{12} g_2)(x-a)^2$$

und mithin

$$(11.)\qquad \begin{cases} \tfrac{1}{64} R'(a) R_1'(b) R_2'(c) f(x, y, z) \\ = -2(x-a)^2 (S_1(y, b) S_2(z, c) + \tfrac{1}{6} g_2 R_1(y, b) R_2(z, c)) - \cdots \\ + S(x, a)(R_1(y, b) R_2(z, c) + \tfrac{1}{3} g_2 (y-b)^2 (z-c)^2) + \cdots \\ - g_3 (R(x, a)(y-b)^2(z-c)^2 + \cdots) - \tfrac{1}{6} g_2^2 (x-a)^2 (y-b)^2 (z-c)^2. \end{cases}$$

Ersetzt man in den obigen Rechnungen R_2, S_2, T_2 und f durch 1, s, t und F, so erhält man diejenigen biquadratischen Functionen $F(x, y)$, welche in Bezug auf x und y die Determinanten R_1 und R haben und die Invarianten s und t besitzen. Ist weder R noch R_1 ein Quadrat, so giebt es solcher Functionen 4, 2 oder 1, je nachdem die Gleichung $\varphi(\lambda) = 0$ drei, zwei oder eine Wurzel hat.

§ 12.

R und R_1 sind Quadrate.

Sind *R* und R_1 Quadrate, so lässt sich *F* in zwei Factoren zerlegen

$$(1.)\qquad F(x,\ y) = 2XY,$$

die bilineare Functionen von *x* und *y* sind,

$$(2.)\qquad X = pxy+p'x+p''y+p''',\quad Y = qxy+q'x+q''y+q'''.$$

Da die Determinante der quadratischen Form $2(\alpha x+\beta x_1)(\gamma x+\delta x_1)$ gleich $(\alpha\delta-\beta\gamma)^2$ ist, so sind *R* und R_1 die Quadrate der Functionaldeterminanten

$$(3.)\qquad \frac{\partial(X,Y)}{\partial(y,y_1)} = f(x),\quad \frac{\partial(X,Y)}{\partial(x,x_1)} = f_1(y).$$

Die Aufgabe, alle biquadratischen Functionen *F* zu bestimmen, deren Determinanten in Bezug auf *y* und *x* die gegebenen Functionen

$$(4.)\qquad R(x) = f(x)^2,\quad R_1(y) = f_1(y)^2$$

sind, reducirt sich also auf folgende: Sind zwei quadratische Functionen

$$(5.)\qquad f(x) = ax^2+2bx+c,\quad f_1(y) = a'y^2+2b'y+c'$$

gegeben, zwei bilineare Functionen (2.) zu bestimmen, deren Functionaldeterminanten (3.) gleich *f* und f_1 (oder gleich *f* und $-f_1$) sind. Wegen des Zusammenhanges dieser Aufgabe mit dem Problem, das *Gauss* in der fünften Section der Disqu. Arithm. behandelt hat, will ich darauf etwas näher eingehen.

Zur Berechnung der Unbekannten $p,\ p',\ \dots\ q'''$ hat man die Gleichungen

$$(6.)\qquad \begin{cases} pq'-p'q = a, & pq''-p''q = a', & pq'''-p'''q = b'+b, \\ p''q'''-p'''q'' = c, & p'q'''-p'''q' = c', & p'q''-p''q' = b'-b. \end{cases}$$

Zwischen diesen sechs Determinanten besteht aber die Relation

$$ac-a'c'+(b'+b)(b'-b) = 0.$$

Die Aufgabe ist also nur lösbar, wenn *f* und f_1 gleiche Determinanten

$$(7.)\qquad D = b^2-ac = b'^2-a'c'$$

haben. Da die Invarianten der Function vierten Grades $f(x)^2$ gleich

$$(8.)\qquad g_2 = \tfrac{4}{3}D^2,\quad g_3 = -\tfrac{8}{27}D^3$$

sind, so enthält für den betrachteten Fall die Gleichung (7.) den Satz von der Uebereinstimmung der Invarianten der Functionen *R* und R_1.

Setzt man

(9.) $A = q'q''-qq'''$, $C = p'p''-pp'''$, $2B = pq'''+p'''q-p'q''-p''q'$,

so ist

$$AX^2+2BXY+CY^2 = -\begin{vmatrix} qX-pY & q'X-p'Y \\ q''X-p''Y & q'''X-p'''Y \end{vmatrix}.$$

Zählt man in dieser Determinante die Elemente der ersten Zeile, mit x multiplicirt, zu denen der zweiten, und die Elemente der ersten Colonne, mit y multiplicirt, zu denen der zweiten, so wird das letzte Element

$$(qxy+q'x+q''y+q''')X-(pxy+p'x+p''y+p''')Y = 0.$$

Daher zerfällt die Determinante in zwei Factoren, von denen der eine

$$(qx+q'')X-(px+p'')Y = \frac{\partial Y}{\partial y}\left(y\frac{\partial X}{\partial y}+\frac{\partial X}{\partial y_1}\right)-\frac{\partial X}{\partial y}\left(y\frac{\partial Y}{\partial y}+\frac{\partial Y}{\partial y_1}\right)$$
$$= -\frac{\partial(X, Y)}{\partial(y, y_1)} = -f(x)$$

und der andere $-f_1(y)$ ist. So ergiebt sich die bekannte Identität

(10.) $$AX^2+2BXY+CY^2 = f(x)f_1(y).$$

Betrachtet man y als constant, so geht demnach die quadratische Form $AX^2+2BXY+CY^2$ durch die Substitution

$$X = \frac{\partial X}{\partial x}x+\frac{\partial X}{\partial x_1}x_1,\quad Y = \frac{\partial Y}{\partial x}x+\frac{\partial Y}{\partial x_1}x_1$$

in $f_1(y)f(x)$ über. Daher ist die Determinante der letzteren Df_1^2 gleich der der ersteren D, mal dem Quadrate der Substitutionsdeterminante, die nach (3.) gleich f_1 ist. Also ist

(11.) $$B^2-AC = D.$$

Für den Werth $z = B$ verschwinden, weil

$$\varrho(B) = |p^{(\mu)}q^{(\nu)}+q^{(\mu)}p^{(\nu)}| \qquad (\mu, \nu = 0, 1, 2, 3)$$

ist, alle Unterdeterminanten dritten Grades der Determinante (4.) § 1, und daher ist

(12.) $$FB^2+2GB+H = 0.$$

Folglich ist $(BF+G)^2 = G^2-FH = RR_1$, also

(13.) $$BF+G = ff_1 = AX^2+2BXY+CY^2.$$

Dass das Vorzeichen richtig bestimmt ist, erkennt man aus dem speciellen Falle, wo $G = 0$ ist. Dann zerfällt F und folglich auch X und Y in lineare Factoren von je einer Variabeln, und mithin ist $A = C = 0$. Ist also für diesen Fall $X = P$ und $Y = Q$, so ist

$$(14.)\qquad F(x, y) = 2PQ = \frac{f(x)f_1(y)}{\sqrt{D}}.$$

Aus den Gleichungen (12.) und (13.) ergiebt sich

$$(15.)\qquad G = AX^2+CY^2,\quad H = -B(AX^2+BXY+CY^2).$$

Die Wurzeln der Gleichung $\varphi(\lambda) = 0$ sind nach (8.)

$$(16.)\qquad e_1 = -\tfrac{2}{3}D,\quad e_2 = e_3 = \tfrac{1}{3}D.$$

Nach Formel (7.) § 7 ist aber B als Doppelwurzel der Gleichung $\varrho(z) = 0$ gleich $\sqrt{s-e_1}$, also ist $s = e_1+B^2$. Durch den Coefficienten s und die Doppelwurzel B ist die Function $\varrho(z)$ vollständig bestimmt,

$$(17.)\qquad \varrho(z) = (z-B)^2((z+B)^2-4AC),$$

also ist

$$(18.)\qquad 3s = B^2+2AC,\quad t = 2ABC,\quad s-e_1 = B^2,\quad s-e_2 = s-e_3 = AC.$$

Ich gehe jetzt zur Lösung der oben gestellten Aufgabe über. Benutzt man X und Y als Functionszeichen, so sind die beiden Gleichungen (3.) identisch mit

$$(19.)\qquad \begin{cases} X(x, y)Y(x, \eta)-X(x, \eta)Y(x, y) = (y-\eta)f(x), \\ X(x, y)Y(\xi, y)-X(\xi, y)Y(x, y) = (x-\xi)f_1(y). \end{cases}$$

Sind $f(x, \xi)$ und $f_1(y, \eta)$ die Polaren von $f(x)$ und $f_1(y)$, so folgt daraus durch Polarenbildung

$$X(x, y)Y(\xi, \eta)+X(\xi, y)Y(x, \eta)-X(x, \eta)Y(\xi, y)-X(\xi, \eta)Y(x, y) = 2f(x, \xi)(y-\eta),$$

$$X(x, y)Y(\xi, \eta)+X(x, \eta)Y(\xi, y)-X(\xi, y)Y(x, \eta)-X(\xi, \eta)Y(x, y) = 2f_1(y, \eta)(x-\xi)$$

und daraus durch Addition

$$(20.)\qquad X(x, y)Y(\xi, \eta)-X(\xi, \eta)Y(x, y) = f(x, \xi)(y-\eta)+f_1(y, \eta)(x-\xi).$$

Setzt man in dieser Gleichung $x = \xi$ oder $y = \eta$, so erhält man wieder die beiden Gleichungen (19.), und folglich ersetzt dieselbe die sämmtlichen Gleichungen (6.).

Ich mache jetzt die Voraussetzung, dass keine der beiden gegebenen Functionen f und f_1 identisch verschwindet. Dann können sich X und Y nicht nur um einen constanten Factor von einander unterscheiden. Wären also diese bilinearen Functionen bekannt, so könnte man zwei Werthepaare x', y' und x'', y'' so bestimmen, dass (nachdem man homogen gemacht hat)

$$(21.)\qquad X(x', y') = 0,\quad Y(x', y') = N,\quad X(x'', y'') = -N,\quad Y(x'', y'') = 0$$

wird, wo N eine von Null verschiedene Constante ist. Setzt man diese Werthepaare für ξ, η in (20.) ein, so erhält man

$$NX(x, y) = f(x, x')(y-y')+f_1(y, y')(x-x'),$$
$$NY(x, y) = f(x, x'')(y-y'')+f_1(y, y'')(x-x'').$$

Diese Ausdrücke erfüllen zwei der Gleichungen (21.) identisch. Damit auch die beiden andern erfüllt seien, muss

$$N^2 = f(x', x'')(y'-y'')+f_1(y', y'')(x'-x'')$$

sein. Diese Entwicklung lässt sich nun umkehren und führt dann zur Lösung der gestellten Aufgabe: Setzt man nämlich

$$(22.)\qquad f(x, y;\ \xi, \eta) = f(x, \xi)(y-\eta)+f_1(y, \eta)(x-\xi),$$

und sind x', y', x'', y'' willkürliche Constanten, die nur der Beschränkung unterliegen, dass $f(x', y'; x'', y'')$ von Null verschieden ist, so befriedigen die Functionen

$$(23.)\qquad X = \frac{f(x,y;\, x',y')}{\sqrt{f(x',y';\, x'',y'')}},\quad Y = \frac{f(x,y;\, x'',y'')}{\sqrt{f(x',y';\, x'',y'')}}$$

die Gleichung (20.) identisch. Denn zunächst ist

$$(24.)\qquad f(x, y;\ \xi, \eta) = -f(\xi, \eta;\ x, y),$$

also $f(x, y; x, y) = 0$. Daraus ergiebt sich die identische Gleichung

$$(25.)\qquad \left\{\begin{array}{l} f(x, y;\ \xi, \eta)f(x', y';\ x'', y'')+f(x, y;\ x', y')f(x'', y'';\ \xi, \eta) \\ \qquad +f(x, y;\ x'', y'')f(\xi, \eta;\ x', y') \\ \quad = ((b'^2-a'c')-(b^2-ac)) \begin{vmatrix} xy & x & y & 1 \\ \xi\eta & \xi & \eta & 1 \\ x'y' & x' & y' & 1 \\ x''y'' & x'' & y'' & 1 \end{vmatrix}. \end{array}\right.$$

Denn als Function von x und y ist die linke Seite eine bilineare Form, welche für die Werthepaare ξ, η und x', y' und x'', y'' verschwindet. Sie kann sich daher von der Determinante nur um einen Factor unterscheiden, der von x, y unabhängig ist. Ebenso erkennt man, dass dieser Factor von den übrigen Variabelnpaaren unabhängig ist. Macht man nun die Ausdrücke homogen und setzt dann $x = y = 1$, $x_1 = y_1 = 0$; $\xi = \eta_1 = 1$, $\xi_1 = \eta = 0$ u. s. w., so werden in der Determinante die Elemente der Diagonale 1, die übrigen 0. Ferner wird

$$f(x, y;\ \xi, \eta) = a,\quad f(x, y;\ x', y') = a',\quad f(x, y;\ x'', y'') = b'+b,$$
$$f(x', y';\ x'', y'') = c,\quad f(\xi, \eta;\ x'', y'') = c',\quad f(\xi, \eta;\ x', y') = b'-b.$$

Haben also f und f_1 gleiche Determinanten, so verschwindet der Ausdruck (25.) identisch, die Functionen (23.) genügen den Gleichungen (3.), und folglich ist

$$(26.)\qquad F(x,\ y) = \frac{2f(x,y;x',y')f(x,y;x'',y'')}{f(x',y';x'',y'')}.$$

Seien α und β die Wurzeln der Gleichung $f=0$, α' und β' die der Gleichung $f_1=0$, und zwar sei

$$a\alpha+b = a'\alpha'+b' = \sqrt{D},\quad a\beta+b = a'\beta'+b' = -\sqrt{D}.$$

Mit Hülfe der Gleichung $f(\alpha,\xi)=\sqrt{D}(\xi-\alpha)$ und der analogen Gleichungen findet man, dass identisch $f(\alpha,\beta';\xi,\eta)=0$ und $f(\beta,\alpha';\xi,\eta)=0$ ist. Daher sind $X(x,y)=0$ und $Y(x,y)=0$ zwei Transformationen von $f(x)$ in $f_1(y)$, welche die Wurzeln α, β in β', α' überführen. Wenn es sich nicht um die Bestimmung der bilinearen Functionen X und Y handelt, die den Gleichungen (3.) genügen, sondern um die der biquadratischen Function F, deren Determinanten die Functionen (4.) sind, so kann man in der obigen Entwicklung auch f_1 durch $-f_1$ ersetzen. Dann werden $X=0$ und $Y=0$ zwei Transformationen von f in f_1, welche die Wurzeln α, β in α', β' überführen.

Bilden die bilinearen Formen P und Q irgend eine particuläre Lösung der Gleichungen (3.), so ergiebt sich aus der Formel (20.) die Relation

$$X(x,\ y)Y(\xi,\ \eta)-X(\xi,\ \eta)Y(x,\ y) = P(x,\ y)Q(\xi,\ \eta)-P(\xi,\ \eta)Q(x,\ y).$$

Setzt man wieder für ξ, η die beiden durch die Gleichungen (21.) definirten Werthepaare ein, so erhält man zwei Gleichungen von der Form

$$X=\alpha P+\beta Q,\quad Y=\gamma P+\delta Q,$$

wo α, β, γ, δ Constanten sind. Umgekehrt genügen diese Ausdrücke den Gleichungen (3.), wenn $\alpha\delta-\beta\gamma=1$ ist. Daher enthält die Functionenschaar

$$(27.)\qquad F(x,\ y) = 2(\alpha P+\beta Q)(\gamma P+\delta Q)$$

zwei willkürliche Constanten, und, wenn die Invariante s gegeben ist, nur noch eine. Je nach der Wahl des Vorzeichens von $\sqrt{R_1}:\sqrt{R}$ erhält man zwei solche Schaaren von Functionen $F(x,y)$. Der Formel (14.) zufolge bildet man die bilinearen Formen P und Q am einfachsten, indem man je einen Linearfactor von f mit einem von f_1 vereinigt. Dies kann man auf zwei Arten ausführen, und so erhält man jene beiden Schaaren. Die Lösung (14.), die einzige, für welche $G=0$ ist, ist auch zugleich die einzige, welche diesen beiden Schaaren von biquadratischen Functionen gemeinsam ist.

§ 13.

R_1 ist ein Quadrat, R nicht.

Die übrigen Fälle, die sich bei der Bestimmung einer biquadratischen Function F mit gegebenen Determinanten R und R_1 darbieten können, sind leicht zu erledigen. Sind R und R_1 beide Null, so ist F das Quadrat einer beliebigen bilinearen Form und enthält vier willkürliche Constanten, wenn aber die Invariante s gegeben ist, nach Formel (3.) § 4 nur noch drei. Ist $R_1 = 0$, R aber nicht, so ist nach Satz I, § 3 die Aufgabe nur lösbar, wenn $R = f(x)^4$ die vierte Potenz einer linearen Function ist. Dann ist

$$F(x, y) = f(x)^2 g(y),$$

wo $g(y)$ eine beliebige quadratische Function mit der Determinante 1 ist, also zwei willkürliche Constanten enthält. In diesem Falle sowohl, wie in dem, wo R_1 ein Quadrat ist, R aber nicht, muss $\varrho(z)$ nach § 3 ein Quadrat und daher s die Doppelwurzel $s = e_2 = e_3$ der Gleichung $\varphi(\lambda) = 0$ sein, also

$$(1.)\qquad g_2 = 12s^2, \quad g_3 = -8s^3, \quad t = 0.$$

Demnach ist s durch g_2 und g_3 mitbestimmt. Daraus folgt:

I. *Sind die Functionen vierten Grades $R(x)$ und $R_1(y)$ äquivalent, so kann man eine biquadratische Function $F(x, y)$ bestimmen, deren Determinanten in Bezug auf x und y gleich R_1 und R sind, und deren quadratische Invariante s einen beliebig vorgeschriebenen Werth hat. Sind aber die Determinanten R und R_1 einer biquadratischen Form F nicht äquivalent, so ist s durch R bestimmt, nämlich gleich der Doppelwurzel der charakteristischen Gleichung von R.*

Ist R_1 ein Quadrat, R aber nicht, so ist nach Satz III, § 3

$$(2.)\qquad F(x, y) = 2(x-n)(f_1(y)+(x-n)g(y)),$$

wo

$$g(y) = py^2+2qy+r, \quad f_1(y) = a'y^2+2b'y+c'$$

quadratische Functionen von y sind. Daher ist

$$(3.)\qquad R_1(y) = f_1(y)^2, \quad R(x) = 4(x-n)^2 f(x),$$

wo

$$(4.)\quad f(x) = a(x-n)^2+2b(x-n)+c = (b'+(x-n)q)^2-(a'+(x-n)p)(c'+(x-n)r)$$

ist. Seien umgekehrt zwei Functionen vierten Grades von der Form (3.) mit gleichen Invarianten gegeben, für welche b^2-ac nicht verschwindet, und a', b', c' nicht sämmtlich Null sind. Berechnet man die Doppelwurzel s der charakteristischen Gleichung von R und der von R_1, so erhält man die

Relation

$$(5.)\qquad 3s = c = b'^2 - a'c',$$

welche die Gleichheit der Invarianten von R und R_1 ausdrückt. Um F zu bestimmen, hat man daher nur noch die Unbekannten p, q, r aus den Gleichungen

$$q^2 - pr = a, \quad 2b'q - c'p - a'r = 2b$$

zu berechnen, die stets lösbar sind, weil a', b', c' nicht sämmtlich verschwinden.

Sind also R und R_1 gegeben, so enthält F eine willkürliche Constante, falls nicht beide Determinanten Quadrate sind, aber zwei, falls beide Quadrate und nicht beide Null sind, und vier, falls beide verschwinden. Im ersten Falle gilt (vgl. § 8) der Satz:

II. *Ist $F(x, y)$ eine biquadratische Form, deren Determinanten R und R_1 nicht beide Quadrate sind, so ist $\frac{f(x, y, \lambda)}{\sqrt{\varrho(\lambda)}}$ die allgemeinste Form, deren Determinanten gleich R und R_1 sind.*

Aus den Entwicklungen der Paragraphen 9, 11, 12 kann man schliessen, dass alle biquadratischen Formen, welche dieselben Determinanten $R(x)$ und $R_1(y)$ und dieselben Invarianten s und t haben, einander äquivalent sind. Daraus folgt:

III. *Damit zwei biquadratische Formen äquivalent seien, ist nothwendig und hinreichend, dass sie dieselben Invarianten s und t haben, und dass die Covarianten $R(x)$ und $R_1(y)$ der einen den beiden entsprechenden der andern einzeln äquivalent sind.*

Nimmt man noch die in § 4 abgeleiteten Resultate hinzu, so gelangt man zu der Folgerung:

IV. *Damit zwei biquadratische Formen äquivalent seien, ist nothwendig und hinreichend, dass ihre charakteristischen Determinanten in den Elementartheilern übereinstimmen.*

§ 14.

Ueber symmetrische biquadratische Formen.

Ich gehe jetzt näher auf den Fall ein, wo $F(x, y) = F(y, x)$ eine symmetrische Function von x und y ist, wo also

$$(1.)\qquad A' = B, \quad A'' = C, \quad B'' = C'$$

ist. Nach Formel (9*.) § 1 ist dann der Ausdruck

$$n = B'-C \tag{2.}$$

einer Wurzel c der charakteristischen Gleichung $\varrho(z) = 0$ gleich. Offenbar werden ja auch die Gleichungen (9.) § 1 erfüllt, wenn man

$$\alpha = 0,\quad \beta = 1,\quad \gamma = -1,\quad \delta = 0,\quad c = n$$

setzt. Die Substitution $\sqrt{f(x,y,c)} = 0$ ist daher die identische, und diese muss sich, weil $R_1(y) = R(y)$ ist, in der That unter den vier Transformationen von R in R_1 befinden. Nach Formel (11.) § 1 ist daher, wenn $\varrho'(n) = -4q$ gesetzt wird:

$$F(x,y)n^2+2G(x,y)n+H(x,y) = 2q(x-y)^2. \tag{3.}$$

Da $\alpha\delta-\beta\gamma = 1$, also von Null verschieden ist, so hat nach dem zweiten Theile des in § 4 erwähnten Satzes des Herrn *Stickelberger* die Determinante $\varrho(z)$ einen linearen Elementartheiler $z-n$. Es gilt also der Satz:

I. ***Ist eine biquadratische Form mit der charakteristischen Determinante $\varrho(z)$ einer symmetrischen Form mit der Invariante n äquivalent, so ist $z-n$ ein linearer Elementartheiler von $\varrho(z)$.***

Direct kann man denselben beweisen, indem man die Determinante

$$W = \begin{vmatrix} 1 & 0 & 0 & 0 \\ 0 & 1 & 1 & 0 \\ 0 & -1 & 1 & 0 \\ 0 & 0 & 0 & 1 \end{vmatrix} = 2$$

mit der Determinante $\varrho(z)$ einer symmetrischen Form $F(x,y)$ und das Product wieder mit W zusammensetzt. Dann erhält man

$$4\varrho(z) = \begin{vmatrix} A & 0 & 2B & B'+z \\ 2B & 0 & 2(B'+C-z) & 2C' \\ 0 & 2(n-z) & 0 & 0 \\ B'+z & 0 & 2C' & C'' \end{vmatrix}.$$

Bei dieser Operation bleiben die Elementartheiler von $\varrho(z)$ ungeändert. Da nun in der transformirten Determinante die Zeile und die Colonne, in der $2(n-z)$ steht, ausser diesem Elemente nur noch verschwindende enthält, so ist $z-n$ ein linearer Elementartheiler von $\varrho(z)$. Aus dem ersten Theile des Satzes des Herrn *Stickelberger* und den Entwicklungen des § 1, namentlich aus den Formeln (9*.) § 1 ergiebt sich umgekehrt:

II. *Hat die charakteristische Determinante einer biquadratischen Form einen linearen Elementartheiler $z-n$, so ist die Form einer symmetrischen mit der Invariante n äquivalent.*

Nach Satz II, § 4 folgt daraus:

III. *Sind die beiden Determinanten einer biquadratischen Form äquivalente Functionen vierten Grades, so ist die Form einer symmetrischen äquivalent.*

Haben die Unterdeterminanten dritten Grades von $\varrho(z)$ keinen Divisor gemeinsam, so sind die Substitutionen (23.) § 1 (deren Anzahl 4 oder 2 oder 1 ist) die einzigen, welche R in R_1 transformiren. Da sie den Formeln (9*.) § 1 zufolge die Form F zugleich in eine symmetrische verwandeln, so ergiebt sich der Satz:

IV. *Ist R kein Quadrat, so ist jede biquadratische Form, deren Determinanten in Bezug auf x und y gleich $R(y)$ und $R(x)$ sind, eine symmetrische.*

Jede nicht symmetrische biquadratische Form, deren Determinanten dieselben Functionen sind, lässt sich auf die Gestalt

$$(4.)\quad F(x,y) = (axy+(b+k)x+(b-k)y+c)(axy+(b+l)x+(b-l)y+c)$$

bringen.

Der obigen Rechnung zufolge ist

$$(5.)\quad \frac{\varrho(z)}{z-n} = \begin{vmatrix} A & B & B'+z \\ 2B & B'+C-z & 2C' \\ B'+z & C' & C'' \end{vmatrix} = (z-n)^3+4n(z-n)^2+12p(z-n)-4q$$

oder

$$(6.)\quad \begin{cases} \frac{1}{8}\frac{\varrho(2\mu-n)}{\mu-n} = \frac{1}{2}\begin{vmatrix} A & B & C+2\mu \\ A' & B'-\mu & C' \\ A''+2\mu & B'' & C'' \end{vmatrix} \\ = 2\mu^3-2n\mu^2+(n^2-3s)\mu+t = 2(\mu-n)^3+4n(\mu-n)^2+6p(\mu-n)-q. \end{cases}$$

Dieser Ausdruck ist die Determinante der Function $\frac{1}{2}F(x,y)+\mu(x-y)^2$ falls man sie als bilineare Form von x^2, $2x$, 1 und y^2, $2y$, 1 betrachtet. Daraus folgt, dass n, p und q ungeändert bleiben, falls F durch *cogrediente* unimodulare Substitutionen transformirt wird. Für die in § 9 untersuchte Function

$$(7.)\quad F(x,y) = \Sigma m_\alpha q_\alpha Q_\alpha(x) Q_\alpha(y)$$

muss jener Bemerkung nach, weil nach (20.) § 5

$$F(x,y)+2\mu(x-y)^2 = \Sigma m_\alpha(q_\alpha-\mu)Q_\alpha(x)Q_\alpha(y)$$

ist,

$$(8.)\quad \varrho(2\mu-n) = 16(\mu-n)\Pi(\mu-q_\alpha)$$

sein, mithin identisch

$$(9.)\qquad 2\varkappa^3+4n\varkappa^2+6p\varkappa-q = 2\Pi(\varkappa+n-q_\alpha),$$

also

$$(10.)\quad n = q_1+q_2+q_3,\quad 3p-n^2 = q_2q_3+q_3q_1+q_1q_2,\quad q = -2(q_2+q_3)(q_3+q_1)(q_1+q_2).$$

Aus der Formel (5.) ergiebt sich

$$(11.)\qquad p = \tfrac{1}{24}\varrho''(n) = \tfrac{1}{2}(n^2-s),\quad q = -\tfrac{1}{4}\varrho'(n) = 3ns-n^3-t.$$

Umgekehrt ist mithin

$$(12.)\qquad s = n^2-2p,\quad t = 2n^3-6np-q.$$

Setzt man $z-n = w$, so ist $\varrho(z) = w^4+4nw^3+12pw-4q$. Berechnet man die Invarianten dieser Function vierten Grades, so findet man

$$(13.)\qquad g_2 = 4nq+12p^2,\quad -g_3 = q^2+4npq+8p^3.$$

Durch Elimination von n erhält man aus diesen beiden Gleichungen die Relation

$$(14.)\qquad q^2 = 4p^3-g_2p-g_3 = \varphi(p).$$

Die Wurzeln der Gleichung $\varrho(z) = 0$ sind

$$(15.)\qquad c = n,\quad c_\alpha = n+\frac{q}{p-e_\alpha}.$$

Durch die Substitution

$$(16.)\qquad z = n+\frac{q}{p-v}$$

geht $\varrho(z)$ in die Normalform $4v^3-g_2v-g_3$ und mithin die quadratische Covariante $Z_\alpha(z)$ in $P_\alpha(v)$ über. Nun ist aber nach (3.) § 10

$$f(x,\ y,\ z) = \Sigma Q_\alpha(x)Q_\alpha(y)Z_\alpha(z),$$

wo Q_1, Q_2, Q_3 die quadratischen Covarianten von R sind, und folglich ist

$$(p-v)^2 f\left(x,\ y,\ n+\frac{q}{p-v}\right) = q\Sigma m_\alpha Q_\alpha(x)Q_\alpha(y)P_\alpha(v)$$

oder nach (43.) § 5

$$(17.)\quad \begin{cases} F(x,y)(n(p-v)+q)^2+2G(x,y)(n(p-v)+q)(p-v)+H(x,y)(p-v)^2 \\ \qquad = 2q(S(x,y)-vR(x,y)+(v^2-\tfrac{1}{12}g_2)(x-y)^2). \end{cases}$$

Zwischen je 4 der 6 biquadratischen Covarianten

$$(x-y)^2,\quad F(x,\ y),\quad G(x,\ y),\quad H(x,\ y)\quad R(x,\ y),\quad S(x,\ y)$$

besteht demnach eine lineare Relation. Entwickelt man nach Potenzen von $v-p$, so erhält man durch Coefficientenvergleichung die Formel (3.)

und die Relationen

$$(18.)\qquad F(x,\,y)n+G(x,\,y) = R(x,\,y)-2p(x-y)^2$$

und

$$(19.)\qquad \tfrac{1}{2}qF(x,\,y) = S(x,\,y)-pR(x,\,y)+(p^2-\tfrac{1}{12}g_2)(x-y)^2.$$

Für die in § 7 untersuchte Function $\bar{F}$ ist nach Formel (9.) § 7

$$(20.)\qquad \bar{n} = \frac{\varrho_{31}(\lambda,\,n)}{\lambda-n} = n\lambda^2+2n_2\lambda+n_3,$$

wo

$$(21.)\qquad n_2 = 3p-n^2 = \tfrac{1}{2}(n^2-3s) = p-s,\quad n_3 = n^3-6np-3q = n^3-6ns+3t$$

die der linearen Invariante n analogen Invarianten von $G(x,y)$ und $H(x,y)$ sind *). Ebenso wie $\varrho(z)$ durch die Substitution (16.) in $4v^3-g_2v-g_3$ übergeht, geht $\bar{\varrho}(\bar{z})$ durch die Substitution $\bar{z} = \bar{n}+\frac{\bar{q}}{\bar{p}-\bar{v}}$ nach (3.) § 7 in $4\bar{v}^3-g_2\varrho^2\bar{v}-g_3\varrho^3$ über, wo $\varrho = \varrho(\lambda)$ ist. Da nun nach (11.) § 7 die Substitution

$$(22.)\qquad \bar{z} = \frac{\varrho_{31}(\lambda,\,z)}{\lambda-z}$$

$\bar{\varrho}(\bar{z})$ in $\varrho(z)$ verwandelt, so ist $\bar{v}$ eine lineare Function von v, welche für $v = e_1,\ e_2,\ e_3$ die Werthe $\bar{v} = e_1\varrho,\ e_2\varrho,\ e_3\varrho$ hat (wie man durch stetige Aenderung des Parameters von $\lambda = \infty$ an erkennt), und mithin ist $\bar{v} = v\varrho$. Aus den Gleichungen (20.) und (22.) ergiebt sich aber

$$(\lambda-z)(\bar{z}-\bar{n}) = \frac{\varrho}{\lambda-n}(z-n),$$

und folglich ist identisch

$$\Big(\lambda-n-\frac{q}{p-v}\Big)\frac{\bar{q}}{\bar{p}-v\varrho} = \frac{\varrho}{\lambda-n}\,\frac{q}{p-v},$$

also

$$(23.)\qquad \bar{p} = \Big(p-\frac{q}{\lambda-n}\Big)\varrho(\lambda),\quad \bar{q} = q\Big(\frac{\varrho(\lambda)}{\lambda-n}\Big)^2.$$

Die Formel (19.) enthält die Lösung der Aufgabe, eine symmetrische biquadratische Function $F(x,y)$ zu bestimmen, deren Determinante in Bezug auf y eine gegebene Function vierten Grades

$$(24.)\qquad R(x) = Ax^4+4Bx^3+6Cx^2+4Dx+E$$

---

*) Die Herren *Rosanes* und *Pasch* haben (dieses Journ. Bd. 70, S. 170) die Grössen $\delta = 2n$, $\sigma = -4n_2$ und $\lambda = -8q$ als Invarianten gewählt.

ist. Durch $R(x)$ sind $R(x,y)$, $S(x,y)$, g_2 und g_3 bestimmt. In dem Ausdrucke (19.) ist demnach p eine willkürliche Constante und q bis auf das Vorzeichen durch die Gleichung (14.) bestimmt. Es giebt also eine und nur eine symmetrische biquadratische Form $F(x,y)$, welche die Covariante $R(x)$ und die Invarianten p und q hat.

Für jene Aufgabe hat *Richelot* folgende elegante directe Lösung angegeben: Setzt man

$$u_0 = 1, \quad -2u_1 = x+y, \quad u_2 = xy,$$

so kann man F auf die Form

$$F(x,\ y) = -2\Sigma a_{\alpha\beta} u_\alpha u_\beta = (-2a_{22}x^2+2a_{12}x-\tfrac{1}{2}a_{11})y^2 \\ +2(a_{12}x^2-2(a_{02}+\tfrac{1}{4}a_{11})x+a_{01})y+(-\tfrac{1}{2}a_{11}x^2+2a_{01}x-2a_{00})$$

bringen, wo $a_{\alpha\beta} = a_{\beta\alpha}$ ist. Dann ist

$$R(x) = (a_{12}x^2-2(a_{02}+\tfrac{1}{4}a_{11})x+a_{01})^2-(2a_{22}x^2-2a_{12}x+\tfrac{1}{2}a_{11})(\tfrac{1}{2}a_{11}x^2-2a_{01}x+2a_{00}).$$

Ist also $-A_{\alpha\beta}$ der Coefficient von $a_{\alpha\beta}$ in der Determinante $|a_{\alpha\beta}| = q$, so ist

$$A = A_{00}, \quad B = A_{01}, \quad D = A_{12}, \quad E = A_{22}$$

und $3C = 2A_{11}+A_{02}$. Setzt man also $3p = A_{11}-A_{02}$, so ist

$$C-2p = A_{02}, \quad C+p = A_{11}.$$

Daher ist (vgl. Formel (43.) § 5)

$$(25.) \qquad \tfrac{1}{2}qF(x,\ y) = \begin{vmatrix} 0 & 1 & -\tfrac{1}{2}(x+y) & xy \\ 1 & A & B & C-2p \\ -\tfrac{1}{2}(x+y) & B & C+p & D \\ xy & C-2p & D & E \end{vmatrix},$$

und weil die Determinante aus den Unterdeterminanten gleich dem Quadrate der ursprünglichen Determinante ist,

$$-q^2 = \begin{vmatrix} A & B & C-2p \\ B & C+p & D \\ C-2p & D & E \end{vmatrix} = -4p^3+g_2p+g_3.$$

Ist $q = 0$, so wird diese Lösung illusorisch. In diesem Falle lässt sich die quadratische Form $\Sigma a_{\alpha\beta}u_\alpha u_\beta$, deren Determinante q ist, in zwei lineare Factoren zerlegen, also zerfällt F in zwei bilineare Factoren und

$$R(x) = (ax^2+2bx+c)^2$$

ist ein Quadrat. Nach Formel (26.) § 12 ist daher

$$(26.)\qquad F(x,\,y) = \frac{2f(x,y;\,x',y')f(x,y;\,x'',y'')}{f(x',y';\,x'',y'')},$$

wo

$$f(x,y;\,\xi,\eta) = \begin{vmatrix} 1 & x+y & xy \\ 1 & \xi+\eta & \xi\eta \\ a & -2b & c \end{vmatrix}$$

ist. Aus den obigen Entwicklungen ergiebt sich noch die Folgerung:

V. *Haben zwei äquivalente symmetrische biquadratische Formen dieselbe lineare Invariante n, so können sie durch cogrediente lineare Substitutionen in einander transformirt werden.*

Ist

$$(27.)\qquad -\tfrac{1}{2}F(x,\,y) = (x+y)(xy+n(x+y)+3p)-q,$$

also

$$(28.)\qquad R(x) = (x^2-3p)^2+4q(x+n),$$

so hat F die Invarianten n, p, q und mithin R die Invarianten g_2 und g_3. Nach Satz III § 13 ist daher jede (allgemeine) symmetrische biquadratische Form mit den Invarianten n, p, q der Form (27.) äquivalent. Da die Coefficienten derselben nur von n, p, q abhängen, so ergiebt sich daraus:

VI. *Jede Invariante einer symmetrischen biquadratischen Form ist eine ganze Function von n, p und q.*

Ebenso kann, da die Determinanten der Form (13.) § 1 gleich

$$R(x) = 4x^3-g_2x-g_3,\quad R_1(y) = y^4-6sy^2+4ty+u$$

sind, jede beliebige biquadratische Form in diese Normalform transformirt werden, und daraus folgt:

VII. *Jede Invariante einer biquadratischen Form ist eine ganze Function von s, t und u.*

§ 15.

Ueber die elliptischen Functionen zweiten Grades.

Zum Schluss will ich den Zusammenhang der durchgeführten Untersuchung mit der Theorie der elliptischen Functionen kurz darlegen. Ist $x = \varphi(u)$ eine elliptische Function zweiten Grades, so giebt es eine Constante 2α, für welche

$$(1.)\qquad \varphi(2\alpha-u) = \varphi(u),\quad \varphi'(2\alpha-u) = -\varphi'(u)$$

ist. Damit diese Constante für zwei solche Functionen (mit denselben Perioden) den nämlichen Werth hat, ist nothwendig und hinreichend, dass zwischen ihnen eine bilineare Gleichung besteht. Falls $x=\varphi(u)$ nicht an einer Stelle von der zweiten Ordnung unendlich wird, verschwindet $\varphi'(u)$ für $u=\alpha,\ \alpha+\omega_1,\ \alpha+\omega_2,\ \alpha+\omega_3$, wo $\omega_1,\ \omega_2,\ \omega_3$ drei incongruente halbe Perioden sind, und wenn $\left(\frac{dx}{du}\right)^2=R(x)$ ist, wo $R(x)$ eine ganze Function vierten Grades ist, so sind $a=\varphi(\alpha)$, $a_\lambda=\varphi(\alpha+\omega_\lambda)$ die Wurzeln der Gleichung $R=0$. Ist z. B.

$$(2.)\qquad z=\frac{\sigma'}{\sigma}(v+2w)-\frac{\sigma'}{\sigma}(v)-\frac{\sigma'}{\sigma}(2w)=\frac{1}{2}\,\frac{\wp'(v)-\wp'(2w)}{\wp(v)-\wp(2w)},$$

also

$$(3.)\qquad\begin{cases}\left(\dfrac{dz}{dv}\right)^2=z^4-6\wp(2w)z^2+4\wp'(2w)z-3\wp(2w)^2+g_2=\varrho(z),\\[2mm] \dfrac{dz}{dv}=\wp(v)-\wp(v+2w)=\sqrt{\varrho(z)},\end{cases}$$

so ist $\alpha=-w$, und daher sind

$$(4.)\qquad\begin{cases}c=2\dfrac{\sigma'}{\sigma}(w)-\dfrac{\sigma'}{\sigma}(2w)=-\dfrac{1}{2}\dfrac{\wp''(w)}{\wp'(w)}=\dfrac{\sigma_1}{\sigma}(2w)+\dfrac{\sigma_2}{\sigma}(2w)+\dfrac{\sigma_3}{\sigma}(2w),\\[2mm] c_\lambda=c+\dfrac{\wp'(w)}{\wp(w)-e_\lambda}=c-\dfrac{2\sigma_\mu(w)\sigma_\nu(w)}{\sigma(w)\sigma_\lambda(w)}=\dfrac{\sigma_\lambda}{\sigma}(2w)-\dfrac{\sigma_\mu}{\sigma}(2w)-\dfrac{\sigma_\nu}{\sigma}(2w)\end{cases}$$

die Wurzeln der Gleichung $\varrho(z)=0$.

Ist $\varphi(u)$ eine beliebige elliptische Function zweiten Grades, und sind $u,\ v,\ w$ drei Variabeln, so besteht die Formel

$$(5.)\qquad\begin{cases}\dfrac{1}{2}\dfrac{\varphi'(v)+\varphi'(w)}{\varphi(v)-\varphi(w)}+\dfrac{1}{2}\dfrac{\varphi'(w)+\varphi'(u)}{\varphi(w)-\varphi(u)}+\dfrac{1}{2}\dfrac{\varphi'(u)+\varphi'(v)}{\varphi(u)-\varphi(v)}\\[2mm] \qquad=\dfrac{\sigma'}{\sigma}(v-w)+\dfrac{\sigma'}{\sigma}(w-u)+\dfrac{\sigma'}{\sigma}(u-v),\end{cases}$$

die ich den Vorlesungen des Herrn *Weierstrass* entnehme. Entwickelt man diese Functionen von w nach Potenzen von $w-u$, so ergiebt sich durch Vergleichung der Coefficienten von $w-u$

$$(6.)\qquad \wp(u-v)=\frac{\varphi'(u)^2+\varphi''(u)(\varphi(v)-\varphi(u))+\frac{1}{6}\dfrac{\varphi'''(u)}{\varphi'(u)}(\varphi(v)-\varphi(u))^2+\varphi'(u)\varphi'(v)}{2(\varphi(u)-\varphi(v))^2}.$$

Ist $\varphi(u)=x$, $\varphi'(u)=\sqrt{R(x)}$, so ist

$$(7.)\qquad \varphi''(u)=\tfrac{1}{2}R'(x),\qquad \frac{\varphi'''(u)}{\varphi'(u)}=\tfrac{1}{2}R''(x)$$

und mithin

$$\wp(u-v) = \frac{R(x, y)+\sqrt{R(x)}\sqrt{R(y)}}{2(x-y)^2}, \tag{8.}$$

wo die Zeichen der Wurzeln durch die Gleichungen

$$\varphi'(u) = \sqrt{R(x)}, \quad \varphi'(v) = \sqrt{R(y)} \tag{9.}$$

bestimmt sind. Durch Differentiation ergiebt sich daraus

$$\wp'(u-v) = \frac{R_{13}(x, y)\sqrt{R(x)}+R_{31}(x, y)\sqrt{R(y)}}{(y-x)^3}. \tag{10.}$$

Macht man die Gleichung (8.) rational, so erhält man nach Formel (35.) § 5 den Satz:

I. *Zwischen $x = \varphi(u)$, $y = \varphi(v)$ und $p = \wp(u-v)$ besteht die Gleichung*

$$S(x, y)-pR(x, y)+(p^2-\tfrac{1}{12}g_2)(x-y)^2 = 0 \tag{11.}$$

oder

$$\begin{vmatrix} 0 & 1 & -\frac{1}{2}(x+y) & xy \\ 1 & A & B & C-2p \\ -\frac{1}{2}(x+y) & B & C+p & D \\ xy & C-2p & D & E \end{vmatrix} = 0. \tag{12.}$$

Diese Gleichung ist demnach die allgemeine Integralgleichung der Differentialgleichung

$$\frac{dx}{\sqrt{R(x)}} = \frac{dy}{\sqrt{R(y)}} \tag{13.}$$

mit der willkürlichen Constante p.

Ist 2α die Summe der beiden Werthe, für welche $\varphi(u)$ unendlich wird, so erhält man aus den Gleichungen (8.) und (10.), indem man v durch $2\alpha-v$ ersetzt, nach (1.)

$$\begin{cases} \wp(u+v-2\alpha) = \dfrac{R(x, y)-\sqrt{R(x)}\sqrt{R(y)}}{2(x-y)^2}, \\ \wp'(u+v-2\alpha) = \dfrac{R_{13}(x, y)\sqrt{R(x)}-R_{31}(x, y)\sqrt{R(y)}}{(y-x)^3} \end{cases} \tag{14.}$$

und daher

$$\begin{cases} R(x, y) = (x-y)^2(\wp(u-v)+\wp(u+v-2\alpha)), \\ \sqrt{R(x)}\sqrt{R(y)} = (x-y)^2(\wp(u-v)-\wp(u+v-2\alpha)), \\ 2R_{13}(x, y)\sqrt{R(x)} = (y-x)^3(\wp'(u-v)+\wp'(u+v-2\alpha)) \end{cases} \tag{15.}$$

und

$$(16.)\quad \begin{cases} S(x,\, y) \;=\; (x-y)^2(\wp(u-v)\wp(u+v-2\alpha)+\frac{1}{12}g_2), \\ T(x,\, y) \;=\; \frac{1}{2}(y-x)^3\wp'(u-v)\wp'(u+v-2\alpha), \\ Q_\lambda(x,\, y) \;=\; (x-y)\frac{\sigma_\lambda}{\sigma}(u-v)\frac{\sigma_\lambda}{\sigma}(u+v-2\alpha). \end{cases}$$

Die vorletzte Formel ergiebt sich mit Hülfe der aus (34.) § 5 folgenden Gleichung $R_{13}^2 R(x) - R_{31}^2 R(y) = (x-y)^2(R(x)S(y)-R(y)S(x))$. Die letzte Formel findet man bis auf das Zeichen aus der Gleichung (19.) § 5

$$\frac{Q_\lambda(x,y)^2}{(x-y)^2} = \wp(u-v)\wp(u+v-2\alpha)-e_\lambda(\wp(u-v)+\wp(u+v-2\alpha))+e_\lambda^2$$
$$= (\wp(u-v)-e_\lambda)(\wp(u+v-2\alpha)-e_\lambda).$$

Um das Zeichen zu bestimmen, setze ich in den obigen Formeln $x = y$. Dann ergiebt sich

$$(17.)\quad \begin{cases} S(x) = R(x)\wp(2u-2\alpha), \;\; T(x) = \sqrt{R(x)^3}\,\wp'(2u-2\alpha), \\ Q_\lambda(x) = \sqrt{R(x)}\,\frac{\sigma_\lambda}{\sigma}(2u-2\alpha). \end{cases}$$

Da $\sqrt{R(x)} = \varphi'(u) = \varphi''(\alpha)(u-\alpha)+\cdots$ ist, so geht die letzte Formel, wenn man $u = \alpha$, $x = \varphi(\alpha) = a$ setzt, in $R'(a) = 2\varphi''(\alpha)$ über. Nach Gleichung (7.) ist daher das Zeichen richtig bestimmt. Ist z. B. $\varphi(u) = \wp(u)$, so ist nach (42.) § 5

$$(18.)\quad \begin{cases} \dfrac{\sigma_\lambda(2u)}{\sigma(u)^4} = (\wp(u)-e_\lambda)^2-(e_\lambda-e_\mu)(e_\lambda-e_\nu) = -P_\lambda(\wp(u)), \\ \dfrac{\sigma_\lambda(u+v)\sigma_\lambda(u-v)}{\sigma(u)^2\sigma(v)^2} = (\wp(u)-e_\lambda)(\wp(v)-e_\lambda)-(e_\lambda-e_\mu)(e_\lambda-e_\nu) \\ \qquad = -P_\lambda(\wp(u),\, \wp(v)). \end{cases}$$

Die Formeln, in welche die entwickelten Relationen für den Fall $\varphi(u) = \wp(u)$ übergehen, erhält man am einfachsten auf folgendem Wege: Bestimmt man $\varkappa$ und λ so, dass die Function $\wp'(\xi)-\varkappa\wp(\xi)-\lambda$ der Variabeln ξ für die beiden Werthe $\xi = u$ und v verschwindet, so verschwindet sie auch für $\xi = w$, falls

$$(19.)\qquad u+v+w = 0$$

ist. Daher verschwindet $4\eta^3-g_2\eta-g_3-(\varkappa\eta+\lambda)^2$ für $\eta = \wp(u)$, $\wp(v)$ und $\wp(w)$, und mithin ist

$$4\eta^3-g_2\eta-g_3-4(\eta-\wp(u))(\eta-\wp(v))(\eta-\wp(w)) \;=\; (\varkappa\eta+\lambda)^2.$$

Folglich verschwindet die Determinante dieser quadratischen Function von η

$$(20.)\quad \begin{cases} (\wp(v)\wp(w)+\wp(w)\wp(u)+\wp(u)\wp(v)+\frac{1}{4}g_2)^2 \\ \qquad -4(\wp(u)+\wp(v)+\wp(w))(\wp(u)\wp(v)\wp(w)-\frac{1}{4}g_3) \;=\; 0. \end{cases}$$

Ordnet man nach Potenzen von $z = \wp(w)$, so erhält man

$$(\wp(u)-\wp(v))^2 z^2 - ((\wp(u)+\wp(v))(2\wp(u)\wp(v)-\tfrac{1}{2}g_2)-g_3)z$$
$$+(\wp(u)\wp(v)+\tfrac{1}{4}g_2)^2+g_3(\wp(u)+\wp(v)) = 0.$$

Da die Wurzeln dieser quadratischen Gleichung $\wp(u+v)$ und $\wp(u-v)$ sind, so erhält man daraus die Formeln (15.) und (16.) für die Summe und das Product dieser beiden Ausdrücke.

Zwischen je zwei elliptischen Functionen zweiten Grades mit denselben Perioden, $x = \varphi(u)$ und $y = \psi(u)$, besteht eine biquadratische Gleichung $F(x, y) = 0$. Ich setze voraus, dass zwischen x und y keine bilineare Gleichung besteht. Ist also den Gleichungen (1.) analog

$$(21.)\qquad \psi(2\beta-u) = \psi(u),\quad \psi'(2\beta-u) = -\psi'(u),$$

so ist

$$(22.)\qquad 2\alpha-2\beta = 2w$$

keine Periode. Da die Functionen $\psi(2\alpha-u)-\psi(u)$ und $\varphi'(u)$ beide für die vier Werthe verschwinden, für welche $2u \equiv 2\alpha$ ist, so wird der Quotient $\varphi'(u):(\psi(2\alpha-u)-\psi(u))$ nur an den beiden Stellen u_0 und $u_1 = 2\alpha-u_0$ unendlich, an denen es $\varphi(u)$ wird, aber von der zweiten Ordnung, und in seinen Entwicklungen nach Potenzen von $u-u_0$ und $u-u_1$ haben $(u-u_0)^{-2}$ und $(u-u_1)^{-2}$ gleiche Coefficienten. Solcher Functionen giebt es aber nur drei linear unabhängige. Auf diesem Wege erhält man drei Gleichungen von der Form

$$(23.)\qquad \begin{cases} \dfrac{2\varphi'(u)}{\psi(2\alpha-u)-\psi(u)} = Ax^2+2Bx+C, \\[2ex] \dfrac{-\varphi'(u)(\psi(2\alpha-u)+\psi(u))}{\psi(2\alpha-u)-\psi(u)} = A'x^2+2B'x+C', \\[2ex] \dfrac{2\varphi'(u)\psi(2\alpha-u)\psi(u)}{\psi(2\alpha-u)-\psi(u)} = A''x^2+2B''x+C'', \end{cases}$$

und dasselbe gilt auch für den Fall, wo u_0 und u_1 zusammenfallen. Daraus ergiebt sich $F(x, y) = 0$ und $F_2(x, y) = -\varphi'(u)$, also, weil

$$F_1(x,\ y)\varphi'(u)+F_2(x,\ y)\psi'(u) = 0$$

ist,

$$(24.)\qquad F_1(x,\ y) = \frac{dy}{du} = \psi'(u),\quad F_2(x,\ y) = -\frac{dx}{du} = -\varphi'(u)$$

und mithin

$$(25.)\qquad \frac{dx}{du} = \sqrt{R(x)},\quad \frac{dy}{du} = \sqrt{R_1(y)}.$$

Da die Summe der beiden Werthe, für welche $x' = \varphi(u+w)$ unendlich wird, gleich 2β ist, so besteht zwischen x' und y eine bilineare Gleichung, und da auch $\frac{dx'}{du} = \sqrt{R(x')}$ ist, so ist damit (direct aus der Theorie der elliptischen Functionen) dargethan, dass $R(x)$ und $R_1(y)$ gleiche Invarianten haben. Die Invarianten g_2 und g_3 der Function vierten Grades $R(x)$, welche gleich dem Quadrate der Ableitung einer elliptischen Function zweiten Grades $x = \varphi(u)$ ist, hängen also nur von den Perioden von $\varphi(u)$ ab, sind aber von der Wahl dieser Function selbst unabhängig.

Sind $x = \varphi(u)$ und $y = \psi(u)$ gegeben, so ist die Function $F(x, y)$ nur bis auf einen constanten Factor genau bestimmt. Ich setze im Folgenden immer voraus, dieser Factor sei so gewählt, dass die Gleichungen (24.) bestehen. Nach Gleichung (1.) und (21.) sind $y = \psi(u)$ und $y = \psi(2\alpha - u)$ die beiden Wurzeln der Gleichung $F(\varphi(u), y) = 0$ und $x = \varphi(u)$ und $x = \varphi(2\beta - u)$ die der Gleichung $F(x, \psi(u)) = 0$. Daher ist $b = \psi(\beta)$ eine Wurzel der Gleichung $R_1(y) = 0$ und $a' = \varphi(\beta)$ die Doppelwurzel der Gleichung $F(x, b) = 0$. Nach Formel (9.) und (10.) § 10 sind aber

$$s = \frac{S(a')}{F_2(a', b)^2}, \quad t = \frac{T(a')}{F_2(a', b)^3}$$

die Invarianten von $F(x, y)$. Setzt man daher in den Gleichungen (17.) $u = \beta$, $x = a'$, so erhält man

$$(26.) \qquad s = \wp(2w), \quad t = \wp'(2w).$$

Nach § 9 giebt es vier Functionen $F(x, y)$, welche die Covarianten $R(x)$ und $R_1(y)$ und die Invarianten s und t haben. Ist $x = \varphi(u)$, so verschwinden die drei von $F(x, y)$ verschiedenen Functionen für je eine der drei Functionen $y = \psi(u + \omega_\lambda)$, für welche 2β denselben Werth hat wie für $\psi(u)$.

Ist z die Function (2.), also $\frac{dz}{dv} = \sqrt{\varrho(z)}$, und setzt man

$$\left(\frac{dz}{dv}\right)^2 \bar{s} = \sigma(z), \quad \left(\frac{dz}{dv}\right)^3 \bar{t} = \tau(z),$$

so sind $\bar{s}$ und $\bar{t}$ nach (5.) und (6.) § 7 die Invarianten der durch die Gleichung

$$(27.) \qquad \frac{dz}{dv} \bar{F}(x, y) = f(x, y, z)$$

definirten Function $\bar{F}$, und nach (17.) ist

$$(28.) \qquad \bar{s} = \wp(2v + 2w), \quad \bar{t} = \wp'(2v + 2w).$$

Da ausserdem $\bar{F}$ die Covarianten $R(x)$ und $R_1(y)$ hat, und da die Grösse (22.) in $2v + 2w$ übergeht, wenn man $\psi(u)$ durch $\psi(u + v)$ ersetzt, so wird die Gleichung $\bar{F}(x, \psi(u + v)) = 0$ durch $\varphi(u)$ oder eine der drei Functionen $\varphi(u + \omega_\lambda)$ erfüllt. Da sie aber für $v = 0$ durch $x = \varphi(u)$ befriedigt wird, so muss ihr, wie Stetigkeitsbetrachtungen zeigen, immer die Function $\varphi(u)$ genügen. Differentiirt man die Gleichung $f(x, y, z) = 0$ nach v, so erhält man $\frac{\partial f}{\partial y}\frac{\partial y}{\partial v} + \frac{\partial f}{\partial z}\frac{\partial z}{\partial v} = 0$. Demnach ergiebt sich der Satz:

II. *Besteht zwischen $x = \varphi(u)$ und $y = \psi(u)$ die Gleichung $F(x, y) = 0$, und wird der constante Factor von F so gewählt, dass $\frac{\partial F}{\partial x} = 2\frac{dy}{du}$, $\frac{\partial F}{\partial y} = -2\frac{dx}{du}$ ist, so besteht zwischen*

$$x = \varphi(u), \quad y = \psi(u+v), \quad z = \frac{\sigma'}{\sigma}(v+2w) - \frac{\sigma'}{\sigma}(v) - \frac{\sigma'}{\sigma}(2w)$$

die Gleichung $f(x, y, z) = 0$, und es ist

$$(29.) \qquad \frac{\partial f}{\partial x} = 2\frac{\partial y}{\partial u}\frac{\partial z}{\partial v}, \quad \frac{\partial f}{\partial y} = -2\frac{\partial x}{\partial u}\frac{\partial z}{\partial v}, \quad \frac{\partial f}{\partial z} = 2\frac{\partial x}{\partial u}\frac{\partial y}{\partial u}.$$

In weniger bestimmter Fassung lautet dieser Satz:

III. *Ist die unzerlegbare biquadratische Gleichung*

$$(Ax^2+2Bx+C)y^2+2(A'x^2+2B'x+C')y+(A''x^2+2B''x+C'') = 0$$

ein particuläres Integral der Differentialgleichung

$$\frac{dx}{\sqrt{R(x)}} = \frac{dy}{\sqrt{R_1(y)}},$$

so ist

$$\begin{vmatrix} 0 & 1 & -x & -y & xy \\ 1 & A & B & A' & B'+\lambda \\ -x & B & C & B'-\lambda & C' \\ -y & A' & B'-\lambda & A'' & B'' \\ xy & B'+\lambda & C' & B'' & C'' \end{vmatrix} = 0$$

ihr allgemeines Integral.

Um diese Theorie an einem Beispiel zu erläutern, sei

$$x = \wp(u), \quad y = \frac{1}{2}\frac{\wp'(u)-\wp'(2w)}{\wp(u)-\wp(2w)}.$$

Dann ist $\alpha = 0$, $\beta = -w$, ferner

$$\frac{\varphi'(u)}{\psi(-u)-\psi(u)} = s-x, \quad \psi(u)+\psi(-u) = \frac{-t}{s-x}, \quad \psi(u)\psi(-u) = \frac{x^2+xs+s^2-\frac{1}{4}g_2}{s-x}$$

und mithin (vgl. (13.) § 1)

$$(30.) \qquad F(x, y) = 2(s-x)y^2-2ty+2x^2+2sx+2s^2-\tfrac{1}{2}g_2.$$

Ist $\psi(u) = \varphi(u+w)$, also $\psi(2\alpha-u) = \varphi(u-w)$, so ist $F(x, y)$ symmetrisch, und umgekehrt, wenn $F(x, y)$ symmetrisch ist, so ergiebt sich aus der Differentialgleichung (13.), dass $\psi(u) = \varphi(u+w)$ ist. Die durch diese Gleichung bestimmte Grösse w ist eine von den vier, um halbe Perioden verschiedenen Grössen, die der Bedingung $2w \equiv 2\alpha-2\beta$ genügen. Setzt man $u+w = -v$ und vergleicht die Formel (11.) mit der Formel (19.) § 14, so erkennt man, dass $p=\wp(w)$ ist. Differentiirt man die Gleichung (14.) § 14, so erhält man nach (13.) § 14 $\frac{dq}{dp}=-2n$. Daher ist

$$p=\wp(w),\quad q=\wp'(w),\quad n=-\tfrac{1}{2}\frac{\wp''(w)}{\wp'(w)}. \tag{31.}$$

Denn hätte q, also auch n das entgegengesetzte Zeichen, so wäre n nach Formel (4.) keine Wurzel der Gleichung $\varrho(z)=0$.

Ist z. B. $x=\wp(u)$, $y=\wp(u+w)=\wp(v)$, so ist nach Gleichung (20.)

$$\left\{\begin{aligned}\tfrac{1}{2}qF(x,\,y) &= (xy+p(x+y)+\tfrac{1}{4}g_2)^2-4(x+y+p)(pxy-\tfrac{1}{4}g_3)\\ &= ((x-p)(y-p)-3p^2+\tfrac{1}{4}g_2)^2-q^2(x+y+p).\end{aligned}\right. \tag{32.}$$

Die Gleichungen (24.) sind mittelst (8.) leicht zu bestätigen.

Sind u, v, w unabhängige Variabeln, so verschwindet die linke Seite der Gleichung (20.), wenn $u\pm v\pm w=0$ ist. Daher ist sie gleich

$$\frac{\sigma(u+v+w)\sigma(u-v-w)\sigma(-u+v-w)\sigma(-u-v+w)}{\sigma(u)^4\sigma(v)^4\sigma(w)^4}. \tag{33.}$$

Nun ist aber

$$\left\{\begin{aligned}&-2\sigma(u+v+w+r)\sigma(u-v-w+r)\sigma(-u+v-w+r)\sigma(-u-v+w+r)\\ &\quad= \sigma(2u)\sigma(2v)\sigma(2w)\sigma(2r)+\Sigma m_\lambda\sigma_\lambda(2u)\sigma_\lambda(2v)\sigma_\lambda(2w)\sigma_\lambda(2r)\end{aligned}\right. \tag{34.}$$

und mithin für $r=0$

$$\left\{\begin{aligned}&-2\sigma(u+v+w)\sigma(u-v-w)\sigma(-u+v-w)\sigma(-u-v+w)\\ &\qquad\qquad= \Sigma m_\lambda\sigma_\lambda(2u)\sigma_\lambda(2v)\sigma_\lambda(2w).\end{aligned}\right. \tag{35.}$$

Folglich ist

$$F(x,\,y) = \Sigma m_\lambda\frac{\sigma_\lambda(2u)\sigma_\lambda(2v)\sigma_\lambda(2w)}{\sigma(u)^4\sigma(v)^4\sigma(2w)}.$$

Entwickelt man diese Gleichung nach Potenzen von w, so erhält man durch Vergleichung der Coefficienten von w^{-1}

$$-2(x-y)^2 = \Sigma m_\lambda\frac{\sigma_\lambda(2u)\sigma_\lambda(2v)}{\sigma(u)^4\sigma(v)^4}.$$

Nach Formel (18.) ist daher

$$F(x,\,y)+2\mu(x-y)^2 = \Sigma m_\lambda P_\lambda(x)P_\lambda(y)\Big(\frac{\sigma_\lambda}{\sigma}(2w)-\mu\Big).$$

Demnach verschwindet die Determinante (6.) § 14 für die drei Werthe $\frac{\sigma_\lambda}{\sigma}(2w)$, und mithin ist

$$2\mu^3-2n\mu^2+(n^2-3s)\mu+t = 2\prod_\lambda\Big(\mu-\frac{\sigma_\lambda}{\sigma}(2w)\Big). \tag{36.}$$

Da man nun jede unzerlegbare biquadratische Form in die Form (32.) transformiren kann (indem man $R(x)$ und $R_1(y)$ auf die Normalform bringt), so sind damit die Formeln (26.) und (31.) aufs neue bewiesen.

41.

Über Potentialfunctionen, deren Hessesche Determinante verschwindet

Nachrichten von der Königlichen Gesellschaft der Wissenschaften und der Georg-Augusts-Universität zu Göttingen 10, 323–338 (1891)

Sind die drei partiellen Ableitungen erster Ordnung einer Potentialfunction nicht von einander unabhängig, so stellt die zwischen ihnen bestehende Gleichung, falls man jene Ableitungen selbst als Coordinaten betrachtet, eine Minimalfläche dar. Für diesen interessanten Satz, welchen Herr Weingarten vor kurzem (1890) in diesen Nachrichten hergeleitet hat, will ich hier einen anderen Beweis entwickeln uud zugleich einige weitere mit dieser Untersuchung zusammenhängende Ergebnisse mittheilen.

§ 1.

Seien x_1, x_2, x_3 drei von einander unabhängige Veränderliche, s eine Function derselben, $s_\alpha = \frac{\partial s}{\partial x_\alpha}$ und $s_{\alpha\beta} = s_{\beta\alpha} = \frac{\partial^2 s}{\partial x_\alpha \partial x_\beta}$. Wenn die Hesse'sche Determinante von s verschwindet

$$(1)\qquad | s_{\alpha\beta} | = 0, \quad (\alpha, \beta = 1, 2, 3)$$

so besteht zwischen s_1, s_2, s_3 eine Gleichung

$$(2)\qquad \Phi(s_1, s_2, s_3) = 0.$$

Betrachtet man dieselbe als die Gleichung einer Fläche, so bezeichne ich die Richtungscosinus ihrer Normale im Punkte s_1, s_2, s_3 mit r_1, r_2, r_3 und setze $r_{\alpha\beta} = \frac{\partial r_\alpha}{\partial x_\beta}$. Da die Coordinaten s_α der Punkte dieser Fläche als Funktionen von drei unabhängigen Variabeln x_β dargestellt sind, so wird die Veränderlichkeit der Größen s_α im allgemeinen nicht beschränkt, wenn man zwischen den Größen x_β eine willkürliche Gleichung annimmt, z. B. eine derselben als constant betrachtet. Ist nun $s_\alpha + ds_\alpha$ der unendlich nahe Punkt von s_α auf einer Krümmungslinie der Fläche (2), und ist ϱ der zugehörige Hauptkrümmungsradius, so bestehen die Gleichungen

$$(3)\qquad \varrho\, dr - ds_\alpha = 0, \quad \sum_\beta (\varrho\, r_{\alpha\beta} - s_{\alpha\beta})\, dx_\beta = 0 \quad (\alpha = 1, 2, 3).$$

Da man diesen drei homogenen linearen Gleichungen zwischen

den Differentialen dx_β auch dann genügen kann, wenn das Differential einer willkürlichen Function der Größen x_β verschwindet, so müssen in dem System ihrer Coefficienten alle Determinanten zweiten Grades Null sein. Es muß also auch die Summe der drei Hauptunterdeterminanten verschwinden

$$\begin{aligned}(\varrho r_{22}-s_{22})(\varrho r_{33}-s_{33}) - (\varrho r_{23}-s_{23})(\varrho r_{32}-s_{32})\\ +(\varrho r_{33}-s_{33})(\varrho r_{11}-s_{11}) - (\varrho r_{31}-s_{31})(\varrho r_{13}-s_{13})\\ +(\varrho r_{11}-s_{11})(\varrho r_{22}-s_{22}) - (\varrho r_{12}-s_{12})(\varrho r_{21}-s_{21}) = 0.\end{aligned}$$

Bezeichnet man die linke Seite dieser Gleichung mit

(4) $$a'\varrho^2 - c'\varrho + b' = 0,$$

so ist

$$\begin{aligned}c' &= r_{11}(s_{22}+s_{33}+s_{11}) - r_{11}s_{11} - r_{12}s_{21} - r_{21}s_{12} + \cdots\\ &= (r_{11}+r_{22}+r_{33})(s_{11}+s_{22}+s_{33}) - \sum_{\alpha,\beta} r_{\alpha\beta}s_{\beta\alpha}.\end{aligned}$$

Setzt man also zur Abkürzung

(5) $$a = r_{11}+r_{22}+r_{33}, \quad b = s_{11}+s_{22}+s_{33},$$

so ist

(6) $$\sum_{\alpha,\beta} r_{\alpha\beta}s_{\beta\alpha} = ab - c'.$$

Differentiirt man aber die Gleichung

(7) $$\sum_{\beta,\alpha} r_\alpha s_{\alpha\beta} = 0$$

nach x_β, so erhält man

$$\sum_\alpha r_{\alpha\beta}s_{\alpha\beta} + \sum_\alpha r_\alpha s_{\alpha\beta\beta} = 0,$$

also weil $s_{\alpha\beta} = s_{\beta\alpha}$ ist,

$$\sum_{\alpha,\beta} r_{\alpha\beta}s_{\beta\alpha} = -\sum_\alpha r_\alpha \frac{\partial b}{\partial x_\alpha}$$

und mithin

$$c' = \Sigma r_\alpha \frac{\partial b}{\partial x_\alpha} + b\,\Sigma \frac{\partial r_\alpha}{\partial x_\alpha}$$

oder

(8) $$c' = \Sigma \frac{\partial (b r_\alpha)}{\partial x_\alpha}.$$

Ist nun s eine Potentialfunction, also $b = 0$, so ist auch $c' = 0$, und folglich stellt nach Formel (4) die Gleichung $\Phi = 0$ eine

Minimalfläche dar. Es können nämlich in diesem Falle nicht etwa alle Coefficienten der Gleichung (4) verschwinden. Denn da

$$(9)\qquad \begin{aligned} a' &= r_{22}r_{33} - r_{23}r_{32} + r_{33}r_{11} - r_{31}r_{13} + r_{11}r_{22} - r_{12}r_{21}, \\ b' &= s_{22}s_{33} - s_{23}^2 + s_{33}s_{11} - s_{31}^2 + s_{11}s_{22} - s_{12}^2 \end{aligned}$$

ist, so ist

$$(10)\qquad b^2 - 2b' = \sum_{\alpha,\beta} s_{\alpha\beta}^2.$$

Ist also s reell, so kann b' nicht zugleich mit b verschwinden.

Damit aber die Fläche (2) eine Minimalfläche sei, ist nicht nothwendig, daß $b = 0$ ist, sondern wenn man

$$(11)\qquad D\varphi = \Sigma r_\alpha \frac{\partial \varphi}{\partial x_\alpha}$$

setzt, nur daß b der partiellen Differentialgleichung $D\varphi = -a\varphi$ genügt. Diese kann man so integriren: Nach Gleichung (7) sind, weil $s_{\alpha\beta} = s_{\beta\alpha}$ ist, die Functionen s_β drei particuläre Integrale der Differentialgleichung $D\varphi = 0$, von denen zwei unabhängig sind, und mithin ist ihr allgemeines Integral eine willkürliche Funktion der Größen s_β. Z. B. ist, da r_β eine Function der Coordinaten s_α ist, $Dr_\beta = 0$ oder

$$(12)\qquad \sum_\alpha r_\alpha r_{\beta\alpha} = 0.$$

Bezeichnet man die Unterdeterminanten der Determinante (1) mit $S_{\alpha\beta}$, so ist den Gleichungen (7) zufolge $S_{\alpha\beta} = k r_\alpha r_\beta$, und weil

$$(13)\qquad \sum_\alpha r_\alpha^2 = 1$$

ist, $b' = \Sigma S_{\alpha\alpha} = k$, also

$$(14)\qquad S_{\alpha\beta} = b' r_\alpha r_\beta.$$

Nun sind aber S_{11}, S_{21}, S_{31} die drei Determinanten, welche sich aus den partiellen Ableitungen erster Ordnung der beiden Functionen s_2 und s_3 bilden lassen, und mithin besteht zwischen ihnen die Gleichung $\Sigma \frac{\partial S_{\alpha 1}}{\partial x_\alpha} = 0$ oder $\Sigma \frac{\partial (b' r_\alpha r_1)}{\partial x_\alpha} = 0$; also weil nach Gleichung (12) $\Sigma r_\alpha \frac{\partial r_1}{\partial x_\alpha} = 0$ ist, ergiebt sich

$$\Sigma \frac{\partial (b' r_\alpha)}{\partial x_\alpha} = 0, \quad Db' = -ab'.$$

Daher ist

$$\Sigma r_\alpha \frac{\partial\left(\frac{b}{b'}\right)}{\partial x_\alpha} = \frac{c'}{b'} = \frac{1}{\varrho'} + \frac{1}{\varrho''}$$

die Summe der beiden Hauptkrümmungen. Soll nun b der Bedingung $c' = 0$ oder $Db = -ab$ genügen, so ist $D\left(\frac{b}{b'}\right) = 0$, und mithin ist $\frac{b}{b'}$ eine Function der Coordinaten s_α. Setzt man also $e_{\alpha\beta} = 0$ oder 1, je nachdem $\alpha = \beta$ ist, oder nicht, so erhält man den Satz:

Verschwindet die Hesse'sche Determinante $| s_{\alpha\beta} |$ einer Function s von drei Parametern, so besteht zwischen ihren partiellen Ableitungen erster Ordnung s_α eine Gleichung. Damit dieselbe eine Minimalfläche darstelle, ist nothwendig und hinreichend, daß die Summe der reciproken Werthe der beiden Wurzeln der Gleichung $\frac{1}{\lambda} \, | s_{\alpha\beta} - \lambda e_{\alpha\beta} | = 0$ eine Function der Coordinaten s_α ist.

Der Coefficient a' in der Gleichung (4) läßt sich in ähnlicher Weise darstellen, wie nach Formel (8) der Coefficient c'. Mit Hülfe der Gleichung (12) erhält man nämlich

$$Da = \sum_{\alpha,\beta} r_\alpha \frac{\partial r_{\beta\beta}}{\partial x_\alpha} = \Sigma r_\alpha \frac{\partial r_{\beta\alpha}}{\partial x_\beta} = -\Sigma r_{\alpha\beta} r_{\beta\alpha} = -a^2 + 2a'$$

und demnach

$$\sum_\alpha \frac{\partial(a r_\alpha)}{\partial x_\alpha} = 2a', \quad Da = 2a' - a^2.$$

Da endlich der Gleichung (4) zufolge $\frac{a'}{b'}$ und $\frac{c'}{b'}$ Functionen der Coordinaten s_α sind, so ist $D\left(\frac{a'}{b'}\right) = 0$ und $D\left(\frac{c'}{b'}\right) = 0$, und mithin ergeben sich die Formeln

$$(15) \qquad \begin{aligned} Da' &= -aa', & Db' &= -ab', & Dc' &= -ac', \\ Da &= 2a' - a^2, & Db &= c' - ab, & Dc &= -ac. \end{aligned}$$

Die letzte, welche ich der Vollständigkeit wegen mit aufgeführt habe, bezieht sich auf eine Größe c, die ich erst später benutzen werde, und die so definirt ist: Aus der Gleichung (13) folgt

$$(16) \qquad \sum_\alpha r_\alpha r_{\alpha\beta} = 0$$

und daraus in Verbindung mit (12) $\Sigma r_\alpha (r_{\alpha\beta} - r_{\beta\alpha}) = 0$, also [1])

1) Sind die Größen r_α drei beliebige Functionen der Variabeln x_β, so hat

(17) $$\frac{r_{23}-r_{32}}{r_1} = \frac{r_{31}-r_{13}}{r_2} = \frac{r_{12}-r_{21}}{r_3} = c,$$

so daß

(18) $$c = r_1(r_{23}-r_{32}) + r_2(r_{31}-r_{13}) + r_3(r_{12}-r_{21}),$$
$$c^2 = (r_{23}-r_{32})^2 + (r_{31}-r_{13})^2 + (r_{12}-r_{21})^2$$

ist. Aus der identischen Gleichung

$$\frac{\partial(r_{23}-r_{32})}{\partial x_1} + \frac{\partial(r_{31}-r_{13})}{\partial x_2} + \frac{\partial(r_{12}-r_{21})}{\partial x_3} = 0$$

ergiebt sich daher die Relation $Dc = -ac$. Aus den Gleichungen (15) leitet man die wichtigen Beziehungen ab

(19) $$D\left(\frac{a}{2a'}\right) = 1, \quad D\left(\frac{b}{c'}\right) = 1.$$

Der nämlichen Differentialgleichung $D\varphi = 1$ genügt auch jede der beiden Wurzeln der Gleichung $a'\lambda^2 - a\lambda + 1 = 0$, sowie auch der Ausdruck $\Sigma r_\alpha x_\alpha$.

§ 2.

Da man aus der Gleichung $c' = 0$ nicht schließen kann, daß $b = 0$ ist, so genügt der entwickelte Satz noch nicht zur Lösung der Aufgabe, alle Potentialfunctionen zu finden, deren Hesse'sche Determinante verschwindet. Um dies Ziel zu erreichen, stellt Herr Weingarten folgenden weiteren Satz auf:

Ist $\Delta\varphi$ der zweite Differentialparameter der Function $\varphi(s_1, s_2, s_3)$ für die Fläche $\Phi = 0$, so ist

(1) $$t = \Sigma s_\alpha x_\alpha - s$$

eine Function der Coordinaten s_α, welche der Gleichung $\Delta t = 0$ genügt.

Für den zweiten Differentialparameter hat Herr Beltrami (Math. Ann. Bd. 1, S. 581) den Ausdruck

$$\Delta\varphi = \Sigma\frac{\partial^2\varphi}{\partial s_\alpha^2} - \Sigma r_\alpha r_\beta \frac{\partial^2\varphi}{\partial s_\alpha \partial s_\beta} - \left(\frac{1}{\varrho'} + \frac{1}{\varrho''}\right)\Sigma r_\alpha \frac{\partial\varphi}{\partial s_\alpha}$$

---

der Pfaff'sche Differentialausdruck $\Sigma r_\alpha dx_\alpha$ die Klasse 1, wenn die drei Größen $r_{\alpha\beta} - r_{\beta\alpha}$ verschwinden, die Klasse 2, wenn dies nicht der Fall ist, aber die Größe $c = r_1(r_{23}-r_{32}) + r_2(r_{31}-r_{13}) + r_3(r_{12}-r_{21}) = 0$ ist, und die Klasse 3, wenn c von Null verschieden ist. Der Gleichung (17) zufolge hat der oben untersuchte Ausdruck niemals die Klasse 2.

angegeben. Benutzt man die drei linearen Differentialparameter

$$\Delta_\alpha \varphi = \frac{\partial \varphi}{\partial s_\alpha} - r_\alpha \sum_\beta r_\beta \frac{\partial \varphi}{\partial s_\beta}, \tag{2}$$

so kann man diese Gleichung auf die elegante Form

$$\Delta \varphi = \Sigma \Delta_\alpha^2 \varphi \tag{3}$$

bringen, wie ich nächstens in einer ausführlicheren Arbeit darlegen werde. Das Zeichen $\Delta_\alpha^2 \varphi$ bedeutet hier $\Delta_\alpha(\Delta_\alpha \varphi)$, d. h. die Operation Δ_α soll auf den Ausdruck $\Delta_\alpha \varphi$ angewendet werden. Der Beweis des oben ausgesprochenen Satzes beruht auf der folgenden identischen Gleichung (vgl. Borchardt, Crelle's Journ. Bd. 30, Seite 44, (9)):

Ist $|\lambda e_{\alpha\beta} - a_{\alpha\beta}| = \lambda^3 - a\lambda^2 + a'\lambda - a''$ die charakteristische Determinante der bilinearen Form $f = \Sigma a_{\alpha\beta} u_\alpha v_\beta$, und ist $f^0 = \Sigma u_\lambda v_\lambda$, $f' = \Sigma \frac{\partial f}{\partial v_\lambda} \frac{\partial f}{\partial u_\lambda}$, so ist die adjungirte Form von f

$$- \begin{vmatrix} 0 & u_1 & u_2 & u_3 \\ v_1 & a_{11} & a_{12} & a_{13} \\ v_2 & a_{21} & a_{22} & a_{23} \\ v_3 & a_{31} & a_{32} & a_{33} \end{vmatrix} = f' - af + a'f^0. \tag{4}$$

Wendet man diesen Satz auf die quadratische Form $\Sigma s_{\alpha\beta} u_\alpha u_\beta$ an, deren adjungirte Form $\Sigma S_{\alpha\beta} u_\alpha u_\beta = b'(\Sigma r_\alpha u_\alpha)^2$ ist, und setzt man

$$s'_{\alpha\beta} = \sum_\lambda s_{\alpha\lambda} s_{\beta\lambda}, \tag{5}$$

so erhält man

$$\Sigma s'_{\alpha\beta} u_\alpha u_\beta = \sum_\alpha (\sum_\beta s_{\alpha\beta} u_\beta)^2 = b \Sigma s_{\alpha\beta} u_\alpha u_\beta - b' \Sigma u_\alpha^2 + b'(\Sigma r_\alpha u_\alpha)^2, \tag{6}$$

oder wenn man u_α durch dx_α ersetzt,

$$\Sigma ds_\alpha^2 = b \Sigma ds_\alpha dx_\alpha - b' \Sigma dx_\alpha^2 + b'(\Sigma r_\alpha dx_\alpha)^2. \tag{7}$$

Setzt man nun $\frac{\partial t}{\partial s_\alpha} = t_\alpha$, so folgt aus $dt = \Sigma x_\alpha ds_\alpha = \Sigma t_\alpha ds_\alpha$ und $\Sigma r_\alpha ds_\alpha = 0$, daß $x_\alpha - t_\alpha = p r_\alpha$ ist, wo p ein Proportionalitätsfactor ist. Daher ist

$$\Delta_\alpha t = t_\alpha - r_\alpha \Sigma r_\beta t_\beta = x_\alpha - p r_\alpha - r_\alpha \Sigma r_\beta (x_\beta - p r_\beta),$$

also

$$\Delta_\alpha t = x_\alpha - r_\alpha \sum_\beta r_\beta x_\beta. \tag{8}$$

Zu demselben Resultat gelangt man mittelst der Formel

$$(9)\qquad b' \Delta_\alpha \varphi = b \frac{\partial \varphi}{\partial x_\alpha} - \sum_\beta s_{\alpha\beta} \frac{\partial \varphi}{\partial x_\beta},$$

die sich aus der Gleichung (6) und den Relationen

$$\frac{\partial \varphi}{\partial x_\alpha} = \sum_\beta s_{\alpha\beta} \frac{\partial \varphi}{\partial s_\beta}, \quad \sum_\beta s_{\alpha\beta} \frac{\partial \varphi}{\partial x_\beta} = \sum_\beta s'_{\alpha\beta} \frac{\partial \varphi}{\partial s_\beta}$$

ergiebt.

Setzt man $\Sigma r_\beta x_\beta = r$, so ist, wie oben bemerkt $Dr = \Sigma r_\alpha \frac{\partial r}{\partial x_\alpha} = 1$. Da ferner $\sum_\alpha r_\alpha s_{\alpha\beta} = 0$ ist, so ist

$$b' \Delta t = \Sigma b' \Delta_\alpha (\Delta_\alpha t) = b \sum_\alpha \frac{\partial (x_\alpha - r r_\alpha)}{\partial x_\alpha} - \sum_{\alpha,\beta} s_{\alpha\beta} \frac{\partial (x_\alpha - r r_\alpha)}{\partial x_\beta} =$$

$$3b - b - br \Sigma r_{\alpha\alpha} - \Sigma s_{\alpha\alpha} + r \Sigma s_{\alpha\beta} r_{\alpha\beta},$$

also nach (5) und (6) § 1

$$(10)\qquad b' \Delta t = b - c' (\Sigma r_\alpha x_\alpha), \quad - \frac{b' \Delta t}{r^2} = \Sigma \frac{\partial \left(\frac{b r_\alpha}{r} \right)}{\partial x_\alpha}.$$

Ist also $b = 0$ und demnach auch $c' = 0$, so ist auch $\Delta t = 0$.

Nunmehr lassen sich die Sätze des Herrn Weingarten umkehren. Seien s_1, s_2, s_3 rechtwinklige Coordinaten, sei $\Phi(s_1, s_2, s_3) = 0$ die Gleichung einer Fläche und t eine beliebige Function der Coordinaten s_α. Berechnet man dann aus den vier Gleichungen $t_\alpha + p r_\alpha = x_\alpha$ und $\Phi = 0$ die vier Größen s_α und p, und setzt man die erhaltenen Werthe in den Ausdruck $s = \Sigma s_\alpha x_\alpha - t$ ein, so wird s eine Function der Variabeln x_α, deren partielle Ableitungen $\frac{\partial s}{\partial x_\alpha} = s_\alpha$ sind, und der Gleichung $\Phi = 0$ zufolge verschwindet die Determinante $| s_{\alpha\beta} |$. Stellt nun die Gleichung $\Phi = 0$ eine Minimalfläche dar, so ist $c' = 0$, und genügt ferner t der Differentialgleichung $\Delta \varphi = 0$, so ist nach Formel (10) auch $b = 0$, also ist s eine Potentialfunction.

Will man allgemein die Transformation des zweiten Differentialparameters durchführen, so ergiebt sich aus der Formel (9)

$$b' \Delta (\varphi) = \sum_\alpha b \frac{\partial \Delta_\alpha (\varphi)}{\partial x_\alpha} - \sum_{\alpha,\beta} s_{\alpha\beta} \frac{\partial \Delta_\beta (\varphi)}{\partial x_\beta}$$

$$= \sum_\alpha \frac{\partial}{\partial x_\alpha} \Big(b \Delta_\alpha \varphi - \sum_\beta s_{\alpha\beta} \Delta_\beta (\varphi) \Big),$$

weil

$$\sum_\alpha \frac{\partial s_{\alpha\beta}}{\partial x_\alpha} = \frac{\partial \Sigma s_{\alpha\alpha}}{\partial x_\beta} = \frac{\partial b}{\partial x_\beta}$$

ist. Nun ist aber

$$bb'\Delta_\alpha\varphi - b'\sum_\beta s_{\alpha\beta}\,\Delta_\beta(\varphi) = b^2\frac{\partial\varphi}{\partial x_\alpha} - 2b\sum_\beta s_{\alpha\beta}\frac{\partial\varphi}{\partial x_\beta} + \sum_\beta s'_{\alpha\beta}\frac{\partial\varphi}{\partial x_\beta},$$

also nach Formel (6) gleich

$$(b^2 - b')\frac{\partial\varphi}{\partial x_\alpha} - b\sum_\beta s_{\alpha\beta}\frac{\partial\varphi}{\partial x_\beta}.$$

Denn weil φ eine Function der Coordinaten s_α ist, so ist

$$\Sigma r_\alpha \frac{\partial\varphi}{\partial x_\alpha} = 0.$$

Demnach ergiebt sich

$$(11) \qquad \Delta(\varphi) = \frac{1}{b'}\Sigma\frac{\partial}{\partial x_\alpha}\frac{1}{b'}\left((b^2 - b')\frac{\partial\varphi}{\partial x_\alpha} - b\,\Sigma s_{\alpha\beta}\frac{\partial\varphi}{\partial x_\beta}\right).$$

§ 3.

Die Transformation des zweiten Differentialparameters läßt sich auch durch einen besonderen Kunstgriff auf den bekannten Satz von Jacobi (Gesammelte Werke, Bd. 2, Seite 196) zurückführen:

Ist $\Sigma a_{\alpha\beta}\,dx_\alpha\,dx_\beta$ ein quadratischer Differentialausdruck, dessen Determinante $A = |a_{\alpha\beta}|$ von Null verschieden ist, und ist $A_{\alpha\beta}$ der Coefficient von $a_{\alpha\beta}$ in dieser Determinante, so ist

$$\frac{1}{\sqrt{A}}\sum_\alpha\frac{\partial}{\partial x_\alpha}\left[\frac{1}{\sqrt{A}}\sum_\beta A_{\alpha\beta}\frac{\partial\varphi}{\partial x_\beta}\right]$$

eine dem Ausdruck zugeordnete Form, welche bei jeder Transformation desselben invariant bleibt.

Da die Coordinaten s_α der Gleichung $\Phi = 0$ genügen, so lassen sie sich durch zwei unabhängige Variabeln p_1 und p_2 ausdrücken, welche Functionen der Größen x_β sind. Sei p_3 eine dritte von jenen unabhängige Function dieser Größen und

$$(1) \qquad \Sigma r_\alpha\,dx_\alpha = \Sigma q_\alpha\,dp_\alpha.$$

Dann ist, weil p_1 und p_2 Functionen der Coordinaten s_α sind,

$$\Sigma\frac{\partial p_1}{\partial x_\alpha}r_\alpha = 0, \quad \Sigma\frac{\partial p_2}{\partial x_\alpha}r_\alpha = 0, \quad \Sigma r_\alpha r_\alpha = 1,$$

$$\Sigma\frac{\partial p_1}{\partial x_\alpha}\frac{\partial x_\alpha}{\partial p_3} = 0, \quad \Sigma\frac{\partial p_2}{\partial x_\alpha}\frac{\partial x_\alpha}{\partial p_3} = 0, \quad \Sigma r_\alpha\frac{\partial x_\alpha}{\partial p_3} = q_3$$

und mithin

$$\frac{\partial x_\alpha}{\partial p_3} = q_3 r_\alpha. \tag{2}$$

Daher ist, weil r_α von p_3 unabhängig ist,

$$\frac{\partial q_3}{\partial p_1} - \frac{\partial q_1}{\partial p_3} = \frac{\partial}{\partial p_1}\left(\Sigma r_\alpha \frac{\partial x_\alpha}{\partial p_3}\right) - \frac{\partial}{\partial p_3}\left(\Sigma r_\alpha \frac{\partial x_\alpha}{\partial p_1}\right) =$$

$$\Sigma \frac{\partial r_\alpha}{\partial p_1}\frac{\partial x_\alpha}{\partial p_3} = q_3 \Sigma r_\alpha \frac{\partial r_\alpha}{\partial p_1} = 0,$$

also

$$\frac{\partial q_1}{\partial p_3} = \frac{\partial q_3}{\partial p_1}, \quad \frac{\partial q_2}{\partial p_3} = \frac{\partial q_3}{\partial p_2}, \tag{3}$$

$\left(\text{aber nicht nothwendig } \frac{\partial q_1}{\partial p_2} = \frac{\partial q_2}{\partial p_1}\right)$. Um aber die Darstellung noch mehr zu vereinfachen, wähle ich p_3 so, daß $Dp_3 = 1$ ist[1]), setze also z. B. $p_3 = \frac{a}{2a'}$ (vgl. (19) § 1). Dann wird

$$q_3 = q_3 \Sigma r_\alpha \frac{\partial p_3}{\partial x_\alpha} = \Sigma \frac{\partial p_3}{\partial x_\alpha}\frac{\partial x_\alpha}{\partial p_3} = \frac{\partial p_3}{\partial p_3} = 1,$$

und mithin sind den Gleichungen (3) zufolge q_1 und q_2 von p_3 unabhängig[2]).

Ist nun $\Sigma ds_\alpha^2 = a_{11}dp_1^2 + 2a_{12}dp_1 dp_2 + a_{22}dp_2^2$, so geht der ternäre quadratische Differentialausdruck

$$a_{11}dp_1^2 + 2a_{12}dp_1 dp_2 + a_{22}dp_2^2 + (\Sigma q_\alpha dp_\alpha)^2 \tag{4}$$

durch Einführung der Variabeln x_β in

$$\Sigma s'_{\alpha\beta} dx_\alpha dx_\beta + (\Sigma r_\alpha dx_\alpha)^2 \tag{5}$$

über. Die Determinante des Ausdrucks (4) ist

$$A = \begin{vmatrix} a_{11}+q_1^2 & a_{12}+q_1 q_2 & q_1 \\ a_{21}+q_2 q_1 & a_{22}+q_2^2 & q_2 \\ q_1 & q_2 & 1 \end{vmatrix} = a_{11}a_{22} - a_{12}^2,$$

ihre Unterdeterminanten sind

---

1) Die Größe p_3 ist von Herrn Weingarten mit r, von mir im vorigen § mit p bezeichnet worden. Durch die Annahme $p_3 = \frac{a}{2a'}$ wird die von Herrn Weingarten, S. 322, aufgestellte Bedingung (16) erfüllt.

2) Die Klasse des Differentialausdrucks $\Sigma r_\alpha dx_\alpha$ ist also gleich 1 oder 3, je nachdem $q_1 dp_1 + q_2 dp_2$ ein vollständiges Differential ist, oder nicht, und kann folglich nie gleich 2 sein.

$$A_{11} = a_{22}, \quad A_{12} = -a_{12}, \quad A_{22} = a_{11}$$
$$A_{13} = a_{12} q_2 - a_{22} q_1, \quad A_{23} = a_{12} q_1 - a_{11} q_2.$$

Demnach sind A, A_{13} und A_{23} von p_3 unabhängig Setzt man nun

$$(6) \quad \sqrt{A}\,\Delta\varphi = \frac{\partial}{\partial p_1}\frac{1}{\sqrt{A}}\left[a_{22}\frac{\partial\varphi}{\partial p_1} - a_{12}\frac{\partial\varphi}{\partial p_2}\right] + \frac{\partial}{\partial p_2}\frac{1}{\sqrt{A}}\left[-a_{21}\frac{\partial\varphi}{\partial p_1} + a_{11}\frac{\partial\varphi}{\partial p_2}\right],$$

so ist die dem Ausdruck (4) zugeordnete Form gleich

$$\Delta\varphi + \frac{1}{\sqrt{A}}\left[\frac{\partial}{\partial p_1}\left(\frac{A_{13}}{\sqrt{A}}\frac{\partial\varphi}{\partial p_3}\right) + \frac{\partial}{\partial p_2}\left(\frac{A_{23}}{\sqrt{A}}\frac{\partial\varphi}{\partial p_3}\right) + \frac{\partial}{\partial p_3}\left(\frac{A_{33}}{\sqrt{A}}\frac{\partial\varphi}{\partial p_3}\right)\right] +$$
$$+ \frac{1}{A}\left[A_{31}\frac{\partial^2\varphi}{\partial p_1\,\partial p_3} + A_{32}\frac{\partial^2\varphi}{\partial p_2\,\partial p_3}\right],$$

also wenn φ von p_3 unabhängig ist, gleich $\Delta\varphi$.

Um die Determinante und die adjungirte Form des Ausdrucks (5) zu berechnen, bemerke ich, daß

$$|\, \lambda u_\alpha,\ r_\alpha,\ s_{\alpha 1},\ s_{\alpha 2},\ s_{\alpha 3}\,|^2 = |\, s'_{\alpha\beta} + r_\alpha r_\beta + \lambda^2 u_\alpha u_\beta \,|$$

$$= -\begin{vmatrix} -1 & \lambda u_1 & \lambda u_2 & \lambda u_3 \\ \lambda u_1 & s'_{11} + r_1^2 & s'_{12} + r_1 r_2 & s'_{13} + r_1 r_3 \\ \lambda u_2 & s'_{21} + r_2 \tau_1 & s'_{22} + r_2^2 & s'_{23} + r_2 r_3 \\ \lambda u_3 & s'_{31} + r_3 r_1 & s'_{32} + r_3 r_2 & s'_{33} + r_3^2 \end{vmatrix}.$$

Daher ist die gesuchte Determinante das constante Glied und die adjungirte Form der Coefficient von λ^2 in diesem Ausdruck. Die Determinante ist folglich die Summe der Quadrate von 4 Determinanten, von denen eine $|\, s_{\alpha\beta}\,| = 0$ ist. Eine der drei andern ist

$$|\, r_\alpha,\ s_{\alpha 1},\ s_{\alpha 2}\,| = \Sigma S_{\alpha 3} r_\alpha = b' r_3 \Sigma r_\alpha^2$$

und die Summe ihrer Quadrate ist b'^2.

Die adjungirte Form aber ist die Summe der Quadrate von 6 Determinanten. Drei derselben haben die Form

$$|\, u_\alpha,\ s_{\alpha 1},\ s_{\alpha 2}\,| = \Sigma S_{\alpha 3} u_\alpha = b' r_3 \Sigma r_\alpha u_\alpha,$$

die Summe ihrer Quadrate ist $b'^2(\Sigma r_\alpha u_\alpha)^2$. Das Quadrat einer der drei übrigen Determinanten ist

$$\begin{vmatrix} u_1 & r_1 & s_{11} \\ u_2 & r_2 & s_{21} \\ u_3 & r_3 & s_{31} \end{vmatrix}^2 = \begin{vmatrix} \Sigma u_\alpha^2 & \Sigma u_\alpha r_\alpha & \Sigma u_\alpha s_{\alpha 1} \\ \Sigma u_\alpha r_\alpha & 1 & 0 \\ \Sigma u_\alpha s_{\alpha 1} & 0 & \Sigma s_{\alpha 1}^2 \end{vmatrix}$$

und ihre Summe ist nach (10) § 1

$$(b^2 - 2b')\left[\Sigma u_\alpha^2 - (\Sigma \tau_\alpha u_\alpha)^2\right] - \sum_\beta \Big(\sum_\alpha s_{\alpha\beta} u_\alpha\Big)^2,$$

also nach Formel (6) § 2 gleich

$$(b^2-b')[\Sigma u_\alpha^2-(\Sigma r_\alpha u_\alpha)^2]-b\,\Sigma s_{\alpha\beta}u_\alpha u_\beta.$$

Mithin ist die Determinante des Ausdrucks (5) gleich b'^2 und ihre Unterdeterminanten sind die Coefficienten der Form

$$(7)\qquad (b^2-b')\,\Sigma u_\alpha^2-b\,\Sigma s_{\alpha\beta}\,u_\alpha u_\beta+(b'^2+b'-b^2)(\Sigma r_\alpha u_\alpha)^2.$$

Ist nun φ von p_3 unabhängig, so ist $\Sigma r_\alpha \dfrac{\partial\varphi}{\partial x_\alpha}=0$, und mithin ist die Form (11) § 2 die dem Ausdruck (5) zugehörige Form.

§ 4.

Die vorangehenden Entwicklungen hängen, wie schon die Gleichung (4) § 2 zeigt, auf's engste mit der Theorie der Matricen zusammen oder der Formen, wie ich sie in meiner Arbeit Ueber lineare Substitutionen und bilineare Formen (Crelle's Journal Bd. 84) genannt habe. Ist

$$|\,\lambda E-A\,|=\lambda^3-a\lambda^2+a'\lambda-a''=\varphi(\lambda)$$

die charakteristische Function einer ternären Form $A=\Sigma a_{\alpha\beta}u_\alpha v_\beta$, so genügt A der Gleichung

$$(1)\qquad \varphi(A)=0,\quad A^3-aA^2+a'A-a''E=0.$$

Den Coefficienten a, den ich im Folgenden oft gebrauche, will ich nach dem Vorgange des Herrn Dedekind die Spur der Form A nennen. Da a'' die Determinante der Form A ist, so ist $a''A^{-1}$ ihre adjungirte Form, die ich mit $\bar{A}$ bezeichnen will. Aus der Gleichung (1) ergiebt sich dann, wenn a'' von Null verschieden ist,

$$(2)\qquad \bar{A}=A^2-aA+a'E.$$

Da aber beide Seiten dieser Gleichung, welche mit der Formel (4) § 2 übereinstimmt, ganze Functionen der Coefficienten $a_{\alpha\beta}$ sind, so gilt sie auch, wenn $a''=0$ ist.

Im Folgenden handelt es sich nun um die Beziehungen zwischen den drei Formen

$$R=\begin{pmatrix} r_{11} & r_{12} & r_{13}\\ r_{21} & r_{22} & r_{23}\\ r_{31} & r_{32} & r_{33}\end{pmatrix},\quad S=\begin{pmatrix} s_{11} & s_{12} & s_{13}\\ s_{21} & s_{22} & s_{23}\\ s_{31} & s_{32} & s_{33}\end{pmatrix},\quad T=\begin{pmatrix} 0 & r_3 & -r_2\\ -r_3 & 0 & r_1\\ r_2 & -r_1 & 0\end{pmatrix}$$

und denen, welche durch Zusammensetzung aus ihnen entstehen. Von diesen Formen ist S symmetrisch und T alternirend. Bezeichnet man die conjugirte Form von R mit R', so ist nach (17) § 1

$$(3) \qquad R - R' = cT.$$

Nach Satz (1) genügen diese Formen den Gleichungen

$$(4) \qquad R^3 - aR^2 + a'R = 0, \quad S^3 - bS^2 + b'S = 0, \quad T^3 + T = 0.$$

Die adjungirte Form von T ist

$$(5) \qquad E + T^2 = \begin{pmatrix} r_1^2 & r_1 r_2 & r_1 r_3 \\ r_2 r_1 & r_2^2 & r_2 r_3 \\ r_3 r_1 & r_3 r_2 & r_3^2 \end{pmatrix}.$$

Nach den Formeln (7), (12) und (16) § 1 verschwinden die Producte $R(E+T^2)$, $(E+T^2)R$, $S(E+T^2)$ und $(E+T^2)S$. Demnach ist

$$(6) \qquad RT^2 = T^2R = -R, \quad ST^2 = T^2S = -S.$$

Denselben Gleichungen zufolge können sich die Unterdeterminanten der Form R von den Elementen (5) nur um einen gemeinsamen Factor k unterscheiden, und mithin ist die adjungirte Form von R

$$\bar{R} = R^2 - aR + a'E = k(E + T^2).$$

Multiplicirt man diese Gleichung mit $E + T^2$, so erhält man nach (4) und (6) $a' = k$. Auf diesem Wege findet man die Gleichungen

$$(7) \qquad R^2 = aR + a'T^2, \quad S^2 = bS + b'T^2.$$

Die nämliche Methode kann man auch auf die Form

$$(8) \qquad X = \varrho R + \sigma S + \tau T + \vartheta T^2$$

anwenden, wo ϱ, σ, τ, ϑ willkürliche Constanten sind. Ihre Spur ist

$$(9) \qquad f = \varrho a + \sigma b - 2\vartheta.$$

Mithin ist

$$(10) \qquad X^2 = fX + gT^2,$$

und ich werde zeigen, daß

$$(11) \qquad g(\varrho, \sigma, \tau, \vartheta) = a'\varrho^2 + b'\sigma^2 + \tau^2 + \vartheta^2 + c'\varrho\sigma + c\varrho\tau - a\varrho\vartheta - b\sigma\vartheta$$

ist. Daß in dieser quadratischen Form die Coefficienten von ϱ^2, σ^2, τ^2, ϑ^2, $\varrho\vartheta$, $\sigma\vartheta$, $\tau\vartheta$ richtig bestimmt sind, ergiebt sich aus den Gleichungen (6) und (7). Es ist also nur noch nachzuweisen, daß in den Gleichungen

$$(12) \qquad \begin{aligned} RS + SR &= aS + bR + c'T^2 \\ RT + TR &= aT + cT^2 \\ ST + ST &= bT \end{aligned}$$

die Coefficienten von T^2 die angegebenen Werthe haben. Dies folgt für die letzte daraus, daß $ST + TS$ eine alternirende Form ist, weil die conjugirte Form von AB gleich $B'A'$ ist, und für die vorletzte daraus, daß nach (3) $RT + TR' = RT + TR - cT^2$ eine alternirende Form ist. Um endlich die erste Gleichung darzuthun, genügt die Bemerkung, daß die Spur [1]) von RS und von SR nach (6) § 1 gleich $\Sigma r_{\alpha\beta} s_{\beta\alpha} = ab - c'$ und die von T^2 nach (5) gleich -2 ist. Ein specieller Fall der Formel (10) ist die Gleichung

$$(\varrho R - S)^2 = (a\varrho - b)(\varrho R - S) + (a'\varrho^2 - c'\varrho + b')T^2,$$

welche die Grundlage des in § 1 geführten Beweises bildet.

Nach Gleichung (10) haben sämmtliche Formen der Schaar $\varrho R + \sigma S + \tau T + \vartheta T^2$ (von einem scalaren Factor abgesehen) dieselbe adjungirte Form $E + T^2$, und eine leichte Abzählung zeigt, daß umgekehrt alle Formen, die den Bedingungen $X(E + T^2) = (E + T^2)X = 0$ genügen, in dieser Schaar enthalten sind. Die Unterdeterminanten der Derminante dieser Formenschaar sind alle durch die quadratische Form $g(\varrho, \sigma, \tau, \vartheta)$ theilbar, und unterscheiden sich von einander nur durch Factoren, die von $\varrho, \sigma, \tau, \vartheta$ unabhängig sind. Da aber ein Product von beliebig vielen der Formen R, S, T den nämlichen Bedingungen genügt, so lassen sich alle diese Producte aus vier unter ihnen linear zusammensetzen. Die dazu nöthigen Formeln kann man so erhalten.

Differentiirt man die Gleichung $\sum_\lambda s_{\alpha\lambda} r_\lambda = 0$ nach x_β, so erhält man $\sum_\lambda s_{\alpha\lambda} r_{\lambda\beta} = -\sum_\lambda s_{\alpha\beta\lambda} r_\lambda$. Mithin ist die Form SR symmetrisch

$$SR = R'S \tag{13}$$

Ebenso ist $ST - TS$ symmetrisch und auch $RT - TR$, weil nach (3) $RT - TR = -TR' + R'T$ ist. Nach (12) ist

$$(ST - TS)^2 = (2ST - bT)(-2TS + bT) = 4(S^2 - bS) - b^2 T^2,$$

und auf diesem Wege findet man die Gleichungen

$$(ST - TS)^2 = -(b^2 - 4b')T^2, \quad (RT - TR)^2 = -(a^2 + c^2 - 4a')T^2. \tag{14}$$

---

1) Die Formen AB und BA haben immer dieselbe Spur. Sind nämlich zunächst die Coefficienten von B willkürliche Größen, so sind die Formen BA und $AB = B^{-1}(BA)B$ ähnlich, haben also beide dieselbe charakteristische Function. Da aber deren Coefficienten ganze Functionen der Coefficienten von B sind, so haben AB und BA auch dann dieselbe charakteristische Function, wenn die Determinante von B verschwindet.

Da die Wurzeln der Gleichungen

$$|s_{\alpha\beta}-\lambda e_{\alpha\beta}|=0 \quad \text{und} \quad |r_{\alpha\beta}+r_{\beta\alpha}-\lambda e_{\alpha\beta}|=0$$

reell sind, so sind b^2-4b' und a^2+c^2-4a' positiv. Ferner ergiebt sich mittelst der Formeln (12) und (13)

$$(RT-TR)(ST-TS)=(2RT-aT-cT^2)(-2TS+bT)=$$
$$2(2R-cT)S-2(aS+bR)+bcT-abT^2$$
$$=2(R+R')S-2(RS+SR-c'T^2)+bcT-abT^2=bcT-(ab-2c')T^2$$

und mithin, indem man auch zu den conjugirten Formen übergeht,

$$(15)\qquad \begin{aligned}(RT-TR)(ST-TS)&=bcT-(ab-2c')T^2\\(ST-TS)(RT-TR)&=-bcT-(ab-2c')T^2.\end{aligned}$$

Endlich ist

$$T(ST-TS)=T(-2TS+bT)=2S+bT^2,$$

und indem man auch zu den conjugirten Formen übergeht, erhält man die Relationen

$$(16)\qquad \begin{aligned}T(ST-TS)&=-(ST-TS)T=2S+bT^2\\T(RT-TR)&=-(RT-TR)T=2R-cT+aT^2.\end{aligned}$$

Multiplicirt man also die erste der Gleichungen (15) links mit T und rechts mit $ST-TS$, so findet man

$$(17)\quad bc(ST-TS)=-(b^2-4b')(2R-cT+aT^2)+(ab-2c')(2S+bT^2).$$

Multiplicirt man die zweite jener Gleichungen links mit T und rechts mit $RT-TR$, so findet man

$$(18)\ bc(RT-TR)=-(ab-2c')(2R-cT+aT^2)+(a^2+c^2-4a')(2S+bT^2).$$

Ferner ist

$$2SR=SR+R'S=(SR+RS)-cTS$$

und mithin nach (12) und (17)

$$(19)\qquad bSR=b'(2R-cT+aT^2)+(ab-c')S.$$

Endlich ist $R'R=R^2-cTR$ und folglich nach (7), (12) und (18)

$$(20)\qquad bR'R=c'(2R-cT+aT^2)+(a^2+c^2-4a')S-ba'T^2.$$

Aus der identischen Gleichung

$$(S^2-bS)R'R+S^2(R^2-aR)=S(SR'+SR-aS-bR')R$$

ergiebt sich mittelst der Formeln (3), (7), (12) und (13) die Relation

$$(21)\qquad b'R'R-c'SR+a'S^2=0.$$

Da die Spur von TR nach (12) gleich $-c$ ist, so ist die von

$$R'R = R^2 - cTR = aR + a'T^2 - cTR \text{ gleich } a^2 + c^2 - 2a'.$$

Die Spur von $S^2 = bS + b'T^2$ ist $b^2 - 2b'$, und die von SR, wie schon oben erwähnt, gleich $ab - c'$. Daher ergiebt sich aus der letzten Formel die merkwürdige Relation

$$(22) \qquad \begin{aligned} c'^2 - 4a'b' + b^2a' - bac' + (a^2 + c^2)b' &= 0, \\ (b^2 - 4b')(a^2 + c^2 - 4a') - (ab - 2c')^2 &= b^2c^2. \end{aligned}$$

Betrachtet man die symmetrischen Formen als quadratische Formen mit den Variabeln dx_α, so erkennt man in der symbolischen Beziehung (21) die für die Theorie der Flächen wichtige Gleichung (vgl. Weingarten, Sitzungsberichte der Berl. Akad. 1886, S. 83)

$$(23) \qquad b'\Sigma dr_\alpha^2 - c'\Sigma dr_\alpha ds_\alpha + a'\Sigma ds_\alpha^2,$$

in welcher die Coefficienten dieselben sind, wie in der Gleichung (4) § 1.

Mit Hülfe der entwickelten Formeln lassen sich nun die Formen R, S, T und die Producte von beliebig vielen derselben alle durch vier unter ihnen linear ausdrücken. Setzt man

$$(24) \qquad U = 2S + bT^2, \quad V = ST - TS, \quad k = b^2 - 4b',$$

so erhält man für jene Beziehungen die besonders einfachen Formeln

$$(25) \qquad \begin{aligned} U^2 = V^2 &= -kT^2, & UV = -VU &= kT, \\ TV = -VT &= U, & UT = -TU &= V, \end{aligned}$$

oder es bestehen zwischen den vier Formen

$$J_0 = -T^2, \quad J_1 = T, \quad J_2 = \frac{1}{\sqrt{-k}}\,U, \quad J_3 = \frac{1}{\sqrt{-k}}\,V$$

dieselben Relationen, wie zwischen den Einheiten der Quaternionen. Da

$$(26) \qquad 2S = U - bT^2, \quad 2kR = k(cT - aT^2) + (ab - 2c')U - bcV$$

ist, so läßt sich die quadratische Form (11) durch eine reelle Substitution in eine Summe von 2 positiven und 2 negativen Quadraten transformiren

$$(27) \quad 4g(\varrho,\sigma,\tau,\vartheta) = [a\varrho + b\sigma - 2\vartheta]^2 + [c\varrho + 2\tau]^2 - \frac{1}{k}[(ab - 2c')\varrho + k\sigma]^2 - \frac{1}{k}b^2c^2\varrho^2,$$

oder sie hat den Trägheitsindex 2 (während die analoge quadratische Form in der Theorie der Quaternionen eine Summe von 4

Quadraten ist). Die nämlichen Formeln (25) erhält man, wenn man

$$(28)\quad U = 2R - cT + aT^2, \quad V = RT - TR, \quad k = a^2 + c^2 - 4a'$$

setzt. Daß die 4 Formen T, T^2, U, V linear unabhängig sind, ist leicht zu sehen. Denn ist $\alpha T + \beta T^2 + \gamma U + \delta V = 0$, so muß, weil T alternirend, T^2, U und V symmetrisch sind, $\alpha = 0$ sein. Multiplicirt man nun die Gleichung mit T, V oder U, so erkennt man durch denselben Schluß, daß auch β, γ und δ verschwinden.

Der Relation (10) zufolge genügt die Form X der Gleichung

$$(29)\qquad X^3 - fX^2 + gX = 0$$

und hat demnach die charakteristische Function

$$(30)\quad |\,\varrho R + \sigma S + \tau T + \vartheta T^2 + \lambda E\,| = \lambda^3 + f\lambda^2 + g\lambda = \lambda g(\varrho, \sigma, \tau, \vartheta - \lambda).$$

Bildet man daraus die Gleichung, der die Form $X + \lambda E$ genügt, so findet man nach (2) für ihre adjungirte Form den Ausdruck

$$(31)\qquad \overline{X + \lambda E} = g(E + T^2) - \lambda(X - fE) + \lambda^2 E.$$

Z. B. hat die Form

$$S^2 + E + T^2 = bS + (b' + 1)\,T^2 + E$$

die Determinante b'^2 und die adjungirte Form

$$(b'^2 + b' - b^2)\,T^2 - bS + b'^2 E,$$

wie in § 3 direct durch Rechnung gezeigt worden ist.

42.

Über die in der Theorie der Flächen auftretenden Differentialparameter

Journal für die reine und angewandte Mathematik 110, 1–36 (1893)

Die zugehörigen Formen der quadratischen Form zweier Differentiale, welche das Quadrat des Linienelementes einer Fläche darstellt, sind von Herrn *Beltrami* als Differentialparameter bezeichnet und in einer Reihe von Arbeiten untersucht worden. Ist $\varphi(p, q) = \text{const.}$ die Gleichung eines Systems von Curven auf der Fläche und δn das von dem Punkte p, q ausgehende Linienelement der Fläche, welches zu der durch p, q gehenden Curve des Systems normal ist, so ist, wie er zeigt, der quadratische Differentialparameter erster Ordnung gleich $\left(\frac{\delta\varphi}{\delta n}\right)^2$. (Math. Annalen, Bd. 1, Seite 576).

Construirt man nun eine gerade Strecke, deren Länge $\frac{\delta\varphi}{\delta n}$ und deren Richtung die von δn ist, so sind ihre Projectionen auf die Axen eines orthogonalen Coordinatensystems drei lineare Differentialparameter, die ich mit $\Delta_x\varphi$, $\Delta_y\varphi$, $\Delta_z\varphi$ bezeichne, und deren Untersuchung den Hauptgegenstand der vorliegenden Arbeit bildet. Wenn man die gegebene Fläche mittelst paralleler Normalen auf die Einheitskugel abbildet, und auf dieser dem Punkte x, y, z der Punkt ξ, η, ζ entspricht, so kann man für die Kugelfläche drei analoge Differentialparameter berechnen, welche ich mit $\Delta_\xi\varphi$, $\Delta_\eta\varphi$, $\Delta_\zeta\varphi$ bezeichne. Die drei bilinearen Differentialparameter, welche den drei quadratischen Formen

$$\Sigma dx^2, \qquad \Sigma dx\, d\xi, \qquad \Sigma d\xi^2$$

von dp und dq entsprechen, können dann auf die Gestalt

$$\Sigma\Delta_x\varphi.\Delta_x\psi, \quad \Sigma\Delta_x\varphi.\Delta_\xi\psi = \Sigma\Delta_\xi\varphi.\Delta_x\psi, \quad \Sigma\Delta_\xi\varphi.\Delta_\xi\psi,$$

die drei ihnen zugehörigen Differentialparameter zweiter Ordnung aber auf die Gestalt

$$\Sigma\Delta_x^2\varphi,\quad \frac{1}{\sqrt{k}}\Sigma\Delta_x(\sqrt{k}\Delta_\xi\varphi) = \sqrt{k}\Sigma\Delta_\xi\Big(\frac{1}{\sqrt{k}}\Delta_x\varphi\Big),\quad \Sigma\Delta_\xi^2\varphi$$

gebracht werden, wo k das Krümmungsmass ist. Der bilinearen Form $\Sigma\pm\xi dy\delta\zeta$, welche in der Theorie der Krümmungslinien auftritt, entspricht endlich der bilineare Differentialparameter $\Sigma\pm\xi\Delta_y\varphi.\Delta_\zeta\psi$ und zwei verschiedene Differentialparameter zweiter Ordnung,

$$\Sigma\pm\xi\Delta_\eta(\Delta_z\varphi),\quad \Sigma\pm\xi\Delta_y(\Delta_\zeta\varphi),$$

von denen der erste für $\varphi = x, y, z$ und Σx^2 verschwindet, der zweite für $\varphi = \xi, \eta, \zeta$ und $\Sigma x\xi$. Nachdem ich diese verschiedenen Differentialparameter in den §§ 1—5 definirt und ihre gegenseitigen Beziehungen untersucht habe, benutze ich die erhaltenen Resultate in § 6 zur Ermittelung der Differentialgleichung dritter Ordnung, welcher der Parameter einer Flächenschaar genügen muss, damit dieselbe einem orthogonalen Flächensystem angehöre, und in § 8 zur Entwickelung der Bedingung für die Isometrie der Krümmungslinien. Endlich untersuche ich in § 7 die Beziehungen der eingeführten Differentialparameter zu dem Krümmungsmass und der geodätischen Krümmung.

§ 1.

Ueber die Form $A = dx^2+dy^2+dz^2$.

Sind ξ, η, ζ die Richtungscosinus der Normale der Fläche $\Phi(x, y, z) = 0$ im Punkte x, y, z, so ist beim Uebergange zu einem unendlich nahen Punkte einer Krümmungslinie

$$(1.)\qquad d\xi = r\,dx,\quad d\eta = r\,dy,\quad d\zeta = r\,dz,$$

wo r die entsprechende Hauptkrümmung der Fläche ist. Mithin sind die beiden Hauptkrümmungen r' und r'' zwei Wurzeln der kubischen Gleichung (vgl. z. B. *Lipschitz*, dieses Journal Bd. 78, Seite 25)

$$(2.)\qquad \begin{vmatrix} \frac{\partial\xi}{\partial x}-r & \frac{\partial\xi}{\partial y} & \frac{\partial\xi}{\partial z} \\ \frac{\partial\eta}{\partial x} & \frac{\partial\eta}{\partial y}-r & \frac{\partial\eta}{\partial z} \\ \frac{\partial\zeta}{\partial x} & \frac{\partial\zeta}{\partial y} & \frac{\partial\zeta}{\partial z}-r \end{vmatrix} = 0.$$

Quadratische Gleichungen für r erhält man, wenn man zu den Gleichungen

(1.) noch die Relation

$$(3.)\qquad \xi dx+\eta dy+\zeta dz = 0$$

hinzufügt. Die dritte Wurzel der Gleichung (2.) ergiebt sich aus der Betrachtung einer dieser quadratischen Gleichungen oder auch durch folgende Ueberlegung: Die Grössen ξ, η, ζ können mittelst der Gleichung $\Phi=0$ auf unendlich viele Arten als Functionen der Coordinaten x, y, z dargestellt werden. Benutzt man irgend eine dieser Darstellungen, so wird die Gleichung

$$(4.)\qquad \xi^2+\eta^2+\zeta^2 = 1$$

nicht identisch erfüllt sein, sondern nur vermöge der Gleichung $\Phi=0$. Die Ableitung ihrer linken Seite nach x ist also im allgemeinen nicht Null sondern proportional $\frac{\partial\Phi}{\partial x}$ oder ξ, und demnach ergiebt sich die Gleichung

$$\xi\frac{\partial\xi}{\partial x}+\eta\frac{\partial\eta}{\partial x}+\zeta\frac{\partial\zeta}{\partial x} = r_0\xi$$

und die beiden analogen. Der so definirte Proportionalitätsfactor r_0, dessen Werth wesentlich von der Darstellung von ξ, η, ζ durch x, y, z abhängt, genügt folglich der Gleichung (2.) und ist, weil r' und r'' von jener Darstellung unabhängig sind, die gesuchte dritte Wurzel.

Diese Bemerkung veranlasste mich, statt der Ableitungen nach x, y und z Ausdrücke in die Rechnung einzuführen, welche nicht von der Form der Darstellung abhängen. Zu diesem Zwecke benutze ich die drei linearen Differentialparameter

$$(5.)\qquad \begin{cases} \Delta_x\varphi = \frac{\partial\varphi}{\partial x}-\xi\left(\xi\frac{\partial\varphi}{\partial x}+\eta\frac{\partial\varphi}{\partial y}+\zeta\frac{\partial\varphi}{\partial z}\right), \\ \Delta_y\varphi = \frac{\partial\varphi}{\partial y}-\eta\left(\xi\frac{\partial\varphi}{\partial x}+\eta\frac{\partial\varphi}{\partial y}+\zeta\frac{\partial\varphi}{\partial z}\right), \\ \Delta_z\varphi = \frac{\partial\varphi}{\partial z}-\zeta\left(\xi\frac{\partial\varphi}{\partial x}+\eta\frac{\partial\varphi}{\partial y}+\zeta\frac{\partial\varphi}{\partial z}\right), \end{cases}$$

zwischen denen die Gleichung

$$(6.)\qquad \xi\Delta_x\varphi+\eta\Delta_y\varphi+\zeta\Delta_z\varphi = 0$$

besteht. Projicirt man die Strecke, deren Axenprojectionen $\frac{\partial\varphi}{\partial x}$, $\frac{\partial\varphi}{\partial y}$, $\frac{\partial\varphi}{\partial z}$ sind, oder irgend eine der Strecken, deren Axenprojectionen $\frac{\partial\varphi}{\partial x}+\lambda\frac{\partial\Phi}{\partial x}$, $\frac{\partial\varphi}{\partial y}+\lambda\frac{\partial\Phi}{\partial y}$, $\frac{\partial\varphi}{\partial z}+\lambda\frac{\partial\Phi}{\partial z}$ sind, auf die Tangentialebene der Fläche $\Phi=0$ im Punkte x, y, z, so erhält man die Strecke, deren Axenprojectionen

$\Delta_x\varphi$, $\Delta_y\varphi$, $\Delta_z\varphi$ sind, und daher könnte man diese Ausdrücke die *tangentialen Derivirten* von φ nennen. Aus der Proportion

$$\frac{\frac{\partial\Phi}{\partial x}}{\xi} = \frac{\frac{\partial\Phi}{\partial y}}{\eta} = \frac{\frac{\partial\Phi}{\partial z}}{\zeta} = \frac{\xi\frac{\partial\Phi}{\partial x}+\eta\frac{\partial\Phi}{\partial y}+\zeta\frac{\partial\Phi}{\partial z}}{\xi^2+\eta^2+\zeta^2}$$

folgt, dass $\Delta_x\Phi = \Delta_y\Phi = \Delta_z\Phi = 0$ ist. Ist also die Gleichung $\varphi = \psi$ eine Folge der Gleichung $\Phi = 0$, so ist auch die Gleichung $\Delta_x\varphi = \Delta_x\psi$ eine Folge derselben Gleichung. Nach (3.) ist

$$(7.)\qquad d\varphi = \Delta_x\varphi.dx+\Delta_y\varphi.dy+\Delta_z\varphi.dz,$$

und mithin verschwindet nach (1.) die Function

$$(8.)\qquad \begin{vmatrix} \Delta_x\xi-r & \Delta_y\xi & \Delta_z\xi \\ \Delta_x\eta & \Delta_y\eta-r & \Delta_z\eta \\ \Delta_x\zeta & \Delta_y\zeta & \Delta_z\zeta-r \end{vmatrix} = -r(r-r')(r-r'') = -r(r^2-hr+k)$$

für die beiden Hauptkrümmungen r' und r'' und ausserdem für $r = 0$, wie man aus (6.) erkennt, indem man $\varphi = \xi$, η und ζ setzt. Daher ist

$$(9.)\qquad h = r'+r'' = \Delta_x\xi+\Delta_y\eta+\Delta_z\zeta = \Sigma\Delta_x\xi.$$

Ich werde unten zeigen, dass die Determinante (8.) symmetrisch ist, d. h. dass $\Delta_x\eta = \Delta_y\xi$ u. s. w. ist.

Nun seien p und q zwei von einander und von Φ unabhängige Functionen von x, y, z, und seien umgekehrt x, y, z als Functionen von p und q dargestellt. Dann ist nach (7.)

$$(10.)\qquad \frac{\partial\varphi}{\partial p} = \Sigma\Delta_x(\varphi)\frac{\partial x}{\partial p},\quad \frac{\partial\varphi}{\partial q} = \Sigma\Delta_x(\varphi)\frac{\partial x}{\partial q},$$

und daraus erhält man, wenn man $\varphi = p$ oder q setzt, die Relationen

$$(11.)\qquad \begin{cases} \Sigma\frac{\partial x}{\partial p}\Delta_x p = 1, & \Sigma\frac{\partial x}{\partial p}\Delta_x q = 0, \\ \Sigma\frac{\partial x}{\partial q}\Delta_x p = 0, & \Sigma\frac{\partial x}{\partial q}\Delta_x q = 1, \end{cases}$$

auf denen die folgende Entwickelung wesentlich beruht. Demnach sind die beiden Determinanten*)

$$(12.)\qquad \begin{vmatrix} \xi & \eta & \zeta \\ \frac{\partial x}{\partial p} & \frac{\partial y}{\partial p} & \frac{\partial z}{\partial p} \\ \frac{\partial x}{\partial q} & \frac{\partial y}{\partial q} & \frac{\partial z}{\partial q} \end{vmatrix} = \sqrt{a},\qquad \begin{vmatrix} \xi & \eta & \zeta \\ \Delta_x p & \Delta_y p & \Delta_z p \\ \Delta_x q & \Delta_y q & \Delta_z q \end{vmatrix} = \frac{1}{\sqrt{a}}$$

---

*) Es ist praktisch, die beiden unabhängigen Variabeln in einer solchen Reihenfolge mit p und q zu bezeichnen, dass $\sqrt{a}$ positiv wird.

reciprok, d. h. jedes Element der einen ist gleich der entsprechenden Unterdeterminante der anderen, dividirt durch diese Determinante. Ist aber in einer Determinante $A = |a_{\alpha\beta}|$ der Coefficient von $a_{\alpha\beta}$ gleich $A_{\alpha\beta}$, so ist $\frac{\partial \log A}{\partial p} = \Sigma \frac{A_{\alpha\beta}}{A} \frac{\partial a_{\alpha\beta}}{\partial p}$. Wendet man diese Formel auf die erste Determinante (12.) an, so erhält man

$$\frac{1}{2}\frac{\partial \log a}{\partial p} = \Sigma \xi \frac{\partial \xi}{\partial p} + \Sigma\left(\Delta_x p \cdot \frac{\partial}{\partial p}\left(\frac{\partial x}{\partial p}\right) + \Delta_x q \cdot \frac{\partial}{\partial q}\left(\frac{\partial x}{\partial p}\right)\right).$$

Da nun

$$(13.)\qquad \Delta_x \varphi = \frac{\partial \varphi}{\partial p}\Delta_x p + \frac{\partial \varphi}{\partial q}\Delta_x q$$

ist, so folgt daraus

$$(14.)\qquad \frac{1}{2a}\frac{\partial a}{\partial p} = \Sigma \Delta_x\left(\frac{\partial x}{\partial p}\right),\quad \frac{1}{2a}\frac{\partial a}{\partial q} = \Sigma \Delta_x\left(\frac{\partial x}{\partial q}\right).$$

Ist also R irgend eine Function von p und q, so ist

$$\sqrt{a}\,\Sigma \Delta_x\left(R\frac{\partial x}{\partial p}\right) = \sqrt{a}\,\Sigma \frac{\partial x}{\partial p}\Delta_x(R) + R\sqrt{a}\,\Sigma \Delta_x\left(\frac{\partial x}{\partial p}\right)$$
$$= \sqrt{a}\frac{\partial R}{\partial p} + R\frac{\partial \sqrt{a}}{\partial p} = \frac{\partial (R\sqrt{a})}{\partial p},$$

also wenn man $R\sqrt{a}$ durch R ersetzt,

$$(15.)\qquad \Sigma \Delta_x\left(\frac{1}{\sqrt{a}}R\frac{\partial x}{\partial p}\right) = \frac{1}{\sqrt{a}}\frac{\partial R}{\partial p},\quad \Sigma \Delta_x\left(\frac{1}{\sqrt{a}}R\frac{\partial x}{\partial q}\right) = \frac{1}{\sqrt{a}}\frac{\partial R}{\partial q}.$$

Sind X, Y, Z irgend drei Functionen von p und q, welche der Gleichung

$$(16.)\qquad \Sigma \xi X = 0$$

genügen, und ist

$$(17.)\qquad \sqrt{a}\,\Sigma X \Delta_x p = P,\quad \sqrt{a}\,\Sigma X \Delta_x q = Q,$$

so folgt daraus nach (12.)

$$(18.)\quad \sqrt{a}X = P\frac{\partial x}{\partial p} + Q\frac{\partial x}{\partial q},\quad \sqrt{a}Y = P\frac{\partial y}{\partial p} + Q\frac{\partial y}{\partial q},\quad \sqrt{a}Z = P\frac{\partial z}{\partial p} + Q\frac{\partial z}{\partial q}$$

und mithin nach (15.)

$$(19.)\qquad \Sigma \Delta_x(X) = \frac{1}{\sqrt{a}}\left(\frac{\partial P}{\partial p} + \frac{\partial Q}{\partial q}\right).$$

Ist $\Sigma \xi X$ nicht Null, sondern gleich R, so ist $\Sigma \xi(X - \xi R) = 0$ und nach (6.) und (9.)

$$\Sigma \Delta_x(\xi R) = \Sigma \xi \Delta_x(R) + R\,\Sigma \Delta_x(\xi) = hR$$

und folglich, wenn man in (19.) X durch $X-\xi R$ ersetzt,

$$(20.)\qquad \Sigma\varDelta_x X = \frac{1}{\sqrt{a}}\Big(\frac{\partial}{\partial p}(\sqrt{a}\,\Sigma X\varDelta_x p)+\frac{\partial}{\partial q}(\sqrt{a}\,\Sigma X\varDelta_x q)\Big)+h\Sigma\xi X.$$

Die beiden letzten Zeilen jeder der Determinanten (12.) enthalten je zwei von einander unabhängige Lösungen der linearen Gleichung (16.) zwischen den Unbekannten X, Y, Z. Da dieselbe aber nicht mehr als zwei unabhängige Lösungen hat, so lassen sich zwei Paare von Coefficienten a_{11}, a_{12} und a_{21}, a_{22} so bestimmen, dass

$$(21.)\qquad \begin{cases} \dfrac{\partial x}{\partial p} = a_{11}\varDelta_x p+a_{12}\varDelta_x q, & \dfrac{\partial x}{\partial q} = a_{21}\varDelta_x p+a_{22}\varDelta_x q,\\ \dfrac{\partial y}{\partial p} = a_{11}\varDelta_y p+a_{12}\varDelta_y q, & \dfrac{\partial y}{\partial q} = a_{21}\varDelta_y p+a_{22}\varDelta_y q,\\ \dfrac{\partial z}{\partial p} = a_{11}\varDelta_z p+a_{12}\varDelta_z q, & \dfrac{\partial z}{\partial q} = a_{21}\varDelta_z p+a_{22}\varDelta_z q \end{cases}$$

wird. Multiplicirt man diese Gleichungen mit $\frac{\partial x}{\partial p}$, $\frac{\partial y}{\partial p}$, $\frac{\partial z}{\partial p}$ oder mit $\frac{\partial x}{\partial q}$, $\frac{\partial y}{\partial q}$, $\frac{\partial z}{\partial q}$ und addirt sie, so findet man nach (11.), dass $a_{12} = a_{21}$ und

$$(22.)\qquad \Sigma dx^2 = a_{11}dp^2+2a_{12}dp\,dq+a_{22}dq^2 = A$$

ist. Erhebt man die erste Determinante (12.) ins Quadrat, so ergiebt sich

$$(23.)\qquad a = a_{11}a_{22}-a_{12}^2.$$

Durch Auflösung der Gleichungen (21.) erhält man demnach

$$(24.)\qquad a\varDelta_x p = a_{22}\frac{\partial x}{\partial p}-a_{12}\frac{\partial x}{\partial q},\quad a\varDelta_x q = -a_{21}\frac{\partial x}{\partial p}+a_{11}\frac{\partial x}{\partial q}$$

und folglich nach (10.)

$$P = \frac{1}{\sqrt{a}}\Big(a_{22}\frac{\partial\varphi}{\partial p}-a_{12}\frac{\partial\varphi}{\partial q}\Big) = \sqrt{a}\,\Sigma\varDelta_x(p)\varDelta_x(\varphi),$$

$$Q = \frac{1}{\sqrt{a}}\Big(-a_{21}\frac{\partial\varphi}{\partial p}+a_{11}\frac{\partial\varphi}{\partial q}\Big) = \sqrt{a}\,\Sigma\varDelta_x(q)\varDelta_x(\varphi).$$

Sind also φ und ψ zwei unbestimmte Functionen, so ist

$$\frac{1}{\sqrt{a}}\Big(P\frac{\partial\psi}{\partial p}+Q\frac{\partial\psi}{\partial q}\Big) = \Sigma\varDelta_x(\varphi)\Big(\frac{\partial\psi}{\partial p}\varDelta_x p+\frac{\partial\psi}{\partial q}\varDelta_x q\Big) = \Sigma\varDelta_x(\varphi)\varDelta_x(\psi).$$

Setzt man nun

$$(25.)\qquad a\mathrm{A}(\varphi,\psi) = a_{22}\frac{\partial\varphi}{\partial p}\frac{\partial\psi}{\partial p}-a_{12}\Big(\frac{\partial\varphi}{\partial p}\frac{\partial\psi}{\partial q}+\frac{\partial\varphi}{\partial q}\frac{\partial\psi}{\partial p}\Big)+a_{11}\frac{\partial\varphi}{\partial q}\frac{\partial\psi}{\partial q},$$

so ist (vgl. *Beltrami*, Math. Ann. Bd. 1, Seite 581)

$$(26.)\qquad \mathsf{A}(\varphi, \psi) = \Sigma \Delta_x(\varphi)\Delta_x(\psi).$$

Ferner ist nach (19.)

$$\frac{1}{\sqrt{a}}\left(\frac{\partial P}{\partial p}+\frac{\partial Q}{\partial q}\right) = \Sigma \Delta_x(\Delta_x \varphi) = \Sigma \Delta_x^2(\varphi).$$

Setzt man also

$$(27.)\quad \sqrt{a}\,\mathsf{A}(\varphi) = \frac{\partial}{\partial p}\frac{1}{\sqrt{a}}\left(a_{22}\frac{\partial \varphi}{\partial p} - a_{12}\frac{\partial \varphi}{\partial q}\right) + \frac{\partial}{\partial q}\frac{1}{\sqrt{a}}\left(-a_{21}\frac{\partial \varphi}{\partial p} + a_{11}\frac{\partial \varphi}{\partial q}\right),$$

so ist

$$(28.)\qquad \mathsf{A}(\varphi) = \Sigma \Delta_x^2(\varphi).$$

Diese elegante Darstellung des zweiten Differentialparameters der Form $A = \Sigma dx^2$ ist eine Umformung der von Herrn *Beltrami* angegebenen Formel*)

$$(29.)\ \mathsf{A}(\varphi) = \frac{\partial^2 \varphi}{\partial x^2} + \frac{\partial^2 \varphi}{\partial y^2} + \frac{\partial^2 \varphi}{\partial z^2} - \left(\xi\frac{\partial}{\partial x} + \eta\frac{\partial}{\partial y} + \zeta\frac{\partial}{\partial z}\right)^2 \varphi - (r' + r'')\left(\xi\frac{\partial \varphi}{\partial x} + \eta\frac{\partial \varphi}{\partial y} + \zeta\frac{\partial \varphi}{\partial z}\right).$$

Da die Ausdrücke (26.) und (28.) offenbar von der Wahl des orthogonalen Coordinatensystems unabhängig sind, so zeigen diese Formeln, dass $\mathsf{A}(\varphi, \psi)$ und $\mathsf{A}(\varphi)$ ***zugehörige Formen*** des Differentialausdrucks A sind, d. h. sich bei jeder Transformation desselben invariant verhalten.

Anmerkung: Um die analytische Bedeutung der Formel (19.) ins Licht zu setzen, bemerke ich Folgendes: Seien $y_1, y_2, \ldots, y_n$ n von einander unabhängige Functionen der n unabhängigen Variabeln $x_1, x_2, \ldots, x_n$, seien $A_1, A_2, \ldots, A_n$ irgend n Functionen von $x_1, x_2, \ldots, x_n$, und, wenn φ eine unbestimmte Function dieser Variabeln ist,

$$(30.)\qquad \Sigma A_\alpha \frac{\partial \varphi}{\partial x_\alpha} = \Sigma B_\alpha \frac{\partial \varphi}{\partial y_\alpha}.$$

Setzt man dann $\frac{\partial y_\alpha}{\partial x_\beta} = y_{\alpha\beta}$ und $\frac{\partial x_\alpha}{\partial y_\beta} = x_{\alpha\beta}$, so sind die beiden Determinanten $n$ten Grades

$$(31.)\qquad |y_{\alpha\beta}| = D,\quad |x_{\beta\alpha}| = \frac{1}{D}$$

---

*) In dieser Formel, in der ich die Schreibweise des Herrn *Beltrami* beibehalten habe, ist das zweite Glied symbolisch aufzufassen, also gleich $-\xi^2\frac{\partial^2 \varphi}{\partial x^2} - 2\xi\eta\frac{\partial^2 \varphi}{\partial x \partial y} - \cdots$. Dagegen bedeutet $\Delta_x^2(\varphi)$ in der Formel (28.), dass die durch das Zeichen Δ_x ausgedrückte Operation auf den Ausdruck $\Delta_x(\varphi)$ angewendet werden soll.

in dem obigen Sinne reciprok, und folglich ist

$$\frac{\partial \log D}{\partial x_\gamma} = \sum_{\alpha,\beta} x_{\beta\alpha} \frac{\partial y_{\alpha\beta}}{\partial x_\gamma} = \sum \frac{\partial x_\beta}{\partial y_\alpha} \frac{\partial^2 y_\alpha}{\partial x_\beta \partial x_\gamma} = \sum \frac{\partial y_{\alpha\gamma}}{\partial x_\beta} \frac{\partial x_\beta}{\partial y_\alpha}$$

also (vgl. *Jacobi,* de determin. funct. § 9, (1.); Ges. Werke Bd. 3, S. 412)

$$(32.)\qquad \frac{\partial \log D}{\partial x_\gamma} = \sum_\alpha \frac{\partial y_{\alpha\gamma}}{\partial y_\alpha}.$$

Mithin ist

$$A_\gamma \frac{\partial \log(A_\gamma D)}{\partial x_\gamma} = A_\gamma \sum_\alpha \frac{\partial y_{\alpha\gamma}}{\partial y_\alpha} + \sum_\alpha \frac{\partial A_\gamma}{\partial y_\alpha} y_{\alpha\gamma} = \sum_\alpha \frac{\partial (A_\gamma y_{\alpha\gamma})}{\partial y_\alpha}.$$

Da nun nach (30.) $\sum\limits_\gamma A_\gamma y_{\alpha\gamma} = B_\alpha$ ist, so folgt daraus

$$(33.)\qquad \sum \frac{\partial (A_\alpha D)}{\partial x_\alpha} = D \sum \frac{\partial B_\alpha}{\partial y_\alpha}.$$

Dies ist die bekannte Formel *Jacobis*, welche seinem Princip des letzten Multiplicators zu Grunde liegt (Ges. Werke, Bd. 4, Seite 367, (12.)).

§ 2.

Ueber die Form $C = d\xi^2 + d\eta^2 + d\zeta^2$.

Ist das Krümmungsmass $k = r'r''$ von Null verschieden, also die betrachtete Fläche keine abwickelbare, so kann man eine Function der Grössen p und q auch durch die Grössen ξ, η, ζ ausdrücken. Dann besteht zwischen dem Differentialparameter

$$(1.)\qquad \Delta_\xi \varphi = \frac{\partial \varphi}{\partial \xi} - \xi \sum \xi \frac{\partial \varphi}{\partial \xi}$$

und den beiden analogen die Beziehung

$$(2.)\qquad \sum \xi \Delta_\xi \varphi = 0,$$

und man erkennt aus den Gleichungen (1.) § 1, dass die Determinante

$$(3.)\qquad \begin{vmatrix} \Delta_\xi x - \varrho & \Delta_\eta x & \Delta_\zeta x \\ \Delta_\xi y & \Delta_\eta y - \varrho & \Delta_\zeta y \\ \Delta_\xi z & \Delta_\eta z & \Delta_\zeta z - \varrho \end{vmatrix} = -\varrho(\varrho - \varrho')(\varrho - \varrho'') = -\frac{\varrho}{k}(k\varrho^2 - h\varrho + 1)$$

für die beiden Hauptkrümmungsradien $\varrho' = \frac{1}{r'}$ und $\varrho'' = \frac{1}{r''}$ verschwindet. Da ferner

$$(4.)\qquad \begin{cases} \sum \frac{\partial \xi}{\partial p} \Delta_\xi p = 1, & \sum \frac{\partial \xi}{\partial p} \Delta_\xi q = 0, \\ \sum \frac{\partial \xi}{\partial q} \Delta_\xi p = 0, & \sum \frac{\partial \xi}{\partial q} \Delta_\xi q = 1 \end{cases}$$

ist, so sind die beiden Determinanten

$$(5.)\quad \begin{vmatrix} \xi & \eta & \zeta \\ \frac{\partial \xi}{\partial p} & \frac{\partial \eta}{\partial p} & \frac{\partial \zeta}{\partial p} \\ \frac{\partial \xi}{\partial q} & \frac{\partial \eta}{\partial q} & \frac{\partial \zeta}{\partial q} \end{vmatrix} = \sqrt{c}, \quad \begin{vmatrix} \xi & \eta & \zeta \\ \varDelta_\xi p & \varDelta_\eta p & \varDelta_\zeta p \\ \varDelta_\xi q & \varDelta_\eta q & \varDelta_\zeta q \end{vmatrix} = \frac{1}{\sqrt{c}}$$

reciprok, und daraus ergiebt sich

$$(6.)\quad \frac{1}{2c}\frac{\partial c}{\partial p} = \Sigma \varDelta_\xi\left(\frac{\partial \xi}{\partial p}\right), \quad \frac{1}{2c}\frac{\partial c}{\partial q} = \Sigma \varDelta_\xi\left(\frac{\partial \xi}{\partial q}\right)$$

und allgemein

$$(7.)\quad \Sigma \varDelta_\xi X = \frac{1}{\sqrt{c}}\left(\frac{\partial}{\partial p}(\sqrt{c}\,\Sigma X \varDelta_\xi p) + \frac{\partial}{\partial q}(\sqrt{c}\,\Sigma X \varDelta_\xi q)\right) + 2\Sigma \xi X.$$

In derselben Weise wie in § 1 findet man sechs Gleichungen von der Form

$$(8.)\quad \begin{cases} \frac{\partial \xi}{\partial p} = c_{11}\varDelta_\xi p + c_{12}\varDelta_\xi q, & \frac{\partial \xi}{\partial q} = c_{21}\varDelta_\xi p + c_{22}\varDelta_\xi q, \\ \frac{\partial \eta}{\partial p} = c_{11}\varDelta_\eta p + c_{12}\varDelta_\eta q, & \frac{\partial \eta}{\partial q} = c_{21}\varDelta_\eta p + c_{22}\varDelta_\eta q, \\ \frac{\partial \zeta}{\partial p} = c_{11}\varDelta_\zeta p + c_{12}\varDelta_\zeta q, & \frac{\partial \zeta}{\partial q} = c_{21}\varDelta_\zeta p + c_{22}\varDelta_\zeta q \end{cases}$$

und erkennt mittelst der Formeln (4.), dass $c_{12} = c_{21}$ und

$$(9.)\quad \Sigma d\xi^2 = c_{11}dp^2 + 2c_{12}dp\,dq + c_{22}dq^2 = C$$

und

$$(10.)\quad c = c_{11}c_{22} - c_{12}^2$$

ist. Setzt man nun

$$(11.)\quad c\Gamma(\varphi, \psi) = c_{22}\frac{\partial \varphi}{\partial p}\frac{\partial \psi}{\partial p} - c_{12}\left(\frac{\partial \varphi}{\partial p}\frac{\partial \psi}{\partial q} + \frac{\partial \varphi}{\partial q}\frac{\partial \psi}{\partial p}\right) + c_{11}\frac{\partial \varphi}{\partial q}\frac{\partial \psi}{\partial q}$$

und

$$(12.)\quad \sqrt{c}\,\Gamma(\varphi) = \frac{\partial}{\partial p}\frac{1}{\sqrt{c}}\left(c_{22}\frac{\partial \varphi}{\partial p} - c_{12}\frac{\partial \varphi}{\partial q}\right) + \frac{\partial}{\partial q}\frac{1}{\sqrt{c}}\left(-c_{21}\frac{\partial \varphi}{\partial p} + c_{11}\frac{\partial \varphi}{\partial q}\right),$$

so findet man wie oben

$$(13.)\quad \Gamma(\varphi, \psi) = \Sigma \varDelta_\xi(\varphi)\varDelta_\xi(\psi)$$

und

$$(14.)\quad \Gamma(\varphi) = \Sigma \varDelta_\xi^2(\varphi).$$

Diese Formeln sind übrigens sämmtlich specielle Fälle der Formeln des § 1, nämlich Anwendungen derselben auf den Fall, wo die Fläche $\Phi = 0$ eine Kugel vom Radius 1 ist.

§ 3.

Ueber die Form $B = dx\,d\xi + dy\,d\eta + dz\,d\zeta$.

Da die beiden letzten Zeilen jeder der Determinanten (12.) § 1 und (5.) § 2 zwei von einander unabhängige Lösungen der linearen Gleichung (16.) § 1 enthalten, so bestehen sechs Gleichungen von der Form

$$(1.)\quad \begin{cases} \dfrac{\partial\xi}{\partial p} = b_{11}\Delta_x p + b_{12}\Delta_x q, & \dfrac{\partial\xi}{\partial q} = b_{21}\Delta_x p + b_{22}\Delta_x q, \\ \dfrac{\partial\eta}{\partial p} = b_{11}\Delta_y p + b_{12}\Delta_y q, & \dfrac{\partial\eta}{\partial q} = b_{21}\Delta_y p + b_{22}\Delta_y q, \\ \dfrac{\partial\zeta}{\partial p} = b_{11}\Delta_z p + b_{12}\Delta_z q, & \dfrac{\partial\zeta}{\partial q} = b_{21}\Delta_z p + b_{22}\Delta_z q. \end{cases}$$

Multiplicirt man dieselben mit $\frac{\partial x}{\partial p}, \frac{\partial y}{\partial p}, \frac{\partial z}{\partial p}$, oder mit $\frac{\partial x}{\partial q}, \frac{\partial y}{\partial q}, \frac{\partial z}{\partial q}$ und addirt sie, so findet man nach (11.) § 1

$$b_{12} = b_{21} = \Sigma \frac{\partial\xi}{\partial p}\frac{\partial x}{\partial q} = \Sigma \frac{\partial x}{\partial p}\frac{\partial\xi}{\partial q} = -\Sigma\xi\frac{\partial^2 x}{\partial p\partial q}$$

und

$$(2.)\quad \Sigma d\xi . dx = b_{11}dp^2 + 2b_{12}dp\,dq + b_{22}dq^2 = B.$$

In derselben Weise erhält man die Gleichungen

$$(3.)\quad \begin{cases} \dfrac{\partial x}{\partial p} = b_{11}\Delta_\xi p + b_{12}\Delta_\xi q, & \dfrac{\partial x}{\partial q} = b_{21}\Delta_\xi p + b_{22}\Delta_\xi q, \\ \dfrac{\partial y}{\partial p} = b_{11}\Delta_\eta p + b_{12}\Delta_\eta q, & \dfrac{\partial y}{\partial q} = b_{21}\Delta_\eta p + b_{22}\Delta_\eta q, \\ \dfrac{\partial z}{\partial p} = b_{11}\Delta_\zeta p + b_{12}\Delta_\zeta q, & \dfrac{\partial z}{\partial q} = b_{21}\Delta_\zeta p + b_{22}\Delta_\zeta q \end{cases}$$

und überzeugt sich mittelst (4.) § 2, dass in ihnen die nämlichen Coefficienten $b_{\varkappa\lambda}$ auftreten, wie in (1.). Setzt man

$$(4.)\quad \sqrt{a}[\varphi, \psi] = \frac{\partial\varphi}{\partial p}\frac{\partial\psi}{\partial q} - \frac{\partial\varphi}{\partial q}\frac{\partial\psi}{\partial p},$$

so ist nach (12.) § 1 $[y, z] = \xi$ und mithin nach (1.) § 1

$$(5.)\quad [ry-\eta, rz-\zeta] = \xi(r-r')(r-r'') = \xi(r^2-hr+k),$$

wo r eine Constante ist, und speciell

$$(6.)\quad [y, z] = \xi, \quad [y, \zeta]+[\eta, z] = h\xi, \quad [\eta, \zeta] = k\xi.$$

Sind r und s zwei Constanten, so ergiebt sich durch Berechnung der Summe $\Sigma[ry-\eta, rz-\zeta][sy-\eta, sz-\zeta]$ nach abgeänderter Bezeichnung die Gleichung

$$(7.)\quad \begin{cases} |\alpha a_{\varkappa\lambda}+\beta b_{\varkappa\lambda}+\gamma c_{\varkappa\lambda}| = a(\alpha+r'\beta+r'^2\gamma)(\alpha+r''\beta+r''^2\gamma) \\ \qquad = a(\alpha^2+h\alpha\beta+k\beta^2+(h^2-2k)\alpha\gamma+hk\beta\gamma+k^2\gamma^2), \end{cases}$$

wo α, β, γ drei Unbestimmte sind. Speciell ist, wenn man $b_{11}b_{22}-b_{12}^2=b$ setzt,

$$(8.)\qquad b=ak,\quad c=ak^2,\quad \sqrt{c}=k\sqrt{a},$$

wo $\sqrt{a}$ und $\sqrt{c}$ durch die Gleichungen (12.) § 1 und (5.) § 2 definirt sind.

Durch Auflösung der Gleichungen (3.) findet man

$$b\varDelta_\xi p = b_{22}\frac{\partial x}{\partial p}-b_{12}\frac{\partial x}{\partial q},\quad b\varDelta_\xi q = -b_{21}\frac{\partial x}{\partial p}+b_{11}\frac{\partial x}{\partial q}$$

und allgemeiner

$$\frac{1}{\sqrt{b}}\Big(b_{22}\frac{\partial\varphi}{\partial p}-b_{12}\frac{\partial\varphi}{\partial q}\Big) = \sqrt{a}\Sigma\varDelta_x p(\sqrt{k}\varDelta_\xi\varphi) = \sqrt{c}\Sigma\varDelta_\xi p\Big(\frac{1}{\sqrt{k}}\varDelta_x\varphi\Big),$$

$$\frac{1}{\sqrt{b}}\Big(-b_{21}\frac{\partial\varphi}{\partial p}+b_{11}\frac{\partial\varphi}{\partial q}\Big) = \sqrt{a}\Sigma\varDelta_x q(\sqrt{k}\varDelta_\xi\varphi) = \sqrt{c}\Sigma\varDelta_\xi q\Big(\frac{1}{\sqrt{k}}\varDelta_x\varphi\Big).$$

Setzt man also

$$(9.)\qquad b\mathsf{B}(\varphi,\psi) = b_{22}\frac{\partial\varphi}{\partial p}\frac{\partial\psi}{\partial p}-b_{12}\Big(\frac{\partial\varphi}{\partial p}\frac{\partial\psi}{\partial q}+\frac{\partial\varphi}{\partial q}\frac{\partial\psi}{\partial p}\Big)+b_{11}\frac{\partial\varphi}{\partial q}\frac{\partial\psi}{\partial q}$$

und

$$(10.)\qquad \sqrt{b}\mathsf{B}(\varphi) = \frac{\partial}{\partial p}\frac{1}{\sqrt{b}}\Big(b_{22}\frac{\partial\varphi}{\partial p}-b_{12}\frac{\partial\varphi}{\partial q}\Big)+\frac{\partial}{\partial q}\frac{1}{\sqrt{b}}\Big(-b_{21}\frac{\partial\varphi}{\partial p}+b_{11}\frac{\partial\varphi}{\partial q}\Big),$$

so erhält man

$$(11.)\qquad \mathsf{B}(\varphi,\psi) = \Sigma\varDelta_x(\varphi)\varDelta_\xi(\psi) = \Sigma\varDelta_\xi(\varphi)\varDelta_x(\psi)$$

und nach (19.) § 1 und (7.) § 2

$$(12.)\qquad \mathsf{B}(\varphi) = \frac{1}{\sqrt{k}}\Sigma\varDelta_x(\sqrt{k}\varDelta_\xi\varphi) = \sqrt{k}\Sigma\varDelta_\xi\Big(\frac{1}{\sqrt{k}}\varDelta_x\varphi\Big).$$

Daher ist

$$(13.)\quad \begin{cases} \mathsf{B}(\varphi)+\frac{1}{2k}\mathsf{B}(k,\varphi) = \Sigma\varDelta_\xi\varDelta_x\varphi \\ = \frac{1}{\sqrt{ak}}\Big(\frac{\partial}{\partial p}\frac{1}{\sqrt{a}}\Big(b_{22}\frac{\partial\varphi}{\partial p}-b_{12}\frac{\partial\varphi}{\partial q}\Big)+\frac{\partial}{\partial q}\frac{1}{\sqrt{a}}\Big(-b_{21}\frac{\partial\varphi}{\partial p}+b_{11}\frac{\partial\varphi}{\partial q}\Big)\Big) \end{cases}$$

und

$$(14.)\quad \begin{cases} \mathsf{B}(\varphi)-\frac{1}{2k}\mathsf{B}(k,\varphi) = \Sigma\varDelta_x\varDelta_\xi\varphi \\ = \frac{1}{\sqrt{a}}\Big(\frac{\partial}{\partial p}\frac{1}{\sqrt{ak}}\Big(b_{22}\frac{\partial\varphi}{\partial p}-b_{12}\frac{\partial\varphi}{\partial q}\Big)+\frac{\partial}{\partial q}\frac{1}{\sqrt{ak}}\Big(-b_{21}\frac{\partial\varphi}{\partial p}+b_{11}\frac{\partial\varphi}{\partial q}\Big)\Big). \end{cases}$$

§ 4.

Ueber den Zusammenhang zwischen den Formen A, B und C.

Um die entwickelten Formeln anwenden zu können, muss man die Relationen kennen, welche zwischen den Differentialparametern (5.) § 1 und (1.) § 2 stattfinden. Bezeichnet man die (symmetrischen) Matricen

$$\begin{bmatrix} a_{11} & a_{12} \\ a_{21} & a_{22} \end{bmatrix}, \quad \begin{bmatrix} b_{11} & b_{12} \\ b_{21} & b_{22} \end{bmatrix}, \quad \begin{bmatrix} c_{11} & c_{12} \\ c_{21} & c_{22} \end{bmatrix}$$

mit A, B und C, so ergiebt sich aus den Gleichungen (21.) § 1 und (1.) § 3 (vgl. *Weingarten*, dieses Journal Bd. 59, S. 382)

$$(1.) \qquad \begin{bmatrix} \frac{\partial \xi}{\partial p} & \frac{\partial \eta}{\partial p} & \frac{\partial \zeta}{\partial p} \\ \frac{\partial \xi}{\partial q} & \frac{\partial \eta}{\partial q} & \frac{\partial \zeta}{\partial q} \end{bmatrix} = BA^{-1} \begin{bmatrix} \frac{\partial x}{\partial p} & \frac{\partial y}{\partial p} & \frac{\partial z}{\partial p} \\ \frac{\partial x}{\partial q} & \frac{\partial y}{\partial q} & \frac{\partial z}{\partial q} \end{bmatrix}.$$

Aus den Gleichungen (8.) § 2 und (3.) § 3 erkennt man, dass in dieser Formel an Stelle von BA^{-1} auch CB^{-1} treten kann. Mithin ist $CB^{-1} = BA^{-1}$ oder

$$(2.) \qquad C = BA^{-1}B, \quad A = BC^{-1}B.$$

Da die charakteristische Function von BA^{-1} nach (7.) § 3 gleich $r^2 - hr + k$ ist, so genügt diese Matrix der Gleichung $(BA^{-1})^2 - hBA^{-1} + k = 0$, und folglich ist nach (2.)

$$(3.) \qquad C - hB + kA = 0.$$

Schreibt man diese Beziehung in der Form $\frac{A}{a} - h\frac{B}{b} + k\frac{C}{c} = 0$, so erhält man zwischen den Differentialparametern (25.) § 1, (11.) § 2 und (9.) § 3 die identische Gleichung

$$(4.) \qquad \mathsf{A}(\varphi, \psi) - h\mathsf{B}(\varphi, \psi) + k\Gamma(\varphi, \psi) = 0.$$

Aus den Definitionen (5.) § 1 und (1.) § 2 ergiebt sich

$$(5.) \qquad \left\{ \begin{aligned} &\begin{bmatrix} \Delta_x x & \Delta_y x & \Delta_z x \\ \Delta_x y & \Delta_y y & \Delta_z y \\ \Delta_x z & \Delta_y z & \Delta_z z \end{bmatrix} = \begin{bmatrix} \Delta_\xi \xi & \Delta_\eta \xi & \Delta_\zeta \xi \\ \Delta_\xi \eta & \Delta_\eta \eta & \Delta_\zeta \eta \\ \Delta_\xi \zeta & \Delta_\eta \zeta & \Delta_\zeta \zeta \end{bmatrix} \\ &= \begin{bmatrix} 1-\xi^2 & -\xi\eta & -\xi\zeta \\ -\eta\xi & 1-\eta^2 & -\eta\zeta \\ -\zeta\xi & -\zeta\eta & 1-\zeta^2 \end{bmatrix} = -\begin{bmatrix} 0 & \zeta & -\eta \\ -\zeta & 0 & \xi \\ \eta & -\xi & 0 \end{bmatrix}^2. \end{aligned} \right.$$

Aus den Gleichungen (26.) § 1, (13.) § 2 und (11.) § 3 folgt daher*)

$$(6.)\qquad \Delta_x\varphi = \mathsf{A}(x, \varphi) = \mathsf{B}(\xi, \varphi), \quad \Delta_\xi\varphi = \Gamma(\xi, \varphi) = \mathsf{B}(x, \varphi),$$

und demnach erhält man aus (4.) die Relationen

$$(7.)\qquad \mathsf{A}(\xi, \varphi) = h\Delta_x\varphi - k\Delta_\xi\varphi, \quad k\Gamma(x, \varphi) = h\Delta_\xi\varphi - \Delta_x\varphi,$$

mittelst deren man die Operationen (5.) § 1 und (1.) § 2 auf einander zurückführen kann. Nach der ersten und der Gleichung (26.) § 1 ist

$$(8.)\qquad k\Delta_\xi\varphi = h\Delta_x\varphi - \Delta_x\xi.\Delta_x\varphi - \Delta_y\xi.\Delta_y\varphi - \Delta_z\xi.\Delta_z\varphi.$$

Diese Gleichung und die beiden analogen sind die Auflösungen der Gleichung $\Delta_x\varphi = \mathsf{B}(\xi, \varphi)$ oder nach (11.) § 3

$$(9.)\qquad \Delta_x\varphi = \Delta_x\xi.\Delta_\xi\varphi + \Delta_y\xi.\Delta_\eta\varphi + \Delta_z\xi.\Delta_\zeta\varphi$$

und der analogen. Dass die Auflösung dieser drei Gleichungen möglich ist, trotzdem ihre Determinante verschwindet, liegt daran, dass ausserdem noch die Gleichung (2.) § 2 besteht.

Ebenso wie nach (5.) $\Delta_x y = \Delta_y x$ und $\Delta_\xi\eta = \Delta_\eta\xi$ ist, ist auch nach (6.) $\Delta_x\eta = \mathsf{B}(\xi, \eta) = \Delta_y\xi$ und $\Delta_\xi y = \mathsf{B}(x, y) = \Delta_\eta x$. Setzt man ferner in (8.) $\varphi = x$ oder y, so erhält man

$$\Delta_x\xi + k\Delta_\xi x = h(1-\xi^2), \quad \Delta_y\xi + k\Delta_\xi y = -h\xi\eta,$$

oder zusammengefasst

$$(10.)\qquad \begin{bmatrix} \Delta_x\xi & \Delta_y\xi & \Delta_z\xi \\ \Delta_x\eta & \Delta_y\eta & \Delta_z\eta \\ \Delta_x\zeta & \Delta_y\zeta & \Delta_z\zeta \end{bmatrix} + k\begin{bmatrix} \Delta_\xi x & \Delta_\eta x & \Delta_\zeta x \\ \Delta_\xi y & \Delta_\eta y & \Delta_\zeta y \\ \Delta_\xi z & \Delta_\eta z & \Delta_\zeta z \end{bmatrix} = h\begin{bmatrix} 1-\xi^2 & -\xi\eta & -\xi\zeta \\ -\eta\xi & 1-\eta^2 & -\eta\zeta \\ -\zeta\xi & -\zeta\eta & 1-\zeta^2 \end{bmatrix}.$$

Endlich besteht zwischen diesen drei symmetrischen Matricen die Beziehung

$$(11.)\qquad \begin{bmatrix} \Delta_x\xi & \Delta_y\xi & \Delta_z\xi \\ \Delta_x\eta & \Delta_y\eta & \Delta_z\eta \\ \Delta_x\zeta & \Delta_y\zeta & \Delta_z\zeta \end{bmatrix}\begin{bmatrix} \Delta_\xi x & \Delta_\eta x & \Delta_\zeta x \\ \Delta_\xi y & \Delta_\eta y & \Delta_\zeta y \\ \Delta_\xi z & \Delta_\eta z & \Delta_\zeta z \end{bmatrix} = \begin{bmatrix} 1-\xi^2 & -\xi\eta & -\xi\zeta \\ -\eta\xi & 1-\eta^2 & -\eta\zeta \\ -\zeta\xi & -\zeta\eta & 1-\zeta^2 \end{bmatrix}.$$

Die Relationen (8.) und (9.) lassen sich auf eine besonders einfache Form bringen, indem man die Richtungscosinus der Tangenten der Krümmungslinien ξ', η', ζ' und ξ'', η'', ζ'' benutzt, welche wir uns so gewählt denken, dass die Determinante

---

*) Die Formel $\Delta_x\varphi = \mathsf{A}(x, \varphi)$ ist ein specieller Fall der Formel $\Delta_1\varphi\psi = \sqrt{\Delta_1\varphi}\cdot\frac{\delta\psi}{\delta n}$ des Herrn *Beltrami*. (Math. Ann. Bd. 1, S. 576.)

$$(12.)\qquad \begin{vmatrix} \xi & \eta & \zeta \\ \xi' & \eta' & \zeta' \\ \xi'' & \eta'' & \zeta'' \end{vmatrix} = +1$$

wird. Setzt man zur Abkürzung

$$(13.)\qquad \Delta'\varphi = \Sigma\xi'\Delta_x\varphi = \Sigma\xi'\frac{\partial\varphi}{\partial x},\qquad \Delta''\varphi = \Sigma\xi''\Delta_x\varphi = \Sigma\xi''\frac{\partial\varphi}{\partial x},$$

so ist nach (1.) und (7.) § 1

$$(14.)\qquad \begin{cases} \xi'\Delta_x\xi+\eta'\Delta_y\xi+\zeta'\Delta_z\xi = r'\xi', & \Delta'\xi = r'\xi', \\ \xi''\Delta_x\xi+\eta''\Delta_y\xi+\zeta''\Delta_z\xi = r''\xi'', & \Delta''\xi = r''\xi'', \end{cases}$$

und daher folgt aus (9.)

$$(15.)\qquad \Delta'\varphi = \Sigma\xi'\Delta_x\varphi = r'\Sigma\xi'\Delta_\xi\varphi,\qquad \Delta''\varphi = \Sigma\xi''\Delta_x\varphi = r''\Sigma\xi''\Delta_\xi\varphi.$$

Nimmt man dazu die Gleichung $0 = \Sigma\xi\Delta_x\varphi = \Sigma\xi\Delta_\xi\varphi$, so kann man daraus umgekehrt die Relationen (8.) und (9.) herleiten. Setzt man in diesen Gleichungen $\varphi = x$, so findet man

$$(16.)\qquad \xi'\Delta_\xi x+\eta'\Delta_\eta x+\zeta'\Delta_\zeta x = \frac{1}{r'}\xi',\qquad \xi''\Delta_\xi x+\eta''\Delta_\eta x+\zeta''\Delta_\zeta x = \frac{1}{r''}\xi''.$$

Mit Hülfe der entwickelten Relationen kann man die Ausdrücke berechnen, in welche die Differentialparameter $\mathsf{A}(\varphi,\psi)$, $\mathsf{B}(\varphi,\psi)$ und $\Gamma(\varphi,\psi)$ übergehen, wenn für φ und ψ irgend zwei der sechs Grössen x, y, z, ξ, η, ζ gesetzt werden.

Ich will nun auch die Werthe der Differentialparameter zweiter Ordnung für diese Grössen bestimmen. Nach der Definition (27.) § 1 ist

$$\sqrt{a}\,\mathsf{A}(\varphi) = \frac{\partial}{\partial p}(\sqrt{a}\,\mathsf{A}(p,\ \varphi))+\frac{\partial}{\partial q}(\sqrt{a}\,\mathsf{A}(q,\ \varphi))$$

$$= \frac{\partial}{\partial p}\Big(\frac{\sqrt{c}}{k}\Sigma\mathsf{A}(\xi,\ \varphi)\Delta_\xi p\Big)+\frac{\partial}{\partial q}\Big(\frac{\sqrt{c}}{k}\Sigma\mathsf{A}(\xi,\ \varphi)\Delta_\xi q\Big)$$

und mithin nach (7.) § 2

$$\mathsf{A}(\varphi) = k\Sigma\Delta_\xi\Big(\frac{1}{k}\mathsf{A}(\xi,\ \varphi)\Big),\qquad \Gamma(\varphi) = \frac{1}{k}\Sigma\Delta_x(k\Gamma(x,\ \varphi)).$$

Nach (7.) ist daher

$$k\Gamma(\varphi) = \Sigma\Delta_x(h\Delta_\xi\varphi-\Delta_x\varphi),$$

also

$$k\Gamma(\varphi)+\mathsf{A}(\varphi) = \Sigma\Delta_x\Big(\frac{h}{\sqrt{k}}(\sqrt{k}\Delta_\xi\varphi)\Big) = \frac{h}{\sqrt{k}}\Sigma\Delta_x(\sqrt{k}\Delta_\xi\varphi)+\sqrt{k}\Sigma\Delta_\xi\varphi\,.\,\Delta_x\frac{h}{\sqrt{k}}$$

und folglich

$$(17.)\qquad \mathsf{A}(\varphi)-h\mathsf{B}(\varphi)+k\Gamma(\varphi) = \sqrt{k}\,\mathsf{B}\Big(\frac{h}{\sqrt{k}},\ \varphi\Big).$$

Ist l eine der drei Grössen x, y, z und λ die entsprechende der Grössen ξ, η, ζ, so ist nach (5.) $\varDelta_x l = -\xi\lambda$ oder $1-\xi\lambda$ und folglich

$$\mathsf{A}(l) = \Sigma\varDelta_x(\varDelta_x l) = -\Sigma\varDelta_x(\xi\lambda) = -\Sigma\xi\varDelta_x\lambda-\lambda\Sigma\varDelta_x\xi = -h\lambda$$

nach (6.) und (9.) § 1. Ebenso erhält man $\mathsf{B}(l)$ mittelst der Relation (13.) § 3 und findet dann $\Gamma(l)$ aus der Formel (17.). In derselben Weise berechnet man $\Gamma(\lambda)$ und mittelst der Relation (14.) § 3 $\mathsf{B}(\lambda)$ und dann $\mathsf{A}(\lambda)$ aus der Formel (17.). So gelangt man zu den Gleichungen

$$(18.)\qquad \begin{cases} \mathsf{A}(x) = -h\xi, & \mathsf{B}(x) = -2\xi-\dfrac{1}{2k}\varDelta_\xi k,\quad \Gamma(x) = -\dfrac{h}{k}\xi+\varDelta_\xi\Big(\dfrac{h}{k}\Big), \\ \mathsf{A}(\xi) = -(h^2-2k)\xi+\varDelta_x h, & \mathsf{B}(\xi) = -h\xi+\dfrac{1}{2k}\varDelta_x k,\quad \Gamma(\xi) = -2\xi, \end{cases}$$

deren erste von Herrn *Beltrami* angegeben ist.

Setzt man

$$(19.)\qquad 2t = \Sigma x^2,\quad \tau = \Sigma x\xi,$$

so ist

$$(20.)\qquad \varDelta_x t = \varDelta_\xi\tau = x-\xi t$$

und mithin (Vgl. *Weingarten*, Ueber die Theorie der auf einander abwickelbaren Oberflächen; Festschrift der techn. Hochschule zu Berlin, 1884; S. 42)

$$(21.)\qquad \mathsf{A}(t) = 2-h\tau,\quad \Gamma(\tau) = \frac{h}{k}-2\tau.$$

Aus den obigen Formeln ergeben sich neue Darstellungen für die Differentialparameter $\mathsf{A}(\varphi)$, $\mathsf{B}(\varphi)$ und $\Gamma(\varphi)$. Ist $\mathsf{H}(\varphi)$ irgend einer derselben, so ist, weil $\mathsf{H}(\varphi)$ eine lineare Verbindung von $\frac{\partial^2\varphi}{\partial p^2}$, $\frac{\partial^2\varphi}{\partial p\partial q}$, $\frac{\partial^2\varphi}{\partial q^2}$, $\frac{\partial\varphi}{\partial p}$, $\frac{\partial\varphi}{\partial q}$ ist,

$$\mathsf{H}(\varphi.\psi) = \varphi\mathsf{H}(\psi)+\psi\mathsf{H}(\varphi)+2\mathsf{H}(\varphi,\psi).$$

Drückt man nun $\mathsf{H}(\varphi)$ durch $\frac{\partial^2\varphi}{\partial x^2}$, $\frac{\partial^2\varphi}{\partial x\partial y}$, $\cdots\frac{\partial\varphi}{\partial x}$, $\cdots$ aus, so kann man die Coefficienten bestimmen, indem man $\varphi = x, y, z, x^2, xy, \ldots$ setzt. So findet man die Formeln

$$(22.)\qquad \begin{cases} \mathsf{H}(\varphi) = \mathsf{H}(x,x)\dfrac{\partial^2\varphi}{\partial x^2}+2\mathsf{H}(x,y)\dfrac{\partial^2\varphi}{\partial x\partial y}+\cdots+\Sigma\mathsf{H}(x)\dfrac{\partial\varphi}{\partial x} \\ \qquad = \mathsf{H}(\xi,\xi)\dfrac{\partial^2\varphi}{\partial\xi^2}+2\mathsf{H}(\xi,\eta)\dfrac{\partial^2\varphi}{\partial\xi\partial\eta}+\cdots+\Sigma\mathsf{H}(\xi)\dfrac{\partial\varphi}{\partial\xi} \end{cases}$$

und

$$(23.)\quad \begin{cases} \mathsf{H}(\varphi,\,\psi) = \mathsf{H}(x,\,x)\dfrac{\partial\varphi}{\partial x}\dfrac{\partial\psi}{\partial x}+\mathsf{H}(x,\,y)\Big(\dfrac{\partial\varphi}{\partial x}\dfrac{\partial\psi}{\partial y}+\dfrac{\partial\varphi}{\partial y}\dfrac{\partial\psi}{\partial x}\Big)+\cdots \\ \qquad = \mathsf{H}(\xi,\,\xi)\dfrac{\partial\varphi}{\partial\xi}\dfrac{\partial\psi}{\partial\xi}+\mathsf{H}(\xi,\,\eta)\Big(\dfrac{\partial\varphi}{\partial\xi}\dfrac{\partial\psi}{\partial\eta}+\dfrac{\partial\varphi}{\partial\eta}\dfrac{\partial\psi}{\partial\xi}\Big)+\cdots. \end{cases}$$

In dem Ausdruck $\varDelta_y(\varDelta_z\varphi)-\varDelta_z(\varDelta_y\varphi)$ heben sich bekanntlich die Ableitungen zweiter Ordnung auf. Haben nun l und λ dieselbe Bedeutung wie oben, so ist dieser Differentialausdruck erster Ordnung für $\varphi = l$ gleich $-\varDelta_y(\zeta\lambda)+\varDelta_z(\eta\lambda)$, oder weil $\varDelta_y\zeta = \varDelta_z\eta$ ist, gleich

$$\eta\varDelta_z\lambda-\zeta\varDelta_y\lambda = \eta\varDelta_l\zeta-\zeta\varDelta_l\eta = \eta\mathsf{A}(\zeta,\,l)-\zeta\mathsf{A}(\eta,\,l),$$

und mithin ist

$$(24.)\qquad \varDelta_y(\varDelta_z\varphi)-\varDelta_z(\varDelta_y\varphi) = \eta\mathsf{A}(\zeta,\,\varphi)-\zeta\mathsf{A}(\eta,\,\varphi)$$

und ebenso

$$(25.)\qquad \varDelta_\eta(\varDelta_\zeta\varphi)-\varDelta_\zeta(\varDelta_\eta\varphi) = \eta\varDelta_\zeta\varphi-\zeta\varDelta_\eta\varphi.$$

Diese Formeln lassen sich noch auf eine andere Gestalt bringen. Aus den Gleichungen (12.) und (13.) § 1 und (4.) § 3 folgt

$$(26.)\qquad [\varphi,\,\psi] = \begin{vmatrix} \xi & \eta & \zeta \\ \varDelta_x\varphi & \varDelta_y\varphi & \varDelta_z\varphi \\ \varDelta_x\psi & \varDelta_y\psi & \varDelta_z\psi \end{vmatrix} = \frac{1}{\xi}(\varDelta_y\varphi.\varDelta_z\psi-\varDelta_z\varphi.\varDelta_y\psi).$$

Die letzte Formel und die beiden analogen ergeben sich aus den Gleichungen $\Sigma\xi\varDelta_x\varphi = 0$ und $\Sigma\xi\varDelta_x\psi = 0$. Mithin ist für $\psi = x$

$$(27.)\qquad [\varphi,\,x] = \eta\varDelta_z\varphi-\zeta\varDelta_y\varphi$$

und folglich

$$(28.)\qquad -\varDelta_x\varphi = \eta[\varphi,\,z]-\zeta[\varphi,\,y].$$

In der nämlichen Weise findet man die Gleichungen

$$(29.)\qquad \frac{1}{k}[\varphi,\,\psi] = \begin{vmatrix} \xi & \eta & \zeta \\ \varDelta_\xi\varphi & \varDelta_\eta\varphi & \varDelta_\zeta\varphi \\ \varDelta_\xi\psi & \varDelta_\eta\psi & \varDelta_\zeta\psi \end{vmatrix} = \frac{1}{\xi}(\varDelta_\eta\varphi.\varDelta_\zeta\psi-\varDelta_\zeta\varphi.\varDelta_\eta\psi)$$

und

$$(30.)\qquad \frac{1}{k}[\varphi,\,\xi] = \eta\varDelta_\zeta\varphi-\zeta\varDelta_\eta\varphi$$

und folglich

$$(31.)\qquad -k\varDelta_\xi\varphi = \eta[\varphi,\,\zeta]-\zeta[\varphi,\,\eta].$$

Aus den Gleichungen (7.), (24.) und (25.) ergeben sich daher die Relationen

$$(32.)\quad \varDelta_y(\varDelta_z\varphi)-\varDelta_z(\varDelta_y\varphi)=h[\varphi,\ x]-[\varphi,\ \xi],\quad \varDelta_\eta(\varDelta_\zeta\varphi)-\varDelta_\zeta(\varDelta_\eta\varphi)=\frac{1}{k}[\varphi,\ \xi],$$

die man auch aus den Gleichungen (20.) § 1 und (7.) § 2 direct herleiten kann. Ich erwähne beiläufig, dass

$$(33.)\qquad \mathsf{A}(\varphi,\ \psi)=\Sigma[\varphi,\ x][\psi,\ x],\quad \mathsf{A}(\varphi)=\Sigma[[\varphi,\ x],\ x]$$

ist, und dass sich $\mathsf{B}(\varphi)$ und $\Gamma(\varphi)$ in ähnlicher Weise darstellen lassen. Die in diesen Formeln benutzten Operationen stehen zu den in der Gleichung (28.) § 1 auftretenden in der Beziehung

$$(34.)\qquad \Sigma\varDelta_x[\varphi,\ x]=0,\quad \Sigma[\varDelta_x\varphi,\ x]=0.$$

§ 5.

Ueber die schiefe Covariante *L*.

Das System der simultanen Covarianten der Formen *A* und *B* wird zu einem vollständigen durch Hinzufügung der bilinearen Form

$$(1.)\quad \begin{cases} L=\dfrac{1}{\sqrt{a}}((a_{11}dp+a_{12}dq)(b_{21}\delta p+b_{22}\delta q)-(a_{21}dp+a_{22}dq)(b_{11}\delta p+b_{12}\delta q)) \\ \quad = l_{11}dp\,\delta p+l_{12}dp\,\delta q+l_{21}dq\,\delta p+l_{22}dq\,\delta q, \end{cases}$$

wo

$$(2.)\qquad l_{11}l_{22}-l_{12}l_{21}=ak,\quad l_{12}-l_{21}=\sqrt{a}\,h$$

ist. Die zugehörigen Differentialparameter seien

$$(3.)\quad ak\Lambda(\varphi,\ \psi)=l_{22}\frac{\partial\varphi}{\partial p}\frac{\partial\psi}{\partial p}-l_{21}\frac{\partial\varphi}{\partial p}\frac{\partial\psi}{\partial q}-l_{12}\frac{\partial\varphi}{\partial q}\frac{\partial\psi}{\partial p}+l_{11}\frac{\partial\varphi}{\partial q}\frac{\partial\psi}{\partial q}$$

und etwas abweichend von den früheren Festsetzungen

$$(4.)\quad \begin{cases} \sqrt{a}\,k\Lambda(\varphi)=\dfrac{\partial}{\partial p}\dfrac{1}{\sqrt{a}}\Big(l_{22}\dfrac{\partial\varphi}{\partial p}-l_{12}\dfrac{\partial\varphi}{\partial q}\Big)+\dfrac{\partial}{\partial q}\dfrac{1}{\sqrt{a}}\Big(-l_{21}\dfrac{\partial\varphi}{\partial p}+l_{11}\dfrac{\partial\varphi}{\partial q}\Big), \\ \sqrt{a}\mathsf{M}(\varphi)=\dfrac{\partial}{\partial p}\dfrac{1}{\sqrt{a}k}\Big(l_{22}\dfrac{\partial\varphi}{\partial p}-l_{21}\dfrac{\partial\varphi}{\partial q}\Big)+\dfrac{\partial}{\partial q}\dfrac{1}{\sqrt{a}k}\Big(-l_{12}\dfrac{\partial\varphi}{\partial p}+l_{11}\dfrac{\partial\varphi}{\partial q}\Big). \end{cases}$$

Zwischen ihnen bestehen die Beziehungen

$$(5.)\ \Lambda(\varphi,\ \psi)-\Lambda(\psi,\ \varphi)=\frac{h}{k}[\varphi,\ \psi],\quad \Lambda(\varphi)-\mathsf{M}(\varphi)=\frac{1}{h}\Lambda(\varphi,\ h)-\frac{k}{h}\Lambda\Big(\frac{h}{k},\ \varphi\Big).$$

Nun ist

$$a_{11}dp+a_{12}dq=\Sigma\frac{\partial x}{\partial p}dx,\quad a_{21}dp+a_{22}dq=\Sigma\frac{\partial x}{\partial q}dx,$$

$$b_{11}\delta p+b_{12}\delta q=\Sigma\frac{\partial x}{\partial p}\delta\xi,\quad b_{21}\delta p+b_{22}\delta q=\Sigma\frac{\partial x}{\partial q}\delta\xi$$

und mithin nach (6.) § 3

$$\sqrt{a}L = \Sigma \begin{vmatrix} \frac{\partial y}{\partial p} & \frac{\partial z}{\partial p} \\ \frac{\partial y}{\partial q} & \frac{\partial z}{\partial q} \end{vmatrix} \begin{vmatrix} dy & dz \\ \delta\eta & \delta\zeta \end{vmatrix} = \sqrt{a}\,\Sigma\xi \begin{vmatrix} dy & dz \\ \delta\eta & \delta\zeta \end{vmatrix},$$

also

$$(6.)\qquad L = \begin{vmatrix} \xi & \eta & \zeta \\ dx & dy & dz \\ \delta\xi & \delta\eta & \delta\zeta \end{vmatrix} = \frac{1}{\xi}(dy\,\delta\zeta - dz\,\delta\eta).$$

Die letzte Formel und die beiden analogen ergeben sich daraus, dass $\Sigma\xi dx = \Sigma\xi\delta\xi = 0$ ist. Ferner ist

$$\sqrt{a}ak\Lambda(\varphi,\psi) = \left(a_{22}\frac{\partial\varphi}{\partial p} - a_{12}\frac{\partial\varphi}{\partial q}\right)\left(-b_{21}\frac{\partial\psi}{\partial p} + b_{11}\frac{\partial\psi}{\partial q}\right)$$
$$-\left(-a_{21}\frac{\partial\varphi}{\partial p} + a_{11}\frac{\partial\varphi}{\partial q}\right)\left(b_{22}\frac{\partial\psi}{\partial p} - b_{12}\frac{\partial\psi}{\partial q}\right),$$

also nach (26.) § 1 und (11.) § 3

$$\frac{1}{\sqrt{a}}\Lambda(\varphi,\psi) = (\Sigma\Delta_x p.\Delta_x\varphi)(\Sigma\Delta_x q.\Delta_\xi\psi) - (\Sigma\Delta_x q.\Delta_x\varphi)(\Sigma\Delta_x p.\Delta_\xi\psi)$$

und mithin nach (12.) § 1

$$(7.)\qquad \Lambda(\varphi,\psi) = \begin{vmatrix} \xi & \eta & \zeta \\ \Delta_x\varphi & \Delta_y\varphi & \Delta_z\varphi \\ \Delta_\xi\psi & \Delta_\eta\psi & \Delta_\zeta\psi \end{vmatrix} = \frac{1}{\xi}(\Delta_y\varphi.\Delta_\zeta\psi - \Delta_z\varphi.\Delta_\eta\psi).$$

Daher ist

$$(8.)\qquad \begin{cases} \Lambda(\varphi,\xi) = [\varphi, x] = \eta\Delta_z\varphi - \zeta\Delta_y\varphi, \\ \Lambda(x,\varphi) = \frac{1}{k}[\xi,\varphi] = -(\eta\Delta_\zeta\varphi - \zeta\Delta_\eta\varphi), \end{cases}$$

also nach (32.) § 4 und (5.)

$$(9.)\qquad k\Lambda(\varphi,x) = \Delta_y(\Delta_z\varphi) - \Delta_z(\Delta_y\varphi),\quad -\Lambda(x,\varphi) = \Delta_\eta(\Delta_\zeta\varphi) - \Delta_\zeta(\Delta_\eta\varphi).$$

Nach (4.) ist

$$\sqrt{a}k\Lambda(\varphi) = \frac{\partial}{\partial p}(\sqrt{a}k\Lambda(\varphi,p)) + \frac{\partial}{\partial q}(\sqrt{a}k\Delta(\varphi,q)),$$

und daraus ergiebt sich mittelst der Formeln (19.) § 1 und (7.) § 2

$$\Lambda(\varphi) = \Sigma\Delta_\xi\Lambda(\varphi,\xi),\quad k\Lambda(\varphi) = \Sigma\Delta_x(k\Lambda(\varphi,x))$$

und mithin nach (9.)

$$(10.)\qquad k\Lambda(\varphi) = \Sigma \pm \Delta_x\Delta_y\Delta_z\varphi,$$

wo das Zeichen $\Sigma\pm$ ein nach Art der Determinanten gebildetes Aggregat von sechs Gliedern bezeichnet. Ebenso ist

$$\Lambda(\varphi) = \Sigma\pm\Delta_\xi(\eta\Delta_z\varphi) = \Sigma\pm\eta\Delta_\xi\Delta_z\varphi,$$

weil $\Delta_\eta\zeta = \Delta_\zeta\eta$ ist, also

$$(11.)\qquad -\Lambda(\varphi) = \Sigma\pm\xi\Delta_\eta\Delta_z\varphi = \Sigma\pm\Delta_\xi\Delta_\eta\Delta_z\varphi.$$

Nun ist

$$\zeta[\varphi, y]-\eta[\varphi, z] = \Delta_x\varphi = \mathsf{B}(\xi, \varphi) = \Delta_\xi\xi.\Delta_x\varphi+\Delta_\xi\eta.\Delta_y\varphi+\Delta_\xi\zeta.\Delta_z\varphi$$
$$= -\xi\Delta_\xi\Delta_x\varphi-\eta\Delta_\xi\Delta_y\varphi-\zeta\Delta_\xi\Delta_z\varphi.$$

Eliminirt man das erste Glied der letzteren Summe mit Hülfe der Formel $\Sigma\xi\Delta_\xi\psi = 0$, so erhält man $\eta Z-\zeta Y = 0$, falls man zur Abkürzung

$$X = \Delta_\eta\Delta_z\varphi-\Delta_\zeta\Delta_y\varphi-[\varphi, x]$$

setzt. Mithin ist

$$\frac{X}{\xi} = \frac{Y}{\eta} = \frac{Z}{\zeta} = \frac{\Sigma\xi X}{\Sigma\xi^2},$$

und weil nach (11.) $\Sigma\xi X = -\Lambda(\varphi)$ ist, so ergiebt sich

$$(12.)\qquad \Delta_\eta\Delta_z\varphi-\Delta_\zeta\Delta_y\varphi = \Lambda(\varphi, \xi)-\xi\Lambda(\varphi).$$

Es ist aber nach (34.) § 4 $\Sigma\Delta_x\Lambda(\varphi, \xi) = 0$ und $\Sigma\Delta_x(\xi\psi) = h\psi$ und mithin folgt aus (12.)

$$(13.)\qquad -h\Lambda(\varphi) = \Sigma\pm\Delta_x\Delta_\eta\Delta_z\varphi.$$

In der nämlichen Weise findet man die Formeln

$$(14.)\qquad \Delta_y\Delta_\zeta\varphi-\Delta_z\Delta_\eta\varphi = \Lambda(\varphi, \xi)+\xi\mathsf{M}(\varphi),$$

$$(15.)\qquad \mathsf{M}(\varphi) = \Sigma\pm\xi\Delta_y\Delta_\zeta\varphi$$

und

$$(16.)\qquad \mathsf{M}(\varphi) = -\Sigma\pm\Delta_x\Delta_\eta\Delta_\zeta\varphi = \frac{1}{h}\Sigma\pm\Delta_x\Delta_y\Delta_\zeta\varphi,$$

während $\Sigma\pm\Delta_\xi\Delta_\eta\Delta_\zeta\varphi$ identisch verschwindet.

Multiplicirt man die Determinante (7.) mit der Determinante (12.) § 4, so erhält man nach (15.) § 4

$$(17.)\qquad k\Lambda(\varphi, \psi) = r'\Delta'\varphi.\Delta''\psi-r''\Delta''\varphi.\Delta'\psi,$$

also

$$(18.)\qquad \begin{cases}[\varphi, \psi] = \Delta'\varphi.\Delta''\psi-\Delta''\varphi.\Delta'\psi,\\ k(\Lambda(\varphi, \psi)+\Lambda(\psi, \varphi)) = (r'-r'')(\Delta'\varphi.\Delta''\psi+\Delta''\varphi.\Delta'\psi)\end{cases}$$

und mithin

$$(19.)\quad \begin{cases} k\Lambda(x,\ x) = \Lambda(\xi,\ \xi) = [\xi,\ x] = (r'-r'')\xi'\xi'', \\ k(\Lambda(x,\ y)+\Lambda(y,\ x)) = \Lambda(\xi,\ \eta)+\Lambda(\eta,\ \xi) = [\xi,\ y]+[\eta,\ x] \\ \qquad = (r'-r'')(\xi'\eta''+\xi''\eta'). \end{cases}$$

Nach (8.) und (11.) ist

$$k\Lambda(\varphi) = \Sigma[\xi,\ \Delta_x\varphi] = \Sigma\left[\xi,\ \frac{\partial\varphi}{\partial x}\right] = [\xi,\ x]\frac{\partial^2\varphi}{\partial x^2}+([\xi,\ y]+[\eta,\ x])\frac{\partial^2\varphi}{\partial x\partial y}+\cdots$$

und demnach

$$(20.)\quad \frac{k}{r'-r''}\Lambda(\varphi) = \xi'\xi''\frac{\partial^2\varphi}{\partial x^2}+(\xi'\eta''+\xi''\eta')\frac{\partial^2\varphi}{\partial x\partial y}+\cdots$$

und ebenso

$$(21.)\quad \frac{1}{r'-r''}\mathsf{M}(\varphi) = \xi'\xi''\frac{\partial^2\varphi}{\partial\xi^2}+(\xi'\eta''+\xi''\eta')\frac{\partial^2\varphi}{\partial\xi\partial\eta}+\cdots.$$

Da nach (11.) $-\Lambda(\varphi) = \Sigma\pm\xi\frac{\partial}{\partial\eta}(\Delta_z\varphi)$ ist, so besagt die Differentialgleichung $\Lambda(\varphi) = 0$, dass der Ausdruck $\Sigma\Delta_x\varphi.d\xi$ oder

$$(22.)\quad \Sigma\frac{\partial\varphi}{\partial x}d\xi = \Sigma\Lambda(\xi,\ \varphi)dx$$

unter der Bedingung $\Sigma\xi dx = 0$ ein vollständiges Differential ist. Ebenso besagt nach (15.) die Differentialgleichung $\mathsf{M}(\varphi) = 0$, dass der Ausdruck

$$(23.)\quad \Sigma\frac{\partial\varphi}{\partial\xi}dx = \Sigma\Gamma(x,\ \varphi)d\xi$$

auf der Fläche $\Phi = 0$ ein vollständiges Differential ist. Man kann diese Sätze auch so aussprechen: Sind φ und ψ zwei Functionen von p und q, zwischen denen die Beziehungen

$$(24.)\quad \Delta_x\varphi = \Delta_\xi\psi,\quad \Delta_y\varphi = \Delta_\eta\psi,\quad \Delta_z\varphi = \Delta_\zeta\psi$$

bestehen, so ist

$$(25.)\quad \Lambda(\varphi) = 0,\quad \mathsf{M}(\psi) = 0,\quad \Lambda(\varphi,\ \psi) = 0,$$

und umgekehrt, wenn $\Lambda(\varphi) = 0$ ist, so giebt es eine Function ψ, welche den Bedingungen (24.) genügt, und wenn $\mathsf{M}(\psi) = 0$ ist, eine ihnen genügende Function φ. Nach (5.) und (20.) § 4 verschwindet daher $\Lambda(\varphi)$ für $\varphi = x,\ y,\ z$ und t und $\mathsf{M}(\psi)$ für $\psi = \xi,\ \eta,\ \zeta$ und τ (vgl. *Lamé*, Leçons sur les coordonnées curvilignes, p. 89). Nach (15.) § 4 können die drei Gleichungen (24.), von denen die eine aus den beiden anderen folgt, durch die zwei Gleichungen

$$(26.)\quad r'\Delta'\varphi = \Delta'\psi,\quad r''\Delta''\varphi = \Delta''\psi$$

ersetzt werden.

§ 6.

Ueber orthogonale Flächensysteme.

Von den im letzten Paragraphen entwickelten Formeln mache ich eine Anwendung auf die viel behandelte Aufgabe, die Bedingung zu finden, unter der eine Flächenschaar $\Phi(x, y, z) = \lambda$ einem orthogonalen Flächensystem angehört. (Vgl. *Weingarten,* dieses Journal Bd. 83, im Folgenden mit *W.* citirt.) Ich behalte die bisherigen Bezeichnungen bei, setze aber voraus, dass die Grössen ξ, ξ', r', ... entweder als Functionen von x, y, z oder von p, q, λ dargestellt sind (aber nicht von x, y, z und λ). Die zwischen ihnen entwickelten Relationen sind dann Identitäten. Für die partielle Ableitung $\frac{\partial\varphi}{\partial x}$ brauche ich auch die Zeichen $D_x\varphi$ und φ_x, und zur Abkürzung setze ich

(1.) $$\varDelta\varphi = \Sigma\xi D_x\varphi.$$

Schreibt man nun die Gleichung (14.) § 4 in der Form

$$\xi'\varDelta_x\xi+\eta'\varDelta_x\eta+\zeta'\varDelta_x\zeta = r'\xi',$$

so folgt daraus

$$\xi\varDelta_x\xi'+\eta\varDelta_x\eta'+\zeta\varDelta_x\zeta' = -r'\xi'$$

und mithin nach (6.) § 1

$$\eta(\varDelta_x\eta'-\varDelta_y\xi')+\zeta(\varDelta_x\zeta'-\varDelta_z\xi') = -r'\xi'.$$

Multiplicirt man mit ξ'' und summirt, so erhält man

(2.) $$\Sigma\pm\xi'\varDelta_y\zeta' = 0.$$

Setzt man hier

(3.) $$\varDelta_x\varphi = D_x\varphi-\xi\varDelta\varphi,$$

so findet man $\Sigma\pm\xi' D_y\zeta' = -\Sigma\xi''\varDelta\xi'$. Daher ist (vgl. *Cayley*, Comptes Rendus tom. 75, p. 181)

(4.) $$J = \Sigma\pm\xi' D_y\zeta' = \Sigma\pm\xi'' D_y\zeta'' = \Sigma\xi'\varDelta\xi'' = -\Sigma\xi''\varDelta\xi'.$$

Setzt man nun

(5.) $$m^{-2} = \Phi_x^2+\Phi_y^2+\Phi_z^2,$$

so ist

$$-m^{-3}D_x m = \Phi_x\Phi_{xx}+\Phi_y\Phi_{xy}+\Phi_z\Phi_{xz} = \frac{1}{m}\varDelta\Phi_x = \frac{1}{m}\varDelta\frac{\xi}{m},$$

also $D_x m = \xi \Delta m - m \Delta \xi$ und mithin (*W.* Seite 5, unten)

$$(6.) \qquad \Delta_x m = -m\Delta\xi.$$

Daher ist $\Delta' m = \Sigma \xi' \Delta_x m = -m \Sigma \xi' \Delta \xi$. Durch Auflösung der drei Gleichungen

$$\Sigma \xi \Delta \xi' = \frac{1}{m}\Delta' m, \quad \Sigma \xi' \Delta \xi' = 0, \quad \Sigma \xi'' \Delta \xi' = -J$$

erhält man

$$(7.) \qquad \Delta \xi' = \frac{1}{m}\Delta'(m)\xi - J\xi''.$$

Da $\Delta\varphi = \Sigma \xi D_x \varphi$ und $\Delta'\varphi = \Sigma \xi' D_x \varphi$ ist, so ist nach (14.) § 4

$$\Delta'\Delta\varphi - \Delta\Delta'\varphi = \Sigma(\Delta'\xi - \Delta\xi')D_x\varphi = r'\Delta'\varphi - \frac{1}{m}\Delta' m . \Delta\varphi + J\Delta''\varphi$$

(vgl. (6.) § 8) oder

$$(8.) \qquad \frac{1}{m}\Delta'(m\Delta\varphi) - \Delta\Delta'\varphi = r'\Delta'\varphi + J\Delta''\varphi.$$

Setzt man in dieser Gleichung*) $\varphi = \xi$, so findet man

$$\frac{1}{m}\Delta'\Delta_x m + r'\Delta\xi' + \xi'\Delta r' = -r'^2\xi' - Jr''\xi''.$$

Multiplicirt man mit ξ'' und summirt, so ergiebt sich nach (4.)

$$m(r' - r'')J = \Sigma \xi'' \Delta'(\Delta_x m) = \Sigma \xi'' \Delta'(D_x m),$$

weil

$$\Sigma \xi'' \Delta'(\xi \Delta m) = \Delta m \Sigma \xi'' r' \xi' + \Delta' \Delta m \Sigma \xi'' \xi = 0$$

ist. Der erhaltene Ausdruck ist nach (20.) § 5 gleich

$$\xi'\xi'' D_x D_x m + (\xi'\eta'' + \xi''\eta') D_x D_y m + \cdots = \frac{k}{r' - r''}\Lambda(m),$$

und folglich findet man die Relation

$$(9.) \qquad m(r' - r'')^2 J = k\Lambda(m).$$

Mit Hülfe der im vorigen Paragraphen abgeleiteten Formeln lässt sich

---

*) Nimmt man an, dass $\Phi = \lambda$ einem orthogonalen Flächensystem angehört, so ist $J = 0$ und $\Sigma dx^2 = m^2 d\lambda^2 + m_1^2 d\lambda_1^2 + m_2^2 d\lambda_2^2$, also $m\Delta\varphi = \frac{\partial\varphi}{\partial\lambda}$, $m_1\Delta'\varphi = \frac{\partial\varphi}{\partial\lambda_1}$, und folglich reducirt sich die obige Formel auf die Gleichung $mm_1 r' = \frac{\partial m_1}{\partial\lambda}$, auf welcher der erste (unvollständige) Beweis des Herrn *Weingarten* beruht. Zugleich ergiebt sich aus der obigen Deduction die enge Beziehung, in welcher seine beiden Beweise zu einander stehen.

$\Lambda(m)$ in den verschiedensten Formen darstellen. Bezeichnet man die Elemente des Quadrates der Matrix

$$(10.)\qquad \begin{bmatrix} \xi_x & \xi_y & \xi_z \\ \eta_x & \eta_y & \eta_z \\ \zeta_x & \zeta_y & \zeta_z \end{bmatrix}$$

mit $N_{\varkappa\lambda}$, so ist z. B.

$$(11.)\qquad N_{23} = D_x\eta D_z\xi + D_y\eta D_z\eta + D_z\eta D_z\zeta = D_z\varDelta\eta - \varDelta D_z\eta.$$

Nach (3.) ist aber

$$\varDelta_z\varDelta\varphi - \varDelta\varDelta_z\varphi = D_z\varDelta\varphi - \zeta\varDelta^2\varphi - \varDelta(D_z\varphi - \zeta\varDelta\varphi) = D_z\varDelta\varphi - \varDelta D_z\varphi + \varDelta\zeta.\varDelta\varphi,$$

also nach (6.)

$$\frac{1}{m}\varDelta_z(m\varDelta\varphi) - \varDelta\varDelta_z\varphi = D_z\varDelta\varphi - \varDelta D_z\varphi.$$

Daher ist

$$mN_{23} = \varDelta_z(m\varDelta\eta) - m\varDelta\varDelta_z\eta = -\varDelta_z\varDelta_y m - m\varDelta\varDelta_z\eta.$$

Setzt man also

$$(12.)\qquad X = N_{23} - N_{32} = \eta_x\xi_z + \eta_y\eta_z + \eta_z\zeta_z - \zeta_x\xi_y - \zeta_y\eta_y - \zeta_z\zeta_y,$$

so ist nach (24.) § 4

$$(13.)\qquad mX = \varDelta_y\varDelta_z m - \varDelta_z\varDelta_y m = \eta\mathsf{A}(\zeta, m) - \zeta\mathsf{A}(\eta, m)$$

also

$$(14.)\qquad \Sigma\xi X = 0.$$

Nach (10.) § 5 ist mithin

$$(15.)\qquad k\Lambda(m) = \Sigma\varDelta_x(mX).$$

Dieser Ausdruck ist gleich $m\Sigma\varDelta_x X + \Sigma X\varDelta_x m = m\Sigma D_x X - m\Sigma(\xi\varDelta X + X\varDelta\xi)$, und mithin ergiebt sich die Gleichung

$$(16.)\qquad k\Lambda(m) = m\Sigma\frac{\partial X}{\partial x},$$

welche wohl die einfachste Darstellung der betrachteten Grösse enthält. Aus (11.) folgt

$$\Sigma D_x X = \Sigma \pm D_x D_z \varDelta\eta - \Sigma \pm D_x \varDelta D_z \eta.$$

Das erste Aggregat verschwindet, weil $D_x D_z\varphi = D_z D_x\varphi$ ist, und mithin ist

$$(17.)\qquad k\Lambda(m) = m\Sigma \pm D_x\varDelta D_y\zeta$$

oder $k\Lambda(m) = m\Sigma\pm(D_x\varDelta - \varDelta D_x)D_y\zeta$. Setzt man also

$$(18.)\qquad \Xi = \frac{\partial\eta}{\partial z} - \frac{\partial\zeta}{\partial y},$$

so ist (*W.* Seite 9, unten)

$$(19.)\quad \begin{cases} -\frac{k}{m}\Lambda(m) = \Sigma(D_x\Delta - \Delta D_x)\Xi \\ = \xi_x\Xi_x+\eta_x\Xi_y+\zeta_x\Xi_z+\xi_y\mathsf{H}_x+\eta_y\mathsf{H}_y+\zeta_y\mathsf{H}_z+\xi_z\mathsf{Z}_x+\eta_z\mathsf{Z}_y+\zeta_z\mathsf{Z}_z. \end{cases}$$

Aus der Gleichung $\Delta_y\zeta = \Delta_z\eta$ folgt

$$(20.)\quad \Xi = D_z\eta - D_y\zeta = \zeta\Delta\eta - \eta\Delta\zeta = \frac{1}{m}(\eta\Delta_z m - \zeta\Delta_y m) = \frac{1}{m}[m,\ x]$$

und daher nach (11.) § 5

$$(21.)\quad \Lambda(m) = \Sigma\Delta_\xi(m\Xi).$$

Setzt man zur Abkürzung

$$(22.)\quad \Delta' m = r_1 m,\quad \Delta'' m = r_2 m,\quad R^2 = r_1^2+r_2^2,$$

so ist R die Krümmung der durch den Punkt $x,\ y,\ z$ gehenden orthogonalen Trajectorie der betrachteten Flächenschaar in diesem Punkte, und für diese Curve sind daselbst die Richtungscosinus der

Tangente:	$\xi,$	$\eta,$	$\zeta,$
Hauptnormale:	$\frac{\Delta\xi}{R},$	$\frac{\Delta\eta}{R},$	$\frac{\Delta\zeta}{R},$
Binormale:	$\frac{\Xi}{R},$	$\frac{\mathsf{H}}{R},$	$\frac{\mathsf{Z}}{R},$

und wenn durch die Gleichung

$$(23.)\quad |\xi,\ \Delta\xi,\ \Delta^2\xi| = R^2 T$$

die Torsion T jener Trajectorie im Punkte $x,\ y,\ z$ definirt wird, so ist

$$(24.)\quad J = \Delta\,\mathrm{arctg}\left(\frac{r_2}{r_1}\right) - T.$$

Nach der Definition (12.) ist $X = \Xi(\eta_y+\zeta_z) - \mathsf{H}\eta_x - \mathsf{Z}\zeta_x$, also weil $\Sigma\xi_x = h$ ist,

$$(25.)\quad \begin{cases} \frac{1}{m}[m,\ \xi] = h\Xi - X = \Xi D_x\xi + \mathsf{H}D_x\eta + \mathsf{Z}D_x\zeta \\ = \Xi D_x\xi + \mathsf{H}D_y\xi + \mathsf{Z}D_z\xi = \Xi\Delta_x\xi + \mathsf{H}\Delta_y\xi + \mathsf{Z}\Delta_z\xi \\ = [\zeta_y] - [\eta_z], \end{cases}$$

wo $[\zeta_y]$ die dem Elemente ζ_y in der Matrix (10.) entsprechende Unterdeterminante ist. Aus den identischen Gleichungen

$$r'[\varphi,\ x] - [\varphi,\ \xi] = (r'-r'')\xi''\Delta'\varphi,\quad r''[\varphi,\ x] - [\varphi,\ \xi] = (r'-r'')\xi'\Delta''\varphi$$

ergeben sich daher die bemerkenswerthen Relationen*)

(26.) $$X - r'\Xi = r_2(r'-r'')\xi', \quad X - r''\Xi = r_1(r'-r'')\xi''.$$

Mit Hülfe der Formeln, die ich in § 8 entwickeln werde, lässt sich der Ausdruck $\Lambda(m)$ noch weiter umformen. Bezeichnet man die geodätischen Krümmungen der Krümmungslinien mit

$$l' = r_2', \quad l'' = r_1'',$$

so ist nach (5.) § 8

$$\frac{k}{r'-r''}\Lambda(m) = \Delta'\Delta''m - r_2'\Delta'm = \Delta''\Delta'm - r_1''\Delta''m$$

und mithin (vgl. *Lamé*, a. a. O. p. 80) nach (22.)

(27.) $$\frac{k}{m(r'-r'')}\Lambda(m) = \Delta' r_2 - r_1(r_2'-r_2) = \Delta'' r_1 - r_2(r_1''-r_1).$$

Damit die Flächenschaar $\Phi = \lambda$ einem orthogonalen Flächensystem angehöre, ist nach den Relationen (4.) und (9.) die Bedingung $\Lambda(m) = 0$, welche wir oben in den verschiedensten Formen dargestellt haben, nothwendig und hinreichend (*W.* S. 11, IV). Diese aber ist nach (22.) § 5 damit identisch, dass der Ausdruck (*W.* S. 4)

(28.) $$\Sigma\frac{\partial m}{\partial x}d\xi = \Sigma\mathsf{A}(\xi, m)dx = d\Psi(x, y, z)$$

ein vollständiges Differential auf der Fläche $\Phi = \lambda$ ist. Demnach ist $\Delta_x\Psi = \mathsf{A}(\xi, m)$, also nach (13.) $mX = \eta\Delta_z\Psi - \zeta\Delta_y\Psi$ oder

(29.) $$X = \frac{\partial\Phi}{\partial y}\frac{\partial\Psi}{\partial z} - \frac{\partial\Phi}{\partial z}\frac{\partial\Psi}{\partial y}$$

in Uebereinstimmung mit der Gleichung (16.).

§ 7.

Ueber das Krümmungsmass und die geodätische Krümmung.

Der Differentialparameter zweiter Ordnung $\mathsf{A}(\varphi)$ steht zu dem Krümmungsmasse k in einer eigenthümlichen Beziehung, die von Herrn

---

*) Herr *Cayley* sagt l. c. pag. 183: A moins de se servir de quantités arbitraires il n'y a pas d'expression symétrique pour les valeurs de $\xi' : \eta' : \zeta'$ et $\xi'' : \eta'' : \zeta''$. Diese Bemerkung ist zwar zutreffend, wenn es sich um die Auflösung eines beliebigen Systems dreier Gleichungen von der Form $\xi_x\xi' + \xi_y\eta' + \xi_z\zeta' = r'\xi', \ldots$ handelt. In symmetrischer Weise lassen sich dann nur die Producte $\xi'^2, \xi'\eta', \ldots$ darstellen, von denen deshalb auch Herr *Weingarten* (*W.* Seite 6) Gebrauch macht. Die Coefficienten des vorliegenden Gleichungssystems bieten aber die besondere Eigenthümlichkeit dar, dass die durch die drei Gleichungen $\xi_x\xi + \eta_x\eta + \zeta_x\zeta = 0, \ldots$ definirten Grössen ξ, η, ζ auch die Gleichung $\xi(\eta_z - \zeta_y) + \eta(\zeta_x - \xi_z) + \zeta(\xi_y - \eta_x) = 0$ befriedigen, und durch diesen Umstand wird die obige vollkommen symmetrische Darstellung der Werthe von $\xi' : \eta' : \zeta'$ ermöglicht.

Beltrami entdeckt ist, und die ich hier in einer etwas verallgemeinerten Form darlegen will. Um zunächst die *Gauss*sche Darstellung der Grösse k in einer möglichst übersichtlichen und brauchbaren Gestalt zu erhalten, benutze ich die Methode *Joachimsthal*s mit einer geringen Modification. Seien ξ_1, η_1, ζ_1 und ξ_2, η_2, ζ_2 irgend sechs Functionen von p und q, welche den drei Gleichungen

$$(1.)\qquad \eta_1\zeta_2-\eta_2\zeta_1 = \xi, \quad \zeta_1\xi_2-\zeta_2\xi_1 = \eta, \quad \xi_1\eta_2-\xi_2\eta_1 = \zeta$$

genügen. Setzt man dann

$$(2.)\qquad \Sigma\xi_1^2 = \alpha, \quad \Sigma\xi_1\xi_2 = \beta, \quad \Sigma\xi_2^2 = \gamma,$$

so ist

$$(3.)\qquad \Sigma\xi\xi_1 = 0, \quad \Sigma\xi\xi_2 = 0, \quad \alpha\gamma-\beta^2 = 1.$$

Umgekehrt folgen aus den Gleichungen (3.) die Gleichungen (1.), aber nur bis auf ein gemeinsames Vorzeichen genau, und man kann aus irgend zwei von einander unabhängigen Lösungen der Gleichung $\Sigma\xi X = 0$ durch Hinzufügung passender Factoren sechs Functionen herstellen, welche die Gleichungen (1.) befriedigen. Nun ist nach (6.) § 3

$$k = \Sigma\xi[\eta, \zeta] = \Sigma(\eta_1\zeta_2-\eta_2\zeta_1)[\eta, \zeta],$$

also nach dem Multiplicationstheorem für Determinanten

$$\sqrt{a}\,k = \Big(\Sigma\xi_1\frac{\partial\xi}{\partial p}\Big)\Big(\Sigma\xi_2\frac{\partial\xi}{\partial q}\Big)-\Big(\Sigma\xi_2\frac{\partial\xi}{\partial p}\Big)\Big(\Sigma\xi_1\frac{\partial\xi}{\partial q}\Big)$$

$$= \Big(\Sigma\xi\frac{\partial\xi_1}{\partial p}\Big)\Big(\Sigma\xi\frac{\partial\xi_2}{\partial q}\Big)-\Big(\Sigma\xi\frac{\partial\xi_2}{\partial p}\Big)\Big(\Sigma\xi\frac{\partial\xi_1}{\partial q}\Big)$$

und folglich nach (1.)

$$4\sqrt{a}\,k = \left|\begin{array}{ccc||ccc} 2\frac{\partial\xi_1}{\partial p} & 2\frac{\partial\eta_1}{\partial p} & 2\frac{\partial\zeta_1}{\partial p} & 2\frac{\partial\xi_2}{\partial q} & 2\frac{\partial\eta_2}{\partial q} & 2\frac{\partial\zeta_2}{\partial q} \\ \xi_1 & \eta_1 & \zeta_1 & \xi_1 & \eta_1 & \zeta_1 \\ \xi_2 & \eta_2 & \zeta_2 & \xi_2 & \eta_2 & \zeta_2 \end{array}\right|$$

$$-\left|\begin{array}{ccc||ccc} 2\frac{\partial\xi_2}{\partial p} & 2\frac{\partial\eta_2}{\partial p} & 2\frac{\partial\zeta_2}{\partial p} & 2\frac{\partial\xi_1}{\partial q} & 2\frac{\partial\eta_1}{\partial q} & 2\frac{\partial\zeta_1}{\partial q} \\ \xi_1 & \eta_1 & \zeta_1 & \xi_1 & \eta_1 & \zeta_1 \\ \xi_2 & \eta_2 & \zeta_2 & \xi_2 & \eta_2 & \zeta_2 \end{array}\right|.$$

Setzt man

$$\Sigma\xi_1 d\xi_2-\xi_2 d\xi_1 = Qdp-Pdq,$$

so ist

$$2\Sigma\xi_1 d\xi_2 = d\beta+Qdp-Pdq, \quad 2\Sigma\xi_2 d\xi_1 = d\beta-Qdp+Pdq.$$

Führt man nun in der für k abgeleiteten Formel die Multiplication der Determinanten aus und sondert in jeder der beiden so erhaltenen Determinanten das erste Element ab, so findet man

$$4\sqrt{a}k = 4\Sigma\left(\frac{\partial\xi_1}{\partial p}\frac{\partial\xi_2}{\partial q} - \frac{\partial\xi_1}{\partial q}\frac{\partial\xi_2}{\partial p}\right)$$

$$+\begin{vmatrix} 0 & \frac{\partial\alpha}{\partial p} & \frac{\partial\beta}{\partial p}-Q \\ \frac{\partial\beta}{\partial q}-P & \alpha & \beta \\ \frac{\partial\gamma}{\partial q} & \beta & \gamma \end{vmatrix} - \begin{vmatrix} 0 & \frac{\partial\beta}{\partial p}+Q & \frac{\partial\gamma}{\partial p} \\ \frac{\partial\alpha}{\partial q} & \alpha & \beta \\ \frac{\partial\beta}{\partial q}+P & \beta & \gamma \end{vmatrix}.$$

In der Differenz der beiden Determinanten heben sich die mit PQ multiplicirten Glieder. Ferner hat P den Factor

$$\alpha\frac{\partial\gamma}{\partial p}+\gamma\frac{\partial\alpha}{\partial p}-2\beta\frac{\partial\beta}{\partial p} = \frac{\partial(\alpha\gamma-\beta^2)}{\partial p} = 0$$

und ebenso Q. Die Summe der übrigen Glieder kann man mit Hülfe der Identität

$$\begin{vmatrix} 0 & \beta' & \gamma' \\ \alpha'' & \alpha & \beta \\ \beta'' & \beta & \gamma \end{vmatrix} - \begin{vmatrix} 0 & \alpha' & \beta' \\ \beta'' & \alpha & \beta \\ \gamma'' & \beta & \gamma \end{vmatrix} = \begin{vmatrix} \alpha & \beta & \gamma \\ \alpha' & \beta' & \gamma' \\ \alpha'' & \beta'' & \gamma'' \end{vmatrix}$$

umformen und erhält so die Relation

$$(4.)\qquad k = \Sigma[\xi_1, \xi_2] - \frac{1}{4\sqrt{a}}\begin{vmatrix} \alpha & \beta & \gamma \\ \frac{\partial\alpha}{\partial p} & \frac{\partial\beta}{\partial p} & \frac{\partial\gamma}{\partial p} \\ \frac{\partial\alpha}{\partial q} & \frac{\partial\beta}{\partial q} & \frac{\partial\gamma}{\partial q} \end{vmatrix}.$$

In den §§ 1 und 2 haben wir viele verschiedene Lösungen der Gleichung $\Sigma\xi X = 0$ betrachtet. Z. B. kann man den Bedingungen (1.) genügen, indem man

$$\xi_1 = \frac{\partial x}{\partial p},\quad \xi_2 = \frac{\sqrt{a}}{a_{11}}\Delta_x q$$

setzt oder

$$\xi_1 = \frac{\sqrt{a}}{a_{22}}\Delta_x p,\quad \xi_2 = \frac{\partial x}{\partial q}$$

und erhält so besonders einfache Darstellungen von k (Vgl. *Brioschi,* Annali di Mat. Ser. II, Tom. I, pag. 5, (8.)).

Setzt man

$$\xi_1 = \frac{1}{\sqrt[4]{a}} \frac{\partial x}{\partial p}, \quad \xi_2 = \frac{1}{\sqrt[4]{a}} \frac{\partial x}{\partial q},$$

so ist

$$-2\sqrt{a}[\xi_1, \xi_2] = \frac{\partial}{\partial p}\Big(\xi_2 \frac{\partial \xi_1}{\partial q} - \xi_1 \frac{\partial \xi_2}{\partial q}\Big) - \frac{\partial}{\partial q}\Big(\xi_2 \frac{\partial \xi_1}{\partial p} - \xi_1 \frac{\partial \xi_2}{\partial p}\Big)$$

$$= \frac{\partial}{\partial p} \frac{1}{\sqrt{a}}\Big(\frac{\partial x}{\partial q} \frac{\partial^2 x}{\partial p \partial q} - \frac{\partial x}{\partial p} \frac{\partial^2 x}{\partial q^2}\Big) + \frac{\partial}{\partial q} \frac{1}{\sqrt{a}}\Big(\frac{\partial x}{\partial p} \frac{\partial^2 x}{\partial p \partial q} - \frac{\partial x}{\partial q} \frac{\partial^2 x}{\partial p^2}\Big).$$

Bezeichnet man das Krümmungsmass k der quadratischen Form A mit $K(A)$, so erhält man demnach (vgl. *Weingarten*, Festschrift, Seite 9)

$$(5.)\quad \begin{cases} -2K(A) = \dfrac{1}{\sqrt{a}}\Big(\dfrac{\partial}{\partial p} \dfrac{1}{\sqrt{a}}\Big(\dfrac{\partial a_{22}}{\partial p} - \dfrac{\partial a_{21}}{\partial q}\Big) + \dfrac{\partial}{\partial q} \dfrac{1}{\sqrt{a}}\Big(-\dfrac{\partial a_{12}}{\partial p} + \dfrac{\partial a_{11}}{\partial q}\Big)\Big) \\[2ex] \qquad + \dfrac{1}{2a^2} \begin{vmatrix} a_{11} & a_{12} & a_{22} \\ \dfrac{\partial a_{11}}{\partial p} & \dfrac{\partial a_{12}}{\partial p} & \dfrac{\partial a_{22}}{\partial p} \\ \dfrac{\partial a_{11}}{\partial q} & \dfrac{\partial a_{12}}{\partial q} & \dfrac{\partial a_{22}}{\partial q} \end{vmatrix}. \end{cases}$$

Multiplicirt man jetzt die quadratische Form A mit einer beliebigen Function φ von p und q, so kann man aus dieser Darstellung leicht die Invariante $K(\varphi A)$ der Form

$$\varphi A = a_{11}\varphi\, dp^2 + 2a_{12}\varphi\, dp\, dq + a_{22}\varphi\, dq^2$$

ableiten. Nennt man den ersten Theil des Ausdrucks (5.) G und die im zweiten auftretende Determinante*) H, so geht, falls man A durch φA ersetzt, H in $\varphi^3 H$ und $\sqrt{a}G$ in $\sqrt{a}G + \sqrt{a}\mathsf{A}(\log\varphi)$ über. Daher ergiebt sich die merkwürdige Relation

$$(6.)\qquad K(A) - \varphi K(\varphi A) = \tfrac{1}{2}\mathsf{A}(\log\varphi).$$

---

*) Mit der Formel von *Gauss* (Disqu. § 11, pag. 236) hängt der Ausdruck

$$-2k = G + \frac{1}{2a^2} H$$

in folgender Art zusammen. Setzt man

$$p_{11} = \Sigma \frac{\partial^2 x}{\partial p^2} \frac{\partial x}{\partial p}, \quad q_{11} = \Sigma \frac{\partial^2 x}{\partial p^2} \frac{\partial x}{\partial q}, \quad p_{12} = \Sigma \frac{\partial^2 x}{\partial p \partial q} \frac{\partial x}{\partial p}, \ldots,$$

so lautet dieselbe

$$-2k = G' + \frac{2}{a^2} H',$$

Durch analoge Processe pflegt man in der gewöhnlichen Invariantentheorie Contravarianten aus Invarianten abzuleiten. Setzt man z. B. $\varphi = \frac{1}{\sqrt{a}}$, so erhält man die Formel

$$(7.)\quad \begin{cases} -\sqrt{a}(4K(A)+\mathsf{A}(\log a)) = 2\left(\dfrac{\partial^2 \frac{a_{22}}{\sqrt{a}}}{\partial p^2} - 2\dfrac{\partial^2 \frac{a_{12}}{\sqrt{a}}}{\partial p \partial q} + \dfrac{\partial^2 \frac{a_{11}}{\sqrt{a}}}{\partial q^2}\right) \\ \qquad + \begin{vmatrix} \frac{a_{11}}{\sqrt{a}} & \frac{a_{12}}{\sqrt{a}} & \frac{a_{22}}{\sqrt{a}} \\ \frac{\partial}{\partial p}\frac{a_{11}}{\sqrt{a}} & \frac{\partial}{\partial p}\frac{a_{12}}{\sqrt{a}} & \frac{\partial}{\partial p}\frac{a_{22}}{\sqrt{a}} \\ \frac{\partial}{\partial q}\frac{a_{11}}{\sqrt{a}} & \frac{\partial}{\partial q}\frac{a_{12}}{\sqrt{a}} & \frac{\partial}{\partial q}\frac{a_{22}}{\sqrt{a}} \end{vmatrix}, \end{cases}$$

und demnach besagt die Gleichung (6.), dass $\sqrt{a}(4K(A)+\mathsf{A}\log(a))$ ungeändert bleibt, wenn A durch φA ersetzt wird.

Die Formel (6.) ist für die Theorie der conformen Abbildung einer Fläche auf einer anderen von Wichtigkeit. Bildet man z. B. die gegebene Fläche auf einer Ebene (oder einer Fläche vom Krümmungsmass Null) conform ab, und besteht zwischen dem Linienelemente ds der ursprünglichen Fläche und dem entsprechenden der Abbildung $d\sigma$ die Beziehung $d\sigma = \mu ds$, so ist das Krümmungsmass $K(\mu^2 A) = 0$ und mithin nach (6.)

$$(8.)\qquad K(A) = \mathsf{A}(\log \mu).$$

Dies ist die von Herrn *Beltrami* angegebene Beziehung. Aus derselben kann auch umgekehrt die allgemeine Relation (6.) erhalten werden. Denn da $\left(\frac{\mu}{\sqrt{\varphi}}\right)^2 \varphi ds^2$ das Quadrat des Linienelementes einer Fläche verschwindenden Krümmungsmasses ist, so ist nach (8.)

$$K(\varphi A) = \mathsf{A}\left(\log \frac{\mu}{\sqrt{\varphi}}\right) = \mathsf{A}(\log \mu) - \tfrac{1}{2}\mathsf{A}(\log \varphi) = K(A) - \tfrac{1}{2}\mathsf{A}(\log \varphi).$$

---

wo

$$aG' = \frac{\partial^2 a_{22}}{\partial p^2} - 2\frac{\partial^2 a_{21}}{\partial p \partial q} + \frac{\partial^2 a_{11}}{\partial q^2},$$

$$H' = a_{11}(q_{11}q_{22} - q_{12}^2) - a_{12}(q_{11}p_{22} + q_{22}p_{11} - 2q_{12}p_{12}) + a_{22}(p_{11}p_{22} - p_{12}^2).$$

Es ist nun

$$\begin{vmatrix} a_{11} & a_{12} & a_{22} \\ p_{11} & p_{12} & p_{22} \\ q_{11} & q_{12} & q_{22} \end{vmatrix} = \tfrac{1}{2}H - H' = \tfrac{1}{2}a^2(G' - G) + \tfrac{1}{4}H.$$

In ähnlicher Weise erhält man durch Abbildung der gegebenen Fläche auf einer anderen von constantem Krümmungsmasse $\varkappa$, deren Linienelement $d\sigma = \lambda ds$ ist, die Relation

$$(9.)\qquad K(A) = \varkappa\lambda^2 + \mathsf{A}(\log\lambda).$$

Genügt endlich, um noch einen dritten speciellen Fall zu erwähnen, bei einer conformen Abbildung das Vergrösserungsverhältniss $\lambda = \frac{d\sigma}{ds}$ der partiellen Differentialgleichung $\mathsf{A}(\log\lambda) = 0$, was bei der conformen Abbildung einer ebenen Fläche auf einer anderen stets der Fall ist, so ist $K(A) = \lambda^2 K(\lambda^2 A)$, und mithin haben entsprechende Theile beider Flächen dieselbe totale Krümmung.

Aus der Gleichung (8.) kann man, wie Herr *Beltrami* gezeigt hat, einen besonders einfachen Ausdruck für k herleiten. Ist nämlich

$$A = a_{11}dp^2 + 2a_{12}dp\,dq + a_{22}dq^2 = (Q\,dp - P\,dq)(Q'dp - P'dq),$$

und ist M ein integrirender Factor des Ausdrucks $Q\,dp - P\,dq$ und M' ein solcher für $Q'dp - P'dq$, so ist $MM'A = du\,dv$, und mithin kann man in (8.) $\mu^2 = MM'$ wählen. Setzt man nun

$$(10.)\qquad \sqrt{a}R = \frac{\partial P}{\partial p} + \frac{\partial Q}{\partial q},\quad \sqrt{a}R' = \frac{\partial P'}{\partial p} + \frac{\partial Q'}{\partial q},$$

so ist, weil $M(Q\,dp - P\,dq)$ ein vollständiges Differential ist,

$$P\frac{\partial \log M}{\partial p} + Q\frac{\partial \log M}{\partial q} = -\sqrt{a}R,\quad P'\frac{\partial \log M'}{\partial p} + Q'\frac{\partial \log M'}{\partial q} = -\sqrt{a}R'.$$

Nun ist aber nach (27.) § 1

$$(PQ' - P'Q)\mathsf{A}(\varphi) = \frac{\partial}{\partial p}\left(\frac{PP'\frac{\partial\varphi}{\partial p} + \frac{1}{2}(PQ' + P'Q)\frac{\partial\varphi}{\partial q}}{PQ' - P'Q} - \frac{1}{2}\frac{\partial\varphi}{\partial q}\right)$$
$$+ \frac{\partial}{\partial q}\left(\frac{\frac{1}{2}(PQ' + P'Q)\frac{\partial\varphi}{\partial p} + QQ'\frac{\partial\varphi}{\partial q}}{PQ' - P'Q} + \frac{1}{2}\frac{\partial\varphi}{\partial p}\right),$$

und mithin ergiebt sich die Gleichung

$$(11.)\qquad \sqrt{a}\mathsf{A}(\varphi) = \frac{\partial}{\partial p}\frac{P'}{\sqrt{a}}\left(P\frac{\partial\varphi}{\partial p} + Q\frac{\partial\varphi}{\partial q}\right) + \frac{\partial}{\partial q}\frac{Q'}{\sqrt{a}}\left(P\frac{\partial\varphi}{\partial p} + Q\frac{\partial\varphi}{\partial q}\right),$$

in welcher man auch P, Q mit P', Q' vertauschen kann. Daher ist

$$-\sqrt{a}\mathsf{A}(\log M) = \frac{\partial(P'R)}{\partial p} + \frac{\partial(Q'R)}{\partial q},\quad -\sqrt{a}\mathsf{A}(\log M') = \frac{\partial(PR')}{\partial p} + \frac{\partial(QR')}{\partial q}$$

und folglich nach (8.)

$$(12.)\qquad -2\sqrt{a}\,k = \frac{\partial(PR'+P'R)}{\partial p}+\frac{\partial(QR'+Q'R)}{\partial q}$$

oder

$$(13.)\qquad -2k = 2RR'+\frac{1}{\sqrt{a}}\Big(P\frac{\partial R'}{\partial p}+Q\frac{\partial R'}{\partial q}\Big)+\frac{1}{\sqrt{a}}\Big(P'\frac{\partial R}{\partial p}+Q'\frac{\partial R}{\partial q}\Big).$$

Die einzelnen Theile dieses Ausdrucks sind, falls man $\sqrt{a} = PQ'-P'Q$ setzt, simultane absolute Invarianten der beiden linearen Differentialausdrücke $Q\,dp-P\,dq$ und $Q'dp-P'dq$, und erscheinen in einer Verbindung, welche ungeändert bleibt, wenn man den einen der beiden Ausdrücke mit λ multiplicirt, den andern durch λ dividirt.

Die Gleichung (6.) ist ein specieller Fall der folgenden allgemeinen Formel. Seien α, β, γ drei Functionen von p und q und sei zur Abkürzung gesetzt

$$(14.)\qquad \omega = \alpha^2+h\alpha\beta+k\beta^2+(h^2-2k)\alpha\gamma+hk\beta\gamma+k^2\gamma^2,\qquad \omega' = 2\alpha+h\beta+2k\gamma$$

und

$$(15.)\qquad (h^2-4k)\Theta(\varphi) = k\mathsf{B}(h,\,\varphi)-\mathsf{A}(k,\,\varphi).$$

Dann ist

$$(16.)\qquad \begin{cases} -2\omega K(\alpha A+\beta B+\gamma C) = -k\omega'-\sqrt{\omega}\,\Theta\Big(\dfrac{\omega'}{\sqrt{\omega}}\Big) \\ +\mathsf{A}(\alpha)+k\mathsf{B}(\beta)+k^2\Gamma(\gamma)-\dfrac{1}{2\omega}\mathsf{A}(\alpha,\,\omega)-\dfrac{k^2}{2\omega}\mathsf{B}\Big(\beta,\,\dfrac{\omega}{k}\Big)-\dfrac{k^4}{2\omega}\Gamma\Big(\gamma,\,\dfrac{\omega}{k^2}\Big), \end{cases}$$

also z. B.

$$(17.)\qquad -2K(B) = h+\frac{1}{\sqrt{k}}\,\Theta\Big(\frac{h}{\sqrt{k}}\Big).$$

Ersetzt man α, β, γ durch $\alpha+\lambda k$, $\beta-\lambda h$, $\gamma+\lambda$, so bleibt die Form $\alpha A+\beta B+\gamma C$ und ihre Determinante $a\omega$ ungeändert, und es ergiebt sich die merkwürdige Relation

$$(18.)\qquad \mathsf{A}(k)-k\mathsf{B}(h)+\Theta(h^2-4k)-\tfrac{1}{2}\mathsf{B}(h,\,k)+k(h^2-4k) = 0.$$

Die hier auftretende Form $\Theta(\varphi)$ lässt sich auf viele verschiedene Arten darstellen. Sind A und B zwei beliebige quadratische Differentialausdrücke, a und b ihre Determinanten und $g = a_{11}b_{22}+a_{22}b_{11}-2a_{12}b_{12}$ ihre simultane Invariante, so wird, wie Herr *Weingarten* (Festschrift, Seite 19) gezeigt hat, durch die Gleichung

$$(19.)\quad \begin{cases} 2a^2\mathrm{B}_{\mathrm{A}}(\varphi) = 2a\Big[\Big(\frac{\partial b_{22}}{\partial p}-\frac{\partial b_{21}}{\partial q}\Big)\frac{\partial\varphi}{\partial p}+\Big(-\frac{\partial b_{12}}{\partial p}+\frac{\partial b_{11}}{\partial q}\Big)\frac{\partial\varphi}{\partial q}\Big] \\ \qquad -g\Big[\Big(\frac{\partial a_{22}}{\partial p}-\frac{\partial a_{21}}{\partial q}\Big)\frac{\partial\varphi}{\partial p}+\Big(-\frac{\partial a_{12}}{\partial p}+\frac{\partial a_{11}}{\partial q}\Big)\frac{\partial\varphi}{\partial q}\Big] \\ \qquad -\begin{vmatrix} \frac{\partial(a_{11},\,\varphi)}{\partial(p,\,q)} & -\frac{\partial(a_{12},\,\varphi)}{\partial(p,\,q)} & \frac{\partial(a_{22},\,\varphi)}{\partial(p,\,q)} \\ a_{11} & a_{12} & a_{22} \\ b_{11} & b_{12} & b_{22} \end{vmatrix} \end{cases}$$

eine lineare simultane zugehörige Form von A und B definirt.

Für die hier betrachteten Differentialausdrücke ist nun

$$(20.)\quad \begin{cases} \mathrm{B}_{\mathrm{A}}(\varphi)=0,\quad \mathrm{B}_{\Gamma}(\varphi)=0, \\ (h^2-4k)\Theta(\varphi)=\Gamma_{\mathrm{A}}(\varphi)=2k\Gamma_{\mathrm{B}}(\varphi)=2k^2\mathrm{A}_{\mathrm{B}}(\varphi)=k^3\mathrm{A}_{\Gamma}(\varphi). \end{cases}$$

Ersetzt man in der zugehörigen Form (19.) b_{11}, b_{12}, b_{22} durch $\left(\frac{\partial\psi}{\partial p}\right)^2$, $\frac{\partial\psi}{\partial p}\frac{\partial\psi}{\partial q}$, $\left(\frac{\partial\psi}{\partial q}\right)^2$, so wird $\mathrm{B}_{\mathrm{A}}(\psi):\mathrm{A}(\psi,\,\psi)^{\frac{3}{2}}$ gleich der geodätischen Krümmung l der Curve $\psi(p,\,q)=0$ auf der Fläche $\Phi=0$. Ich definire l durch die Gleichung

$$(21.)\qquad l\,ds^3 = |\xi,\quad dx,\quad d^2x|$$

oder

$$l = \left|\xi,\quad \frac{dx}{ds},\quad \frac{d\frac{dx}{ds}}{ds}\right|,$$

also wenn man $\frac{dx}{ds}=X'$ setzt,

$$l = |\xi,\quad X',\quad X'\Delta_x X'+Y'\Delta_y X'+Z'\Delta_z X'|.$$

Ich nehme an, dass ein *System* von Curven $\psi(p,\,q)=\lambda$ gegeben ist, und bezeichne mit X, Y, Z die Richtungscosinus der Tangente der Fläche, welche zu der durch den Punkt p, q gehenden Curve des Systems normal ist, setze also $X=Y'\zeta-Z'\eta$, ... Dann ist

$$l=-X'(X\Delta_x X'+Y\Delta_x Y'+Z\Delta_x Z')-\cdots = X'(X'\Delta_x X+Y'\Delta_x Y+Z'\Delta_x Z)+\cdots,$$

also weil $X'^2+X^2+\xi^2=1$, $X'Y'+XY+\xi\eta=0$, ... ist,

$$l = \Sigma\Delta_x X-X(X\Delta_x X+Y\Delta_x Y+Z\Delta_x Z)-\cdots-\xi(\xi\Delta_x X+\eta\Delta_y X+\zeta\Delta_z X)-\cdots,$$

und mithin, weil $X^2+Y^2+Z^2=1$ ist,

$$(22.)\qquad l = \Sigma\Delta_x X.$$

Indem man die Determinante

$$(23.)\quad \begin{vmatrix} \Delta_x X - r & \Delta_y X & \Delta_z X \\ \Delta_x Y & \Delta_y Y - r & \Delta_z Y \\ \Delta_x Z & \Delta_y Z & \Delta_z Z - r \end{vmatrix} = -r^2(r-l)$$

zwei Mal mit $|\xi,\ X,\ X'|$ multiplicirt, erkennt man, dass sie ausser für $r = l$ nur noch für $r = 0$ verschwindet.

Um nun die oben aufgestellte Behauptung über den Zusammenhang von l mit der zugehörigen Form $\mathsf{B}_{\mathsf{A}}(\varphi)$ zu beweisen, zerlege ich die Determinante (21.) in die Summe der beiden Determinanten

$$\left|\xi,\ \frac{\partial x}{\partial p}dp + \frac{\partial x}{\partial q}dq,\ d\Big(\frac{\partial x}{\partial p}\Big)dp + d\Big(\frac{\partial x}{\partial q}\Big)dq\right| + \left|\xi,\ \frac{\partial x}{\partial p}dp + \frac{\partial x}{\partial q}dq,\ \frac{\partial x}{\partial p}d^2p + \frac{\partial x}{\partial q}d^2q\right|,$$

deren zweite gleich $\sqrt{a}(dp\,d^2q - dq\,d^2p)$ ist. Die erste multiplicire ich mit der Determinante (12.) § 1. Setzt man zur Abkürzung

$$\Sigma\Big(\frac{\partial x}{\partial p}d\frac{\partial x}{\partial q} - \frac{\partial x}{\partial q}d\frac{\partial x}{\partial p}\Big) = \Big(\frac{\partial a_{11}}{\partial q} - \frac{\partial a_{12}}{\partial p}\Big)dp - \Big(\frac{\partial a_{22}}{\partial p} - \frac{\partial a_{21}}{\partial q}\Big)dq = R,$$

so erhält man

$$\frac{1}{2}\begin{vmatrix} a_{11}dp + a_{12}dq & da_{11}.dp + da_{12}.dq + R\,dq \\ a_{21}dp + a_{22}dq & da_{21}.dp + da_{22}.dq - R\,dp \end{vmatrix}.$$

Der Factor von $-\frac{1}{2}R$ ist $a_{11}dp^2 + 2a_{12}dp\,dq + a_{22}dq^2 = ds^2$, und mithin ergiebt sich

$$(24.)\quad \left\{\begin{aligned} 2\sqrt{a}\,ds^3 l &= 2a(dp\,d^2q - dq\,d^2p) - ds^2\Big(\Big(\frac{\partial a_{11}}{\partial q} - \frac{\partial a_{12}}{\partial p}\Big)dp - \Big(\frac{\partial a_{22}}{\partial p} - \frac{\partial a_{21}}{\partial q}\Big)dq\Big) \\ &\quad + \begin{vmatrix} a_{11} & a_{12} & a_{22} \\ da_{11} & da_{12} & da_{22} \\ dq^2 & -dq\,dp & dp^2 \end{vmatrix}. \end{aligned}\right.$$

Ersetzt man dp durch $\frac{\partial \psi}{\partial q}$ und dq durch $-\frac{\partial \psi}{\partial p}$, also ds^2 durch $a\mathsf{A}(\psi, \psi)$, so geht l in eine zugehörige Form von A über, die ich mit $L(A)$ bezeichne. Ist dann φ eine beliebige Function von p und q, so zeigt die Gleichung (24.), dass

$$(25.)\quad L(A) - \sqrt{\varphi}L(\varphi A) = \frac{1}{2}\frac{\mathsf{A}(\psi, \log\varphi)}{\sqrt{\mathsf{A}(\psi, \psi)}} = \frac{1}{2}\frac{\delta\log\varphi}{\delta n}$$

ist, wo n die Richtung X, Y, Z bezeichnet. Wählt man wieder φ so, dass die Krümmungsinvariante von φA verschwindet, so erhält man eine von

Herrn *Beltrami* angegebene Formel (Delle variabili complesse sopra una superficie qualunque, Annali di Mat. ser. II, tom. I (1867) pag. 361).

Durch den eleganten Satz, dass die zugehörige Form $\mathsf{B}_{\mathsf{A}}(\varphi)$ identisch verschwindet, hat Herr *Weingarten* die beiden partiellen Differentialgleichungen erster Ordnung, denen die Grössen $b_{\varkappa\lambda}$ genügen, ersetzt. Dieselben lassen sich auf die Form bringen

$$(26.)\quad \begin{cases} \dfrac{1}{2\sqrt{a}}\left(b_{11}\dfrac{\partial a_{22}}{\partial p}-2b_{12}\dfrac{\partial a_{12}}{\partial p}+b_{22}\dfrac{\partial a_{11}}{\partial p}\right) = \dfrac{\partial l_{12}}{\partial p}-\dfrac{\partial l_{11}}{\partial q}, \\ \dfrac{1}{2\sqrt{a}}\left(b_{11}\dfrac{\partial a_{22}}{\partial q}-2b_{12}\dfrac{\partial a_{12}}{\partial q}+b_{22}\dfrac{\partial a_{11}}{\partial q}\right) = \dfrac{\partial l_{22}}{\partial p}-\dfrac{\partial l_{21}}{\partial q} \end{cases}$$

oder

$$(27.)\quad \begin{cases} a_{11}\dfrac{\partial}{\partial p}\dfrac{b_{22}}{\sqrt{a}}-2a_{12}\dfrac{\partial}{\partial p}\dfrac{b_{12}}{\sqrt{a}}+a_{22}\dfrac{\partial}{\partial p}\dfrac{b_{11}}{\sqrt{a}} = 2\dfrac{\partial l_{11}}{\partial q}-\dfrac{\partial(l_{12}+l_{21})}{\partial p}, \\ a_{11}\dfrac{\partial}{\partial q}\dfrac{b_{22}}{\sqrt{a}}-2a_{12}\dfrac{\partial}{\partial q}\dfrac{b_{12}}{\sqrt{a}}+a_{22}\dfrac{\partial}{\partial q}\dfrac{b_{11}}{\sqrt{a}} = \dfrac{\partial(l_{12}+l_{21})}{\partial q}-2\dfrac{\partial l_{22}}{\partial p}. \end{cases}$$

Bekannt sind die analogen Formeln für die geodätische Krümmung

$$(28.)\quad \begin{cases} ds\,d\dfrac{a_{11}dp+a_{12}dq}{ds}-\tfrac{1}{2}\left(\dfrac{\partial a_{11}}{\partial p}dp^2+2\dfrac{\partial a_{12}}{\partial p}dp\,dq+\dfrac{\partial a_{22}}{\partial p}dq^2\right) = -\sqrt{a}l\,ds\,dq, \\ ds\,d\dfrac{a_{21}dp+a_{22}dq}{ds}-\tfrac{1}{2}\left(\dfrac{\partial a_{11}}{\partial q}dp^2+2\dfrac{\partial a_{12}}{\partial q}dp\,dq+\dfrac{\partial a_{22}}{\partial q}dq^2\right) = \sqrt{a}l\,ds\,dp. \end{cases}$$

§ 8.

Ueber die Bedingungen für die Isometrie der Krümmungslinien.

Aus den in § 4 entwickelten Relationen (14.)

$$(1.)\qquad \Delta'\xi = r'\xi', \quad \Delta''\xi = r''\xi''$$

folgt $\Sigma\xi\Delta'\xi'' = -\Sigma\xi''\Delta'\xi = 0$, und da auch $\Sigma\xi''\Delta'\xi'' = 0$ ist, so ist

$$(2.)\qquad \Delta'\xi'' = l'\xi', \quad \Delta''\xi' = l''\xi'',$$

wo l' ein Proportionalitätsfactor ist, und weil $\xi^2+\xi'^2+\xi''^2 = 1$ ist, so ist

$$(3.)\qquad \Delta'\xi' = -r'\xi-l'\xi'', \quad \Delta''\xi'' = -r''\xi-l''\xi'.$$

Multiplicirt man die Gleichung $\xi'\Delta_x\xi''+\eta'\Delta_y\xi''+\zeta'\Delta_z\xi'' = l'\xi'$ mit ξ' und summirt, so erhält man mittelst einer im vorigen Paragraphen benutzten Umformung (Formel (22.)):

$$(4.)\qquad l' = \Sigma\Delta_x\xi'', \quad l'' = \Sigma\Delta_x\xi'.$$

Demnach ist l' die geodätische Krümmung der ersten Krümmungslinie, deren Tangente die Richtungscosinus ξ', η', ζ' hat, und l'' die der zweiten.

Nach (20.) § 5 ist

$$\frac{k}{r'-r''}\Lambda(\varphi) = \Sigma\xi''\varDelta' D_x\varphi = \varDelta'(\Sigma\xi'' D_x\varphi) - \Sigma\varDelta'\xi''.D_x\varphi$$

und folglich

$$(5.)\qquad \frac{k}{r'-r''}\Lambda(\varphi) = \varDelta'\varDelta''\varphi - l'\varDelta'\varphi = \varDelta''\varDelta'\varphi - l''\varDelta''\varphi.$$

Aus der Relation

$$(6.)\qquad \varDelta'\varDelta''\varphi - \varDelta''\varDelta'\varphi = l'\varDelta'\varphi - l''\varDelta''\varphi$$

erhält man, indem man $\varphi = \xi$ setzt,

$$(7.)\qquad \varDelta' r'' = (r'-r'')l'', \quad \varDelta'' r' = -(r'-r'')l',$$

und indem man $\varphi = \xi'$ setzt (vgl. *Bertrand,* Calcul différentiel I, pag. 762),

$$(8.)\qquad \varDelta' l' + \varDelta'' l' = -k - l'^2 - l''^2.$$

In ähnlicher Weise wie oben $\Lambda(\varphi)$ gefunden ist, kann man auch $\mathsf{M}(\varphi)$ berechnen und erhält so die Formel

$$(9.)\qquad \frac{k}{(r'-r'')^2}(\mathsf{M}(\varphi) - \Lambda(\varphi)) = \frac{l'}{r'}\varDelta'\varphi - \frac{l''}{r''}\varDelta''\varphi,$$

aus der man die Werthe von $\Lambda(\xi)$ und $\mathsf{M}(x)$ bestimmen kann.

Von diesen Formeln mache ich eine Anwendung auf das Problem, die Bedingungen für die Isometrie der Krümmungslinien zu ermitteln. Sind p und q die Parameter der Krümmungslinien, so ist $a_{12} = 0$ und

$$\varDelta'\varphi = \frac{1}{\sqrt{a_{11}}}\frac{\partial\varphi}{\partial p}, \quad \varDelta''\varphi = \frac{1}{\sqrt{a_{22}}}\frac{\partial\varphi}{\partial q}, \quad l' = \frac{1}{\sqrt{a}}\frac{\partial\sqrt{a_{11}}}{\partial q}, \quad l'' = \frac{1}{\sqrt{a}}\frac{\partial\sqrt{a_{22}}}{\partial p}.$$

Damit nun durch eine passende Wahl der Variabeln p und q $a_{11} = a_{22}$ gemacht werden könne, ist nothwendig und hinreichend, dass

$$\frac{\partial^2 \log\dfrac{a_{11}}{a_{22}}}{\partial p\partial q} = 0$$

ist. Diese Bedingung ist aber identisch mit der Gleichung

$$(10.)\qquad \varDelta' l' - \varDelta'' l'' = 0.$$

Sie kann auch dadurch ausgedrückt werden, dass eine Function λ von p und q existirt, welche den beiden Bedingungen

$$(11.)\qquad \varDelta'\lambda = l'', \quad \varDelta''\lambda = l'$$

genügt. Dieselben lassen sich nach (18.) § 5 dahin zusammenfassen, dass für eine beliebige Function φ

$$(12.)\qquad l'\varDelta'\varphi - l''\varDelta''\varphi = [\varphi, \lambda]$$

ist. Indem wir aber die Bedingung in einer dieser Formen aussprechen, haben wir uns von der speciellen Wahl der Variabeln p und q unabhängig gemacht. Da

(13.) $$\mathsf{A}(\varphi) = \varDelta'^2\varphi + l'\varDelta''\varphi + \varDelta''^2\varphi + l''\varDelta'\varphi$$

ist, so ergiebt sich aus (8.)

(14.) $$\mathsf{A}(\lambda) = -k.$$

Nach (8.) § 7 ist daher $e^{-2\lambda}ds^2$ eine Form verschwindenden Krümmungsmasses. Mit Hülfe der Relationen (5.) und (7.) lässt sich die Bedingung (10.) auf die Form

(15.) $$\Lambda\Big(\frac{h}{\sqrt{h^2-4k}}\Big) - h\Lambda\Big(\frac{1}{\sqrt{h^2-4k}}\Big) = 0$$

bringen. Setzt man

$$2\lambda + \log(r'-r'') = \mu,$$

so ist nach (7.) und (11.)

(16.) $$(r'-r'')\varDelta'\mu = \varDelta'h, \quad (r'-r'')\varDelta''\mu = -\varDelta''h,$$

also weil nach (15.) § 4

(17.) $$\varDelta_x\varphi = \xi'\varDelta'\varphi + \xi''\varDelta''\varphi, \quad \varDelta_\xi\varphi = \frac{1}{r'}\xi'\varDelta'\varphi + \frac{1}{r''}\xi''\varDelta''\varphi$$

ist,

(18.) $$(h^2-4k)\varDelta_x\mu = h\varDelta_x h - 2k\varDelta_\xi h, \quad (h^2-4k)\varDelta_\xi\mu = 2\varDelta_x h - h\varDelta_\xi h$$

und folglich (*Weingarten*, Monatsber. d. Berl. Akad. 1883, S. 1163)

(19.) $$(h^2-4k)d\mu = hdh - 2k\Sigma\frac{\partial h}{\partial \xi}dx = 2\Sigma\frac{\partial h}{\partial x}d\xi - hdh.$$

Wird durch die Gleichung

(20.) $$(k_{11}k_{22}-k_{12}^2)\mathsf{K}(\varphi, \psi) = k_{22}\frac{\partial\varphi}{\partial p}\frac{\partial\psi}{\partial p} - k_{12}\Big(\frac{\partial\varphi}{\partial p}\frac{\partial\psi}{\partial q} + \frac{\partial\varphi}{\partial q}\frac{\partial\psi}{\partial q}\Big) + k_{11}\frac{\partial\varphi}{\partial q}\frac{\partial\psi}{\partial q}$$

der bilineare Differentialparameter der Form

(21.) $$K = \frac{2}{\sqrt{a}}((a_{11}dp + a_{12}dq)(b_{21}dp + b_{22}dq) - (a_{21}dp + a_{22}dq)(b_{11}dp + b_{12}dq))$$

definirt, deren Determinante $k_{11}k_{22} - k_{12}^2 = -a(h^2-4k)$ ist, so ist

(22.) $$-(h^2-4k)\mathsf{K}(\varphi, \psi) = k(\Lambda(\varphi, \psi) + \Lambda(\psi, \varphi))$$

und mithin nach (18.) § 5

(23.) $$-(r'-r'')\mathsf{K}(\varphi, \psi) = \varDelta'\varphi.\varDelta''\psi + \varDelta''\varphi.\varDelta'\psi.$$

Aus (16.) folgt daher

(24.) $$\mathsf{K}(\varphi, h) = [\varphi, \mu].$$

Auf diese Form hat Herr *Knoblauch* (dieses Journal Bd. 103, S. 42) die Bedingung für die Isometrie der Krümmungslinien gebracht.

43.

Über auflösbare Gruppen

Sitzungsberichte der Akademie der Wissenschaften zu Berlin, 337–345 (1893)

Wenn man nur die Ordnung einer endlichen Gruppe kennt, so kann man, wie zuerst Hr. Sylow entwickelt hat, aus der Art, wie diese Zahl aus Primfactoren zusammengesetzt ist, weitgehende Schlüsse über die Constitution der Gruppe ziehen (Math. Ann. Bd. 5). Jede Gruppe, deren Ordnung eine Potenz einer Primzahl ist, ist nach einem Satze von Sylow die Gruppe einer durch Wurzelausdrücke auflösbaren Gleichung oder, wie ich mich kurz ausdrücken will, eine auflösbare Gruppe. Ich will hier ein Gegenstück zu diesem Satze entwickeln: Jede Gruppe, deren Ordnung ein Product von lauter verschiedenen Primzahlen ist, ist auflösbar. Die Compositionsfactoren ihrer Ordnung sind die einzelnen Primzahlen der Reihe nach von der kleinsten bis zur grössten. Ist also $h = p_1 p_2 \dots p_n$ die Ordnung einer Gruppe $\mathfrak{H}$ und sind $p_1 < p_2 < \dots < p_n$ ihre Primfactoren, so besitzt $\mathfrak{H}$ eine Reihe invarianter Untergruppen $\mathfrak{H}_1, \mathfrak{H}_2 \dots \mathfrak{H}_n$, von denen $\mathfrak{H}_\lambda$ die Ordnung $p_{\lambda+1} p_{\lambda+2} \dots p_n$ hat und in $\mathfrak{H}_{\lambda-1}$ enthalten ist.

1.

Schon Galois hat die Bemerkung gemacht, dass jede Gruppe, deren Ordnung kleiner als 60 ist, auflösbar ist. Hr. Hölder hat (Math. Ann. Bd. 40) alle Gruppen untersucht, deren Ordnung kleiner als 200 ist und aus der Ordnung allein ihre Constitution bestimmt. Hr. Cole hat (American Journ. of Math. vol. 14) diese Untersuchung auf die Gruppen ausgedehnt, deren Ordnung kleiner als 500 ist (vergl. §. 6).

Solche inductive Untersuchungen sind namentlich darum nützlich, weil sie eine Fülle bemerkenswerther allgemeiner Eigenschaften der Gruppen liefern. Es scheint mir aber vortheilhafter, dabei statt der Grösse der Ordnung die Art ihrer Zusammensetzung aus Primfactoren in Betracht zu ziehen. Sieht man von dem trivialen Falle ab, wo die Ordnung der Gruppe eine Primzahl ist, so ist jede Gruppe, deren Ordnung ein Product von zwei Primzahlen ist, eine auflösbare, und nur dann nicht nothwendig eine Abel'sche, wenn die eine Primzahl in Bezug auf die andere congruent 1 ist. Eine Gruppe der Ordnung p^2 ist demnach immer eine Abel'sche, d. h. ihre Elemente sind vertauschbar. Hr. Hölder hat in der oben erwähnten Arbeit gezeigt, dass auch jede Gruppe, deren Ordnung ein Product von drei Primzahlen ist, auflösbar ist. Ich habe diese Induction weiter fortgesetzt und den nämlichen Satz für ein Product von vier Primzahlen bewiesen. Eine Ausnahme bildet allein die Ikosaedergruppe, deren Ordnung gleich $60 = 2^2 \cdot 3 \cdot 5$ ist. Damit nämlich eine solche Gruppe nicht auflösbar sei, müssen die beiden kleinsten Primzahlen gleich sein, und wenn die Ordnung p^2qr ist, wo $p < q < r$ ist, so muss $p^2 \equiv 1$ mod. q sein, was nur möglich ist, wenn $p = 2$, $q = 3$ ist. Endlich muss $pq \equiv 1$ (mod. r) und folglich $r = 5$ sein. Die Unmöglichkeit, die allgemeine Gleichung fünften Grades durch Wurzelausdrücke aufzulösen, erscheint von dem hier gewählten Standpunkte aus in einem neuen Lichte. Sie tritt nur darum ein, weil die Zahl 60 einer gewissen Anzahl von Bedingungen genügt, die keine andere aus nur vier Primzahlen zusammengesetzte Zahl erfüllt.

Die analoge Untersuchung über Gruppen, deren Ordnung aus fünf Primfactoren besteht, ist, wenn auch nicht schwer, doch schon recht mühsam. Ich glaube aber, dass unter diesen Gruppen nur die folgenden nicht auflösbar sind: Erstens. 2 Gruppen der Ordnung $120 = 2^3 \cdot 3 \cdot 5$. Die Compositionsfactoren der Ordnung sind bei der einen 2 und 60, bei der andern 60 und 2. Zweitens. 3 einfache Gruppen, gebildet von den eigentlichen gebrochenen linearen Substitutionen in Bezug auf einen Primzahlmodul p von der Ordnung $\frac{1}{2}p(p^2-1)$ für $p = 7$, 11 und 13. Die Ordnungen sind

$$168 = 2^3 \cdot 3 \cdot 7, \quad 660 = 2^2 \cdot 3 \cdot 5 \cdot 11, \quad 1092 = 2^2 \cdot 3 \cdot 7 \cdot 13.$$

2.

Der Satz von Sylow, dass jede Gruppe der Ordnung p^α auflösbar ist, lässt sich auf zwei Arten beweisen. Entweder theilt man die Elemente in Classen ähnlicher Elemente und zeigt so, dass die Gruppe ein von dem Hauptelement E verschiedenes Element enthält, das mit allen Elementen vertauschbar ist. Oder man beweist, dass jede ihrer Untergruppen der Ordnung $p^{\alpha-1}$ invariant ist, ein Satz, der sich dahin verallgemeinern lässt: Ist p die kleinste in g aufgehende Primzahl, und ist $f \leqq p$, so ist eine Untergruppe der Ordnung g von einer Gruppe der Ordnung fg stets eine invariante. Um dies einzusehen, braucht man nur, wenn $\mathfrak{G}$ die Untergruppe der Ordnung g ist, die Elemente der ganzen Gruppe $\mathfrak{H}$ in Classen von Elementen zu theilen, die nach dem Doppelmodul $\mathfrak{G}, \mathfrak{G}$ aequivalent sind.

Es scheint bisher nicht bemerkt worden zu sein, dass man die Bedingungen für die Auflösbarkeit einer Gruppe mit Hülfe jenes Satzes von Sylow auf eine besonders einfache Form bringen kann. Galois drückt die Bedingungen, welche für die Auflösbarkeit nothwendig und hinreichend sind, so aus: Die Gruppe $\mathfrak{H}$ enthält eine Reihe von Untergruppen $\mathfrak{H}_1, \mathfrak{H}_2 \ldots \mathfrak{H}_n$, deren letzte nur aus dem Hauptelemente besteht, von denen jede eine invariante Untergruppe der vorhergehenden ist, und für welche der Quotient der Ordnungen von je zwei auf einander folgenden eine Primzahl ist. Oder kürzer: $\mathfrak{H}$ enthält eine invariante Untergruppe $\mathfrak{G}$, die selbst auflösbar ist, und deren Ordnung sich von der Ordnung von $\mathfrak{H}$ nur durch einen Primfactor unterscheidet. Oder endlich: Entweder ist die Ordnung von $\mathfrak{H}$ eine Primzahl, oder $\mathfrak{H}$ besitzt eine von $\mathfrak{H}$ und der Hauptgruppe verschiedene invariante Untergruppe $\mathfrak{G}$, und die Gruppen $\frac{\mathfrak{H}}{\mathfrak{G}}$ und $\mathfrak{G}$ sind beide auflösbar.

Mittelst des Satzes von Sylow lässt sich das Criterium von Galois nun so umformen: Die Gruppe $\mathfrak{H}$ enthält eine Reihe von invarianten Untergruppen $\mathfrak{H}_1, \mathfrak{H}_2 \ldots \mathfrak{H}_m$, deren letzte nur aus dem Hauptelemente besteht, von denen jede durch die folgende theilbar ist, und für welche der Quotient der Ordnungen von je zwei auf einander folgenden eine Potenz einer Primzahl ist. Diese hinreichende Bedingung ist auch eine nothwendige, wenn die Reihe der invarianten Untergruppen eine lückenlose ist, d. h. wenn es keine von $\mathfrak{H}_\lambda$ und $\mathfrak{H}_{\lambda+1}$ verschiedene Gruppe giebt, die in $\mathfrak{H}_\lambda$ enthalten ist und $\mathfrak{H}_{\lambda+1}$ enthält und eine invariante Untergruppe von $\mathfrak{H}$ ist. Oder kürzer: Entweder ist die Ordnung von $\mathfrak{H}$ eine Potenz einer Primzahl, oder $\mathfrak{H}$ enthält eine invariante Untergruppe $\mathfrak{G}$, deren Ordnung eine Potenz einer Primzahl ist, und für welche die Gruppe $\frac{\mathfrak{H}}{\mathfrak{G}}$ auflösbar ist. Der Unterschied der beiden Criterien besteht hauptsächlich darin, dass die betrachtete invariante Untergruppe $\mathfrak{G}$ von $\mathfrak{H}$ bei dem ersten einen möglichst hohen, bei dem zweiten einen möglichst niedrigen Grad besitzt. Aus seiner letzten Form ergeben sich ganz besonders einfach die Sätze, welche Abel über die Primitivität der Gruppe gegeben hat, wenn man den Satz von Camille Jordan benutzt, dass jede invariante Untergruppe einer primitiven Gruppe transitiv ist.

Hr. Sylow hat allgemeiner angegeben, dass eine Gruppe der Ordnung $p^\alpha q^\beta r^\gamma s^\delta \ldots$ stets auflösbar ist, wenn $p > q^\beta r^\gamma s^\delta \ldots$, $q > r^\gamma s^\delta \ldots$, $r > s^\delta \ldots$ ist. Nach den Gruppen der Ordnung p^α hätte man zunächst die zu untersuchen, deren Ordnung $p^\alpha q^\beta$ nur durch zwei verschiedene Primzahlen theilbar ist. Für verschiedene kleinere Werthe von α und

β ist es leicht die Constitution der Gruppe zu ermitteln. Z. B. ist, wie ich bei einer anderen Gelegenheit ausführen will, eine Gruppe der Ordnung $p^\alpha q$ immer auflösbar.

3.

Ich wende mich nun zu dem Satze, welcher den eigentlichen Gegenstand dieser Arbeit bildet. Sein Beweis beruht auf folgendem Lemma:

> Sind die Primfactoren der Zahl a alle unter einander verschieden, und ist jeder Primfactor von b grösser als der grösste Primfactor von a, so giebt es in einer Gruppe der Ordnung ab genau b Elemente, deren Ordnung in b aufgeht.

Ist p eine in a aufgehende Primzahl, so enthält eine Gruppe $\mathfrak{H}$ der Ordnung $h = ab$ nach dem CAUCHY'schen Satze eine Untergruppe $\mathfrak{P}$ der Ordnung p, welche aus den Potenzen eines Elementes P besteht. Die mit der Gruppe $\mathfrak{P}$ vertauschbaren Elemente von $\mathfrak{H}$ bilden eine Gruppe $\mathfrak{Q}$. Ihre Ordnung sei $a'pb'$, wo $a'p$ ein Divisor von a und b' ein Divisor von b sei. Endlich sei $a = a'a''p$ und $b = b'b''$. Da h die Primzahl p nur in der ersten Potenz enthält, so giebt es nach dem SYLOW'schen Satze in $\mathfrak{H}$ $a''b''$ verschiedene und zwar conjugirte Gruppen $\mathfrak{P}$, und jeder derselben entspricht in der angegebenen Weise eine Gruppe $\mathfrak{Q}$ der Ordnung $a'pb'$. Jede solche Gruppe $\mathfrak{Q}$ enthält nur eine Untergruppe $\mathfrak{P}$ der Ordnung p. Jedes Element Q von $\mathfrak{H}$, dessen Ordnung $q = rp$ durch p theilbar ist, gehört einer der Gruppen $\mathfrak{Q}$ an. Denn $Q^r = P$ hat die Ordnung p. Ist also $\mathfrak{P}$ die Gruppe der Potenzen von P, so ist Q mit P, also auch mit $\mathfrak{P}$ vertauschbar. Zwei verschiedene Gruppen $\mathfrak{Q}$ haben aber kein solches Element Q gemeinsam. Denn sonst hätten sie auch $Q^r = P$ gemeinsam, also auch die Gruppe $\mathfrak{P}$ der Potenzen von P.

Nun will ich den Beweis auf einen Inductionsschluss gründen: Ist $a = 1$, also die Anzahl n der Primfactoren von a gleich 0, so ist der Satz selbstverständlich. Angenommen, er sei für den Fall, wo die Anzahl der in a aufgehenden Primfactoren $< n$ ist, bereits dargethan. Ist dann p die grösste in a aufgehende Primzahl, so enthält die Gruppe $\mathfrak{H}$ der Ordnung $\frac{a}{p}\cdot pb$ genau pb Elemente, deren Ordnung in pb aufgeht. Ebenso enthält eine Gruppe $\mathfrak{Q}$ der Ordnung $a'pb''$ genau pb' Elemente, deren Ordnung in pb, also auch in pb' aufgeht. Denn die Ordnung jedes Elementes von $\mathfrak{Q}$ geht in die Ordnung $a'pb'$ dieser Gruppe auf. Soll sie also auch in pb aufgehen, so muss sie auch in dem grössten gemeinsamen Divisor pb' dieser beiden Zahlen enthalten sein. Ich will nun zeigen, dass $\mathfrak{H}$ genau $(p-1)b$ Elemente enthält, deren Ordnung zugleich ein Vielfaches von p und ein Theiler von pb ist. Daraus folgt dann, dass $\mathfrak{H}$ genau $pb-(p-1)b=b$ Elemente enthält, deren Ordnung ein Theiler von pb, aber kein Vielfaches von p ist, also in b aufgeht.

Zu dem Zwecke werde ich beweisen: Ist Q ein Element von $\mathfrak{Q}$, dessen Ordnung q in pb, mithin auch in pb' aufgeht, so haben auch

$$Q, \quad QP, \quad QP^2, \ldots \quad QP^{p-1},$$

also die p Elemente des Complexes $Q\mathfrak{P}$ dieselbe Eigenschaft, und unter ihnen befinden sich $p-1$, deren Ordnung durch p theilbar ist, und eins, dessen Ordnung nicht durch p theilbar ist. Denn jedes Element Q von $\mathfrak{Q}$ ist mit der Gruppe $\mathfrak{P}$ vertauschbar, genügt also der Bedingung $Q^{-1}PQ=P^s$. Nun muss aber $s\equiv 1 \pmod{p}$, also Q mit P vertauschbar sein: Denn da $Q^q=E$ ist, so ist $P=Q^{-q}PQ^q=P^{(s^q)}$ und mithin $s^q\equiv 1 \pmod{p}$. Weil aber q ein Divisor von pb ist, und die Primfactoren von b alle $\geqq p$ sind, so sind q und $p-1$ theilerfremd. Aus den Congruenzen $s^q\equiv 1$ und $s^{p-1}\equiv 1$ folgt daher $s\equiv 1$.

Ist nun zunächst q nicht durch p theilbar, also ein Divisor von b', so ist die Ordnung von QP^λ gleich qp, falls λ von 0 verschieden ist, und damit ist die obige Behauptung über die p Elemente des Complexes $Q\mathfrak{P}$ dargethan. Ist aber $q=rp$ durch p theilbar, so hat Q^r die Ordnung p, also ist $Q^r=P^s$, und $Q\mathfrak{P}$ besteht aus den p Elementen $QP^{s\lambda}=Q^{1+r\lambda}$ $(\lambda=0, 1, \ldots p-1)$. Die Ordnung eines solchen Elementes ist pr und nur dann r, wenn $1+r\lambda=0 \bmod p$ ist. Dies tritt, da r nicht durch p theilbar ist, für einen und nur einen Werth von λ ein.

Eine Gruppe $\mathfrak{Q}$ enthält genau pb' Elemente, deren Ordnung in pb aufgeht. Diese zerfallen in b' Complexe von der Form $Q\mathfrak{P}$. Folglich befinden sich unter ihnen $(p-1)b'$, deren Ordnung durch p theilbar ist, und b', deren Ordnung nicht durch p theilbar ist. Die Gruppe $\mathfrak{H}$ enthält $a''b''$ verschiedene Gruppen $\mathfrak{Q}$. Jedes Element von $\mathfrak{H}$ dessen Ordnung durch p theilbar ist, kommt in einer und nur einer dieser $a''b''$ Gruppen vor. Folglich enthält $\mathfrak{H}$ genau $(p-1)b'\cdot a''b''=a''(p-1)b$ Elemente, deren Ordnung ein Vielfaches von p und ein Theiler von pb ist. Nun enthält aber $\mathfrak{H}$ genau pb Elemente, deren Ordnung in pb aufgeht, und dazu gehört das Hauptelement E, dessen Ordnung 1 nicht durch p theilbar ist. Daher ist $a''(p-1)b<pb$ oder $(a''-1)(p-1)<1$ und mithin $a''=1$. Demnach enthält $\mathfrak{H}$ genau $(p-1)b$ Elemente, deren Ordnung ein Vielfaches von p und ein Theiler von pb ist, und folglich genau b Elemente, deren Ordnung in b aufgeht. Aus der Gleichung $a''=1$ ergiebt sich ferner die Folgerung:

Die Ordnung einer Gruppe $\mathfrak{H}$ sei apb, wo p eine Primzahl ist, a durch kein Quadrat theilbar ist und nur durch Primzahlen, die $< p$ sind, b aber nur durch Primenzahlen, die die $> p$ sind. Sei $\mathfrak{P}$ eine Untergruppe von $\mathfrak{H}$, deren Ordnung gleich p ist. Dann bilden die mit $\mathfrak{P}$ vertauschbaren Elemente von $\mathfrak{H}$ eine Gruppe, deren Ordnung durch ap theilbar ist.

Dass sich in einer Gruppe der Ordnung $h = ab$ genau b Elemente befinden, deren Ordnung in b aufgeht, kann man mittelst der obigen Deduction schon daraus schliessen, dass a und b relativ prim sind, die Primfactoren $p, q, r, \ldots v$ von a alle unter einander verschieden sind und sich so ordnen lassen, dass $p-1$ und $\frac{h}{p}$, $q-1$ und $\frac{h}{pq}$, $r-1$ und $\frac{h}{pqr}$, $\ldots$ $v-1$ und $\frac{h}{pqr\ldots v}$ theilerfremd sind.

4.

Aus dem entwickelten Lemma ergiebt sich nun leicht der Satz:

Sind $p_1 < p_2 < \ldots < p_n$ n verschiedene Primzahlen, so enthält eine Gruppe $\mathfrak{H}$ der Ordnung $p_1 p_2 \ldots p_n$ eine und nur eine Untergruppe $\mathfrak{H}_\lambda$ der Ordnung $p_{\lambda+1} p_{\lambda+2} \ldots p_n$. Diese ist daher eine invariante Untergruppe von $\mathfrak{H}$ und ist in $\mathfrak{H}_{\lambda-1}$ enthalten. Die Gruppe $\mathfrak{H}$ ist aus den Gruppen

$$\frac{\mathfrak{H}}{\mathfrak{H}_1}, \quad \frac{\mathfrak{H}_1}{\mathfrak{H}_2}, \ldots \quad \frac{\mathfrak{H}_{n-2}}{\mathfrak{H}_{n-1}}, \quad \mathfrak{H}_{n-1}$$

der Ordnungen

$$p_1, \quad p_2, \ldots \quad p_{n-1}, \quad p_n$$

zusammengesetzt.

Denn $\mathfrak{H}$ enthält eine Untergruppe $\mathfrak{H}_{n-1}$ der Ordnung p_n und nur eine, weil es in $\mathfrak{H}$ nicht mehr als p_n Elemente giebt, deren Ordnung in p_n aufgeht. Folglich ist $\mathfrak{H}_{n-1}$ eine invariante Untergruppe von $\mathfrak{H}$. Mithin ist $\frac{\mathfrak{H}}{\mathfrak{H}_{n-1}}$ eine Gruppe der Ordnung $p_1 p_2 \ldots p_{n-1}$, enthält also eine und nur eine Untergruppe $\frac{\mathfrak{H}_{n-2}}{\mathfrak{H}_{n-1}}$ der Ordnung p_{n-1}. Daher ist $\mathfrak{H}_{n-2}$ eine invariante Untergruppe der Ordnung $p_{n-1} p_n$ von $\mathfrak{H}$ und besteht aus allen Elementen von $\mathfrak{H}$, deren Ordnung in $p_{n-1} p_n$ aufgeht, und die Gruppe $\frac{\mathfrak{H}}{\mathfrak{H}_{n-2}}$ hat die Ordnung $p_1 p_2 \ldots p_{n-2}$, u. s. w.

Eine besonders bemerkenswerthe Folgerung aus dem bewiesenen Satze ist diese: Seien A und B zwei Elemente von $\mathfrak{H}$, a und b ihre Ordnungen. Ist $p_{\lambda+1}$ die kleinste in ab enthaltene Primzahl, so gehen nach den über h gemachten Voraussetzungen a und b beide in $p_{\lambda+1}\, p_{\lambda+2} \dots p_n$ auf. Daher gehören beide der Gruppe $\mathfrak{H}_\lambda$ an und mithin auch ihr Product. Folglich ist auch die Ordnung von AB ein Divisor von $p_{\lambda+1}\, p_{\lambda+2} \dots p_n$. Die Ordnung des Productes mehrerer Elemente ist also durch keine Primzahl theilbar, welche kleiner ist, als die kleinste Primzahl, die in die Ordnung eines der Factoren aufgeht.

Zum Theil hängen die erhaltenen Resultate mit folgendem Satze zusammen, auf den ich bei einer anderen Gelegenheit zurückzukommen gedenke:

Ist $\mathfrak{G}$ eine invariante Untergruppe von $\mathfrak{H}$, sind g und h die Ordnungen von $\mathfrak{G}$ und $\mathfrak{H}$, und sind die Zahlen g und $\frac{h}{g}$ theilerfremd, so ist jede Untergruppe von $\mathfrak{H}$, deren Ordnung in g aufgeht, in $\mathfrak{G}$ enthalten. Daher besteht $\mathfrak{G}$ aus allen Elementen von $\mathfrak{H}$, deren Ordnung in g aufgeht.

5.

Mittelst derselben Principien lässt sich auch der folgende Satz beweisen:

Sind $p_1 < p_2 \dots < p_n < p$ $n+1$ verschiedene Primzahlen, so enthält eine Gruppe der Ordnung $p_1\, p_2 \dots p_n\, p^\alpha$ eine und nur eine Untergruppe $\mathfrak{H}_\lambda$ der Ordnung $p_{\lambda+1}\, p_{\lambda+2} \dots p_n\, p^\alpha$. Diese ist daher eine invariante Untergruppe von $\mathfrak{H}$ und ist in $\mathfrak{H}_{\lambda-1}$ enthalten. Die Gruppe $\mathfrak{H}$ ist aus den Gruppen

$$\frac{\mathfrak{H}}{\mathfrak{H}_1},\ \frac{\mathfrak{H}_1}{\mathfrak{H}_2}, \dots\ \frac{\mathfrak{H}_{n-1}}{\mathfrak{H}_n},\ \mathfrak{H}_n$$

der Ordnungen

$$p_1,\quad p_2, \dots\quad p_n,\quad p^\alpha$$

zusammengesetzt, die letzte $\mathfrak{H}_n$ wieder aus α Gruppen der Ordnung p. Jede Gruppe der Ordnung $p_1\, p_2 \dots p_n\, p^\alpha$ ist folglich auflösbar.

Denn nach dem Sylow'schen Satze enthält $\mathfrak{H}$ eine Untergruppe $\mathfrak{H}_n$ der Ordnung p^α und nur eine, weil es in $\mathfrak{H}$ nicht mehr als p^α Elemente giebt, deren Ordnung in p^α aufgeht. Folglich ist $\mathfrak{H}_n$ eine invariante Untergruppe von $\mathfrak{H}$. Mithin ist $\frac{\mathfrak{H}}{\mathfrak{H}_n}$ eine Gruppe der Ordnung $p_1 p_2 \ldots p_n$ u. s. w.

Bei einer anderen Gelegenheit will ich aus dem obigen Lemma noch den Satz herleiten:

Sind $p_1 < p_2 < \ldots < p_n < q < r$ verschiedene Primzahlen, so enthält eine Gruppe $\mathfrak{H}$ der Ordnung $p_1 p_2 \ldots p_n q^2 r^\gamma$ eine und nur eine Untergruppe $\mathfrak{H}_\lambda$ der Ordnung $p_{\lambda+1} p_{\lambda+2} \ldots p_n q^2 r^\gamma$, $\mathfrak{H}_n$ der Ordnung $q^2 r^\gamma$, $\mathfrak{H}_{n+2}$ der Ordnung r^γ und eine Untergruppe $\mathfrak{H}_{n+1}$ der Ordnung $q r^\gamma$. Diese sind daher invariante Untergruppen von $\mathfrak{H}$, jede ist in der vorhergehenden enthalten und $\mathfrak{H}$ ist aus den Gruppen

$$\frac{\mathfrak{H}}{\mathfrak{H}_1}, \quad \frac{\mathfrak{H}_1}{\mathfrak{H}_2}, \ldots \quad \frac{\mathfrak{H}_{n-1}}{\mathfrak{H}_n}, \quad \frac{\mathfrak{H}_n}{\mathfrak{H}_{n+1}}, \quad \frac{\mathfrak{H}_{n+1}}{\mathfrak{H}_{n+2}}, \quad \mathfrak{H}_{n+2}$$

der Ordnungen

$$p_1, \quad p_2, \ldots \quad p_n, \quad q, \quad q, \quad r$$

zusammengesetzt, also auflösbar. Eine Ausnahme tritt nur ein für $q = 2$, $r = 3$, also $n = 0$. Eine Gruppe der Ordnung $2^2 \cdot 3^\gamma$, die keine invariante Untergruppe der Ordnung $2 \cdot 3^\gamma$ hat, hat eine solche der Ordnung $2^2 \cdot 3^{\gamma-1}$ und $3^{\gamma-1}$ und ist in Bezug auf die letztere als Modul die Tetraedergruppe der Ordnung 12.

6.

In der Eingangs erwähnten Arbeit des Hrn. Cole ist es unentschieden gelassen, ob es einfache Gruppen der Ordnung $432 = 2^4 \cdot 3^3$ giebt. Ich will daher zeigen, dass keine Gruppe $\mathfrak{H}$ der Ordnung $h = p^4 q^\beta$ einfach sein kann, wenn p und q Primzahlen sind und $p < q$ ist. Ist $\beta = 1$, so folgt die Behauptung aus dem am Ende des §. 2 angegebenen Satze. Sei also $\beta > 1$ und $\mathfrak{H}$ einfach. Eine Untergruppe $\mathfrak{Q}$ der Ordnung q^β ist dann keine invariante Untergruppe. Es giebt also eine von $\mathfrak{Q}$ verschiedene mit $\mathfrak{Q}$ conjugirte Untergruppe $\mathfrak{Q}_1$. Sei $\mathfrak{C}$ das kleinste gemeinschaftliche Vielfache, $\mathfrak{D}$ der grösste gemeinsame Divisor von $\mathfrak{Q}$ und $\mathfrak{Q}_1$.

Die Ordnung c von $\mathfrak{C}$ kann nicht $p^3 q^\beta = \frac{h}{p}$ sein. Sonst wäre, da p die kleinste in h aufgehende Primzahl ist, $\mathfrak{C}$ nach §. 2 eine invariante Untergruppe von $\mathfrak{H}$. Auch kann nicht $c = p q^\beta$ sein, weil eine Gruppe $\mathfrak{C}$ der Ordnung $p q^\beta$ nicht zwei verschiedene Untergruppen $\mathfrak{Q}$ und $\mathfrak{Q}_1$ der Ordnung q^β enthält. Sei $c = p^2 q^\beta$. Die mit $\mathfrak{Q}$ vertauschbaren Elemente von $\mathfrak{C}$ bilden eine Gruppe $\mathfrak{Q}'$. Ihre Ordnung kann nicht $p^2 q^\beta$ sein, sonst würde $\mathfrak{C}$ nicht zwei verschiedene Untergruppen der Ordnung q^β enthalten. Sie kann auch nicht pq^β sein, weil $p < q$, also nicht $p \equiv 1 \bmod. q$ ist. Ist sie gleich q^β, so ist $p^2 \equiv 1 \bmod. q$, also $p = 2$, $q = 3$. Da $\mathfrak{H}$ einfach ist und eine Untergruppe $\mathfrak{C}$ der Ordnung $p^2 q^\beta = \frac{h}{4}$ besitzt, so lässt sich $\mathfrak{H}$ als Gruppe von Substitutionen von 4 Symbolen darstellen. Das ist aber nicht möglich, weil $4!$ nicht durch 2^4 theilbar ist.

Daher ist $c = p^4 q^\beta$ und $\mathfrak{C} = \mathfrak{H}$. Die Ordnung des grössten gemeinsamen Divisors $\mathfrak{D}$ von zwei verschiedenen conjugirten Gruppen $\mathfrak{Q}$ und $\mathfrak{Q}_1$ kann nicht $q^{\beta-1}$ sein. Sonst wäre $\mathfrak{D}$ eine invariante Untergruppe von $\mathfrak{Q}$ und $\mathfrak{Q}_1$, also auch von ihrem kleinsten gemeinschaftlichen Vielfachen $\mathfrak{H}$, und es wäre $\mathfrak{D}$ von der Hauptgruppe verschieden, weil $\beta > 1$ ist. Nun sei $\mathfrak{Q}'$ die Gruppe der mit $\mathfrak{Q}$ vertauschbaren Elemente von $\mathfrak{H}$. Theilt man dann die Elemente von $\mathfrak{H}$ in Classen von Elementen, die nach dem Doppelmodul $\mathfrak{Q}$, $\mathfrak{Q}'$ aequivalent sind, so erkennt man, dass der Quotient der Ordnungen von $\mathfrak{H}$ und $\mathfrak{Q}'$ congruent 1 (mod. q^2) ist. Daher kann er nicht gleich p oder p^2 sein, auch nicht p^3, da nicht $p^2 + p + 1 \equiv 0 \bmod. q^2$ sein kann, auch nicht p^4, sonst wäre $(p^2 - 1)(p^2 + 1) \equiv 0 \bmod. q^2$. Ist er aber gleich 1, so ist $\mathfrak{Q}$ eine invariante Untergruppe von $\mathfrak{H}$.

44.

Antrittsrede (bei der Berliner Akademie)

Sitzungsberichte der Königlich Preußischen Akademie der Wissenschaften zu Berlin
368–370 (1893)

Unmittelbar nach meiner Rückkehr in meine Heimathstadt hat mich die Königliche Akademie der Wissenschaften der Ehre gewürdigt, mich in ihre Gemeinschaft aufzunehmen. Die Auszeichnung, die mir dadurch zu Theil geworden ist, muss ich um so höher schätzen, als während der letzten Jahrzehnte die Berliner Akademie unter ihren Mitgliedern drei Vertreter der Mathematik zählte, die ihr auf diesem Gebiete unbestritten den ersten Rang unter allen wissenschaftlichen Körperschaften sicherten. Ich hatte das Glück, von jenen Männern, Kummer, Weierstrass und Kronecker in das Studium der Mathematik eingeführt zu werden, und in den Disciplinen, welche diese Forscher vorzugsweise pflegten, der Algebra und Arithmetik, der Analysis und Functionentheorie, haben sich auch meine eigenen wissenschaftlichen Bestrebungen vorzugsweise bewegt.

Die Behandlung algebraischer Fragen übte von Anfang an einen besondern Reiz auf mich aus, und zu ihnen bin ich mit Vorliebe immer wieder zurückgekehrt, wenn ich nach anstrengenden analytischen Arbeiten einer Ruhepause bedurfte. In gleicher Weise fesselten mich die beiden Richtungen der modernen Algebra, die Theorie der Gleichungen und die der Formen. In dieser zog mich die Lehre von den Determinanten, in jener die von den Gruppen vorzugsweise an. Der Gruppenbegriff, durch Gauss und Galois in die Mathematik eingeführt, hat in neuerer Zeit in allen Zweigen unserer Wissenschaft eine fundamentale Bedeutung erlangt, besonders auch in dem Theile der Arithmetik, zu dem Kummer's Entdeckung der idealen Zahlen den Grund gelegt hat. Ist doch ein grosser Theil der Ergebnisse, die wir unter dem Namen Zahlentheorie zusammenfassen, nichts anderes, als eine Theorie der Gruppen vertauschbarer Elemente, der endlichen sowohl als der unendlichen, wofern sie von endlichem Range sind.

Meine ersten analytischen Arbeiten bewegten sich auf dem Gebiete der linearen Differentialgleichungen, das damals eben durch die grundlegenden Untersuchungen von Fuchs erschlossen wurde. Hier konnte ich die Früchte meiner algebraischen Studien verwerthen, indem ich auf diesem Felde eine Ausbeute für die Determinantentheorie suchte, oder indem ich es unternahm, den Begriff der Irreductibilität aus der Theorie der algebraischen Gleichungen in die der Differentialgleichungen einzuführen. Nach einigen kleineren Untersuchungen über die elliptischen Functionen wendete ich mich einem Arbeitsgebiete zu, das mich eine lange Zeit festhielt, der Theorie der Jacobi'schen Functionen von mehreren Variabeln. Die Eigenschaften dieser Transcendenten lassen sich durch Rechnung leicht erhalten, weil sie durch unendliche Reihen mit einem Bildungsgesetz von elementarer Einfachheit dargestellt werden können. Da man aber in der modernen Mathematik gewohnt ist, den Beweisen durch Rechnung möglichst aus dem Wege zu gehen, so nahm ich bei der Entwicklung der Grundlagen ihrer Theorie ihr periodisches Verhalten zum Ausgangspunkte. Besondere Aufmerksamkeit schenkte ich der Gruppirung der Indices, welche diese Functionen charakterisiren. Auch gelang es mir, eine von Kronecker angeregte Frage zum Abschluss zu bringen über die Thetafunctionen mit singulären Moduln, deren Wichtigkeit für die Zahlentheorie die berühmten Arbeiten jenes Forschers über die elliptischen Transcendenten vermuthen lassen.

In die besonders merkwürdigen Eigenschaften der Jacobi'schen Functionen dreier Variabeln und ihre Beziehungen zu den Curven vierter Ordnung bemühte ich mich tiefer einzudringen. Den Zusammenhang zwischen der Theorie der Jacobi'schen Transcendenten und der Lehre von den algebraischen Functionen zu erforschen, war das grosse Problem, das Riemann und Weierstrass gelöst hatten, indem sie von den Eigenschaften der Integrale algebraischer Functionen ausgingen. Es blieb noch übrig, umgekehrt aus den Relationen zwischen den Thetafunctionen die Theorie der algebraischen Grössen und ihrer Integrale zu entwickeln. Auf diesem Wege, den für die elliptischen Functionen schon Jacobi in seinen Vorlesungen einzuschlagen pflegte, hatten Rosenhain und Göpel die einfachste Classe der ultraelliptischen Functionen behandelt. Die überreiche Fülle specieller Ergebnisse, die gerade durch dieses Verfahren erhalten werden, hatte vor den Arbeiten von Riemann und Weierstrass die Analytiker von einer weiteren Verfolgung jenes Weges abgeschreckt, während nach der Orientirung, die durch ihre bahnbrechenden Untersuchungen gewonnen war, gerade diese Fülle der Forschung einen besondern Anreiz bot. In der Theorie der Thetafunctionen ist es leicht, eine beliebig grosse Menge von Relationen aufzustellen, aber die Schwierigkeit beginnt da, wo es sich darum handelt, aus diesem Labyrinth von Formeln einen Ausweg zu finden.

Die Beschäftigung mit jenen Formelmassen scheint auf die mathematische Phantasie eine verdorrende Wirkung auszuüben. Mancher der bedeutenden Forscher, deren zäher Beharrlichkeit es gelang, die Theorie der Thetafunctionen von zwei, drei oder vier Variabeln zu fördern, ist nach den hervorragendsten Proben glänzendster analytischer Begabung auf lange Zeit oder für immer verstummt. Ich habe jener Lähmung der mathematischen Schaffenskraft dadurch Herr zu werden versucht, dass ich immer wieder an dem Jungbrunnen der Arithmetik Erholung gesucht habe. Es wird mir, wie ich hoffe, vergönnt sein, aus diesem unversiegbaren Quell auch ferner solche Ergebnisse zu schöpfen, dass ich mich der Ehre, die mir die Akademie durch ihre Wahl erwiesen hat, würdig erzeigen kann.

45.

Über die Elementarteiler der Determinanten

Sitzungsberichte der Königlich Preußischen Akademie der Wissenschaften zu Berlin
7–20 (1894)

Bei Gelegenheit der Herausgabe seiner gesammelten Werke lenkte Weierstrass meine Aufmerksamkeit von neuem auf die Stelle seiner Arbeit »Zur Theorie der bilinearen und quadratischen Formen« (Monatsberichte 1868), wo er durch eine vorläufige Umgestaltung der gegebenen Form ihre Jacobi'sche Transformation vorbereitet. Er erreicht dadurch, dass für jeden Werth von r die aus den letzten r Zeilen und Spalten ihrer Determinante gebildete Unterdeterminante einen bestimmten Linearfactor p in keiner höheren Potenz enthält wie irgend eine andere Unterdeterminante r^{ten} Grades. Der Beweis dafür, dass eine solche Umformung einer quadratischen Form stets möglich ist, bot erhebliche Schwierigkeiten dar. Dieser Umstand bewog schliesslich Stickelberger (Crelle's Journal Bd. 86), das Verfahren von Weierstrass, und zwar ohne Benutzung neuer Hülfsmittel, lediglich durch eine geschickte Umstellung der Beweisstücke, so zu modificiren, dass jene Schwierigkeit vermieden wurde. Dabei ging aber ein wesentlicher Vorzug der ursprünglichen Darstellung verloren. Hier werden nämlich die invarianten Elementartheiler der Determinante gleich von vorn herein in die Rechnung eingeführt; dort aber wird die Form zunächst in eine Normalform übergeführt, die in lauter elementare, unzerlegbare Schaaren zerfällt, und erst dann wird aus der Invarianz der Elementartheiler die Übereinstimmung ihrer Exponenten mit den Rangzahlen jener Schaaren erschlossen.

Später habe ich (Crelle's Journal Bd. 88 S. 116) darauf aufmerksam gemacht, dass man die Möglichkeit jener vorläufigen Umgestaltung mittelst eines Satzes darthun kann, den H. Stephen Smith (Phil. Trans. vol. 151 p. 318; Proc. of the London math. soc. vol. IV p. 237) gefunden hat, und für den ich dort einen neuen Beweis entwickelt habe. Aber sowohl dieser Beweis, wie der von Smith beruht auf der Betrachtung einer durch arithmetische Methoden erhaltenen Normalform. Nur ist sie bedeutend einfacher, als die von Weierstrass, weil bei ihrer Bildung nicht nur Substitutionen zugelassen sind, deren

Coefficienten von dem Parameter der Schaar unabhängig sind, sondern auch solche, deren Coefficienten ganze Functionen desselben sind, deren Determinante aber eine von Null verschiedene Constante ist.

Auf die Lücke, die hier noch auszufüllen war, weist Stickelberger in der Einleitung seiner Arbeit mit den Worten hin: »Bei Gelegenheit einer Anwendung der Analyse des Hrn. Weierstrass haben wir uns durch ein indirectes Verfahren davon überzeugt, dass sich die oben erwähnte Schwierigkeit wirklich in allen Fällen durch die von ihm angegebene Substitution heben lasse, und es ist uns trotz wiederholter Bemühungen nicht gelungen, dieses Verfahren durch ein directes zu ersetzen, etwa durch Aufstellung einer identischen Determinantenrelation«. Eine solche Identität giebt es nun in der That, und sie ist von Kronecker (Crelle's Journal Bd. 72 S. 153) schon im Jahre 1870 entdeckt worden. Es ist ihm aber entgangen, dass sie alle Hülfsmittel enthält, die oben berührte Schwierigkeit zu heben. Kronecker meinte immer sie dadurch überwinden zu können, dass er die Form einer ganz allgemeinen Transformation mit lauter unbestimmten Coefficienten unterwürfe. (Vergl. z. B. Monatsberichte 1874 S. 38.) Es gelang ihm aber nicht nachzuweisen, dass durch eine solche das vorgesteckte Ziel auch bei Schaaren quadratischer Formen stets mit Sicherheit erreicht wird. Er hat über diesen Punkt wiederholt mündlich und schriftlich mit Stickelberger und mir verhandelt, und seine Bemühungen unsere Einwände zu entkräften führten ihn schliesslich zu der schönen Entdeckung der linearen Relationen, die zwischen den Subdeterminanten eines symmetrischen Systems bestehen (Sitzungsberichte 1882).

§. 1.

Gegeben sei ein System von beliebig vielen Zeilen und Spalten, dessen Elemente $a_{\alpha\beta}$ ganze Zahlen oder ganze Functionen einer oder mehrerer Variabeln mit beliebigen constanten Coefficienten oder ganze Grössen irgend eines Körpers seien. Entsprechend sei p eine Primzahl oder eine lineare oder eine irreductible Function oder ein wirklicher oder idealer Primtheiler in dem betrachteten Körper. Der grösste gemeinsame Divisor aller Determinanten ρ^{ten} Grades D_ρ des Systems $a_{\alpha\beta}$ enthalte p in der Potenz δ_ρ. Da p ein Primtheiler ist, so giebt es dann auch mindestens eine D_ρ, die genau durch die δ_ρ^{te} Potenz von p theilbar ist. Eine solche nenne ich der Kürze halber eine reguläre D_ρ (in Bezug auf p). Schreibt man eine oder mehrere Zeilen des Systems $a_{\alpha\beta}$ mehrfach auf, so bleibt die Gesammtheit aller D_ρ ungeändert, da die neu hinzutretenden D_ρ alle identisch verschwinden, und dasselbe findet statt, wenn man in dem erweiterten

System noch einige Spalten wiederholt aufschreibt. Da $\delta_\varrho \geqq \delta_{\varrho-1}$ ist, so setze ich

(1.) $$\delta_\varrho - \delta_{\varrho-1} = \varepsilon_\varrho$$

und nenne die Grössen p^{ε_ϱ} nach WEIERSTRASS die Elementartheiler oder die elementaren Invarianten des Systems $a_{\alpha\beta}$. Über diese will ich nun die folgenden drei Sätze beweisen, worin r nicht grösser als der Rang des Systems $a_{\alpha\beta}$ vorausgesetzt wird.

I. Jede reguläre Determinante r^{ten} Grades enthält eine reguläre Determinante $(r-1)^{\text{ten}}$ Grades als Subdeterminante.

II. Jede reguläre Determinante $(r-1)^{\text{ten}}$ Grades ist in einer regulären Determinante r^{ten} Grades als Subdeterminante enthalten.

III. Es ist stets

(2.) $$\varepsilon_{r-1} \leqq \varepsilon_r, \quad \delta_r - 2\delta_{r-1} + \delta_{r-2} \geqq 0.$$

Da alle Elemente $a_{\alpha\beta}$ den Factor p in der Potenz $\delta_1 = \varepsilon_1$ enthalten, so enthalten ihn alle Determinanten zweiten Grades mindestens in der Potenz $2\delta_1$, und mithin ist $\delta_2 \geqq 2\delta_1$ oder $\varepsilon_1 \leqq \varepsilon_2$. Ich nehme nun an, für einen bestimmten Werth r sei bereits bewiesen, dass in jedem System $a_{\alpha\beta}$

(3.) $$\varepsilon_1 \leqq \varepsilon_2 \leqq \ldots \leqq \varepsilon_{r-1}$$

ist, und will dann zeigen, dass für diesen Werth r die drei obigen Theoreme richtig sind. Nach dem dritten Satze sind sie damit allgemein bewiesen. Sei

$$M = |a_{\mu\nu}| \qquad (\mu = \mu_1, \ldots \mu_r; \; \nu = \nu_1, \ldots \nu_r)$$

irgend eine von Null verschiedene Determinante r^{ten} Grades des Systems. Den Factor p möge der grösste gemeinsame Divisor aller Unterdeterminanten ϱ^{ten} Grades von M in der Potenz δ'_ϱ, also M selbst in der Potenz δ'_r enthalten. Sei T eine Unterdeterminante $(r-2)^{\text{ten}}$ Grades von M, die den Factor p genau in der Potenz δ'_{r-2} enthält. Dann ist $MT = PS - QR$, wo P, Q, R, S Unterdeterminanten $(r-1)^{\text{ten}}$ Grades von M sind und folglich den Factor p mindestens in der Potenz δ'_{r-1} enthalten. Daher ist $\delta'_r + \delta'_{r-2} \geqq 2\delta'_{r-1}$, und da nach der Voraussetzung die Bedingungen (3.) für jedes System gelten,

(4.) $$\delta'_1 - \delta'_0 \leqq \delta'_2 - \delta'_1 \leqq \ldots \leqq \delta'_{r-1} - \delta'_{r-2} \leqq \delta'_r - \delta'_{r-1}.$$

Sei ferner

$$L = |a_{\varkappa\lambda}| \qquad (\varkappa = \varkappa_1, \ldots \varkappa_{r-1}; \; \lambda = \lambda_1, \ldots \lambda_{r-1})$$

irgend eine Determinante $(r-1)^{\text{ten}}$ Grades des Systems und

$$L_{\mu\nu} = |a_{\xi\eta}| \quad (\xi = \varkappa_1, \ldots \varkappa_{r-1}, \mu; \; \eta = \lambda_1, \ldots \lambda_{r-1}, \nu)$$

die Determinante r^{ten} Grades, die aus L hervorgeht, wenn man die Zeile und Spalte hinzufügt, worin das Element $a_{\mu\nu}$ steht. Dann hat KRONECKER gezeigt, dass identisch

$$|L_{\mu\nu} - La_{\mu\nu}| = 0 \qquad (\mu = \mu_1, \dots \mu_r;\ \nu = \nu_1 \dots \nu_r) \tag{5.}$$

ist. Da diese Identität die Grundlage des folgenden Beweises bildet, so will ich noch eine andere Herleitung dafür angeben.

In dem Phil. Mag. 1851 theilt SYLVESTER einen Satz über Determinanten mit, für den ich in CRELLE's Journ. Bd. 86 (S. 54) einen Beweis entwickelt habe. Nach diesem ist in jedem System $a_{\alpha\beta}$

$$|L_{\mu\nu}| = L^{r-1} \begin{vmatrix} a_{\varkappa\lambda} & a_{\varkappa\nu} \\ a_{\mu\lambda} & a_{\mu\nu} \end{vmatrix},$$

wo der zweite Factor rechts in leicht verständlicher Weise eine Determinante $(2r-1)^{\text{ten}}$ Grades bezeichnet. Ersetzt man in diesen Determinanten die Grössen $a_{\mu\nu}$ durch 0, so geht $L_{\mu\nu}$ in $L_{\mu\nu} - La_{\mu\nu}$ über, und mithin ist

$$|L_{\mu\nu} - La_{\mu\nu}| = L^{r-1} \begin{vmatrix} a_{\varkappa\lambda} & a_{\varkappa\nu} \\ a_{\mu\lambda} & 0 \end{vmatrix} = 0,$$

weil in dieser Determinante $(2r-1)^{\text{ten}}$ Grades alle Elemente verschwinden, welche die letzten r Zeilen mit den letzten r Spalten gemeinsam haben.

Entwickelt man diese Gleichung nach Potenzen von L, so erhält man

$$L^r M = L^{r-1} M_1 + L^{r-2} M_2 + \dots + M_r. \tag{6.}$$

Hier ist M_ϱ eine ganze Function ρ^{ten} Grades der Grössen $L_{\mu\nu}$, und die Coefficienten dieser Function sind Unterdeterminanten $(r-\rho)^{\text{ten}}$ Grades von M. Enthält also L den Factor p in der Potenz δ, und enthält ihn der grösste gemeinsame Divisor der Determinanten $L_{\mu\nu}$ in der Potenz δ', so enthält ihn $L^{r-\varrho} M_\varrho$ mindestens in der Potenz

$$(r-\rho)\delta + \rho\delta' + \delta'_{r-\varrho} = \tau_\varrho \qquad (\rho = 0, 1, \dots r).$$

Da nun nach (4.)

$$\tau_{\varrho+1} - \tau_\varrho = (\delta' - \delta) - (\delta'_{r-\varrho} - \delta'_{r-\varrho-1}) \geqq (\delta' - \delta) - (\delta'_r - \delta'_{r-1})$$

ist, so muss

$$\delta' - \delta \leqq \delta'_r - \delta'_{r-1} \tag{7.}$$

sein. Denn wäre $\delta' - \delta > \delta'_r - \delta'_{r-1}$, so wäre $\tau_{\varrho+1} > \tau_\varrho$ und speciell $\tau_1 > \tau$. Da aber die linke Seite der Gleichung (6.) den Factor p genau in der Potenz τ enthält, so kann ihn nicht jedes Glied der rechten Seite in einer höheren Potenz enthalten. Es ergiebt sich also der folgende Satz, der die Grundlage der ganzen weiteren Entwicklung bildet:

IV. Das Product $D_r D_{r-1}$ zweier Determinanten r^{ten} und $(r-1)^{\text{ten}}$ Grades eines Systems ist theilbar durch das Product aus dem grössten gemeinsamen Divisor aller Subdeterminanten $(r-1)^{\text{ten}}$ Grades von D_r und dem grössten gemeinsamen Divisor aller Superdeterminanten r^{ten} Grades von D_{r-1}.

Allgemeiner ist, wenn $r < s$ und $t \leqq s - r$ ist, das Product $D_r D_s$ zweier Determinanten r^{ten} und s^{ten} Grades eines Systems theilbar durch das Product aus dem grössten gemeinsamen Divisor aller Subdeterminanten $(s-t)^{\text{ten}}$ Grades von D_s und dem grössten gemeinsamen Divisor aller Superdeterminanten $(r+t)^{\text{ten}}$ Grades von D_r.

Der zweite Theil dieses Satzes lässt sich leicht aus dem ersten ableiten.

Jetzt wähle ich für L und M reguläre Determinanten $(r-1)^{\text{ten}}$ und r^{ten} Grades des Systems. Dann ist $\delta = \delta_{r-1}$ und $\delta'_r = \delta_r$ und folglich nach (7.)

$$\delta' + \delta'_{r-1} \leqq \delta_r + \delta_{r-1}.$$

Da aber p in dem grössten gemeinsamen Divisor aller D_r in der Potenz δ_r vorkommt und in dem einiger D_r in der Potenz δ', so ist

$$\delta' \geqq \delta_r,\ \delta'_{r-1} \geqq \delta_{r-1}.$$

Aus diesen drei Ungleichheiten folgt, dass

$$(8.)\qquad \delta' = \delta_r,\ \delta'_{r-1} = \delta_{r-1}$$

ist, und damit sind die beiden ersten Sätze für den betrachteten Werth von r und für jeden kleineren bewiesen. Nach I. ist daher $\delta'_{r-2} = \delta_{r-2}$ und mithin nach der letzten Ungleichheit (4.)

$$\delta_{r-1} - \delta_{r-2} \leqq \delta_r - \delta_{r-1}.$$

Durch diese Betrachtung erhält man also die drei obigen Sätze sämmtlich mit einem Schlage. Aus I. und II. ergiebt sich noch die Folgerung:

V. Sind R und T zwei reguläre Determinanten ρ^{ten} und τ^{ten} Grades eines Systems, ist R eine Subdeterminante von T, und ist σ eine Zahl zwischen ρ und τ, so giebt es eine reguläre Determinante σ^{ten} Grades S, die eine Subdeterminante von T und eine Superdeterminante von R ist.

Da R den Factor p in keiner höheren Potenz enthält als irgend eine Subdeterminante ρ^{ten} Grades des ganzen Systems, so ist R auch, wenn man statt des Systems aller Elemente nur das der Elemente von T betrachtet, eine reguläre Subdeterminante. Nach II. giebt es daher eine Subdeterminante σ^{ten} Grades S von T, die R enthält und in Bezug auf T regulär ist, d. h. den Factor p in derselben Potenz δ'_σ enthält, wie der grösste gemeinsame Divisor aller Subdeterminanten

σ^{ten} Grades von T. Nach I. ist aber, da T regulär ist, $\delta'_\sigma = \delta_\sigma$, also ist S eine reguläre Determinante des ganzen Systems, die R enthält und in T enthalten ist.

§. 2.

In einem System ganzer Grössen $a_{\alpha\beta}$ sei $A_1 = a_{11}$ eine reguläre Determinante ersten Grades. Dann kann man nach II. eine reguläre Determinante zweiten Grades finden, die a_{11} enthält. Eine solche sei $A_2 = a_{11}a_{22} - a_{12}a_{21}$. Dann giebt es eine reguläre Determinante dritten Grades, die A_2 enthält, etwa $A_3 = \Sigma \pm a_{11}a_{22}a_{33}$. Ist r der Rang des Systems, so erhält man auf diesem Wege durch passende Anordnung der Zeilen und Spalten eine Reihe von regulären Determinanten

$$(1.) \qquad A_1, A_2, \ldots A_r,$$

von denen $A_\varrho = \Sigma \pm a_{11} \ldots \alpha_{\varrho\varrho}$ in $A_{\varrho+1}$ enthalten ist. Man könnte auch von einer beliebigen regulären Determinante A_r ausgehen und nach I. die regulären Determinanten $A_{r-1}, \ldots A_1$ bestimmen, oder endlich irgend eine noch unvollständige Reihe (1.) nach V. vervollständigen.

Ist das gegebene System symmetrisch, also $a_{\alpha\beta} = a_{\beta\alpha}$, so nenne ich eine Unterdeterminante, deren Diagonalelemente alle der Diagonale des gegebenen Systems angehören, die also auch symmetrisch ist, eine Hauptunterdeterminante. Wenn keines der Hauptelemente $a_{\alpha\alpha}$ regulär ist, so sei $a_{\alpha\beta}$ ein reguläres Element. Dann enthält die Hauptunterdeterminante zweiten Grades $A_2 = a_{\alpha\alpha}a_{\beta\beta} - a^2_{\alpha\beta}$ den Factor p genau in der Potenz $2\delta_1$, und mithin ist $\delta_2 \leqq 2\delta_1$. Da andererseits $\delta_2 \geqq 2\delta_1$ ist, so ist $\delta_2 = 2\delta_1$ und die Determinante A_2 eine reguläre.

Sei allgemeiner die Hauptunterdeterminante $(\varrho - 1)^{\text{ten}}$ Grades

$$A_{\varrho-1} = \Sigma \pm a_{11} \ldots a_{\varrho-1,\varrho-1}$$

regulär, aber keine der Hauptunterdeterminanten ϱ^{ten} Grades

$$A_{\alpha\alpha} = \Sigma \pm a_{11} \ldots a_{\varrho-1,\varrho-1}\, a_{\alpha\alpha},$$

die $A_{\varrho-1}$ enthalten. Dann giebt es nach II. eine reguläre Determinante $A_{\alpha\beta} = \Sigma \pm a_{11} \ldots a_{\varrho-1,\varrho-1}a_{\alpha\beta}$. Ist dann

$$A_{\varrho+1} = \Sigma \pm a_{11} \ldots a_{\varrho-1,\varrho-1}\, a_{\alpha\alpha}a_{\beta\beta},$$

so ist

$$A_{\varrho-1}A_{\varrho+1} = A_{\alpha\alpha}A_{\beta\beta} - A^2_{\alpha\beta}.$$

Da $A_{\alpha\beta}$ den Factor p genau in der Potenz δ_ϱ enthält, $A_{\alpha\alpha}$ und $A_{\beta\beta}$ aber in höheren, so ist, falls ihn $A_{\varrho+1}$ in der Potenz $\delta'_{\varrho+1}$ enthält,

$$\delta_{\varrho-1} + \delta'_{\varrho+1} = 2\delta_\varrho$$

und nach III. folglich $\delta_{\varrho+1} \geqq \delta'_{\varrho+1}$. Da aber p in dem grössten gemeinsamen Theiler aller $D_{\varrho+1}$ in der Potenz $\delta_{\varrho+1}$ vorkommt und $A_{\varrho+1}$ eine specielle $D_{\varrho+1}$ ist, so ist $\delta_{\varrho+1} \leqq \delta'_{\varrho+1}$ und mithin $\delta_{\varrho+1} = \delta'_{\varrho+1}$ und $\varepsilon_{\varrho+1} = \varepsilon_\varrho$. Demnach ist $A_{\varrho+1}$ eine reguläre Determinante. Indem man also die Zeilen passend und die Spalten entsprechend anordnet, so dass das System symmetrisch bleibt, kann man eine Reihe (1.) von Hauptunterdeterminanten herstellen, die folgende Eigenschaft hat:

Ist $A_\varrho = \Sigma \pm a_{11} \dots a_{\varrho-1,\varrho-1}\, a_{\varrho\varrho}$ nicht regulär, so sind nicht nur $A_{\varrho-1}$ und $A_{\varrho+1}$ regulär, sondern auch

$$B_\varrho = \Sigma \pm a_{11} \dots a_{\varrho-1,\varrho-1}\, a_{\varrho,\varrho+1},$$

aber nicht $C_\varrho = \Sigma \pm a_{11} \dots a_{\varrho-1,\varrho-1}\, a_{\varrho+1,\varrho+1}$, und es ist $\varepsilon_\varrho = \varepsilon_{\varrho+1}$. Ferner ist stets A_r regulär.

Die letzte Behauptung ist oben bewiesen, falls A_{r-1} nicht regulär ist. Ist aber A_{r-1} regulär und $A_{\alpha\beta} = \Sigma \pm a_{11} \dots a_{r-1,r-1}\, a_{\alpha\beta}$, so ist $A_{\alpha\alpha} A_{\beta\beta} = A^2_{\alpha\beta}$. Wären nun die Hauptunterdeterminanten $A_{\alpha\alpha}$ alle nicht regulär, so gäbe es nach II. eine reguläre Determinante $A_{\alpha\beta}$ und die rechte Seite jener Gleichung würde p in der Potenz $2\delta_r$ enthalten, die linke in einer höheren Potenz. Aus diesen Betrachtungen ergiebt sich der Satz:

VI. Eine symmetrische Determinante enthält, wenn $\varepsilon_{\varrho+1} > \varepsilon_\varrho$ ist, eine reguläre Hauptunterdeterminante r^{ten} Grades, und speciell wenn r ihr Rang ist, eine reguläre Hauptunterdeterminante ρ^{ten} Grades.

Führt man in der quadratischen Form $\Sigma a_{\alpha\beta} x_\alpha x_\beta$ an Stelle von $x_{\varrho+1}$ die Variable $x'_{\varrho+1} = x_{\varrho+1} - x_\varrho$ ein, während man die andern Variabeln ungeändert lässt, so bleiben $A_1, \dots A_{\varrho-1}, A_{\varrho+1}, \dots A_r$ ungeändert, während

$$A'_\varrho = A_\varrho + 2B_\varrho + C_\varrho$$

wird, also regulär wird. Durch Anwendung einiger so einfachen Transformationen erhält man eine aequivalente Form, für welche die Determinanten (1.) sämmtlich regulär sind.

Zur Erläuterung füge ich noch folgende Bemerkungen hinzu: Seien unter Beibehaltung der obigen Bezeichnungen $A_{\varrho-1}$ und $A_{\varrho+1}$ reguläre Determinanten. Nun giebt es nur drei Determinanten ρten Grades, die $A_{\varrho-1}$ enthalten und in $A_{\varrho+1}$ enthalten sind, nämlich A_ϱ, B_ϱ und C_ϱ, und zwischen ihnen besteht die Relation

$$A_{\varrho-1} A_{\varrho+1} = A_\varrho C_\varrho - B^2_\varrho.$$

Nach V. muss eine derselben regulär sein. Ist A_ϱ nicht regulär, so ist $\varepsilon_{\varrho+1} = \varepsilon_\varrho$ oder $\varepsilon_{\varrho+1} > \varepsilon_\varrho$, je nachdem B_ϱ regulär ist, oder nicht. Ist C_ϱ regulär, so erreicht man durch die Substitution $x'_\varrho = x_{\varrho+1}$, $x'_{\varrho+1} = -x_\varrho$, dass $A'_\varrho = C_\varrho$ regulär wird und $A_1, \dots A_{\varrho-1}, A_{\varrho+1}, \dots A_r$ ungeändert bleiben. Sind aber A_ϱ und C_ϱ beide nicht regulär, so ist B_ϱ sicher regulär, also $\varepsilon_\varrho = \varepsilon_{\varrho+1}$, und wenn man $x'_{\varrho+1} = x_{\varrho+1} - x_\varrho$ setzt, so wird $A'_\varrho = A_\varrho + 2B_\varrho + C_\varrho$ regulär.

Eine Ausnahme macht aber hier der Fall, wo die Grössen $a_{\alpha\beta}$ ganze Grössen eines Körpers sind und $p = 2$ oder ein Primtheiler von 2 ist. Die Zahl 2 enthalte diesen Theiler in der Potenz ζ, und der grösste gemeinsame Divisor aller Hauptunterdeterminanten und der doppelten Nebenunterdeterminanten ρ^{ten} Grades in der Potenz $\delta_\varrho + \zeta_\varrho$. Die so definirten Zahlen ζ_ϱ bleiben ungeändert, wenn man die quadratische Form durch eine Substitution transformirt, deren Coefficienten ganze Grössen sind, und deren Determinante eine Einheit (oder wenigstens relativ prim zu 2) ist. Es ist stets $\zeta_\varrho \leqq \zeta$. Ist $\zeta_\varrho > 0$, so ist nach der obigen Deduction $\zeta_{\varrho-1} = \zeta_{\varrho+1} = 0$ und $\varepsilon_{\varrho+1} = \varepsilon_\varrho$. Für den Fall des absoluten Rationalitätsbereiches haben H. Stephen Smith (On the Orders and Genera of Quadratic Forms containing more than three Indeterminates, Proceedings of the royal society of London tom. XVI p. 198) und Minkowski (Mémoire sur la théorie des formes quadratiques à coefficients entiers, Mém. prés. tom. XXIX p. 31) diese Sätze mit Hülfe einer Normalform bewiesen.

Ähnliche Betrachtungen kann man über alternirende Systeme anstellen, bei denen $a_{\alpha\beta} = -a_{\beta\alpha}$ und $a_{\alpha\alpha} = 0$ ist. Da die Hauptunterdeterminanten unpaaren Grades alle identisch verschwinden, so ist $\varepsilon_{2\varrho-1} = \varepsilon_{2\varrho}$, und man kann eine Reihe von regulären Hauptunterdeterminanten paaren Grades $A_2, A_4, \dots A_{2r}$ aufstellen, von denen $A_{2\varrho} = \Sigma \pm a_{11} \dots a_{2\varrho,2\varrho}$ in $A_{2\varrho-2}$ enthalten ist.

§. 3.

Aus der fundamentalen Formel (7.) §. 1 haben wir die bisherigen Resultate erhalten, indem wir für L und M reguläre Determinanten nahmen. Zu weiteren Ergebnissen gelangt man, wenn man nur eine dieser Determinanten regulär wählt.

Sei erstens L regulär, also $\delta = \delta_{r-1}$. Da $\delta' \geqq \delta_r$ ist, so ist $\varepsilon_r = \delta_r - \delta_{r-1} \leqq \delta' - \delta \leqq \delta'_r - \delta'_{r-1}$. Ist $\delta'_r = \delta_r$, so ist nach I. $\varepsilon_r = \delta'_r - \delta'_{r-1}$.

Sei zweitens M regulär, also $\delta'_r = \delta_r$. Nun ist $\delta'_{r-1} \geqq \delta_{r-1}$ (nach Satz I., den wir hier nicht benutzen wollen, sogar stets $\delta'_{r-1} = \delta_{r-1}$), und folglich $\varepsilon_r = \delta_r - \delta_{r-1} \geqq \delta'_r - \delta'_{r-1} \geqq \delta' - \delta$. Kommt p in allen Determinanten r^{ten} Grades des Systems $a_{\alpha\beta}$, die L enthalten, in der Potenz $\delta^{(r)}$ vor, so ist $\delta^{(r)} \leqq \delta'$, also um so mehr $\delta^{(r)} - \delta \leqq \varepsilon_r$. Ist $\delta = \delta_{r-1}$, so ist nach II. $\delta^{(r)} - \delta = \varepsilon_r$. So ergeben sich die beiden folgenden Sätze von Smith:

VII. Dividirt man eine von Null verschiedene Determinante r^{ten} Grades M eines Systems durch den grössten gemeinsamen Divisor ihrer Unterdeterminanten $(r-1)^{\text{ten}}$ Grades, so enthält der Quotient den Factor p mindestens in der Potenz ε_r, und wenn M regulär ist, genau in dieser Potenz.

VIII. Dividirt man den grössten gemeinsamen Divisor aller Determinanten r^{ten} Grades, die eine bestimmte von Null verschiedene Determinante $(r-1)^{\text{ten}}$ Grades L enthalten, durch L, so enthält der Zähler des reducirten Quotienten den Factor p höchstens in der Potenz ε_r, und wenn L regulär ist, genau in dieser Potenz.

Um eine weitere Anwendung der Formel (7.) §. 1 zu machen, betrachten wir zwei Systeme ganzer Grössen

$$a_{\alpha\beta}\,,\; b_{\alpha\beta} \qquad (\alpha, \beta = 1, 2, \ldots n)$$

und das aus ihnen zusammengesetzte System

$$c_{\alpha\beta} = a_{\alpha 1} b_{1\beta} + a_{\alpha 2} b_{2\beta} + \ldots + a_{\alpha n} b_{n\beta}\,.$$

Der grösste gemeinsame Divisor aller Determinanten ϱ^{ten} Grades des Systems $b_{\alpha\beta}(c_{\alpha\beta})$ enthalte den Primtheiler p in der Potenz $\beta_\varrho(\gamma_\varrho)$. Sei

$$|b_{\varkappa\lambda}| \qquad (\varkappa = \varkappa_1, \ldots \varkappa_{r-1};\; \lambda = \lambda_1, \ldots \lambda_{r-1})$$

eine reguläre Determinante $(r-1)^{\text{ten}}$ Grades des Systems $b_{\alpha\beta}$ und

$$|c_{\mu\nu}| \qquad (\mu = \mu_1, \ldots \mu_r;\; \nu = \nu_1, \ldots \nu_r)$$

eine reguläre Determinante r^{ten} Grades des Systems $c_{\alpha\beta}$. Nach I. enthält dann der grösste gemeinsame Divisor ihrer Unterdeterminanten $(r-1)^{\text{ten}}$ Grades den Factor p genau in der Potenz γ_{r-1}. Wendet man daher auf das System

$$\begin{matrix} b_{\varkappa\lambda} & b_{\varkappa\nu} \\ c_{\mu\lambda} & c_{\mu\nu} \end{matrix}$$

von $2r-1$ Zeilen und Spalten die Formel (7.) §. 1 an, so erhält man

$$\delta' - \beta_{r-1} \leqq \gamma_r - \gamma_{r-1}\,.$$

In der Potenz δ' kommt p vor in dem grössten gemeinsamen Divisor der Determinanten

$$\begin{vmatrix} b_{\varkappa_1,\lambda_1} & \ldots & b_{\varkappa_1,\lambda_{r-1}} & b_{\varkappa_1,\nu} \\ \cdot & \ldots & \cdot & \cdot \\ b_{\varkappa_{r-1},\lambda_1} & \ldots & b_{\varkappa_{r-1},\lambda_{r-1}} & b_{\varkappa_{r-1},\nu} \\ c_{\mu,\lambda_1} & \ldots & c_{\mu,\lambda_{r-1}} & c_{\mu\nu} \end{vmatrix}.$$

Diese Determinante ist aber eine lineare Verbindung aller Determinanten r^{ten} Grades des Systems

$$\begin{array}{cccc} b_{1,\lambda_1} & \dots & b_{1,\lambda_{r-1}} & b_{1,\nu} \\ \cdot & \dots & \cdot & \cdot \\ b_{n,\lambda_1} & \dots & b_{n,\lambda_{r-1}} & b_{n\nu} \end{array}$$

und enthält daher p mindestens in der Potenz β_r. Mithin ist $\beta_r \leqq \delta'$ und folglich

$$(1.)' \qquad \beta_r - \beta_{r-1} \leqq \gamma_r - \gamma_{r-1}.$$

So ergiebt sich der für diese ganze Theorie fundamentale Satz:

IX. Der r^{te} Elementartheiler eines Systems, das aus zwei oder mehreren zusammengesetzt ist, ist durch den r^{ten} Elementartheiler jedes dieser Systeme theilbar.

§. 4.

Für ein System ganzer Elemente $a_{\alpha\beta}$ mögen p, δ_ϱ, ε_ϱ dieselbe Bedeutung haben, wie in §. 1. Seien

$$P = |a_{\varkappa\lambda}|, \quad Q = |a_{\varkappa\nu}|,$$
$$R = |a_{\mu\lambda}|, \quad S = |a_{\mu\nu}|$$
$$(\varkappa = \varkappa_1, \dots \varkappa_r;\ \lambda = \lambda_1, \dots \lambda_r;\ \mu = \mu_1, \dots \mu_r;\ \nu = \nu_1 \dots \nu_r)$$

vier Determinanten r^{ten} Grades des Systems. (Die Indices $\nu_1, \dots \nu_r$ können zum Theil mit den Indices $\lambda_1, \dots \lambda_r$ übereinstimmen.) Dann ist nach dem Satze von Sylvester

$$|P_{\mu\nu}| = P^{r-1} \begin{vmatrix} a_{\varkappa\lambda} & a_{\varkappa\nu} \\ a_{\mu\lambda} & a_{\mu\nu} \end{vmatrix},$$

wo

$$P_{\mu\nu} = |a_{\xi\eta}| \qquad (\xi = \varkappa_1, \dots \varkappa_r, \mu;\ \eta = \lambda_1 \dots \lambda_r, \nu)$$

ist. Folglich ist, wie in §. 1

$$|P_{\mu\nu} - Pa_{\mu\nu}| = P^{r-1} \begin{vmatrix} a_{\varkappa\lambda} & a_{\varkappa\nu} \\ a_{\mu\lambda} & 0 \end{vmatrix},$$

also

$$(1.) \qquad |Pa_{\mu\nu} - P_{\mu\nu}| = P^{r-1} QR.$$

Entwickelt man die Determinante nach Potenzen von P, so erhält man eine Gleichung von der Form

$$(2.) \qquad (PS - QR)\, P^{r-1} = S_1 P^{r-1} + S_2 P^{r-2} + \dots + S_r.$$

Hier ist S_ϱ eine Summe von Producten aus Determinanten $(r-\rho)^{\text{ten}}$ Grades des Systems S und Determinanten ρ^{ten} Grades gebildet aus den Grössen $P_{\mu\nu}$. Jede der letzteren aber ist nach dem Satze von Sylvester gleich einer Determinante $(r+\rho)^{\text{ten}}$ Grades des ganzen Systems multiplicirt mit $P^{\varrho-1}$. Daher enthält $S_\varrho P^{r-\varrho}$ den Factor p mindestens in der Potenz

$$\delta_{r-\varrho} + \delta_{r+\varrho} + (r-1)\,\delta = \tau_\varrho,$$

falls ihn P in der Potenz δ enthält. Da nach III.

$$\tau_{\varrho+1} - \tau_\varrho = (\delta_{r+\varrho+1} - \delta_{r+\varrho}) - (\delta_{r-\varrho} - \delta_{r-\varrho-1}) \geqq 0$$

ist, so kommt p in allen Gliedern der rechten Seite der Gleichung (2.) mindestens in der Potenz

$$\tau_1 = \delta_{r-1} + \delta_{r+1} + (r-1)\,\delta,$$

vor, und mithin enthält $PS - QR$ den Factor p mindestens in der Potenz $\delta_{r-1} + \delta_{r+1}$. Dies Ergebniss hat natürlich nur dann eine Bedeutung, wenn $\delta_{r-1} + \delta_{r+1} > 2\delta_r$ ist. Ist r der Rang des Systems, so verschwindet, wie ich schon früher (Crelle's Journal Bd. 82, S. 240) gezeigt habe, $PS - QR$ identisch.

In der oben beschriebenen Formel kann man den Factor P^{r-1} wegheben und erhält dann einen Determinantensatz, der etwas verallgemeinert so lautet:

X. Ist $\rho \leqq r \leqq s \leqq n$, durchläuft D_ϱ alle Determinanten ρ^{ten} Grades des Systems

$$a_{\varkappa\lambda} \qquad (\varkappa = 1, \dots r;\ \lambda = 1, \dots r),$$

und ist D'_ϱ die zu D_ϱ complementäre Unterdeterminante $(n-\rho)^{\text{ten}}$ Grades der Determinante n^{ten} Grades

$$\begin{vmatrix} a_{\varkappa\lambda} & a_{\varkappa\nu} \\ a_{\mu\lambda} & a_{\mu\nu} \end{vmatrix} \qquad \begin{pmatrix} \varkappa = 1, \dots r;\ \mu = r+1, \dots n \\ \lambda = 1, \dots s;\ \nu = s+1, \dots n \end{pmatrix},$$

so ist

$$\sum_\varrho{}_0^r \sum_{D_\varrho} (-1)^\varrho D_\varrho D'_\varrho = \begin{vmatrix} 0 & a_{\varkappa\nu} \\ a_{\mu\lambda} & a_{\mu\nu} \end{vmatrix}.$$

Complementär heissen zwei Determinanten

$$D_\varrho = |a_{\alpha\beta}| \qquad (\alpha = \alpha_1, \dots \alpha_\varrho;\ \beta = \beta_1, \dots \beta_\varrho)$$

und

$$D'_\varrho = |a_{\gamma\delta}| \qquad (\gamma = \alpha_{\varrho+1}, \dots \alpha_n;\ \delta = \beta_{\varrho+1}, \dots \beta_n),$$

wenn $\alpha_1, \dots \alpha_\varrho, \alpha_{\varrho+1}, \dots \alpha_n$ und $\beta_1, \dots \beta_\varrho, \beta_{\varrho+1}, \dots \beta_n$ zwei Permutationen der Indices 1, 2, ... n sind, die entweder beide gerade oder beide ungerade sind. Für die oben auftretenden D_ϱ sind $\alpha_1, \dots \alpha_\varrho$ irgend ρ der Zahlen 1, ... r und $\beta_1, \dots \beta_\varrho$ irgend ρ der Zahlen 1, ... s. Speciell ist $D_0 = 1$ und D'_0 die ganze Determinante n^{ten} Grades.

Sei, um diese Formel zu beweisen, S das System $a_{\varkappa\lambda}$ von r Zeilen und s Spalten und A das ganze System von n Zeilen und

n Spalten. Lässt man die erste Zeile und die erste Spalte weg, so mögen die Systeme A und S in B und T übergehen. Durchlaufe E_ϱ die Determinanten ρ^{ten} Grades des Systems T, und sei E'_ϱ die zu E_ϱ complementäre Unterdeterminante von $|B|$. Dann ist

$$\frac{\partial}{\partial a_{11}} \Sigma(-1)^\varrho D_\varrho D'_\varrho = \Sigma(-1)^\varrho \frac{\partial D_\varrho}{\partial a_{11}} D'_\varrho + \Sigma(-1)^\varrho D_\varrho \frac{\partial D'_\varrho}{\partial a_{11}}$$
$$= \Sigma(-1)^\varrho E_{\varrho-1} E'_{\varrho-1} + \Sigma(-1)^\varrho E_\varrho E'_\varrho.$$

Ersetzt man in der ersten Summe den Summationsbuchstaben ρ durch $\rho + 1$, so wird sie der zweiten entgegengesetzt gleich. So erkennt man, dass $\Sigma(-1)^\varrho D_\varrho D'_\varrho$ von allen Elementen des Systems S unabhängig ist. Setzt man diese alle gleich Null, so verschwinden alle D_ϱ ausser D_0 und das Glied $D_0 D'_0$ wird gleich der rechten Seite der zu beweisenden Gleichung.

§. 5.

Auch die arithmetischen Beweise, die Smith und ich selbst früher für die entwickelten Sätze gegeben haben, lassen sich erheblich vereinfachen. Ich will mich dabei auf den Fall beschränken, wo die Elemente der betrachteten Systeme ganze rationale Zahlen sind.

Sei A das System der n^2 Elemente $a_{\alpha\beta}$, B das der Elemente $b_{\alpha\beta}$ und $C = AB$ das aus ihnen zusammengesetzte System der Elemente

$$c_{\alpha\beta} = a_{\alpha 1} b_{1\beta} + a_{\alpha 2} b_{2\beta} + \ldots + a_{\alpha n} b_{n\beta},$$

und sei d_ϱ $[d'_\varrho]$ der grösste gemeinsame Divisor aller Determinanten ρ^{ten} Grades von $A[C]$. Sind P und Q zwei Systeme von je n^2 ganzen Zahlen, deren Determinanten gleich ± 1 sind, so sind die Elementartheiler $e'_\varrho = d'_\varrho : d'_{\varrho-1}$ von C gleich denen von

$$D = PC = (PAQ)(Q^{-1}B) = GH.$$

Nun kann man P und Q so wählen, dass in dem System $G = PAQ$

$$g_{\alpha\beta} = 0 \, (\alpha \gtrless \beta) \text{ und } g_{\alpha\alpha} = e_\alpha = d_\alpha : d_{\alpha-1}$$

der α^{te} Elementartheiler von A ist. Demnach ist e_ϱ durch $e_{\varrho-1}$ theilbar, und wenn der Rang von A $r < n$ ist, $e_{r+1} = \ldots = e_n = 0$. Sei D'_ϱ eine Determinante ρ^{ten} Grades des Systems D, gebildet aus den Elementen der Zeilen $\alpha, \beta, \ldots \vartheta$. Ist $\alpha < \beta < \ldots < \vartheta$, so ist $\alpha \geqq 1, \beta \geqq 2 \ldots \vartheta \geqq \rho$. Daher ist e_α durch e_1, e_β durch $e_2, \ldots$ und e_ϑ durch e_ϱ theilbar. Da in dem System D die Elemente der α^{ten} Zeile $d_{\alpha\beta} = e_\alpha h_{\alpha\beta}$ alle durch e_α theilbar sind, so sind in der Determinante D'_ϱ die Elemente der ersten Zeile durch e_1, die der zweiten durch $e_2, \ldots$, die der ρ^{ten} durch

e_ϱ theilbar. Dividirt man durch diese Factoren, so wird D'_ϱ durch $e_1 e_2 \ldots e_\varrho = d_\varrho$ getheilt und reducirt sich auf eine Determinante ρ^{ten} Grades D_ϱ mit ganzzahligen Elementen. Da der grösste gemeinsame Divisor aller D'_ϱ gleich d'_ϱ ist, so ist der aller D_ϱ gleich $d'_\varrho : d_\varrho$. Nun sind aber die Unterdeterminanten $(\rho - 1)^{\text{ten}}$ Grades, die den Elementen der letzten Zeile einer Determinante D_ϱ entsprechen, reducirte Determinanten $D_{\varrho-1}$ und folglich sämmtlich durch $d'_{\varrho-1} : d_{\varrho-1}$ theilbar. Daher ist jede der Determinanten D_ϱ, also auch ihr grösster gemeinsamer Divisor $d'_\varrho : d_\varrho$ durch $d'_{\varrho-1} : d_{\varrho-1}$ theilbar, und mithin ist $d'_\varrho : d'_{\varrho-1} = e'_\varrho$ durch $d_\varrho : d_{\varrho-1} = e_\varrho$ theilbar.

Andere arithmetische Herleitungen für den eben entwickelten Satz IX, sowie auch für alle andern oben aufgestellten Theoreme hat Hr. Hensel, dem ich meine algebraischen Beweise mitgetheilt hatte, gefunden. Seine Herleitung des Satzes IV, der die Grundlage aller meiner Deductionen bildet, will ich ihrer besonderen Einfachheit halber hier kurz darlegen. Sei unter Anwendung der in §. 1 benutzten Bezeichnungen L das System der $(r-1)^2$ Elemente $a_{\varkappa\lambda}$, M das der r^2 Elemente $a_{\mu\nu}$, P das der $(r-1)r$ Elemente $a_{\varkappa\nu}$ und Q das der $r(r-1)$ Elemente $a_{\mu\lambda}$. In dem System von $(2r-1)^2$ Elementen

$$\begin{matrix} L & P \\ Q & M \end{matrix} \quad = \quad \begin{matrix} a_{\varkappa\lambda} & a_{\varkappa\nu} \\ a_{\mu\lambda} & a_{\mu\nu} \end{matrix}$$

bezeichne ich, wie in §. 1, mit $L_{\mu\nu}$ die Superdeterminanten r^{ten} Grades der Determinante $(r-1)^{\text{ten}}$ Grades $|L| = \pm\, l_{r-1}$ und mit l_r ihren grössten gemeinen Divisor. Vertauscht man irgend zwei der r letzten Zeilen dieses Systems und addirt man zu den Elementen einer dieser Zeilen die entsprechenden einer andern oder subtrahirt sie von ihnen, so erhält man durch wiederholte Anwendung solcher elementaren Transformation ein neues System

$$\begin{matrix} L & P \\ Q' & M'. \end{matrix}$$

Die Superdeterminanten $L'_{\mu\nu}$ von L in diesem System sind ganzzahlige lineare Verbindungen der $L_{\mu\nu}$ und umgekehrt, so dass l_r für beide Systeme denselben Werth hat. Ebenso bleibt der absolute Werth m_r der Determinante r^{ten} Graden $|M|$ und der grösste gemeinsame Divisor m_{r-1} ihrer Unterdeterminanten $(r-1)^{\text{ten}}$ Grades bei dem Übergange von M zu M' ungeändert. Da aber Q aus r Zeilen und nur $r-1$ Spalten besteht, so kann man durch die obige Umformung bewirken, dass die Elemente einer Zeile von Q', z. B. die der letzten Zeile sämmtlich verschwinden. Man kann etwa, um diesen Zweck zu erreichen, das System Q auf ein dreieckiges reduciren (vergl. Dirichlet,

Zahlentheorie 2. Aufl. S. 444; 3. Aufl. S. 486). Jede Determinante $L'_{\mu\nu}$, für die $\mu = \mu_r$ ist, zerfällt dann in das Product aus l_{r-1} und einem Elemente der letzten Zeile vor M'. Haben also diese r Elemente den grössten gemeinsamen Theiler k, so haben jene r Determinanten $L'_{\mu\nu}$ den grössten gemeinsamen Theiler kl_{r-1}, und mithin ist kl_{r-1} durch l_r theilbar. Ordnet man aber die Determinante $|M'|$ nach den Elementen der letzten Zeile, so erkennt man, dass m_r durch km_{r-1} theilbar ist. Folglich muss, da kl_{r-1} durch l_r und m_r durch km_{r-1} theilbar ist, auch $l_{r-1}m_r$ durch $l_r m_{r-1}$ theilbar sein.

46.

Über das Trägheitsgesetz der quadratischen Formen

Sitzungsberichte der Königlich Preußischen Akademie der Wissenschaften zu Berlin 241–256 und 407–431 (1894)

Journal für die reine und angewandte Mathematik 114, 187–230 (1895)

Betrachtet man zwei quadratische Formen mit reellen Coefficienten als aequivalent, wenn jede durch eine reelle lineare Substitution in die andere transformirt werden kann, so umfasst jede Classe Formen, die nur die Quadrate der Variabeln enthalten, und in allen diesen Formen findet sich die gleiche Anzahl von positiven und von negativen Coefficienten. Die Differenz dieser Anzahlen nenne ich die **Signatur**, ihre Summe den **Rang** der Classe und auch jeder individuellen Form der Classe. Der Rang r einer quadratischen Form ist gleich dem Range ihrer Determinante, also dadurch bestimmt, dass die aus dem Systeme ihrer Coefficienten gebildeten Determinanten $(r+1)^{\text{ten}}$ Grades alle verschwinden, die r^{ten} Grades aber nicht sämmtlich. Die Signatur s der Form

$$(1.) \qquad \sum_{\alpha,\beta}^{n}{}_{1}\, a_{\alpha\beta}\, x_\alpha x_\beta$$

ist gleich der Differenz zwischen der Anzahl der Zeichenfolgen und der der Zeichenwechsel in der Reihe der $r+1$ Grössen

$$(2.) \qquad A_0 = 1,\ A_1 = a_{11},\ A_2 = a_{11}a_{22} - a_{12}^2,\ \ldots\ A_r = \Sigma \pm a_{11} \ldots a_{rr}.$$

Dabei ist aber vorausgesetzt, dass keine dieser Determinanten verschwindet. Ist diese Bedingung nicht erfüllt, so versucht man in der Regel zunächst, ob ihr nicht vielleicht bei einer anderen Anordnung der Variabeln genügt wird. Es giebt aber Fälle, wo bei jeder Anordnung einzelne jener Ausdrücke Null sind, z. B. wenn die Hauptelemente $a_{11}, a_{22}, \ldots a_{nn}$ sämmtlich verschwinden. Dann kann man die Signatur berechnen, indem man durch eine Transformation zu einer aequivalenten Form übergeht, und es ist leicht zu zeigen, dass es in jeder Classe Formen giebt, die der obigen Bedingung genügen.

Bequemer ist es aber in diesem Falle, die Signatur mittelst einer von Hrn. Gundelfinger gefundenen Regel zu berechnen. (Hesse, Analytische Geometrie des Raumes, 3. Aufl. S. 460; Crelle's Journal Bd. 91, S. 235).

Man kann die Variabeln stets so anordnen, dass unter den Grössen (2.) nie zwei auf einander folgende verschwinden, und dass A_r von Null verschieden ist. Ist dann $A_\varrho = 0$, so haben $A_{\varrho-1}$ und $A_{\varrho+1}$ entgegengesetzte Vorzeichen, und die Signatur s ist gleich der Differenz zwischen der Anzahl der Zeichenfolgen und der der Zeichenwechsel in der Reihe (2.), wobei es gleichgültig ist, ob man die verschwindenden Determinanten als positiv oder negativ betrachtet. (Für ternäre Formen findet sich diese Regel schon bei Gauss, Disqu. arithm. §. 271). Versteht man nach Kronecker unter sign (a) den Werth $+1$ oder -1 oder 0, je nachdem a positiv oder negativ oder Null ist, so ist demnach

$$(3.)\qquad s = \sum_\varrho {}_1^r \operatorname{sign}(A_{\varrho-1} A_\varrho).$$

Zu diesem Resultate führt in besonders einfacher Weise der Weg, auf dem ich in meiner Arbeit Über das Pfaff'sche Problem (Crelle's Journal, Bd. 82; §. 5) analoge Eigenschaften der alternirenden Systeme erhalten habe.

Aus den Vorzeichen der Grössen (2.) kann man, aber nicht nach der Formel (3.), die Signatur auch dann noch berechnen, wenn an einer oder mehreren Stellen zwei auf einander folgende derselben verschwinden, doch im allgemeinen nicht mehr, wenn drei auf einander folgende Null sind. Es giebt aber specielle Arten quadratischer Formen, bei denen, auch wenn beliebig viele der Grössen (2.) Null sind, die Signatur auf diesem Wege gefunden werden kann. Dies tritt namentlich bei solchen Formen ein, deren Coefficienten $a_{\alpha\beta}$ nur von der Summe der Indices $\alpha+\beta$ abhängen, und bei solchen, deren Coefficienten bei der Elimination einer Variabeln aus zwei algebraischen Gleichungen nach der Methode von Bézout auftreten. Durch die Betrachtung derselben kann man die Sätze, die Kronecker über die Sturm'schen Functionen gefunden hat, indem er das ursprüngliche Sturm'sche Verfahren mit den Ergebnissen der Theorie der quadratischen Formen verglich, ohne Benutzung desselben allein aus identischen Determinantenrelationen ableiten.

§. 1.

In dem Philophical Magazine vom Jahre 1851 (S. 297) theilt Sylvester ohne Beweis ein bemerkenswerthes Theorem über Determinanten mit, das er bezeichnet als one of the most prolific in results of any with which I am acquainted. Da es die Grundlage der ganzen folgenden Untersuchung bildet, so will ich den Beweis, den ich dafür im 86. Bande von Crelle's Journal (S. 54) gegeben habe, auf eine

Form bringen, die mit der hier entwickelten Theorie im engsten Zusammenhange steht. Ist

$$(1.)\qquad \phi = \sum_{\alpha,\beta}^{n}{}_{1}\, a_{\alpha\beta}\, x_\alpha\, y_\beta$$

eine bilineare Form von zwei Reihen von je n Variabeln $x_1, \dots x_n$, $y_1 \dots y_n$, und setzt man

$$(2.)\qquad \xi_\beta = \frac{\partial\phi}{\partial y_\beta} = \sum_\alpha a_{\alpha\beta}\, x_\alpha\,,\; \eta_\alpha = \frac{\partial\phi}{\partial x_\alpha} = \sum_\beta a_{\alpha\beta}\, y_\beta$$

und

$$(3.)\qquad \psi = \begin{vmatrix} a_{11} & \dots & a_{1r} & \eta_1 \\ \cdot & \cdot & \cdot & \cdot \\ a_{r1} & \dots & a_{rr} & \eta_r \\ \xi_1 & \dots & \xi_r & \phi \end{vmatrix} = \sum B_{\alpha\beta}\, x_\alpha\, y_\beta\,,$$

so ist

$$(4.)\qquad B_{\alpha\beta} = \begin{vmatrix} a_{11} & \dots & a_{1r} & a_{1\beta} \\ \cdot & \cdot & \cdot & \cdot \\ a_{r1} & \dots & a_{rr} & a_{r\beta} \\ a_{\alpha 1} & \dots & a_{\alpha r} & a_{\alpha\beta} \end{vmatrix}.$$

Ist also einer der beiden Indices α oder $\beta \leqq r$, so ist $B_{\alpha\beta} = 0$. Demnach hängt ψ nur von den Variabeln $x_{r+1}, \dots x_n$ und $y_{r+1}, \dots y_n$ ab, und verschwindet identisch, wenn alle aus den Coefficienten von ϕ gebildeten Determinanten $(r+1)^{\text{ten}}$ Grades Null sind. Ist

$$(5.)\qquad A_r = \sum \pm a_{11} \dots a_{rr}$$

von Null verschieden, so sind $\xi_1 \dots \xi_r, x_{r+1}, \dots x_n$ n von einander unabhängige lineare Functionen von $x_1, \dots x_n$. Setzt man

$$(6.)\qquad \chi = -\begin{vmatrix} a_{11} & \dots & a_{1r} & \eta_1 \\ \cdot & \cdot & \cdot & \cdot \\ a_{r1} & \dots & a_{rr} & \eta_r \\ \xi_1 & \dots & \xi_r & 0 \end{vmatrix},$$

so ist

$$(7.)\qquad A_r\phi = \chi + \psi$$

und demnach ist ϕ, als Function von $\xi_1, \dots \xi_r, x_{r+1}, \dots x_n$ und $\eta_1, \dots \eta_r, y_{r+1}, \dots y_n$ betrachtet, in eine Summe von zwei bilinearen Formen **zerlegbar**, von denen die eine χ nur von $\xi_1, \dots \xi_r$ und $\eta_1, \dots \eta_r$ abhängt, die andere ψ nur von $x_{r+1}, \dots x_n$ und $y_{r+1}, \dots y_n$. Folglich ist die Determinante dieser Form gleich dem Producte der Determinanten von χ und von ψ.

Da aber χ die adjungirte Form von $\sum_{\alpha,\beta}^{r}{}_{\scriptscriptstyle 1}\, a_{\alpha\beta} x_\alpha y_\beta$ ist, so ist ihre Determinante gleich A_r^{r-1}. Die Determinante von ψ ist

$$\sum \pm B_{r+1,\,r+1} \ldots B_{nn}$$

Betrachtet man aber $\chi + \psi$ als Function von $x_1, \ldots x_n$, so tritt zu der eben berechneten Determinante noch das Product der Substitutionsdeterminanten $A_r A_r$ als Factor hinzu. So ergiebt sich SYLVESTER's Determinantensatz

$$(8.)\qquad \sum \pm B_{r+1,\,r+1} \ldots B_{nn} = A_r^{n-r-1} \sum \pm a_{11} \ldots a_{nn}.$$

Diese Formel ist ganz allgemein gültig, weil sie für alle Werthe der Coefficienten $a_{\alpha\beta}$ dargethan ist, für die A_r von Null verschieden ist.

Wenn die Determinanten $(r+1)^{\text{ten}}$ Grades $B_{\alpha\beta}$ sämmtlich verschwinden, aber A_r von Null verschieden ist, so ist $\phi = A_r^{-1}\psi$ eine bilineare Form von $r+r$ unabhängigen Variabeln $\xi_1, \ldots \xi_r$ und $\eta_1 \ldots \eta_r$, und folglich verschwinden alle Unterdeterminanten $(r+1)^{\text{ten}}$ Grades aus den Coefficienten $a_{\alpha\beta}$. Dieser Satz von KRONECKER (CRELLE's Journal, Bd. 72, S. 152) ist daher in SYLVESTER's Determinantensatz enthalten, und kann auch auf folgendem Wege daraus hergeleitet werden. Ersetzt man in der Determinante (4.) das letzte Element durch 0, so geht sie in $B_{\alpha\beta} - A_r a_{\alpha\beta}$ über. Sind demnach $\alpha\beta \ldots \vartheta$ irgend s der Indices $1, 2, \ldots n$ und ebenso $\varkappa\lambda \ldots \tau$, so ist

$$\sum + (B_{\alpha\varkappa} - A_r a_{\alpha\varkappa}) \ldots (B_{\vartheta\tau} - A_r a_{\vartheta\tau}) = A_r^{s-1} \begin{vmatrix} a_{11} \ldots a_{1r} & a_{1\varkappa} \ldots a_{1\tau} \\ \cdot \quad \cdot\cdot\cdot\cdot & \\ a_{r1} \ldots a_{rr} & a_{r\varkappa} \ldots a_{r\tau} \\ a_{\alpha 1} \ldots a_{\alpha r} & 0 \ldots 0 \\ \cdot \quad \cdot\cdot\cdot\cdot & \cdot\cdot\cdot\cdot \\ a_{\vartheta 1} \ldots a_{\vartheta r} & 0 \ldots 0 \end{vmatrix},$$

verschwindet mithin identisch, falls $s > r$ ist. Ist also A_r von Null verschieden, und sind alle Determinanten $B_{\alpha\beta} = 0$, so verschwinden alle Determinanten s^{ten} Grades des Systems $a_{\alpha\beta}$. Ist $s = r$, so ist identisch

$$(9.)\quad \sum \pm (A_r a_{\alpha\varkappa} - B_{\alpha\varkappa}) \ldots (A_r a_{\vartheta\tau} - B_{\vartheta\tau}) = A_r^{r-1} \left(\sum \pm a_{\alpha 1} \ldots a_{\vartheta r}\right) \left(\sum \pm a_{1\varkappa} \ldots a_{r\tau}\right)$$

und folglich unter derselben Voraussetzung

$$(10.)\quad \left(\sum \pm a_{11} \ldots a_{rr}\right) \left(\sum \pm a_{\alpha\varkappa} \ldots a_{\vartheta\tau}\right) = \left(\sum \pm a_{\alpha 1} \ldots a_{\vartheta r}\right) \left(\sum \pm a_{1\varkappa} \ldots a_{r\tau}\right),$$

wie ich auf einem anderen Wege im 82. Bande von CRELLE's Journal (S. 240, 1) bewiesen habe.

Für den Fall, wo $a_{\alpha\beta} = a_{\beta\alpha}$ und

$$\phi = \sum a_{\alpha\beta} x_\alpha x_\beta$$

eine quadratische Form von $x_1, \dots x_n$ ist, ergiebt sich aus der Formel (7.) eine wichtige Folgerung. Ist A_r von Null verschieden, so sind

$$\xi_1, \dots \xi_r, x_{r+1}, \dots x_n$$

unabhängige Variabeln, und da χ nur von $\xi_1, \dots \xi_r$ und ψ nur von $x_{r+1}, \dots x_n$ abhängt, so kann man ϕ in eine Summe von Quadraten transformiren, indem man jede der beiden Functionen χ und ψ für sich transformirt. Daher ist Signatur und Rang von ϕ gleich der Summe der Signaturen bez. Rangzahlen von χ und von ψ. Ist aber die Determinante einer quadratischen Form von r Variabeln $A_r^{-1}\chi$ von Null verschieden, so hat sie dieselbe Signatur wie ihre reciproke Form. Denn wird sie durch eine Substitution von nicht verschwindender Determinante in eine Summe von r Quadraten $\sum c_\varrho y_\varrho^2$ transformirt, so geht $\sum \frac{1}{c_\varrho} y_\varrho^2$ durch die transponirte Substitution in die reciproke Form über. Demnach ergiebt sich der Satz:

Die Signatur (der Rang) der quadratischen Form

$$\phi = \sum_{\alpha,\beta}{}_1^n a_{\alpha\beta} x_\alpha x_\beta$$

ist, wenn man

$$A_r = \sum \pm a_{11} \dots a_{rr}, \quad B_{\alpha\beta} = \sum \pm a_{11} \dots a_{rr} a_{\alpha\beta}$$

setzt, falls A_r von Null verschieden ist, gleich der Summe der Signaturen (Rangzahlen) der beiden quadratischen Formen

$$\sum_{\alpha,\beta}{}_1^r a_{\alpha\beta} x_\alpha x_\beta \text{ und } \frac{1}{A_r} \sum_{\alpha,\beta}{}_{r+1}^n B_{\alpha\beta} x_\alpha x_\beta,$$

von denen die erste aus der Form ϕ hervorgeht, indem man darin $x_{r+1}, \dots x_n$ Null setzt, die andere, indem man darin $\frac{\partial\phi}{\partial x_1}, \dots \frac{\partial\phi}{\partial x_r}$ Null setzt.

§. 2.

Zu dem in der Einleitung erwähnten Satze des Hrn. Gundelfinger kann man durch folgende Überlegungen gelangen.

1. Wenn in einem symmetrischen Systeme die Hauptunterdeterminante r^{ten} Grades

$$A_r = \sum \pm a_{11} \dots a_{rr}$$

von Null verschieden ist, aber alle Hauptunterdeterminanten $(r+1)^{\text{ten}}$ Grades

$$\sum \pm a_{11} \dots a_{rr} a_{\alpha\alpha}$$

und $(r+2)^{\text{ten}}$ Grades

$$\sum \pm a_{11} \ldots a_{rr} a_{\alpha\alpha} a_{\beta\beta} \qquad (\alpha, \beta = r+1, \ldots n)$$

verschwinden, so verschwinden alle Unterdeterminanten $(r+1)^{\text{ten}}$ Grades.

Hauptunterdeterminante nenne ich eine Unterdeterminante, deren Diagonalelemente (Hauptelemente) alle der Diagonale des gegebenen Systems angehören. Ist $B_{\alpha\beta}$ die Determinante (4.) §. 1, so ist $B_{\alpha\beta} = B_{\beta\alpha}$ und nach einem bekannten Satze über die adjungirten Systeme oder auch nach dem Satze von Sylvester

$$(1.) \qquad B_{\alpha\alpha} B_{\beta\beta} - B_{\alpha\beta}^2 = A_r \sum \pm a_{11} \ldots a_{rr} a_{\alpha\alpha} a_{\beta\beta},$$

also gleich Null, und weil $B_{\alpha\alpha} = 0$ ist, so ist auch $B_{\alpha\beta} = 0$. Nach dem Satze von Kronecker verschwinden daher in dem System $a_{\alpha\beta}$ alle Unterdeterminanten $(r+1)^{\text{ten}}$ Grades.

2. Wenn in einem symmetrischen Systeme alle Hauptunterdeterminanten r^{ten} und $(r+1)^{\text{ten}}$ Grades verschwinden, so verschwinden alle Unterdeterminanten r^{ten} und höheren Grades.

Ist $r=1$, so ist nach der Voraussetzung $a_{\alpha\alpha} = 0$ und $a_{\alpha\alpha} a_{\beta\beta} - a_{\alpha\beta}^2 = 0$, also auch $a_{\alpha\beta} = 0$. Ich nehme daher an, der Satz sei für einen bestimmten Werth von r bereits bewiesen und zeige, dass er dann auch für den Werth $r+1$ richtig ist. In dem betrachteten symmetrischen Systeme verschwinden demnach alle Hauptunterdeterminanten $(r+1)^{\text{ten}}$ und $(r+2)^{\text{ten}}$ Grades. Wenn dann erstens ausserdem noch alle Hauptunterdeterminanten r^{ten} Grades verschwinden, so sind nach den Voraussetzungen des Inductionsschlusses alle Unterdeterminanten r^{ten} und höheren Grades Null. Ist aber zweitens eine Hauptunterdeterminante r^{ten} Grades, z. B. A_r von Null verschieden, so verschwinden nach Satz 1. alle Unterdeterminanten $(r+1)^{\text{ten}}$ Grades und folglich auch alle von höherem Grade.

3. Ist r der Rang eines symmetrischen Systems, so giebt es in demselben eine nicht verschwindende Hauptunterdeterminante vom Grade r.

Nach der Voraussetzung verschwinden alle Hauptunterdeterminanten $(r+1)^{\text{ten}}$ Grades. Sollten also auch alle Hauptunterdeterminanten r^{ten} Grades verschwinden, so würden nach 2. alle Unterdeterminanten r^{ten} Grades Null sein. Dann wäre aber der Rang des Systems kleiner als r.

Im 82. Bande von Crelle's Journal (S. 242) habe ich diesen Satz auf einem anderen Wege hergeleitet [vergl. oben Formel (10.) §. 1]. Einen dritten Beweis giebt Hr. Gundelfinger, Crelle's Journal Bd. 91, S. 229.

4. Man kann die Variabeln einer beliebigen quadratischen Form $\sum a_{\alpha\beta} x_\alpha x_\beta$ vom Range r stets in einer solchen Reihenfolge mit $x_1, x_2, \ldots x_n$ bezeichnen, dass unter den Grössen

(2.) $A_0 = 1,\ A_1 = a_{11},\ A_2 = a_{11} a_{22} - a_{12}^2, \ldots A_r = \sum \pm a_{11} \ldots a_{rr}$

nie zwei auf einander folgende verschwinden, und dass A_r von Null verschieden ist.

Wenn die n Elemente $a_{\alpha\alpha}$ nicht sämmtlich verschwinden, so wähle man die erste Variable so, dass a_{11} von Null verschieden ist. Wenn die Unterdeterminanten $a_{11} a_{\alpha\alpha} - a_{1\alpha}^2$ nicht sämmtlich verschwinden, so wähle man die zweite Variable so, dass A_2 von Null verschieden ist, u. s. w. Gelangt man so bis zu der von Null verschiedenen Determinante $A_\varrho = \sum \pm a_{11} \ldots a_{\varrho\varrho}$, sind aber alle Unterdeterminanten

$$\sum \pm a_{11} \ldots a_{\varrho\varrho} a_{\alpha\alpha} \qquad (\alpha = \rho + 1, \ldots n)$$

Null, so können, falls $\rho < r$ ist, nach 1. nicht alle Unterdeterminanten

$$\sum \pm a_{11} \ldots a_{\varrho\varrho} a_{\alpha\alpha} a_{\beta\beta} \qquad (\alpha, \beta = \rho + 1, \ldots n)$$

verschwinden. Daher kann man $x_{\varrho+1}$ und $x_{\varrho+2}$ so wählen, dass zwar $A_{\varrho+1} = 0$, aber $A_{\varrho+2}$ von Null verschieden ist. Ergiebt sich also bei Anwendung dieser Regel $A_{r-1} = 0$, so wird A_r von Null verschieden. Aber auch wenn A_{r-1} von Null verschieden ist, können nicht alle Unterdeterminanten $\sum \pm a_{11} \ldots a_{r-1, r-1} a_{\alpha\alpha} = 0$ sein. Denn weil r der Rang der Form ist, sind alle Unterdeterminanten $(r+1)^{\text{ten}}$ Grades

$$\sum \pm a_{11} \ldots a_{r-1, r-1} a_{\alpha\alpha} a_{\beta\beta} = 0,$$

und folglich müssten nach 1. alle Unterdeterminanten r^{ten} Grades verschwinden, also der Rang des Systems kleiner als r sein. Man kann aber auch von irgend einer nicht verschwindenden Hauptunterdeterminante A_r ausgehen, die nach 3. stets existirt, zu dieser eine nicht verschwindende Hauptunterdeterminante A_{r-1} suchen u. s. w. Kommt man dann zu einer Hauptunterdeterminante $A_{\varrho+1}$, deren Hauptunterdeterminanten ρ^{ten} Grades alle Null sind, so können doch, da $A_{\varrho+1}$ von Null verschieden ist, nicht alle Unterdeterminanten ρ^{ten} Grades von $A_{\varrho+1}$ verschwinden. Ist z. B. der Coefficient B_ϱ von $a_{\varrho, \varrho+1}$ von Null verschieden, und bezeichnet man den Coefficienten von $a_{\varrho\varrho}$ mit C_ϱ, so ist nach der Formel $A_{\varrho+1} A_{\varrho-1} = A_\varrho C_\varrho - B_\varrho^2 = -B_\varrho^2$ die Determinante $A_{\varrho-1}$ von Null verschieden.

Endlich kann man auch mit irgend einer nicht verschwindenden Hauptunterdeterminante A_s $(0 < s < r)$ anfangen und zu dieser

$$A_{s+1}, A_{s+2}, \ldots A_r \text{ und } A_{s-1}, A_{s-2} \ldots A_1$$

den geforderten Bedingungen gemäss bestimmen.

§. 3.

Die n Variabeln einer quadratischen Form vom Range r

$$\xi = \sum_{\alpha,\beta}^{n}{}_{1}\, a_{\alpha\beta} x_\alpha x_\beta$$

seien in einer solchen Reihenfolge mit $x_1, x_2, \dots x_n$ bezeichnet, dass von den $r+1$ Grössen (2) §. 2 nie zwei auf einander folgende verschwinden, und dass A_r von Null verschieden ist. Die Reihenfolge braucht nicht nothwendig auf dem im vorigen Paragraphen angegebenen Wege ermittelt zu sein. (Dabei ist nämlich nur dann $A_{\varrho+1} = 0$, wenn alle Determinanten

$$\sum \pm a_{11} \dots a_{\varrho\varrho} a_{\alpha\alpha} \qquad (\alpha = \varrho+1, \dots n)$$

verschwinden. Diese Bedingung braucht aber hier nicht erfüllt zu sein.) Setzt man

$$B_\varrho = \begin{vmatrix} a_{11} & \dots & a_{1,\varrho-1} & a_{1,\varrho+1} \\ \cdot & \dots & \cdot & \cdot \\ a_{\varrho-1,1} & \dots & a_{\varrho-1,\varrho-1} & a_{\varrho-1,\varrho+1} \\ a_{\varrho 1} & \dots & a_{\varrho,\varrho-1} & a_{\varrho,\varrho+1} \end{vmatrix}, \quad C_\varrho = \begin{vmatrix} a_{11} & \dots & a_{1,\varrho-1} & a_{1,\varrho+1} \\ \cdot & \dots & \cdot & \cdot \\ a_{\varrho-1,1} & \dots & a_{\varrho-1,\varrho-1} & a_{\varrho-1,\varrho+1} \\ a_{\varrho+1,1} & \dots & a_{\varrho+1,\varrho-1} & a_{\varrho+1,\varrho+1} \end{vmatrix},$$

$(B_1 = a_{12},\ C_1 = a_{22})$, so ist nach Formel (1.) §. 2

$$(1.) \qquad A_{\varrho-1} A_{\varrho+1} = A_\varrho C_\varrho - B_\varrho^2 .$$

Ist nun $A_\varrho = 0$, so sind nach Voraussetzung $A_{\varrho-1}$ und $A_{\varrho+1}$, also auch B_ϱ von Null verschieden, und folglich haben $A_{\varrho-1}$ und $A_{\varrho+1}$ entgegengesetzte Vorzeichen. Setzt man

$$\xi_\alpha = \frac{1}{2}\frac{\partial \xi}{\partial x_\alpha} = \sum_\beta a_{\alpha\beta} x_\beta$$

und

$$\eta^{(\varrho)} = \begin{vmatrix} a_{11} & \dots & a_{1\varrho} & \xi_1 \\ \cdot & \dots & \cdot & \cdot \\ a_{\varrho 1} & \dots & a_{\varrho\varrho} & \xi_\varrho \\ \xi_1 & \dots & \xi_\varrho & \xi \end{vmatrix}, \quad \zeta^{(\varrho)} = -\begin{vmatrix} a_{11} & \dots & a_{1\varrho} & \xi_1 \\ \cdot & \dots & \cdot & \cdot \\ a_{\varrho 1} & \dots & a_{\varrho\varrho} & \xi_\varrho \\ \xi_1 & \dots & \xi_\varrho & 0 \end{vmatrix},$$

so ist, wie in §. 1 gezeigt, $\eta^{(\varrho)} = \sum B_{\alpha\beta} x_\alpha x_\beta$ eine quadratische Form, die nur von den Variabeln $x_{\varrho+1}, \dots x_n$ abhängt, und wenn r der Rang von ξ ist, so verschwindet die Form $\eta^{(r)}$ identisch, weil ihre Coefficienten Unterdeterminanten $(r+1)^{\text{ten}}$ Grades des Systems $a_{\alpha\beta}$ sind. Ferner ist

$$(2.) \qquad A_\varrho \xi = \zeta^{(\varrho)} + \eta^{(\varrho)}$$

und folglich

$$(3.) \qquad \xi = \eta^{(0)} = \frac{\zeta^{(r)}}{A_r}.$$

Setzt man endlich $y_1 = \xi_1, y_{r+1} = 0$,

$$y_\varrho = \begin{vmatrix} a_{11} & \dots & a_{1,\varrho-1} & \xi_1 \\ \cdot & \dots & \cdot & \cdot \\ a_{\varrho 1} & \dots & a_{\varrho,\varrho-1} & \xi_\varrho \end{vmatrix},$$

so ist nach dem Determinantensatze (1.) §. 2

$$A_{\varrho-1}\eta^{(\varrho)} = A_\varrho \eta^{(\varrho-1)} - y_\varrho^2$$

oder

$$(4.)\qquad \frac{\eta^{(\varrho-1)}}{A_{\varrho-1}} - \frac{\eta^{(\varrho)}}{A_\varrho} = \frac{\zeta^{(\varrho)}}{A_\varrho} - \frac{\zeta^{(\varrho-1)}}{A_{\varrho-1}} = \frac{y_\varrho^2}{A_{\varrho-1}A_\varrho}.$$

Sind also $A_0, A_1, \dots A_r$ von Null verschieden, so ist nach (3.)

$$(5.)\qquad \xi = \sum_{\varrho}^{r}{}_1 \frac{y_\varrho^2}{A_{\varrho-1}A_\varrho}.$$

Aus dieser bekannten Transformation von Gauss und Jacobi ergiebt sich die Formel

$$(6.)\qquad s = \sum_{\varrho}^{r}{}_1 \operatorname{sign}(A_{\varrho-1}A_\varrho)$$

für die Signatur der Form ξ.

Damit die entwickelten Formeln auch brauchbar bleiben, wenn $A_\varrho = 0$ ist, forme ich sie in folgender Weise um. Setzt man

$$z_\varrho = \begin{vmatrix} a_{11} & \dots & a_{1,\varrho-1} & \xi_1 \\ \cdot & \dots & \cdot & \cdot \\ a_{\varrho-1,1} & \dots & a_{\varrho-1,\varrho-1} & \xi_{\varrho-1} \\ a_{\varrho+1,1} & \dots & a_{\varrho+1,\varrho-1} & \xi_{\varrho+1} \end{vmatrix}$$

$(z_1 = \xi_2)$, so ist

$$A_{\varrho-1}y_{\varrho+1} = A_\varrho z_\varrho - B_\varrho y_\varrho$$

und folglich

$$A_{\varrho-1}^2 y_{\varrho+1}^2 = A_\varrho^2 z_\varrho^2 - 2A_\varrho B_\varrho z_\varrho y_\varrho + (A_\varrho C_\varrho - A_{\varrho-1}A_{\varrho+1})y_\varrho^2$$

oder

$$(7.)\qquad \frac{\eta^{(\varrho-1)}}{A_{\varrho-1}} - \frac{\eta^{(\varrho+1)}}{A_{\varrho+1}} = \frac{y_\varrho^2}{A_{\varrho-1}A_\varrho} + \frac{y_{\varrho+1}^2}{A_\varrho A_{\varrho+1}} = \frac{A_\varrho z_\varrho^2 - 2B_\varrho z_\varrho y_\varrho + C_\varrho y_\varrho^2}{A_{\varrho-1}^2 A_{\varrho+1}}.$$

Mittelst dieser Relation kann man in der Formel (5.) für $y_{\varrho+1}$ die Variable z_ϱ einführen. Ist dann $A_\varrho = 0$, so sind nach der Voraussetzung $A_{\varrho-1}$ und $A_{\varrho+1}$ von Null verschieden. Jene quadratische Form von y_ϱ und z_ϱ

$$\frac{y_\varrho}{A_{\varrho-1}^2 A_{\varrho+1}}(-2B_\varrho z_\varrho + C_\varrho y_\varrho)$$

wird also ein Product von zwei reellen linearen Formen und hat folglich die Signatur o. Ebenso ist aber in der Formel (6.) die Summe der beiden Glieder

$$\operatorname{sign}(A_{\varrho-1}A_\varrho) + \operatorname{sign}(A_\varrho A_{\varrho+1}) = 0,$$

gleichgültig ob man A_ϱ als positiv, negativ oder als verschwindend betrachtet.

Die obige Umformung kann man auch mit Hülfe des SYLVESTER'schen Determinantensatzes ausführen. Nach diesem erhält man direct

$$A^2_{\varrho-1}\eta^{(\varrho+1)} = \begin{vmatrix} A_\varrho & B_\varrho & y_\varrho \\ B_\varrho & C_\varrho & z_\varrho \\ y_\varrho & z_\varrho & \eta^{(\varrho-1)} \end{vmatrix},$$

also nach Gleichung (1.) die Formel (7.).

Der Vollständigkeit wegen füge ich noch folgende Bemerkung hinzu. Weil A_ϱ von Null verschieden ist, sind $\xi_1, \dots \xi_r$ r von einander unabhängige lineare Functionen von $x_1, \dots x_n$. Nun hängt y_ϱ nur von $\xi_1, \dots \xi_\varrho$ ab, und der Coefficient von ξ_ϱ ist $A_{\varrho-1}$, und z_ϱ hängt nur von $\xi_1, \dots \xi_{\varrho+1}$ ab, und der Coefficient von $\xi_{\varrho+1}$ ist $A_{\varrho-1}$. Daher sind die an Stelle von $\xi_1, \dots \xi_r$ eingeführten r neuen Variabeln unabhängige lineare Verbindungen dieser r Veränderlichen.

Das oben erhaltene Ergebniss ist übrigens ganz der Regel analog, zu der man durch Anwendung einer reellen orthogonalen Substitution geführt wird. Durch eine solche kann man die quadratische Form ξ stets in $c_1y_1^2 + \dots + c_ry_r^2$ transformiren. Die r (verschiedenen oder gleichen) Coefficienten $c_1, \dots c_r$ sind die r nicht verschwindenden Wurzeln der charakteristischen Gleichung

$$|x e_{\alpha\beta} - a_{\alpha\beta}| = 0 \qquad (\alpha, \beta = 1, 2, \dots n),$$

wo $e_{\alpha\beta} = 0$ oder 1 ist, je nachdem α und β verschieden oder gleich sind. Da die Wurzeln dieser Gleichung

$$a_0x^n - a_1x^{n-1} + a_2x^{n-2} \dots + (-1)^r a_rx^{n-r} = 0$$

alle reell sind, so können nach der HARRIOT'schen Regel nie zwei auf einander folgende der Coefficienten

$$a_0,\ a_1,\ a_2, \dots a_r$$

verschwinden, und wenn $a_\varrho = 0$ ist, so haben $a_{\varrho-1}$ und $a_{\varrho+1}$ entgegengesetzte Vorzeichen. Daher ist

$$(8.) \qquad s = \sum_\varrho {}_1^r \operatorname{sign}(a_{\varrho-1}a_\varrho)$$

die Differenz zwischen der Anzahl der positiven und der negativen Wurzeln der charakteristischen Gleichung, also gleich der Signatur der Form ξ.

Als Anwendung der oben entwickelten Regel berechne ich dei Signatur einer quadratischen Form, bei welcher $a_{\alpha\beta} = 0$ ist, falls $\alpha + \beta \leqq n$ ist. Dagegen sei ihre Determinante

$$A = A_n = (-1)^{\frac{n(n-1)}{2}} a_{1,n} a_{2,n-1} \ldots a_{n,1}$$

von Null verschieden.

Ist $n = 2m$ gerade, so ist

$$A = (-1)^m a_{1,n}^2 a_{2,n-1}^2 \ldots a_{m,m+1}^2 .$$

Dann betrachte ich die Reihe der Determinanten

$$A_0 = 1,\ A_1 = a_{m,m} = 0,\ A_2 = \Sigma \pm a_{m,m} a_{m+1,m+1} = -a_{m,m+1}^2,$$
$$A_3 = \Sigma \pm a_{m-1,m-1} a_{m,m} a_{m+1,m+1} = 0,\ A_4 = \Sigma \pm a_{m-1,m-1} \ldots a_{m+2,m+2}$$
$$= a_{m,m+1}^2 a_{m-1,m+2}^2, \text{ u. s. w.}$$

Diese Grössen haben die Vorzeichen

$$+1,\ 0,\ -1,\ 0,\ +1,\ 0, \ldots 0, (-1)^m,$$

und mithin ist die Signatur der Form $s = 0$.

Ist aber $n = 2m - 1$ ungerade, so ist

$$A = (-1)^{m-1} a_{m,m} a_{m-1,m+1}^2 \ldots a_{1,n}^2 .$$

Dann betrachte ich die Reihe der Determinanten

$$A_0 = 1,\ A_1 = a_{m,m},\ A_2 = \Sigma \pm a_{m-1,m-1} a_{m,m} = 0,$$
$$A_3 = \Sigma \pm a_{m-1,m-1} a_{m,m} a_{m+1,m+1} = -a_{m,m} a_{m-1,m+1}^2,$$
$$A_4 = \Sigma \pm a_{m-2,m-2} \ldots a_{m+1,m+1} = 0,$$
$$A_5 = \Sigma \pm a_{m-2,m-2} \ldots a_{m+2,m+2} = +a_{m,m} a_{m-1,m+1}^2 a_{m-2,m+2}^2, \text{ u. s. w.}$$

Bezeichnet man das Vorzeichen von $a_{m,m}$ mit ε, so haben diese Grössen die Vorzeichen

$$1,\ \varepsilon,\ 0,\ -\varepsilon, \ldots 0, (-1)^{m-1}\varepsilon,$$

und mithin ist die Signatur der Form $s = \varepsilon$ oder

$$(9.) \qquad s = (-1)^{\frac{n-1}{2}} \operatorname{sign}(A).$$

§. 4.

Die entwickelte Methode bleibt auch noch anwendbar, wenn in der Reihe der Grössen (2.) §. 2 nie mehr als zwei auf einander folgende verschwinden. Sei $A_{\rho+1} = A_{\rho+2} = 0$, aber A_ρ und $A_{\rho+3}$ von Null verschieden. Setzt man dann, indem man ρ als einen festen Index betrachtet,

$$B_{\alpha\beta} = \begin{vmatrix} a_{11} & \dots a_{1\varrho} & a_{1,\varrho+\beta} \\ \cdot & \dots & \\ a_{\varrho 1} & \dots a_{\varrho\varrho} & a_{\varrho,\varrho+\beta} \\ a_{\varrho+\alpha,1} & \dots a_{\varrho+\alpha,\varrho} & a_{\varrho+\alpha,\varrho+\beta} \end{vmatrix}, \quad z_\alpha = \begin{vmatrix} a_{11} & \dots a_{1\varrho} & \xi_1 \\ \cdot & \dots & \\ a_{\varrho 1} & \dots a_{\varrho\varrho} & \xi_\varrho \\ a_{\varrho+\alpha,1} & \dots a_{\varrho+\alpha,\varrho} & \xi_{\varrho+\alpha} \end{vmatrix},$$

so ist nach dem Satze von SYLVESTER

$$A_\varrho^3 \eta^{(\varrho+3)} = \begin{vmatrix} B_{11} & B_{12} & B_{13} & z_1 \\ B_{21} & B_{22} & B_{23} & z_2 \\ B_{31} & B_{32} & B_{33} & z_3 \\ z_1 & z_2 & z_3 & \eta^{(\varrho)} \end{vmatrix}$$

und

$$A_\varrho^2 A_{\varrho+3} = \sum \pm B_{11} B_{22} B_{33},$$

also

$$(1.) \qquad \frac{\eta^{(\varrho)}}{A_\varrho} - \frac{\eta^{(\varrho+3)}}{A_{\varrho+3}} = -\frac{1}{A_\varrho} \begin{vmatrix} B_{11} & B_{12} & B_{13} & z_1 \\ B_{21} & B_{22} & B_{23} & z_2 \\ B_{31} & B_{32} & B_{33} & z_3 \\ z_1 & z_2 & z_3 & 0 \end{vmatrix} : \begin{vmatrix} B_{11} & B_{12} & B_{13} \\ B_{21} & B_{22} & B_{23} \\ B_{31} & B_{32} & B_{33} \end{vmatrix}.$$

Diese quadratische Form tritt also in der Formel (5.) §. 3 an die Stelle der drei Quadrate

$$\frac{y_{\varrho+1}^2}{A_\varrho A_{\varrho+1}} + \frac{y_{\varrho+2}^2}{A_{\varrho+1} A_{\varrho+2}} + \frac{y_{\varrho+3}^2}{A_{\varrho+2} A_{\varrho+3}},$$

und die Signatur dieser Form ist in der Formel (6.) §. 3 für die Summe der Vorzeichen der Nenner dieser drei Quadrate zu setzen. Jene Form ist aber die reciproke der Form $A_\varrho \sum_{\alpha,\beta}{}_1^3 B_{\alpha\beta} Z_\alpha Z_\beta$, und demnach haben wir die Signatur der ternären Form $\sum B_{\alpha\beta} Z_\alpha Z_\beta$ zu berechnen. Nun ist $B_{11} = A_{\varrho+1} = 0$ und $B_{11} B_{22} - B_{12}^2 = A_\varrho A_{\varrho+2} = 0$, also $B_{12} = 0$, und $\sum \pm B_{11} B_{22} B_{33} = A_\varrho^2 A_{\varrho+3}$, also

$$A_\varrho^2 A_{\varrho+3} = -B_{13}^2 B_{22},$$

also sind B_{13} und B_{22} von Null verschieden. Nach der am Ende des §. 3 gegebenen Regel ist daher die Signatur der Form gleich $\operatorname{sign}(B_{22}) = -\operatorname{sign}(A_{\varrho+3})$ und die der Form $A_\varrho \sum B_{\alpha\beta} Z_\alpha Z_\beta$ oder ihrer reciproken Form (1.) gleich $-\operatorname{sign}(A_\varrho A_{\varrho+3})$. Bei der Berechnung der Signatur der Form ξ ist also in der Formel (6.) §. 3, wenn $A_{\varrho+1} = A_{\varrho+2} = 0$, aber A_ϱ und $A_{\varrho+3}$ von Null verschieden sind, die Summe der drei Glieder

$$(2.) \qquad \operatorname{sign}(A_\varrho A_{\varrho+1}) + \operatorname{sign}(A_{\varrho+1} A_{\varrho+2}) + \operatorname{sign}(A_{\varrho+2} A_{\varrho+3}),$$

die verschwinden, durch

$$(2.^*) \qquad -\operatorname{sign}(A_\varrho A_{\varrho+3})$$

zu ersetzen. Die Signatur hängt demnach auch dann noch von den Grössen (2.) §. 2 allein ab, wenn in der Reihe derselben nie mehr als zwei auf einander folgende Null sind und A_r von Null verschieden ist.

Wenn aber drei auf einander folgende dieser Grössen verschwinden, so ist, wie ich jetzt an einem Beispiel zeigen will, durch jene Grössen allein die Signatur noch nicht bestimmt. Sei $n = 4$ und

$$\xi = a_{22}x_2^2 + a_{33}x_3^2 + 2a_{23}x_2x_3 + 2a_{14}x_1x_4,$$

also $a_{11} = a_{12} = a_{13} = a_{24} = a_{34} = a_{44} = 0$, dagegen sei a_{14} von Null verschieden und $a_{22}a_{33} - a_{23}^2 > 0$. Daher ist a_{22} von Null verschieden, kann aber positiv oder negativ sein. Betrachtet man die Variabeln in der Reihenfolge x_2, x_3, x_1, x_4, so hat man die vier Grössen

$$1, \quad a_{22}, \quad a_{22}a_{33} - a_{23}^2, \quad 0, \quad -a_{14}^2(a_{22}a_{33} - a_{23}^2)$$

zu berechnen, und mithin ist nach §. 3 die Signatur $s = 2\,\mathrm{sign}(a_{22})$. Durch die Grössen $A_0 = 1$, $A_1 = A_2 = A_3 = 0$ und die negative Grösse A_4 allein ist also s nicht bestimmt.

§. 5.

Es giebt specielle symmetrische Systeme, für die sich die Signatur von ξ aus den Grössen (2.) §. 2 allein auch dann berechnen lässt, wenn beliebig viele derselben verschwinden. Dazu gehören besonders die Systeme, bei denen

$$a_{\alpha\beta} = a_{\alpha+\beta} \qquad (\alpha, \beta = 0, 1, \dots n-1)$$

nur von der Summe der Indices abhängt, und die ich recurrirende Systeme nennen will. Die Untersuchungen, die Kronecker darüber angestellt hat, lassen sich wesentlich vereinfachen durch Benutzung einer der von ihm selbst (Sitzungsberichte 1882, S. 821) entdeckten linearen Relationen zwischen den Subdeterminanten eines symmetrischen Systems, für die ich in §. 11 (12.) einen einfachen Beweis angeben werde. Ist

$$a_{\alpha\beta} \qquad (\alpha, \beta = 0, 1, \dots n-1)$$

ein beliebiges System, sind $\alpha\beta\dots\vartheta$ irgend r der Indices $0, 1, \dots n-1$ und ebenso $\varkappa\lambda\dots\tau$, so setze ich die Determinante r^{ten} Grades

$$\sum \pm a_{\alpha\varkappa}a_{\beta\lambda}\dots a_{\vartheta\tau} = \begin{pmatrix}\alpha\beta\dots\vartheta\\ \varkappa\lambda\dots\tau\end{pmatrix}.$$

Ist nun $a_{\alpha\beta} = a_{\beta\alpha}$, so bestehen zwischen den Subdeterminanten $(\rho+2)^{\text{ten}}$ Grades gewisse lineare Relationen, von denen ich die folgende dreigliedrige gebrauche:

$$\begin{pmatrix}1\ldots\rho-1 & 0 & \rho \\ 1\ldots\rho-1 & \rho+1 & \rho+2\end{pmatrix} + \begin{pmatrix}1\ldots\rho-1 & \rho & \rho+1 \\ 1\ldots\rho-1 & 0 & \rho+2\end{pmatrix} + \begin{pmatrix}1\ldots\rho-1 & \rho+1 & 0 \\ 1\ldots\rho-1 & \rho & \rho+2\end{pmatrix} = 0,$$

die man auch schreiben kann

$$\begin{pmatrix}0 & 1\ldots\rho-2 & \rho-1 & \rho+1 \\ 1 & 2\ldots\rho-1 & \rho & \rho+2\end{pmatrix} - \begin{pmatrix}1 & 2\ldots\rho-1 & \rho & \rho+1 \\ 0 & 1\ldots\rho-2 & \rho-1 & \rho-2\end{pmatrix} = \begin{pmatrix}0 & 1\ldots\rho-2 & \rho-1 & \rho \\ 1 & 2\ldots\rho-1 & \rho+1 & \rho+2\end{pmatrix}.$$

Wendet man sie auf das System

$$\begin{matrix}
0 & a_0 & a_1 & \ldots a_{\varrho-2} & a_{\varrho-1} & x_0 & y_0 \\
a_0 & a_1 & a_2 & \ldots a_{\varrho-1} & a_\varrho & x_1 & y_1 \\
a_1 & a_2 & a_3 & \ldots a_\varrho & a_{\varrho+1} & x_2 & y_2 \\
\cdot & \cdot & \cdot & \cdots & \cdot & \cdot & \cdot \\
a_{\varrho-2} & a_{\varrho-1} & a_\varrho & \ldots a_{2\varrho-3} & a_{2\varrho-2} & x_{\varrho-1} & y_{\varrho-1} \\
a_{\varrho-1} & a_\varrho & a_{\varrho+1} & \ldots a_{2\varrho-2} & a_{2\varrho-1} & x_\varrho & y_\varrho \\
x_0 & x_1 & x_2 & \ldots x_{\varrho-1} & x_\varrho & 0 & z \\
y_0 & y_1 & y_2 & \ldots y_{\varrho-1} & y_\varrho & z & 0
\end{matrix}$$

an, so erhält man die identische Gleichung

$$(1.)\quad \begin{vmatrix} a_0 & \ldots a_{\varrho-1} & y_0 \\ \cdot & \cdots & \cdot \\ a_{\varrho-1} & \ldots a_{2\varrho-2} & y_{\varrho-1} \\ x_1 & \ldots x_\varrho & z \end{vmatrix} - \begin{vmatrix} a_0 & \ldots a_{\varrho-1} & y_1 \\ \cdot & \cdots & \cdot \\ a_{\varrho-1} & \ldots a_{2\varrho-2} & y_\varrho \\ x_0 & \ldots x_{\varrho-1} & z \end{vmatrix} = \begin{vmatrix} a_0 & \ldots a_{\varrho-2} & x_0 & y_0 \\ \cdot & \cdots & & \\ a_{\varrho-1} & \ldots a_{2\varrho-3} & x_{\varrho-1} & y_{\varrho-1} \\ a_\varrho & \ldots a_{2\varrho-2} & x_\varrho & y_\varrho \end{vmatrix}.$$

Wegen der wichtigen Rolle, die sie in der folgenden Untersuchung spielt, will ich sie noch in folgender einfachen Weise verificiren: Die Differenz zwischen der linken und der rechten Seite ist eine homogene lineare Function der $\rho+2$ Variabeln $x_0, x_1, \ldots x_{\varrho-1}, x_\varrho, z$, in der aber, wie leicht zu sehen, die Coefficienten von x_0, x_ϱ und z verschwinden. Sie hängt also höchstens von den $\rho-1$ Variabeln

$$x_1,\ x_2, \ldots x_{\varrho-1}$$

ab. Giebt man aber diesen die Werthe

$$a_{\alpha+1},\ a_{\alpha+2}, \ldots a_{\alpha+\varrho-1} \qquad (\alpha = 0, 1, \ldots \rho-2)$$

und zugleich den Grössen x_0, x_ϱ, z die Werthe $a_\alpha, a_{\alpha+\varrho}, y_{\alpha+1}$, so verschwindet jede der drei Determinanten. Folglich ist jene lineare Function Null, falls die Determinante

$$\begin{vmatrix} a_1 & \ldots a_{\varrho-1} \\ \cdot & \cdots \\ a_{\varrho-1} & \ldots a_{2\varrho-3} \end{vmatrix}$$

von Null verschieden ist. Daher muss die Gleichung (1) identisch bestehen, auch wenn diese Bedingung nicht erfüllt ist.

§. 6.

Aus den Coefficienten des recurrirenden Systems

$$a_{\alpha+\beta} \qquad (\alpha, \beta = 0, 1, \ldots n-1) \tag{1.}$$

bilde ich die Determinanten

$$A_\varrho = \begin{vmatrix} a_0 & \ldots & a_{\varrho-1} \\ \cdot & \ldots & \cdot \\ a_{\varrho-1} & \ldots & a_{2\varrho-2} \end{vmatrix} \tag{2.}$$

und, indem ich zunächst ρ als einen festen Index betrachte,

$$B_{\alpha\beta} = \begin{vmatrix} a_0 & \ldots & a_{\varrho-1} & a_{\varrho+\beta} \\ \cdot & \ldots & \cdot & \cdot \\ a_{\varrho-1} & \ldots & a_{2\varrho-2} & a_{2\varrho-1+\beta} \\ a_{\varrho+\alpha} & \ldots & a_{2\varrho-1+\alpha} & a_{2\varrho+\alpha+\beta} \end{vmatrix}. \tag{3.}$$

Ist A_ϱ von Null verschieden und verschwinden

$$B_{00}, B_{01}, \ldots B_{0,\sigma-1}, \tag{4.}$$

so bilden die Grössen

$$B_{\alpha\beta} \qquad (\alpha, \beta = 0, 1, \ldots \sigma-1) \tag{5.}$$

ein recurrirendes System; es ist also $B_{\alpha\beta} = 0$, wenn

$$\alpha + \beta < \sigma - 1$$

ist, und es kann $B_{\alpha\beta} = B_{\alpha+\beta}$ gesetzt werden.

Nach dem Satze von Kronecker §. 1 folgt aus der gemachten Voraussetzung, dass in dem System

$$\begin{matrix} a_0 & \ldots & a_{\varrho-1} & a_\varrho & \ldots & a_{\varrho+\sigma-2} \\ \cdot & \ldots & \cdot & \cdot & \ldots & \cdot \\ a_{\varrho-1} & \ldots & a_{2\varrho-2} & a_{2\varrho-1} & \ldots & a_{2\varrho+\sigma-3} \\ a_\varrho & \ldots & a_{2\varrho-1} & a_{2\varrho} & \ldots & a_{2\varrho+\sigma-2} \end{matrix}$$

alle Determinanten $(\rho+1)^{\text{ten}}$ Grades verschwinden. Nun ist aber nach (1.) §. 5

$$\begin{vmatrix} a_0 & \ldots & a_{\varrho-1} & a_{\varrho+\beta} \\ \cdot & \ldots & \cdot & \cdot \\ a_{\varrho-1} & \ldots & a_{2\varrho-2} & a_{2\varrho+\beta-1} \\ a_{\varrho+\alpha+1} & \ldots & a_{2\varrho+\alpha} & a_{2\varrho+\alpha+\beta+1} \end{vmatrix} - \begin{vmatrix} a_0 & \ldots & a_{\varrho-1} & a_{\varrho+\beta+1} \\ \cdot & \ldots & \cdot & \cdot \\ a_{\varrho-1} & \ldots & a_{2\varrho-2} & a_{2\varrho+\beta} \\ a_{\varrho+\alpha} & \ldots & a_{2\varrho+\alpha-1} & a_{2\varrho+\alpha+\beta+1} \end{vmatrix} = \begin{vmatrix} a_0 & \ldots & a_{\varrho-2} & a_{\varrho+\alpha} & a_{\varrho+\beta} \\ \cdot & \ldots & \cdot & \cdot & \cdot \\ a_{\varrho-1} & \ldots & a_{2\varrho-3} & a_{2\varrho+\alpha-1} & a_{2\varrho+\beta-1} \\ a_\varrho & \ldots & a_{2\varrho-2} & a_{2\varrho+\alpha} & a_{2\varrho+\beta} \end{vmatrix} \tag{6.}$$

Sind also α und β irgend zwei der Werthe $0, 1, \ldots \sigma-2$, so verschwindet die Determinante rechts und folglich ist $B_{\alpha+1,\beta} = B_{\alpha,\beta+1}$. Mithin ist das System (5.) ein recurrirendes, also $B_{\alpha\beta} = B_{\alpha+\beta}$. Speciell verschwinden die Grössen $B_0 = B_{00}, B_1 = B_{01}, \ldots B_{\sigma-2} = B_{0,\sigma-2}$. Für den Fall $\rho = 0$, auf den die Formel (6.) nicht anwendbar ist, bedarf der Satz keines Beweises.

Die im Folgenden besonders wichtige Grösse $B_{\sigma-1}$ bezeichne ich auch mit

$$(7.)\qquad A_{\varrho,\varrho+\sigma} = \begin{vmatrix} a_0 & \dots & a_{\varrho-1} & a_{\varrho+\beta} \\ \cdot & \dots & \cdot & \cdot \\ a_{\varrho-1} & \dots & a_{2\varrho-2} & a_{2\varrho-1+\beta} \\ a_{\varrho+\alpha} & \dots & a_{2\varrho-1+\alpha} & a_{2\varrho+\alpha+\beta} \end{vmatrix} \qquad (\alpha+\beta=\sigma-1).$$

§. 7.

Aus dem erhaltenen Resultate ergiebt sich sofort der Satz von Kronecker (Monatsber. 1881, S. 584):

Ist A_ϱ von Null verschieden und verschwinden

$$(1.)\qquad B_{00},\, B_{01},\, \dots\, B_{0,\sigma-2},$$

so verschwinden auch

$$(2.)\qquad A_{\varrho+1},\, A_{\varrho+2},\, \dots\, A_{\varrho+\sigma-1}.$$

Verschwinden umgekehrt die Grössen (2.), während A_ϱ von Null verschieden ist, so verschwinden auch die Grössen (1.). Ferner ist

$$(3.)\qquad A_\varrho^{\sigma-1} A_{\varrho+\sigma} = (-1)^{\frac{\sigma(\sigma-1)}{2}} A_{\varrho,\varrho+\sigma}^{\sigma}.$$

Nach dem Satze von Sylvester ist

$$(4.)\qquad A_\varrho^{\lambda-1} A_{\varrho+\lambda} = \sum \pm B_{00} B_{11} \dots B_{\lambda-1,\lambda-1}.$$

Ist also $B_{00} = B_{01} = \dots = B_{0,\lambda-1} = 0$, so ist auch $A_{\varrho+\lambda} = 0$. Wenn die Grössen (1.) verschwinden, so bilden die Grössen

$$(5.)\qquad B_{\alpha\beta} = B_{\alpha+\beta} \qquad (\alpha,\beta = 0, 1 \dots \sigma-1)$$

ein recurrirendes System, und da $B_{\alpha\beta} = 0$ ist, wenn $\alpha+\beta < \sigma-1$ ist, so ist

$$\sum \pm B_{00} \dots B_{\sigma-1,\sigma-1} = (-1)^{\frac{\sigma(\sigma-1)}{2}} B_{\sigma-1}^{\sigma}.$$

Umgekehrt ist $A_{\varrho+1} = B_{00}$, also wenn $A_{\varrho+1} = 0$ ist, auch $B_{00} = 0$. Nach (4.) ist daher $A_\varrho A_{\varrho+2} = -B_{01}^2$, also wenn $A_{\varrho+2} = 0$ ist, auch $B_{01} = 0$. Folglich ist nach §. 6 $B_{02} = B_{11} = B_{20} = B_2$, demnach $A_\varrho^2 A_{\varrho+3} = -B_2^3$, also wenn $A_{\varrho+3} = 0$ ist, auch $B_{02} = 0$. Folglich ist $B_{03} = B_{12} = B_3$, demnach $A_\varrho^3 A_{\varrho+4} = B_3^4$, also wenn $A_{\varrho+3} = 0$ ist, auch $B_{03} = 0$ u. s. w.

Wenn daher A_ϱ von Null verschieden ist, aber die Determinanten (2.) verschwinden, so bilden die Grössen (5.) ein recurrirendes System, in welchem $B_0 = B_1 = \dots = B_{\sigma-2} = 0$ ist.

§. 8.

Eine besonders merkwürdige Folgerung lässt sich aus diesem Satze ziehen für den Fall, dass das System

$$(1.)\qquad a_{\alpha+\beta}\qquad (\alpha, \beta = 0, 1, 2, \ldots)$$

unbegrenzt, aber nur von endlichem Range r ist. Ist $r > 0$, so können die Grössen $a_0, a_1, a_2, \ldots$ nicht alle verschwinden. Ist

$$a_0 = a_1 = \ldots = a_{\lambda-2} = 0,$$

aber $a_{\lambda-1}$ von Null verschieden, so ist $A_\lambda = \pm a_{\lambda-1}^\lambda$. Daher sind die Determinanten $A_1, A_2, \ldots$ nicht sämmtlich Null. Da aber stets $A_\sigma = 0$ ist, wenn $\sigma > r$ ist, so giebt es einen grössten Werth $\rho (\leqq r)$, für den A_ϱ von Null verschieden ist. Dann sind $A_{\varrho+1}, A_{\varrho+2}, \ldots$ alle Null, und mithin nach dem obigen Satze auch alle Determinanten $B_{\alpha\beta}$. Nach dem Satze von Kronecker verschwinden daher in dem System (1.) alle Determinanten $(\rho+1)^{\text{ten}}$ Grades, und da A_ϱ von Null verschieden ist, so ist ρ gleich dem Range r des Systems.

Ist r der Rang eines unbegrenzten recurrirenden Systems, so ist A_r von Null verschieden.

Dieser interessante Satz von Kronecker (Monatsber. 1881, S. 560) gilt aber nur für unbegrenzte Systeme. Ist das System

$$(2.)\qquad a_{\alpha+\beta}\qquad (\alpha, \beta = 0, 1, \ldots n-1)$$

begrenzt (vom Grade n), so kann, wie das einfachste Beispiel

$$n = 2,\; a_0 = a_1 = 0,\; r = 1$$

zeigt, $A_r = 0$ sein, oder wenn wieder ρ der grösste Werth ist, für den A_ϱ von Null verschieden ist, so kann $r - \rho = \sigma > 0$ sein. In diesem Falle ist nun, wie ich jetzt zeigen will, stets die Determinante r^{ten} Grades

$$(3.)\qquad A'_r = \begin{vmatrix} a_0 & \ldots & a_{\varrho-1} & a_{n-\sigma} & \ldots & a_{n-1} \\ \cdot & \ldots & \cdot & \cdot & \ldots & \cdot \\ a_{\varrho-1} & \ldots & a_{2\varrho-2} & a_{n-\sigma+\varrho-1} & \ldots & a_{n+\varrho-2} \\ a_{n-\sigma} & \ldots & a_{n-\sigma+\varrho-1} & a_{2n-2\sigma} & \ldots & a_{2n-\sigma-1} \\ \cdot & \ldots & \cdot & \cdot & \ldots & \cdot \\ a_{n-1} & \ldots & a_{n+\varrho-2} & a_{2n-\sigma-1} & \ldots & a_{2n-2} \end{vmatrix},$$

welche aus den ersten ρ und den letzten σ Zeilen und Spalten des recurrirenden Systems gebildet ist, von Null verschieden.

Ich betrachte zuerst den speciellen Fall $\rho = 0$. Dann ist $A_1 = a_0 = 0$, also $A_2 = -a_1^2 = 0$, also $A_3 = -a_2^3 = 0$ u. s. w., demnach

$$a_0 = a_1 = \ldots = a_{n-1} = 0.$$

Folglich ist die aus den letzten $n-1$ Zeilen und Spalten gebildete Determinante gleich $\pm a_n^{n-1}$. Da $A_n = 0$ ist, so ist der Rang $r < n$. Ist also a_n von Null verschieden, so ist $r = n-1$, und umgekehrt; ist aber $r < n-1$, so ist $a_n = 0$. Folglich ist die aus den letzten $n-2$ Zeilen und Spalten gebildete Determinante gleich $\pm a_{n+1}^{n-2}$. Ist also a_{n+1} von Null verschieden, so ist $r = n-2$, und umgekehrt; ist aber $r < n-2$, so ist $a_{n+1} = 0$, u. s. w. Daher ist die aus den letzten r Zeilen und Spalten gebildete Determinante von Null verschieden und gleich $\pm a_{2n-r-1}^r$, während $a_0, a_1, \dots a_{2n-r-2}$ verschwinden.

Im allgemeinen Falle betrachte ich die quadratische Form

$$(4.)\qquad \xi = \sum_{\alpha,\beta}^{n-1}{}_0\, a_{\alpha+\beta} x_\alpha x_\beta$$

der Variabeln $x_0, x_1, \dots x_{n-1}$ und setze

$$(5.)\qquad \xi_\alpha = \frac{1}{2}\frac{\partial \xi}{\partial x_\alpha} = \sum_\beta a_{\alpha+\beta} x_\beta .$$

Dann ist nach (2.) §. 3

$$(6.)\qquad A_\varrho \xi = \eta^{(\varrho)} + \zeta^{(\varrho)} = \begin{vmatrix} a_0 & \dots & a_{\varrho-1} & \xi_0 \\ . & \dots & . & . \\ a_{\varrho-1} & \dots & a_{2\varrho-2} & \xi_{\varrho-1} \\ \xi_0 & \dots & \xi_{\varrho-1} & \xi \end{vmatrix} - \begin{vmatrix} a_0 & \dots & a_{\varrho-1} & \xi_0 \\ . & \dots & . & . \\ a_{\varrho-1} & \dots & a_{2\varrho-2} & \xi_{\varrho-1} \\ \xi_0 & \dots & \xi_{\varrho-1} & 0 \end{vmatrix},$$

und nach dem in §. 1 entwickelten Satze ist der Rang der Form

$$(7.)\qquad \eta^{(\varrho)} = \sum_{\alpha,\beta}^{n-\varrho-1}{}_0\, B_{\alpha\beta} x_{\varrho+\alpha} x_{\varrho+\beta}$$

gleich $r-\rho = \sigma$. Da ferner A_ϱ von Null verschieden ist, und $A_{\varrho+1}, \dots A_n$ verschwinden, so ist $B_{\alpha\beta} = B_{\alpha+\beta}$ und $B_0 = B_1 = \dots = B_{n-\varrho-1} = 0$. Aus dem oben behandelten Falle ergiebt sich daher, dass auch $B_{n-\varrho} = \dots = B_{2n-r-\varrho-2} = 0$, aber $B_{2n-r-\varrho-1} = A'_{\varrho r}$ von Null verschieden ist. Nun ist aber nach dem Satze von Sylvester

$$(8.)\qquad A_\varrho^{\sigma-1} A'_r = \begin{vmatrix} B_{2n-2r} & \dots & B_{2n-r-\varrho-1} \\ . & \dots . & \\ B_{2n-r-\varrho-1} & \dots & B_{2n-2\varrho-2} \end{vmatrix} = (-1)^{\frac{1}{2}\sigma(\sigma-1)} A'^{\sigma}_{\varrho r},$$

und mithin ist A'_r von Null verschieden.

Ebenso ist auch die Signatur der Form $A_\varrho \xi$ gleich der Summe der Signaturen der beiden quadratischen Formen von $\xi_0 \dots \xi_{\varrho-1}$, und von $x_\varrho, \dots x_{n-1}$, in welche sie nach (6.) zerlegt werden kann. Da $B_{\alpha\beta} = 0$ ist, wenn $\alpha+\beta < 2n-r-\rho-1$ ist, so hängt die Form (7.) nur von den Variabeln $x_{n-\sigma}, \dots x_{n-1}$ ab und ist als solche von der speciellen Art, die ich am Ende des §. 3 betrachtet habe. Ihre

Signatur ist also, wenn σ gerade ist, Null, wenn σ ungerade ist, $(-1)^{\frac{1}{2}(\sigma-1)}$ sign (A'_r). Die Signatur von ξ wird demnach erhalten, indem man die Signatur der Form $\frac{\xi^{(\rho)}}{A_\rho}$ um 0 oder

$$(9.)\qquad (-1)^{\frac{1}{2}(r-\rho-1)} \operatorname{sign}(A_\rho A'_r)$$

vermehrt, je nachdem $r-\rho$ gerade oder ungerade ist. Jene Form der Variabeln $\xi_0, \dots \xi_{\rho-1}$ ist aber die reciproke der Form $\sum_{\alpha,\beta}^{\rho-1} a_{\alpha+\beta} x_\alpha x_\beta$, und ich werde nun zeigen, wie man die Signatur einer solchen Form, deren Determinante nicht verschwindet, berechnen kann.

Um die ursprünglichen Bezeichnungen anwenden zu können, betrachte ich allgemeiner eine Form (4.) vom Range r, für welche A_r von Null verschieden ist. Sei wieder ρ ein fester Index und

$$z_\alpha = \begin{vmatrix} a_0 & \dots a_{\rho-1} & \xi_0 \\ \cdot & \dots & \cdot \\ a_{\rho-1} & \dots a_{2\rho-2} & \xi_{\rho-1} \\ a_{\rho+\alpha} & \dots a_{2\rho+\alpha-1} & \xi_{\rho+\alpha} \end{vmatrix}.$$

Dann ist nach dem Satze von Sylvester

$$(10.)\qquad A_\rho^\sigma \eta^{(\rho+\sigma)} = \begin{vmatrix} B_{00} & \dots B_{0,\sigma-1} & z_0 \\ \cdot & \dots & \\ B_{\sigma-1,0} & \dots B_{\sigma-1,\sigma-1} & z_{\sigma-1} \\ z_0 & \dots z_{\sigma-1} & \eta^{(\rho)} \end{vmatrix}$$

und

$$(11.)\qquad A_\rho^{\sigma-1} A_{\rho+\sigma} = \sum \pm B_{00} \dots B_{\sigma-1,\sigma-1}$$

und folglich

$$(12.)\qquad \frac{\eta^{(\rho)}}{A_\rho} - \frac{\eta^{(\rho+\sigma)}}{A_{\rho+\sigma}} = -\frac{1}{A_\rho} \begin{vmatrix} B_{00} & \dots B_{0,\sigma-1} & z_0 \\ \cdot & \dots & \cdot \\ B_{\sigma-1,0} & \dots B_{\sigma-1,\sigma-1} & z_{\sigma-1} \\ z_0 & \dots z_{\sigma-1} & 0 \end{vmatrix} : \begin{vmatrix} B_{00} & \dots B_{0,\sigma-1} \\ \cdot & \dots \\ B_{\sigma-1,0} & \dots B_{\sigma-1,\sigma-1} \end{vmatrix}.$$

Die Signatur dieser Form der Variabeln $z_0, \dots z_{\sigma-1}$ ist gleich der Signatur der reciproken Form $A_\rho \sum_{\alpha,\beta}^{\sigma-1} B_{\alpha\beta} z_\alpha z_\beta$. Nun setze ich voraus, dass $A_{\rho+1}, \dots A_{\rho+\sigma-1}$ verschwinden, während A_ρ und $A_{\rho+\sigma}$ von Null verschieden sind. Dann ist $B_{\alpha\beta} = 0$, wenn $\alpha+\beta < \sigma-1$ ist. Daher ist nach (9.) §. 3 die Signatur der Form, wenn σ gerade ist, Null, wenn aber σ ungerade ist,

$$(13.)\qquad (-1)^{\frac{1}{2}(\sigma-1)} \operatorname{sign}(A_\rho A_{\rho+\sigma}) = \operatorname{sign}(A_\rho A_{\rho,\rho+\sigma}).$$

Denn die Determinante der Form ist nach (11.) gleich $A_\varrho^{2\sigma-1}A_{\varrho+\sigma}$, und es ist

$$(14.)\qquad A_\varrho^{\sigma-1}A_{\varrho+\sigma}=(-1)^{\frac{1}{2}\sigma(\sigma-1)}A^\sigma_{\varrho,\varrho+\sigma},$$

wo

$$(15.)\qquad A_{\varrho,\varrho+\sigma}=B_{\sigma-1}=B_{0,\sigma-1}=B_{1,\sigma-2}=\ldots=B_{\sigma-1,0}$$

auf verschiedene Arten in Determinantenform dargestellt werden kann, unter andern auch, wenn σ ungerade ist, als Hauptunterdeterminante $B_{\frac{\sigma-1}{2},\frac{\sigma-1}{2}}$.

Zur Berechnung der Signatur einer beliebigen recurrirenden Form (4.) ergiebt sich aus diesen Entwicklungen, in Verbindung mit denen des §. 3 die folgende Regel: Unter den Determinanten (2.) §. 2 seien

$$(16.)\qquad A_0\quad A_\alpha\quad A_\beta\quad A_\gamma\quad\ldots A_\varkappa\quad A_\lambda\quad\ldots A_\nu\quad A_\varrho\qquad (0<\alpha<\beta\ldots<\rho)$$

von Null verschieden. Ist $\rho<r$, so füge man dazu noch die Determinante A'_r. Unter den Differenzen der Indices $\alpha, \beta-\alpha, \gamma-\beta, \ldots r-\rho$ behalte man nur die bei, welche ungerade sind. Ist $\lambda-\varkappa$ ungerade, so berechne man das Vorzeichen $(-1)^{\frac{1}{2}(\lambda-\varkappa-1)}$ sign $(A_\varkappa A_\lambda)$, ist $r-\rho$ ungerade, das Vorzeichen $(-1)^{\frac{1}{2}(r-\varrho-1)}$ sign $(A_\varrho A'_r)$. Dann ist die Signatur der Form ξ gleich der Summe dieser Vorzeichen

$$(17.)\qquad s=\sum(-1)^{\frac{1}{2}(\lambda-\varkappa-1)}\operatorname{sign}(A_\varkappa A_\lambda)=\sum\operatorname{sign}(A_\varkappa A_{\varkappa\lambda})\qquad(\lambda-\varkappa\text{ ungerade}).$$

Nach der Formel

$$(18.)\qquad A_\varkappa^{\lambda-\varkappa-1}A_\lambda=(-1)^{\frac{1}{2}(\lambda-\varkappa)(\lambda-\varkappa-1)}A_{\varkappa\lambda}^{\lambda-\varkappa},$$

an deren Stelle für $\lambda=r$ die Formel (8.) tritt, ist aber

$$(19.)\quad \operatorname{sign}(A_\lambda)=(-1)^{\frac{1}{2}(\lambda-\varkappa-1)}\operatorname{sign}(A_{\varkappa\lambda})\text{ oder }\operatorname{sign}(A_\lambda)=(-1)^{\frac{1}{2}(\lambda-\varkappa)}\operatorname{sign}(A_\varkappa),$$

je nachdem $\lambda-\varkappa$ ungerade oder gerade ist. Durch wiederholte Anwendung dieser Formeln ergiebt sich

$$(20.)\qquad s=\sum(-1)^{\frac{1}{2}(\xi-\varkappa-1)}\operatorname{sign}(A_{\varkappa\lambda}A_{\xi\eta})=\sum(-1)^{\frac{1}{2}(\eta-\lambda-1)}\operatorname{sign}(A_\lambda A_\eta),$$

wenn in der Reihe der Indices

$$(21.)\qquad 0\,\alpha\,\beta\ldots\varkappa\,\lambda\ldots\xi\,\eta\ldots\rho\,r$$

die Differenzen $\lambda-\varkappa$ und $\eta-\xi$ ungerade, die Differenzen der zwischen λ und ξ liegenden Indices aber gerade sind. Da in den Formeln

(17.) und (20.) $\lambda-\varkappa$ ungerade ist, so kann für $A_{\varkappa\lambda}$ die Hauptunterdeterminante

$$(22).\qquad A_{\varkappa\lambda}=\begin{vmatrix} a_0 & \dots a_{\varkappa-1} & a_{\frac{1}{2}(\varkappa+\lambda-1)} \\ \cdot & \dots & \cdot \\ a_{\varkappa-1} & \dots a_{2\varkappa-2} & a_{\frac{1}{2}(3\varkappa+\lambda-3)} \\ a_{\frac{1}{2}(\varkappa+\lambda-1)} & \dots a_{\frac{1}{2}(3\varkappa+\lambda-3)} & a_{\varkappa+\lambda-1} \end{vmatrix}$$

gesetzt werden.

§. 9.

Um zu dem STURM'schen Satze zu gelangen, ist eine recurrirende Form

$$(1.)\qquad \sum_{\alpha,\beta}{}_0^{n-1} f_{\alpha+\beta}x_\alpha x_\beta$$

zu betrachten, deren Coefficienten

$$(2.)\qquad f_\lambda = a_\lambda x - a_{\lambda+1} \qquad (\lambda=0,1,\dots 2n-2)$$

lineare Functionen einer Variabeln x mit constanten Coefficienten sind. Ist die Signatur der Form für einen bestimmten Werth von x gleich s und für einen andern Werth x' gleich s', so handelt es sich um die Berechnung der Differenz

$$(3.)\qquad s'-s=\Delta s.$$

Da in den Anwendungen das System

$$(4.)\qquad \begin{matrix} a_0 & \dots & a_{n-1} \\ \cdot & \dots & \cdot \\ a_n & \dots & a_{2n-1} \end{matrix}$$

ein Theil eines unbegrenzten recurrirenden Systems ist, dessen Rang $r\leqq n$ ist, so nehme ich an, dass A_r von Null verschieden ist, wenn r der Rang des Systems (4.) ist. Die der Determinante (2.) §. 6 analoge Determinante

$$(5.)\qquad F_\varrho=\begin{vmatrix} f_0 & \dots & f_{\varrho-1} \\ \cdot & \dots & \cdot \\ f_{\varrho-1} & \dots & f_{2\varrho-2} \end{vmatrix}$$

kann auf die Form

$$(6.)\qquad F_\varrho(x)=\begin{vmatrix} a_0 & \dots & a_{\varrho-1} & 1 \\ \cdot & \dots & \cdot & \cdot \\ a_\varrho & \dots & a_{2\varrho-1} & x^\varrho \end{vmatrix}$$

gebracht werden, ist also eine ganze Function ϱ^{ten} Grades von x, worin der Coefficient von x^ϱ gleich A_ϱ ist. Ist F_ϱ identisch Null, so verschwindet daher A_ϱ, aber auch $A_{\varrho+1}$, weil die Coefficienten von F_ϱ die zu den Elementen der letzten Spalte von $A_{\varrho+1}$ gehörigen Unterdeterminanten sind. Ist also A_ϱ von Null verschieden, so verschwindet weder F_ϱ noch $F_{\varrho-1}$ identisch. Wendet man den Satz von SYLVESTER auf die Determinante

$$F_{\varrho+\lambda} = \begin{vmatrix} a_0 & \dots a_{\varrho-1} & a_\varrho & \dots a_{\varrho+\lambda-1} & 1 \\ . & \dots . & . & \dots . & . \\ a_{\varrho-1} & \dots a_{2\varrho-2} & a_{2\varrho-1} & \dots a_{2\varrho+\lambda-2} & x^{\varrho-1} \\ a_\varrho & \dots a_{2\varrho-1} & a_{2\varrho} & \dots a_{2\varrho+\lambda-1} & x^\varrho \\ . & \dots . & . & \dots . & . \\ a_{\varrho+\lambda} & \dots a_{2\varrho+\lambda-1} & a_{2\varrho+\lambda} & \dots a_{2\varrho+2\lambda-1} & x^{\varrho+\lambda} \end{vmatrix}$$

an, so erhält man

$$(7.) \qquad A_\varrho^\lambda F_{\varrho+\lambda} = \begin{vmatrix} B_{00} & \dots B_{0,\lambda-1} & G_0 \\ . & \dots . & . \\ B_{\lambda-1,0} & \dots B_{\lambda-1,\lambda-1} & G_{\lambda-1} \\ B_{\lambda,0} & \dots B_{\lambda,\lambda-1} & G_\lambda \end{vmatrix},$$

wo

$$(8.) \qquad G_\lambda = \begin{vmatrix} a_0 & \dots a_{\varrho-1} & 1 \\ . & \dots . & . \\ a_{\varrho-1} & \dots a_{2\varrho-2} & x^{\varrho-1} \\ a_{\varrho+\lambda} & \dots a_{2\varrho+\lambda-1} & x^{\varrho+\lambda} \end{vmatrix}$$

ist. Nun sei $A_{\varrho+1} = \dots = A_{\varrho+\sigma-1} = 0$, A_ϱ und $A_{\varrho+\sigma}$ von Null verschieden. Dann ist

$$B_{\alpha\beta} = B_{\alpha+\beta} \qquad (\alpha, \beta = 0, 1, \dots \sigma-1)$$

und $B_{\alpha\beta} = 0$, wenn $\alpha+\beta < \sigma-1$ ist. Daher ist identisch

$$(9.) \qquad F_{\varrho+1} = \dots = F_{\varrho+\sigma-2} = 0,$$

aber, weil $B_{\sigma-1} = A_{\varrho,\varrho+\sigma}$ und $G_0 = F_\varrho$ ist,

$$A_\varrho^{\sigma-1} F_{\varrho+\sigma-1} = (-1)^{\frac{1}{2}\sigma(\sigma-1)} A_{\varrho,\varrho+\sigma}^{\sigma-1} F_\varrho$$

oder nach (14.) §. 7 [vergl. KRONECKER, Monatsber. 1878, S. 99 (D.)]

$$(10.) \qquad A_{\varrho,\varrho+\sigma} F_{\varrho+\sigma-1} = A_{\varrho+\sigma} F_\varrho.$$

Ich schliesse zunächst solche Werthe der Variabeln x aus, für welche eine der Functionen F_ϱ, $F_{\varrho+\sigma}$, die nicht identisch verschwinden, den Werth Null hat. Ist dann $\sigma-1$ gerade (oder Null), so liefert der Übergang von F_ϱ zu $F_{\varrho+\sigma-1}$ keinen Beitrag zur Signatur, ist aber $\sigma-1$ ungerade, nach (13.) §. 7 den Beitrag

$$(11.) \quad -(-1)^{\frac{1}{2}\sigma} \operatorname{sign}(F_\varrho F_{\varrho+\sigma-1}) = -(-1)^{\frac{1}{2}\sigma} \operatorname{sign}(A_{\varrho+\sigma} A_{\varrho,\varrho+\sigma}) = -\operatorname{sign}(A_\varrho A_{\varrho,\varrho+\sigma}).$$

Da aber dies Vorzeichen von x unabhängig ist, so hebt sich dies Glied in der Differenz (3.).

Dagegen liefert der Übergang von $F_{\varrho+\sigma-1}$ zu $F_{\varrho+\sigma}$ den Beitrag

$$(12.)\qquad \operatorname{sign}(F_{\varrho+\sigma-1}F_{\varrho+\sigma}) = \operatorname{sign}(A_{\varrho+\sigma}A_{\varrho,\varrho+\sigma}F_{\varrho}F_{\varrho+\sigma}).$$

Daher ist Δs gleich der Änderung, die der Ausdruck

$$(13.)\qquad \sum \operatorname{sign}(F_{\lambda-1}F_{\lambda}) = \sum \operatorname{sign}(A_{\lambda}A_{\varkappa\lambda}F_{\varkappa}F_{\lambda})$$

beim Übergange von x zu x' erfährt. Dem Summationsbuchstaben λ sind links nur die Werthe zu ertheilen, für die A_{λ} $(\lambda > 0)$ von Null verschieden ist. Da aber für die anderen Werthe $F_{\lambda-1}F_{\lambda}$ verschwindet oder falls $A_{\lambda} = 0$, $A_{\lambda-1}$ und $A_{\lambda+1}$ von Null verschieden ist, ein Quadrat ist [Kronecker, a. a. O. S. 100 (F')], so kann λ auch alle Werthe von 1 bis $n-1$ durchlaufen. Für die Signatur s selbst ergiebt sich aus der obigen Entwicklung die Formel

$$(14.)\qquad s + h = \sum \operatorname{sign}(F_{\lambda-1}F_{\lambda}),$$

wo die Summe nur über die oben definirten Werthe von λ zu erstrecken ist, und die Constante h den Werth

$$(15.)\qquad h = \sum \operatorname{sign}(A_{\varkappa}A_{\varkappa\lambda}) \qquad (\lambda-\varkappa \text{ gerade})$$

hat.

Ist speciell $x' = +\infty$ und $x = -\infty$, so hat $\operatorname{sign}(F_{\lambda-1}F_{\lambda})$ für diese beiden Grenzwerthe gleiche Werthe, wenn der Grad von $F_{\lambda-1}F_{\lambda}$ gerade ist, aber entgegengesetzte, wenn er ungerade ist. Sind nun $A_{\varkappa}$ und A_{λ} $(\lambda > \varkappa)$ von Null verschieden, während $A_{\varkappa+1}\dots A_{\lambda-1}$ verschwinden, so ist

$$(10^*.)\qquad A_{\varkappa\lambda}F_{\lambda-1} = A_{\lambda}F_{\varkappa}.$$

Daher ist der Grad von $F_{\lambda-1}F_{\lambda}$ gleich $\varkappa+\lambda$, und wenn $\varkappa+\lambda$ ungerade ist, so hat der Coefficient von $x^{\varkappa+\lambda}$ dasselbe Vorzeichen, wie $A_{\varkappa}A_{\varkappa\lambda}$.

Folglich ist für diesen Fall

$$(16.)\qquad \frac{1}{2}\Delta s = \sum \operatorname{sign}(A_{\varkappa}A_{\varkappa\lambda}) \qquad (\lambda-\varkappa \text{ ungerade})$$

ausgedehnt über die Glieder der Reihe

$$A_0 \quad A_{\alpha} \quad A_{\beta}\dots A_{\varkappa} \quad A_{\lambda}\dots A_{r},$$

für welche $\lambda-\varkappa$ ungerade ist. Dieselbe Regel ergiebt sich direct aus dem in §. 7 erhaltenen Resultate, nach welchem die rechte Seite der Gleichung (16.) gleich $s' = -s$ ist.

§. 10.

Die Formel (13.) §. 9 bleibt auch gültig, wenn x oder x' Werthe annehmen, für die eine der Functionen F_λ den Werth Null hat. Um dies zu beweisen, brauche ich die zwischen den Functionen F_λ bestehenden linearen Relationen. Nach Formel (1.) §. 5 ist

$$\begin{vmatrix} a_0 & \dots & a_{\varrho-1} & 1 \\ \cdot & \dots & \cdot & \cdot \\ a_{\varrho-1} & \dots & a_{2\varrho-2} & x^{\varrho-1} \\ a_{\varrho+1} & \dots & a_{2\varrho} & x^{\varrho+1} \end{vmatrix} - \begin{vmatrix} a_0 & \dots & a_{\varrho-1} & x \\ \cdot & \dots & \cdot & \cdot \\ a_{\varrho-1} & \dots & a_{2\varrho-2} & x^{\varrho} \\ a_{\varrho} & \dots & a_{2\varrho-1} & x^{\varrho+1} \end{vmatrix} = \begin{vmatrix} a_0 & \dots & a_{\varrho-2} & a_\varrho & 1 \\ \cdot & \dots & \cdot & \cdot & \cdot \\ \cdot & \dots & \cdot & \cdot & \cdot \\ a_\varrho & \dots & a_{2\varrho-2} & a_{2\varrho} & x^\varrho \end{vmatrix},$$

also wenn man die erste dieser Determinanten mit F'_ϱ bezeichnet ($F'_0 = x$), und die letzte mit H_ϱ ($H_0 = 0$, $H_1 = a_1 x - a_2$)

$$(1.)\qquad F'_\varrho - xF_\varrho = H_\varrho.$$

In dem System

$$\begin{matrix} a_0 & \dots & a_{\varrho-2} & a_{\varrho-1} & a_\varrho & 1 & 0 \\ \cdot & \dots & \cdot & \cdot & \cdot & \cdot & \cdot \\ a_{\varrho-1} & \dots & a_{2\varrho-3} & a_{2\varrho-2} & a_{2\varrho-1} & x^{\varrho-1} & 0 \\ a_\varrho & \dots & a_{2\varrho-2} & a_{2\varrho-1} & a_{2\varrho} & x^\varrho & 1 \end{matrix}$$

von $\rho+1$ Zeilen und von $\rho+3$ Spalten bezeichne ich die aus den $\rho+1$ Spalten $0, \dots \rho-2, \alpha, \beta$ gebildete Determinante $(\rho+1)^{\text{ten}}$ Grades mit (α, β). Dann ist nach einem bekannten Satze

$$(2.)\quad (\rho-1,\rho)(\rho+1,\rho+2)+(\rho-1,\rho+1)(\rho+2,\rho)+(\rho-1,\rho+2)(\rho,\rho+1) = 0$$

also

$$(3.)\qquad A_{\varrho+1}F_{\varrho-1} - A'_\varrho F_\varrho + A_\varrho H_\varrho = 0,$$

falls man

$$A'_\varrho = \begin{vmatrix} a_0 & \dots & a_{\varrho-2} & a_\varrho \\ \cdot & \dots & \cdot & \cdot \\ a_{\varrho-1} & \dots & a_{2\varrho-3} & a_{2\varrho-1} \end{vmatrix}$$

($A'_1 = a_1$) setzt.

Endlich ist nach dem Determinantensatze (1.) §. 2

$$(4.)\qquad A_\varrho F_{\varrho+1} = A_{\varrho+1}F'_\varrho - A'_{\varrho+1}F_\varrho.$$

Eliminirt man aus diesen drei Gleichungen F'_ϱ und H_ϱ, so erhält man die Recursionsformel

$$(5.)\quad A_\varrho^2 F_{\varrho+1} + (A_\varrho A'_{\varrho+1} - A_{\varrho+1}A'_\varrho - xA_\varrho A_{\varrho+1})F_\varrho + A_{\varrho+1}^2 F_{\varrho-1} = 0.$$

Dieselbe ist von Jacobi (De eliminatione variabilis e duabus aequationibus algebraicis, Ges. Werke Bd. 3, S. 319) gefunden und von Joachimsthal (Crelle's Journ. Bd. 48, S. 397) und Hattendorf (Die Sturm'schen

Functionen §. 11) auf anderem Wege bewiesen, hier aber zum ersten Male nur aus Identitäten zwischen Determinanten hergeleitet worden.

Die Formel lässt sich auf folgende Art verallgemeinern: Sei wieder $A_{\varrho+1} = \ldots = A_{\varrho+\sigma-1} = 0$, A_ϱ und $A_{\varrho+\sigma}$ von Null verschieden. Nach Formel (1.) §. 5 ist

$$G_\lambda - x G_{\lambda-1} = \begin{vmatrix} a_0 & \ldots & a_{\varrho-1} & 1 \\ \cdot & \ldots & \cdot & \cdot \\ a_{\varrho-1} & \ldots & a_{2\varrho-2} & x^{\varrho-1} \\ a_{\varrho+\lambda} & \ldots & a_{2\varrho+\lambda-1} & x^{\varrho+\lambda} \end{vmatrix} - \begin{vmatrix} a_0 & \ldots & a_{\varrho-1} & x \\ \cdot & \ldots & \cdot & \cdot \\ a_{\varrho-1} & \ldots & a_{2\varrho-2} & x^{\varrho} \\ a_{\varrho+\lambda-1} & \ldots & a_{2\varrho+\lambda-2} & x^{\varrho+\lambda} \end{vmatrix} = \begin{vmatrix} a_0 & \ldots & a_{\varrho-2} & a_{\varrho+\lambda-1} & 1 \\ \cdot & \ldots & \cdot & \cdot & \cdot \\ \cdot & \ldots & \cdot & \cdot & \cdot \\ a_\varrho & \ldots & a_{2\varrho-2} & a_{2\varrho+\lambda-1} & x^\varrho \end{vmatrix}.$$

Wendet man ferner die Relation (2.) auf das System

$$\begin{matrix} a_0 & \ldots & a_{\varrho-2} & a_{\varrho-1} & a_{\varrho+\lambda-1} & 1 & 0 \\ \cdot & \ldots & \cdot & \cdot & \cdot & \cdot & \cdot \\ a_{\varrho-1} & \ldots & a_{2\varrho-3} & a_{2\varrho-2} & a_{2\varrho+\lambda-2} & x^{\varrho-1} & 0 \\ a_\varrho & \ldots & a_{2\varrho-2} & a_{2\varrho-1} & a_{2\varrho+\lambda-1} & x^\varrho & 1 \end{matrix}$$

an, so ergiebt sich

$$(6.)\qquad B_{0,\lambda-1} F_{\varrho-1} - C_\lambda F_\varrho + A_\varrho (G_\lambda - x G_{\lambda-1}) = 0,$$

wo

$$(7.)\qquad C_\lambda = \begin{vmatrix} a_0 & \ldots & a_{\varrho-2} & a_{\varrho+\lambda-1} \\ \cdot & \ldots & \cdot & \cdot \\ a_{\varrho-1} & \ldots & a_{2\varrho-3} & a_{2\varrho+\lambda-2} \end{vmatrix},$$

also $C_0 = A_\varrho$ ist.

Endlich ist nach (7.) §. 9

$$A_\varrho^\sigma F_{\varrho+\sigma} = \begin{vmatrix} B_0 & \ldots & B_{\sigma-1} & G_0 \\ \cdot & \ldots & \cdot & \cdot \\ B_{\sigma-1} & \ldots & B_{2\sigma-2} & G_{\sigma-1} \\ B_{\sigma,0} & \ldots & B_{\sigma,\sigma-1} & G_\sigma \end{vmatrix}.$$

Multiplicirt man die letzte Spalte mit $A_\varrho = C_0$ und zieht dann von jeder Zeile, von der letzten angefangen, die vorhergehende, mit x multiplicirt, ab, so erhält man

$$A_\varrho^{\sigma+1} F_{\varrho+\sigma} = \begin{vmatrix} B_0 & \ldots & B_{\sigma-1} & C_0 F_\varrho \\ B_1 - xB_0 & \ldots & B_\sigma - xB_{\sigma-1} & C_1 F_\varrho - B_0 F_{\varrho-1} \\ \cdot & \ldots & & \cdot \\ B_{\sigma-1} - xB_{\sigma-2} & \ldots & B_{2\sigma-2} - xB_{2\sigma-3} & C_{\sigma-1} F_\varrho - B_{\sigma-2} F_{\varrho-1} \\ B_{\sigma,0} - xB_{\sigma-1} & \ldots & B_{\sigma,\sigma-1} - xB_{2\sigma-2} & C_\sigma F_\varrho - B_{\sigma-1} F_{\varrho-1} \end{vmatrix}$$

$$= F_\varrho \begin{vmatrix} B_0 & \ldots B_{\sigma-1} & C_0 \\ B_1 - xB_0 & \ldots B_\sigma - xB_{\sigma-1} & C_1 \\ \cdot & \ldots \quad \cdot & \\ B_{\sigma-1} - xB_{\sigma-2} & \ldots B_{2\sigma-2} - xB_{2\sigma-3} & C_{\sigma-1} \\ B_{\sigma,0} - xB_{\sigma-1} & \ldots B_{\sigma,\sigma-1} - xB_{2\sigma-2} & C_\sigma \end{vmatrix} - F_{\varrho-1}(-1)^\sigma \begin{vmatrix} 0 & B_0 & \ldots B_{\sigma-1} \\ B_0 & B_1 - xB_0 & \ldots B_\sigma - xB_{\sigma-1} \\ \cdot & \cdot & \ldots \quad \cdot \\ B_{\sigma-2} & B_{\sigma-1} - xB_{\sigma-2} & \ldots B_{2\sigma-2} - xB_{2\sigma-3} \\ B_{\sigma-1} & B_{\sigma,0} - xB_{\sigma-1} & \ldots B_{\sigma,\sigma-1} - xB_{2\sigma-2} \end{vmatrix}.$$

Da aber $B_0 = B_1 = \ldots = B_{\sigma-2} = 0$ ist, so ist der Coefficient von $-F_{\varrho-1}$ gleich

$$(-1)^{\frac{1}{2}\sigma(\sigma-1)} B_{\sigma-1}^{\sigma+1} = A_\varrho^{\sigma-1} A_{\varrho+\sigma} B_{\sigma-1},$$

also von der Variabeln x unabhängig. Bezeichnet man den Factor von F_ϱ mit $A_\varrho^{\sigma-1} Q_{\varrho+\sigma,\varrho}$, so ist demnach

$$(8.)\qquad A_\varrho^2 F_{\varrho+\sigma} = Q_{\varrho+\sigma,\varrho} F_\varrho - A_{\varrho+\sigma} A_{\varrho,\varrho+\sigma} F_{\varrho-1}.$$

Abgesehen von einem constanten Factor ist also $F_{\varrho-1}$ der Rest der Division von $F_{\varrho+\sigma}$ durch F_ϱ. Für den mit Q bezeichneten Quotienten erhält man durch einfache Umformungen den Ausdruck

$$(9.)\qquad A_\varrho^{\sigma-1} Q_{\varrho+\sigma,\varrho} = \begin{vmatrix} B_0 & \ldots B_{\sigma-1} & C_0 \\ B_1 & \ldots B_\sigma & C_1 + C_0 x \\ . & \ldots . & . \\ B_{\sigma-1} & \ldots B_{2\sigma-2} & C_{\sigma-1} + C_{\sigma-2} x + \ldots + C_0 x^{\sigma-1} \\ B_{\sigma,0} & \ldots B_{\sigma,\sigma-1} & C_\sigma + C_{\sigma-1} x + \ldots + C_1 x^{\sigma-1} + C_0 x^\sigma \end{vmatrix}.$$

Nach dem Satze von Sylvester ist daher, weil $C_0 = A_\varrho$ ist,

$$(10.)\qquad Q_{\varrho+\sigma,\varrho} = \begin{vmatrix} a_0 & \ldots a_{\varrho-1} & a_\varrho & \ldots a_{\varrho+\sigma-1} & 0 \\ . & \ldots & . & \ldots & . & . \\ a_{\varrho-1} & \ldots a_{2\varrho-2} & a_{2\varrho-1} & \ldots a_{2\varrho+\sigma-2} & 0 \\ a_\varrho & \ldots a_{2\varrho-1} & a_{2\varrho} & \ldots a_{2\varrho+\sigma-1} & C_0 \\ . & \ldots & . & \ldots & . & . \\ a_{\varrho+\sigma} & \ldots a_{2\varrho+\sigma-1} & a_{2\varrho+\sigma} & \ldots a_{2\varrho+2\sigma-1} & C_\sigma + C_{\sigma-1} x + \ldots C_0 x^\sigma \end{vmatrix}.$$

Ersetzt man in der Formel (8.) ρ und $\rho + \sigma$ durch λ und μ, so lautet sie

$$(8^*.)\qquad A_\lambda^2 F_\mu - Q_{\mu,\lambda} F_\lambda + A_\mu A_{\lambda\mu} F_{\lambda-1} = 0,$$

wo $Q_{\mu,\lambda}$ eine ganze Function vom Grade $\mu - \lambda$ ist. In der Reihe der Grössen (2.) §. 6 seien $A_\varkappa$, A_λ, A_μ ($\varkappa < \lambda < \mu$) von Null verschieden, während die zwischen ihnen liegenden Determinanten A_ϱ verschwinden. Dann geht diese Recursionsformel nach (10*.) §. 9 über in

$$(11.)\qquad A_\lambda^2 F_\mu - Q_{\mu,\lambda} F_\lambda + \frac{A_\lambda A_\mu A_{\lambda\mu}}{A_{\varkappa\lambda}} F_\varkappa = 0,$$

und es ist nach (18.) §. 7

$$(12.)\qquad A_\lambda^{\mu-\lambda-1} A_\mu = (-1)^{\frac{1}{2}(\mu-\lambda)(\mu-\lambda-1)} A_{\lambda\mu}{}^{\mu-\lambda}.$$

Sind in der Reihe der Grössen $A_0\ A_1\ A_2 \ldots$ nur die Determinanten

$$(13.)\qquad A_0 \quad A_\alpha \quad A_\beta \ldots A_\varkappa \quad A_\lambda \quad A_\mu \ldots A_r$$

von Null verschieden, so können von den Functionen

$$(14.)\qquad F_0 \quad F_\alpha \quad F_\beta, \ldots F_\varkappa \quad F_\lambda \quad F_\mu \ldots F_r$$

nicht zwei auf einander folgende für denselben Werth von x verschwinden, weil sonst nach (11.) auch F_0 ($=1$) für diesen Werth verschwände. (Derselbe Satz wird in §. 11 durch directe Berechnung der Resultante von F_λ und F_μ bewiesen.)

Bezeichnet man jetzt wieder mit A_ϱ und $A_{\varrho+\sigma}$ zwei auf einander folgende Glieder der Reihe (13.), so liefern die Determinanten $F_{\varrho-1}$, F_ϱ, $F_{\varrho+\sigma-1}$, $F_{\varrho+\sigma}$ für die Signatur s den Beitrag

$$(15.) \qquad \operatorname{sign}(F_{\varrho-1}F_\varrho) + \operatorname{sign}(F_{\varrho+\sigma-1}F_{\varrho+\sigma}),$$

und dazu kommt noch, falls $\sigma-1$ ungerade ist, das Glied

$$(16.) \qquad -(-1)^{\frac{1}{2}\sigma}\operatorname{sign}(A_{\varrho+\sigma}A_{\varrho,\varrho+\sigma}),$$

das sich in der Differenz $s'-s$ aufhebt. Dabei ist aber vorausgesetzt, dass für den betrachteten Werth von x keine jener Functionen den Werth Null hat. Ist aber $F_\varrho=0$, also auch $F_{\varrho+\sigma-1}=0$, so sind $F_{\varrho-1}$ und $F_{\varrho+\sigma}$ von Null verschieden und diese beiden auf einander folgenden Determinanten liefern dann nach (13.) §. 7. zur Signatur den Beitrag Null oder $(-1)^{\frac{1}{2}\sigma}\operatorname{sign}(F_{\varrho-1}F_{\varrho+\sigma})$, je nachdem σ ungerade oder gerade ist. Nach Formel (8.) ist aber, weil $F_\varrho=0$ ist, $A_\varrho^2F_{\varrho+\sigma}=-A_{\varrho+\sigma}A_{\varrho,\varrho+\sigma}F_{\varrho-1}$, und mithin ist jenes Vorzeichen gleich (16.). Demnach bleibt die Formel (13.) §. 9 auch für solche Werthe von x unverändert gültig, für die eine der Functionen F_ϱ verschwindet, deren Index $\rho<r$ ist. In dem hier betrachteten Falle bleibt dies Ergebniss auch für $\rho=r$ gültig. Denn weil das System $f_{\alpha+\beta}$ nach der Voraussetzung einen Theil eines unbegrenzten Systems bildet, wird sein Rang für einen Werth von x, für den $F_r=0$ ist, gleich der in der Reihe (16.) §. 7. mit ρ bezeichneten Zahl.

Das in der Formel (13.) §. 9. ausgesprochene Resultat lässt sich nun mit Hülfe der Recursionsformel (11.) und der Stetigkeitsbetrachtungen, die der Sturm'schen Deduction zu Grunde liegen, auf eine andere Form bringen. Um die Aenderung zu ermitteln, welche der Ausdruck (13.) §. 9. in einem gegebenen Intervalle erfährt, lasse ich die Variable x dasselbe stetig wachsend durchlaufen. Dann kann sich jener Ausdruck nur an einer solchen Stelle ändern, wo eine der Functionen F_λ verschwindet. Ist $\lambda<r$, so sind an dieser Stelle $F_\varkappa$ und F_μ von Null verschieden. Aus (10*.) §. 9. und (8*.) folgt aber

$$(17.) \qquad A_\lambda^2F_{\mu-1}F_\mu - A_{\mu,\lambda}F_\lambda F_{\mu-1} + A_\mu^2F_{\lambda-1}F_\lambda = 0,$$

wo $F_{\mu-1}$ dem F_λ und $F_{\lambda-1}$ dem $F_\varkappa$ proportional ist. Wenn nun F_λ, also auch $F_{\mu-1}$ für einen bestimmten Werth von x von der m^{ten} Ordnung verschwindet, so verschwindet in jener Formel das erste und dritte Glied genau von der Ordnung m, das mittlere aber mindestens von der Ordnung $2m$. In der nächsten Umgebung einer Stelle, wo F_λ verschwindet, haben daher $F_{\lambda-1}F_\lambda$ und $F_{\mu-1}F_\mu$ entgegengesetzte Vorzeichen, und folglich ist

$$\operatorname{sign}(F_{\lambda-1}F_\lambda) + \operatorname{sign}(F_{\mu-1}F_\mu) = 0,$$

gleichgültig, auf welcher Seite der betrachteten Stelle x liegt. Durchläuft also x stetig wachsend ein gegebenes Intervall, so kann sich der Ausdruck (13.) §. 9. nur dann, und zwar um $2, -2$ oder 0 ändern, wenn x durch eine Wurzel der Gleichung $F_r = 0$ hindurchgeht. Legt man einer solchen die Charakteristik $+1, -1$ oder 0 bei, je nachdem, wenn x wachsend durch sie hindurchgeht, $F_{r-1}F_r$ vom negativen zum positiven, vom positiven zum negativen übergeht oder das Vorzeichen nicht wechselt, so ist demnach, falls $x' > x$ ist, $\frac{1}{2}\Delta s$ gleich der Summe der Charakteristiken der zwischen x und x' liegenden Wurzeln der Gleichung $F_r = 0$, ist also durch die beiden Functionen F_r und F_{r-1} allein bestimmt.

§. 11.

Um mittelst des gefundenen Satzes die reellen Wurzeln einer beliebigen algebraischen Gleichung in einem gegebenen Intervall charakterisiren zu können, ist zu untersuchen, ob man die Constanten a_λ so bestimmen kann, dass F_r und F_{r-1} zwei vorgeschriebene Functionen werden (vergl. Kronecker, Göttinger Nachr. 1881, S. 274). Zu diesem Ziele führt die folgende von Kronecker (Monatsber. 1881, S. 600) gefundene Identität: Setzt man

$$(1.)\qquad G_\varrho(x,y) = -\begin{vmatrix} a_0 & \dots & a_{\varrho-1} & 1 \\ \cdot & \dots & \cdot & \cdot \\ a_{\varrho-1} & \dots & a_{2\varrho-2} & y^{\varrho-1} \\ 1 & \dots & x^{\varrho-1} & 0 \end{vmatrix},$$

so ist

$$(2.)\qquad F_\varrho(x)F_{\varrho-1}(y) - F_\varrho(y)F_{\varrho-1}(x) = A_\varrho(x-y)G_\varrho(x,y).$$

Setzt man nämlich in der Formel (1.) §. 5 $x_\lambda = x^\lambda$, $y_\lambda = y^\lambda$, $z = 0$ so erhält man

$$-(x-y)G_\varrho(x,y) = \begin{vmatrix} a_0 & \dots & a_{\varrho-2} & 1 & 1 \\ \cdot & \dots & \cdot & \cdot & \cdot \\ a_\varrho & \dots & a_{2\varrho-2} & x^\varrho & y^\varrho \end{vmatrix}.$$

Wendet man dann auf das System

$$\begin{matrix} a_0 & \dots & a_{\varrho-2} & a_{\varrho-1} & 1 & 1 & 0 \\ \cdot & \dots & \cdot & \cdot & \cdot & \cdot & \cdot \\ a_{\varrho-1} & \dots & a_{2\varrho-3} & a_{2\varrho-2} & x^{\varrho-1} & y^{\varrho-1} & 0 \\ a_\varrho & \dots & a_{2\varrho-2} & a_{2\varrho-1} & x^\varrho & y^\varrho & 1 \end{matrix}$$

von $\rho+1$ Zeilen und $\rho+3$ Spalten die Relation (2.) §. 10 an, so erhält man die Formel (2.).

Seien $F(x)$ und $G(x)$ zwei ganze Functionen von den Graden r und r', A der Coefficient von x^r in F, und sei

$$(3.)\qquad R = A^{r'}\Pi G(x_\lambda)$$

ihre Resultante, wo das Product über die r Wurzeln x_λ der Gleichung $F(x)=0$ zu erstrecken ist. Setzt man dann

$$\frac{F(x)G(y)-F(y)G(x)}{x-y} = \sum_{\alpha,\beta}{}_0^{r-1} b_{\alpha\beta}x^\alpha y^\beta,$$

so ist, falls $r' \leqq r$ ist,

$$(4.)\qquad \sum \pm b_{00}\dots b_{r-1,r-1} = (-1)^{\frac{1}{2}r(r-1)} A^{r-r'} R.$$

Ist nun A_ϱ von Null verschieden, und betrachtet man $\frac{1}{A_\varrho}G_\varrho(x,y)$ als bilineare Form von $1, x, \dots x^{\varrho-1}$ und $1, y, \dots y^{\varrho-1}$, so ist sie die reciproke Form von $\sum_{\alpha,\beta}{}_0^{\varrho-1} a_{\alpha+\beta}x_\alpha y_\beta$, und folglich ist ihre Determinante gleich A_ϱ^{-1}. Ist also der Grad von $F_{\varrho-1}$ gleich ρ', so ist die Resultante von F_ϱ und $F_{\varrho-1}$ gleich

$$(5.)\qquad (-1)^{\frac{1}{2}\varrho(\varrho-1)} A_\varrho^{\varrho+\varrho'-1}.$$

Damit ist von neuem bewiesen, dass F_ϱ und $F_{\varrho-1}$ theilerfremd sind, wenn A_ϱ von Null verschieden ist.

Die Grössen $a_0, a_1, \dots a_{2n-1}$ genügen nur der einen Bedingung, dass A_r von Null verschieden ist, wenn r der Rang des Systems $a_{\alpha+\beta}$ ist. Die Coefficienten der Functionen F_r und F_{r-1} sind ganze Functionen von $a_0, a_1, \dots a_{2r-2}$ von den Graden r und $r' < r$. Sind umgekehrt diese beiden Functionen bekannt, so ist A_r der Coefficient von x^r in F_r. Aus der Formel (2.) ergeben sich dann die Coefficienten $b_{\alpha\beta}$ der bilinearen Form

$$(6.)\qquad \frac{1}{A_r}G_r(x,y) = \sum_{\alpha,\beta}{}_0^{r-1} b_{\alpha\beta}x^\alpha y^\beta.$$

Ist $\sum a_{\alpha\beta}x_\alpha y_\beta$ ihre reciproke Form, so ist, wie Jacobi (a. a. O. §. 5) gezeigt hat, und ich in §. 12 auf einem directeren Wege beweisen werde, $a_{\alpha\beta} = a_{\alpha+\beta}$ nur von der Summe der Indices abhängig. Hat man so $a_0, a_1, \dots a_{2r-2}$ bestimmt, so wird der Ausdruck (6) §. 9 für F_r eine lineare Function von a_{2r-1}

$$(7.)\qquad F_r = -a_{2r-1}F_{r-1}(x) + H,$$

wo H die Determinante (6.) §. 9 ist, falls man darin $\rho = r$ macht und a_{2r-1} durch 0 ersetzt. So findet man a_{2r-1} und daraus, dass in dem System (1.) §. 8 alle Determinanten $(r+1)^{\text{ten}}$ Grades verschwinden, ergeben sich der Reihe nach $a_{2r}, a_{2r+1}, \ldots a_{2n-1}$ durch Auflösung je einer linearen Gleichung mit einer Unbekannten, die mit A_r multiplicirt ist.

Seien jetzt umgekehrt F und G zwei beliebig gegebene ganze Functionen der Variabeln x, die folgenden Bedingungen genügen:

Der Grad r' von G ist kleiner als der Grad r von F.

Ist A der Coefficient von x^r in F, so ist die Resultante von F und G gleich $(-1)^{\frac{1}{2}r(r-1)} A^{r+r'-1}$, also von Null verschieden.

Ist die letztere Bedingung nicht erfüllt, und ist R die Resultante der theilerfremden Functionen F und G, so kann man eine reelle Constante k so bestimmen, dass ihr kF und kG genügen. Denn dazu muss

$$k^{r+r'} R = (-1)^{\frac{1}{2}r(r-1)} (kA)^{r+r'-1} \quad \text{oder} \quad k = (-1)^{\frac{1}{2}r(r-1)} A^{r+r'-1} R^{-1}$$

sein. Man setze nun in der eben geschilderten Rechnung F, G und A an die Stelle von F_r, F_{r-1} und A_r und berechne dann aus den eindeutig bestimmten Werthen $a_0, a_1, \ldots a_{2n-1}$ umgekehrt nach Formel (6.) §. 9 und (2.) §. 6 die Grössen F_r, F_{r-1} und A_r. Nach jener Rechnung ist $\sum_{\alpha,\beta}^{r-1} a_{\alpha+\beta} x_\alpha y_\beta$ die reciproke Form von

$$\text{(8.)} \qquad \frac{F(x)\,G(y) - F(y)\,G(x)}{A^2\,(x-y)} = \sum_{\alpha,\beta}^{r-1} b_{\alpha\beta} x^\alpha y^\beta .$$

Nach Formel (4.) ist daher die Resultante von F und G gleich

$$(-1)^{\frac{1}{2}r(r-1)} A^{r+r'} \sum \pm b_{00} \ldots b_{r-1,r-1}$$

und nach der Voraussetzung gleich $(-1)^{\frac{1}{2}r(r-1)} A^{r+r'-1}$. Folglich ist $\sum \pm b_{00} \ldots b_{r-1,r-1} = A^{-1}$, und mithin ist die Determinante A_r der reciproken Form $\sum a_{\alpha+\beta} x_\alpha y_\beta$ gleich A, also ist $A_r = A$ von Null verschieden. Da die reciproke Form von der reciproken Form wieder die urspüngliche ist, so ist

$$\text{(9.)} \qquad F(x)\,G(y) - F(y)\,G(x) = F_r(x)\,F_{r-1}(y) - F_r(y)\,F_{r-1}(x) .$$

Vergleicht man auf beiden Seiten die Coefficienten von y^r, so erhält man, weil $A = A_r$ ist, $G(x) = F_{r-1}(x)$. Mithin ist

$$\frac{F(x) - F_r(x)}{F_{r-1}(x)} = \frac{F(y) - F_r(y)}{F_{r-1}(y)} = k$$

von x unabhängig, also

$$F(x) = F_r + kF_{r-1} = -(a_{2r-1} - k)\, F_{r-1} + H.$$

Da aber a_{2r-1} so zu bestimmen ist, dass $F = -a_{2r-1}\, G + H$ ist, so ist $k = 0$ und $F = F_r$.

Für die praktische Anwendung der Formel (13.) §. 9 ist es vortheilhaft die in ihr auftretenden Grössen alle durch die in Formel (6.) definirten Constanten $b_{\alpha\beta}$ auszudrücken.

Nach den Eigenschaften reciproker Systeme ist

$$(10.)\qquad A_r^{-1} A_\varrho = \sum \pm\, b_{\varrho\varrho} \ldots b_{r-1,\, r-1},$$

und $A_r^{-1} B_{\alpha\beta}$ ist gleich der Unterdeterminante, mit der in dieser Determinante das Element $b_{\varrho+\alpha,\, \varrho+\beta}$ multiplicirt ist. Ferner ist

$$(11.)\qquad A_r^{-1} F_\varrho = \begin{vmatrix} \left(\sum b_{\varrho\lambda} x^\lambda\right) & b_{\varrho,\,\varrho+1} & \ldots & b_{\varrho,\, r-1} \\ \cdot & \cdot & \ldots & \cdot \\ \left(\sum b_{r-1,\,\lambda} x^\lambda\right) & b_{r-1,\,\varrho+1} & \ldots & b_{r-1,\, r-1} \end{vmatrix},$$

wo sich λ von 0 bis ρ bewegt. Denn diese Determinante bleibt ungeändert, wenn man λ die Werthe von 0 bis $r-1$ durchlaufen lässt. Ersetzt man dann

$$x^0,\; x^1,\; \ldots\; x^{r-1}$$

durch

$$a_\varkappa,\; a_{\varkappa+1},\; \ldots\; a_{\varkappa+r-1} \qquad (\varkappa = 0, 1, \ldots \rho-1),$$

so verschwinden die Elemente der ersten Colonne. Daher kann sie sich von der Determinante (6.) §. 9 nur durch einen constanten Factor unterscheiden. Dass aber dieser richtig bestimmt ist, folgt aus der Formel (10.).

Kronecker hat in seinen Untersuchungen ausser den Functionen $F_\varrho(x)$ auch die Functionen

$$(12.)\qquad G_\varrho(x) = \begin{vmatrix} a_0 \ldots a_{\varrho-1} & 0 \\ a_1 \ldots a_\varrho & a_0 \\ a_2 \ldots a_{\varrho+1} & a_0 x + a_1 \\ \cdot\;\cdot\;\cdot\;\cdot & \cdot \\ a_\varrho \ldots a_{2\varrho-1} & a_0 x^{\varrho-1} + a_1 x^{\varrho-2} + \ldots + a_{\varrho-1} \end{vmatrix}$$

$(G_0 = 0,\; G_1 = a_0)$ benutzt. Sie genügen denselben linearen Recursionsformeln (5.) und (11.) §. 10, wie die Functionen F_ϱ und stehen zu diesen (vergl. Kronecker, Monatsber. 1881, S. 564) in der Beziehung

$$(13.)\qquad F_{\varrho-1}\, G_\varrho - G_{\varrho-1}\, F_\varrho = A_\varrho^2,$$

so dass

$$(14.)\qquad \frac{G_\varrho}{F_\varrho} = a_0 x^{-1} + a_1 x^{-2} + \ldots + a_{2\varrho-1} x^{-2\varrho} + k_{2\varrho} x^{-2\varrho-1} + \ldots$$

ein Näherungswerth des Kettenbruchs ist, in den sich

$$(15.)\qquad \frac{G_r}{F_r} = a_0 x^{-1} + a_1 x^{-2} + \ldots + a_{2n-1} x^{-2n} + \ldots$$

entwickeln lässt. Da aber seine Darstellung gerade dadurch, dass er so viele Reihen von Functionen gleichzeitig betrachtet hat, etwas an Übersichtlichkeit eingebüsst hat, so habe ich Werth darauf gelegt, die ganze Untersuchung mit Hülfe der Functionen F_ϱ allein durchzuführen.

§. 12.

Die Bestimmung der Signatur lässt sich in ähnlicher Weise, wie bei den recurrirenden Formen, bei quadratischen Formen

$$(1.)\qquad \sum_{\alpha,\beta}{}_0^{n-1} a_{\alpha\beta} u_\alpha u_\beta$$

durchführen, die ich Bézout'sche Formen nennen will, deren Coefficienten $a_{\alpha\beta}$ in folgender Art aus $2n+2$ unabhängigen Grössen

$$p_0, \ldots p_n, q_0, \ldots q_n$$

zusammengesetzt sind. Sind

$$(2.)\qquad F(u) = \sum_\lambda{}_0^n p_\lambda u^{n-\lambda}, \quad G(u) = \sum_\lambda{}_0^n q_\lambda u^{n-\lambda}$$

zwei ganze Functionen n^{ten} Grades der Variabeln u, so ist

$$(3.)\qquad \frac{F(u)G(v) - F(v)G(u)}{u-v} = \sum_{\alpha,\beta}{}_0^{n-1} a_{\alpha\beta} u^{n-1-\alpha} v^{n-1-\beta}.$$

Ist die Determinante der Form (1.) von Null verschieden, so sind $F(u)$ und $G(u)$ nach (4.) §. 11 theilerfremd und umgekehrt. Für diesen Fall ist die Theorie solcher Formen schon in §. 11 behandelt. Für den Sturm'schen Satz aber ist es von Wichtigkeit, die erhaltenen Formeln auch auf den Fall auszudehnen, wo $F(u)$ und $G(u)$ einen Divisor gemeinsam haben.

Multiplicirt man die Gleichung (3.) mit $u-v$, so erhält man durch Coefficientenvergleichung

$$(4.)\qquad a_{\alpha,\beta-1} - a_{\alpha-1,\beta} = p_\alpha q_\beta - p_\beta q_\alpha = d_{\alpha\beta} \qquad (\alpha,\beta = 0,1,\ldots n),$$

und diese Formel ist auch für die Grenzwerthe 0 und n richtig, wenn man festsetzt, dass $a_{\alpha\beta} = 0$ ist, falls einer der Indices negativ oder grösser als $n-1$ ist. Speciell ist

$$(5.)\qquad a_{0,\beta-1} = a_{\beta-1,0} = d_{0\beta}, \quad a_{\alpha,n-1} = a_{n-1,\alpha} = d_{\alpha n}$$

und allgemein

$$(6.)\qquad a_{\alpha,\beta-1} = d_{\alpha,\beta} + d_{\alpha-1,\beta+1} + d_{\alpha-2,\beta+2} + \ldots,$$

wo die Summation so lange fortzusetzen ist, bis der erste Index o oder der zweite n wird. Aus der Identität

$$(7.)\qquad d_{on}d_{\alpha\beta}+d_{o\alpha}d_{\beta n}+d_{o\beta}d_{n\alpha}=0$$

folgt

$$(8.)\qquad a_{0,n-1}a_{\alpha,\beta-1}-a_{0,\beta-1}a_{\alpha,n-1}=a_{n-1,0}a_{\alpha-1,\beta}-a_{n-1,\beta}a_{\alpha-1,0}.$$

Sind allgemeiner $\alpha\beta\ldots\vartheta$ irgend r der Indices $1, 2, \ldots n-1$ und ebenso $\varkappa\lambda\ldots\tau$, so ist

$$(9.)\qquad \begin{pmatrix} 0 & \alpha & \beta & \ldots & \vartheta \\ n-1 & \varkappa-1 & \lambda-1 & \ldots & \tau-1 \end{pmatrix} = \begin{pmatrix} n-1 & \alpha-1 & \beta-1 & \ldots & \vartheta-1 \\ 0 & \varkappa & \lambda & \ldots & \tau \end{pmatrix}.$$

Die Gleichheit dieser beiden Unterdeterminanten $(r+1)^{\text{ten}}$ Grades ist von Jacobi [a. a. O. §. 12, (40)] gefunden, seine Angabe über das Vorzeichen $\pm$ ist aber unrichtig. Nach dem Satze von Sylvester ist nämlich

$$\begin{aligned} &a_{0,n-1}^{r-1}\sum\pm a_{0,n-1}a_{\alpha,\varkappa-1}\ldots a_{\vartheta,\tau-1}\\ &=\sum\pm(a_{0,n-1}a_{\alpha,\varkappa-1}-a_{0,\varkappa-1}a_{\alpha,n-1})\ldots(a_{0,n-1}a_{\vartheta,\tau-1}-a_{0,\tau-1}a_{\vartheta,n-1})\\ &=\sum\pm(a_{n-1,0}a_{\alpha-1,\varkappa}-a_{n-1,\varkappa}a_{\alpha-1,0})\ldots(a_{n-1,0}a_{\vartheta-1,\tau}-a_{n-1,\tau}a_{\vartheta-1,0})\\ &=a_{n-1,0}^{r-1}\sum\pm a_{n-1,0}a_{\alpha-1,\varkappa}\ldots a_{\vartheta-1,\tau}. \end{aligned}$$

Daher gilt die Formel (9.), wenn $a_{0,n-1}$ von Null verschieden ist, und folglich gilt sie auch für alle Werthe der Variabeln p_λ, q_λ. Z. B. ist

$$\begin{pmatrix} 0 & 1 & 2 & \ldots & n-2 \\ n-1 & 1 & 2 & \ldots & n-2 \end{pmatrix} = \begin{pmatrix} n-1 & 0 & 1 & \ldots & n-3 \\ 0 & 2 & 3 & \ldots & n-1 \end{pmatrix},$$

oder falls $A_{\alpha\beta}$ in der Determinante $A_n=\sum\pm a_{00}\ldots a_{n-1,n-1}$ der Coefficient von $a_{\alpha\beta}$ ist, $A_{n-1,0}=A_{n-2,1}$ und ebenso allgemein $A_{\alpha,\beta-1}=A_{\alpha-1,\beta}$. Mithin bilden die Grössen $A_{\alpha\beta}$ ein recurrirendes System.

Aus der identischen Gleichung

$$d_{\alpha\lambda}d_{\varkappa\mu}+d_{\alpha\varkappa}d_{\mu\lambda}+d_{\alpha\mu}d_{\lambda\varkappa}=0$$

folgt nach (4.)

$$(10.)\qquad \begin{pmatrix} \alpha & \varkappa \\ \lambda-1 & \mu-1 \end{pmatrix} + \begin{pmatrix} \alpha-1 & \varkappa-1 \\ \lambda & \mu \end{pmatrix} + \begin{pmatrix} \alpha & \mu \\ \varkappa-1 & \lambda-1 \end{pmatrix} + \begin{pmatrix} \alpha-1 & \mu-1 \\ \varkappa & \lambda \end{pmatrix} + \begin{pmatrix} \alpha & \lambda \\ \mu-1 & \varkappa-1 \end{pmatrix} + \begin{pmatrix} \alpha-1 & \lambda-1 \\ \mu & \varkappa \end{pmatrix} = 0.$$

Denn jene Gleichung kann man schreiben

$$\sum[\varkappa\lambda\mu]\,d_{\alpha\lambda}d_{\varkappa\mu}=0;$$

die Summe erstreckt sich über alle Permutationen der Indices $\varkappa$, λ, μ, das Zeichen $[\varkappa\lambda\mu]$ ist für eine bestimmte Permutation gleich 1, und für jede andere gleich $+1$ oder -1, je nachdem sie aus jener durch eine gerade oder ungerade Substitution hervorgeht. Daher ist

$$\sum [\varkappa\lambda\mu]\,(a_{\alpha,\lambda-1} - a_{\alpha-1,\lambda})\,(a_{\varkappa,\mu-1} - a_{\varkappa-1,\mu}) = 0.$$

Nun ist aber $\sum [\varkappa\lambda\mu]\, a_{\alpha,\lambda-1} a_{\varkappa,\mu-1} = \sum -[\varkappa\lambda\mu]\, a_{\alpha,\lambda-1} a_{\varkappa-1,\mu}$, weil die erste Summe ihrer Bedeutung nach bei Vertauschung von $\varkappa$ und μ ungeändert bleibt. Mithin ergiebt sich die Gleichung

$$\sum [\varkappa\lambda\mu]\,(a_{\alpha,\lambda-1} a_{\varkappa,\mu-1} + a_{\alpha-1,\lambda} a_{\varkappa-1,\mu}) = 0,$$

die mit der Formel (11.) übereinstimmt. Seien allgemeiner $\alpha\beta\ldots\vartheta\varkappa$ irgend r (>1) der Indices $0, 1, \ldots n-1$ und ebenso $\lambda\mu\ldots\sigma\tau$. Setzt man dann zur Abkürzung

$$\left(\!\begin{pmatrix}\alpha\,\beta\ldots\vartheta\,\varkappa\\ \lambda\,\mu\ldots\sigma\,\tau\end{pmatrix}\!\right) = \begin{pmatrix}\alpha & \beta & \ldots & \vartheta & \varkappa\\ \lambda-1 & \mu-1 & \ldots & \sigma-1 & \tau-1\end{pmatrix} + \begin{pmatrix}\alpha-1 & \beta-1 & \ldots & \vartheta-1 & \varkappa-1\\ \lambda & \mu & \ldots & \sigma & \tau\end{pmatrix}$$

so besteht die Relation

$$(11.)\quad \left(\!\begin{pmatrix}\alpha\,\beta\ldots\vartheta\,\varkappa\\ \lambda\,\mu\ldots\sigma\,\tau\end{pmatrix}\!\right) = \left(\!\begin{pmatrix}\alpha\,\beta\ldots\vartheta\,\lambda\\ \varkappa\,\mu\ldots\sigma\,\tau\end{pmatrix}\!\right) + \left(\!\begin{pmatrix}\alpha\,\beta\ldots\vartheta\,\mu\\ \lambda\,\varkappa\ldots\sigma\,\tau\end{pmatrix}\!\right) + \ldots + \left(\!\begin{pmatrix}\alpha\,\beta\ldots\vartheta\,\tau\\ \lambda\,\mu\ldots\sigma\,\varkappa\end{pmatrix}\!\right)$$

Man kann dieselbe so schreiben

$$\sum [\varkappa\lambda\mu\ldots\sigma\tau]\,(a_{\alpha,\lambda-1} a_{\beta,\mu-1}\ldots a_{\vartheta,\sigma-1} a_{\varkappa,\tau-1} + a_{\alpha-1,\lambda} a_{\beta-1,\mu}\ldots a_{\vartheta-1,\sigma} a_{\varkappa-1,\tau}) = 0.$$

Da diese Formel für $r = 2$ schon bewiesen ist, will ich voraussetzen, sie sei für Determinanten $(r-1)^{\text{ten}}$ Grades richtig. Dann ist

$$\sum [\varkappa\lambda\mu\ldots\sigma\tau]\,(a_{\beta,\mu-1}\ldots a_{\vartheta,\sigma-1} a_{\varkappa,\tau-1} + a_{\beta-1,\mu}\ldots a_{\vartheta-1,\sigma} a_{\varkappa-1,\tau}) = 0,$$

falls man nur $\varkappa, \mu, \ldots \sigma, \tau$ permutirt (nicht λ). Multiplicirt man mit $a_{\alpha,\lambda-1}$, vertauscht dann auch λ mit den übrigen Indices und addirt die so erhaltenen Gleichungen, so ergiebt sich, falls man in der zweiten Summe $\varkappa$ und τ vertauscht,

$$\sum [\varkappa\lambda\mu\ldots\sigma\tau]\,(a_{\alpha,\lambda-1} a_{\beta,\mu-1}\ldots a_{\vartheta,\sigma-1} a_{\varkappa,\tau-1} - a_{\alpha,\lambda-1} a_{\beta-1,\mu}\ldots a_{\vartheta-1,\sigma} a_{\varkappa,\tau-1}) = 0.$$

Nun ist aber nach (11.)

$$\sum [\varkappa\lambda\mu\ldots\sigma\tau]\,(a_{\alpha,\lambda-1} a_{\varkappa,\tau-1} + a_{\alpha-1,\lambda} a_{\varkappa-1,\tau}) = 0,$$

falls man nur $\varkappa, \lambda, \tau$ vertauscht. Multiplicirt man mit $a_{\beta-1,\mu}\ldots a_{\vartheta-1,\sigma}$ und vertauscht dann die Indices $\mu, \ldots \sigma$ mit einander und mit $\varkappa, \lambda, \tau$ und summirt, so ergiebt sich

$$\sum [\varkappa\lambda\mu\ldots\sigma\tau]\,(a_{\alpha,\lambda-1} a_{\beta-1,\mu}\ldots a_{\vartheta-1,\sigma} a_{\varkappa,\tau-1} + a_{\alpha-1,\lambda} a_{\beta-1,\mu}\ldots a_{\vartheta-1,\sigma} a_{\varkappa-1,\tau}) = 0,$$

und durch Addition der beiden entwickelten Gleichungen die zu beweisende Relation.

Dieselbe ist ganz ähnlich gebaut, wie die von KRONECKER entdeckte lineare Relation

$$(12.)\quad \begin{pmatrix}\alpha\,\beta\ldots\vartheta\,\varkappa\\ \lambda\,\mu\ldots\sigma\,\tau\end{pmatrix}=\begin{pmatrix}\alpha\,\beta\ldots\vartheta\,\lambda\\ \varkappa\,\mu\ldots\sigma\,\tau\end{pmatrix}+\begin{pmatrix}\alpha\,\beta\ldots\vartheta\,\mu\\ \lambda\,\varkappa\ldots\sigma\,\tau\end{pmatrix}+\ldots+\begin{pmatrix}\alpha\,\beta\ldots\vartheta\,\tau\\ \lambda\,\mu\ldots\sigma\,\varkappa\end{pmatrix}$$

zwischen den Subdeterminanten eines beliebigen symmetrischen Systems $a_{\alpha\beta}$. Schreibt man diese in der Form

$$\sum[\varkappa\lambda\mu\ldots\sigma\tau]\,a_{\alpha\lambda}\,a_{\beta\mu}\ldots a_{\vartheta\sigma}\,a_{\varkappa\tau}=0,$$

so erkennt man unmittelbar, dass sich je zwei Glieder aufheben, die durch Vertauschung von $\varkappa$ und τ aus einander hervorgehen.

Speciell ist

$$\left(\begin{pmatrix}1\ldots\rho-1\;0\;\alpha+1\\ 1\quad\;\rho-1\;\rho\;\beta+1\end{pmatrix}\right)-\left(\begin{pmatrix}1\ldots\rho-1\;0\;\beta+1\\ 1\quad\;\rho-1\;\rho\;\alpha+1\end{pmatrix}\right)-\left(\begin{pmatrix}1\ldots\rho-1\quad 0\quad\;\rho\\ 1\ldots\rho-1\;\alpha+1\;\beta+1\end{pmatrix}\right)=0$$

oder

$$\begin{pmatrix}0\ldots\rho-1\;\alpha+1\\ 0\quad\;\rho-1\quad\beta\end{pmatrix}-\begin{pmatrix}0\ldots\rho-1\;\beta+1\\ 0\ldots\rho-1\quad\alpha\end{pmatrix}=\begin{pmatrix}0\ldots\rho-2\;\rho-1\;\rho\\ 0\ldots\rho-2\quad\alpha\quad\beta\end{pmatrix},$$

also

$$(13.)\quad \begin{vmatrix}a_{00} & \ldots a_{0,\rho-1} & a_{0\beta}\\ \cdot & \ldots\cdot & \\ a_{\rho-1,0} & \ldots a_{\rho-1,\rho-1} & a_{\rho-1,\beta}\\ a_{\alpha+1,0} & \ldots a_{\alpha+1,\rho-1} & a_{\alpha+1,\beta}\end{vmatrix}-\begin{vmatrix}a_{00} & \ldots a_{0,\rho-1} & a_{0,\beta+1}\\ \cdot & \ldots\cdot & \\ a_{\rho-1,0} & \ldots a_{\rho-1,\rho-1} & a_{\rho-1,\beta+1}\\ a_{\alpha 0} & \ldots a_{\alpha,\rho-1} & a_{\alpha,\beta+1}\end{vmatrix}$$

$$=\begin{vmatrix}a_{00} & \ldots a_{0,\rho-2} & a_{0\alpha} & a_{0\beta}\\ \cdot & \ldots\cdot & \cdot & \cdot\\ a_{\rho-1,0} & \ldots a_{\rho-1,\rho-2} & a_{\rho-1,\alpha} & a_{\rho-1,\beta}\\ a_{\rho 0} & \ldots a_{\rho,\rho-2} & a_{\rho\alpha} & a_{\rho\beta}\end{vmatrix}.$$

Setzt man

$$(14.)\quad A_\rho=\sum\pm a_{00}\ldots a_{\rho-1,\rho-1}$$

und

$$(15.)\quad B_{\alpha\beta}=\sum\pm a_{00}\ldots a_{\rho-1,\rho-1}\,a_{\rho+\alpha,\rho+\beta}$$

so ergiebt sich aus dieser Gleichung, wie in §. 6 und §. 7 der Satz:

Ist A_ρ von Null verschieden, und verschwinden

$$B_{00},\;B_{01},\ldots B_{0,\sigma-2},$$

so verschwinden auch $A_{\rho+1}, A_{\rho+2},\ldots A_{\rho+\sigma-1}$ und umgekehrt; die Grössen

$$(16.)\quad B_{\alpha\beta}=B_{\alpha+\beta}\qquad(\alpha,\beta=0,1,\ldots\sigma-1)$$

bilden dann ein recurrirendes System, und wenn man

$$(17.)\quad A_{\rho,\rho+\sigma}=B_{\sigma-1}=B_{0,\sigma-1}=B_{1,\sigma-2}=\ldots=B_{\sigma-1,0}$$

setzt, so ist

$$(18.)\qquad A_\varrho^{\sigma-1} A_{\varrho+\sigma} = (-1)^{\frac{1}{2}\sigma(\sigma-1)} A^\sigma_{\varrho,\varrho+\varrho}.$$

Der Beweis passt aber nicht auf den Fall $\rho = 0$, wo $A_0 = 1$ und $B_{\alpha\beta} = a_{\alpha\beta}$ ist. Wenn die Grössen $a_{00}, a_{01}, \dots a_{0,\sigma-2}$ verschwinden, so kann man nur dann mit Sicherheit behaupten, dass auch $A_1, A_2, \dots A_{\sigma-1}$ verschwinden, und dass die Grössen

$$a_{\alpha\beta} \qquad (\alpha, \beta = 0, 1, \dots \sigma-1)$$

ein recurrirendes System bilden, wenn p_0 und q_0 nicht beide Null sind. Denn unter dieser Voraussetzung folgt aus

$$a_{0,\alpha-1} = p_0 q_\alpha - q_0 p_\alpha = 0, \quad a_{0,\beta-1} = p_0 q_\beta - q_0 p_\beta = 0$$
$$(\alpha, \beta = 0, 1, \dots \sigma-1),$$

dass auch $p_\alpha q_\beta - p_\beta q_\alpha = 0$ ist, also $a_{\alpha,\beta-1} = a_{\alpha-1,\beta}$.

Angenommen $A_n, A_{n-1}, \dots A_{\varrho+1}$ verschwinden, und ρ ist der grösste Werth, für den A_ϱ von Null verschieden ist. Dann bilden die Grössen

$$B_{\alpha\beta} = B_{\alpha+\beta} \qquad (\alpha, \beta = 0, 1, \dots n-\rho-1),$$

ein recurrirendes System, in dem $B_0, B_1, \dots B_{n-\varrho-1}$ verschwinden. Dies folgt daraus, dass alle Determinanten $(\rho+1)^{\text{ten}}$ Grades auf der rechten Seite der Gleichung (13.) Null sind. Nun gilt aber diese Gleichung auch für $\beta = n-1$ [und ist dann identisch mit der Gleichung (9.)]. Da für diesen Fall die zweite Determinante links identisch verschwindet, weil $a_{\varkappa n} = 0$ ist, so zeigt sie, dass auch $B_{\alpha,n-\varrho-1} = B_{n-\varrho-1,\alpha} = 0$ ist, also die Determinanten $B_{\alpha\beta}$ sämmtlich verschwinden. Da A_ϱ von Null verschieden ist, so verschwinden folglich nach dem Satze von Kronecker alle Determinanten $(\rho+1)^{\text{ten}}$ Grades des Systems $a_{\alpha\beta}$, und mithin ist sein Rang $r = \rho$.

Der Rang r der Form (1.) ist der grösste Werth ρ, für den A_ϱ von Null verschieden ist, ausgenommen wenn $p_0 = q_0 = 0$ ist.

In diesem Falle ist nämlich $a_{00} = a_{01} = \dots a_{0,n-1} = 0$, und mithin $A_1 = A_2 = \dots = A_n = 0$, während der Rang $r = 0, 1, \dots$ oder $n-1$ sein kann.

Aus den entwickelten Sätzen ergeben sich nun für die Signatur s der Form (1.) genau dieselben Formeln, die wir in §. 7 für die Signatur einer recurrirenden Form gefunden haben.

§. 13.

Die erhaltenen Resultate wende ich auf eine quadratische Form

$$(1.)\qquad \sum f_{\alpha\beta} u_\alpha u_\beta$$

an, deren Coefficienten $f_{\alpha\beta}$ Functionen einer Variabeln x sind, aber denselben Bedingungen genügen, wie die Coefficienten der Form (1.) §. 12. Indem ich die Bezeichnungen jenes Paragraphen beibehalte, setze ich

$$(2.)\qquad \sum_\beta {}_0^{n-1} a_{\alpha\beta} x^{n-1-\beta} = x_\alpha,$$

also $x_n = 0$ und

$$(3.)\qquad \frac{F(x)G(u) - F(u)G(x)}{x-u} = G(x,u) = \sum_\alpha {}_0^{n-1} x_\alpha u^{n-1-\alpha},$$

und, indem ich in der Gleichung (3.) §. 12 die Functionen $F(u)$ und $G(u)$ durch $\frac{F(u)}{F(x)}$ und $G(x,u)$ ersetze,

$$(4.)\qquad \frac{F(u)G(x,v) - F(v)G(x,u)}{F(x)(u-v)} = \sum_{\alpha,\beta} {}_0^{n-1} f_{\alpha\beta} u^{n-1-\alpha} v^{n-1-\beta}$$

$$= \frac{F(u)F(v)}{(u-v)(x-u)(x-v)} \left((u-v)\frac{G(x)}{F(x)} + (v-x)\frac{G(u)}{F(u)} + (x-u)\frac{G(v)}{F(v)} \right).$$

Aus der identischen Gleichung

$$F(x)\big(F(u)G(v) - F(v)G(u)\big) + F(u)\big(F(v)G(x) - F(x)G(v)\big) + F(v)\big(F(x)G(u) - F(u)G(x)\big) = 0$$

ergiebt sich

$$F(x)(u-v)G(u,v) + F(u)(v-x)G(v,x) + F(v)(x-u)G(x,u) = 0$$

oder

$$\big(F(u)G(x,v) - F(v)G(x,u)\big)(v-x) = \big(-F(x)G(u,v) + F(v)G(x,u)\big)(u-v),$$

also

$$(v-x)\frac{F(u)G(x,v) - F(v)G(x,u)}{F(x)(u-v)} = -G(u,v) + G(x,u)\frac{F(v)}{F(x)}$$

und folglich

$$(v-x)\sum f_{\alpha\beta} u^{n-1-\alpha} v^{n-1-\beta} = -\sum a_{\alpha\beta} u^{n-1-\alpha} v^{n-1-\beta} + F^{-1}\left(\sum x_\alpha u^{n-1-\alpha}\right)\left(\sum p_\beta v^{n-\beta}\right).$$

Durch Coefficientenvergleichung erhält man daraus

$$(5.)\qquad f_{\alpha\beta} - x f_{\alpha,\beta-1} = -a_{\alpha,\beta-1} + p_\beta x_\alpha F^{-1}, \quad f_{\alpha 0} = p_0 x_\alpha F^{-1}.$$

Ich nehme nun an, dass p_0 von Null verschieden ist, und setze

$$(6.)\qquad p_0 F_\varrho = F \sum \pm f_{00} \ldots f_{\varrho\varrho}, \quad p_0 F_{-1} = F, \quad F_0 = p_0 G - q_0 F.$$

Die Determinante ist gleich

$$F \begin{vmatrix} f_{00} & f_{01} - x f_{00} & \ldots & f_{0\varrho} - x f_{0,\varrho-1} \\ \cdot & \cdot & \ldots & \cdot \\ f_{\varrho 0} & f_{\varrho 1} - x f_{\varrho 0} & \ldots & f_{\varrho\varrho} - x f_{\varrho,\varrho-1} \end{vmatrix} = p_0 \begin{vmatrix} x_0 & -a_{00} + p_1 x_0 F^{-1} & \ldots & -a_{0,\varrho-1} + p_\varrho x_0 F^{-1} \\ \cdot & \cdot & \ldots & \cdot \\ x_\varrho & -a_{\varrho 0} + p_1 x_\varrho F^{-1} & \ldots & -a_{\varrho,\varrho-1} + p_\varrho x_\varrho F^{-1} \end{vmatrix}$$

und mithin ist

$$(7.)\qquad F_\varrho = \begin{vmatrix} a_{00} \dots a_{0,\varrho-1}\, x_0 \\ \cdot \;\dots\; \cdot \;\; \cdot \\ a_{\varrho 0} \dots a_{\varrho,\varrho-1}\, x_\varrho \end{vmatrix}.$$

Setzt man hier für x_α seinen Ausdruck (2.) ein, so verschwinden die Coefficienten von $x^{n-1}, \dots x^{n-\varrho}$, und demnach ist $F_{\varrho-1}$ eine ganze Function $(n-\rho)^{\text{ten}}$ Grades, in welcher der Coefficient von $x^{n-\varrho}$ gleich A_ϱ ist.

Ist ferner

$$(8.)\qquad G_\lambda = \begin{vmatrix} a_{00} & \dots a_{0,\varrho-1} & x_0 \\ \cdot & \dots & \cdot \\ a_{\varrho-1,0} & \dots a_{\varrho-1,\varrho-1} & x_{\varrho-1} \\ a_{\varrho+\lambda,0} & \dots a_{\varrho+\lambda,\varrho-1} & x_{\varrho+\lambda} \end{vmatrix},$$

also $G_0 = F_\varrho$, so ergiebt sich aus dem Satze von Sylvester

$$(9.)\qquad A_\varrho^\lambda F_{\varrho+\lambda} = \begin{vmatrix} B_{00} \dots B_{0,\lambda-1}\, G_0 \\ \cdot \;\dots\; \cdot \;\; \cdot \\ B_{\lambda 0} \dots B_{\lambda,\lambda-1}\, G_\lambda \end{vmatrix}.$$

Ist nun $A_{\varrho+1} = \dots = A_{\varrho+\sigma-1} = 0$, also $B_{00} = \dots = B_{0,\sigma-2} = 0$, so ist auch $F_{\varrho+1} = \dots = F_{\varrho+\sigma-2} = 0$, aber

$$A_\varrho^{\sigma-1} F_{\varrho+\sigma-1} = (-1)^{\frac{1}{2}\sigma(\sigma-1)} A_{\varrho,\varrho+\sigma} F_\varrho$$

oder nach (14.) §. 8

$$(10.)\qquad A_{\varrho,\varrho+\sigma} F_{\varrho+\sigma-1} = A_{\varrho+\sigma} F_\varrho.$$

Sind A_ϱ und $A_{\varrho+\sigma}$ von Null verschieden, so ist demnach F_ϱ eine ganze Function vom Grade $n-\rho-\sigma$, in welcher der Coefficient von $x^{n-\varrho-\sigma}$ gleich $A_{\varrho,\varrho+\sigma}$ ist. Ist A_ϱ von Null verschieden, so verschwindet weder $F_{\varrho-1}$ noch F_ϱ identisch, ausser wenn ρ gleich dem Range r der Form (1.) §. 12 ist. Die Function F_r verschwindet identisch, weil ihre Coefficienten Determinanten $(r+1)^{\text{ten}}$ Grades des Systems $a_{\alpha\beta}$ sind.

Ersetzt man in der Gleichung (13.) §. 12 α durch $\rho+\lambda-1$, multiplicirt sie mit $x^{n-\beta-1}$ und summirt dann nach β von -1 bis $n-1$, so erhält man

$$(11.)\qquad G_\lambda - x G_{\lambda-1} = \begin{vmatrix} a_{00} \dots a_{0,\varrho-2}\, a_{0,\varrho+\lambda-1}\, x_0 \\ \cdot \;\dots\; \cdot \;\; \cdot \;\; \cdot \\ a_{\varrho 0} \dots a_{\varrho,\varrho-2}\, a_{\varrho,\varrho+\lambda-1}\, x_\varrho \end{vmatrix}.$$

Wendet man ferner auf das System

$$\begin{matrix} a_{00} & \dots a_{0,\varrho-2} & a_{0,\varrho-1} & a_{0,\varrho+\lambda-1} & x_0 & 0 \\ \cdot & \dots & \cdot & \cdot & \cdot & \cdot \\ a_{\varrho-1,0} & a_{\varrho-1,\varrho-2} & a_{\varrho-1,\varrho-1} & a_{\varrho-1,\varrho+\lambda-1} & x_{\varrho-1} & 0 \\ a_{\varrho 0} & a_{\varrho,\varrho-2} & a_{\varrho,\varrho-1} & a_{\varrho,\varrho+\lambda-1} & x_\varrho & 1 \end{matrix}$$

von $\rho+1$ Zeilen und $\rho+3$ Spalten die Relation (2.) §. 10 an, so ergiebt sich

$$(12.)\qquad A_\varrho(G_\lambda - xG_{\lambda-1}) = C_\lambda F_\varrho - B_{0,\lambda-1}F_{\varrho-1},$$

wo

$$(13.)\qquad C_\lambda = \begin{vmatrix} a_{00} & \dots a_{0,\varrho-2} & a_{0,\varrho+\lambda-1} \\ . & \dots & . \\ a_{\varrho-1,0} & \dots a_{\varrho-1,\varrho-2} & a_{\varrho-1,\varrho+\lambda-1} \end{vmatrix}$$

ist. Aus diesen Relationen folgt, wie in §. 10.

$$(14.)\qquad A_\varrho^2 F_{\varrho+\sigma} = Q_{\varrho+\sigma,\varrho}F_\varrho - A_{\varrho,\varrho+\sigma}A_{\varrho+\sigma}F_{\varrho-1}.$$

Wenn man also die Function $F_{\varrho-1}$ vom Grade $n-\rho$ durch die Function F_ϱ vom Grade $n-\rho-\sigma$ dividirt, so ist der Rest gleich $F_{\varrho+\sigma}$ und der Quotient die Function $Q_{\varrho+\sigma,\varrho}$ vom Grade σ, die sich, wie in §. 10 (9.) und (10.) als Determinante darstellen lässt.

Die obige Deduction lässt sich mit geringer Modification auch auf den Fall $\rho=0$ anwenden. Ist α der kleinste Werth >0, für den A_α von Null verschieden ist, so verschwinden $a_{00},\dots a_{0,\alpha-2}$, während

$$a_{0,\alpha-1} = a_{1,\alpha-2} = \dots = a_{\alpha-1,0} = A_{0\alpha}$$

von Null verschieden ist, und die Grössen

$$a_{\varkappa\lambda} \qquad (\varkappa,\lambda = 0,1,\dots\alpha-1)$$

bilden ein recurrirendes System, dessen Determinante

$$(15.)\qquad A_\alpha = (-1)^{\frac{1}{2}\alpha(\alpha-1)}A_{0\alpha}^\alpha$$

ist. Daher verschwinden $F_1,\dots F_{\alpha-2}$, während

$$(16.)\qquad A_{0\alpha}F_{\alpha-1} = A_\alpha F_0$$

ist. Endlich ist

$$F_\alpha = \begin{vmatrix} a_{00} & \dots a_{0,\alpha-1} & x_0 \\ a_{10}-xa_{00} & \dots a_{1,\alpha-1}-xa_{0,\alpha-1} & x_1-xx_0 \\ . & \dots & . \\ a_{\alpha 0}-xa_{\alpha-1,0} & \dots a_{\alpha,\alpha-1}-xa_{\alpha-1,\alpha-1} & x_\alpha-xx_{\alpha-1} \end{vmatrix}.$$

Multiplicirt man die Gleichung (3.) mit $x-u$, so erhält man durch Vergleichung der Coefficienten von $u^{n-\alpha}$

$$(17.)\qquad x_\alpha - xx_{\alpha-1} = p_\alpha G - q_\alpha F$$

und folglich nach (5.) §. 12 und (6.)

$$p_0(x_\alpha - xx_{\alpha-1}) = p_\alpha F_0 - a_{\alpha-1,0}F.$$

Demnach ergiebt sich

$$(18.)\qquad F_\alpha = Q_{\alpha 0}F_0 - A_\alpha A_{0\alpha}F_{-1},$$

wo

$$(19.)\qquad p_0 Q_{\alpha 0} = \begin{vmatrix} a_{00} \dots a_{0,\alpha-1} & p_0 \\ a_{10} \dots a_{1,\alpha-1} & p_1 + p_0 x \\ \dots\dots & \dots \\ a_{\alpha 0} \dots a_{\alpha,\alpha-1} & p_\alpha + p_{\alpha-1} x + \dots + p_0 x^\alpha \end{vmatrix}$$

ist.

Sind in der Reihe der Determinanten A_ϱ

$$(20.)\qquad A_0 \; A_\alpha \; A_\beta \dots A_\varkappa \; A_\lambda \; A_\mu \dots A_\sigma \; A_\tau \; A_r \qquad (0 < \alpha < \beta \dots < \tau < r)$$

von Null verschieden, so ist

$$(21.)\qquad A_\lambda^2 F_\mu - Q_{\mu\lambda} F_\lambda + \frac{A_\lambda A_\mu A_{\lambda\mu}}{A_{\varkappa\lambda}} F_\varkappa = 0,$$

und wenn man $\varkappa, \lambda, \mu$ durch σ, τ, r ersetzt,

$$(22.)\qquad Q_{r,\tau} F_\tau = \frac{A_\tau A_r A_{\tau r}}{A_{\sigma\tau}} F_\sigma .$$

Aus den Gleichungen (18.), (21.) und (22.) folgt, dass die Function F_τ oder F_{r-1} vom Grade $n-r$ der grösste gemeinsame Divisor von F_{-1} und F_0 oder nach (6.) von F und G ist. Dividirt man jede der Functionen

$$(23.)\qquad F_{-1} \; F_0 \; F_\alpha \; F_\beta \dots F_\varkappa \; F_\lambda \; F_\mu \dots F_\sigma \; F_\tau$$

durch F_τ, so werden je zwei auf einander folgende theilerfremd und die letzte eine Constante.

Nun seien x und x' zwei bestimmte Werthe, für die F, also auch F_τ, von Null verschieden ist. Ist dann s die Signatur der Form (1.) für den Werth x und s' für x', so ergiebt sich, wie in §. 9 und §. 10, die Relation

$$(24.)\qquad \Delta s = \Delta \sum_0^{n-1} \operatorname{sign}(F_{\lambda-1} F_\lambda) = \Delta \sum \operatorname{sign}(A_\lambda A_{\varkappa\lambda} F_\varkappa F_\lambda).$$

Die erste Summe kann über alle Werthe von λ von 0 bis $n-1$ erstreckt werden oder auch nur über die Werthe $0, \alpha, \dots \sigma, \tau$.

Mit Hülfe der Gleichung

$$(25.)\qquad A_\lambda^2 F_{\mu-1} F_\mu - Q_{\mu\lambda} F_\lambda F_{\mu-1} + A_\mu^2 F_{\lambda-1} F_\lambda$$

kann man nun, wie in §. 10, den Werth des Ausdrucks

$$\Delta s = \Delta \sum \operatorname{sign}\left(\frac{F_{\lambda-1}}{F_\tau} \frac{F_\varkappa}{F_\tau}\right)$$

berechnen. Man lege einer reellen Wurzel der Gleichung $\frac{F_{-1}}{F_\tau} = 0$ die Charakteristik $\chi = +1, -1$ oder 0 bei, je nachdem, wenn die Variable

x wachsend durch sie hindurch geht, $\frac{F_{-1}}{F_1} : \frac{F_0}{F_1}$ vom negativen zum positiven übergeht, oder vom positiven zum negativen, oder das Vorzeichen nicht wechselt, und bezeichne die Summe der Charakteristiken der zwischen x und x' ($> x$) liegenden Wurzeln mit

$$\sum_x^{x'} \chi\left(\frac{F_{-1}}{F_1}, \frac{F_{-1}}{F_0}\right) = \frac{1}{2}\Delta s\,.$$

Jene drei Fälle treten für die Wurzel a ein, je nachdem die Entwicklung von

$$\frac{F_{-1}}{F_0} = \frac{F}{p_0(p_0 G - q_0 F)}$$

nach Potenzen von $x - a$ mit einer ungeraden Potenz von $x - a$ anfängt, die einen positiven Coefficienten hat, oder mit einer solchen, die einen negativen Coefficienten hat, oder mit einer geraden Potenz. Da $\frac{F_{-1}}{F_1}$ und $\frac{F_0}{F_1}$ theilerfremd sind, so sind die Wurzeln der Gleichung $\frac{F_{-1}}{F_1} = 0$ identisch mit denen von $\frac{F_{-1}}{F_0} = 0$ oder von $\frac{F}{G} = 0$. Aus diesen Bemerkungen ergiebt sich die Gleichung

$$\text{(26.)} \qquad \frac{1}{2}\Delta s = \sum_x^{x'} \chi\left(\frac{F}{G}, \frac{F}{G}\right).$$

Die Berechnung der Summe

$$\sum \operatorname{sign}(A_\lambda A_{\varkappa\lambda} F_\varkappa F_\lambda)$$

lässt sich noch mittelst der Formeln (19.) §. 8 etwas vereinfachen.

Sind unter den Differenzen der Indices $\varkappa\,\lambda\,\mu \ldots \xi\,\eta$ der Reihe (20.) $\eta - \xi, \ldots \mu - \lambda$ gerade und $\lambda - \varkappa$ ungerade, so folgt aus jenen Formeln

$$\text{(27.)} \qquad \operatorname{sign}(A_\eta) = (-1)^{\frac{1}{2}(\eta - \varkappa - 1)} \operatorname{sign}(A_{\varkappa\lambda})\,.$$

Um also Δs zu berechnen, hat man nur die Vorzeichen der Werthe zu bestimmen, welche die Functionen (23.) für die beiden Werthe x und x' annehmen, und ausserdem noch, wenn $\lambda - \varkappa$ gerade oder wenn gleichzeitig $\lambda - \varkappa$ ungerade und $\mu - \lambda$ gerade ist, das Vorzeichen des Coefficienten $A_{\varkappa\lambda}$ der höchsten Potenz $x^{n-\lambda}$ in der Function $F_\varkappa$.

47.

Über endliche Gruppen

Sitzungsberichte der Königlich Preußischen Akademie der Wissenschaften zu Berlin
81 – 112 (1895)

In der Theorie der endlichen Gruppen betrachtet man ein System von Elementen, von denen je zwei, A und B, ein drittes AB erzeugen. Über die Operation, durch welche AB aus A und B hervorgeht, wird nur vorausgesetzt, dass sie folgenden Bedingungen genügt (vergl. meine Arbeit *Neuer Beweis des* SYLOW*'schen Satzes*, CRELLE's Journal Bd. 100.) Sie soll sein

1. eindeutig. Ist $A = A'$ und $B = B'$, so ist $AB = A'B'$.
2. eindeutig umkehrbar. Ist $AB = A'B'$, so ist jede der beiden Gleichungen $A = A'$, $B = B'$ eine Folge der anderen.
3. associativ, aber nicht nothwendig commutativ. Es ist also $(AB)C = A(BC)$, aber im Allgemeinen nicht $AB = BA$.
4. begrenzt in ihrer Wirkung, so dass aus einer endlichen Anzahl der gegebenen Elemente durch beliebig oft wiederholte Anwendung der Operation nur eine endliche Anzahl von Elementen erzeugt wird.

Aus diesen Voraussetzungen folgt, dass es unter den betrachteten Elementen eins und nur eins giebt, das Hauptelement, das der Bedingung $E^2 = E$ genügt, und dass zu jedem Elemente A ein und nur ein reciprokes A^{-1} existirt, das die Gleichungen $AA^{-1} = A^{-1}A = E$ befriedigt.

Ich werde nach dem Vorgange von DEDEKIND durch die Gleichung

$$\mathfrak{A} = A + B + C + \cdots$$

ausdrücken, dass die Elemente $A, B, C, \cdots$ zu einem Complexe $\mathfrak{A}$ zusammengefasst werden, und durch die Gleichung

$$\mathfrak{H} = \mathfrak{A} + \mathfrak{B} + \mathfrak{C} + \cdots,$$

dass die Complexe $\mathfrak{A}, \mathfrak{B}, \mathfrak{C}, \cdots$ zu einem weiteren Complexe $\mathfrak{H}$ vereinigt werden. Damit ein Complex völlig bestimmt sei, muss von jedem seiner Elemente bekannt sein, wie oft es darin vorkommt. In der Regel aber sieht man bei der Betrachtung der Complexe von der Vielfachheit der Elemente ab. Unter der Ordnung eines Complexes versteht man daher die Anzahl der verschiedenen Elemente, die in dem Complex enthalten sind. Ich betrachte hier nur endliche Complexe, d. h. solche von endlicher Ordnung. Ein Complex $\mathfrak{B}$ heisst durch einen anderen $\mathfrak{A}$ theilbar oder $\mathfrak{A}$ in $\mathfrak{B}$ enthalten, wenn jedes Element von $\mathfrak{A}$ auch in $\mathfrak{B}$ vorkommt, während nicht ausgeschlossen ist, dass ein bestimmtes Element in $\mathfrak{A}$ öfter als in $\mathfrak{B}$ enthalten ist. Die Ordnung von $\mathfrak{A}$ ist nicht grösser als die von $\mathfrak{B}$. Zwei Complexe heissen gleich, wenn jeder durch den anderen theilbar ist.

Durchläuft A alle Elemente des Complexes $\mathfrak{A}$ und B die von $\mathfrak{B}$, so durchläuft AB einen Complex, den ich mit $\mathfrak{AB}$ bezeichne. Besteht $\mathfrak{B}$ nur aus einem Elemente B, so bezeichne ich $\mathfrak{AB}$ auch durch $\mathfrak{A}B$. Ist

$$\mathfrak{A} = A_1 + A_2 + \cdots + A_r, \qquad \mathfrak{B} = B_1 + B_2 + \cdots + B_s,$$

so ist

$$\mathfrak{AB} = A_1\mathfrak{B} + A_2\mathfrak{B} + \cdots + A_r\mathfrak{B} = \mathfrak{A}B_1 + \mathfrak{A}B_2 + \cdots + \mathfrak{A}B_s.$$

Aus dem associativen Gesetze für die Elemente ergiebt sich das entsprechende für die Complexe

$$(\mathfrak{AB})\mathfrak{C} = \mathfrak{A}(\mathfrak{BC})$$

und damit die Möglichkeit Potenzen zu bilden. Die Operation, durch die $\mathfrak{AB}$ aus $\mathfrak{A}$ und $\mathfrak{B}$ hervorgeht, ist eindeutig, aber nicht eindeutig umkehrbar, genügt also den Bedingungen 1., 3. und 4., aber nicht der Bedingung 2. Nur wenn $\mathfrak{C}$ aus einem Elemente C besteht, folgt aus $\mathfrak{A}C = \mathfrak{B}C$ durch Multiplication mit C^{-1}, dass $\mathfrak{A} = \mathfrak{B}$ ist. Aus einer endlichen Anzahl von Elementen kann man, wenn man von der Vielfachheit absieht, auch nur eine endliche Anzahl von Complexen bilden.

§. 1.

Ein Complex $\mathfrak{G}$ heisst eine Gruppe, wenn $\mathfrak{G}$ durch $\mathfrak{G}^2$ theilbar ist. Gehört das Element G der Gruppe $\mathfrak{G}$ an, so ist

$$(1.) \qquad \mathfrak{G}G = \mathfrak{G} \quad , \quad G\mathfrak{G} = \mathfrak{G},$$

und folglich ist $\mathfrak{G}^2 = \mathfrak{G}$. Das Hauptelement E bildet für sich allein eine Gruppe $\mathfrak{E}$, die Hauptgruppe. Jede Gruppe enthält das Hauptelement und ferner zu jedem Elemente A auch das reciproke A^{-1}. Besteht daher umgekehrt eine der beiden Gleichungen (1.), so gehört das Element G der Gruppe $\mathfrak{G}$ an.

Nach der Bedingung 4. bilden die Potenzen eines beliebigen endlichen Complexes $\mathfrak{A}$ eine Reihe $\mathfrak{A}, \mathfrak{A}^2, \mathfrak{A}^3, \cdots$, deren Glieder sich periodisch wiederholen, von einem bestimmten Gliede an, das aber nicht das erste zu sein braucht. Ist $\mathfrak{A}^{r+s}$ der erste dieser Complexe, der einem früheren $\mathfrak{A}^r$ gleich ist, so sind unter allen Potenzen von $\mathfrak{A}$ nur die ersten $r+s-1$ verschieden, und es ist $\mathfrak{A}^\rho = \mathfrak{A}^\sigma$, wenn $\sigma-\rho$ durch s theilbar ist und ρ und $\sigma \geqq r$ sind. Ist t durch s theilbar und $r \leqq t < r+s$, so ist $(\mathfrak{A}^t)^2 = \mathfrak{A}^t$, also ist $\mathfrak{A}^t = \mathfrak{A}^{s+t} = \mathfrak{A}^{2s+t} = \cdots$ eine Gruppe, und dies ist die einzige Gruppe, die eine Potenz von $\mathfrak{A}$ ist. Die Potenz von $E+\mathfrak{A}$, die eine Gruppe ist, ist die Gruppe kleinster Ordnung, die durch den Complex $\mathfrak{A}$ theilbar ist, und wird die von den Elementen des Complexes $\mathfrak{A}$ oder von dem Complexe $\mathfrak{A}$ selbst erzeugte Gruppe genannt.

Ist $\mathfrak{G}$ eine Gruppe, und sind R und S irgend zwei Elemente, so haben die beiden Complexe $\mathfrak{G}R$ und $\mathfrak{G}S$ entweder kein Element gemeinsam oder alle, da der Complex $\mathfrak{G}R$ nach (1.) ungeändert bleibt, wenn man R durch irgend ein anderes seiner Elemente GR ersetzt. Im letzteren Falle ist RS^{-1} in $\mathfrak{G}$ enthalten, und R und S heissen aequivalent (mod. $\mathfrak{G}$). Ist die Gruppe $\mathfrak{G}$ in der Gruppe $\mathfrak{H}$ enthalten, so besteht $\mathfrak{H}$ aus einer Anzahl verschiedener Complexe

$$\mathfrak{H} = \mathfrak{G}H_1 + \mathfrak{G}H_2 + \cdots + \mathfrak{G}H_n,$$

von denen nicht zwei ein Element gemeinsam haben. Sind g und h die Ordnungen von $\mathfrak{G}$ und $\mathfrak{H}$, so ist $h = gn$ (Satz von Lagrange). Bezeichnet man den Complex $H_1 + H_2 + \cdots H_n$ mit $\mathfrak{H}_0$, so ist $\mathfrak{H} = \mathfrak{G}\mathfrak{H}_0$. Die Elemente H_1, H_2, $\cdots H_n$ des Complexes $\mathfrak{H}_0$ bilden nach dem Modul $\mathfrak{G}$ ein vollständiges System nicht aequivalenter Elemente oder kürzer ein vollständiges Restsystem von $\mathfrak{H}$. Jedes einzelne, wie H_1, kann durch jedes andere Element des Complexes $\mathfrak{G}H_1$ ersetzt werden.

Ist $\mathfrak{G} = G_1 + G_2 + \cdots + G_r$ eine Gruppe der Ordnung r, so ist $\mathfrak{G}\mathfrak{G} = \mathfrak{G}G_1 + \mathfrak{G}G_2 + \cdots + \mathfrak{G}G_r$. Da jeder dieser r Complexe gleich $\mathfrak{G}$ ist, so sind von den r^2 Elementen des Complexes $\mathfrak{G}^2$ je r einander gleich. Sind $\mathfrak{A}$ und $\mathfrak{B}$ zwei Gruppen, so bilden alle Elemente, die $\mathfrak{A}$ und $\mathfrak{B}$ gemeinsam haben, eine Gruppe $\mathfrak{D}$, die der grösste gemeinsame Divisor von $\mathfrak{A}$ und $\mathfrak{B}$ genannt wird. Seien d, $a = rd$, $b = sd$ die Ordnungen von $\mathfrak{D}$, $\mathfrak{A}$ und $\mathfrak{B}$, sei

$$\mathfrak{A} = A_1\mathfrak{D} + \cdots + A_r\mathfrak{D} = \mathfrak{A}_0\mathfrak{D}, \qquad \mathfrak{B} = \mathfrak{D}B_1 + \cdots + \mathfrak{D}B_s = \mathfrak{D}\mathfrak{B}_0,$$
$$\mathfrak{A}_0 = A_1 + \cdots + A_r \qquad , \qquad \mathfrak{B}_0 = B_1 + \cdots + B_s.$$

Dann ist $\mathfrak{A}\mathfrak{B} = \mathfrak{A}_0\mathfrak{D}\mathfrak{D}\mathfrak{B}_0$. Da der Complex $\mathfrak{D}\mathfrak{D}$ jedes Element von $\mathfrak{D}$ genau $d$mal enthält, so enthält $\mathfrak{A}\mathfrak{B}$ jedes Element von

$$\mathfrak{A}_0\mathfrak{D}\mathfrak{B}_0 = \mathfrak{A}\mathfrak{B}_0 = \mathfrak{A}_0\mathfrak{B}$$

$d$mal. Die $\dfrac{ab}{d}$ Elemente von $\mathfrak{A}\mathfrak{B}_0$ sind unter einander verschieden. Denn sind A und A' zwei (gleiche oder verschiedene) Elemente von $\mathfrak{A}$ und B und B' zwei Elemente von $\mathfrak{B}_0$, und ist $AB = A'B'$, so gehört $B'B^{-1} = A'^{-1}A$ sowohl der Gruppe $\mathfrak{A}$ als auch der Gruppe $\mathfrak{B}$ an, ist also ein Element D von $\mathfrak{D}$. Ist aber $B' = DB$, so ist $\mathfrak{D}B' = \mathfrak{D}B$, also $B' = B$. Denn zwei verschiedene Elemente von $\mathfrak{B}_0$ sind (mod. $\mathfrak{D}$) verschieden. Mithin ist auch $A' = A$.

Die von dem Complexe $\mathfrak{A}+\mathfrak{B}$ (oder auch $\mathfrak{A}\mathfrak{B}$) erzeugte Gruppe $\mathfrak{C}$ heisst das kleinste gemeinschaftliche Vielfache der beiden Gruppen $\mathfrak{A}$ und $\mathfrak{B}$. Die Gruppe $\mathfrak{C}$ muss die $\frac{ab}{d}$ verschiedenen Elemente des Complexes $\mathfrak{A}\mathfrak{B}$ sämmtlich enthalten. Daher ist ihre Ordnung $c \geqq \frac{ab}{d}$, oder es ist

$$cd \geqq ab. \tag{2.}$$

Damit $cd = ab$ sei, ist nothwendig und hinreichend, dass $\mathfrak{C} = \mathfrak{A}\mathfrak{B}$ ist, dass also der Complex $\mathfrak{A}\mathfrak{B}$ eine Gruppe ist. Diese Gruppe enthält auch alle Elemente des Complexes $\mathfrak{B}\mathfrak{A}$, und da dessen Ordnung $\frac{ba}{d}$ ist, so ist $\mathfrak{B}\mathfrak{A} = \mathfrak{A}\mathfrak{B}$, oder die beiden Complexe sind mit einander vertauschbar. Ist umgekehrt $\mathfrak{A}\mathfrak{B} = \mathfrak{B}\mathfrak{A}$, so ist

$$(\mathfrak{A}\mathfrak{B})^2 = \mathfrak{A}(\mathfrak{B}\mathfrak{A})\mathfrak{B} = \mathfrak{A}(\mathfrak{A}\mathfrak{B})\mathfrak{B} = \mathfrak{A}^2\mathfrak{B}^2 = \mathfrak{A}\mathfrak{B},$$

also ist $\mathfrak{A}\mathfrak{B}$ eine Gruppe, und folglich ist $\mathfrak{A}\mathfrak{B} = \mathfrak{C}$. Es ergiebt sich so der Satz:

I. *Sind a und b die Ordnungen der beiden Gruppen $\mathfrak{A}$ und $\mathfrak{B}$, und ist d die Ordnung ihres grössten gemeinsamen Divisors $\mathfrak{D}$, so enthält der Complex $\mathfrak{A}\mathfrak{B}$ genau $\frac{ab}{d}$ verschiedene Elemente und jedes Element d mal. Der Complex $\mathfrak{A}\mathfrak{B}$ ist stets und nur dann eine Gruppe, wenn $\mathfrak{A}$ und $\mathfrak{B}$ vertauschbar sind. Ist c die Ordnung des kleinsten gemeinschaftlichen Vielfachen $\mathfrak{C}$ der Gruppen $\mathfrak{A}$ und $\mathfrak{B}$, so ist $cd \geqq ab$, und es ist stets und nur dann $cd = ab$, also $\mathfrak{C} = \mathfrak{A}\mathfrak{B}$, wenn $\mathfrak{A}$ und $\mathfrak{B}$ vertauschbar sind.*

Im letzteren Falle ist $\mathfrak{C} = \mathfrak{A}\mathfrak{B}_0 = \mathfrak{A}_0\mathfrak{B}$. Die Elemente $B_1, B_2, \cdots B_s$, die ein vollständiges Restsystem von $\mathfrak{B}$ nach dem Modul $\mathfrak{D}$ bilden, bilden zugleich ein vollständiges Restsystem von $\mathfrak{C}$ nach dem Modul $\mathfrak{A}$. Zunächst sind sie (mod. $\mathfrak{A}$) verschieden. Denn wäre $B_1 B_2^{-1}$ in $\mathfrak{A}$ enthalten, so wäre dies Element, da es zugleich der Gruppe $\mathfrak{B}$ angehört, in $\mathfrak{D}$ enthalten. Wenn man ferner die Gleichung

$$\mathfrak{B} = \mathfrak{D}B_1 + \mathfrak{D}B_2 + \cdots + \mathfrak{D}B_s \tag{3.}$$

links mit $\mathfrak{A}$ multiplicirt, so erhält man

$$\mathfrak{C} = \mathfrak{A}B_1 + \mathfrak{A}B_2 + \cdots + \mathfrak{A}B_s. \tag{4.}$$

Ist $\mathfrak{G}$ eine Gruppe und R irgend ein Element, so ist auch $R^{-1}\mathfrak{G}R$ eine Gruppe. Sie heisst der Gruppe $\mathfrak{G}$ ähnlich oder mit $\mathfrak{G}$ conjugirt. Sind $\mathfrak{A}$ und $\mathfrak{B}$ zwei Gruppen von den Ordnungen a und b, so bleibt der Complex $\mathfrak{A}R\mathfrak{B}$ ungeändert, wenn R durch irgend ein anderes seiner Elemente ARB ersetzt wird. Zwei Complexe $\mathfrak{A}R\mathfrak{B}$ und $\mathfrak{A}S\mathfrak{B}$ haben daher entweder kein Element gemeinsam oder alle. Im letzteren Falle heissen R und S nach dem Doppelmodul $(\mathfrak{A}, \mathfrak{B})$ aequivalent (vergl. meine Arbeit *Über die Congruenz nach einem aus zwei endlichen Gruppen gebildeten Doppelmodul,* Crelle's Journal Bd. 101, und Dedekind, *Zur Theorie der Ideale,* Göttinger Nachrichten 1894). Um die Ordnung des Complexes $\mathfrak{A}R\mathfrak{B}$ zu bestimmen, ordne ich jedem seiner Elemente X ein Element $R^{-1}X$ des Complexes $(R^{-1}\mathfrak{A}R)\mathfrak{B}$ zu. Da $R^{-1}\mathfrak{A}R$ eine Gruppe ist, so ist die Ordnung dieses Complexes $\frac{ab}{d}$, wo d die Ordnung des grössten gemeinsamen Divisors der Gruppen $R^{-1}\mathfrak{A}R$ und $\mathfrak{B}$ ist. Da nun bei jener Zuordnung zwei gleichen Elementen X und Y zwei gleiche Elemente $R^{-1}X$ und $R^{-1}Y$ entsprechen, und zwei verschiedenen Elemente zwei verschiedene, so ergiebt sich der Satz:

II. *Sind a und b die Ordnungen der beiden Gruppen $\mathfrak{A}$ und $\mathfrak{B}$, so enthält der Complex $\mathfrak{A}R\mathfrak{B}$ genau $\frac{ab}{d}$ verschiedene Elemente und jedes d mal, falls d die Ordnung des grössten gemeinsamen Divisors der beiden Gruppen $R^{-1}\mathfrak{A}R$ und $\mathfrak{B}$ (oder $\mathfrak{A}$ und $R\mathfrak{B}R^{-1}$) ist.*

Sind $\mathfrak{A}$ und $\mathfrak{B}$ zwei Untergruppen einer Gruppe $\mathfrak{H}$ der Ordnung h, so zerfallen die Elemente von $\mathfrak{H}$ nach dem Doppelmodul $(\mathfrak{A}, \mathfrak{B})$ in Complexe

$$\mathfrak{H} = \mathfrak{A}H_1\mathfrak{B} + \mathfrak{A}H_2\mathfrak{B} + \cdots + \mathfrak{A}H_m\mathfrak{B},$$

von denen nicht zwei ein Element gemeinsam haben. Dann bilden $H_1, H_2, \cdots H_m$ ein vollständiges System nicht aequivalenter Elemente oder ein vollständiges Restsystem der Gruppe $\mathfrak{H}$ nach dem Doppelmodul $(\mathfrak{A}, \mathfrak{B})$. Ist d_μ die Ordnung des grössten gemeinsamen Divisors der beiden Gruppen $H_\mu^{-1}\mathfrak{A}H_\mu$ und $\mathfrak{B}$, so besteht der Complex $\mathfrak{A}H_\mu\mathfrak{B}$ aus $\frac{ab}{d_\mu}$ verschiedenen Elementen, und folglich ist

$$\frac{h}{ab} = \frac{1}{d_1} + \frac{1}{d_2} + \cdots + \frac{1}{d_m}. \tag{5.}$$

Wir brauchen diese Formel namentlich für den Fall, wo $\mathfrak{B}$ aus allen Elementen von $\mathfrak{H}$ besteht, die mit $\mathfrak{A}$ vertauschbar sind. Da $\mathfrak{B}$ eine durch $\mathfrak{A}$ theilbare Gruppe ist, so ist, wenn H_1 dem Hauptelemente aequivalent ist, der Complex $\mathfrak{A}H_1\mathfrak{B} = \mathfrak{A}\mathfrak{B} = \mathfrak{B}$, besteht also aus allen Elementen von $\mathfrak{H}$, die mit $\mathfrak{A}$ vertauschbar sind. Folglich enthält keiner der anderen Complexe ein solches Element. Wenn also $\mu > 1$ ist, so ist $H_\mu^{-1}\mathfrak{A}H_\mu$ von $\mathfrak{A}$ verschieden.

Ist die Gruppe $\mathfrak{H}$ durch die Gruppe $\mathfrak{G}$ theilbar, und ist $\mathfrak{G}$ mit jedem Elemente H von $\mathfrak{H}$ vertauschbar,

$$\mathfrak{G}H = H\mathfrak{G}, \qquad H^{-1}\mathfrak{G}H = \mathfrak{G},$$

so heisst $\mathfrak{G}$ eine invariante Untergruppe von $\mathfrak{H}$. Seien g und $h = gn$ die Ordnungen von $\mathfrak{G}$ und $\mathfrak{H}$, und sei

$$\mathfrak{H} = \mathfrak{G}H_1 + \mathfrak{G}H_2 + \cdots + \mathfrak{G}H_n.$$

Ist dann A irgend ein Element von $\mathfrak{H}$, so ist der Complex $\mathfrak{G}A$ einem und nur einem dieser n verschiedenen Complexe $\mathfrak{G}H_\nu = \mathfrak{G}_\nu$ gleich. Sind $\mathfrak{G}A$ und $\mathfrak{G}B$ zwei (verschiedene oder gleiche) dieser n Complexe, so ist $(\mathfrak{G}A)(\mathfrak{G}B) = \mathfrak{G}(A\mathfrak{G})B = \mathfrak{G}(\mathfrak{G}A)B = \mathfrak{G}AB$, also wieder einer jener n Complexe. Der Complex, welcher das Hauptelement enthält, ist gleich $\mathfrak{G}$. Zu jedem Complexe $\mathfrak{G}A$ gehört ein anderer $\mathfrak{G}A^{-1}$, der die Bedingung $(\mathfrak{G}A)(\mathfrak{G}A^{-1}) = \mathfrak{G}$ erfüllt, und der erhalten werden kann, indem man jedes Element GA von $\mathfrak{G}A$ durch das reciproke $A^{-1}G^{-1} = G'A^{-1}$ ersetzt. Aus der Gleichung $(\mathfrak{G}A)(\mathfrak{G}C) = (\mathfrak{G}B)(\mathfrak{G}C)$ ergiebt sich durch Multiplication mit $\mathfrak{G}C^{-1}$, dass $\mathfrak{G}A = \mathfrak{G}B$ ist. Die Complexe $\mathfrak{G}_1, \mathfrak{G}_2, \cdots \mathfrak{G}_n$, als neue complexe Elemente betrachtet, genügen daher nicht nur den Bedingungen 1., 3. und 4., sondern auch der Bedingung 2., und bilden folglich eine Gruppe der Ordnung n. Diese bezeichnet man mit $\frac{\mathfrak{H}}{\mathfrak{G}}$, nennt sie einen Factor von $\mathfrak{H}$, und man sagt, $\mathfrak{H}$ sei aus den beiden Gruppen $\frac{\mathfrak{H}}{\mathfrak{G}}$ und $\mathfrak{G}$ zusammengesetzt, $\mathfrak{H} = \frac{\mathfrak{H}}{\mathfrak{G}} \cdot \mathfrak{G}$ (C. Jordan, *Sur la limite de transitivité des groupes non alternes*. Bull. de la Soc. Math. de France, tome I; Hölder, Math. Ann. Bd. 34, S. 35). Diese Art der Composition zweier Complexe ist nicht mit der oben definirten zu verwechseln, bei der Complexe mit gleichartigen Elementen multiplicirt wurden. Die beiden Gruppen $\mathfrak{H}$ und $\frac{\mathfrak{H}}{\mathfrak{G}}$ sind schon an sich gleich (meroedrisch isomorph), nur betrachtet man in der Gruppe $\frac{\mathfrak{H}}{\mathfrak{G}}$ als Elemente nicht die ursprünglichen n Elemente, sondern die n Complexe $\mathfrak{G}_1, \mathfrak{G}_2, \cdots \mathfrak{G}_n$. Durch das Zeichen $\frac{\mathfrak{H}}{\mathfrak{G}} \cdot \mathfrak{G}$ wird also nur ausgedrückt, dass jedes der n complexen Elemente von $\frac{\mathfrak{H}}{\mathfrak{G}}$ wieder in die g ursprünglichen Elemente, aus denen es besteht, aufgelöst werden soll.

Der Begriff der Factorgruppe $\frac{\mathfrak{H}}{\mathfrak{G}}$ macht den des meroedrischen oder eines noch allgemeineren (Capelli, *Sopra l'isomorfismo dei gruppi di sostituzioni,* Battaglini G. XVI.) Isomorphismus überflüssig. Statt diese Begriffe einzuführen, hat man die Sätze aufzustellen:

III. *Entspricht jedem Elemente $A, B, C, \cdots$ einer Gruppe $\mathfrak{H}$ ein Element $A', B', C', \cdots$ einer Gruppe $\mathfrak{H}'$ so, dass stets $A'B' = C'$ ist, wenn $AB = C$ ist, so bilden die Elemente von $\mathfrak{H}$, denen das Hauptelement von $\mathfrak{H}'$ entspricht, eine Gruppe $\mathfrak{G}$, die eine invariante Untergruppe von $\mathfrak{H}$ ist, und die Gruppen $\frac{\mathfrak{H}}{\mathfrak{G}}$ und $\mathfrak{H}'$ sind isomorph.*

IV. *Lassen sich die Elemente $A, B, C, \cdots$ einer Gruppe $\mathfrak{H}$ in Complexe eintheilen, und die Elemente $A', B', C', \cdots$ einer Gruppe $\mathfrak{H}'$ in entsprechende Complexe, so dass stets AB und $A'B'$ entsprechenden Complexen angehören, wenn dies mit A und A' und mit B und B' der Fall ist, so ist der Complex $\mathfrak{G}$ von $\mathfrak{H}$, der das Hauptelement enthält, eine invariante Untergruppe von $\mathfrak{H}$, und dasselbe gilt von dem entsprechenden Complexe $\mathfrak{G}'$ von $\mathfrak{H}'$, die Gruppen $\frac{\mathfrak{H}}{\mathfrak{G}}$ und $\frac{\mathfrak{H}'}{\mathfrak{G}'}$ sind isomorph, und in ihnen reducirt sich jeder Complex auf ein Element.*

Seien $\mathfrak{A}$ und $\mathfrak{B}$ zwei Gruppen, $\mathfrak{C}$ ihr kleinstes gemeinschaftliches Vielfache und $\mathfrak{D}$ ihr grösster gemeinsamer Divisor. Ist $\mathfrak{A}$ mit jedem Elemente B von $\mathfrak{B}$ vertauschbar, so ist $\mathfrak{C} = \mathfrak{A}\mathfrak{B}$, und weil $\mathfrak{A}$ auch mit jedem Elemente von $\mathfrak{A}$ vertauschbar ist, so ist $\mathfrak{A}$ eine invariante Untergruppe von $\mathfrak{C}$. Nun ist $B^{-1}\mathfrak{D}\mathfrak{B}$ der grösste gemeinsame Divisor von $B^{-1}\mathfrak{A}B = \mathfrak{A}$ und $B^{-1}\mathfrak{B}B = \mathfrak{B}$, also gleich $\mathfrak{D}$, und mithin ist $\mathfrak{D}$ eine invariante Untergruppe von $\mathfrak{B}$. Ist in der Gleichung (3.) $\mathfrak{D}B_1 \cdot \mathfrak{D}B_2 = \mathfrak{D}B_3$, so ist auch $\mathfrak{A}B_1 \cdot \mathfrak{A}B_2 = \mathfrak{A}B_3$. Folglich sind die beiden Gruppen $\frac{\mathfrak{C}}{\mathfrak{A}}$ und $\frac{\mathfrak{B}}{\mathfrak{D}}$ holoedrisch isomorph (vergl. Weber, *Elliptische Functionen*, §. 53, 4).

V. *Ist die Gruppe $\mathfrak{A}$ mit jedem Elemente der Gruppe $\mathfrak{B}$ vertauschbar, und ist $\mathfrak{C} = \mathfrak{A}\mathfrak{B}$ das kleinste gemeinschaftliche Vielfache von $\mathfrak{A}$ und $\mathfrak{B}$, so ist der grösste gemeinsame Divisor $\mathfrak{D}$ von $\mathfrak{A}$ und $\mathfrak{B}$ eine invariante Untergruppe von $\mathfrak{B}$, und die beiden Gruppen $\frac{\mathfrak{C}}{\mathfrak{A}}$ und $\frac{\mathfrak{B}}{\mathfrak{D}}$ sind holoedrisch isomorph.*

Auf diesen Satz gestützt, definire ich durch die Gleichung

$$\frac{\mathfrak{B}}{\mathfrak{A}} = \frac{\mathfrak{C}}{\mathfrak{A}} = \frac{\mathfrak{B}}{\mathfrak{D}} \tag{6.}$$

das Zeichen $\frac{\mathfrak{B}}{\mathfrak{A}}$ auch für den Fall, wo die Gruppe $\mathfrak{A}$, ohne nothwendig ein Theiler von $\mathfrak{B}$ zu sein, mit jedem Elemente von $\mathfrak{B}$ vertauschbar ist.

Der specielle Fall dieses Satzes, wo $\mathfrak{A}$ und $\mathfrak{B}$ beide invariante Untergruppen von $\mathfrak{C}$ sind, bildet die Grundlage für den Beweis des Satzes: Wenn eine Gruppe zwei verschiedene Reihen der Zusammensetzung hat, so sind die aus der einen Reihe entspringenden Factorengruppen, abgesehen von der Aufeinanderfolge, den aus der anderen Reihe entspringenden holoedrisch isomorph (Hölder, a. a. O. S. 37). Beim Beweise benutzt Hölder, im Anschluss an C. Jordan und Netto an Stelle des obigen Satzes das Theorem:

VI. *Ist jede der beiden theilerfremden Gruppen $\mathfrak{A}$ und $\mathfrak{B}$ mit jedem Elemente der andern vertauschbar, so ist jedes Element von $\mathfrak{A}$ mit jedem von $\mathfrak{B}$ vertauschbar.*

§. 2.

Aus den in §. 1 entwickelten allgemeinen Sätzen ergeben sich zahlreiche Folgerungen, von denen ich hier einige zusammenstelle.

I. *Ist* $\mathfrak{A}$ *eine invariante Untergruppe der Gruppe* $\mathfrak{H}$, *sind* a *und* h *die Ordnungen von* $\mathfrak{A}$ *und* $\mathfrak{H}$, *und sind* a *und* $\frac{h}{a}$ *theilerfremd, so ist jede Untergruppe von* $\mathfrak{H}$, *deren Ordnung ein Theiler von* a *ist, ein Divisor von* $\mathfrak{A}$. *Daher enthält* $\mathfrak{H}$ *nur eine einzige Untergruppe der Ordnung* a, *und diese besteht aus allen Elementen von* $\mathfrak{H}$, *deren Ordnung in* a *aufgeht.*

Denn sei $\mathfrak{B}$ eine Untergruppe von $\mathfrak{H}$, deren Ordnung b in a aufgeht. Da $\mathfrak{A}$ mit jedem Elemente von $\mathfrak{H}$ vertauschbar ist, so sind die beiden Gruppen $\mathfrak{A}$ und $\mathfrak{B}$ vertauschbar. Sind also c und d die Ordnungen ihres kleinsten gemeinschaftlichen Vielfachen $\mathfrak{C}$ und ihres grössten gemeinsamen Divisors $\mathfrak{D}$, so ist $cd = ab$. Da $\mathfrak{H}$ durch $\mathfrak{C}$ theilbar ist, so ist $\frac{h}{a}$ durch $\frac{c}{a}$ theilbar. Ferner ist a durch b, also auch durch $\frac{b}{d}$ theilbar. Daher ist $\frac{c}{a} = \frac{b}{d}$ ein gemeinsamer Divisor von $\frac{h}{a}$ und a, also gleich 1. Mithin ist $b = d$, und die Gruppe $\mathfrak{B} = \mathfrak{D}$ ist ein Divisor von $\mathfrak{A}$.

Ist z. B. p^α die höchste Potenz der Primzahl p, die in der Ordnung h einer Gruppe $\mathfrak{H}$ aufgeht, so enthält $\mathfrak{H}$ eine Gruppe $\mathfrak{A}$ der Ordnung p^α. Die mit $\mathfrak{A}$ vertauschbaren Elemente von $\mathfrak{H}$ bilden eine Gruppe $\mathfrak{A}'$, deren Ordnung $p^\alpha q$ ein Divisor von h ist. Da $\mathfrak{A}$ eine invariante Untergruppe von $\mathfrak{A}'$ ist, und q nicht durch p theilbar ist, so ist nach dem obigen Satze jede in $\mathfrak{A}'$ enthaltene Gruppe der Ordnung p^β ein Divisor von $\mathfrak{A}$, und die Gruppe $\mathfrak{A}$ besteht aus allen Elementen von $\mathfrak{A}'$, deren Ordnung eine Potenz von p ist (Sylow, *Théorèmes sur les groupes de substitutions*, Math. Ann. Bd. 5, S. 585.) Ist also H ein mit $\mathfrak{A}'$ vertauschbares Element von $\mathfrak{H}$, so muss die in $H^{-1}\mathfrak{A}'H = \mathfrak{A}'$ enthaltene Gruppe $H^{-1}\mathfrak{A}H = \mathfrak{A}$ sein, weil $\mathfrak{A}'$ nur eine Gruppe der Ordnung p^α enthält. Die Gruppe $\mathfrak{A}'$ kann folglich, wenn sie von $\mathfrak{H}$ verschieden ist, nie eine invariante Untergruppe von $\mathfrak{H}$ sein.

II. *Ist* $\mathfrak{A}$ *eine invariante Untergruppe von* $\mathfrak{B}$ *und* $\mathfrak{B}$ *eine invariante Untergruppe von* $\mathfrak{C}$, *sind* a *und* b *die Ordnungen von* $\mathfrak{A}$ *und* $\mathfrak{B}$, *und sind* a *und* $\frac{b}{a}$ *theilerfremd, so ist* $\mathfrak{A}$ *auch eine invariante Untergruppe von* $\mathfrak{C}$.

Denn sei C irgend ein Element von $\mathfrak{C}$. Da $\mathfrak{A}$ eine Untergruppe von $\mathfrak{B}$ ist, so ist auch $C^{-1}\mathfrak{A}C$ eine Untergruppe von $C^{-1}\mathfrak{B}C = \mathfrak{B}$. Nach I. enthält aber $\mathfrak{B}$ nur eine Untergruppe der Ordnung a. Mithin ist $C^{-1}\mathfrak{A}C = \mathfrak{A}$.

Sei allgemeiner in der Reihe der Gruppen $\mathfrak{A}, \mathfrak{B}, \mathfrak{C}, \cdots \mathfrak{G}, \mathfrak{H}$ jede eine invariante Untergruppe der folgenden. Sind dann a und $\frac{g}{a}$

theilerfremd, so ist $\mathfrak{A}$ auch eine invariante Untergruppe von $\mathfrak{H}$. Sind auch a und $\frac{h}{a}$ theilerfremd, so enthält $\mathfrak{H}$ nur eine einzige Untergruppe der Ordnung a. Diese ist durch jede Untergruppe von $\mathfrak{H}$ theilbar, deren Ordnung ein Theiler von a ist, und besteht aus allen Elementen von $\mathfrak{H}$, deren Ordnung in a aufgeht.

III. *Ist p die kleinste in g aufgehende Primzahl, und ist $f \leqq p$, so ist eine Untergruppe der Ordnung g von einer Gruppe der Ordnung fg stets eine invariante.*

Die Gruppe $\mathfrak{H}$ der Ordnung $h = fg$ enthalte eine Untergruppe $\mathfrak{G}$ der Ordnung g. Bilden $H_1, H_2, \cdots H_m$ ein vollständiges Restsystem von $\mathfrak{H}$ (modd. $\mathfrak{G}, \mathfrak{G}$), so ist

$$f = \frac{h}{g} = \frac{g}{d_1} + \frac{g}{d_2} + \cdots + \frac{g}{d_m},$$

wo d_μ die Ordnung des grössten gemeinsamen Divisors der Gruppen $\mathfrak{G}$ und $H_\mu^{-1}\mathfrak{G}H_\mu$ ist. Ist H_1 dem Hauptelemente aequivalent, so ist $d_1 = g$. Jede der Zahlen $\frac{g}{d_2}, \cdots \frac{g}{d_m}$ ist ein Divisor von g, also entweder gleich 1 oder $\geqq p$. Da aber $f \leqq p$ ist, so kann keine dieser Zahlen $\geqq p$ sein. Mithin ist stets $d_\mu = g$, also $H_\mu^{-1}\mathfrak{G}H_\mu = \mathfrak{G}$, und da H_μ durch jedes (modd. $\mathfrak{G}, \mathfrak{G}$) aequivalente Element ersetzt werden kann, so ist $H^{-1}\mathfrak{G}H = \mathfrak{G}$ für jedes Element H der Gruppe $\mathfrak{H}$.

Z. B. ist jede Gruppe der Ordnung $p^{\alpha-1}$, die in einer Gruppe $\mathfrak{H}$ der Ordnung p^α enthalten ist, eine invariante Untergruppe von $\mathfrak{H}$.

Ist $f < p$, so enthält $\mathfrak{H}$ nur eine Untergruppe der Ordnung g, weil f und g theilerfremd sind. Dies kann man direct so einsehen: Seien $\mathfrak{G}$ und $\mathfrak{G}_1$ zwei Untergruppen der Ordnung g, und seien c und d die Ordnungen ihres kleinsten gemeinschaftlichen Vielfachen $\mathfrak{C}$ und ihres grössten gemeinsamen Divisors $\mathfrak{D}$. Dann ist $cd \geqq gg$, und weil $\mathfrak{C}$ in $\mathfrak{H}$ enthalten ist, $fg \geqq c$, also $fgd \geqq gg$ und $p > f \geqq \frac{g}{d}$. Da aber p der kleinste von 1 verschiedene Theiler von g ist, so ist $d = g$, mithin $\mathfrak{G}_1 = \mathfrak{G}$.

Aber auch der Fall $f = p$ lässt sich auf diesem Wege erledigen. Enthält $\mathfrak{H}$ nur eine Untergruppe der Ordnung g, so ist diese eine invariante. Enthält aber $\mathfrak{H}$ zwei verschiedene, $\mathfrak{G}$ und $\mathfrak{G}_1$, so ist $c > g$ und c durch g theilbar und ein Divisor von $h = gp$, also $c = h$ und $\mathfrak{C} = \mathfrak{H}$. Ferner ist $cd \geqq gg$, also $d \geqq \frac{g}{p}$ und $d < g$ und d ein Divisor von g, also da $\frac{g}{p}$ der grösste echte Theiler von g ist, $d = \frac{g}{p}$. Setzt man nun voraus, der obige Satz sei für Gruppen, deren Ordnung $< h$ ist, schon bewiesen, so ist $\mathfrak{D}$ eine invariante Untergruppe von $\mathfrak{G}$ und $\mathfrak{G}_1$, mithin auch von ihrem kleinsten gemeinschaftlichen Vielfachen $\mathfrak{H}$.

Die Gruppe $\frac{\mathfrak{H}}{\mathfrak{D}}$ hat die Ordnung p^2, es sind also je zwei ihrer Elemente vertauschbar. Daher ist $\frac{\mathfrak{G}}{\mathfrak{D}}$ eine invariante Untergruppe von $\frac{\mathfrak{H}}{\mathfrak{D}}$, folglich auch $\mathfrak{G}$ eine solche von $\mathfrak{H}$. Der damit bewiesene Satz lässt sich so verallgemeinern:

IV. *Ist die Ordnung einer Gruppe $\mathfrak{H}$, die eine Untergruppe $\mathfrak{G}$ der Ordnung ab hat, gleich anb, wo jede in a aufgehende Primzahl $<n$, jede in b aufgehende $\geqq n$ ist, so enthält $\mathfrak{G}$ eine Gruppe, die eine invariante Untergruppe von $\mathfrak{H}$ ist, und deren Ordnung durch b theilbar ist.*

Seien $p, p_1, p_2, \cdots$ die verschiedenen in b aufgehenden Primzahlen, p^α die höchste Potenz von p, durch welche b theilbar ist, und $\mathfrak{P}$ eine in $\mathfrak{G}$ enthaltene Gruppe der Ordnung p^α. Bilden dann $H_1, H_2, \cdots H_m$ ein vollständiges Restsystem von $\mathfrak{H}$ (modd. $\mathfrak{P}$, $\mathfrak{G}$), so ist

$$n = \frac{h}{ab} = \frac{p^\alpha}{p^{\delta_1}} + \frac{p^\alpha}{p^{\delta_2}} + \cdots + \frac{p^\alpha}{p^{\delta_m}},$$

wo p^{δ_μ} die Ordnung des grössten gemeinsamen Divisors der Gruppen $H_\mu^{-1}\mathfrak{P}H_\mu$ und $\mathfrak{G}$ ist. Ist H_1 dem Hauptelement aequivalent, so ist $\delta_1 = \alpha$. Ist $\delta_\mu < \alpha$, so ist nach Voraussetzung $p^{\alpha-\delta_\mu} \geqq p \geqq n$, während nach der obigen Gleichung $n \geqq 1 + p^{\alpha-\delta_\mu}$ ist. Daher ist stets $\delta_\mu = \alpha$, also ist $\mathfrak{G}$ durch $H_\mu^{-1}\mathfrak{P}H_\mu$ theilbar. Nun kann aber H_μ durch jedes (modd. $\mathfrak{P}$, $\mathfrak{G}$) aequivalente Element ersetzt werden. Durchläuft also H alle Elemente von $\mathfrak{H}$, so ist $\mathfrak{G}$ durch jede der Gruppen $H^{-1}\mathfrak{P}H$ theilbar, mithin auch durch ihr kleinstes gemeinschaftliches Vielfache $\mathfrak{M}$, eine invariante Untergruppe von $\mathfrak{H}$, deren Ordnung durch p^α theilbar ist. Entsprechen so den Primzahlen $p, p_1, p_2, \cdots$ die Gruppen $\mathfrak{M}, \mathfrak{M}_1, \mathfrak{M}_2, \cdots$, so ist $\mathfrak{G}$ durch jede dieser Gruppen theilbar, folglich auch durch ihr kleinstes gemeinschaftliches Vielfache, eine invariante Untergruppe von $\mathfrak{H}$, deren Ordnung durch b theilbar ist.

Ist z. B. p eine in h aufgehende Primzahl, und ist $\frac{h}{p}$ durch eine Primzahl theilbar, die $\geqq p$ ist, so kann eine einfache Gruppe der Ordnung h keine Untergruppe der Ordnung $\frac{h}{p}$ besitzen.

V. *Ist p^α die höchste Potenz der Primzahl p, die in der Ordnung einer Gruppe $\mathfrak{H}$ aufgeht, ist $\gamma < \alpha$, und ist $\mathfrak{C}$ eine Untergruppe von $\mathfrak{H}$, deren Ordnung p^γ ist, so bilden die mit $\mathfrak{C}$ vertauschbaren Elemente von $\mathfrak{H}$ eine Gruppe $\mathfrak{C}'$, deren Ordnung c' die Primzahl p in einer höheren als der γten Potenz enthält. Ist c' nicht durch p^α theilbar, so enthält $\mathfrak{C}'$ mindestens eine von $\mathfrak{C}$ verschiedene Gruppe, die mit $\mathfrak{C}$ in Bezug auf $\mathfrak{H}$ conjugirt ist.*

Bilden $H_1, H_2, \cdots H_m$ ein vollständiges Restsystem von $\mathfrak{H}$ (modd. $\mathfrak{C}$, $\mathfrak{C}'$), so ist

$$\frac{h}{c'} = \frac{p^\gamma}{p^{\delta_1}} + \frac{p^\gamma}{p^{\delta_2}} + \cdots + \frac{p^\gamma}{p^{\delta_m}},$$

wo p^{δ_μ} die Ordnung des grössten gemeinsamen Divisors von $H_\mu^{-1}\mathfrak{C}H_\mu$ und $\mathfrak{C}'$ ist. Ist H_1 dem Hauptelement aequivalent, so ist $\delta_1 = \gamma$. Ist aber $\mu > 1$, so ist nach §. 1 $H_\mu^{-1}\mathfrak{C}H_\mu$ von $\mathfrak{C}$ verschieden. Wenn c' durch p^α theilbar ist, so ist nach Voraussetzung $\alpha > \gamma$. Wenn aber c' nicht durch p^α theilbar ist, so ist $\frac{h}{c'}$ durch p theilbar, und daher können der obigen Formel zufolge $p^{\gamma-\delta_2}, \cdots p^{\gamma-\delta_m}$ nicht alle durch p theilbar sein. Für mindestens einen Index μ muss folglich $\delta_\mu = \gamma$, also $\mathfrak{C}'$ durch $H_\mu^{-1}\mathfrak{C}H_\mu$ theilbar sein. Nun ist aber $\mathfrak{C}$ eine invariante Untergruppe von $\mathfrak{C}'$. Enthielte daher c' den Primfactor p nicht in einer höheren als der γten Potenz, so gäbe es nach Satz I. in $\mathfrak{C}'$ nicht mehr als eine Gruppe $\mathfrak{C}$ der Ordnung p^γ.

VI. *Ist die Gruppe $\mathfrak{A}$ der Ordnung p^α theilbar durch die Gruppe $\mathfrak{C}$ der Ordnung p^γ, und ist $\alpha > \beta > \gamma$, so giebt es eine Gruppe $\mathfrak{B}$ der Ordnung p^β, die in $\mathfrak{A}$ enthalten ist und $\mathfrak{C}$ enthält. Ist $\mathfrak{C}$ eine invariante Untergruppe von $\mathfrak{A}$, so giebt es eine Gruppe $\mathfrak{B}$, die auch eine invariante Untergruppe von $\mathfrak{A}$ ist.*

Ist die Ordnung einer Gruppe eine Potenz der Primzahl p, so ist auch die Ordnung jedes ihrer Elemente Q eine Potenz von p, etwa p^λ. Dann hat $Q^{p^{\lambda-1}} = P$ die Ordnung p, und die Potenzen von P bilden eine Untergruppe der Ordnung p.

Bilden die mit $\mathfrak{C}$ vertauschbaren Elemente von $\mathfrak{A}$ eine Gruppe $\mathfrak{C}'$ der Ordnung $p^{\gamma'}$, so ist nach V. $\gamma' > \gamma$ (vergl. auch Netto, *Untersuchungen aus der Theorie der Substitutionengruppen*, Crelle's Journ. Bd. 103, S. 335, Anm.). Die Gruppe $\frac{\mathfrak{C}'}{\mathfrak{C}}$ der Ordnung $p^{\gamma'-\gamma}$ enthält eine Gruppe $\frac{\mathfrak{C}_1}{\mathfrak{C}}$ der Ordnung p. Es giebt also in $\mathfrak{A}$ eine durch $\mathfrak{C}$ theilbare Gruppe $\mathfrak{C}_1$ der Ordnung $p^{\gamma+1}$, ebenso eine durch $\mathfrak{C}_1$ theilbare Gruppe $\mathfrak{C}_2$ der Ordnung $p^{\gamma+2}, \cdots$ endlich eine durch $\mathfrak{C}$ theilbare Gruppe $\mathfrak{B}$.

Eine Gruppe $\mathfrak{A}$ der Ordnung p^α enthält ein Element P der Ordnung p, das mit jedem Elemente von $\mathfrak{A}$ vertauschbar ist: Sind zwei Elemente von $\mathfrak{A}$ einem dritten conjugirt (in Bezug auf $\mathfrak{A}$), so sind sie es auch unter einander. Daher kann man die Elemente von $\mathfrak{A}$ in Classen conjugirter Elemente theilen. Sei m ihre Anzahl, und sei A_μ ein Element der μ^{ten} Classe. Bilden die mit A_μ vertauschbaren Elemente von $\mathfrak{H}$ eine Gruppe der Ordnung p^{α_μ}, so besteht die μ^{te} Classe aus $p^{\alpha-\alpha_\mu}$ verschiedenen Elementen (vergl. meine Arbeit: *Neuer Beweis des Sylow'schen Satzes,* Crelle's Journ. Bd. 100, S. 181, [2]). Folglich ist

$$p^\alpha = p^{\alpha-\alpha_1} + p^{\alpha-\alpha_2} + \cdots + p^{\alpha-\alpha_m}.$$

Gehört das Hauptelement der ersten Classe an, so ist $\alpha_1 = \alpha$. Daher muss es noch mindestens einen Index $\mu > 1$ geben, für den $\alpha_\mu = \alpha$ ist. Dann ist A_μ mit jedem Elemente von $\mathfrak{A}$ vertauschbar, also auch jede Potenz von A_μ (Sylow, a. a. O. §. 3).

Die Potenzen von P bilden eine Gruppe $\mathfrak{P}_1$ der Ordnung p, die eine invariante Untergruppe von $\mathfrak{A}$ ist. Ebenso hat $\frac{\mathfrak{A}}{\mathfrak{P}_1}$ eine invariante Untergruppe $\frac{\mathfrak{P}_2}{\mathfrak{P}_1}$ der Ordnung p, also $\mathfrak{A}$ eine invariante Untergruppe $\mathfrak{P}_2$ der Ordnung p^2 u. s. w. Ist $\gamma < \beta < \alpha$, und ist $\mathfrak{C}$ eine invariante Untergruppe von $\mathfrak{A}$, deren Ordnung p^γ ist, so hat $\frac{\mathfrak{A}}{\mathfrak{C}}$ eine invariante Untergruppe $\frac{\mathfrak{B}}{\mathfrak{C}}$ der Ordnung $p^{\beta-\gamma}$, also hat $\mathfrak{A}$ eine durch $\mathfrak{C}$ theilbare invariante Untergruppe der Ordnung p^β.

VII. *Ist p^α die höchste Potenz der Primzahl p, die in der Ordnung einer Gruppe $\mathfrak{H}$ aufgeht, so sind je zwei in $\mathfrak{H}$ enthaltene Gruppen der Ordnung p^α conjugirt in Bezug auf $\mathfrak{H}$; und jede Untergruppe von $\mathfrak{H}$, deren Ordnung eine Potenz von p ist, ist in einer Untergruppe von $\mathfrak{H}$ enthalten, deren Ordnung p^α ist.*

Sei $\beta \leqq \alpha$, und seien $\mathfrak{A}$ und $\mathfrak{B}$ irgend zwei in $\mathfrak{H}$ enthaltene Gruppen der Ordnungen p^α und p^β. Bilden $H_1, H_2, \cdots H_m$ ein vollständiges Restsystem von $\mathfrak{H}$ (modd. $\mathfrak{A}, \mathfrak{B}$), so ist

$$\frac{h}{p^\alpha} = \frac{p^\beta}{p^{\delta_1}} + \frac{p^\beta}{p^{\delta_2}} + \cdots + \frac{p^\beta}{p^{\delta_m}},$$

wo p^{δ_μ} die Ordnung des grössten gemeinsamen Divisors der beiden Gruppen $\mathfrak{A}_\mu = H_\mu^{-1} \mathfrak{A} H_\mu$ und $\mathfrak{B}$ ist. Auf der linken Seite dieser Gleichung steht eine Zahl, die nicht durch p theilbar ist. Daher können die m Glieder der rechten Seite nicht alle durch p theilbar sein. Für mindestens einen Werth von μ ist folglich $\delta_\mu = \beta$, und dann ist $\mathfrak{A}_\mu$ durch $\mathfrak{B}$ theilbar. Ist $\beta = \alpha$, so ist $\mathfrak{A}_\mu = \mathfrak{B}$, die Gruppen $\mathfrak{A}$ und $\mathfrak{B}$ sind in Bezug auf $\mathfrak{H}$ conjugirt, d. h. es giebt in $\mathfrak{H}$ ein solches Element H, dass $H^{-1}\mathfrak{A}H = \mathfrak{B}$ ist (Sylow, a. a. O. §. 2).

VIII. *Ist p^α die höchste Potenz der Primzahl p, die in der Ordnung h einer Gruppe $\mathfrak{H}$ aufgeht, so ist die Anzahl der verschiedenen in $\mathfrak{H}$ enthaltenen Untergruppen der Ordnung p^α*

$$\frac{h}{p'} \equiv 1 \ (\text{mod. } p^{\alpha-\delta}),$$

falls die Ordnung des grössten gemeinsamen Divisors von irgend zwei verschiedenen dieser Gruppen stets $\leqq p^\delta$ ist.

Sei $\mathfrak{P}$ eine in $\mathfrak{H}$ enthaltene Gruppe der Ordnung p^α. Die mit $\mathfrak{P}$ vertauschbaren Elemente von $\mathfrak{H}$ bilden eine Gruppe $\mathfrak{P}'$, deren Ordnung p' durch p^α theilbar ist. Ist $h = p'r$ und

$$\mathfrak{H} = \mathfrak{P}'H_1 + \mathfrak{P}'H_2 + \cdots + \mathfrak{P}'H_r,$$

so enthält $\mathfrak{H}$ genau r verschiedene Untergruppen der Ordnung p^α die alle mit $\mathfrak{P}$ conjugirt sind, nämlich

$$(1.)\qquad H_1^{-1}\mathfrak{P}H_1,\ H_2^{-1}\mathfrak{P}H_2,\cdots H_r^{-1}\mathfrak{P}H_r,$$

und die ihnen entsprechenden Gruppen $\mathfrak{P}'$ sind

$$(2.)\qquad H_1^{-1}\mathfrak{P}'H_1,\ H_2^{-1}\mathfrak{P}'H_2,\cdots H_r^{-1}\mathfrak{P}'H_r.$$

Beiläufig ergiebt sich daraus die Folgerung, dass die Zahl p' von der Wahl der Gruppe $\mathfrak{P}$ unabhängig ist. Bilden nun $H_1, H_2, \cdots H_m$ ein vollständiges Restsystem von $\mathfrak{H}$ (modd. $\mathfrak{P}', \mathfrak{P}$), so ist

$$\frac{h}{p'} = \frac{p^\alpha}{p^{\delta_1}} + \frac{p^\alpha}{p^{\delta_2}} + \cdots + \frac{p^\alpha}{p^{\delta_m}},$$

wo p^{δ_μ} die Ordnung des grössten gemeinsamen Divisors von $\mathfrak{P}$ und $H_\mu^{-1}\mathfrak{P}'H_\mu$ ist. Die Elemente von $H_\mu^{-1}\mathfrak{P}'H_\mu$, deren Ordnung in p^α aufgeht, bilden aber nach I. die Gruppe $H_\mu^{-1}\mathfrak{P}H_\mu$. Daher ist p^{δ_μ} auch die Ordnung des grössten gemeinsamen Divisors $\mathfrak{D}_\mu$ von $\mathfrak{P}$ und $H_\mu^{-1}\mathfrak{P}H_\mu$. Ist H_1 dem Hauptelemente aequivalent, so ist $\mathfrak{D}_\mu = \mathfrak{P}$, also $\delta_1 = \alpha$. Ist aber $\mu > 1$, so ist $H_\mu^{-1}\mathfrak{P}H_\mu$ von $\mathfrak{P}$ verschieden. Daher ist $\delta_\mu \leqq \delta$ und folglich nach der obigen Formel

$$(3.)\qquad \frac{h}{p'} \equiv 1 \,(\text{mod. } p^{\alpha-\delta}).$$

Da stets $\delta < \alpha$ ist, so ist in jedem Falle (Sylow, a. a. O. S. 586)

$$(4.)\qquad \frac{h}{p'} \equiv 1 \;(\text{mod. } p).$$

Die in dem obigen Satze ausgesprochene Verallgemeinerung dieser Formel findet sich, wenn auch nicht vollständig formulirt, in der Arbeit von Sylow, *Sur les groupes transitifs, dont le degré est le carre d'un nombre premier,* Acta Math. Bd. 11 (z. B. S. 215).

IX. *Ist p^α die höchste Potenz der Primzahl p, die in der Ordnung einer Gruppe $\mathfrak{H}$ aufgeht, bilden die Elemente von $\mathfrak{H}$, die mit einer Untergruppe der Ordnung p^α vertauschbar sind, die Gruppe $\mathfrak{P}'$, und erzeugen die Elemente von $\mathfrak{H}$, deren Ordnung eine Potenz von p ist, die Gruppe $\mathfrak{M}$, so ist $\mathfrak{H} = \mathfrak{M}\mathfrak{P}'$ das kleinste gemeinschaftliche Vielfache von $\mathfrak{M}$ und $\mathfrak{P}'$.*

Sei H irgend ein Element von $\mathfrak{H}$, sei $\mathfrak{P}$ eine in $\mathfrak{H}$ enthaltene Gruppe der Ordnung p^α und $H^{-1}\mathfrak{P}H = \mathfrak{P}_1$.

Die Gruppen $\mathfrak{P}$ und $\mathfrak{P}_1$ sind beide in $\mathfrak{M}$ enthalten, und ihre Ordnung p^α ist die höchste Potenz von p, die in der Ordnung von $\mathfrak{M}$ aufgeht. Nach VI. giebt es daher in $\mathfrak{M}$ ein solches Element M, dass $M^{-1}\mathfrak{P}M = \mathfrak{P}_1$ ist. Folglich ist

$$\mathfrak{P}(HM^{-1}) = (\mathfrak{P}H)M^{-1} = (H\mathfrak{P}_1)M^{-1} = H(\mathfrak{P}_1M^{-1}) = H(M^{-1}\mathfrak{P}) = (HM^{-1})\mathfrak{P},$$

also ist $HM^{-1} = P'$ mit der Gruppe $\mathfrak{P}$ vertauschbar und gehört der

Gruppe $\mathfrak{P}'$ an. Da die Gleichung $H = P'M$ für jedes Element H von $\mathfrak{H}$ erfüllt ist, so ist $\mathfrak{H} = \mathfrak{P}'\mathfrak{M}$, und da $\mathfrak{H}$ eine Gruppe ist, auch $\mathfrak{H} = \mathfrak{M}\mathfrak{P}'$. Die Gruppe $\mathfrak{M}$ ist eine invariante Untergruppe von $\mathfrak{H}$, also mit jedem Elemente von $\mathfrak{H}$ (und von $\mathfrak{P}'$) vertauschbar. Sie ist das kleinste gemeinschaftliche Vielfache aller mit $\mathfrak{P}$ conjugirten Gruppen oder auch die kleinste invariante Untergruppe von $\mathfrak{H}$, die durch $\mathfrak{P}$ theilbar ist, oder deren Ordnung durch p^α theilbar ist.

§. 3.

Sei p^α die höchste Potenz der Primzahl p, die in der Ordnung einer Gruppe $\mathfrak{H}$ aufgeht, $\mathfrak{A}$ irgend eine in $\mathfrak{H}$ enthaltene Gruppe der Ordnung p^α, und p^δ die Ordnung des grössten gemeinsamen Divisors $\mathfrak{D}$ von zwei verschiedenen Gruppen $\mathfrak{A}$, die so gewählt sind, dass δ ein Maximum ist. Bilden die mit $\mathfrak{D}$ vertauschbaren Elemente von $\mathfrak{H}$ die Gruppe $\mathfrak{D}'$ der Ordnung d', so sei p^β die höchste Potenz von p, die in d' aufgeht, und $\mathfrak{B}$ irgend eine in $\mathfrak{D}'$ enthaltene Gruppe der Ordnung p^β.

Dann ist $\mathfrak{D}$ ein Divisor jeder in $\mathfrak{D}'$ enthaltenen Gruppe $\mathfrak{B}$, und der grösste gemeinsame Divisor von je zwei verschiedenen derselben. Jede invariante Untergruppe von $\mathfrak{D}'$, deren Ordnung eine Potenz von p ist, ist ein Divisor von $\mathfrak{D}$. Es ist $\beta > \delta$, $\mathfrak{B}$ ist nicht eine invariante Untergruppe von $\mathfrak{D}'$, d' ist mindestens durch eine von p verschiedene Primzahl theilbar.

Jede Gruppe $\mathfrak{B}$ ist in einer und nur einer Gruppe $\mathfrak{A}$ enthalten, und jede durch $\mathfrak{D}$ theilbare Gruppe $\mathfrak{A}$ enthält eine und nur eine Gruppe $\mathfrak{B}$, welche der grösste gemeinsame Divisor von $\mathfrak{A}$ und $\mathfrak{D}'$ ist. Die Anzahl der durch $\mathfrak{D}$ theilbaren Gruppen $\mathfrak{A}$ ist gleich der Anzahl der Gruppen $\mathfrak{B}$. Sie ist $\equiv 1$ (mod. $p^{\beta-\delta}$) und $> p^{\beta-\delta}$.

Ausser den Elementen von $\mathfrak{D}'$ selbst giebt es in $\mathfrak{H}$ kein Element, das mit $\mathfrak{D}'$ vertauschbar ist. Jedes Element von $\mathfrak{H}$, das mit $\mathfrak{B}$ vertauschbar ist, ist auch mit der Gruppe $\mathfrak{A}$ vertauschbar, durch welche $\mathfrak{B}$ theilbar ist. Jedes Element von $\mathfrak{D}'$, das mit $\mathfrak{A}$ vertauschbar ist, ist auch mit $\mathfrak{B}$ vertauschbar. Bilden die mit $\mathfrak{A}$ vertauschbaren Elemente von $\mathfrak{H}$ die Gruppe $\mathfrak{A}'$, die mit $\mathfrak{B}$ vertauschbaren Elemente von $\mathfrak{D}'$ die Gruppe $\mathfrak{B}'$, so ist $\mathfrak{B}'$ der grösste gemeinsame Divisor von $\mathfrak{A}'$ und $\mathfrak{D}'$.

Es wird vorausgesetzt, dass es in $\mathfrak{H}$ zwei verschiedene Untergruppen $\mathfrak{A}$ der Ordnung p^α giebt, dass also $\mathfrak{A}$ nicht eine invariante Untergruppe von $\mathfrak{H}$ ist. (Auch in diesem Falle gilt der obige Satz, falls man $\mathfrak{D} = \mathfrak{A}$ setzt.) Ist $\mathfrak{C}$ eine in $\mathfrak{H}$ enthaltene Gruppe der Ordnung p^γ, so giebt es in $\mathfrak{H}$ eine Gruppe $\mathfrak{A}$ der Ordnung p^α, die durch $\mathfrak{C}$ theilbar ist. Ist $\mathfrak{C} = \mathfrak{D}$, so enthält $\mathfrak{H}$ noch eine zweite von $\mathfrak{A}$ verschiedene Gruppe $\mathfrak{A}_1$ der Ordnung p^α, die durch $\mathfrak{C}$ theilbar ist. Ist aber $\gamma > \delta$, so ist dies nicht der Fall, weil sonst $\mathfrak{A}$ und $\mathfrak{A}_1$ einen

Divisor $\mathfrak{C}$ der Ordnung $p^\gamma > p^\delta$ gemeinsam hätten. Die Gruppe $\mathfrak{A}$ ist also durch die in ihr enthaltene Gruppe $\mathfrak{C}$ vollständig bestimmt.

Sei $\mathfrak{A}$ irgend eine in $\mathfrak{H}$ enthaltene durch $\mathfrak{D}$ theilbare Gruppe der Ordnung p^α. Bilden die mit $\mathfrak{D}$ vertauschbaren Elemente von $\mathfrak{A}$ die Gruppe $\mathfrak{C}$ der Ordnung p^γ, so ist $\gamma > \delta$ nach Satz V. §. 2. Da $\mathfrak{D}'$ alle Elemente von $\mathfrak{H}$ enthält, die mit $\mathfrak{D}$ vertauschbar sind, so ist $\mathfrak{C}$ ein Divisor von $\mathfrak{D}'$, nämlich der grösste gemeinsame Divisor von $\mathfrak{A}$ und $\mathfrak{D}'$. Folglich giebt es in $\mathfrak{D}'$ eine Gruppe $\mathfrak{B}$ der Ordnung p^β, die durch $\mathfrak{C}$ theilbar ist, und es ist $\beta \geqq \gamma > \delta$. Daher enthält $\mathfrak{H}$ eine und nur eine Gruppe der Ordnung p^α, die durch $\mathfrak{B}$ theilbar ist. Diese ist auch durch $\mathfrak{C}$ theilbar, und muss daher die Gruppe $\mathfrak{A}$ sein, weil es in $\mathfrak{H}$ keine andere durch $\mathfrak{C}$ theilbare Gruppe der Ordnung p^α giebt. Sind aber $\mathfrak{A}$ und $\mathfrak{D}'$ durch $\mathfrak{B}$ theilbar, so ist auch ihr grösster gemeinsamer Divisor $\mathfrak{C}$ durch $\mathfrak{B}$ theilbar, und weil andererseits $\mathfrak{B}$ durch $\mathfrak{C}$ theilbar ist, so ist $\mathfrak{B} = \mathfrak{C}$ und $\beta = \gamma$. Jeder Gruppe $\mathfrak{A}$ entspricht also eine und nur eine Gruppe $\mathfrak{B}$, welche der grösste gemeinsame Divisor von $\mathfrak{A}$ und $\mathfrak{D}'$ ist.

Ist $\mathfrak{G}$ eine invariante Untergruppe von $\mathfrak{D}'$, deren Ordnung eine Potenz von p ist, so giebt es in $\mathfrak{D}'$ eine durch $\mathfrak{G}$ theilbare Gruppe $\mathfrak{B}_1$ der Ordnung p^β. Da aber p^β die höchste Potenz von p ist, die in d' aufgeht, so sind $\mathfrak{B}$ und $\mathfrak{B}_1$ conjugirt, es ist $\mathfrak{B} = D^{-1}\mathfrak{B}_1 D$, wo D ein Element von $\mathfrak{D}'$ ist. Mithin ist $\mathfrak{B}$, also jede in $\mathfrak{D}'$ enthaltene Gruppe der Ordnung p^β, durch $D^{-1}\mathfrak{G}D = \mathfrak{G}$ theilbar. Da $\mathfrak{D}$ eine invariante Untergruppe der Ordnung p^δ von $\mathfrak{D}'$ ist, so ist folglich $\mathfrak{D}$ ein gemeinsamer Divisor aller Gruppen $\mathfrak{B}$. Weil $\beta > \delta$ ist, so giebt es in $\mathfrak{H}$ eine und nur eine Gruppe $\mathfrak{A}$ der Ordnung p^α, die durch $\mathfrak{B}$ theilbar ist, und diese ist, ebenso wie $\mathfrak{B}$, durch $\mathfrak{D}$ theilbar.

Da sich also die Gruppen $\mathfrak{A}$ und $\mathfrak{B}$ einander gegenseitig eindeutig zuordnen lassen, so ist die Anzahl der in $\mathfrak{H}$ enthaltenen durch $\mathfrak{D}$ theilbaren Gruppen $\mathfrak{A}$ der Ordnung p^α gleich der Anzahl der in $\mathfrak{D}'$ enthaltenen Gruppen der Ordnung p^β. Je zwei verschiedene Gruppen $\mathfrak{B}$ und $\mathfrak{B}_1$ haben den gemeinsamen Divisor $\mathfrak{D}$, aber keinen grösseren, weil sonst auch die ihnen entsprechenden Gruppen $\mathfrak{A}$ und $\mathfrak{A}_1$, die verschieden sind, einen Divisor gemeinsam hätten, dessen Ordnung $> p^\delta$ wäre. Die Zahl δ hat also für die Gruppe $\mathfrak{D}'$ dieselbe Bedeutung wie für die Gruppe $\mathfrak{H}$. Nach Satz VIII., §. 2 ist daher die Anzahl der Gruppen $\mathfrak{B}$ (oder $\mathfrak{A}$) $\equiv 1 (\text{mod. } p^{\beta-\delta})$.

Zugleich ist $\mathfrak{D}$ der grösste gemeinsame Divisor aller in $\mathfrak{D}'$ enthaltenen Gruppen $\mathfrak{B}, \mathfrak{B}_1, \mathfrak{B}_2, \cdots$ der Ordnung p^β. Ist also $\mathfrak{G}$ irgend eine invariante Untergruppe von $\mathfrak{D}'$, deren Ordnung eine Potenz von p ist, so ist $\mathfrak{G}$ als gemeinsamer Divisor aller dieser Gruppen in $\mathfrak{D}$ enthalten. Da nun $\beta > \delta$ ist, so ist $\mathfrak{B}$ nicht ein Divisor von $\mathfrak{D}$, kann also nicht eine invariante Untergruppe von $\mathfrak{D}'$ sein. Dass $\mathfrak{D}'$ mehr als eine Gruppe $\mathfrak{B}$ der Ordnung p^β enthält, folgt auch aus den über die Anzahl der Gruppen $\mathfrak{B}$ gefundenen Ergebnissen. Speciell kann nicht $\mathfrak{B} = \mathfrak{D}'$ sein. Daher ist $d' > p^\beta$, und weil p^β die höchste in d' aufgehende Potenz von p ist, so muss d' noch mindestens durch eine von p verschiedene Primzahl theilbar sein.

Ist H ein mit $\mathfrak{D}'$ vertauschbares Element von $\mathfrak{H}$, so ist $H^{-1}\mathfrak{D}H$ eine invariante Untergruppe von $H^{-1}\mathfrak{D}'H = \mathfrak{D}'$, deren Ordnung p^δ ist, also ein Divisor von $\mathfrak{D}$, und mithin ist $H^{-1}\mathfrak{D}H = \mathfrak{D}$. Folglich ist H in $\mathfrak{D}'$ enthalten. Die Anzahl der mit $\mathfrak{D}'$ vertauschbaren Elemente von $\mathfrak{H}$ ist demnach gleich d'. Daher ist die Anzahl der verschiedenen mit $\mathfrak{D}'$ conjugirten Untergruppen von $\mathfrak{H}$ gleich $\frac{h}{d'}$. Die Gruppe $\mathfrak{D}'$ kann, wenn sie von $\mathfrak{H}$ verschieden ist, nie eine invariante Untergruppe von $\mathfrak{H}$ sein.

Sei H ein mit $\mathfrak{B}$ vertauschbares Element von $\mathfrak{H}$. Ist $\mathfrak{A}$ durch $\mathfrak{B}$ theilbar, so ist auch $H^{-1}\mathfrak{A}H$ durch $H^{-1}\mathfrak{B}H = \mathfrak{B}$ theilbar. Da es aber in $\mathfrak{H}$ nur eine durch $\mathfrak{B}$ theilbare Gruppe der Ordnung p^α giebt, so ist $H^{-1}\mathfrak{A}H = \mathfrak{A}$, also H in $\mathfrak{A}'$ enthalten.

Gehört umgekehrt H der Gruppe $\mathfrak{A}'$ an, so ist $H^{-1}\mathfrak{A}H = \mathfrak{A}$ durch $H^{-1}\mathfrak{B}H$ theilbar. Ist H zugleich ein Element von $\mathfrak{D}'$, so ist auch $\mathfrak{D}'$ durch $H^{-1}\mathfrak{B}H$ theilbar. Es giebt aber in $\mathfrak{D}'$ nur eine Gruppe der Ordnung p^β, die in $\mathfrak{A}$ enthalten ist. Folglich ist $H^{-1}\mathfrak{B}H = \mathfrak{B}$, also H in $\mathfrak{B}'$ enthalten.

§. 4.

Die Gruppe $\mathfrak{G}$ der Ordnung g sei in der Gruppe $\mathfrak{H}$ der Ordnung $h = gn$ enthalten, und es sei

$$(1.) \qquad \mathfrak{H} = \mathfrak{G}H_1 + \mathfrak{G}H_2 + \cdots + \mathfrak{G}H_n.$$

Ist A ein Element von $\mathfrak{H}$, so ist $\mathfrak{H}A = \mathfrak{H}$ und folglich auch

$$(2.) \qquad \mathfrak{H} = \mathfrak{G}H_1A + \mathfrak{G}H_2A + \cdots + \mathfrak{G}H_nA.$$

Die n in dieser Gleichung auftretenden Complexe sind alle unter einander verschieden und stimmen daher mit den in der Gleichung (1.) auftretenden Complexen, abgesehen von der Reihenfolge, überein. Auf diese Weise ist jedem Elemente A eine Permutation der n Complexe (1.) zugeordnet, die ich mit a bezeichnen will. Entspricht dem Elemente B die Permutation b, so entspricht dem Elemente AB die Permutation ab, und so entspricht der Gruppe $\mathfrak{H}$ eine Gruppe von Permutationen. Der identischen Permutation entsprechen alle Elemente A, für welche $\mathfrak{G}H_\nu A = \mathfrak{G}H$ ist für jeden Werth von ν, also da H_ν durch jedes (mod. $\mathfrak{G}$) aequivalente Element H ersetzt werden kann, für welche $(H^{-1}\mathfrak{G}H)A = H^{-1}\mathfrak{G}H$ ist für jedes Element H von $\mathfrak{H}$. Nach (1.) §. 1 ist folglich A in der Gruppe $H^{-1}\mathfrak{G}H$ enthalten. Durchläuft H alle Elemente von $\mathfrak{H}$, so durchläuft $H^{-1}\mathfrak{G}H$ alle mit $\mathfrak{G}$ (in Bezug auf $\mathfrak{H}$) conjugirten Gruppen. Der grösste gemeinsame Divisor $\mathfrak{D}$ aller dieser conjugirten Gruppen ist eine invariante Untergruppe von $\mathfrak{H}$ und ist zugleich die grösste in $\mathfrak{G}$ enthaltene Gruppe, die eine invariante Untergruppe von $\mathfrak{H}$ ist (vergl. CAMILLE JORDAN, Traité des substitutions, 368). Die beiden Gruppen $\mathfrak{h}$ und $\frac{\mathfrak{H}}{\mathfrak{D}}$ sind daher (holoedrisch) isomorph. Es ergiebt sich also der Satz:

I. *Ist die Gruppe $\mathfrak{G}$ der Ordnung g in der Gruppe $\mathfrak{H}$ der Ordnung h enthalten, und ist $\mathfrak{D}$ die grösste in $\mathfrak{G}$ enthaltene invariante Untergruppe von $\mathfrak{H}$, so lässt sich die Gruppe $\frac{\mathfrak{H}}{\mathfrak{D}}$ als eine transitive Gruppe von Permutationen von $\frac{h}{g}$ Symbolen darstellen.*

Ist $\mathfrak{D}$ die Hauptgruppe $\mathfrak{E}$, enthält also $\mathfrak{G}$ keine von der Hauptgruppe verschiedene Gruppe, die eine invariante Untergruppe von $\mathfrak{H}$ ist, so lässt sich $\mathfrak{H}$ als transitive Gruppe $\mathfrak{h}$ von Permutationen von $\frac{h}{g} = n$ Symbolen darstellen. Ist umgekehrt $\mathfrak{h}$ eine transitive Gruppe von Permutationen von n Symbolen, also vom Grade n und der Ordnung h, und bilden die Permutationen, die ein bestimmtes Symbol ungeändert lassen, die Gruppe $\mathfrak{g}$ der Ordnung $g = \frac{h}{n}$, so enthält $\mathfrak{g}$ keine von der Hauptgruppe verschiedene Gruppe, die eine invariante Untergruppe von $\mathfrak{h}$ ist.

Giebt es, falls $\mathfrak{D} = \mathfrak{E}$ ist, eine von $\mathfrak{G}$ und $\mathfrak{H}$ verschiedene Gruppe $\mathfrak{A}$, die in $\mathfrak{H}$ enthalten ist und $\mathfrak{G}$ enthält, so ist die Gruppe $\mathfrak{h}$ imprimitiv. Giebt es aber keine solche Gruppe $\mathfrak{A}$, so ist $\mathfrak{h}$ primitiv (DYCK, Math. Ann. Bd. 22). Der Bedingung ($\mathfrak{D} = \mathfrak{E}$), welche $\mathfrak{G}$ befriedigen muss, braucht $\mathfrak{A}$ nicht zu genügen, sondern der grösste gemeinsame Divisor aller mit $\mathfrak{A}$ conjugirten Gruppen kann eine von $\mathfrak{E}$ verschiedene invariante Untergruppe von $\mathfrak{H}$ sein. Ist er gleich $\mathfrak{E}$, so lässt sich $\mathfrak{H}$ als transitive Gruppe von Permutationen von $\frac{h}{a} < \frac{h}{g}$ Symbolen darstellen. Eine imprimitive Gruppe des Grades n ist also entweder zusammengesetzt oder einer transitiven Gruppe isomorph, deren Grad ein echter Theiler von n ist. Die Gruppe $\mathfrak{A}$ besteht aus mehreren der Complexe $\mathfrak{G}H_1, \mathfrak{G}H_2, \cdots \mathfrak{G}H_n$, enthält sie aber nicht alle. Einer dieser Complexe, der das Hauptelement enthält, ist gleich $\mathfrak{G}$, etwa $\mathfrak{G}H_1$. Ausser diesem enthält $\mathfrak{H}$ noch mindestens einen anderen, etwa $\mathfrak{G}H_2$, also auch das Element H_2 und die Gruppe $H_2^{-1}\mathfrak{G}H_2$. Aus diesen Bemerkungen ergeben sich die beiden folgenden Kriterien:

Damit $\mathfrak{h}$ primitiv sei, ist nothwendig und hinreichend, dass jeder der $n-1$ Complexe $\mathfrak{G}H_2, \cdots \mathfrak{G}H_n$ die Gruppe $\mathfrak{H}$ erzeugt. Ist $\mathfrak{h}$ imprimitiv, so erzeugt mindestens einer dieser Complexe eine von $\mathfrak{G}$ und $\mathfrak{H}$ verschiedene Gruppe $\mathfrak{A}$, die ein Theiler von $\mathfrak{H}$ und ein Vielfaches von $\mathfrak{G}$ ist (Rudio, *Über primitive Gruppen,* Crelle's Journ. Bd. 102, I).

Ist die Ordnung von $\mathfrak{H}$ eine Primzahl, so ist $\mathfrak{h}$ stets primitiv. Damit eine Gruppe $\mathfrak{h}$, deren Ordnung nicht eine Primzahl ist, primitiv sei, ist nothwendig und hinreichend, dass das kleinste gemeinschaftliche Vielfache von $\mathfrak{G}$ und $H^{-1}\mathfrak{G}H$ stets gleich $\mathfrak{H}$ ist, wenn H irgend ein in $\mathfrak{G}$ nicht enthaltenes Element von $\mathfrak{H}$ ist. Denn für ein bestimmtes H sei $\mathfrak{C} < \mathfrak{H}$ das kleinste gemeinschaftliche Vielfache von $\mathfrak{G}$ und $H^{-1}\mathfrak{G}H$. Ist $H^{-1}\mathfrak{G}H$ von $\mathfrak{G}$ verschieden, so ist $\mathfrak{C} > \mathfrak{G}$. Ist aber $H^{-1}\mathfrak{G}H = \mathfrak{G}$, so gehört H der Gruppe $\mathfrak{G}'$ an, die von allen mit $\mathfrak{G}$ vertauschbaren Elementen von $\mathfrak{H}$ gebildet wird. $\mathfrak{G}'$ enthält die Gruppe $\mathfrak{G}$ und das Element H, das der Gruppe $\mathfrak{G}$ nicht angehört, also ist $\mathfrak{G}' > \mathfrak{G}$. Wäre nicht $\mathfrak{G}' < \mathfrak{H}$, sondern $\mathfrak{G}' = \mathfrak{H}$, so wäre $\mathfrak{G}$ eine invariante Untergruppe von $\mathfrak{H}$, also da $\mathfrak{D} = \mathfrak{E}$ ist, $\mathfrak{G} = \mathfrak{E}$. Ist die Ordnung von $\mathfrak{H}$ nicht eine Primzahl, so enthält $\mathfrak{H}$ eine von $\mathfrak{E} = \mathfrak{G}$ und $\mathfrak{H}$ verschiedene Untergruppe $\mathfrak{A}$ (vergl. Rudio, a. a. O. S. 3; Netto a. a. O. §. 6).

Eine besonders wichtige Darstellung einer Gruppe $\mathfrak{H}$ erhält man, indem man $\mathfrak{G} = \mathfrak{E}$ wählt. Wie eben gezeigt, ist dann $\mathfrak{h}$ imprimitiv, ausser wenn h eine Primzahl ist. Jede Permutation von $\mathfrak{h}$ ausser der identischen versetzt alle h Symbole. Ist z. B. $h = 2n \equiv 2 \pmod{4}$, so enthält $\mathfrak{H}$ eine Permutation der Ordnung 2, die aus n Cyclen der Ordnung 2 besteht, also ungerade ist. Jede Gruppe, deren Ordnung h das Doppelte einer ungeraden Zahl ist, hat folglich eine invariante Untergruppe der Ordnung $\frac{1}{2}h$.

Eine *einfache* Gruppe der Ordnung h, die eine Untergruppe der Ordnung $\frac{h}{n}$ hat, wo $n > 1$ ist, lässt sich stets als transitive Gruppe des Grades n darstellen.

Mit Hülfe des obigen Satzes lässt sich der Satz IV., §. 2 von Neuem beweisen und noch etwas verallgemeinern:

II. *Ist eine Gruppe $\mathfrak{H}$ der Ordnung gn durch eine Gruppe $\mathfrak{G}$ der Ordnung g theilbar, und ist a der grösste gemeinsame Divisor von g und $(n-1)!$, so enthält $\mathfrak{G}$ eine Gruppe, die eine invariante Untergruppe von $\mathfrak{H}$ ist, und deren Ordnung durch $\frac{g}{a}$ theilbar ist.*

Denn ist $\mathfrak{D}$ die grösste in $\mathfrak{G}$ enthaltene Gruppe, die eine invariante Untergruppe von $\mathfrak{H}$ ist, d ihre Ordnung, so lässt sich $\frac{\mathfrak{H}}{\mathfrak{D}}$ als eine transitive Gruppe der Permutationen von n Symbolen darstellen. Daher ist $n!$ durch $\frac{h}{d}$, also $\frac{(n-1)!}{a}d$ durch $\frac{g}{a}$ theilbar. Da aber $\frac{(n-1)!}{a}$ und $\frac{g}{a}$ theilerfremd sind, so ist d durch $\frac{g}{a}$ theilbar.

Zu einer nur scheinbar allgemeineren Darstellung von $\mathfrak{H}$ gelangt man, indem man für $\mathfrak{G}$ eine beliebige Gruppe wählt. Dann zerfällt nach I., §.1 der Complex $\mathfrak{G}\mathfrak{H}$ in eine Anzahl verschiedener Complexe

$$(3.)\qquad \mathfrak{G}\mathfrak{H} = \mathfrak{G}H_1 + \mathfrak{G}H_2 + \cdots + \mathfrak{G}H_n,$$

von denen nicht zwei ein Element gemeinsam haben. Die Elemente $H_1, H_2, \cdots H_n$ gehören der Gruppe $\mathfrak{H}$ an und bilden ein vollständiges Restsystem von $\mathfrak{H}$ (mod. $\mathfrak{G}$). Ihre Anzahl n, die ich mit $(\mathfrak{H}, \mathfrak{G})$ bezeichne, ist gleich $\frac{h}{g_0}$, wo g_0 die Ordnung des grössten gemeinsamen Divisors $\mathfrak{G}_0$ von $\mathfrak{G}$ und $\mathfrak{H}$ ist. Ist dann A irgend ein Element von $\mathfrak{H}$, so ist auch

$$(4.)\qquad \mathfrak{G}\mathfrak{H} = \mathfrak{G}H_1A + \mathfrak{G}H_2A + \cdots + \mathfrak{G}H_nA,$$

und so ist dem Elemente A eine Permutation a zugeordnet. Durchläuft H alle Elemente von $\mathfrak{H}$, so sei $\mathfrak{D}$ der grösste gemeinsame Divisor aller Gruppen $H^{-1}\mathfrak{G}H$, die mit $\mathfrak{G}$ in Bezug auf $\mathfrak{H}$ conjugirt sind. Dann ist $\mathfrak{D}$ mit jedem Elemente von $\mathfrak{H}$ vertauschbar. Die von den Permutationen a gebildete Gruppe $\mathfrak{h}$ ist der Gruppe

$$\frac{\mathfrak{H}}{\mathfrak{D}} = \frac{\mathfrak{D}\mathfrak{H}}{\mathfrak{D}} = \frac{\mathfrak{H}}{\mathfrak{D}_0}$$

isomorph, wo $\mathfrak{D}_0$ der grösste gemeinsame Divisor von $\mathfrak{D}$ und $\mathfrak{H}$ ist. Bestimmt man von jedem in der Gleichung (3.) auftretenden Complexe die Elemente, die er mit $\mathfrak{H}$ gemeinsam hat, so erhält man

$$\mathfrak{H} = \mathfrak{G}_0H_1 + \mathfrak{G}_0H_2 + \cdots + \mathfrak{G}_0H_n.$$

Da $\mathfrak{D}_0$ auch der grösste gemeinsame Divisor aller mit $\mathfrak{G}_0$ in Bezug auf $\mathfrak{H}$ conjugirten Gruppen ist, so ist damit diese Darstellung auf die obige zurückgeführt.

Man kann noch in einer zweiten Art eine Gruppe $\mathfrak{H}$ mit Hülfe einer Untergruppe $\mathfrak{G}$ als transitive Gruppe von Permutationen darstellen. Ist nämlich

$$(5.)\qquad \mathfrak{H} = K_1\mathfrak{G} + K_2\mathfrak{G} + \cdots + K_n\mathfrak{G},$$

so ist auch, falls A ein Element von $\mathfrak{H}$ ist,

$$(6.)\qquad \mathfrak{H} = A^{-1}K_1\mathfrak{G} + A^{-1}K_2\mathfrak{G} + \cdots + A^{-1}K_n\mathfrak{G},$$

und die letzteren n Complexe gehen durch eine Permutation a' aus den ersteren hervor. Entspricht dem Elemente B von $\mathfrak{H}$ die Permutation b', so entspricht dem Elemente AB die Permutation $a'b'$

(vergl. Frattini, *I gruppi transitivi di sostituzioni dell' istesso ordine e grado,* Memorie della Academia Reale dei Lincei, tom. XIV). Die gegenseitige Beziehung dieser beiden Darstellungen ist leicht zu erkennen. Ersetzt man nämlich in (1.) jedes Element durch das reciproke, so erhält man

$$(7.) \qquad \mathfrak{H} = H_1^{-1}\mathfrak{G} + H_2^{-1}\mathfrak{G} + \cdots + H_n^{-1}\mathfrak{G}.$$

Daher gehen die n Complexe (7.) durch eine gewisse Permutation r der Reihe nach in die n Complexe (5.) über. Die Permutation aber, welche die n Complexe (7.) in die n Complexe

$$(8.) \qquad \mathfrak{H} = A^{-1}H_1^{-1}\mathfrak{G} + A^{-1}H_2^{-1}\mathfrak{G} + \cdots + A^{-1}H_n^{-1}\mathfrak{G}$$

überführt, ist mit der Permutation a identisch, die (1.) in (2.) verwandelt. Denn ist $\mathfrak{G}H_\alpha A = \mathfrak{G}H_\beta$, so ergiebt sich daraus, indem man jedes Element durch das reciproke ersetzt, $A^{-1}H_\alpha^{-1}\mathfrak{G} = H_\beta^{-1}\mathfrak{G}$. Folglich ist $a' = r^{-1}ar$.

Endlich kann man drittens folgendes Verfahren benutzen (Hölder, Math. Ann. Bd. 40 S. 57): Sei $\mathfrak{G}$ eine Untergruppe von $\mathfrak{H}$ und seien

$$(9.) \qquad H_1^{-1}\mathfrak{G}H_1, \cdots \quad H_n^{-1}\mathfrak{G}H_n$$

die n verschiedenen Gruppen, die mit $\mathfrak{G}$ (in Bezug auf $\mathfrak{H}$) conjugirt sind. Dann sind auch, wenn A irgend ein Element von $\mathfrak{H}$ ist,

$$(10.) \qquad A^{-1}H_1^{-1}\mathfrak{G}H_1A, \cdots \quad A^{-1}H_n^{-1}\mathfrak{G}H_nA$$

dieselben n Gruppen, nur in einer anderen Reihenfolge, und so entspricht dem Elemente A die Permutation a, die (9.) in (10.) überführt. Ist $H_\alpha^{-1}\mathfrak{G}H_\alpha = H_\beta^{-1}\mathfrak{G}H_\beta$, so ist $\mathfrak{G}(H_\alpha H_\beta^{-1}) = (H_\alpha H_\beta^{-1})\mathfrak{G}$. Bilden also die mit $\mathfrak{G}$ vertauschbaren Elemente von $\mathfrak{H}$ die Gruppe $\mathfrak{G}'$ der Ordnung g', so gehört $H_\alpha H_\beta^{-1}$ der Gruppe $\mathfrak{G}'$ an; und umgekehrt, wenn H_α und H_β (mod. $\mathfrak{G}'$) aequivalent sind, so ist $H_\alpha^{-1}\mathfrak{G}H = H_\beta^{-1}\mathfrak{G}H_\beta$. Daher sind $H_1 \cdots H_n$ die sämmtlichen $n = \frac{h}{g'}$ (mod. $\mathfrak{G}'$) verschiedenen Elemente von $\mathfrak{H}$, und es ist

$$(11.) \qquad \mathfrak{H} = \mathfrak{G}'H_1 + \cdots + \mathfrak{G}'H_n.$$

Ist α eine der Zahlen $1, \cdots n$, so wird durch die Permutation a die Gruppe $H_\alpha^{-1}\mathfrak{G}H_\alpha$ übergeführt in $A^{-1}H_\alpha^{-1}\mathfrak{G}H_\alpha A = H_\beta^{-1}\mathfrak{G}H_\beta$, wo auch β eine der Zahlen $1, \cdots n$ ist, die auch gleich α sein kann. Dann ist $\mathfrak{G}(H_\alpha AH_\beta^{-1}) = (H_\alpha AH_\beta^{-1})\mathfrak{G}$, mithin gehört $H_\alpha AH_\beta^{-1}$ der Gruppe $\mathfrak{G}'$ an, und folglich ist $\mathfrak{G}'H_\alpha A = \mathfrak{G}'H_\beta$. Die Permutation a ist also mit der identisch, welche die n Complexe (11.) in die n Complexe

$$(12.) \qquad \mathfrak{H} = \mathfrak{G}'H_1A + \cdots + \mathfrak{G}'H_nA$$

verwandelt, und damit ist diese Darstellung auf die erste zurückgeführt.

Die sämmtlichen Darstellungen von $\mathfrak{H}$ als intransitive Gruppe von Permutationen erhält man auf folgende Art: Seien $\mathfrak{A}, \mathfrak{B}, \mathfrak{C}, \cdots$ mehrere Untergruppen von $\mathfrak{H}$, die nicht alle verschieden zu sein brauchen. Dann ist

$$\mathfrak{H} = \mathfrak{A}H_1 + \cdots + \mathfrak{A}H_\alpha = \mathfrak{B}H_{\alpha+1} + \cdots + \mathfrak{B}H_{\alpha+\beta} = \mathfrak{C}H_{\alpha+\beta+1} + \cdots + \mathfrak{C}H_{\alpha+\beta+\gamma} = \cdots,$$

also auch

$$\mathfrak{H} = \mathfrak{A}H_1 + \cdots + \mathfrak{A}H_\alpha + \mathfrak{B}H_{\alpha+1} + \cdots + \mathfrak{B}H_{\alpha+\beta} + \mathfrak{C}H_{\alpha+\beta+1} + \cdots + \mathfrak{C}H_{\alpha+\beta+\gamma} + \cdots,$$

und wenn R irgend ein Element von $\mathfrak{H}$ ist,

$$\mathfrak{H} = \mathfrak{A}H_1R + \cdots + \mathfrak{A}H_\alpha R + \mathfrak{B}H_{\alpha+1}R + \cdots + \mathfrak{B}H_{\alpha+\beta}R + \mathfrak{C}H_{\alpha+\beta+1}R + \cdots + \mathfrak{C}H_{\alpha+\beta+\gamma}R +$$

Die ersteren Complexe gehen durch eine Permutation r in die letzteren über, und zwar werden durch r nur die ersten α Complexe unter einander vertauscht, ebenso die folgenden β, die folgenden γ u. s. w. Sei $\mathfrak{N}$ der grösste gemeinsame Divisor der Gruppen $\mathfrak{A}, \mathfrak{B}, \mathfrak{C}, \cdots$ und aller mit ihnen (in Bezug auf $\mathfrak{H}$) conjugirten Gruppen, oder die grösste in dem grössten gemeinsamen Divisor von $\mathfrak{A}, \mathfrak{B}, \mathfrak{C}, \cdots$ enthaltene Gruppe, die eine *invariante* Untergruppe von $\mathfrak{H}$ ist. Dann ist die Gruppe der Permutation r der Gruppe $\frac{\mathfrak{H}}{\mathfrak{N}}$ (holoedrisch) isomorph.

§. 5.

Unter den invarianten Untergruppen einer Gruppe $\mathfrak{H}$ sind gewisse noch besonders hervorzuheben. Angenommen, es sei auf irgend eine Art eine allgemeinere Gruppe $\mathfrak{H}'$ gefunden, in der $\mathfrak{H}$ als invariante Untergruppe enthalten ist. Ist R ein Element von $\mathfrak{H}'$, und ist $\mathfrak{A}$ eine invariante Untergruppe von $\mathfrak{H}$, so ist $R^{-1}\mathfrak{A}R = \mathfrak{B}$ eine invariante Untergruppe von $R^{-1}\mathfrak{H}R = \mathfrak{H}$. Es ist möglich, dass $\mathfrak{B}$ von $\mathfrak{A}$ verschieden ist. Wenn aber für jedes Element R jeder möglichen erweiterten Gruppe $R^{-1}\mathfrak{A}R = \mathfrak{A}$ ist, so möge $\mathfrak{A}$ eine charakteristische Untergruppe von $\mathfrak{H}$ genannt werden. Ist $\mathfrak{B}$ eine invariante Untergruppe von $\mathfrak{C}$, und $\mathfrak{A}$ eine charakteristische Untergruppe von $\mathfrak{B}$, so ist $\mathfrak{A}$ auch eine invariante Untergruppe von $\mathfrak{C}$ (vergl. Satz II., §. 2).

Hat $\mathfrak{H}$ nur eine invariante Untergruppe der Ordnung g, so muss diese eine charakteristische sein. Der grösste gemeinsame Divisor oder das kleinste gemeinschaftliche Vielfache aller in $\mathfrak{H}$ enthaltenen Gruppen der Ordnung g ist eine charakteristische Untergruppe von $\mathfrak{H}$. Z. B. ist in §. 3 die Gruppe $\mathfrak{D}$ eine charakteristische Untergruppe von $\mathfrak{D}'$. Diejenigen Elemente von $\mathfrak{H}$, die mit jedem Elemente von $\mathfrak{H}$ vertauschbar sind, bilden eine charakteristische Untergruppe von $\mathfrak{H}$, ebenso die unter ihnen, deren Ordnung in g aufgeht.

Man kann diese Untergruppen noch anders definiren: Sei n die Ordnung von $\mathfrak{H}$, seien $H_1, H_2, H_3, \cdots H_n$ die Elemente von $\mathfrak{H}$ in einer gewissen Anordnung, und $H_\alpha, H_\beta, H_\gamma, \cdots H_\nu$ dieselben n Elemente in einer anderen Anordnung, und sei

$$r=\begin{pmatrix} H_1 & H_2 & H_3 \cdots H_n \\ H_\alpha & H_\beta & H_\gamma \cdots H_\nu \end{pmatrix}$$

die Permutation, welche die erste Anordnung in die zweite überführt. Ist diese Permutation so beschaffen, dass stets, wenn $H_1 H_2 = H_3$ ist, auch $H_\alpha H_\beta = H_\gamma$ ist, so wird durch sie ein Isomorphismus der Gruppe in sich bewirkt (Hölder, Math. Ann. Bd. 43, S. 313). Ist z. B. R ein Element von $\mathfrak{H}'$ und

$$R^{-1}H_1R = H_\alpha,\ R^{-1}H_2R = H_\beta,\ R^{-1}H_3R = H_\gamma, \cdots,$$

so genügt diese Permutation der gestellten Bedingung. Man kann nun eine Untergruppe $\mathfrak{A}$ von $\mathfrak{H}$ auch dann eine charakteristische nennen, wenn bei jedem Isomorphismus von $\mathfrak{H}$ in sich die Elemente von $\mathfrak{A}$ wieder in die Elemente von $\mathfrak{A}$ übergehen. Ich werde aber beweisen, dass sich diese Definition vollständig mit der obigen deckt, indem ich zeige, wie man alle Isomorphismen von $\mathfrak{H}$ in sich und alle charakteristischen Untergruppen von $\mathfrak{H}$ findet.

Ist A irgend ein Element von $\mathfrak{H}$, so ist

$$a=\begin{pmatrix} H_1, & H_2, & \cdots H_n \\ H_1A, & H_2A, & \cdots H_nA \end{pmatrix}$$

eine Permutation der n Symbole $H_1, H_2, \cdots H_n$. Entsprechen so den Elementen $H_1, H_2, \cdots H_n$ die Permutationen $h_1, h_2, \cdots h_n$, so bilden diese eine mit $\mathfrak{H}$ (holoedrisch) isomorphe Gruppe $\mathfrak{h}$. Die oben mit r bezeichnete Permutation, die einen Isomorphismus von $\mathfrak{H}$ in sich bewirken soll, kann in dieser Gruppe $\mathfrak{h}$ enthalten sein oder nicht. Sie möge das Element A von $\mathfrak{H}$ in B überführen, und es sei

$$b=\begin{pmatrix} H_1, & H_2, & \cdots H_n \\ H_1B, & H_2B, & \cdots H_nB \end{pmatrix}$$

die dem Elemente B von $\mathfrak{H}$ entsprechende Permutation von $\mathfrak{h}$. Nach der Definition des Isomorphismus führt dann r das Element H_1A in $H_\alpha B$, H_2A in $H_\beta B, \cdots$ über, oder es ist

$$r=\begin{pmatrix} H_1A, & H_2A, & \cdots H_nA \\ H_\alpha B, & H_\beta B, & \cdots H_\nu B \end{pmatrix}.$$

Daher ist

$$r^{-1}ar = \begin{pmatrix} H_\alpha, & H_\beta, & \cdots H_\nu \\ H_1, & H_2, & \cdots H_n \end{pmatrix}\begin{pmatrix} H_1, & H_2, & \cdots H_n \\ H_1A, & H_2A, & \cdots H_nA \end{pmatrix}\begin{pmatrix} H_1A, & H_2A, & \cdots H_nA \\ H_\alpha B, & H_\beta B, & \cdots H_\nu B \end{pmatrix}$$
$$= \begin{pmatrix} H_\alpha, & H_\beta, & \cdots H_\nu \\ H_\alpha B, & H_\beta B, & \cdots H_\nu B \end{pmatrix} = \begin{pmatrix} H_1, & H_2, & \cdots H_n \\ H_1B, & H_2B, & H_nB \end{pmatrix},$$

also $r^{-1}ar = b$, folglich, wenn man der Reihe nach $A = H_1, H_2, \cdots H_n$ setzt,

$$r^{-1}h_1r = h_\alpha, \qquad r^{-1}h_2r = h_\beta, \cdots \qquad r^{-1}h_nr = h_\nu.$$

Unter allen $n!$ Permutationen der Symbole $H_1, H_2, \cdots H_n$ bilden die, welche mit der Gruppe $\mathfrak{h}$ vertauschbar sind, eine Gruppe $\mathfrak{h}'$. Damit die Permutation r einen Isomorphismus von $\mathfrak{H}$ in sich bewirke, ist also nothwendig, aber offenbar auch hinreichend, dass r der Gruppe $\mathfrak{h}'$ angehöre.

Den Elementen einer in $\mathfrak{H}$ enthaltenen Gruppe $\mathfrak{A}$ entsprechen die Permutationen einer in $\mathfrak{h}$ enthaltenen Gruppe $\mathfrak{a}$. Damit $\mathfrak{A}$ eine charakteristische Untergruppe von $\mathfrak{H}$ sei, ist nach den obigen Ausführungen nothwendig und hinreichend, dass $\mathfrak{a}$ eine invariante Untergruppe von $\mathfrak{h}'$ sei. Ist $\mathfrak{h}' = \mathfrak{h}$, so wird jeder Isomorphismus von $\mathfrak{H}$ in sich durch eine Permutation

$$r = \begin{pmatrix} H_1, & H_2, & \cdots & H_n \\ R^{-1}H_1R, & R^{-1}H_2R, & \cdots & R^{-1}H_nR \end{pmatrix}$$

bewirkt, wo R ein Element von $\mathfrak{H}$ ist. Damit aber $\mathfrak{H}$ diese Eigenschaft besitze, ist nicht erforderlich, dass $\mathfrak{h}' = \mathfrak{h}$ sei, sondern dafür ist folgende Bedingung nothwendig und hinreichend: Bilden die Permutationen von $\mathfrak{h}'$, die mit jeder Permutation von $\mathfrak{h}$ vertauschbar sind, die Gruppe $\mathfrak{g}$, so muss $\mathfrak{h}' = \mathfrak{g}\mathfrak{h}$ das kleinste gemeinschaftliche Vielfache von $\mathfrak{g}$ und $\mathfrak{h}$ sein. Von einer solchen Gruppe $\mathfrak{H}$ ist jede invariante Untergruppe eine charakteristische.

§. 6.

Mit Hülfe der oben entwickelten Sätze kann man in vielen speciellen Fällen die Constitution einer Gruppe beschreiben, deren Ordnung in bestimmter Art aus Primfactoren zusammengesetzt ist.

I. *Sind p und q zwei verschiedene Primzahlen, so ist jede Gruppe $\mathfrak{H}$ der Ordnung $p^\alpha q$ auflösbar. Sie ist zusammengesetzt aus einer Gruppe $\frac{\mathfrak{H}}{\mathfrak{C}}$, die aus den Potenzen eines Elementes der Ordnung $p^{\alpha-\delta}$ besteht, einer Gruppe $\frac{\mathfrak{C}}{\mathfrak{D}}$ der Ordnung q und einer Gruppe $\mathfrak{D}$ der Ordnung p^δ. Die Gruppe $\frac{\mathfrak{H}}{\mathfrak{D}}$ der Ordnung $p^{\alpha-\delta}q$, die eine invariante Untergruppe $\frac{\mathfrak{C}}{\mathfrak{D}}$ der Ordnung q hat, lässt sich als transitive Gruppe von Permutationen von q Symbolen darstellen.*

$\mathfrak{C}$ und $\mathfrak{D}$ sind zwei charakteristische Untergruppen von $\mathfrak{H}$. Die Gruppe $\mathfrak{C}$ der Ordnung $p^\delta q$ wird erzeugt von allen $p^\delta(q-1)$ Elementen von $\mathfrak{H}$, deren Ordnung durch q theilbar ist. Die Gruppe $\mathfrak{D}$ ist der grösste gemeinsame Divisor von allen in $\mathfrak{H}$ enthaltenen Gruppen der Ordnung p^α

und zugleich, falls es mehrere giebt, der grösste gemeinsame Divisor von irgend zwei derselben.

Bilden die Elemente von $\mathfrak{H}$*, welche mit einer Untergruppe* $\mathfrak{Q}$ *der Ordnung* q *vertauschbar sind, die Gruppe* $\mathfrak{H}_0$ *der Ordnung* $p^{\alpha-\lambda}q$*, so bilden die, welche mit jedem Elemente von* $\mathfrak{Q}$ *vertauschbar sind, eine Gruppe* $\mathfrak{C}_0$ *der Ordnung* $p^{\delta-\lambda}q$*, die der grösste gemeinsame Divisor von* $\mathfrak{C}$ *und* $\mathfrak{H}_0$ *ist. Die Gruppe* $\mathfrak{C}_0$ *wird gebildet von den mit* $\mathfrak{Q}$ *vertauschbaren Elementen von* $\mathfrak{C}$*. Sie wird erzeugt von den* $p^{\delta-\lambda}(q-1)$ *Elementen von* $\mathfrak{H}_0$*, deren Ordnung durch* q *theilbar ist. Ihre invariante Untergruppe* $\mathfrak{D}_0$ *der Ordnung* $p^{\delta-\lambda}$ *ist der grösste gemeinsame Divisor von* $\mathfrak{D}$ *und* $\mathfrak{H}_0$*. Umgekehrt ist* $\mathfrak{D}$ *(und ebenso* $\mathfrak{C}$*) das kleinste gemeinschaftliche Vielfache aller mit* $\mathfrak{D}_0$ *(oder* $\mathfrak{C}_0$*) conjugirten Gruppen. Ist* $\lambda > 0$*, so ist*

$$p^\lambda + q - 1 \equiv 0 \ (\text{mod. } p^{\alpha-\delta}q), \qquad \lambda \geqq 2(\alpha-\delta), \qquad 3\delta \geqq 2\alpha,$$

und zwar kann die Gleichheit nur dann eintreten, wenn

$$p = 2, \qquad q = 2^{\alpha-\delta}+1$$

ist.

Die $p^\lambda(q-1)$ *Elemente von* $\mathfrak{H}$*, deren Ordnung gleich* q *ist, zerfallen in* $(q-1):p^{\alpha-\delta}$ *Classen von je* $p^{\alpha+\lambda-\delta}$ *conjugirten Elementen und erzeugen eine in* $\mathfrak{C}$ *enthaltene Gruppe* $\mathfrak{L}$ *der Ordnung* $p^\mu q$*. Sie enthält eine invariante Untergruppe* $\mathfrak{M}$ *der Ordnung* p^μ*, die der grösste gemeinsame Divisor von* $\mathfrak{D}$ *und* $\mathfrak{L}$ *ist.* $\mathfrak{L}$ *und* $\mathfrak{M}$ *sind charakteristische Untergruppen von* $\mathfrak{H}$*. Jede invariante Untergruppe von* $\mathfrak{H}$*, deren Ordnung gleich* $p^\gamma q$ *ist, ist durch* $\mathfrak{M}$ *theilbar, und jede, deren Ordnung gleich* p^γ *ist, ist in* $\mathfrak{D}$ *enthalten. Ist* γ *irgend eine Zahl zwischen* α *und* μ*, so hat* $\mathfrak{H}$ *eine invariante Untergruppe der Ordnung* $p^\gamma q$*. Das kleinste gemeinschaftliche Vielfache von* $\mathfrak{M}$ *und* $\mathfrak{H}_0$ *ist* $\mathfrak{M}\mathfrak{H}_0 = \mathfrak{H}$*.*

Sei $\mathfrak{A}$ eine in $\mathfrak{H}$ enthaltene Gruppe der Ordnung p^α. Ist $\mathfrak{A}$ nicht eine invariante Untergruppe von $\mathfrak{H}$, so enthält $\mathfrak{H}$ q verschiedene Gruppen der Ordnung p^α. Unter diesen wähle man zwei so aus, dass die Ordnung p^δ ihres grössten gemeinsamen Divisors möglichst gross ist.

Ist $\delta = 0$, sind also je zwei jener q Gruppen theilerfremd, so enthält $\mathfrak{H}$ genau $(p^\alpha-1)q$ Elemente, deren Ordnung eine Potenz von p ist, und mithin nur q andere Elemente. Daher hat $\mathfrak{H}$ eine invariante Untergruppe $\mathfrak{C}$ der Ordnung q.

In jedem Falle bilden die mit $\mathfrak{D}$ vertauschbaren Elemente von $\mathfrak{H}$ eine Gruppe $\mathfrak{D}'$, deren Ordnung $p^\beta q$ durch q theilbar ist, da sie nach §. 3 nicht eine Potenz von p sein kann. Diese enthält mehr als eine Gruppe $\mathfrak{B}$ der Ordnung p^β, also genau q. Folglich giebt es in $\mathfrak{H}$ genau q Gruppen $\mathfrak{A}$, die durch $\mathfrak{D}$ theilbar sind. Da aber $\mathfrak{H}$ nicht mehr als q Gruppen $\mathfrak{A}$ der Ordnung p^α enthält, so ist $\mathfrak{D}$ der grösste gemeinsame Divisor aller dieser Gruppen und zugleich, weil δ ein Maximum ist, der grösste gemeinsame Divisor von je zwei derselben[1]. Der grösste gemeinsame Divisor $\mathfrak{D}$ von allen mit $\mathfrak{A}$ conjugirten Gruppen ist aber eine invariante Untergruppe von $\mathfrak{H}$. Demnach ist $\mathfrak{D}' = \mathfrak{H}$ und $\beta = \alpha$.

Die Gruppe $\frac{\mathfrak{H}}{\mathfrak{D}}$ enthält die q Gruppen $\frac{\mathfrak{A}}{\mathfrak{D}}$ der Ordnung $p^{\alpha-\delta}$, von denen je zwei theilerfremd sind, hat also eine invariante Untergruppe $\frac{\mathfrak{C}}{\mathfrak{D}}$ der Ordnung q. Folglich hat $\mathfrak{H}$ eine invariante Untergruppe $\mathfrak{C}$ der Ordnung $p^\delta q$ und ist aus den Gruppen $\frac{\mathfrak{H}}{\mathfrak{C}}$, $\frac{\mathfrak{C}}{\mathfrak{D}}$ und $\mathfrak{D}$ zusammengesetzt. Da die Ordnungen $p^{\alpha-\delta}$, q und p^δ dieser drei Gruppen Potenzen von Primzahlen sind, so ist die Gruppe $\mathfrak{H}$ auflösbar.

Jede invariante Untergruppe von $\mathfrak{H} = \mathfrak{D}'$, deren Ordnung eine Potenz von p ist, muss nach §. 3 ein Divisor von $\mathfrak{D}$ sein; $\mathfrak{D}$ ist die grösste invariante Untergruppe von $\mathfrak{H}$, deren Ordnung eine Potenz von p ist, oder die in einer Gruppe $\mathfrak{A}$ der Ordnung p^α enthalten ist.. Daher hat die Gruppe $\frac{\mathfrak{H}}{\mathfrak{D}}$ der Ordnung $p^{\alpha-\delta}q$ keine invariante Untergruppe, deren Ordnung eine Potenz von p ist. Ihre Untergruppe $\frac{\mathfrak{A}}{\mathfrak{D}}$ der Ordnung $p^{\alpha-\delta}$ ist also durch keine invariante Untergruppe von $\frac{\mathfrak{H}}{\mathfrak{D}}$ theilbar. Nach §. 4 lässt sich folglich $\frac{\mathfrak{H}}{\mathfrak{D}}$ als transitive Gruppe von Permutationen von q Symbolen darstellen. Sie ist zusammengesetzt aus der Gruppe $\frac{\mathfrak{H}}{\mathfrak{C}}$, deren Ordnung $p^{\alpha-\delta}$ ein Divisor von $q-1$ ist, und aus der invarianten Untergruppe $\frac{\mathfrak{C}}{\mathfrak{D}}$ der Ordnung q. Nach den bekannten Eigenschaften der auflösbaren Gruppen von Permutationen, deren Grad eine Primzahl q ist, besteht daher $\frac{\mathfrak{H}}{\mathfrak{C}}$ aus den Potenzen eines Elementes der Ordnung $p^{\alpha-\delta}$. Demnach giebt es in $\mathfrak{H}$ ein Element, dessen Ordnung durch $p^{\alpha-\delta}$ theilbar ist, und von dem erst die $(p^{\alpha-\delta})^{\text{te}}$ Potenz in $\mathfrak{D}$ enthalten ist.

Die Gruppe $\mathfrak{C}$ der Ordnung $p^\delta q$ hat eine invariante Untergruppe $\mathfrak{D}$ der Ordnung p^δ, enthält also nach I., §. 2 genau p^δ Elemente, deren Ordnung in p^δ aufgeht, und mithin $p^\delta(q-1)$ Elemente, deren Ordnung durch q theilbar ist. Da $\mathfrak{D}$ der grösste gemeinsame Divisor von je zwei der q mit $\mathfrak{A}$ conjugirten Gruppen ist, so enthält jede derselben

---

[1] Daher zerfallen die Elemente von $\mathfrak{H}$ (modd. $\mathfrak{A}$, $\mathfrak{A}$) in $1+\frac{q-1}{p^{\alpha-\delta}}$ Classen. Sie können repraesentirt werden durch das Hauptelement E und die Elemente

$$Q^{g^\varrho} \quad \left(\varrho = 0, 1, \cdots \frac{q-1}{p^{\alpha-\delta}}-1\right),$$

wo Q irgend ein Element der Ordnung q und g eine primitive Wurzel der Primzahl q ist. Die letzteren Elemente repraesentiren auch die $(q-1):p^{\alpha-\delta}$ Classen conjugirter Elemente, in welche die in $\mathfrak{H}$ enthaltenen Elemente der Ordnung q zerfallen.

$p^\alpha - p^\delta$ Elemente, die in keiner der anderen und auch nicht in $\mathfrak{D}$ vorkommen. Daher giebt es in $\mathfrak{H}$ $(p^\alpha - p^\delta)q$ Elemente, deren Ordnung in p^α aufgeht, und die nicht in $\mathfrak{D}$ enthalten sind, also nur noch $p^\delta q$ andere Elemente, und diese bilden die Gruppe $\mathfrak{C}$. Denn jedes Element von $\mathfrak{C}$ ist entweder in $\mathfrak{D}$ enthalten, oder seine Ordnung ist durch q theilbar. Folglich enthält $\mathfrak{C}$ alle Elemente von $\mathfrak{H}$, deren Ordnung durch q theilbar ist, und die Anzahl derselben ist $p^\delta(q-1)$. Endlich ist $\mathfrak{C}$ die von diesen Elementen erzeugte Gruppe. Denn diese ist ein Divisor von $\mathfrak{C}$. Ist also ihre Ordnung, die durch q theilbar sein muss, $p^\gamma q$, so ist $\gamma \leqq \delta$. Sie enthält eine Untergruppe der Ordnung p^γ, also höchstens $p^\gamma(q-1)$ Elemente, deren Ordnung durch q theilbar ist. Daher ist $p^\gamma(q-1) \geqq p^\delta(q-1)$, $\gamma \geqq \delta$ und folglich $\gamma = \delta$.

Sei $\mathfrak{Q}$ eine in $\mathfrak{H}$ enthaltene Gruppe der Ordnung q. Die mit $\mathfrak{Q}$ vertauschbaren Elemente von $\mathfrak{H}$ bilden eine Gruppe $\mathfrak{H}_0$ der Ordnung $qp^{\alpha-\lambda}$. Hat $\mathfrak{D}_0$ und δ_0 für $\mathfrak{H}_0$ dieselbe Bedeutung, wie $\mathfrak{D}$ und δ für $\mathfrak{H}$, so enthält $\mathfrak{H}_0$ genau $p^{\delta_0}(q-1)$ Elemente, deren Ordnung durch q theilbar ist. Die Anzahl der verschiedenen Gruppen $\mathfrak{Q}$ oder der ihnen entsprechenden Gruppen $\mathfrak{H}_0$ ist p^λ. Zwei verschiedene Gruppen $\mathfrak{H}_0$ haben kein Element R gemeinsam, dessen Ordnung qr durch q theilbar ist. Denn sonst hätten sie auch das Element $R^r = Q$ der Ordnung q gemeinsam, also auch die von den Potenzen von Q gebildete Gruppe $\mathfrak{Q}$. Jedes Element R der Ordnung qr gehört einer der Gruppen $\mathfrak{H}_0$ an. Denn R ist mit $R^r = Q$ vertauschbar, also auch mit $\mathfrak{Q}$. Folglich giebt es in $\mathfrak{H}$ genau $p^\lambda p^{\delta_0}(q-1)$ Elemente, deren Ordnung durch q theilbar ist, und da deren Anzahl gleich $p^\delta(q-1)$ ist, so ist $\delta_0 = \delta - \lambda$. Weil $\mathfrak{C}$ alle Elemente von $\mathfrak{H}$ enthält, deren Ordnung durch q theilbar ist, so ist die Anzahl der mit $\mathfrak{Q}$ conjugirten Gruppen in $\mathfrak{C}$ gleich p^λ. Folglich bilden die mit $\mathfrak{Q}$ vertauschbaren Elemente von $\mathfrak{C}$ eine Gruppe $\mathfrak{C}_0$ der Ordnung $p^{\delta_0}q$, die der grösste gemeinsame Divisor von $\mathfrak{C}$ und $\mathfrak{H}_0$ ist. Sie enthält alle Elemente von $\mathfrak{H}_0$, deren Ordnung durch q theilbar ist, steht also zu $\mathfrak{H}_0$ in derselben Beziehung wie $\mathfrak{C}$ zu $\mathfrak{H}$.

Die Gruppe $\mathfrak{C}_0$ der Ordnung $p^{\delta_0}q$ hat eine invariante Untergruppe $\mathfrak{D}_0$ der Ordnung p^{δ_0} und eine invariante Untergruppe $\mathfrak{Q}$ der Ordnung q. Nach Satz VI., §. 1 ist daher jedes Element von $\mathfrak{D}_0$, also auch jedes von $\mathfrak{C}_0$ mit jedem Elemente Q von $\mathfrak{Q}$ vertauschbar. Umgekehrt gehört der Gruppe $\mathfrak{C}_0$ jedes Element R von $\mathfrak{H}$ an, das mit einem in $\mathfrak{Q}$ enthaltenen Elemente Q der Ordnung q vertauschbar ist. Denn zunächst ist R ein Element von $\mathfrak{H}_0$, weil R mit $\mathfrak{Q}$ vertauschbar ist. Ist die Ordnung von R durch q theilbar, so gehört R auch der Gruppe $\mathfrak{C}$ an, also auch dem grössten gemeinsamen Divisor $\mathfrak{C}_0$ von $\mathfrak{C}$ und $\mathfrak{H}_0$. Ist die Ordnung von R nicht durch q

theilbar, so ist es die von QR, da R mit Q vertauschbar ist. Mithin gehört QR, also auch R, der Gruppe $\mathfrak{C}_0$ an. Demnach besteht $\mathfrak{C}_0$ aus allen Elementen von $\mathfrak{H}$, die mit Q vertauschbar sind. Ist aber in einer Gruppe $\mathfrak{H}$ der Ordnung $p^\alpha q$ die Anzahl der mit Q vertauschbaren Elemente gleich $p^{\delta-\lambda}q$, so ist die Anzahl der mit Q (in Bezug auf $\mathfrak{H}$) conjugirten Elemente gleich $p^\alpha q : p^{\delta-\lambda}q = p^{\alpha-\delta+\lambda}$. Die $p^\lambda(q-1)$ Elemente von $\mathfrak{H}$, deren Ordnung gleich q ist, zerfallen also in $(q-1):p^{\alpha-\delta}$ Classen von conjugirten Elementen.

Nach Satz VIII, §. 2 ist

$$p^\lambda \equiv 1 (\text{mod. } q), \qquad q \equiv 1 (\text{mod. } p^{\alpha-\delta}).$$

Ist $\lambda > 0$, so ist folglich $p^\lambda > q \geqq p^{\alpha-\delta}+1$, also $\lambda > \alpha - \delta$. Nun ist $p^\lambda = 1 + qu$, und $u \equiv -1 (\text{mod. } p^{\alpha-\delta})$, also $u = -1 + p^{\alpha-\delta}v$, wo $v \geqq 1$ ist, mithin

$$p^\lambda - 1 = q(p^{\alpha-\delta}v - 1) \geqq (p^{\alpha-\delta}+1)(p^{\alpha-\delta}-1),$$

folglich $\lambda \geqq 2(\alpha-\delta)$ und $\delta \geqq \lambda \geqq 2\alpha - 2\delta$. Die Gleichheit kann in diesen Relationen nur dann eintreten, wenn $q = p^{\alpha-\delta}+1$ ist, also da q ungerade ist, wenn $p = 2$ ist. Ist $3\delta < 2\alpha$, so ist $\lambda = 0$, also $\mathfrak{Q}$ eine invariante Untergruppe von $\mathfrak{H}$.

Erzeugen die $p^\lambda(q-1)$ Elemente von $\mathfrak{H}$, deren Ordnung gleich q ist, die Gruppe $\mathfrak{L}$ der Ordnung $p^\mu q$, so ist $\mathfrak{L}$ eine charakteristische Untergruppe von $\mathfrak{H}$ und ein Divisor von $\mathfrak{C}$, also ist $\lambda \leqq \mu \leqq \delta$. Ist $\mathfrak{M}$ eine in $\mathfrak{L}$ enthaltene Gruppe der Ordnung p^μ, so ist $\mathfrak{M}$ auch in $\mathfrak{C}$ enthalten, also nach I., §. 2 auch in $\mathfrak{D}$, weil $\mathfrak{C}$ nur diese eine Untergruppe der Ordnung p^δ hat. Daher ist $\mathfrak{M}$ der grösste gemeinsame Divisor der beiden Gruppen $\mathfrak{L}$ und $\mathfrak{D}$, folglich ebenso wie diese, eine charakteristische Untergruppe von $\mathfrak{H}$ und von $\mathfrak{L}$, also die einzige in $\mathfrak{L}$ enthaltene Gruppe der Ordnung p^μ. Ist $\mathfrak{G}$ eine invariante Untergruppe von $\mathfrak{H}$, deren Ordnung $p^\gamma q$ ist, so enthält $\mathfrak{G}$ eine Gruppe $\mathfrak{Q}$ der Ordnung q, daher auch alle mit $\mathfrak{Q}$ (in Bezug auf $\mathfrak{H}$) conjugirten Gruppen und folglich deren kleinstes gemeinschaftliches Vielfache $\mathfrak{L}$. Die Ordnung der Gruppe $\frac{\mathfrak{H}}{\mathfrak{L}}$ ist $p^{\alpha-\mu}$. Liegt also γ zwischen α und μ, so enthält sie nach Satz VI, §. 2 (mindestens) eine invariante Untergruppe $\frac{\mathfrak{G}}{\mathfrak{L}}$ der Ordnung $p^{\gamma-\mu}$. Daher hat $\mathfrak{H}$ eine invariante Untergruppe der Ordnung $p^\gamma q$. Ist aber $\gamma < \mu$, so ist dies nicht der Fall, weil $\mathfrak{G}$ durch $\mathfrak{L}$ theilbar ist.

Nach Satz IX., §. 2 ist das kleinste gemeinschaftliche Vielfache von $\mathfrak{L}$ und $\mathfrak{H}_0$ gleich $\mathfrak{H} = \mathfrak{L}\mathfrak{H}_0$, und weil $\mathfrak{L} = \mathfrak{M}\mathfrak{Q}$ und $\mathfrak{Q}\mathfrak{H}_0 = \mathfrak{H}_0$ ist, so ist $\mathfrak{H} = \mathfrak{M}\mathfrak{H}_0$ auch das kleinste gemeinschaftliche Vielfache von $\mathfrak{M}$ und $\mathfrak{H}_0$.

Die Gruppe $\mathfrak{H}$ kann nur dann q verschiedene Gruppen $\mathfrak{A}$ enthalten, wenn $q \equiv 1$ (mod. p) ist. Wenn $q-1$ nicht durch p theilbar ist, also immer, wenn $q < p$ ist, muss $\mathfrak{D} = \mathfrak{A}$, $\delta = \alpha$ sein. Die obigen

Entwicklungen lassen sich fast ohne Änderung auf den Fall ausdehnen, wo $h = p^\alpha q^\beta$ ist und q (mod. p) zum Exponenten β gehört, und führen zu dem Satze:

II. *Sind p und q zwei verschiedene Primzahlen, und gehört q (mod. p) zum Exponenten β, so ist jede Gruppe $\mathfrak{H}$ der Ordnung $p^\alpha q^\beta$ auflösbar. Hat sie nicht eine invariante Untergruppe der Ordnung p^α, so ist sie zusammengesetzt aus einer Gruppe $\frac{\mathfrak{H}}{\mathfrak{C}}$ der Ordnung $p^{\alpha-\delta}$, einer Gruppe $\frac{\mathfrak{C}}{\mathfrak{D}}$ der Ordnung q^β und einer Gruppe $\mathfrak{D}$ der Ordnung p^δ. Jedes Element der Gruppe $\frac{\mathfrak{C}}{\mathfrak{D}}$ hat die Ordnung q, und je zwei ihrer Elemente sind vertauschbar. Die Gruppe $\frac{\mathfrak{H}}{\mathfrak{D}}$ der Ordnung $p^{\alpha-\delta}q^\beta$, die eine invariante Untergruppe $\frac{\mathfrak{C}}{\mathfrak{D}}$ der Ordnung q^β hat, lässt sich als eine primitive Gruppe von Permutationen von q^β Symbolen darstellen, die Gruppe $\frac{\mathfrak{H}}{\mathfrak{C}}$ ist einer homogenen linearen Gruppe der Dimension β mit dem Modul q isomorph.*

$\mathfrak{C}$ und $\mathfrak{D}$ sind zwei charakteristische Untergruppen von $\mathfrak{H}$: Die Gruppe $\mathfrak{C}$ der Ordnung $p^\delta q^\beta$ wird erzeugt von allen $p^\delta(q^\beta-1)$ Elementen von $\mathfrak{H}$, deren Ordnung durch q theilbar ist. Die Gruppe $\mathfrak{D}$ ist der grösste gemeinsame Divisor von irgend zwei in $\mathfrak{H}$ enthaltenen Gruppen der Ordnung p^α.

Bilden die Elemente von $\mathfrak{H}$, welche mit einer Untergruppe $\mathfrak{Q}$ der Ordnung q^β vertauschbar sind, die Gruppe $\mathfrak{H}_0$, und die, welche mit jedem Elemente von $\mathfrak{Q}$ vertauschbar sind, die Gruppe $\mathfrak{C}_0$, so ist $\mathfrak{C}_0$ der grösste gemeinsame Divisor von $\mathfrak{C}$ und $\mathfrak{H}_0$.

Denn die Anzahl der in $\mathfrak{H}$ enthaltenen Gruppen $\mathfrak{A}$ der Ordnung p^α ist gleich 1 oder q^β, weil es keinen anderen Divisor von q^β giebt, der $\equiv 1$ (mod. p) ist. Enthält $\mathfrak{D}'$ im letzteren Falle q^ρ Gruppen $\mathfrak{B}$, so ist $\rho > 0$ und $q^\rho \equiv 1$ (mod. p), also $\rho = \beta$, und daraus folgt wie oben, dass $\mathfrak{D}' = \mathfrak{H}$ ist. Ebenso erkennt man, dass $\mathfrak{H}$ keine Untergruppe der Ordnung $p^\alpha q^\rho$ hat, wo $0 < \rho < \beta$ ist, da auch in dieser $\mathfrak{A}' = \mathfrak{A}$ und $q^\rho \equiv 1$ (mod. p) wäre. Daher hat $\mathfrak{H}$ auch keine invariante Untergruppe $\mathfrak{R}$ der Ordnung q^ρ $(0 < \rho < \beta)$, da sonst $\mathfrak{A}\mathfrak{R}$ eine Untergruppe der Ordnung $p^\alpha q^\rho$ wäre.

Ist $\delta = 0$, sind also je zwei der q^β Untergruppen $\mathfrak{A}$ theilerfremd, so enthält $\mathfrak{H}$ eine invariante Untergruppe $\mathfrak{C}$ der Ordnung q^β. Dagegen hat $\mathfrak{H}$ keine invariante Untergruppe, deren Ordnung eine Potenz von p ist, da jede solche ein Divisor von $\mathfrak{D}$ ist. Weil aber die Ordnung von $\mathfrak{C}$ eine Potenz einer Primzahl ist, so bilden die Elemente von $\mathfrak{C}$, deren Ordnung gleich q ist, und die mit jedem Elemente von $\mathfrak{C}$ vertauschbar sind, eine Gruppe $\mathfrak{R}$ der Ordnung q^ρ, wo $\rho > 0$ ist. Da $\mathfrak{R}$ eine charakteristische Untergruppe von $\mathfrak{C}$ ist, und $\mathfrak{C}$ eine invariante Untergruppe von $\mathfrak{H}$ ist, so ist $\mathfrak{R}$ auch eine invariante Untergruppe von $\mathfrak{H}$. Folglich ist $\rho = \beta$ und $\mathfrak{R} = \mathfrak{C}$. Es ist also $\mathfrak{C}$ eine Gruppe vertauschbarer Elemente der Ordnung q.

Eine in $\mathfrak{H}$ enthaltene Gruppe $\mathfrak{A}$ der Ordnung p^α enthält keine invariante Untergruppe von $\mathfrak{H}$. Mit Hülfe von $\mathfrak{A}$ lässt sich daher $\mathfrak{H}$ als transitive Gruppe von Permutationen von q^β Symbolen darstellen, und diese Gruppe ist primitiv, weil $\mathfrak{H}$ keine Untergruppe der Ordnung $p^\alpha q^\varepsilon$ hat. Aus den bekannten Eigenschaften einer primitiven auflösbaren Gruppe vom Grade q^β ergiebt sich nicht nur das eben erhaltene Ergebniss über die Constitution der Gruppe $\mathfrak{C}$, sondern auch die Darstellung von $\mathfrak{H}$ durch nicht homogene und die von $\frac{\mathfrak{H}}{\mathfrak{C}}$ durch homogene lineare Substitutionen von β Unbestimmten, deren Coefficienten nach dem Modul q genommene ganze Zahlen sind.

Ist δ beliebig, aber $<\alpha$, so sind in der Gruppe $\frac{\mathfrak{H}}{\mathfrak{D}}$ je zwei Untergruppen der Ordnung $p^{\alpha-\delta}$ theilerfremd. Alle Sätze, die im Falle $\delta = 0$ über die Gruppen $\mathfrak{H}$ und $\mathfrak{C}$ bewiesen sind, gelten daher im allgemeinen Falle von den Gruppen $\frac{\mathfrak{H}}{\mathfrak{D}}$ und $\frac{\mathfrak{C}}{\mathfrak{D}}$. Auf demselben Wege gelangt man endlich noch zu dem Satze:

III. *Ist n nicht durch die Primzahl p theilbar, und ist kein Divisor von n congruent $1\,(\mathrm{mod.}\,p)$, ausser 1 und n selbst, so hat eine Gruppe $\mathfrak{H}$ der Ordnung $p^\alpha n$ eine invariante Untergruppe $\mathfrak{D}$ der Ordnung p^δ, die der grösste gemeinsame Divisor von irgend zwei in $\mathfrak{H}$ enthaltenen Gruppen der Ordnung p^α ist.*

Hat $\mathfrak{H}$ nicht eine invariante Untergruppe der Ordnung p^α, so lässt sich die Gruppe $\frac{\mathfrak{H}}{\mathfrak{D}}$ als primitive Gruppe von Permutationen von n Symbolen darstellen. Ist n durch mehr als eine Primzahl theilbar, so ist $\mathfrak{H}$ nicht auflösbar.

Denn die Anzahl der in $\mathfrak{H}$ enthaltenen Gruppen $\mathfrak{A}$ der Ordnung p^α ist gleich n, und $\mathfrak{H}$ hat keine Untergruppe der Ordnung $p^\alpha m$, wo $1<m<n$ ist (und auch keine Untergruppe der Ordnung $p^\beta m$, wo $\delta<\beta\leqq\alpha$ und $1<m<n$, und m ein Divisor von n ist). Daher hat $\mathfrak{H}$ auch keine invariante Untergruppe der Ordnung m, wo m ein echter Theiler von n ist. Ist $\delta=0$, also $n\equiv 1$ (mod. p^α), so hat $\mathfrak{H}$ auch keine invariante Untergruppe, deren Ordnung eine Potenz von p ist. Nun hat aber jede auflösbare Gruppe eine Untergruppe, deren Ordnung eine Potenz einer Primzahl ist (vergl. Satz IV.). Ist also n nicht eine Potenz einer Primzahl, so kann $\mathfrak{H}$ nicht auflösbar sein. Zu demselben Ergebniss gelangt man mit Hülfe des von Abel (Oeuvres compl. II. p. 222, prop. 3) gefundenen Satzes, dass eine auflösbare Gruppe von Permutationen nur dann primitiv sein kann, wenn ihr Grad eine Potenz einer Primzahl ist. Ist δ beliebig, aber $<\alpha$, so ist demnach $\frac{\mathfrak{H}}{\mathfrak{D}}$ nicht auflösbar, also auch $\mathfrak{H}$ selbst.

Um eine schärfere Einsicht in den Gang der obigen Entwicklungen zu gewähren, füge ich noch folgende Bemerkung hinzu:

IV. *Ist p^α die höchste Potenz der Primzahl p, die in der Ordnung einer Gruppe $\mathfrak{H}$ aufgeht, und ist für jede Primzahl p der grösste gemeinsame Divisor aller in $\mathfrak{H}$ enthaltenen Gruppen der Ordnung p^α die Hauptgruppe, so ist $\mathfrak{H}$ nicht auflösbar.*

Sei $\mathfrak{R}$ eine von der Hauptgruppe verschiedene invariante Untergruppe von $\mathfrak{H}$, die keine invariante Untergruppe von $\mathfrak{H}$ enthält, ausser der Hauptgruppe und der Gruppe $\mathfrak{R}$ selbst. Ist dann $\mathfrak{H}$ auflösbar, so ist die Ordnung von $\mathfrak{R}$ eine Potenz einer Primzahl, etwa p^ϱ, wo $\varrho > 0$ ist. Sei p^α die höchste Potenz von p, die in h aufgeht, und $\mathfrak{A}$ eine in $\mathfrak{H}$ enthaltene Gruppe der Ordnung p^α. Dann ist jede mit $\mathfrak{A}$ conjugirte Gruppe, also jede in $\mathfrak{H}$ enthaltene Gruppe der Ordnung p^α durch $\mathfrak{R}$ theilhar, mithin auch der grösste gemeinsame Divisor $\mathfrak{D}$ jener Gruppen. Folglich ist $\mathfrak{D}$ von der Hauptgruppe verschieden.

§. 7.

Den oben bewiesenen Satz kann man so verallgemeinern:

Sind p und q zwei verschiedene Primzahlen, ist m durch kein Quadrat und $m\phi(m)$ weder durch p noch durch q theilbar, so ist jede Gruppe $\mathfrak{S}$ der Ordnung $s = mp^\alpha q$ auflösbar und enthält eine invariante Untergruppe $\mathfrak{H}$ der Ordnung $p^\alpha q$, und entweder nur eine oder q Untergruppen der Ordnung p^α.

Ist r irgend ein Divisor von s, der zu $\frac{s}{r}$ theilerfremd ist, so hat $\mathfrak{S}$ eine Untergruppe der Ordnung r.

Die zu $\mathfrak{H}$ gehörigen Gruppen $\mathfrak{C}$ und $\mathfrak{D}$ sind auch charakteristische Untergruppen von $\mathfrak{S}$.

Die Elemente von $\mathfrak{S}$, die mit einer Untergruppe der Ordnung p^α vertauschbar sind, bilden eine Gruppe der Ordnung mp^α oder $mp^\alpha q$; die Elemente von $\mathfrak{S}$, die mit einer Untergruppe der Ordnung q vertauschbar sind, bilden eine Gruppe der Ordnung $mp^{\alpha-\lambda}q$.

Ist $m = p_1 p_2 \cdots p_n$, so sind die Primzahlen $p_1, p_2, \cdots p_n$, p und q alle unter einander verschieden, und keine der Zahlen $p_1-1, p_2-1, \cdots p_n-1$ ist durch p oder q theilbar. In meiner Arbeit *Über auflösbare Gruppen*, Sitzungsber. 1893, deren Resultate ich im Folgenden mehrfach gebrauche, habe ich gezeigt, dass eine Gruppe $\mathfrak{S}$ von solcher Ordnung genau $p^\alpha q$ Elemente enthält, deren Ordnung in $p^\alpha q$ aufgeht. Es ist zu beweisen, dass diese eine Gruppe $\mathfrak{H}$ bilden. Dann ist $\mathfrak{H}$ eine invariante Untergruppe von $\mathfrak{S}$. Ich setze voraus, dass dieser Satz schon bewiesen sei für Gruppen, deren Ordnung ein echter Theiler von s ist. Jeder Divisor von s ist nämlich eine Zahl derselben Form wie s. Um dies einzusehen, braucht man nur die Primfactoren von

m so zu ordnen, dass $p_1 < p_2 < \cdots < p_n$ ist, oder allgemeiner so, dass $p_1 - 1$ und $\frac{m}{p_1}$, $p_2 - 1$ und $\frac{m}{p_1 p_2}$ u. s. w. theilerfremd sind.

Sei $\mathfrak{A}$ eine in $\mathfrak{S}$ enthaltene Gruppe der Ordnung p^α. Die mit $\mathfrak{A}$ vertauschbaren Elemente von $\mathfrak{S}$ bilden eine Gruppe $\mathfrak{A}'$ der Ordnung $a' = ap^\alpha$ oder $ap^\alpha q$, wo a ein Divisor von m ist. Im letzteren Falle hat $\frac{\mathfrak{A}'}{\mathfrak{A}}$ eine Untergruppe der Ordnung q, also hat $\mathfrak{A}'$ eine Untergruppe $\mathfrak{H}$ der Ordnung $p^\alpha q$. Diese ist eine invariante Untergruppe von $\mathfrak{H}$ und enthält als Untergruppe von $\mathfrak{A}'$ eine invariante Untergruppe $\mathfrak{A}$ der Ordnung p^α. Folglich ist $\mathfrak{A}$ nach II., §. 2 auch eine invariante Untergruppe von $\mathfrak{S}$, und es giebt in $\mathfrak{S}$ nur eine Untergruppe $\mathfrak{A}$. Daher ist $a' = s$ und $a = m$.

Ist $a' = ap^\alpha$, so enthält $\mathfrak{S}$ genau $\frac{s}{a'}$, also mindestens q Gruppen $\mathfrak{A}$ der Ordnung p^α. Unter diesen wähle man zwei so aus, dass die Ordnung p^δ ihres grössten gemeinsamen Divisors $\mathfrak{D}$ möglichst gross ist.

Ist $\delta = 0$, sind also je zwei jener Gruppen $\mathfrak{A}$ theilerfremd, so enthalten sie, da ihre Anzahl $\geqq q$ ist, zusammen mindestens $(p^\alpha - 1)q$ Elemente, deren Ordnung in p^α aufgeht. Daher enthält $\mathfrak{S}$ höchstens q Elemente der Ordnung q, hat also eine invariante Untergruppe $\mathfrak{Q}$ der Ordnung q, und enthält auch nicht mehr als q Gruppen $\mathfrak{A}$, so dass $a = m$ ist. Die Gruppe $\frac{\mathfrak{S}}{\mathfrak{Q}}$ der Ordnung mp^α hat eine invariante Untergruppe $\frac{\mathfrak{H}}{\mathfrak{Q}}$ der Ordnung p^α, und mithin hat $\mathfrak{S}$ selbst eine invariante Untergruppe $\mathfrak{H}$ der Ordnung $p^\alpha q$.

Sei nun $\delta > 0$. Die mit $\mathfrak{D}$ vertauschbaren Elemente von $\mathfrak{S}$ bilden eine Gruppe $\mathfrak{D}'$ der Ordnung $d' = bp^\beta$ oder $bp^\beta q$, wo b ein Divisor von m ist. Diese enthält nicht eine invariante Untergruppe $\mathfrak{B}$ der Ordnung p^β, und daher kann nicht $d' = bp^\beta$ sein.

Die Ordnung $bp^{\beta-\delta}q$ der Gruppe $\frac{\mathfrak{D}'}{\mathfrak{D}}$ ist ein echter Theiler von s. Sie hat daher eine invariante Untergruppe der Ordnung $p^{\beta-\delta}q$, und folglich hat $\mathfrak{D}'$ eine invariante Untergruppe $\mathfrak{H}$ der Ordnung $p^\beta q$. Diese hat nicht eine invariante Untergruppe $\mathfrak{B}$ der Ordnung p^β, weil sonst $\mathfrak{B}$ nach II., §. 2 eine invariante Untergruppe von $\mathfrak{D}'$ wäre. Mithin enthält $\mathfrak{H}$ q verschiedene Gruppen $\mathfrak{B}$, und $\mathfrak{D}'$ ebenso viele, weil alle Elemente von $\mathfrak{D}'$, deren Ordnung in $p^\beta q$ aufgeht, in $\mathfrak{H}$ enthalten sind. Folglich giebt es in $\mathfrak{S}$ genau q Gruppen $\mathfrak{A}$ der Ordnung p^α, die durch $\mathfrak{D}$ theilbar sind, und $\mathfrak{D}$ ist auch der grösste gemeinsame Divisor von je zwei jener q Gruppen. Daher enthalten sie zusammen $(p^\alpha - p^\delta)q$ Elemente, die nicht der Gruppe $\mathfrak{D}$ angehören. Da $\mathfrak{D}$ auch der grösste gemeinsame Divisor von je zwei der q Gruppen $\mathfrak{B}$ ist, so hat $\mathfrak{H}$ eine invariante Untergruppe $\mathfrak{C}$ der Ordnung $p^\delta q$, welche die invariante Untergruppe $\mathfrak{D}$ enthält und ausserdem noch $p^\delta(q-1)$ Elemente, deren Ordnung durch q theilbar ist. Mithin sind die $p^\delta q$ Elemente der Gruppe $\mathfrak{C}$ verschieden von den oben definirten $(p^\alpha - p^\delta)q$ Elementen, deren Ordnung in p^α aufgeht, und bilden mit ihnen zusammen die sämmtlichen $p^\alpha q$ Elemente von $\mathfrak{S}$, deren Ordnung in $p^\alpha q$ aufgeht. Folglich giebt es in $\mathfrak{S}$ nicht mehr als jene $p^\delta(q-1)$ Elemente, deren Ordnung durch q theilbar ist und in $p^\alpha q$ aufgeht. Die von diesen erzeugte Gruppe $\mathfrak{C}$ ist demnach eine invariante Untergruppe von $\mathfrak{S}$ und ebenso nach II., §. 2 die Gruppe $\mathfrak{D}$. Mithin ist $\mathfrak{D}' = \mathfrak{S}$, $d' = s$, $\beta = \alpha$, $b = m$.

Die Gruppe $\mathfrak{H}$ der Ordnung $p^\alpha q$ enthält alle Elemente von $\mathfrak{S}$, deren Ordnung in $p^\alpha q$ aufgeht, also alle Untergruppen $\mathfrak{A}$ der Ordnung p^α. Daher giebt es in $\mathfrak{S}$ genau q Gruppen $\mathfrak{A}$, und es ist

$$d' = \frac{s}{q} = mp^\alpha.$$

Ebenso enthält $\mathfrak{H}$ alle Elemente von $\mathfrak{S}$, deren Ordnung gleich q ist, mithin alle Untergruppen $\mathfrak{Q}$ der Ordnung q. Ihre Anzahl ist also ein Divisor von p^α, etwa p^λ. Bilden folglich die mit $\mathfrak{Q}$ vertauschbaren Elemente von $\mathfrak{S}$ eine Gruppe $\mathfrak{S}_0$, so ist deren Ordnung $s_0 = mp^{\alpha-\lambda}q$.

Ist r ein Divisor von s, der zu $\frac{s}{r}$ theilerfremd ist, so enthält $\mathfrak{S}$ mindestens eine Untergruppe der Ordnung r: Ich setze voraus, dass auch dieser Satz schon für alle Gruppen bewiesen ist, deren Ordnung ein echter Theiler von s ist. Sei $p_1 < p_2 < \cdots < p_n$.

Ist r nicht durch q theilbar, so sei p_λ die letzte der Zahlen $p_1, p_2, \cdots p_n$ und $p_{n+1} = p^\alpha$, die in r aufgeht, und $\mathfrak{P}$ eine in $\mathfrak{S}$ enthaltene Gruppe der Ordnung p_λ. Die mit $\mathfrak{P}$ vertauschbaren Elemente von $\mathfrak{S}$ bilden eine Gruppe $\mathfrak{P}'$, deren Ordnung nach der oben citirten Arbeit durch $p_1 p_2 \cdots p_\lambda$ theilbar, also gleich $p_1 p_2 \cdots p_\lambda c$ ist. Nach der gemachten Voraussetzung enthält $\frac{\mathfrak{P}'}{\mathfrak{P}}$ eine Gruppe der Ordnung $\frac{r}{p_\lambda}$, also $\mathfrak{P}'$ eine Gruppe der Ordnung r.

Ist r durch $p^\alpha q$ theilbar, so enthält $\frac{\mathfrak{S}}{\mathfrak{H}}$ eine Gruppe der Ordnung $\frac{r}{p^\alpha q}$, also $\mathfrak{S}$ eine Gruppe der Ordnung r.

Ist endlich r durch q, aber nicht durch p theilbar, so enthält die Gruppe $\frac{\mathfrak{S}_0}{\mathfrak{Q}}$ eine Gruppe der Ordnung $\frac{r}{q}$, also $\mathfrak{S}_0$ eine Gruppe der Ordnung r.

48.

Verallgemeinerung des Sylowschen Satzes

Sitzungsberichte der Königlich Preußischen Akademie der Wissenschaften zu Berlin
981–993 (1895)

Jede endliche Gruppe, deren Ordnung durch die Primzahl p theilbar ist, enthält Elemente der Ordnung p. (Cauchy, *Mémoire sur les arrangements que l'on peut former avec des lettres données.* Exercices d'analyse et de physique Mathématique, tome III, §. XII pag. 250.) Die Anzahl derselben ist, wie ich hier zeigen werde, stets eine Zahl der Form $(p-1)(np+1)$. Aus jenem Satze hat Sylow den allgemeineren hergeleitet, dass eine Gruppe, deren Ordnung h durch $p^\varkappa$ theilbar ist, Untergruppen der Ordnung $p^\varkappa$ besitzen muss. (*Théorèmes sur les groupes de substitutions*, Math. Ann. Bd. V.) Einen einfachen Beweis dafür habe ich in meiner Arbeit *Neuer Beweis des Sylow'schen Satzes*, Crelle's Journal Bd. 100, gegeben. Die Anzahl dieser Untergruppen muss, wie ich hier zeigen werde, immer $\equiv 1 \pmod{p}$ sein. Ist p^λ die höchste in h enthaltene Potenz von p, so hat Sylow diesen Satz nur für den Fall bewiesen, dass $\varkappa = \lambda$ ist. Dann sind je zwei in $\mathfrak{H}$ enthaltene Gruppen der Ordnung p^λ conjugirt, und ihre Anzahl $np+1$ ist ein Divisor von h, während dies für $\varkappa < \lambda$ im Allgemeinen nicht eintrifft. Die angeführten Ergebnisse erhalte ich auf einem neuen Wege aus einem Satze der Gruppentheorie, der bisher noch nicht bemerkt zu sein scheint:

In einer Gruppe der Ordnung h ist die Anzahl der Elemente, deren Ordnung in g aufgeht, durch den grössten gemeinsamen Divisor von g und h theilbar.

§. 1.

Ist p eine Primzahl, so hat eine Gruppe $\mathfrak{P}$ der Ordnung p^λ eine Reihe von invarianten Untergruppen (Hauptreihe) $\mathfrak{P}_1, \mathfrak{P}_2, \ldots \mathfrak{P}_{\lambda-1}$ der Ordnungen $p, p^2 \ldots p^{\lambda-1}$, von denen jede in der folgenden enthalten ist. Dies Resultat leitet Sylow (a. a. O. S. 588) aus dem Satze ab:

I. *Jede Gruppe der Ordnung p^λ enthält ein invariantes Element der Ordnung p.*

Ein *invariantes Element einer Gruppe* $\mathfrak{H}$ ist ein Element von $\mathfrak{H}$, das mit jedem Element von $\mathfrak{H}$ vertauschbar ist. Enthält $\mathfrak{P}$ das invariante Element P der Ordnung p, so bilden die Potenzen von P eine invariante Untergruppe $\mathfrak{P}_1$ von $\mathfrak{P}$, deren Ordnung p ist. Ebenso hat $\frac{\mathfrak{P}}{\mathfrak{P}_1}$ eine invariante Untergruppe $\frac{\mathfrak{P}_2}{\mathfrak{P}_1}$ der Ordnung p, also hat $\mathfrak{P}$ eine invariante Untergruppe $\mathfrak{P}_2$ der Ordnung p^2, welche $\mathfrak{P}_1$ enthält, u. s. w. Ich habe in meiner Arbeit *Über die Congruenz nach einem aus zwei endlichen Gruppen gebildeten Doppelmodul*, Crelle's Journal Bd. 101 (§. 3, IV) zu jenem Theorem die folgende Bemerkung gefügt:

II. *Jede in einer Gruppe der Ordnung p^λ enthaltene Gruppe der Ordnung $p^{\lambda-1}$ ist eine invariante Untergruppe.*

Andere Beweise dafür habe ich in meiner Arbeit *Über endliche Gruppen*, Sitzungsberichte 1895 (§. 2, III, IV, V; §. 4, II) entwickelt. Aus dem Satze I kann man dies auf folgende Weise erhalten: Sei $\mathfrak{H}$ eine Gruppe der Ordnung p^λ, $\mathfrak{G}$ eine Untergruppe der Ordnung $p^{\lambda-1}$, P ein invariantes Element von $\mathfrak{H}$, dessen Ordnung p ist, und $\mathfrak{P}$ die Gruppe der Potenzen von $\mathfrak{P}$. Ist $\mathfrak{G}$ durch $\mathfrak{P}$ theilbar, so ist $\frac{\mathfrak{G}}{\mathfrak{P}}$ eine invariante Untergruppe von $\frac{\mathfrak{H}}{\mathfrak{P}}$, weil man den Satz II für Gruppen, deren Ordnung kleiner als p^λ ist, schon als bewiesen annehmen kann. Mithin ist auch $\mathfrak{G}$ eine invariante Untergruppe von $\mathfrak{H}$. Ist $\mathfrak{G}$ nicht durch $\mathfrak{P}$ theilbar, so ist $\mathfrak{H} = \mathfrak{G}\mathfrak{P}$, oder es kann jedes Element von $\mathfrak{H}$ auf die Form $H = GP^\nu$ gebracht werden, wo G ein Element von $\mathfrak{G}$ ist. Nun ist G mit $\mathfrak{G}$ vertauschbar, und P sogar mit jedem Elemente von $\mathfrak{G}$. Mithin ist auch H mit $\mathfrak{G}$ vertauschbar.

Das Eingangs erwähnte Theorem lässt sich noch nach einer anderen Richtung hin vervollständigen:

III. *Jede invariante Untergruppe der Ordnung p von einer Gruppe der Ordnung p^λ besteht aus den Potenzen eines invarianten Elementes.*

Sei $\mathfrak{H}$ eine Gruppe der Ordnung p^λ, $\mathfrak{P}$ eine invariante Untergruppe der Ordnung p. Ist Q irgend ein Element von $\mathfrak{H}$ und $q = p^\varkappa$ seine Ordnung, so bilden die Potenzen von Q eine in $\mathfrak{H}$ enthaltene Gruppe $\mathfrak{Q}$ der Ordnung q. Ist $\mathfrak{P}$ ein Divisor von $\mathfrak{Q}$, so ist jedes Element P von $\mathfrak{P}$ eine Potenz von Q, also mit Q vertauschbar. Ist $\mathfrak{P}$ nicht ein Divisor von $\mathfrak{Q}$, so sind $\mathfrak{P}$ und $\mathfrak{Q}$ theilerfremd. $\mathfrak{P}$ ist mit jedem Elemente von $\mathfrak{H}$, also auch mit jedem von $\mathfrak{Q}$ vertauschbar. Daher ist $\mathfrak{P}\mathfrak{Q}$ eine Gruppe der Ordnung $p^{\varkappa+1}$, und $\mathfrak{P}$ ist eine invariante Untergruppe derselben. Nach dem Satze II ist aber auch $\mathfrak{Q}$ eine solche. Mithin ist P mit Q vertauschbar nach dem Satze:

IV. *Ist jede der beiden theilerfremden Gruppen $\mathfrak{A}$ und $\mathfrak{B}$ mit jedem Elemente der andern vertauschbar, so ist auch jedes Element von $\mathfrak{A}$ mit jedem Elemente von $\mathfrak{B}$ vertauschbar.*

Denn ist A ein Element von $\mathfrak{A}$ und B ein Element von $\mathfrak{B}$, so ist das Element

$$A(BA^{-1}B^{-1}) = (ABA^{-1})B^{-1}$$

sowohl in $\mathfrak{A}$ als auch in $\mathfrak{B}$ enthalten, und ist daher das Hauptelement E.

Ich will den Satz III noch auf eine zweite Art beweisen: Ist $Q^{-1}PQ = P^a$, so ist $Q^{-q}PQ^q = P^{a^q}$. Ist also $Q^q = E$, so ist $a^q \equiv 1$ (mod. p). Nun ist $a^{p-1} \equiv 1$ (mod. p), also da q und $p-1$ theilerfremd sind, auch $a \equiv 1$ (mod. p), und mithin $PQ = QP$.

Endlich ergiebt sich der Satz drittens aus dem allgemeineren Satze:

V. *Jede invariante Untergruppe einer Gruppe $\mathfrak{H}$ der Ordnung p^λ enthält ein invariantes Element von $\mathfrak{H}$, dessen Ordnung p ist.*

Man theile die Elemente von $\mathfrak{H}$ in Classen conjugirter Elemente (conjugirt in Bezug auf $\mathfrak{H}$). Besteht eine Classe aus nur einem Element, so ist dies ein invariantes, und umgekehrt bildet jedes invariante Element von $\mathfrak{H}$ für sich eine Classe. Sei $\mathfrak{G}$ eine invariante Untergruppe von $\mathfrak{H}$ und $p^\varkappa$ ihre Ordnung. Enthält dann die Gruppe $\mathfrak{G}$ ein Element einer Classe, so enthält sie alle Elemente derselben. Man wähle aus jeder der n in G enthaltenen Classen ein Element aus, $G_1, G_2, \dots G_n$. Bilden die mit G_ν vertauschbaren Elemente von $\mathfrak{H}$ eine Gruppe der Ordnung p^{λ_ν}, so ist die Anzahl der mit G_ν conjugirten Elemente von $\mathfrak{H}$, also die Anzahl der Elemente der durch G repraesentirten Classe, gleich $p^{\lambda-\lambda_\nu}$ (Crelle's Journal Bd. 100 S. 181). Daher ist

$$p^\varkappa = p^{\lambda-\lambda_1} + p^{\lambda-\lambda_2} + \cdots + p^{\lambda-\lambda_n}.$$

Ist G_1 das Hauptelement E, so ist $\lambda = \lambda_1$. Daher können die letzten $n-1$ Glieder auf der rechten Seite dieser Gleichung nicht alle durch p theilbar sein. Es muss daher noch einen Index $\nu > 1$ geben, für den $\lambda_\nu = \lambda$ ist. Dann ist G_ν ein invariantes Element von $\mathfrak{H}$, dessen Ordnung $p^\mu > 1$ ist, und die $p^{\mu-1}$te Potenz von G_ν ist ein in $\mathfrak{G}$ enthaltenes invariantes Element von $\mathfrak{H}$ der Ordnung p.

§. 2.

I. *Sind a und b relative Primzahlen, so kann ein Element der Ordnung ab stets und nur in einer Weise als Product von zwei Elementen dargestellt werden, deren Ordnungen a und b sind, und die mit einander vertauschbar sind.*

Sind A und B zwei mit einander vertauschbare Elemente, deren Ordnungen a und b relative Primzahlen sind, so hat $AB = C$ die Ordnung ab. Sei umgekehrt C irgend ein Element der Ordnung ab. Bestimmt man dann die ganzen Zahlen x und y so, dass $ax + by = 1$

wird, und setzt man $ax = \beta$, $by = \alpha$, so ist $C = C^\alpha C^\beta$, und C^α hat, da y zu a theilerfremd ist, die Ordnung a, und C^β die Ordnung b. (Cauchy, a. a. O. §. V, pag. 179.) Sei nun auch $C = AB$, wo A und B die Ordnungen a und b haben und mit einander vertauschbar sind. Dann ist $C^\alpha = A^\alpha B^\alpha$, $B^\alpha = B^{by} = E$, $A^\alpha = A^{1-\beta} = A$, also $A = C^\alpha$ und $B = C^\beta$. Als Potenzen von C gehören A und B jeder Gruppe an, der C angehört.

II. *Ist die Ordnung einer Gruppe durch n theilbar, so ist die Anzahl derjenigen Elemente der Gruppe, deren Ordnung in n aufgeht, ein Vielfaches von n.*

Sei $\mathfrak{H}$ eine Gruppe der Ordnung h und n ein Divisor von h. Für jede Gruppe, deren Ordnung $h' < h$ ist, und für jeden Divisor n' von h' setze ich den Satz als bewiesen voraus. Die Anzahl der Elemente von $\mathfrak{H}$, deren Ordnung in n aufgeht, ist, falls $n = h$ ist, gleich n. Ist also $n < h$, so kann ich annehmen, der Satz sei bereits bewiesen für jeden Divisor von h, der $> n$ ist. Ist dann p eine in $\frac{h}{n}$ aufgehende Primzahl, so ist die Anzahl der Elemente von h, deren Ordnung in np aufgeht, durch np theilbar, also auch durch n. Sei $np = p^\lambda r$, wo r nicht durch p theilbar ist und $\lambda \geqq 1$ ist. Sei $\mathfrak{K}$ der Complex derjenigen Elemente von $\mathfrak{H}$, deren Ordnung in np, aber nicht in n aufgeht, also durch p^λ theilbar ist, und sei k die Ordnung dieses Complexes. Dann ist nur noch zu zeigen, dass die Zahl k, falls sie von Null verschieden ist, durch n theilbar ist. Zu dem Zweck beweise ich, dass k durch $p^{\lambda-1}$ und durch r theilbar ist.

Ich theile die Elemente von $\mathfrak{K}$ in Systeme, indem ich zwei Elemente zu demselben System rechne, wenn jedes eine Potenz des anderen ist. Alle Elemente eines Systems haben dieselbe Ordnung m. Ihre Anzahl ist $\phi(m)$. Durch jedes seiner Elemente A ist das System vollständig bestimmt, es wird gebildet von den Elementen A^μ, wo μ die $\phi(m)$ Zahlen durchläuft, die $< m$ und relativ prim zu m sind. Ist A ein Element des Complexes $\mathfrak{K}$, so gehören auch alle Elemente des durch A repraesentirten Systems dem Complexe $\mathfrak{K}$ an. Dann ist die Ordnung m von A durch p^λ, also $\phi(m)$ durch $p^{\lambda-1}$ theilbar. Da die Anzahl der Elemente jedes der Systeme, in die $\mathfrak{K}$ zerlegt ist, durch $p^{\lambda-1}$ theilbar ist, so muss auch k durch $p^{\lambda-1}$ theilbar sein.

Um zweitens zu zeigen, dass k auch durch r theilbar ist, theile ich wieder die Elemente von $\mathfrak{K}$ in Systeme, aber von anderer Art, doch ebenfalls so, dass die Anzahl der Elemente jedes Systems durch r theilbar ist. Jedes Element von $\mathfrak{K}$ kann, und zwar nur in einer Art, dargestellt werden als Product von einem Elemente P der Ordnung p^λ und einem damit vertauschbaren Elemente Q, dessen Ordnung in r

aufgeht. Umgekehrt gehört jedes so erhaltene Product PQ dem Complexe $\mathfrak{K}$ an.

Sei P irgend ein bestimmtes Element der Ordnung p^λ. Alle Elemente von $\mathfrak{H}$, die mit P vertauschbar sind, bilden eine Gruppe $\mathfrak{Q}$, deren Ordnung q durch p^λ theilbar ist. Die Potenzen von P bilden eine Gruppe $\mathfrak{P}$ der Ordnung p^λ, die eine invariante Untergruppe von $\mathfrak{Q}$ ist. Die Elemente Q von $\mathfrak{Q}$, die der Gleichung $Y^r = E$ genügen, sind mit denen identisch, die der Gleichung $Y^t = E$ genügen, wo t der grösste gemeinsame Divisor von q und r ist. Es handelt sich zunächst darum, die Anzahl dieser Elemente zu bestimmen.

Jedes Element von $\mathfrak{Q}$ lässt sich, und zwar nur in einer Weise als Product darstellen von einem Element A, dessen Ordnung eine Potenz p ist, und einem damit vertauschbaren Elemente B, dessen Ordnung nicht durch p theilbar ist.

Wenn die $t$te Potenz von AB der Gruppe $\mathfrak{P}$ angehört, so ist

$$(AB)^t = A^t B^t = P^s, \quad \text{also} \quad A^t = P^s, \; B^t = E,$$

weil sich auch dies Element nur in einer Weise auf die angegebene Art zerlegen lässt. Demnach gehört A^t der Gruppe $\mathfrak{P}$ an, mithin auch A selbst, weil t nicht durch p theilbar ist. Die Ordnung der Gruppe $\frac{\mathfrak{Q}}{\mathfrak{P}}$ ist $\frac{q}{p^\lambda} < h$. Die Anzahl der (complexen) Elemente dieser Gruppe, die der Gleichung $Y^t = E$ genügen, ist daher ein Vielfaches von t, etwa tu. Ist $\mathfrak{P}AB$ ein solches Element, so ist, weil A der Gruppe $\mathfrak{P}$ angehört, $\mathfrak{P}A = \mathfrak{P}$, also $\mathfrak{P}AB = \mathfrak{P}B$. Da B als Element von $\mathfrak{Q}$ mit P vertauschbar ist, so enthält der Complex $\mathfrak{P}B$ nur ein Element, dessen Ordnung in t aufgeht, nämlich B selbst, während die Ordnung jedes anderen Elementes von $\mathfrak{P}B$ durch p theilbar ist. Seien

$$\mathfrak{P}B + \mathfrak{P}B_1 + \mathfrak{P}B_2 + \cdots$$

die tu verschiedenen (complexen) Elemente der Gruppe $\frac{\mathfrak{Q}}{\mathfrak{P}}$, deren $t$te Potenz in $\mathfrak{P}$ enthalten ist, dann sind in diesem Complexe auch alle Elemente von $\mathfrak{Q}$ enthalten, deren $t$te Potenz (absolut) gleich E ist. Diese Eigenschaft haben aber nur die Elemente $B, B_1, B_2, \cdots$. Mithin enthält $\mathfrak{Q}$ genau tu Elemente, die der Gleichung $Y^t = E$ genügen, oder es giebt, wenn P ein bestimmtes Element der Ordnung p^λ ist, genau tu Elemente, die mit P vertauschbar sind, und deren Ordnung in r aufgeht.

Die Anzahl der mit P vertauschbaren Elemente von $\mathfrak{H}$ ist q. Die Anzahl der Elemente $P, P_1, P_2, \cdots$ von $\mathfrak{H}$, die mit P conjugirt sind in Bezug auf $\mathfrak{H}$, ist daher $\frac{h}{q}$. Es giebt dann auch genau tu

Elemente Q_1 in $\mathfrak{H}$, die mit P_1 vertauschbar sind, und deren Ordnung in r aufgeht. Setzt man für X der Reihe nach jedes der $\frac{h}{q}$ Elemente $P, P_1, P_2, \cdots$ und für Y jedes Mal die tu mit X vertauschbaren Elemente, die der Gleichung $Y^r = E$ genügen, so erhält man ein System $\mathfrak{K}'$ vor

$$k' = \frac{h}{q}\, tu$$

verschiedenen Elementen XY des Complexes $\mathfrak{K}$. Nun ist h durch jede der beiden Zahlen q und r theilbar, also auch durch ihr kleinstes gemeinschaftliches Vielfache $\frac{qr}{t}$. Mithin ist k' durch r theilbar. Das System $\mathfrak{K}'$ ist durch jedes seiner Elemente vollständig bestimmt. Zwei verschiedene der Systeme $\mathfrak{K}', \mathfrak{K}'', \cdots$ haben kein Element gemeinsam. Ihre Ordnungen $k', k'', \cdots$ sind alle durch r theilbar. Mithin ist auch $k = k' + k'' + \cdots$ durch r theilbar.

Die Anzahl der Elemente einer Gruppe, die der Gleichung $X^n = E$ genügen, ist mn, die ganze Zahl m ist > 0, weil stets $X = E$ jene Gleichung befriedigt.

III. *Ist die Ordnung einer Gruppe $\mathfrak{H}$ durch n theilbar, so erzeugen die Elemente von $\mathfrak{H}$, deren Ordnung in n aufgeht, eine charakteristische Untergruppe von $\mathfrak{H}$, deren Ordnung durch n theilbar ist.*

Sei $\mathfrak{N}$ der Complex der Elemente von $\mathfrak{H}$, die der Gleichung $X^n = E$ genügen. Ist X ein Element von $\mathfrak{N}$, und R irgend ein mit $\mathfrak{H}$ vertauschbares Element, so ist auch $R^{-1}XR$ ein Element von $\mathfrak{N}$. Mithin ist $R^{-1}\mathfrak{N}R = \mathfrak{N}$. Der Complex $\mathfrak{N}$ erzeuge eine Gruppe $\mathfrak{G}$ der Ordnung g. Dann ist auch $R^{-1}\mathfrak{G}R = \mathfrak{G}$, also ist $\mathfrak{G}$ eine charakteristische Untergruppe von $\mathfrak{H}$.

Ist q^μ die höchste in n aufgehende Potenz der Primzahl q, so geht q^μ auch in h auf. Mithin enthält $\mathfrak{H}$ eine Gruppe $\mathfrak{Q}$ der Ordnung q^μ. Nun ist $\mathfrak{N}$ durch $\mathfrak{Q}$ theilbar, also auch $\mathfrak{G}$, und folglich ist g durch q^μ theilbar. Da dies für jede in n aufgehende Primzahl q gilt, so ist g durch n theilbar.

Über die Beziehung des Complexes $\mathfrak{N}$ zu der Gruppe $\mathfrak{G}$ bemerke ich noch Folgendes: Ich habe *Über endliche Gruppen,* § 1 die Potenzen $\mathfrak{N}, \mathfrak{N}^2, \mathfrak{N}^3, \cdots$ eines Complexes $\mathfrak{N}$ betrachtet. Ist in ihrer Reihe $\mathfrak{N}^{r+s}$ die erste, die einer früheren $\mathfrak{N}^r$ gleich ist, so ist stets und nur dann $\mathfrak{N}^\rho = \mathfrak{N}^\sigma$, wenn $\rho \equiv \sigma$ (mod. s) und ρ und σ beide $\geqq r$ sind. Sei t die durch die Bedingungen $t \equiv 0$ (mod. s) und $r \leqq t < r + s$ eindeutig bestimmte Zahl. Dann ist $\mathfrak{N}^t$ die einzige in der Reihe jener Potenzen enthaltene Gruppe. Enthält $\mathfrak{N}$ das Hauptelement E, so ist $\mathfrak{N}^{\rho+1}$ durch $\mathfrak{N}^\rho$ theilbar. Mithin ist $\mathfrak{G} = \mathfrak{N}^t$ durch $\mathfrak{N}$ theilbar. Ist N ein Element der Gruppe $\mathfrak{G}$, so ist $\mathfrak{G}N = \mathfrak{G}$. Ist also allgemeiner $\mathfrak{N}$ ein in der

Gruppe $\mathfrak{G}$ enthaltener Complex von Elementen, so ist $\mathfrak{G}\mathfrak{N} = \mathfrak{G}$. Daher ist $\mathfrak{N}^{t+1} = \mathfrak{N}^t$, also $s = 1$ und $t = r$. In der Reihe der Potenzen von $\mathfrak{N}$ ist folglich $\mathfrak{N}^r = \mathfrak{N}^{r+1}$ die erste, die einer folgenden gleich ist, und diese ist die von dem Complex $\mathfrak{N}$ erzeugte Gruppe.

IV. *Ist die Ordnung einer Gruppe $\mathfrak{H}$ durch die beiden theilerfremden Zahlen r und s theilbar, giebt es in $\mathfrak{H}$ genau r Elemente A, deren Ordnung in r aufgeht, und genau s Elemente B, deren Ordnung in s aufgeht, so ist jedes der r Elemente A mit jedem der s Elemente B vertauschbar, und es giebt in $\mathfrak{H}$ genau rs Elemente, deren Ordnung in rs aufgeht, nämlich die rs verschiedenen Elemente $AB = BA$.*

Denn jedes Element C von $\mathfrak{H}$, dessen Ordnung in rs aufgeht, kann als Product von zwei mit einander vertauschbaren Elementen A und B dargestellt werden, deren Ordnungen in r und s aufgehen. Nun enthält $\mathfrak{H}$ nicht mehr als r Elemente A und nicht mehr als s Elemente B. Wäre also nicht jedes der r Elemente A mit jedem der s Elemente B vertauschbar, und wären nicht ausserdem die rs Elemente AB alle verschieden, so enthielte $\mathfrak{H}$ weniger als rs Elemente C. Dies widerspricht aber dem Satze II.

§. 3.

Ist die Ordnung h der Gruppe $\mathfrak{H}$ durch die Primzahl p theilbar, so enthält $\mathfrak{H}$ Elemente der Ordnung p, und zwar $mp-1$, weil es in $\mathfrak{H}$ mp Elemente giebt, deren Ordnung in p aufgeht. Aus diesem Satze von Cauchy hat Sylow den allgemeineren abgeleitet, dass jede Gruppe, deren Ordnung durch $p^\varkappa$ theilbar ist, eine Untergruppe der Ordnung $p^\varkappa$ besitzt. Er bedient sich bei seinem Beweise der Sprache der Substitutionentheorie. Will man diese vermeiden, so hat man das Verfahren anzuwenden, das ich in meiner Arbeit *Über endliche Gruppen* beim Beweise der Sätze V und VIII, §. 2 benutzt habe.

Einen anderen Beweis erhält man, indem man die $mp-1$ in $\mathfrak{H}$ enthaltenen Elemente P der Ordnung p in Classen conjugirter Elemente theilt. Bilden die mit P vertauschbaren Elemente von $\mathfrak{H}$ die Gruppe $\mathfrak{G}$ der Ordnung g, so ist die Anzahl der mit P conjugirten Elemente $\frac{h}{g}$. Mithin ist

$$mp-1 = \sum \frac{h}{g},$$

wo die Summe über die verschiedenen Classen zu erstrecken ist, in welche die Elemente P zerfallen. Aus dieser Gleichung folgt, dass die Summanden $\frac{h}{g}$ nicht alle durch p theilbar sind. Sei p^λ die höchste in h enthaltene Potenz von p, und sei $\varkappa \leqq \lambda$. Ist $\frac{h}{g}$ nicht durch p

theilbar, so ist g durch p^λ theilbar. Die Potenzen von P bilden eine Gruppe $\mathfrak{P}$ der Ordnung p, die eine invariante Untergruppe von $\mathfrak{G}$ ist. Die Ordnung der Gruppe $\frac{\mathfrak{G}}{\mathfrak{P}}$ ist $\frac{g}{p} < h$. Für diese Gruppe dürfen wir mithin die Sätze, die wir für die Gruppe $\mathfrak{H}$ beweisen wollen, schon als bekannt voraussetzen. Sie enthält also eine Gruppe $\frac{\mathfrak{P}_\varkappa}{\mathfrak{P}}$ der Ordnung $p^{\varkappa-1}$, und falls $\varkappa < \lambda$ ist, eine durch $\frac{\mathfrak{P}_\varkappa}{\mathfrak{P}}$ theilbare Gruppe $\frac{\mathfrak{P}_{\varkappa+1}}{\mathfrak{P}}$ der Ordnung $p^\varkappa$. Folglich enthält $\mathfrak{H}$ die Gruppe $\mathfrak{P}_\varkappa$ der Ordnung $p^\varkappa$ und die durch $\mathfrak{P}_\varkappa$ theilbare Gruppe $\mathfrak{P}_{\varkappa+1}$ der Ordnung $p^{\varkappa+1}$.

§. 4.

I. *Ist die Ordnung einer Gruppe durch die $\varkappa$te Potenz der Primzahl p theilbar, so ist die Anzahl der darin enthaltenen Gruppen der Ordnung $p^\varkappa$ eine Zahl der Form $np+1$.*

Sei $r_\varkappa$ die Anzahl der in $\mathfrak{H}$ enthaltenen Gruppen der Ordnung $p^\varkappa$. Dann ist die Anzahl der Elemente von $\mathfrak{H}$, deren Ordnung p ist, gleich $r_1(p-1)$. Diese Zahl hat, wie oben gezeigt, die Form $mp-1$. Mithin ist

$$r_1 \equiv 1 \pmod{p}. \tag{1.}$$

Sei $r_{\varkappa-1} = r$, $r_\varkappa = s$, und seien

$$\mathfrak{A}_1, \mathfrak{A}_2, \cdots \mathfrak{A}_r \tag{2.}$$

die r in $\mathfrak{H}$ enthaltenen Gruppen der Ordnung $p^{\varkappa-1}$ und

$$\mathfrak{B}_1, \mathfrak{B}_2, \cdots \mathfrak{B}_s \tag{3.}$$

die s Gruppen der Ordnung $p^\varkappa$. Die Gruppe $\mathfrak{A}_\varrho$ sei in a_ϱ der Gruppen (3.) enthalten. Die Gruppe $\mathfrak{B}_\sigma$ sei durch b_σ der Gruppen (2.) theilbar. Dann ist

$$a_1 + a_2 + \cdots + a_r = b_1 + b_2 + \cdots + b_s \tag{4.}$$

die Anzahl der verschiedenen Paare von Gruppen $\mathfrak{A}_\varrho, \mathfrak{B}_\sigma$, für die $\mathfrak{A}_\varrho$ in $\mathfrak{B}_\sigma$ enthalten ist.

Sei $\mathfrak{A}$ eine der Gruppen (2.). Von den Gruppen (3.) seien $\mathfrak{B}_1, \mathfrak{B}_2, \cdots \mathfrak{B}_a$ die, welche durch $\mathfrak{A}$ theilbar sind. Nach §. 3 ist $a > 0$, und nach Satz II, §. 1 ist $\mathfrak{A}$ eine invariante Untergruppe von jeder dieser a Gruppen, also auch von ihrem kleinsten gemeinschaftlichen Vielfachen $\mathfrak{G}$. Mithin enthält die Gruppe $\frac{\mathfrak{G}}{\mathfrak{A}}$ die a Gruppen $\frac{\mathfrak{B}_1}{\mathfrak{A}}, \frac{\mathfrak{B}_2}{\mathfrak{A}}, \cdots \frac{\mathfrak{B}_a}{\mathfrak{A}}$ der Ordnung p und keine weitere. Denn ist $\frac{\mathfrak{B}}{\mathfrak{A}}$ eine in $\frac{\mathfrak{G}}{\mathfrak{A}}$ enthaltene

Gruppe der Ordnung p, so ist $\mathfrak{B}$ eine durch $\mathfrak{A}$ theilbare Gruppe der Ordnung $p^{\varkappa}$. Nach Formel (1.) ist daher $a \equiv 1 (\text{mod. } p)$. Mithin ist

$$(5.)\qquad a_{\varrho} \equiv 1,\ a_1 + a_2 + \cdots + a_r \equiv r (\text{mod. } p).$$

Nunmehr brauche ich den Hülfssatz:

Die Anzahl der Gruppen der Ordnung $p^{\lambda-1}$, die in einer Gruppe der Ordnung p^{λ} enthalten sind, ist $\equiv 1$ (mod. p).

Ich nehme an, dies Lemma sei schon bewiesen für Gruppen der Ordnung $p^{\varkappa}$, falls $\varkappa < \lambda$ ist. Ist dann in der obigen Entwicklung $\varkappa < \lambda$, so ist

$$(6.)\qquad b_{\sigma} \equiv 1,\ b_1 + b_2 + \cdots + b_s \equiv s (\text{mod. } p).$$

Daher ist $r \equiv s$ oder $r_{\varkappa-1} \equiv r_{\varkappa} (\text{mod. } p)$, und da diese Congruenz für jeden Werth $\varkappa < \lambda$ gilt, so ist

$$1 \equiv r_1 \equiv r_2 \equiv \cdots \equiv r_{\lambda-1} (\text{mod. } p).$$

Wendet man dies Ergebniss auf eine Gruppe $\mathfrak{H}$ an, deren Ordnung p^{λ} ist, so ist demnach für eine solche $r_{\lambda-1} \equiv 1 (\text{mod. } p)$, und damit ist das obige Lemma auch für Gruppen der Ordnung p^{λ} bewiesen, falls es für Gruppen der Ordnung $p^{\varkappa} < p^{\lambda}$ gilt, es ist also allgemein gültig. Für jeden Werth $\varkappa$ ist folglich $r_{\varkappa} \equiv r_{\varkappa-1}$, und daher $r_{\varkappa} \equiv 1 (\text{mod. } p)$.

Genau auf dieselbe Weise beweist man den allgemeineren Satz:

II. *Ist die Ordnung einer Gruppe $\mathfrak{H}$ durch die $\varkappa$te Potenz der Primzahl p theilbar, ist $\vartheta \leqq \varkappa$ und $\mathfrak{P}$ eine in $\mathfrak{H}$ enthaltene Gruppe der Ordnung p^{ϑ}, so ist die Anzahl der in $\mathfrak{H}$ enthaltenen Gruppen der Ordnung $p^{\varkappa}$, die durch $\mathfrak{P}$ theilbar sind, eine Zahl der Form $np+1$.*

§. 5.

Das in §. 4 benutzte Lemma kann man auch in folgender Art beweisen, indem man sich auf den Satz stützt: Jede Gruppe $\mathfrak{H}$ der Ordnung p^{λ} hat eine Untergruppe $\mathfrak{A}$ der Ordnung $p^{\lambda-1}$, und eine solche Untergruppe ist stets eine invariante. Seien $\mathfrak{A}$ und $\mathfrak{B}$ zwei verschiedene in $\mathfrak{H}$ enthaltene Gruppen der Ordnung $p^{\lambda-1}$, und sei $\mathfrak{D}$ ihr grösster gemeinsamer Divisor. Da $\mathfrak{A}$ und $\mathfrak{B}$ invariante Untergruppen von $\mathfrak{H}$ sind, so ist auch $\mathfrak{D}$ eine solche, und da $\mathfrak{H}$ das kleinste gemeinschaftliche Vielfache von $\mathfrak{A}$ und $\mathfrak{B}$ ist, so hat $\mathfrak{D}$ die Ordnung $p^{\lambda-2}$. Mithin ist $\frac{\mathfrak{H}}{\mathfrak{D}}$ eine Gruppe der Ordnung p^2. Eine solche hat, je nachdem sie eine cyklische Gruppe ist oder nicht, 1 oder $p+1$ Untergruppen der Ordnung p, in unserem Falle also $p+1$, da $\frac{\mathfrak{A}}{\mathfrak{D}}$ und $\frac{\mathfrak{B}}{\mathfrak{D}}$ zwei verschiedene Gruppen dieser Art sind. Demnach enthält $\mathfrak{H}$ genau $p+1$ verschiedene Gruppen der Ordnung $p^{\lambda-1}$, die durch $\mathfrak{D}$ theilbar sind.

Die Gruppe $\mathfrak{H}$ enthält immer eine Gruppe $\mathfrak{A}$ der Ordnung $p^{\lambda-1}$. Enthält sie noch eine andere, so hat $\mathfrak{H}$ eine invariante Untergruppe $\mathfrak{D}$ der Ordnung $p^{\lambda-2}$, die in $\mathfrak{A}$ enthalten ist, und für welche die Gruppe $\frac{\mathfrak{H}}{\mathfrak{D}}$ nicht eine cyklische ist. Seien $\mathfrak{D}_1, \mathfrak{D}_2, \cdots \mathfrak{D}_n$ die sämmtlichen Gruppen dieser Art. Dann giebt es in $\mathfrak{H}$ ausser $\mathfrak{A}$ noch p durch $\mathfrak{D}_1$ theilbare Gruppen der Ordnung $p^{\lambda-1}$

(1.) $$\mathfrak{A}_1, \mathfrak{A}_2, \cdots \mathfrak{A}_p,$$

ebenso p durch $\mathfrak{D}_2$ theilbare Gruppen

(2.) $$\mathfrak{A}_{p+1}, \mathfrak{A}_{p+2}, \cdots \mathfrak{A}_{2p},$$

u. s. w., endlich p durch $\mathfrak{D}_n$ theilbare Gruppen

(3.) $$\mathfrak{A}_{(n-1)p+1}, \mathfrak{A}_{(n-1)p+2}, \cdots \mathfrak{A}_{np}.$$

Die $np+1$ Gruppen $\mathfrak{A}, \mathfrak{A}_1, \cdots \mathfrak{A}_{np}$ sind die sämmtlichen in $\mathfrak{H}$ enthaltenen Gruppen der Ordnung $p^{\lambda-1}$, da jede solche Gruppe $\mathfrak{B}$ mit $\mathfrak{A}$ einen gewissen Divisor $\mathfrak{D}$ gemeinsam haben muss, der eine der n Gruppen $\mathfrak{D}_1, \mathfrak{D}_2 \cdots \mathfrak{D}_n$ ist. Sie sind ferner alle verschieden. Denn wäre $\mathfrak{A}_1 = \mathfrak{A}_{p+1}$, so wäre $\mathfrak{A}_1$ durch die beiden Gruppen $\mathfrak{D}_1$ und $\mathfrak{D}_2$ theilbar, also auch durch ihr kleinstes gemeinschaftliches Vielfaches $\mathfrak{A}$. Ist $\mathfrak{P}$ eine in $\mathfrak{H}$ enthaltene Gruppe der Ordnung p^{ϑ}, so kann man auch die oben betrachteten Untergruppen von $\mathfrak{H}$ alle der Bedingung unterwerfen, durch $\mathfrak{P}$ theilbar zu sein. Ist umgekehrt $\mathfrak{H}$ eine invariante Untergruppe einer Gruppe $\mathfrak{P}$ der Ordnung p^{ϑ}, so kann man fordern, dass sie alle invariante Untergruppen von $\mathfrak{P}$ seien.

Mit Hülfe des Satzes V, § 1 ist leicht zu beweisen, dass die Anzahl der Gruppen der Ordnung $p^{\lambda-1}$, die in einer Gruppe $\mathfrak{H}$ der Ordnung p^{λ} enthalten sind, nur dann gleich 1 ist, wenn $\mathfrak{H}$ eine cyclische Gruppe ist.

I. *Die Anzahl der in einer Gruppe der Ordnung p^{λ} enthaltenen invarianten Untergruppen der Ordnung $p^{\varkappa}$ ist eine Zahl der Form $np+1$.*

Sei $\mathfrak{H}$ eine Gruppe der Ordnung h, sei p^{λ} die höchste in h enthaltene Potenz von p, sei $\varkappa \leqq \lambda$ und $\mathfrak{P}_{\varkappa}$ irgend eine in $\mathfrak{H}$ enthaltene Gruppe der Ordnung $p^{\varkappa}$. Jede Gruppe $\mathfrak{P}_{\varkappa}$ ist in $np+1$, also in mindestens einer Gruppe $\mathfrak{P}_{\lambda}$ enthalten. Ich theile die Gruppen $\mathfrak{P}_{\varkappa}$ in zwei Arten. Für eine Gruppe der ersten Art giebt es eine Gruppe $\mathfrak{P}_{\lambda}$, von der $\mathfrak{P}_{\varkappa}$ eine invariante Untergruppe ist, für eine der zweiten Art giebt es eine solche nicht. Die Anzahl der mit $\mathfrak{P}_{\varkappa}$ vertauschbaren Elemente von $\mathfrak{H}$ ist im ersten Falle durch p^{λ} theilbar, im zweiten nicht. Die Anzahl der mit $\mathfrak{P}_{\varkappa}$ conjugirten Gruppen ist daher im zweiten Falle durch p theilbar, im ersten nicht. Theilt man also die Gruppen $\mathfrak{P}_{\varkappa}$ in Classen conjugirter Gruppen, so erkennt man, dass die Anzahl der Gruppen $\mathfrak{P}_\varkappa$ der zweiten Art durch p theilbar ist. Folglich ist die Anzahl der Gruppen $\mathfrak{P}_\varkappa$ der ersten Art $\equiv 1 (\text{mod.}\, p)$.

II. *Ist* $\mathfrak{H}$ *eine Gruppe der Ordnung* p^λ *und* $\mathfrak{G}$ *eine invariante Untergruppe von* $\mathfrak{H}$, *deren Ordnung durch* $p^\varkappa$ *theilbar ist, so ist die Anzahl der in* $\mathfrak{G}$ *enthaltenen Gruppen der Ordnung* $p^\varkappa$, *die invariante Untergruppen von* $\mathfrak{H}$ *sind, eine Zahl der Form* $np+1$.

Sei auch hier allgemeiner p^λ die höchste Potenz der Primzahl p, die in der Ordnung h von $\mathfrak{H}$ aufgeht. Sei $\mathfrak{G}$ eine invariante Untergruppe von $\mathfrak{H}$, deren Ordnung g durch $p^\varkappa$ theilbar ist. Die Anzahl aller in $\mathfrak{G}$ enthaltenen Gruppen $\mathfrak{P}_\varkappa$ der Ordnung $p^\varkappa$ ist $\equiv 1 (\text{mod.}\, p)$. Ich theile sie in Gruppen erster und zweiter Art (in Bezug auf $\mathfrak{H}$) und weiter in Classen conjugirter Gruppen. Ist $\mathfrak{G}$ durch $\mathfrak{P}_\varkappa$ theilbar, so ist $\mathfrak{G}$ auch durch jede mit $\mathfrak{P}_\varkappa$ conjugirte Gruppe theilbar. Daraus ergiebt sich die Behauptung in derselben Weise wie oben. Man kann sie aber auch mit Hülfe der in §. 4 benutzten Methode leicht direct beweisen:

Die Ordnung von $\mathfrak{H}$ sei $h = p^\lambda$. Nach Satz V, §. 1 enthält $\mathfrak{G}$ Elemente der Ordnung p, die invariante Elemente von $\mathfrak{H}$ sind. Sie bilden, zusammen mit dem Hauptelemente, eine Gruppe. Ist p^α ihre Ordnung, so ist $p^\alpha - 1$ die Anzahl jener Elemente. Nach Satz III, §. 1 besteht jede invariante Untergruppe von $\mathfrak{H}$, deren Ordnung p ist, aus den Potenzen eines solchen Elementes. Daher giebt es in $\mathfrak{G}$ $r = \dfrac{p^\alpha - 1}{p-1}$ Gruppen der Ordnung p, die invariante Untergruppen von $\mathfrak{H}$ sind. Diese Zahl ist

$$r \equiv 1 \ (\text{mod.}\, p). \tag{4.}$$

Seien

$$\mathfrak{A}_1, \mathfrak{A}_2, \cdots \mathfrak{A}_r \tag{5.}$$

diese r Gruppen, und seien

$$\mathfrak{B}_1, \mathfrak{B}_2, \cdots \mathfrak{B}_s \tag{6.}$$

die s in $\mathfrak{G}$ enthaltenen Gruppen der Ordnung $p^\varkappa$, die invariante Untergruppen von $\mathfrak{H}$ sind. Sei $\mathfrak{B}$ eine der Gruppen (6.). Unter den Gruppen (5.) seien $\mathfrak{A}_1, \mathfrak{A}_2, \cdots \mathfrak{A}_b$ in $\mathfrak{B}$ enthalten. Nach (4.) ist dann $b \equiv 1 (\text{mod.}\, p)$. Sei $\mathfrak{A}$ eine der Gruppen (5.). Unter den Gruppen (6.) seien $\mathfrak{B}_1, \mathfrak{B}_2, \cdots \mathfrak{B}_a$ durch $\mathfrak{A}$ theilbar. Dann sind $\dfrac{\mathfrak{B}_1}{\mathfrak{A}}, \dfrac{\mathfrak{B}_2}{\mathfrak{A}}, \cdots \dfrac{\mathfrak{B}_a}{\mathfrak{A}}$ die in $\dfrac{\mathfrak{G}}{\mathfrak{A}}$ enthaltenen Gruppen der Ordnung $p^{\varkappa-1}$, die invariante Untergruppen von $\dfrac{\mathfrak{H}}{\mathfrak{A}}$ sind. Nach der Methode der Induction ist demnach $a \equiv 1 (\text{mod.}\, p)$. Bedient man sich also derselben Bezeichnungen, wie in §. 4, so ist

$$1 \equiv r \equiv a_1 + a_2 + \cdots + a_r \equiv b_1 + b_2 + \cdots + b_s \equiv s \ (\text{mod.}\, p).$$

Ich füge noch einige Bemerkungen hinzu über die Anzahl der Gruppen $\mathfrak{P}_\varkappa$ der ersten Art, die mit einer bestimmten conjugirt sind, und über die Anzahl der Classen conjugirter Gruppen, in welche die Gruppen $\mathfrak{P}_\varkappa$ zerfallen.

Sei $\mathfrak{P}$ eine in $\mathfrak{H}$ enthaltene Gruppe der Ordnung p^λ, und $\mathfrak{Q}$ eine invariante Untergruppe von $\mathfrak{P}$ der Ordnung $p^\varkappa$. Die mit $\mathfrak{P}(\mathfrak{Q})$ vertauschbaren Elemente von $\mathfrak{H}$ bilden eine Gruppe von $\mathfrak{P}'(\mathfrak{Q}')$ der Ordnung $p'(q')$. Der grösste gemeinsame Divisor von $\mathfrak{P}'$ und $\mathfrak{Q}'$ sei die Gruppe $\mathfrak{R}$ der Ordnung r. Die Gruppen $\mathfrak{P}'$, $\mathfrak{Q}'$ und $\mathfrak{R}$ sind durch $\mathfrak{P}$ theilbar. Sei p^δ die Ordnung des grössten gemeinsamen Divisors von $\mathfrak{P}$ und einer in Bezug auf $\mathfrak{H}$ conjugirten Gruppe, die so gewählt ist, dass δ ein Maximum ist. Dann ist (*Über endliche Gruppen*, §. 2, VIII)

$$\frac{h}{p'} \equiv 1 \pmod{p^{\lambda-\delta}}.$$

Die Gruppe $\mathfrak{R}$ besteht aus allen Elementen von $\mathfrak{Q}'$, die mit $\mathfrak{P}$ vertauschbar sind. Mithin ist auch

$$\frac{q'}{r} \equiv 1 \pmod{p^{\lambda-\delta}}.$$

Folglich ist

$$(7.)\qquad \frac{h}{q'} \equiv \frac{p'}{r} \pmod{p^{\lambda-\delta}}.$$

Hier ist $\frac{h}{q'}$ die Anzahl der Gruppen, die mit $\mathfrak{Q}$ in Bezug auf $\mathfrak{H}$ conjugirt sind, und $\frac{p'}{r}$ die Anzahl der Gruppen, die mit $\mathfrak{Q}$ in Bezug auf $\mathfrak{P}'$ conjugirt sind. Denn die Gruppe $\mathfrak{R}$ besteht aus allen Elementen von $\mathfrak{P}'$, die mit $\mathfrak{Q}$ vertauschbar sind. Die Anzahl der Gruppen einer bestimmten Classe in $\mathfrak{H}$ ist also der Anzahl der Gruppen der entsprechenden Classe in $\mathfrak{P}'$ congruent (mod. $p^{\lambda-\delta}$).

Ferner ist die Anzahl der verschiedenen Classen (in welche die Gruppen $\mathfrak{P}_\varkappa$ der ersten Art zerfallen) in $\mathfrak{H}$ der Anzahl dieser Classen in $\mathfrak{P}'$ gleich. Dies ergiebt sich aus dem Satze:

III. *Sind zwei invariante Untergruppen von $\mathfrak{P}$ conjugirt in Bezug auf $\mathfrak{H}$, so sind sie es auch in Bezug auf $\mathfrak{P}'$.*

Seien $\mathfrak{Q}$ und $\mathfrak{Q}_0$ zwei invariante Untergruppen von $\mathfrak{P}$. Sind sie conjugirt in Bezug auf $\mathfrak{H}$, so giebt es in $\mathfrak{H}$ ein solches Element H, dass

$$(4.)\qquad H^{-1}\mathfrak{Q}_0 H = \mathfrak{Q}$$

ist. Da $\mathfrak{Q}_0$ eine invariante Untergruppe von $\mathfrak{P}$ ist, so ist $H^{-1}\mathfrak{Q}_0 H = \mathfrak{Q}$ eine invariante Untergruppe von

$$H^{-1}\mathfrak{P}H = \mathfrak{P}_0.$$

Mithin ist $\mathfrak{Q}'$ durch $\mathfrak{P}$ und durch $\mathfrak{P}_0$ theilbar. Folglich (*Über endliche Gruppen,* §. 2, VII) giebt es in $\mathfrak{Q}'$ ein solches Element Q, dass

$$Q^{-1}\mathfrak{P}_0 Q = \mathfrak{P},$$

also

$$\mathfrak{P}HQ = HQ\mathfrak{P}$$

ist. Daher ist $HQ = P$ ein Element von $\mathfrak{P}'$. Setzt man den Ausdruck $H = PQ^{-1}$ in die Gleichung (4.) ein, so erhält man, da Q mit $\mathfrak{Q}$ vertauschbar ist,

$$P^{-1}\mathfrak{Q}_0 P = Q^{-1}\mathfrak{Q}Q = \mathfrak{Q}.$$

Es giebt also in $\mathfrak{P}'$ ein Element P, das $\mathfrak{Q}_0$ in $\mathfrak{Q}$ transformirt.

Man theile nun die in $\mathfrak{H}$ enthaltenen Gruppen $\mathfrak{P}_\varkappa$ (der ersten Art) in Classen conjugirter Gruppen (in Bezug auf $\mathfrak{H}$), und wähle aus jeder Classe einen Repraesentanten. Ist $\mathfrak{Q}_0$ ein solcher, so ist $\mathfrak{Q}_0$ eine Gruppe der Ordnung $p^\varkappa$, die in einer gewissen Gruppe $\mathfrak{P}_0$ als invariante Untergruppe enthalten ist. Ist $H^{-1}\mathfrak{P}_0 H = \mathfrak{P}$, so ist $H^{-1}\mathfrak{Q}_0 H = \mathfrak{Q}$ eine invariante Untergruppe von $\mathfrak{P}$. Man kann also die Repraesentanten der verschiedenen Classen so wählen, dass sie alle invariante Untergruppen einer bestimmten Gruppe $\mathfrak{P}$ der Ordnung p^λ sind. Jede invariante Untergruppe der Ordnung $p^\varkappa$ von $\mathfrak{P}$ ist dann einer dieser Gruppen in Bezug auf $\mathfrak{H}$, also auch in Bezug auf $\mathfrak{P}'$, conjugirt. Die invarianten Untergruppen $\mathfrak{P}_\varkappa$ von $\mathfrak{P}$ mögen zerfallen in s Classen von Gruppen, die in Bezug auf $\mathfrak{P}'$ conjugirt sind. Dann zerfallen auch die Gruppen $\mathfrak{P}_\varkappa$ der ersten Art von $\mathfrak{H}$ in s Classen von Gruppen, die in Bezug auf $\mathfrak{H}$ conjugirt sind.

49.

Über auflösbare Gruppen II

Sitzungsberichte der Königlich Preußischen Akademie der Wissenschaften zu Berlin
1027–1044 (1895)

In meiner Arbeit *Über auflösbare Gruppen* (Sitzungsberichte 1893) habe ich folgenden Satz bewiesen:

Ist ab die Ordnung einer Gruppe $\mathfrak{H}$, sind die Primfactoren von a alle unter einander verschieden, und ist b zu $a\phi(a)$ theilerfremd, so giebt es in $\mathfrak{H}$ genau b Elemente, deren Ordnung in b aufgeht; und wenn d irgend ein Divisor von a ist, so enthält $\mathfrak{H}$ eine Gruppe der Ordnung d.

Wegen der zahlreichen Folgerungen, die sich aus diesem Satze ergeben, habe ich versucht, ihn unter Hinzufügung passender Einschränkungen auf den Fall auszudehnen, wo die Primfactoren von a nicht alle verschieden sind.

§ 1.

Seien $\mathfrak{H}_1, \mathfrak{H}_2, \mathfrak{H}_3 \cdots$ *charakteristische Untergruppen* einer Gruppe $\mathfrak{H}$ (*Über endliche Gruppen*, § 5; Sitzungsberichte 1895). Ist jede derselben $\mathfrak{H}_\mu$ in der folgenden $\mathfrak{H}_{\mu+1}$ enthalten, so nenne ich $\mathfrak{H}_1, \mathfrak{H}_2, \mathfrak{H}_3 \cdots$ eine *Reihe* charakteristischer Untergruppen. *Lückenlos* wird die Reihe genannt, wenn es für keinen Index μ eine charakteristische Untergruppe $\mathfrak{G}$ von $\mathfrak{H}$ giebt, die $\mathfrak{H}_\mu$ enthält, in $\mathfrak{H}_{\mu+1}$ enthalten ist und von beiden verschieden ist, und wenn ausserdem die erste Gruppe der Reihe die Hauptgruppe $\mathfrak{E}$, die letzte die Gruppe $\mathfrak{H}$ selbst ist. Ist $\mathfrak{A}_1, \mathfrak{A}_2, \mathfrak{A}_3, \cdots \mathfrak{A}_\alpha$ eine *lückenlose Reihe charakteristischer Untergruppen* von $\mathfrak{H}$, und $\mathfrak{B}_1, \mathfrak{B}_2, \mathfrak{B}_3, \cdots \mathfrak{B}_\beta$ eine andere, so ist $\alpha = \beta$, und die Gruppen

$$\mathfrak{A}_1, \frac{\mathfrak{A}_2}{\mathfrak{A}_1}, \frac{\mathfrak{A}_3}{\mathfrak{A}_2}, \cdots \frac{\mathfrak{A}_\alpha}{\mathfrak{A}_{\alpha-1}}$$

sind den Gruppen

$$\mathfrak{B}_1, \frac{\mathfrak{B}_2}{\mathfrak{B}_1}, \frac{\mathfrak{B}_3}{\mathfrak{B}_2}, \cdots \frac{\mathfrak{B}_\alpha}{\mathfrak{B}_{\alpha-1}}$$

abgesehen von der Reihenfolge (holoedrisch) isomorph. Man kann diesen Satz auf demselben Wege beweisen, wie den analogen über die *Hauptreihe* einer Gruppe. Man kann ihn aber auch aus diesem herleiten mittelst des (a. a. O. S. 22) bewiesenen Satzes: Durch passende

Erweiterung des gegebenen Elementensystems kann man eine solche Gruppe $\mathfrak{H}'$ construiren, dass $\mathfrak{H}$ und folglich auch jede charakteristische Untergruppe von $\mathfrak{H}$ eine invariante Untergruppe von $\mathfrak{H}'$ ist, und dass auch umgekehrt jede in $\mathfrak{H}$ enthaltene invariante Untergruppe von $\mathfrak{H}'$ eine charakteristische Untergruppe von $\mathfrak{H}$ ist. Ebenso wie bei der Hauptreihe hat daher jede der Gruppen $\frac{\mathfrak{A}_{\mu+1}}{\mathfrak{A}_\mu}$ die Eigenschaft: Eine minimale invariante Untergruppe derselben ist eine einfache Gruppe, jede Hauptreihe ist zugleich eine Reihe, und die einfachen Gruppen, aus denen sie zusammengesetzt ist, sind alle unter einander isomorph.

Sei p eine Primzahl, und $\mathfrak{P}$ eine Gruppe der Ordnung p^λ, und sei

$$\mathfrak{E},\ \mathfrak{P}_1,\ \mathfrak{P}_2,\ \mathfrak{P}_3,\cdots \mathfrak{P}$$

eine lückenlose Reihe charakteristischer Untergruppen von $\mathfrak{P}$. Seien

$$1,\ p^{\lambda_1},\ p^{\lambda_1+\lambda_2},\ p^{\lambda_1+\lambda_2+\lambda_3},\cdots p^\lambda$$

die Ordnungen dieser Gruppen. Ist $\varkappa$ die grösste der Zahlen $\lambda_1, \lambda_2, \lambda_3, \cdots$, so setze ich

$$(1.)\qquad \vartheta(\mathfrak{P}) = (p-1)(p^2-1)\cdots(p^\varkappa-1).$$

Ist die Ordnung h einer Gruppe $\mathfrak{H}$ durch mehrere verschiedene Primzahlen $p, q, r, \cdots$ theilbar, $h = p^\lambda q^\mu r^\nu \cdots$, so enthält $\mathfrak{H}$ Gruppen $\mathfrak{P}, \mathfrak{Q}, \mathfrak{R}, \cdots$ der Ordnungen $p^\lambda, q^\mu, r^\nu, \cdots$. Da je zwei in $\mathfrak{H}$ enthaltene Gruppen $\mathfrak{P}$ der Ordnung p^λ conjugirt sind, so hat $\vartheta(\mathfrak{P})$ für alle diese Gruppen denselben Werth. Ich setze daher

$$(2.)\qquad \vartheta(\mathfrak{H}) = \vartheta(\mathfrak{P})\,\vartheta(\mathfrak{Q})\,\vartheta(\mathfrak{R})\cdots.$$

Für den Fall, dass je zwei Elemente der Gruppe $\mathfrak{P}$ mit einander vertauschbar sind, lässt sich eine lückenlose Reihe charakteristischer Untergruppen von $\mathfrak{P}$ auf folgendem Wege bestimmen: Sei $P_1, P_2, \cdots P_\varrho$ eine Basis unabhängiger Elemente von $\mathfrak{P}$, und seien $p^{\varepsilon_1}, p^{\varepsilon_2}, \cdots p^{\varepsilon_\varrho}$ die Ordnungen jener Elemente. (*Über Gruppen von vertauschbaren Elementen*, Crelle's Journal, Band 86). Ist $\varepsilon_\xi = \varepsilon_\eta$, so erhält man einen Isomorphismus der Gruppe in sich, indem man dem Elemente

$$P_1^a \cdots P_\xi^x \cdots P_\eta^y \cdots P_\varrho^r$$

das Element

$$P_1^a \cdots P_\eta^x \cdots P_\xi^y \cdots P_\varrho^r$$

zuordnet, das durch Vertauschung der beiden Basiselemente P_ξ und P_η aus jenem hervorgeht. Die Elemente von $\mathfrak{P}$, die der Gleichung

$$X^{p^\alpha} = E$$

genügen, bilden eine charakteristische Untergruppe $\mathfrak{P}_\alpha$. Erhebt man alle Elemente von $\mathfrak{P}$ auf die $p^{\beta\text{te}}$ Potenz, so erhält man eine charakteristische Untergruppe $\mathfrak{Q}_\beta$. Der grösste gemeinsame Divisor von $\mathfrak{P}_\alpha$ und $\mathfrak{Q}_\beta$ ist eine charakteristische Untergruppe $\mathfrak{P}_{\alpha\beta}$. Dann bilden zunächst

$$\mathfrak{E}, \mathfrak{P}_1, \mathfrak{P}_2, \mathfrak{P}_3 \cdots \mathfrak{P}_\lambda$$

eine Reihe charakteristischer Untergruppen, die aber im allgemeinen nicht lückenlos ist. Sei $\varepsilon_1 \geqq \varepsilon_2 \geqq \varepsilon_3, \cdots$ und sei

$$\begin{aligned} \varepsilon_1 &= \varepsilon_2 = \cdots = \varepsilon_\xi = \alpha, \\ \varepsilon_{\xi+1} &= \varepsilon_{\xi+2} = \cdots = \varepsilon_{\xi+\eta} = \beta, \\ \varepsilon_{\xi+\eta+1} &= \varepsilon_{\xi+\eta+2} = \cdots = \varepsilon_{\xi+\eta+\zeta} = \gamma, \cdots, \end{aligned}$$

dann kann man zwischen $\mathfrak{E}$ und $\mathfrak{P}_1$ die Gruppen

$$\mathfrak{P}_{1,\alpha-1}, \mathfrak{P}_{1,\beta-1}, \mathfrak{P}_{1,\gamma-1}, \cdots$$

einschieben, zwischen $\mathfrak{P}_1$ und $\mathfrak{P}_2$ die Gruppen

$$\mathfrak{P}_1\mathfrak{P}_{2,\alpha-2}, \mathfrak{P}_1\mathfrak{P}_{2,\beta-2}, \mathfrak{P}_1\mathfrak{P}_{2,\gamma-2}, \cdots$$

u. s. w. Mit Hülfe der obigen Bemerkung über einen Isomorphismus von $\mathfrak{P}$ in sich selbst ist leicht zu zeigen, dass diese Reihe lückenlos ist. Daher ist $\varkappa$ die grösste der Zahlen $\xi, \eta, \zeta, \cdots$.

Ist $\mathfrak{P}$ eine beliebige Gruppe der Ordnung p^λ, so bilden die Elemente von $\mathfrak{P}$, die mit jedem Elemente von $\mathfrak{P}$ vertauschbar sind, eine Gruppe $\mathfrak{P}'$. Ebenso bilden die Elemente von $\frac{\mathfrak{P}}{\mathfrak{P}'}$, die mit jedem Elemente von $\frac{\mathfrak{P}}{\mathfrak{P}'}$ vertauschbar sind, eine Gruppe $\frac{\mathfrak{P}''}{\mathfrak{P}'}$, u. s. w. Die so erhaltenen Gruppen $\mathfrak{P}', \mathfrak{P}'', \mathfrak{P}''', \cdots \mathfrak{P}$ bilden eine Reihe charakteristischer Untergruppen von $\mathfrak{P}$. (Vergl. Young, *On the Determination of Groups whose Order is a Power of a Prime,* American Journal of Math. vol. XV (p. 130).)

Nun ist eine charakteristische Untergruppe von einer charakteristischen Untergruppe von $\mathfrak{H}$ auch eine charakteristische Untergruppe von $\mathfrak{H}$ selbst. Für die Gruppe vertauschbarer Elemente $\mathfrak{P}_1$ kann man auf dem oben angegebenen Wege eine (in Bezug auf $\mathfrak{P}_1$) lückenlose Reihe charakteristischer Untergruppen $\mathfrak{P}_1', \mathfrak{P}_2', \mathfrak{P}_3', \cdots$ construiren, ebenso für die Gruppe $\frac{\mathfrak{P}''}{\mathfrak{P}'}$ die Untergruppen $\frac{\mathfrak{P}_1''}{\mathfrak{P}'}, \frac{\mathfrak{P}_2''}{\mathfrak{P}'}, \frac{\mathfrak{P}_3'}{\mathfrak{P}'}, \cdots$. Auf diese Weise erhält man eine vollständigere Reihe charakteristischer Untergruppen von $\mathfrak{P}$

$$\mathfrak{P}_1', \mathfrak{P}_2', \mathfrak{P}_3', \cdots \mathfrak{P}', \mathfrak{P}_1'', \mathfrak{P}_2'', \mathfrak{P}_3'', \cdots \mathfrak{P}'', \cdots.$$

Sind $\mathfrak{A}$ und $\mathfrak{B}$ zwei auf einander folgende Gruppen dieser Reihe, so ist $\frac{\mathfrak{B}}{\mathfrak{A}}$ eine Gruppe von vertauschbaren Elementen, die alle die Ordnung p (oder 1) haben.

Für den Fall, wo in der Gruppe $\mathfrak{P}$ der Ordnung p^λ je zwei Elemente vertauschbar sind, brauche ich im Folgenden ausser den oben definirten Zeichen $\vartheta(\mathfrak{P})$ noch das Zeichen

$$(3.)\qquad \Theta(\mathfrak{P}) = (p-1)(p^2-1)\cdots(p^\varrho-1),$$

wo ρ den *Rang* von $\mathfrak{P}$ bezeichnet. Ist dann $\mathfrak{Q}$ eine Untergruppe von $\mathfrak{P}$, so ist ihr Rang $\sigma \leqq \rho$ (a. a. O. S. 232). Mithin ist $\Theta(\mathfrak{P})$ durch $\Theta(\mathfrak{Q})$ theilbar. Eine Gruppe des Ranges ρ kann durch ρ, aber nicht durch weniger als ρ Elemente erzeugt werden. Sei $\mathfrak{N}$ eine Gruppe, die nicht in $\mathfrak{P}$ enthalten zu sein braucht, die aber mit jedem Elemente von $\mathfrak{P}$ vertauschbar ist. Sei $\mathfrak{Q}$ die Gruppe, in die $\mathfrak{P}$ übergeht, wenn man zwei Elemente von $\mathfrak{P}$, die (mod. $\mathfrak{N}$) aequivalent sind, nicht als verschieden betrachtet. Erzeugen dann $P, Q, R, \cdots$ die Gruppe $\mathfrak{P}$, so erzeugen sie auch die Gruppe $\mathfrak{Q}$. Mithin ist auch in diesem Falle der Rang von $\mathfrak{Q}$ $\sigma \leqq \rho$, und es ist $\Theta(\mathfrak{P})$ durch $\Theta(\mathfrak{Q})$ theilbar.

Hat $\mathfrak{P}_\alpha$ dieselbe Bedeutung wie oben, so ist die Ordnung von $\mathfrak{P}_1$ gleich p^ϱ und die Ordnungen von $\mathfrak{P}_1, \frac{\mathfrak{P}_2}{\mathfrak{P}_1}, \frac{\mathfrak{P}_3}{\mathfrak{P}_2}, \cdots$ bilden eine abnehmende Reihe (a. a. O. S. 237). Folglich ist $\rho \geqq \varkappa$, und $\Theta(\mathfrak{P})$ ist durch $\vartheta(\mathfrak{P})$ theilbar.

§ 2.

I. Ist eine Gruppe $\mathfrak{A}$ der Ordnung a mit einem Elemente B der Ordnung b vertauschbar, und sind b und $a\vartheta(\mathfrak{A})$ relative Primzahlen, so ist jedes Element von $\mathfrak{A}$ mit B vertauschbar.

Ist $b = rst\cdots$, und sind je zwei der Zahlen $r, s, t, \cdots$ relative Primzahlen, so kann man die ganzen Zahlen $\rho, \sigma, \tau, \cdots$ so bestimmen, dass

$$\frac{1}{b} = \frac{\rho}{r} + \frac{\sigma}{s} + \frac{\tau}{t} + \cdots$$

wird. Setzt man dann

$$B^{\frac{b\varrho}{r}} = R,\ B^{\frac{b\sigma}{s}} = S,\ B^{\frac{b\tau}{t}} = T, \cdots,$$

so ist $B = RST\cdots$. Die Elemente $R, S, T\cdots$ haben die Ordnungen $r, s, t\cdots$. Speciell kann man für $r, s, t\cdots$ die Potenzen der verschiedenen Primzahlen setzen, deren Product b ist. Ist B mit $\mathfrak{A}$ vertauschbar, so ist auch jede Potenz von B mit $\mathfrak{A}$ vertauschbar. Kann man nun zeigen, dass $R, S, T, \cdots$ mit jedem Elemente von $\mathfrak{A}$ vertauschbar sind, so hat auch B diese Eigenschaft. Man braucht daher den obigen Satz nur für den Fall zu beweisen, wo $b = q^\mu$ eine Potenz einer Primzahl q ist, die nicht in $a\vartheta(\mathfrak{A})$ aufgeht. Sei $\mathfrak{B}$ die von den Potenzen von B gebildete Gruppe der Ordnung b.

Ich betrachte nun zunächst den Fall, wo auch $a = p^\lambda$ eine Potenz einer Primzahl p ist. Sei $\mathfrak{E}, \mathfrak{A}_1, \mathfrak{A}_2, \mathfrak{A}_3, \cdots \mathfrak{A}$ eine lückenlose Reihe charakteristischer Untergruppen von $\mathfrak{A}$, und seien $1, p^{\lambda_1}, p^{\lambda_1+\lambda_2}, p^{\lambda_1+\lambda_2+\lambda_3}, \cdots p^\lambda$ die Ordnungen dieser Gruppen. Ist dann $\varkappa$ die grösste der Zahlen $\lambda_1, \lambda_2, \lambda_3, \cdots$, so ist

$$\vartheta(\mathfrak{A}) = (p-1)(p^2-1)\cdots(p^\varkappa-1).$$

Da B mit $\mathfrak{A}$ vertauschbar ist, so ist B auch mit jeder der Gruppen $\mathfrak{A}_1, \mathfrak{A}_2, \mathfrak{A}_3, \cdots$ vertauschbar (*Über endliche Gruppen* S. 21). Die mit $\mathfrak{B}$ vertauschbaren Elemente der Gruppe $\mathfrak{A}_1\mathfrak{B}$ der Ordnung $p^{\lambda_1}q^{\mu}$ bilden eine Gruppe der Ordnung $p^{\alpha}q^{\mu}$. Dann ist nach dem SYLOW'schen Satze $p^{\lambda_1-\alpha} \equiv 1 \pmod{q}$. Nun ist aber $\lambda_1 - \alpha \leqq \varkappa$ und $\vartheta(\mathfrak{A})$ ist nicht durch q theilbar. Folglich ist $\alpha = \lambda_1$, also ist $\mathfrak{B}$, ebenso wie $\mathfrak{A}_1$, eine invariante Untergruppe von $\mathfrak{A}_1\mathfrak{B}$. Die beiden Gruppen $\mathfrak{A}_1$ und $\mathfrak{B}$ sind theilerfremd, weil ihre Ordnungen relative Primzahlen sind. Daher ist jedes Element von $\mathfrak{A}_1$ mit B vertauschbar.

Die mit $\mathfrak{B}$ vertauschbaren Elemente der Gruppe $\mathfrak{A}_2\mathfrak{B}$ der Ordnung $p^{\lambda_1+\lambda_2}q^{\mu}$ bilden demnach eine Gruppe, die durch $\mathfrak{A}_1$ theilbar ist. Mithin ist ihre Ordnung $p^{\lambda_1+\beta}q^{\mu}$, und weil $p^{\lambda_2-\beta} \equiv 1 \pmod{q}$ ist, muss $\beta = \lambda_2$ sein. Folglich sind $\mathfrak{A}_2$ und $\mathfrak{B}$ zwei invariante Untergruppen von $\mathfrak{A}_2\mathfrak{B}$, und da sie theilerfremd sind, so ist jedes Element von $\mathfrak{A}_2$ mit B vertauschbar, u. s. w.

Nunmehr nehme ich an, dass a durch mehrere verschiedene Primzahlen $p, p_1, p_2, \cdots$ theilbar ist. Da B mit $\mathfrak{A}$ vertauschbar ist, so ist $\mathfrak{A}\mathfrak{B} = \mathfrak{H}$ eine Gruppe der Ordnung ab. Sei p^{λ} die höchste Potenz von p, die in ab, also auch in a aufgeht, und $\mathfrak{P}$ eine in $\mathfrak{A}$ enthaltene Gruppe der Ordnung p^{λ}. Da $\mathfrak{A}$ eine invariante Untergruppe von $\mathfrak{H}$ ist, so enthält $\mathfrak{A}$ auch alle Gruppen, die mit $\mathfrak{P}$ in Bezug auf $\mathfrak{H}$ conjugirt sind, also alle Untergruppen von $\mathfrak{H}$, deren Ordnung p^{λ} ist. Bilden die mit $\mathfrak{P}$ vertauschbaren Elemente von $\mathfrak{H}$ die Gruppe $\mathfrak{P}'$ der Ordnung p', so ist $\frac{ab}{p'} = r$ die Anzahl der verschiedenen in $\mathfrak{H}$ enthaltenen Gruppen der Ordnung p^{λ}. Zugleich ist r die Anzahl der in $\mathfrak{A}$ enthaltenen Gruppen der Ordnung p^{λ}, und mithin ist a durch r, also p' durch b theilbar. Folglich enthält $\mathfrak{P}'$ eine Gruppe $\mathfrak{B}_0$ der Ordnung $b = q^{\mu}$. Da aber q^{μ} die höchste Potenz von q ist, die in ab aufgeht, so giebt es in $\mathfrak{H}$ ein Element H, das der Gleichung $H^{-1}\mathfrak{B}_0 H = \mathfrak{B}$ genügt. Dann ist $H^{-1}\mathfrak{P}'H$ durch $\mathfrak{B}$ theilbar. Ersetzt man $\mathfrak{P}$ durch $H^{-1}\mathfrak{P}H$, so wird $\mathfrak{P}'$ durch $\mathfrak{B}$ theilbar, also ist $\mathfrak{P}$ mit B vertauschbar, und folglich ist, weil $p\vartheta(\mathfrak{P})$ nicht durch q theilbar ist, auch jedes Element von $\mathfrak{P}$ mit B vertauschbar.

Ebenso wie diese Gruppe $\mathfrak{P}$ der Primzahl p entspricht, gehören zu den andern in a aufgehenden Primzahlen $p_1, p_2, \cdots$ gewisse Gruppen $\mathfrak{P}_1, \mathfrak{P}_2, \cdots$. Das kleinste gemeinschaftliche Vielfache dieser Gruppen ist $\mathfrak{A}$, weil seine Ordnung durch die Ordnung jeder der Gruppen $\mathfrak{P}, \mathfrak{P}_1, \mathfrak{P}_2, \cdots$ theilbar sein muss. Da B mit jedem Elemente von $\mathfrak{P}, \mathfrak{P}_1, \mathfrak{P}_2, \cdots$ vertauschbar ist, so ist B auch mit jedem Elemente von $\mathfrak{A}$ vertauschbar.

In derselben Weise kann man folgenden Satz beweisen:

II. Sind die Ordnungen der Gruppe $\mathfrak{A}$ und des Elementes C relative Primzahlen, ist $\mathfrak{B}$ eine invariante Untergruppe von $\mathfrak{A}$, ist C mit jedem Elemente von $\mathfrak{B}$ vertauschbar, und mit jedem Elemente von $\mathfrak{A}$ (mod. $\mathfrak{B}$) vertauschbar, so ist C auch mit jedem Elemente von $\mathfrak{A}$ vertauschbar.

Sei $\mathfrak{C}$ die Gruppe der Potenzen von C, und seien a, b, c die Ordnungen der Gruppen $\mathfrak{A}, \mathfrak{B}, \mathfrak{C}$. Dann sind die Complexe $\mathfrak{A}\mathfrak{C}$ und $\mathfrak{B}\mathfrak{C}$ Gruppen, $\mathfrak{A}$ und $\mathfrak{B}\mathfrak{C}$ sind invariante Untergruppen von $\mathfrak{A}\mathfrak{C}$, und $\mathfrak{C}$ ist eine invariante Untergruppe von $\mathfrak{B}\mathfrak{C}$. Da aber b und c theilerfremd sind, so ist $\mathfrak{C}$ auch eine invariante Untergruppe von $\mathfrak{A}\mathfrak{C}$ (*Über endliche Gruppen,* § 2, I). Die Ordnungen a und c der beiden invarianten Untergruppen $\mathfrak{A}$ und $\mathfrak{C}$ von $\mathfrak{A}\mathfrak{C}$ sind theilerfremd. Folglich ist C mit jedem Elemente von $\mathfrak{A}$ vertauschbar.

§ 3.

Sind a und b theilerfremd, und enthält eine Gruppe $\mathfrak{H}$ der Ordnung ab eine invariante Untergruppe $\mathfrak{A}$ der Ordnung a, so giebt es in $\mathfrak{H}$ genau a Elemente, deren Ordnung in a aufgeht, nämlich die von $\mathfrak{A}$.

Sind auch $\vartheta(\mathfrak{A})$ und b theilerfremd, so giebt es in $\mathfrak{H}$ genau b Elemente, deren Ordnung in b aufgeht, und jedes derselben ist mit jedem Elemente von $\mathfrak{A}$ vertauschbar.

Jene b Elemente erzeugen eine Gruppe $\mathfrak{H}_1$ der Ordnung $a_1 b$, die eine invariante Untergruppe $\mathfrak{A}_1$ der Ordnung a_1 enthält. Jedes Element der Gruppe $\mathfrak{A}_1$ ist mit jedem Elemente von $\mathfrak{H}$ vertauschbar. Sie ist der grösste gemeinsame Divisor von $\mathfrak{A}$ und $\mathfrak{H}_1$ und, ebenso wie diese, eine invariante Untergruppe von $\mathfrak{H}$.

Den ersten Theil dieses Satzes habe ich in der Arbeit *Über endliche Gruppen,* § 2, I bewiesen. Nun sei

$$\mathfrak{H} = \mathfrak{A}B_1 + \mathfrak{A}B_2 + \cdots + \mathfrak{A}B_b. \quad (1.)$$

Ist B eins der b (mod. $\mathfrak{A}$) verschiedenen Elemente $B_1, B_2, \cdots B_b$, so ist die Ordnung von B ein Divisor von $h = ab$, also gleich rs, wo r in a aufgeht und s in b. Da r und s relative Primzahlen sind, so ist $B = B^\varrho B^\sigma$, wo B^ϱ die Ordnung r und B^σ die Ordnung s hat. Da r ein Divisor von a ist, so ist B^ϱ ein Element von $\mathfrak{A}$, mithin ist $\mathfrak{A}B^\varrho = \mathfrak{A}$ und $\mathfrak{A}B = \mathfrak{A}B^\sigma$. Man kann daher in der Gleichung (1.) B durch B^σ ersetzen, also bewirken, dass die Ordnung s von B ein Divisor von b wird. Dann ist s zu $a\vartheta(\mathfrak{A})$ theilerfremd, und folglich ist B nach I, § 2 mit jedem Elemente von $\mathfrak{A}$ vertauschbar. Ist also A irgend ein Element von $\mathfrak{A}$, und ist r seine Ordnung, so ist rs die Ordnung von AB. Demnach enthält der Complex $\mathfrak{A}B$ ein und nur ein Element B, dessen Ordnung in b aufgeht, und die Gruppe $\mathfrak{H}$

enthält genau b solche Elemente, deren Complex

$$\mathfrak{B} = B_1 + B_2 + \cdots + B_b$$

sei. Jedes derselben ist mit jedem Elemente von $\mathfrak{A}$ vertauschbar.

Alle Elemente von $\mathfrak{H}$, die mit jedem Elemente von $\mathfrak{A}$ vertauschbar sind, bilden eine Gruppe $\mathfrak{H}_0$ der Ordnung h_0. Diese ist durch den Complex $\mathfrak{B}$ theilbar. Ist H ein Element von $\mathfrak{H}$, so bilden alle Elemente von $\mathfrak{H}$, die mit jedem Elemente von $H^{-1}\mathfrak{A}H$ vertauschbar sind, die Gruppe $H^{-1}\mathfrak{H}_0 H$. Da $H^{-1}\mathfrak{A}H = \mathfrak{A}$ ist, so ist folglich auch $H^{-1}\mathfrak{H}_0 H = \mathfrak{H}_0$. Mithin ist $\mathfrak{H}_0$ eine invariante Untergruppe von $\mathfrak{H}$. Das kleinste gemeinschaftliche Vielfache von $\mathfrak{A}$ und $\mathfrak{H}_0$ ist die in $\mathfrak{H}$ enthaltene Gruppe $\mathfrak{A}\mathfrak{H}_0$. Da $\mathfrak{H}_0$ durch $\mathfrak{B}$ theilbar ist, so ist $\mathfrak{A}\mathfrak{H}_0$ durch $\mathfrak{A}\mathfrak{B} = \mathfrak{H}$ theilbar. Folglich ist $\mathfrak{A}\mathfrak{H}_0 = \mathfrak{H}$. Ist also a_0 die Ordnung des grössten gemeinsamen Divisors $\mathfrak{A}_0$ von $\mathfrak{A}$ und $\mathfrak{H}_0$, so ist $a_0 h = a h_0$, also $h_0 = a_0 b$. Da $\mathfrak{A}$ und $\mathfrak{H}_0$ invariante Untergruppen von $\mathfrak{H}$ sind, so ist auch $\mathfrak{A}_0$ eine solche. $\mathfrak{A}_0$ besteht aus allen Elementen von $\mathfrak{A}$, die mit jedem Elemente von $\mathfrak{A}$ vertauschbar sind, und ist demnach durch $\mathfrak{A}$ allein vollständig bestimmt. Jedes Element von $\mathfrak{A}_0$ ist mit jedem von $\mathfrak{A}$ und mit jedem von $\mathfrak{B}$, also auch mit jedem von $\mathfrak{A}\mathfrak{B} = \mathfrak{H}$ vertauschbar.

Ist H ein Element von $\mathfrak{H}$, so besteht der Complex

$$H^{-1}\mathfrak{B}H = H^{-1}B_1 H + H^{-1}B_2 H + \cdots + H^{-1}B_b H$$

aus b verschiedenen Elementen, deren Ordnungen in b aufgehen. Da $\mathfrak{H}$ nicht mehr als b solche Elemente enthält, so ist $H^{-1}\mathfrak{B}H = \mathfrak{B}$. Erzeugt also der Complex $\mathfrak{B}$ die Gruppe $\mathfrak{H}_1$ der Ordnung h_1, so ist $\mathfrak{H}_1$ eine invariante Untergruppe von $\mathfrak{H}$, und ebenso der grösste gemeinsame Divisor $\mathfrak{A}_1$ von $\mathfrak{A}$ und $\mathfrak{H}_1$, dessen Ordnung a_1 sei. Da $\mathfrak{H}_0$ durch $\mathfrak{H}_1$ theilbar ist, so ist auch $\mathfrak{A}_0$ durch $\mathfrak{A}_1$ theilbar, und mithin ist jedes Element von $\mathfrak{A}_1$ mit jedem Elemente von $\mathfrak{H}$ vertauschbar. Wie oben ergiebt sich, dass $a_1 h = a h_1$, also $h_1 = a_1 b$ ist.

§ 4.

Sei p^λ die höchste Potenz der Primzahl p, die in der Ordnung $p^\lambda ab$ einer Gruppe $\mathfrak{H}$ aufgeht, und seien je zwei in $\mathfrak{H}$ enthaltene Gruppen $\mathfrak{P}$ der Ordnung p^λ theilerfremd. Sind $\vartheta(\mathfrak{P})$ und b relative Primzahlen, und enthält $\mathfrak{H}$ genau $p^\lambda b$ Elemente, deren Ordnung in $p^\lambda b$ aufgeht, so enthält $\mathfrak{H}$ auch genau b Elemente, deren Ordnung in b aufgeht, und die mit $\mathfrak{P}$ vertauschbaren Elemente von $\mathfrak{H}$ bilden eine Gruppe, deren Ordnung $p^\lambda ab'$ ist, wo $\frac{b}{b'}$ und a theilerfremd sind, und $\frac{b}{b'} \equiv 1$ (mod. p^λ) ist.

Je zwei in $\mathfrak{H}$ enthaltene Gruppen $\mathfrak{P}$ und $\mathfrak{Q}$ der Ordnung p^λ sind conjugirt (in Bezug auf $\mathfrak{H}$). Daher ist $\vartheta(\mathfrak{P}) = \vartheta(\mathfrak{Q})$. Die gemachte

Voraussetzung ist also von der Wahl von $\mathfrak{P}$ unabhängig. Die mit $\mathfrak{P}(\mathfrak{Q})$ vertauschbaren Elemente von $\mathfrak{H}$ bilden eine Gruppe $\mathfrak{P}'(\mathfrak{Q}')$ der Ordnung $h'=p^\lambda a'b'$, wo b' der grösste gemeinsame Divisor von h' und b sei. Die Gruppen $\mathfrak{P}'$ und $\mathfrak{Q}'$ haben kein Element R gemeinsam, dessen Ordnung pq durch p theilbar ist. Denn sonst hätten sie auch das Element $R^q=P$ gemeinsam, und dies würde, da seine Ordnung p ist, jeder der beiden Gruppen $\mathfrak{P}$ und $\mathfrak{Q}$ angehören, während diese nach Voraussetzung theilerfremd sind.

Die Gruppe $\mathfrak{P}'$ enthält $p^\lambda b'c$ Elemente, deren Ordnung in $p^\lambda b'$ (oder $p^\lambda b$) aufgeht. (*Verallgemeinerung des* Sylow'*schen Satzes,* § 2, II.) Ein solches Element R kann als Product von zwei mit einander vertauschbaren Elementen P und Q dargestellt werden, deren Ordnungen in p^λ und in b aufgehen. Mithin gehört P der Gruppe $\mathfrak{P}$ an, und folglich ist $\mathfrak{P}P=\mathfrak{P}$, $\mathfrak{P}R=\mathfrak{P}PQ=\mathfrak{P}Q$. Das Element Q gehört als Potenz von R der Gruppe $\mathfrak{P}'$ an, seine Ordnung geht in b auf, ist also zu $\vartheta(\mathfrak{P})$ theilerfremd. Nach § 2 ist daher Q mit jedem Elemente von $\mathfrak{P}$ vertauschbar. Folglich enthält der Complex $\mathfrak{P}Q$ nur ein Element, nämlich Q, dessen Ordnung in b aufgeht, während die Ordnung jedes der anderen $p^\lambda-1$ Elemente durch p theilbar ist, aber in $p^\lambda b$ aufgeht. Die $p^\lambda b'c$ Elemente von $\mathfrak{P}'$, deren Ordnung in $p^\lambda b$ aufgeht, zerfallen also in $b'c$ Complexe $\mathfrak{P}R$, und es giebt unter ihnen genau $(p^\lambda-1)b'c$ Elemente, deren Ordnung durch p theilbar ist.

Da $\mathfrak{P}'$ und $\mathfrak{Q}'$ conjugirt sind, so enthält auch $\mathfrak{Q}'$ genau $(p^\lambda-1)b'c$ Elemente, deren Ordnung in $p^\lambda b$ aufgeht und durch p theilbar ist. Zwei Gruppen $\mathfrak{P}'$ und $\mathfrak{Q}'$ haben kein solches Element gemeinsam, die Anzahl der verschiedenen in $\mathfrak{H}$ enthaltenen Gruppen $\mathfrak{P}'$ ist $\frac{h}{h'}=\frac{ab}{a'b'}$. Mithin enthält $\mathfrak{H}$ mindestens $\frac{ab}{a'b'}(p^\lambda-1)b'c$ Elemente, deren Ordnung in $p^\lambda b$ aufgeht und durch p theilbar ist. Nach der Voraussetzung giebt es aber in $\mathfrak{H}$ nicht mehr als $p^\lambda b$ Elemente, deren Ordnung in $p^\lambda b$ aufgeht, und zu ihnen gehört das Hauptelement, dessen Ordnung nicht durch p theilbar ist. Daher ist

$$\frac{a}{a'}c(p^\lambda-1)b<p^\lambda b, \quad \left(\frac{a}{a'}c-1\right)(p^\lambda-1)<1,$$

also weil $\frac{a}{a'}$ und c ganze Zahlen sind,

$$c=1, \quad a'=a, \quad h'=p^\lambda ab'.$$

Da b' der grösste gemeinsame Divisor von h' und b ist, so sind a und $\frac{b}{b'}$ theilerfremd.

Die Bedingung, dass $\vartheta(\mathfrak{P})$ und b, oder, was auch schon genügt, $\vartheta(\mathfrak{P})$ und b' relative Primzahlen seien, kann auch durch folgende ersetzt werden: Jedes Element von $\mathfrak{H}$, dessen Ordnung in b aufgeht, und das mit der Gruppe $\mathfrak{P}$ vertauschbar ist, muss mit jedem Elemente von $\mathfrak{P}$ vertauschbar sein.

§ 5.

Die Ordnung einer Gruppe $\mathfrak{H}$ sei $h=ab$, wo a und b relative Primzahlen sind. Sei

$$a = k^\alpha l^\beta m^\gamma \cdots p^\lambda,$$

wo $k, l, m, \cdots p$ verschiedene Primzahlen sind. Seien $\mathfrak{K}, \mathfrak{L}, \mathfrak{M}, \cdots \mathfrak{P}$ Gruppen der Ordnungen $k^\alpha, l^\beta, m^\gamma, \cdots p^\lambda$, die in $\mathfrak{H}$ enthalten sind.

Wenn je zwei Elemente von $\mathfrak{K}$, je zwei von $\mathfrak{L}, \cdots$ mit einander vertauschbar sind, und wenn $\Theta(\mathfrak{K})$ und $\frac{h}{k^\alpha}$, $\Theta(\mathfrak{L})$ und $\frac{h}{k^\alpha l^\beta}, \cdots$ relative Primzahlen sind, so enthält $\mathfrak{H}$ genau b Elemente, deren Ordnung in b aufgeht. Ist d ein Divisor von a, der zu $\frac{a}{d}$ theilerfremd ist, so enthält $\mathfrak{H}$ Untergruppen der Ordnung d, und je zwei solche Untergruppen sind conjugirt.

Da m^γ die höchste Potenz von m ist, die in h aufgeht, so sind je zwei in $\mathfrak{H}$ enthaltene Gruppen $\mathfrak{M}$ und $\mathfrak{M}_1$ der Ordnung m^γ conjugirt. Daher sind auch je zwei Elemente von $\mathfrak{M}_1$ vertauschbar, und es ist $\Theta(\mathfrak{M}) = \Theta(\mathfrak{M}_1)$. Die gemachten Voraussetzungen sind also von der Wahl der Gruppen $\mathfrak{K}, \mathfrak{L}, \mathfrak{M}, \cdots$ unabhängig. Ich nehme an, der obige Satz, der für $a=1$ selbstverständlich ist, sei in allen seinen Theilen bewiesen für jede Gruppe $\mathfrak{H}'$ der Ordnung $a'b'$, falls $a'<a$ ist. Dann enthält $\mathfrak{H}$ genau $p^\lambda b$ Elemente, deren Ordnung in $p^\lambda b$ aufgeht, und es ist also nur noch zu zeigen, dass $\mathfrak{H}$ genau $(p^\lambda-1)\, b$ Elemente enthält, deren Ordnung in $p^\lambda b$ aufgeht und durch p theilbar ist.

Jedes solche Element R kann, und zwar nur in einer Weise, als Product von zwei mit einander vertauschbaren Elementen P und Q dargestellt werden, deren Ordnungen in p^λ und in b aufgehen. Man setze also für P der Reihe nach alle Elemente von $\mathfrak{H}$, deren Ordnung eine Potenz von p ist, das Hauptelement E ausgeschlossen. Jedem P ordne man die Elemente Q zu, die mit P vertauschbar sind, und deren Ordnung in b aufgeht. Dann stellt $R=PQ$ jedes Element von $\mathfrak{H}$ einmal dar, dessen Ordnung in $p^\lambda b$ aufgeht und durch p theilbar ist.

Die mit P vertauschbaren Elemente von $\mathfrak{H}$ bilden eine Gruppe $\mathfrak{Q}$ der Ordnung rs, wo r in a aufgeht und s in b, und wo r durch p^λ theilbar ist. Die Potenzen von P bilden eine Gruppe $\mathfrak{N}$ der Ordnung $p^\nu\, (\nu>0)$. Diese ist eine invariante Untergruppe von $\mathfrak{Q}$. Nach den Bemerkungen am Ende des § 1 genügt die Gruppe $\frac{\mathfrak{Q}}{\mathfrak{N}}$ denselben Bedingungen wie $\mathfrak{H}$. Sie enthält daher, weil $\frac{r}{p^\nu}<a$ ist, genau s Elemente, deren Ordnung

in s (oder in b) aufgeht. Ist $\mathfrak{N}C$ ein solches, so ist C^s in $\mathfrak{N}$ enthalten, also ist $C^{p^\nu s} = E$. Daher kann C als Product von zwei mit einander vertauschbaren Elementen A und B dargestellt werden, deren Ordnungen in p^ν und s aufgehen. Dann ist $C^s = A^s B^s = A^s$ in $\mathfrak{N}$ enthalten, also da s nicht durch p theilbar ist, auch A. Mithin ist $\mathfrak{N}A = \mathfrak{N}$ und $\mathfrak{N}C = \mathfrak{N}B$. Als Potenz von C ist B mit jedem Elemente von $\mathfrak{N}$ vertauschbar. Daher enthält der Complex $\mathfrak{N}B$ nur ein Element, nämlich B, dessen Ordnung in s aufgeht. In $\mathfrak{Q}$ giebt es aber s solche Complexe. Sie enthalten zusammen alle Elemente von $\mathfrak{Q}$, deren s^{te} Potenz in $\mathfrak{N}$ enthalten ist, also auch alle, deren Ordnung in s aufgeht. Jeder der s Complexe enthält aber nur ein solches Element. Mithin giebt es in $\mathfrak{Q}$ genau s Elemente, deren Ordnung ein Theiler von b ist.

Die Anzahl der mit P vertauschbaren Elemente von $\mathfrak{H}$ ist rs. Die Anzahl der Elemente, die mit P conjugirt sind in Bezug auf $\mathfrak{H}$, ist daher $\frac{ab}{rs}$. Jedem Elemente dieser Classe, wie P, entsprechen s Elemente Q, die mit P vertauschbar sind, und deren Ordnung in b aufgeht. Aus dieser Classe entspringen daher $\frac{a}{r}b$ Elemente $R = PQ$. Mithin giebt es in $\mathfrak{H}$

$$ab \sum_{(\mathfrak{H})} \frac{1}{r} = bc \qquad (1.)$$

Elemente, deren Ordnung in $p^\lambda b$ aufgeht, und durch p theilbar ist. Um diese Summe zu bilden, hat man alle Elemente von $\mathfrak{H}$ zu bestimmen, deren Ordnung eine Potenz von p ist, davon das Hauptelement auszuschliessen, die übrigen in Classen conjugirter Elemente (in Bezug auf $\mathfrak{H}$) zu theilen, aus jeder Classe einen Repraesentanten P zu wählen, und die Anzahl rs der mit P vertauschbaren Elemente von $\mathfrak{H}$ (die Ordnung von $\mathfrak{Q}$) zu bestimmen. Die Anzahl aller Elemente von $\mathfrak{H}$, deren Ordnung in $p^\lambda b$ aufgeht, ist $p^\lambda b$. Zu ihnen gehört das Hauptelement, dessen Ordnung nicht durch p theilbar ist. Daher ist $bc < p^\lambda b$, also ist die ganze Zahl

$$c \leqq p^\lambda - 1.$$

Sei $\mathfrak{P}$ eine bestimmte in $\mathfrak{H}$ enthaltene Gruppe der Ordnung p^λ. Ist P_0 ein Element der Ordnung p^ν in $\mathfrak{H}$, so giebt es ein mit P_0 conjugirtes Element P, das der Gruppe $\mathfrak{P}$ angehört. Wir können daher die Repraesentanten P der verschiedenen Classen, auf die sich die Summe (1.) bezieht, alle in $\mathfrak{P}$ wählen. Die mit $\mathfrak{P}$ vertauschbaren Elemente von $\mathfrak{H}$ bilden eine Gruppe $\mathfrak{P}'$ der Ordnung $a'b'$, wo a' in a aufgeht und b' in b.

Um die Summe (1.) zu berechnen, führe ich für diese Gruppe $\mathfrak{P}'$ die nämliche Untersuchung durch, wie oben für $\mathfrak{H}$. Dieselbe enthält genau $p^\lambda b'$ Elemente R, deren Ordnung in $p^\lambda b'$ (oder $p^\lambda b$) aufgeht. Ist wie oben $R = PQ$, so gehört das Element P, weil seine Ordnung eine Potenz von p ist, der Gruppe $\mathfrak{P}$ an. Daher ist $\mathfrak{P}P = \mathfrak{P}$ und $\mathfrak{P}R = \mathfrak{P}Q$. Die Ordnung von Q geht in b auf, ist also zu $\Theta(\mathfrak{P})$ theilerfremd. Als Potenz von R ist Q mit $\mathfrak{P}$, und folglich mit jedem Elemente von $\mathfrak{P}$ vertauschbar. Daher enthält der Complex $\mathfrak{P}Q$ ein und nur ein Element, nämlich Q, dessen Ordnung in b aufgeht, während die Ordnung jedes der $p^\lambda - 1$ andern Elemente durch p theilbar ist. Ist also R ein Element von $\mathfrak{P}'$, dessen Ordnung in $p^\lambda b$ aufgeht, so hat jedes Element des Complexes $\mathfrak{P}R$ dieselbe Eigenschaft. Die Anzahl der Elemente R ist $p^\lambda b'$. Sie zerfallen folglich in b' Complexe $\mathfrak{P}R$, deren jeder ein Element Q enthält. Demnach enthält $\mathfrak{P}'$ genau b' Elemente Q, deren Ordnung in b aufgeht, und genau $(p^\lambda - 1)b'$, deren Ordnung in $p^\lambda b$ aufgeht und durch p theilbar ist. Man nehme nun in $\mathfrak{P}'$ die Elemente von $\mathfrak{P}$, schliesse davon das Hauptelement aus, theile die übrigen in Classen conjugirter Elemente (in Bezug auf $\mathfrak{P}'$) und wähle aus jeder Classe einen Repraesentanten P aus. Die mit P vertauschbaren Elemente von $\mathfrak{P}'$ bilden eine Gruppe $\mathfrak{R}$ der Ordnung $r's'$, wo r' in $a'(a)$ aufgeht und s' in $b'(b)$. Dann ist

$$(2.) \qquad a'b' \sum_{(\mathfrak{P}')} \frac{1}{r'} = b'(p^\lambda - 1).$$

Die beiden in den Formeln (1.) und (2.) auftretenden Summen stimmen, wie ich jetzt beweisen werde, Glied für Glied überein. Nach dem letzten Theile des zu beweisenden Satzes enthält die Gruppe $\frac{\mathfrak{Q}}{\mathfrak{R}}$ eine Untergruppe $\frac{\mathfrak{B}}{\mathfrak{R}}$ der Ordnung $\frac{r}{p^\nu}$, also $\mathfrak{Q}$ selbst eine Gruppe $\mathfrak{B}$ der Ordnung r. Da $\frac{r}{p^\lambda} < a$ ist, so giebt es in $\mathfrak{B}$ genau p^λ Elemente, deren Ordnung in p^λ aufgeht. Demnach hat $\mathfrak{B}$ eine invariante Untergruppe $\mathfrak{P}_0$ der Ordnung p^λ. Die beiden Gruppen $\mathfrak{P}$ und $\mathfrak{P}_0$ sind in Bezug auf $\mathfrak{Q}$ conjugirt. Indem man also $\mathfrak{B}$ durch eine in Bezug auf $\mathfrak{Q}$ conjugirte Gruppe ersetzt, kann man erreichen, dass $\mathfrak{P}_0 = \mathfrak{P}$ wird. Dann ist $\mathfrak{P}$ mit jedem Elemente von $\mathfrak{B}$ vertauschbar, mithin ist $\mathfrak{B}$ in $\mathfrak{P}'$ enthalten und in $\mathfrak{Q}$, also auch in dem grössten gemeinsamen Divisor von $\mathfrak{P}'$ und $\mathfrak{Q}$. Dieser ist die oben benutzte Gruppe $\mathfrak{R}$ der Ordnung $r's'$. Folglich ist $r's'$, also auch r' durch r theilbar. Da aber $\mathfrak{R}$ ein Divisor von $\mathfrak{Q}$ ist, so ist r durch r' theilbar. Mithin ist $r' = r$. Auch wäre leicht zu beweisen, dass $s' = b'$ ist.

Die Repraesentanten der verschiedenen Classen, auf die sich die Summe (1.) bezieht, gehören alle der Gruppe $\mathfrak{P}'$ an, und repraesentiren auch für diese verschiedene Classen. Ich will nun aber zeigen, dass dies die sämmtlichen Classen sind, auf die sich die Summe (2.) bezieht. Es ist also zu beweisen:

Sind P und P_0 zwei (invariante) Elemente von $\mathfrak{P}$, die conjugirt sind in Bezug auf $\mathfrak{H}$, so sind sie auch conjugirt in Bezug auf $\mathfrak{P}'$. Denn sei

$$(3.)\qquad H^{-1}P_0H = P.$$

Da P_0 der Gruppe $\mathfrak{P}$ angehört, so ist P ein Element von

$$H^{-1}\mathfrak{P}H = \mathfrak{P}_0.$$

Mithin ist P mit jedem Elemente von $\mathfrak{P}$ und jedem von $\mathfrak{P}_0$ vertauschbar. Die Gruppe $\mathfrak{Q}$ ist folglich sowohl durch $\mathfrak{P}$, wie durch $\mathfrak{P}_0$ theilbar. Nun ist aber p^λ die höchste Potenz von p, die in der Ordnung von $\mathfrak{Q}$ aufgeht. Daher giebt es in $\mathfrak{Q}$ ein solches Element Q, dass

$$Q^{-1}\mathfrak{P}_0Q = \mathfrak{P}$$

ist. Aus diesen Gleichungen folgt

$$\mathfrak{P}HQ = HQ\mathfrak{P},$$

und mithin ist $HQ = P'$ ein Element von $\mathfrak{P}'$. Setzt man den Ausdruck $H = P'Q^{-1}$ in die Gleichung (3) ein, so erhält man, da Q mit P vertauschbar ist,

$$P'^{-1}P_0P' = Q^{-1}PQ = P.$$

Demnach können die beiden Summen (1.) und (2.) auf genau dieselben Repraesentanten bezogen werden. Daher ist

$$a'c = a(p^\lambda - 1).$$

Da aber

$$a' \leqq a, \quad c \leqq p^\lambda - 1$$

ist, so muss

$$a' = a, \quad c = p^\lambda - 1$$

sein. (Die oben benutzte Gleichung $r' = r$ drückt für die Gruppe $\mathfrak{Q}$ dieselbe Eigenschaft aus, wie die Gleichung $a' = a$ für die Gruppe $\mathfrak{H}$.) Folglich enthält $\mathfrak{H}$ genau $(p^\lambda - 1)b$ Elemente, deren Ordnung in $p^\lambda b$, aber nicht in b aufgeht, und genau b Elemente, deren Ordnung in b aufgeht.

Die Gruppe $\frac{\mathfrak{P}'}{\mathfrak{P}}$ der Ordnung $\frac{a}{p^\lambda}b'$ enthält eine Gruppe $\frac{\mathfrak{A}}{\mathfrak{P}}$ der Ordnung $\frac{a}{p^\lambda}$, also enthält $\mathfrak{P}'$ eine Gruppe $\mathfrak{A}$ der Ordnung a.

Auch bei dem Beweise des letzten Theiles des obigen Satzes wende ich den Inductionsschluss an. Er braucht dann nicht mehr bewiesen zu werden, falls man h in die Factoren $\frac{a}{p^\lambda}$ und $p^\lambda b$ zerlegt, d. h. wenn d in $\frac{a}{p^\lambda}$ aufgeht, also nur noch, wenn d durch p^λ theilbar ist. Nun enthält aber die Gruppe $\frac{\mathfrak{A}}{\mathfrak{P}}$ der Ordnung $\frac{a}{p^\lambda}$ eine

Gruppe $\frac{\mathfrak{D}}{\mathfrak{P}}$ der Ordnung $\frac{d}{p^\lambda}$, also enthält $\mathfrak{A}$ eine Gruppe $\mathfrak{D}$ der Ordnung d. Seien $\mathfrak{D}$ und $\mathfrak{D}_0$ irgend zwei in $\mathfrak{H}$ enthaltene Gruppen der Ordnung d (die durch p^λ theilbar ist). Will man beweisen, dass sie conjugirt sind in Bezug auf $\mathfrak{H}$, so kann man jede durch eine beliebige conjugirte Gruppe ersetzen. Dadurch kann man erreichen, dass beide dieselbe Gruppe $\mathfrak{P}$ der Ordnung p^λ enthalten. Da $\mathfrak{D}(\mathfrak{D}_0)$ genau p^λ Elemente enthält, deren Ordnung in p^λ aufgeht, so ist $\mathfrak{P}$ eine invariante Untergruppe von $\mathfrak{D}$ und $\mathfrak{D}_0$. Daher sind $\mathfrak{D}$ und $\mathfrak{D}_0$ beide in $\mathfrak{P}'$ enthalten und $\frac{\mathfrak{D}}{\mathfrak{P}}$ und $\frac{\mathfrak{D}_0}{\mathfrak{P}}$ beide in $\frac{\mathfrak{P}'}{\mathfrak{P}}$. Folglich giebt es in $\frac{\mathfrak{P}'}{\mathfrak{P}}$ ein solches Element H, dass $\frac{H^{-1}\mathfrak{D}H}{\mathfrak{P}} = \frac{\mathfrak{D}_0}{\mathfrak{P}}$, also $H^{-1}\mathfrak{D}H = \mathfrak{D}_0$ ist.

§ 6.

Ich wende mich nun zur Betrachtung einiger besonders interessanter specieller Fälle des eben entwickelten allgemeinen Satzes. Der einfachste ist der, wo jede der Gruppen $\mathfrak{K}, \mathfrak{L}, \cdots \mathfrak{P}$ den Rang $\rho = 1$ hat, also eine cyklische Gruppe ist (aus den Potenzen eines Elementes besteht). Dann ist $\Theta(\mathfrak{K}) = k-1$. Ist also $k < l < m < \cdots < p$, und ist jede in b aufgehende Primzahl $> p$, oder sind allgemeiner b und $a\phi(a)$ relative Primzahlen, so sind die Voraussetzungen sämmtlich erfüllt. Diesen Fall hat Burnside in einer Arbeit *Notes on the Theory of Groups of Finite Order,* Proceedings of the London Math. Soc. vol. XXVI, p. 199 behandelt. Als Beispiel führe ich folgenden Satz an:

I. *Ist m eine ungerade Zahl, so hat eine Gruppe $\mathfrak{H}$ der Ordnung $2^\lambda m$, die ein Element der Ordnung 2^λ enthält, eine und nur eine Untergruppe $\mathfrak{H}_\varkappa$ der Ordnung $2^{\lambda-\varkappa}m$. Sie besteht aus allen Elementen von $\mathfrak{H}$, deren Ordnung in $2^{\lambda-\varkappa}m$ aufgeht. Von den λ charakteristischen Untergruppen $\mathfrak{H}_1, \mathfrak{H}_2, \cdots \mathfrak{H}_\lambda$ der Gruppe $\mathfrak{H}$ ist jede durch die folgende theilbar.*

Denn sind $G_1, G_2, \cdots G_h$ die $h = 2^\lambda m$ Elemente von $\mathfrak{H}$, und ist A eines unter ihnen, so ist

$$\overline{A} = \begin{pmatrix} G_1 & , G_2 & , \cdots G_h \\ G_1 A, & G_2 A, & \cdots G_h A \end{pmatrix}$$

eine Permutation derselben. Die so erhaltenen h verschiedenen Permutationen bilden eine der Gruppe $\mathfrak{H}$ isomorphe Gruppe $\overline{\mathfrak{H}}$. Ist a die Ordnung von A, so besteht $\overline{A}$ aus $\frac{h}{a}$ Cyklen von je a Symbolen. Ist L ein Element der Ordnung 2^λ, so ist daher $\overline{L}$ eine ungerade Permutation. Daher bilden die geraden Permutationen von $\overline{\mathfrak{H}}$ eine invariante Untergruppe $\overline{\mathfrak{H}}_1$ der Ordnung $\frac{h}{2}$. Die ungeraden Permutationen sind die, deren Ordnung durch 2^λ theilbar ist, die geraden die, deren

Ordnung in $2^{\lambda-1}m$ aufgeht. Der Gruppe $\overline{\mathfrak{H}}_1$ entspricht eine invariante Untergruppe $\mathfrak{H}_1$ von $\mathfrak{H}$, die aus allen Elementen von $\mathfrak{H}$ besteht, deren Ordnung in $2^{\lambda-1}m$ aufgeht. Sie enthält das Element L^2 der Ordnung $2^{\lambda-1}$. Mithin hat sie eine invariante Untergruppe $\mathfrak{H}_2$ der Ordnung $2^{\lambda-2}m$. Sie besteht aus allen Elementen B von $\mathfrak{H}$, deren Ordnung in $2^{\lambda-2}m$ aufgeht, und die in $\mathfrak{H}_1$ enthalten sind. Die zweite Bedingung ist aber eine Folge der ersten. Denn wenn die Ordnung von B in $2^{\lambda-2}m$ aufgeht, so geht sie auch in $2^{\lambda-1}m$ auf, und mithin ist B in $\mathfrak{H}_1$ enthalten. Folglich ist $\mathfrak{H}_2$ die einzige in $\mathfrak{H}$ enthaltene Gruppe der Ordnung $2^{\lambda-2}m$, und demnach ist $\mathfrak{H}_2$ eine charakteristische Untergruppe von $\mathfrak{H}$.

Der nächste Fall ist der, wo jede der Gruppen $\mathfrak{K}, \mathfrak{L}, \cdots \mathfrak{P}$ den Rang 1 oder 2 hat. Hat $\mathfrak{K}$ den Rang 2, so ist $\Theta(\mathfrak{K}) = (k-1)(k^2-1)$. Auch dann sind die Voraussetzungen erfüllt, wenn $k<l<m<\cdots<p$ ist, und jede in b aufgehende Primzahl $>p$ ist, oder allgemeiner b zu $(k^2-1)(l^2-1)\cdots(p^2-1)$ theilerfremd ist. Eine Ausnahme tritt aber hier ein, wenn $k=2$ und $l=3$ ist, und $\mathfrak{K}$ den Rang 2 hat.

Die Bedingung, dass $\Theta(\mathfrak{K})$ und $\frac{h}{k^\alpha}$ theilerfremd sein sollen, kann durch folgende andere ersetzt werden: Sei $\mathfrak{C}$ irgend eine Untergruppe von $\mathfrak{K}$, sei $\mathfrak{N}$ eine Untergruppe von $\mathfrak{C}$, und sei Q ein Element von $\mathfrak{H}$, dessen Ordnung in $\frac{h}{k^\alpha}$ aufgeht. Ist dann Q mit $\mathfrak{C}$ (mod. $\mathfrak{N}$) vertauschbar, so muss Q mit jedem Elemente von $\mathfrak{C}$ (mod. $\mathfrak{N}$) vertauschbar sein. Es genügt auch zu wissen, dass dieser Bedingung jedes solche Element Q genügt, dessen Ordnung eine Potenz einer Primzahl ist. Der oben erwähnte Ausnahmefall tritt daher unter folgender Bedingung nicht ein: Ist ein Element Q, dessen Ordnung eine Potenz von 3 ist, mit $\mathfrak{C}$ (mod. $\mathfrak{N}$) vertauschbar, so muss Q mit jedem Elemente von $\mathfrak{C}$ (mod. $\mathfrak{N}$) vertauschbar sein.

Sei $\frac{\mathfrak{C}}{\mathfrak{N}} = \mathfrak{P}$ und sei $\mathfrak{P}_1, \mathfrak{P}_2, \mathfrak{P}_3 \cdots \mathfrak{P}$ eine lückenlose Reihe charakteristischer Untergruppen von $\mathfrak{P}$. Dann hat jede der Gruppen $\frac{\mathfrak{P}_{\mu+1}}{\mathfrak{P}_\mu}$ entweder den Rang 1 und die Ordnung 2 oder den Rang 2 und die Ordnung 4. Ist Q mit jedem Elemente von $\mathfrak{P}_1$ vertauschbar, mit jedem von $\frac{\mathfrak{P}_2}{\mathfrak{P}_1}$, von $\frac{\mathfrak{P}_3}{\mathfrak{P}_2}$ u.s.w., so ist Q nach Satz II, § 2 auch mit jedem Elemente von $\mathfrak{P}$ vertauschbar. Wenn also Q zwar mit $\mathfrak{P}$, aber nicht mit jedem Elemente von $\mathfrak{P}$ vertauschbar ist, so muss es auch einen solchen Index μ geben, dass Q zwar mit $\frac{\mathfrak{P}_{\mu+1}}{\mathfrak{P}_\mu}$, aber nicht mit jedem Elemente dieser Gruppe vertauschbar ist. Dann muss $\frac{\mathfrak{P}_{\mu+1}}{\mathfrak{P}_\mu}$ aber nothwendig den Rang 2 und die Ordnung 4 haben. Wir können nun die Gruppe $\frac{\mathfrak{C}}{\mathfrak{N}}$ vollständig durch diese Gruppe $\frac{\mathfrak{P}_{\mu+1}}{\mathfrak{P}_\mu}$ ersetzen, d. h. wir können voraussetzen, dass $\frac{\mathfrak{C}}{\mathfrak{N}} = \mathfrak{P}$ den Rang 2 und die Ordnung 4 hat. Dann besteht $\mathfrak{P}$ aus dem Hauptelemente E und 3 unter einander vertauschbaren Elementen A, B, C der Ordnung 2, die den Bedingungen

$$A^2 = E, \; B^2 = E, \; C^2 = E, \; ABC = E$$

genügen. Da Q mit $\mathfrak{P}$, aber nicht mit A, B, C vertauschbar ist, so müssen Relationen der Form

$$QA = BQ, \; QB = CQ, \; QC = AQ$$

bestehen. Daher ist Q^3 mit jedem Elemente von $\mathfrak{P}$ vertauschbar. Bilden also die Potenzen von Q die Gruppe $\mathfrak{Q}$, die von Q^3 die Gruppe $\mathfrak{R}$, so ist $\mathfrak{R}$ eine invariante Untergruppe von $\mathfrak{P}\mathfrak{Q}$, die obigen Relationen gelten auch (mod. $\mathfrak{R}$) und ausserdem ist

$$Q^3 = E \text{ (mod. } \mathfrak{R}).$$

Daher ist $\frac{\mathfrak{P}\mathfrak{Q}}{\mathfrak{R}}$ die Tetraedergruppe.

II. Hat jede der Gruppen vertauschbarer Elemente $\mathfrak{K}, \mathfrak{L}, \mathfrak{M}, \cdots \mathfrak{P}$ *der Ordnung* $k^\alpha, l^\beta, m^\gamma, \cdots p^\lambda$ *den Rang* 1 *oder* 2, *und ist jeder Primfactor von* b *grösser als der grösste Primfactor von* a, *oder ist allgemeiner* b *zu* $\Theta(\mathfrak{K})\,\Theta(\mathfrak{L})\cdots\Theta(\mathfrak{P})$ *theilerfremd, so enthält* $\mathfrak{H}$ *genau* b *Elemente, deren Ordnung in* b *aufgeht.*

Eine Ausnahme tritt nur ein, wenn $k = 2$, $l = 3$ *ist,* $\mathfrak{K}$ *den Rang* 2 *hat, und* $\mathfrak{H}$ *eine Untergruppe hat, deren Ordnung in* $2^\alpha 3^\beta$ *aufgeht, und die mit der Tetraedergruppe zusammengesetzt ist.*

Die Gruppen $\mathfrak{K}, \mathfrak{L}, \cdots \mathfrak{P}$ haben sicher den Rang 1 oder 2, wenn die Exponenten $\alpha, \beta, \cdots \lambda$ alle gleich 1 oder 2 sind. Den speciellen Fall, wo $\alpha = 2, \beta = \gamma = \cdots = \lambda = 1$ ist, hat ebenfalls schon Burnside (a. a. O. S. 202) behandelt. Einen anderen habe ich *Über auflösbare Gruppen* § 5 erwähnt. Wie ich bei dieser Gelegenheit bemerke, geht dort aus der Fassung des Satzes nicht deutlich genug hervor, dass $\mathfrak{H}_{n+1}$ keine invariante Untergruppe von $\mathfrak{H}$ selbst zu sein braucht.

Mit Hülfe der entwickelten Sätze macht es nun keine besondere Mühe mehr, die Vermuthung zu bestätigen, die ich in der Einleitung jener Arbeit ausgesprochen habe:

III. Unter allen Gruppen, deren Ordnung ein Product von 5 *Primzahlen ist, giebt es nur* 3 *einfache Gruppen, gebildet von den eigentlichen gebrochenen linearen Substitutionen in Bezug auf einen Primzahlmodul* p, *von der Ordnung* $\frac{1}{2}p(p^2-1)$ *für* $p = 7$, 11 *und* 13, *also von der Ordnung*

$$168 = 2^3 \cdot 3 \cdot 7, \; 660 = 2^2 \cdot 3 \cdot 5 \cdot 11, \; 1092 = 2^2 \cdot 3 \cdot 7 \cdot 13.$$

Unter allen Gruppen, deren Ordnung ein Product von weniger als 5 Primzahlen ist, giebt es nur eine einfache, die Ikosaedergruppe der Ordnung 60. Wenn also eine Gruppe, deren Ordnung ein Product von 5 Primzahlen ist, zwar zusammengesetzt, aber nicht auflösbar ist, so muss sie aus der Ikosaedergruppe und einer Gruppe von Primzahlordnung zusammengesetzt sein.

Seien $\mathfrak{J}$ und $\mathfrak{G}$ irgend zwei Gruppen der Ordnungen f und g. Indem man die Elemente von $\mathfrak{G}$ (ausser E) mit andern Buchstaben bezeichnet, wie die von $\mathfrak{J}$, erhält man zwei isomorphe Gruppen, die theilerfremd sind. Setzt man dann fest, dass jedes Element von $\mathfrak{J}$ mit jedem von $\mathfrak{G}$ vertauschbar sein soll, so ist $\mathfrak{J}\mathfrak{G} = \mathfrak{H}$ eine Gruppe der Ordnung fg, die zwei theilerfremde invariante Untergruppen $\mathfrak{J}$ und $\mathfrak{G}$ hat. Diese triviale Art, aus zwei Gruppen eine dritte zu bilden, hat schon Cauchy gelehrt. Solche Gruppen $\mathfrak{H}$ sind passend als *zerfallende* bezeichnet worden (Dyk, *Math. Ann.* Bd. 17 S. 482).

Ist f eine Primzahl p, und ist $\mathfrak{G}$ eine Ikosaedergruppe, so ist $\mathfrak{H}$ eine Gruppe der Ordnung $60p$.

Diese zerfallenden Gruppen hatte ich bei meiner Untersuchung von vorn herein von der Betrachtung ausgeschlossen, habe sie aber dann bei der Zusammenstellung der Resultate aufzuführen vergessen. Ausser ihnen giebt es aber, wie a. a. O. behauptet wurde, nur noch zwei zusammengesetzte, aber nicht auflösbare Gruppen, deren Ordnung ein Product von 5 Primzahlen ist. Beide haben die Ordnung 120, jede hat nur eine invariante Untergruppe, die eine die Ikosaedergruppe, die andere eine Gruppe der Ordnung 2. Jene ist die symmetrische Gruppe des Grades 5, diese die Gruppe der linearen Substitutionen

$$x \equiv \alpha x' + \beta y' \quad y \equiv \gamma x' + \delta y' \pmod{5} \qquad (\alpha\delta - \beta\gamma \equiv 1)$$

Diese Resultate, die mir schon bei der Abfassung jener Arbeit bekannt waren, hat Hölder in der kürzlich erschienenen Arbeit *Bildung zusammengesetzter Gruppen* (Math. Ann. Bd. 46) ausführlich bewiesen (vergl. besonders § 60).

Von den zahlreichen Verallgemeinerungen der obigen Resultate erwähne ich hier nur noch die beiden folgenden:

IV. Sind $p < q < r$ drei verschiedene Primzahlen, so giebt es ausser der Ikosaedergruppe keine einfache Gruppe der Ordnung $p^\alpha qr$, worin je zwei Untergruppen der Ordnung p^α theilerfremd sind.

V. Sind $p < q < r$ drei verschiedene Primzahlen, so hat eine Gruppe $\mathfrak{H}$ der Ordnung $p^2 q r^\gamma$ eine invariante Untergruppe der Ordnung r^γ und ist folglich auflösbar. Nur wenn $p = 2$, $q = 3$, $r = 5$ ist, braucht dies nicht der Fall zu sein. Dann aber hat $\mathfrak{H}$ eine invariante Untergruppe $\mathfrak{J}$ der Ordnung $r^{\gamma-1}$, und $\frac{\mathfrak{H}}{\mathfrak{J}}$ ist die Ikosaedergruppe.

§ 7.

Die in § 5 betrachtete Gruppe $\mathfrak{H}$ hat eine Untergruppe der Ordnung d, falls d und $\frac{a}{d}$ theilerfremd sind. Dieser Satz lässt sich so verallgemeinern: Die Gruppe $\mathfrak{K}(\mathfrak{L}, \cdots \mathfrak{P})$ habe eine (für $\mathfrak{K}$) charakteristische Untergruppe $\mathfrak{K}_0(\mathfrak{L}_0, \cdots \mathfrak{P}_0)$ der Ordnung $k^{\alpha_0}(l^{\beta_0}, \cdots p^{\lambda_0})$. Z. B. kann $\mathfrak{K}_0 = \mathfrak{E}$ oder $\mathfrak{K}_0 = \mathfrak{K}$ sein. Dann hat $\mathfrak{H}$ eine Untergruppe der Ordnung $d = k^{\alpha_0} l^{\beta_0} \cdots p^{\lambda_0}$. Denn die Gruppe $\mathfrak{A}$ der Ordnung a hat die invariante Untergruppe $\mathfrak{P}$ der Ordnung p^λ, und diese hat die charakteristische Untergruppe $\mathfrak{P}_0$. Folglich ist auch $\mathfrak{P}_0$ eine invariante Untergruppe von $\mathfrak{A}$. Ferner hat $\mathfrak{A}$ eine Untergruppe $\mathfrak{A}_0$ der Ordnung $\frac{a}{p^\lambda}$. Nimmt man nun an, für diese sei die Behauptung schon bewiesen, so hat $\mathfrak{A}_0$ eine Untergruppe $\mathfrak{D}_0$ der Ordnung $\frac{d}{p^{\lambda_0}}$. Die Gruppe $\mathfrak{P}_0$ ist mit jedem Elemente von $\mathfrak{A}$, also auch mit jedem von $\mathfrak{D}_0$ vertauschbar. Mithin hat $\mathfrak{A}$ die Untergruppe $\mathfrak{D} = \mathfrak{D}_0 \mathfrak{P}_0$ der Ordnung d.

Ich betrachte nun den speciellen Fall, wo jede der Gruppen $\mathfrak{K}, \mathfrak{L}, \cdots \mathfrak{P}$ eine cyklische ist. Dann hat $\mathfrak{P}$ nur eine einzige Untergruppe von gegebener Ordnung p^{λ_0}, und diese ist folglich eine charakteristische. Ist also d irgend ein Divisor von a, so hat $\mathfrak{H}$ eine Untergruppe $\mathfrak{D}$ der Ordnung d. Ferner sind je zwei solche Gruppen $\mathfrak{D}$ und $\mathfrak{D}'$ conjugirt. Denn seien $\mathfrak{P}_0$ und $\mathfrak{P}_0'$ die in ihnen enthaltenen Gruppen der Ordnung p^{λ_0}, und seien $\mathfrak{P}$ und $\mathfrak{P}'$ Gruppen der Ordnung p^λ, in denen $\mathfrak{P}_0$ und $\mathfrak{P}_0'$ enthalten sind. Dann ist $\mathfrak{P}' = H^{-1}\mathfrak{P}H$, also auch $\mathfrak{P}_0' = H^{-1}\mathfrak{P}_0 H$, weil $\mathfrak{P}$ nur eine Untergruppe der Ordnung p^{λ_0} enthält. Indem man daher $\mathfrak{D}$ durch eine conjugirte Gruppe ersetzt, kann man erreichen, dass $\mathfrak{D}$ und $\mathfrak{D}'$ beide dieselbe (invariante) Untergruppe $\mathfrak{P}_0$ enthalten. Daraus erhält man das Resultat in derselben Weise wie in § 5.

Sind die Exponenten $\alpha, \beta, \cdots \lambda$ alle gleich 1, so ergiebt sich aus der Existenz der Gruppe $\mathfrak{D}$ in besonders einfacher Weise der interessante Satz, den Hölder in der unlängst erschienenen Arbeit *Die Gruppen mit quadratfreier Ordnungszahl* (Göttinger Nachrichten, 1895) entwickelt hat.

Die Ordnung $h = p_1 p_2 p_3 \cdots$ der Gruppe $\mathfrak{H}$ enthalte keinen Primfactor $p_1, p_2, p_3 \cdots$ in einer höheren als der ersten Potenz. Sei $\mathfrak{P}_\alpha$ eine in $\mathfrak{H}$ enthaltene Gruppe der Ordnung p_α, gebildet von den Potenzen des Elementes P_α. Um $\mathfrak{H}$ als transitive Gruppe von Permutationen darzustellen, muss man eine Untergruppe $\mathfrak{G}$ suchen, welche keine invariante Untergruppe von $\mathfrak{H}$ (ausser $\mathfrak{E}$) enthält. (*Über endliche Gruppen* § 4.) Sei $\mathfrak{J}$ eine von $\mathfrak{E}$ verschiedene invariante Untergruppe von $\mathfrak{H}$, q die grösste in ihrer Ordnung f enthaltene Primzahl, $\mathfrak{Q}$ eine in $\mathfrak{J}$

enthaltene Gruppe der Ordnung q. Dann ist $\mathfrak{Q}$ eine invariante Untergruppe von $\mathfrak{F}$, also auch von $\mathfrak{H}$, weil q und $\frac{f}{q}$ theilerfremd sind (a. a. O. S. 2, II). Damit also $\mathfrak{G}$ keine invariante Untergruppe von $\mathfrak{H}$ enthält, ist nothwendig und hinreichend, dass sie keine solche Gruppe von Primzahlordnung enthält.

Seien $\mathfrak{P}_\alpha, \mathfrak{P}_\beta, \mathfrak{P}_\gamma \cdots$ die invarianten Untergruppen von $\mathfrak{H}$, deren Ordnungen $p_\alpha, p_\beta, p_\gamma, \cdots$ Primzahlen sind. Dann ist auch ihr kleinstes gemeinschaftliches Vielfaches $\mathfrak{P}_\alpha \mathfrak{P}_\beta \mathfrak{P}_\gamma \cdots = \mathfrak{M}$ eine invariante Untergruppe von $\mathfrak{H}$ der Ordnung $m = p_\alpha p_\beta p_\gamma \cdots$. Da $\mathfrak{P}_\alpha$ und $\mathfrak{P}_\beta$ theilerfremd sind, so ist P_α mit P_β vertauschbar. Folglich ist $P_\alpha P_\beta P_\gamma \cdots = M$ ein Element der Ordnung m, und $\mathfrak{M}$ besteht aus den Potenzen von M. Zu den Primzahlen $p_\alpha, p_\beta, p_\gamma \cdots$ gehört nothwendig jede in h enthaltene Primzahl p, die nicht in $\phi\left(\frac{h}{p}\right)$ aufgeht, z. B. der grösste Primfactor von h.

Ist $h = gm$, so hat $\mathfrak{H}$ eine Untergruppe $\mathfrak{G}$ der Ordnung g. Durch die Benutzung einer solchen Gruppe $\mathfrak{G}$ gelingt es nun, das Verfahren von Hölder zu vereinfachen. $\mathfrak{G}$ enthält keine invariante Untergruppe von $\mathfrak{H}$. Denn sonst enthielte sie auch eine solche von Primzahlordnung, also eine der Gruppen $\mathfrak{P}_\alpha, \mathfrak{P}_\beta, \mathfrak{P}_\gamma \cdots$, während g durch keine der Primzahlen $p_\alpha, p_\beta, p_\gamma \cdots$ theilbar ist. Mithin lässt sich $\mathfrak{H}$ als transitive Gruppe von Permutationen von $m = \frac{h}{g}$ Symbolen darstellen. In dieser Darstellung wird das Element M der Ordnung m eine Substitution, die aus einem einzigen Cyklus von m Symbolen besteht, also z. B. durch die lineare Substitution $y \equiv x + 1 \pmod{m}$ dargestellt werden kann. Die b^{te} Potenz von M ist dann die Substitution

$$y \equiv x + b \pmod{m}.$$

Mit der Gruppe $\mathfrak{M}$, die von diesen Potenzen gebildet wird, ist jede Substitution von $\mathfrak{H}$ vertauschbar. Sie ist daher von der Form $y \equiv ax + b \pmod{m}$, wo a eine Gruppe von g Werthen durchläuft. Die Substitutionen $y \equiv ax \pmod{m}$ bilden eine in $\mathfrak{H}$ enthaltene Gruppe vertauschbarer Elemente der Ordnung g. Dieser ist nach § 5 die Gruppe $\mathfrak{G}$ conjugirt. Also sind auch je zwei Elemente von $\mathfrak{G}$ vertauschbar. Da g durch kein Quadrat theilbar ist, so hat $\mathfrak{G}$ den Rang 1, ist also eine cyklische Gruppe. Mithin lassen sich die g Werthe von a alle als Potenzen von einem derselben c darstellen, der zum Exponenten $g \pmod{m}$ gehört.

50.

Über die cogredienten Transformationen der bilinearen Formen

Sitzungsberichte der Königlich Preußischen Akademie der Wissenschaften zu Berlin
7–16 (1896)

Eine Schaar von bilinearen Formen $B = uB_1 + vB_2$ heisst unter einer andern Schaar $A = uA_1 + vA_2$ enthalten, wenn zwei von u und v unabhängige lineare Substitutionen P und Q gefunden werden können, die A in B transformiren; zwei Schaaren werden aequivalent genannt, wenn jede unter der andern enthalten ist. Da man zu jeder Form Glieder mit verschwindenden Coefficienten hinzufügen kann, so darf man annehmen, dass die Anzahl m der Variabeln der ersten Reihe und die Anzahl n der Variabeln der zweiten Reihe für die Form A dieselbe ist, wie für B. Dann kann man die Form A in eine aequivalente Form B durch zwei Substitutionen P und Q überführen, deren Determinanten (von den Graden m und n) nicht verschwinden, so dass B in A durch die inversen Substitutionen P^{-1} und Q^{-1} übergeht.

Eine Invariante von A erhält man, indem man die Coefficienten von A nach m Zeilen und n Spalten ordnet und den grössten gemeinsamen Divisor aller Determinanten $k$ten Grades dieses Systems berechnet. Stimmen die so (für $k = 1, 2, 3, \cdots$) ermittelten Invarianten zweier Formen A und B überein, so sind sie aequivalent, falls $m = n$ ist, und die Determinante von A nicht identisch verschwindet. (Weierstrass, *Zur Theorie der bilinearen und quadratischen Formen,* Monatsber. 1868). Ist aber m von n verschieden, oder ist $m = n$ und die Determinante von A für alle Werthe von u und v Null, so bestehen zwischen den partiellen Ableitungen erster Ordnung von A nach den $m + n$ Variabeln lineare Relationen. Ermittelt man ein vollständiges System solcher Relationen, die von möglichst niedrigen Graden sind, so bilden diese Gradzahlen zusammen mit jenen grössten gemeinsamen Divisoren ein vollständiges Invariantensystem von A (Kronecker, *Algebraische Reduction der Schaaren bilinearer Formen,* Sitzungsber. 1890).

Ist $m = n$, und sind die gegebenen Formenschaaren $A = uA_1 + vA_2$ und $B = uB_1 + vB_2$ symmetrisch, oder sind A_1 und B_1 symmetrische, A_2 und B_2 alternirende Formen, so haben Weierstrass und Kronecker eine beschränktere Art von Aequivalenz untersucht, indem sie die Bedingung stellten, dass die Substitutionen P und Q für die beiden Reihen von Variabeln übereinstimmend (*congruent, cogredient*) sein sollten, und in gleicher Weise lässt sich, wie ich gezeigt habe, der Fall behandeln, wo A und B beide *alternirende* Formen sind. Die für die Aequivalenz im weiteren Sinne nothwendigen Bedingungen sind selbstverständlich auch für die engere Art der Aequivalenz erforderlich. Dass sie aber auch hinreichend sind, war von vornherein nicht zu erwarten, und darf wohl als eins der interessantesten Ergebnisse jener Entwicklungen angesehen werden. Den eigentlichen Grund dieser merkwürdigen Erscheinung, der aus den bisherigen Untersuchungen schwer zu erkennen ist, vollständig aufzudecken, ist der Zweck der folgenden Zeilen.

Sind irgend zwei Substitutionen P und Q von nicht verschwindender Determinante bekannt, die eine symmetrische (oder alternirende) Form A in eine Form B transformiren, die wieder symmetrisch (alternirend) ist, so leite ich aus P und Q eine Substitution R ab, die auf beide Reihen von Variabeln angewendet A in B überführt. Die Darstellung der Substitution R ist von den Formen A und B unabhängig und kann ausgeführt werden, ohne dass die Formen A und B selbst bekannt zu sein brauchen. Sie erfolgt auch für alternirende Formen nach derselben Regel wie für symmetrische. Daher wird jede symmetrische und jede alternirende Form, die durch die Substitutionen P und Q wieder in eine symmetrische resp. alternirende Form transformirt wird, auch durch die auf beide Reihen von Variabeln angewendete Substitution R in dieselbe übergeführt.

Um den Gedankengang, der mich zu jener Regel geführt hat, kurz darzulegen, bemerke ich, dass alle Paare von Substitutionen X, Y, welche die symmetrische (oder alternirende) Form A in die symmetrische (oder alternirende) Form B überführen, aus einem solchen Paare P, Q hervorgehen, indem man mit dieser alle Paare von Substitutionen U, V zusammensetzt, die A in sich selbst transformiren. Wenn es also cogrediente Substitutionen giebt, die A in B transformiren, so müssen sie sich unter den Substitutionen $X = PU$, $Y = VQ$ befinden. Sind nun P und Q nicht selbst cogredient, so erhält man durch Vertauschung der entsprechenden Variabeln der beiden Reihen in A und B aus P und Q ein zweites Paar von Substitutionen X_0, Y_0, die A in B transformiren, und daraus zunächst ein Paar von Substitutionen $U_0 = P^{-1} X_0$, $V_0 = Y_0 Q^{-1}$, die A in sich selbst transformiren. Aus einem solchen Paar kann man aber, indem man die Substitutionen wiederholt anwendet, neue herleiten, und indem man diese in geeigneter Weise linear combinirt, sogar eine ganze Schaar von Substitutionenpaaren U, V gewinnen. Diese Schaar enthält zwar im Allgemeinen nicht alle Paare von Substitutionen, die A in sich selbst verwandeln. Man findet darin aber stets eine endliche Anzahl von Substitutionen U, V, für welche $X = PU$, $Y = VQ$ cogredient werden.

Die Coefficienten der Substitutionen P, Q können durch Anwendung von rationalen Operationen allein aus den Coefficienten der aequivalenten Formen oder Formenschaaren A und B gefunden werden (vergl. meine Arbeit *Theorie der linearen Formen mit ganzen Coefficienten,* Crelle's Journ. Bd. 86, Einleitung und § 13). Dagegen müssen, wie es in der Natur der Sache liegt, zur Bestimmung der Substitution R aus P und Q eine Anzahl von algebraischen Gleichungen gelöst werden. Ein besonderer Vorzug der hier entwickelten Methode zur Ermittlung von cogredienten Transformationen einer Form in eine aequivalente besteht darin, dass diese unumgänglichen irrationalen Operationen erst am Schlusse der ganzen Rechnung auszuführen sind.

Für die ausführlichen Untersuchungen, die Kronecker, *Über die congruenten Transformationen der bilinearen Formen*, Sitzungsber. 1874, und über die *Algebraische Reduction der Schaaren quadratischer Formen,* Sitzungsber. 1890 und 1891, angestellt hat, giebt die hier dargelegte überaus einfache Überlegung einen vollständigen Ersatz, und mit ihrer Hülfe können auch in der Arbeit von Weierstrass die subtilen Erwägungen umgangen werden, welche die genaue Behandlung des Falles der symmetrischen bilinearen (oder was auf dasselbe hinauskommt, der quadratischen) Formen erfordert (vergl. meine Arbeit *Über die Elementartheiler der Determinanten,* Sitzungsber. 1894).

§ 1.

Seien $a, b, c, \cdots$ die verschiedenen Werthe, für welche die Function

$$\psi(x) = K(x-a)^{\alpha}(x-b)^{\beta}(x-c)^{\gamma}\cdots$$

vom Grade $m = \alpha + \beta + \gamma + \cdots$ verschwindet, und seien $F(x), G(x), H(x)\cdots$ beliebig gegebene ganze Functionen. Entwickelt man dann $F(x) : \psi(x)$ nach steigenden Potenzen von $x-a$, so sei

$$\frac{A_0}{(x-a)^{\alpha}} + \frac{A_1}{(x-a)^{\alpha-1}} + \cdots + \frac{A_{\alpha-1}}{x-a} = \frac{A_0 + A_1(x-a) + \cdots + A_{\alpha-1}(x-a)^{\alpha-1}}{(x-a)^{\alpha}} = \frac{A(x)}{(x-a)^{\alpha}}$$

das Aggregat der Glieder mit negativen Exponenten. Dieselbe Bedeutung habe $\frac{B(x)}{(x-b)^{\beta}}$ für die Entwicklung von $\frac{G(x)}{\psi(x)}$ nach Potenzen von $x-b$ u.s.w. Dann ist

$$\chi(x) = A(x)\frac{\psi(x)}{(x-a)^{\alpha}} + B(x)\frac{\psi(x)}{(x-b)^{\beta}} + C(x)\frac{\psi(x)}{(x-c)^{\gamma}} + \cdots$$

eine ganze Function $(m-1)^{\text{ten}}$ Grades von x, die folgende Eigenschaften hat: Entwickelt man sie nach Potenzen von $x-a$, so haben $(x-a)^0$, $(x-a)^1, \cdots (x-a)^{\alpha-1}$ dieselben Coefficienten, wie in der Entwicklung von $F(x)$ u. s. w., oder es ist

$$\chi(a) = F(a),\ \chi'(a) = F'(a), \cdots \chi^{(\alpha-1)}(a) = F^{(\alpha-1)}(a),$$
$$\chi(b) = G(b),\ \chi'(b) = G'(b), \cdots \chi^{(\beta-1)}(b) = G^{(\beta-1)}(b), \cdots.$$

Genügt die ganze Function $(m-1)^{\text{ten}}$ Grades $\vartheta(x)$ denselben Bedingungen, so ist $\vartheta(x)-\chi(x)$ durch $\psi(x)$ theilbar und nur vom $(m-1)^{\text{ten}}$ Grade, also identisch Null.

Ist z. B. keiner der Werthe $a, b, c \cdots$ Null, so kann man eine ganze Function $(m-1)^{\text{ten}}$ Grades $\chi(x)$ so bestimmen, dass $\big(\chi(x)\big)^2-x$ durch $\psi(x)$ theilbar wird. Nachdem man nämlich das Vorzeichen von $\sqrt{a}$ $(\sqrt{b}, \sqrt{c}, \cdots)$ beliebig gewählt hat, entwickle man $\sqrt{x}$ nach steigenden Potenzen von $x-a$ $(x-b, x-c, \cdots)$ in eine Reihe, die mit $\sqrt{a}$ $(\sqrt{b}, \sqrt{c}, \cdots)$ anfängt und bezeichne mit $F(x)$ $\big(G(x), H(x), \cdots\big)$ das Aggregat der ersten α $(\beta, \gamma, \cdots)$ Glieder der Reihe. Ist dann $\chi(x)$ die oben bestimmte Function, so fängt die Entwicklung von $\chi(x)-\sqrt{x}$ nach Potenzen von $x-a$ $(x-b, x-c, \cdots)$ mit $(x-a)^\alpha$ $\big((x-b)^\beta, (x-c)^\gamma \cdots\big)$ an, und folglich ist $\chi(x)^2-x$ durch $\psi(x)$ theilbar. Dasselbe Verfahren ist auch anwendbar, wenn $a=0$ und zugleich $\alpha=1$ ist, aber nicht, wenn dann $\alpha>1$ ist, weil $\big(\chi(x)\big)^2-x$ für $x=0$ höchstens von der ersten Ordnung verschwinden kann.

Ich bediene mich nun der Bezeichnungen und Sätze, die ich in meiner Arbeit *Über lineare Substitutionen und bilineare Formen,* CRELLE's Journ. Bd. 84, entwickelt habe. Sei U eine Form von nicht verschwindender Determinante, und sei $\psi(U)=0$ die Gleichung niedrigsten Grades, der U genügt, also $\psi(0)$ von Null verschieden. Ist dann $\chi(x)^2-x$ durch $\psi(x)$ theilbar, so ist

$$\big(\chi(U)\big)^2 = U.$$

Eine beliebige der auf diese Weise (durch bestimmte Wahl der Wurzeln $\sqrt{a}, \sqrt{b}, \sqrt{c}, \cdots$) erhaltenen ganzen Functionen von U bezeiche ich mit

$$\chi(U) = U^{\frac{1}{2}} = \sqrt{U}.$$

Da die Determinante von V^2 gleich $|V^2| = |V|^2$ ist, so ist auch die Determinante

$$|U^{\frac{1}{2}}| = \pm |U|^{\frac{1}{2}},$$

also von Null verschieden. Die conjugirte Form von $\chi(U)^2 = U$ ist $\chi(U')^2 = U'$. Unter den verschiedenen Ausdrücken von $\sqrt{U'}$ giebt es also einen, welcher der Bedingung

$$\sqrt{(U')} = (\sqrt{U})'$$

genügt, und unter den verschiedenen Ausdrücken von $(\sqrt{U})'$ einen, der gleich $\sqrt{(U')}$ ist. In demselben Sinne gilt die Gleichung

$$\sqrt{(U^{-1})} = (\sqrt{U})^{-1} = U^{-\frac{1}{2}}.$$

Denn ist $V^2 = U$, so ist $(V^{-1})^2 = U^{-1}$. Da die Determinante von U nicht verschwindet, so kann man sowohl U^{-1} als auch $U^{-\frac{1}{2}}$ als ganze Function von U darstellen.

In ähnlicher Weise lässt sich jede algebraische oder transcendente Function von U definiren, die sich in der Umgebung der Stellen $a, b, c, \cdots$ regulär verhält. Auch kann $f(U)$ kürzer als das Residuum von $(xE-U)^{-1}f(x)$ in Bezug auf alle Wurzeln der charakteristischen Gleichung von U erklärt werden. In dieser Weise hat Stickelberger in seiner akademischen Antrittsschrift »*Zur Theorie der linearen Differentialgleichungen*« (Leipzig 1881) die allgemeine Potenz U^x definirt und bei der Lösung von linearen Differenzengleichungen und Differentialgleichungen benutzt. Eine weniger genaue Definition giebt Sylvester, *Sur les puissances et les racines de substitutions linéaires,* Compt. Rend. 1882, vol. 94, p. 55. Wie bei der Herleitung der Taylor'schen Reihe aus dem Cauchy'schen Integral gelangt man von der obigen Definition aus am einfachsten zur Entwicklung von $f(U)$ in eine convergente nach Potenzen von U oder $U-aE$ fortschreitende Reihe. In dieser Gestalt wird die Function e^U definirt und benutzt von Schur, *Zur Theorie der unendlichen Transformationsgruppen*, Math. Ann. Bd. 38.

Sind A und B zwei Formen von nicht verschwindender Determinante, und setzt man

$$P = B(AB)^{-\frac{1}{2}},$$

so ist

$$PAP = B(AB)^{-\frac{1}{2}}(AB)(AB)^{-\frac{1}{2}} = B,$$

also

$$PAP = B\,, \quad P^{-1}BP^{-1} = A.$$

Es gilt folglich der Satz:

Sind $A = \sum a_{\alpha\beta}x_\alpha y_\beta$ *und* $B = \sum b_{\alpha\beta}x'_\alpha y'_\beta$ *zwei beliebige bilineare Formen, deren Determinanten von Null verschieden sind, so giebt es zwei Substitutionen von der Form*

$$(1.)\qquad x_\alpha = \sum_\beta p_{\beta\alpha}x'_\beta\,, \quad y_\alpha = \sum_\beta p_{\alpha\beta}y'_\beta\,,$$

die A *in* B *transformiren.*

In Bezug auf solche Substitutionen möchte ich noch die folgende Bemerkung hinzufügen: Die Bedingungen dafür, dass zwei Schaaren von bilinearen Formen durch zwei Substitutionen der Form (1.) in einander transformirt werden können, haben nicht alle die separirte Form, dass gewisse Invarianten der einen den entsprechenden der andern gleich sind. Auch ist es bei dieser Beschränkung der Aequivalenzbedingungen nicht möglich, die Formenschaaren in Classen aequivalenter Schaaren einzutheilen, weil durch Zusammensetzung von zwei Substitutionen der Form (1.) nicht wieder zwei Substitutionen derselben Form erhalten werden.

Ist $\chi(U)$ irgend eine Function der Form U, so ist

$$B^{-1}\chi(U)B = \chi(B^{-1}UB),$$

und mithin ist, falls $\chi(U) = U^{-\frac{1}{2}}$ und $U = BA$ gesetzt wird,

$$B^{-1}(BA)^{-\frac{1}{2}}B = (AB)^{-\frac{1}{2}},$$

also

$$P = B(AB)^{-\frac{1}{2}} = (BA)^{-\frac{1}{2}}B.$$

Sind die Formen A und B beide symmetrisch oder beide alternirend, so ist daher

$$P' = \big(B(AB)^{-\frac{1}{2}}\big)' = (B'A')^{-\frac{1}{2}}B' = \pm(BA)^{-\frac{1}{2}}B = \pm P.$$

Sind demnach $A = \sum a_{\alpha\beta}x_\alpha x_\beta$ und $B = \sum b_{\alpha\beta}x'_\alpha x'_\beta$ zwei quadratische Formen, deren Determinanten nicht verschwinden, ist also

$$a_{\beta\alpha} = a_{\alpha\beta}, \quad b_{\beta\alpha} = b_{\alpha\beta},$$

so kann A in B durch eine Substitution

$$x_\alpha = \sum_\beta p_{\alpha\beta}x'_\beta$$

transformirt werden, deren Coefficienten

$$p_{\beta\alpha} = p_{\alpha\beta}$$

ein symmetrisches System bilden.[1] Und sind $A = \sum a_{\alpha\beta}x_\alpha y_\beta$ und $B = \sum b_{\alpha\beta}x'_\alpha y'_\beta$ zwei alternirende bilineare Formen, deren Determinanten nicht verschwinden, ist also

$$a_{\beta\alpha} = -a_{\alpha\beta}, \quad b_{\beta\alpha} = -b_{\alpha\beta},$$

so kann A in B durch cogrediente Substitutionen

$$x_\alpha = \sum_\beta q_{\alpha\beta}x'_\beta, \quad y_\alpha = \sum_\beta q_{\alpha\beta}y'_\beta$$

---

[1] Sind A und B zwei symmetrische Formen, so genügt man der Gleichung $P'AP = B$ auch durch die Substitution

$$P = A^{-\frac{1}{2}}B^{\frac{1}{2}}, \quad P' = B^{\frac{1}{2}}A^{-\frac{1}{2}},$$

die aber im allgemeinen nicht die Bedingung $P' = P$ erfüllt. Vergl. Henry Taber, *On the Linear Transformations between Two Quadrics, Proceedings of the London Math. Soc.*, vol. XXIV, pag. 305. Meine oben erwähnte Arbeit über lineare Substitutionen scheint Hrn. Taber unbekannt geblieben zu sein nach seinen Bemerkungen auf S. 296, die durch die Untersuchungen in jener Arbeit ihre vollständige Erledigung gefunden haben, sowie nach seiner Arbeit *On Orthogonal Substitutions that can be expressed as a Function of a Single Alternate Linear Substitution*, American Journ. vol. 16.

transformirt werden, deren Coefficienten

$$q_{\beta\alpha} = -q_{\alpha\beta}$$

ein alternirendes System bilden, nämlich $q_{\alpha\beta} = ip_{\alpha\beta}$. Sind allgemeiner $a_{\beta\alpha}$ und $a_{\alpha\beta}$, $b_{\beta\alpha}$ und $b_{\alpha\beta}$, y_α und x_α, y'_α und x'_α conjugirt complexe Grössen, so kann man die bilineare Form A durch zwei Substitutionen (1.) in B transformiren, in denen $p_{\beta\alpha}$ und $p_{\alpha\beta}$ conjugirt complexe Grössen sind.

§ 2.

Sei A eine bilineare Form von n Variabelnpaaren, seien P und Q zwei Substitutionen von nicht verschwindender Determinante, und sei

$$PAQ = B$$

eine mit A aequivalente Form. Sind A und B beide symmetrisch oder beide alternirend, so erhält man durch Übergang zu den conjugirten Formen

$$Q'AP' = B$$

und mithin

$$PAQ = Q'AP', \quad (Q'^{-1}P)A = A(P'Q^{-1}),$$

oder wenn man $Q'^{-1}P = U$, also $P'Q^{-1} = U'$ setzt,

$$UA = AU'.$$

Daher ist $U^2A = UAU' = AU'^2$, allgemein $U^kA = AU'^k$, also auch wenn $\chi(U)$ eine beliebige ganze Function von U ist,

$$\chi(U)A = A\chi(U'),$$

und wenn die Determinante von $\chi(U)$ nicht verschwindet,

$$\chi(U)^{-1}A\chi(U') = A, \quad P\chi(U)^{-1}A\chi(U')Q = B,$$

also wenn man

$$P\chi(U)^{-1} = S, \; \chi(U')Q = R$$

setzt, $SAR = B$. Sollen nun diese Substitutionen cogredient sein, so muss $S = R'$, also

$$P\chi(U)^{-1} = Q'\chi(U), \; U = Q'^{-1}P = \chi(U)^2, \; \chi(U) = U^{\frac{1}{2}}$$

sein, und umgekehrt, wenn

$$R = (P'Q^{-1})^{\frac{1}{2}}Q,$$

ist, so ist auch

$$R'AR = B.$$

Sind $A_1, A_2, A_3, \cdots$ mehrere symmetrische oder alternirende Formen der Art, dass die Formen PA_1Q, PA_2Q, $PA_3Q \cdots$ ebenfalls symmetrisch bez. alternirend sind, so ist, da R nur von P und Q abhängt, aber nicht von A und B,

$$PA_1Q = R'A_1R, \quad PA_2Q = R'A_2R, \cdots$$

also auch

$$P(u_1A_1+u_2A_2+u_3A_3+\cdots)Q = R'(u_1A_1+u_2A_2+u_3A_3,\cdots)R.$$

Seien z. B. A und B zwei bilineare Formen, A' und B' die conjugirten Formen, und seien die Formenschaaren $uA+vA'$ und $uB+vB'$ aequivalent, also

$$P(uA+vA')Q = uB+vB'.$$

Setzt man

$$u+v=u_1,\ u-v=u_2,\ A+A'=A_1,\ A-A'=A_2,\ B+B'=B_1,\ B-B'=B_2,$$

so ist auch

$$P(u_1A_1+u_2A_2)Q = u_1B_1+u_2B_2.$$

Da nun die Formen A_1 und B_1 symmetrisch, A_2 und B_2 alternirend sind, so kann man eine Substitution R so bestimmen, dass

$$R'(u_1A_1+u_2A_2)R = u_1B_1+u_2B_2,\quad R'(uA+vA')R = uB+vB'$$

wird, also die Gleichung

$$R'AR = B$$

besteht, von der die Gleichung $R'A'R = B'$ eine Folge ist. Man gelangt so zu dem Hauptresultate der oben citirten Arbeit von Kronecker (vergl. auch Christoffel, *Theorie der bilinearen Formen*, Crelle's Journ. Bd. 68):

Damit zwei bilineare Formen A und B durch cogrediente Substitutionen in einander transformirt werden können, ist nothwendig und hinreichend, dass die Formenschaaren $uA+vA'$ und $uB+vB'$ aequivalent sind.

§ 3.

Die eben benutzte Methode lässt sich auch auf orthogonale Formen anwenden. Seien A und B zwei orthogonale Formen, also

$$A' = A^{-1},\ B' = B^{-1},$$

und seien P und Q irgend zwei Substitutionen, die A in B transformiren,

$$PAQ = B.$$

Geht man zu den conjugirten Formen über, so erhält man

$$Q'A^{-1}P' = B^{-1},\quad P'^{-1}AQ'^{-1} = B = PAQ,$$

also

$$(P'P)A = A(QQ')^{-1},\quad A^{-1}(P'P)A = (QQ')^{-1}.$$

Daher sind die Substitutionen

$$U = P'P,\quad V = (QQ')^{-1} = A^{-1}UA$$

ähnlich, genügen also derselben Gleichung $\psi(U) = 0$ und $\psi(V) = 0$. Ferner ist

$$A^{-1}U^kA = V^k,\quad A^{-1}\chi(U)A = \chi(V),$$

mithin, wenn die Determinante von $\chi(U)$ nicht verschwindet,

$$\chi(U)^{-1}A\chi(V) = A\,, \quad P\chi(U)^{-1}A\chi(V)Q = B.$$

Setzt man also

$$P\chi(U)^{-1} = R\,, \quad \chi(V)Q = S\,,$$

so ist

$$RAS = B.$$

Ist R eine orthogonale Form, so ist auch $S = A^{-1}R^{-1}B$ eine solche. Dazu ist erforderlich, dass $R' = R^{-1}$, also, weil $U' = U = P'P$ ist, dass

$$\chi(U)^{-1}P' = \chi(U)P^{-1}\,, \quad U = P'P = \chi(U)^2, \quad \chi(U) = U^{\frac{1}{2}}$$

ist. Sind $A_1, A_2, A_3, \cdots$ mehrere orthogonale Formen, die durch die Substitutionen P, Q wieder in orthogonale Formen $B_1, B_2, B_3, \cdots$ übergehen, so kann man, da R und S von A und B unabhängig sind, zwei orthogonale Substitutionen R, S so bestimmen, dass

$$R(u_1A_1 + u_2A_2 + u_3A_3 + \cdots)S = u_1B_1 + u_2B_2 + u_3B_3 + \cdots$$

wird, und dass R und S von den Parametern $u_1, u_2, u_3, \cdots$ nicht abhängen.

Seien A und B zwei ähnliche Formen, die beide symmetrisch, oder beide alternirend, oder beide orthogonal sind. Es giebt also eine Substitution P, die der Bedingung

$$P^{-1}AP = B$$

genügt. Daher ist auch

$$P^{-1}(A - rE)P = B - rE\,,$$

also sind die Formenschaaren $A - rE$ und $B - rE$ aequivalent. Nun ist die Form E sowohl symmetrisch als orthogonal. Man kann daher die Regeln dieses oder des vorigen Paragraphen anwenden und erhält das Resultat: Ist P eine beliebige Substitution, so ist stets

$$R = (PP')^{-\frac{1}{2}}P = (PP')^{\frac{1}{2}}P'^{-1}$$

eine orthogonale Substitution (Kelland *and* Tait, *Quaternions, Chap. X.*). Diese genügt der Bedingung

$$R'AR = R^{-1}AR = B.$$

So ergiebt sich der Satz, den ich in Crelle's *Journal* Bd. 84, S. 21 und 58, abgeleitet habe:

Sind zwei symmetrische oder zwei alternirende oder zwei orthogonale Formen ähnlich, so sind sie auch congruent und können durch eine orthogonale Substitution in einander transformirt werden.

Die Form $U = PP' = PEP'$ ist der Form E congruent. Setzt man also die entsprechenden Variabeln der beiden Reihen einander gleich, so geht die symmetrische bilineare Form U in eine quadratische Form über, die durch die Substitution P'^{-1} in eine Summe von Quadraten transformirt wird. Dieselbe ist daher, wenn die Coefficienten von P reell sind, eine definite positive Form, und folglich sind die Wurzeln

$a, b, c, \cdots$ der charakteristischen Gleichung von U alle reelle positive Grössen. Aus der Regel zur Bildung von $\chi(U) = U^{\frac{1}{2}}$ folgt daher, dass auch die Coefficienten jeder dieser Formen reell sind, und mithin ist R eine reelle orthogonale Substitution.

Ist U irgend eine Form von nicht verschwindender Determinante, und ist

$$\varphi(x) = (x-a)^{\varkappa}(x-b)^{\lambda}(x-c)^{\mu}\cdots = |xE-U|$$

ihre charakteristische Determinante, so ist die charakteristische Function von $\chi(U) = U^{\frac{1}{2}}$ gleich

$$(x-\chi(a))^{\varkappa}(x-\chi(b))^{\lambda}(x-\chi(c))^{\mu}\cdots = (x-\sqrt{a})^{\varkappa}(x-\sqrt{b})^{\lambda}(x-\sqrt{c})^{\mu}\cdots,$$

und folglich ist die Determinante dieser Form

$$|\sqrt{U}| = \sqrt{a}^{\varkappa}\,\sqrt{b}^{\lambda}\,\sqrt{c}^{\mu}\cdots.$$

Durch passende Wahl von $\sqrt{a}, \sqrt{b}, \sqrt{c}, \ldots$, also durch passende Bestimmung von $\sqrt{U}$ kann man daher erreichen, dass die Determinante von $\sqrt{U}$ gleich dem einen oder dem andern der beiden Werthe von $\sqrt{|U|}$ wird, ausgenommen, wenn die Exponenten $\varkappa, \lambda, \mu, \cdots$ alle gerade sind, also wenn $\phi(x)$ ein Quadrat ist. In diesem Falle ist

$$|\sqrt{U}| = a^{\frac{\varkappa}{2}}\, b^{\frac{\lambda}{2}}\, c^{\frac{\mu}{2}}\cdots$$

eindeutig bestimmt. Ist

$$\sqrt{\varphi(x)} = (x-a)^{\frac{\varkappa}{2}}(x-b)^{\frac{\lambda}{2}}(x-c)^{\frac{\mu}{2}}\cdots = \vartheta(x),$$

so ist

$$|\sqrt{U}| = (-1)^{\frac{n}{2}}\vartheta(0).$$

Ist $\phi(x)$ nicht in lineare Factoren zerlegt, so kann man die Coefficienten der ganzen Function $\vartheta(x)$ aus den Coefficienten von $\phi(x)$ durch rationale Operationen erhalten, und diese Function ist eindeutig bestimmt durch die Bedingung, dass darin der Coefficient der höchsten Potenz von x gleich $+1$ sein soll.

Durch geeignete Wahl von $(PP')^{\frac{1}{2}}$ kann man also erreichen, dass R eine eigentliche oder eine uneigentliche orthogonale Substitution wird, ausser wenn die charakteristische Function von PP' ein Quadrat ist. In diesem Falle ist das Vorzeichen der Determinante der Substitution R von der Wahl jener Quadratwurzel unabhängig.

51.

Über vertauschbare Matrizen

Sitzungsberichte der Königlich Preußischen Akademie der Wissenschaften zu Berlin
601–614 (1896)

Im Jahre 1884 veröffentlichte Weierstrass in den Göttinger Nachrichten eine Arbeit *Zur Theorie der aus n Haupteinheiten gebildeten complexen Grössen*, deren Ergebnisse er schon 1861 in seinen Vorlesungen vorgetragen hatte, und im Jahre 1885 legte Dedekind ebenda unter demselben Titel seine eigenen diesen Gegenstand betreffenden Untersuchungen vor, die er zum Theil schon 1871 in der zweiten Auflage der Dirichlet'schen Vorlesungen über Zahlentheorie mitgetheilt hatte. Sieht man von der philosophischen Einkleidung jener Entwicklungen ab, so bildet ihren Angelpunkt ein algebraischer Satz, der, wie auch Dedekind (S. 157, (90)) besonders hervorhebt, alle übrigen Resultate in sich begreift. Dieser gilt aber in einem weiteren Umfange, d. h. unter geringeren Voraussetzungen, als er in jenen Arbeiten bewiesen ist, und lässt sich in rein algebraischer Form so aussprechen:

I. *Sind* $a_{\alpha\beta\gamma}$ $(\alpha, \beta = 1, 2, \cdots n;\ \gamma = 1, 2, \cdots m)$ *irgend* mn^2 *Grössen, die den Bedingungen*

$$\sum_\lambda a_{\alpha\lambda\gamma}\, a_{\lambda\beta\delta} = \sum_\lambda a_{\alpha\lambda\delta}\, a_{\lambda\beta\gamma}$$

genügen, und setzt man

$$a_{\alpha\beta} = \sum_\gamma a_{\alpha\beta\gamma}\, x_\gamma,$$

so ist die Determinante n^{ten} *Grades* $|a_{\alpha\beta}|$ *ein Product von n linearen Functionen der m unabhängigen Variabeln* $x_1, x_2, \cdots x_m$.

Dieser Satz lässt sich noch etwas verallgemeinern. Schon Study hat in seiner Arbeit *Über Systeme von complexen Zahlen* (Göttinger Nachrichten, 1889) darauf hingewiesen, dass viele der in diesem Zusammenhange abgeleiteten Resultate sich von bekannten Sätzen der Theorie der linearen Transformationen nur in der Ausdrucksweise unterscheiden. Ich werde mich daher hier der symbolischen Bezeichnung für die Zusammensetzung der Matrizen (Formen) bedienen, die ich in meiner (im Folgenden mit L. citirten) Arbeit *Über lineare Substitutionen und bilineare Formen* (Crelle's Journal, Bd. 84) auseinandergesetzt habe. Mit ihrer Hülfe kann dann der Satz so formulirt werden:

II. *Ist $f(x, y, z, \cdots)$ eine beliebige Function der m Variabeln $x, y, z, \cdots$, sind $A, B, C, \cdots$ m Formen, von denen je zwei vertauschbar sind, und sind $a_1, a_2, a_3, \cdots$ (resp. $b_1, b_2, b_3 \cdots$; $c_1, c_2, c_3, \cdots$) die Wurzeln der charakteristischen Gleichung von A (resp. $B, C, \cdots$), so lassen diese Wurzeln sich einander, und zwar unabhängig von der Wahl von f, so zuordnen, dass die Determinante der Form $f(A, B, C, \cdots)$ gleich dem Producte*

$$f(a_1, b_1, c_1, \cdots)\, f(a_2, b_2, c_2, \cdots)\, f(a_3, b_3, c_3, \cdots) \cdots$$

wird.

Wendet man diesen Satz auf die Function $r - f(x, y, z, \cdots)$ an, wo r ein unbestimmter Coefficient ist, so erkennt man, dass er identisch ist mit dem (scheinbar) allgemeineren Satze:

III. *Die Grössen $f(a_1, b_1, c_1, \cdots)$, $f(a_2, b_2, c_2, \cdots)$, $f(a_3, b_3, c_3, \cdots), \cdots$ sind die Wurzeln der charakteristischen Gleichung der Form $f(A, B, C, \cdots)$.*

Der Satz enthält, da die Zuordnung der Wurzeln für jede Function f dieselbe ist, in sich selbst das Mittel, dieselbe zu definiren. Sind nämlich $x, y, z, \cdots$ unabhängige Variable (unbestimmte Coefficienten), und wendet man ihn auf die Form $Ax + By + Cz + \cdots$ an, so erkennt man, dass

$$a_1x + b_1y + c_1z + \cdots,\quad a_2x + b_2y + c_2z + \cdots,\quad a_3x + b_3y + c_3z + \cdots,\ \cdots$$

die Wurzeln ihrer charakteristischen Gleichung sind, wodurch die gesuchte Zuordnung bestimmt ist. Dies Theorem ist eine Verallgemeinerung des L. § 3, III entwickelten Satzes:

IV. *Sind $r_1, r_2, \cdots r_n$ die Wurzeln der charakteristischen Gleichung der Form A, so sind $f(r_1), f(r_2), \cdots f(r_n)$ die Wurzeln der charakteristischen Gleichung der Form $f(A)$.*

Setzt man diesen leicht zu beweisenden Satz als bekannt voraus, so braucht man, um zu dem allgemeinen Satze III zu gelangen, nur noch folgenden speciellen Fall davon zu beweisen:

V. *Sind A und B zwei mit einander vertauschbare Formen, und sind x und y zwei Variable, so sind die Wurzeln der charakteristischen Gleichung der Form $Ax + By$ ganze lineare Functionen von x und y.*

Denn nehmen wir diesen Satz als bewiesen an, so ist die Determinante der Form $Er + Ax + By$ gleich $(r + a_1x + b_1y)(r + a_2x + b_2y) \cdots$. Setzt man $x = 1$ und $y = 0$, so erkennt man, dass $a_1, a_2, \cdots$ die Wurzeln der charakteristischen Gleichung von A, oder wie ich der Kürze halber sagen will, die Wurzeln von A sind, und ebenso, dass $b_1, b_2, \cdots$ dieselbe Bedeutung für B haben. Ist nun die Form C mit A und B vertauschbar, so ist C auch mit $Ax + By$ vertauschbar. Daher lassen sich die Wurzeln $a_1x + b_1y$, $a_2x + b_2y, \cdots$ von $Ax + By$ den Wurzeln $c_1, c_2, \cdots$ von C so zuordnen, dass die Wurzeln von $(Ax + By) + Cz$ gleich $(a_1x + b_1y) + c_1z$, $(a_2x + b_2y) + c_2z, \cdots$ werden. Ebenso erkennt man, dass der analoge Satz für ein System von beliebig vielen Formen gilt, von denen je zwei mit einander vertauschbar sind. Nach dem Satze L. § 1, II behält aber das System diese Eigenschaft, wenn man zu seinen Formen beliebige Functionen von $A, B, C, \cdots$ hinzufügt. Fügt man zunächst A^2 hinzu, und sind $h_1, h_2 \cdots$ die Wurzeln von A^2 in passender Anordnung, so sind $a_\nu x + b_\nu y + c_\nu z + \cdots + h_\nu u$ $(\nu = 1, 2 \cdots n)$ die Wurzeln von $Ax + By + Cz \cdots + A^2 u$. Setzt man $y = z = \cdots = 0$, so sind also $a_\nu x + h_\nu u$ die Wurzeln von $Ax + A^2 u$, und da diese nach Satz IV gleich $a_\nu x + a_\nu^2 u$ sind, so muss $h_\nu = a_\nu^2$ sein. Ebenso sind die Wurzeln der Form $Ax + By + Cz + \cdots + A^2 u + B^2 v + ABw$ gleich $a_\nu x + b_\nu y + c_\nu z + \cdots + a_\nu^2 u + b_\nu^2 v + h_\nu w$, wo $h_1, h_2, \cdots h_n$ die Wurzeln der Form $AB = BA$ in passender Anordnung sind. Andererseits sind die Wurzeln der Form $pA + qB$ gleich $pa_\nu + qb_\nu$ und daher die Wurzeln der Form $Ax + By + Cz + \cdots + (pA + qB)^2$ gleich $a_\nu x + b_\nu y + c_\nu z + \cdots + (pa_\nu + qb_\nu)^2$. Die Vergleichung dieser beiden Ergebnisse zeigt, dass $h_\nu = a_\nu b_\nu$ ist. Wenn man also durch Zerlegung der Determinante von $Ax + By$ in ihre linearen Factoren findet, dass den Wurzeln $a_1, a_2, \cdots a_n$ von A die Wurzeln $b_1, b_2, \cdots b_n$ von B in dieser Reihenfolge entsprechen, so sind $a_1 b_1, a_2 b_2 \cdots a_n b_n$ die Wurzeln von AB in der entsprechenden Reihenfolge (vergl. L. § 7, XII). Daher sind die Wurzeln von $(AB)C$ entsprechend geordnet gleich $(a_1 b_1) c_1, (a_2 b_2) c_2, \cdots (a_n b_n) c_n$. So erhält man den Satz III für ein Product von beliebig vielen Formen und weiter für eine beliebige lineare Verbindung solcher Producte, also für eine beliebige Function von $A, B, C, \cdots$.

Auf Grund dieser einfachen Bemerkungen haben wir uns also nur noch mit dem Beweise des Satzes V zu beschäftigen. Dabei werde ich von dem Inhalt der Arbeit L. möglichst wenig voraussetzen und zugleich die Gelegenheit benutzen, einige der Sätze, die ich dort mit Hülfe einer unendlichen Reihe erhalten habe, auf einem einfacheren Wege abzuleiten.

Die oben angegebenen Sätze über vertauschbare Formen kannte ich schon zur Zeit der Abfassung der Arbeit L., wie man aus einigen darin gegebenen Andeutungen leicht erkennt. Einen Theil meiner Resultate über die vertauschbaren Formen habe ich L. § 7, Satz XII bis XV zusammengestellt. Dieselben sind von Voss (*Über die mit einer bilinearen Form vertauschbaren bilinearen Formen,* Sitzungsber. d. math.-phys. Classe der Akad. zu München, Bd. XIX, S. 283) mit Hülfe der Normalform von Weierstrass bewiesen. Wenn ich bisher nicht auf diese Ergebnisse zurückgekommen bin, so hat dies folgenden Grund: Sind die Formen $A, B, C, \cdots$ alle Functionen einer und derselben Form R, so sind je zwei von ihnen vertauschbar. Für diesen Fall ergeben sich die aufgestellten Sätze alle aus dem Satze IV. Sie würden also von trivialem Inhalte sein, würde der Satz gelten: Sind je zwei der Formen $A, B, C, \cdots$ vertauschbar, so lassen sie sich alle als Functionen einer und derselben Form R darstellen. Dieser Satz wäre ein Analogon eines bekannten Abel'schen Satzes aus der Theorie der algebraischen Gleichungen. Während man aber bei dem algebraischen Satze für R eine Function von $A, B, C, \cdots$ wählen kann, ist dies, wie das einfachste Beispiel zeigt, hier nicht der Fall. Denn ist

$$A = \begin{Bmatrix} 0 & 1 & 0 \\ 0 & 0 & 0 \\ 0 & 0 & 0 \end{Bmatrix}, \qquad B = \begin{Bmatrix} 0 & 0 & 1 \\ 0 & 0 & 0 \\ 0 & 0 & 0 \end{Bmatrix},$$

so ist $A^2 = B^2 = AB = BA = 0$. Also ist jede Function von A und B von der Form $F = aA + bB + cE$, und jede Function von F von der Form $pE + qF$.

Ob aber ohne diesen Zusatz jener Satz der Formentheorie richtig ist oder nicht, habe ich bisher noch nicht entscheiden können. Im Zusammenhang damit steht eine andere Frage in der Theorie der vertauschbaren Matrizen, die bisher noch nicht gelöst ist, nämlich die nach der Beschaffenheit eines Systems von m linear unabhängigen Matrizen (des Grades n), von denen je zwei vertauschbar sind, und nach dem grössten Werthe, den m haben kann.

§ 1.

Ist die Determinante $a = |A|$ der Form A von Null verschieden, so giebt es eine *inverse* Form A^{-1}, welche durch jede der beiden Bedingungen

(1.) $$AA^{-1} = A^{-1}A = E$$

eindeutig bestimmt ist. Multiplicirt man sie mit der Determinante a, so heisst aA^{-1} die *adjungirte* Form und soll mit $\bar{A}$ bezeichnet werden. Sie besteht aus den Elementen $b_{\alpha\beta}$, wo $b_{\alpha\beta}$ in der Determinante $|A|$ die dem Elemente $a_{\beta\alpha}$ entsprechende Unterdeterminante, also eine *ganze* Function der Elemente von A ist, und kann daher auch gebildet werden, wenn $a = 0$ ist. Sie genügt den Gleichungen

(2.) $$A\bar{A} = \bar{A}A = aE.$$

Die Determinante

(3.) $$|rE - A| = \varphi(r)$$

heisst die charakteristische Function, die Gleichung $\phi(r) = 0$ die charakteristische Gleichung von A. Die adjungirte Form von $rE - A$ ist eine Form F, deren Elemente ganze Functionen $(n-1)^{\text{ten}}$ Grades von r sind, und die deshalb auch mit $F(r)$ bezeichnet werden mag. Dann ist

$$(4.)\qquad (rE-A)F(r) = F(r)(rE-A)$$

und

$$(5.)\qquad (rE-A)F(r) = \varphi(r)\,E.$$

Entwickelt man

$$F(r) = F_0 + F_1 r + F_2 r^2 + \cdots$$

nach Potenzen von r, so ergiebt sich aus (4.), dass jede der Formen $F_0, F_1, F_2, \cdots$ mit A vertauschbar ist. Ist

$$\varphi(r) = a_0 + a_1 r + a_2 r^2 + \cdots + a_n r^n,$$

so ergeben sich aus (5.) die Gleichungen

$$\begin{array}{rcl} -AF_0 & = & a_0 E, \\ -AF_1 + F_0 & = & a_1 E, \\ -AF_2 + F_1 & = & a_2 E, \\ \multicolumn{3}{c}{\cdots\cdots\cdots\cdots\cdots\cdots} \\ -AF_{n-1} + F_{n-2} & = & a_{n-1} E, \\ F_{n-1} & = & a_n E. \end{array}$$

Ist nun B eine andere Form, so multiplicire man diese Gleichungen rechts mit $B^0, B^1, \cdots B^n$ und addire sie. Setzt man

$$F(B) = F_0 + F_1 B + \cdots + F_{n-1} B^{n-1},$$

so erhält man

$$(6.)\qquad -AF(B) + F(B)B = \varphi(B).$$

Bei der besonderen Vorsicht, womit man bei der Bildung von $F(B)$ auf die Stellung von B zu achten hat, wird man von diesem Resultate nur dann vortheilhaft Gebrauch machen können, wenn B mit jeder der Formen $F_0, F_1, F_2, \cdots$ vertauschbar ist. Dann ist

$$(7.)\qquad (B-A)F(B) = \varphi(B),$$

d. h. aus der Gleichung (5.) geht wieder eine richtige Gleichung hervor, wenn man darin die Unbestimmte r durch irgend eine mit A und $F(r)$ vertauschbare Form B ersetzt, ein Princip, von dem ich in der Arbeit L. ausgiebig Gebrauch gemacht habe. Setzt man $B = A$, so erhält man die Gleichung

$$(8.)\qquad \varphi(A) = 0.$$

Dieser Fundamentalsatz der Formentheorie ist von Cayley gefunden und, wie ich glaube, zuerst in *A Memoir on the Theory of Matrices*, Phil. Trans. vol. 148 veröffentlicht worden, aber ohne allgemeinen Beweis. In der oben angegebenen Gestalt wurde er von

Pasch, *Über bilineare Formen und deren geometrische Anwendung*, Math. Ann. Bd. 38, S. 48 bewiesen. Auf demselben Wege kann man nun auch zu dem zweiten Fundamentaltheorem der Theorie gelangen:

VI. *Ist $\vartheta(r)$ der grösste gemeinsame Divisor aller Unterdeterminanten $(n-1)^{\text{ten}}$ Grades der Form $rE-A$, und ist $\dfrac{\varphi(r)}{\vartheta(r)}=\psi(r)$, so ist*

$$\psi(A)=0 \tag{9.}$$

die Gleichung niedrigsten Grades, der die Form A genügt, und wenn $\chi(A)=0$ irgend eine andere Gleichung ist, der A genügt, so ist $\chi(r)$ durch $\psi(r)$ theilbar.

Durch die Gleichung

$$\frac{\varphi(r)-\varphi(s)}{r-s}=F(r,s)=F(s,r)$$

wird eine *ganze* Function F der beiden Variabeln r und s definirt. Aus der Gleichung

$$\varphi(r)-\varphi(s)=(r-s)\,F(s,r),$$

folgt

$$\varphi(r)E-\varphi(A)=(rE-A)F(A,r)$$

und mithin ist nach (8.)

$$(rE-A)F(A,r)=\varphi(r)E \tag{10.}$$

und

$$(rE-A)^{-1}=\frac{F(A,r)}{\varphi(r)}. \tag{11.}$$

Die adjungirte Form von $rE-A$ ist demnach gleich $F(A,r)$, ist also eine ganze Function von A, deren Elemente ganze Functionen von r sind. Folglich sind auch $F_0, F_1, F_2, \cdots$ ganze Functionen von A, und damit B mit jeder dieser Formen vertauschbar sei, genügt es, dass B mit A vertauschbar ist. Unter dieser Bedingung gilt also die Gleichung

$$(B-A)F(A,B)=\varphi(B). \tag{7*.}$$

Die Elemente der Form $F(A,r)$ sind die Unterdeterminanten $(n-1)^{\text{ten}}$ Grades von $rE-A$, sind also sämmtlich durch $\vartheta(r)$ theilbar. Entwickelt man die Determinante (3.) nach den Elementen einer Zeile, so erkennt man, dass auch $\phi(r)$ durch $\vartheta(r)$ theilbar ist. Demnach sind die Elemente der Form

$$\frac{F(A,r)}{\vartheta(r)}=G(A,r),$$

die eine ganze Function von A ist, *ganze* Functionen von r, und nach (10.) ist

$$(rE-A)\,G(A,r)=\psi(r)E.$$

Nach dem oben ausführlich entwickelten Princip erhält man daraus eine richtige Gleichung, wenn man für r irgend eine mit A vertauschbare Form B setzt. Ist $B = A$, so ergiebt sich die Gleichung (9.).

Sei andererseits $\chi(r)$ irgend eine solche ganze Function von r, dass $\chi(A) = 0$ ist. Setzt man dann

$$\frac{\chi(r) - \chi(s)}{r - s} = H(r, s) = H(s, r),$$

so ist

$$\chi(r)E - \chi(A) = (rE - A)H(A, r),$$

also

$$(rE - A)H(A, r) = \chi(r)E$$

und mithin

$$\chi(r)G(A, r) = \psi(r)H(A, r).$$

Die Form $G(A, r)$ besteht aus n^2 Elementen $g_{\alpha\beta}(r)$, die ganze Functionen von r sind und nach der Voraussetzung keinen Theiler gemeinsam haben. Auch die n^2 Elemente $h_{\alpha\beta}(r)$ der Form $H(A, r)$ sind ganze Functionen von r. Aus den n^2 Gleichungen

$$\chi(r)g_{\alpha\beta}(r) = \psi(r)h_{\alpha\beta}(r),$$

deren symbolische Zusammenfassung die letzte Gleichung ist, folgt daher, dass $\chi(r)$ durch $\psi(r)$ theilbar ist. Mithin ist $\psi(A) = 0$ die Gleichung niedrigsten Grades, der A genügt, und jede andere solche Gleichung hat die Gestalt $\psi(A)g(A) = 0$, wo $g(r)$ eine ganze Function von r ist. Speciell ist $\phi(r)$ durch $\psi(r)$ theilbar. Indem man aber die Determinante (3.) nach r differentiirt, erkennt man, dass jede Wurzel der Gleichung $\psi(r) = 0$ auch die Gleichung $\phi(r) = 0$ befriedigt, dass also eine Potenz von $\psi(r)$ durch $\phi(r)$ theilbar ist.

Den Satz VI habe ich L. § 3 zum ersten Male ausgesprochen und mit Hülfe der unendlichen Reihe bewiesen, in die sich $(rE - A)^{-1}$ entwickeln lässt. Aber auch auf den vorstehenden Beweis habe ich L. § 3 und besonders § 13 hingewiesen. Dieser folgenreiche Satz hat aber bisher nur wenig Beachtung gefunden. Den speciellen Fall, wo $\psi(r)$ ein Theiler von $r^m - 1$ ist, den ich L. § 3, VIII auch besonders hervorgehoben habe, hat Lipschitz in der Arbeit *Beweis eines Satzes aus der Theorie der Substitutionen,* Acta Math. Bd. X, durch Betrachtungen bewiesen, die im Wesentlichen mit den obigen übereinstimmen, bei denen also von der Zerlegung der rationalen ganzen Functionen in lineare Factoren kein Gebrauch gemacht wird. Auch Kronecker hat diesen Satz in der Arbeit *Über die Composition der Systeme von n^2 Grössen mit sich selbst,* Sitzungsber. 1890, ausführlich behandelt. Diesen Autoren ist es aber entgangen, dass ich jenen Satz schon 1877 als Specialfall des allgemeinen Satzes VI bewiesen habe. Auch den englischen und americanischen Algebraikern, die sich so viel mit der Theorie der Matrizen beschäftigt haben, ist mit wenigen Ausnahmen (Young, Taber) meine Arbeit ebenso unbekannt geblieben, wie die grosse Arbeit von Laguerre, *Sur le calcul des systèmes linéaires*, Journ. de l'école polyt. tom. 25 cah. 42 p. 215. Einen anderen, aber weniger einfachen Beweis des Satzes VI giebt E. Weyr, *Zur Theorie der bilinearen Formen*, Monatshefte für Math. und Physik, Bd. 1 S. 187.

§ 2.

Genügt eine Form A der Gleichung $A^k = 0$, so ist $\psi(r)$ ein Divisor von r^k, also ist $\psi(r) = r^m$ eine Potenz von r, und mithin ist $\phi(r) = r^n$. Umgekehrt muss, wenn alle Wurzeln der charakteristischen Gleichung von A verschwinden, $A^n = 0$ sein. Über solche Formen gilt der folgende Satz, ein specieller Fall des Satzes V, dessen Beweis ich hier nach L. § 3, VII wiederhole:

VII. *Ist die Form B mit der Form A vertauschbar, von der eine Potenz verschwindet, so ist die Determinante von $A+B$ der von B gleich.*

Aus der Gleichung $r^n = \phi(r) = |rE-A|$ folgt, wenn man $r = -1$ setzt, $|A+E| = 1$. Ist s eine unbestimmte Grösse, so ist auch $(B+sE)^{-1}$ mit A vertauschbar. Setzt man $(B+sE)^{-1}A = C$, so ist dieser Vertauschbarkeit wegen $C^n = (B+sE)^{-n}A^n = 0$, und folglich ist auch $|C+E| = 1$. Nun ist aber $(B+sE)(C+E) = A+B+sE$, also auch $|B+sE|\cdot|C+E| = |A+B+sE|$, und mithin, wenn man $s = 0$ setzt, $|B| = |A+B|$.

Der wesentlichste Fortschritt, den Weierstrass in der Theorie der Formen über Cauchy und Jacobi hinaus gemacht hat, besteht darin, dass er gelehrt hat, auch Formen, von denen eine Potenz verschwindet, oder allgemeiner, deren charakteristische Gleichung nur eine Wurzel hat, noch weiter zu zerlegen, ausser wenn die niedrigste Potenz, die verschwindet, die n^{te} ist. Der Satz VII macht es möglich, die folgende Entwicklung ohne Anwendung dieser Zerlegung durchzuführen, also ohne die Theorie der Elementartheiler zu benutzen.

§ 3.

Seien $a, b, c, \cdots$ die verschiedenen Werthe, für welche die charakteristische Function

$$\varphi(r) = (r-a)^{\alpha}(r-b)^{\beta}(r-c)^{\gamma}\cdots$$

der Form A verschwindet. Dann giebt es nach einer Verallgemeinerung der Lagrange'schen Interpolationsformel eine ganz bestimmte ganze Function $(n-1)^{\text{ten}}$ Grades $f(r)$, die durch $(r-b)^{\beta}(r-c)^{\gamma}\cdots$ theilbar ist, und für die $f(r)-1$ durch $(r-a)^{\alpha}$ theilbar ist. Entsprechen in derselben Weise den Wurzeln $b, c, \cdots$ die Functionen $g(r), h(r), \cdots$, so ist

$$(1.)\qquad f(r)+g(r)+h(r)+\cdots = 1,$$

weil die Differenz zwischen der linken und rechten Seite eine ganze Function $(n-1)^{\text{ten}}$ Grades ist, die durch $(r-a)^\alpha, (r-b)^\beta, (r-c)^\gamma, \cdots$ also durch die ganze Function n^{ten} Grades $\phi(r)$ theilbar ist.

Die Function $f(r)$ kann auch als der Coefficient von $(s-a)^{-1}$ in der Entwicklung von

$$(2.)\qquad \frac{\varphi(r)-\varphi(s)}{r-s}\frac{1}{\varphi(s)}$$

nach aufsteigenden Potenzen von $s-a$ definirt werden. Zunächst ist nämlich in der Entwicklung dieser Function nach fallenden Potenzen von s der Coefficient von s^{-1} gleich 1. Da ferner diese Function nur für die Werthe $s = a, b, c, \cdots$, aber nicht für $s = r$ unendlich wird, so ergiebt sich aus dem Residuensatze die Gleichung (1.). Weil der Ausdruck (2.) eine ganze Function von r ist, so sind auch seine Residuen $f(r), g(r), h(r), \cdots$ ganze Functionen höchstens $(n-1)^{\text{ten}}$ Grades von r. Die Entwicklung des zweiten Gliedes der Differenz

$$\frac{\varphi(r)}{(r-s)\varphi(s)} - \frac{1}{r-s}$$

nach steigenden Potenzen von $s-a$ enthält keine negativen Potenzen von $s-a$, die des ersten ist

$$\varphi(r)\left(\frac{1}{r-a}+\frac{s-a}{(r-a)^2}+\frac{(s-a)^2}{(r-a)^3}+\cdots\right)\left(\frac{a_0}{(s-a)^\alpha}+\frac{a_1}{(s-a)^{\alpha-1}}+\cdots\right),$$

falls die letzte Reihe die Entwicklung von $\frac{1}{\varphi(s)}$ ist. Folglich ist $f(r) = \frac{\varphi(r)\,\vartheta(r)}{(r-a)^\alpha}$, wo $\vartheta(r)$ eine ganze Function $(\alpha-1)^{\text{ten}}$ Grades von r ist. Mithin ist $f(r)$ durch $\phi(r)(r-a)^{-\alpha}$ theilbar, ebenso $g(r)$ durch $\phi(r)(r-b)^{-\beta}, \cdots$, und weil jede der Functionen $g(r), h(r), \cdots$ durch $(r-a)^\alpha$ theilbar ist, so ist nach (1.) auch $f(r)-1$ durch $(r-a)^\alpha$ theilbar.

Ich will jetzt die Bezeichnung ändern und die n Wurzeln von $\phi(r)$ mit $a_1, a_2, \cdots a_n$, die verschiedenen unter ihnen mit $a_1, a_2, \cdots a_m$ und die ihnen entsprechenden ganzen Functionen $(n-1)^{\text{ten}}$ Grades mit $\phi_1(r), \phi_2(r), \cdots \phi_m(r)$ bezeichnen. Nach Gleichung (1.) ist dann

$$(3.)\qquad \Sigma\,\varphi_\lambda(r) = 1$$

und mithin

$$(4.)\qquad \Sigma\,\varphi_\lambda(A) = E.$$

Ferner ist $\phi_\lambda(r)(\phi_\lambda(r)-1)$ durch $\phi(r)$ theilbar, und wenn $\varkappa$ und λ verschieden sind, auch $\phi_\varkappa(r)\phi_\lambda(r)$. Folglich ist

$$(5.)\qquad (\varphi_\lambda(A))^2 = \varphi_\lambda(A), \qquad \varphi_\varkappa(A)\varphi_\lambda(A) = 0.$$

Ist endlich

$$(6.)\qquad \Sigma\, a_\lambda\, \varphi_\lambda(A) - A = A_0,$$

so sind nach dem Satze IV die Wurzeln der charakteristischen Gleichung von A_0 alle Null, und daher ist $A_0^n = 0$. Die durch die Gleichungen (4.) und (5.) ausgedrückten Eigenschaften der Formen $\phi_\lambda(A)$ hat auch Study, *Recurrirende Reihen und bilineare Formen*, Monatshefte für Math. und Physik, Bd. II, behandelt. Auf einem anderen Wege habe ich sie in meiner Arbeit *Über die schiefe Invariante einer bilinearen oder quadratischen Form*, Crelle's Journ. Bd. 86, § 6, hergeleitet.

Ist B eine mit A vertauschbare Form und sind $x_1, x_2, \cdots x_m$ und y Variable, so ist

$$(x_1 E + y\varphi_1(A)B)(x_2 E + y\varphi_2(A)B)\cdots(x_m E + y\varphi_m(A)B)$$
$$= x_1 x_2 \cdots x_m \left(E + \frac{y\varphi_1(A)B}{x_1} + \frac{y\varphi_2(A)B}{x_2} + \cdots + \frac{y\varphi_m(A)B}{x_m}\right).$$

Alle übrigen Glieder der Entwicklung des Productes verschwinden, z. B. ist $\phi_1(A)B\,\phi_2(A)B = \phi_1(A)\phi_2(A)B^2 = 0$. Multiplicirt man die Form auf der rechten Seite noch mit $\Sigma\, x_\lambda \phi_\lambda(A)$, so ergiebt sich nach (5.)

$$\Sigma\, x_\lambda \varphi_\lambda(A) + y(\varphi_1(A)B + \varphi_2(A)B + \cdots + \varphi_m(A)B).$$

Nach (4.) ist folglich

$$(7.)\qquad (\Sigma\, x_\lambda \varphi_\lambda(A))\,\Pi(x_\lambda E + y\varphi_\lambda(A)B) = (yB + \Sigma\, x_\lambda \varphi_\lambda(A))\,\Pi(x_\lambda),$$

und daher sind auch die Determinanten dieser beiden Formen einander gleich. Die Determinante von $x_\lambda E + y\phi_\lambda(A)B$ ist die (homogen gemachte) charakteristische Function von $-\phi_\lambda(A)B$, also eine ganze homogene Function n^{ten} Grades von x_λ und y, worin der Coefficient von x_λ^n gleich 1 ist. Die Determinante von $\Sigma\, x_\lambda \phi_\lambda(A)$ ist nach Satz IV ein Product von n Factoren $\sum_\lambda x_\lambda \phi_\lambda(a_\varkappa)$. Sie verschwindet nicht identisch, weil sie nach (4.) für $x_1 = x_2 = \cdots = x_m = 1$ den Werth 1 hat. Folglich ist auch die Determinante der Form $yB + \Sigma\, x_\lambda \phi_\lambda(A)$ von Null verschieden und ein Product von n linearen Functionen der Variabeln $x_1, x_2, \cdots x_m$ und y. Setzt man $x_\lambda = xa_\lambda - r$, so wird nach (4.) und (6.)

$$\Sigma\, x_\lambda \varphi_\lambda(A) = x\,\Sigma\, a_\lambda \varphi_\lambda(A) - rE = xA - rE + xA_0.$$

Da aber A_0 mit $xA + yB - rE$ vertauschbar ist und $A_0^n = 0$ ist, so ist nach § 2 die Determinante von $xA + yB - rE + xA_0$ gleich der von $xA + yB - rE$. Diese ist also ein Product von n linearen Functionen von x, y und r. Damit ist der Satz V bewiesen, aus dem dann der allgemeinere Satz III folgt.

§ 4.

Seien $A_1, A_2, \cdots A_m$ m Formen, von denen je zwei vertauschbar sind. Sind für $\gamma = 1, 2, \cdots m$

$$a_{\alpha\beta\gamma} \quad (\alpha, \beta = 1, 2, \cdots n)$$

die Elemente von A_γ, so folgt aus $A_\gamma A_\delta = A_\delta A_\gamma$

$$(1.) \qquad \sum_\lambda a_{\alpha\lambda\gamma}\, a_{\lambda\beta\delta} = \sum_\lambda a_{\alpha\lambda\delta}\, a_{\lambda\beta\gamma}.$$

Dann ist, wenn $x_1, x_2, \cdots x_m$ und r Variable sind,

$$(2.) \qquad |\sum_\gamma A_\gamma x_\gamma - rE| = \prod_\varkappa (r_1^{(\varkappa)} x_1 + \cdots + r_m^{(\varkappa)} x_m - r),$$

wo $r_\gamma^{(1)}, r_\gamma^{(2)}, \cdots r_\gamma^{(n)}$ die Wurzeln der charakteristischen Gleichung von A_γ sind. Ist

$$A = \sum_\gamma A_\gamma x_\gamma, \qquad a_{\alpha\beta} = \sum_\gamma a_{\alpha\beta\gamma}\, x_\gamma,$$

so sind

$$(3.) \qquad r^{(\varkappa)} = \sum_\gamma r_\gamma^{(\varkappa)} x_\gamma$$

die Wurzeln von A. Durch die Formel (2.) sind die Wurzeln der Formen $A_1, A_2, \cdots A_m$ und A einander in bestimmter Weise zugeordnet, und um für dies Entsprechen eine bequeme Ausdrucksform zu haben, will ich $r_\gamma^{(\varkappa)}$ (resp. $r^{(\varkappa)}$) die $\varkappa^{\text{te}}$ Wurzel von A_γ (resp. von A) nennen. Ist dann $f(u_1, u_2, \cdots u_m)$ eine Function von $u_1, u_2, \cdots u_m$, so ist $f(r_1^{(\varkappa)}, r_2^{(\varkappa)}, \cdots r_m^{(\varkappa)})$ die $\varkappa^{\text{te}}$ Wurzel der Form $f(A_1, A_2, \cdots A_m)$.

Durch Coefficientenvergleichung ergiebt sich aus (2.)

$$\sum_\varkappa r^{(\varkappa)} = \sum_\alpha a_{\alpha\alpha} = \sum_{\alpha,\lambda} a_{\alpha\alpha\lambda}\, x_\lambda$$

und

$$\sum_{\varkappa,\lambda}{}' r^{(\varkappa)} r^{(\lambda)} = \sum_{\alpha,\beta}{}' (a_{\alpha\alpha} a_{\beta\beta} - a_{\alpha\beta} a_{\beta\alpha}) = \sum_{\alpha,\beta}{}' (\sum_\varkappa a_{\alpha\alpha\varkappa} x_\varkappa)(\sum_\lambda a_{\beta\beta\lambda} x_\lambda) - (\sum_\varkappa a_{\alpha\beta\varkappa} x_\varkappa)(\sum_\lambda a_{\beta\alpha\lambda} x_\lambda),$$

und mithin ist

$$(4.) \qquad \sum_\varkappa (r^{(\varkappa)})^2 = \sum_{\alpha,\beta,\varkappa,\lambda} a_{\alpha\beta\varkappa}\, a_{\beta\alpha\lambda}\, x_\varkappa\, x_\lambda.$$

Setzt man also

$$(5.) \qquad \sum_{\alpha,\beta} a_{\alpha\beta\varkappa}\, a_{\beta\alpha\lambda} = c_{\varkappa\lambda} = c_{\lambda\varkappa},$$

so ist

$$(6.) \qquad \sum_\varkappa (r^{(\varkappa)})^2 = \sum_{\alpha,\beta} c_{\alpha\beta}\, x_\alpha\, x_\beta,$$

also

$$(7.) \qquad c_{\alpha\beta} = \sum_\varkappa r_\alpha^{(\varkappa)} r_\beta^{(\varkappa)}.$$

Nun füge ich zu den bisher allein gemachten Voraussetzungen (1.) noch die weitere Annahme hinzu, dass $m = n$ ist, und dass die Grössen

(8.) $$a_{\alpha\beta\gamma} = a_{\alpha\gamma\beta}$$

bei Vertauschung der beiden letzten Indices ungeändert bleiben. Dann sind die Elemente $g_{\varrho\sigma}$ der Form $A_\beta A_\gamma = A_\gamma A_\beta$ gleich

$$g_{\varrho\sigma} = \sum_\alpha a_{\varrho\alpha\beta}\, a_{\alpha\sigma\gamma} = \sum_\alpha a_{\varrho\alpha\gamma}\, a_{\alpha\sigma\beta}.$$

Da der erste Ausdruck bei Vertauschung von σ und γ ungeändert bleibt, so gilt dasselbe von dem zweiten. Mithin ist auch

$$g_{\varrho\sigma} = \sum_\alpha a_{\varrho\alpha\sigma}\, a_{\alpha\gamma\beta} = \sum_\alpha a_{\alpha\beta\gamma}\, a_{\varrho\sigma\alpha},$$

also

(9.) $$A_\beta A_\gamma = A_\gamma A_\beta = \sum_\alpha a_{\alpha\beta\gamma}\, A_\alpha.$$

Nach Satz III ist die $\varkappa^{\text{te}}$ Wurzel von $\sum_\alpha a_{\alpha\beta\gamma} A_\alpha$ gleich $\sum_\alpha a_{\alpha\beta\gamma}\, r_\alpha^{(\varkappa)}$ und die von $A_\beta A_\gamma$ gleich $r_\beta^{(\varkappa)} r_\gamma^{(\varkappa)}$, und mithin folgt aus (9.)

(10.) $$r_\beta^{(\varkappa)} r_\gamma^{(\varkappa)} = \sum_\alpha a_{\alpha\beta\gamma}\, r_\alpha^{(\varkappa)}.$$

Die Gleichungen

(11.) $$r_\beta r_\gamma = \sum_\alpha a_{\alpha\beta\gamma}\, r_\alpha$$

zwischen den Unbekannten $r_1, r_2, \cdots r_n$ haben also n Systeme von Lösungen

(12.) $$r_1 = r_1^{(\varkappa)},\ r_2 = r_2^{(\varkappa)},\ \cdots\ r_n = r_n^{(\varkappa)} \qquad (\varkappa = 1, 2, \cdots n)$$

und weiter keine, wenn man von der Lösung $r_1 = r_2 = \cdots = r_n = 0$ absieht, falls sie nicht unter (12.) enthalten ist. Denn setzt man $\sum r_\gamma x_\gamma = r$, so ist

(13.) $$r_\beta r = \sum_\alpha a_{\alpha\beta} r_\alpha.$$

Folglich verschwindet die Determinante

$$|A - rE| = \prod_\varkappa (r_1^{(\varkappa)} x_1 + \cdots + r_n^{(\varkappa)} x_n - r),$$

also ist $r = \sum r_\gamma x_\gamma$ einer der n Functionen $\sum_\gamma r_\gamma^{(\varkappa)} x_\gamma$ gleich, oder es besteht eine der n Gleichungen (12.). So ergiebt sich zunächst der folgende Satz, der sich von allen bisher auf diesem Gebiete erhaltenen Resultaten dadurch unterscheidet, dass in seinen Voraussetzungen keine Ungleichheit vorkommt:

VIII. *Befriedigen die n^3 Grössen $a_{\alpha\beta\gamma}$ die Gleichungen*

$$a_{\alpha\beta\gamma} = a_{\alpha\gamma\beta}, \qquad \sum_\lambda a_{\alpha\lambda\gamma}\, a_{\lambda\beta\delta} = \sum_\lambda a_{\alpha\lambda\delta}\, a_{\lambda\beta\gamma},$$

so genügen die Coefficienten der linearen Factoren, in die sich die Determinante

$$|\sum_\gamma a_{\alpha\beta\gamma}x_\gamma - re_{\alpha\beta}| = \prod_\varkappa (r_1^{(\varkappa)}x_1 + \cdots + r_n^{(\varkappa)}x_n - r)$$

zerlegen lässt, sämmtlich den Gleichungen

$$r_\beta r_\gamma = \sum_\alpha a_{\alpha\beta\gamma} r_\alpha$$

und sind die einzigen Lösungen derselben.

Nach Formel (7.) ist nun weiter

(14.) $$|c_{\alpha\beta}| = |r_\alpha^{(\varkappa)}|^2,$$

und daraus folgt der durch seine Praecision ausgezeichnete Satz von Dedekind:

IX. *Genügen die n^3 Grössen $a_{\alpha\beta\gamma}$ den Gleichungen*

$$a_{\alpha\beta\gamma} = a_{\alpha\gamma\beta}, \quad \sum_\lambda a_{\alpha\lambda\gamma} a_{\lambda\beta\delta} = \sum_\lambda a_{\alpha\lambda\delta} a_{\lambda\beta\gamma},$$

und ist die aus den Grössen

$$c_{\varkappa\lambda} = \sum_{\alpha,\beta} a_{\alpha\beta\varkappa} a_{\beta\alpha\lambda} = \sum_{\alpha,\beta} a_{\alpha\alpha\beta} a_{\beta\varkappa\lambda}$$

gebildete Determinante n^{ten} Grades von Null verschieden, so haben die Gleichungen

$$r_\beta r_\gamma = \sum_\alpha a_{\alpha\beta\gamma} r_\alpha$$

genau n verschiedene Lösungen $r_\alpha = r_\alpha^{(\varkappa)}$, und die aus diesen Lösungen gebildete Determinante n^{ten} Grades ist von Null verschieden.

Ist $|r_\alpha^{(\varkappa)}| = 0$, so kann man n Grössen $x_1, x_2, \cdots x_n$, die nicht alle Null sind, so bestimmen, dass die n Grössen (3.), die Wurzeln der charakteristischen Gleichung von A, sämmtlich verschwinden, und mithin verschwindet eine Potenz dieser Form A. Die nothwendige und hinreichende Bedingung für das Verschwinden jener Determinante besteht also darin, dass es in der Formenschaar $\Sigma A_\gamma x_\gamma$ eine Form giebt, von der eine Potenz Null ist, ohne dass sie selbst Null ist (vergl. Weierstrass, a. a. O. S. 402).

Ist $|r_\alpha^{(\varkappa)}|$ von Null verschieden, so sei $(s_\alpha^{(\varkappa)})$ das complementäre System zu $(r_\alpha^{(\varkappa)})$, d. h. das conjugirte System des inversen, also wenn $e_{\alpha\beta}$ die Elemente von E sind,

(15.) $$\sum_\varkappa r_\alpha^{(\varkappa)} s_\beta^{(\varkappa)} = e_{\alpha\beta}, \qquad \sum_\alpha r_\alpha^{(\varkappa)} s_\alpha^{(\lambda)} = e_{\varkappa\lambda}.$$

Dann folgt aus (10.) die Gleichung

(16.) $$a_{\alpha\beta\gamma} = \sum_\varkappa s_\alpha^{(\varkappa)} r_\beta^{(\varkappa)} r_\gamma^{(\varkappa)}$$

und

(17.) $$s_\alpha^{(\varkappa)} r_\gamma^{(\varkappa)} = \sum_\beta a_{\alpha\beta\gamma} s_\beta^{(\varkappa)},$$

also auch

(18.) $$s_\alpha^{(\varkappa)} r^{(\varkappa)} = \sum_\beta a_{\alpha\beta}\, s_\beta^{(\varkappa)}.$$

Durch diese Gleichungen sind daher die Verhältnisse der n Grössen

$$s_1^{(\varkappa)},\ s_2^{(\varkappa)},\ \cdots\ s_n^{(\varkappa)}$$

vollständig bestimmt. Jeder Wurzel r der Gleichung $|A-rE| = 0$ entsprechen so n Grössen $s_1, s_2 \cdots s_n$, deren Verhältnisse durch die Gleichungen

(19.) $$s_\alpha r = \sum_\beta a_{\alpha\beta}\, s_\beta$$

bestimmt sind. Sei

(20.) $$|r e_{\alpha\beta} - a_{\alpha\beta}| = \varphi(r),$$

und sei in dieser Determinante die dem Elemente $re_{\alpha\beta} - a_{\alpha\beta}$ entsprechende Unterdeterminante gleich $\phi_{\alpha\beta}(r)$. Ist dann r eine Wurzel der Gleichung $\phi(r) = 0$, so folgt aus den Gleichungen (13.) und (19.), dass $\phi_{\alpha\beta} = \rho r_\alpha s_\beta$ ist, wo ρ von α und β unabhängig ist. Nun ist aber $\phi'(r) = \Sigma \phi_{\alpha\alpha}$ und nach (15.) ist $\Sigma r_\alpha s_\alpha = 1$. Mithin ist $\rho = \phi'(r)$, also

(21.) $$\varphi_{\alpha\beta}(r) = \varphi'(r)\, r_\alpha s_\beta\,.$$

Bedeutet nun wieder r eine Unbestimmte, so ergiebt sich durch Partialbruchzerlegung

$$\frac{\varphi_{\alpha\beta}(r)}{\varphi(r)} = \sum_\varkappa \frac{\varphi_{\alpha\beta}(r^{(\varkappa)})}{\varphi'(r^{(\varkappa)})}\, \frac{1}{r - r^{(\varkappa)}}\,.$$

Mithin ist in der Determinante (20.)

(22.) $$\varphi_{\alpha\beta}(r) = \varphi(r) \sum_\varkappa \frac{r_\alpha^{(\varkappa)}\, s_\beta^{(\varkappa)}}{r - r^{(\varkappa)}}$$

die dem Elemente $re_{\alpha\beta} - a_{\alpha\beta}$ entsprechende Unterdeterminante.

Ist $r_\alpha^{(\varkappa)}$ irgend ein System von n^2 Grössen, dessen Determinante nicht verschwindet, so stellen, wie Dedekind a. a. O. S. 146 bemerkt, die durch die Gleichungen (16.) definirten Ausdrücke $a_{\alpha\beta\gamma}$ das allgemeinste System von Grössen dar, die den Bedingungen des Satzes IX genügen.

52.

Über Beziehungen zwischen den Primidealen eines algebraischen Körpers und den Substitutionen seiner Gruppe

Sitzungsberichte der Königlich Preußischen Akademie der Wissenschaften zu Berlin 689 – 703 (1896)

In seiner Arbeit *Über die Irreductibilität von Gleichungen* (Sitzungsber. 1880, S. 155) hat Kronecker folgenden Satz entwickelt:

Ist $\Phi(x)$ eine ganze ganzzahlige Function von x, durchläuft p alle positiven rationalen Primzahlen, und ist ν_p die Anzahl der reellen Wurzeln der Congruenz $\Phi(x) \equiv 0 \pmod{p}$, so ist

$$(1.) \qquad \Sigma\, \nu_p\, p^{-1-w} = m \log\left(\frac{1}{w}\right) + \mathfrak{P}(w),$$

wo m die Anzahl der irreductibeln Factoren von $\Phi(x)$ und $\mathfrak{P}(w)$ eine nach ganzen positiven Potenzen von w fortschreitende, für hinreichend kleine Werthe von w convergente Reihe bezeichnet.

Er beweist mittelst dieses Satzes nicht nur die Irreductibilität einiger Zahlengleichungen, sondern er macht auch noch auf mehrere andere arithmetische und algebraische Fragen aufmerksam, die sich mit seiner Hülfe erledigen lassen, namentlich auf die Frage nach der Dichtigkeit der Primzahlen, für welche eine gegebene Congruenz eine bestimmte Anzahl von reellen Wurzeln hat. Diese Untersuchung soll hier nach den von ihm gegebenen Andeutungen weiter ausgeführt werden.

Ich habe die folgende Arbeit im November 1880 verfasst und die darin entwickelten Resultate meinen Freunden Stickelberger und Dedekind mitgetheilt. Ihre Grundlagen stehen in engster Beziehung zu den Gesetzen, nach denen die rationalen Primzahlen in einem algebraischen und speciell in einem normalen Körper in ideale Primfactoren zerlegt werden. Nach einigen Bemerkungen in Dedekind's Schriften musste ich annehmen, dass dieser sich mit der Erforschung jener Gesetze seit langer Zeit beschäftigt hatte, und in der That sandte er mir auf meine Anfrage am 8. Juni 1882 das Skelett dieser Theorie, das er unter dem Titel *Zur Theorie der Ideale* am 10. September 1894 in den Göttinger Nachrichten publicirt hat. Ich hatte immer gewünscht, dass dieser Abriss vor meiner eigenen Arbeit veröffentlicht würde, und dies war mit der Grund, weshalb ich mich erst jetzt zu ihrer Herausgabe entschlossen habe. Indessen habe ich den gruppentheoretischen Theil der Untersuchung schon 1887 in der Arbeit *Über die Congruenz nach einem aus zwei endlichen Gruppen gebildeten Doppelmodul*, Crelle's Journal Bd. 101 publicirt.

Wenn man die in Dedekind's Arbeit dargelegten Beziehungen als bekannt voraussetzt, lässt sich die vorliegende Untersuchung wesentlich abkürzen. Auf diesem Wege hat Hurwitz den in § 5 dieser Arbeit entwickelten Satz gefunden, wie er mir in einem Briefe vom 2. Januar 1896 mitgetheilt hat. Dies Schreiben hat mich bewogen, meine ursprüngliche Absicht, die vorliegende Untersuchung ganz umzuarbeiten, aufzugeben, und sie, von einigen Kürzungen abgesehen, genau in der Form zu veröffentlichen, wie ich sie 1880 abgefasst habe.

§ 1.

Sei $\mathfrak{S}$ die Gruppe aller $n! = s$ Substitutionen von n Symbolen. Sind A, B, S Substitutionen von $\mathfrak{S}$, und ist $S^{-1}AS = B$, so heissen A und B *ähnliche* Substitutionen, und S heisst die Transformation, die A in B überführt. Die Gesammtheit der Substitutionen von $\mathfrak{S}$, die einer bestimmten und folglich auch unter einander ähnlich sind, nenne ich eine *Classe* von Substitutionen. Besteht eine Substitution einer Classe aus e Cyklen von $f_1, f_2, \cdots f_e$ Elementen, so nenne ich die Zahlen $f_1, f_2, \cdots f_e$, welche der Bedingung

$$(2.)\qquad f_1 + f_2 + \cdots + f_e = n$$

genügen, die *Invarianten* der Classe, weil ihre Übereinstimmung die nothwendige und hinreichende Bedingung für die Ähnlichkeit zweier Substitutionen ist (Cauchy, *Exercices d'analyse et de physique math.* tom. 3, p. 165). Diese Classen, deren Anzahl l sei, mögen so angeordnet werden, dass eine spätere Classe nicht eine grössere Anzahl von Invarianten besitzt als eine frühere. Die erste Classe besteht also aus der identischen Substitution E und hat n Invarianten, deren jede gleich 1 ist; die zweite Classe hat $n-1$ Invarianten, von denen eine gleich 2, die anderen gleich 1 sind, u. s. w., die l^{te} Classe hat nur eine Invariante n. Dabei ist die Anordnung der Classen, welche gleich viele Invarianten haben, ganz willkürlich gelassen. Ist λ eine der Zahlen von 1 bis l, F irgend eine Substitution der λ^{ten} Classe, und sind $S_1, S_2, \cdots S_s$ die s Substitutionen der Gruppe $\mathfrak{S}$ in irgend einer Reihenfolge, so sind

$$S_1^{-1}FS_1,\ S_2^{-1}FS_2,\ \cdots\ S_s^{-1}FS_s$$

alle Substitutionen der λ^{ten} Classe. Sind v_λ derselben gleich F, giebt es also v_λ mit F vertauschbare Substitutionen, so sind je v_λ jener s Substitutionen einander gleich. Ist daher s_λ die Anzahl der verschiedenen Substitutionen der λ^{ten} Classe, so ist $s = s_\lambda v_\lambda$.

Sei $\varphi(x)$ eine ganze ganzzahlige Function n^{ten} Grades von x ohne quadratischen Theiler, in welcher ich der Einfachheit halber den Coefficienten von x^n gleich 1 voraussetze. Sei p eine positive rationale Primzahl, die nicht in der Discriminante d von $\varphi(x)$ aufgeht, und sei

$$\varphi(t) \equiv P_1(t)\ P_2(t)\ \cdots\ P_e(t) \qquad (\text{mod.}\, p),$$

wo $P_1, P_2, \cdots P_e$ Primfunctionen (mod. p), bez. von den Graden $f_1, f_2, \cdots f_e$ seien. Ist f ein gemeinschaftliches Vielfaches von $f_1, f_2, \cdots f_e$ und $P(t)$ eine Primfunction f^{ten} Grades, so giebt es f_1 verschiedene ganze Functionen x von t, die der Congruenz $P_1(x) \equiv 0$ (modd. p, P) genügen. Ist x_1 eine derselben, so sind $x_1^p \equiv x_2$, $x_2^p \equiv x_3$, $\cdots x_{f_1-1}^p \equiv x_{f_1}$ die übrigen, und es ist $x_{f_1}^p \equiv x_1$. Sind daher $x_1, x_2, \cdots x_n$ die n verschiedenen Functionen von t, die der Congruenz $\varphi(x) \equiv 0$ (modd. p, P) genügen, und ist $x_1^p \equiv x_\alpha$, $x_2^p \equiv x_\beta$, $\cdots x_n^p \equiv x_\gamma$, so stimmen $x_\alpha, x_\beta, \cdots x_\gamma$, abgesehen von der Reihenfolge, mit $x_1, x_2, \cdots x_n$ überein, und die Substitution

$$F = \begin{pmatrix} x_1 & x_2 & \cdots & x_n \\ x_\alpha & x_\beta & \cdots & x_\gamma \end{pmatrix}$$

besteht aus e Cyklen von je $f_1, f_2, \cdots f_e$ Elementen. Ist $\varphi(x)$ gegeben, so hängen die Zahlen $f_1, f_2, \cdots f_e$ allein von der Primzahl p ab, die Substitution F aber ausser von p auch noch von der Wahl der Primfunction P. Wie man dieselbe aber auch wählen mag, so ist doch die Classe von Substitutionen, der F angehört, immer dieselbe, und mithin ist diese durch p allein vollständig bestimmt. Wir wollen daher sagen, diese Classe von Substitutionen und die Primzahl p entsprechen einander.

Ist $\psi(x_1, x_2, \cdots x_n)$ eine Function von $x_1, x_2, \cdots x_n$, so bezeichne ich die Function $\psi(x_\alpha, x_\beta, \cdots x_\gamma)$ auch mit $\psi(x_1, x_2, \cdots x_n)_F$.

Sind $\xi_1, \xi_2, \cdots \xi_n$ die n Wurzeln der Gleichung $\varphi(x) = 0$, so ist jede ganze ganzzahlige symmetrische Function von $\xi_1, \xi_2, \cdots \xi_n$ eine ganze ganzzahlige Function der Coefficienten von $\varphi(x)$ und daher der analogen Function von $x_1, x_2, \cdots x_n$ (modd. p, P) congruent.

§ 2.

Sei $\mathfrak{G}$ eine beliebige Gruppe von Substitutionen, g ihre Ordnung, und sei $\psi(t_1, t_2, \cdots t_n)$ eine ganze ganzzahlige Function der n unabhängigen Variabeln $t_1, t_2, \cdots t_n$, welche durch die Substitutionen von

$\mathfrak{G}$ und nur durch diese ungeändert bleibt. Ausserdem sei sie so gewählt, dass die $\frac{s}{g}$ verschiedenen Functionen, in welche ψ durch die Substitutionen von $\mathfrak{S}$ übergeht, auch verschiedene Werthe haben, wenn man $t_1 = \xi_1, \cdots t_n = \xi_n$ setzt. Nach Abel genügt man diesen Forderungen, indem man

$$\psi(t_1, t_2, \cdots t_n) = \Pi(u + t_\alpha u_1 + t_\beta u_2 + \cdots + t_\gamma u_n)$$

setzt, wo

$$\begin{pmatrix} t_1 & t_2 & \cdots & t_n \\ t_\alpha & t_\beta & \cdots & t_\gamma \end{pmatrix}$$

die Substitutionen von $\mathfrak{G}$ durchläuft, und $u, u_1, \cdots u_n$ ganze Zahlen sind, für die nur gewisse Werthe auszuschliessen sind. Von einer solchen Function ψ will ich sagen, sie gehöre zu der Gruppe $\mathfrak{G}$.

Durchläuft dann S alle s Substitutionen von $\mathfrak{S}$, so ist

$$\Pi_S(x - \psi(\xi_1, \xi_2, \cdots \xi_n)_S) = \Phi(x)$$

eine ganze ganzzahlige Function s^{ten} Grades von x, auf die ich nun die Formel (1.) anwenden will.

Da sich in dieser p^{-1-w} nach Potenzen von w in eine beständig convergirende Reihe entwickeln lässt, so kann man auf der linken Seite der Gleichung (1.) eine endliche Anzahl von Primzahlen weglassen oder allgemeiner in einer endlichen Anzahl von Gliedern die Zahlen ν_p durch beliebige andere constante Coefficienten ersetzen, ohne dass diese Gleichung ihre Form, also die ganze Zahl m ihre Bedeutung ändert.

Macht man in $\psi(\xi_1, \xi_2, \cdots \xi_n)$ nur die $\frac{s}{g}$ in Bezug auf $\mathfrak{G}$ verschiedenen Substitutionen der Gruppe $\mathfrak{S}$, so ist das Quadrat des Differenzenproductes der erhaltenen Werthe

$$d' = \Pi\left(\psi(\xi_\alpha, \xi_\beta, \cdots \xi_\gamma) - \psi(\xi_\varkappa, \xi_\lambda, \cdots \xi_\mu)\right)^2$$

eine von Null verschiedene ganze Zahl. Ich schliesse von der folgenden Betrachtung nicht nur die in der Discriminante d von $\varphi(x)$, sondern auch die in d' aufgehenden Primzahlen aus. Sind dann A und B zwei Substitutionen von $\mathfrak{S}$, so kann die Congruenz $\psi(x_1, x_2, \cdots x_n)_A \equiv \psi(x_1, x_2, \cdots x_n)_B$ (modd. p, P) nicht anders bestehen, als wenn $A \sim B$ in Bezug auf $\mathfrak{G}$ ist, d. h. wenn AB^{-1} in $\mathfrak{G}$ enthalten ist. Denn da d' eine symmetrische Function von $\xi_1, \xi_2, \cdots \xi_n$ ist, so ist

$$d' \equiv \Pi\left(\psi(x_\alpha, x_\beta, \cdots x_\gamma) - \psi(x_\varkappa, x_\lambda, \cdots x_\mu)\right)^2 \text{ (modd. } p, P).$$

Wären also A und B nicht in Bezug auf $\mathfrak{G}$ aequivalent, so wäre einer der Factoren dieses Productes congruent 0 (modd. p, P), und daher wäre d' durch p theilbar.

Zunächst ist die Anzahl ν_p der reellen Wurzeln der Congruenz $\Phi(x) \equiv 0$ (mod. p) zu bestimmen. Nennt man zwei Functionen einer Variabeln x congruent, falls ihre entsprechenden Coefficienten der Reihe nach congruent sind, so ist

$$\Phi(x) \equiv \prod_S \big(x - \psi(x_1, x_2, \cdots x_n)_S\big) \text{ (modd. } p, P),$$

weil die Coefficienten von $\Phi(x)$ symmetrische Functionen von $\xi_1, \xi_2, \cdots \xi_n$ sind. Mithin sind die s Ausdrücke $\psi(x_1, x_2, \cdots x_n)_S$ die Wurzeln der Congruenz $\Phi(x) \equiv 0$ (modd. p, P). Damit eine dieser Wurzeln $\psi(x_\varrho, x_\sigma, \cdots x_\tau)$ einer rationalen Zahl congruent sei, ist nach dem Fermat'schen Satze nothwendig und hinreichend, dass

$$\psi(x_\varrho, x_\sigma, \cdots x_\tau) \equiv \big(\psi(x_\varrho, x_\sigma, \cdots x_\tau)\big)^p \equiv \psi(x_\varrho^p, x_\sigma^p, \cdots x_\tau^p) \qquad \text{(modd. } p.\ P)$$

ist. Sei

$$S = \begin{pmatrix} x_1 & x_2 & \cdots & x_n \\ x_\varrho & x_\sigma & \cdots & x_\tau \end{pmatrix} \text{ und } F = \begin{pmatrix} x_1 & x_2 & \cdots & x_n \\ x_\alpha & x_\beta & \cdots & x_\gamma \end{pmatrix},$$

falls $x_1^p \equiv x_\alpha$, $x_2^p \equiv x_\beta$, $\cdots x_n^p \equiv x_\gamma$ ist. Dann lautet die obige Bedingung

$$\psi(x_1, x_2, \cdots x_n)_S \equiv \psi(x_1, x_2, \cdots x_n)_{SF}.$$

Mithin müssen die Substitutionen S und SF in Bezug auf die Gruppe $\mathfrak{G}$ einander gleich sein, oder es muss SFS^{-1} in $\mathfrak{G}$ enthalten sein. Daher giebt die Zahl ν_p an, wie viele der s Substitutionen

$$S_1 F S_1^{-1}, S_2 F S_2^{-1}, \cdots S_s F S_s^{-1}$$

der Gruppe $\mathfrak{G}$ angehören. Sei F eine Substitution der λ^{ten} Classe und g_λ die Anzahl der in $\mathfrak{G}$ enthaltenen Substitutionen dieser Classe. Unter jenen s Substitutionen befindet sich jede Substitution der λ^{ten} Classe und jede $v_\lambda = \frac{s}{s_\lambda}$ mal. Folglich sind $g_\lambda \frac{s}{s_\lambda}$ dieser Substitutionen in $\mathfrak{G}$ enthalten, und mithin ist

(3.) $$\nu_p = \frac{g_\lambda s}{s_\lambda}.$$

Nunmehr ist die Anzahl m der irreductibeln Factoren von $\Phi(x)$ zu ermitteln. Zu dem Zwecke benutze ich den folgenden Satz (Camille Jordan, *Traité des substitutions*, § 366):

Ist $\mathfrak{G}$ eine Gruppe von Substitutionen, zu der die Function $\psi(\xi_1, \xi_2, \cdots \xi_n)$ gehört, ist $\mathfrak{H}$ die Gruppe der Gleichung $\varphi(x) = 0$, $\mathfrak{D}$ der grösste gemeinsame Divisor von $\mathfrak{G}$ und $\mathfrak{H}$, und sind d und h die Ordnungen der Gruppen $\mathfrak{D}$ und $\mathfrak{H}$, so genügt ψ einer irreductibeln Gleichung vom Grade $\frac{h}{d}$ mit rationalen Coefficienten. Sind $A, B, \cdots$ die $\frac{h}{d}$ in Bezug auf $\mathfrak{G}$ verschiedenen Substitutionen von $\mathfrak{H}$, so sind $\psi_A, \psi_B, \cdots$ die Wurzeln dieser Gleichung.

Ist S_σ eine der s Substitutionen von $\mathfrak{S}$, und durchläuft G alle Substitutionen von $\mathfrak{G}$, so bilden die Substitutionen $S_\sigma^{-1} G S_\sigma$ eine Gruppe g^{ter} Ordnung, die ich mit $S_\sigma^{-1} \mathfrak{G} S_\sigma = \mathfrak{G}_\sigma$ bezeichnen werde. Die Function $\psi(\xi_1, \xi_2, \cdots \xi_n)_{S_\sigma}$ gehört dann zu der Gruppe $\mathfrak{G}_\sigma$. Seien nun

$$\psi_{S_\alpha}, \psi_{S_\beta}, \cdots \psi_{S_\gamma}$$

die c verschiedenen Wurzeln eines irreductibeln Divisors c^{ten} Grades der Gleichung $\Phi(x) = 0$. Der Grad der irreductibeln Gleichung, der ψ_{S_α} genügt, ist nach dem obigen Satze $c = \frac{h}{d^{(\alpha)}}$, wenn $d^{(\alpha)}$ die Ordnung des grössten gemeinsamen Divisors $\mathfrak{D}_\alpha$ der Gruppen $\mathfrak{H}$ und $\mathfrak{G}_\alpha$ ist. Ebenso ist aber auch $c = \frac{h}{d^{(\beta)}}, \cdots c = \frac{h}{d^{(\gamma)}}$, und mithin ist

$$d^{(\alpha)} + d^{(\beta)} + \cdots + d^{(\gamma)} = cd^{(\alpha)} = h.$$

Diese Summe hat also für alle irreductibeln Factoren von $\Phi(x)$ einen und denselben Werth h. Daraus folgt, dass

$$d^{(1)} + d^{(2)} + \cdots + d^{(s)} = mh \tag{4.}$$

ist, wo m die Anzahl der irreductibeln Factoren von $\Phi(x)$ bezeichnet.

Ist $d_\lambda^{(\sigma)}$ die Anzahl der Substitutionen der λ^{ten} Classe in $\mathfrak{D}_\sigma$, so ist $d^{(\sigma)} = \sum_\lambda{}_1^l d_\lambda^{(\sigma)}$ und mithin

$$mh = \sum_\sigma{}_1^s d^{(\sigma)} = \sum_\sigma (\sum_\lambda d_\lambda^{(\sigma)}) = \sum_\lambda (\sum_\sigma d_\lambda^{(\sigma)}).$$

Sind $G_1, G_2, \cdots G_{g_\lambda}$ die Substitutionen der λ^{ten} Classe in $\mathfrak{G}$, so sind $S_\sigma^{-1} G_1 S_\sigma, S_\sigma^{-1} G_2 S_\sigma, \cdots S_\sigma^{-1} G_{g_\lambda} S_\sigma$ die Substitutionen der λ^{ten} Classe in $\mathfrak{G}_\sigma$. Mithin ist $\sum_\sigma d_\lambda^{(\sigma)}$ die Anzahl der Substitutionen

$$\begin{array}{llll} S_1^{-1} G_1 S_1, & S_2^{-1} G_1 S_2, & \cdots & S_s^{-1} G_1 S_s, \\ S_1^{-1} G_2 S_1, & S_2^{-1} G_2 S_2, & \cdots & S_s^{-1} G_2 S_s, \\ . & . & \cdots & . \\ S_1^{-1} G_{g_\lambda} S_1, & S_2^{-1} G_{g_\lambda} S_2, & \cdots & S_s^{-1} G_{g_\lambda} S_s, \end{array}$$

welche in $\mathfrak{H}$ enthalten sind. In der ersten Zeile stehen sämmtliche Substitutionen der λ^{ten} Classe, und jede $\frac{s}{s_\lambda}$ Mal. Ist daher h_λ die Anzahl der Substitutionen der λ^{ten} Classe in der Gruppe $\mathfrak{H}$, so sind von den Substitutionen dieser Zeile $h_\lambda \frac{s}{s_\lambda}$ in $\mathfrak{H}$ enthalten, und folglich, da diese Zahl von G_1 unabhängig ist, unter den sämmtlichen aufgeführten Substitutionen $g_\lambda h_\lambda \frac{s}{s_\lambda}$. Mithin ist $\sum_\sigma d_\lambda^{(\sigma)} = g_\lambda h_\lambda \frac{s}{s_\lambda}$ und daher

$$m = \frac{s}{h} \sum_\lambda{}_1^l \frac{g_\lambda h_\lambda}{s_\lambda}. \tag{5.}$$

Durchläuft p_λ alle Primzahlen, die der λ^{ten} Classe von Substitutionen entsprechen, so ergiebt sich jetzt aus den Formeln (1.), (3.) und (5.)

$$\sum_\lambda{}_1^l \frac{g_\lambda s}{s_\lambda}(\Sigma p_\lambda^{-1-w}) = \frac{s}{h}\left(\sum_\lambda{}_1^l \frac{g_\lambda h_\lambda}{s_\lambda}\right)\log\left(\frac{1}{w}\right) + \mathfrak{P}(w).$$

Nach einer früheren Bemerkung ist es dabei gleichgültig, ob die in den Discriminanten d und d' aufgehenden Primzahlen ausgeschlossen werden oder nicht. Setzt man

$$(6.)\qquad \Sigma\, p_\lambda^{-1-w} = \frac{h_\lambda}{h}\log\left(\frac{1}{w}\right) + \mathfrak{P}_\lambda(w),$$

wo sich die Summe auf alle der λ^{ten} Classe von Substitutionen entsprechenden Primzahlen bezieht, so ist also

$$(7.)\qquad \sum_\lambda{}_1^l \frac{g_\lambda}{s_\lambda}\mathfrak{P}_\lambda = \mathfrak{P}(w).$$

Indem man in dieser Gleichung für $\mathfrak{G}$ andere und andere Gruppen wählt, erhält man so viele Gleichungen, als es Gruppen giebt. Ich behaupte, dass dieselben zur Bestimmung der (von $\mathfrak{G}$ unabhängigen) l Unbekannten $\mathfrak{P}_\lambda$ vollständig ausreichen (vergl. Crelle's Journal Bd. 101, S. 280). Man wähle aus jeder Classe von Substitutionen eine aus, und nehme für $\mathfrak{G}$ die Gruppe der Potenzen derselben. So erhält man l Gleichungen, aus denen man die l Unbekannten $\mathfrak{P}_\lambda$ successive ermitteln kann, falls man die Classen von Substitutionen in der Weise anordnet, wie es in §1 festgesetzt worden ist. Denn in der ersten dieser Gleichungen besteht $\mathfrak{G}$ allein aus der identischen Substitution E. Es kommt darin also nur die Unbekannte $\mathfrak{P}_1$ mit einem von Null verschiedenen Coefficienten vor. In der λ^{ten} Gleichung besteht $\mathfrak{G}$ aus den Potenzen einer Substitution F der λ^{ten} Classe. Sind $f_1, f_2, \cdots f_e$ die Invarianten dieser Classe, so hat eine Potenz von F entweder die nämlichen e Invarianten, oder sie hat mehr als e Invarianten. In der betreffenden Gleichung hat daher $\mathfrak{P}_\lambda$ einen von Null verschiedenen Coefficienten, und es kommen ausser $\mathfrak{P}_\lambda$ nur solche Unbekannte $\mathfrak{P}_\mu, \mathfrak{P}_\nu \cdots$ vor, deren Indices kleiner als λ sind. Damit ist die Behauptung dargethan, und es folgt aus dem System der Gleichungen (7.), dass $\mathfrak{P}_\lambda(w)$ eine lineare Verbindung mehrerer Potenzreihen $\mathfrak{P}(w)$ ist, also ebenfalls in eine nach ganzen positiven Potenzen von w fortschreitende convergente Reihe entwickelt werden kann. Nennt man also den durch die Gleichung

$$(8.)\qquad \Sigma\, p_\lambda^{-1-w} = D_\lambda \log\left(\frac{1}{w}\right) + \mathfrak{P}(w)$$

bestimmten Coefficienten D_λ die Dichtigkeit der Primzahlen p_λ, so ist

$$D_\lambda = \frac{h_\lambda}{h}. \tag{9.}$$

I. *Ist* $\varphi(x)$ *eine ganze ganzzahlige Function* n^{ten} *Grades, und sind* $f_1, f_2, \cdots f_e$ *beliebige positive ganze Zahlen, deren Summe gleich* n *ist, so ist die Dichtigkeit der Primzahlmoduln, für welche* $\varphi(x)$ *in ein Product von* e *Primfunctionen von den Graden* $f_1, f_2, \cdots f_e$ *zerfällt, gleich der Anzahl derjenigen Substitutionen der Gruppe von* $\varphi(x)$*, welche aus* e *Cyklen von* $f_1, f_2, \cdots f_e$ *Elementen bestehen, dividirt durch die Ordnung dieser Gruppe.*

Wenn also in der Gruppe von $\varphi(x)$ solche Substitutionen existiren, so giebt es unzählig viele Primzahlen, die dieser Classe von Substitutionen entsprechen. Wenn es aber in der Gruppe von $\varphi(x)$ keine Substitution giebt, die aus e Cyklen von $f_1, f_2, \cdots f_e$ Elementen besteht, so lässt sich zeigen, dass es nur eine endliche Anzahl von Primzahlmoduln geben kann, in Bezug auf welche $\varphi(x)$ einem Producte von e Primfunctionen von den Graden $f_1, f_2, \cdots f_e$ congruent ist. Indessen ist es im Hinblick auf diese Ergänzung des obigen Satzes vortheilhafter, ihn so auszusprechen (vergl. Dedekind, Über den Zusammenhang zwischen der Theorie der Ideale und der Theorie der höheren Congruenzen; Göttinger Abh. Bd. 23):

II. *Ist ein Körper* n^{ten} *Grades gegeben und* e *positive ganze Zahlen* $f_1, f_2, \cdots f_e$*, deren Summe gleich* n *ist, so ist die Dichtigkeit der rationalen Primzahlen, welche in* e *ideale Primfactoren von den Graden* $f_1, f_2, \cdots f_e$ *zerfallen, gemessen an der Dichtigkeit aller Primzahlen, gleich der Anzahl derjenigen Substitutionen der Gruppe des Körpers, die aus* e *Cyklen von* $f_1, f_2, \cdots f_e$ *Symbolen bestehen, dividirt durch die Ordnung der ganzen Gruppe.*

Die Dichtigkeit der Primzahlen, welche der λ^{ten} oder μ^{ten} Classe von Substitutionen entsprechen, ist offenbar $D_\lambda + D_\mu = \dfrac{h_\lambda + h_\mu}{h}$. Sei ν eine der Zahlen von 0 bis n. Betrachtet man dann alle diejenigen Classen, von deren Invarianten ν und nicht mehr als ν gleich 1 sind, so erhält man den Satz:

III. *Die Dichtigkeit der Primzahlmoduln, für welche eine Congruenz* $\varphi(x) \equiv 0$ *genau* ν *reelle Wurzeln hat, ist gleich der Anzahl der Substitutionen der Gruppe von* $\varphi(x)$*, welche genau* ν *Symbole ungeändert lassen, dividirt durch die Ordnung dieser Gruppe.*

§ 3.

Ich hatte Dedekind gegenüber die Vermuthung geäussert, dass umgekehrt, wenn in einem Körper eine rationale Primzahl in e ideale Primfactoren von den Graden $f_1, f_2, \cdots f_e$ zerfällt, auch seine Gruppe eine

Substitution enthalten müsse, die aus e Cyklen von $f_1, f_2, \cdots f_e$ Symbolen besteht. Enthält die Gruppe des Körpers keine solche Substitution, so folgt aus dem Satze II nur, dass die Dichtigkeit der entsprechenden Primzahlen 0 ist. Damit wäre aber nicht ausgeschlossen, dass solche Primzahlen in endlicher und sogar in unendlicher Anzahl existirten. Für die Primzahlen, die nicht in der Discriminante des Körpers aufgehen, ergiebt sich, wie mir Dedekind antwortete, der von mir vermuthete Satz in der That aus seiner Theorie. Die bezügliche Stelle seines Briefes vom 8. Juni 1882, worin dieselben Bezeichnungen benutzt sind, wie in dem Abriss von 1894, lautet so:

Ist eine rationale Primzahl $\mathfrak{o}'p = \mathfrak{p}'_1 \mathfrak{p}'_2 \cdots \mathfrak{p}'_{e'}$, *wo* $\mathfrak{p}'_1, \mathfrak{p}'_2 \cdots \mathfrak{p}'_{e'}$ *verschiedene Primideale in* $\mathfrak{o}'$ *von den Graden* $f'_1, f'_2, \cdots f'_{e'}$ *sind, so giebt es in der Gruppe* Φ *des Körpers* Ω' *eine Substitution* ψ_0, *die aus* e' *Cyklen von* $f'_1, f'_2, \cdots f'_{e'}$ *Elementen besteht.*

Denn, wenn alle $a_r = 1$, mithin alle $g_r = g$ sind, so ist X gemeinschaftlicher Theiler aller $\varphi_r \Phi' \varphi_r^{-1}$ und überhaupt aller mit Φ' conjugirten Gruppen $\varphi \Phi' \varphi^{-1}$; da diese aber, wenn wirklich Φ die Gruppe von Ω', d. h. Ω die Norm von Ω' ist, keinen gemeinsamen Theiler haben[1], so muss $X = 1$, $g = 1$ sein, d. h. p ist durch kein Primidealquadrat in Ω theilbar. Dann ist

$$\Psi'_r = 1 + \psi_r^{f'_r} + \psi_r^{2f'_r} + \cdots + \psi_r^{(f_r-1)f'_r},$$

wo $\psi_r = \varphi_r^{-1} \psi_0 \varphi_r$, und

$$\Phi' \varphi_r^{-1} \Psi = \Phi' \varphi_r^{-1} + \Phi' \varphi_r^{-1} \psi_0 + \Phi' \varphi_r^{-1} \psi_0^2 + \cdots + \Phi' \varphi_r^{-1} \psi_0^{f'_r - 1};$$

ersetzt man in der Zerlegung

$$\Phi = \Phi' \varphi_1^{-1} \Psi + \cdots + \Phi' \varphi_{e'}^{-1} \Psi$$

jeden einzelnen Complex $\Phi' \varphi_r^{-1} \Psi$ durch das vorstehende System der f'_r Complexe, so wird Φ überhaupt in

$$n' = f'_1 + f'_2 + \cdots + f'_{e'}$$

Complexe $\Phi' \varphi$ zerlegt, deren jedem bekanntlich[2] eine Permutation von Ω' (eine Wurzel der irreductibeln Gleichung vom Grade n') entspricht; die Permutation ψ_0 verwandelt dieselben in die Complexe $\Phi' \varphi \psi_0$, bringt also eine Permutation dieser n' Complexe (Elemente) $\Phi' \varphi$ hervor, bei welcher die in $\Phi' \varphi_r^{-1} \Psi$ enthaltenen f'_r Complexe (Elemente, Wurzeln) cyklisch in einander übergehen.

---

[1] Vergl. C. Jordan, *Traité des substitutions*, Nr. 382, und meine Arbeit *Über endliche Gruppen*, *Sitzungsber.* 1895, S. 179.

[2] Über endliche Gruppen § 4.

§ 4.

Ich will jetzt den Begriff einer *Classe* von Substitutionen enger fassen, als in § 1, dadurch dass ich durchgängig an Stelle der alle Substitutionen umfassenden Gruppe $\mathfrak{S}$ eine bestimmte Gruppe $\mathfrak{H}$ nehme. Zwei Substitutionen A und B der Gruppe $\mathfrak{H}$ sollen conjugirt heissen, wenn es in $\mathfrak{H}$ eine Substitution H giebt, die der Gleichung $H^{-1}AH = B$ genügt. Die Gesammtheit der Substitutionen von $\mathfrak{H}$, die einer gegebenen conjugirt sind, nenne ich eine *Classe* von Substitutionen der Gruppe $\mathfrak{H}$. Je zwei conjugirte Substitutionen sind auch ähnlich, aber nicht je zwei ähnliche Substitutionen von $\mathfrak{H}$ sind conjugirt. Besteht eine Substitution einer Classe aus e Cyklen von $f_1, f_2, \cdots f_e$ Elementen, so sind diese Zahlen zwar Invarianten der Classe, aber es sind nicht ihre sämmtlichen Invarianten.

Ist l die Anzahl der Classen und F eine Substitution der λ^{ten} Classe, und sind $H_1, H_2, \cdots H_h$ die h Substitutionen von $\mathfrak{H}$, so sind

$$(10.)\qquad H_1^{-1}FH_1,\quad H_2^{-1}FH_2,\cdots\quad H_h^{-1}FH_h$$

die sämmtlichen Substitutionen der λ^{ten} Classe. Sind v_λ derselben gleich F, giebt es also in $\mathfrak{H}$ v_λ mit F vertauschbare Substitutionen, so sind je v_λ dieser h Substitutionen einander gleich. Ist h_λ die Anzahl der verschiedenen Substitutionen der λ^{ten} Classe, so ist daher $h = v_\lambda h_\lambda$. Da v_λ die Anzahl der Transformationen irgend einer Substitution der λ^{ten} Classe in sich selbst bezeichnet, so ist $\frac{1}{v_\lambda}$ von Eisenstein (Crelle's Journal Bd. 35, S. 120) die *Dichtigkeit* der λ^{ten} Classe genannt worden.

Sei nun Ω ein normaler Körper h^{ten} Grades, d. h. ein solcher, dessen conjugirte Körper mit ihm identisch sind, und sei $\mathfrak{o}$ die Art aller ganzen Zahlen in Ω. Ist $\mathfrak{p}$ ein Primideal in $\mathfrak{o}$, so nenne ich eine ganze Function mehrerer unabhängigen Variabeln $u_1, u_2, u_3, \cdots$, deren Coefficienten ganze Zahlen in $\mathfrak{o}$ sind, durch $\mathfrak{p}$ theilbar, wenn alle ihre Coefficienten durch $\mathfrak{p}$ theilbar sind. Man ordne die Glieder einer solchen ganzen Function so, dass $\omega u_1^a u_2^b u_3^c \cdots$ vor $\omega' u_1^{a'} u_2^{b'} u_3^{c'} \cdots$ steht, falls von den Differenzen $a-a', b-b', c-c', \cdots$ die erste, die nicht verschwindet, positiv ist (vergl. Gauss' Werke, Bd. 3, S. 36). Dann ist das Anfangsglied des Productes mehrerer ganzen Functionen gleich dem Producte der Anfangsglieder der einzelnen Factoren. Lässt man in jedem Factor die durch $\mathfrak{p}$ theilbaren Glieder weg, so ist also das Anfangsglied des Productes nicht durch $\mathfrak{p}$ theilbar, falls in keinem der Factoren alle Coefficienten durch $\mathfrak{p}$ theilbar sind. Daher kann ein Product mehrerer ganzen Functionen nicht durch $\mathfrak{p}$ theilbar sein, ohne dass einer der Factoren durch $\mathfrak{p}$ theilbar ist.

Sei $\mathfrak{H}$ die Gruppe der h Substitutionen, die den Körper Ω in die h conjugirten Körper überführen. Wenn eine Zahl ω durch die Substitution H der Gruppe $\mathfrak{H}$ in ω' übergeht, so will ich $\omega' = \omega_H$ setzen. Sind $H_1, H_2, \cdots H_h$ die Substitutionen von $\mathfrak{H}$, bilden $\omega_1, \omega_2, \cdots \omega_h$ eine Basis der Art $\mathfrak{o}$, und ist $\omega_\beta^{(\alpha)} = (\omega_\beta)_{H_\alpha}$, so sind die Coefficienten der ganzen Function

$$\Pi_\alpha{}_1^h(u - u_1\omega_1^{(\alpha)} - u_2\omega_2^{(\alpha)} - \cdots - u_h\omega_h^{(\alpha)}) = \varphi(u, u_1, u_2, \cdots u_h)$$

rationale ganze Zahlen. In der Entwicklung von

$$\varphi(u_1\omega_1 + u_2\omega_2 + \cdots + u_h\omega_h, u_1, u_2, \cdots u_h)$$

nach Potenzen von $u_1, u_2, \cdots u_h$ sind ferner alle Coefficienten gleich Null. Man kann daher jeden einzelnen Coefficienten durch seine p^{te} Potenz ersetzen, und findet so, falls p die durch $\mathfrak{p}$ theilbare rationale Primzahl ist,

$$\varphi(u_1\omega_1^p + \cdots + u_h\omega_h^p, u_1, u_2, \cdots u_h) \equiv 0 \quad (\text{mod.}\, p),$$

also

$$\Pi\big(u_1(\omega_1^p - \omega_1^{(\alpha)}) + \cdots + u_h(\omega_h^p - \omega_h^{(\alpha)})\big) \equiv 0 \quad (\text{mod.}\, \mathfrak{p}).$$

Folglich muss einer der Factoren dieses Productes durch $\mathfrak{p}$ theilbar sein, es muss also in der Gruppe $\mathfrak{H}$ eine Substitution F geben, für welche

$$\omega_1^p \equiv (\omega_1)_F, \quad \omega_2^p \equiv (\omega_2)_F, \cdots \quad \omega_h^p \equiv (\omega_h)_F,$$

mithin auch, wenn $x_1, x_2, \cdots x_h$ rationale ganze Zahlen sind,

$$(x_1\omega_1 + \cdots + x_h\omega_h)^p \equiv (x_1\omega_1 + \cdots + x_h\omega_h)_F$$

ist. Auch sieht man leicht, dass es nicht mehr als eine derartige Substitution geben kann, wenn p nicht in der Grundzahl des Körpers aufgeht. Da nun jede ganze Zahl ω der Art $\mathfrak{o}$ auf die Form

$$x_1\omega_1 + \cdots + x_h\omega_h$$

gebracht werden kann, so giebt es in der Gruppe $\mathfrak{H}$ eine Substitution F der Art, dass jede Zahl ω in $\mathfrak{o}$ die Congruenz

(11.) $$\omega^p \equiv \omega_F \quad (\text{mod.}\, \mathfrak{p})$$

befriedigt. Die Substitution F und das Primideal $\mathfrak{p}$ will ich einander entsprechend nennen.

Dieser Satz bildet die Grundlage der Eingangs erwähnten Arbeit von DEDEKIND, *Zur Theorie der Ideale.* Er selbst hat ihn, wie er mir am 14. Juni 1882 schrieb, aus der leicht zu beweisenden Existenz einer ganzen Zahl θ abgeleitet, welche, falls f der Grad von $\mathfrak{p}$ ist, (mod. $\mathfrak{p}$) einer irreductibeln Congruenz f^{ten} Grades mit rationalen Coefficienten genügt, und welche man zugleich so wählen kann, dass sie nicht durch $\mathfrak{p}$, wohl aber durch jedes andere in p aufgehende Primideal theilbar ist.

Den obigen Beweis habe ich im November 1880 STICKELBERGER mitgetheilt. Das Princip, auf dem er beruht, die Benutzung von ganzen Functionen mehrerer Variabeln, hat KRONECKER in der im Jahre 1882 erschienenen Festschrift *Grundzüge einer arithmetischen Theorie der algebraischen Grössen* zum Fundament der Idealtheorie gewählt.

Ist $\mathfrak{p}_{H\alpha} = \mathfrak{p}_\alpha$, so ist das Product der h mit $\mathfrak{p}$ conjugirten Primideale

$$\mathfrak{p}_1\,\mathfrak{p}_2 \cdots \mathfrak{p}_h = N(\mathfrak{p}_\alpha) = p^f.$$

Ist $h = ef$, und geht p nicht in der Discriminante d des Körpers Ω auf, so sind von diesen h Idealen je f einander gleich, und wenn etwa $\mathfrak{p}_1, \mathfrak{p}_2, \cdots \mathfrak{p}_e$ verschieden sind, so ist

$$(12.)\qquad \mathfrak{o}p = \mathfrak{p}_1\,\mathfrak{p}_2 \cdots \mathfrak{p}_e.$$

Entspricht dem Primideal $\mathfrak{p}$ die Substitution F, so entspricht dem Primideal $\mathfrak{p}_\alpha$ die Substitution $H_\alpha^{-1}FH_\alpha$. Den in p aufgehenden Primidealen entsprechen daher die Substitutionen (10.), d. h. die sämmtlichen Substitutionen der Classe, welcher F angehört. Ich sage daher, diese Classe von Substitutionen der Gruppe $\mathfrak{H}$ entspreche der rationalen Primzahl p. Es handelt sich jetzt umgekehrt darum, wenn eine Classe von Substitutionen gegeben ist, die Dichtigkeit der entsprechenden Primzahlen zu bestimmen.

§ 5.

Sei $\mathfrak{G}$ eine Gruppe g^{ter} Ordnung, ein Divisor von $\mathfrak{H}$, und ξ eine Zahl in $\mathfrak{o}$, welche durch die Substitutionen von $\mathfrak{G}$ und nur durch diese ungeändert bleibt. Geht ξ durch die $\frac{h}{g} = n$ in Bezug auf $\mathfrak{G}$ verschiedenen Substitutionen von $\mathfrak{H}$ in $\xi_1, \xi_2, \cdots \xi_n$ über, so ist

$$\Pi(x - \xi_\nu) = \Psi(x)$$

die irreductible Function mit rationalen Coefficienten, die für $x = \xi$ verschwindet.

Sei p eine Primzahl, die weder in der Discriminante d' dieser Function noch in d aufgeht, und $\mathfrak{p}$ ein in p enthaltenes Primideal. Ist $\Psi(a) \equiv 0 \pmod{p}$ für eine rationale ganze Zahl a, so ist $\Pi(a - \xi_\nu) \equiv 0 \pmod{\mathfrak{p}}$, und folglich muss einer der Factoren dieses Productes durch $\mathfrak{p}$ theilbar sein, und nur einer, weil d', also auch $\xi_\mu - \xi_\nu$ durch $\mathfrak{p}$ nicht theilbar ist. Ist $\xi_\nu \equiv a \pmod{\mathfrak{p}}$, so ist $\xi_\nu^p \equiv \xi_\nu \pmod{\mathfrak{p}}$. Umgekehrt folgt aus dieser Congruenz oder $\xi_\nu(\xi_\nu - 1)(\xi_\nu - 2) \cdots (\xi_\nu - p + 1) \equiv 0$, dass ξ_ν einer rationalen Zahl a (mod. $\mathfrak{p}$) congruent ist, und dass diese die Congruenz $\Psi(a) \equiv 0 \pmod{p}$ befriedigt. Die Anzahl der reellen Wurzeln dieser Congruenz ist also gleich der Anzahl der Zahlen $\xi_1, \xi_2, \cdots \xi_n$, die der Congruenz $\xi_\nu^p \equiv \xi_\nu \pmod{\mathfrak{p}}$ genügen. Ist $\xi_{H_\alpha} = \xi_\alpha$ und

$$\Pi_1^h (x - \xi_\alpha) = \Phi(x),$$

so ist

$$(13.) \qquad \Phi(x) = (\Psi(x))^g,$$

und daher ist die Anzahl ν_p der reellen Wurzeln der Congruenz $\Phi(x) \equiv 0 \pmod{p}$ gleich der Anzahl der Zahlen $\xi_1, \xi_2, \cdots \xi_h$, welche die Congruenz $\xi_\alpha^p \equiv \xi_\alpha \pmod{\mathfrak{p}}$ befriedigen. Ist F die dem Primideal $\mathfrak{p}$ entsprechende Substitution von $\mathfrak{H}$, so ist $\xi_{H_\alpha}^p \equiv \xi_{H_\alpha F} \pmod{\mathfrak{p}}$. Damit also $\xi_{H_\alpha}^p \equiv \xi_{H_\alpha}$ sei, muss $\xi_{H_\alpha F} = \xi_{H_\alpha}$ sein, und folglich müssen $H_\alpha F$ und H_α in Bezug auf $\mathfrak{G}$ einander gleich sein. Die Zahl ν_p giebt daher an, wie viele der h Substitutionen

$$H_1 F H_1^{-1},\ H_2 F H_2^{-1}, \cdots H_h F H_h^{-1}$$

der Gruppe $\mathfrak{G}$ angehören. Ist F eine Substitution der λ^{ten} Classe, so stellt diese Reihe die sämmtlichen Substitutionen der λ^{ten} Classe und jede $\frac{h}{h_\lambda}$ Mal dar. Giebt es also g_λ Substitutionen der λ^{ten} Classe in $\mathfrak{G}$, so sind $g_\lambda \frac{h}{h_\lambda}$ jener h Substitutionen in $\mathfrak{G}$ enthalten, und folglich ist

$$(14.) \qquad \nu_p = g_\lambda \frac{h}{h_\lambda}.$$

Die Anzahl der irreductibeln Factoren von $\Phi(x)$ ist ferner nach Formel (13.) gleich

$$(15.) \qquad m = g = \sum_\lambda {}_1^l g_\lambda.$$

Durchläuft p_λ alle rationalen Primzahlen, die der λ^{ten} Classe von Substitutionen entsprechen, so ergiebt sich daher aus den Formeln (1.), (14.) und (15.)

$$\sum_\lambda {}_1^l \frac{h}{h_\lambda} g_\lambda (\Sigma p_\lambda^{-1-w}) = (\sum_\lambda {}_1^l g_\lambda) \log\left(\frac{1}{w}\right) + \mathfrak{P}(w).$$

Indem man hier für $\mathfrak{G}$ der Reihe nach alle cyklischen Untergruppen von $\mathfrak{H}$ setzt, erhält man eine Reihe von Gleichungen, die aber nicht ausreichen, um schliessen zu können, dass

$$(16.) \qquad \Sigma\, p_\lambda^{-1-w} = \frac{h_\lambda}{h} \log\left(\frac{1}{w}\right) + \mathfrak{P}_\lambda(w)$$

ist. Zu den Theilgleichungen, in welche jene Relation zerfällt, führt folgende Überlegung: Ist r relativ prim zu f, so sind die Substitutionen F und F^r ähnlich im Sinne des § 1, aber nicht nothwendig conjugirt in Bezug auf $\mathfrak{H}$. Sind sie nicht conjugirt, so gehören sie zwei verschiedenen Classen an, etwa der λ^{ten} und der μ^{ten} Classe. Da auch F eine Potenz von F^r ist, so ist jede Substitution von $\mathfrak{H}$, die mit der einen dieser beiden Substitutionen vertauschbar ist, auch mit der andern vertauschbar. Folglich ist $v_\lambda = v_\mu$, also auch $h_\lambda = h_\mu$. Ferner enthält die Gruppe $\mathfrak{G}$ entweder keine der beiden Substitutionen $H_\alpha F H_\alpha^{-1}$ und $H_\alpha F^r H_\alpha^{-1} = (H_\alpha F H_\alpha^{-1})^r$ oder beide, und mithin ist auch $g_\lambda = g_\mu$. Durchläuft r die $\varphi(f)$ Zahlen, die zu f theilerfremd sind, so vereinige ich die Classen, denen die Potenzen F^r angehören, zu einer Abtheilung. Eine solche Abtheilung kann man auch so erhalten: Man nehme eine cyklische Untergruppe von $\mathfrak{H}$ und die mit ihr conjugirten Gruppen. Ist f ihre Ordnung, so nehme man in dem System dieser Gruppen die Elemente, deren Ordnung gleich f ist.

Wenn nun die l Classen in m Abtheilungen zerfallen, so denke ich die Bezeichnung so gewählt, dass die Classen 1, 2, $\cdots m$ alle verschiedenen Abtheilungen angehören, diese m Classen aber seien in derselben Weise wie in § 1 angeordnet. Enthält die μ^{te} Abtheilung ausser der Classe μ noch die Classen $\alpha, \beta, \gamma, \cdots$, so ist $g_\mu = g_\alpha = g_\beta = g_\gamma \cdots$.

Ist also k_μ die Anzahl der in der μ^{ten} Abtheilung vereinigten Classen, so ist $g_\mu + g_\alpha + g_\beta + g_\gamma \cdots = k_\mu g_\mu$. Durchläuft nun p_μ die Primzahlen, die den sämmtlichen in der μ^{ten} Abtheilung vereinigten Classen entsprechen, so ist

$$\sum_{\mu}{}_1^m \frac{h}{h_\mu} g_\mu (\Sigma\, p_\mu^{-1-w}) = (\sum_{\mu}{}_1^m g_\mu k_\mu) \log\left(\frac{1}{w}\right) + \mathfrak{P}(w),$$

und daraus folgt, wie in § 2

$$\Sigma\, p_\mu^{-1-w} = \frac{h_\mu}{h} k_\mu \log\left(\frac{1}{w}\right) + \mathfrak{P}_\mu(w). \tag{17.}$$

Es ergiebt sich also das Resultat:

IV. *Hat in der Gruppe $\mathfrak{H}$ die Substitution F die Ordnung f, und durchläuft r die $\varphi(f)$ zu f theilerfremden Zahlen, so ist die Anzahl der verschiedenen Substitutionen von $\mathfrak{H}$, die den $\varphi(f)$ Potenzen F^r conjugirt sind, der Dichtigkeit der rationalen Primzahlen proportional, die diesen Classen von Substitutionen entsprechen.*

Wenn es gelänge die Formel (16.) zu beweisen, so würde sich für die Dichtigkeit der Primzahlen p_λ, die der λ^{ten} Classe von Substitutionen entsprechen, der einfache Ausdruck

$$D_\lambda = \frac{h_\lambda}{h} = \frac{1}{v_\lambda} \tag{18.}$$

ergeben, es würde also der Satz gelten:

V. *Jeder Classe von Substitutionen der Gruppe $\mathfrak{H}$ entsprechen unzählig viele rationale Primzahlen. Ihre Dichtigkeit ist der Anzahl der verschiedenen Substitutionen der Classe proportional.*

Oder:

Die Dichtigkeit der Primzahlen, die einer Classe von Substitutionen der Gruppe $\mathfrak{H}$ entsprechen, ist der Dichtigkeit der Classe gleich.

Den Primidealen $\mathfrak{p}_1, \mathfrak{p}_2, \cdots \mathfrak{p}_\lambda$ entsprechen der Reihe nach die Substitutionen (10.), von denen v_λ gleich F sind. Unter den verschiedenen Primfactoren $\mathfrak{p}_1, \mathfrak{p}_2, \cdots \mathfrak{p}_e$ von p befinden sich folglich $\frac{v_\lambda}{f}$, die der Substitution F entsprechen. Nimmt man daher in die Reihe Σp_λ^{-1-w} jede Primzahl p nicht ein Mal, sondern so viele Male auf, als es der Substitution F entsprechende in p aufgehende Primideale giebt, so ist

$$\sum \frac{v_\lambda}{f} p_\lambda^{-1-w} = \frac{1}{f} \log\left(\frac{1}{w}\right) + \mathfrak{P}(w).$$

VI. *Jeder Substitution der Gruppe $\mathfrak{H}$ entsprechen unzählig viele Primideale. Ihre Dichtigkeit ist dem reciproken Werthe der Ordnung der Substitution gleich.*

Offsetdruck: Julius Beltz, Weinheim/Bergstr.

Vollständige Liste aller Titel

Band I

Band II

Offsetdruck: Julius Beltz, Weinheim/Bergstr.